装备科技译著出版基金

纳米管超级纤维材料(第2版)
Nanotube Superfiber Materials
Science, Manufacturing, Commercialization
(Second Edition)

[美]马克·J. 舒尔茨(Mark J.Schulz)
[美]韦瑟琳·沙诺夫(Vesselin Shanov)　　主　编
[美]殷章章(Zhangzhang Yin)
[美]马克·卡海(Marc Cahay)

王志锋　孙葆森　王启芬　李晓静　刘　辰　等译
　　　　　　　朱秀荣　陈　刚　审

国防工业出版社
·北京·

著作权合同登记　　图字:01-2022-5452 号

图书在版编目(CIP)数据

纳米管超级纤维材料:第 2 版/(美)马克·J. 舒尔茨等主编;王志锋等译. —北京:国防工业出版社,2024.1
书名原文:Nanotube Superfiber Materials: Science, Manufacturing, Commercialization (Second Edition)
ISBN 978-7-118-13102-4

Ⅰ. ①纳… Ⅱ. ①马… ②王… Ⅲ. ①复合纤维—纳米材料 Ⅳ. ①TB383

中国国家版本馆 CIP 数据核字(2023)第 248734 号

Nanotube Superfiber Materials: Science, Manufacturing, Commercialization, second edition by Mark J. Schulz, Vesselin Shanov, Zhangzhang Yin, Marc Cahay.
ISBN: 9780128126677
Copyright ©2019 Elsevier Inc. All rights reserved.
Authorized Chinese translation published by National Defense Industry Press.
《纳米管超级纤维材料》(第 2 版)(王志锋　孙葆森　王启芬　李晓静　刘辰　译)
ISBN:978-7-118-13102-4
Copyright © Elsevier Inc. and National Defense Industry Press. and All rights reserved.
No part of this publication may be reproduced or transmitted in any form or by any means, electronic or mechanical, including photocopying, recording, or any information storage and retrieval system, without permission in writing from Elsevier (Singapore) Pte Ltd. Details on how to seek permission, further information about the Elsevier's permissions policies and arrangements with organizations such as the Copyright Clearance Center and the Copyright Licensing Agency, can be found at our website: www.elsevier.com/permissions.
This book and the individual contributions contained in it are protected under copyright by Elsevier Inc. and 国防工业出版社(other than as may be noted herein).
This edition of Nanotube Superfiber Materials: Science, Manufacturing, Commercialization is published by National Defense Industry Press under arrangement with ELSEVIER INC.
This edition is authorized for sale in China only, excluding Hong Kong, Macau and Taiwan. Unauthorized export of this edition is a violation of the Copyright Act. Violation of this Law is subject to Civil and Criminal Penalties.
本书由 Elsevier Inc. 授权国防工业出版社在中国大陆地区(不包括香港、澳门以及台湾地区)出版发行。
本版仅限在中国大陆地区(不包括香港、澳门以及台湾地区)出版及标价销售。未经许可之出口,视为违反著作权法,将受民事及刑事法律之制裁。
本书封底贴有 Elsevier 防伪标签,无标签者不得销售。

注　意

本书涉及领域的知识和实践标准在不断变化。新的研究和经验拓展我们的理解,因此须对研究方法、专业实践或医疗方法作出调整。从业者和研究人员必须始终依靠自身经验和知识来评估和使用本书中提到的所有信息、方法、化合物或本书中描述的实验。在使用这些信息或方法时,他们应注意自身和他人的安全,包括注意他们负有专业责任的当事人的安全。在法律允许的最大范围内,爱思唯尔、译文的原文作者、原文编辑及原文内容提供者均不因产品责任、疏忽或其他人身或财产伤害及/或损失承担责任,亦不对由于使用或操作文中提到的方法、产品、说明或思想而导致的人身或财产伤害及/或损失承担责任。

※

国防工业出版社出版发行
(北京市海淀区紫竹院南路 23 号　邮政编码 100048)
北京虎彩文化传播有限公司印刷
新华书店经售

*

开本 710×1000　1/16　印张 57½　字数 1093 千字
2024 年 1 月第 1 版第 1 次印刷　印数 1—1500 册　定价 348.00 元

(本书如有印装错误,我社负责调换)

国防书店:(010)88540777　　书店传真:(010)88540776
发行业务:(010)88540717　　发行传真:(010)88540762

译者序

纳米技术作为当今国际上最活跃的前沿领域之一，在经济社会发展和国防建设方面具有广泛的应用前景。而作为纳米材料之王的碳纳米管，在新兴的纳米技术开发研究中，起到了举足轻重的作用。纳米管超级纤维材料综合了纳米管纤维的高强度、多功能(导电、耐热等)和基体材料的性能，将成为广泛应用于军民两用的新型材料。随着武器装备轻量化，对轻质高性能材料需求迫切，纳米管纤维复合材料将成为先进结构复合材料的发展方向，有助于未来武器装备轻量化设计、智能化设计。

参加本书编著的人员一百多人，都为本研究领域的设计研发人员，分别来自美国、英国、加拿大、西班牙、意大利、瑞士、土耳其、新加坡、韩国和中国等国家的四十多个机构，其中包括高校、研究所、医院等，另外还有美国军方研究机构如美国陆军研究实验室(ARL)、美国空军研究实验室(AFRL)和美国海军研究实验室(NRL)。

主编马克·J. 舒尔茨(Mark J. Schulz)为辛辛那提大学机械工程教授，负责讲授智能结构入门课程，辛辛那提大学纳米世界实验室联合主任，国家科学基金会革命性金属生物材料工程研究中心副主任，通用纳米有限责任公司(俄亥俄州纳米技术和纳米医药研发公司)创始人和负责人。

韦瑟琳·沙诺夫(Vesselin Shanov)是辛辛那提大学能源、环境、生物和医学工程学院化学和材料工程教授，负责讲授纳米结构工程材料课程；辛辛那提大学纳米世界实验室联合创始人和负责人；通用纳米有限责任公司联合创始人。先后获得美国富布赖特(Fulbright)研究和教学奖，德国学术基金会(DAAD)奖等奖项。最新研究重点为纳米结构材料的合成、表征、处理和应用，碳纳米管、石墨烯以及用于医疗植入的可生物降解镁合金。

《纳米管超级纤维材料》(第2版)共35章，较为全面概述了纳米管超级纤维材料相关的基础理论、合成制造、表征和测试技术以及在微电子、环境、生物、能源和航空航天领域的研究进展和应用进展以及未来发展方向。其中包括碳纳米管、碳纳米管纤维和碳纳米管膜的合成方法、制备工艺,碳纳米管杂化材料、氮化硼纳米管复合材料和石墨烯纤维材料及应用,以及纳米管超级纤维在导电导热、环境、生物、能源和航空航天等领域应用的最新进展。在基础研究中较第 1 版新增聚合物纳米管纤维制备方法,并详尽介绍了纳米管纤维在 3D 打印、电磁屏蔽、可穿戴技术、电子器件、水和空气净化、能源生成和储存、医疗器械等一系列前沿领域的最新应用进展,真正做到了将科学研究与产业化相结合,这将极大推动纳米管材料科学的产业化进程。客观实际地反映了作者对世界纳米管纤维的最新发展现状及发展趋势的跟踪。

  本书适用于广大从事纳米管及其超级纤维材料研究的科研人员、利用纳米管超级纤维各种特性在环境、生物、医学、能源、武器装备和航空航天等领域的设计人员、将纳米管超级纤维产业化的技术人员、高等院校相关专业师生等研究学习。对于纳米管纤维材料的应用和基础研究有着重要的指导作用和参考价值。

  参加本书翻译的译者是多年来一直从事金属基及树脂基复合材料的基础研究和应用研究、装甲防护技术研究的科研人员以及在读研究生,分别来自中国兵器科学研究院宁波分院(内蒙古金属材料研究所)、山东非金属材料研究所、大连理工大学、中科院山西煤炭化学研究所、中国航发北京航空材料研究院、香港大学、宁波诺丁汉大学等单位,其中包括王志锋、孙葆森、王启芬、张若彤、路瑞佼、柏关顺、李晓静、刘辰、刘梅、刘方刚、苗成、田开文、王鑫、王大锋、王冠初、王志远、于倩倩。译者特别感谢陶春虎、魏化震、吴刚平、朱秀荣、陈刚、路瑞佼等同志对译著推荐和审校付出的辛勤劳动。

  书中可能会出现一些翻译不准确、表达不够完美的问题,恳请广大读者谅解并提出批评指正,以便日后进一步提高我们的翻译水平,为广大读者提供更好的译著。

  如有任何意见、问题和建议,均可直接联系本书译者。Email:baosensun@126.com。

译者

2023 年 1 月

前言

时至2019年，饭岛澄男（SumioIijima）发现碳纳米管已整整28年，他为人们深入了解这种材料的独特结构和潜在应用价值做出了重大贡献，时下碳纳米管已经广为人知并被广泛关注。在被发现之初，纳米管和纳米技术就被预言会给很多领域带来革命性进步，并在诸多方面改变人们的日常生活。经过近30年的研究，纳米技术逐步将预言变为现实。本书致力于在纳米技术基础研究、制备工艺与纳米管纤维、薄膜材料及新兴的石墨烯材料的工业化生产中间建立一座桥梁，尽可能涵盖所有与纳米材料产业化过程相关的研究领域，以助于实现碳纳米结构材料的巨大产业潜力。

《纳米管超级纤维材料》旨在帮助科学家、工程师、学生、管理者和企业家了解纳米管纤维材料和石墨烯的独特性能，如何以合理的成本生产材料，以及如何将材料转化为产品。本书对纳米管材料的基础科学、制造、性能和商业潜力进行阐述，对将改良材料转换为工业化产品的新发现、新技术和经验进行报道。纳米管超级材料的应用必将为航天器、汽车、无人机、超环线轨道、传感器、纺织品、可穿戴电子设备、能源生成和储存、水和空气过滤、基础设施、复合材料和医学等诸多工程领域提供一条发展捷径。目前尚无类似的、以纳米技术为重点并将科学研究与产业化相结合的综合性图书（或期刊出版物）。

本书各章节作者均为来自世界各地的本领域专家，他们撰写的内容可以满足不同需求的读者阅读。通过整合、完善技术细节，为读者提供一个全面的视角，本书可以为纳米管材料和石墨烯实际应用提供较为客观的评估，这是技术论文通常所不具备的。本书将帮助科学家、企业家创新改革，并将他们的成果产业化，从而帮助人们的日常生活。第2版的所有新增内容都由来自于国际在该领域非常活跃的研究人员撰写。纳米管（纱线和片材）的宏观聚集体的性能达到了可以产业化的临界点，将它们产业化能够对大多数制造业部门的工业产生实用价值，这正是本书编写的目的。读者会发现这本书是一本有用的综合性指南，帮助他们将纳米管科学转化为产业应用。本书涵盖了纳米管纤维材料和石墨烯领域的最新研究进展,在这个领域世界各地的专家发表了他们在科学、制造和产业化等方面的可信观点。

最后,我们希望通过本书来感谢那些已离开我们的纳米技术先驱,并向他们致敬,因为本书中的大量内容是建立在他们工作的基础上的。他们的事迹甚至可以单独编写成册。但在这里,我们仅回顾了他们的突出贡献以表达对他们的敬意。诺贝尔物理学奖获得者理查德·费曼(Richard Feynman)(1918—1988[1]),在他的"微观世界有无垠的空间"(There's Plenty of Room at the Bottom)演讲中描述了微型化的可能性;他对光刻技术的论述仍是当今这个领域的纲领。"纳米技术之父"、诺贝尔化学奖获得者理查德·斯莫利(Richard Smalley)(1943—2005[2])是纳米技术及其有益于社会的倡导者;斯莫利博士在演讲中对听众进行了调查,并列出了人类面临的十大问题;他指出,解决了排名第一的清洁、廉价能源问题,就可以解决后面的大部分问题。莱斯大学杰出贡献奖获得者、世界上论文引用率很高的化学家之一的罗伯特·豪格(Robert Hauge)(1938—2016[3]),组织并参加了莱斯单壁碳纳米管瓜达卢佩(Guadalupe)研讨会,并对研讨会上的研究报告作了有价值评估。在麻省理工学院执教50年,获得麻省理工学院最高荣誉——"校级教授"的米莉·德雷斯尔豪斯(Mildred S. Dresselhaus)(1930—2017[4]),是研究碳材料电性能的先驱,她被誉为"碳素女皇",并获得总统自由勋章和国家科学勋章;她揭示了碳结构的基本性质,开创了碳纳米技术学科,她还提高了STEM中的女性地位,并慷慨地帮助她不认识的人参与纳米技术领域。"只有时间可以证明一切,碳纳米材料有可能成为一种新的材料,造福于社会。"

1. http://www.feynman.com/
2. https://en.wikipedia.org/wiki/Richard_Smalley
3. http://news.rice.edu/2015/08/17/rice-honors-robert-hauge-on-50th-anniversary/
4. https://www.nytimes.com/2017/02/23/science/mildred-dresselhaus-dead-queen-of-carbon.html
5. https://www.youtube.com/watch?v=PSxihhBzCjk

马克·J. 舒尔茨,斯蒂芬·霍金斯,马克·卡海,韦瑟琳·沙诺夫,约翰·殷

目录

第1部分 合成、加工和表征最新研究进展

第1章 浮动催化剂法直接纺制平行排列的碳纳米管纤维和碳纳米管薄膜 ··· 003
- 1.1 概述 ·· 003
  - 1.1.1 碳纳米管湿法纺丝 ··· 004
  - 1.1.2 碳纳米管阵列纺丝 ··· 004
  - 1.1.3 碳纳米管气凝胶直接纺丝 ·· 005
- 1.2 浮动催化法 ··· 005
  - 1.2.1 碳源 ·· 006
  - 1.2.2 载气 ·· 007
  - 1.2.3 催化剂 ··· 007
  - 1.2.4 促进剂 ··· 008
  - 1.2.5 合成温度和注射管长度 ··· 009
  - 1.2.6 沉积炉体的设计、缠绕率和在线致密化 ····················· 009
- 1.3 碳纳米管纤维和薄膜的性能 ··· 010
  - 1.3.1 材料结构 ·· 010
  - 1.3.2 力学性能 ·· 011
  - 1.3.3 电学性能 ·· 011
  - 1.3.4 热学性能 ·· 012
- 1.4 碳纳米管纤维和薄膜的后处理 ·· 012
  - 1.4.1 纯化 ·· 012
  - 1.4.2 填充物的渗入 ··· 013
  - 1.4.3 机械致密化 ·· 017
  - 1.4.4 混合后处理 ·· 017
- 1.5 碳纳米管产品的应用 ·· 020
  - 1.5.1 导线 ·· 020
  - 1.5.2 场发射器 ·· 021

1.5.3　电阻加热器 ………………………………………………………… 022
　　1.5.4　储能装置和传感器 ………………………………………………… 022
　　1.5.5　复合材料强化 ……………………………………………………… 023
　1.6　本章小结 ………………………………………………………………… 024
　参考文献 ………………………………………………………………………… 024

第2章　碳纳米管制备过程中的随机性 ……………………………………… 030

　2.1　引言 ……………………………………………………………………… 030
　2.2　碳纳米阵列 ……………………………………………………………… 031
　2.3　碳纳米管集合体的性能 ………………………………………………… 034
　　2.3.1　热学性能 ……………………………………………………………… 034
　　2.3.2　电学性能 ……………………………………………………………… 036
　　2.3.3　力学性能 ……………………………………………………………… 038
　　2.3.4　过滤性能 ……………………………………………………………… 041
　2.4　工艺—结构关系 ………………………………………………………… 042
　　2.4.1　催化剂的制备和处理 ………………………………………………… 042
　　2.4.2　催化剂活化作用和碳纳米管晶核形成 ……………………………… 045
　　2.4.3　碳纳米管的生长和终止 ……………………………………………… 046
　2.5　展望 ……………………………………………………………………… 049
　参考文献 ………………………………………………………………………… 050

第3章　高强度宏观碳纳米管纤维和薄膜 …………………………………… 062

　3.1　引言 ……………………………………………………………………… 062
　3.2　试验方法 ………………………………………………………………… 063
　　3.2.1　中空圆柱碳纳米管组件合成 ………………………………………… 063
　　3.2.2　碳纳米管纤维的合成 ………………………………………………… 063
　　3.2.3　碳纳米管薄膜的合成 ………………………………………………… 063
　　3.2.4　机械压轧 ……………………………………………………………… 064
　　3.2.5　结构表征 ……………………………………………………………… 064
　　3.2.6　拉伸试验 ……………………………………………………………… 065
　3.3　试验结果 ………………………………………………………………… 065
　　3.3.1　中空碳纳米管圆柱体 ………………………………………………… 065
　　3.3.2　碳纳米管纤维 ………………………………………………………… 067
　　3.3.3　碳纳米管薄膜 ………………………………………………………… 068
　3.4　讨论 ……………………………………………………………………… 071

| 3.5 本章小结 | 072 |
| 参考文献 | 072 |

第4章 碳纳米管杂化材料 … 076

4.1 引言	076
4.2 气相热解法	076
4.2.1 气相热解合成工艺	077
4.2.2 碳纳米管筒状物动力学	077
4.3 碳纳米管杂化材料	081
4.3.1 碳纳米管杂化材料的形成	082
4.3.2 碳纳米管杂化材料的结构和应用	083
4.4 本章小结	084
参考文献	085
延伸阅读	087

第5章 氮化硼纳米管复合材料和应用 … 088

5.1 引言	088
5.2 氮化硼纳米管的制备和工业化	090
5.3 复合材料和应用	093
5.3.1 聚合物纳米复合材料	095
5.3.2 复合材料结构	097
5.3.3 高温处理和应用	099
5.4 展望	100
参考文献	101

第6章 碳纳米管纤维多尺度设计 … 107

6.1 引言	107
6.2 碳纳米管纤维的合成	108
6.2.1 用促进剂控制碳纳米管壁数和形态	108
6.2.2 催化剂结构和生长模型	113
6.2.3 手性角分布和 n,m 指数分配	117
6.3 复合物的多尺度结构	121
6.3.1 沿纤维轴取向控制	121
6.3.2 结构研究	124
6.3.3 结构和拉伸性能	130

6.4　低维度性能 ··· 133

6.5　结论和展望 ··· 137

参考文献 ··· 138

第7章　碳纳米管纤维直接纺丝过程中的热力学和动力学 ············· 144

7.1　直接纺丝的发展进程 ·· 144

7.1.1　发明阶段 ·· 144

7.1.2　过程描述和未来发展 ·· 144

7.2　直接纺丝和在基底上生长碳纳米管两种制备过程的比较 ········· 147

7.3　了解与直接纺丝过程相关的热力学问题 ······························ 148

7.3.1　标准纺丝条件 ·· 148

7.3.2　气体条件 ·· 149

7.3.3　铁催化剂颗粒与硫和碳的相互作用 ························· 151

7.3.4　铁催化剂颗粒是液体还是固体 ································ 151

7.3.5　正常工艺条件下铁对硫和碳的吸收 ························· 152

7.4　铁颗粒的成核和硫的作用 ·· 155

7.4.1　铁催化剂颗粒均相成核 ··· 155

7.4.2　硫对铁颗粒成核的影响 ··· 158

7.4.3　铁颗粒形成的晶核是否为均相 ································ 159

7.5　在反应器壁上的沉积 ··· 160

7.5.1　Hoecker-smail 试验 ··· 162

7.5.2　喷出 ·· 163

7.6　采用浮动催化法生长碳纳米管过程的动力学意义 ················· 164

7.7　硫的其他作用 ··· 166

7.8　关键工艺参数总结 ·· 168

7.9　适用于工业化应用的放大试验 ·· 169

7.10　展望 ··· 171

参考文献 ··· 172

第8章　碳纳米管材料断层扫描 ··· 176

8.1　引言 ··· 176

8.1.1　计算机断层扫描历史 ·· 177

8.1.2　计算机断层扫描法 ··· 178

8.1.3　试样约束 ·· 179

8.2　碳纳米管断层扫描 ·· 180

8.2.1 试验材料的合成 ………………………………………… 181
　　8.2.2 可纺碳纳米管网的扫描电镜断层扫描 …………………… 182
　　8.2.3 碳纳米管纺纱的X射线断层扫描 ………………………… 184
　　8.2.4 含铜颗粒碳纳米管纱线的X射线断层扫描 ……………… 186
　8.3 本章小结 …………………………………………………………… 189
　参考文献 ………………………………………………………………… 189

第9章 碳纳米管纤维增强聚合物的3D打印技术 …………………… 194

　9.1 引言 ………………………………………………………………… 194
　9.2 长丝制备系统 ……………………………………………………… 196
　9.3 3D打印工艺 ………………………………………………………… 198
　9.4 应用 ………………………………………………………………… 200
　9.5 总结 ………………………………………………………………… 201
　9.6 展望 ………………………………………………………………… 201
　参考文献 ………………………………………………………………… 202
　延伸阅读 ………………………………………………………………… 203

第2部分 纳米管超级纤维复合材料与纺织品的最新研究进展

第10章 利用碳纳米管进行结构健康监测 …………………………… 207

　10.1 引言 ……………………………………………………………… 207
　10.2 碳纳米管纤维传感器 …………………………………………… 208
　10.3 自感测复合材料的制备 ………………………………………… 213
　10.4 力学性能和电性能的测试 ……………………………………… 215
　10.5 综合损伤检测 …………………………………………………… 215
　10.6 损伤检测验证 …………………………………………………… 220
　10.7 本章小结 ………………………………………………………… 222
　参考文献 ………………………………………………………………… 223

第11章 碳纳米管和窄带 ……………………………………………… 227

　11.1 引言 ……………………………………………………………… 227
　11.2 碳纳米管杂化材料合成方法的基本原理 ……………………… 230
　　11.2.1 提高合成过程产出率 …………………………………… 232

    11.2.2 气相热解反应器中碳纳米管的组装……232
    11.2.3 材料类型……234
    11.2.4 碳纳米管与金属颗粒的相互作用能……236
    11.2.5 金属催化剂合成碳纳米管-金属杂化材料……237
    11.2.6 碳纳米管-双金属杂化材料……238
    11.2.7 纳米颗粒注入技术……239
    11.2.8 无反应性颗粒……240
    11.2.9 碳纳米管板的导电性……240
    11.2.10 功能梯度织物……241
    11.2.11 自定义应用的混杂碳纳米管片和纱线……242
    11.2.12 用于测试纳米管片材释放颗粒的试验……242
  11.3 本章小结……245
  参考文献……245

第12章 碳纳米管技术在智能纺织品和可穿戴技术创新中的应用……250

  12.1 引言……250
    12.1.1 碳纳米管杂化材料……251
    12.1.2 纳米管织物制造工艺的挑战……255
  12.2 技术织物、智能织物和可穿戴技术特点……256
    12.2.1 纤维……256
    12.2.2 织物结构……258
    12.2.3 织物后加工……259
    12.2.4 技术织物……260
    12.2.5 智能织物……262
    12.2.6 可穿戴技术……265
  12.3 碳纳米管织物的生产和应用……266
    12.3.1 纳米技术和碳纳米管特性……266
    12.3.2 碳纳米管制造技术……268
    12.3.3 碳纳米管薄膜和线与织物材料复合……269
    12.3.4 科学、制造业和商业化面临的挑战……278
    12.3.5 安全预防措施和规则……279
  12.4 基于纳米技术功能性服装……280
    12.4.1 急救员和工业用服装……280
    12.4.2 轻质、高强和柔韧织物……281

12.4.3 充气结构体 ·· 282
12.4.4 形状记忆材料 ·· 283
12.5 碳纳米管杂化纤维/薄膜在织物和服装领域的应用 ············· 284
12.5.1 碳纳米管/碳纳米管杂化薄膜和纤维制备的服装产品 ······ 285
12.5.2 碳纳米管涂层纤维缝制造军用织物 ···················· 286
12.5.3 耐热材料 ·· 287
12.5.4 先进碳纳米管织物 ·· 288
12.5.5 碳纳米管杂化物整合入织物的方法 ···················· 289
12.5.6 可穿戴电子材料 ·· 290
12.5.7 碳纳米管杂化物织物生产 ······························ 291
12.5.8 碳纳米管和碳纳米管杂化物织物保养 ················· 291
12.6 碳纳米管杂化材料前景展望 ·································· 292
参考文献 ·· 294

第13章 碳纳米管纤维增强 ·· 300

13.1 引言 ·· 300
13.2 碳纳米管纤维制备方法 ·· 302
13.2.1 液相法碳纳米管纤维 ···································· 302
13.2.2 气凝胶直接纺丝制备碳纳米管纤维 ··················· 303
13.2.3 碳纳米管阵列干法纺丝 ································· 303
13.3 碳纳米管纤维机械强度的决定因素 ···························· 304
13.3.1 碳纳米管间的交联 ······································ 304
13.3.2 致密化 ·· 307
13.3.3 碳纳米管阵列 ·· 310
13.4 商业化应用 ·· 315
参考文献 ·· 315

第14章 碳纳米管及其组件在电磁屏蔽中的应用 ······················ 322

14.1 引言 ·· 322
14.2 电磁屏蔽机理及测试技术 ······································ 323
14.2.1 屏蔽机制的基本原理 ···································· 323
14.2.2 屏蔽效能测试 ·· 324
14.3 碳纳米管电磁干扰屏蔽复合材料 ······························ 325
14.4 碳纳米管片材(巴基纸)电磁干扰屏蔽复合材料 ············· 332

14.5 电磁干扰屏蔽材料的未来发展趋势 336
14.6 本章小结 340
参考文献 340

第15章 碳纳米管和石墨烯纤维用于可穿戴纤维状能源转换器 342

15.1 引言 342
15.2 碳纳米管、石墨烯及其复合纤维的制备和性能 343
 15.2.1 石墨烯纤维 343
 15.2.2 碳纳米管/石墨烯复合纤维的制备 346
 15.2.3 碳纳米管、石墨烯及其复合纤维的性能 348
15.3 基于碳纳米管和石墨烯复合纤维的可穿戴纤维状能量转换装置 348
 15.3.1 碳纳米管和(或)石墨烯纤维电极的纤维状太阳能电池 349
 15.3.2 可穿戴纤维状发光二极管 353
 15.3.3 采用碳纳米管纤维的可穿戴纤维状生物燃料电池 354
15.4 纤维状能量转换和存储集成器件 355
15.5 本章小结 357
参考文献 358

第16章 碳纳米管片材在先进复合材料中的加工及应用 364

16.1 引言 364
16.2 碳纳米管片材的制备方法 365
 16.2.1 "巴克纸"或分散/过滤法 365
 16.2.2 垂直排列碳纳米管阵列的干法/固态纺丝 365
 16.2.3 碳纳米管气凝胶的直接纺丝与缠绕 367
16.3 碳纳米管片材的加工与应用 369
 16.3.1 碳纳米管功能化和交联制备碳纳米管/聚合物复合材料 369
 16.3.2 基于碳纳米管片材的柔性纳米结构电极 384
16.4 本章小结 398
参考文献 399
延伸阅读 413

第17章 仿生超级纤维 414

17.1 引言 414
17.2 仿生丝 415

17.3 仿生酵母 ········· 417
17.4 仿生纤维素 ········· 420
17.5 本章小结 ········· 423
参考文献 ········· 423

第 3 部分 电导体和热导体的最新研究进展

第 18 章 碳纳米管纱的导电机制 ········· 431
18.1 引言 ········· 431
18.2 碳纳米管的生长 ········· 432
18.3 碳纳米管套筒的形成与形态 ········· 433
18.4 催化剂结焦 ········· 434
18.5 纺纱的合成过程 ········· 434
18.6 与铜相比的碳纳米管电导率 ········· 436
18.7 如何保证高导电率 ········· 438
18.8 铜-碳纳米管复合材料 ········· 442
18.9 抑制电迁移 ········· 443
18.10 讨论 ········· 443
参考文献 ········· 445

第 19 章 碳纳米纤维导热性 ········· 450
19.1 引言 ········· 450
19.2 试验方法 ········· 452
  19.2.1 碳纳米管纤维样品 ········· 452
  19.2.2 使用 T 型探针测量热导率 ········· 456
19.3 结果和讨论 ········· 463
  19.3.1 碳纳米管的热导率 ········· 463
  19.3.2 CNT 纤维和 CNT-聚合物复合纤维的导热性 ········· 465
19.4 本章小结 ········· 468
参考文献 ········· 468

第 20 章 碳纳米管天线的设计与发展 ········· 473
20.1 引言 ········· 473
20.2 碳纳米管束天线 ········· 474

20.3 碳纳米管片材贴片天线 ……………………………………………………… 480
　20.3.1 碳纳米管片材制备 ………………………………………………… 480
　20.3.2 碳纳米管片材贴片天线 …………………………………………… 481
20.4 后处理对碳纳米管天线性能的影响 ………………………………………… 485
　20.4.1 金属纳米颗粒掺杂提高导电性 …………………………………… 486
　20.4.2 采用原位常压等离子体处理使碳纳米管功能化 ………………… 487
20.5 本章小结 ……………………………………………………………………… 489
参考文献 …………………………………………………………………………… 489

第21章 碳纳米管纤维的场发射性能优化 …………………………………… 492

21.1 引言 …………………………………………………………………………… 492
21.2 碳纳米管纤维的场电子发射特性研究 …………………………………… 494
21.3 碳纳米管纤维的场发射特性理想表征平台 ……………………………… 501
　21.3.1 碳纳米管纤维的生长条件、加工工艺和功能化 ………………… 501
　21.3.2 纤维形态、组成和排列研究 ……………………………………… 502
　21.3.3 电导率和热导率测量 ……………………………………………… 503
　21.3.4 碳纳米管纤维尖端制备 …………………………………………… 504
　21.3.5 全场发射表征 ……………………………………………………… 504
　21.3.6 碳纳米管纤维在场发射过程中的热成像 ………………………… 504
　21.3.7 场发射动力学 ……………………………………………………… 505
　21.3.8 "胡椒瓶"发射率表征 …………………………………………… 506
　21.3.9 建模 ………………………………………………………………… 507
参考文献 …………………………………………………………………………… 509

第22章 碳纳米管纤维场发射性能的多尺度模拟 …………………………… 521

22.1 碳纳米管纤维的场发射模拟 ……………………………………………… 521
　22.1.1 理想纤维 …………………………………………………………… 521
　22.1.2 静电场问题 ………………………………………………………… 523
　22.1.3 发射理论问题 ……………………………………………………… 525
　22.1.4 碳纳米管纤维场发射的多尺度模拟 ……………………………… 528
22.2 数值模拟示例 ……………………………………………………………… 531
　22.2.1 导电性和导热性差的碳纳米管纤维的自热效应 ………………… 531
　22.2.2 场发射特性对纤维尖端碳纳米管尺寸的灵敏度 ………………… 533
　22.2.3 导电性和导热性改善后的碳纳米管纤维的电阻自热效应 ……… 536

- 22.2.4 纤维尖端发射碳纳米管的数目对场发射特性的影响 … 538
- 22.2.5 场发射特性对纤维及其尖端碳纳米管增强因子的灵敏度 … 542
- 22.2.6 静电屏蔽对两个近距离的碳纳米管纤维的场发射特性的影响 … 543
- 22.3 本章小结 … 546
- 附录:纤维尖端碳纳米管的自热效应 … 547
- 参考文献 … 548

第23章 纳米管超级纤维材料工业化 … 554

- 23.1 碳纳米管浮动催化剂方法的局限性 … 554
- 23.2 纳米管材料高速制备的前景 … 556
  - 23.2.1 采用多孔陶瓷管增加碳纳米管筒状物的产量 … 556
  - 23.2.2 热电阻等离子体反应器 … 558
  - 23.2.3 等离子体磁约束合成纳米管 … 560
  - 23.2.4 矩形反应器管内合成碳纳米管的气体流动模拟 … 563
  - 23.2.5 等离子体纳米管合成的初始模型 … 566
- 23.3 碳杂化材料的工业化 … 567
- 23.4 利用太空资源制备纳米管超级纤维 … 572
  - 23.4.1 从月球土壤中获取 Cd,Ge,Hg,Sb,Te 和 Zn 元素 … 573
  - 23.4.2 月球地壳矿物的热处理 … 575
  - 23.4.3 在地球之外的纳米管纱线和纳米管片材板材的制备 … 576
- 23.5 本章小结 … 579
- 参考文献 … 579

第24章 硅和单壁碳纳米管之间的界面热阻 … 581

- 24.1 引言 … 581
- 24.2 界面热阻 … 581
  - 24.2.1 热开关 … 582
  - 24.2.2 集成电路功耗的热管理 … 583
- 24.3 界面热阻的计算 … 584
  - 24.3.1 分析模型 … 584
  - 24.3.2 分子动力学方法和模型 … 584
- 24.4 结果和讨论 … 590
- 24.5 本章小结 … 596
- 参考文献 … 596
- 延伸阅读 … 600

第4部分 纤维材料在环境、生物、能源和航空航天领域应用的最新发展

第25章 基于碳纳米管和石墨烯的纤维状超级电容器件 …………… 603

- 25.1 引言 ………………………………………………………………… 603
- 25.2 纤维状超级电容器的制备 ………………………………………… 605
  - 25.2.1 基本单元材料的合成和制备 ……………………………… 606
  - 25.2.2 纤维制备 …………………………………………………… 607
  - 25.2.3 纤维制备过程中碳纳米结构基本单元的再加工 ………… 609
  - 25.2.4 器件的制备 ………………………………………………… 611
- 25.3 器件性能 …………………………………………………………… 614
  - 25.3.1 最新进展 …………………………………………………… 614
  - 25.3.2 器件的应用 ………………………………………………… 615
- 25.4 本章小结 …………………………………………………………… 616
- 参考文献 ………………………………………………………………… 616

第26章 基于碳纳米管的高效空气过滤器 ………………………… 620

- 26.1 引言 ………………………………………………………………… 620
- 26.2 气溶胶颗粒的过滤机制 …………………………………………… 621
  - 26.2.1 经典气溶胶颗粒的过滤机理 ……………………………… 621
  - 26.2.2 纳米纤维捕获气溶胶颗粒的原位观察 …………………… 623
- 26.3 过滤器的性能评价 ………………………………………………… 629
- 26.4 基于碳纳米管的高效空气过滤器 ………………………………… 629
  - 26.4.1 自由态的碳纳米管薄膜 …………………………………… 630
  - 26.4.2 碳纳米管涂层过滤器 ……………………………………… 631
  - 26.4.3 三维碳纳米管海绵和支架过滤器 ………………………… 635
  - 26.4.4 分级碳纳米管结构过滤器 ………………………………… 636
  - 26.4.5 烧结碳纳米管流化床过滤器 ……………………………… 637
- 26.5 本章小结 …………………………………………………………… 639
- 参考文献 ………………………………………………………………… 639
- 延伸阅读 ………………………………………………………………… 643

第27章 基于碳纳米管线和软磁复合材料的电机工作原理和应用 … 644

- 27.1 引言 ………………………………………………………………… 644

27.2 机电术语和定义 645
27.3 电动机工作原理 647
27.4 电动机分类及运行特性 648
27.5 直流电机分类和特性 648
27.6 交流电机分类 652
27.7 直线感应电动机 657
27.8 碳纳米管线和软磁复合材料在电动机中的应用 658
27.9 本章小结 664
参考文献 665
词汇表 665

第28章 碳纳米管在能源领域的应用 669

28.1 引言 669
 28.1.1 全球能源问题 669
 28.1.2 碳纳米管简介 670
 28.1.3 碳纳米管应对能量储存和转换问题 671
28.2 碳纳米管在再生能源方面的应用 672
 28.2.1 储氢 672
 28.2.2 太阳能电池 673
28.3 碳纳米管在能量转换方面的应用 674
 28.3.1 背景介绍 674
 28.3.2 用于燃料电池的垂直排列氮掺杂碳纳米管(VA-CNT) 674
 28.3.3 用于燃料电池的垂直排列纳米管 675
28.4 碳纳米管在能源储存方面的应用 676
 28.4.1 背景介绍 676
 28.4.2 电池 677
 28.4.3 超级电容器 681
28.5 碳纳米管在热能收集方面的应用 685
 28.5.1 温差原电池简介 685
 28.5.2 不同类型的碳纳米管用于温差原电池 687
 28.5.3 目前用于温差原电池的碳纳米管的加工技术和在电池设计方面采用碳纳米管取得的突破 690
28.6 展望和未来发展趋势 692
参考文献 693

第29章　范德瓦耳斯力驱动技术在航天领域应用的展望 …… 702

- 29.1　引言 …… 702
- 29.2　色散力工程的要素 …… 706
  - 29.2.1　物理学角度 …… 706
  - 29.2.2　概括说明 …… 710
- 29.3　工业、科学家、新闻媒体和资本家 …… 711
  - 29.3.1　惊喜和脆弱 …… 711
  - 29.3.2　内部争论 …… 712
  - 29.3.3　娱乐和小说 …… 715
  - 29.3.4　准历史和神话 …… 716
  - 29.3.5　危机边缘 …… 718
  - 29.3.6　对科学尽职调查的总体影响 …… 720
  - 29.3.7　创新和风险规避 …… 722
- 29.4　色散力工程 …… 724
  - 29.4.1　约翰逊块规原型 …… 727
  - 29.4.2　原子力显微镜 …… 730
  - 29.4.3　壁虎胶产品 …… 733
  - 29.4.4　非易失性纳米机电系统存储单元 …… 736
  - 29.4.5　卡西米尔斥力 …… 737
  - 29.4.6　卡西米尔力计算工具 …… 740
  - 29.4.7　价值链分析、利润池和瓶颈 …… 743
- 29.5　航空航天应用的未来发展 …… 745
- 参考文献 …… 746

第30章　基于缠绕型纳米纤维进行表面增强拉曼光谱分子传感 …… 774

- 30.1　引言 …… 774
  - 30.1.1　拉曼光谱学 …… 774
  - 30.1.2　表面增强拉曼光谱 …… 776
  - 30.1.3　基于相互交联的纳米纤维结点的表面增强拉曼光谱基底 …… 777
  - 30.1.4　本章大纲和目标 …… 778
- 30.2　基于由大量相互交联的纳米纤维结点组成碳纳米管纤维纤维阵列的表面增强拉曼光谱基底 …… 778
  - 30.2.1　基底的合理设计 …… 778
  - 30.2.2　基底的制备 …… 779

  30.2.3 飞莫尔级灵敏度 ·· 781
  30.2.4 小结 ··· 783
 30.3 基于表面增强拉曼光谱的竞争性分子吸附灵敏性检测的应用 ············ 784
  30.3.1 研究目标 ··· 784
  30.3.2 试验方法 ··· 786
  30.3.3 结果与讨论 ·· 786
  30.3.4 小结 ··· 794
 参考文献 ··· 795

第31章 碳纳米管丝材在精密医疗器械中的应用 ································ 805

 31.1 引言 ·· 805
 31.2 碳纳米管纤维作为精密医疗器械元件的开发 ···························· 807
 31.3 碳纳米管在精密医疗器械中的应用 ·· 808
  31.3.1 碳纳米管作为医疗器械的导线 ······································ 808
  31.3.2 碳纳米管纤维的后处理及涂层制备 ································ 810
  31.3.3 碳纳米管纤维的机电性能测试 ······································ 811
  31.3.4 碳纳米管纤维在小鼠体内的动物试验评价 ······················· 811
 31.4 基于碳纳米管的生物传感器 ·· 814
 31.5 碳纳米管丝材在微型机器人(毫米级)中的应用 ······················· 819
 31.6 本章小结 ·· 822
 参考文献 ··· 823

第32章 浮动催化剂反应器的设计和碳纳米管合成的安全特性 ··············· 831

 32.1 引言 ·· 831
 32.2 反应器设计与安全特性 ··· 834
  32.2.1 浮动催化剂反应器的设计 ·· 834
  32.2.2 反应器设计优化 ··· 834
  32.2.3 氢气控制 ··· 836
  32.2.4 收集箱和样品收集的压力 ·· 839
 32.3 四级质谱仪在气体种类检测中的应用 ···································· 841
 32.4 产品的表征与后加工处理 ··· 842
 32.5 碳纳米管杂化片材 ··· 843
 32.6 本章小结 ·· 844
 参考文献 ··· 844

第33章 静电纺丝法制备碳纳米纤维的发展 ········ 846

33.1 碳纤维生产 ········ 846
33.2 静电纺丝法制备聚丙烯腈基碳纳米纤维 ········ 847
33.2.1 聚丙烯腈的静电纺丝 ········ 847
33.2.2 静电纺丝聚丙烯腈基纳米纤维的炭化 ········ 848
33.2.3 静电纺丝制备聚丙烯腈基碳纳米纤维的研究进展 ········ 848
33.3 静电纺丝制备高强度碳纳米纤维丝的探索 ········ 849
33.4 本章小结 ········ 853
参考文献 ········ 854

第34章 作为碳纳米管超级纤维发展基础的碳纤维制造和应用 ········ 858

34.1 引言 ········ 858
34.2 汽车行业碳纤维增强复合材料技术的发展趋势 ········ 859
34.2.1 汽车零部件行业发展趋势 ········ 859
34.2.2 碳纤维复合材料的发展趋势 ········ 860
34.2.3 碳纤维增强热塑性材料的发展趋势 ········ 861
34.3 碳纤维增强复合材料成型设备介绍 ········ 862
34.3.1 多级展纱机 ········ 862
34.3.2 混合编织机 ········ 862
34.3.3 多功能热塑性碳纤维预浸料制造系统 ········ 862
34.3.4 自动铺丝机 ········ 864
34.3.5 碳纤维预制件(带)制造系统 ········ 864
34.3.6 高压树脂传递模塑系统 ········ 865
34.3.7 高温高精度模压机 ········ 865
34.3.8 碳纤维缠绕机 ········ 867
34.3.9 用于快速固化碳纤维增强复合材料的真空微波炉 ········ 867
34.3.10 碳纤维增强复合材料三维动态水射流切割系统 ········ 868
34.3.11 高强度碳纤维增强复合材料机械加工系统 ········ 868
34.4 碳纤维增强复合材料在汽车轻量化中的应用案例 ········ 869
34.4.1 侧防撞梁 ········ 869
34.4.2 汽车发动机隔音罩 ········ 869
34.4.3 汽车稳定杆 ········ 870
34.4.4 叶片弹簧 ········ 870
34.4.5 车顶纵梁 ········ 871

34.4.6 混杂纤维复合压力容器 ………………………………………………… 871
34.5 碳纳米材料基复合材料 …………………………………………………… 871
34.6 本章小结 …………………………………………………………………… 873
参考文献 ………………………………………………………………………… 873

第35章 碳纳米管混杂纱线和片材的合成及应用 ……………………………… 875

35.1 引言 ………………………………………………………………………… 875
35.2 碳纳米管片材在水处理中的应用 ………………………………………… 875
    35.2.1 背景介绍 …………………………………………………………… 875
    35.2.2 基于碳纳米管的水处理材料 ……………………………………… 876
    35.2.3 水处理试验 ………………………………………………………… 877
    35.2.4 过滤水的结果和讨论 ……………………………………………… 881
35.3 碳纳米管纱线和片材在多功能复合材料中的应用 ……………………… 884
    35.3.1 复合材料的研究背景 ……………………………………………… 884
    35.3.2 碳纳米管的合成 …………………………………………………… 885
    35.3.3 玻璃纤维增强复合材料中碳纳米管的制备及性能测试 ………… 886
    35.3.4 性能表征 …………………………………………………………… 887
35.4 本章小结 …………………………………………………………………… 890
参考文献 ………………………………………………………………………… 890

XXIII

第1部分 合成、加工和表征最新研究进展

第1章
浮动催化剂法直接纺制平行排列的碳纳米管纤维和碳纳米管薄膜

Hai M. Duong[1], Thang Q. Tran[1], Reed Kopp[2], SandarMyoMyint[1], Liu Peng[1]
[1]新加坡,新加坡国立大学机械工程系
[2]美国马萨诸塞州剑桥市,麻省理工学院航空航天系

1.1 概述

在过去的几十年里,随着碳纳米管的优异性能不断被发现,它已成为最吸引人的材料之一[1]。碳纳米管分为单壁碳纳米管(SWNT)[2-3]和多壁碳纳米管(MWNT)[1]。碳纳米管因具有较强的碳-碳共价键和独特的原子结构,呈现出优异的力学、电学以及热学性能。具体来说,碳纳米管是自然界中强度最高的材料之一,其抗拉强度在11~63GPa之间,杨氏模量达到1TPa[4]。此外,碳纳米管的热性能超过铜,单壁碳纳米管和多壁碳纳米管的热导率分别接近3500W/(m·K)[5]和3000W/(m·K)[6]。因此,碳纳米管在纳米技术[7-8]、纳米力学[9]、生物技术[10-11]、先进电子[12-13]以及其他材料学技术领域具有很大的应用潜力[14-15]。如许多研究表明,利用相对较低体积分数的碳纳米管作为填充材料即可提高复合材料的多功能特性[16]。

将碳纳米管组装成具有形貌和性能可控的宏观结构和工程结构是非常令人期待的[17]。到目前为止,开发了许多方法可将碳纳米管组装成宏观结构,包括连续碳纳米管纤维[18-20]、碳纳米管薄膜[21-23]、碳纳米管阵列[24]和碳纳米管气凝胶等[25]。在这些组装中,碳纳米管纤维和薄膜由于沿其纵向方向高度排列而备受关注。由于其排列整齐的形态,碳纳米管纤维和薄膜具有优异的各向异性,因此应用前景广阔,例如增强高性能复合材料[12,16]、人工肌肉[26]、传输导线[27]、生物传感器[28]和微电极[29]等。制备碳纳米管纤维和薄膜主要有三种方法:碳纳米管湿法纺丝法、碳纳米管阵列纺丝法和碳纳米管气凝胶直接纺丝法或浮动催化法。

1.1.1 碳纳米管湿法纺丝

由于碳纳米管的化学惰性和团聚特性,可以通过含有分散碳纳米管的溶液形成碳纳米管纤维和薄膜。首先,组装前的碳纳米管借助于超强酸[20]、典型的表面活性剂如十二烷基磺酸锂(LDS)[30]、或十二烷基磺酸钠(SDS)[31]、或生物分子如DNA[32]分散在溶剂中。超强酸有助于促进碳纳米管的质子化,而其他三种则倾向于包裹碳纳米管以中和其范德瓦耳斯力,从而形成均匀分散的碳纳米管溶液。

要制备碳纳米管纤维,需要先将碳纳米管溶液通过喷丝头喷入如乙醚、丙酮或者聚合物的凝固液中[20,30,32]。该方法制备的碳纳米管纤维取向度高,因为碳纳米管是通过喷出拉伸流动产生的流动诱导取向的,经洗涤和干燥后,去除残留的杂质,形成碳纳米管纤维。而制备碳纳米管薄膜则需要稳定的碳纳米管溶液沉积在基底上。在这种方法中,碳纳米管溶液被旋涂在旋转基底上(旋涂法)[33-34]、通过基体浸入进行浸渍(浸渍法)[23]、或借助压缩气体进行喷涂(喷涂法)[35]。此外,碳纳米管薄膜也可通过膜过滤法制备,即将碳纳米管溶液通过过滤膜将碳纳米管材料与溶剂分离[36],或者通过碳纳米管打印法制备[37]。

湿法纺丝的一个重要优点是它能够利用许多不同先进方法[23,28]合成的高质量碳纳米管输入来控制碳纳米管纤维和薄膜的形态和性能。因此,该方法制备的碳纳米管纤维和薄膜的导电性和导热性均优于其他方法。湿法纺丝具有很大的发展潜力,而且已经成功商业化(Dexmat 公司)。然而,由于其制造步骤多、废物处理费用高以及对昂贵的预制高质量碳纳米管的需要,因此该技术成本仍然很高。

1.1.2 碳纳米管阵列纺丝

垂直排列的碳纳米管阵列可以纺制成碳纳米管纤维和薄膜[18,21]。该技术包括两个步骤,首先利用化学气相沉积(CVD)系统在硅片上生长碳纳米管阵列,然后将其纺丝成薄膜或纤维。在纺丝过程中,垂直排列的碳纳米管阵列转化为水平且连续的碳纳米管网,然后由卷绕机收集形成碳纳米管薄膜。在卷绕步骤之前,可以通过加捻或使碳纳米管网致密化来产生碳纳米管纤维[18]。在纺丝过程中,碳纳米管以多种方式沿卷网轴取向;其中一些碳纳米管是平行的,而另一些是排列不整齐或卷曲螺旋的[39]。值得注意的是,并非所有的碳纳米管阵列都能纺制成纤维或薄膜。碳纳米管阵列的可纺性很大程度上取决于其形态,包括碳纳米管和碳纳米管之间、碳纳米管和基底之间的相互作用以及碳纳米管的长度、直径和密度。

然而,这种技术不能放大进行工业化应用源于以下几方面挑战:①在纺丝之前无法在硅片上生长垂直排列的长碳纳米管阵列,且大规模碳纳米管阵列的均一性较差。②由垂直碳纳米管阵列大规模连续制备千米级碳纳米管纤维或薄膜的不确定性。③化学气相沉积过程中难以控制碳纳米管阵列的形态(手性、密度和长度),重复性差。④对纺丝人员技能的高度依赖性。⑤两步工艺制造时间长,因此仍局限于实验室规模,不适用于工业化生产。

1.1.3 碳纳米管气凝胶直接纺丝

碳纳米管可以直接在炉腔内组装成宏观结构[8]。在该方法中,以碳源、催化剂前驱体、促进剂和载气为原料通过化学气相沉积过程合成碳纳米管气凝胶,然后将其从炉中拉出,根据收集方法不同形成碳纳米管纤维[8,19]、薄膜[8,22]或泡沫[25]。因此这种方法被称为直接纺丝法或一步纺丝法。此外,碳纳米管产物的形态和性质可以直接由合成参数控制[40]。到目前为止这仍然是合成强度最高的碳纳米管纤维和薄膜的方法,其强度大约为 8.8GPa[41]。

与其他方法相比,浮动催化法可以解决碳纳米管制造过程中成本以及规模的问题。它可通过一步法[8,40]生产出高质量、大规模、形态可控的碳纳米管纤维和薄膜,而且在能源、时间消耗和相关成本方面也很有利。此外,该过程可使用天然气或二氧化碳作为主要碳源,同时回收载气和任何未反应的碳氢化合物以降低成本并使生产更加环保[40]。事实上,浮动催化法是第一种取得商业成功的方法(Nanocomp Technologies Inc.)。虽然近年来在浮动催化法纺制碳纳米管纤维和薄膜方面的研究取得了重大进展,但对于这种方法制备碳纳米管组装的认识还不够全面。在本章中将概述通过浮动催化法纺制碳纳米管的方法及其最新发展和应用。

1.2 浮动催化法

图 1-1(a)显示了利用高温加热的 CVD 炉直接纺丝生成碳纳米管的过程。当碳源(碳氢化合物)、催化剂(二茂铁)和促进剂(噻吩)的混合物注入热炉后,这些化合物沿 CVD 炉进入不同温度分布的炉区中,热解反应逐步开始[42]。通常二茂铁最不稳定首先开始分解释放出铁原子,提供碳纳米管形成的催化位点,随着温度的升高,当这些粒子通过熔炉时,它们开始碰撞、凝聚成长为更大的铁颗粒[42-43]。

其他化合物的分解为碳纳米管的生长提供了碳碎片和硫。碳纳米管的不断生长积累形成由超长碳纳米管组成的气凝胶,该气凝胶可以被连续纺成具有良好碳纳米管取向的纤维或薄膜,如图 1-1(b)~(d)所示。这种连续过程可以制备长达千米级的碳纳米管纤维和碳纳米管薄膜或长达米级的厚碳纳米管薄膜。碳纳米管宏观产品的成功制备需要对如碳源、催化剂、促进剂、载气、反应温度等工艺参数进行优化才能实现。

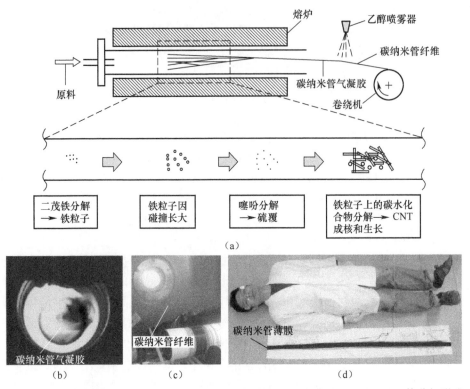

图1-1 (a)用浮动催化工艺直接纺丝生成碳纳米管纤维和薄膜示意图以及前驱体分解形成弹性碳纳米管气凝胶的详细示意图;在热炉中的碳纳米管气凝胶(b)、缠绕在纸辊上的碳纳米管(c)和1.6m长碳纳米管薄膜(d)都由浮动催化法制备获得

1.2.1 碳源

在浮动催化过程中,甲烷[8,44-45]、丙酮[46-47]、乙醇[19,48]、丁醇[49-50]、甲苯[42]等被用来作为碳源,在不同条件下合成了各种形貌的碳纳米管纤维和薄膜。为了使碳纳米管成核和生长,碳源的热解必须在热力学可行的合成条件下、且发生在催化剂表面。由于碳源热解温度不同,碳源的选择对合成过程中碳原子的可利用性有重要影响,从而影响催化剂的尺寸和碳纳米管的生长时间[42,51]。此外该过程中碳供应速率必须是最优且连续的,以便成核和维持碳纳米管的生长[51]。碳供应不足可能会导致碳纳米管产量低,而供应过量又可能导致催化剂因碳包封而失活,并形成非碳纳米管产品或有缺陷的碳纳米管。例如Gspann等[42]报道了以甲烷和甲苯为碳源在浮动催化过程中生成不同形貌和力学性能的碳纳米管纤

维。与甲烷相比,甲苯在较低的温度下分解,所得到的碳纳米管纤维强度高、催化剂杂质少。

1.2.2 载气

大多浮动催化工艺使用氢气作为载气,整个过程通常在真空或密闭系统中进行[8,19,22,41,48]。氮气也可用作载气,可以在空气环境中生产碳纳米管产品[52]。载气在碳纳米管的合成过程中有着多方面的作用。它很大程度上决定了反应物沿着反应器的转移,控制了它们在反应区域的停留时间[42,45]。在此过程中,发生反应物分解、碳纳米管在铁粒子表面成核以及生长。在使用氢气的情况下,根据 Le Chatelier's 原理,氢还原反应气氛,从而将碳源脱氢的平衡转移到反应物一侧,这可减少过量的碳形成,从而避免非碳纳米管、有缺陷的碳纳米管产品的形成和催化剂中毒[42,51]。

此外,由于载气也起稀释剂的作用,在合成过程中载气的流速可以直接影响纳米铁催化剂的碰撞和生长动力。载气输入流量较低时,由于铁纳米颗粒的碰撞概率较高,可能会形成直径较大的催化剂颗粒。而氢气流量较高时,则会得到较小的颗粒[53-54]。由于在生长过程中催化剂的尺寸与碳纳米管的直径有很强的相关性,所以在相同的碳给料速率下[54],采用较高氢气流量可以合成直径较小的碳纳米管。然而,过量的氢气可能会抑制碳源热分解和碳纳米管的碳氢化(烃化)。此外,载气和缠绕率一样,也是控制碳纳米管取向度和碳纳米管产品产率的重要参数[45,50]。

1.2.3 催化剂

在浮动催化法中,二茂铁通常作为标准催化剂用来提供铁纳米颗粒[40]。催化剂维持碳源的热分解以及碳纳米管的成核和生长。此外催化剂的粒度和状态决定了碳在给定温度下的扩散类型,从而影响了碳纳米管的生长速率[51]。需要注意的是,纳米粒子的熔点取决于其尺寸,随着碳扩散而发生变化。许多研究表明,在浮动催化过程中,由于碳纳米管的合成温度较高(1000~1300℃),在 CNT 生长过程中铁催化剂颗粒处于液态[42,49]。此外,由于成核点处的催化剂粒径与碳纳米管的直径密切相关,因此在 CVD 过程中,调节催化剂粒径是控制碳纳米管形态的关键因素。例如,较小尺寸的催化剂可以生成直径小、壁少的纳米管,而较大尺寸的催化剂通常会生成多壁的大直径纳米管[40,53]。

在合成过程中,由于"Ludwig-Sore"效应,热炉壁平均自由程内的气体分子离开的速度比到达的速度要快。因此,在热炉壁平均自由程内的催化剂纳米颗粒被排斥到平均自由程距离之外[42]。在合成过程中,催化剂颗粒通过碰撞或凝聚生长,形成催化剂粒径分布[42,53]。根据 Conroy 等建立的反应器内动量、热量和质量传递模型[53],非线性粒子速度和炉温分布对合成过程机制有显著影响。具体地说,靠近炉壁的催化剂颗粒的运动速度比炉中心的要慢得多,因此,它们有更长的停留时间和更多的机会通过碰撞生长到更大尺寸,这对碳纳米管生长可能没有积极作用。而炉中心的催化剂颗粒则运动速度较快、碰撞概率较低,具有合适的停留时间用于碳纳米管的生长[40,53]。

催化剂的粒径受反应温度及其供应点浓度的影响较大。催化剂颗粒的大小主要取决于二茂铁的分解温度、促进剂化合物和催化剂表面的碳源[42]。由于温度分布,这些温度之间的差异对应于炉内的某个区域[42,47]。此外,二茂铁的输入量和载气流量都会改变催化剂的浓度从而对催化剂粒径产生显著的影响。

在最佳碳源条件下,催化剂的大小也通过增加碳纳米管的生长时间来决定碳纳米管的长度[40,42]。碳纳米管的生长通常是因催化剂的碳中毒或催化剂的粗化而终止。在合成过程中,催化剂杂质通常会根据粒径分布、催化剂浓度和碳供应情况的不同而掺入到碳纳米管产品中[51]。

1.2.4 促进剂

硫或硫类化合物如噻吩[8,12,19,25]、二硫化碳[55]、单质硫[47]等被用于在浮动催化过程中制备高质量的碳纳米管产品。硫在成功合成碳纳米管产品中起着多种作用。首先,通过限制催化剂纳米颗粒团聚来控制其大小。根据 Gspann 等的报道,由硫包覆的铁颗粒(FeS)具有较强的铁硫键,更能抵抗碰撞凝聚[42]。因此,原子硫释放的温度对于阻止催化剂颗粒的进一步生长非常重要,它可以使催化剂颗粒保持合适的尺寸,使碳纳米管以理想的形态生长。例如,Sundaram 等[55]比较了使用二硫化碳和噻吩作为促进剂来生产碳纳米管纤维的 CVD 过程。由于二硫化碳的热稳定性低于噻吩,因此理论上认为,与噻吩法相比,该合成工艺中的硫可以更早地阻止催化剂颗粒生长。因此,发现使用二硫化碳工艺中催化剂颗粒的直径要小得多,从而形成了单壁碳纳米管,而使用噻吩工艺中的催化剂颗粒直径较大,且产物仅包含双壁碳纳米管。

此外,硫为 CVD 反应提供了一个超级生长条件[42,51,56]。它增加了催化剂表面碳纳米管的成核速度,因此常被称为反应促进剂。在这一过程中,碳纳米管的生长速率估计高达 $0.1 \sim 1 \text{mm/s}$[56]。Motta 等[56]的研究表明,碳和硫在高温铁液中的同时溶解度很低。硫的亚表面扩散改变了催化剂颗粒的表面能,导致低溶解度碳的表面扩散。这使得即便是非常大的铁催化剂颗粒也能形成壁面少、直径小的纳米管。

1.2.5 合成温度和注射管长度

合成温度一般在 1000~1300℃,这样碳源、催化剂前驱体、促进剂均可被热解用于合成反应[40]。在较短的停留时间内原料分解需要足够高的温度,而过高的温度会导致碳源非催化裂解产生无定形碳[51]。由于加热炉的温度梯度随合成温度的变化而变化,不同的合成温度会影响合成反应中反应物的利用率,从而影响碳纳米管产物的形貌和质量。例如,Motta 等报道了使用相同的原料在 1200℃下制备出了多壁碳纳米管纤维,而在 1300℃下制备出了单/双壁碳纳米管纤维[56]。

注射管的长度在浮动催化过程中也起着至关重要的作用。通过改变这一参数,可以控制反应物的初始流量,改变反应物的利用率,从而优化合成过程,制备出所需形貌的碳纳米管产品。Paukner 和 Koziol[57] 以及 Lee 等[47] 分别报道了二茂铁和硫的注入端长度对催化剂颗粒大小和碳纳米管纤维形貌的显著影响。

1.2.6 沉积炉体的设计、缠绕率和在线致密化

与纺丝模式相关的反应器设计,如卧式炉[7,8,45,58]或立式炉[19,42,48,54,56]也对成功制备碳纳米管材料起着重要作用。如 Zhong 等[59] 和 Conroy 等[53] 所指出的,与立式炉相比,卧式炉由于炉内热气和炉外冷气流向不同,在出口处形成气体扰动。此外,由于气体的密度不同,炉内气体分布也可能不均匀。这些因素对碳纳米管产物合成工艺的稳定性有显著影响[40]。

加热炉系统的缠绕速度在很大程度上取决于气流的流速、炉内形成的碳纳米管气凝胶的强度以及工艺过程的连续性。通常,输入较高载气流量可以获得较高的缠绕速度,形成强度较高的碳纳米管气凝胶[45,50]。通过在缠绕机收集碳纳米管气凝胶之前对其施加更大的张力,可以提高产品中碳纳米管的取向度。研究发现,较高的缠绕速率(高达 20m/min)可使碳纳米管的取向度和堆积密度提高,从而提高碳纳米管产品的性能[51]。

为了提高碳纳米管产品特别是碳纳米管纤维的堆积密度,通常使用水/乙醇浴[52]或丙酮/乙醇喷雾器[42,45,58]在碳纳米管气凝胶被缠绕机收集之前对其进行致密化处理,如图 1-1(a)所示。所采用的在线致密化方法取决于碳纳米管直接纺丝的方式、反应器的设计以及碳纳米管产品的质量要求。一般来说,丙酮是使碳纳米管纤维致密化的最佳溶剂,而水浴可以产生截面更均匀的碳纳米管纤维[42,48]。

1.3 碳纳米管纤维和薄膜的性能

1.3.1 材料结构

图 1-2 为碳纳米管纤维的 SEM 图像和碳纳米管的 TEM 图像。当碳纳米管气凝胶以高速收集到缠绕机上时,初生的碳纳米管纤维或薄膜由水平排列的碳纳米管组成(图 1-2(a)和(b))。每个碳纳米纤维或薄膜的纳米结构是复杂的,它们由碳纳米管束组成,而这些碳纳米管束是单个碳纳米管通过范德瓦耳斯力相互作用集合而成[17]。单个碳纳米管具有不同的形貌(长度、直径、壁数和手性),以及接枝的官能团或在合成过程中引入的其他缺陷。最后,在材料结构中有大量的杂质化合物,如残余催化剂和其他碳结构比如副产物(图 1-2(c)和(d))。这些杂质可以通过优化合成工艺或纯化处理来减少[40]。

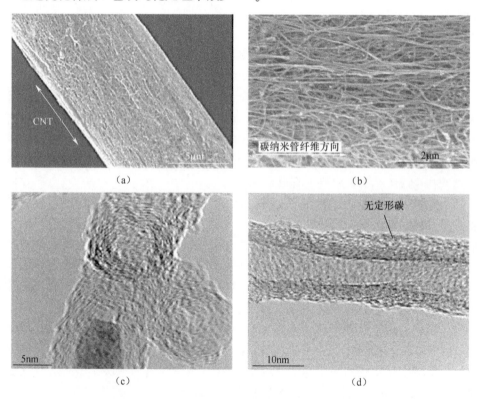

图 1-2 碳纳米管纤维(a)和碳纳米管纤维表面形貌(b)的 SEM 图像;
碳纳米管上铁催化剂(c)和无定形碳(d)的 TEM 图像

1.3.2 力学性能

通常采用浮动催化法纺制的碳纳米管纤维和薄膜具有优异的力学性能。它们具有极高的强度、刚度和韧性,超过目前任何商用纤维和薄膜[17,41]。它们的强度很大程度上取决于碳纳米管与碳纳米管束之间的相互作用,而这些相互作用与催化剂和碳质杂质、碳纳米管的形貌、取向、碳纳米管束的堆积密度等有关。这些参数可以通过优化合成工艺减少催化剂和碳质杂质[42,45]、增加碳纳米管取向度[41,45,50,58],并生成具有较大接触面积的大直径长薄壁纳米管来控制。关于碳纳米管纤维,需要注意的是其抗拉强度与测量标距长度密切相关,从以20mm为测量标距长度得到的1GPa到以1mm为测量标距长度得到的8.8GPa不等[41]。

此外,碳纳米管纤维最有趣的特性是其纱线般的性质,非常柔软容易弯曲。而且在打结的碳纳米管纤维中没有发现强度下降(图1-3),表明结节强度利用率为100%。这种结节强度性能远远优于许多其他商用高性能纤维[58,60]。

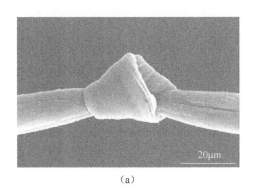
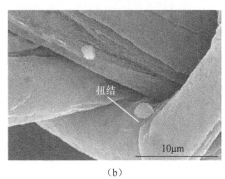

(a) (b)

图1-3 碳纳米管纤维结(a)和碳纳米管纤维结区域(b)的SEM图像

1.3.3 电学性能

浮动催化法纺制的碳纳米管产品的导电性很大程度上取决于碳纳米管之间的接触面积与碳纳米管的形貌(长度、直径、壁数、手性和杂质)。导电性可以通过合成过程或后处理来提高碳纳米管长度,同时降低纳米管直径、杂质和壁数得到改善。此外,通过浮动催化工艺制备的碳纳米管产品在液体介质中由于碳纳米管束和单个碳纳米管的层次结构的重排而显示出电结构效应[61]。它们的电阻随温度和水蒸气的变化可反映出有关碳纳米管性质的信息,如纯度和金属/半导体的比例[62-63]。到目前为止,文献报道的浮动催化纺制的碳纳米管纤维最佳电导率为

$2.24×10^4$ S/cm [52]。

1.3.4 热学性能

尽管浮动催化法纺制的碳纳米管宏观产品具有良好的散热性能,但对其热学性能的研究却鲜有报道。通常,要实现最有效的声子传输,碳纳米管和碳纳米管束应该是无缺陷的、长的、致密的、高度取向的。文献报道的碳纳米管薄膜和纤维的热导率测量值范围很大,这取决于所采用的测量方法和碳纳米管形貌[64]。Gspann等最近的一项研究表明,具有致密结构和良好取向的CNT纤维的热导率高达$770±10$W/(m·K)[64]。

1.4 碳纳米管纤维和薄膜的后处理

1.4.1 纯化

浮动催化法生产的碳纳米管聚集体的性能可以通过纯化处理去除碳纳米管表面铁催化剂颗粒或碳质杂质而得到改善。到目前为止,虽然粉状碳纳米管的纯化方法已经得到了很好的研究[65],但关于宏观碳纳米管结构的纯化研究报道较少[66]。对宏观碳纳米管产物进行纯化的方法应当对碳纳米管的性能影响最小。由于碳纳米管聚集体中大多数铁催化剂颗粒都封装在数层石墨化碳笼中,因此不能直接通过酸洗去除。一种方法是通过气相氧化来打开包裹催化剂纳米颗粒的碳层,使它们能够被酸有效地浸出。

根据这一方法,Chen等[66]报道了一种两步纯化方法来去除浮动催化法纺制的碳纳米管薄膜中的杂质。经低温与氧反应和NH_4Cl热处理后,得到纯度大于95%的双壁碳纳米管,同时保持了碳纳米管薄膜的宏观结构。同样,Lin等[67]对先进复合材料结构增强用直接纺丝碳纳米管膜的氧化提纯进行了全面研究。结果表明,在低温(430~460℃)热氧化和6mol/L浓度HCl浸泡后,碳纳米管薄膜的催化剂杂质含量较低(为2%),力学性能得到改善。在另一种纯化碳纳米管纤维的方法中,Li等[68]利用瞬时大电流烧掉含碳质杂质,并将暴露出来的剩余铁催化剂颗粒用稀释的盐酸洗涤,如图1-4所示。处理后的高纯度碳纳米管纤维(纯度为96%)强度为400MPa,电导率为4000S/cm,分别相当于未纯化碳纳米管纤维的133%和250%。

然而,Liu等[44]报道了只使用酸处理纯化直接纺丝的碳纳米管纤维和碳纳米管薄膜,将碳纳米管聚集体在室温条件下浸泡在65%(质量分数)的硝酸钠30min。

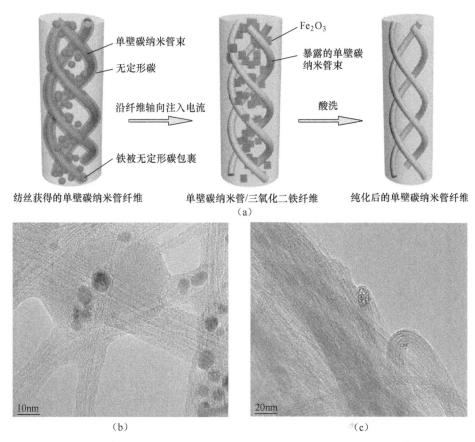

图1-4 （a）瞬时电流注入和酸洗纯化CNT纤维的过程；
（b）纯化前和（c）纯化后CNT的TEM图像

由于酸处理时间短，纯化有望成为碳纳米管结构改性的主要影响因素，致使碳纳米管的I_D/I_G比降低和无定形碳的去除（图1-5）。尽管铁催化剂杂质的含量几乎没有减少，但结果表明经处理后碳纳米管缺陷较少，碳纳米管产品的电导率提高了2~3倍，热导率提高了3~6倍。具体地说，酸化处理后的碳纳米管薄膜电导率高达4666S/cm，热导率高达759W/(m·K)[44]。然而，如果酸化时间更长一些，官能团有望被引入碳纳米管管壁，从而进一步改善碳纳米管聚集体的性能。

1.4.2 填充物的渗入

许多外来材料如己二烯、碳、氧化石墨烯或铜都可以渗透到碳纳米管聚集体的结构中，从而改变其管间的相互作用，提高其力学和电性能。Boncel等[69]报道了

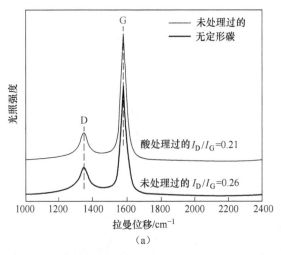

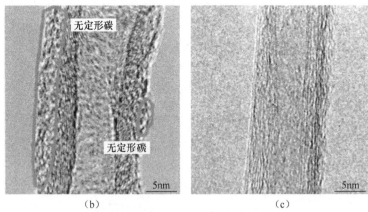

图 1-5 (a)纺丝和酸处理的 CNT 纤维的拉曼光谱;(b)纺丝 CNT 纤维的 TEM 图像;(c)酸处理 CNT 纤维的 TEM 图像

通过在浮动催化剂法纺制的碳纳米管纤维结构中引入交联,提高了其力学性能(图 1-6)。将初生致密化碳纳米管纤维浸入 1,5-己二烯(HDE)浴中 5min,然后在不同时间间隔内暴露于紫外线辐照。结果表明,经紫外线辐照处理 30min,纤维的比强度和韧性分别提高了 100% 和 300%,最高强度为 3.5GPa/SG。这些碳纳米管纤维力学性能的显著提高归因于碳纳米管与碳纳米管束之间由交联的 HDE 形成更强的相互作用。

在图 1-7 所示的另一种方法中,Lee 等[70]利用化学气相渗透法(CVI)有效地用碳填充浮动催化法纺制的碳纳米管纤维的内部空隙。无定形碳在碳纳米管管壁上的沉积使碳纳米管与碳纳米管束之间的负载转移变得更好。结果表明,经 CVI

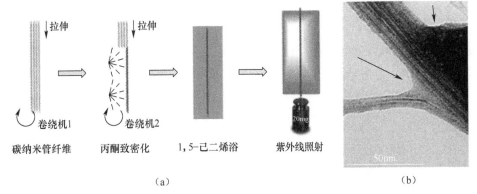

图1-6 (a)CNT纤维的己二烯化学处理过程；(b)外加材料包覆CNT管束的TEM图像

处理后，碳纳米管纤维的抗拉强度和刚度分别从0.6GPa提高到1.7GPa和从25GPa提高到127GPa。

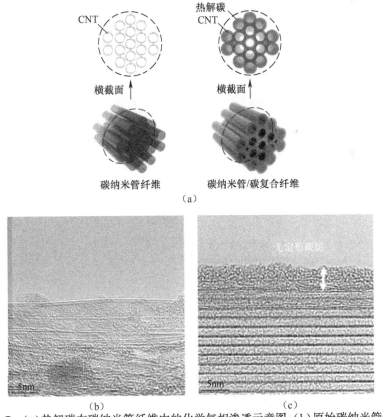

图1-7 (a)热解碳在碳纳米管纤维中的化学气相渗透示意图；(b)原始碳纳米管束和(c)碳纳米管束在700℃下化学气相渗透1h后的TEM图像

Wang 等[71]将氧化石墨烯(GO)渗入到碳纳米管纤维结构中以提高其界面剪切强度,如图 1-8 所示。由于氧化石墨烯的尺寸与纤维内部的空隙尺寸非常接近,它们将碳纳米管束连锁在一起,从而增强了束间的剪切相互作用。结果表明,处理后的碳纳米管纤维的刚度为 29.4GPa/SG、屈服强度为 0.41GPa/SG、抗拉强度为 0.62GPa/SG、断裂能为 0.027×10^{-2},分别对应提升了 100%、110%、56%、30%。

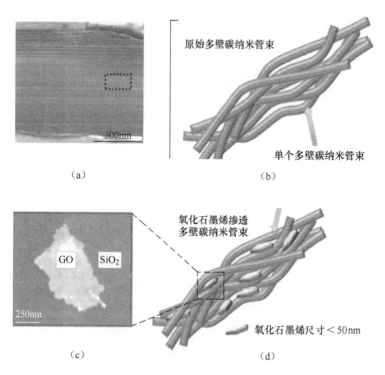

图 1-8 (a)纺丝碳纳米管纤维表面的扫描电镜图像(俯视图);(b)相互缠绕的碳纳米管束的三维示意模型;(c)二氧化硅表面单个 GO 粒子的原子力显微镜图像;(d)GO 渗透碳纳米管束的三维示意模型

金属是提高碳纳米管产品电性能的最佳外来材料。Hannula 等[72]用硫酸铜-硫酸浴在直接纺制的碳纳米管纤维表面电化学沉积铜。由于铜填充在碳纳米管束之间的孔隙中(图 1-9(a)),复合纤维的比电导率增加了 9 倍,与纯铜相当。同样,Lekawa-Raus 等[73]研究了银纳米颗粒对碳纳米管纤维导电性和载流能力的影响,如图 1-9(b)所示。研究表明,通过将银纳米颗粒渗透到碳纳米管纤维网络中,当其电阻降低 50%~70%时,其载流能力显著提高,最大达到 22mA。

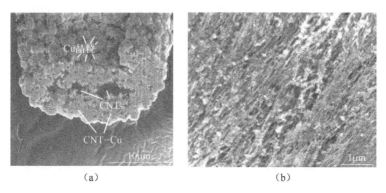

图1-9 （a）聚焦离子束（FIB）电沉积CNT-Cu纤维的SEM图像和（b）银在CNT纤维侧面的分布

1.4.3 机械致密化

碳纳米管可以致密化为高度致密的碳纳米管结构，以获得更好的管间相互作用和更高的力学和电学性能。Tran等[58]使用刮刀将浮动催化法纺制的碳纳米管纤维机械致密化为碳纳米管带（图1-10（a））。经致密化处理后，碳纳米管纤维呈现出更致密的结构，具有更少的孔隙和更好的碳纳米管取向，如图1-10（b）和（c）所示。此外，这些高密度结构使得碳纳米管和碳纳米管束之间具有更多的范德瓦耳斯相互作用，从而显著改善了它们的力学和电性能。具体地说，与纺丝碳纳米管纤维相比，经致密化处理的碳纳米管纤维的刚度、强度和电导率分别提高了18倍、10倍和7倍。这些结果与Wang等[52]报道的通过加压轧制系统致密化的碳纳米管纤维和薄膜的力学和电学性能得到显著改善相一致。

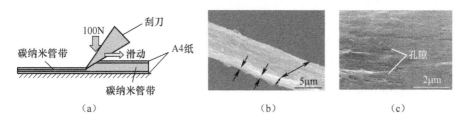

图1-10 （a）碳纳米管纤维机械致密化示意图；（b）碳纳米管带厚度；（c）表面形貌的SEM图像

1.4.4 混合后处理

通过将两种不同的后处理方法结合使用，碳纳米管聚集体的许多特性将在期望的应用中得到很好改善。下面将对一些典型的混合处理方法进行综述。

1.4.4.1 机械致密化和聚合物渗透

Tran 等[58]采用机械致密化和环氧树脂渗透处理相结合的方法,显著改善了浮动催化法纺制的碳纳米管纤维的性能。由于由环氧树脂交联的碳纳米管束形成高密度的碳纳米管结构(图1-11),碳纳米管束之间的相互作用得到显著加强。因此,通过混合处理形成的交联碳纳米管带性能表现出显著改善,包括强度增加13.5倍、刚度增加63倍以上,这是迄今为止文献报道的最佳改善因素。处理后的纤维强度高达 5.2GPa、刚度高达 444GPa,力学性能与商用的 PAN 碳纤维相当。此外,交联碳纳米管带的结节强度利用率接近78%,远高于许多商用高强度纤维。

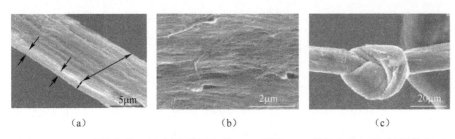

图1-11 (a)碳纳米管/环氧树脂带厚度的 SEM 图像;(b)碳纳米管/环氧树脂带表面形貌的 SEM 图像;(c)碳纳米管/环氧树脂带结的 SEM 图像

1.4.4.2 机械致密化及酸处理

Liu 等[45]采用机械致密化与酸处理相结合的处理方法,将浮动催化法纺制的碳纳米管纤维导电性提高了9倍。此外,经混合处理的碳纳米管纤维的最大电流密度可达 66000A/cm^2,与传统的铜线相当。此外,采用相同方法处理的碳纳米管薄膜的力学和电学性能显著提高,抗拉强度高达 243MPa(提高 101%)、模量高达 2.5GPa(提高 32%)、电导率高达 4990S/cm(提高 254%)[74]。这种显著的改善归因于混合处理过程中的表面修饰效应,该处理方法降低了接触电阻,增强了碳纳米管间的相互作用,如图 1-12 所示。

1.4.4.3 纯化和化学交联

Im 等[75]采用纯化和交联反应相结合的方法来提高浮动催化纺制的碳纳米管纤维的比拉伸强度。将纤维浸泡在浓硫酸和浓硝酸的混合溶液中 1h 进行纯化及羧基官能化,如图 1-13 所示。然后,羧酸与 1,5-戊二醇进行酯化反应,使碳纳米管束间发生交联,比强度增加了 2.5 倍、比刚度增加了 1.5 倍。研究表明,交联和

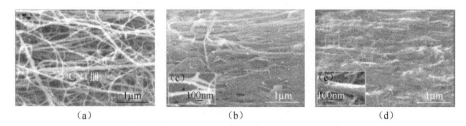

图 1-12 (a)初生 CNT 纤维表面形貌的 SEM 图像；(b)和(c)机械致密化后 CNT 纤维表面形貌的 SEM 图像；(d)和(e)酸处理后 CNT 纤维表面形貌的 SEM 图像

纯化后清洁的碳纳米管纤维结构形成的碳纳米管束间的强相互作用是提高碳纳米管纤维力学性能的两个主要因素。

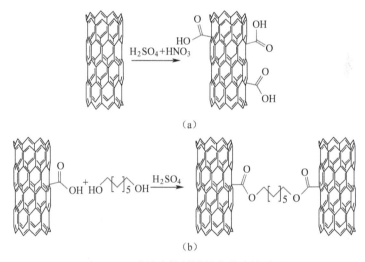

图 1-13 碳纳米管纤维的化学改性过程
(a)酸处理导致碳纳米管表面引入羧酸基；(b)碳纳米管的羧酸与链式醇基之间的酯化反应导致单个碳纳米管之间形成化学链。

1.4.4.4 纯化和聚合物渗透

Tran 等[45]报道了一种采用酸化纯化和环氧树脂渗透的混合处理方法来提高浮动催化法纺制的碳纳米管纤维的力学性能。研究表明，经纯化处理后碳纳米管纤维具有较好的清洁度，而采用环氧树脂渗透处理后碳纳米管束之间的相互作用增强（图 1-14(a)和(b)）。复合处理后碳纳米管纤维的抗拉强度和杨氏模量分别提高了 177% 和 325%。此外，在处理过的碳纳米管纤维的断口处可以观察到碳纳米管束滑动距离减小（图 1-14(c)），这证明了碳纳米管束之间的载荷转移得到了改善。

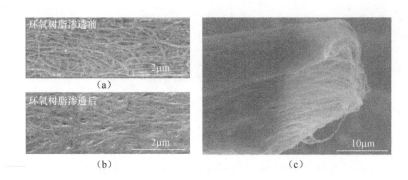

图 1-14 CNT 纤维表面形貌 SEM 图像
(a)环氧渗透处理前；(b)环氧渗透处理后；(c)处理后 CNT 纤维的断裂表面。

1.5 碳纳米管产品的应用

由于浮动催化法直接纺制的定向碳纳米管纤维和薄膜具有独特的分级纳米结构，因而具有广泛的应用前景。接下来重点介绍几个典型的应用。

1.5.1 导线

利用单个碳纳米管优异的纵向性能，已开发了单个碳纳米管沿导线方向排列的碳纳米管基导线[17,40]。由于浮动催化法的连续工艺流程，基于碳纳米管纤维的导线制造不受长度限制，并可控制特定应用的形貌。例如，在电力和数据传输方面，具有高导电性的金属性单壁碳纳米管是首选，而全半导体碳纳米管则有利于晶体管特性的应用[40]。

与传统导线类似，人们研究了碳纳米管导线的电绝缘方案，以确保电流只沿着导线中指定的通路流动，并防止短路[8,76]。例如，为实现碳纳米管纤维轻量化和高温应用，采用超临界干燥工艺制备的聚酰亚胺气凝胶进行绝缘，如图 1-15(a)所示[8]。此外，碳纳米管导线与经典导体的焊接连接也已成功实现（图 1-15(b)），这使得碳纳米管导线在电气/电子和机械方面具有巨大应用潜力[77]。与传统材料如铜导线相比，碳纳米管导线在需要高温[78]或苛刻的化学条件[79]的应用中表现出了优越的性能，如图 1-15(c)所示。此外，基于碳纳米管接线的USB[80]、以太网电缆[81]和电力变压器[27]已经成功生产，其性能令人印象深刻，可与市面上的产品相媲美（图 1-15(d)~(f)）。

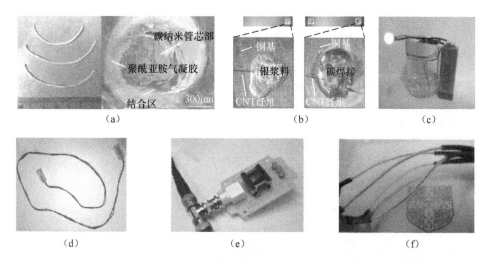

图1-15 (a)涂覆聚酰亚胺气凝胶的CNT纤维；(b)在铜基上用银导电涂料和Sn3.6Ag0.7Cu2.5Cr合金焊料连接CNT纤维；(c)CNT线浸入浓硫酸中用于驱动电力为绿色二极管供电；(d)以太网电缆；(e)电力变压器；(f)基于碳纳米管接线的USB电缆

1.5.2 场发射器

直接喷纺的碳纳米管纤维和激光图案化的碳纳米管薄膜由于其高导热性也被用作场发射的阴极，在1~2mA电流范围、最大阴极温度低于1000℃时稳定发射，如图1-16所示[29]。研究发现，阴极的尖端形状和结构对场发射行为有重要影响。例如，碳纳米管薄膜阴极在三角形尖端有较大的局部化加热，与纤维相比最高温度更高。在较高的外加电场下，纤维阴极由于明显的自热效应而停止发射，然而在碳纳米管薄膜阴极中仍然可以观察到场发射现象，尽管部分薄膜被破坏。结果表明，通过建立一个大面积阵列来产生高电流密度的大规模场发射器具有很大潜力。

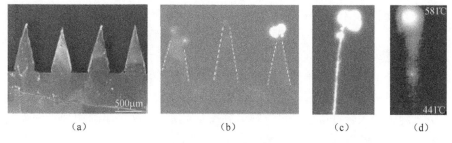

图1-16 (a)激光切割CNT薄膜的三角形图案；(b)场释放过程中切割成三角形CNT薄膜的图像；(c)光学图像；(d)场发射过程中纤维的红外图像

1.5.3 电阻加热器

以浮动催化法纺制的导电碳纳米管薄膜有望成为下一代加热材料。由于其优异的电热性能,碳纳米管薄膜电阻式加热器与传统的电阻式加热器相比具有许多优点(图1-17(a))。它们比传统的电阻式加热器(如镍铬合金或坎塔尔铁铬铝系高电阻合金)更轻、更快、效率更高[82]。更有趣的是,由于碳纳米管薄膜是柔性和轻质的,所以作为柔性电阻加热器可沉积到任何需要的地方,这点非常有吸引力,特别是在对轻量化要求突出的航空领域。例如,在飞机机翼模型上的除冰系统中所测试的直接喷纺碳纳米管薄膜加热器具有良好的性能[82],如图1-17(b)所示。

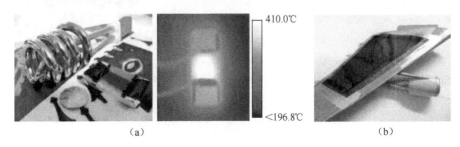

图1-17 (a) CNT薄膜加热器;(b)使用CNT薄膜加热器为飞机机翼模型除冰

1.5.4 储能装置和传感器

采用浮动催化法纺制的碳纳米管薄膜也被用于制造储能装置和传感器。Benson等[83]采用直接纺制的碳纳米管薄膜作为高效脉冲电沉积聚苯胺(PANI)的基材,制备出了高强度、高韧性、高性能柔性超级电容器(图1-18)。与商用粉末活性炭电容器相比,制备的超级电容器具有离子吸附快、比电容高等优点。在另一种方法中,将氢氧化镍通过简单的电化学沉积复合到浮动催化纺制的碳纳米管薄膜中,从而制成了电双层电容器[12]。该复合材料具有良好的电化学性能,比电容大于1200F/g。更重要的是,基于碳纳米管薄膜的超级电容器具有良好导电性和机械刚性,有望替代传统的由重量大、能量密度低的金属制成的超级电容器。关于碳纳米管纤维,Wu等[84]报道了碳纳米管纤维在扭转作用下电性能的变化。这种变化是由于扭转引起的致密化效应导致碳纳米管之间的电接触增加所致。在注入环氧树脂的碳纳米管纤维中也可以观察到类似的现象,这表明碳纳米管纤维可以作为复合材料中的嵌入式扭转传感器。

图 1-18　基于碳纳米管薄膜的柔性超级电容器

1.5.5　复合材料强化

浮动催化法纺制的取向碳纳米管纤维和薄膜由于其高强度和刚度,在具有结构应用的高性能复合材料中也起到了良好的增强作用。许多研究表明,与加入低含量碳纳米管聚合物相比,采用取向碳纳米管纤维和薄膜增强可以显著改善聚合物的机械、电和热性能。Liu 等[12]利用浮动催化法纺制的碳纳米管薄膜,采用真空辅助树脂传递模塑法制备了碳纳米管/环氧树脂复合薄膜(图 1-19),结果表明,在添加了 24.4%(质量分数)的碳纳米管时,复合薄膜的强度和杨氏模量分别提高了 10 倍和 5 倍,韧性高达 6.39×10^3 kJ/m,更重要的是,复合薄膜的电导率可达到 252.8S/cm,是传统分散方法制造的碳纳米管/环氧树脂复合材料的 20 倍[12]。

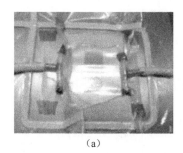
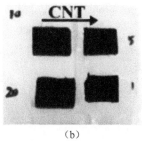
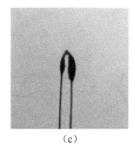

(a)　　　　　　　　　(b)　　　　　　　　　(c)

图 1-19　(a)制备碳纳米管/环氧薄膜的 RTM 工艺;(b)具有 1 层、5 层、10 层和 20 层 CNT 膜的碳纳米管/环氧薄膜;(c)用镊子弯曲的柔性碳纳米管/环氧薄膜

类似地,Mikhalchan 等[85]发现采用直纺碳纳米管纤维作为增强材料的定向碳纳米管/环氧复合材料的失效模式与传统定向碳纳米管复合材料不同。复合材料断裂面上碳纳米管束的大量拔出表明次级裂纹被碳纳米管束桥接,致使聚合物

基体中产生类似银纹的结构。因此,碳纳米管/环氧复合材料因较好的抗横向裂纹扩展能力而具有较高的断裂韧性。

1.6 本章小结

本章概述了采用浮动催化剂法利用高温 CVD 炉制备连续的宏观纤维和薄膜,这些纤维和薄膜由超细碳纳米管纤维构成。该方法可以一步制备出形貌可控的高质量、大规模取向排列的碳纳米管聚集体。而且该方法在能源、时间消耗、成本和废料等方面的优势使其从生态角度更具吸引力。可以通过优化如反应物的流量、缠绕速度、合成温度、在线致密化、不同的后处理(特别是混合处理)等许多不同的合成参数,来控制 CNT 聚合体的性能和形态,显著提高其在许多实际应用中的多种性能。事实上,碳纳米管纤维和薄膜的潜在应用已经在多个多功能产品雏形中得到了展示,如导线、电阻加热器、储能装置和传感器、场发射体和复合材料等。因此,利用浮动催化法制备的高性能碳纳米管聚集体在不远的将来有可能在许多领域得到商业应用。

参 考 文 献

[1] S. Iijima, Helical microtubules of graphitic carbon, Nature 354 (6348) (1991) 56-58.

[2] D. S. Bethune, C. H. Klang, M. S. De Vries, G. Gorman, R. Savoy, J. Vazquez, et al., Cobalt-catalysed growth of carbon nanotubes with single-atomic-layer walls, Nature 363 (6430) (1993) 605-607.

[3] S. Iijima, T. Ichihashi, Single-shell carbon nanotubes of 1-nm diameter, Nature 363 (6430) (1993) 603-605.

[4] M. F. Yu, O. Lourie, M. J. Dyer, K. Moloni, T. F. Kelly, R. S. Ruoff, Strength and breaking mechanism of multiwalled carbon nanotubes under tensile load, Science 287 (5453) (2000) 637-640.

[5] E. Pop, D. Mann, Q. Wang, K. Goodson, H. Dai, Thermal conductance of an individual single-wall carbon nanotube above room temperature, Nano Lett. 6 (1) (2006) 96-100.

[6] P. Kim, L. Shi, A. Majumdar, P. L. McEuen, Thermal transport measurements of individual multiwalled nanotubes, Phys. Rev. Lett. 87 (21) (2001) 2155021-2155024.

[7] T. Tran, P. Liu, Z. Fan, N. Ngern, H. Duong (Eds.), Advanced Multifunctional Properties of Aligned Carbon Nanotube-Epoxy Composites From Carbon Nanotube Aerogel Method, APS Meeting Abstracts, 2015.

[8] T. Q. Tran, Z. Fan, P. Liu, H. M. Duong(Eds.), Advanced morphology-controlled manufacturing of carbon nanotube fibers, thin films and aerogels from aerogel technique, Asia Pacific Confedera-

tion of Chemical Engineering Congress 2015: APCChE 2015, Incorporating CHEMECA 2015, Engineers, Australia, 2015.

[9] C. Y. Li, T. W. Chou, Strain and pressure sensing using single-walled carbon nanotubes, Nanotechnology 15 (11) (2004) 1493-1496.

[10] E. B. Malarkey, V. Parpura, Applications of carbon nanotubes in neurobiology, Neurodegener. Dis. 4 (4) (2007) 292-299.

[11] T. N. Do, T. E. T. Seah, S. J. Phee, Design and control of a mechatronic tracheostomy tube for automated tracheal suctioning, IEEE Trans. Biomed. Eng. 63 (6) (2016) 1229-1238.

[12] H. Cheng, K. L. P. Koh, P. Liu, T. Q. Thang, H. M. Duong, Continuous self-assembly of carbon nanotube thin films and their composites for supercapacitors, Colloids Surf. A Physicochem. Eng. Asp. 481 (2015)626-632.

[13] T. N. Do, T. Tjahjowidodo, M. W. S. Lau, S. J. Phee, Position control of asymmetric nonlinearities for a cableconduit mechanism, IEEE Trans. Autom. Sci. Eng. 14 (3) (2017) 1515-1523.

[14] T. Do, T. Seah, H. Yu, S. Phee, Development and testing of a magnetically actuated capsule endoscopy for obesity treatment, PLoS One 11 (1) (2016) e0148035.

[15] T. N. Do, T. Tjahjowidodo, M. W. S. Lau, S. J. Phee, Real-time enhancement of tracking performances for cable-conduit mechanisms-driven flexible robots, Robot. Comput. Integr. Manuf. 37 (2016) 197-207.

[16] H. M. Duong, F. Gong, P. Liu, T. Q. Tran, Advanced fabrication and properties of aligned carbon nanotube composites: experiments and modeling, in: Carbon Nanotubes—Current Progress of Their Polymer Composites, IntechOpen (2016).

[17] W. Lu, M. Zu, J. H. Byun, B. S. Kim, T. W. Chou, State of the art of carbon nanotube fibers: opportunities and challenges, Adv. Mater. 24 (14) (2012) 1805-1833.

[18] M. Zhang, K. R. Atkinson, R. H. Baughman, Multifunctional carbon nanotube yarns by downsizing an ancient technology, Science 306 (5700) (2004) 1358-1361.

[19] Y. L. Li, I. A. Kinloch, A. H. Windle, Direct spinning of carbon nanotube fibers from chemical vapor deposition synthesis, Science 304 (5668) (2004) 276-278.

[20] L. M. Ericson, H. Fan, H. Peng, V. A. Davis, W. Zhou, J. Sulpizio, et al., Macroscopic, neat, single-walled carbon nanotube fibers, Science 305 (5689) (2004) 1447-1450.

[21] M. Zhang, S. Fang, A. A. Zakhidov, S. B. Lee, A. E. Aliev, C. D. Williams, et al., Materials science: strong, transparent, multifunctional carbon nanotube sheets, Science 309 (5738) (2005) 1215-1219.

[22] I. S. Fraser, M. S. Motta, R. K. Schmidt, A. H. Windle, Continuous production of flexible carbon nanotubebased transparent conductive films, Sci. Technol. Adv. Mater. 11 (4) (2010) 045004.

[23] F. Mirri, A. W. K. Ma, T. T. Hsu, N. Behabtu, S. L. Eichmann, C. C. Young, et al., High-performance carbon nanotube transparent conductive films by scalable dip coating, ACS Nano 6 (11) (2012) 9737-9744.

[24] B. L. Wardle, D. S. Saito, E. J. García, A. J. Hart, R. Guzmán De Villoria, E. A. Verploegen,

Fabrication and characterization of ultrahigh-volume-fraction aligned carbon nanotube-polymer composites, Adv. Mater. 20 (14) (2008) 2707-2714.

[25] A. Mikhalchan, Z. Fan, T. Q. Tran, P. Liu, V. B. C. Tan, T. E. Tay, et al., Continuous and scalable fabrication and multifunctional properties of carbon nanotube aerogels from the floating catalyst method, Carbon102 (2016) 409-418.

[26] J. Foroughi, G. M. Spinks, G. G. Wallace, J. Oh, M. E. Kozlov, S. Fang, et al., Torsional carbon nanotube artificial muscles, Science 334 (6055) (2011) 494-497.

[27] L. Kurzepa, A. Lekawa-Raus, J. Patmore, K. Koziol, Replacing copper wires with carbon nanotube wires in electrical transformers, Adv. Funct. Mater. 24 (5) (2014) 619-624.

[28] H. Wang, Z. Liu, J. Ding, X. Lepro', S. Fang, N. Jiang, et al., Conducting fibers: downsized sheath-core conductingfibers for weavablesuperelastic wires, biosensors, supercapacitors, and strain sensors (Adv. Mater. 25/2016), Adv. Mater. 28 (2016) 4946.

[29] S. B. Fairchild, J. S. Bulmer, M. Sparkes, J. Boeckl, M. Cahay, T. Back, et al., Field emission from laser cut CNT fibers and films, J. Mater. Res. 29 (3) (2014) 392-402.

[30] A. B. Dalton, S. Collins, E. Muñoz, J. M. Razal, V. H. Ebron, J. P. Ferraris, et al., Super-tough carbon-nanotube fibres, Nature 423 (6941) (2003) 703.

[31] B. Vigolo, A. Penicaud, C. Coulon, C. Sauder, R. Pailler, C. Journet, et al., Macroscopic fibers and ribbons of oriented carbon nanotubes, Science 290 (5495) (2000) 1331-1334.

[32] J. N. Barisci, M. Tahhan, G. G. Wallace, S. Badaire, T. Vaugien, M. Maugey, et al., Properties of carbon nanotubefibers spun from DNA-stabilized dispersions, Adv. Funct. Mater. 14 (2) (2004) 133-138.

[33] J. W. Jo, J. W. Jung, J. U. Lee, W. H. Jo, Fabrication of highly conductive and transparent thin films from single-walled carbon nanotubes using a new non-ionic surfactant via spin coating, ACS Nano 4 (9)(2010) 5382-5388.

[34] S. Kim, J. Yim, X. Wang, D. D. C. Bradley, S. Lee, J. C. DeMello, Spin-and spray-deposited single-walled carbon-nanotube electrodes for organic solar cells, Adv. Funct. Mater. 20 (14) (2010) 2310-2316.

[35] A. Schindler, J. Brill, N. Fruehauf, J. P. Novak, Z. Yaniv, Solution-deposited carbon nanotube layers for flexible display applications, Physica E Low-Dimensional Syst. Nanostruct. 37 (1-2) (2007) 119-123.

[36] V. K. Sangwan, R. P. Ortiz, J. M. P. Alaboson, J. D. Emery, M. J. Bedzyk, L. J. Lauhon, et al., Fundamental performance limits of carbon nanotube thin-film transistors achieved using hybrid molecular dielectrics, ACS Nano 6 (8) (2012) 7480-7488.

[37] P. H. Lau, K. Takei, C. Wang, Y. Ju, J. Kim, Z. Yu, et al., Fully printed, high performance carbon nanotube thin-film transistors on flexible substrates, Nano Lett. 13 (8) (2013) 3864-3869.

[38] N. Behabtu, C. C. Young, D. E. Tsentalovich, O. Kleinerman, X. Wang, A. W. K. Ma, et al., Strong, light, multifunctional fibers of carbon nanotubes with ultrahigh conductivity, Science 339

(6116) (2013) 182–186.

[39] C. D. Tran, Dry spinning carbon nanotubes into continuous yarn: progress, processing and applications, in: Nanotube Superfiber Materials: Changing Engineering Design, Elsevier Inc. , 2013, pp. 211–242(Chapter 7).

[40] D. Janas, K. K. Koziol, Carbon nanotube fibers and films: synthesis, applications and perspectives of the direct-spinning method, Nanoscale 8 (47) (2016) 19475–19490.

[41] K. Koziol, J. Vilatela, A. Moisala, M. Motta, P. Cunniff, M. Sennett, et al. , High-performance carbon nanotubefiber, Science 318 (5858) (2007) 1892–1895.

[42] T. S. Gspann, F. R. Smail, A. H. Windle, Spinning of carbon nanotube fibres using the floating catalyst high temperature route: purity issues and the critical role of sulphur, Faraday Discuss. 173 (2014) 47–65.

[43] A. G. Nasibulin, P. V. Pikhitsa, H. Jiang, E. I. Kauppinen, Correlation between catalyst particle and singlewalledcarbon nanotube diameters, Carbon 43 (11) (2005) 2251–2257.

[44] P. Liu, Z. Fan, A. Mikhalchan, T. Q. Tran, D. Jewell, H. M. Duong, et al. , Continuous carbon nanotube-based fibers and films for applications requiring enhanced heat dissipation, ACS Appl. Mater. Interfaces 8 (27)(2016) 17461–17471.

[45] P. Liu, D. C. M. Hu, T. Q. Tran, D. Jewell, H. M. Duong, Electrical property enhancement of carbon nanotube fibers from post treatments, Colloids Surf. A Physicochem. Eng. Asp. 509 (2016) 384–389.

[46] J. Song, S. Kim, S. Yoon, D. Cho, Y. Jeong, Enhanced spinnability of carbon nanotube fibers by surfactant addition, Fibers Polym. 15 (4) (2014) 762–766.

[47] S. H. Lee, J. Park, H. R. Kim, J. Lee, K. H. Lee, Synthesis of high-quality carbon nanotube fibers by controlling the effects of sulfur on the catalyst agglomeration during the direct spinning process, RSC Adv. 5 (52) (2015)41894–41900.

[48] M. Motta, A. Moisala, I. A. Kinloch, A. H. Windle, High performance fibres from 'dog bone' carbon nanotubes,Adv. Mater. 19 (21) (2007) 3721–3726.

[49] B. Alemán, M. M. Bernal, B. Mas, E. M. P_erez, V. Reguero, G. Xu, et al. , Inherent predominance of high chiralangle metallic carbon nanotubes in continuous fibers grown from a molten catalyst, Nanoscale 8 (7) (2016)4236–4244.

[50] B. Alemán, V. Reguero, B. Mas, J. J. Vilatela, Strong carbon nanotube fibers by drawing inspiration from polymer Fiber spinning, ACS Nano 9 (7) (2015) 7392–7398.

[51] R. M. Sundaram, Production, Characterisation and Properties of Carbon Nanotube Fibres, University of Cambridge, 2012.

[52] J. N. Wang, X. G. Luo, T. Wu, Y. Chen, High-strength carbon nanotube fibre-like ribbon with high ductility and high electrical conductivity, Nat. Commun. 5 (2014) 3848.

[53] D. Conroy, A. Moisala, S. Cardoso, A. Windle, J. Davidson, Carbon nanotube reactor: ferrocene decomposition, iron particle growth, nanotube aggregation and scale-up, Chem. Eng. Sci. 65 (10) (2010) 2965–2977.

[54] M. Motta, I. Kinloch, A. Moisala, V. Premnath, M. Pick, A. Windle, The parameter space for the direct spinningoffibres and films of carbon nanotubes, Physica E. Low-Dimensional Syst. Nanostruct. 37 (1-2) (2007) 40-43.

[55] R. M. Sundaram, K. K. K. Koziol, A. H. Windle, Continuous direct spinning of fibers of single-walled carbon nanotubes with metallic chirality, Adv. Mater. 23 (43) (2011) 5064-5068.

[56] M. S. Motta, A. Moisala, I. A. Kinloch, A. H. Windle, The role of sulphur in the synthesis of carbon nanotubes by chemical vapour deposition at high temperatures, J. Nanosci. Nanotechnol. 8 (5) (2008) 2442-2449.

[57] C. Paukner, K. K. K. Koziol, Ultra-pure single wall carbon nanotube fibres continuously spun without promoter, Sci. Rep. 4 (2014) 3903.

[58] T. Q. Tran, Z. Fan, P. Liu, S. M. Myint, H. M. Duong, Super-strong and highly conductive carbon nanotube ribbons from post-treatment methods, Carbon 99 (2016) 407-415.

[59] X. H. Zhong, Y. L. Li, J. M. Feng, Y. R. Kang, S. S. Han, Fabrication of a multifunctional carbon nanotube "cotton" yarn by the direct chemical vapor deposition spinning process, Nanoscale 4 (18) (2012) 5614-5618.

[60] J. J. Vilatela, A. H. Windle, Yarn-like carbon nanotube fibers, Adv. Mater. 22 (44) (2010) 4959-4963.

[61] K. Krukiewicz, J. S. Bulmer, K. K. K. Koziol, J. K. Zak, Charging and discharging of the electrochemically swelled, aligned carbon nanotube fibers, Electrochem. Commun. 64 (2016) 30-34.

[62] A. Lekawa-Raus, K. Walczak, G. Kozlowski, M. Wozniak, S. C. Hopkins, K. K. Koziol, Resistance temperature dependence in carbon nanotube fibres, Carbon 84 (1) (2015) 118-123.

[63] A. Lekawa-Raus, K. Walczak, G. Kozlowski, S. C. Hopkins, M. Wozniak, B. A. Glowacki, et al., Low temperatureelectrical transport in modified carbon nanotube fibres, Scr. Mater. 106 (2015) 34-37.

[64] T. S. Gspann, S. M. Juckes, J. F. Niven, M. B. Johnson, J. A. Elliott, M. A. White, et al., High thermal conductivities of carbon nanotube films and micro-fibres and their dependence on morphology, Carbon 114 (2017) 160-168.

[65] P. X. Hou, C. Liu, H. M. Cheng, Purification of carbon nanotubes, Carbon 46 (15) (2008) 2003-2025.

[66] Y. Chen, S. Q. Xu, J. N. Wang, Purification of double-walled carbon nanotube macro-films, New J. Chem. 36 (3) (2012) 542-545.

[67] Y. Lin, J.-W. Kim, J. W. Connell, M. Lebrón-Colón, E. J. Siochi, Purification of carbon nanotube sheets, Adv. Eng. Mater. 17 (5) (2015) 674-688.

[68] S. Li, Y. Shang, W. Zhao, Y. Wang, X. Li, A. Cao, Efficient purification of single-walled carbon nanotube fibers by instantaneous current injection and acid washing, RSC Adv. 6 (100) (2016) 97865-97872.

[69] S. Boncel, R. M. Sundaram, A. H. Windle, K. K. K. Koziol, Enhancement of the mechanical properties of directly spun CNT fibers by chemical treatment, ACS Nano 5 (12) (2011) 9339-9344.

[70] J. Lee, T. Kim, Y. Jung, K. Jung, J. Park, D. M. Lee, et al., High-strength carbon nanotube/carbon composite fibers: via chemical vapor infiltration, Nanoscale 8 (45) (2016) 18972–18979.

[71] Y. Wang, G. Colas, T. Filleter, Improvements in the mechanical properties of carbon nanotube fibers through graphene oxide interlocking, Carbon 98 (2016) 291–299.

[72] P. M. Hannula, A. Peltonen, J. Aromaa, D. Janas, M. Lundstr€om, B. P. Wilson, et al., Carbon nanotube-coppercomposites by electrodeposition on carbon nanotube fibers, Carbon 107 (2016) 281–287.

[73] A. Lekawa-Raus, P. Haladyj, K. Koziol, Carbon nanotube fiber-silver hybrid electrical conductors, Mater. Lett. 133 (2014) 186–189.

[74] P. Liu, Y. F. Tan, D. C. M. Hu, D. Jewell, H. M. Duong, Multi-property enhancement of aligned carbon nanotubethin films from floating catalyst method, Mater. Des. 108 (2016) 754–760.

[75] Y. O. Im, S. H. Lee, T. Kim, J. Park, J. Lee, K. H. Lee, Utilization of carboxylic functional groups generated during purification of carbon nanotube fiber for its strength improvement, Appl. Surf. Sci. 392 (2017) 342–349.

[76] A. Lekawa-Raus, L. Kurzepa, X. Peng, K. Koziol, Towards the development of carbon nanotube based wires, Carbon 68 (2014) 597–609.

[77] M. Burda, A. Lekawa-Raus, A. Gruszczyk, K. K. K. Koziol, Soldering of carbon materials using transition metal rich alloys, ACS Nano 9 (8) (2015) 8099–8107.

[78] D. Janas, A. Cabrero-Vilatela, J. Bulmer, L. Kurzepa, K. K. Koziol, Carbon nanotube wires for hightemperature performance, Carbon 64 (2013) 305–314.

[79] D. Janas, A. C. Vilatela, K. K. K. Koziol, Performance of carbon nanotube wires in extreme conditions, Carbon 62 (2013) 438–446.

[80] D. Janas, A. P. Herman, S. Boncel, K. K. K. Koziol, Iodine monochloride as a powerful enhancer of electrical conductivity of carbon nanotube wires, Carbon 73 (2014) 225–233.

[81] A. Lekawa-Raus, J. Patmore, L. Kurzepa, J. Bulmer, K. Koziol, Electrical properties of carbon nanotube based fibers and their future use in electrical wiring, Adv. Funct. Mater. 24 (24) (2014) 3661–3682.

[82] D. Janas, K. K. Koziol, Rapid electrothermal response of high-temperature carbon nanotube film heaters, Carbon 59 (2013) 457–463.

[83] J. Benson, I. Kovalenko, S. Boukhalfa, D. Lashmore, M. Sanghadasa, G. Yushin, Multifunctional CNTpolymercomposites for ultra-tough structural supercapacitors and desalination devices, Adv. Mater. 25 (45) (2013) 6625–6632.

[84] A. S. Wu, X. Nie, M. C. Hudspeth, W. W. Chen, T. W. Chou, D. S. Lashmore, et al., Carbon nanotube fibers as torsion sensors, Appl. Phys. Lett. 100 (20) (2012) 201908.

[85] A. Mikhalchan, T. Gspann, A. Windle, Aligned carbon nanotube-epoxy composites: the effect of nanotube organization on strength, stiffness, and toughness, J. Mater. Sci. 51 (22) (2016) 10005–10025.

第2章
碳纳米管制备过程中的随机性

Mostafa Bedewy[1,2], Moataz Abdulhafez[1]
[1] 美国宾夕法尼亚州匹兹堡市,匹兹堡大学工业工程系
[2] 美国宾夕法尼亚州匹兹堡市,匹兹堡大学化学与石油工程系

2.1 引言

碳纳米管(CNT)是直径为纳米级的碳管,它可以被看作是由一个原子厚度的单层石墨烯片层卷曲而成的无缝管。如图2-1(a)所示,根据石墨烯片的层数,CNT可分为单壁碳纳米管(SWNT)和多壁碳纳米管(MWNT)。CNT所具备的独特结构和优异性能吸引了广大研究者们的关注,并对其制备和结构性能表征进行了二十余年的研究。除了对单根CNT的性能研究外,研究者们还把研究工作集中在CNT集合体所呈现出的独特各向异性的质量和能量输运性质上。这种CNT集合体存在多种形态结构,比如纱线、网络和阵列等形态。重要的是可以通过调整制备CNT集合体的工艺参数设计这些CNT集合体的结构从而获得特定行为和性能。因此,理解CNT制备—结构—性能之间关系的可能性,是推进基于结构化CNT集合体的功能纳米材料制造科学和技术发展的关键。

单独的CNT可以通过连锁加捻形成纱线。CNT纱线的性能很大程度上取决于纺纱方法、螺旋性、密度和取向。将来可应用于能量收集(图2-1(d))[1]和人工肌肉设计[2]。随机取向的CNT组合在一起形成的膜被称为CNT网络。膜的厚度、密度和CNT的大小分布是决定CNT膜性能的主要参数。因其电性能可调节,被应用到航空领域的电磁屏蔽上(图2-1(f))[3]。另一方面,大量密集的CNT同时从基底生长,自组装成垂直取向的形态,被称为垂直取向CNT或CNT阵列。由于CNT定向生长,这些阵列呈现各向异性的性质,这使它们具有很多有价值的应用,例如电子连接器的界面材料(图2-1(h))[4,136]、热界面材料[5]和过滤器等[6]。

本章重点讨论CNT的阵列结构、独特性能以及现存的限制其部分商业应用的问题,分析存在问题与制备—结构—性能之间的关系,并展望未来的研究。

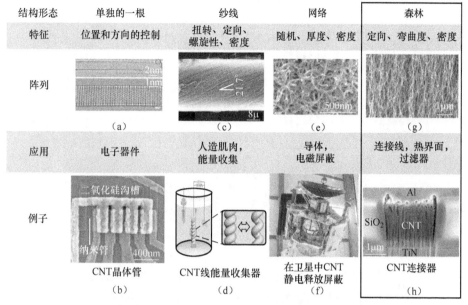

图 2-1 不同结构的 CNT 图像,及其它们的主要特征和应用(彩图)
(a)CNT 的高分辨透射电镜图像[134];(b)在 CNT 晶体管中一个 CNT 的图像[40];
(c)CNT 纤维的 SEM 图[1];(d)利用 CNT 纤维制备的能量收集装置[2];
(e)CNT 网络 SEM 图[135];(f)CNT 网络在朱诺号卫星中起电磁屏蔽作用[3];
(g)CNT 阵列的 SEM 图[9];(h)CNT 阵列作为电子连接器[136]。

2.2 碳纳米阵列

CNT 丛(有时称为草坪、薄膜、海绵)由大量垂直取向的 CNT 阵列组成。通常,CNT 阵列呈现出高密度,例如,一个 $1cm^2$ 的面积一般包含大约百亿个 CNT(比全球人口的数量还要多)。高密度和阵列结构再加上单根 CNT 的性能使得 CNT 阵列集合体在电性能、力学性能和热性能方面具有潜在的应用价值,例如热界面(图 2-2(a))[142]、电子连接器(图 2-2(b))[143]、纳米多孔过滤膜(图 2-2(c))[77]和高回复冲击吸收材料(图 2-2(d))[137]。此外,它们还是研究如生物丝等纤维型纳米结构种群动态的极好结构模型。然而,CNT 阵列的测量值通常低于理论预测值,且在文献中还发现了测量值分散较大。例如,CNT 阵列的热导率在 $20\sim250W/(m·K)$ 变化,而单根 CNT 测量的热导率高达 $3000W/(m·K)$[8]。这个差异是理想阵列结构的假设与单根 CNT 性能的变异性及 CNT 生长的随机性相结合造成的,如图 2-3(a)所示。

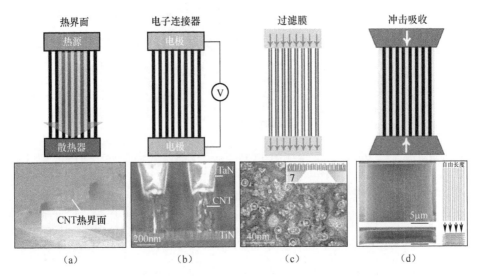

图 2-2 利用 CNT 阵列的热学、电学、质量转移等性能可能实现的应用
(a) CNT 阵列作为热界面材料的应用[142];(b) CNT 阵列作为电子连接器的应用[143];
(c) CNT 阵列作为过滤膜的应用[77];(d) CNT 阵列作为冲击吸收的应用[137]。

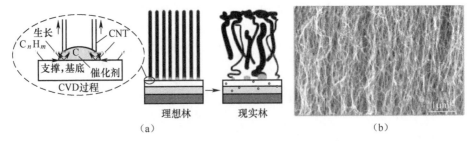

图 2-3 (a) CVD 合成 CNT,以及阵列理想几何结构和非理想几何结构的比较;
(b) 实际 CVD 生长 CNT 阵列的 SEM 图

通常采用化学气相沉积法生长 CNT 阵列,这种制备方法对于合成高质量 CNT 具有高扩展性和多功能性的优势。典型工艺过程,如图 2-3(a)所示,碳氢化合物气体通入反应炉中,炉中气态碳氢化合物和渗入催化剂纳米颗粒表面的碳氢化合物都被分解。随后,碳原子扩散到催化剂表面和/或催化剂颗粒内部。碳原子在催化剂弧形表面自组装形成石墨碳帽,随后从一个催化剂纳米颗粒上生长出一个管状结构的 CNT。催化剂纳米颗粒通常是过渡金属,例如铁或镍,为了生长 CNT 阵列,催化剂纳米颗粒通常分布在一个薄的基底上。如果催化剂纳米颗粒固定在基底上,CNT 从催化剂纳米颗粒表面向上和向外生长,这种生长模式被称为"底端生长";相反,如果催化剂从基底表面脱离,保持在生长的 CNT 的顶端,这种生长模式

被称为"顶端生长"。本章的剩余部分将集中讨论"底端生长"。

如图2-3所示,CVD生长的CNT阵列和垂直密集的碳纳米管理想结构模型有很大偏差。图中显示了其形态结构的复杂性和非均一性,包括排列位置、直径和堆积密度等空间变化[9]。在阵列中,CNT在管束内和管束间都高度地缠结在一起,并且CNT的管径、长度和手性(在单壁碳纳米管的情况下)的分布较宽。此外,不同的CNT和CNT管束具有不同的平直度,阵列也呈现出高度的弯曲度。同一CNT阵列中可能含有单壁碳纳米管和管壁数分布不同的多壁碳纳米管,阵列结构参数沿着和贯穿阵列的高度产生空间变化,即便在相同反应器中也会得到的不同结构参数的阵列(无论生长制备的操作是否相同)。在每一个阵列中,通常$1cm^2$有大于10^9个CNT同时生长,工艺条件和在CNT之间的相互作用始终影响着连续的生长过程,决定着阵列在不同长度范围的分级形态结构,如图2-4所示。因此,对生长动力学和生长过程中集体性的化学、力学效应的了解,对理解由此产生的阵列性能极为重要。

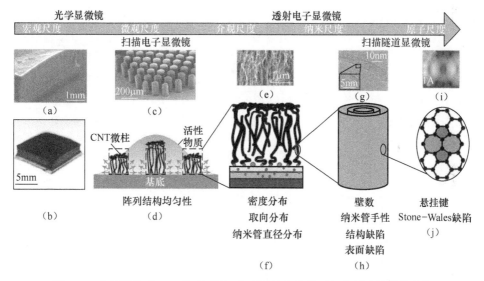

图2-4 分级结构的CNT阵列形态,在不同放大倍数下每个层次的结构变化
(a)和(b)宏观尺度下,采用光学显微镜和SEM观察到的阵列结构;(c)~(f)在微-介观尺寸下,观察到结构特征的变化,如CNT微柱几何结构的均匀性和阵列密度的变化,在SEM中可以观察到CNT的排列和纳米管的直径分布;(g)~(j)在纳米-原子尺寸下,单个碳纳米管的结构,如在透射电镜和扫描隧道显微镜中观察到碳纳米管的壁数、手性和结构缺陷等结构。

成功地将功能排列的CNT集成到应用中,需要完全理解工艺—结构—性能之间的关系,以便控制阵列合成过程,如图2-5所示。理解生长工艺过程包括根据控制CVD过程中催化剂制备、催化活化、生长动力学和碳纳米管失活阶段的基本物理化学现象调整生长工艺参数。这需要揭示目前还不完全清楚的原子尺度上的反应过程。由 CVD 生长的 CNT 阵列结构呈现出其中单根 CNT 的形态分布规律，包括直径、管壁数量、排列、缺陷密度、变形或扭结和它们的堆砌密度等的统计分布。为了更好理解 CNT 阵列的性能，需要首先研究单根 CNT 的物理、力学和化学性能以及整个阵列的集体行为。充分了解结构和性能之间的关系，可以确定在纳米尺度上结构的内部变化与随机性如何影响阵列的宏观性能。此外，了解工艺过程如何影响结构，就能全面了解整个情况，并能够控制 CNT 阵列集合体的性能，从而能够充分开发 CNT 阵列的潜在商业应用。如图 2-5 所示，只有结合多种结构的表征和测试技术，包括原位和离位测量，才能建立这种理解。

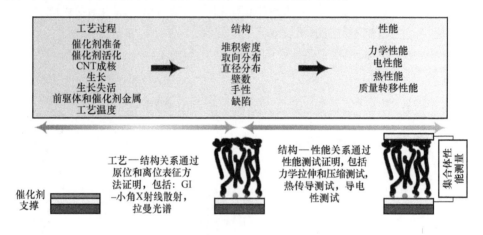

图 2-5　CNT 阵列工艺—结构—性能之间的联系

2.3　碳纳米管集合体的性能

在本节中，将探讨阵列集合体性能和阵列结构特性之间的关系，即结构—性能的关系。为了建立联系，通常需要研究有效的阵列性能（如阵列的杨氏模量、渗透率、电导率和热导率等），和阵列的结构特性（如阵列的取向、密度和管径分布等）之间的关联性。通过查阅不同研究方向和应用的文献了解结构和性能的关联性。特别讨论了利用阵列作为热界面材料、电子连接器、冲击吸收器和膜过滤器的研究成果。过去几十年里实际推广应用的工作为研究提供了关于 CNT 阵列热、电、力学性能，以及质量输运性质等方面的大量数据。

2.3.1　热学性能

利用 CNT 作为热界面材料（TIM）的研究为 CNT 阵列热学性能研究提供了大

量数据。据报道沿CNT长度方向具有高导热性(>1000W/(m·K)[8],而且被压缩时呈现出很高的顺应性,因此CNT阵列被用作热界面材料。热界面材料主要负责连接热源和散热器,辅助散热。值得注意的应用是在电子设备中,由于设备规模的不断缩小和计算能力的不断提高,要求设备的功率密度不断增加[10]。这一趋势对通过更优异的热界面材料进行更有效的热处理提出了越来越高的要求。为了克服这一瓶颈,像CNT阵列这样的纳米材料已经被提出作为未来热界面材料的具有潜力的原材料[11]。本书讨论了文献中目前的试验和计算工作,来评估CNT阵列的热性能和它们的集合体在热界面上的应用。

为了理解碳纳米管阵列的热行为,理解单根碳纳米管的热性能是很重要的,因为阵列反映了单根碳纳米管的集体特性。单根碳纳米管作为一种新型的一维材料,自发现以来得到了广泛的研究。与石墨烯相同,碳纳米管比块状材料呈现出更好的热性能,这是由于其长程有序的晶区和较长的光学声子平均自由程。据试验报道,沿碳纳米管轴向的热导率超过3000W/(m·K)[13]。然而,需要注意的是,单根CNT的热传导受许多结构参数的控制。单根CNT中的热传导现象主要是因为在CNT二维晶体结构中的原子振动引起的,将这种原子振动建模为声子输运。根据碳纳米管的长度、缺陷率和温度,它可以表现为弹道导体或漫射导体。在扩散过程中,理论模型和试验表明,热导率与碳纳米管长度呈反比关系。

试验和分子动力学模拟发现,单根CNT的传导性受其长度[14-15]、温度[14]、直径[16]、管壁数[17]、手性[16]和缺陷数量[15]的影响。因此,CNT轴向热导率的测量结果在10~3500W/(m·K)之间有很大的差异。这些因素和阵列的形态特征共同决定了碳纳米管阵列的有效热导率。在过去的二十年中,研究人员做了大量的工作来了解这些参数如何影响碳纳米管的热性能。

这些影响如图2-6(a)和(b)所示,它们揭示了单根碳纳米管和阵列的热导率和电导率,图2-6(a)显示出CNT的直径对单根单壁碳纳米管和多壁碳纳米管热导率的影响,从许多实验研究[14,17-22]中揭示了热导率随直径的显著变化。不过,随着直径的增大热导率降低是一个普遍的趋势。造成这一趋势的因素包括随着管径的增加缺陷数量增多、纳米管的手性和管壁的数量。缺陷和手性的影响已被证明通过试验量化是具有挑战性的,一些试验研究正在关注这个课题。

图2-6(b)显示了从不同的试验结果中收集到的碳纳米管在阵列中的体积分数对单根碳纳米管热导率的影响[23-37]。图中数据显示了热导率为30W/(m·K)和3000W/(m·K)CNT的理想阵列的有效热导率。理想趋势与实际试验结果的差异反映了阵列形态中非理想性对集合体热性能的影响较大。此外,由于其他阵列形态特征和高度的变化,对密度相似阵列的性质也会造成很大的变异。尽管如此,文献中还是报道了一些结果接近热导率超过100W/(m·K)的理想值,这使可以利用单根CNT高热导率的碳纳米管阵列更有希望用于制造商业热界面。图2-6

(b)中的插图是可能影响碳纳米管阵列热学性能的结构因素简图。这些因素包括CNT-金属接点、CNT-CNT接点、低的取向、长度和密度的不一致性以及缺陷,所有这些都会降低阵列的有效热导率[38]。在测量阵列有效特性的典型试验中,由于无法全面、无损地将碳纳米管取向和缺陷的结构特征量化,因此没有对碳纳米管取向和缺陷在阵列其他结构性能中的影响进行研究或量化。所以,表征阵列(薄膜)结构以及其结构和有效性能之间的关联性,对于解释样品间测量性能的差异以及建立预测阵列(薄膜)性能的模型至关重要[38]。

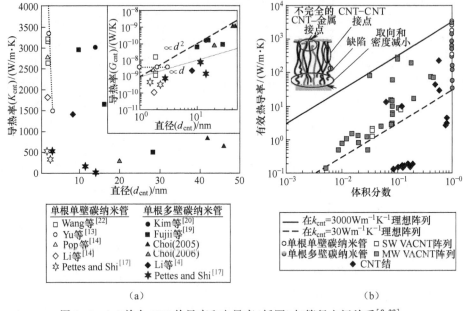

图2-6 (a)单个CNT热导率和电导率(插图)与管径之间关系[8,38];
(b)单个CNT、网络和阵列的有效电导率与体积分数之间的关系[8](彩图)

2.3.2 电学性能

单根碳纳米管有趣的电学性质激发了人们对碳纳米管阵列集合体电学性能的探索。单根的单壁碳纳米管可以是金属型,也可以是半导体型,这取决于它们的手性[39]。另一方面,MWNT主要是金属型,在多层碳壁之间可能有不同的手性。由于半导体型SWNT体积小、占用的晶体管空间小,因此,有人提议将其用于开发电子应用的晶体管;最先进的晶体管空间低至40nm[40],如图2-1(b)所示。然而,大规模集成到电子应用中仍然面临许多挑战,如半导体型CNT的分类和分离,以及纳米管的精确放置和接触比例[41]。

由于碳原子之间具有很强的 sp^2 键,即使在高温下,碳纳米管也能达到 $10^9 \text{A}/\text{cm}^2$ 的电流容量,而铜则为 $10^6 \text{A}/\text{cm}^{2[42]}$。这一特性加上高导热性和高纵横比,使得像碳纳米管阵列这种特定结构构造的碳纳米管成为集成电路连接器的最佳选择。单根碳纳米管和碳纳米管阵列作为连接器的电性能研究,可以为碳纳米管阵列结构如何影响碳纳米管阵列的有效电性能提供深度分析。测量单个单壁碳纳米管和多壁碳纳米管室温电阻率的实验(图 2-7(a))显示,具有相似碳纳米管外径的碳纳米管的电阻率差异很大,甚至可跨越多个数量级。这也可以解释为长度[53]、直径[43-44,54-55]、管壁数[44]、手性[39]、缺陷数量、外部污染物[55]、温度[56],甚至还有输运性质的测量方法和接触条件[57-59]等因素的影响,但由于技术的局限性,在这些实验中的大多数因素通常表征不完全。这种差异在碳纳米管阵列中很明显,因为阵列包括直径、长度、壁数、密度和不同接触条件的分布。重要的是,在阵列中取向排列碳纳米管的密度极大地影响阵列的有效电导率,这就要求通过后处理最大限度地提高生长的 CNT 阵列和致密化阵列的堆积密度。如图 2-7(b)所示,试验中在不同阵列密度条件下阵列有效电导率的变化规律与理想阵列在不同阵列长度(假设手性角为正态分布)下的电导率变化规律一致。很明显,大多数阵列的性能都低于理想值,这是由于之前所提到的 CNT 个体和阵列结构的差异导致的,特别是阵列的形态,如阵列的堆积密度和取向。

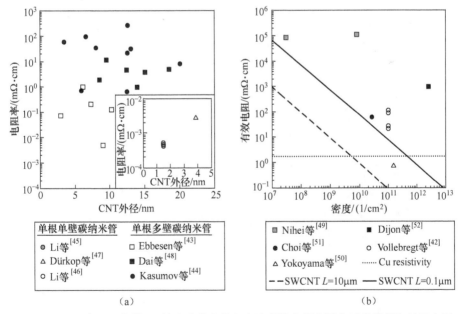

图 2-7 (a)在室温条件下,单壁碳纳米管和多壁碳纳米管电阻率试验数据与外径之间的关系[43-48];(b)在室温条件下,CNT 阵列有效电阻率试验值与 CNT 堆积密度之间的关系[42,49-52],与不同连接长度的理想阵列有效电阻率进行对比(彩图)

2.3.3 力学性能

众所周知,单根 CNT 具有优异的力学性能,它的杨氏模量超过 1TPa,拉伸强度超过 50GPa[60],这使其成为最强的材料之一。由垂直排列的单根 CNT 形成的碳纳米管阵列在单轴压缩下表现出有趣的行为,这是由于复杂的阵列形态所致。这些阵列由数以亿计的弯曲的 CNT 随机形成的分级的碳纳米管束组成,在 CNT 管束之间又有一些 CNT 交叉穿越,通过范德瓦耳斯相互作用而结合在一起[61]。通常,阵列的有效压缩力学性能可以通过阵列的压痕试验[62]或阵列的单轴压缩试验[63]来测定,这两种方法都可以在扫描电子显微镜中进行原位测试,可以观察整个加载过程中阵列形态的变化。在准静态单轴压缩下,一些阵列在卸掉压缩载荷后,阵列可以完全恢复[64],其他的表现出一些塑性变形[65],出现了代表性的局部"屈曲"区域,这是典型的泡沫材料如图 2-8(a)和(b)。阵列的力学行为对阵列的生长条件非常敏感,生长条件决定阵列的最终形态。

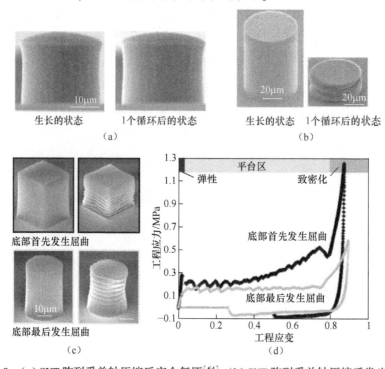

图 2-8 (a)CNT 阵列受单轴压缩后完全复原[64];(b)CNT 阵列受单轴压缩后发生塑性变形[65];(c)CNT 阵列在压缩前后情况,显示了压缩后在阵列的底端和顶端发生屈曲的现象,可能是由于沿阵列方向存在密度梯度造成的[66];(d)、(c)中压缩阵列后在不同位置发生屈曲的阵列对应的工程应力-应变曲线图[66]

重要的是,阵列在高度和横截面上也存在密度梯度[9],除了弯曲度和高度等因素外,密度梯度对阵列压缩行为的影响也很大[66],如图2-8(c)和(d)所示。屈曲区域的大小通常会随着屈曲的进一步发生而增加,如图2-8(c)所示。这体现了控制CNT密度和直径等平均形态特征,以及它们的空间梯度的重要性。

阵列的压缩载荷下的工程应力-应变曲线,正如图2-8(d)所示,也表现出开孔泡沫状行为,初始弹性加载后出现一个振荡平台区,每一个应力下降对应一个屈曲的发生,随后应力快速增加,这一阶段称为致密化阶段[63]。结构功能如整体阵列的大小尺寸和取向程度也影响到阵列的性能,如阵列的拉伸模量,这可以从实验结果和模拟研究中观察到,如图2-9(a)和(b)所示。除了高可恢复性,阵列表现出较高的抗疲劳强度。阵列能够承受一百万次中等强度的压缩循环[67]。阵列也被证明在大温度范围(从-196~1000℃)的剪切模式动态力学条件下,可以保持其粘弹性响应,这是碳纳米管阵列所特有的性质[68]。

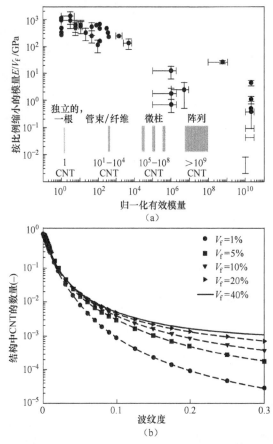

图2-9 (a)CNT阵列和管束的尺寸对有效拉伸模量影响作用的结果汇编[131];
(b)阵列波纹度和体积分数对有效拉伸模量影响作用的模拟结果[131]

研究表明,碳纳米管阵列压缩加-卸载行为和回弹受载荷速率的影响。准静态压缩载荷($10^{-4} \sim 10^{-1}$ s)下的碳纳米管阵列表现出了与速率无关的力学响应[69]。在载荷速率较高的准静态应变下,阵列表现出回弹(图2-10(a))和模量[64]对应变的依赖性。总的来说,回弹和卸载模量随应变速率的增大而增大。

对碳纳米管阵列在可控速度下物体冲击行为的研究表明,它们在低冲击速度下表现出复杂的速率依赖的加-卸载响应(图2-10(b)),在超过临界速率后,它们呈现出冲击形成[138]。临界速率是与密度相关的,比其他类似密度的泡沫低10倍,这是在冲击防护应用中的一个理想特性。

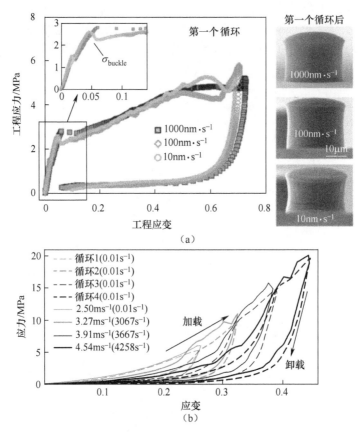

图2-10 (a)在不同准静态加载速率下,第一个压缩载荷循环CNT阵列的应力-应变曲线图和SEM图像,显示了加载和回弹对应变的依赖性[64];(b)在冲击载荷和卸载情况下,CNT阵列的应力-应变行为,显示了速率的依赖性[65](彩图)

利用碳纳米管阵列性能对结构特性的依赖性,可以调控阵列的性能以获得某些静态和动态行为[70-72],这可应用于冲击吸收和微电子机械系统(MEMS)。但是,工艺参数与阵列合成过程或生长后处理所产生的结构参数的相关性还有待进一步研究。

2.3.4 过滤性能

除了热学、电学和力学性能以外,由于CNT的内径较小,还表现出独特的质量输运特性。水和其他分子已经被证明可以占据[73]并高速流动通过碳纳米管,这是由于在足够小的碳纳米管直径下,水分子的无摩擦和弹道输运以及单行运动[74]。这启发人们思考制造了碳纳米管基的滤水膜或基于选择性输运的分离膜。碳纳米管膜的研发是目前一个热门的研究领域。图2-11(a)是CNT膜剖面

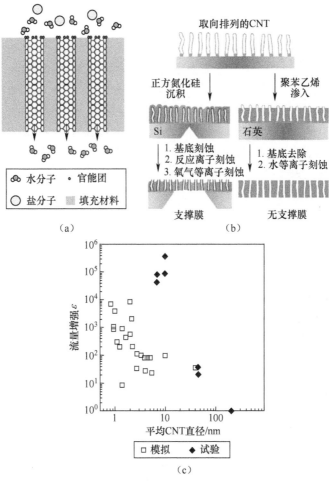

图2-11 (a)典型CNT滤膜的局部示意图[139];(b)有支撑和无支撑两种CNT滤膜的制备方法[139];(c)平均阵列CNT直径与试验和模拟流量增强之间的关系图解[140](彩图)

示意图[139]。SWNT阵列通常和填充材料一起制备成薄膜。目前,已经开发了不同的方法来制备滤膜,其中一些如图2-11(b)所示。碳纳米管膜的流动特性通常取决于碳纳米管的直径、堆积密度和排列方式。如图2-11(c)[140]所示,CNT越小,流动增强越大(定义为不可压缩流体在恒定截面圆柱通道内稳态流动时,实测流量与无滑移情况下测量的流量偏差)。目前,CNT膜研发面临的一些技术挑战包括:CNT孔密度低[75-76]、CNT垂直取向差[75]、膜基质脆[77-78]、可伸缩性差[77]、纳米颗粒或聚合导致的孔堵塞[75-76]、填充材料过量[79]或在纳米通道内聚合[75]。其中一些缺陷是形态相关的,因此,更进一步强调需要通过过程工艺来控制随机阵列形态。

2.4 工艺—结构关系

在2.3节中,讨论了阵列形态对有效性能的影响,其中证明了阵列的性能不仅依赖于单个碳纳米管的性质,还依赖于阵列集合体的结构和形态。一个典型的CVD生长过程包括数十亿个单独的CNT同时生长,并受多个原子级物理化学过程的动力学控制,这些过程包括化学分解、催化活化、催化剂中毒/失活和原子扩散[80-87]。

因此,理解这些不同的过程如何影响工艺—结构关系是至关重要的。为了实现这一目标,在过去20年中,开发了大量的原位测量技术,以帮助理解这些工艺以及它们如何影响最终的阵列结构。在这一节中,我们讨论阵列生长的连续阶段和造成工艺差异的随机性根源。如图2-12所示[141],我们将合成过程分为三个阶段:①催化剂的制备与处理;②催化活化与碳纳米管成核;③碳纳米管的生长与终止。催化剂的制备和处理阶段包括通过沉积薄膜的脱湿和还原沉积的过渡金属催化剂的氧化物来合成纳米颗粒的过程。催化活化和碳纳米管成核阶段包括引入烃类气体,导致在形成碳帽的催化剂纳米颗粒上发生表面催化反应,以及长出大量相互作用的CNT的过程。碳纳米管生长和终止阶段包括碳纳米管生长变长、变密,直到最终的集合体生长自终止的过程。将这三个阶段一起表征,并将工艺参数与碳纳米管的结构和形态联系起来,既填补了工艺和结构之间的现有空白,又为制备具有上述应用所需性能的特定碳纳米管结构提供了一种方法。

2.4.1 催化剂的制备和处理

用于碳纳米管生长的催化剂纳米颗粒的制备方法有很多种。最常用的方法是利用物理气相沉积技术对薄膜进行退火处理。退火处理会引发脱湿,在该过程中,薄膜通过表面扩散聚集成纳米粒子群,从而使系统表面能降至最低[88]。由于它

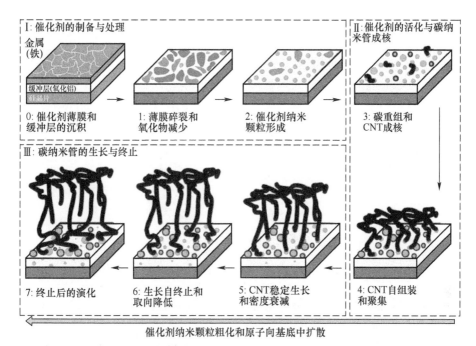

图 2-12 CNT 阵列生长机理整个过程示意图,分成三个阶段:(Ⅰ)催化剂的制备与处理,(Ⅱ)催化剂的活化与碳纳米管成核,(Ⅲ)碳纳米管的生长与终止

容易集成到 CVD 法合成碳纳米管的过程中,以及它较高的扩展性和制备大量小于 10nm 尺寸纳米颗粒的能力,所以这种方法经常被采用。其他制备纳米颗粒的方法包括光和电子束刻蚀[89]、预制纳米颗粒的胶体自组装[90-91]和嵌段共聚物自组装[92]。用作催化剂纳米颗粒的材料可以是过渡金属,也可以是包括 Ni、Fe、Mo 和 Co 在内的过渡金属的组合[91,93-95]。一般情况下,金属薄膜经退火处理后,纳米颗粒尺寸会出现如图 2-13(a)所示的随机性分布,这取决于初始的薄膜参数和退火条件[88]。纳米颗粒尺寸的分布是由脱湿过程的随机性决定的。

最终,催化剂纳米颗粒的尺寸和纳米颗粒之间的间距影响阵列生长速率和纳米管的壁数,如图 2-13(b)所示[101]。除了影响生长速率和碳纳米管类型外,碳纳米管密度也会影响碳纳米管在阵列中最终的取向[102]。图 2-13(c)回顾了文献[50,52,96-100]中涉及的一些催化剂薄膜脱湿的结果,显示了纳米颗粒的间距与堆积密度和平均纳米颗粒大小的关系。纳米颗粒和得到的纳米管的最大堆积密度受到几何因素和实际脱湿因素的限制。

除了能控制碳纳米管的尺寸和密度外,催化剂纳米颗粒还可能影响单壁碳纳米管之间的手性分布。其中活跃的研究领域是工程化催化剂纳米颗粒,使其制备的纳米管具有较窄手性分布,旨在制备单一手性的 SWNT。实现这一目标的关键

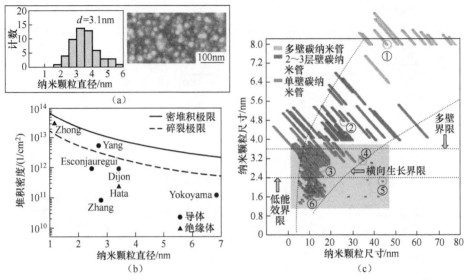

图2-13 （a）退火后纳米颗粒的AFM图,显示了纳米颗粒直径的分布规律[103]；
（b）纳米颗粒的大小和间距对生长速率和CNT类型的影响[101]；
（c）试验得到的纳米颗粒尺寸和密度对导电性或绝缘的影响图[50,52,96-100]（彩图）

是精确控制催化剂的组成、大小、结构以及高温稳定性,避免在高生长温度下奥氏熟化作用使催化剂发生变化[103]。一种方法是通过增加催化剂纳米颗粒与载体层之间的相互作用来稳定催化剂纳米颗粒,从而有效地将纳米颗粒固定在载体层上[104]。另一种方法是使用具有均匀和明确晶体结构的取向附生的纳米晶体作为催化剂纳米颗粒[104]。迄今为止,最有效的方法是使用钨基双金属固体合金催化剂W_6Co_7,可以得到92%以上的(12,6)手性CNT,该催化剂具有极高的熔点,并在高温下保持结晶度[105]。催化剂纳米颗粒的晶体表面还充当了决定纳米管初始结构的模板,除了结构稳定性因素外,还有助于保持具有特定手性的碳纳米管形式。使用这种方法,可以通过调整纳米颗粒的组成和结构获得其他的手性,这打开了计算材料设计研究的大门,可以获得不同的手性或手性分布更窄的组成成分。此外,催化剂纳米颗粒的组成也会影响阵列的生长速率[106-107]。

利用扫描电子显微镜(SEM)或原子力显微镜(AFM)和X射线衍射(XRD)等方法可以原位表征纳米粒子的尺寸、空间分布、组成和结晶度;然而,在CVD过程的不同阶段的动力学和催化剂纳米颗粒的化学状态变化时,不能使用这些方法表征。由于电子显微镜和X射线光电子能谱(XPS)等方法对低压和气体的严格要求,在退火和成核、活化和失活过程中原位表征纳米颗粒成形动力学是非常具有挑战性的。尽管存在这些局限性,利用散射和透射的方法,比如掠入射X射线衍射

(GI-XRD)、掠入射小角 X 射线散射(GI-SAXS)和环境透射电子显微镜(E-TEM)和 X 射线光电子能谱等,使用专门设计的实验装置,已经提供了在准备阶段的形态和化学相随时间演化的特殊信息[108-111]。例如,E-TEM 和电子衍射(ED)[110]用于原位观察催化纳米颗粒集体形成过程。利用该方法可以评估退火阶段催化剂尺寸和形状分布的演变,以及催化剂纳米颗粒的化学状态,如图 2-14 所示。Hofmann[111]利用原位 XPS 技术确定了 CNT 成核所需的化学状态,其中 Fe^{3+} 和 Fe^{2+} 需要还原为金属铁。

GI-SAXS 还被用来研究在碳纳米管生长过程中通过脱湿得到的纳米颗粒形成动力学。试验数据解决了工艺时间量程的问题,并表明在达到足够温度的情况下,脱湿过程是快速的。此外,通过将反应器安装在同步加速器光束上,基于将散射模式与描述截球体数量的数学模型拟合,对纳米颗粒的大小和形状的统计分布进行了时间跟踪[108]。

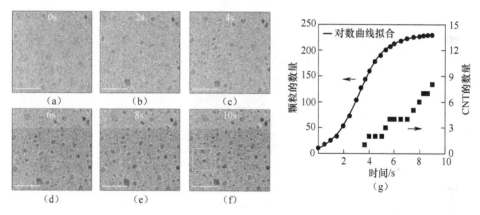

图 2-14　(a-f)纳米颗粒随着时间形成的 E-TEM 图像,显示了纳米颗粒大小、形状和空间分布在 750℃下温度随时间的演变过程;(g)催化剂颗粒和CNT 的数量密度随时间的一致的变化,纳米颗粒数量变化呈现出 S 曲线[110]

2.4.2　催化剂活化作用和碳纳米管晶核形成

在这一阶段,碳氢化合物通入到反应器中,其热分解产物与具有催化活性的催化剂纳米颗粒相互作用,促使碳原子的表面吸附和扩散,从而在纳米颗粒上形成碳帽,进而生长出纳米管。随后,由于邻近碳纳米管之间的分子相互作用(如范德瓦耳斯力),碳纳米管聚集并自组装形成取向排列的阵列形态。除碳源气体外,还可加入辅助气体,通过增加生长速率或延长催化剂寿命来促进生长。例如,生长过程中的水蒸气会影响碳纳米管的产量和寿命,并能够生长出毫米级和厘米级高度的单壁碳纳米管(SWNT)阵列[81]。这是由于水蒸气分子钝化了催化剂表面,阻碍了纳米催化剂奥氏熟化的发生,从而提高了催化剂的活性寿命[81]。

考察采用薄膜脱湿法制备的催化剂纳米颗粒的空间分布情况发现,低密度催化生长的碳纳米管会形成随机网络结构,而高密度催化生长的 CNT,会通过聚集和自组装形成垂直于基底取向的 CNT 束[101]。通入烃类气体后,不同直径的成核 CNT 以不同速率生长,这影响其弯曲度和力学相互作用[112]。在这个阶段,碳纳米管之间的相互作用会导致碳纳米管发生显著的变形、屈曲和管壁缺陷[113]。因此,控制生长中的碳纳米管间的相互作用对于获得具有特定性质的高质量碳纳米管阵列至关重要。生长中的碳纳米管之间的相互作用成为影响阵列生长的另一个随机因素。利用 E-TEM 研究了在 CNT 束的形成和阵列的生长过程中成核 CNT 之间初期的相互作用,如图 2-15 所示。

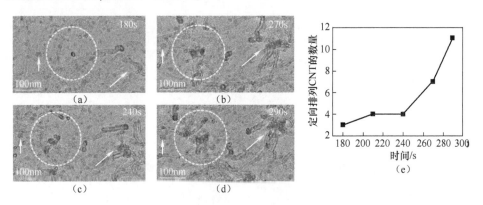

图 2-15 (a-d)650℃,CNT 聚集过程的 E-TEM 图像;(e)在 E-TEM 图中标记的圆圈内 CNT 的数量随时间的变化。倾斜的箭头表示另一束 CNT 的形成。竖直的箭头指向用于追踪定位的参考纳米颗粒[113]

在此阶段,可以使用高分辨率原位 E-TEM 成像技术来监测单个 CNT 的帽层形成和生长过程。这些过程的成像可用于深入了解碳纳米管成核中催化剂纳米颗粒表面原子级的作用[114-116],并可以直接从催化剂纳米颗粒上测量碳纳米管的生长动力学[117]。

2.4.3 碳纳米管的生长和终止

碳纳米管的生长和终止阶段包括碳纳米管阵列在密度、取向排列演变过程中的稳定生长和阵列生长的自终止,及终止后的演变。在这一阶段,阵列形成了不同长度尺度的多级结构形态,在整个阵列中碳纳米管的类型、排列方式、密度和直径分布都发生了演变。为了在整个生长过程中识别这些分布并理解集体生长动力学,原位表征方法是必不可少的。

不同的原位和非原位技术被用来表征碳纳米管的生长动力学,包括光学摄影、摄像[108,118]、光干涉[119]、单狭缝激光衍射[120]、时间分辨反射率[87]和激光三角测量[121]。上述方法仅能实现对高度动力学的监测。通过离位和原位微天平实现实时质量的测量;然而,这项技术测量分辨率有限,无法测量出阵列空间密度变化。通过离位 Z-衬度透射电镜和时间分辨光学反射率(TRR)的有效消光系数的实时变化可以间接测量阵列空间密度。

采用 X 射线衰减[9]无损检测方法可以精确地绘制出阵列的密度分布,其空间分辨率可低至 $10\mu m$,如图 2-16(a)和(b)所示。分辨率主要由 X 射线光束大小和机动化运动的精密度决定。这种方法的主要优点是,可以使用相同的装置,通过分析小角度 X 射线散射(SAXS)图,来分析碳纳米管在整个阵列中的密度、直径分布和取向排列。通过对小角度中子散射(SANS)和 SAXS 散射图中各向异性的分析[9,122],得到赫尔曼取向参数,来量化表征碳纳米管在阵列中的取向度。通过对

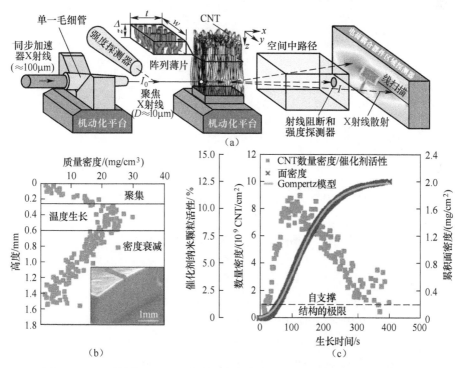

图 2-16 (a)使用 GI-SAXS 沿阵列高度方向测量密度和取向变化的装置;
(b)沿阵列高度方向密度变化图;(c)CNT 数量密度、催化剂活性和累积
面密度的时间演变规律,符合 Gompertz 数量增长模型[9]

散射 X 射线的空间映射、X 射线衰减数据和高度动力学(由非接触激光衰减得到)的综合考察,可以解决质量密度、数量密度和面密度的时空演化,如图 2-16(c)和图 2-17 所示。这种基于 X 射线的综合表征方法得到的结果表明,碳纳米管的生长是单根碳纳米管集合体随时间变化的结果,其中碳纳米管的生长速率呈一定范围分布。由此得出的质量动力学曲线呈 S 形,可以采用通常描述总体增长的 Gompertz 模型来拟合。进一步结合阵列直径分布可以揭示总体生长动力学与直径之间的关系,以及碳纳米管直径在整个生长过程中的演变过程,如图 2-17 所示[123]。这个阵列总体性能的数学公式体现了控制碳纳米管成核、生长速率和失活动力学随机性的重要性。

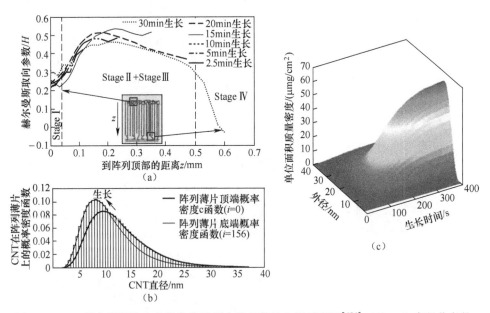

图 2-17 (a)赫尔曼斯取向参数作为阵列高度函数的空间示意图[126];(b)CNT 直径分布的概率密度函数是阵列高度的函数[126];(c)取决于直径的数量增长动力学[123](彩图)

因此,SAXS 和超小角 X 射线散射(USAXS)等 X 射线散射技术[124]为表征阵列中碳纳米管的密度、直径、束尺寸和取向提供了有效的方法,如图 2-16 和图 2-17 所示。将这些方法与 CVD 法生长 CNT 阵列相结合,可以将碳纳米管阵列的多级形态结构表征标准化,使过程参数与随机结构参数和性能相关联。

综上所述,图 2-12 所示的阵列总体生长机制是从随机取向的 CNT 成核开始的,随着密度的增加发生聚集,这些 CNT 之间相互作用也增加。当碳纳米管密度足够大(约 $10^9 cm^{-2}$),聚集导致了阵列的自支撑排列取向形态的形成。碳纳米管阵列继续生长,直到不断增长的阵列中碳纳米管失活,才导致密度开始下降。提出了 CNT 失活的几种机制,如催化剂中毒、覆盖层、蒸发或扩散、纳米颗粒粗化和 CNT 机械耦合等[81,87,112,125]。这种衰减会持续下去,直到密度变得很小,不足以支撑垂直排列的阵列结构(低于 $10^9 cm^{-2}$)。同时,阵列的高度停止增加,有时可观察到阵列底部的取向下降[126]。在这一阶段,虽然阵列高度可能不会增加,但很可能在底部仍有持续的增长,但对阵列高度的贡献太少,反而可能导致在阵列底部产生更多弯曲的 CNT。

在原位拉曼光谱中,通过对随时间变化的 G 峰下的面积积分来测量相对质量动力学。通过对 G 峰的监测发现,生长速率与手性有依赖性关系[127]。最近,利用原位电子能量损失谱(EELS)通过绘制随碳 K 边附近结构的时间演变,来测量在 E-TEM 里碳纳米管生长过程中在表面累积的碳[110]。虽然这里提到的间接方法不能用于空间密度测绘,但它们提供了在不同生长阶段形态随时间的演变规律。

2.5　展望

在前面的研究中,还存在一些关于随机碳纳米管阵列生长工艺—结构—性能关系的研究空白。以规模化生产为目标的研究和控制阵列生长质量的原位无损检测方法结合,能够将实验室规模的合成过程转变为与工业相关的制造过程。另一个活跃的研究领域是催化剂设计,通过催化剂设计,可以达到在碳纳米管阵列中特定手性生长、控制均匀性、提高活化率和延长催化寿命的目的。此外,为了达到碳纳米管结构上的"材料设计"模式,利用考虑生长随机性质的数学模型来预测碳纳米管阵列的性能是必要的。最后,需要开发基于人工智能和机器学习的 CVD 生长过程控制方法,以加速过程工艺探索,并基于计算模型提高过程控制。综上所述,需要对碳纳米管生长随机性、结构和性能的关系进行建模,以了解多级结构碳纳米管材料的影响。

利用计算机生成的阵列可以模拟计算出随机碳纳米管形态的结构—性能关系,从而推测其力学、电学和热学性能,并指导选择使用适当的过程工艺参数。随着计算能力的不断提高,利用 X 射线断层摄影试验[128]得到的结构模型和散射数据创建大型阵列模型,然后将其用于力学、电和热性能模拟的应用潜力很大。已经可以自动生成碳纳米管束几何模型来匹配实验结构值[129],并被用于推测碳纳米管束的热[130]和力学性能[129,131-133]。然而,为了创建阵列的结构—性能图,还需要进行面向应用的大型参数化研究,对全参数空间进行细致的探索。

考虑到生长过程中所讨论的随机因素,已确定的方法不足以建立阵列集合体生长动力学模型,也不足以解释阵列生长过程中存在较大变异性的问题。因此,以 CNT 阵列生长过程中单根碳纳米管随时间变化的生长统计分布得到的生长动力学建立的随机模型,可以更深入了解测试得到较低的性能实验结果及其变化的根本原因。

本章相关彩图,请扫码查看

参 考 文 献

[1] J. Di, S. Fang, F. A. Moura, D. S. Galvão, J. Bykova, A. Aliev, M. J. de Andrade, X. Lepró, N. Li, C. Haines, R. Ovalle-Robles, D. Qian, R. H. Baughman, Strong, twist-stable carbon nanotube yarns and muscles by tension annealing at extreme temperatures, Adv. Mater. (2016) 6598-6605, https://doi.org/10.1002/adma.201600628.

[2] S. H. Kim, C. S. Haines, N. Li, K. J. Kim, T. J. Mun, C. Choi, J. Di, Y. J. Oh, J. P. Oviedo, J. Bykova, S. Fang, N. Jiang, Z. Liu, R. Wang, P. Kumar, R. Qiao, S. Priya, K. Cho, M. Kim, M. S. Lucas, L. F. Drummy, B. Maruyama, D. Y. Lee, X. Lepró, E. Gao, D. Albarq, R. Ovalle-Robles, S. J. Kim, R. H. Baughman, Harvesting electrical energy from carbon nanotube yarn twist, Science 357 (2017) 773-778, https://doi.org/10.1126/science.aam8771.

[3] S. Rawal, J. Brantley, N. Karabudak, in: Development of carbon nanotube-based composite for spacecraft components, RAST 2013—Proc. 6th Int. Conf. Recent Adv. Sp. Technol, 2013, pp. 13-19, https://doi.org/10.1109/RAST.2013.6581186.

[4] H. Li, C. Xu, N. Srivastava, K. Banerjee, Carbon nanomaterials for next-generation interconnects and passives: physics, status, and prospects, IEEE Trans. Electron Devices 56 (2009) 1799-1821, https://doi.org/10.1109/TED.2009.2026524.

[5] J. Hansson, T. M. J. Nilsson, L. Ye, J. Liu, Novel nanostructured thermal interface materials: a review. Int. Mater. Rev. 6608(2017)1-24, https://doi.org/10.1080/09506608.2017.1301014.

[6] J. R. Werber, C. O. Osuji, M. Elimelech, Materials for next-generation desalination and water purification membranes. Nat. Rev. Mater. 1(2016),https://doi.org/10.1038/natrevmats.2016.18.

[7] D. A. Fletcher, R. D. Mullins, Cell mechanics and the cytoskeleton. Nature 463 (2010) 485-492, https://doi.org/10.1038/nature08908. Cell.

[8] A. M. Marconnet, M. A. Panzer, K. E. Goodson, Thermal conduction phenomena in carbon nanotubes and related nanostructured materials, Rev. Mod. Phys. 85 (2013) 1295-1326, https://doi.org/10.1103/RevModPhys.85.1295.

[9] M. Bedewy, E. R. Meshot, M. J. Reinker, A. J. Hart, Population growth dynamics of carbon nanotubes, ACS Nano 5 (2011) 8974-8989, https://doi.org/10.1021/nn203144f.

[10] W. Huang, M. R. Stan, S. Gurumurthi, R. J. Ribando, K. Skadron, Interaction of scaling trends in processor architecture and cooling. Annu. IEEE Semicond. Therm. Meas. Manag. Symp.

(2010) 198−204, https://doi.org/10.1109/STHERM.2010.5444290.

[11] A. M. Marconnet, N. Yamamoto, M. A. Panzer, B. L. Wardle, K. E. Goodson, Thermal conduction in aligned carbon nanotube-polymer nanocomposites with high packing density, ACS Nano 5 (2011) 4818−4825, https://doi.org/10.1021/nn200847u.

[12] M. S. Dresselhaus, G. Dresselhaus, A. Jorio, Unusual properties and structure of carbon nanotubes, Annu. Rev. Mater. Res. 34 (2004) 247−278, https://doi.org/10.1146/annurev.matsci.34.040203.114607.

[13] C. Yu, L. Shi, Z. Yao, D. Li, A. Majumdar, Thermal conductance and thermopower of an individual singlewall carbon nanotube, Nano Lett. 5 (2005) 1842 − 1846, https://doi.org/10.1021/nl051044e.

[14] E. Pop, D. Mann, Q. Wang, K. Goodson, H. Dai, Thermal conductance of an individual singlewall carbon nanotube above room temperature, Nano Lett. 6 (2006) 96−100, https://doi.org/10.1021/nl052145f.

[15] J. Che, T. C, agin, W. A. Goddard, Thermal conductivity of carbon nanotubes, Nanotechnology 11 (2000) 65−69, https://doi.org/10.1088/0957-4484/11/2/305.

[16] L. Shang, L. Ming, W. Wang, Diameter-dependant thermal conductance models of carbon nanotubes, 2007 7th IEEE Int. Conf. Nanotechnol. —IEEE-NANO 2007, Proceedings, 2007, pp. 206−210, https://doi.org/10.1109/NANO.2007.4601172.

[17] M. T. Pettes, L. Shi, Thermal and structural characterizations of individual single-, double-, and multi-walled carbon nanotubes, Adv. Funct. Mater. 19 (2009) 3918−3925, https://doi.org/10.1002/adfm.200900932.

[18] T.-Y. Choi, D. Poulikakos, J. Tharian, U. Sennhauser, Measurement of the thermal conductivity of individualcarbon nanotubes by the four-point three-ωmethod, Nano Lett. 6 (2006) 1589−1593, https://doi.org/10.1021/nl060331v.

[19] M. Fujii, X. Zhang, H. Xie, H. Ago, K. Takahashi, T. Ikuta, H. Abe, T. Shimizu, Measuring the thermal conductivity of a single carbon nanotube, Phys. Rev. Lett. 95 (2005) 8 − 11, https://doi.org/10.1103/PhysRevLett.95.065502.

[20] P. Kim, L. Shi, A. Majumdar, P. L. McEuen, Thermal transport measurements of individual multiwalled nanotubes, Phys. Rev. Lett. 87 (2001) 215502, https://doi.org/10.1103/PhysRevLett.87.215502.

[21] Q. Li, C. Liu, X. Wang, S. Fan, Measuring the thermal conductivity of individual carbon nanotubes by the Raman shift method. Nanotechnology 20 (2009) https://doi.org/10.1088/0957-4484/20/14/145702.

[22] Z. L. Wang, D. W. Tang, X. H. Zheng, W. G. Zhang, Y. T. Zhu, Length-dependent thermal conductivity of single-wall carbon nanotubes: prediction and measurements. Nanotechnology 18 (2007) https://doi.org/10.1088/0957-4484/18/47/475714.

[22a] T. Y. Choi, D. Poulikakos, J. Tharian, U. Sennhauser, Measurement of thermal conductivity of individual multiwalled carbon nanotubes by the 3-ωmethod. Appl. Phys. Lett. 87 (2005) 2003−

2006, https://doi.org/10.1063/1.1957118.

[23] D. J. Yang, Q. Zhang, G. Chen, S. F. Yoon, J. Ahn, S. G. Wang, Q. Zhou, Q. Wang, J. Q. Li, Thermal conductivity of multiwalled carbon nanotubes. Phys. Rev. B 66 (2002) 165440, https://doi.org/10.1103/PhysRevB.66.165440.

[24] D. J. Yang, S. G. Wang, Q. Zhang, P. J. Sellin, G. Chen, Thermal and electrical transport in multi-walled carbon nanotubes. Phys. Lett. A 329 (2004) 207–213, https://doi.org/10.1016/j.physleta.2004.05.070.

[25] T. Borca-Tasciuc, S. Vafaei, D. A. Borca-Tasciuc, B. Q. Wei, R. Vajtai, P. M. Ajayan, Anisotropic thermal diffusivity of aligned multiwall carbon nanotube arrays. J. Appl. Phys. 98 (2005) https://doi.org/10.1063/1.2034079.

[26] T. Tong, A. Majumdar, A. Yang Zhao, L. Kashani, M. M. Delzeit, Indium assisted multiwalled carbon nanotube array thermal interface materials, Therm. Thermomechanical Proc. 10th Intersoc. Conf. Phenom. Electron. Syst. 2006. ITHERM 2006., IEEE, 2006, pp. 1406–1411, https://doi.org/10.1109/ITHERM.2006.1645509.

[27] T. S. F. Jun Xu, Enhanced thermal contact conductance using carbon nanotube array interfaces. IEEE Trans. Components Packag. Technol. 29 (2006) 261–267, https://doi.org/10.1109/TCAPT.2006.875876.

[28] T. Tong, Y. Zhao, L. Delzeit, A. Kashani, M. Meyyappan, A. Majumdar, Dense vertically aligned multiwalled carbon nanotube arrays as thermal interface materials. IEEE Trans. Components Packag. Technol. 30 (2007) 92–100, https://doi.org/10.1109/TCAPT.2007.892079.

[29] B. A. Cola, X. Xu, T. S. Fisher, Increased real contact in thermal interfaces: a carbon nanotube/foil material. Appl. Phys. Lett. 90 (2007) https://doi.org/10.1063/1.2644018.

[30] H. Xie, A. Cai, X. Wang, Thermal diffusivity and conductivity of multiwalled carbon nanotube arrays. Phys. Lett. A 369 (2007) 120–123, https://doi.org/10.1016/j.physleta.2007.02.079.

[31] S. K. Pal, Y. Son, T. Borca-Tasciuc, D. A. Borca-Tasciuc, S. Kar, R. Vajtai, P. M. Ajayan, Thermal and electrical transport along MWCNT arrays grown on inconel substrates. J. Mater. Res. 23 (2008) 2099–2105, https://doi.org/10.1557/jmr.2008.0256.

[32] Y. Son, S. K. Pal, T. Borca-Tasciuc, P. M. Ajayan, R. W. Siegel, Thermal resistance of the native interface between vertically aligned multiwalled carbon nanotube arrays and their SiO_2/Si substrate, J. Appl. Phys. 103 (2008) 24911, https://doi.org/10.1063/1.2832405.

[33] M. A. Panzer, K. E. Goodson, Thermal resistance between low-dimensional nanostructures and semi-infinite media, J. Appl. Phys. 103 (2008) https://doi.org/10.1063/1.2903519.

[34] M. Akoshima, K. Hata, D. N. Futaba, K. Mizuno, T. Baba, M. Yumura, Thermal diffusivity of single-walled carbon nanotube forest measured by laser flash method. Jpn. J. Appl. Phys. 48 (2009) 1–7, https://doi.org/10.1143/JJAP.48.05EC07.

[35] M. B. Jakubinek, M. A. White, G. Li, C. Jayasinghe, W. Cho, M. J. Schulz, V. Shanov, Thermal and electrical conductivity of tall, vertically aligned carbon nanotube arrays. Carbon 48 (2010) 3947–3952, https://doi.org/10.1016/j.carbon.2010.06.063.

[36] A. Okamoto, I. Gunjishima, T. Inoue, M. Akoshima, H. Miyagawa, T. Nakano, T. Baba, M. Tanemura, G. Oomi, Thermal and electrical conduction properties of vertically aligned carbon nanotubes produced by water-assisted chemical vapor deposition. Carbon 49 (2011) 294–298, https://doi.org/10.1016/j.carbon.2010.09.024.

[37] W. Lin, J. Shang, W. Gu, C. P. Wong, Parametric study of intrinsic thermal transport in vertically aligned multi-walled carbon nanotubes using a laser flash technique. Carbon 50 (2012) 1591–1603, https://doi.org/10.1016/j.carbon.2011.11.038.

[38] Y. Gao, A. M. Marconnet, R. Xiang, S. Maruyama, K. E. Goodson, Heat capacity, thermal conductivity, and Interface resistance extraction for single-walled carbon nanotube films using frequency-domain thermoreflectance. IEEE Trans. Components, Packag. Manuf. Technol. 3 (2013) 1524–1532, https://doi.org/10.1109/TCPMT.2013.2254175.

[39] M. S. Dresselhaus, G. Dresselhaus, P. Avouris (Eds.), Carbon Nanotubes: Synthesis, Structure, Properties, and Applications, Springer, Berlin, Heidelberg, 2001 https://doi.org/10.1007/3-540-39947-X.

[40] Q. Cao, J. Tersoff, D. B. Farmer, Y. Zhu, S. J. Han, Carbon nanotube transistors scaled to a 40-nanometer footprint. Science 356(2017) 1369–1372, https://doi.org/10.1126/science.aan2476.

[41] A. D. Franklin, The road to carbon nanotube transistors. Nature 498 (2013) 443–444, https://doi.org/10.1038/498443a.

[42] S. Vollebregt, Carbon Nanotubes as Vertical Interconnects in 3D Integrated Circuits, Technische Universiteit Delft, Delft, 2014.

[43] T. W. Ebbesen, H. J. Lezec, H. Hiura, J. W. Bennett, H. F. Ghaemi, Electrical conductivity of individual carbon nanotubes. Nature 382 (1996) 54–56, https://doi.org/10.1038/382054a0.

[44] A. Y. Kasumov, H. Bouchiat, B. Reulet, O. Stephan, I. I. Khodos, Y. B. Gorbatov, C. Colliex, Conductivity and atomic structure of isolated multiwalled carbon nanotubes. Europhys. Lett. 43 (1998) 89–94, https://doi.org/10.1209/epl/i1998-00324-1.

[45] S. Li, Z. Yu, C. Rutherglen, P. J. Burke, Electrical properties of 0.4 cm long single-walled carbon nanotubes. Nano Lett. 4 (2004) 2003–2007, https://doi.org/10.1021/nl048687z.

[46] S. Li, Z. Yu, S. F. Yen, W. C. Tang, P. J. Burke, Carbon nanotube transistor operation at 2.6 GHz. Nano Lett. 4 (2004) 753–756, https://doi.org/10.1021/nl0498740.

[47] T. D€urkop, S. A. Getty, E. Cobas, M. S. Fuhrer, Extraordinary mobility in semiconducting carbon nanotubes. Nano Lett. 4 (2004) 35–39, https://doi.org/10.1021/nl034841q.

[48] H. Dai, E. W. Wong, C. M. Lieber, Probing electrical transport in nanomaterials: conductivity of individual carbon nanotubes. Science 272 (1996) 523–526, https://doi.org/10.1126/science.272.5261.523.

[49] M. Nihei, A. Kawabata, D. Kondo, M. Horibe, S. Sato, Y. Awano, Electrical properties of carbon nanotube bundles for future via interconnects. Jpn. J. Appl. Phys. 44 (2005) 1626–1628, https://doi.org/10.1143/JJAP.44.1626.

[50] D. Yokoyama, T. Iwasaki, K. Ishimaru, S. Sato, T. Hyakushima, M. Nihei, Y. Awano, H. Kawarada,

Electrical properties of carbon nanotubes grown at a low temperature for use as interconnects. Jpn. J. Appl. Phys. 47(2008)1985-1990, https://doi.org/10.1143/JJAP.47.1985.

[51] Y.-M. Choi, S. Lee, H. S. Yoon, M.-S. Lee, H. Kim, I. Han, Y. Son, I.-S. Yeo, U. -I. Chung, J.-T. Moon, Integration and electrical properties of carbon nanotube array for interconnect applications, SixthIEEE Conf. Nanotechnol., 2006, pp. 262 – 265, https://doi.org/10.1109/NANO.2006.247624.

[52] J. Dijon, H. Okuno, M. Fayolle, T. Vo, J. Pontcharra, D. Acquaviva, D. Bouvet, A. M. Ionescu, C. S. Esconjauregui, B. Capraro, E. Quesnel, J. Robertson, Ultra-high density carbon nanotubes on Al-Cufor advanced vias, 2010 Int. Electron Devices Meet., IEEE, 2010, pp. 33.4.1 – 33.4.4, https://doi.org/10.1109/IEDM.2010.5703470.

[53] P. Sundqvist, F. J. Garcia-Vidal, F. Flores, M. Moreno-Moreno, C. Go'mez-Navarro, J. S. Bunch, J. Go'mez-Herrero, Voltage and length-dependent phase diagram of the electronic transport in carbon nanotubes. NanoLett. 7(2007)2568-2573, https://doi.org/10.1021/nl070746w.

[54] C. Zhou, J. Kong, H. Dai, Electrical measurements of individual semiconducting single-walled carbon nanotubes of various diameters. Appl. Phys. Lett. 76 (2000) 1597 – 1599, https://doi.org/10.1063/1.126107.

[55] C. J. Barnett, C. Gowenlock, K. Welsby, A. Orbaek-White, A. R. Barron, Spatial and contamination dependentelectrical properties of carbon nanotubes. Nano Lett. (2017) https://doi.org/10.1021/acs.nanolett.7b03390.

[56] C. L. Kane, E. J. Mele, R. S. Lee, J. E. Fischer, P. Petit, H. Dai, A. Thess, R. E. Smalley, A. R. M. Verschueren, S. J. Tans, C. Dekker, Temperature dependent resistivity of single wall carbon nanotubes. Europhys. Lett. 41(1997)4, https://doi.org/10.1209/epl/i1998-00214-6.

[57] P. M. Solomon, Contact resistance to a one-dimensional quasi-ballistic nanotube/wire. IEEE Electron DeviceLett. 32 (2011) 246-248, https://doi.org/10.1109/LED.2010.2095821.

[58] C. Lan, P. Srisungsitthisunti, P. B. Amama, T. S. Fisher, X. Xu, R. G. Reifenberger, Measurement of metal/carbon nanotube contact resistance by adjusting contact length using laser ablation. Nanotechnology19 (2008) https://doi.org/10.1088/0957-4484/19/12/125703.

[59] C. Lan, D. N. Zakharov, R. G. Reifenberger, Determining the optimal contact length for a metal/multiwalledcarbon nanotube interconnect. Appl. Phys. Lett. 92 (2008) 1-4, https://doi.org/10.1063/1.2931081.

[60] B. I. Yakobson, P. Avouris, Mechanical properties of carbon nanotubes. Carbon Nanotub. 327 (2001)287-327, https://doi.org/10.1007/3-540-39947-X.

[61] A. Kis, G. Csányi, J. P. Salvetat, T. N. Lee, E. Couteau, A. J. Kulik, W. Benoit, J. Brugger, L. Forro', Reinforcementof single-walled carbon nanotube bundles by intertube bridging. Nat. Mater. 3 (2004) 153-157, https://doi.org/10.1038/nmat1076.

[62] H. J. Qi, K. B. K. Teo, K. K. S. Lau, M. C. Boyce, W. I. Milne, J. Robertson, K. K. Gleason, Determination of mechanical properties of carbon nanotubes and vertically aligned carbon nanotube forests using nanoindentation. J. Mech. Phys. Solids. 51 (2003) 2213 – 2237, https://

doi. org/10. 1016/j. jmps. 2003. 09. 015.

[63] S. B. Hutchens, A. Needleman, J. R. Greer, Analysis of uniaxial compression of vertically aligned carbonnanotubes. J. Mech. Phys. Solids. 59 (2011) 2227–2237, https://doi. org/10. 1016/j. jmps. 2011. 05. 002.

[64] S. Pathak, E. J. Lim, P. Pour Shahid Saeed Abadi, S. Graham, B. A. Cola, J. R. Greer, Higher recovery andbetter energy dissipation at faster strain rates in carbon nanotube bundles: an in-situ study. ACS Nano6 (2012) 2189–2197, https://doi. org/10. 1021/nn300376j.

[65] S. B. Hutchens, L. J. Hall, J. R. Greer, In situ mechanical testing reveals periodic buckle nucleation and propagationin carbon nanotube bundles. Adv. Funct. Mater. 20 (2010) 2338–2346, https://doi. org/10. 1002/adfm. 201000305.

[66] S. Pathak, N. Mohan, E. Decolvenaere, A. Needleman, M. Bedewy, A. J. Hart, J. R. Greer, Local relative densitymodulates failure and strength in vertically aligned carbon nanotubes. ACS Nano 7 (2013) 8593–8604, https://doi. org/10. 1021/nn402710j.

[67] J. Suhr, P. Victor, L. Ci, S. Sreekala, X. Zhang, O. Nalamasu, P. M. Ajayan, Fatigue resistance of alignedcarbon nanotube arrays under cyclic compression. Nat. Nanotechnol. 2 (2007) 417–421, https://doi. org/10. 1038/nnano. 2007. 186.

[68] M. Xu, D. N. Futaba, T. Yamada, M. Yumura, K. Hata, Carbon nanotubes with temperature-invariant viscoelasticityfrom_196 to 1000℃. Science 330 (2010) 1364–1368, https://doi. org/10. 1126/science. 1194865.

[69] J. R. Raney, F. Fraternali, C. Daraio, Rate-independent dissipation and loading direction effects in compressedcarbon nanotube arrays. Nanotechnology 24 (2013) 255707, https://doi. org/10. 1088/09574484/24/25/255707.

[70] P. D. Bradford, X. Wang, H. Zhao, Y. T. Zhu, Tuning the compressive mechanical properties of carbon nanotubefoam. Carbon 49 (2011) 2834–2841, https: // doi. org /10. 1016/j. carbon. 2011. 03. 012.

[71] B. Xie, Y. Liu, Y. Ding, Q. Zheng, Z. Xu, Mechanics of carbon nanotube networks: microstructural evolutionand optimal design. Soft Matter 7 (2011) 10039, https://doi. org/10. 1039/c1sm06034a.

[72] S. Pathak, J. R. Raney, C. Daraio, Effect of morphology on the strain recovery of vertically aligned carbon nanotube arrays: an in situ study. Carbon 63 (2013) 303–316, https://doi. org/10. 1016/j. carbon. 2013. 06. 083.

[73] N. Naguib, H. Ye, Y. Gogotsi, A. G. Yazicioglu, C. M. Megaridis, M. Yoshimura, Observation of water confinedin nanometer channels of closed carbon nanotubes. Nano Lett. 4 (2004) 2237–2243, https://doi. org/10. 1021/nl0484907.

[74] R. H. Tunuguntla, R. Y. Henley, Y. Yao, T. A. Pham, M. Wanunu, A. Noy, Enhanced water permeability andtunable ion selectivity in subnanometer carbon nanotube porins. Science 357 (2017) 792–796, https://doi. org/10. 1126/science. aan2438.

[75] A. Surapathi, J. Herrera-Alonso, F. Rabie, S. Martin, E. Marand, Fabrication and gas transport

properties of SWNT/polyacrylic nanocomposite membranes. J. Memb. Sci. 375 (2011) 150–156, https://doi. org/10. 1016/j. memsci. 2011. 03. 034.

[76] W. Mi, Y. S. Lin, Y. Li, Vertically aligned carbon nanotube membranes on macroporous alumina supports. J. Memb. Sci. 304(2007) 1–7, https://doi. org/10. 1016/j. memsci. 2007. 07. 021.

[77] J. K. Holt, Fast mass transport through sub-2-nanometer carbon nanotubes. Science 312 (2006) 1034–1037, https://doi. org/10. 1126/science. 1126298.

[78] B. J. Hinds, Aligned multiwalled carbon nanotube membranes. Science 303 (2004) 62–65, https://doi. org/10. 1126/science. 1092048.

[79] S. Kim, F. Fornasiero, H. G. Park, J. Bin In, E. Meshot, G. Giraldo, M. Stadermann, M. Fireman, J. Shan, C. P. Grigoropoulos, O. Bakajin, Fabrication of flexible, aligned carbon nanotube/polymer composite membranes by in-situ polymerization. J. Memb. Sci. 460 (2014) 91–98, https://doi. org/10. 1016/j. memsci. 2014. 02. 016.

[80] D. N. Futaba, K. Hata, T. Namai, T. Yamada, K. Mizuno, Y. Hayamizu, M. Yumura, S. Iijima, 84% catalystactivity of water-assisted growth of single walled carbon nanotube forest characterization by a statistical andmacroscopic approach. J. Phys. Chem. B 110 (2006) 8035–8038, https://doi. org/10. 1021/jp060080e.

[81] P. B. Amama, C. L. Pint, L. McJilton, S. M. Kim, E. a Stach, P. T. Murray, R. H. Hauge, B. Maruyama, Role ofwater in super growth of single-walled carbon nanotube carpets. Nano Lett. 9 (2009) 44–49, https://doi. org/10. 1021/Nl801876h.

[82] P. B. Amama, C. L. Pint, S. M. Kim, L. McJilton, K. G. Eyink, E. A. Stach, R. H. Hauge, B. Maruyama, Influence of alumina type on the evolution and activity of alumina-supported fe catalysts in single-walled carbonnanotube carpet growth. ACS Nano 4 (2010) 895–904, https://doi. org/10. 1021/nn901700u.

[83] E. Einarsson, Y. Murakami, M. Kadowaki, S. Maruyama, Growth dynamics of vertically aligned singlewalledcarbon nanotubes from in situ measurements. Carbon 46 (2008) 923–930, https://doi. org/10. 1016/j. carbon. 2008. 02. 021.

[84] S. Noda, K. Hasegawa, H. Sugime, K. Kakehi, Z. Zhang, S. Maruyama, Y. Yamaguchi, Millimeter-thicksingle-walled carbon nanotube forests: hidden role of catalyst support. Jpn. J. Appl. Phys. Part 2 Lett. 46 (2007) 1–4, https://doi. org/10. 1143/JJAP. 46. L399.

[85] P. Vinten, J. Lefebvre, P. Finnie, Kinetic critical temperature and optimized chemical vapor deposition growthof carbon nanotubes. Chem. Phys. Lett. 469 (2009) 293–297, https://doi. org/10. 1016/j. cplett. 2008. 12. 095.

[86] C. T. Wirth, C. Zhang, G. Zhong, S. Hofmann, J. Robertson, Diffusion- and reaction-limited growth of carbonnanotube forests. ACS Nano 3 (2009) 3560–3566, https://doi. org/10. 1021/nn900613e.

[87] A. A. Puretzky, D. B. Geohegan, S. Jesse, I. N. Ivanov, G. Eres, In situ measurements and modeling of carbonnanotube array growth kinetics during chemical vapor deposition. Appl. Phys. A Mater. Sci. Process. 81 (2005) 223–240, https://doi. org/10. 1007/s00339–005–

3256-7.

[88] C. V. Thompson, Solid-state dewetting of thin films. Annu. Rev. Mater. Res. 42 (2012) 399-434, https://doi.org/10.1146/annurev-matsci-070511-155048.

[89] K. B. K. Teo, M. Chhowalla, G. A. J. Amaratunga, W. I. Milne, D. G. Hasko, G. Pirio, P. Legagneux, F. Wyczisk, D. Pribat, Uniform patterned growth of carbon nanotubes without surface carbon. Appl. Phys. Lett. 79 (2001) 1534-1536, https://doi.org/10.1063/1.1400085.

[90] E. S. Polsen, M. Bedewy, A. J. Hart, Decoupled control of carbon nanotube forest density and diameter bycontinuous-feed convective assembly of catalyst particles. Small 9 (2013) 2564-2575, https://doi.org/10.1002/smll.201202878.

[91] Y. Li, J. Liu, Y. Wang, Z. L. Wang, Preparation of monodispersed Fe-Mo nanoparticles as the catalyst for CVD synthesis of carbon nanotubes. Chem. Mater. 13 (2001) 1008-1014, https://doi.org/10.1021/cm000787s.

[92] C. Hinderling, Y. Keles, T. St€ockli, H. F. Knapp, T. De Los Arcos, P. Oelhafen, I. Korczagin, M. A. Hempenius, G. J. Vancso, R. Pugin, H. Heinzelmann, Organometallic block copolymers as catalyst precursorsfor templated carbon nanotube growth. Adv. Mater. 16 (2004) 876-879, https://doi.org/10.1002/adma.200306447.

[93] D. Futaba, K. Mizuno, T. Namai, M. Yumura, S. Iijima, Water-assisted highly efficient synthesis of impurityfreesingle-walled carbon nanotubes, Science 306 (2004) 1362-1365. http://www.sciencemag.org/cgi/content/abstract/306/5700/1362%5Cnpapers2://publication/uuid/95DB710B-1EBA-48A8-B8E6-F893E9712DB3.

[94] A. R. Harutyunyan, O. A. Kuznetsov, C. J. Brooks, E. Mora, G. Chen, Thermodynamics behind carbon nanotubegrowth via endothermic catalytic decomposition reaction. ACS Nano 3 (2009) 379-385, https://doi.org/10.1021/nn8005569.

[95] S. M. Bachilo, L. Balzano, J. E. Herrera, F. Pompeo, D. E. Resasco, R. B. Weisman, Narrow (n, m)-distributionof single-walled carbon nanotubes grown using a solid supported catalyst. J. Am. Chem. Soc. 125 (2003) 11186-11187, https://doi.org/10.1021/ja036622c.

[96] G. Zhong, J. H. Warner, M. Fouquet, A. W. Robertson, B. Chen, J. Robertson, Growth of ultrahigh densitysingle-walled carbon nanotube forests by improved catalyst design. ACS Nano 6 (2012) 2893-2903, https://doi.org/10.1021/nn203035x.

[97] C. Zhang, F. Yan, C. S. Allen, B. C. Bayer, S. Hofmann, B. J. Hickey, D. Cott, G. Zhong, J. Robertson, Growthof vertically-aligned carbon nanotube forests on conductive cobalt disilicide support. J. Appl. Phys. 108 (2010) https://doi.org/10.1063/1.3456168.

[98] J. Yang, S. Esconjauregui, A. W. Robertson, Y. Guo, T. Hallam, H. Sugime, G. Zhong, G. S. Duesberg, J. Robertson, Growth of high-density carbon nanotube forests on conductive TiSiN supports. Appl. Phys. Lett. 106 (2015) 83108, https://doi.org/10.1063/1.4913762.

[99] S. Esconjauregui, M. Fouquet, B. C. Bayer, C. Ducati, R. Smajda, S. Hofmann, J. Robertson, Growth of ultrahighdensity vertically aligned carbon nanotube forests for interconnects. ACS Nano 4 (2010) 7431-7436, https://doi.org/10.1021/nn1025675.

[100] K. Hata, D. N. Futaba, K. Mizuno, T. Namai, Water-assisted highly efficient synthesis of impurity-freesingle-walled carbon nanotubes. Science 1362 (2011) 1362–1365, https://doi.org/10.1126/science.1104962.

[101] G. Chen, R. C. Davis, D. N. Futaba, S. Sakurai, K. Kobashi, M. Yumura, K. Hata, A sweet spot for highlyefficient growth of vertically aligned single-walled carbon nanotube forests enabling their unique structuresand properties. Nanoscale 8 (2016) 162–171, https://doi.org/10.1039/C5NR05537G.

[102] M. Xu, D. N. Futaba, M. Yumura, K. Hata, Alignment control of carbon nanotube forest from random tonearly perfectly aligned by utilizing the crowding effect. ACS Nano 6 (2012) 5837–5844, https://doi.org/10.1021/nn300142j.

[103] S. Sakurai, H. Nishino, D. N. Futaba, S. Yasuda, T. Yamada, A. Maigne, Y. Matsuo, E. Nakamura, M. Yumura, K. Hata, Role of subsurface diffusion and Ostwald ripening in catalyst formation forsingle-walled carbon nanotube forest growth. J. Am. Chem. Soc. 134 (2012) 2148–2153, https://doi.org/10.1021/ja208706c.

[104] B. Liu, F. Wu, H. Gui, M. Zheng, C. Zhou, Chirality-controlled synthesis and applications of single-wallcarbon nanotubes. ACS Nano 11 (2017) 31–53, https://doi.org/10.1021/acsnano.6b06900.

[105] F. Yang, X. Wang, D. Zhang, J. Yang, D. Luo, Z. Xu, J. Wei, J.-Q. Wang, Z. Xu, F. Peng, X. Li, R. Li, Y. Li, M. Li, X. Bai, F. Ding, Y. Li, Chirality-specific growth of single-walled carbon nanotubeson solid alloy catalysts. Nature 510 (2014) 522–524, https://doi.org/10.1038/nature13434.

[106] W.-H. Chiang, R. M. Sankaran, Synergistic effects in bimetallic nanoparticles for low temperature carbonnanotube growth. Adv. Mater. 20 (2008) 4857–4861, https://doi.org/10.1002/adma.200801006.

[107] B. Kitiyanan, W. E. Alvarez, J. H. Harwell, D. E. Resasco, Controlled production of single-wall carbon nanotubesby catalytic decomposition of CO on bimetallic Co-Mo catalysts. Chem. Phys. Lett. 317 (2000) 497–503, https://doi.org/10.1016/S0009-2614(99)01379-2.

[108] E. R. Meshot, E. Verploegen, M. Bedewy, S. Tawfick, A. R. Woll, K. S. Green, M. Hromalik, L. J. Koerner, H. T. Philipp, M. W. Tate, S. M. Gruner, A. J. Hart, High-speed in situ X-ray scattering of carbon nanotube filmnucleation and self-organization. ACS Nano 6 (2012) 5091–5101, https://doi.org/10.1021/nn300758f.

[109] T. De Los Arcos, M. G. Garnier, J. W. Seo, P. Oelhafen, V. Thommen, D. Mathys, The influence of catalystchemical state and morphology on carbon nanotube growth. J. Phys. Chem. B 108 (2004) 7728–7734, https://doi.org/10.1021/jp049495v.

[110] M. Bedewy, B. Viswanath, E. R. Meshot, D. N. Zakharov, E. A. Stach, A. J. Hart, Measurement of the dewetting, nucleation, and deactivation kinetics of carbon nanotube population growth by environmental transmissionelectron microscopy. Chem. Mater. 28 (2016) 3804–3813, https://doi.org/10.1021/acs.chemmater.6b00798.

[111] S. Hofmann, R. Sharma, C. Ducati, G. Du, C. Mattevi, C. Cepek, M. Cantoro, S. Pisana, A. Parvez, F. Cervantes-Sodi, A. C. Ferrari, R. Dunin-Borkowski, S. Lizzit, L. Petaccia, A. Goldoni, J. Robertson, In situ observations of catalyst dynamics during surface-bound carbon nanotube nucleation. Nano Lett. 7(2007)602–608, https://doi.org/10.1021/nl0624824.

[112] M. Bedewy, A. J. Hart, Mechanical coupling limits the density and quality of self-organized carbon nanotubegrowth. Nanoscale 5 (2013) 2928, https://doi.org/10.1039/c3nr34067h.

[113] V. Balakrishnan, M. Bedewy, E. R. Meshot, S. W. Pattinson, E. S. Polsen, F. Laye, D. N. Zakharov, E. A. Stach, A. J. Hart, Real-time imaging of self-organization and mechanical competition in carbon nanotubeforest growth. ACS Nano 10 (2016) 11496–11504, https://doi.org/10.1021/acsnano.6b07251.

[114] R. Rao, R. Sharma, F. Abild-Pedersen, J. K. Nørskov, A. R. Harutyunyan, Insights into carbon nanotube nucleation: cap formation governed by catalyst interfacial step flow. Sci. Rep. 3 (2014) 1–6, https://doi.org/10.1038/srep06510.

[115] F. Ding, A. R. Harutyunyan, B. I. Yakobson, Dislocation theory of chirality-controlled nanotube growth. Proc. Natl. Acad. Sci. 106 (2009) 2506 – 2509, https://doi.org/10.1073/pnas.0811946106.

[116] N. Pierce, G. Chen, L. Pulickal Rajukumar, N. H. Chou, A. L. Koh, R. Sinclair, S. Maruyama, M. Terrones, A. R. Harutyunyan, Intrinsic chirality origination in carbon nanotubes. ACS Nano (2017) https://doi.org/10.1021/acsnano.7b03957.

[117] M. Lin, J. P. Y. Tan, C. Boothroyd, K. P. Loh, E. S. Tok, Y. L. Foo, Direct observation of single-walled carbonnanotube growth at the atomistic scale. Nano Lett. 6 (2006) 449–452, https://doi.org/10.1021/nl052356k.

[118] A. A. Puretzky, G. Eres, C. M. Rouleau, I. N. Ivanov, D. B. Geohegan, Real-time imaging of vertically alignedcarbon nanotube array growth kinetics. Nanotechnology 19 (2008) https://doi.org/10.1088/0957484/19/05/055605.

[119] D. H. Kim, H. S. Jang, C. D. Kim, D. S. Cho, H. S. Yang, H. D. Kang, B. K. Min, H. R. Lee, Dynamic growthrate behavior of a carbon nanotube forest characterized by in situ optical growth monitoring. Nano Lett. 3 (2003) 863–865, https://doi.org/10.1021/nl034212g.

[120] L. M. Dell'Acqua-Bellavitis, J. D. Ballard, P. M. Ajayan, R. W. Siegel, Kinetics for the synthesis reaction ofaligned carbon nanotubes: a study based on in situ diffractography. Nano Lett. 4 (2004) 1613–1620, https://doi.org/10.1021/nl0492335.

[121] E. R. Meshot, A. J. Hart, Abrupt self-termination of vertically aligned carbon nanotube growth. Appl. Phys. Lett. 92 (2008) 1–4, https://doi.org/10.1063/1.2889497.

[122] E. R. Meshot, D. W. Zwissler, N. Bui, T. R. Kuykendall, C. Wang, A. Hexemer, K. J. J. Wu, F. Fornasiero, Quantifying the hierarchical order in self-aligned carbon nanotubes from atomic to micrometer scale. ACS Nano 11 (2017) 5405 – 5416, https://doi.org/10.1021/acsnano.6b08042.

[123] M. Bedewy, E. R. Meshot, A. J. Hart, Diameter-dependent kinetics of activation and deactivation in

carbonnanotube population growth. Carbon 50 (2012) 5106-5116, https://doi.org/10.1016/j.carbon.2012.06.051.

[124] E. Verploegen, A. J. Hart, M. De Volder, S. Tawfick, K. K. Chia, R. E. Cohen, Non-destructive characterizationof structural hierarchy within aligned carbon nanotube assemblies. J. Appl. Phys. 109 (2011) 1-5, https://doi.org/10.1063/1.3584759.

[125] M. Stadermann, S. P. Sherlock, J. -B. In, F. Fornasiero, H. G. Park, A. B. Artyukhin, Y. Wang, J. J. DeYoreo, C. P. Grigoropoulos, O. Bakajin, A. a. Chernov, A. Noy, Mechanism and kinetics of growth terminationin controlled chemical vapor deposition growth of multiwall carbon nanotube arrays. Nano Lett. 9 (2009) 738-744, https://doi.org/10.1021/nl803277g.

[126] M. Bedewy, E. R. Meshot, H. Guo, E. A. Verploegen, W. Lu, A. J. Hart, Collective mechanism for the evolutionand self-termination of vertically aligned carbon nanotube growth. J. Phys. Chem. C 113 (2009) 20576-20582, https://doi.org/10.1021/jp904152v.

[127] R. Rao, D. Liptak, T. Cherukuri, B. I. Yakobson, B. Maruyama, In situ evidence for chirality-dependentgrowth rates of individual carbon nanotubes. Nat. Mater. 11 (2012) 213-216, https://doi.org/10.1038/nmat3231.

[128] B. Natarajan, N. Lachman, T. Lam, D. Jacobs, C. Long, M. Zhao, B. L. Wardle, R. Sharma, J. A. Liddle, Theevolution of carbon nanotube network structure in unidirectional nanocomposites resolved by quantitativeelectron tomography. ACS Nano 9 (2015) 6050-6058, https://doi.org/10.1021/acsnano.5b01044.

[129] B. K. Wittmaack, A. Horaira Banna, A. N. Volkov, L. V. Zhigilei, Mesoscopic modeling of structural selforganizationof carbon nanotubes into vertically aligned networks of nanotube bundles. Carbon (2017) https://doi.org/10.1016/j.carbon.2017.12.078.

[130] A. N. Volkov, L. V. Zhigilei, Scaling laws and mesoscopic modeling of thermal conductivity in carbon nanotubematerials. Phys. Rev. Lett. 104 (2010) 3-6, https://doi.org/10.1103/PhysRevLett.104.215902.

[131] I. Y. Stein, D. J. Lewis, B. L. Wardle, Aligned carbon nanotube array stiffness from stochastic threedimensionalmorphology. Nanoscale 7 (2015) 19426-19431, https://doi.org/10.1039/C5NR06436H.

[132] H. Torabi, H. Radhakrishnan, S. D. Mesarovic, Micromechanics of collective buckling in CNT turfs. J. Mech. Phys. Solids 72 (2014) 144-160, https://doi.org/10.1016/j.jmps.2014.07.009.

[133] M. R. Maschmann, Integrated simulation of active carbon nanotube forest growth and mechanical compression. Carbon 86 (2015) 26-37, https://doi.org/10.1016/j.carbon.2015.01.013.

[134] J. H. Warner, N. P. Young, A. I. Kirkland, G. A. D. Briggs, Resolving strain in carbon nanotubes at the atomiclevel. Nat. Mater. 10 (2011) 958-962, https://doi.org/10.1038/nmat3125.

[135] L. Dong, F. Hou, Y. Li, L. Wang, H. Gao, Y. Tang, Preparation of continuous carbon nanotube networks incarbon fiber/epoxy composite. Compos. Part A Appl. Sci. Manuf. 56 (2014) 248-255, https://doi.org/10.1016/j.compositesa.2013.10.016.

[136] S. Vollebregt, A. N. Chiaramonti, R. Ishihara, H. Schellevis, K. Beenakker, Contact resistance of lowtemperaturecarbon nanotube vertical interconnects, 12th IEEE Int. Conf. Nanotechnol. , 2012, 2012,pp. 1–5, https://doi. org/10. 1109/NANO. 2012. 6321985.

[137] X. Liang, J. Shin, D. Magagnosc, Y. Jiang, S. Jin Park, A. John Hart, K. Turner, D. S. Gianola, P. K. Purohit,Compression and recovery of carbon nanotube forests described as a phase transition. Int. J. Solids Struct. 122 – 123 (2017) 196 – 209, https://doi. org/10. 1016/ j. ijsolstr. 2017. 06. 025.

[138] R. Thevamaran, E. R. Meshot, C. Daraio, Shock formation and rate effects in impacted carbon nanotubefoams. Carbon 84 (2015) 390–398, https://doi. org/10. 1016/j. carbon.2014. 12. 006.

[139] A. Noy, H. G. Park, F. Fornasiero, J. K. Holt, C. P. Grigoropoulos, O. Bakajin, Nanofluidics in carbon nanotubes. Nano Today 2 (2007) 22–29, https://doi. org/10. 1016/S1748–0132 (07)70170–6.

[140] D. Mattia, H. Leese, K. P. Lee, Carbon nanotube membranes: from flow enhancement to permeability. J. Memb. Sci. 475(2015)266–272,https://doi. org/10. 1016/j. memsci. 2014. 10. 035.

[141] M. Bedewy, Data-driven understanding of collective carbon nanotube growth by in situ characterization andnanoscale metrology. J. Mater. Res. 32 (2017) 153 – 165, https://doi. org/ 10. 1557/jmr. 2016. 498.

[142] I. Soga, D. Kondo, Y. Yamaguchi, T. Iwai, T. Kikkawa, K. Joshin, Thermal management for flip-chip highpower amplifiers utilizing carbon nanotube bumps. in: 2009 IEEE International Symposium on Radio-Frequency Integration Technology (RFIT), 2009, pp. 221 – 224, https://doi. org/10. 1109/RFIT. 2009. 5383724Copyright 2009 IEEE.

[143] J. Vanpaemel, M. Sugiura, Y. Barbarin, S. De Gendt, Z. T€okei, P. M. Vereecken, M. H. van der Veen, Growthand integration challenges for carbon nanotube interconnects. Microelectron. Eng. 120 (2014) 188–193, https://doi. org/10. 1016/J. MEE. 2013. 09. 015 Copyright 2014 Elsevier.

第3章
高强度宏观碳纳米管纤维与薄膜

Yun Chen, Hang Zhan, Qiang Qiang Shi, Guang Wu, Jian Nong Wang
中国上海,华东理工大学机械与动力工程学院

3.1 引言

自从20世纪90年代具有里程碑意义的文章发表以来[1],碳纳米管就引起了极大的关注,无论是通过理论计算[2-4]还是直接的测量方法[5-9],碳纳米管均显示出了极好的力学性能,比如,碳纳米管的拉伸强度(σ_b)范围为11~150GPa,杨氏模量(E)范围为200~1500GPa,延伸率(δ)范围为15%~30%。这源于碳纳米管具有很强的C—C共价键以及独特的原子结构。

为了使碳纳米管的优异性能扩展到宏观尺寸范围,并能够得到实际的应用,在制造碳纳米管的宏观集聚体如纤维或者薄膜的技术[10-12]方面付出了很多努力,从纳米管溶液纺丝并辅以热拉伸[13,14]后处理,拉伸强度σ_b可达到1.0GPa,杨氏模量E可达到120GPa,而断裂延伸率δ低至1.4%[15]。对垂直排列的碳纳米管阵列进行加捻后处理,拉伸强度σ_b可以提高到1.9GPa,延伸率δ提高到7%[16-18],但是缠绕过程中无加捻摩擦会在纳米纤维中产生多孔结构[19]。在高温反应腔内形成的碳纳米管气凝胶可用于纺成纤维[20-22]。尽管在较小测量尺寸下测得的拉伸强度σ_b具有较大的值,但在大尺寸下测量的拉伸强度的平均值还很低,原因是纤维沿轴向尺寸的结构并不均匀。拉伸强度σ_b为1.25GPa下,其延伸率δ达到18%。类似的方法被用来制备具有宏观碳纳米管薄膜。然而,制备的薄膜大多数局限于较短的碳纳米管、随机取向,或者是具有不均匀的或疏松或密集的结构,造成其较差的力学性能,(例如其拉伸强度σ_b不超过2GPa)[23-24]。事实上,将优良的微观结构性能转换到宏观尺寸上,在目前是一个重大挑战。例如,宏观尺寸的结合体测量得到的力学性能数据远远低于单个的碳纳米管或者碳纳米管束。

本章总结了以前十几年在实验室获得的主要结论,其中一些结论已经发表[25-26]。我们的试验包含,通过喷雾热解法连续形成碳纳米管,在管式反应器中自组装形成中空圆柱状的集合体,最终在缠绕设备中冷凝成纤维或者薄膜。我们

发现,在纤维或者薄膜中,碳纳米管的规整程度以及堆积密度作为一种重要的参数,对其性能具有很大的影响。提高整齐程度与排列密度使其拉伸强度高于9.4GPa,优于目前人为制造的任何其他纤维与薄膜,因此表明碳纳米管集合体的广泛潜在应用。

3.2 试验方法

3.2.1 中空圆柱碳纳米管组件合成

分别以氧化铝管和氮气为反应器和载气,在1150~1300℃的水平炉内连续合成了空心圆柱状碳纳米管。前驱体溶液由碳源的液态原料(主要为乙醇)与溶解的二茂铁和噻吩组成。这种溶液以2~10mL/min的速率喷洒进反应器中,同时,通过氮气以10~32L/h的流速将其运输到高温地带。圆柱状集合体在下流侧的反应器内壁形成,并且在氮气与反应过程热分解产生的气体产物裹挟下从反应器中排出到大气环境,反应器的内径为60~100mm,除非有特别说明,试验数据一般是从60mm的小直径反应器中得到的。

3.2.2 碳纳米管纤维的合成

在空气中漂浮的圆柱状纳米管被引入盛放水或乙醇的容器中进行收缩,在池中形成的纤维在一个旋转的不锈钢轴下被拉出同时缠绕在芯轴上。缠绕速率被适当地调整到与圆柱体的运转速率相匹配,但一般稍稍高于运转速率,这样通过连续的拉伸提高碳纳米管的整齐程度。缠绕速率范围为2~20m/min,取决于特殊的试验环境要求。

3.2.3 碳纳米管薄膜的合成

缠绕碳纳米管的卷筒直径为0.4m或者1m。用被乙醇浸湿的铝箔基体包裹卷筒。一旦碳纳米圆柱体被导入湿的铝箔上,就会立刻收缩形成薄膜,如图3-1(b)所示。因为这种薄膜非常黏,所以就会很强地粘在铝箔上,并且当卷筒旋转时会卷绕在卷筒上,卷绕速率是4~20m/min,取决于特定的实验环境要求。在卷筒上覆盖的铝基体宽度是预先设置好的。在确定好基体面积后,通过改变反应溶液获得的薄膜厚度会有变化,以此沉积不同量的碳纳米管材料。

为了制备具有随机碳纳米管取向的碳纳米管薄膜,将一个覆盖着铝箔的8cm×

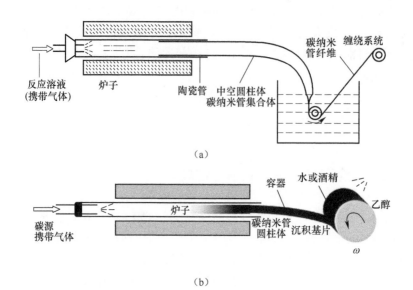

图 3-1 试验装置,反应溶液通过运载气体被喷射到管式反应器上进行热分解
(a)碳纳米管自集合形成中空圆柱状体,圆柱体被浓缩进入水中或者乙醇中
形成碳纳米纤维;(b)在缠绕在滚筒上沉积形成薄膜。

8cm 大小的小板块固定在卷筒上,然后水平接近反应出口。在小板块上标注 X 轴方向,平行于管反应器的长度方向。碳纳米管圆柱体以与制造略微规整排列的试样相同的速度从反应器中被挤出,当卷筒旋转时在板块上沉积。在沉积一些后,调整小板块相对于管式反应器为 10°,之后再重新开始沉积。这个过程每 10°重复一次,直到 X 轴方向旋转了 180°。

3.2.4 机械压轧

为了增加缠绕碳纳米管集合体(纤维或者薄膜)的堆积密度,我们采用机械轧制的方法。两个滚筒向着相反的方向进行同步旋转。旋转的滚筒卷入、卷出碳纳米管集合体。

在每次进行轧制时,对两个滚筒进行调整,使两者接近对方,并且用肉眼看不出在两者之间存在缝隙。例如,当上方的滚筒质量为 6kg,质量承载到 2mm 宽度的试样上,试样所受的力为 30N/mm。

3.2.5 结构表征

通过热重分析(Netzsch Model STA 409 PC,加热速度为 10℃/min,保持 20mL/min

的恒定气流),高分辨率的透射电子显微镜(HR-TEM,TEOL-2010F,加速电压为200kV),扫描电子显微镜(SEM,FEI Nova SEM 240,Holland),以及拉曼光谱(Raman,Bruker Senterea R200-L,532nm 的激发波长)对碳纳米管的性能进行分析。径向呼吸模式拉曼光谱被用来估测碳纳米管的直径,通过分析关系式 $\omega_r=6.5+223.75/d_r$ 来计算,其中 ω_r 与 d_r 是拉曼偏移位置和纳米管直径。

使用极化拉曼光谱测量碳纳米薄膜中的纳米管取向度。通过测量分别平行与垂直碳纳米薄膜的缠绕方向的 G 波段激光束的强度 $I_{G\parallel}$ 和 $I_{G\perp}$,用两者的比例,即采用 $I_{G\parallel}/I_{G\perp}$ 来描述碳纳米管的排列整齐程度。

3.2.6 拉伸试验

通过纤维拉伸试验机(型号 XS(08)X-15,中国上海徐赛有限公司)进行拉伸试验,拉伸试验机具有最大拉力为 15N 的变形装载系统以及精度达到 0.01cN 的应力测量系统。载荷的数字输出通过悬挂不同的已知质量的砝码进行例行校准检测,同时用光学手段对十字悬臂的位移进行检查。

试验机校准完毕后用夹具夹住试样两端直接安装在试验机上进行拉伸测试。纤维试样上端被夹好后,在试样下端施加 0.5g 质量确保试样被拉紧。纤维下端被夹紧的位置有一个不可动的标距长度。相应于 $3.33\times10^{-2}/s$ 的工程应变速率,拉伸测试通常在 20mm/min 的位移速率与 10mm 的标距长度下进行。为了检测纤维长度方向的均一性,纤维试样通常会在其他标距长度下测试(1mm,5mm 或者 20mm)。在不同的测试环境下,每次至少测试四个样品,每次取结果的平均值。

拉伸试验测试的薄膜样品是用刀片沿着纵向切割准备的薄膜,每个试样的长度为 30mm,宽度为 2mm,拉伸试验的位移速率为 20mm/min,标距长度为 10mm。

3.3 试验结果

3.3.1 中空碳纳米管圆柱体

制备碳纳米管圆柱体的试验设备如图 3-1 所示,一个中空的碳纳米圆柱体在管式反应器的内壁中形成,通过反应溶液热解产生的气体产物连续地从反应器中进入空气(图 3-2),圆柱体由碳纳米管(主要为双层)与少量铁原子组成(图 3-3(a)与(b))。

拉曼显微镜显示出 1585/cm 的 G 带峰与 1354/cm 的 D 带峰的强度比例(I_G/I_D)为 2.74,表明碳纳米管的石墨化程度高(图 3-3(c))。用径向呼吸模型(RBM)

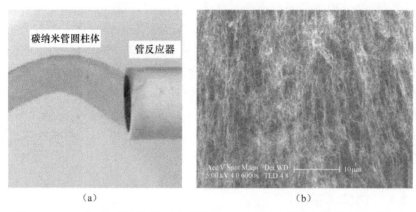

图 3-2 (a)碳纳米管圆柱体的光学图像;(b)碳纳米管圆柱体的扫描电镜图

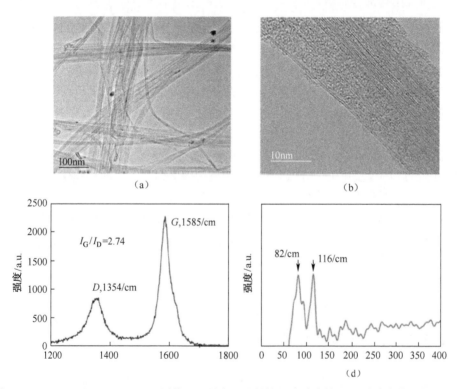

图 3-3 (a)TEM 和(b)HR-TEM 图像显示具有双壁结构的碳纳米管;(c)碳纳米管的拉曼光谱, 显示 G 和 D 峰及其强度比;(d)用于测定碳纳米管直径的 RBM 光谱

(图 3-3(d))得出碳纳米管的直径大约为 2~4nm,与通过透射电镜观察到的一致。在透射电镜与扫描电镜上付出很大努力追踪碳纳米管的长度,但仍然不能清晰地

测量,因为碳纳米管会缠结或者长度太长(大于透射电镜的和扫描电镜的试样台尺寸,其直径分别为 3mm 和 10mm)。

3.3.2 碳纳米管纤维

通过将上述介绍的圆柱体试样通入水或者乙醇在水槽中形成碳纳米纤维(图 3-4)。在微观尺寸上,它拥有矩形截面。截面尺寸(宽度×厚度)取决于圆柱体的直径与使用的冷凝液体。当使用直径为 60mm 的圆柱体,用水作为冷凝液体,纤维显示出粗糙的表面以及多孔的内部结构,宽度为 160μm,最大厚度为 5~9μm(图 3-5(a))。使用乙醇作为冷凝液体时,纤维的横截面具有较低的纵横比(45μm×20μm),并且具有光滑表面与多孔结构。两种纤维都表现出松散的堆积结构,导致较低的极限应力(约 360MPa)与较大的断裂应变(20%~30%,图 3-5(c))。使用机械压轧的方法提高纤维的致密度。压轧的施加使得原来粗糙的表面变得光滑(图 3-5(b))。当纤维的宽度从 160μm 增加到 220μm 时,它的厚度从 5~9μm 减小到 500nm。这导致截面积减小了超过一个数量级。

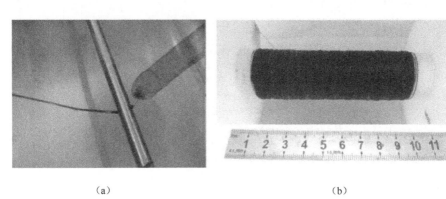

(a)　　　　　　　　　　　　(b)

图 3-4　碳纳米管纤维的制备
(a)碳纳米管圆柱体在水中的收缩;(b)碳纳米管纤维缠绕在塑料棒上。

拉伸试验显示出激动人心的结果。10mm 标距长度下,最终获得的拉伸强度范围为 4.11~5.07GPa,平均值为 4.44GPa(图 3-5(d)),相比之下,是未压轧样品的 12 倍。在压轧后考虑到最终的拉伸负载略微升高(达到 1.2 倍),这样剧烈的变化最终会很大程度上导致横截面积减小。通过在不同标距长度下测量纤维的均一性。拉伸延展率从 1mm 标距尺寸时的 27% 下降到 5~10mm 标距尺寸时的 10%,最终在 20mm 标距尺寸时最低下降到 5%,同时拉伸强度几乎不变,范围为 3.4~5.5GPa,确认了沿着延伸的方向,纤维的结构均匀。

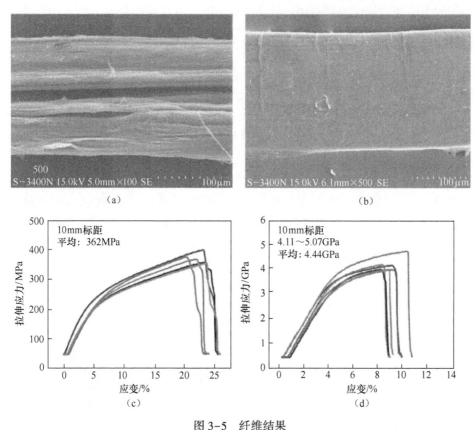

图 3-5 纤维结果

(a),(b)纤维表面粗糙光滑的 SEM 图像;(c),(d)纤维轧制前后的拉伸曲线。

3.3.3 碳纳米管薄膜

中空的碳纳米管圆柱体从管式反应器中排出,连续沉积冷却在被湿润的 Al 基体包裹的滚筒表面。当滚筒开始旋转时,同时也进行侧向周期性运动,最终使碳纳米管薄膜达到预定的厚度。使用 4m/min 的较慢的缠绕速率与 20m/min 的较快的缠绕速率分别获得排列较规则的碳纳米管组成的薄膜与排列非常规则的薄膜,同时制备了具有随机排列的薄膜作为对比。图 3-6 为在卷筒上沉积碳纳米管薄膜。

使用扫描电镜,偏振拉曼光谱和拉伸试验沿着平行(∥,平行缠绕方向)和垂直(⊥,垂直缠绕方向)于缠绕方向的拉伸试验用来量化三种试样碳纳米管排列的不同,如图 3-7 所示,当缠绕速率增加时,从偏振拉曼光谱可以看出 G 峰密度系数增加,从拉伸试验看出极限载荷比也增加,显示出规整程度的增加,伴随着试样厚度的确定,沿着试样纵向进行拉伸试验确定应力应变曲线。

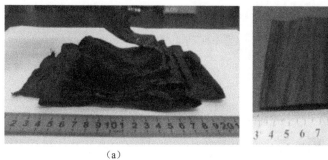
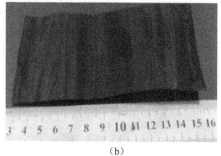

(a)   (b)

图 3-6　在卷筒上沉积碳纳米管薄膜

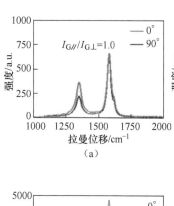
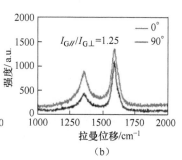

(a)   (b)

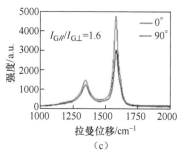
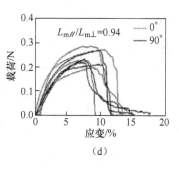

(c)   (d)

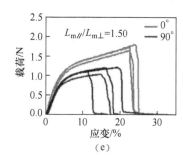
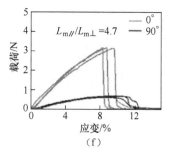

(e)   (f)

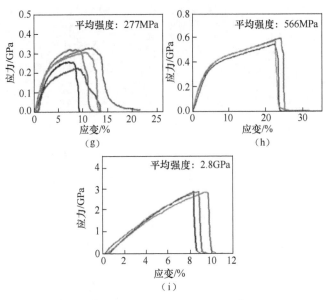

图 3-7 沿偏振拉曼 G 峰强度比(a)~(c),沿纵向和横向的极限载荷比(d)~(f))
和沿纵向的拉伸强度测量的 CNT 取向的影响(g)~(i)用于未对齐(a,d,g),
略微对齐(b,e,h)和良好对齐的样品(c,f,i)。

从中可以看出,当规整程度增加时,平行于碳纳米管方向的拉伸强度大大增强(从 0.277→0.566→2.8GPa,图 3-7)。对采用每个试样的厚度数据,测量了沿着垂直方向的强度,对于随意排列的、略微规整排列的、良好规整排列的试样,结果分别是 0.294GPa、0.377GPa 与 0.6GPa。也就是说,尽管沿着垂直方向的排列规整程度越来越低,但强度仍是增强的。该观察结果表明,除了排列,或许有其他因素影响测试强度。比较略微规整排列与良好规整排列的试样,它们都是由相同量的反应溶液制备的,因此大概拥有相同数量的碳纳米管材料。然而,这两种试样在厚度上有大的差距(1.5μm 和 0.55μm),堆积密度也是如此。在规整排列的试样中,在横向上规整排列的碳纳米管更少,因此,相比于略微规整排列的试样而言具有更小的极限载荷(0.64N 和 1.14N)。然而,因为规整排列的样品的厚度更薄(更高的堆积密度),计算强度(载荷/(宽度×厚度)更高(0.6GPa 和 0.377GPa),表明表观堆积对强度的影响。

因为规整排列的试样具有最高的强度,因此我们通过常规的压轧方法进一步增强碳纳米管的堆积密度,压轧在两个滚筒上进行。尽管作用在薄膜试样上的力或者压力不能被量化,但上下两个滚筒之间的缝隙可以用数值测量。在无缝隙的环境下(最紧密的压轧环境),通过视觉观察薄膜没有损坏并且保持原来的状态。通过扫描电镜观察薄膜厚度,厚度从 550nm 减小到 120nm,薄膜表面变得比原来更光滑。通过系列拉伸试验测得9.4GPa的拉伸强度,150GPa的杨氏模量范围,以及7.5%的延伸率(图3-8(a))。拉伸强度远高于未经压轧时的强度(2.8GPa)。在断裂表面可以更直观地观察到排列整齐的碳纳米管(图3-8(b))。

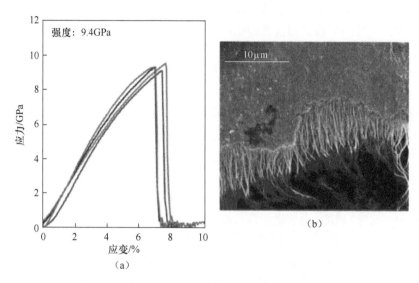

图3-8 在轧制后,良好的样品沿纵向拉伸测试结果
(a)应力-应变曲线显示高拉伸强度;(b)断裂表面的SEM图像显示出良好的CNT排列。

3.4 讨论

当前方法的独特之处在于,碳纳米管圆柱体可以直接吹到空气中,并且可以在开放环境中加工成纤维或者薄膜。成功地避免了以往氢气作为运载气体以及取消了真空或者密封系统[21,27-28],这样不仅克服了安全问题,同时也有利于未来的规模化生产。

通过使用基于中空圆柱状纳米管集合体的特殊的技术,制备了具有优良力学性能的碳纳米管纤维和碳纳米管薄膜。

具有超高强度的直接原因是通过压轧使宏观集合体中试样厚度大幅度减小,以及高堆积密度与碳纳米管的良好排列的协同作用。调整单根碳纳米管到试样长度,以确保轴载荷能直接从碳纳米管上转移到试样上,这与使碳纳米管圆柱体更快地从试样脱落以及更快地缠绕密切相关,与后拉张过程不同。通过拉伸,试样将会沿着垂直方向扩展,同时伴随着碳纳米管一定程度的断裂[29-31]。

液体的收缩与扭转通常能使碳纳米管纤维致密化[32-33]。具有较差的润湿性的碳纳米管经常导致纤维在径向上均匀收缩。扭转会使在碳纳米管上的轴向载荷偏离施加在纤维上的外部载荷。更糟的是,这会导致新的孔洞。对于大多数材料,施加压力是改变密实化的有效方法,但并不适用于较薄的大试样。

不像试样与单向压力间的平面接触,本研究中压轧的试样与两个滚轮呈现线性接触。施加高压轧压力对于减少孔洞与碳纳米管间的缝隙,实现高堆积密度是必不可少的。另一个重要因素是碳纳米管的排列。从一定程度上说,更高的排列程度总是导致更高的密集度。在本研究中,制备的纤维中的碳纳米管的排列没有被控制。这个或许可以解释为什么制备的规则的薄膜相比于纤维具有更高的拉伸强度(9.4GPa 与 4.4GPa)。

当前的薄膜是高强度、高韧性与高模量的结合。观测到的强度的平均值9.4GPa 远高于以前测量的碳纳米管纤维与薄膜(达到2.5GPa),150GPa 的杨氏模量是以前测量的最高数值,而 7.5% 的断裂延伸率处于以往观测的数值范围内。高强度与高模量对应着高规则排列以及密堆积。制备的薄膜在强度与延展性上要优于传统的 Kevlar、聚乙二醇以及碳纤维的性能[34-37]。例如,具有高强度以聚对苯撑苯并二恶唑(PBO)为基底的碳纤维(CF),强度能达到 6.5GPa。但是,这种碳纤维的断裂延伸率低于 2%,低于碳纳米管纤维(6%~8.5%)。以沥青为基底的碳纤维具有高模量,模量能达到 965GPa,但强度只有 3GPa,并且几乎没有延展性。高韧性与高破坏强度的结合,意味着需要更大的力打破碳纳米薄膜,这样将会提高碳纳米管复合材料的安全系数,预防灾难性的破坏。

3.5 本章小结

具有双层结构的圆柱体碳纳米管在热管式反应器中形成,之后在大气环境下加工成纤维或薄膜。通过改善排布与密集度,成功地形成了空前高密集的薄膜。薄膜具有高强度(9.4GPa)、高延展率(约 7.5%)与高模量(150GPa),要优于过去的碳纳米管纤维与薄膜,以及其他纤维材料,并且在高端应用上具有很大的竞争力。

参 考 文 献

[1] S. Iijima, Helical microtubules of graphitic carbon, Nature 354 (56) (1991) 56-58.

[2] R. S. Ruoff, D. C. Lorents, Mechanical and thermal properties of carbon nanotubes, Carbon 33 (7) (1995) 925-930.

[3] B. I. Yakobson, C. J. Brabec, J. Bernholc, Nanomechanics of carbon tubes: instabilities beyond linear re-sponse, Phys. Rev. Lett. 76 (14) (1996) 2511-2514.

[4] S. Ogata, Y. Shibutani, Ideal tensile strength and band gap of single-walled carbon nanotubes,

Phys. Rev. B68 (16) (2003) 202–206.

[5] M. F. Yu, O. Lourie, M. J. Dyer, K. Moloni, T. F. Kelly, R. S. Ruoff, Strength and breaking mechanism of mul-tiwalled carbon nanotubes under tensile load, Science 287 (5453) (2000) 637–640.

[6] M. F. Yu, B. S. Files, S. Arepalli, R. S. Ruoff, Tensile loading of ropes of single wall carbon nanotubes andtheir mechanical properties, Phys. Rev. Lett. 84 (24) (2000) 5552–5555.

[7] W. Ding, L. Calabri, K. M. Kohlhaas, X. Chen, D. A. Dikin, R. S. Ruoff, Modulus, fracture strength, and brittlevs. plastic response of the outer shell of arc-grown multi-walled carbon nano-tubes, Exp. Mech. 47 (1) (2007) 25–36.

[8] B. Peng, M. Locascio, P. Zapol, S. Li, S. L. Mielke, G. C. Schatz, H. D. Espinosa, Measurements of near-ultimate strength for multiwalled carbon nanotubes and irradiation-induced crosslinking improve-ments, Nat. Nanotechnol. 3 (10) (2008) 626–631.

[9] Y. Bai, R. Zhang, X. Ye, Z. Zhu, H. Xie, B. Shen, D. Cai, B. Liu, C. Zhang, Z. Jia, S. Zhang, X. Li, F. Wei, Carbon nanotube bundles with tensile strength over 80GPa. Nat. Nanotechnol. (2018), https://doi.org/10.1038/s41565-018-0141-z.

[10] B. Vigolo, A. Penicaud, C. Coulon, S. Cedric, R. Pailler, C. Journet, P. Bernier, P. Poulin, Macroscopic fibersand ribbons of oriented carbon nanotubes, Science 290(5495)(2000)1331–1334.

[11] A. B. Dalton, S. Collins, E. Muñoz, J. M. Razal, V. H. Ebron, J. P. Ferraris, J. N. Coleman, B. G. Kim, R. H. Baughman, Super-tough carbon-nanotube fibres, Nature 423 (6941) (2003) 703.

[12] L. M. Ericson, H. Fan, H. Q. Peng, V. A. Davis, W. Zhou, J. Sulpizio, Y. H. Wang, R. Booker, J. Vavro, C. Guthy, G. Parra-Vasquez, A. N, M. J. Kim, S. Ramesh, R. K. Saini, C. Kittrell, G. Lavin, S. Howard, W. W. Adams, W. E. Billups, M. Pasquali, W. F. Hwang, R. H. Hauge, J. E. Fischer, R. E. M. Smalley, Neat, single-walled carbon nanotube fibers, Science 305 (5689) (2004) 1447–1450.

[13] B. Vigolo, P. Poulin, M. Lucas, P. Launois, P. Bernier, Improved structure and properties of single-wall car-bon nanotube spun fibers, Appl. Phys. Lett. 81 (7) (2002) 1210–1212.

[14] P. Miaudet, S. Badaire, M. Maugey, A. Derre, V. Pichot, P. Launois, P. Poulin, C. Zakri, Hot-drawing of single and multiwall carbon nanotube fibers for high toughness and alignment, Nano Lett. 5 (11) (2005) 2212–2215.

[15] N. Behabtu, C. C. Young, D. E. Tsentalovich, O. Kleinerman, X. Wang, A. W. K. Ma, E. A. Bengio, R. F. T. Waarbeek, J. J. D. Jong, R. E. Hoogerwerf, S. B. Fairchild, J. B. Ferguson, B. Maruyama, J. Kono, Y. Talmon, Y. Cohen, M. J. Otto, M. Pasquali, Strong, light, multi-functional fibers of carbon nano-tubes with ultrahigh conductivity, Science 339 (6116) (2013) 182–186.

[16] K. L. Jiang, Q. Q. Li, S. S. Fan, Nanotechnology: spinning continuous carbon nanotube yarns, Nature419 (6909) (2002) 801.

[17] M. Zhang, K. R. Atkinson, R. H. Baughman, Multifunctional carbon nanotube yarns by downsizing an ancienttechnology, Science 306 (5700) (2004) 1358–1361.

[18] X. B. Zhang, K. L. Jiang, C. Feng, P. Liu, L. Zhang, J. Kong, T. H. Zhang, Q. Q. Li, S. S. Fan, Spinning and processing continuous yarns from 4-inch wafer scale super-aligned carbon nanotube arrays, Adv. Mater. 18 (12) (2006) 1505–1510.

[19] M. Miao, Production, structure and properties of twistless carbon nanotube yarns with a high density sheath, Carbon 50 (13) (2012) 4973–4983.

[20] X. H. Zhong, Y. L. Li, Y. K. Liu, X. H. Qiao, Y. Feng, J. Liang, J. Jin, L. Zhu, F. Hou, J. Y. Li, Continuousmultilayered carbon nanotube yarns, Adv. Mater. 22 (6) (2010) 692–696.

[21] K. Koziol, J. Vilatela, A. Moisala, M. Motta, P. Cunniff, M. Sennett, A. Windle, High-performance carbonnanotube fiber, Science 318 (5858) (2007) 1892–1895.

[22] J. J. Vilatela, J. A. Elliott, A. H. Windle, A model for the strength of yarn-like carbon nanotube fibers, ACSNano 5 (3) (2011) 1921–1927.

[23] N. Behabtu, M. J. Green, M. Pasquali, Carbon nanotube-based neat fibers, Nano Today 3 (5-6) (2008) 24–34.

[24] W. B. Lu, M. Zu, J. H. Byun, B. S. Kim, T. W. Chou, State of the art of carbon nanotube fibers: opportunitiesand challenges, Adv. Mater. 24 (14) (2012) 1805–1833.

[25] J. N. Wang, X. G. Luo, T. Wu, Y. Chen, High-strength carbon nanotube fibre-like ribbon with high ductilityand high electrical conductivity, Nat. Commun. 5 (2014) 3848.

[26] W. Xu, Y. Chen, H. Zhan, J. N. Wang, High-strength carbon nanotube film from improving alignment anddensification, Nano Lett. 16 (2) (2016) 946–952.

[27] Y. L. Li, I. A. Kinloch, A. H. Windle, Direct spinning of carbon nanotube fibers from chemical vapor depo-sition synthesis, Science 304 (5668) (2004) 276–278.

[28] M. Motta, A. Moisala, I. A. Kinloch, A. H. Windle, High performance fibers from 'dog bone' carbon nano-tubes, Adv. Mater. 19 (21) (2007) 3721–3726.

[29] Q. F. Cheng, J. W. Bao, J. G. Park, Z. Y. Liang, C. Zhang, B. Wang, High mechanical performance composite conductor: multi-walled carbon nanotube sheet/bismaleimide nanocomposites, Adv. Funct. Mater. 19 (20)(2009) 3219–3225.

[30] S. Li, J. G. Park, Z. Liang, T. Siegrist, T. Liu, M. Zhang, Q. Cheng, B. Wang, C. Zhang, In situ characterization of structural changes and the fraction of aligned carbon nanotube networksproduced by stretching, Carbon 50 (10) (2012) 3859–3867.

[31] Q. Liu, M. Li, Y. Gu, Y. Zhang, S. Wang, Q. Li, Z. Zhang, Highly aligned dense carbon nanotube sheetsinduced by multiple stretching and pressing, Nanoscale 6 (8) (2014) 4338–4344.

[32] B. Zhang, X. D. Chen, J. Yang, D. S. Yu, Y. J. Chen, D. C. Wu, R. W. Fu, M. Q. Zhang, Enhanced photoresponseof CdS/CMK-3 composite as a candidate for light-harvesting assembly, Nanotechnology 21 (4) (2010)045601.

[33] K. Liu, Y. H. Sun, X. Y. Lin, R. F. Zhou, J. P. Wang, S. S. Fan, Scratch-resistant, highly conductive, and high-strength carbon nanotube-based composite yarns, ACS Nano 4 (10) (2010) 5827–5834.

[34] C. Y. Yue, G. X. Sui, H. C. Looi, Effects of heat treatment on the mechanical properties of Kevlar-29 fibre, Compos. Sci. Technol. 60 (3) (2000) 421–427.

[35] S. Kumar, T. D. Dang, F. E. Arnold, A. R. Bhattacharyya, B. G. Min, X. Zhang, R. A. Vaia, C. Park, W. W. Adams, R. H. Hauge, R. E. Smalley, S. Ramesh, P. A. Willis, Synthesis, structure, and properties ofPBO/SWNT composites, Macromolecules 35 (24) (2002) 9039–9043.

[36] T. Kitagawa, M. Ishitobi, K. Yabuki, An analysis of deformation process on poly-p-phenylene benzobisox-azole fiber and a structural study of the new high-modulus type PBO HM + fiber, J. Polym. Sci. B Polym. Phys. 38 (12) (2000) 1605–1611.

[37] M. L. Minus, S. Kumar, The processing, properties, and structure of carbon fibers, J. Miner. Met. Mater. Soc. 57 (2) (2005) 52–58.

第4章
碳纳米管杂化材料

Guangfeng Hou[1], Vianessa Ng[1], Rui Chen[1], Devika Chauhan[2], Chenhao Xu[1], Sergey Yarmolenko[3], Svitlana Fialkova[3], Mark J. Schulz[1]

[1] 美国俄亥俄州辛辛那提,辛辛那提大学机械与材料工程学院
[2] 美国俄亥俄州辛辛那提,辛辛那提大学航空航天工程学院
[3] 美国格林斯博罗北卡罗莱纳州,农工州立大学先进材料与智能结构中心

4.1 引言

碳纳米管(CNT)在电子、复合材料、生物传感器和能源领域有着广泛的工程应用[1-5]。CNT 的制备方法多种多样,其中气相热解法在大规模合成高质量 CNT 方面显示出前所未有的优势[6-9]。相关研究主要集中在合成机理、结构增强、性能改善和应用等方面。在本章中,我们开发了一种新型杂化结构材料,它是由 CNT 和纳米颗粒(NP)组成的。这种杂化结构不同于其他的简单将不同材料叠加在一起只会产生一个界面的结构。对于这种 CNT 杂化材料,纳米颗粒均匀分布在宏观 CNT 实体(纱线或片材)内部,CNT 和纳米颗粒之间有许多相互作用的界面。本章首先介绍了气相热解法的基本原理,包括气相热解法的性质和 CNT 筒状物动力学。这为 CNT 杂化材料的形成提供了基础。然后,将讨论 CNT 杂化材料的形成过程、结构和应用。

4.2 气相热解法

气相热解工艺包括催化剂形成、化学原料分解、CNT 生长和多尺度筒状物形成等不同阶段。当催化剂颗粒流经高温生长区时,表面会生长出数十亿个 CNT。这些 CNT 在后期自组装成气凝胶样筒状物。CNT 纱线或片材可以很容易地从这个筒状组件中生产出来[10-14]。研究集中在不同的合成变量[8,15-17]上,如生长促进剂、原料注入、气体流量、合成温度等。同时,对其合成机理和筒状物形成过程也

进行了大量的研究,这对于工艺优化以及杂化材料的发展至关重要。

4.2.1 气相热解合成工艺

气相热解工艺在时间和长度上具有多尺度特性,涉及气相合成化学现象(图 4-1)。在反应器管内,流体动力学控制催化剂和 CNT 输送,是多相流和传热现象的结合。在反应器的第一部分,催化剂通过扩散和凝聚从埃级铁原子中成核。CNT 生长区位于中心高温区。在这个生长区,碳氢化合物气体分解成游离碳原子,并溶入催化剂颗粒生成 CNT。一种新发现的等离子体动力学现象也发生在生长区,提供来自于载气的可测量的电压信号。靠近反应器出口,生长的 CNT 组装成气凝胶状的筒状物,将纳米级 CNT 与宏观尺度的纱线/片材产品连接起来。需要注意的是,在生长区,多种现象重叠并同时发生,大大增加了复杂性。

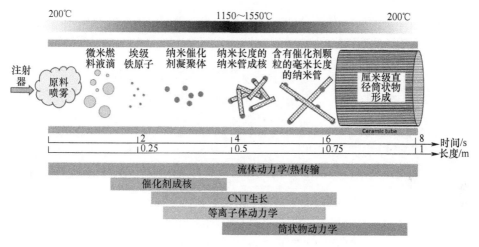

图 4-1　气相热解法合成 CNT 的多尺度过程

4.2.2 碳纳米管筒状物动力学

在各种不同的现象中,CNT 筒状物的形成过程是连接纳米级 CNT 与宏观制品的关键环节。进行了一些关于筒状物的形成机制的研究,主要包括热泳或惯性迁移[18]、范德瓦耳斯引力[19]和静电引力[20]。近年来,人们提出了一种基于涡流的新机理,并得到了仿真计算和实验结果的支持。

反应器内的气凝胶状 CNT 筒状物具有多尺度的层次结构(图 4-2)。在范德瓦耳斯力和卡西米尔力的作用下,CNT 相互吸引,形成 CNT 束并被流体带往下游。

然后,这些束相互作用,形成微型网络。这些网络进一步交缠成为 CNT 筒状物。反应器内的 CNT 体积分数可以通过筒状物的尺寸和动力学来估算。对于一个典型的筒状物,它的直径 D 等于陶瓷管的内径。它的运动速度 μ 可以用载气流量来计算。这个筒状物不断地被收集到一个滚筒上,收率为 $Y(m_{CNT}/\Delta t)$。为了计算 CNT 的体积分数,我们认为在时间段 Δt 内制备的筒状物的质量为 m_{CNT}。在时间段 Δt 内筒状物的体积等于 $V_{SOCK}=\mu \cdot \Delta t \cdot \dfrac{\pi D^2}{4}$,其中 μ 为载气速度,D 为反应器内径。CNT 的体积可以被估算为 $V_{CNT}=\dfrac{m_{CNT}}{\rho_{CNT}}=Y \cdot \dfrac{\Delta t}{\rho_{CNT}}$,这里 ρ_{CNT} 是 CNT 的密度($1.8 \times 10^6 g/m^3$[21])。根据这两个等式,CNT 的体积分数可以用 $\phi_{CNT}=\dfrac{V_{CNT}}{V_{SOCK}}=\dfrac{4Y}{\pi D^2 \cdot \mu \cdot \rho_{CNT}}$。使用标准运行值,反应器内 CNT 的体积分数 ϕ_{CNT} 大约是 2.36×10^{-7}。假设 CNT 束直径 D 为 50nm,长度 l 为 500μm,则 CNT 束的数密度 n_V 约为 $2.4 \times 10^{11}/m^3$。

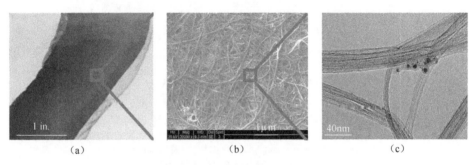

图 4-2 CNT 筒状物和束
(a)反应器外的 CNT 筒状物;(b)微米级网络;(c)CNT 束的 TEM 图像。

为了研究 CNT 束在筒状物形成过程中的相互作用,将这些 CNT 束模拟为具有相同体积的球形颗粒,这些球体具有等效直径。CNT 束在反应器内的运动可以采用牛顿第二定律来模拟,并考虑阻力、热泳力和粒子间力[22]。本研究使用 COMSOL 商业软件进行仿真。对于稀释液($n_V l^3 = 0.3$),模拟结果与试验观察到的结果基本一致(图 4-3)。计算得出作用在单个颗粒上的阻力范围为 $3.9 \times 10^{-10} \sim 9.7 \times 10^{-6} \mu N$,热泳力为 $4.9 \times 10^{-12} \sim 1.7 \times 10^{-10} \mu N$。一般来说,阻力占主导地位,但热泳力的最大值与阻力的最小值相当。因此,这两种力都有助于凝聚过程。对于亚浓溶液($n_V l^3 = 30$),需要一个更先进的模型来模拟远程 CNT 束相互作用。

根据模拟计算和试验研究,提出了一个对流涡流模型[23]来解释筒状物的形成原理。在反应器管的出口区域周围,有气体从手套式操作箱流回管内(图 4-4

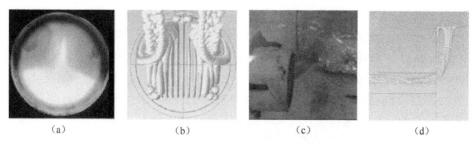

图 4-3 稀释情况下 CNT 束的聚集

(a)试验观察,侧视图;(b)仿真模拟,侧视图;(c)试验观察,正视图;(d)试验模拟,正视图。

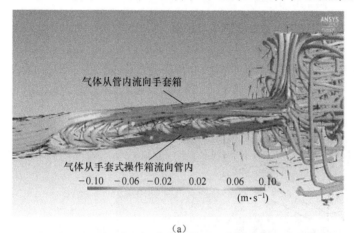

(a)

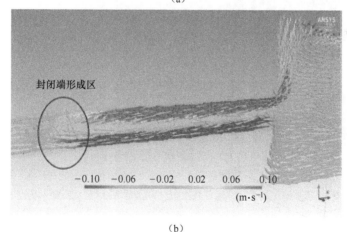

(b)

图 4-4 对流涡流诱导 CNT 筒形成(彩图)

(a)出口区域的气体流线型;(b)横截面箭头涡流线,显示了筒状物封闭端形成的区域;(a)中箭头表示高流速区域。顶部显示向收集箱流动,底部显示相反方向的流动。在仿真模拟中,系统的加热区温度为 1400℃,气体流速为 1000mL/min。

(a),底部),它与从管内流入手套式操作箱的载气相互作用(红色箭头)。在两种气流相互作用的区域(图 4-4(b)),CNT 向上流动。随后在管出口附近产生强流速(约 0.5m/s),与管中间 0.01m/s 的平均流速相比速度相当高。值得注意的是,CNT 的流动路径是相互交织的(图 4-4(a)),而不是层流,这是涡流产生的原因。这种局部高速流动和复杂的流动模式能够产生连贯的 CNT 网络,它是由 CNT 紧密相连形成的。高流速和随之而来的高阻力使碳纳米管定向排列和自连接,从而形成筒状物的封闭端。随着更多的 CNT 通过载气流连接到筒末端,这一封闭端作为种子进一步形成筒壁。一旦一段筒状物形成,就会被载气流推动,最后形成一个持续不断的 CNT 筒状物。

可以观察到,当 CNT 筒状物形成时,首先形成一个封闭帽,它向上流动并向管出口移动;然后,CNT 筒状物不断地从反应器中出来。图 4-2 显示了整个筒的形成过程。在此过程中,CNT 相互连接,在涡流区周围形成一个封闭端。之后,这个封闭端流出反应器管,连续的筒状物随着一起流动,其流型受涡流的影响(图 4-5)。

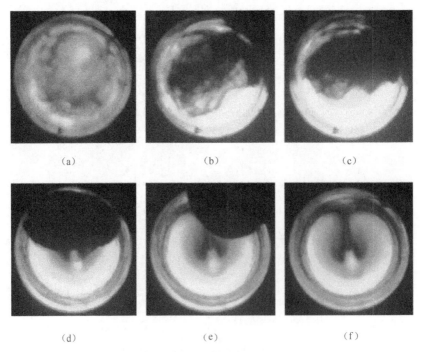

图 4-5 图像依次显示了通过对流涡流形成筒状物的过程(彩图)
(a)进料前;(b)~(d)形成封闭端的网络的 CNT,围绕涡流区向上流动;(e)从反应器管中出来的筒状物末端;(f)连续的筒状物。实验条件:二茂铁浓度 2%(质量分数),气体流量 1000mL/min,进料量 16mL/h。

不同载气流量下的筒状物动力学如图4-6所示。当流量从600mL/min增加到2000mL/min时,筒状物的形态发生了非常显著的变化。首先,CNT筒状物能够以800~1800mL/min(筒状物形成区)的流量连续从反应器中流出。在600mL/min的流量下,CNT在反应器中聚集,卷曲的CNT链形成。在2000mL/min的流量下,筒状物断裂,无法保持任何模式,可能是由于阻力太大造成的。其次,在形成区(800~1800mL/min)筒状物形态的变化与CNT流场相互作用有关。这是一个复杂的多相流问题,包括CNT在热、流场和双向相互作用的影响下组装成筒状物。催化剂成核和CNT生长两个阶段都对筒状物动力学有影响。一般来说,催化剂成核过程决定了催化剂颗粒的尺寸分布及其在整个生长区的分布,从而影响生长CNT的活性催化剂颗粒数量。在CNT生长阶段,停留时间影响CNT的长度。反应器中CNT的长度和数量与CNT组装和筒状物动力学有关。

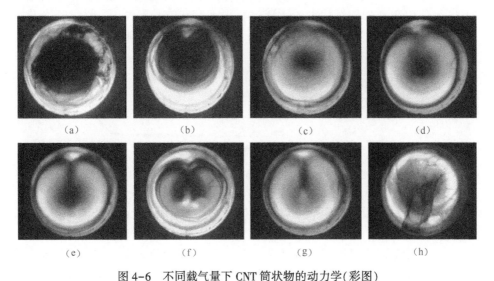

图4-6　不同载气量下CNT筒状物的动力学(彩图)
(a) 600mL/min; (b) 800mL/min; (c) 1000mL/min; (d) 1200mL/min; (e) 1400mL/min;
(f) 1600mL/min; (g) 1800mL/min; (h) 2000mL/min。温度1400℃,
进料速度32mL/h,二茂铁质量分数1%(质量分数)。

4.3　碳纳米管杂化材料

碳纳米管已经与多种材料相结合,制备了类似复合材料的材料,包括金属、陶瓷和聚合物。这些材料有望提高最终混合物的机械和电气性能。传统上,该混合物可通过烧结[24]、渗透[25]和电沉积的方法制备[26-31]。然而,这些方法只能产生部分结合的结构,通常在不同材料之间存在一个界面。在这里,根据气相热解方法,可以将各种纳米颗粒完全集成到 CNT 筒状物中,形成一种新的 CNT 杂化材料。

4.3.1 碳纳米管杂化材料的形成

CNT 杂化材料可通过将不同纳米颗粒注入反应器获得(图 4-7)。纳米颗粒以不同浓度注入到载体入口气体中。在入口处注入微粒会与燃料蒸气产生混合,有助于微粒与成核的 CNT 结合。其基本过程是纳米颗粒被注入到气相热解反应器中,并与生长中的 CNT 组装成筒状或气凝胶状材料。CNT 杂化筒状物可以加捻成纱线或卷成薄片。我们可以合成包含有单壁碳纳米管(SWCNT)、金属和/或陶瓷,不同组分结合的混杂材料。在这个过程中,纳米颗粒通过 CNT 生长的高温区域。由于在 CNT 生长和筒状物的形成过程中都存在纳米颗粒,因此 CNT 杂化材料在原位生成。这不同于其他经常应用于后加工中的方法,那些方法不能产生完全整合的混合物。

图 4-7 将纳米颗粒整合到 CNT 筒中制备完全整合的 CNT 杂化材料

使用的纳米颗粒可以有不同的形式,如铜、活性炭(AC)、金纳米线、石墨烯,甚至 CNT。通过引入不同的纳米颗粒,可以得到不同功能的 CNT 杂化结构。CNT-Cu 杂化材料的应用实例如图 4-8 所示。图 4-8(a)所示为正在退出纳米管反应器的标准黑色的 CNT 筒状物;图 4-8(b)所示为注入 Cu 纳米颗粒后正在退出反应器的褐色(在印刷版中是浅灰色)CNT-Cu 筒状物;图 4-8(c)所示为集成到 CNT 材料中的 Cu 纳米颗粒;图 4-8(d)所示为 EDS 化学检测到的 Cu。

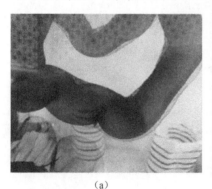

(a)   (b)

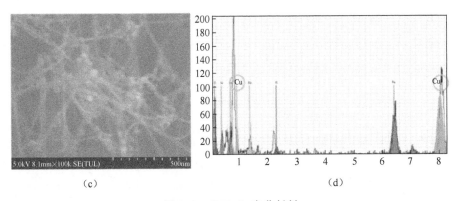

图 4-8 CNT-Cu 杂化材料

(a)正在退出反应器没有 Cu 纳米颗粒注入的 CNT 筒状物;(b)正在退出反应器注入 Cu 纳米颗粒的褐色(在印刷版中是浅灰色)CNT-Cu 筒状物(筒状物飘浮在空气中,Cu 纳米颗粒具有大的表面积因而筒状物看起来像 Cu,但实际 Cu 体积分数很小);(c)注射 25nm 包覆铜纳米颗粒后,在 CNT 上形成铜粒子;(d)EDS 显示了 CNT 上的铜(图中的圆圈)。

4.3.2 碳纳米管杂化材料的结构和应用

CNT 杂化材料将粉末状纳米颗粒集成到 CNT 基材料中,可以制备具有特种结构和性能的纳米管片材和纱线材料。例如已成功制备了 CNT-Cu(图 4-9)和 CNT-活性炭(图 4-10)。如 SEM 图像显示,纳米颗粒完全整合到 CNT 基体中,且分布均匀。

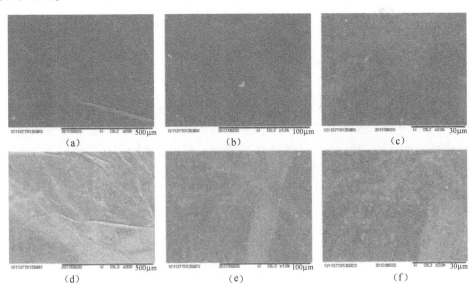

图 4-9 CNT-Cu 杂化材料

(a)~(c)纯 CNT 片材;(d)~(f)CNT-Cu 杂化物。

CNT 杂化材料可潜在用于生产具有可定制性能的智能材料,这将提高电动执行器、电机、新型智能材料、结构复合材料、电导体的性能,也可以在许多领域中替代金属/陶瓷等材料。导电或传导磁通量的 CNT 杂化材料可以取代金属线和铁芯材料来制备轻量化的电力系统,包括电线、变压器、螺线管致动器、旋转电机和直线电机,用于智能结构、机器人和许多其他应用。

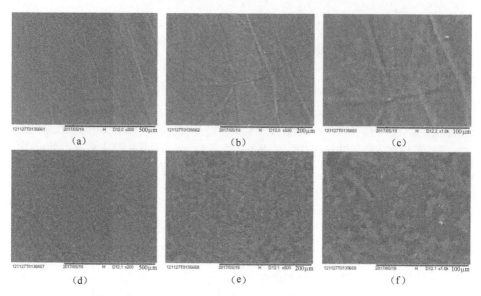

图 4-10 CNT-GAC 混杂复合材料
(a)~(c)纯 CNT 薄膜;(d)~(f)CNT-GAC 杂化物。

4.4 本章小结

本章分析了 CNT 杂化材料形成过程、结构表征和应用。这种混杂材料将高长径比的 CNT 与不同的纳米颗粒相结合,最终的结构和性能很容易根据选择的纳米颗粒进行调整。与原始 CNT 材料相比,这种混杂材料为性能提高提供了很大的机会。目前正在进一步探索设计空间,优化纳米颗粒类型、纳米颗粒形态、负载率、化学改性、后处理等各项参数。根据应用目标,将开发不同的混杂结构,提供先进的性能。

本章相关彩图,请扫码查看

参 考 文 献

[1] K. Chen, W. Gao, S. Emaminejad, D. Kiriya, H. Ota, H. Y. Y. Nyein, et al., Printed carbon nanotube electronics and sensor systems, Adv. Mater. 28 (2016) 4397-4414.

[2] Y. Song, D. Chauhan, G. Hou, X. Wen, M. Kattoura, C. Ryan, in: Carbon nanotube sheet reinforced laminated composites, ASC 31st Tech. Conf. Willamsbg, VA, 2016.

[3] D. Chauhan, D. Chauhan, G. Hou, G. Hou, V. Ng, V. Ng, S. Chaudhary, S. Chaudhary, M. Paine, M. Paine, K. Moinuddin, K. Moinuddin, M. Rabiee, M. Rabiee, M. Cahay, M. Cahay, N. Lalley, N. Lalley, V. Shanov, V. Shanov, D. Mast, D. Mast, Y. Liu, Y. Liu, Z. Yin, Z. Yin, Y. Song, Y. Song, M. Schulz, M. Schulz, Multifunctional smart composites with integrated carbon nanotube yarn and sheet. Proc. SPIE 10172 (2017) 1017205, https://doi.org/10.1117/12.2258563.

[4] G. Hou, L. Zhang, V. Ng, Z. Wu, M. Schulz, Review of recent advances in carbon nanotube biosensors based on field-effect transistors, Nano Life 6 (2016) 1642006, https://doi.org/10.1142/S179398441642006X.

[5] S. Yehezkel, M. Auinat, N. Sezin, D. Starosvetsky, Y. Ein-Eli, Bundled and densified carbon nanotubes (CNT) fabrics as flexible ultra-light weight Li-ion battery anode current collectors, J. Power Sources 312 (2016) 109-115.

[6] Y.-L. Li, I. A. Kinloch, A. H. Windle, Direct spinning of carbon nanotube fibers from chemical vapor deposition synthesis, Science 304 (2004) 276-278, https://doi.org/10.1126/science.1094982.

[7] M. Motta, Y. L. Li, I. A. Kinloch, A. H. Windle, Mechanical properties of continuously spun fibers of carbon nanotubes, Nano Lett. 5 (2005) 1529-1533, https://doi.org/10.1021/nl050634.

[8] W. Ren, F. Li, S. Bai, H.-M. Cheng, The effect of sulfur on the structure of carbon nanotubes produced by a floating catalyst method, J. Nanosci. Nanotechnol. 6 (2006) 1339-1345, https://doi.org/10.1166/jnn.2006.301.

[9] M. W. Schauer, M. A. White, Tailoring industrial scale CNT production to specialty markets, MRS Proc. 1752 (2015), mrsf14-1752-mm04-07, https://doi.org/10.1557/opl.2015.90.

[10] B. Alemán, V. Reguero, B. Mas, J. J. Vilatela, Strong carbon nanotube fibers by drawing inspiration from polymer fiber spinning, ACS Nano (2015), https://doi.org/10.1021/acsnano.5b02408 150622145040001.

[11] J. N. Wang, X. G. Luo, T. Wu, Y. Chen, High-strength carbon nanotube fibre-like ribbon with high ductility and high electrical conductivity, Nat. Commun. 5 (2014) 3848, https://doi.org/10.1038/ncomms4848.

[12] X. H. Zhong, Y. L. Li, Y. K. Liu, X. H. Qiao, Y. Feng, J. Liang, et al., Continuous multilayered carbon nanotube yarns, Adv. Mater. 22 (2010) 692-696, https://doi.org/10.1002/adma.200902943.

[13] M. W. Schauer, D. Lashmore, B. White, Synthesis and properties of carbon nanotube yarns and

textiles, MRS Proc. 1081 (2008) 1081-P03-5, https://doi.org/10.1557/PROC-1081-P03-05.

[14] K. Koziol, J. Vilatela, A. Moisala, M. Motta, P. Cunniff, M. Sennett, et al. , High-performance carbon nanotube fiber, Science 318 (2007) 1892-1895, https://doi.org/10.1126/science.1147635.

[15] V. Reguero, B. Alemán, B. Mas, J. J. Vilatela, Controlling carbon nanotube type in macroscopic fibers synthesized by the direct spinning process, Chem. Mater. 26 (2014) 3550-3557, https://doi.org/10.1021/cm501187x.

[16] M. Motta, I. Kinloch, A. Moisala, V. Premnath, M. Pick, A. Windle, The parameter space for the direct spinning of fibres and films of carbon nanotubes, Physica E Low Dimens. Syst. Nanostruct. 37 (2007) 40-43, https://doi.org/10.1016/j.physe.2006.07.005.

[17] G. Hou, D. Chauhan, V. Ng, C. Xu, Z. Yin, M. Paine, et al. , Gas phase pyrolysis synthesis of carbon nanotubes at high temperature, Mater. Des. 132 (2017) 112-118, https://doi.org/10.1016/j.matdes.2017.06.070.

[18] D. Conroy, A. Moisala, S. Cardoso, A. Windle, J. Davidson, Carbon nanotube reactor: ferrocene decomposition, iron particle growth, nanotube aggregation and scale-up. Chem. Eng. Sci. 65 (2010) 2965-2977, https://doi.org/10.1016/j.ces.2010.01.019.

[19] X.-H. Zhong, Y.-L. Li, J.-M. Feng, Y.-R. Kang, S.-S. Han, Fabrication of a multifunctional carbon nanotube "cotton" yarn by the direct chemical vapor deposition spinning process, Nanoscale 4 (2012) 5614, https://doi.org/10.1039/c2nr31309j.

[20] J. Chaffee, D. Lashmore, D. Lewis, J. Mann, M. Schauer, B. White, in: Direct synthesis of CNT yarns and sheets, Technical Proceedings of the NSTI Nanotech 2008, vol. 3, 2008, pp. 118-121.

[21] C. Laurent, E. Flahaut, A. Peigney, The weight and density of carbon nanotubes versus the number of walls and diameter, Carbon N. Y. 48 (2010) 2994-2996, https://doi.org/10.1016/j.carbon.2010.04.010.

[22] G. Hou, V. Ng, C. Xu, L. Zhang, G. Zhang, V. Shanov, et al. , Multiscale modeling of carbon nanotube bundle agglomeration inside a gas phase pyrolysis reactor, MRS Adv. (2017) 1-6, https://doi.org/10.1557/adv.2017.371.

[23] G. Hou, R. Su, A. Wang, V. Ng, W. Li, Y. Song, et al. , The effect of a convection vortex on sock formation in the floating catalyst method for carbon nanotube synthesis, Carbon N. Y. 102 (2016) 513-519, https://doi.org/10.1016/j.carbon.2016.02.087.

[24] G.-D. Zhan, J. D. Kuntz, J. Wan, A. K. Mukherjee, Single-wall carbon nanotubes as attractive toughening agents in alumina-based nanocomposites, Nat. Mater. 2 (2003) 38-42, https://doi.org/10.1038/nmat793.

[25] J. Yang, R. Schaller, Mechanical spectroscopy of Mg reinforced with Al_2O_3 short fibers and C nanotubes. Mater. Sci. Eng. A 370 (2004) 512-515, https://doi.org/10.1016/j.msea.2003.08.124.

[26] S. Arai, M. Endo, N. Kaneko, Ni-deposited multi-walled carbon nanotubes by electrodeposition, Carbon N. Y. 42 (2004) 641-644, https://doi.org/10.1016/j.carbon.2003.12.084.

[27] Y. L. Yang, Y. D. Wang, Y. Ren, C. S. He, J. N. Deng, J. Nan, et al., Single-walled carbon nanotube-reinforced copper composite coatings prepared by electrodeposition under ultrasonic field, Mater. Lett. 62 (2008) 47-50, https://doi.org/10.1016/j.matlet.2007.04.086.

[28] S. L. Chou, J. Z. Wang, S. Y. Chew, H. K. Liu, S. X. Dou, Electrodeposition of MnO_2 nanowires on carbon nanotube paper as free-standing, flexible electrode for supercapacitors, Electrochem. Commun. 10(2008)1724-1727, https://doi.org/10.1016/j.elecom.2008.08.051.

[29] M. B. Jordan, Y. Feng, S. L. Burkett, Development of seed layer for electrodeposition of copper on carbon nanotube bundles, J. Vac. Sci. Technol. B Nanotechnol. Microelectron. 33 (2015) 21202, https://doi.org/10.1116/1.4907164.

[30] C. Subramaniam, A. Sekiguchi, T. Yamada, D. N. Futaba, K. Hata, Nano-scale, planar and multi-tiered current pathways from a carbon nanotube-copper composite with high conductivity, ampacity and stability, Nanoscale 8(2016)3888-3894, https://doi.org/10.1039/C5NR03762J.

[31] P. M. Hannula, A. Peltonen, J. Aromaa, D. Janas, M. Lundstr€om, B. P. Wilson, et al., Carbon nanotube-copper composites by electrodeposition on carbon nanotube fibers, Carbon N. Y. 107 (2016) 281-287, https://doi.org/10.1016/j.carbon.2016.06.008.

延 伸 阅 读

[32] G. Hou, V. Ng, Y. Song, L. Zhang, C. Xu, V. Shanov, et al., Numerical and experimental investigation of carbon nanotube sock formation, MRS Adv. (2016) 1-6, https://doi.org/10.1557/adv.2016.632.

第5章
氮化硼纳米管复合材料和应用

Michael B. Jakubinek, Behnam Ashrafi, Yadienka Martinez-Rubi, Jingwen Guan, MeysamRahmat, KeunSu Kim, Stéphane Dénommée, Christopher T. Kingston, Benoit Simard
加拿大渥太华,加拿大国家研究委员会

5.1 引言

氮化硼纳米管(BNNT)在结构上类似于碳纳米管(CNT),其六角片层中的每一个碳-碳对被硼-氮对取代,并卷成给定手性的圆柱体,如 CNT 通常所描述的[1]。然而,虽然对于这两种类型的纳米管,键强度和几何球-棒模型是接近等效的,但 BN 键是部分离子键,且与 CNT 相比,BNNT 显示出与其鲜明差异的电子密度分布(图5-1)[1a]。因此,BNNT 具有同样优异的机械性能和低密度,此外还具有不同的多功能优势,包括更高的热稳定性、电绝缘、高中子吸收性、压电性和可见区域的透明度(图5-2)。

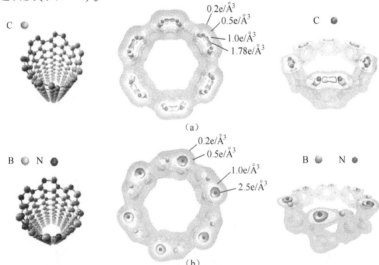

图 5-1 单壁(a)碳纳米管(CNT)和(b)氮化硼纳米管(BNNT)的球-棒分子模型和价电子分布计算

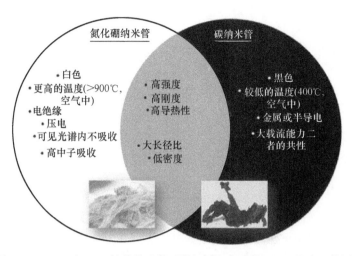

图 5-2　BNNT 和 CNT 性能的比较(图片来源:加拿大 NRC;经许可使用)

鉴于这些特性,预期人们对 BNNT 的研究和应用会产生浓厚的兴趣;然而,尽管在 Ijima 关于 CNT 的开创性论文[4]发表几年后,BNNT 就被预测[2]并进行了实验[3]研究,但 BNNT 受到的关注却比 CNT 少得多(图 5-3)。造成这种差异的一个关键原因是 BNNT 合成的难度更大且可用性有限。近年来,随着 BNNT 生产取得了进展,获得了高质量商用 BNNT,使得 BNNT、BNNT 复合材料及其应用的研究热度有所增加。在这里,我们强调了 BNNT 发展的进展和机遇,本着《纳米管超级纤维材料—科学、制造、商业化》(Elsevier,2018)一书的精神,重点关注 BNNT 从科学进步到实际应用的途径。

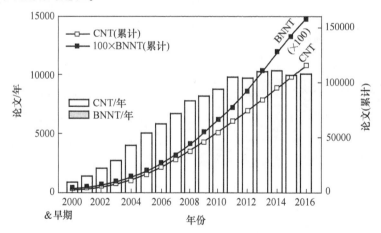

图 5-3　CNT 和 BNNT 年度出版物的 Scopus 搜索结果(2017 年 10 月)。代表 BNNT 年度出版物数量的实心条在适合显示 CNT 出版物数量的线性比例上几乎不明显。趋势线显示了 BNNT 出版物累计总数扩大 100 倍后的发展趋势

089

5.2 氮化硼纳米管的制备和工业化

1995年,首次报道了由加州大学伯克利分校(UC Berkeley)的Alex Zettl和同事采用电弧放电工艺合成的BNNT。随后,BNNT合成综述(如参考文献[5-7])报道了多种其他合成方法,包括激光烧蚀、球磨退火、热解、电弧喷射等离子体和化学气相沉积(CVD)。虽然已经报道了一系列的技术,但BNNT的合成均局限于小规模和低收率的工艺。

提高BNNT复合材料的关注度和实现基于BNNT应用的一个关键措施是提高其生产规模满足高质量材料的必要供应,并降低成本。加拿大国家研究委员会(NRC)在这一领域的重点工作是利用感应热等离子体炬[8-9]进行BNNT的中试生产,这是一种连续、可扩展的高温方法。在此过程中,六方氮化硼(HBN)粉末被注入部分电离的热气体(即热等离子体)中,并迅速原子化($T>7000K$)。当温度以可控的方式冷却时,原子化的混合物形成BNNT前驱体,从作为BNNT成核中心的冷凝硼液滴中生成BNNT。与以往的等离子体法不同,NRC法采用氢气作为气相催化剂,显著提高了优质BNNT的收率(约30g/h),这一过程被称为氢辅助BNNT合成(HABS)。图5-4显示了从HABS工艺衍生的BNNT材料的选择。

图5-4 从HABS工艺衍生的BNNT材料

从左上角顺时针方向:合成的BNNT(参考文献[10])约20g,纯化/均质的BNNT粉末(绒毛状)(参考文献[11]),BNNT巴基纸(顶部,参考文献[11])和高纯度BNNT(底部,参考文献[12])的扫描电镜图像,BNNT巴基纸折叠成折纸蝴蝶(参考文献[8])和巴基纸平面(参考文献[11])。

微观分析证实,这些样品主要由含有颗粒杂质的取向或缠结的纳米管组成。

成品样品的含量估计约为50%(质量分数)BNNT,其中大部分为两到四壁,平均直径为5nm。它们的长度约为几微米,长径比超过200:1。高倍图像显示大多数BNNT是高度结晶的;观察到具有结构缺陷(例如扭结、夹点、屈曲或壁面不均匀)的BNNT,但数量很少。与球磨或CVD工艺不同,没有观察到具有分段人字形或竹节结构的BNNT。氢的催化作用很有趣,被认为是原位形成了反应性的含B—N—H的中间产物(如NH或BH自由基),即使在大气压下也能有效地生长BNNT[13]。

如其他文献[14-15]所示,高压环境改善了激光或等离子体工艺过程中BNNT的形成,使得BN前驱体之间的碰撞更加频繁。HABS工艺的一个优点是,利用高温等离子体和氢气的组合,消除了高压环境的必要性,这为扩大规模提供了有利条件。此外,BNNT原材料以纤维、薄片、薄膜或气凝胶等半组装形式收集,这有助于后续利用成品材料制造BNNT组件。HABS工艺于2015年获得Tekna(Sherbrooke,加拿大)的许可[16],首次实现了千克级高质量BNNT的生产。

2014年,位于美国弗吉尼亚州纽波特纽斯的BNNT,LLC公司首次将高结晶BNNT商业化[17]。这是通过使用CO_2激光器和高N_2压力(0.7~1.4MPa)的高温压力(HTP)方法[14]制备的。该方法由美国国家航空航天研究所(NIA)BNNT实验室与美国宇航局兰利研究中心合作开发,证明了B靶蒸发中产生了高结晶性的小直径BNNT(约3.0nm)[14]。虽然生产率相对较低(几百毫克/小时),但实际生产的材料主要是双壁BNNT,其长度从几微米到数百微米不等,代表其高长径比(约1000:1)。高温等离子体工艺的最新进展包括硼碳氮(BCN)纳米管和^{10}B富集BNNT的合成。HTP过程的经验同样适用于HABS过程;高压环境将改善等离子体过程中BNNT的形成。事实上,在HABS过程被报道后不久,Alex Zettl的研究小组就报道了一种类似的高压(大于0.3MPa)诱导等离子体过程,他们证明了在没有氢的情况下,可以大规模(约35g/h)生产类似质量的BNNT[15]。

高温过程(例如,HABS和HTP过程)产生BNNT并伴随着杂质副产物;因此,纯化工艺的开发通常是BNNT基产品开发的先决条件。HABS产物中已确定的主要杂质为包裹HBN壳层的非晶态硼颗粒和非管状BN相,包括涡轮层状BN、HBN片和其他聚合B—N—H化合物(B—N—H)。元素硼通过空气氧化或其他化学萃取相对容易去除;然而,非管状BN材料与BNNT无明显区别的物理化学性质,使得有效分离成为一个挑战。目前,在NRC中使用甲醇或丙酮的溶剂洗涤法进行分离,该方法利用了非管状BN颗粒比BNNT具有更不稳定或功能化的边缘,这可能增强其在溶剂中的稳定性。除分离难点外,有效的纯化工艺还必须尽量减少BNNT结构的损伤或改变(即切割、解链、脱帽和功能化)。

其他值得注意的商业动态也显示了以复合材料相关的形式和数量提供高质量工业原料BNNT的潜力,包括基于BNNT阵列和BNNT纱线/带的开发。前一种方法被Nano Innovations(密歇根州,美国)使用,他们正在将从催化化学气相沉积

（CCVD）方法中获得的 BNNT 商业化,用于模式化、垂直排列的 BNNT[18]。密歇根大学开发的这种方法使用 MgO、Ni 或 Fe 催化剂,在 1200℃下通过热 CVD 合成法在具有氧化铝屏障的硅衬底上生长 BNNT[19]。新罕布什尔大学（University of New Hampshire）开发了另一种流化床式的 CVD 工艺,用于生产 BNNT 的连续纱线和带材[20]。这种方法得到美国硼矿公司（Burlington, MA, United States）[21]的许可,使用气相 BN 前驱体,如硼嗪（$B_3H_6N_3$）,将二茂铁和噻吩的混合物引入炉（1000~1500℃）中作为催化剂。通过球磨和退火生产的 BNNT 粉末也可在市场上买到,包括 NAiEEL Technology（大田,韩国）[22],这种 BNNT 粉末由于直径大且晶体结构少,它最终的应用方向可能与高温和 CVD 工艺得到的 BNNT 不同。Deakin 大学[23-24]首次报道了球磨方法,并在大学网[25]上出售了竹节状（直径 40~80nm,纯度约 70%）和圆柱形（<15nm,纯度<50%）BNNT 粉末及竹节状 BNNT 薄膜（40~80nm,纯度约 80%）样品。

    BNNT 制造业的进展,包括表 5-1 中概述的商用 BNNT 材料,使 BNNT 基材料的研究与应用更加广泛。目前,BNNT 的成本仍然相对较高（例如,BNNT、Tekna BNNT-R、Aldrich 以#802824 产品的形式分销,每克成本约为 1000 美元）,与 CNT 的早期商业化相当。然而,有几种方法为商业等离子体合成碳纳米管、碳纳米管阵列和碳纳米管纤维提供了类似的规模和经济性的潜力。例如,NRC/Tekna[8,16]和 UC Berkley[15]在 BNNT 合成中使用的等离子炬系统,其尺寸可扩展,可连续操作,并在材料加工和纳米材料生产方面得到工业证明。这包括雷莫尔纳米技术公司（Sherbrooke,加拿大）在有利的成本点上,利用等离子体技术生产工业单壁碳纳米管（SWCNT）[26]。虽然 BNNT 仍然是一种新兴材料,在广泛获得成熟的商业纳米管方面还有很多路要走,但这些进展已经在加速 BNNT 基复合材料的研发。

表 5-1 商用 BNNT 材料

公司	BNNT, LLC	Tekna（BNNT-R）	Tekna（BNNT-P 和 BNNT-BP）	Nano Innovations	NAiEEL Technology
方法	PVC	HABS	HABS	CVD	球磨/退火
类别	单晶,少壁	单晶,少壁	单晶,少壁	多壁	多壁
直径/nm		5	5	60	~150
壁数	最常见 3 壁				
杂质	HBN 和 B 元素	B 元素和 HBN 衍生物	HBN 衍生物		HBN, B, Mg, Fe
纯度/%	40~50	50	75	99.90	>60
长度/μm	≥200			≥10	~1

续表

公司	BNNT,LLC	Tekna(BNNT-R)	Tekna(BNNT-P and BNNT-BP)	Nano Innovations	NAiEEL Technology
表面积/(m^2/g)	≥200	>100	>100		
带隙/eV	5.7	5.5	5.5	6	

BNNT-BP,氮化硼纳米管巴基纸;BNNT-P,纯净化氮化硼纳米管;BNNT-R,原始的氮化硼纳米管;CVD,化学气相沉积;HABS,氢辅助氮化硼纳米管合成;PVC,加压蒸汽/冷凝器。

来源:商业供应商网站(http://www.bnnt.com, http://www.tekna.com, http://www.nano-innov.com, and http://www.naieel.com)

5.3 复合材料和应用

纵观其历史,碳纳米管已经引起人们强大的应用兴趣,经历了炒作阶段,夸大期望,到现在回归启蒙和生产阶段[27]。尽管仍有许多工作有待完成,但目前碳纳米管已按千吨/年的规模生产和使用,并在越来越多的应用和产品中出现[28]。相比之下,BNNT仍处于发展的早期阶段。考虑到商业化BNNT尚处于起步阶段且成本相对较高,第一批启用BNNT的商业产品最有可能的是来自于纳米管具有的纳米尺寸和高长径比优势,但由于功能特性,CNT在这方面不具有优势。

表5-2列出了BNNT复合材料比CNT复合材料更具优势的领域。可能的实际应用产品应该结合高热导率和电绝缘性,用于电子产品的热管理。这是碳纳米管可能不适合的领域,并且与最初碳纳米管产品非常相似,也基于直接与聚合物复合所获得的电性能。基于BNNT聚合物薄膜/片材的高BNNT含量的复合材料已经生产出来,其热导率为2~4W/(m·K)[29-30],比聚合物高10~20倍,同时保持高电阻和击穿强度[29]。BNNT及其复合材料的压电性能[31]表明具有能量收集和自供电传感器的潜力,而在可见光谱中缺乏吸收为透明或可染色复合材料提供了独特的机会,如果使用CNT,即使是极少量CNT也会使复合材料变黑。迄今为止报道的增强聚合物已经显示出透明涂层、黏合剂和封装的良好光学透明性(图5-5)[32-35]。大块透明复合材料、聚合物和玻璃是长期目标;然而,BNNT增强聚合物的浅色在可着色复合材料(例如,牙科修复材料)领域具有优势[36-37],并且已证明玻璃的力学性能显著提高[38]。在玻璃、金属和陶瓷复合材料领域,BNNT较高的热氧化稳定性为高温加工和高温应用提供了优势。另外还包括由增材制造工艺制备的增强金属复合材料,其中,与碳纳米管不同,BNNT可以承受激光熔化/烧结金属粉末[39]时的温度和陶瓷复合材料使用时的高温环境,如燃气轮机发动机和航

天飞机防护。对于太空旅行和栖息,美国国家航空航天局(NASA)和其他机构正在开发BNNT,特别是^{10}B富集BNNT,因为它们能够提供一种轻量化的结构材料,这种材料能够在高温下保持稳定,同时由于^{10}B对中子的有效捕获,能够提供对天基辐射的防护[40-42]。

上面的例子并非详尽无遗,但说明了BNNT为复合材料应用提供优势的一系列情况,这些优势是对CNT正在探索的补充。在后面的章节,我们将总结BNNT复合材料在聚合物纳米复合材料和金属陶瓷复合材料方面的研究。

表5-2 碳纳米管和氮化硼纳米管在复合材料上的应用

复合材料应用实例	碳纳米管	氮化硼纳米管
导电复合材料(电磁干扰(EMI)屏蔽材料,静态耗散,加热和抗传感)	√	×
力学增强和结构复合材料	√	√
提高导热性(散热和热界面材料)	√	√
高温材料处理(玻璃、金属和陶瓷处理)	受限于碳纳米管稳定性	√
高温应用(热障和耐火)	受限于碳纳米管稳定性	√
电绝缘(电缆和电子封装)	×	√
压电传感和能量收获	×	√
中子屏蔽	×	√
透明复合材料(或可染色复合材料)	×	√

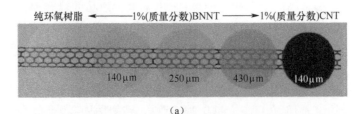

(a)

(b)

图5-5 半透明(a)BNNT环氧树脂和(b)薄、透明BNNT/聚苯乙烯复合材料

5.3.1 聚合物纳米复合材料

由于它们的电子结构不同,BNNT 具有不同的化学性质,可能包括与聚合物更强的相互作用。使用密度泛函理论进行的理论研究表明,BNNT 与选定聚合物(聚苯乙烯(PS)、聚乙烯(PT)和聚间苯撑乙烯-co-2,5-二辛基氧基-p-苯撑乙烯)(PmPV))之间的相互作用能更强[43]。最近,Chen 等[44]使用单纳米管拔出试验和分子动力学模拟(图 5-6(a))证明 BNNT 环氧树脂和 BNNT 聚甲基丙烯酸甲酯(PMMA)的界面强度高于相应的 CNT 复合材料。还观察到 BNNT 巴基纸与环氧树脂具有良好的润湿性和渗透性(图 5-6(b))[10]。这种模拟和观察结果表明,BNNT 可能比 CNT 更适合与聚合物结合。

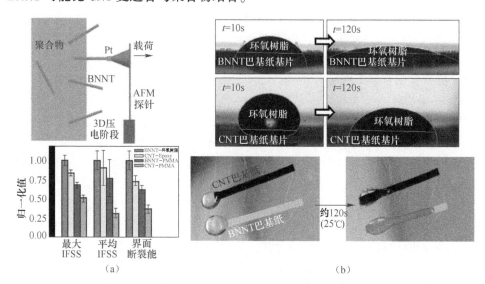

图 5-6 (a)拔出试验确定的 BNNT 聚合物与 CNT 聚合物界面的较高界面剪切强度(IFSS)和界面断裂能;(b)用环氧树脂对 BNNT 巴基纸进行良好的润湿性,通过较低的接触角和随时间减少的液滴体积,以及通过水平带状样品对环氧树脂进行芯吸(用虚线显示 CNT 巴基纸上环氧树脂液滴的轮廓)[10](彩图)

此外,Nigues 等[45]测定出 BNNT 中的壁间摩擦力远高于 CNT,这实现了壁间载荷传递,因而使多壁 BNNT 成为比多壁 CNT 更有效的填料。

大多数试验报道,BNNT 复合材料是通过分散和混合的方法,在低载荷下将 BNNT 复合到聚合物基体中制成的。Meng 等[46]综述总结了 2014 年之前的工作,讨论了主要在提高拉伸性能方面使用的方法和取得的成果,并简要介绍了热导率和介电性能,作者指出,这些方法和结果在 BNNT 复合材料研究的早期阶段得到了粗略的研究。BNNT 已被用于一系列聚合物中,包括聚甲基丙烯酸甲酯、聚碳酸酯、聚苯乙烯、聚氨酯和环氧树脂,以提高力学性能(如文献[35,47-51])。大多数研究报道了弹性模量的增加(例如,10%~50%含1~5%(质量分数)BNNT)。在环氧树脂中掺入高达5%(质量分数)的 BNNT 后,尽管平均拉伸强度略有下降(≤5%),但观察到弹性模量(+40%)和断裂韧性(+43%)显著增加[35]。在 BNNT 聚合物纳米复合材料的研究中,拉伸强度的微小变化甚至降低是常见现象。与碳纳米管复合材料相比,这并不意外,碳纳米管复合材料领域中大量研究表明对纳米管(质量、纯度、直径和长径比)和化学功能化方法及其他因素具有高度灵敏性。Weng 等[52]综述了 BN 纳米材料的化学功能化,虽然也处于早期阶段,但提供了改善力学性能的潜力。在使用功能化 BNNT 的有限报道中表明,聚合物纳米复合材料的拉伸强度(例如,+10%~30%[32,53-54])有了较明显的提高。

虽然 BNNT 在结构增强方面具有潜在的优势,但在可预见的未来,由于 CNT 已建立的供应、充分研究的功能化与制造工艺,CNT 仍将是此类应用的首选。BNNT 在多功能复合材料中的应用短期内会提供更明显的机会。尽管掺杂分散 BNNT 的聚合物也具有中子[40,42]和紫外线[32]吸收和压电效应[31,59],然而研究最多的是在保持电绝缘性的同时提高热导率[29-30,47,55-58]。少量 BNNT 的掺杂对热导率的改善是有限的,最高的热导率 2~4W/(m·K),是通过浸泡 BNNT 垫(17~37%(质量分数)BNNT)[29]或通过环氧渗入预成型 BNNT 片(约 30%BNNT)[10,30]形成的高纳米管含量复合材料(图5-7)实现的。后一种方法类似于在碳纳米管领域中宏观碳纳米管纱线、薄膜或薄片的树脂渗透。除了简化的处理和均匀的纳米管分布外,高纳米管含量有利于将纳米管的功能特性转化给复合材料。值得注意的是,与金属相比虽然导热系数较低,但高 BNNT 含量的复合材料的导热系数已经远远高于用作电子基板和封装的塑料,同时聚合物的高电绝缘性得以保持。

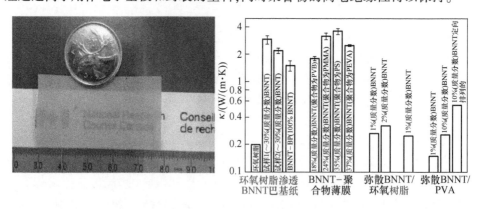

图 5-7 按照导热性用环氧渗透 BNNT 巴基纸法制造的高 BNNT 含量复合材料照片(第 1 组柱状图[30]),与其他高 BNNT 含量复合材料比较(第 2 组柱状图[29])和分散 BNNT 复合材料[47,55]

BNNT巴基纸复合材料的使用对压电性能也是有利的,发现用BNNT巴基纸与聚氨酯(约40%(质量分数)BNNT)复合材料比具有2%(质量分数)BNNT的复合材料产生更高的压电响应[31]。该响应与商用压电器件响应相当,并能制造出第一个CNT-BNNT复合驱动器(图5-8)[31]。随着BNNT材料越来越普遍和质量的提高,BNNT组件,包括薄膜、片材和纱线[8,10,41,60-61]的进展有望为复合材料的发展提供更多机会。

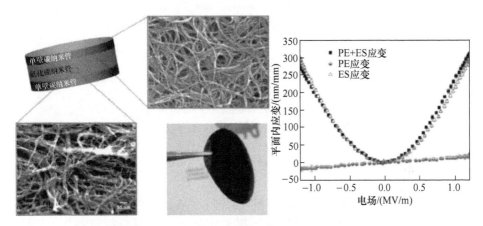

图5-8 由碳纳米管电极和压电BNNT层组成的全纳米管驱动器,压电BNNT层由聚氨酯渗透BNNT-巴基纸制成

5.3.2 复合材料结构

到目前为止,只有少数文献报道了BNNT聚合物复合材料特性的表征,以及用于复合结构的材料应用。一个简单的例子是胶接接头,其已经使用了碳纳米管增强以提供更高强度和导电性。最近报道了使用BNNT的接头增强[34],它提供了电绝缘、半透明的等效物,同时利用BNNT对聚合物(vs CNT)的更高亲和力[10,43-45]。在这项工作中,发现刚度和断裂韧性有了实质性的提高。尽管采用行星式混合的简单混合方法,单搭接剪切试验中的结合强度也有所提高,且破坏面的扫描电镜图像显示BNNT显著拔出(图5-9)。

将BNNT与其他纤维结合的多尺度复合材料的报道也很少。首个报道是Takizawa等[62]通过将玻璃纤维预浸料浸入含有分散BNNT的溶剂中,实现在玻璃纤维增强聚合物(GFRP)复合材料层间界面处加入BNNT。尽管总BNNT含量较低(约0.01%(质量分数)),但报道的全厚度热导率高达$1.2W/(m \cdot K)$,高于以往关于玻璃纤维复合材料的所有报道[62]。这表明具有利用BNNT功能特性的应用前景,且作者也强调了GFRP基板可以应用在需要更好散热的电绝缘体电子

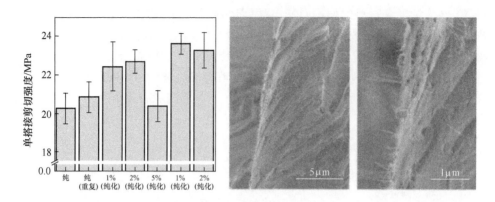

图 5-9 使用原始(r-BNNT)和纯化(p-BNNT)BNNT 的 Epon 828/Epikure 3223 和相关 BNNT 复合胶接接头的搭接剪切强度。从沿着破坏表面从一个附着物过渡到另一个附着物的线的搭接剪切破坏表面的扫描电镜图像来看,2%(质量分数) r-BNNT-环氧树脂胶接接头(如图所示)显示出比 5%(质量分数)时沿破坏方向的 BNNT 取向更高和拉出量更大

产品领域。在这项工作中,可能是由于溶剂去除不完全和界面空隙的形成,导致复合材料强度降低[62]。研究团队成员还报道了玻璃纤维复合材料的生产,即以BNNT 增强环氧树脂为基体,通过手工铺层和真空辅助树脂转移成型(VARTM)制备(图 5-10)[63]。通过将 1%(质量分数)BNNT 简单地行星式混合到环氧树脂

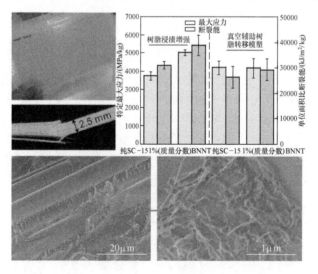

图 5-10 手工叠层法生产的 p-BNNT/SC-15 环氧树脂/玻璃纤维层压板,以及失效夏比试样的横截面和特定最大应力和特定断裂能的提取结果

中,然后使用玻璃纤维织物进行层压板制造,观察到结构性能得到改善,包括夏比冲击的平均比断裂能增加25%[63],短梁剪切和冲头剪切响应改善[64]。其中VARTM层压板的改善较小,定性观察表明玻璃纤维层在导入过程中过滤掉了纳米填料。基于这些结果,用BNNT环氧树脂预浸可能更适合,但尚待探索。考虑到CFRP在装甲和汽车等领域的应用,其结构性能的改善令人鼓舞。然而,早期BNNT应用的一个重要特点是,在CNT不适用的情况下,能够提供独特的解决方案。因此,对其热性能等功能性能的进一步研究是至关重要的。

5.3.3 高温处理和应用

BNNT的一个众所周知的特征是优异的热稳定性[65-66](例如,图5-11),BNNT和碳化硅纳米管被称为高温纳米管[67]。用HABS工艺纯化的BNNT热重分析(TGA)表明,在空气中具有高稳定性,尽管未纯化的BNNT由于硼杂质的氧化而在600℃左右开始出现显著的增重(>20%)。它们也能在惰性环境中经受1500℃以上的温度。

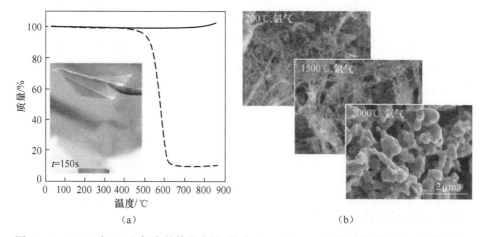

图5-11 BNNT在(a)空气中的热稳定性,给出BNNT和CNT的热重分析(TGA)痕量元素,以及在天然气火焰和(b)惰性环境中BNNT巴基纸飞机的插入图像,显示用HABS工艺、在氩气中在200℃、1500℃和2000℃下烘烤后制得的BNNT巴基纸薄片

因此,这些BNNT与铝合金加工温度以及金属/陶瓷基复合材料的制造或使用温度相兼容,尽管我们观察到在2000℃之前转化为非纳米管结构(图5-11(b)),这可能限制了在这种温度下处理时对某些基体的适用性(例如,碳化硅的烧结)。

现有报道的BNNT-Al复合材料大多使用粉末冶金法[68-70],并且对于高压扭转产生的BNNT铝复合材料,强度显著提高(达到300MPa,比基准铝高1.5

倍)[68]。同一组还展示了,在氩气中使用感应加热到1000℃的熔融纺丝工艺中,熔融条件下铝粉和BNNT压制颗粒的固结[69-70]。放电等离子烧结也被用于生产含有2%(体积分数)和5%(体积分数)BNNT的铝复合材料,且屈服强度高达88MPa(比基准铝高50%)[71]。据报道,BNNT和Al在惰性环境中加热到接近熔点,在60min或120min后形成AlN和AlB_2的薄界面层[72],这被认为有希望用作铝基材料增强物。也可以从BN文献中获得更多的信息,文献表明液态铝在典型铝加工温度下不会润湿BN,但会润湿表面,并在惰性或还原性气氛中在更高温度(高于1000℃)下反应形成AlN界面[73-76]。

据报道,BNNT还可以增强玻璃[38]和陶瓷[77-83]。Wang等[77-79]给出BNNT在热压烧结(氩气中1500℃,25MPa)下,形成具有改进的弯曲强度和断裂韧性的氧化铝复合材料。BNNT(2%(质量分数))主要分布在晶界,与较小的晶粒尺寸有关。X射线衍射显示50%BNNT/氧化铝样品烧结后存在$Al_{18}B_4O_{33}$相,表明与氧化铝发生了反应。其他报道显示BNNT(0.5%~1%(质量分数))与陶瓷颗粒的烧结,其中包括1500℃下Al_2O_3和1500℃下Si_3N_4放电等离子体烧结[80],以及1450℃、25MPa下3Y-ZrO_2热压[81],这些材料都具有一些性能提高,并具有较小的晶粒尺寸。这些报告主要着眼于力学性能;然而,BNNT的使用也会影响热性能,BNNT有望在航天飞行器或燃气轮机发动机隔热罩等应用中遇到的高温环境下工作。含氮化硼纳米管的氧化锆增韧氧化铝陶瓷的热性能表明,在YZTA陶瓷中加入BNNT(<0.5%(质量分数))对其导热性能影响不大,但使其热膨胀系数降低约20%,弯曲强度提高[83]。减少热膨胀有助于提高抗热震性,这对于在极端环境中工作的材料非常重要。

5.4 展望

目前,BNNT的发展仍然落后于包括CNT和石墨烯在内的其他纳米材料,成本较高且商业供应有限,BNNT的首次商业应用还未出现。尽管存在这些挑战,但在过去几年中已取得实质性进展,连续/可扩展方法的可用性意味着,随着需求和产量的同步增长,BNNT的可用性和成本有望改善。因此,BNNT基复合材料的研发有一条从实验室通向应用的道路,事实上,这对于推动成本效益规模化所需的大量BNNT的需求至关重要。BNNT在实验室外的实际应用/产品中的首次出现很可能是在需要低到中等BNNT数量的利基区域,并且依赖于BNNT的功能特性(电、热和光学)。电子封装用导热电绝缘体和增韧及透明的涂层/黏合剂就是例子。图5-12给出BNNT各种其他潜在的应用,说明BNNT在先进复合材料和其他领域有较好的应用前景。在金属和陶瓷复合材料方面,除在其他功能特性(如导电性)必需的情况下,BNNT的稳定性使得它们可能取代碳纳米管。宏观纳米管的组装体(例如,巴基纸、薄膜、带材和纱线)可以得到一些性能优异的纳米管复合材料,BNNT 复合材料在这方面的研究才刚刚起步。由于 BNNT 含量高,尤其是当这些组装纳米管的质量赶上 CNT 组装和 CNT 超细纤维材料的质量时,这些组装纳米管会给我们带来更加期待的应用潜力。BNNT 预成型体和 BNNT 增强基体(BNNT 对聚合物的更高亲和力被证明应该是有优势的)都有望实现一系列多尺度纤维增强聚合物复合材料,并且从长远来看,很可能与 CNT、石墨烯和其他纳米颗粒一起用于高性能、轻量、多功能结构中。

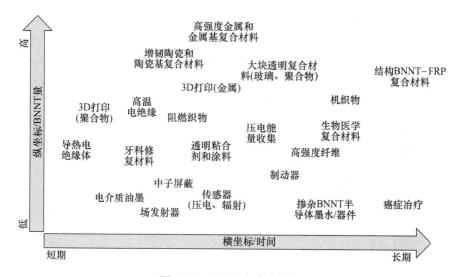

图 5-12 BNNT 未来应用前景

本章相关彩图,请扫码查看

参 考 文 献

[1] M. Cohen, A. Zettl, The physics of boron nitride nanotubes, Phys. Today 63 (11) (2010) 34.

[1a] H. Shin, J. Guan, M. Z. Zgierski, K. S. Kim, C. T. Kingston, B. Simard, Covalent functionalization of boronnitride nanotubes via reduction chemistry, ACS Nano 9 (2015) 12573.

[2] A. Rubio, J. Corkill, M. L. Cohen, Theory of graphitic boron nitride nanotubes, Phys. Rev. B 49 (1994) 5081.

[3] N. G. Chopra, R. J. Luyken, K. Cherrey, V. H. Crespi, M. L. Cohen, S. G. Louie, A. Zettl, Boron nitride nanotubes, Science 269 (1995) 966.

[4] S. Iijima, Helical microtubules of graphitic carbon, Nature 354 (1991) 56.

[5] C. Zhi, Y. Bando, C. Tang, D. Golberg, Boron nitride nanotubes, Mater. Sci. Eng. R 70(2010)92.

[6] K. S. Kim, M. J. Kim, C. Park, C. C. Fay, S. Chu, C. T. Kingston, B. Simard, Scalable manufacturing of boronnitride nanotubes and their assemblies: a review, Semicond. Sci. Technol. 32 (2017) 013003.

[7] C. H. Lee, S. Bhandari, B. Tiwari, N. Yapici, D. Zhang, Y. K. Yap, Boron nitride nanotubes: recent advancesin their synthesis, functionalization, and applications, Molecules 21 (2016) 922.

[8] K. S. Kim, C. T. Kingston, A. Hrdina, M. B. Jakubinek, J. Guan, M. Plunkett, B. Simard, Hydrogen-catalyzed, pilot-scale production of small-diameter boron nitride nanotubes and their macroscopic assemblies, ACSNano 8 (2014) 6211.

[9] K. S. Kim, C. T. Kingston, B. Simard. Boron nitride nanotube and process for production thereof, US Patent9,862,604 (2015).

[10] K. S. Kim, M. B. Jakubinek, Y. Martinez-Rubi, B. Ashrafi, J. Guan, K. O'Neill, M. Plunkett, A. Hrdina, S. Lin, S. Denommee, C. Kingston, B. Simard, Polymer nanocomposites from freestanding, macroscopicboron nitride nanotube assemblies, RSC Adv. 5 (2015) 41186.

[11] M. B. Jakubinek, Y. Martinez-Rubi, K. S. Kim, Z. J. Jakubek, C. M. Homenick, S. Zou, D. Klug, B. Ashrafi, J. Guan, I. Tamblyn, S. Walker, M. Daroszewska, C. T. Kingston, B. Simard, Development and characterization of commercial boron nitride nanotube product forms, TechConnect Briefs 2017 1 (2017) 114–117.

[12] J. Guan, B. Simard. Modified BNNTs and solution thereof, US Provisional Patent Application 62/578003(October 27, 2017).

[13] K. S. Kim, M. Couillard, H. Shin, M. Plunkett, D. Ruth, C. T. Kingston, B. Simard, Role of hydrogen in highyieldgrowth of boron nitride nanotubes at atmospheric pressure by induction thermal plasma, ACS Nano12 (2018) 884.

[14] M. W. Smith, K. C. Jordan, C. Park, J.-W. Kim, P. T. Lillehei, R. Crooks, J. S. Harrison, Very long single-andfew-walled boron nitride nanotubes via the pressurized vapor/condenser method, Nanotechnology 20 (2009) 505604.

[15] A. Fathalizadeh, T. Pham, W. Mickelson, A. Zettl, Scaled synthesis of boron nitride nanotubes, nanoribbons, andnanococoons using direct feedstock injection into an extended-pressure, inductively-coupled thermalplasma, Nano Lett. 14 (2014) 4881.

[16] www. tekna. com. Accessed October 2017.

[17] www. bnnt. com. Accessed October 2017.

[18] www. nano-innov. com. Accessed October 2017.

[19] C.-H. Lee, M. Xie, V. Kayastha, J. Wang, Y. K. Yap, Patterned growth of boron nitride nanotubes by catalyticchemical vapor deposition, Chem. Mater. 22 (2010) 1782.

[20] D. S. Lashmore, T. Bennett. Continuous boron nitride nanotube yarns and methods of production,

UnitedStates Patent Application US 2015/0033937 A1 (2015).
[21] www.boronite.com. Accessed October 2017.
[22] www.naieel.com. Accessed October 2017.
[23] Y. Chen, L. T. Chadderton, J. F. Gerald, J. S. Williams, A solid-state process for formation of boron nitridenanotubes, Appl. Phys. Lett. 74 (1999) 2960.
[24] L. Li, C. P. Li, Y. Chen, Synthesis of boron nitride nanotubes, bamboos and nanowires, Phys. E. 40 (2008)2513.
[25] www.deakin.edu.au/ifm/research-strengths/nano-and-plasma-technology. Accessed October 2017.
[26] www.raymor.com. Accessed October 2017.
[27] M. Davenport, Twists and shouts: a nanotube story, Chem. Eng. News 93 (23) (2015) 10–15.
[28] M. F. L. De Volder, S. H. Tawfick, R. H. Baughman, A. J. Hart, Carbon nanotubes: present and future commercialapplications, Science 339 (2013) 535.
[29] C. Zhi, Y. Bando, T. Terao, C. Tang, H. Kuwahara, D. Golberg, Towardsthermoconductive, electrically insulatingpolymeric composites with boron nitride nanotubes as fillers, Adv. Funct. Mater. 19 (2009) 1857.
[30] M. B. Jakubinek, J. F. Niven, M. B. Johnson, B. Ashrafi, K. S. Kim, B. Simard, M. A. White, Thermal conductivityof bulk boron nitride nanotube sheets and their epoxy-impregnated composites, Phys. Status Solidi A213 (2016) 2237.
[31] J. H. Kang, G. Sauti, C. Park, V. I. Yamakov, K. E. Wise, S. E. Lowther, C. C. Fay, S. A. Thibeault, R. G. Bryant, Multifunctional electroactive nanocomposites based on piezoelectric boron nitride nanotubes, ACS Nano 9 (2015) 11942.
[32] J. Ravichandran, A. G. Manoj, J. Liu, I. Manna, D. L. Carrol, A novel polymer nanotube composite for photovoltaicpackaging applications, Nanotechnology 19 (2008) 085712.
[33] C. Zhi, Y. Bando, C. Tang, S. Honda, H. Kuwahara, D. Golberg, Boron nitride nanotubes/polystyrene composites, J. Mater. Res. 21 (2006) 2794.
[34] M. B. Jakubinek, Y. Martinez-Rubi, B. Ashrafi, J. Guan, K. S. Kim, K. O'Neill, C. T. Kingston, B. Simard, Polymer nanocomposites incorporating boron nitride nanotubes, TechConnect Briefs 2015 1 (2015) 416.
[35] M. B. Jakubinek, B. Ashrafi, Y. Martinez-Rubi, M. Rahmat, M. Yourdkhani, K. S. Kim, K. Laqua, A. Yousefpour, B. Simard, Nanoreinforced epoxy and adhesive joints incorporating boron nitride nanotubes, Int. J. Adhes. Adhes. 84 (2018) 194.
[36] X. Li, W. Liu, L. Sun, K. E. Aifantis, B. Yu, Y. Fan, Q. Feng, F. Cui, F. Watari, Resin composites reinforcedbynanoscaled fibers or tubes for dental regeneration, Biomed. Res. Int. 2014 (2014) 542958.
[37] F. W. Degrazia, V. C. B. Leitune, S. M. W. Samuel, F. M. Collares, Boron nitride nanotubes as novel fillers forimproving the properties of dental adhesives, J. Dent. 62 (2017) 85.
[38] N. P. Bansal, J. B. Hurst, S. R. Choi, Boron nitride nanotubes-reinforced glass composites, 30th IntConfExpoon Advanced Ceramics and Composites, Florida, Jan 22–27, 2006.

[39] T. Hamilton, Battle of the nanotubes, Can. Chem. News (2015). January/February.

[40] J. Yu, Y. Chen, R. G. Elliman, M. Petravic, Syntheses of 10BN nanotubes for shielding deep-space radiations, Mater. Forum 32 (2007) 153.

[41] A. L. Tiano, C. Park, J. W. Lee, H. H. Luong, L. J. Gibbons, S. -H. Chu, S. I. Applin, P. Gnoffo, S. Lowther, H. J. Kim, P. M. Danehy, J. A. Inman, S. B. Jones, J. H. Kang, G. Sauti, S. A. Thibeault, V. Yamakov, K. E. Wise, J. Su, C. C. Fay, Boron nitride nanotube: synthesis and applications, Proc. SPIE 9060 (2014) 906006.

[42] S. A. Thibeault, J. H. Kang, G. Sauti, C. Park, C. C. Fay, G. C. King, Nanomaterials for radiation shielding, MRS Bull. 40 (2015) 836.

[43] A. T. Nasrabadi, M. Foroutan, Interactions between polymers and single-walled boron nitride nanotubes: a molecular dynamics simulation approach, J. Phys. Chem. C 114 (2010) 15429.

[44] X. Chen, L. Zhang, C. Park, C. C. Fay, X. Wang, C. Ke, Mechanical strength of boron nitride nanotube-polymerinterfaces, Appl. Phys. Lett. 107 (2015) 253105.

[45] A. Nigues, A. Siria, P. Vincent, P. Poncharal, L. Bocquet, Ultrahigh interlayer friction in multi-walled boronnitride nanotubes, Nat. Mater. 13 (2014) 688.

[46] W. Meng, Y. Huang, Y. Fu, Z. Wang, C. Zhi, Polymer composites of boron nitride nanotubes and nanosheets, J. Mater. Chem. C 2 (2014) 10049.

[47] H. Yan, Y. Tang, J. Su, X. Yang, Enhanced thermal-mechanical properties of polymer composites with hybridboron nitride nanofillers, Appl. Phys. A Mater. Sci. Process. 114 (2014) 331.

[48] C. Y. Zhi, Y. Bando, W. L. Wang, C. C. Tang, H. Kuwahara, D. Golberg, Mechanical and thermal properties ofpolymethyl methacrylate-BN nanotube composites, Nano 2008 (2008) 642036.

[49] C. Y. Zhi, Y. Bando, T. Terao, C. C. Tang, H. Kuwahara, D. Golberg, Chemically activated boron nitridenanotubes, Chem. Asian. J. 4 (2009) 1536.

[50] C. Y. Zhi, Y. Bando, C. C. Tang, Q. Huang, D. Golberg, Boron nitride nanotubes: functionalization and composites, J. Mater. Chem. 18 (2008) 3900.

[51] S. Lin, B. Ashrafi, K. Laqua, K. S. Kim, B. Simard, Covalent derivatization of boron nitride nanotubes withperoxides and their application in polycarbonate composites, New J. Chem. 41 (2017) 7571.

[52] Q. Weng, X. Wang, X. Wang, Y. Bando, D. Golberg, Functionalized hexagonal boron nitride nanomaterials: emerging properties and applications, Chem. Soc. Rev. 45 (2016) 3989.

[53] S. -J. Zhou, C. -Y. Ma, Y. -Y. Meng, H. -F. Su, Z. Zhu, S. -L. Deng, S. -Y. Xie, Activation of boron nitride nanotubesand their polymer composites for improving mechanical performance, Nanotechnology 23 (2012) 055708.

[54] V. K. Thakur, J. Yan, M. F. Lin, C. Y. Zhi, D. Golberg, Y. Bando, R. Sim, P. S. Lee, Novel polymer nanocompositesfrom bioinspired green aqueous functionalization of BNNTs, Polym. Chem. 3 (2012) 962.

[55] T. Terao, Y. Bando, M. Mitome, C. Zhi, C. Tang, D. Golberg, Thermal conductivity improvement of polymerfilms by catechin-modified boron nitride nanotubes, J. Phys. Chem. C 113 (2009) 13605.

[56] T. Terao, C. Zhi, Y. Bando, M. Mitome, C. Tang, D. Golberg, Alignment of boronnitride nanotubes in polymericcomposite films for thermal conductivity improvement, J. Phys. Chem. C 114 (2010) 4340.

[57] J. Su, Y. Xiao, M. Ren, Enhanced thermal conductivity in epoxy nanocomposites with hybrid boron nitridenanotubes and nanosheets, Phys. Status Solidi A 210 (2013) 2699.

[58] M. S. Deshpande, V. Kamat, P. Majumdar, A. Chakrabarti, in: UV curable material formulations for spaceapplications from AMSENG, 3rd Annual Composites and Advanced Materials Expo, CAMX, 2016.

[59] V. Yamakov, C. Park, J. H. Kang, X. Chen, C. Ke, C. Fay, Piezoelectric and elastic properties of multiwallboron-nitride nanotubes and their fibers: a molecular dynamics study, Comput. Mater. Sci. 135 (2017) 29.

[60] L. H. Li, Y. Chen, A. M. Glushenkov, Boron nitride nanotube films grown from boron ink painting, J. Mater. Chem. 20 (2010) 9679.

[61] M. Adnan, D. M. Marincel, O. Kleinerman, S. - H. Chu, C. Park, S. J. A. Hocker, C. Fay, S. Arepalli, Y. Talmon, M. Pasquali, Extraction of boron nitride nanotubes and fabrication of macroscopic articles usingchlorosulfonic acid, Nano Lett. 18 (2018) 1615.

[62] Y. Takizawa, D. D. L. Chung, Through-thickness thermal conduction in glass fiber polymer-matrix compositesand its enhancement by composite modification, J. Mater. Sci. 51 (2016) 3463–3480.

[63] B. Ashrafi, M. B. Jakubinek, Y. Martinez-Rubi, M. Rahmat, D. Djokic, K. Laqua, D. Park, K. S. Kim, B. Simard, A. Yousefpour, Multifunctional fiber reinforced polymer composites using carbon and boronnitride nanotubes, Acta Astronaut. 141 (2017) 57.

[64] M. Rahmat, B. Ashrafi, A. Naftel, D. Djokic, Y. Martinez-Rubi, M. B. Jakubinek, B. Simard, Enhanced shearperformance of hybrid glass fibre epoxy laminates modified with boron nitride nanotubes, ACS Appl. NanoMater. 1 (2018) 2709.

[65] Y. Chen, J. Zou, S. J. Campbell, G. Le Caer, Boron nitride nanotubes: pronounced resistance to oxidation, Appl. Phys. Lett. 84 (2000) 2430.

[66] D. Golberg, Y. Bando, K. Kurashima, T. Sato, Synthesis and characterization of ropes made of BN multiwallednanotubes, Scr. Mater. 44 (2001) 1561.

[67] J. Hurst, Boron nitride nanotubes, silicon carbide nanotubes, and carbon nanotubes—a comparison of propertiesand applications, in: M. J. Schulz, V. N. Shanov, Z. Yin (Eds.), Nanotube Superfiber Materials, first ed., William Andrew, Waltham, MA, 2014.

[68] M. Yamaguchi, F. Meng, K. Firestein, K. Tsuchiya, D. Golberg, Powder metallurgy routes toward aluminumboron nitride nanotube composites, their morphologies, structures and mechanical properties, Mater. Sci. Eng. A 604 (2014) 9.

[69] M. Yamaguchi, A. Pakdel, C. Zhi, Y. Bando, D. M. Tang, K. Faerstein, D. Shtansky, D. Golberg, Utilization of multiwalled boron nitride nanotubes for the reinforcement of lightweight aluminum ribbons, NanoscaleRes. Lett. 8 (2013) 3.

[70] M. Yamaguchi, J. Bernhardt, K. Faerstein, D. Shtansky, Y. Bando, I. S. Golovin, H. -R. Spinning, D. Golberg, Fabrication and characteristics of melt-spun Al ribbons reinforced with nano/micro-BN phases, Acta Mater. 61 (2013) 7604.

[71] D. Lahiri, A. Hadjikhani, C. Zhang, T. Xing, L. H. Li, Y. Chen, A. Agarwal, Boron nitride nanotubes reinforcedaluminum composites prepared by spark plasma sintering: microstructure, mechanical properties anddeformation behavior, Mater. Sci. Eng. A 574 (2013) 149.

[72] D. Lahiri, V. Singh, L. H. Li, T. Xing, S. Seal, Y. Chen, A. Agarwal, Insight into reactions and interfacebetween boron nitride nanotube and aluminum, J. Mater. Res. 27 (2012) 2760.

[73] X. M. Xue, J. T. Wang, M. X. Quan, Wetting characteristics and interfacial reaction of liquid aluminiumonhot-pressed boron nitride substrate, Mater. Sci. Eng. A 132 (1991) 277.

[74] H. Fujii, H. Nakae, K. Okada, Interfacial reaction wetting in the boron nitride/molten aluminum system, ActaMetall. Mater. 41 (1993) 2963.

[75] M. G. Nicholas, D. A. Mortimer, L. M. Jones, R. M. Crispin, Some observations on the wetting and bonding ofnitride ceramics, J. Mater. Sci. 25 (1990) 2679.

[76] P. Shen, H. Fujii, K. Nogi, Effect of temperature and surface roughness on the wettability of boron nitride bymolten Al, J. Mater. Sci. 42 (2007) 3564.

[77] W. -L. Wang, J. -Q. Bi, K. -N. Sun, M. Du, N. -N. Long, Y. -J. Bai, Thermal shock resistance behavior ofalumina ceramics incorporated with boron nitride nanotubes, J. Am. Ceram. Soc. 94 (2011) 2304.

[78] W. -L. Wang, J. -Q. Bi, K. -N. Sun, M. Du, N. -N. Long, Y. -J. Bai, Fabrication of alumina ceramic reinforcedwith boron nitride nanotubes with improved mechanical properties, J. Am. Ceram. Soc. 94 (2011) 3636.

[79] W. -L. Wang, J. -Q. Bi, S. -R. Wang, K. -N. Sun, M. Du, N. -N. Long, Y. -J. Bai, Microstructure and mechanicalproperties of alumina ceramics reinforced by boron nitride nanotubes, J. Eur. Ceram. Soc. 31 (2011) 2277.

[80] Q. Huang, Y. Bando, X. Xu, T. Nishimura, C. Zhi, C. Tang, F. Xu, L. Gao, D. Golberg, Enhancing superplasticityof engineering ceramics by introducing BN nanotubes, Nanotechnology 18 (2007) 485706.

[81] J. -J. Xu, Y. -J. Bai, W. -L. Wang, S. -R. Wang, F. -D. Han, Y. -X. Qi, J. -Q. Bi, Toughening and reinforcingzirconia ceramics by introducing boron nitride nanotubes, Mater. Sci. Eng. A 546 (2012) 301.

[82] T. Li, Y. Chen, W. Li, J. Li, L. Luo, T. Yang, L. Liu, G. Wu, Fabrication and mechanical properties of boronnitride nanotube reinforced silicon nitride ceramics, Ceram. Int. 44 (2018) 6456.

[83] H. T. Kim, C. H. Kim, E. B. Go, Thermal properties of zirconia toughened alumina ceramics with boronnitride nanotubes, 13th IntConf on Heat Transfer, Fluid Mechanics and Thermodynamics, Slovenia, July 17-19, 2017.

第6章
碳纳米管纤维多尺度设计

Belén Alemán, Juan J. Vilatela
西班牙赫塔费市,马德里高等研究院材料研究所

6.1 引言

2000年,首次采用凝固纺丝的方法制备了连续宏观碳纳米管纤维[1],然后又开发其他方法:液晶纺丝法[2]、碳纳米管阵列纺丝法[3]、气凝胶直接纺丝法[4]等。我们致力于优化制造工艺、建立清晰的结构—性能关系、开发应用和升级纺丝设备。

本章主要涉及前两个方面。尤其重点介绍了直接纺丝工艺过程。这种方法是在管式反应器中,温度为1200℃左右条件下,利用化学气相沉积(CVD)法连续生长碳纳米管,并从反应器中直接牵拉出碳纳米管网络(气凝胶)(图6-1(a))。当CNT网络从反应器中牵拉出后,经过致密化处理成为一根纤维/一层薄膜,然后缠绕在卷线轴上。这种方法因为工艺简单而备受关注:它将一种廉价的碳源(如甲

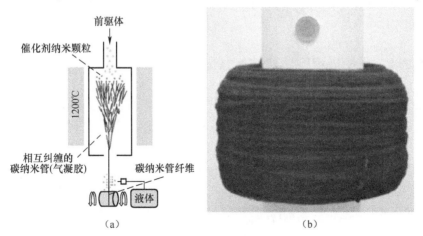

图6-1 在CVD生长CNT过程中利用气相直接纺制纤维
(a)CVD纺丝反应器示意图;(b)1kmCNT纤维卷照片。

烷)以50m/min以上的速率转化为高性能纤维。过去几年在化学工程方面的努力,已经实现在实验室[5]和工业设备[6]中重复纺制均匀的上千米的纤维(图6-1(b))。这开启了在复合材料和能源领域的许多应用[7-8],更重要的是,实现了从反复试验合成方法到对合成—结构—性能控制的基础材料科学策略的逐步过渡。

6.2 碳纳米管纤维的合成

采用不同方法制备的碳纳米管纤维的力学性能已经达到了高性能范围,其质量电导率接近于铜,但仍然低于单个碳纳米管的性能。为了进一步提高性能,需要组成纳米管纤维的纳米管在直径、层数、金属性和手性角方面尽可能相似。直径5~100μm的连续宏观碳纳米纤维(图6-2)每个横截面里包含大约10^6个碳纳米管,因此每米碳纳米管纤维中约含10^9个碳纳米管。

图6-2 (a)CNT纤维在光学显微镜下的形貌图像;(b)CNT纤维在扫描电子显微镜中结构形貌图像。

6.2.1 用促进剂控制碳纳米管壁数和形态

所面临的挑战是制备具有相同分子结构的连续纤维和拥有制定组成的能力,这种组成包含从单壁碳纳米管(SWNT)到多壁碳纳米管(MWNT)的整个碳纳米管"分子"谱。以直接纺丝过程为例,早期发现相对传统低温CVD(约800℃),在CVD反应中添加硫(S)能够大幅提高碳纳米管生长速率、增加碳纳米管长度,这是在气相中形成气凝胶状碳纳米管和后续纺制的连续纤维之间联系的关键[4]。也有人认为,硫在反应中起重要作用,它限制了碳在催化剂表面的扩散,加速了碳纳米管生长[9]。

通过改变前驱混合物中噻吩(S或S/C)的浓度,可以定制构成纤维的CNT的类型[5]。图6-3示出了前驱混合物中不同浓度噻吩的拉曼光谱。图中显示了随着反应中硫的增加,生成的纳米管由单壁转向了多壁。噻吩为中等浓度(0.2%~0.4%)质量分数时,纳米管的直径较大,层数较少(2~4层),因此在涡轮层分离时,纳米管会自动坍塌,形成封闭的密集堆积的石墨纳米管带[10-11](图6-3(b))。

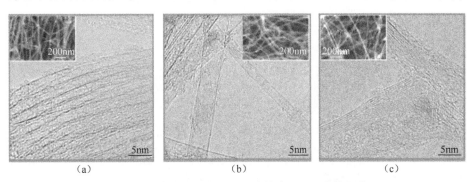

图6-3 CNT纤维中碳纳米管和纳米管束电子显微镜图像,显示了纳米管管壁随前驱体气体中噻吩含量增加而增加

(a)0.1%(质量分数);(b)0.4%(质量分数);(c)1.5%(质量分数)。

拉曼光谱也可以识别出单壁碳纳米管的其他特性:径向呼吸振动模式 ω_{RBMs}~100~300 cm^{-1},G峰分裂成 G^+ 和 G^- ω_G~1590 cm^{-1},I_D/I_G 比值很低。同样,MWNT的表现为共振较低、G峰较宽、I_D/I_G 比值较高[12]。从这个意义上来说,当碳纳米管从单壁到多壁,它的 I_D/I_G 比值从0.005增加到0.23,但这并不意味着石墨化程度降低(图6-4(a))。对光谱的绝对值(图6-4(a))进行比较证实,随着多层碳纳米管的加入,D峰保持相对稳定,而G峰的强度随着共振减小而急剧下降。我们小组目前的工作是探索其他表征技术以确定样品的结晶度。CNT壁数的增加也会影响2D(G′)峰向高频移动[13](图6-4(b)),这与石墨烯样品观察到的结果类似,然而增加CNT壁数不仅影响了层之间的相互作用,还影响了曲率。

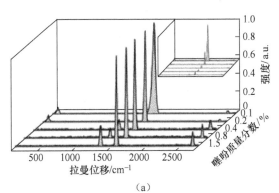

(a)

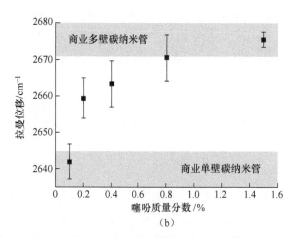

图6-4 拉曼光谱数据显示在 CNT 纤维合成过程中随着硫促进剂的增加从单壁到多壁的演变过程
(a)归一化光谱显示了在低噻吩含量下单壁碳纳米管的特征(RBM 和 G 峰分离),随着碳壁层数的增加共振减小;
(b)由不同硫含量制备的样品拉曼 2D(G')峰的位置图。误差线代表了标准偏差。
随着硫含量的增加引起的向高频移动是由 CNT 层数的增加造成的。

反应中通过提高 S/C 浓度来增加的 CNT 壁数,CNT 壁数的增加会直接影响纤维的线密度。有趣的是,这种增长趋势与 TEM 测量估计的单根 CNT 线性密度的增长趋势相似(图6-5(a))。这意味着在 CVD 反应中使用更多的硫并不会增加 CNT 的数量,而只会增加 CNT 的直径和壁数。反应产率可以由纤维线密度、卷绕速率(固定在7m/min)和前驱体通入量计算得到,依据注入/产出碳的比值,可以得出产率在0.7%~9%之间(产率(%)=线密度(g/km)×17.11(km/g)),见图6-5(b)。

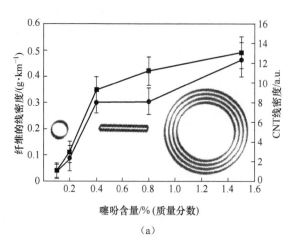

(a)

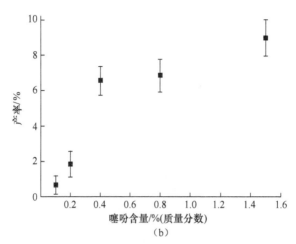

图 6-5 (a)前驱体中硫的增加对纤维线密度和 CNT 每单位长度相对质量
(即 CNT 的线密度,利用 TEM 测定)的影响;
(b)反应产率(输入的碳/输出的碳×100)与噻吩浓度成反比

在直接纺丝过程中,碳纳米管生长的模型是二茂铁分解并形成铁催化剂纳米颗粒,在这些纳米颗粒穿过反应器的过程中碳迅速溶解到催化剂中。当碳浓度非常高时,99.95%的颗粒会遇到硫。这对应着 Fe-S-C 平衡相图(图 6-6)中的一个区域,在这个区域内两种不互溶液体(一个富硫液体 L_1 和一个富碳液体 L_2)与固体碳 $C_{(s)}$(即石墨)达到平衡。这样在石墨帽喷出碳纳米管开始生长之前,因石墨碳层封闭导致催化剂"中毒"。过饱和颗粒中的剩余碳在冷却时析出[14]。与此相反,活性颗粒的比例非常小(0.05%)时,对应的是在较低的 C 浓度下发生硫的扩散,此时液体与固体碳 $C_{(S)}$ 不平衡,因此,进入的碳会在催化剂颗粒饱和后喷出形成碳纳米管。

随着反应器中可用的硫数量增加,更多的催化剂颗粒被活化,它们聚结的可能性增加,尺寸也增大[15]。它们的大直径意味着可以容纳几个额外的与小直径颗粒中组分相同的碳层。在 CNT 生长过程中,进入催化剂的碳的比率与催化剂颗粒半径的平方成比例[9],而喷出的比率与碳层数(n)乘以半径成比例;因此,随着活性催化剂颗粒尺寸的增大,更多可利用的碳可以形成更多具有相同元素组成的碳层。

在过去的几年里,硒(Se)或碲(Te)已被作为硫的替代品在直接纺丝过程中使用,它们在反应中起到的促进作用与硫类似[16]。所有这些促进剂都具有相同的价层电子排布(16 列),在 CVD 反应中起着相同的作用:吸附在催化剂表面,降低其表面张力,使新生碳纳米管的边缘结构更加稳定,促进碳纳米管石墨层的生长。这些促进作用与冶金、催化甲烷化反应等类似体系中的研究结果一致。

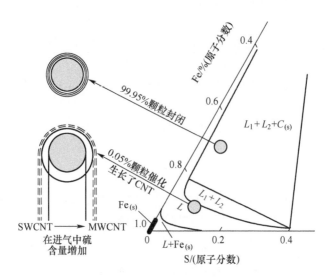

图 6-6 Fe-S-C 三元相图[5]中 1400℃等温线部分的富铁区,显示了基于试验近似成分得到的活化和非活化催化剂纳米颗粒的位置

无论选择何种促进剂,提高促进剂相对于碳的浓度都会使 CNT 层数增加。然而,硒促进生长的 CNT 具有非常大的直径(D),因为其管壁的层数(n)利于形成坍塌的管(图 6-7(b))。以硒为促进剂时,n/D 的比例相当稳定,尽管只有硫促进生长的 CNT 的一半(图 6-7(a))。例如,在 $3×10^{-4}$ 原子比促进剂下,硒促进生长的 SWNT 直径为 6.2nm,而使用硫促进生长的 SWNT 的直径为 2.45nm。

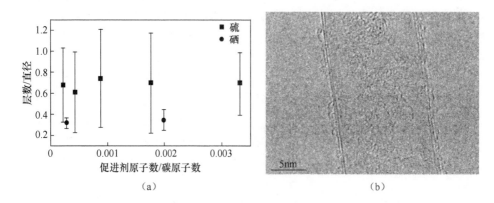

图 6-7 (a)由 S 和 Se 促进生长得到的纳米管层数与直径比(n/D)。在 Se 促进生长的 CNT 较低的 n/D 证实有(b)中坍塌 CNT 的形成(坍塌的双壁碳纳米管直径约 8.75nm)

低 n/D 比的硒促进生长的碳纳米管更倾向于自坍塌形成带状结构。在使用硒促进剂生长 CNT 情况下,大直径(大于 10nm)的 SWNT 和双壁 CNT(DWNT)意

味着由于附加层的接触和相对小的弯曲能量损耗,导致坍塌和自坍塌直到结构保持稳定(图6-8(a))。单根扶手椅型单壁碳纳米管的分子动力学(MD)模型预测,它们在5nm以下是稳定的圆柱形管,在5~7.3nm之间是坍塌管,在更大直径的情况下是自坍塌形成的纳米带(图6-8(b))。这个模拟结果证实了实验观察到的构象的稳定性,尽管实际的临界直径很大程度上取决于管束的组成、化学环境和温度。

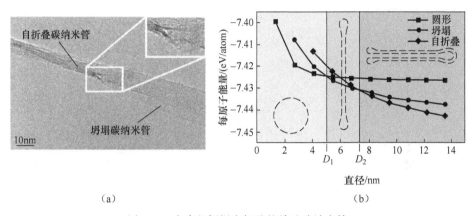

(a)　　　　　　　　　　　　　　(b)

图6-8　大直径坍塌自折叠的单壁碳纳米管

(a)单壁碳纳米管自折叠后的高分辨透射电镜图像,插图显示了折叠区域的放大图;(b)比较圆形、坍塌和自折叠单壁碳纳米管的每个原子的能量,它是直径的函数。阴影区是理论稳定区域,以(30,30)直径4.03nm的圆形CNT、(60,60)直径8.13nm的坍塌CNT、(100,100)直径13.4nm的自折叠CNT。

6.2.2　催化剂结构和生长模型

虽然在1250℃的CVD反应中很难直接确认催化剂颗粒处于熔融状态,但合成后分析表明其形成与熔融阶段相一致。这些颗粒具有核-壳结构,其核心主要是变形的FCC Fe(奥氏体)或马氏体,在快速冷却后晶格中均有残余碳的非平衡相,且具有铁磁性[17]。碳化铁存在于非常大的非活性颗粒中,未发现BBC Fe或铁氧化物(图6-9)。

硫位于粒子的壳层中[9],这是Fe-S金属间化合物的亚纳米表层[5,18],X射线光电子能谱(XPS)证实硫在CNT生长过程中不会结合到纳米管中(图6-10)。

在确定整个CVD反应中催化剂的演化时,要考虑相应的平衡相图。1250℃时的三元图(图6-6)表明富硫液相(L_2)的形成可能与Fe-S壳层的演化有关。Fe-S平衡相图(图6-11(a))预测,在发生共晶转变之前,即使在低至1000℃的温度下,也会有15%以上的液体,这与催化剂处于熔融状态的观点一致。

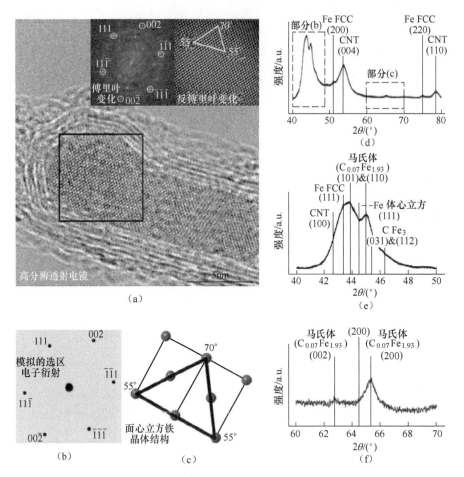

图 6-9 催化剂颗粒晶体结构

(a)活化的催化剂颗粒的高分辨透射电镜图像,以及图像相应的傅里叶变化和反傅里叶变化图像,借助于模拟(b)选区电子衍射图和(c)面心立方铁晶体结构的比较确定了铁的面心立方体结构及参数。X 射线衍射图像显示了 CNT 纤维的组成:(d)在从 40°~80°的范围内,清晰地观察到面心立方体铁和与 CNT 相关的石墨衍射峰。放大(E)40°~50°和(F)60°~70°范围的数据清晰地显示出面心立方体铁和含有 0.77%(质量分数)碳的马氏体作为催化剂的主要成分存在,同时证明了体心立方铁的存在。

考虑到铁中硫的含量为 9%(原子分数),可以通过快速冷却过程(冷却速率为 150℃/s)中固态相分率的热力学计算分析核-壳程[18](图 6-11(b))。考虑到快速冷却的过冷效果,图 6-11(b)显示了催化剂的相分率演化的上下限,通过中止/阻滞 FCC/$Fe_{1-x}S$(磁黄铁矿)共晶形成,保留最初的 FCC。下限代表了传统的 Scheil 模型,该模型假设在固体中没有反扩散,但在液体中扩散速度很快,瞬时成分均匀分布[20]。因为硫的溶解度很小可以忽略不计,用传统的 Scheil 模型预测的

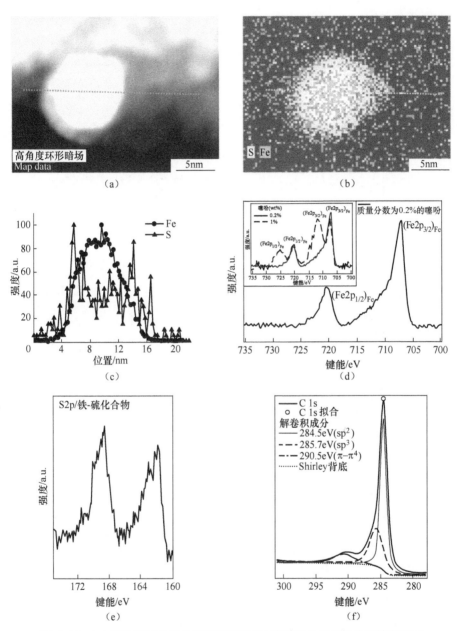

图 6-10 (a)扫描透射电子显微镜图像和(b)能谱图显示在催化剂铁富集区的表面有硫的存在。穿过颗粒的强度曲线(c)显示在颗粒的边缘硫浓度较高,意味着在颗粒表面硫的浓度高。光电子能谱显示硫的存在与催化有关但是不作为掺杂剂结合在 CNT 里;(d)在金属态里观察到了铁,与硫相关联;(e)从硫的信号中进一步证明了它在试样中的存在,(f)碳相关峰的解卷积显示 sp^2 C=C 是主要的,同时有掺杂硫的存在。(彩图)

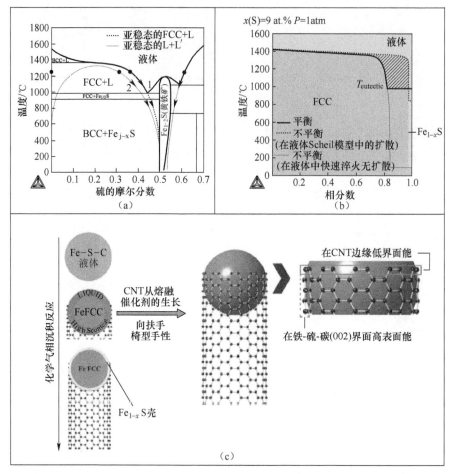

图 6-11 在 CNT 生长过程中,铁-硫-碳催化剂三相组成的热力学分析(彩图)
(a)铁-硫平衡相图和快速冷却过程叠加的计算。下线:悬浮共晶转变的 Scheil 模型(下限);上线:Scheil 模型和硫中可能存在的第二液相富集(上限);(b)相分率演变图显示温度最低在 1000℃ 时存在液相外壳;(c)CNT 从 FCC 核-铁-硫壳催化剂中生长示意图,硫降低了 CNT 边缘的界面能,有利于 CNT 成核,但是铁-硫-碳界面和石墨基面之间不润湿,导致石墨烯层的析出(也就是 CNT 的喷出)

固体分数和在平衡条件下得到的固体分数是相同的,所以这个下限就是液相线延伸到离散共晶点(也就是即使在块体中也是没有片层结构的共晶)。相变的上限不仅考虑 Scheil 模型的条件,还允许在快速冷却下,相变成第二种富硫液体(图 6-11(a) 中的 L'),增加最初 FCC 的相分率,但周围仍然有液体。因此,在高温 CVD 过程中,催化剂颗粒的外层在碳纳米管生长的温度下处于液态,在这两个计算极限之间通过相变途径形成了核(Fe)-壳($Fe_{1-x}S$)结构。

核-壳型催化剂的演化表明,与无硫体系相比,含硫体系中,碳纳米管的生长是通过在表面形成一种富硫液体来限制碳在"块状"颗粒中的扩散来实现的。气相含碳分子溶解在催化剂中,然后在其中催化分解,此时硫作为促进剂,这非常符合硫在过渡金属催化剂甲烷化中的作用,其中少量的硫可阻止亚表面相扩散,但会导致层状石墨沉积的形成[21]。瞬态 C-S 键的形成使初生碳纳米管的边缘更稳定,降低了石墨晶格边缘{hk0}与 Fe-S-C 熔融催化剂之间的线能量。然而,一旦在催化剂颗粒表面形成石墨环或半球,就会在石墨晶格基面(002)与催化剂之间形成界面区域(图 6-11(c))。其相应的界面能实际上携带了一个很大的能量消耗。已知熔融的 Fe-S-C 不能浸润石墨,即使硫在小于 1%(原子分数)的小浓度下也是如此[22],因此,直接纺丝过程中碳纳米管以 mm/s 为数量级异常快地喷出,石墨碳帽可能起着重要的作用。

6.2.3 手性角分布和 n,m 指数分配

单壁碳纳米管纤维中 CNT 的手性角可以通过拉曼光谱结合 TEM 的选区电子衍射(SAED)进行研究[18]。由于碳纳米管有强烈的聚集成束的趋势,很难从纤维中分离剥落 CNT,并且在一个纤维截面有大量的碳纳米管存在,因此只能通过对碳纳米管束(20nm 平均直径)进行 SAED 表征才能获得具有统计意义的手性角分布,但这种方法会牺牲角度分辨率。图 6-12(a)显示了一束 CNT 的 TEM 图像和对应的衍射图样(见 6-12(a)插图)。它显示了垂直于(002)晶面强烈的{110}反射和 30°的手性角,这与扶手椅形碳纳米管相对应。对 20 多束 300 多个碳纳米管

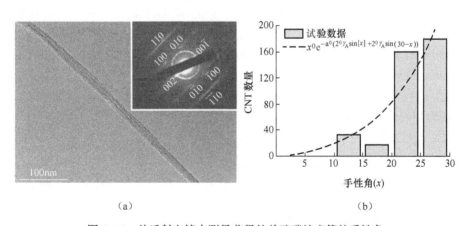

(a) (b)

图 6-12 从透射电镜中测量获得的单壁碳纳米管的手性角

(a)单壁碳纳米管束和它对应的选区电子衍射图,图中显示出典型的扶手椅型衍射花样;(b)从选区电子衍射图中获得的手性角分布,衍射图中显示了 80%的 CNT 管束呈现 20°~30°范围内手性角。图中虚线显示了基于 Yakobson 和他的同事提出的模型中熔融催化剂理论预测的分布曲线形状[19],以提供参考。

的分析表明,其手性分布明显偏向于高角度,且峰值出现在扶手椅一端,完全不存在锯齿形纳米管(图 6-12(b))。

有趣的是,这种分布与碳源(例如,甲苯或丁醇)或催化剂(例如,Se 或 S)无关[16]。它的线形与基于螺旋位错生长模型的熔融催化剂 CNT 生长的理论预测吻合良好[19],其中高手性角管占绝大多数,因为扶手椅形边缘能量($\gamma_A \sim 0\text{eV}\text{Å}^{-1}$)比锯齿型($\gamma_z \sim 0.45\text{eV}\text{Å}^{-1}$)低。

通过径向呼吸模式频率 ω_{RBM} 和共振拉曼光谱中 G^- 峰形的分析得到的 SWNT 纤维手性指数分配(n,m)不像标准单壁碳纳米管一样直接简单[23-24]。当分析一根纳米管纤维时,在激光束下大量密集的纳米管(约 10^4),导致几个径向呼吸峰(RBM)发生了严重的重叠(有时几乎成为连续的),以金属型碳纳米管为主的 G^- 峰线形状掩盖了半导体型碳纳米管的贡献[18,25]。为了在一定程度上克服这些限制,我们最近对具有较低束聚集的 SWNT 纤维进行了大量的拉曼研究,从而获得更好的径向呼吸峰(RBM)和 G 峰特征。

手性指数(n,m)分配的第一步是将试验 RBM 频率与 Kataura 图(图 6-13(a))中获得的不同碳纳米管的理论光学跃迁进行比较。图 6-13 显示了叠加在 Kataura 图上基于高分辨率透射电镜(HRTEM)观察碳纳米管所期望的 SWNT 直径范围。也对研究中使用的激光能量进行了标示。呼吸峰频率与单壁碳纳米管直径有关,根据能量间隙与碳纳米管直径(d)呈倒数关系,得到一个简单的关系 $w=A/d+B$,这里 A 和 B 都是经验常数,它们和单壁碳纳米管及其与环境(基底、表面活性剂、管束等)的相互作用有关[23]。对大量各种激光光谱分析后,获得了在硅基底上碳纳米管纤维的 $A=214\text{cm}^{-1}\cdot\text{nm}\pm5\text{cm}^{-1}\cdot\text{nm}$ 和 $B=17\text{cm}^{-1}\pm5\text{cm}^{-1}$。这些数值与分散在表面活性剂的水悬浮液[26-27]中单壁碳纳米管得到的数值或用乙醇辅助 CVD 制备的单独的 SWNT 及其管束获得的数值一致[28]。获得 A 和 B 的实验值是基于 Raman 数据检索 SWNT 的第一个必要步骤。

有了这样的关系,就可以在 785nm 和 633nm 波长下探测纳米纤维中 SWNT 束,对实验拉曼光谱和 Kataura 图的特定区域进行详细比较,如图 6-14 所示。根据 60meV 的光学跃迁的共振谱[27],给出了大约在±100meV 的共振窗口。经过仔细分析,基于半导体性的 S_{22} 和金属性的 M_{22} 跃迁可以将拉曼信号分配给不同的纳米管族($2n+m$=常数),例如,f27($2n+m=27$)对应在 225cm^{-1} 附近的呼吸峰。然后考虑范德瓦耳斯效应对跃迁能的影响,对 n、m 指标进行精确测定,例如表面活性剂[27]存在时,低能曲线向低跃迁能弯曲。

在 SWNT 的拉曼光谱中,G 峰可以根据 G^- 组成的线形,呈现 Breit-Wigner-Fano(BWF)或 Lorentzian 线形,来判断纳米管的金属性或半导体性。在存在金属性和半导体性的碳纳米管的标准分离式 SWNT 管束中,由于 SWNT 管束中等离子体共振吸收形成,引起 BWF 拉曼线的强烈增强,形成了纳米管金属性控制的 G 峰

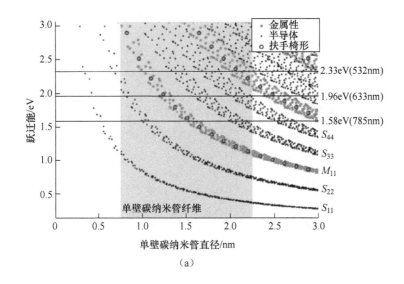

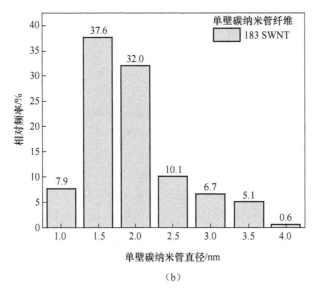

图6-13 (a)最常见的拉曼激发激光能量和纳米管纤维中单壁碳纳米管直径的Kataura图；(b)在高分辨透射电镜图像中测量接近180个纳米管获得的单壁碳纳米管直径分布图(彩图)

的形状[29]。同样的结果在检测碳纳米管纤维时也会出现，因为在宏观尺度上，碳纳米管束的高密度导致了代表金属性的G峰出现。然而，在低密度SWNT纤维样品中检测更多不同的管束，已经能够根据金属/半导体纳米管的比例来确定金属性和半导体性对G峰的贡献(图6-15)。用这种方法测定大量碳纳米管纤维中不同金属性的纳米管比例的工作正在进行中。

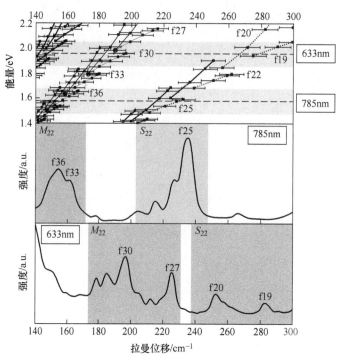

图 6-14 两个不同拉曼激发激光线(785nm 和 633nm)条件下,由 $\omega=214/d+17$ 的关系和单一单壁碳纳米管束的 RBM 峰的比较得到的 Kataura 图。每组峰对应不同的单壁碳纳米管族(例如,f25($2n+m=25$))

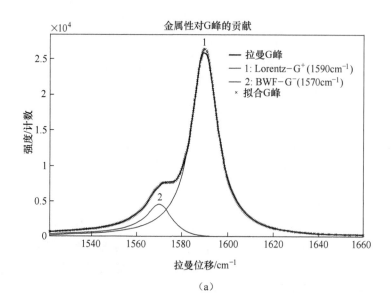

(a)

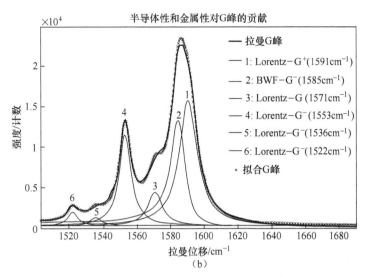

图6-15 单壁碳纳米管束的G峰显示出(a)金属性支配的G^-线形(BWF)和(b)管束中含有单壁碳纳米管的金属性(BWF)和半导体形(Lorentzian)线形解析

6.3 复合物的多尺度结构

6.3.1 沿纤维轴取向控制

由于CNT与聚合物链[30]相似,因此,在类似于聚合物纤维湿法纺丝的过程中,要将CNT分散在聚合物溶液[1]或溶致向列相液晶[2]中实现其在连续宏观纤维中的取向。将相同的聚合物湿法纺丝原理应用于CVD直接纺丝工艺中,超长的CNT(1mm)在气相中稀释,可以减少CNT在气凝胶中的缠结,从而可以拉伸成形纤维和取向单元[31]。气凝胶的拉伸速率是控制纤维最终性能的一个基本参数,通过降低前驱体进料速率或增加氢气载气流量来稀释气凝胶,可以大幅提高纤维的拉伸速率(图6-16)。

在纺丝过程中,最大缠绕速率W_{max}是一个表征气凝胶拉伸的指标。低的进料速率和/或高的氢气流速可以获得最大的缠绕速率(图6-17(a)),而碳纳米管的类型和噻吩含量[SWNT、双壁纳米管(DWNT)或多壁纳米管(MWNT)]无关。进料速率和氢气流速在稀释系统、提高W_{max}值方面的作用是相同的(图6-17(b)和(c),图6-17(a)的部分在恒定的进料速率或氢气流速下)。拉伸比是通过将反应器中没有纤维堆积的零牵伸定义为最小缠绕率而获得的,与这里使用的合成条

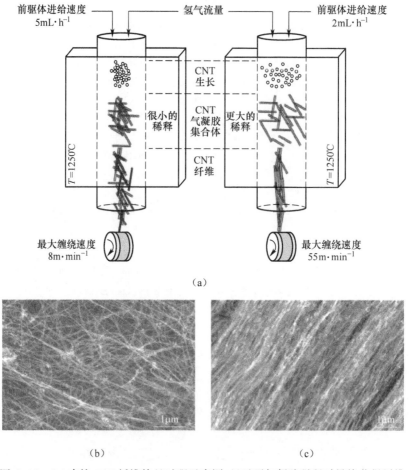

图 6-16 (a)直接 CNT 纤维纺丝过程示意图,显示了气凝胶稀释对最终获得纤维取向的作用;(b)未取向和(c)取向 CNT 纤维的扫描电镜图

件下的 3m/min 速率相对应。按照管壁数量定义的碳纳米管类型是由前驱体混合物 S/C 决定的,不会因为前驱体混合物的进料速率和氢气的流量的改变而改变,前驱体混合物的进料速率和氢气的流量,不仅能启动催化反应,也有确定气凝胶组分的次要作用,并使 CNT 聚集成最终的纤维。

气凝胶直接稀释效应是随着前驱体混合物进料速率的减小气凝胶的直径增加(图 6-18),所以,氢气流量不变,当前驱体混合物进料速率从 5mL/h 降低到 2mL/h 时,气凝胶直径增加了 20%,这时也从一个不能实现纺丝($W_{max}=8m/min$)的高浓度气凝胶,变成可以快速纺丝($W_{max}>20m/min$)的更稀浓度的气凝胶,并纺制出取向纤维。

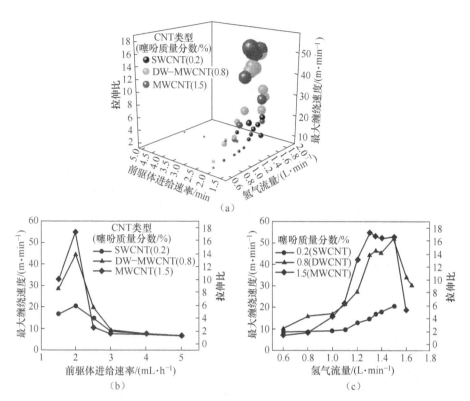

图6-17 最大缠绕速率对前驱体进料速率和氢流量的关系,表明当气相中的颗粒(CNT)浓度较低时,在稀释条件下的缠绕速率较快,此时才可能牵引出气凝胶,提高CNT的取向。(a)不同气凝胶成分的参数空间曲面图,恒定氢流量(b)和恒定进给速率(c)的参数空间曲线显示了这两个参数在稀释气凝胶中的等效作用(彩图)

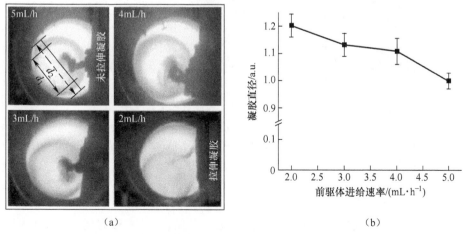

图6-18 (a)光学图像中显示了随进给速度减小气凝胶逐渐膨胀;
(b)气凝胶直径的对比,从图中分析随着稀释有20%的增长

123

6.3.2 结构研究

与其他宏观纳米构筑体一样,碳纳米管纤维具有复杂的分级结构,这种结构是由多尺度结构聚集而成的。电子显微镜观察是表征纤维结构的一种有效的方法,并通过常规的电子显微镜分析[32]和聚焦离子束(FIB)切片检测,尝试描述CNT纤维的分级结构[33-34]。如图6-19中不同放大倍数的电子显微照片所示,碳纳米管纤维的另一个与众不同的特征是大孔隙率和延续的紧密排列的管束区域共存。事实上,很少有材料被认为可以同时成为高性能纤维和多孔电极材料。所以CNT纤维的结构和类似的集合体的结构都很难在实验中探索研究,也很难精确地表征出来,就不足为奇了。

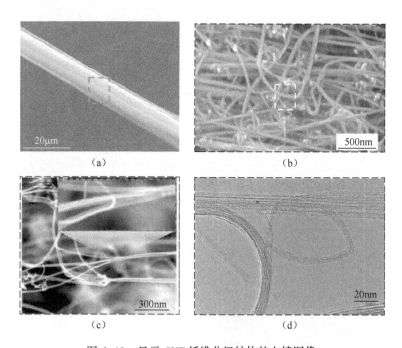

图6-19 显示CNT纤维分级结构的电镜图像

(a)一根CNT纤维;(b)在低放大倍数下,试样现出多孔的网络结构;(c)高分辨率扫描电镜图显示产生于有缺陷的碳纳米管束内的介孔结构;(d)高分辨透射电镜图显示了碳纳米管束中分支出来的CNT形成的孔。

6.3.2.1 孔结构

气体吸附是研究多孔体系最常用的方法。然而,这种方法需要一个相对较大的样本量(1~10km的单根纤维),这意味着很少有关于CNT纤维的比表面积

(SSA)和孔隙结构的研究报道。虽然最初的报告显示,液晶纺制的SWNT纤维比表面积高达500m²/g,但更精确的测量值集中于100[35]~250m²/g[36]范围内。考虑到CNT成束的强烈趋势,后者的值与理论预测的[37]一致。大量的吸附比表面测试法(BET)N_2吸附测量表明,当样本量太小(低于50mg)或脱气过程不充分时,比表面积值常因人为因素而测得的较高。测量条件方面,在足够的相对压力范围内,保证足够长的吸附平衡时间和足够多的测点也很重要。在这些约束的测量条件下,可以采用例如巴雷特、乔伊纳和哈伦达(BJH)等方法进行孔径分析。图6-20(a)显示了一个N_2等温线的例子,为了确保测量精度采用了多点分析(图6-20(b))。BJH测得的孔隙大小分布结果,如图6-20(c)所示,是取向程度较小的碳纳米管纤维,证实大多数孔都在介孔范围,与活性碳相比,它具有相对较小的比表面积值,但另一方面表明它具有更快的小分子扩散率。通过比较不同拉伸比获得的不同取向度的纳米管纤维的BJH结果,发现拉伸对比表面积(图6-20(d))和介孔范围内的孔径分布没有实质性影响。

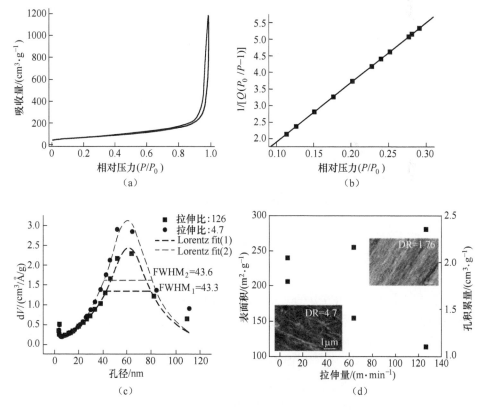

图6-20 CNT纤维的结构性质

(a)氮气吸收-解吸等温线;(b)比表面积多点线性回归图;(c)由BJH方法计算的未取向(拉伸比为4.7)和取向(拉伸比为126)试样孔尺寸分布;(d)不同拉伸比条件下,比表面积与总孔体积之间的关系。

小角度 X 射线散射(SAXS)可以进一步研究孔隙结构。在最近的一项研究中,我们发现大量的低取向碳纳米管纤维样品具有与表面分形一致的结构,对于主要由数层碳纳米管和单壁碳纳米管组成的样品,其维数分别为 2.5 和 2.8。该维数可以从散射强度对数与 q 的对数曲线的斜率中提取出来。使用测量多孔碳[39]维度的计算方法,气体吸附测量也给出了相似的维度。

更精确地测定孔径和形状也很有意义,特别是各向异性的碳纳米管纤维。SAXS 对应于在 5~100nm 范围内的管间距离,这是检查管束分叉处开口孔隙的理想方法。然而,束间距离的宽量程和固有的不规则结构给定量分析实验数据带来了挑战,同时纤维的各向异性也加剧了这一问题。图 6-21(a)给出了从 SAXS 数据中提取的主要参数的简化示意图,即散射元素通过截面的平均长度和样品的长度,分别为 L_p 和 L_3。通过对取向样品进行 SAXS 数据的计算,可以得到细长的裂隙状孔隙结构,如图 6-21(b)所示。

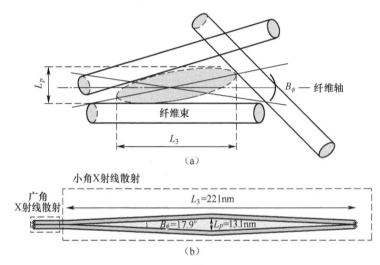

图 6-21 由小角 X 射线散射得到的纤维的结构示意图
(a)从二维小角 X 射线散射确定的参数及它们的赋值;(b)由高拉伸(DR≈126)试样得到的纤维结构原理图。

如表 6-1 所列,相同成分的一组纤维,随着纤维取向的增加,孔隙变细变长。然而,要获得精确的 L_p 和 L_3 的绝对值还需要进一步的考虑,这在以前的研究中没有涉及过[35,39]。首先是需要分析单根 CNT 纤维长丝,因为使用复丝在减少收集时间的同时,会引入一个大的取向误差[39],从而影响最终的分析。更重要的是,数据的分析处理需要将赤道散射看作一个三维结构,并要考虑纤维中石墨结构里固有的密度波动[40]。建立基于 SAXS 的碳纳米管纤维结构模型同样具有挑战性和趣味性;很少有材料具有这些纳米碳集合体不规则的多级孔隙结构和各向异性的结合。

广角或小角 X 射线散射(WAXS/SAXS)和气体吸附相结合的方法因为能够更精确地表征 CNT 纤维在不同长度尺度上的复杂结构而备受关注。进一步的工作应该是研究组成和取向可控的样品,从而能够理顺这些相互联系对 SSA 的影响。这将阐明诸如 CNT 层数和管束的大小等特征的作用,同时也有助于细化基于这些技术构建的当前结构模型。

表 6-1 不同拉伸比条件下,CNT 纤维的结构性能

拉伸比	SAXS		
	FWHM/(°)	L_p/nm	L_3/nm
4.7	52	20.3	159
31.5	31	17.6	164
63.0	25	17.3	210
95.0	25	13.8	227
126.0	26	13.1	221

6.3.2.2 取向

决定碳纳米管纤维和类似集合体的大部分物理性质的主要结构特征是碳纳米管的取向。测量方法主要有三种:电子显微图像的傅里叶变换、偏振拉曼光谱和二维 WAXS/SAXS 的 X 射线衍射。它们提供了与方位角有关的信号强度的分布,通常用来反映单元结构相对于纤维轴向的"真实"分布。

当使用这些技术测量时,虽然存在指标偏差,但相关的方位角分布的半高宽(FWHM)通常是相似的。但是,尽管有这种明显的一致关系,考虑到数据的重要性和分析解释方面,基于取向测量的定量结构—性质的预测仍需要进一步研究。首先,问题是典型的局部测量结果如何表征整体特征。电子显微镜中电子束本身探测到的区域很小,因此,必须通过在样品上收集更多的位置和分析放大效应来确认被研究的样品是均匀的[41]。另一方面,拉曼测量虽然可以使用大尺寸激光点探测大样本区域,但取决于共振条件和测量参数的分辨率极限约 $1\mu m$。

SEM 和 Raman 信号的一个局限性是它们来源于样品表面,因此可能不能代表整个样品。在这方面,X 射线研究表明,无论是直接纺丝[42]还是凝固纺丝[43],CNT 纤维中都不存在实质性的核鞘结构,但还需要更直接的证明。

二维 X 射线散射方法可以通过光束路径探测整个样品,在 WAXS 检测中得到的数据可以直接分析晶体结构。然而,碳本身的低散射意味着测量常常需要在同步加速器设备中进行。即便如此,WAXS 测量只可能使用一束微聚焦光束(约 $10\mu m^2$),由于复丝样品引入了较大的位错,阻碍了单根纤维长丝取向的进一步研

究(图6-22(c))。在这方面,SAXS测量已经成为探测取向的重要方法。尽管 SAXS 信号来自比单根 CNT 更大的单元结构(如管束和孔隙),但研究证实了 WAXS 和 SAXS 取向之间的对应关系[42](图6-22(a)、(d)和(e))。

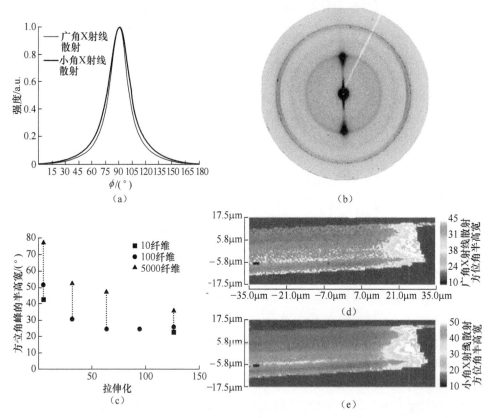

图6-22 (a)广角 X 射线散射和小角 X 射线散射方位角的分布图;(b)取向排列的 CNT 纤维包含广角和小角 X 射线散射范围的二维 X 射线散射图像;(c)不同数量 CNT 纤维的广角 X 射线散射方位角峰的半高宽随牵伸比的演变规律;(d)和(e)广角 X 射线散射和小角 X 射线散射方位角半高宽图像(彩图)

在认识到用于测定 CNT 纤维取向的方法的局限性之后,问题转移到每种技术的参数提取上。在优化纵向纤维性能的过程中,最简单的方法是比较取向度的相对值,例如方位角分布强度的半高宽。一个更有意义的取向度量是 Herman 的取向因子,它对完全取向的纤维取值为1,对随机取向的取值为0[44]。它对应于球坐标系中取向分布函数的第一个勒让德多项式的第一个系数,它是二次的,因此这一项通常被称为 P_2。

P_2 从下式中求得

$$\langle P_2(\cos\theta)\rangle = \frac{1}{2}(3\langle\cos^2\theta\rangle - 1) \tag{6-1}$$

这里，<$\cos^2\theta$>取取向分布函数(ODF)的加权平均的形式。对于 SAXS 数据，可由下式确定：

$$\langle\cos^n\theta\rangle = \int_0^\pi \cos^n\theta I(\theta)\sin\theta d\theta \tag{6-2}$$

由式(6-3)定义法向基面的取向分布函数(ODF)：

$$\psi(\theta) = \frac{I(\theta)}{\int_0^\pi I(\theta)\sin\theta d\theta} \tag{6-3}$$

有趣的是，对直接纺制 CNT 纤维的 WAXS/SAXS 测量始终显示出洛伦兹方位分布。不考虑方位角的存在，这种分布导致 P_2 值较低，约为 0.6。这意味着，即使在碳纳米管含量非常高的样品中，洛伦兹分布中"尾部"所示的未取向结构单元的存在也会导致 P_2 值远远低于聚合物高性能纤维中的 P_2 值(通常为>0.9)。

样品旋转下的偏振拉曼光谱测量可以提供前两个勒让德多项式的前因子(P_2 和 P_4)[45]。图 6-23 中的例子显示了 G 峰强度的降低是纤维轴与入射光束(与分析仪平行，即 I_{vv})偏振方向之间角度的函数。利用最大熵的形式，P_2 和 P_4 可以得到取向分布函数(ODF)。Fernández 等最近比较了由偏振拉曼和 SAXS 两种方法对一系列 CNT 纤维的取向测量结果，并讨论了在预测拉伸性能的情况下得到的取向分布函数(ODF)和相关参数[46]。

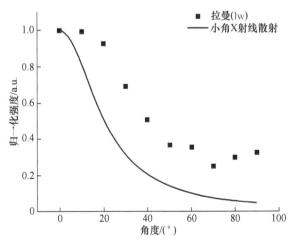

图 6-23 确定碳纳米管排列的试验数据

在 Ivv 模式下，SAXS 的方位角曲线和偏振拉曼光谱 G 峰强度与纤维和偏振方向之间的角度之间的函数关系(详见文本)。

提高聚合物纤维的取向还能增加结晶区域的尺寸,从而提高拉伸性能。例如,刚性链段聚合物纤维的热拉伸具有提高取向和增加横向相干尺寸的双重作用,从而使拉伸强度和模量增加一倍[47]。对于碳纳米管纤维来说,由于 CNT 内碳层和在(002)区域内管间距的宽分布的影响,以及其他石墨反射与残余催化剂峰之间的重叠,因此利用 WAXS 很难确定相畴尺寸。WAXS 对复丝样品的测量证实,较高的取向增加了涡轮层分离时的 CNT 的比例(图 6-24),即,CNT 在剪切应力作用下发生充分接触分离。通过不变量(Q)归一化校正的(002)衍射峰积分来计算"结晶度"。比较不同拉伸得到的样品的这个值($I(002)/Q$),证实更高的取向导致纤维中结构单元排列更规整,紧密排列的石墨层结构比例更大。

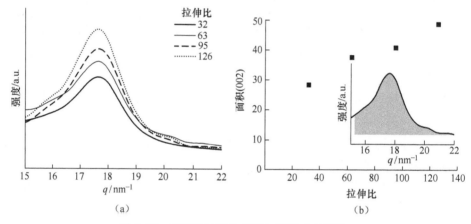

图 6-24 石墨化区域比例增加的影响(彩图)

(a)不同牵伸比的纤维从 $q=15\sim 22 nm^{-1}$ 范围内广角 X 射线衍射图。散射强度按照不变式归一化处理;(b)取向度更大的纤维显示出(002)反射峰面积增加。

图 6-24 中的结果提供了一种比较类似纤维的方法,例如,通过增加取向来提高纤维轴向性能。但人们对确定纤维中相邻 CNT 之间的相干长度的实际大小也非常感兴趣。准确地定义这些结构区域的性质并建立一种方法来表征它们仍然是进一步研究纤维性能的关键挑战。

6.3.3 结构和拉伸性能

随着理论模型的发展,能否将碳纳米管纤维物理性能描述为其结构的函数是不确定的。建立结构—性能关系的大多数努力都集中在拉伸性能上。CNT 纤维固有的复杂的多级结构是建模最基本的困难。这种复杂性源于许多决定纤维性质的参数的共同影响,包括那些与物理和化学性质相关的组分(碳纳米管的层数、手性角、直径、杂质的存在等)、它们的空间排列(取向和管束的形成)以及构建结构单元之间的相互作用。碳纳米管纤维具有与短纤维和高性能聚合物纤维相似的特性。

实验结果证实了更高的取向[31,48-49]和更长的碳纳米管长度(图 6-25)会得到更高的拉伸性能的预测。图 6-25(a)显示了文献中不同方法制备的碳纳米管纤维强度是碳纳米管长度的函数,说明了这种影响。作为对比,展示了棉纱线的数据,其拉伸性能取决于微纤维的有效长度(图 6-25(b))。同样,大直径少层数碳纳米管,被认为是单位质量的管间接触最大化的最佳类型[55]。虽然长度和取向早就被认为是影响纤维拉伸性能的关键参数,但更进一步,确定纤维拉伸性能与更精细的结构特征(如组成碳纳米管的层数)之间的关系,即使从理论上来证明也是极具挑战性的。由于关键属性通常是那些管束的属性,而且管束的大小很难确定,更难以控制,所以这个问题更加复杂。

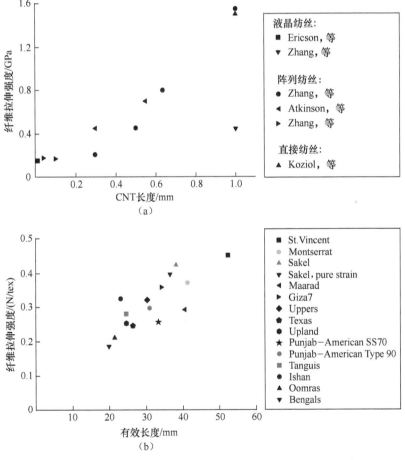

图 6-25 (a)从不同工作中获得的 CNT 纤维拉伸强度和 CNT 长度之间的关系:
正方形[2],倒三角形[50],圆形[51],左三角形[52],右三角形[53]和三角形[48];
(b)CNT 纤维拉伸强度和微纤的有效长度之间的关系(彩图)

然而,一些新兴的力学模型在建立定量的结构—性能关系方面又向前迈进了一步。目前已经可以通过分析样品与控制结构,分别测试出个别结构参数的影响。

Tsentalovich 等的研究已经注意到在液晶溶致向列相湿纺制备的纤维样品中,拉伸强度与长径比、碳纳米管类型和纯度之间的依赖关系[56]。这种方法的使用确定了在所有样本中都具有一个非常高的、标称一致的取向。标称抗拉强度与长径比几乎成线性关系(0.9),这与简化的剪切滞后模型(假设轴向应力与搭接长度成线性关系)一致,即碳纳米管长度低于断裂的临界长度时剪切失效。在 SWNT 或 DWNT 纤维中都得到了类似的结果。

平行研究关注具有固定组成的样品的取向作用,证明了纤维可视为一个微晶网络,类似于高性能聚合物纤维的结构,拉伸性能由微晶决定:取向分布函数(ODF)、剪切模量和剪切强度[46]。同步加速器 SAXS 对单个碳纳米管纤维测量,用于确定初始 ODF 及其在原位拉伸测试中的演变。这可以预测纤维的拉伸模量、强度和断裂包络线,并与试验数据吻合良好。图 6-26 显示与取向度($<\cos^2\Phi_0>$)符合线性关系的范围,至少对于高取向的纤维都有这种对应关系。这与由下式预测 E^{-1} 的模型一致:

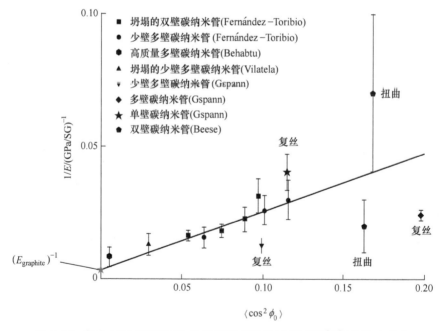

图 6-26 符合 CNT 纤维的(E^{-1})与纤维内部(正方形和圆[46])和从文献中(六边形[57];三角形[58];倒三角形,菱形,星形[59];五边形[32])得到的取向参数< $\cos^2\Phi_0$ >之间的关系图(彩图)

$$\frac{1}{E} = \frac{1}{e_c} + \frac{\langle \cos^2\theta_0 \rangle}{g} \tag{6-4}$$

式中：E 为纤维模量；e_c 为石墨的面内模量；g 为石墨的剪切模量。外推出完全取向 e_c =540GPa，远小于单晶石墨的模量（大约 1000GPa）。

原纤微晶模型有助于从组合效应中分离出取向作用。因此，将由坍塌碳纳米管组成的纤维和很少层数多壁碳纳米管组成的纤维进行比较，可以看出因为其微晶的抗剪强度和剪切模量更大，所以坍塌碳纳米管组成的纤维强度更高。这是由于坍塌的 CNT 具有较高的管—管接触面积。

确定在轴向变形时晶体的重新取向也很有意义，因为这样可以测量出晶体的剪切模量。这可以在拉伸一个直径 10μm 的纤维过程中采用原位 SAXS 测定 ODF 完成重取向研究。在弹性变形状态下产生的剪切模量和随后在塑性状态下的割线剪切模量可以预测断裂包络线，深入了解相关的变形机制。他们还指出，在这些纤维中弹性模量和"塑性"剪切模量之间的比非常低，这被认为是造成这些纤维具有异常高的断裂能量（50~100J/g）的原因，这使碳纳米管纤维具有比凯夫拉纤维更高的弹道性能[46]。

我们预期原纤晶体模型可以作为一种指导形式，更好地描述 CNT 纤维的力学性能，特别是可以调整界面，使失效按照特定的失效机制进行，从而获得所需的性能。此外，高度取向纤维的传导特性也可以通过将系统简化为定向结晶区的集合来描述，定向结晶区的特性主要由 ODF 和电荷/热传输的相干长度来确定。

6.4 低维度性能

到目前为止，被研发的碳纳米管纤维的大多数设想的应用，基本上是作为多孔导体开发利用的，有时还会与离子插层或催化过程相结合。相对而言，测量和开发 CNT 集合体样品中碳纳米管的低维特性的工作很少。这里所说的低维是指层数较少的碳纳米管的量子化一维电子结构而产生的光电特性，与石墨或多层石墨烯形成对比。

前期的探讨表明，在直接纺丝法制备的纤维中，碳纳米管的组成可控性比较高，包括可以控制主要生产 SWNT。在这些系统中观测低维特性的进一步的先决条件是 CNT 六边形晶格的高结晶度。在低维属性的情况下，结晶度不是指石墨化（石墨化可以被解释为伯纳尔堆积），而是 sp^2 键高度共轭，例如，通过 XPS 测量，并常常检测出 π—π* 等离子键（见文献[60-61]）。

利用标准电化学技术[36]测量大尺寸碳纳米管光纤样品的量子（化学）电容，是一种直接获取低维电子结构的简单方法。图 6-27 为 CNT 纤维电极在不同电解质中的循环伏安图（CV）。在这三种情况下，曲线呈现出"蝴蝶"形状，与理想金属电极或传统活性炭的矩形明显不同。该曲线的鞍点形状表明了微分电容(I/V)与电化学势的关系。

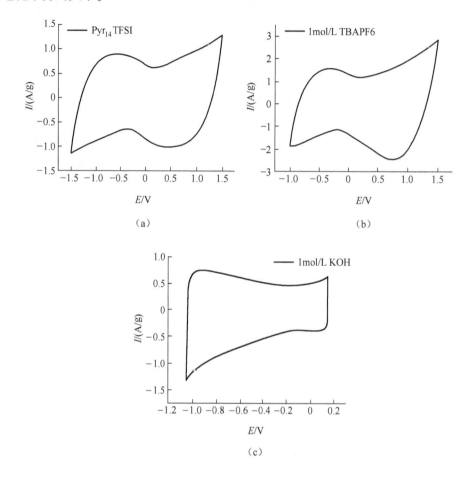

图6-27 CNT纤维在不同电解质(a) $Pyr_{14}TFSI$、(b) TBAPF6 和(c) KOH 中的循环伏安图，显示出低维碳纳米管的量子电容贡献所产生的典型线形

赝电容氧化还原过程会产生不规则的 CV 线形状，虽然循环伏安图(CV)可以把赝电容氧化还原过程排除，但使用电化学阻抗谱(EIS)测量不同电位下的电容更有指导意义。图6-28(a)是电极表面归一化的总电容与电化学电位之间的关系图。它还包括电极电导的数据，这是通过双探针电阻测量从 EIS 中分离出来的。在所使用的高度稳定的离子液体(约3V)所能实现的宽电化学范围内，总电容和相对电导从零电荷点对称地增加。微分电容在零点电荷最小值是 $3.2\mu F/cm^2$，与高取向热解石墨(HOPG)和高质量的 CVD 石墨烯样品的值完全一致[63]。假设在一定范围($0\pm1V$)内线性离散关系，左边和右边的斜率都是 $5\mu F/(cm^2 \cdot V)$，和采

用水电解获得的少层高质量石墨烯(2.5~7μF/(cm²·V)[63])类似。

循环伏安图(CV)对电化学势的依赖关系可以理解成它代表了两个电容的串联组合,因此由较小的电容来决定。一个是纯静电,依赖表面积,石墨碳是一个恒定值,接近3.2μF/cm²。另一个是量子(化学)电容,只有在费米能级附近的低密度态(DOS)材料才可获得,如低维半导体或准金属纳米碳化物。(对于半导体和纳米碳化物中量子电容的严谨的探讨见文献[64-65])

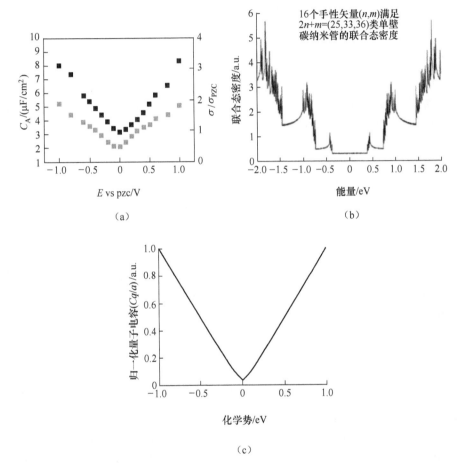

图6-28 CNT光纤电极中的量子电容及其与SWNT联合态密度(JDOS)的关系
(a)实验面积归一化电容和电导对电化学电位的影响;(b) 16个SWNT(半导体性和金属性)的JODS,通过添加单独的DOS获得[62];(c)一个SWNT束的理论量子电容,假设JDOS的线性关系,这种线性关系是由于各个态密度的特征经过叠加后平滑化而产生的。

通过绘制构成组分碳纳米管的理论联合态密度(JDOS),可以更明显地看出电容"V"形图(图6-28(a))和碳纳米管纤维电极的电子结构之间的密切对应关系。

我们将 JDOS 作为 SWNT 的理论单个 DOS 的和,这是对具有不同手性角的碳纳米管束或者没有晶体定位的情况下的一种有效的假设[66],考虑到手性角度概率相等,认为直径从 1~3nm。单个 DOS 可从 S. Mayurama 文献中检索到[62]。结果图 6-28(b)确实与实验结果非常相似,特别是考虑到它是在不考虑 CNT 与电解质相互作用和忽略热增宽效应的情况下产生的。

这种对应关系可以用两个简单的方程来表示。

量子电容(单位长度或单位面积)由下式给出:

$$C_q = -\frac{\partial q}{\partial \varphi} = -e\frac{\partial q}{\partial \mu} \tag{6-5}$$

式中:q 为电荷密度;φ 为静电势;μ 为化学势。

在碳纳米管(和石墨烯)必须考虑电子空穴对称性的情况下,电荷密度由已占据 DOS 的积分给出,从而得到下式:

$$C_q = e^2 \int_{-\infty}^{\infty} g(E) F_{\text{th}}(E,\mu) dE \tag{6-6}$$

式中:$g(E)$ 为 DOS,热增宽函数 F_{th} 定义为下式:

$$F_{\text{th}} = \frac{\partial F}{\partial \mu} = \frac{1}{4k_BT}\text{sech}^2\left(\frac{E-\mu}{2k_BT}\right) \tag{6-7}$$

这是 SWNT 的单个 DOS 解析表达式,但在 CNT 纤维中期望有大量 SWNT 类型的情况下,使用式(6 6)求解是不现实的。一个不十分严谨但很方便的方法值得注意:叠加的 SWNT 的 JDOS 近似线性,即 $g(E) \approx a|E|$,与石墨烯的 JDOS 相似。这个假设简化为式(6-6)~式(6-8):

$$C_q = ae^2[2k_BT\ln(1 + e^{\mu/k_BT}) - \mu] \tag{6-8}$$

如图 6-28(c)所示,式(6-8)为 V 形,与试验观测值定性相似。

最近的一个例子中,Iglesias 等对经臭氧气相氧化处理的碳纳米管纤维样品进行了 CV 和 EIS 电化学测量,证明了 C_q 对碳纳米管化学的敏感性[61]。拉曼光谱和 XPS 为不同处理时间引入官能团提供了直接证据,其表现为缺陷导致 D 峰强度增加(图 6-29(a))和氧官能团形成导致了 O1s/C1s 比增加(图 6-29(b))。图 6-29(c)为相应的 CV 图。很明显,随着氧化功能化时间的延长,其线形逐渐趋于矩形。类似地,关于电化学势,来自电化学阻抗谱的 CV 图显示了几乎平坦的曲线。这些观察结果证实了纳米碳体系中的量子电容只有在纳米级且按照 sp^2 方式结合的高结晶度时才能达到,并导致在费米能级附近态密度较低。功能基团的存在有望引入新的局域能态,正如在单个石墨烯层上模拟所观察到的(图 6-29(e))[67],并由 CV 在 0V 附近的小峰提示的那样。

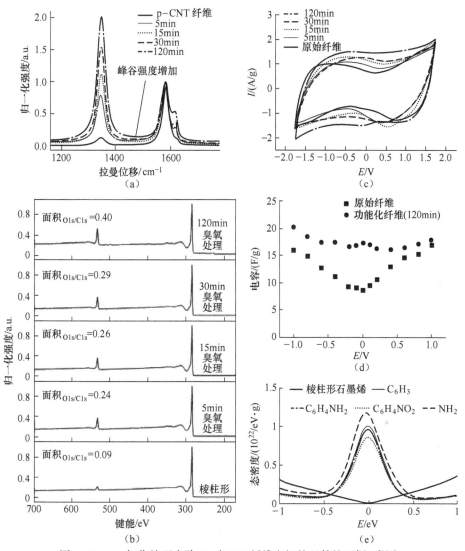

图 6-29 O_3 氧化处理去除 C_q 对 CNT 纤维电极的贡献的证据(彩图)

(a)拉曼光谱和(b) XPS 光谱显示了官能团(缺陷)的引入是处理时间的函数;(c)循环伏安图显示量子电容贡献逐渐损失,导致了线形更趋向于矩形;(d)经功能化后,电化学阻抗谱电阻与电压的关系曲线更平坦。(e)不同官能团石墨烯层的理论态密度在 E_f 附近出现了能态[67]。

6.5 结论和展望

利用直接纺丝法生产碳纳米管纤维的研究进展使得对碳纳米管层数的控制成为可能,并揭示了偏向于大角度的手性角度分布(即扶手椅)。这种分布与假设熔融催化剂下螺位错生长模型一致。对催化剂淬火的热力学模拟和三元 Fe-S-C 和二元(Fe-C 和 Fe-S)平衡相图的分析表明,催化剂在 CVD 反应过程中处于熔融状态,并演化为富铁核和富硫壳。催化剂的后处理合成分析证实了这种结构。CNT 纤维纺丝证明了使用其他第 16 列元素(Se 和 Te),CNT 层也随着反应中促进剂与碳的比例增加而相应增加。促进剂有三种作用:限制碳扩散到催化剂颗粒表面,通过使碳纳米管边缘的线能最小化来稳定初生碳纳米管,通过碳纳米管基面(002)的高表面能促进碳纳米管离开催化剂表面。

CNT 纤维具有复杂的分级结构和长度尺度的内在融合,它包括了从 CNT 手性角度和层数构建单元的分子特性到连续的宏观结构(kms)。手性角的分布可以通过 TEM 中广泛测量电子衍射图谱得到。拉曼光谱测量提供了金属性方面的更多数据,在高光谱分辨率的测量下,G 峰区域可以观察到各种光谱特征。这些特性在低程度的束聚集的 CNT 纤维中可以检测得到。这也就意味着,碳纳米管和束的聚集可以消弱光谱特征,并且引起电子结构和声子模式的重叠。这个问题值得进一步研究,特别是考虑到 CNT-CNT 相互作用对 CNT 纤维性能的重要性。

结合气体吸附和 SAXS/WAXS 对碳纳米管纤维孔结构的分析表明,该材料可以被描述为产生高比表面积、具有长晶区的多孔网络。在这方面一个令人感兴趣的问题是 CNT 层数,它一方面影响单根 CNT 的比表面积,另一方面影响 CNT 的聚集和成束,因此很难与纳米管纤维的比表面积相关联。

纳米管纤维的性能在很大程度上取决于碳纳米管取向的程度。近年来,从简单地比较方位角分布的角呼吸到确定方位分布函数有了新的进展。这是准确建立具有预测能力的结构—性能相关性的关键。最先进的应用是基于 CNT 纤维的 ODF 及其在轴向变形过程中的演变,使用原纤微晶模型来描述 CNT 纤维的拉伸性能,这种模型是为其高性能而开发的。

预计在未来几年,人们对碳纳米管纤维的电性能及其与电化学方法的关系的兴趣将会增加。这不仅源于对低维碳纳米管性能(如传感)相关直接应用的兴趣,还源于有可能将宏观纤维性能与构成碳纳米管的更基本的电荷转移和积累过程联系起来。

本章相关彩图,请扫码查看

参 考 文 献

[1] B. Vigolo, A. P_enicaud, C. Coulon, C. Sauder, R. Pailler, C. Journet, P. Bernier, P. Poulin,

Macroscopic fibersand ribbons of oriented carbon nanotubes, Science 290 (2000) 1331-1334, https://doi,org/10.1126/science.290.5495.1331.

[2] L. M. Ericson, H. Fan, H. Peng, V. A. Davis, W. Zhou, J. Sulpizio, Y. Wang, R. Booker, J. Vavro, C. Guthy, A. N. G. Parra-Vasquez, M. J. Kim, S. Ramesh, R. K. Saini, C. Kittrell, G. Lavin, H. Schmidt, W. W. Adams, W. E. Billups, M. Pasquali, W. -F. Hwang, R. H. Hauge, J. E. Fischer, R. E. Smalley, Macroscopic, neat, single-walled carbon nanotube fibers, Science 305 (2004) 1447-1450, https://doi,org/10.1126/science.1101398.

[3] M. Zhang, K. R. Atkinson, R. H. Baughman, Multifunctional carbon nanotube yarns by downsizing an ancienttechnology, Science 306 (2004) 1358-1361, https://doi.org/10.1126/science.1104276.

[4] Y. -L. Li, I. A. Kinloch, A. H. Windle, Direct spinning of carbon nanotube fibers from chemical vapor depositionsynthesis, Science 304 (2004) 276 - 278, https://doi.org/10.1126/science.1094982.

[5] V. Reguero, B. Alemán, B. Mas, J. J. Vilatela, Controlling carbon nanotube type in macroscopic fibers synthesizedby the direct spinning process, Chem. Mater. 26 (2014) 3550-3557.

[6] M. W. Schauer, M. A. White, Tailoring industrial scale CNT production to specialty markets, MRS OnlineProc. Libr. Arch. 1752 (2015) 103-109, https://doi.org/10.1557/opl.2015.90.

[7] J. J. Vilatela, R. Marcilla, Tough electrodes: carbon nanotube fibers as the ultimate current collectors/activematerial for energy management devices, Chem. Mater. 27 (2015) 6901-6917.

[8] J. J. Vilatela, Nanocarbon-based composites, in: Nanocarbon-Inorganic Hybrids: Next Generation Compositesfor Sustainable Energy Applications, De Gruyter, Berlin/Boston, MA, 2014. https://doi.org/10.1515/9783110269864 (Chapter 8).

[9] M. S. Motta, A. Moisala, I. A. Kinloch, A. H. Windle, The role of sulphur in the synthesis of carbon nanotubesby chemical vapour deposition at high temperatures, J. Nanosci. Nanotechnol. 8 (2008) 2442-2449, https://doi.org/10.1166/jnn.2008.500.

[10] N. G. Chopra, L. X. Benedict, V. H. Crespi, M. L. Cohen, S. G. Louie, A. Zettl, Fully collapsed carbon nanotubes, Nature 377 (1995) 135-138, https://doi.org/10.1038/377135a0.

[11] M. Motta, A. Moisala, I. A. Kinloch, A. H. Windle, High performance fibres from 'dog bone' carbon nanotubes, Adv. Mater. 19 (2007) 3721 - 3726, https://doi.org/10.1002/adma.200700516.

[12] M. S. Dresselhaus, G. Dresselhaus, R. Saito, A. Jorio, Raman spectroscopy of carbon nanotubes, Phys. Rep. 409 (2005) 47-99, https://doi.org/10.1016/j.physrep.2004.10.006.

[13] A. C. Ferrari, J. C. Meyer, V. Scardaci, C. Casiraghi, M. Lazzeri, F. Mauri, S. Piscanec, D. Jiang, K. S. Novoselov, S. Roth, A. K. Geim, Raman spectrum of graphene and graphene layers, Phys. Rev. Lett. 97 (2006) 187401, https://doi.org/10.1103/PhysRevLett.97.187401.

[14] F. Ding, A. Ros_en, E. E. B. Campbell, L. K. L. Falk, K. Bolton, Graphitic encapsulation of catalyst particles incarbon nanotube production, J. Phys. Chem. B 110 (2006) 7666-7670, https://doi.org/10.1021/jp055485y.

[15] A. Moisala, A. G. Nasibulin, D. P. Brown, H. Jiang, L. Khriachtchev, E. I. Kauppinen, Single-

walled carbonnanotube synthesis using ferrocene and iron pentacarbonyl in a laminar flow reactor, Chem. Eng. Sci. 61 (2006) 4393–4402, https://doi.org/10.1016/j.ces.2006.02.020.

[16] B. Mas, B. Alemán, I. Dopico, I. Martin-Bragado, T. Naranjo, E. M. P_erez, J. J. Vilatela, Group 16 elementscontrol the synthesis of continuous fibers of carbon nanotubes, Carbon 101 (2016) 458–464, https://doi.org/10.1016/j.carbon.2016.02.005.

[17] B. Alemán, R. Ranchal, V. Reguero, B. Mas, J. Vilatela, Carbon nanotube fibers with martensite and austeniteFe residual catalyst: room temperature ferromagnetism and implications for CVD growth, J. Mater. Chem. C (2017) https://doi.org/10.1039/C7TC01199G.

[18] B. Alemán, M. M. Bernal, B. Mas, E. M. P_erez, V. Reguero, G. Xu, Y. Cui, J. J. Vilatela, Inherent predominanceof high chiral angle metallic carbon nanotubes in continuous fibers grown from a molten catalyst, Nanoscale 8 (2016) 4236–4244.

[19] V. I. Artyukhov, E. S. Penev, B. I. Yakobson, Why nanotubes grow chiral, Nat. Commun. 5 (2014) 4892, https://doi.org/10.1038/ncomms5892.

[20] S.-L. Chen, Y. Yang, S.-W. Chen, X.-G. Lu, Y. A. Chang, Solidification simulation using Scheil model inmulticomponent systems, J. Phase Equilib. Diffus. 30 (2009) 429, https://doi.org/10.1007/s11669-009-9568-0.

[21] B. Delmon, Catalyst Deactivation, International Symposium Proceedings, 1980, (1980).

[22] C. Wu, V. Sahajwalla, Influence of melt carbon and sulfur on the wetting of solid graphite by Fe-C-S melts, Metall. Mater. Trans. B Process Metall. Mater. Process. Sci. 29 (1998) 471–477, https://doi.org/10.1007/s11663-998-0126-7.

[23] P. T. Araujo, P. B. C. Pesce, M. S. Dresselhaus, K. Sato, R. Saito, A. Jorio, Resonance Raman spectroscopy ofthe radial breathing modes in carbon nanotubes, Physica E Low Dimens. Syst. Nanostruct. 42(2010)1251–1261, https://doi.org/10.1016/j.physe.2010.01.015.

[24] A. Jorio, A. G. Souza Filho, G. Dresselhaus, M. S. Dresselhaus, A. K. Swan, M. S. Ünlü, B. B. Goldberg, M. A. Pimenta, J. H. Hafner, C. M. Lieber, R. Saito, G-band resonant Raman study of 62 isolated single-wall carbonnanotubes, Phys. Rev. B 65 (2002) 155412, https://doi.org/10.1103/PhysRevB.65.155412.

[25] R. M. Sundaram, K. K. K. Koziol, A. H. Windle, Continuous direct spinning of fibers of single-walled carbonnanotubes with metallic chirality, Adv. Mater. 23 (2011) 5064–5068, https://doi.org/10.1002/adma.201102754.

[26] C. Fantini, A. Jorio, M. Souza, M. S. Strano, M. S. Dresselhaus, M. A. Pimenta, Optical transition energies forcarbon nanotubes from resonant Raman spectroscopy: environment and temperature effects, Phys. Rev. Lett. 93(2004)147406, https://doi.org/10.1103/PhysRevLett.93.147406.

[27] J. Maultzsch, H. Telg, S. Reich, C. Thomsen, Radial breathing mode of single-walled carbon nanotubes: opticaltransition energies and chiral-index assignment, Phys. Rev. B 72 (2005) 205438, https://doi.org/10.1103/PhysRevB.72.205438.

[28] P. T. Araujo, S. K. Doorn, S. Kilina, S. Tretiak, E. Einarsson, S. Maruyama, H. Chacham, M. A. Pimenta, A. Jorio, Third and fourth optical transitions in semiconducting carbon

nanotubes, Phys. Rev. Lett. 98 (2007) 067401, https://doi.org/10.1103/PhysRevLett.98.067401.

[29] C. Jiang, K. Kempa, J. Zhao, U. Schlecht, U. Kolb, T. Basch_e, M. Burghard, A. Mews, Strong enhancement ofthe Breit-Wigner-Fano Raman line in carbon nanotube bundles caused by plasmon band formation, Phys. Rev. B 66 (2002) 161404, https://doi.org/10.1103/PhysRevB.66.161404.

[30] M. J. Green, N. Behabtu, M. Pasquali, W. W. Adams, Nanotubes as polymers, Polymer 50 (2009) 4979–4997, https://doi.org/10.1016/j.polymer.2009.07.044.

[31] B. Alemán, V. Reguero, B. Mas, J. J. Vilatela, Strong carbon nanotube fibers by drawing inspiration frompolymer fiber spinning, ACS Nano 9 (2015) 7392–7398.

[32] A. M. Beese, X. Wei, S. Sarkar, R. Ramachandramoorthy, M. R. Roenbeck, A. Moravsky, M. Ford, F. Yavari, D. T. Keane, R. O. Loutfy, S. T. Nguyen, H. D. Espinosa, Key factors limiting carbon nanotube yarn strength: exploringprocessing-structure-property relationships, ACS Nano 8 (2014) 11454–11466, https://doi.org/10.1021/nn5045504.

[33] A. S. Wu, X. Nie, M. C. Hudspeth, W. W. Chen, T.-W. Chou, D. S. Lashmore, M. W. Schauer, E. Towle, J. Rioux, Carbon nanotube fibers as torsion sensors, Appl. Phys. Lett. 100 (2012) 201908, https://doi.org/10.1063/1.4719058.

[34] R. J. Mora, J. J. Vilatela, A. H. Windle, Properties of composites of carbon nanotube fibres, Compos. Sci. Technol. 69 (2009) 1558–1563, https://doi.org/10.1016/j.compscitech.2008.11.038.

[35] J. Qiu, J. Terrones, J. J. Vilatela, M. E. Vickers, J. A. Elliott, A. H. Windle, Liquid infiltration into carbon nanotubefibers: effect on structure and electrical properties, ACS Nano 7 (2013) 8412–8422, https://doi.org/10.1021/nn401337m.

[36] E. Senokos, V. Reguero, J. Palma, J. J. Vilatela, R. Marcilla, Macroscopic fibres of CNTs as electrodes formultifunctional electric double layer capacitors: from quantum capacitance to device performance, Nanoscale 8 (2016) 3620–3628, https://doi.org/10.1039/C5NR07697H.

[37] A. Peigney, C. Laurent, E. Flahaut, R. R. Bacsa, A. Rousset, Specific surface area of carbon nanotubes andbundles of carbon nanotubes, Carbon 39 (2001) 507–514, https://doi.org/10.1016/S0008-6223(00)00155-X.

[38] E. Senokos, Carbon Nanotube Fiber Supercapacitors, UPM-IMDEA Materials Institute, Madrid, Spain, 2018.

[39] H. Yue, V. Reguero, E. Senokos, A. Monreal-Bernal, B. Mas, J. P. Fernández-Blázquez, R. Marcilla, J. J. Vilatela, Fractal carbon nanotube fibers with mesoporous crystalline structure, Carbon 122 (2017) 47–53, https://doi.org/10.1016/j.carbon.2017.06.032.

[40] C. Santos, E. Senokos, J. C. Fernández-Toribio, A. Ridruejo, R. Marcilla, J. J. Vilatela, Pore structure andelectrochemical properties of CNT-based electrodes studied by in-situ small/wide angle X-ray scattering, J. Mater. Chem. A., submitted for publication.

[41] E. Brandley, E. S. Greenhalgh, M. S. P. Shaffer, Q. Li, Mapping carbon nanotube orientation by fast Fouriertransform of scanning electron micrographs, Carbon 137 (2018) 78–87, https://doi.org/10.1016/j.carbon.2018.04.063.

[42] R. J. Davies, C. Riekel, K. K. Koziol, J. J. Vilatela, A. H. Windle, Structural studies on carbon nanotube fibresby synchrotron radiation microdiffraction and microfluorescence, J. Appl. Crystallogr. 42 (2009) 1122–1128, https://doi.org/10.1107/S0021889809036280.

[43] V. Pichot, M. Burghammer, S. Badaire, C. Zakri, C. Riekel, P. Poulin, P. Launois, X-ray microdiffractionstudy of single-walled carbon nanotube alignment across a fibre, Europhys. Lett. 79 (2007) 46002, https://doi.org/10.1209/0295-5075/79/46002.

[44] J. J. Hermans, P. H. Hermans, D. Vermaas, A. Weidinger, Quantitative evaluation of orientation in cellulosefibres from the X-ray fibre diagram, Recl. Trav. Chim. Pays Bas 65 (1946) 427–447, https://doi.org/10.1002/recl.19460650605.

[45] T. Liu, S. Kumar, Quantitative characterization of SWNT orientation by polarized Raman spectroscopy, Chem. Phys. Lett. 378 (2003) 257–262, https://doi.org/10.1016/S0009-2614(03)01287-9.

[46] J. C. Fernández-Toribio, B. Alemán, A. Ridruejo, J. J. Vilatela, Tensile properties of carbon nanotube fibresdescribed by the fibrillar crystallite model, Carbon 133 (2018) 44–52.

[47] S. R. Allen, R. J. Farris, E. L. Thomas, High modulus/high strength poly-(p-phenylene benzobisthiazole) fibres: part 2 structure-property investigations, J. Mater. Sci. 20 (1985) 4583–4592, https://doi.org/10.1007/BF00559348.

[48] K. Koziol, J. Vilatela, A. Moisala, M. Motta, P. Cunniff, M. Sennett, A. Windle, High-performance carbonnanotube fiber, Science 318 (2007) 1892–1895, https://doi.org/10.1126/science.1147635.

[49] W. Lu, M. Zu, J.-H. Byun, B.-S. Kim, T.-W. Chou, State of the art of carbon nanotube fibers: opportunitiesand challenges, Adv. Mater. 24 (2012) 1805–1833, https://doi.org/10.1002/adma.201104672.

[50] S. Zhang, L. Zhu, M. L. Minus, H. G. Chae, S. Jagannathan, C.-P. Wong, J. Kowalik, L. B. Roberson, S. Kumar, Solid-state spun fibers and yarns from 1-mm long carbon nanotube forests synthesized bywater-assisted chemical vapor deposition, J. Mater. Sci. 43 (2008) 4356–4362, https://doi.org/10.1007/s10853-008-2558-5.

[51] X. Zhang, Q. Li, T. G. Holesinger, P. N. Arendt, J. Huang, P. D. Kirven, T. G. Clapp, R. F. DePaula, X. Liao, Y. Zhao, L. Zheng, D. E. Peterson, Y. Zhu, Ultrastrong, stiff, and lightweight carbon-nanotube fibers, Adv. Mater. 19 (2007) 4198–4201, https://doi.org/10.1002/adma.200700776.

[52] K. R. Atkinson, S. C. Hawkins, C. Huynh, C. Skourtis, J. Dai, M. Zhang, S. Fang, A. A. Zakhidov, S. B. Lee, A. E. Aliev, C. D. Williams, R. H. Baughman, Multifunctional carbon nanotube yarns and transparent sheets: fabrication, properties, and applications, Phys. B Condens. Matter 394 (2007) 339–343, https://doi.org/10.1016/j.physb.2006.12.061.

[53] S. Zhang, K. K. K. Koziol, I. A. Kinloch, A. H. Windle, Macroscopic fibers of well-aligned carbon nanotubesby wet spinning, Small 4 (2008) 1217–1222, https://doi.org/10.1002/smll.200700998.

[54] J. J. Vilatela, A. H. Windle, A multifunctional yarn made of carbon nanotubes, J. Eng. Fibers

Fabr. 7 (2012) 23-28.

[55] J. J. Vilatela, J. A. Elliott, A. H. Windle, A model for the strength of yarn-like carbon nanotube fibers, ACSNano 5 (2011) 1921-1927, https://doi.org/10.1021/nn102925a.

[56] D. E. Tsentalovich, R. J. Headrick, F. Mirri, J. Hao, N. Behabtu, C. C. Young, M. Pasquali, Influence of carbonnanotube characteristics on macroscopic fiber properties, ACS Appl. Mater. Interfaces 9 (2017) 36189-36198, https://doi.org/10.1021/acsami.7b10968.

[57] N. Behabtu, C. C. Young, D. E. Tsentalovich, O. Kleinerman, X. Wang, A. W. K. Ma, E. A. Bengio, R. F. terWaarbeek, J. J. de Jong, R. E. Hoogerwerf, S. B. Fairchild, J. B. Ferguson, B. Maruyama, J. Kono, Y. Talmon, Y. Cohen, M. J. Otto, M. Pasquali, Strong, light, multifunctional fibers of carbon nanotubes withultrahigh conductivity, Science 339 (2013) 182-186, https://doi.org/10.1126/science.1228061.

[58] J. J. Vilatela, L. Deng, I. A. Kinloch, R. J. Young, A. H. Windle, Structure of and stress transfer in fibres spunfrom carbon nanotubes produced by chemical vapour deposition, Carbon 49 (2011) 4149-4158, https://doi.org/10.1016/j.carbon.2011.05.045.

[59] T. S. Gspann, S. M. Juckes, J. F. Niven, M. B. Johnson, J. A. Elliott, M. A. White, A. H. Windle, High thermalconductivities of carbon nanotube films and micro-fibres and their dependence on morphology, Carbon 114 (2017) 160-168, https://doi.org/10.1016/j.carbon.2016.12.006.

[60] B. Alemán, M. Vila, J. J. Vilatela, Surface chemistry analysis of carbon nanotube fibers by X-ray photoelectronspectroscopy, Phys. Status Solidi A, 1800187, https://doi.org/10.1002/pssa.201800187.

[61] D. Iglesias, E. Senokos, B. Aleman, L. Cabana, C. Navio, R. Marcilla, M. Prato, J. J. Vilatela, S. Marchesan, Gas-phase functionalization of macroscopic carbon nanotube fiber assemblies: reaction control, electrochemical properties, and use for flexible supercapacitors, ACS Appl. Mater. Interfaces (2018) https://doi.org/10.1021/acsami.7b15973.

[62] S. Maruyama, Kataura-Plot for Resonant Raman, (n.d.). http://www.photon.t.u-tokyo.ac.jp/_maruyama/kataura/kataura.html#DOS.

[63] H. Ji, X. Zhao, Z. Qiao, J. Jung, Y. Zhu, Y. Lu, L. L. Zhang, A. H. MacDonald, R. S. Ruoff, Capacitance ofcarbon-based electrical double-layer capacitors, Nat. Commun. 5 (2014) 3317https://doi.org/10.1038/ncomms4317.

[64] J. Bisquert, Nanostructured Energy Devices: Equilibrium Concepts and Kinetics, CRC Press, 2014. https://www.crcpress.com/Nanostructured-Energy-Devices-Equilibrium-Concepts-and-Kinetics/Bisq uert/p/book/9781439836026. Accessed 30 November 2017.

[65] H.-S. P. Wong, D. Akinwande, Carbon Nanotube and Graphene Device Physics, Cambridge University Press, Cambridge, 2010. https://doi.org/10.1017/CBO9780511778124.

[66] A. A. Maarouf, C. L. Kane, E. J. Mele, Electronic structure of carbon nanotube ropes, Phys. Rev. B 61 (2000) 11156-11165, https://doi.org/10.1103/PhysRevB.61.11156.

[67] S. M. Mousavi-Khoshdel, E. Targholi, Exploring the effect of functionalization of graphene on the quantumcapacitance by first principle study, Carbon 89 (2015) 148-160, https://doi.org/10.1016/j.carbon..2015.03.013.

第7章
碳纳米管纤维直接纺丝过程中的热力学和动力学

Alan Windle
英国剑桥大学材料科学系

7.1 直接纺丝的发展进程

7.1.1 发明阶段

在世纪之交,人们建立了一种成熟的工艺用于基底生长碳纳米管,使用过渡金属颗粒作为其生长的纳米模板(或催化剂)。碳纳米管厚层在800℃左右的温度下,在含有碳源(碳氢化合物)、催化剂前驱体(如二茂铁)和载气(如氩气)的气氛中生长良好,其中二茂铁在碳纳米管生长基底上分解形成铁纳米颗粒。

受我国一些研究成果的启发,作者开始探索提高反应温度的效果。在远高于800℃的温度下,碳纳米管的生长停止,但当载气为氢气时,我们发现纤维状碳纳米管会沉积在反应管的冷端,形成横跨管的透明网。关键在于需要在碳纳米管网接触并黏附到反应器冷端之前将其获取。事实证明,可以在充氢反应器内连续卷绕纤维材料,实现与反应器壁完全不接触。在当时,该过程是真正意义上的"浮动催化法",其区别之处在于"直接纺丝"。该工艺不断发展,很快在《科学》[1]和专利[2]中发表了在金属和碳氢化合物蒸汽中添加少量硫,建立其连续工艺。

7.1.2 过程描述和未来发展

虽然原则上该方法连续,但由于反应器必须用惰性气体填充并冷却以除去产物,因此其过程烦琐。研发的下一个阶段是在反应器开口端设计可用氮气替换氢气的气阀。气体交换阀(图7-1(a))阻止空气与反应器中的氢气混合,并实现完全连续的卷绕[3]。

很明显,碳纳米管沿纤维轴方向取向良好,Herman取向参数超过0.8。另一发展要素涉及卷绕纤维的性质。当纤维从反应器中出来时,该直径下对应的密度

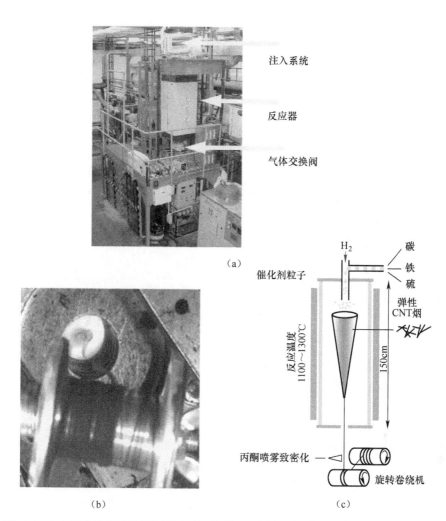

图7-1 (a)反应器系统的总体视图,显示了注入系统,反应器和气体交换阀。纤维缠绕在阀门下面的舱室里;(b)气凝胶通过气体交换阀缠绕的视图;(c)流程示意图

比预期的取向碳纳米管完美填充后的密度小大约100倍。在这种状态下,上下两层卷轴容易相互缠绕,导致纤维难以从卷轴上解开。因此引入凝聚/致密化步骤,将新喷出的纤维用雾化丙酮进行喷射,结果使纤维直径瞬时收缩10倍,密度大约为1g/mL,这与理论值更加接近(图7-2)。碳纳米管在纤维轴方向的取向度进一步提高,且凝聚/致密化后的纤维也可以更好地卷绕(和展开),其长度可实现千米、卷绕速度可达50m/min。

这个过程中需要"串起来",因为一旦纳米管簇先在反应器内形成,它就不会总沿着管自由地延展。事实证明,将纤维卷绕到卷轴上的最佳方法是用一根冷金

145

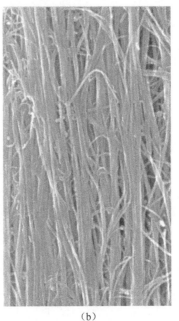

图7-2 (a)纤维凝聚/致密化阶段显示纤维直径减小了10倍左右;
(b)高度取向和凝聚的纤维的微观结构。纤维单元清晰可见,
是由50~100个单壁纳米管组成的束,它们相互之间高度取向

属棒穿过气阀来"牵引"纤维,使碳纳米管黏附在金属棒表面,牵引出反应器并绕至卷轴上。有趣的是,如果棒端温度达到炉温,碳纳米管将不再黏附。这似乎存在一般规律:碳纳米管不易沉积在温度高于1000℃的基底上。我们从热泳的角度理解这种效应:鉴于碳纳米管直径是"亚微米"级,载气分子的平均自由程大约为 $0.3\mu m$,且由于反应管提供热输入并加热载气,使得离开其表面的分子将比到达的分子更热,因此离开热源表面的分子在平均自由路径内移动得更快,促使碳纳米管产生一个远离加热表面的合力。而在冷金属棒初始牵引条件下,情况相反,相反方向的热泳力则将促进碳纳米管的黏附。

浮动催化工艺的关键在于以管轴为中心的碳纳米管簇的性质,它是由碳氢化合物裂解产生的碳纳米管组成的。然而,由于长碳纳米管易在三维空间内缠结团簇形成无序网络,因此其被认为是一种以气体为载流的气凝胶。其与聚合物凝胶相似之处在于二者均为缠结聚合物分子的三维附聚物;不同之处在于前者以气体载流,后者以液体载流。气凝胶具有关键的凝胶状弹性特征,这意味着碳纳米管簇可以机械地从反应器中拉出。

碳纳米管的长度足以缠绕,这意味着碳纳米管簇具有弹性和足够的机械完整性使其能够连续地从反应区中拉出。这是直接纺丝工艺的本质。在某些纺丝条件下,碳纳米管簇在其径向极限方向的表观密度更大,但仍远离反应堆壁,这使其形状被形容为"套筒"。在某些情况下,它外面的密度更大可以归因于颗粒密度的增加,通常较大的催化剂颗粒被包覆在形状不规则的短碳纳米管中,最终可能成为纤维中的杂质[4]。虽然,碳纳米管簇的"套筒"外形很常见,但也并不是普遍存在的,也不是纺高质量纤维的必要条件。因此,不同于其他许多出版物,剑桥研究组在此将团聚的碳纳米管称为"簇"。

鉴于当初可用性问题,最初产生连续碳纳米管纤维的反应器是垂直的。纤维也可以从水平反应器中连续纺出,但存在的问题是,纤维纺出时,无论是通过气阀还是其他方式,碳纳米管簇都会受到对流力并离轴运动。而垂直反应器的优势也同时伴随着其操作难度的加大,尽管如今大部分操作可以实现自动化,但其仍需要不断攀爬至反应器上层以控制反应物的注入。此外,增加反应管长度可能需要升高房顶或新建房屋,而水平反应器则可以简单地通过获得更多的占地面积而扩展。

目前,用于生产碳纳米管纤维的反应器的加热管长度大约为1.5m,加料器尖端温度保持近400℃,距加料器130mm处的反应器温度则升高至750℃,其中热区指的是距加料器350mm至0.5m,温度在最高温度50℃范围内保持恒定的区域。

7.2 直接纺丝和在基底上生长碳纳米管两种制备过程的比较

在基底(反应器管壁或特殊插板)上生长碳纳米管的过程均在800℃范围内运行。直接纺丝时反应器热区的温度均匀,在1200~1300℃之间。而沿着温度梯度,反应管中将存在一个较短区域处于800℃范围内。该区域内存在碳纳米管在反应器壁上的基底生长,且在较冷的一侧沉积铁(无碳)。然而,碳纳米管的生长最终可能导致反应管变窄,从而阻碍浮动催化反应。不过在实验室规模上,该工艺运行的时间相对较短,生产的纤维量刚好可以满足用于工艺稳定和科学研究。浮动催化过程中二茂铁的最佳用量需要考虑加料器端口处的铁沉积产生的损失量以确定,其沉积的温度似乎介于二茂铁的分解温度和1000℃之间。因此,直接纺丝过程中的基底生长工艺小型且低效,通常不会影响或阻碍纤维的生产。还应注意的是,用于基底生长的载气也可以是氩气,但氢气是浮动催化工艺中所必需的,这一区别将在下面进一步讨论。

通过碳纳米管与基底的分离,可以作为一种特种化学品出售的产品。Baughman及其同事[5]开发了一种方法,可以将生长在基底上的碳纳米管拉出并纺成纤维,这种方法既有优点也有缺点,它的最大问题是缺乏产量上的可扩展性。

7.3 了解与直接纺丝过程相关的热力学问题

7.3.1 标准纺丝条件

这一过程涉及许多相互作用的变量:炉温曲线和热区最大值,物料的相对浓度(取决于氢气和铁、碳、硫前驱体的相对流速),反应器的加料位置,加料器直径,还有气凝胶作为连续纤维的提取率,以及反应管直径和耐火材料的种类等。

考虑到这种多维的参数空间,我们在这里选择一组"典型"条件来构建我们的理解。如:

氢气流速:1L/min;

反应管直径:65mm;

反应管材料:莫来石;

注入物料的相对量(以摩尔计):$H_2:C:S:Fe=1:0.03:0.0001:0.0001$

其中,铁的量是通过光谱直接测量注入的二茂铁浓度的结果,低于之前的报道值。

反应器的温度如下(标准设置):

加热器位置(中心线):350℃;

热区:1250℃。

我们也可以在不同的条件下纺丝,甚至在某些情况下可以控制合成的纳米管的类型。然而,上述条件在大多数情况下是最常使用的。

使用其他相关的过渡金属(具有良好的碳溶性)也可以直接从浮动催化剂中纺丝,其中钴和镍是显而易见的替代选择,而部分基于毒性考虑,我们实验室以二茂铁形式注入铁。

在随后的分析中,我们关注两个关键温度:一个是硫的碳氢化合物前驱体(噻吩)开始分解的温度为750℃,虽然直至950℃才分解完成,而二茂铁是在500℃的较低温度下分解[6];另一个是反应器热区温度为1250℃。其中,二茂铁$(C_5H_5)_2Fe$是由单个碳原子夹在两个芳环之间组成的结构,每个芳环含有5个碳原子和5个氢原子。噻吩C_4H_4S是由4个碳原子、一个硫原子和4个氢原子组成的环状结构。纺丝中可用的多种碳氢化合物原料包括甲烷(CH_4)、乙醇(C_2H_5OH)和甲苯($C_6H_5CH_3$)等。

通过传热和传质的流体流动计算[7]表明,在反应管壁和其中心线之间的气体只有很小的温度梯度。利用端头带有屏蔽使辐射热传递最小化的热电偶探针测量反应器内径向和纵向的温度曲线证实了这一观点。

7.3.2 气体条件

铁、碳固体颗粒的形成受成核壁垒的限制,且在气体反应期间不易克服壁垒,因此,在考虑固体成核问题之前,应先明确包括氢气在内的各种可能的气体平衡。

工艺中使用的载气是氢气,也是成功纺丝所必需的。其他成分的分压相比于氢气而言很小,因此将氢气的分压设定为1atm。而硫的存在可立即引发其与氢反应生成硫化氢。图7-3是所述原料反应自由能的Ellingham图,$2H_2+S_2=2H_2S$的反应曲线表明,在750℃形成硫化氢时,将存在$-60kJ/mol(S_2)$的自由能减少,这将意味着,从$\exp-[\Delta G/(RT_{abs})]=[p_{S_2}/(p_{H_2S})^2]$关系式得到二者平衡比为$8.5×10^{-4}$。即750℃时,大部分硫将以硫化氢的形式存在。然而1250℃时ΔG恰好为零,$[P_{S_2}/(P_{H_2S})]$的比例为1,这表明刚超过一半的气体混合物将以游离硫的形式存在。

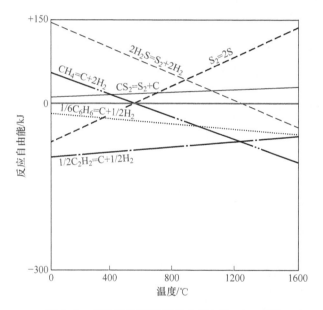

图7-3 相关气体反应的自由能(Ellingham)图
(这里碳氢化合物分解数据来自文献[8],气体硫化物数据来自文献[9],此处均归一化为碳)(彩图)

考虑到碳的添加,该过程将适用于包括乙醇在内的多种烃类原料。尽管在这种情况下,氧气很可能是以一氧化碳和二氧化碳的混合物排出。但是,一旦原料开始分解,气体混合物将趋向于不同小分子的热力学平衡。该平衡在实验[10]和计算[11-13]中已被探讨。除氢气之外,在平衡中最重要的三种气体是甲烷、乙炔和苯。其中,1400℃时甲烷最为主导,随后在更高温度下乙炔占据主导地位。文献

[12]中的数据也可以作为碳氢化合物(甲烷)在氢气中稀释的函数。随着稀释度的增加,平衡点从另外两种气体转移到甲烷。第三种气体——苯,在1200℃时浓度达到峰值,约为其他两种气体的10%。随着乙炔变得更加稳定,温度升高,其相对浓度降低。Stein[12]、Frenklach和Wang[14]考虑了芳环的进一步聚合,形成多环芳烃(PAH)后作为碳烟中石墨型颗粒的前驱体。它们表明,在更高的温度下,PAH相对于乙炔的稳定性会越来越差,虽然量会逐渐减少,但随着氢气的释放,它们会进一步聚集,形成石墨结构,在这里是碳纳米管。此外,由于PAH的生长涉及进一步的脱氢反应,而通过增加氢气的稀释度将会阻碍PAH的生长。Tesner[15]将Langmuir方程应用于碳烟颗粒的生长问题上,预测在1250℃下,氢气的存在将使颗粒生长减少10倍,而在750℃的较低温度下将减少40倍,其中总速率(以氢为单位)将减少4×10^4倍(活化能为277kJ/mol)。该过程以氩气为载气,在750℃左右的较低温度下运行良好[16],这一结果说明了为什么碳烟颗粒均匀成核不是碳纳米管基底生长过程中首要问题的原因,但是,如果在1250℃下浮动催化生长没有氢气的缓解作用,将是问题的真正所在。

然而,这里有一个原理,即与达到气体平衡相比,碳烟颗粒的生成(包括成核与生长)是一个相对缓慢的过程。

考虑气体平衡时,重要的是需要认识到,温度高于740℃时(低于740℃时甲烷稳定),所有气体在分解成碳和氢时都是不稳定的。图7-3是这三种气体分解的自由能图。在这里,我们依据一个合理的前提:固体碳的成核,特别是均匀成核,将是一个相对较慢的过程。因此就产生了碳氢化合物原料的选择问题。如果注入的气体立即分解,达到气体平衡(取决于温度和稀释度),则无差异。但是,CNT纤维直接纺丝的经验表明,如果使用的碳氢化合物是芳烃,则在合理的实验室生产中更容易实现连续纺丝[17]。这里有一个提示,完全的气体平衡是不可能达到的,如果沉积在催化剂颗粒上的碳是通过沉积芳香族元素形成的,那么使用芳香族原料可能会有利于该过程;或者,可能是芳香分子更容易热解。不管是什么原因,Hoecker等[18]在类似的CNT纺丝装置中发现,不仅二茂铁和噻吩,甲烷也会分解为具有炔烃红外特征的物质,这意味着乙炔的存在。

图7-3另外显示了根据$C+S_2=CS_2$生成二硫化碳的稳定线。尽管CS_2在整个温度范围内是稳定的,但不是绝对稳定。如果我们考虑活性为3×10^{-2}数量级的碳与分压为5×10^{-5}的S_2之间的反应,那么在1250℃下该反应的自由能为-22kJ/mol,得出平衡常数$[p_{S_2}]\cdot a_C/[p_{CS_2}]$为0.175,这意味着$CS_2$的分压为$8\times10^{-6}$ atm。换言之,铁催化剂对硫的亲和力远大于碳的亲和力(见下文),因此认为二硫化碳反应没有多大意义。事实上,二硫化碳已成功地用作该工艺中的硫源[19]。

7.3.3 铁催化剂颗粒与硫和碳的相互作用

铁的加入为 CNT 的成核和生长提供了合适的催化剂颗粒,是该过程的关键。以气态形式添加的铁的分压约为 10^{-4} 数量级,必须与铁在 750℃ 和 1250℃ 时的平衡蒸汽压 1.7×10^{-13} atm 和 3.1×10^{-7} atm 进行比较,这意味着铁将通过气相传递和/或碰撞过程团簇而立即成核。但是,在研究成核和生长问题之前,需要考虑铁(作为颗粒)与硫和碳之间的相互作用。

图 7-4 为相关的自由能图。方程式 $H_2S+Fe=H_2+FeS$ 可将硫和氢反应生成的硫化氢与铁和硫生成的硫化铁相互联系。图 7-4 中的橙色线表示各组分反应之和。随着 S_2 的压力增加,稳定性与温度的关系不大,因为硫化氢随温度的升高变得不那么稳定时,即被硫化铁上的 S_2 蒸汽压随着温度升高所平衡。

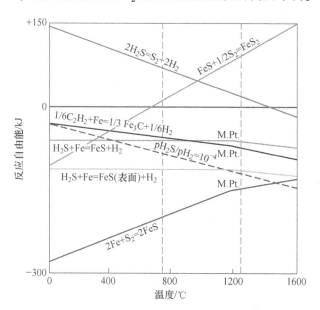

图 7-4 铁和硫反应的自由能图(数据来自不同的文献,主要是文献[9,20]。表面硫化物(FeS(表面))的生成线计算如文中所示)(彩图)

反应式 $FeS + \frac{1}{2}S_2 = FeS_2$ 表明二硫化物(FeS_2)在高于 700℃ 时相对于 FeS 变得越来越不稳定,在此不再赘述。

7.3.4 铁催化剂颗粒是液体还是固体

在这里,我们需要考虑将铁颗粒(包括碳和/或硫)视为液体还是固体。极小颗粒(1nm 半径)的结构本身就是一个研究问题。但是,有迹象表明在结构受到表面能最小化的强烈影响下,表面由紧密堆积的小平面组成,这并不意味着这些颗粒为晶体[21]。这样的小颗粒表明,至少就大块铁冷却时的晶粒尺寸而言,单位体积的结晶成核率可能表明非常小的铁颗粒的过冷会很严重。关于液态铁中晶体成核问题的另一个迹象是,表面张力数据来自液态铁的悬浮液滴[22]。据报道,在这项工作中对液态铁滴的测量温度降至1287℃,比纯铁的熔点低约250℃,明显即使对于半径为几毫米的液滴也是如此。

铁与碳或硫结合会显著降低熔点。碳化铁(Fe_3C)的熔点似乎仍有争议,但据报道在1227~1473℃范围,超过这个温度范围,含碳的熔融液态铁与石墨之间就达到了平衡。

在下面讨论的与硫和碳的反应中,用 FeS 和 Fe_3C 来表示方程式应该被视为描述了一种溶解了等量的硫或铁的液体。

一个合理但仍待论证的结论,即在1250℃下的铁颗粒不是晶体。在这种颗粒初始成核的情况下,例如在750℃时,最大限度地减少表面能的重要性以及在有限时间内形成稳定晶核的可能性再次表明,这些颗粒将是具有高原子迁移率的非晶颗粒。

7.3.5 正常工艺条件下铁对硫和碳的吸收

首先,如果我们假设铁已经凝聚成颗粒,那么自由能曲线图7-3,对应的反应式为 $H_2S+Fe=FeS+H_2$,平衡常数表示为 $[P_{H_2S}][a_{Fe}]/[a_{FeS}]1$。将 $[P_{H_2S}]$ 设置为最大值 10^{-4} atm,并将氢气的分压设为1atm,显示为图中一条倾斜的平衡线(蓝色虚线)。假设均为固态相且铁与硫化铁的活性相等,则与反应线的交点为520℃。然而,硫在很大程度上是一种表面活性剂,其作为表面涂层的存在会大大降低表面能,这意味着硫将集中在铁表面。可以测量硫的最大覆盖量(摩尔每平方米),并通过 Belton[23] 根据他人试验工作[24-26]得出的方程式进行计算,将其与表面能的最大降幅联系起来。

加硫与表面能降低($\Delta\sigma$)之间的关系式为 $\Delta\sigma = RT\Gamma\ln(1+Ka_S)$,其中,$\Gamma$ 为由 Halden 和 Kingery[24] 给定的表面硫的最大单位浓度,为 1.16×10^{-5} mol/m²[24],其中 a_S 表示硫在铁中的活性,$Ka_S = \theta_S/(1-\theta_S)$ 中 θ_S 为表面上硫原子的局部覆盖率。

K 为与覆盖率无关的平衡常数。1550℃下、$K=185$ 时或相当于94%覆盖率下,可实现表面能与硫浓度之间的最佳拟合。然而,在直接纺丝工艺中,这种情况下可用于溶解的硫分压最大为 10^{-4} atm H_2S,这意味着硫在铁中的活性会相应降低。从图7-4中可测量出 $H_2S+Fe=FeS+H_2$ 反应线与 10^{-4} atm(P_{H_2S})平衡线之间的能量差,数据如表7-1所列。

表7-1 根据图7-4确定的自由能差,估算出含硫铁颗粒的部分表面覆盖率

温度	750℃	750℃(外推液体数据)	1250℃
ΔG	-14.6kJ	-8kJ	-64.5kJ
活度比 a(FeS/Fe)	0.180	0.39	6.3×10^{-3}
从 $\theta_S/(1-\theta_S)=185\times a$(FeS/Fe) 中得出的部分表面覆盖率	97%	98.5%	52%

上述数据中给出的两个主要近似值是有依据的。首先,Belton[23]给出的 $K=185$ 来自于表面能数据,但对于1550℃,目前尚不清楚 K 值如何依赖于温度。其次,考虑建立一个模型,在这个模型中,硫表面层通过主价键连接到下方的铁颗粒,因此,在方程式中考虑的是关于FeS活性而不是硫原子的活性。

硫在表面位点的浓度是由于表面硫的结合大大增强形成的,这是因为表面硫的缺失将使强的、多向的铁价键无法形成,而溶解硫的缺失只会影响铁的结合,使铁的表面积与体积之比的增加相对更小。

Halden 和 Kingery[20]估算硫在铁中的饱和覆盖率为 11.6×10^{-6} molm^{-2},测量表明,当表面被硫覆盖至饱和时,无氧铁的表面能从 1.9 Jm^{-2} 降低到约 0.7 Jm^{-2}。减少的 1.2 Jm^{-2} 相当于 1.14×10^5 J/mol 的硫原子,这表明:就硫损失而言,表面FeS比本体FeS稳定约46J/mol。因此,我们暂时在图7-4上画一条线(黄色)以用于表示反应式 $H_2S+Fe=H_2+FeS$(表面)。在1130℃与 $p10^{-4}$ 的 H_2S 平衡时的交叉温度下,会出现50:50(Fe/S 和 Fe)相等的活度,即表面覆盖率为0.5。自由能图还显示,在1250℃的反应温度下,FeS(表面)与Fe的活度比将减少到0.7,相当于覆盖率为0.41。考虑到所涉及的近似值,该结果与 Belton 方程($Ka_S=\theta_S/(1-\theta_S)$)中在1250℃时的覆盖率为0.55的结果大致相同。相应地,对于较低的参考温度750℃,FeS(表面)与Fe的比值为20.8,这意味着硫覆盖率为0.95。

通过以上分析得到如下结论:在750~2000℃的温度范围内,硫在铁颗粒表面的覆盖率逐渐降低;且该工艺的最佳温度(1250℃)出现在约50%的硫覆盖率下。这一发现与Gspann等的观点一致[4]。

图7-4中还包括 $1/6C_2H_2+Fe=1/3Fe_3C+1/6H_2$ 反应的曲线。鉴于之前提到的三种原料气的分解自由能在900~1400℃范围内十分相似,因此在这里我们以乙炔为典型代表,显然铁也有很强的溶解碳的趋势。假设随着铁颗粒的形成,碳将被溶解到溶液中,但我们对于碳的含量并不清楚,特别是对于铁纳米颗粒而言。然而当温度高于 Fe_3C 熔点(1227℃)时,整体中仅存在液相和石墨之间的平衡,如果因难以成核而使石墨(该情况下是CNT)的形成受阻,铁中的碳含量将随着碳原子或碳氢化合物碎片的轰击而继续增加。

尽管铁对碳和硫都有很强的亲和力,但当它们在熔体中同时存在时,会发生液-

液相分离,其中一相硫含量最高达 50atm%,碳含量最低,另一相碳含量最高达 25atm%,硫含量最低。图 7-5[27]显示了从 1500℃ 的可用数据中重建的铁-碳-硫三元平衡图的一部分,如果碳和硫同时存在,我们可以预期当温度达到 1250℃ 时,至少存在两相液体颗粒。硫大大降低了铁的表面能,而碳几乎没有影响[24],这一事实表明,正如我们所观察到的那样,硫将包裹在颗粒的外部(图 7-6)。

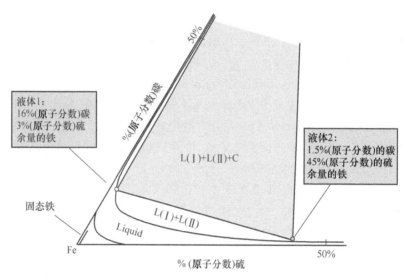

图 7-5　根据表中的热力学数据[27]重建的 1400℃ 下的铁\碳和硫的三元相图

铁颗粒表面的富硫层几乎不会溶解碳,而且还被作为屏障阻碍碳的运输。据报道,如果熔融钢中含有足够的硫以形成富硫层[28],则其中大量的熔融钢不能通过氧化或碳化调节其含碳量。

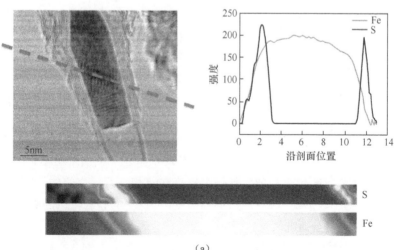

(a)

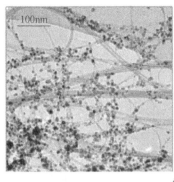
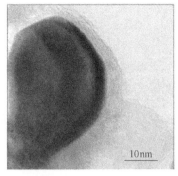

(b)

图 7-6 (a)高分辨 TEM 透过生长了多壁碳纳米管的催化剂颗粒,显示出硫在纳米管和铁之间的界面聚集;(b)在没有硫的情况下运行该工艺的产物。没有足够的纳米管可以用于任何气凝胶的提取和纺丝纤维,而且大多数铁颗粒都被碳完全包裹(彩图)

7.4 铁颗粒的成核和硫的作用

7.4.1 铁催化剂颗粒均相成核

在文献[4,6]之前,已经描述了气相中铁颗粒成核和生长的问题。然而,下一步工作需要在经典成核理论的背景下,建立一些依据证据和阐释。尽管这些理论包含许多近似值,但它们通常是适用的且可在此基础上进一步改进。但是,在进行这些计算之前需要一些数据,包括工艺参数与所涉及材料的物理参数。

通常在两个参考温度下进行计算。第一个温度为 750℃,该温度下可以认为二茂铁和噻吩的分解都已完成[6],第二个温度为 1250℃,即反应器热区中心的温度。其中注入的二茂铁的量相当于在 10^{-4} atm 分解时铁原子的分压。

图 7-7(a)中显示了用 Kelvin 方程计算出的 Fe 的蒸气压随颗粒直径的变化。Kelvin 方程给出了颗粒上蒸气压 p 随半径 r 的减小而增大的公式:$\ln(p/p_0) = 2\gamma V_m/kTr$。其中 γ 为表面能,单位为 J/m^2,V_m 为铁原子的体积。

液态铁的密度取自以下关系式[29]:$\rho(g/cc) = 8.618 - 8.83 \times 10^{-4} T$。即 1250℃ 时的密度为 7.27g/mL,750℃ 时的密度为 7.71g/mL。其蒸汽压来自经验公式[30]:

$$\log P(atm) = 7.1 - 21793T + 0.456 \log(T) - 0.5846/T^3$$

例如在 1523K(1250℃)时,蒸汽压为 1.38×10^{-6} atm。

在标准条件下,二茂铁分解后铁的分压取为 10^{-4} atm,并在图 7-7(a)中以水平线表示。750℃的曲线与铁原子 10^{-4} 分压的交点对应于铁到达率和蒸发率的平

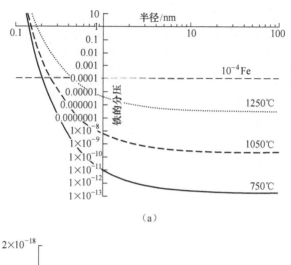

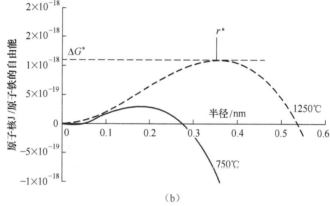

图 7-7 (a)铁蒸气在半径增大的纳米级铁颗粒上的分压;(b)铁颗粒成核的自由能图

衡,它将对应于临界晶核尺寸 r^*。对于较大的晶核,到达率将超过蒸发率,而对于较小的晶核则相反。该临界晶核尺寸可以通过半径与成核自由能形成的函数(ΔG_r)计算而得。

该方程式表示的是对于假定的球形核,蒸汽凝结形成的自由能和表面能之间的差:$\Delta G_r = 4/3\pi r^3 \Delta Gv + 4\pi r^2 \gamma$。式中,$\Delta Gv$ 为单位体积冷凝的自由能,γ 为冷凝颗粒的表面能。

ΔGv 可以由铁的分压 $p_s(10^{-4})$ 除以半径为 r 的颗粒上的平衡压力 p_r(图 7-7(a))确定,其关系如下:$\Delta Gv = v_{Fe}kT \ln(p_s/p_r)$。其中 v_{Fe} 是铁的原子体积。

750℃ 和 1250℃ 下的自由能与粒径的关系曲线如图 7-7(b)所示。

成核的能垒峰值出现在 750℃ 时颗粒半径为 0.19nm 和 1250℃ 时颗粒半径为 0.37nm 处,称为临界半径 r^*,恰与图 7-7(a)中分压曲线与 10^{-4} 水平线的交点对应。750℃时的临界半径仅对应4~5个铁原子团!如此小的尺寸,除了质疑球形核模型的有效性之外,也确实指出了这样一个事实,即以牺牲较小尺寸为代价,在分布上端的尺寸统计分布将继续增长。成核速率与Fe-Fe碰撞的特征时间相差不大,形成这一临界核的每个铁原子的自由能 ΔG^* 为 2.52×10^{-19} J。虽然生长最初取决于气相中的迁移,但当平衡蒸气压随着半径的增大而迅速下降,超过 r^* 时(图7-7(a)),生长将越来越取决于原子团之间的碰撞。在足够快的加热速度下,半径在临界半径附近的尺寸分布的顶端的极少数晶核能够生长得足够快,从而避免因临界半径随温度升高而增大导致其立即重熔。

在1250℃时,临界晶核半径增加到0.37nm,临界自由能(ΔG^*)增加到 1.1×10^{-18} J。如果将 ΔG^* 作为产生稳定原子核的活化能,则 Arrhenius 方程意味着两个铁原子发生初始碰撞导致0.37nm的核的概率为 1.8×10^{-23}。换句话说,如果将反应物立即加热到1250℃,铁颗粒的成核速率将非常小。同样,如果温度从750℃瞬时升高到1250℃,则在750℃形成的最稳定的晶核在1250℃时将低于 r^*,从而重新蒸发。当然,温度上升的速度是有限的,因此,如果750℃下成核的铁颗粒的生长能够与升温速率保持同步,则可以预期1250℃时半径大于 r^* 的晶核分布。因此这清楚地表明了注入成分的加热速率的重要性。如果速度太快,则晶核将不会均匀地形成;但是如果足够慢,先形成的晶核将通过蒸汽传递(最初)和碰撞而生长,从而保证生长在临界半径随温度增加前进行。可以推测,在碳可用的前提下,加热速度越慢,晶核将越大,纳米管的直径也越大。

了解单位体积的形核概率也很重要,为此,有必要将铁原子的碰撞密度视为每立方米每秒的Fe-Fe碰撞总数。我们首先建立了一阶假设,即碰撞密度和碰撞频率的方程与相同分压但处于真空状态下的铁蒸汽的方程相同。Fe-Fe碰撞密度的方程为:$Z = (\sqrt{2})^{-1}\sigma <v> (P/kT)^2$ 其中 σ 为截面面积(基本上是铁原子的截面面积),P 为铁的分压(取 10^{-4} atm,单位为 Pa),$<v>$ 表示为铁原子的平均速度 $((8kT/\pi m)^{1/2})$,其中 m 为原子质量,单位为千克。

铁原子的截面面积为 7.1×10^{-20} m²:

温度/℃	750	1250
速度/(m/s)	609	743
Fe-Fe 碰撞频率(z=数量/s)	4.0×10^4	3.5×10^4
Fe-Fe 碰撞密度(Z=数量/(s·m))	1.5×10^{25}	8.5×10^{24}
Fe-Fe 之间碰撞的平均自由路径(mfp=铁原子的平均速度/z)	15mm	21mm

则半径为 r^* 的稳定核的碰撞概率乘以碰撞频率可估算成核速率。在1250℃时,结果大约为 300/s/m³,这对于 10^{-4} L 的反应体积而言是微不足道的。

7.4.2 硫对铁颗粒成核的影响

图 7-8 显示了在硫分压为 10^{-4} 的情况下铁颗粒对应的蒸汽压和自由能曲线。铁的蒸汽压随着铁颗粒被硫覆盖而按比例降低,显示成核势垒的自由能图(在 1250℃的情况下)来自于文献中随着硫表面浓度增加而表面能降低的数据。显然,在 750℃时没有明显的成核势垒,最大值很小,而 r^* 与铁原子半径的量级相同。因此,在这种情况下将形成一个无成核屏障的超临界核群,其速率将仅由铁原子的碰撞频率决定。在 1250℃,上方蒸汽压为 10^{-4} 的颗粒的半径与 $r=0.27\text{nm}$ 时自由

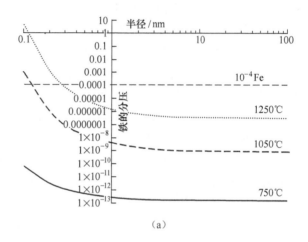

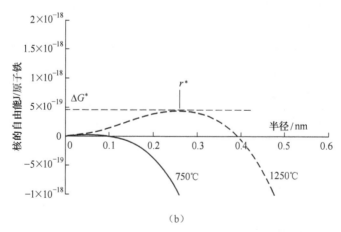

图 7-8 (a)在硫存在的情况下,铁蒸气在半径不断增大的铁颗粒上的分压;
(b)在硫存在下铁颗粒成核的自由能图

能图上的 r^* 之间仍有普遍的一致性。1250℃时,每个铁原子的 ΔG^* 约为 4×10^{-19},相当于与无硫情况相比,稳定核的铁原子之间第一次碰撞的概率增加了近8个数量级。不过这个数字仍然很小。如果不是在1250℃下蒸发掉一部分表面硫,这个系数会更大。

很明显,硫大大提高了铁颗粒的成核速率,这对该工艺的成功是否有至关重要的作用,将取决于从750~1250℃的加热速率与通过碰撞或蒸汽传递而增大的铁颗粒尺寸之间的微妙平衡。似乎可以肯定的是,硫的存在将提高可应用的最大加热速率。

给定上述铁–铁的碰撞密度,在较低温度下没有产生任何原子核的情况下,1250℃时的成核频率似乎为 $3\times 10^6\,\mathrm{s}^{-1}$(反应体积为 $10^{-4}\,\mathrm{m}^3$),这可能刚好足以纺丝。

然而,包括在 Arrhenius 方程中用 ΔG^* 进行简化假设的这些估测有很大程度的不确定性。此外,从热力学上讲,由于大部分铁是从气相冷凝而成,因此铁蒸汽的分压将从起始值 10^{-4} 进一步降低。

7.4.3 铁颗粒形成的晶核是否为均相

迄今为止的讨论是基于如下假设:仅特定注入的前驱体组分参与浮动催化剂颗粒的形成。然而,当对样品的元素能量色散 X 射线(EDX)分析表明残留的铁催化剂颗粒始终含有少量的硅和可能的微量铝时,人们对此表示怀疑(图7-9)。这些元素的唯一来源可能是莫来石反应管。(莫来石是 Al_2O_3-SiO_2 相图上作为中间结构的难熔化合物。通常是三份氧化铝和两份二氧化硅,整体式为 $Al_6Si_2O_{13}$。)

莫来石管在实验室运行数月后往往会失效,并且其在纯净、干燥、热的氢气中的降解已得到充分证明[31-32]。二者反应如下:$Al_6Si_2O_{13} + 2H_2 = 3Al_2O_3 + 2SiO + 2H_2O$(有证据表明,莫来石晶间玻璃相首先受到侵蚀。)

一氧化硅具有1700℃的高熔点,但在1880℃即到达沸点,这意味着由于陶瓷管的降解而可能使有限量的 SiO 处于气相。虽然 SiO 可能是在催化剂颗粒中检测到的硅的来源,但其组成仍不明确。

CNT 纤维纺丝的工作人员观察到,随着反应管的老化,纺丝的稳定性越来越差,解决方案是逐渐增加原料中二茂铁的浓度。此外,如果使用氧化铝反应管将不会发生任何降解反应,但纺丝过程也同样难以建立,且通过测量和分析可以发现仅通入氢气的该反应器中产生的纳米颗粒量更少[18]。

熔融石英反应管有一个等效的降解反应:$SiO_2 + H_2 = SiO + H_2O$,尽管在1250℃及以上的温度下,石英玻璃会发生软化并逐渐变形,但经验表明石英反应管比氧化铝反应管更容易纺丝。

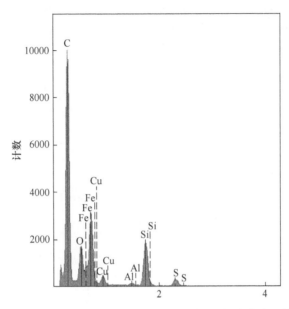

图 7-9　颗粒和纳米管的 EDX 扫描显示出硅的存在(铜峰来自于封装格栅)

存在大量可用碳的情况下，SiO 蒸汽也会引发以下反应：$SiO+2C=SiC+CO$，其中 SiC 肯定是固体颗粒，而这种颗粒的存在可能会充当铁的异相成核剂。现在急需解决的是应用最先进的高分辨率透射电镜来观察催化剂颗粒中可检测到的硅是如何分布的。

7.5　在反应器壁上的沉积

反应器中陶瓷管影响过程的另一种方式是通过在反应器壁上沉积铁和碳。

反应管上的沉积发生在 750~1000℃ 的温度范围内、管的上游端。纵向剖切管的图片如图 7-10 所示。最初(750℃)有棕色的氧化铁沉积物,紧接着该棕色沉积物的下方是一种黑色沉积物,但尚不清楚这是单纯的碳沉积物还是在铁表面已经成核的碳纳米管。从某种意义上说,这种堆积不足为奇,因为基底生长纳米管的这种方法就是简单地将碳氢化合物和二茂铁催化剂前驱体在 800℃ 时通入反应器管中。虽然在这种情况下,非氧化载气不必为氢气,但铁在反应管上沉积并使碳纳米管作为涂层在其表面生长。

在实验室规模上,沉积物并不至于干扰后续的浮动催化剂成核和纳米管的生长。然而在商业规模化生产操作中,沉积物堆积会限制气体流动,因此必须定期清除,否则将干扰连续操作。还有一个问题对于理解直接纺丝工艺也很重要:沉积物

图 7-10 反应器管壁上沉积物的照片

该管是透明的二氧化硅,但已用于在接近标准条件下纺丝。随着温度向热区增加,
管上的沉积物延伸超过 10cm,表示温度范围为 750~1000℃。沉积层的第一部
分仅为铁;第二部分为底部生长了纳米管的铁(反应物从管的远端注入)。

消耗了多少铁和碳(可能还有一些硫)? 如果消耗显著,则用于浮动催化 CNT 合成阶段的反应物的实际浓度可能远远小于所确定注入的前驱体的量。

第一步是建立计算。所使用的方程式通常应用于以收集反应器壁上的产品或冷凝物为目标的系统。壁面的损失用以下经验关系表示为管出口处的浓度与入口处的浓度之比[33]: $C_{out}/C_{in} = 0.819\exp(-11.51\phi) + 0.0975\exp(-70.1\phi)$。其中 $\phi = 4DL/\pi r^2 v$,D 为气体扩散系数,L 为发生沉积的反应器管长度,πr^2 为反应管的横截面积,v 为气流的平均速度。

一种气体在另一种气体中的扩散系数的文献值已经被确定为两种气体分子量的函数。对这些数据进行插值(未发现氢中的铁)表明,在 298K 时铁原子在氢中的扩散系数约为 $7.5 \times 10^{-5} m^2/s$。用 $(T/T_{298})^{3/2}$ 在绝对温度下进行标度,我们可以得出 D 在 750℃ 和 1250℃ 分别为 4.7×10^{-4} 和 8.6×10^{-4}。

关于推导出上述标准条件的过程,有如下内容:

反应管直径:0.065m;

平均气流速度:0.017 m/s;

沉积长度(观察沉积物):0.1m。

在忽略更频繁的 $Fe-H_2$ 碰撞的情况下,计算了 Fe-Fe 碰撞之间的平均自由程(4.1 节)。在 20mm 时,它小于反应器管半径,但具有与反应器管半径大小相同的数量级。

以上数据给出了 750℃ 时的 $\phi = 0.83$,因此根据上述经验关系,$C_{out}/C_{in} = 6.8106$,预示着几乎所有的铁原子都将在反应管上方 0.1m 处析出,在 1250℃ 时结果几乎没有什么不同。因此,浮动催化 CNT 纤维工艺根本不能运行。

但是,与这一预测相反的是,在铁遇到反应器壁之前,气相中存在足够多的碰撞以形成团簇甚至有形成超临界核的可能性。纳米颗粒的扩散率降低为 1/(质量)$^{2/3}$,因此随着凝聚和碰撞使铁原子团长大,其扩散率将降低。例如,一个由 50 个铁原子组成的原子团的扩散速度会慢 14 倍,则 $\phi = 0.059$ 对应于 $C_{out}/C_{in} = 0.42$。因此,尽管预测其可能会析出,但相比于单个原子来说,这并不重要。对于直径较小(40mm)的反应管,粒径与壁的颗粒损失之间的关系图已有报道[34]。

对于实验室中使用的反应器管直径而言,该运行过程似乎处于临界状态;不仅颗粒增长率和向反应器壁的扩散率之间存在平衡,而且 C_{out}/C_{in} 与反应管半径的比值 ϕ 将非常敏感,ϕ 位于上述经验关系中的负指数内,比例为 1/(半径)[2]。

一旦晶核的直径达到 1nm(在给定足够碳的情况下可生长出纳米管),由于生长的纳米管将进一步降低迁移到反应器壁的风险,其析出的可能性将进一步降低。另一个方面是热泳,当然也适用于催化生长纳米管的铁颗粒。在反应管的第一部分中,气体通过与器壁接触而被加热,因此到达器壁的氢分子比离开器壁的氢分子更冷,移动得更慢。结果一旦颗粒到达相当于氢的平均自由程的距离(约为 400nm),净压力与颗粒向壁运动的最终阶段相反。当反应器壁加热气体的速率为 0.002m/s,则通过计算[6]可得知离开壁的热泳漂移速度。

7.5.1　Hoecker-smail 试验

最近报道了一项精密控制的试验结果,该结果与对铁在反应器壁上的损耗程度的理解有关[6]。随后在一种特殊的反应器中进行试验,主要区别在于反应管的直径(40mm)比标准反应管小,且进料气通过扩散装置均匀地分布在反应管的截面上,而不是像标准反应器那样作为射流沿中心线喷射。试验中注入了二茂铁和噻吩,但是没有任何碳原料。由于没有缠结的纳米管形成的气凝胶,则可以插入一个探针来对催化剂颗粒进行取样,尽管无法测量 10nm 以下的尺寸,但可以对其进行尺寸分级和计数。在该试验中,有证据再次表明铁在 750℃ 区域内会沉积在反应管上,高于该温度的区域内(更靠近热区)则有碳沉积,这正是由二茂铁和噻吩分子的分解而确定的(补充信息参考文献[6])。值得注意的是,对浮动铁催化剂颗粒进行定位的试验表明,当达到热区时颗粒消失,但随着流动冷却至 800℃ 时再次出现,这种效果如图 7-11 所示。作者根据铁在热区(本试验中设定为 1200℃)的完全再蒸发来解释上述结果。图 7-7(a)显示了蒸汽压和半径之间的关系,该图表明在 1250℃ 时,硫存在的情况下,铁蒸汽在 10nm 的颗粒上的平衡分压将为 2×10^{-6} atm 或 3×10^{-6} atm(图 7-8(a))。因此,如果这些颗粒蒸发,则仍将剩余不超过 2% 的注入铁的量,言外之意即绝大部分铁确实已在反应管壁上析出。该论文还报道说,当反应物离开热区冷却时,就会发生再成核。然而,这一结论是有问题的,因为如果它是均匀成核,则临界晶核需要很长时间才能形成,那么为什么铁不能在较冷的反应管壁上析出呢? 初步的解释可能是一些纳米管已经开始从硫和二茂铁前驱体提供的碳中生长出初始纳米管,且这些碳提供了某种非均相核。然后当添加碳氢化合物后,重新成核的粒子成功地生长出能够形成气凝胶的碳纳米管。

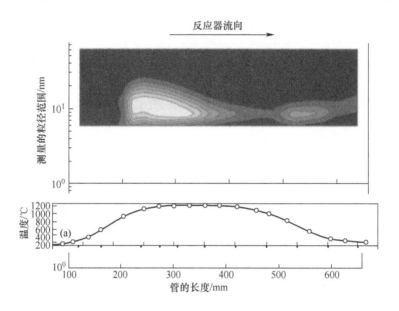

图 7-11 该图显示了沿着反应器轴的颗粒分布。反应器在没有任何碳氢化合物原料,只有铁和硫的前驱体情况下运行。颗粒通过探针管移除并计数,该探针管的尖端处可以用额外的气体进行大量的稀释。测量技术仅可记录 8nm 及以上的粒径,在该范围内,曲线图中显示粒径的分布。灰度范围为 $0 \sim 12 \times 10^8$ 粒子/ cm^3。

7.5.2 喷出

在刚刚描述的 Hoecker 试验中[6],使用扩散器将原料气均匀地注入反应器管的整个区域,然后该流体假设具有泊肃叶流动特性,即在中心线处具有最大速度,在反应管壁处为零。由于流速和管径对应的雷诺数远小于湍流的雷诺数,因此该流动是层流。

然而如果从直径较小的管中沿中心线将反应物喷出,则气体将进一步沿反应管向下喷射,直到反应物分散在热氢气中。由 $L_J = 0.106(3/2\pi)^{0.5}(\rho/\mu)(r_{reactor}/r_{injector})Q$[35] 中给出在 400℃ (测得的出口气体温度) 时的射流长度。式中,ρ 为

400℃时氢气的密度;μ 为运动黏度(Pa·s);$r_{reactor}/r_{injector}$ 为反应器直径与喷射器直径之比;Q 为400℃下校正的体积流量(m^3/s)。对于反应器直径为65mm,喷射器直径为4mm,400℃下 $Q=3.6\times10^{-5} m^3/s, \rho=0.040 kg/m^3$, 和 $\mu=3.06\times10^{-5} Pa·s$, 则 $L_J=0.11m$。该喷射长度几乎足以跨越喷射器尖端与1250℃热区之间的距离,这意味着我们预计可以更快地加热进料气,则在反应管上损耗的铁的比例可能更小,尤其是由于析出而损失的铁。

7.6　采用浮动催化法生长碳纳米管过程的动力学意义

在具有连续流体的反应器中产生适于纳米管生长的催化剂颗粒是一个精细平衡的要求。一旦催化剂和硫前驱体发生分解,铁团簇的生长必须与温度的升高保持同步,以便形成足够的超临界核来承受随温度升高而不断增大的临界半径 r^*。如果临界尺寸晶核的形成有延迟,那么随着温度的升高,这个过程将变得越来越慢。这根据上面计算推测出,也许绝大部分的铁蒸汽将在反应器侧面沉淀。计算750℃硫对金属颗粒成核速率的影响表明,硫的存在对于快速成核非常重要,因为它确保了超临界晶核的尺寸分布,以及将碰撞形成的进一步生长与温度升高保持同步,从而可用于纳米管生长。

如果加热速度足够快,则铁的成核必须等到1250℃下高温区的温度升高减慢后,在该区域内,临界核直径约为1nm,如果存在硫,则为0.5nm。这样的晶核可以用于碳纳米管的生长,而快速加热(可能是通过快速的加料速度实现的)可以最大限度地减少铁在反应管壁上的损失。主要问题是1250℃下的成核速率是否足够快。但当硫存在时情况就不同了,因为即使快速加热,在750℃下也有可能成核,然后继续促进核的生长。然而,即使晶核可通过碰撞继续生长,但其被硫有效地包裹,因此不能用于碳纳米管的生长。似乎只有当硫在1250℃下部分蒸发时,碳纳米管才开始生长,这一猜测已通过过滤器收集试验证实[18]。反应管中的硅和可能存在的铝显然进一步促进纳米管的生长,这表明其他异质元素对铁颗粒成核也可能有一定贡献作用。

Hoecker 及其同事[18]对催化剂颗粒浓度的测量也令人震惊地证实了硫在铁成核中的作用,如图7-12所示。如果没有硫,在达到1100℃之前几乎没有成核的迹象,随着硫的加入,成核时间更早,成核效果更强,即成核开始于750~800℃,在1250℃的高温区中逐渐明显直至重新溶解。同一篇论文和文献[6]中的另一个重要的发现是,二茂铁在500℃左右发生分解,而噻吩相对更稳定,直到750℃才会分解出硫。没有证据表明750℃以下可以成核而且颗粒会在750℃时突然形成。

关于铁颗粒在无硫情况下成核速率非常慢的预测及现有证据,为在无硫情况下无法纺丝提供了另一种解释,即在750~1250℃的加热过程中,铁将以原子形式

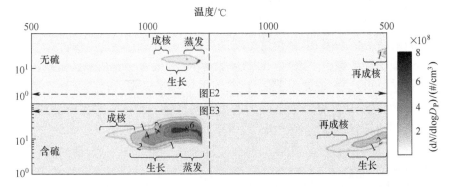

图7-12 在含硫和无硫及无单独碳氢化合物的情况下注入铁的粒度分布比较图
(反应器设定温度为1250℃。图7-1(a)来自于参考文献[29])

保持更长时间,因此更容易由于在反应管壁上析出而损耗。

对于缓慢加热,即较慢的加料速率来说,在750~1250℃范围中的低温区会有更多实质性的核增长,因此到1250℃硫逐渐消失时,铁粒子的尺寸将仅可生长出大直径的多壁管或由于颗粒尺寸太大而无法生长出纳米管。

由于相对于平均气体速度,预计反应器壁与气体之间的传热会很快[7],通过简单地增加载气和反应物的加料速率,可以实现反应物更快加热。将气体喷射进入而不是均匀地横穿反应管也可以进一步提高加热速率。快速加料有利于形成较小的催化剂颗粒,同时也确保了其数量更多。显然,快速加料(作为喷射流)是制造主要由单壁纳米管组成的纤维的关键。较慢的加料速率容易导致较大的催化剂颗粒和多壁纳米管的形成。将铁的量增加到标准量以上也会导致更多、更大的催化剂颗粒以及多壁管的形成。然而,在这种情况下,纤维往往含有越来越多的残余铁颗粒,而这些铁颗粒通常被由非常短且成形不良的多壁碳纳米管形成的碳沉积层所覆盖。

另一个有意义的观察关于直接纺丝的CNT纤维中铁的残留量是:通过热重分析确定了铁为其氧化物这一事实,铁的含量在2%~20%(质量分数)的范围内。以长度为100μm、直径为8nm的双壁纳米管为例,假设催化剂颗粒为球形,其直径等于纳米管的直径,则催化剂中的铁与纳米管中的碳的质量比约为Fe/纳米管10^{-4};对于粒径为1μm且假定长度相等(HRTEM中观察到的实际长度更大一些)的单壁纳米管而言,该比率约为Fe/纳米管$2×10^{-6}$。

问题仍然是,为什么该过程运行所需的铁比实际纳米管生长所需的铁要多得多。是因为在反应管壁上析出而消耗了很大一部分的铁和部分碳,还是因为只有一小部分的成核铁颗粒大小合适,或其表面的硫足够用于生长纳米管?

单壁纳米管的长径比接近10^6,如果在聚合物分子中也存在该比例,则该聚合物将被归类为"超高分子量"。单壁纳米管也几近完美。很显然随着其长度的增加,其机械、热和电等重要的性能会进一步提高,但尚不确定什么会限制纳米管的生长。通过质谱分析表明,仍有大量的碳未反应,气阀处主要是甲烷,因此我们认为不是由于缺乏碳而停止了增长。所以,我们假设在没有中毒机制的情况下,随着反应物从热区流出,纳米管停止生长,这就引出了一个问题:为什么我们不简单地增加反应器的长度,这样是否可以得到更长的纳米管。对于立式反应器这远不是一件简单的事情,而且试验最好在水平的试验台上进行。

总的来说,成功的纺丝是在多维参数空间内的"最佳点"上实现的,但是由于参数变量太多,可能最佳点可以在不同参数变量中扩展,或者甚至可以确定一个参数变量根本不同的最佳点。

7.7 硫的其他作用

硫对蒸汽中铁颗粒的形核有着重要影响:在 750℃时,将成核速率提高了多个数量级,有效地消除了成核障碍。相对不受碳的影响的硫保留在铁的表面,标出了铁内部可能富含碳,而表面区域含硫。尽管认为这些表面被包覆的颗粒,因为碰撞而增大,但硫将成为阻碍碳进入或离开颗粒内部的屏障。只有当颗粒的温度达到 1000℃ 时,一些硫才开始汽化,颗粒表面或部分表面才可以接触到反应器中的碳原子,为纳米管合成做好准备。如果碳以一些大的无序巴基球的形式将颗粒完全包裹起来,那么颗粒将被"蒙蔽",很难看到它如何在纳米管生长中发挥任何其他作用。成核阶段仍然是一个推测的问题,因此在这一点上,我们假设一个可能的稳态生长的情况。图 7-13 概述了一种可能性,它概括了我们对该过程的了解。

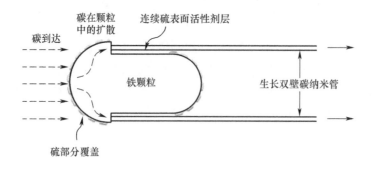

图 7-13 示意图中显示了在 1250℃下纳米管生长过程中残留硫的一个可能存在的机制。该图设想碳到达颗粒的左表面,该颗粒预计仅部分被硫覆盖,碳溶解在铁中并扩散到纳米管边缘生长前的位置。在纳米管和铁颗粒之间的层中,硫或严格约 50∶50 铁/硫溶液的附加浓度符合试验依据(图 7-6(a))。

假设颗粒不是晶体,具有高度流动性,那么碳原子或具有可用共价 C 键电势的小基团的出现将导致颗粒与碳过饱和(如果不是这样的话,是由于在成核阶段吸附前体碳)。Fe-C 相图显示,在目标温度(1250℃)范围内,过饱和铁相对于石墨而言不稳定,但当然必须使石墨成核。

另一个重要的问题是,只要铁完全被碳饱和,液态铁就不会润湿石墨的表面。对石墨表面上碳饱和的液态铁进行研究[36],其接触角为 126°,而使用碳饱和的镍进行研究[37],其接触角为 130°。还观察到,1100℃下、在惰性气氛中对包含高达 20%(质量分数)残留铁催化剂的 CNT 纤维进行退火会使含有溶解碳的液态铁析出,从而在纤维外侧形成小球[38]。非润湿性与石墨-Fe 界面能、石墨表面能和铁-蒸汽界面能之间的平衡有关,这并不意味着在石墨饱和和碳饱和的液态铁之间将不存在任何键合。因为表面层与硫明显倾向于占据纳米管/催化剂颗粒界面相结合硫与铁结合能力,意味着铁/硫界面和硫/纳米管界面的能量和比单个铁/石墨界面的能量低(假设每种情况下铁都被碳饱和),如图 7-6(a)所示。

现在出现的问题是,纳米管的合成最容易发生在浮动催化剂颗粒(约一半被硫覆盖)上的预测是否对纳米管的生长有任何影响,除了硫的大量汽化暴露了可用于纳米管成核的铁颗粒表面。在没有定量测量硫覆盖层的界面能的情况下,我们仅知道该界面能必须低于铁/纳米管界面,甚至低于铁/铁-蒸汽界面。尝试在没有硫的情况下运行该工艺确实会产生一些碳产物和一些纳米管,但所看到的绝大多数碳均包封了铁颗粒使其被覆盖(图 7-6(b))。

在铸铁技术领域中,石墨颗粒和液态铁之间的平衡与铁-碳合金的微观结构及其特性有关,因此硫被视为促进石墨和液态铁之间润湿的表面活性剂。然而,人们也越来越了解到硫在铸铁冷却过程中控制石墨形成方面的作用(铁中含有大量从高炉还原矿石中溶解的碳)。研究发现,向液态铁中添加一定量的铈、镁或铝会极大地影响石墨的形成。如果没有这种促进剂,则石墨为薄片状,最长可达数微米长,且作为固体金属裂纹的核心,从而导致产品变脆。促进剂从根本上改变了石墨的形状,形成了洋葱状的球体,这在引发裂纹破坏方面的效率要低得多。同样很明显是,三种可能的金属添加剂是强硫化物形成剂(铈最强),可以有效地"清除"铁中的硫杂质。根据 Skaland 等的开创性研究[39]以及最近 Jung 等的工作[36],发现似乎硫的存在有利于石墨的沿边生长,而在硫不存在的情况下,层与层之间彼此沉积会形成球体,使石墨的"c"轴生长更为有利。这一观察结果与纳米管生长过程中至少需要存在一些硫以及在无硫的情况下,石墨层在"c"方向上生长并以球状方式完全覆盖颗粒的相关性不容忽视。硫的存在或者增强了碳纳米管合成所需的沿边生长,因此它成为主要过程;或者阻碍了石墨层彼此之间沉积引起的"c"轴生长,再次使沿边生长成为主要过程。就铸铁而言,用于生长转变的硫临界活度与表面能随着硫的添加而开始降低的值有关,估计硫临界活度为 4.5×10^{-3}。虽然该估计值取决于碳饱和铁中硫的活度系数(取值为4.5),但这个论据未考虑高硫铁与高碳铁之间的液相分离[38]。尽管有很多的可能性,但硫产生这种深远影响的确切机理仍不清楚。

总体而言,是否可以在不使用硫的情况下进行纺丝这一问题需要再次探讨。纺制高质量纳米管所需的硫的量确实很少,在这里我们以 10^{-4} atm 的分压为标准。剑桥大学发表的一项研究[40]中研究了硫/铁比例过大的影响,指出硫含量过高会导致纳米管质量下降。分阶段减少注入的硫以便在与我们的标准条件最接近的最低添加量下,提高管的质量。研究人员随后关闭了硫源,发现仍然可以成功纺丝,从拉曼光谱的 G/D 强度比可以确定纺丝质量有进一步的改善。此后,我们使用相同的设备精确地重复了这些试验。我们看到了相同的结果,只是在停止硫注入后,纺丝过程持续时间无法超过 20min。因此,一旦停止硫的加入,继续纺丝可能取决于系统内硫的残余,这是一种瞬态效应。

另一项未发表的结果来自一项将合适尺寸的铁颗粒直接注入反应器中用于纳米管生长的研究。这些颗粒由被油酸稳定并悬浮在己烷中的五羰基铁组成,颗粒直径在 2~3nm 之间,由剑桥大学化学系 J. Geng 和 B. R. F. Johnson 制备。在无二茂铁的情况下进行纺丝[41],得到了成束的单壁碳纳米管。然而有趣的是,同样发现了即使不添加硫也可以继续纺丝,这可能是因为颗粒的有机涂层提供的氧与硫具有相似的作用。然而,这也引发一个思考:也许硫的唯一作用就是帮助铁颗粒成核,其通过表面活性剂作用促进碳纳米管生长在该过程中可能并不重要。显然在这个问题上还需要进一步的工作,因为它可能会为改善控制和降低设备复杂性提供另一条途径。

硫可以通过降低表面能来增强铁均匀成核的能力,这对于催化剂颗粒直接纺丝中正确工艺条件的设置至关重要。但事实上也并不能排除硫对纳米管实际成核和生长阶段的影响,这可能也同样重要。

对纳米管成核和生长以及硫的精确作用的更深层次的理解需要从头开始计算建模。

7.8 关键工艺参数总结

(1) 氢气载气。可以用其他惰性气体稀释昂贵的氢气。我们已经实现了在氮气含量多达 80% 的氢气中进行纺丝。然而该过程变得更加困难,且样品中会含有更多的烟灰,可能在碳氢气体中以烟的形式成核。

(2) 反应器温度。工作范围似乎是 1100~1300℃。

(3) 反应管直径。为 40~105mm。直径较小的管可能会增加在反应管上"析出"铁和在管壁上生长短纳米管的可能性。直径较大的反应管将更加昂贵,且需要的气体流量可能超过正常试验室操作的上限。

(4) 反应管材料。莫来石是一种二氧化硅和氧化铝的混合物,使用它最容易实现纺丝。氧化铝材料也可有效实现,但相比之下它更昂贵。石英也是有效的,因为可以通过反应器加热端口观察该过程。但是其长期在1200℃以上的温度下使用会软化和变形。

(5) 碳源。大多数能够蒸发的碳氢化合物气体或液体似乎都可以作为碳源。有证据表明,芳香族液体更容易实现纺丝,且如果单壁纳米管要基于纤维生长,则其是首选,尤其诸如乙醇和正丁醇之类的醇。当使用天然气作为碳源时,纺丝也取得了成功。

(6) 硫源。硫似乎是成功纺丝的必要条件。尽管大多数工作是使用噻吩完成的,但也可以使用硫蒸汽进行纺丝。二硫化碳也是有效的,特别是在形成单壁CNT纤维时,但由于其沸点低,操作较为困难。

(7) 铁源。二茂铁是应用最广泛的铁前驱体。它价格便宜且通常升华后进入反应器中,但也可以注入液态烃溶液中。

(8) 加料组分的相对含量。其摩尔比见表7-1。增加反应物在氢中的比例,纺丝仍然是可以进行的,结果是产率提高,但纤维性能却缓慢下降,杂质含量增加。相比于其他组分,铁的含量可以增加5倍,而不会影响纺丝能力;但制备的纳米管直径较大,颗粒杂质含量增加,导致其机械、电和热性能降低。当硫含量增加时,工艺稳定性略有提高,但随着硫含量的继续增加,会导致多壁纳米管迅速形成,越来越多的纳米管出现缺陷,有时出现扭结或分叉。如果有论点表明铁颗粒表面上的硫在纳米管生长之前就会蒸发掉,则S/Fe比实际使用的S/Fe大一个数量级或更大,这可能会阻碍生长。当某一特定组分减少时,产量就会降低,直到无法纺丝为止。

(9) 加料速度。反应物通过直径为4mm的反应管注入,流速达到标准的4倍,加料速度越快,则产生的纳米管直径就越小(这是获得仅包含长单壁纳米管纤维的普遍方法)。如果没有"喷射",则可能需要更高的整体加料速率才能制造单壁纳米管纤维。

(10) 缠绕率。相对于主气流的缠绕速度越快,纳米管沿纤维轴的取向越好,轴向性能也越好。在设定卷绕速率时,必须在最大速率(可能为70m/min)和纤维从套筒中拉出使纺丝中断的增加趋势之间取得平衡。

7.9 适用于工业化应用的放大试验

在实验室规模上,在8h内可以生产出1g由长度约20km、直径10μm长丝凝聚而成的单股纤维。虽然这在长度上可能是令人满意的,但工业生产量,即使是中试工厂,其至少也需要具有 1000 倍的生产量,如果完全工业级工厂能够达到吨数,则需要进一步增加 3 个数量级。

剑桥小组通过以色列公司 Tortech Ltd. 及其英国子公司 Q-Flo 进行最直接的规模扩展。他们使用一种反应器使产量至少提高了 100 倍,该反应器基本上是基于剑桥试验室用的陶瓷管,但其尺寸更大。最初的大部分发展都集中在片材上,未致密的纤维以卷筒的宽度卷绕。这种材料的微观结构表明它没有残留物非常纯净,主要由多壁碳纳米管组成(图 7-14(a))。碳纳米管以未致密的状态卷成片材,准备用于预浸料的制备(图 7-14(b)和(c))。

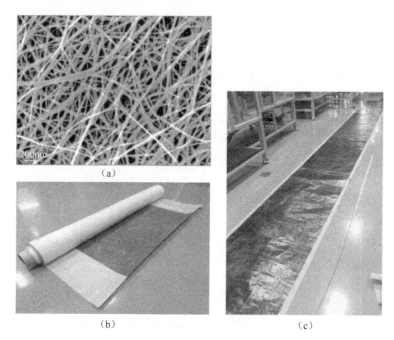

图 7-14 (a)商业化纺制的碳纳米管纤维的显微照片,该纤维被收集为具有很少取向的多壁碳纳米管组成的薄片;(b)纳米管片材;(c)由片材制成的预浸料

CNT 纤维的生产也在进行,生产率同样令人满意。纤维产量的不断提高往往伴随着其性能的下降,而大部分的发展集中在保持试验室规模上的优异力学、电学和热学性能基础之上。基于预浸料结构的生成和测试将继续影响它的应用推广。图 7-15 显示了基于预浸料生产的成型结构,它具有力学和辐射方面的优异能量吸收性能。

该工艺的一个特点是其固有的"可扩展性",我们已经成功地利用最便宜的可用碳源之一的天然气(英国国内供应)进行纺丝。二茂铁价格便宜,但其纯度和干燥度必须重视,而且其在噻吩中的可用量确实很小。噻吩可以用升华的含硫气体

 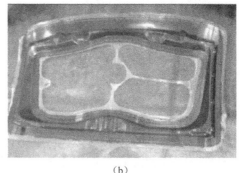

图 7-15 基于 CNT 预浸料的成型结构

(S_2)代替,这可能使其操作较为困难,但成本不会很大。与操作该过程相关的主要消耗品成本将是氢气。在实验室里,氢气从气体阀门排出后就废弃了。在工业上,排出的氢气可以进行纯化和再循环,这又增加了成本,但也增加了资本种类。然而,氢气也是从该过程中产生的,因为它是从碳氢化合物分子中提取出来的。我们怀疑,氢气的必要流速更多地与使反应物迅速进入高温区有关,而不是与补充气体有关。另一种方法是稀释氢气,我们的试验已经实现了使用仅含 10%氢气的氮气进行纺丝,但是尽管该操作在安全方面有优势(需要在 10%含量以下操作,确保完全没有可燃性),但这样使用氮气很难节省成本,同样的情况也适用于氩气。我们使用氮气进行试验,稀释未达到 80%,纺丝就无法完成。此外,我们注意到随着稀释度的增加,纤维中的微粒含量增加。对于按比例放大至吨位的生产量,纯氢气可能是最好的选择,并可以通过改进的注射器、氢气的纯化和再循环装置降低流量。

7.10　展望

未来的发展将有三个方面,两个是科学方面,一个是工业方面。在科学方面,Dr. Boise's 的参与大大强化了剑桥的试验工作。他把为涡轮能源技术等其他领域开发的在气流中测量颗粒的专业知识带到了这个问题上。第一系列的粒径测量,尽管检测范围尚未发展到观察早期成核的程度,但其强调了由于"析出"而导致的铁损失以及添加硫在铁颗粒准备成核阶段的重要性。来自反应器壁的非均相颗粒可能存在一种辅助铁成核的元素的猜想为我们提供了另一种思路,是否可以通过添加能够使铁颗粒形成"开始"的微小团簇来增强成核作用。另一个过程是控制元素:反应物的加热速率的重要性意味着可以采用其他加热工艺,例如等离子体加热。另一个科学方面是在不同尺度上建模并相互联系,这样从原子尺度模型中派生出来的经验就可以在下一个层次上对模型进行参数化。例如正在开发的从头计算模型[42]应该能够模拟难以捉摸的碳纳米管成核步骤,包括溶解在铁中的硫和碳。这些模型还可以预测频繁发生的化学反应,以便在模型时间范围内(大约几纳秒)被捕获。基于对所涉及的化学系统热力学的理解,能够对至少与宏观相关的多组分平衡进行基于模型的预测。由气态材料形成冷凝相涉及成核步骤这一事实也需要纳入一个连续动态过程模型中,其中温度随着反应物流过反应器而变化,且各个阶段可用的时间是受限的。这种模型还需要包括粒子碰撞动力学,以便准确预测反应器壁上析出的铁和碳的比例。

在商业方面,如果要实现该工艺的全面效益,则需要突破基于管状反应器的几何结构。可以设想更复杂的三维气流,以及不受大尺寸陶瓷管可用性限制的反应器结构,然而投资水平和企业意愿是需要解决的问题。除非有一个拥有足够雄厚资金的组织准备承担建立全新设计的大型反应器的风险,否则其产量只能满足特定市场的需求,而永远无法挑战现有的碳纤维产业。即使是每年一千万美元的投资力度,也可能只够下一个开发阶段使用。迄今为止,为数不多的每天以千克为单位生产的商业运营商,和世界上许多每天最多只能生产1克的大学团体,都需要一个适当的多尺度计算模型来支持,该模型可以查询截然不同的反应器设计,并优化原料组成、流速和生成的气凝胶微结构的关键参数(例如纳米管的长度和直径)。

本章相关彩图,请扫码查看

参 考 文 献

[1] Y. -L. Li, I. Kinloch, A. Windle, Direct spinning of carbon nanotube fibres from chemical vapour deposition synthesis, Science 304 (2004) 276, https://doi.org/10.1126/science.1094982.

[2] Anon. 2008. US Patent 10/794810. Production of Agglomerates from Gas Phase. (Granted 2008).

[3] Anon. 2016 Gas Isolation Valve. 8419816. (Granted 2016).

[4] T. S. Gspann, F. R. Smail, A. H. Windle, Spinning of carbon nanotube fibres using the floating catalyst high temperature route: purity issues and the critical role of sulphur, Faraday Discuss. 173 (2014) 47-65, https:// doi. org/10. 1039/c4fd00066h.

[5] M. Zhang, K. R. Atkinson, R. H. Baughman, Multifunctional carbon nanotube yarns by downsizing an ancient technology, Science 306 (2004) 1358 - 1361, https://doi.org/10.1126/sci-

ence. 1104276.

[6] C. Hoecker, F. R. Smail, M. Bajada, M. Pick, A. M. Boies, Catalyst nanoparticle growth dynamics and their influence on product morphology in a CVD process for continuous carbon nanotube synthesis, Carbon 96 (2016) 116-124.

[7] D. Conroy, A. Moisala, S. Cardoso, A. H. Windle, J. F. Davidson, Carbon nanotube reactor: ferrocene decomposition, iron particle growth, nanotube aggregation and scale-up, Chem. Eng. Sci. 65 (2010) 2965.

[8] T. V. Chaudhary, E. Aksoylu, D. W. Goodman, Nonoxidative activation of methane, Catal. Rev. Sci. Eng. 45 (2003) 151.

[9] T. Gspann, S. M. Juckes, J. F. Niven, M. B. Johnson, J. A. Elliott, M. A. White, A. H. Windle, T. Rosenqvist, Principles of Extractive Metallurgy, McGraw Hill, New York, 1983.

[10] C. K. Weiffenbach, P. R. Griffiths, P. J. Schuhmann, E. R. Lippincott, High-temperature equilibria from plasma sources: I—Carbon-hydrogen-oxygen systems, J. Phys. Chem. 73 (8) (1969) 2526-2531, https://doi.org/10.1021/j100842a011.

[11] C. Zhang, L. Weller and S. Hochgreb. Carbon, Submitted.

[12] S. Stein, On the high temperature chemical equilibria of polycyclic aromatic hydrocarbons, J. Phys. Chem. 82 (5) (1978) 566-571, https://doi.org/10.1021/j100494a600.

[13] C. Gueret, M. Daroux, F. Billaud, Methane pyrolysis thermodynamics, Chem. Eng. Sci. 52 (5) (1997) 815-827.

[14] M. Frenklach, H. Wang, Detailed modelling of soot particle nucleation and growth, in: 23rd Symposium (International) on Combustion, The Combustion Institute, 1990, pp. 1559-1566.

[15] P. A. Tesner, Formation of soot particles, Faraday Symp. Chem. Soc. 7 (1973) 104-108. 182 CHAPTER 7 UNDERSTANDING THE DIRECT SPINNING OF CNT FIBRES

[16] C. Singh, M. Shaffer, I. Kinloch, A. Windle, Production of controlled architectures of aligned carbon nanotubes by an injection chemical vapour deposition method, Phys. B Condens. Matter. 323 (2002) 339-340.

[17] High thermal conductivities of carbon nanotube films and micro-fibres and their dependence on morphology, Carbon 114 (2016) 160.

[18] C. Hoecker, F. R. Smail, M. Pick, A. M. Boies, The influence of carbon source and catalyst nanoparticles on CVD synthesis of CNT aerogel, Chem. Eng. J. 314 (2016) 388-395.

[19] R. M. Sundaram, K. K. K. Koziol, A. H. Windle, Continuous direct spinning of fibres of single walled carbon nanotubes with metallic chirality, Adv. Mater. 23 (2011) 50648, https://doi.org/10.1002/adma.201102754.

[20] F. D. Richardson, J. H. E. Jeffes, The thermodynamics of substances of interest in iron and steel making from 0℃ to 2400℃: I—oxides, J. Iron Steel Inst. 160 (1948) 261.

[21] P. W. Sutter, E. A. Sutter, Dispensing and surface-induced crystallization of zeptolitre liquid metal-alloy drops, Nat. Mater. 6 (2007) 363-366.

[22] S. Ozawa, S. Takahashi, H. Fukuyama, M. Watanabe, Temperature dependence of surface

tension of molten iron under reducing gas atmosphere, J. Phys. Conf. Ser. 327 (2011) 1–7, https://doi.org/10.1088/1742-6596/327/1/012020.

[23] G. R. Belton, Langmuir Adsorption, the Gibbs adsorption isotherm, and interfacial kinetics in liquid metal systems, Metall. Mater. Trans. 7B (1976) 35–41.

[24] F. H. Halden, W. D. Kingery, Surface tension of elevated temperature— II. Effect of C, N, O and S on liquid iron surface tension and interfacial energy with Al_2O_3, J. Phys. Chem. 59 (1955) 557–559.

[25] J. Joad, N. Eustaphopoulos, P. Desre, Measurement of surface tensions and entropies of Liquid Cu, Ag and Pb by the sessile drop method on a graphite support, Compt. Rend. 274 (1972) 549–552.

[26] J. Oudar, Etude De LadsorptionChimique Reversible Du SoufreA La Surface Du Cuivre Aux Temperatures Elevees, Compt. Rend. 249 (1959) 91–93.

[27] M. S. Motta, A. Moisala, I. A. Kinloch, A. H. Windle, The role of sulphur in the synthesis of carbon nanotubes by chemical vapour deposition at high temperatures, Nanosci. Nanotechnol. 8 (5) (2008) 2442–2449, https://doi.org/10.1166/jnn.2008.500.

[28] H. J. Grabke, D. Moszynski, E. M. Muller-Lorenz, A. Schneider, Role of sulphur in carburization, carbide formation and metal dusting of iron, Surf. Interface Anal. 34 (2002) 369–374.

[29] V. Grosse, A. D. Kirshenbaum, The densities of liquid iron and nickel and an estimate of their critical temperature, J. Inorg. Nucl. Chem. 25 (1963) 331–334.

[30] C. B. Alcock, V. P. Itkin, M. K. Horrigan, Vapour pressure equations for the metallic elements, Can. Metall. Q. 23 (1984) 309.

[31] T. P. Herbell, D. R. Hull, A. Garg, Hot hydrogen exposure degradation of the strength of mullite, J. Am. Ceram. Soc. 81 (4) (1996) 910–916, https://doi.org/10.1111/j.1151-2916.1998.

[32] P. S. Gentile, Investigation of aluminosilicate ceramic for solid oxide fuel cell applications, PhD thesis, Montana State University, Bozeman, Montana, 2010.

[33] W. C. Hinds, Aerosol Technology: Properties, Behaviour, and Measurement of Airborne Particles, second ed., Wiley, New York, NY, 1999, p. 163.

[34] C. Hoecker, F. R. Smail, M. Pick, L. Weller, A. M. Boies, The dependence of CNT aerogel synthesis on sulphur-driven catalyst nucleation processes and a critical catalyst particle mass concentration, Nat. Sci. Rep. 7 (2017) 14519, https://doi.org/10.1038/s41598-017-14775-1.

[35] A. Revuelta, A. L. Sanchez, A. Linan, Confined axisymmetric laminar jets with large expansion ratios, J. Fluid Mech. 456 (2002) 319–352.

[36] S. Jung, T. Ishikawa, S. Sekizuka, H. Nakae, Effects of sulfur on interfacial energy between Fe-C melt and graphite, J. Mat. Sci. 40 (2005) 2227–2231.

[37] Y. V. Naidich, V. M. Perevertailo, G. M. Nevodnik, Wetting of graphite by nickel as affected by the liquidphase dissolution process of carbon, Sov. Powder Metall. Met. Ceram. 10 (1971)

45-47.
[38] J. J. Vilatela Garcia, PhD thesis, Cambridge University, 2009.
[39] T. Skaland, O. Grong, T. Grong, A model for the graphite formation in ductile cast iron, Metal. Trans. A. 23A (1992) 1333. 24A, 2347 (1993).
[40] C. Paukner, K. K. K. Koziol, Ultra-pure single wall carbon nanotube fibres continuously spun without promoter, Sci. Rep. 4 (2014) 3903.
[41] J. Geng, B. R. F. Johnson, A. Moisala, M. Motta, Unpublished Results (n. d.).
[42] Y. Shibuta, J. A. Elliott, A molecular dynamics study of the carbon-catalyst interaction energy for multi-scale modelling of single wall carbon nanotube growth, Chem. Phys. Lett. 427 (2006) 365-370.

第8章
碳纳米管材料断层扫描

Mark Haase[1], Sathya Narayan Kanakaraj[2],
Noe T. Alvarez[1], Vesselin Shanov
[1] 美国辛辛那提,辛辛那提大学化学与环境工程系
[2] 美国辛辛那提,辛辛那提大学机械与材料工程系

8.1 引言

传统的材料成像通常局限于二维图像。光学显微镜、扫描电子显微镜(SEM)和其他技术都能产生材料表面的平面图像。有些成像技术,如原子力显微镜和其他轮廓测量方法,确实提供了一些三维信息。然而,这些信息仅限于表面如何在三维空间中移动;它无法让我们深入了解内部结构。尽管存在这些限制,但三维信息对于了解和改进材料和器件仍是至关重要的。因此,人们开发了多种方法来深入了解三维结构。例如,对晶粒和颗粒尺寸以及材料分布,切片和采集切片图像是常用方法。来自投影技术(如透射电子显微镜(TEM)和各种X射线方法)的单个图像或小组图像也可以提供关于内部结构的一些汇总信息。然而,这些方法都不能完全捕捉材料内部形貌的尺寸和结构。结构各向异性很容易被忽略,即使小心,样品制备方法也会改变密度和形貌。

如果所讨论的样品具有纳米级特征,这些问题就会更加严重。用具有纳米级颗粒的纤维进行切割成像本身是一项艰巨的任务,需要聚焦离子束(FIB)或高质量的切片机工作。如果样品特征非常小,即使这些方法也可能弄不清真实的结构,只是将其掩埋在切割的碎片下面,切除掉颗粒而不是剖开颗粒,并改变材料的几何形状。此外,由于时间的关系,制备许多这种类型的样本也是不切实际的,因此用测量来解释样品问题的技术不太容易获得。所以需要获得一种方法,即它可以对整个样本进行成像,同时尽量减少样本制备过程中所需的切片量。电子显微镜或X射线显微镜的计算机断层扫描就是这样一种方法。

8.1.1 计算机断层扫描历史

现代断层扫描技术起源于早期的医学成像[1]。在 X 射线发展到医学成像后不久,它们在精确定位人体结构方面的局限性就显现出来了。这种投影成像是一个令人难以置信的突破,但获得的图像既不能精确定位内部特征,也不能清晰地定义其形状。为了克服这一限制,通常采用多个方向进行扫描;这提供了多个投影平面(通常相互垂直),进而提高医生定位身体特征结构的能力。随着 X 射线图像分辨率和精度的提高,扫描次数也随之增加,医务人员可以更紧密地绘制出人体结构的大小和形状。这就建立了断层扫描所需的机械设备,即发射极—探测器对,其安装方式允许它们围绕扫描的人或样品旋转。然而,这并不是真正的断层扫描;没有对样品的三维结构进行严格的数学重建。这在很大程度上是由于当时可用的计算能力有限。到 20 世纪初,适用于这个问题的数学方法[2-4]出现(虽然还不是广为人知),但所需的计算对于当时那个年代的力学和生物学计算机是不切实际的。

随着计算机能力和实用性的提高,计算限制变得不那么重要了[5]。在这一点上,早期的数学开始应用于图像堆栈分析问题,最终被称为代数重建技术(ART)——这是众多重建方法中的第一种[6]。将这一进展与旋转医用 X 射线系统产生的图像堆栈结合起来,就产生了第一个真正的计算机断层扫描。几十年来,医学和生物学推动了计算机断层扫描技术的发展,在某种程度上,这些领域仍然是主要的驱动力,特别是在宏观和微观成像领域。然而,它们远远不是唯一适用的领域[7]。三维形貌和材料相分布问题是复合材料、冶金、催化、过滤、电化学和许多其他领域的基础[8-13]。然而,在这些领域中,所讨论的形貌问题往往是小的——微尺度晶粒和界面以及纳米尺度的孔隙和通道。虽然重建的数学原理相似,但图像采集却不尽相同。为了研究这些微纳米系统,需要开发高分辨率显微镜,并将其与断层扫描方法相结合。电子显微镜(特别是透射电子显微镜及其衍生物)的发展提供了所需的更高分辨率。

对于纳米级断层扫描,主要有两种成像方法:电子显微镜[14-15],即透射电子显微镜[16]、扫描透射电子显微镜[17-19]和 X 射线显微镜[11,20-21]。电子显微镜和电子断层扫描是早期发展起来的。由于电子显微镜(特别是 STEM)的高分辨率,电子断层扫描仍然是最高分辨率的断层扫描之一[22]。虽然计算机断层扫描起源于 X 射线技术,但 X 射线显微镜与传统的医用 X 射线不同,它经过了充分的改进,仅在最近几十年才得以使用。X 射线断层扫描的绝对分辨率虽然不如同类仪器中的电子断层扫描,但它在数据采集和相位区分方面具有一定的优势;它还可以成像更大的区域,对桥接纳米尺度和微尺度的结构很有用。

8.1.2 计算机断层扫描法

计算机断层扫描是通过投影成像和数学重建生成样本的三维表示的技术,简化图参见图 8-1,本章重点介绍纳米级断层扫描方法[23-27]。虽然有很多不同尺度的成像和重建方法,但所有的纳米级方法都有相同的原理。例如,这些技术都有一个共同的序列。首先,将样本安装在电子显微镜或 X 射线显微镜的成像室中,该成像室位于光束发射器和探测器之间。

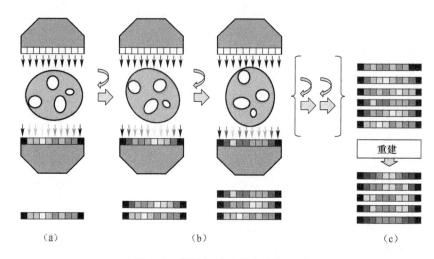

图 8-1 断层扫描的基本采集原理

(a) 波(如 X 射线或电子束)从其发生器投射,穿过样本,并投射到探测器网格上,产生像素强度不同的图像。由于与样本的相互作用,强度与波的衰减成正比;(b) 旋转/微动一个角度,采集下一幅图像。重复此过程以生成图像堆栈。对于纳米级样本,样品旋转,而对于宏观级样本,通常是投影仪和探测器旋转;(c) 一旦图像堆栈被采集完毕,它就被输入到一个重建算法中,该算法生成一个 3D 对象,其体素强度与各个投射的像素强度一致。对象的分辨率取决于堆栈中图像的分辨率和数量。为了便于解释,软件通常允许将对象视为片段或影像,或者确定各种量化指标。

然后采集图像;当射束穿过样本时,由于与样本相互作用而衰减,进而强度降低。结果在探测器处形成图像,其中每个像素的强度与样品沿着从发射器到相应探测器像素的路径引起的光束衰减程度成正比。采集一幅图像后,系统旋转一个角度,再次采集图像,重复该过程至扫描结束。对于纳米级断层扫描,旋转角度通常为 1°或更小的角度。数字将根据图像之间的旋转角度和可实现的旋转范围而变化。电子显微镜系统通常必须旋转小于 180°,而 X 射线系统通常可以旋转 360°或以上[28]。因此,电子显微镜系统更容易在狭窄的旋转范围内产生成像伪影,尽管作为一种仪器,它们能够获得比 X 射线显微镜更高的分辨率和放大倍率。

一旦采集到一组图像(称为堆栈),就对其进行重建处理——计算机断层扫描的"计算"部分。为了将轴位置的微小变化或图像之间的旋转所产生的误差降至最低,堆栈中的图像通常使用经验方法和操作员的经验进行对齐。这种误差是不可避免的,这是成像系统中细微缺陷的结果;对于维护良好的系统,这种误差非常小,大约只有几个像素。一旦对齐,堆栈被送入软件进行重建。有几种重建方法可用,每种方法都有优缺点[6,29-34]。所有这些方法都是需要大量计算的迭代技术。它们沿着数据的光束路径反向工作,以测定可能产生的观察到的一组投影强度的体素强度。在材料研究中,这些强度与结构和空隙以及密度等材料的特性差异相对应。虽然通常无法从这些数据中识别未知材料,但材料的差别可以识别。重建完成后,这些三维像素形成原始样本的三维图像。

有许多软件程序可以查看和分析这些三维图像。对于许多材料来说,只要有可见结构就可以进行研究。但是,简单地查看对象可能会使信息模糊;这些对象的性质是这样的:从一个角度查看将隐藏其他角度的数据。因此,通常将数据视为切片和影像,系统地剥离曲面和平面以显示其他对象,并旋转对象以查看所有角度。详细的数学分析也很常见,利用数学技术总结出物体的重要数量特征。表面积和体积是最常见的,但也可以采用其他几何测量方法,例如排列、孔隙形状和孔隙网络。

8.1.3 试样约束

与许多成像技术一样,样本制备是获得高质量数据的关键。在旋转和成像过程中,样本的非计划移动对重构有着显著的负面影响,会引入伪影和误差,在极端情况下甚至会使重构不能提供有用的结果。如果堆栈中只有少数图像受到影响,则可以移除这些图像以将损害降至最低,而代价是重构质量降低。因此,确保样本稳定和不动至关重要。对于许多纳米材料,尤其是纤维结构,这也是一个不小的挑战。通常,通过将样本固定在较大的物体上(例如 TEM 网格)来稳定样本,有时还需要引入涂层来提高刚度和减少脆性的影响。

此外,样本尺寸也很重要。由于这些技术都是围绕投影图像构建的,因此它们必须足够薄,以允许光束通过样本,但厚度又必须足够厚,以在通过时提供有意义的衰减。适当的尺寸将随样本材料和成像仪器而变化。对于电子断层扫描,至少需要一个亚微米范围内的样本尺寸,对于低导电性材料,可能需要更薄的尺寸。使用传统的技术和经验法——聚焦离子束、切片机等可以制备出合适的样本。唯一的问题是样本需要在至少一个轴上旋转时保持稳定。

值得注意的是,在医学成像和其他大规模断层扫描中,通常是相机/投影仪对围绕样本旋转,而在纳米级断层扫描中,则是样本旋转。这与典型样本对旋转的响应有关。在医学成像中,典型的样本是非刚性的(例如人),而其他的宏观断层扫描也会涉及非刚性的样本。如果旋转这些样本,重力的影响会导致样品结构发生变化,导致结果不佳;通过旋转样本周围的成像组件,样本可以沉降到一个不会改变的稳定位置,从而获得可用的结果。在纳米级断层扫描中,重力对样本硬度的影响通常可以忽略不计;此外,在电子显微镜柱内旋转样本是一个简单的过程,而旋转显微镜柱则是一个复杂的过程(至少可以说)。虽然与纳米级断层扫描没有直接关系,但这个例子说明了必须考虑的潜在问题。

8.2 碳纳米管断层扫描

尽管碳纳米管(CNT)早在20世纪70年代就已发现[35](或更早)[36],但直到20世纪90年代才首次获得广泛的研究关注[37]。早期的研究证明了碳纳米管不同寻常的结构和性质[38-41]。这些分子通常被描述为由富勒烯半球覆盖的六角晶格石墨烯片卷绕的管状物,尽管它们的合成采用明显不同的工艺路线。它们可以具有大的长宽比(取决于合成参数,约100000∶1或更大),从而获得高表面积材料。多个管通常嵌套在另一个管内。这种结构带来了优异的性能组合。它们有很高的热导率,导电性可以根据直径进行调节,并且可以从金属导电到半导电性之间变化,抗拉强度是有史以来最高的,其密度与水的密度相当。碳纳米管的许多性能表现出某种形式的各向异性,即沿碳纳米管生长轴的拉伸强度较高,但垂直于生长轴的拉伸强度较弱。当然也存在其他极端特殊性质。

在对碳纳米管进行表征的同时,也对碳纳米管的合成方法进行了研究。目前最流行的方法是化学气相沉积(CVD)和浮动催化剂法,每种方法都有一些变化[38,42-46]。两者都生产高质量的碳纳米管,其数量和副产品含量因条件而异。由于CVD过程与本文所述的试验相关,下文将对其进行更详细的描述。广义地说,这两个过程都涉及在超过600℃的温度下向纳米金属颗粒引入碳源气体。在浮动催化剂方法中,催化剂颗粒是由碳气体和含金属蒸汽(例如二茂铁)的热解形成的。这种方法适合于连续生产,但所制备的材料金属含量高,取向性差,许多应用需要大量的合成后处理。在CVD法中,催化剂固定在反应器内固定的基片上。这种方法倾向于批量生产,但生产的材料具有非常低的金属含量和良好的取向性(由CVD生产的碳纳米管通常被称为"阵列"、"森林"或"毯")。这两种方法在工业和学术界都有应用。

随着更可靠、更大规模的生产,人们开始致力于应用研究。碳纳米管的令人兴奋的结构和特性使其可以应用于许多场合——场发射[47-48]、传感器和电子器件[49-51]、智能材料[52]、复合增强剂[40,53-54]和催化剂载体[55]等。然而,要制造出大多数这样的器件,纳米尺度和宏观尺度之间必须桥接——许多碳纳米管必须协同工作。虽然基于宏观组装的应用已经成功地原型化或采用,但其开发的挑战不仅揭示了控制结构的重要性,而且也揭示了实现控制结构的困难。这尤其适用于利用各向异性特点的应用,例如导电材料和超强材料。

偶然地,一些使用 CVD 生长的 CNT 阵列显示出一种被称为"可纺性"的新特性[56]。定性地说,具有可纺性的阵列可以类似于丝绸等纺织材料进行加工,纤维可以从阵列中提取,然后扭曲形成简单的纱线,或者分层形成薄片[57]。这些纺织品中的碳纳米管排列整齐。这些基本材料可以用作制备或作为更复杂的材料系统和设备的元件[58]。尽管人们对这一特性及其所能提供的材料感兴趣,但仍难以定量描述。对合成条件、产物组成、表面形貌和密度的研究已经给出了重要的见解,但并没有得到充分的证明。有证据表明形貌起着关键作用。

在研究形貌方面已经做了一些工作(使用小角度散射[59]、偏振拉曼[60-61]和其他技术[62-63])。然而,这些方法只能提供描述宏观结构的汇总信息,而不能详尽地描述纳米尺度的形貌。而电子断层扫描和 X 射线断层扫描都可以提供一些纳米级的信息。如下所述,电子断层扫描被用于成像可纺碳纳米管网的纳米结构。用 X 射线断层扫描对两个碳纳米管螺纹样品(一个原始样品和一个含有金属颗粒的样品)进行了成像。

8.2.1 试验材料的合成

这些试验中使用的碳纳米管都是用同样的方法合成的:化学气相沉积(CVD)。原料制备包括催化剂制备、合成配方运行、绕制、后处理四个步骤。在适当的章节中将会描述绕制后的不同处理;这里讲催化剂、配方和绕制。

用于这些试验的催化剂由四层组成。第一层是基底层,由 Silicon Quest International 公司提供的标准硅片构成。在该基底层上,使用科特莱思科(Kurt-Lesker)PVD 75 设备通过物理气相沉积(PVD)沉积了 5nm 的氧化铝。在氧化铝上,用同样的设备沉积了 0.6nm 的铁和 0.6nm 的钴。沉积完成后,将晶圆从 PVD 中取出然后放到合成设备。然后被加工到所需的尺寸,对于这些试验,大约 2cm×5cm。

为了进行合成,晶圆片样本被装入 CVD 炉中;气闸将大气和水的污染降至最低。在 CVD 炉内,样本要经过一系列步骤,每个步骤都有自己的温度和气体成分;详细的配方发表在其他地方[64-66]。广义上讲,在加热的初始阶段,氩气流用来清除反应室中的污染物。然后,向氩气中加入氢气,以减少任何表面氧化物。当反应器温度达到 750℃时,加入乙烯气体作为合成的碳源。此外,在这一阶段,通过鼓泡器引入少量水。鼓泡器保持在 1 个大气压和 60℃;氩气用作载气并通过鼓泡器。生长步骤需要 20min,生成高度约为 400μm 的阵列,但样品之间的高度有一些变化。最后,在冷却期间,氩气流吹扫反应器。然后移出该阵列并评估其可纺性。

一旦合成阵列,它的纤维就可原封不动地使用,如纺成纱线,或者层叠成片材。在这项工作中,纺纱线被用于两个样品,而预纺网用于另一个样品。使用定制纺纱机进行纺纱[64]。从阵列中抽出一个网并连接到机器上的一个线轴上。然后,机器同时将网捻成纱线,并将该纱线拉到线轴上。

纺纱后,溶剂致密化通常用于压实纱线[67-68]。在这个过程中,纱线通过溶剂浴进行拉伸;溶剂及其蒸发引起的毛细力和表面力导致纱线内的孔隙收缩。对于原始纱线样品,使用了 N-甲基-2-吡咯烷酮;文献[69]支持使用不同的溶剂。对于含有金属纳米颗粒的纱线,使用硫酸铜和硫酸的水混合物;致密化过程的变化细节在下面介绍。

8.2.2 可纺碳纳米管网的扫描电镜断层扫描

在本书中,从可纺阵列拉网是可纺性的典型特征。因此,它的结构是一个有兴趣的课题,特别是在纳米尺度。样品制备的标准方法是在 TEM 网格上拉出一段网状物,并依靠碳纳米管与其他材料黏附的自然属性来保持稳定。然而,测试表明,这种黏连不能充分固定成像;参见图 8-2 的示例。此外,当样本在断层扫描期间旋转时,标准 TEM 网格中的网孔被网格条遮挡,极大地限制了可实现的旋转角度。因此需要其他方法。

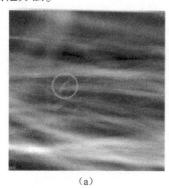
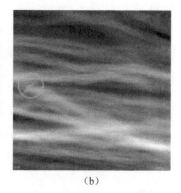

(a)　　　　　　　　　　　　(b)

图 8-2　证明断层扫描需要额外固定碳纳米管(CNT)网的图像对图(a)和图(b)是同一个样本,在铜孔透射电子显微镜支架上的一段碳纳米管网,在放大倍数 160k× 的 FEI-Talos F200X 扫描电子显微镜中进行断层扫描。没有使用溶剂或黏合剂将样本粘贴到孔上,只有材料中固有的自然附着力。图(a)和图(b)的旋转角度相差 5°。由于将碳纳米管网粘贴到铜支架上的自然附着力不足,在旋转过程中有一段网松脱(相关部分在两幅图像中都圈出),导致结构发生重大变化,并损坏了断层图像(影像)。在图(a)之前的 70°旋转中,圆形部分基本上静止,并且在图(b)之后的成像区域中圆形部分不再可见

在旋转过程中消除试样遮挡是直接的,用孔栅格代替网栅格可以消除试样中心区域的问题。固定碳纳米管网是一个较大的挑战。碳纳米管网是透明的,但内部连接良好,倾向于在相对较长的距离内传递局部力。因此,标准固定方法(例如,在样品上滴一滴溶剂或聚合物黏合剂)将从根本上改变网的结构。固定材料要求位于远离成像区域的地方,固化过程中固定材料的结构几乎没有变化,溶剂含量也很少。通过在远离扫描区域的地方定位固定剂,它对网结构的任何影响都最小。在固化过程中,物理结构的有限变化将网结构上的附加物理力减至最小。最后,尽可能减少溶剂的含量应该会限制由于溶剂相互作用引起的结构变化。考虑到这些情况,速干银浆是可行的。

使用银浆制备可纺网试样的步骤比较简单,如图 8-3 所示。在铜孔的边缘涂上薄薄的银浆,用细铁丝代替刷子,使银膏的线条保持细密和可控。为了尽量减少浆状物中溶剂的量和干燥过程中结构变化的程度,在 CNT 网与银浆接触之前需经过约 90%的干燥时间。过了这段时间,从阵列中抽出一段网,轻轻地放在银浆的表面上,然后让银浆干燥。干燥后,用手术刀将样本网从阵列中分离出来,并对样本网进行修剪,使其不超过支架边缘。这种方法为断层扫描提供了足够的固定;然而,它确实使网高于孔径平面。设置显微镜时需要考虑到这个高度,以确保旋转轴与样本共面,而不是与支架共面。

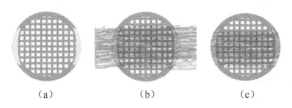

图 8-3 制备扫描透射电子显微镜断层扫描用可纺碳纳米管网样本的示意图
(a)在铜孔的边缘涂上了薄薄的速干银浆。当大约 90%的固化时间过去后,碳纳米管网被拉到孔的上方并穿过孔;(b)一旦拉出足够的长度,网就可以自然地固定在银浆上;(c)银浆干燥完成后,多余的网被修剪掉,留下一个干净稳定的样本进行成像。该网需高于铜孔的表面,这需要在显微镜和断层扫描时加以考虑。

为了成像,样本被放置在费塔罗斯 F200X 扫描透射电子显微镜中。试样旋转 165°,以 1°的增量采集图像;这些图像的短序列如图 8-4 所示。一根纳米管被标记为蓝色,以显示当样本旋转时它是如何在图像中移动的。还要注意图像中其他物体在旋转过程中相对于焦平面移动时的焦距和外观尺寸的变化。

数据采集后,使用 FEI 公司的 Inspect 3D 软件对图像堆栈进行对齐。从对齐的图像中,利用 OpenMBIR 重建断层图像。图 8-5 所示为重建后的一系列静像,将它们与图 8-4 进行对比。关键的变化是,在重建的堆栈中,从图像到图像的转换不再是样本的旋转;而是样本的平面变化。从重建的图像堆栈中,可以创建样本的

3D 对象;对于该图像堆栈,使用了 FEI 公司的 Avizo Fire 创建对象。查看这些对象最好作为影像或使用允许旋转和操纵三维对象的软件。为了给出可用的结构信息的一些概念,图 8-6 给出 CNT 网的几个视图。从这个对象出发,可以进行定量分析,例如,测量纱线中碳纳米管束的尺寸。在更高的分辨率下,可以测量单个碳纳米管的尺寸以及像排列这样的形貌特征。

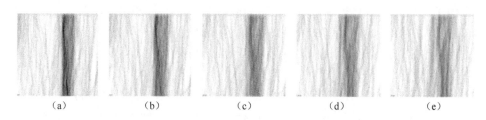

图 8-4　一组来自可旋转 CNT 网的原始断层图

整个堆栈包含 165 个图像,每个图像之间有 1°旋转。图像是用放大倍数 57k 的 FEI Talos 200X 采集的。空旷区域的暗区是碳材料。当样本旋转时,图像之间会发生变化:位置和大小的变化,CNT 在前景和背景中的移动。有些是微妙的,另一些则更为明显;特别是,看似密集的纳米管簇(较暗区域)在几度旋转中逐渐变宽。这些管的明显聚集是观察角度的结果,当样本旋转时,它们之间的分离变得更清晰。图(a)是序列的开始,后续图像的间隔为 1°。

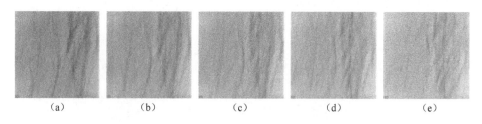

图 8-5　可纺碳纳米管网重建断层的短序列图像

这些数据是用一台分辨率为 56k 的 FEI-Talos 200X 采集的。使用 OpenMBIR 进行重建;重建的堆栈包含 510 个图像;每个图像比前一个图像更深入堆栈 10 层。随着图像序列的进行,单个碳纳米管首先变宽,然后变窄,消失,相机进入图像堆栈,而不是原始数据的在轨图像堆栈。

8.2.3　碳纳米管纺纱的 X 射线断层扫描

可纺网令人兴奋的特点是它能形成纱线和薄片。这些材料的结构对其力学和电学性能起着重要的作用。在这里,感兴趣的结构是纱线内稍大规模的碳纳米管和纤维束。此外,纱线本身比碳纳米管网大得多、厚得多。由于这些原因,X 射线断层扫描可能比 STEM 断层扫描更适合于评估其形态学。虽然 X 射线断层扫描不能达到 STEM 断层扫描中的放大率,但它对厚样品有效。

为了制备用于 X 射线断层扫描的 CNT 纱线样本,如上文所述,首先通过纺丝和致密化制备纱线。如图8-7所示,是同一批样本的一段纱线的图像;注意纺纱过程产生的捻度,以及杂散的表面纤维和其他表面纹理。一旦准备好,纱线就被加固和稳定,用于断层扫描。将一滴得复康(Devcon)5min 环氧树脂速固结构胶涂在玻璃显微镜载玻片上。碳纳米管纱线被铺在环氧树脂上;然后,第二个载玻片被放在第一个载玻片的顶部,夹住线。环氧树脂固化后,最终的样本足够坚硬,成像清晰,足够小,易于固定。

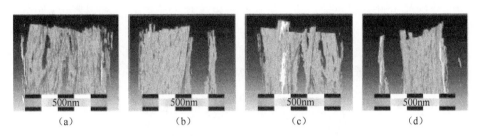

图8-6　可纺碳纳米管网三维重建的不同视图(初始数据采集)

(a) 显示网的初始视图,而(b),(c)和(d)与前一视图旋转90°。数据收集在放大倍数为 56k 的 FEI Talos200X 上。使用 OpenMBIR 进行重建,并准备使用 Avizo Fire 查看图像。请注意,在这种放大倍数下重建存在一些分辨率问题,个别纳米管的边缘在某些地方模糊在一起,而在其他地方则清晰可见。尽管有这个限制,仍然有可能观察到纳米管基团,以及这些基团在几何上如何相互关联。随着分辨率的提高和放大倍数的增加,将有可能区分单个碳纳米管,并获得有关其直径以及与其他碳纳米管接触的数据。

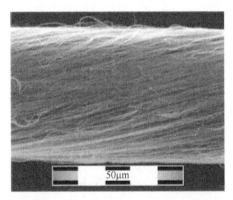

图8-7　在 LYRA-TESCAN 聚焦离子束中使用扫描电子显微镜收集的碳纳米管线的显微照片
在纺纱过程中产生的捻度在表面可见。尽管表面有杂散的纤维,但大部分线都是密布的。

　　在蔡司 Xradia 810 Ultra 上进行断层扫描采集,入射 X 射线能量为 5.4keV。X 射线相机提供 64nm 的像素尺寸,使用大视场板提供 150nm 的有效分辨率。在样本旋转 180°的过程中,共采集到 901 个投影。这些图像通过仪器专用软件进行校准和重建;使用带有 Shepp-Logan 滤波器的滤波后反投影进行重建。虽然重建是成功的,但这样制备的三维图像几乎没有用处(尽管有大量的可用数据)。

在图 8-8 中,沿着图像 z 轴(CNT 纱线的长轴)的投影,提供了对重建问题的深入了解。在这个投影中,纱线和周围空间(即纱线表面)之间的边界非常清晰。圆度的偏差清晰可见,因为是两个很大的空区域(可能是纱线中的空隙)。在纱线内部,数据本质上是噪声,与纱线表面外部可观察到的背景噪声不同,但本身不包含可识别的结构。可能的原因是碳的 X 射线衰减长度较长(对于这种材料和 X 射线源,约 1000μm)[70-71]。与此衰减长度相比,纱线的尺寸很小,因此仅在相边界处的对比度就足以形成图像。通过将具有较短 X 射线衰减长度的材料(例如金属或硫化合物)渗入纱线,可能会克服此问题。这将增加纱线内部的对比度,提供额外的信息并提高重建对象的利用率。当遇到具有相似成分和/或具有长衰减长度的样本时,必须使用增加成像对比度的方法。

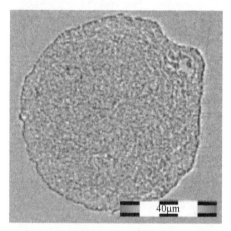

图 8-8　原始碳纳米管线的重建 X 射线断层扫描数据在 XY 平面上的投影
使用蔡司 XRadia 810 Ultra 和 5.4keV 的铬源 X 射线采集断层扫描图像。注意边缘周围的定义,它会快速过渡到内部的噪波。由于碳的低 X 射线衰减,很难获得内部细节。低 X 射线衰减的材料通常需要一种造影剂,如碘或金属,用于 X 射线断层成像,以获得有用的内部信息。

8.2.4　含铜颗粒碳纳米管纱线的 X 射线断层扫描

除了直接使用由纺丝碳纳米管制成的线和薄片外,这些材料也是材料开发的极好平台——复合材料、传感器等的基础。渗入到线中的第二相通常是这些更复杂材料的元素。在某些情况下,要求均匀侵渗,而在另一些情况下则要求某种形式的梯度侵渗;因此,量化这种材料分布的方法是有用的。此外,在某些情况下,横切样本和对暴露表面执行 2D 成像的标准方法是不充分的。

其中一种情况是在线内形成颗粒。横截面将使我们对这些颗粒的径向分布有一些了解。然而,如果颗粒直径大于纤维直径,则有关尺寸和径向位置的可靠统计可能需要不切实际的大量横截面样品。X射线断层扫描提供了另一种方法。一个样本可以提供许多颗粒大小和位置,也许还可以洞察它们的形状。

本书研究一种表面覆铜、并装载铜颗粒的碳纳米管线。线的纺纱方法与本书和其他地方之前描述的相同。一经纺丝,铜纳米颗粒通过溶液电沉积沉积到纤维结构中。

沉积过程如图8-9所示。简言之,纱线是从筒管中抽出,然后经过一个滚筒。滚轮是电极又是纤维运动的导向器。然后将纤维拉入含有硫酸铜水溶液(0.01mol $CuSO_4$)和硫酸(0.1mol/L H_2SO_4)的20mL溶液池中。用微栅将纤维浸入溶液中,使纤维置于溶液表面以下。微栅也起到了第二电极的作用。铜沉积在两个电极之间的纤维上和纤维内。然后将纤维从溶液中抽出,重新嵌入铜颗粒,并放在收集器线轴上。

通过控制纤维经过溶液中的拉速、纤维沉积段的电压和溶液中铜的浓度,可以在一定程度上控制表面膜的厚度、铜颗粒的大小和数量。颗粒的位置是复杂的——扩散、成核和润湿性都起着重要的作用——而每一个都很难建模。如果采用适当的切片技术,传统的横截面成像可能足以测出铜膜的厚度。然而,通过成像来确定颗粒的大小将是困难的,特别是在需要对尺寸分布进行可靠统计的情况下。类似的问题在位置方面也很明显——获取足够的信息需要很多横截面。此外,横切面只能提供有限颗粒的三维几何形状,这可能是相关联的。X射线断层扫描将能够在足够大的区域内解析感兴趣的特征,并提供可靠的统计数据。此外,与碳相比,铜的衰减长度较短,因此在纱线表面和内部的相对比度都应非常好。

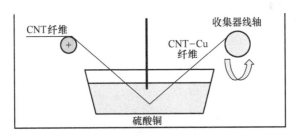

图8-9 用铜涂覆碳纳米管纱线的设备图

碳纳米管网从生长的阵列中抽出并扭曲成纤维(未显示)。纤维通过带电辊,然后通过硫酸铜溶液(0.01mol $CuSO_4$加入20mL0.1mol/L H_2SO_4中)后提取;圆形壁将样本固定在溶液表面下方,并充当第二电极。通过镀液,铜沉积在纱线表面及其内部。然后,将纤维从浴槽中抽出并卷绕到特氟龙线轴上(聚四氟乙烯筒)。

制备碳纳米管纤维,用于在LYRA-TESCAN FIB上进行X射线成像。制备过程中纤维的图像如图8-10所示。用FIB从纤维上碾出一段,然后固定在针上。该针适合安装在蔡司Xradia 810 Ultra中,其中使用入射能量为5.4keV的X射线进行断层扫描采集。利用滤波后反投影进行重建。

图 8-10　碳纳米管与铜复合纤维的扫描电镜图像
使用 LYRA-TESCAN 聚焦离子束中的扫描电镜功能收集图像。对于成功的 X 射线断层扫描来说,中心的铣削部分是不必要的。对于这个样本,铣削的部分被用来创建更小的区域,用于测试更高分辨率断层扫描的设置,这里未给出这些结果。

重建纤维的若干静止图像如图 8-11 所示,从不同角度显示图像。纤维的外部轮廓清晰,呈波纹状,有一层不均匀、厚的铜层。注意,图 8-11 中的图像没有比例尺,因为它们是透视图像。在纱线中,铜颗粒已经形成,这些颗粒的数量密度随着表面距离而减小,但在纱线中心几乎消失。此外,看不到构成主要纤维成分的碳纳米管,这是由于其长的 X 射线衰减长度,使得用这种方法难以捕获其结构。然而,进入到纤维中的铜粒子是清晰可见和可测的,在排除另一相的同时清楚地显示了该相,而没有显著改变纤维的结构。

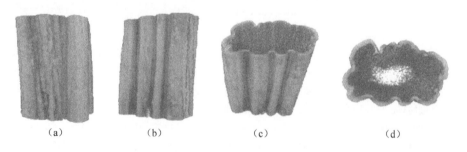

(a)　　　　　(b)　　　　　(c)　　　　　(d)

图 8-11　碳纳米管和铜复合纤维的重建断层图
通常,断层重建最好作为视频或三维软件来观看,因为它们是三维数据。静止图像可以传达一些深度数据,具体包含在这里。(a)纤维外观视图。(b)另一个外观部分的视图。(c)纤维轴相对于观察者视线旋转时,从垂直到平行的过渡图像。(d)从顶部透过样品的视图。请注意,缺少比例尺,这些图像是来自三维对象的二维静止图像;因此,感知的特征大小受视角影响。用于分析三维对象的软件可以提供精确的尺寸、颗粒数和其他信息。

8.3 本章小结

前面的论述表明,计算机断层扫描可以成为一个有用的工具来探索纳米材料的形态和组成。它可以显示颗粒的尺寸和位置,以及样本表面和样本内部的特征。这项技术确实有一些限制,尤其是光束衰减。这些限制通常可以通过改进样本制备来解决,这在较传统的显微镜中经常采用。综上所述,计算机断层扫描可提供对材料和设备的功能和特性非常重要的信息,以及实际无法获取的信息。

参 考 文 献

[1] J. T. Littleton, M. L. D. Littleton, Conventional tomography, in: A History of the Radiological Sciences, RadiologyCentennial, Inc., American Roentgen Society, 1996, pp. 369-401.

[2] S. Kaczmarz, Angenäherte Auflösung von Systemen linearer Gleichungen, in: Classe des Sciences Mathématiqueset Naturelles. Série A, Sciences Math_ematiques, vol. 35, 1937, pp. 355-357.

[3] J. Radon, Berichteüber die Verhandlungen der Königlich-Sächsischen Akademie der Wissenschaften zuLeipzig, Mathematisch-Physische Klasse, IEEE Trans. Med. Imaging 69 (1917) 262-277.

[4] J. Radon, P. Parks (translator), On the determination of functions from their integral values along certainmanifolds, IEEE Trans. Med. Imaging 5(4) (1986) 170-176.

[5] G. T. Herman, Fundamentals of Computerized Tomography: Image Reconstruction from Projections, seconded., Springer, Dordrecht, 2009.

[6] R. Gordon, R. Bender, G. Herman, Algebraic reconstruction techniques (ART) for three-dimensional electronmicroscopy and X-ray photography, J. Theor. Biol. 29 (3) (1970) 471-481.

[7] G. Möbus, B. J. Inkson, Nanoscale tomography in materials science, Mater. Today 10 (12) (2007) 18-25.

[8] D. Stoeckel, C. Kübel, K. Hormann, A. Höltzel, B. M. Smarsly, U. Tallarek, Morphological analysis of disorderedmacroporous-mesoporous solids based on physical reconstruction by nanoscale tomography, Langmuir 30 (30) (2014) 9022-9027.

[9] C. Kübel, A. Voigt, R. Schoenmakers, M. Otten, D. Su, T. -C. Lee, A. Carlsson, J. Bradley, Recent advances inelectron tomography: TEM and HAADF-STEM tomography for materials science and semiconductor applications, Microsc. Microanal. 11 (5) (2005) 378-400.

[10] P. A. Midgley, R. E. Dunin-Borkowski, Electron tomography and holography in materials science, Nat. Mater. 8 (2009) 271-280.

[11] M. S. LucSalvo, A. Marmottant, N. Limodin, D. Bernard, 3D imaging in material science: application of X-ray tomography, C. R. Phys. 11 (9-10) (2010) 641-649.

[12] J. -J. Fernandez, Computational methods for materials characterization by electron, Curr. Opin.

Solid StateMater. Sci. 17 (2013) 93-106.

[13] D. Su, Advanced electron microscopy characterization of nanomaterials for, Green Energy Environ. 2 (2017) 70-83.

[14] R. A. Crowther, D. J. DeRosier, A. Klug, The reconstruction of a three-dimensional structure from projectionsand its application to electron microscopy, Proc. R. Soc. A 317 (1530) (1970).

[15] M. -H. Li, Y. -Q. Yang, B. Huang, X. Luo, W. Zhang, M. Han, J. -G. Ru, Development of advanced electrontomography in materials science based on TEM and STEM, Trans. Nonferrous Met. Soc. Chin. 24 (2014) 3031-3050.

[16] M. Weyland, P. A. Midgley, Electron tomography, Mater. Today 7 (12) (2004) 32-40.

[17] M. von Ardenne, Das Elektronen-Rastermikroskop. Praktische Ausführung, Z. Tech. Phys. 19 (1938) 407-416.

[18] A. V. Crewe, M. Isaacson, D. Johnson, A. V. Crewe, M. Isaacson, D. Johnson, A simple scanning electronmicroscope, Rev. Sci. Instrum. 40 (2) (1969) 241-246.

[19] P. A. Midgley, M. Weyland, STEM tomography. in: S. J. Pennycook, P. D. Nellist (Eds.), Scanning TransmissionElectron Microscopy: Imaging and Analysis, Springer, New York, 2011, pp. 353-392, https://doi.org/10.1007/978-1-4419-7200-2_8.

[20] W. S. Haddad, I. McNulty, J. E. Trebes, E. H. Anderson, R. A. Levesque, L. Yang, Ultrahigh-resolution X-raytomography, Science 266 (5188) (1994) 1213-1215.

[21] S. P. Newberry, History of X-ray microscopy, in: X-ray Microscopy, Springer, Berlin, Heidelberg, 1987.

[22] S. Bals, S. V. Aert, G. V. Tendeloo, High resolution electron tomography, Curr. Opin. Solid State Mater. Sci. 17 (2013) 107-114.

[23] W. Baumeister, R. Grimm, J. Walz, Electron tomography of molecules and cells, Cell Biol. 9 (1999) 81-85.

[24] J. M. Thomas, P. A. Midgley, C. Ducati, R. K. Leary, Nanoscale electron tomography and atomic scale highresolution electron microscopy of nanoparticles and nanoclusters: a short survey, Prog. Nat. Sci. : Mater. Int. 23 (3) (2013) 222-234.

[25] S. Bals, B. Goris, T. Altantzis, H. Heidari, S. V. Aert, G. V. Tendeloo, Seeing and measuring in 3D with electrons, C. R. Phys. 15 (2014) 140-150.

[26] J. Frank, Electron Tomography: Methods for Three-Dimensional Visualization of Structures in the Cell, Springer Science+Business Media, LLC, New York, 2005.

[27] V. Lucic, F. Forster, W. Baumeister, Structural studies by electron tomography: from cells to molecules, Annu. Rev. Biochem. 74 (2005) 833-865.

[28] X. Zhuge, H. Jinnai, R. E. Dunin-Borkowski, V. Migunov, S. Bals, P. Cool, A. - J. Bons, K. J. Batenburg, Automated discrete electron tomography—towards routine high-fidelity reconstruction ofnanomaterials, Ultramicroscopy 175 (2017) 87-96.

[29] B. Goris, T. Roelandts, K. J. Batenburg, H. H. Mezerji, S. Bals, Advanced reconstruction algorithms for electrontomography: from comparison to combination, Ultramicroscopy 127 (2013)

40-47.

[30] S. V. Venkatakrishnan, L. F. Drummy, M. A. Jackson, M. D. Graef, J. Simmons, C. A. Bouman, A model basediterative reconstruction algorithm for high angle annular dark field-scanning transmission electron microscope(HAADF-STEM) tomography, IEEE Trans. Image Process. 22 (11) (2013) 4532-4544.

[31] C. O. S. Sorzano, J. Vargas, J. Otón, J. M. d. l. Rosa-Trevín, J. L. Vilas, M. Kazemi, R. Melero, L. d. Caõo, J. Cuenca, P. Conesa, J. Gómez-Blanco, R. Marabini, J. M. Carazo, A survey of the use of iterativereconstruction algorithms in electron microscopy, Biomed. Res. Int. 2017 (2017)6482567.

[32] D. Chen, B. Goris, F. Bleichrodt, H. H. Mezerji, S. Bals, K. J. Batenburg, G. de With, H. Friedrich, The propertiesof SIRT, TVM, and DART for 3D imaging of tubular domains in nanocomposite thinfilms and sections, Ultramicroscopy 147 (2014) 137-148.

[33] L. L. Geyer, U. J. Schoepf, F. G. Meinel, J. W. Nance, G. Bastarrika, J. A. Leipsic, N. S. Paul, M. Rengo, A. Laghi, C. N. D. Cecco, State of the art: iterative CT reconstruction techniques, Radiology 276 (2) (2015) 339-357.

[34] M. Beister, D. Kolditz, W. A. Kalender, Iterative reconstruction methods in X-ray CT, Phys. Med. 28 (2012)94-108.

[35] L. V. Radushkevich, V. M. Lukyanovich, O strukture ugleroda, obrazujucegosja pri termiceskom razlozeniiokisi ugleroda na zeleznom kontakte (About the structure of carbon formed by thermal decomposition ofcarbon monoxide on iron substrate), J. Phys. Chem. 26 (1972) 88-95.

[36] M. Monthioux, V. L. Kuznetsov, Who should be given the credit for the discovery of carbon nanotubes? Carbon 44 (2006) 1621-1624.

[37] S. Iijima, Helical microtubules of graphitic carbon, Nature 354 (1991) 56-58.

[38] M. S. Dresselhaus, G. Dresselhaus, P. C. Eklund, Science of Fullerenes and Carbon Nanotubes: Their Propertiesand Applications, Academic Press, San Diego, 1996.

[39] R. Saito, G. Dresselhaus, M. S. Dresselhaus, Physical Properties of Carbon Nanotubes, Imperial CollegePress, London, 1998.

[40] J. N. Coleman, U. Khan, W. J. Blau, Y. K. Gun'ko, Small but strong: a review of the mechanical properties ofcarbon nanotube-polymer composites, Carbon 44 (9) (2006) 1624-1652.

[41] E. T. Thostenson, Z. Ren, T. -W. Chou, Advances in the science and technology of carbon nanotubes and theircomposites: a review, Compos. Sci. Technol. 61 (13) (2001) 1899 - 1912.

[42] Ç. Öncel, Y. Yürüm, Carbon nanotube synthesis via the catalytic CVD method: a review on the effect ofreaction parameters, Fullerenes, Nanotubes, Carbon Nanostruct. 14 (1) (2006) 17- 37.

[43] M. Kumar, Y. Ando, Chemical vapor deposition of carbon nanotubes: a review on growth mechanism andmass production, J. Nanosci. Nanotechnol. 10 (6) (2010) 3739-3758.

[44] L. Ci, J. Wei, B. Wei, J. Liang, C. Xu, D. Wu, Carbon nanofibers and single-walled carbon

nanotubes preparedby the floating catalyst method, Carbon 39 (3) (2001) 329-335.

[45] Y. -L. Li, I. A. Kinloch, A. H. Windle, Direct spinning of carbon nanotube fibers from chemical vapor depositionsynthesis, Science 304 (5668) (2004) 276-278.

[46] J. Prasek, J. Drbohlavova, J. Chomoucka, J. Hubalek, O. Jasek, V. Adam, R. Kizek, Methods for carbon nanotubessynthesis-review, J. Mater. Chem. 21 (40) (2011) 15872-15884.

[47] J. -M. Bonard, K. A. Dean, B. F. Coll, C. Klinke, Field emission of individual carbon nanotubes in the scanningelectron microscope, Phys. Rev. Lett. 89 (2002)197602.

[48] Y. Saito, S. Uemura, Field emission from carbon nanotubes and its application to electron sources, Carbon38 (2) (2000) 169-182.

[49] J. J. Gooding, Nanostructuring electrodes with carbon nanotubes: a review on electrochemistry and applicationsfor sensing, Electrochim. Acta 50 (15) (2005) 3049-3060.

[50] C. Li, E. T. Thostenson, T. -W. Chou, Sensors and actuators based on carbon nanotubes and their composites: areview, Compos. Sci. Technol. 68 (6) (2008) 1227-1249.

[51] Q. Cao, J. A. Rogers, Ultrathin films of single-walled carbon nanotubes for electronics and sensors: a reviewof fundamental and applied aspects, Adv. Mater. 21 (1) (2008) 29-53.

[52] I. Kang, M. J. Schulz, J. H. Kim, V. Shanov, D. Shi, A carbon nanotube strain sensor for structural health monitoring,Smart Mater. Struct. 15 (3) (2006) 737-748.

[53] J. Coleman, U. Khan, Y. Gun'ko, Mechanical reinforcement of polymers using carbon nanotubes, Adv. Mater. 18 (6) (2006) 689-706.

[54] O. Breuer, U. Sundararaj, Big returns from small fibers: a review of polymer/carbon nanotube composites,Polym. Compos. 25 (6) (2004) 630-645.

[55] P. Serp, M. Corrias, P. Kalck, Carbon nanotubes and nanofibers in catalysis, Appl. Catal. A: Gen. 253 (2)(2003) 337-358.

[56] K. Jiang, Q. Li, S. Fan, Nanotechnology: spinning continuous carbon nanotube yarns, Nature 419 (801)(2002).

[57] C. P. Huynh, S. C. Hawkins, Understanding the synthesis of directly spinnable carbon nanotube forests,Carbon 48 (4) (2010) 1105-1115.

[58] K. R. C. Hawkins, C. Huynh, C. Skourtis, J. Dai, M. Zhang, S. Fang, A. A. Zakhidov, S. B. Lee, A. E. Aliev,C. D. Williams, R. H. Baughman, Multifunctional carbon nanotube yarns and transparent sheets: fabrication, properties, and applications, Phys. B: Condens. Matter 394 (2) (2007) 339-343.

[59] K. Yurekli, C. A. Mitchell, R. Krishnamoorti, Small-Angle neutron scattering from surfactant-assisted aqueousdispersions of carbon nanotubes, J. Am. Chem. Soc. 126 (32) (2004) 9902-9903.

[60] A. M. Rao,A. Jorio,M. A. Pimenta,M. S. S. Dantas,R. Saito,G. Dresselhaus,M. S. Dresselhaus,Polarizedraman study of aligned multiwalled carbon nanotubes, Phys. Rev. Lett. 84 (2000) 1820.

[61] H. H. Gommans, J. W. Alldredge, H. Tashiro, J. Park, J. Magnuson, A. G. Rinzler, Fibers of aligned singlewalledcarbon nanotubes: polarized Raman spectroscopy, J. Appl. Phys. 88

(2000) 2509.

[62] L. Jin, C. Bower, O. Zhou, Alignment of carbon nanotubes in a polymer matrix by mechanical stretching, Appl. Phys. Lett. 73 (1998) 1197.

[63] A. Thess, R. Lee, P. Nikolaev, H. Dai, P. Petit, J. Robert, C. Xu, Y. H. Lee, S. G. Kim, A. G. Rinzler, D. T. Colbert, G. E. Scuseria, D. Tománek, J. E. Fischer, R. E. Smalley, Crystalline ropes of metallic carbonnanotubes, Science 273 (5274) (1996).

[64] N. T. Alvarez, P. Miller, M. Haase, N. Kienzle, L. Zhang, M. J. Schulz, V. Shanov, Carbon nanotube assemblyat near-industrial natural-fiber spinning rates, Carbon 86 (2015) 350-357.

[65] V. Shanov, W. Cho, R. Malik, N. Alvarez, M. Haase, B. Ruff, N. Kienzle, T. Ochmann, D. Mast, M. Schulz, CVD growth, characterization and applications of carbon nanostructured materials, Surf. Coat. Technol. 230 (15) (2013) 77-86.

[66] C. Jayasinghe, S. C. M, J. S, V. Shanov, Spinning yarn from long carbon nanotube arrays, J. Mater. Res. 26 (5)(2011) 645-651.

[67] K. Liu, Y. Sun, R. Zhou, H. Zhu, J. Wang, L. Liu, S. Fan, K. Jiang, Carbon nanotube yarns with high tensilestrength made by a twisting and shrinking method, Nanotechnology 21 (4) (2009) 045708-045715.

[68] T. Q. Tran, Z. Fan, P. Liu, S. M. Myint, H. M. Duong, Super-strong and highly conductive carbon nanotuberibbons from post-treatment methods, Carbon 99 (2016) 407-415.

[69] S. Li, X. Zhang, J. Zhao, F. Meng, G. Xub, Z. Yong, J. Jia, Z. Zhang, Q. Li, Enhancement of carbon nanotubefibres using different solvents and polymers, Compos. Sci. Technol. 72 (12) (2012) 1402-1407.

[70] E. Gullikson, J. D. B. Henke, X-ray interactions: photoabsorption, scattering, transmission, and reflection atE = 50 ~ 30000eV, Z = 1 ~ 92, At. Data Nucl. Data Tables 54 (2) (1993) 181-342.

[71] E. Gullikson, X-ray Attenuation Length, Lawrence Berkley National Lab, 2010. Available from: http://henke.lbl.gov/optical_constants/atten2.html (Accessed 2018).

第9章
碳纳米管纤维增强聚合物的3D打印技术

Dineshwaran Vijayakumar[1], Dustin Lindley[2]
[1] 美国俄亥俄州辛辛那提,3D 打印工程师-Simplify3D 公司
[2] 美国、俄亥俄州辛辛那提,辛辛那提大学研究所

9.1 引言

三维打印可以将复杂的数字设计转换为实际产品。虽然这项技术主要用于快速成型,但它已慢慢演变成一种制造工艺。最受欢迎的 3D 打印技术主要使用热塑性聚合物,如 ABS、PLA、PETG、聚碳酸酯、尼龙和丙烯酸。但这些材料制成的零部件可能在许多实际应用中并不适合,因为塑料本身在机械和热应力作用下耐久性较差。这已经将 3D 打印的应用局限在最容易暴露于静态加载条件下的非功能部件上。在某些情况下,这些材料主要用于原型制作,作为优化最终设计的一种途径。过去十年的进步带来了物美价廉的电子产品、更智能的软件程序和高精度的机器部件。阻碍 3D 打印发展的唯一真正因素是高性能打印材料的可应用性。

在 21 世纪末,3D 打印技术开始被创新设计师使用。其中 3D 打印机使用了一种最流行的技术,称为熔丝制造(FFF)技术,原来也称为熔融沉积(FDM)技术。在 FFF 3D 打印机中,一根长而连续的塑料长丝被熔化并沉积成薄层,一层压着一层形成最终零件。这项技术适用于几种可以制成长丝的非晶态和半晶态热塑性聚合物。例如增加一个加热平台和部分冷却风扇等硬件改装,也要求成功打印一些长丝。但在大多数实际应用中,打印的部件缺乏耐用性,因为它们无法承受不同的环境条件,如高温、潮湿以及在某些情况下的化学物质(如消毒剂和清洁剂)。聚醚醚酮、聚四氟乙烯和聚酰亚胺(商标 PEI 树脂)等工程级材料很难在普通台式机上打印。一些公司如 Roboze[1]、AON3D[2] 和 Stratasys[3] 正在生产能够在高温下成功打印并能维持稳定的环境条件的机器。特别是相对高强和耐用的聚醚醚酮,它的力学性能和热学性能都有很大的提高。然而,它们在导电性和比强度方面仍然没有太大的改善。下一代塑料要求具有多功能性,如良好的力学、电学、热学和其他性能,这样才能满足高性能应用的要求。

近年来,纳米材料增强聚合物复合材料在汽车和飞机行业中得到了广泛的应用。这些复合材料采用传统的制造方法,如树脂传递模塑、薄膜沉积和拉挤成型法。随着3D打印工艺越来越普遍,一些制造商已经开始在均质塑料中加入添加剂,试图提高长丝的多功能性能。碳纤维等高性能添加剂,通常以碎纤维、短纤维和颗粒的形式用作增强材料。Ning 等[4]研究了碳纤维增强 ABS 部件的力学性能。随着纤维长度和体积分数的增加,碳纤维增强体拉伸强度和杨氏模量也提高了,最多提高10%[4]。较小的颗粒似乎能提高部件的韧性。然而,当使用增强短纤维时存在一个主要的缺点,那就是孔隙率。随着碳纤维增强复合材料体积的增大,从界面处断裂的几率增大。最近使用的纳米材料之一是 CNT,它以其多功能特性而闻名。CNT 的纳米结构是其区别于碳纤维等传统纤维的主要因素。田纳西大学[5]的学生分析了加入多壁 CNT 和石墨烯对纯聚乳酸(PLA)部件的影响。石墨烯按质量添加 0.2%时,拉伸强度增加47%,弹性模量增加17%,断裂吸收能增加12%[5]。另外,多壁 CNT 按质量添加 0.1%时,拉伸强度、弹性模量和冲击强度分别提高了41%、16%和9%[5]。Postiglione 等[6]研究了当在 PLA 共混物中添加多壁 CNT 时电性能提高。他们开发了一种名为液相沉积模型的 FFF 工艺变体,用于打印微结构支架。当 MWCNT 的浓度较高时(按重量计约为 5%),纳米复合材料的导电性显著提高,最高可达 100S/m。这些结果表明,CNT 增强塑料可以改善部件的整体性能。粉末状 CNT 更为普遍,像 3dtextch[7]等公司正在销售 CNT 增强的 ABS、PETG 和聚酰亚胺纤维。像 Functionize[8]和 Arevo Labs[9]这样的小公司也在生产 CNT 增强纤维,而 Black Magic 3D[10]生产石墨烯增强纤维。最新研究成果是来自 Avante Technology 的 FilaOne GRAY 材料,该公司宣布生产了一种基于 CNT 的长丝,这种长丝具有抗紫外线、防水性能,其力学性能与聚碳酸酯类似[11],材料性能优于包括碳纤维在内的标准填料。

与粉状增强体相比,我们相信以线或纱形式的连续增强将产生更好的效果。首先由连续 CNT 纱线制成的复合材料部件将是 3D 打印中制备复杂几何结构体的理想材料,因为它们极易弯曲。另外,CNT 纱线能够承受整个元件的负载,而 CNT 和石墨烯填充物仅能进行局部增强,对材料性能改善有限。最后,导电性将不局限于使用粉末纳米管时发生的跳跃导电机制。Gardner 等[12]在美国宇航局发表了一篇关于用高温工程级塑料 3D 打印高密度 CNT 纱线的论文。该文证实了低成本台式打印机具有打印多功能 CNT 纤维的能力。打印的纤维束排列非常紧密,以 2.5mm 的半径弯曲[12]。但是,由于聚酰亚胺基体对 CNT 纤维浸润性差,打印件的力学性能低于预期。这部分归因于纤维制造工艺,该工艺应确保良好的纤维—基体黏合。尽管如此,CNT 纱线的可打印性的证实仍然是朝着 3D 打印高性能材料迈出的巨大一步。与粉状增强剂相比,以线或纱形式的连续增强将产生更好的效果。在本章中,我们将讨论一些用于开发 3D 打印 CNT 纱线超纤维的技术和系统。

9.2 长丝制备系统

长丝是 FFF 3D 打印系统中一个必要组成部分。原料长丝通过液化器进料，熔化并转化成塑料薄层，形成最终产品。因此，长丝的性能直接影响 3D 打印部件的质量和性能。长丝是通过型材挤压技术制造的，这种技术在塑料工业中已经使用了几十年。但在试验室环境下，工业化的长丝生产工艺可以是单调而先进的。为了概念性验证，我们在纳米世界试验室开发了一个简化版的挤出生产线[13]。

本项目所用的复合长丝需要有一个带塑料涂层的连续纤芯。纤芯通常是一种像 CNT 纱线的长而连续的纤维。涂层由与复合材料部件基体相同的塑料制成。设计了一种两段式复合长丝生产工艺。第一步是纤维预涂，在纱线上涂上一层非常均匀的聚合物。由于在挤出过程中，纱线增强体要经过不同的物理环境。它将承受张力、高温和压力。这可能会损坏纤维表面，甚至会折断一些纤维。因此，在挤出涂布之前，必须对纤维进行预涂层。本试验中使用的 CNT 纱线首先经过化学预处理，将所有的纤维束固定在一起。然后用浸涂法即通过一个溶剂浴（含有尼龙和甲酸）在纱线上涂上塑料。均匀和完整的涂层对于获得良好的机械结合至关重要，进而会影响最终 3D 打印件中纤维的失效模式。纱线以非常慢的速度移动，以促进尼龙颗粒在单个纤维束表面渗透完全。该过程可以重复多次，直到获得所需厚度（约 50μm）。

线包覆挤出是复合材料长丝生产的第二个也是最后一个阶段。图 9-1(a) 示出了该挤出系统的设计。该长丝挤出机是根据单螺杆挤出系统设计的。但挤出模或远端的喷嘴是独特的，因为它包含两个入口和一个出口，如图 9-1(d) 所示。完整的线包覆挤出机生产线如图 9-1(c) 所示。在最左端，预涂覆纤维存储在一个线轴上，线轴进入其中一个喷嘴入口。挤出机流出的熔融塑料不断地通过喷嘴的另一个入口。在离开喷嘴之前，纤维在混合区与熔融塑料混合。重要的是要注意在挤出过程之前，纤维是在卷绕系统的张力下通过喷嘴的。卷绕系统由长丝牵引器、速度控制驱动器和绕线装置组成。打开速度控制驱动器，纤维以恒定的速度从喷嘴中抽出。为了有效地夹紧长丝，该牵引器由两个紧密靠近的滚轮组成。牵引速度直接影响涂层的厚度。为了获得理想厚度所需的最佳速度，可能需要多次试车。最后的复合纤维通过卷绕装置收集起来，这样就可以将其收集在卷轴中。

制备了两种不同类型的长丝来演示挤出过程：①CNT 纤维长丝和②芳纶纤维（Nomex）长丝。Nomex 纤维（杜邦公司的品牌产品）具有优异的耐热和阻燃性能，耐久性也比其他纤维有所提高，主要用于高温环境下性能优异的防护织物和制服。Nomex 是一种商用纤维，将作为测试的基准，并且之后可以与纳米世界公司生产的 CNT 纤维进行比较。这些长丝将用在 Mark One 3D 打印机上打印零件，该打印机

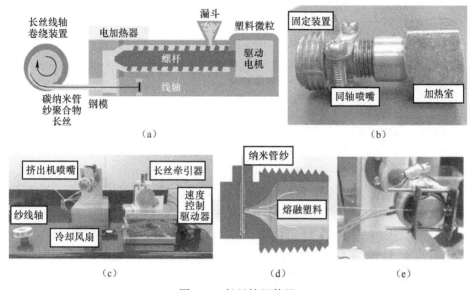

图 9-1　长丝挤压装置
(a)漆包线挤出装置的概念设计；(b)漆包线喷嘴原型；(c)纳米世界公司的长丝挤出生产线；
(d)喷嘴的截面图；(e)从喷嘴中牵引出的复合纤维。

能够打印连续的纤维长丝。这种打印机可以打印的最大直径为 0.5mm，所生产的长丝则需要符合打印机规格。CNT 和 Nomex 纤维的最终直径分别为 0.265mm 和 0.472mm。两种长丝的产品精度都很高，直径的波动范围为±0.01mm，这可提高 3D 打印精度。CNT 纤维的拉伸强度大于 400MPa[14]。这足以使打印机在打印过程中剪接和向前输送长丝时使其保持张力。决定是否适合打印的因素有很多，其中最重要的是长丝的柔韧性、附着力和黏接性。碳纳米管纤维本质上是最柔韧的纤维之一，甚至可以打结。

图 9-2 为 Nomex 和 CNT 长丝的微观图像。微观分析将有助于从更精细的方

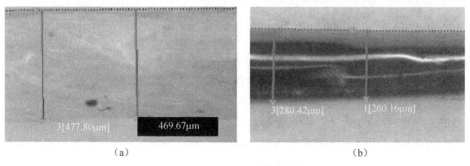

图 9-2　复合长丝的微观形貌
(a)Nomex 纤维复合长丝；(b)CNT 纤维复合长丝。

面分析长丝特性。气泡是长丝生产过程中少数几个常见的缺陷之一。它们是由于挤出前未对塑料颗粒进行干燥造成的。图9-1中(a)和(b)几乎没有气泡的迹象,这是处理尼龙等吸湿材料时可获得的。在Nomex长丝上看到一些黑点,它们很可能是烧焦的塑料在喷嘴中的残留物,因此需要每隔几天清洁一次喷嘴。总的来说,已经证明挤出设备是简单的,而且可以扩展使用。

9.3 3D打印工艺

在过去几十年里,科研人员已经研发了几种3D打印技术。然而,FFF是最成功的技术之一。这主要是因为低成本硬件容易实施而且实用。大多数FFF 3D打印机有四个主要组件:①一个可以熔融塑料丝的打印头;②打印头在三维空间运动的控制台;③一个用于构建3D部件的平台;④一个控制该系统的电子单元。有趣的是,它们的工作原理是基于材料挤出,这与长丝挤出机非常相似。齿轮驱动系统将塑料丝送入一个被称为液化器的加热室。步进电机用于精确控制原塑料丝的推入量。在液化器中,固态长丝被加热到其熔化温度,从而使它流动和混合(在特定情况下)。进料长丝充当活塞的作用,推动熔融塑料通过一个较小的喷嘴(通常在0.2~0.6mm之间)。熔融的塑料以薄的扁平挤压物的状态沿着打印头移动的路径沉积在构建平台上。一层完成后,平台下移一层高度,第二层开始沉积。新沉积的塑料与之前沉积的塑料层融合在一起,该部件一次增长一层。

在这个项目中,我们选择了一款名为Markforged Mark One的3D打印机,它可以打印出像CNT纱一样具有连续芯的长丝。它拥有双挤出系统专利,其中一个喷嘴用于打印连续纤维长丝(CFF),另一个用于打印前面讨论的常规的热塑性长丝。CFF头只是软化进入的复合纤维长丝并将其铺放好。塑料涂层有助于纤维黏附在平台层或先前挤出的塑料层上。

CFF打印头还可与纤维切割机相连,用于精确地拼接长丝并将其推入喷丝嘴。该软件根据该层所需的总加固需求来确定每处拼接的纤维长度。切割机也有一个张紧系统,以保持长丝的张力,从而防止长丝在通道内缠结或卷绕。图9-3(b)展示了Mark One打印的Nomex纤维长丝。如果有选择地放置增强材料以使其具有结构上的优势,那么由Mark One制备的部件将具有较高的比强度。此外,控制纤维的放置位置也为工程师设计最终部件的力学性能提供了多种选择。

软件在将数字设计转化为3D打印零件的过程中起着重要的作用。Mark One打印机使用了一款名为Eiger的专有软件,这是一款基于云计算的计算机辅助制造(CAM)软件,专门针对连续纤维长丝使用。3D模型以机器可读代码(称为打印文件,通常称为G-code文件)的形式被分割成若干层的工具路径指令。这些代码通常被称为G代码文件。G代码是一种用于机床控制的数控编程语言。它包含了关于线性运动、单次运动的挤出量、加热和风扇控制等例程信息。特别是 Mark One 还有一个命令,可以在需要打印纤维层时启动拼接和刀具更换。机器上的软件解释每一行代码并将其转换为明确的机器功能。图 9-3(d)包含来自 Eiger 的屏幕截图,它显示了模型的 X 射线图。同心圆是纤维路径。虽然切片参数是有限的,但该软件可以很好地控制纤维在部件中的位置。用户可以选择特定的层来插入纤维。该软件计算出每一层可以有效放置的纤维长度。尖锐的边缘和小面积的线段通常被忽略,因为纤维不可能在这些区域铺层。

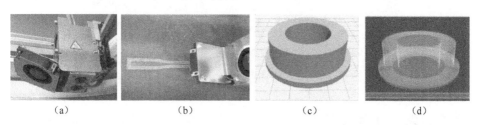

图 9-3 Markforged Mark One 复合材料 3D 打印机
(a)拥有 CFF 喷嘴和 FFF 喷嘴的双挤压机头;(b)打印 Nomex 纤维复合材料零件;(c)在 Eiger 软件上的管衬套模型;(d)同心圆表示碳纤维在衬套中的位置。

CNT 和 Nomex 长丝都能在 Mark One 上成功打印。按照直径和卷轴尺寸,它们符合打印机使用长丝的规格。为了分析纤维的铺叠和黏接,一些技术原型在打印过程中被中止。然后可以在显微镜下仔细研究这些部件。图 9-4 中(a)和(b)是 3D 打印的 Nomex 纤维增强部件的显微图像。它有两个连续的纤维层。CNT 纤维部件是用一个定制的模型打印出来的,这个模型可以用作生物医学设备。图 9-4(d)示出由 CNT 纤维制成的 3D 打印部件。如图 9-4(e)所示,部件通过弯曲检测是否会发生任何纤维损伤。微观分析有助于检查纤维工具路径。验证实际纤维铺层是否与理论预测的工具路径吻合是很重要的。这包括弱化转角和走直线。此区域的差异可能导致尺寸不准确。在图 9-4(a)和(b)中,Nomex 纤维束似乎在横向面内方向上略微偏移。如果喷嘴太靠近基底层,没有提供足够的空间让纤维有效地铺设,就会发生这种情况。当层高与纤维直径不匹配时,顶部纤维会将自身压在底部纤维上,导致顶部纤维滑落。同样重要的还有要检查打印中的各种缺陷,如气穴和挤压力不足。在图 9-4(b)中,纤维束的表面也暴露在某些区域。纤维—基体界面沿曲线方向呈扭曲状,说明涂层不足。从图 9-4(c)可以看出,CNT 部件上的纤维—基体界面的黏合更加光滑和牢固。然而,沿着界面有可见的气孔。当零件受到载荷作用时,可能会导致裂纹的产生。纤维的强度和完整性也同样重要,因为大部分的强度直接来自纤维。长丝在打印过程中维持其原结构的能力是至关重要的。所用的 Nomex 纤维是杜邦公司开发的一种商用产品。正如大型工业生产中所期望的那样,Nomex 纤维在整个打印过程中都保持了其结构的完整性。即使在整个部件,纤维仍然能保持高强度和完整性能。这是纤维性能的良好标志。另一方面,CNT纤维纱线在打印过程中有几个散开点。当打印时,喷嘴对长丝加压使其紧贴基底层。这可能导致单根纤维松弛。这种现象的原因显然是纱线没有适当的捻合。可以肯定的是,纱线打印得很好,没有任何损伤或断裂的纤维,这是对CNT纱线优异性能的一种衡量标准,强度又高柔韧性又好。

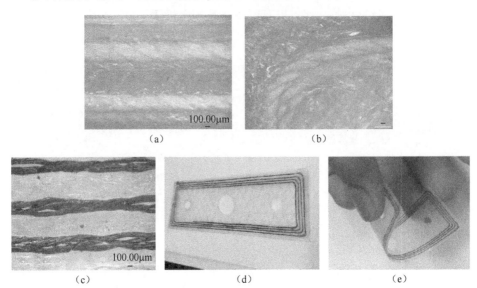

图9-4 3D打印Nomex纤维复合材料部件
(a)和(b)用来展示打印质量的打印部件中Nomex纤维的显微图像;(c)用Mark One
打印的完整拉伸试样;(d)用CNT纤维增强的3D打印平板;(e)柔性板。

9.4 应用

3D打印定制复合部件的能力将打开产品革新的大门,尤其是在医疗行业。如药物输送系统、植入物、假肢和其他骨折固定仪器等生物医学设备可以被更高效地设计。这被称为精准医疗或个体化医疗。CNT长丝具有多功能性和可3D打印,将进一步使定制仪器设备成为可能。在纳米领域,我们一直在发明CNT新的产品和应用,其中一个应用就是生物可去除的药物输送系统。该装置由CNT和聚己内酯(PCL)组成,PCL是一种生物可降解和生物可相容的聚合物。该设备携带一个传感器,在需要时触发药物进入血液或组织。该设备通过微创手术被注入到人体内。一旦药物被输送,CNT纱线就可以从设备中移除。由于这个装置的其余部分是由PCL制成的,它会随着时间慢慢降解,最终被排出体外。CNT也与柔性热塑性塑料一起应用。随着3D打印鞋类、服装等引入,3D打印柔性聚合物(如热塑性弹性体等)越来越受到人们的关注。与纳米管集成后,它们可以应用于智能可穿戴设备。当像CNT长丝这样的材料被更多人使用时,它肯定会在多个领域引发创新。CNT长丝在当前的3D打印材料市场中作为定制产品占有一席之地。随着工业的发展,对特种和高性能长丝的需求将会增加。此外,长丝是3D打印过程中唯一的消耗品。因此,CNT超纤维长丝产品的商业化具有很强的可持续性和广阔的前景。

9.5 总结

3D打印行业现在站在产品创新的前沿。这引领了一些以前不曾存在的革命性材料的发展。像CNT长丝等多功能材料将打开材料行业的创新大门。许多研究团队和行业已经开始用CNT在生物医学和航空航天领域中进行试验。建立3D打印CNT的概念的验证将增加纱线在诸如油墨和粉末等其他形式中的需求。本章所述的一种简单且可扩展的长丝制造设备可生产出高质量的复合长丝原型——CNT和Nomex长丝。为了获得一致的纤维直径,将纤维的进给速率调节到熔融塑料的体积流率是至关重要的,这直接影响了复合部件的打印质量。软件参数的配置在打印过程中也起到了重要的作用。层高必须与长丝直径一致,防止出现诸如不正确的长丝路径等缺陷。层高需要大于纤维的直径,以防止连续层中的纤维相互滑移。比较用Nomex纤维和CNT纤维打印的部件,似乎作为一种长丝材料,Nomex纤维由于其良好的结构完整性,表现出了更好的性能。然而,我们知道CNT纱线是一种新型材料,它缺乏良好的纺纱工艺。很明显,需要进行大量的试验才能完全精炼复合材料3D打印工艺。Eiger作为一个软件,需要像市场上的软件一样,对过程参数提供更好的控制。新材料在3D打印行业一直深受欢迎。引入定制的像CNT纱线长丝一样的高性能材料将创造一个新的市场,并可能在未来几年内获利。在某些情况下,这些材料在获得安全认证方面面临挑战,尤其用于生物医学行业。像CNT-PCL等新材料制成的产品需要经过严格的测试程序才能获得批准。美国国立卫生研究院(NIH)、职业安全与卫生管理局(OSHA)、美国食品药品监督管理局(FDA)等政府机构,以及全球其他国家的类似机构应相互协调并采取积极性措施加快这一进程。

9.6 展望

下一代3D打印机必须通过打印热固性树脂和低熔点金属等材料来进一步推动发展。环氧树脂作为一种充填树脂在航空航天和汽车工业中已被广泛接受。粉末形式的 CTN 在涡轮叶片、飞机机翼和防弹衣等领域小规模应用。它们在实际应用中已经获得了一定的可信度，因此在 3D 打印中更容易采用这些材料。对于简化 3D 打印所涉及的软件编译工具也有着巨大的需求。目前将数字设计转换为可打印文件的软件系统相当烦琐且分散。但包括像 Autodesk 这样的巨头在内的几家软件公司已经投入巨资来改进这一过程。当前需要开发一个完整的软件系统来远程高效地管理 3D 打印项目。在某些情况下，整个系统可以依托在云平台上，这允许用户远程控制他们的项目。未来，这将为实现 3D 打印机中的机器学习和人工智能等新技术奠定基础。随着先进的硬件和软件开发已经取得了良好的进展，目前应该让材料赶上发展的节奏。在材料方面的创新，包括使用纳米管超纤维长丝和使用具有集成纳米颗粒的 CNT 杂化纱线去定制性能，将打破当前材料性能科学壁垒，推动 3D 打印产业向广泛商业化迈进。

参 考 文 献

[1] Roboze One + 400 - 3D Printer Capable of Producing High Temperature Plastics, http://www.roboze.com/en/3d-printers/roboze-one-400.html.

[2] Aon M-Industrial 3D Printer Capable of Printing Engineering Grade Materials, https://aon3d.com/aon-mindustrial-3d-printer/.

[3] Stratasys Fortus 450mc-Industrial 3D Printer, http://www.stratasys.com/3d-printers/fortus-380mc-450mc.

[4] F. Ning, W. Cong, J. Qiu, J. Wei, S. Wang, Additive manufacturing of carbon fiber reinforced thermoplastic composites using fused deposition modeling, Compos. Part B 80 (2015) 369-378.

[5] A. Plymill, R. Minneci, D. A. Greeley, J. Gritton, Graphene and Carbon Nanotube PLA Composite Feedstock Development for Fused Deposition Modeling, University of Tennessee, 2016 (Honors Thesis Projects).

[6] G. Postiglione, G. Natale, G. Griffini, M. Levi, S. Turri, Conductive 3D microstructures by direct 3D printing of polymer/carbon nanotube nanocomposites via liquid deposition modeling, Compos. Part A 76 (2015) 110-114.

[7] ESD Safe Filaments From 3DXTech, http://www.3dxtech.com/esd-safe-filament/.

[8] F-Electric From Functionalize, http://functionalize.com/product-category/conductive/.

[9] Quantevo—ESD From Arevo Labs, http://arevolabs.com/additive-manufacturing-materials/.

[10] Black Magic 3D—Conductive Graphene Filament, Graphene Lab Inc., http://www.blackmagic3d.com/Conductive-p/grphn-175.htm.

[11] FilaOne, GRAY From Avante Technology, https://proforma-3dprinting-store.myshopify.com/collections/all/products/filaone-gray-advanced-composite-filament.

[12] J. M. Gardner, G. Sauti, J.-W. Kim, R. J. Cano, R. A. Wincheski, C. J. Stelter, B. W. Grimsley, D. C. Working, E. J. Siochi, Additive manufacturing of multifunctional components using high

density carbon nanotube yarn filaments (NF1676L-23685, Nasa Technical Reports Server), (2016).

[13] University of Cincinnati Nanoworld Laboratories, http://www.min.uc.edu/nanoworldsmart.

[14] G. Hou, S. Ruitao, A. Wang, V. Ng, W. Li, S. Yi, L. Zhang, M. Sundaram, V. Shanov, D. Mast, D. Lashmore, M. Schulz, Y. Liu, The effect of a convection vortex on sock formation in the floating catalyst method for carbon nanotube synthesis, Carbon 102 (2016) 513-519.

延 伸 阅 读

[1] J. N. Coleman, U. Khan, W. J. Blau, Y. K. Gun'ko, Small but strong: a review of the mechanical properties of carbon nanotube-polymer composites, Carbon 44 (2006) 1624-1652.

[2] Mark Forged—Industrial Strength 3D Printer, https://markforged.com/mark-two/.

[3] Spoolhead, Extruder Design for Printing Fibers, http://reprap.org/wiki/SpoolHead.

[4] 3D Printing Patents Expiry, https://3dprintingindustry.com/news/many-3d-printing-patents-expiring-soonheres-round-overview-21708/.

[5] Wohlers Report 2016: 3D Printing and Additive Manufacturing State of the Industry: Annual Report, ISBN: 978-0-9913332-2-6.

[6] G. T. Mark, A. S. Gozdz, Three Dimensional Printing, Patent US2014/0291886A1, October 2, 2014.

[7] G. T. Mark, D. Benhaim, A. Parangi, B. Sklaroff, Methods for Fiber Reinforced Additive Manufacturing, Patent WO 2015042422 A1, September 19, 2014.

[8] K. Tyler, Method and Apparatus for Continuous Composite Three-Dimensional Printing, US20140061974 A1, August 24, 2013.

[9] R. Guillemette, R. Peters, Coextruded, Multilayered and Multicomponent 3D Printing Inputs, WO2015077262 A1, May 28, 2015.

[10] T. Xiaoyong, Y. Cheng, C. Yi, T. Strong, Z. Yingying, Dichen, A Continuous Long Fiber Reinforced Composites 3D Printer and Printing Method, CN104149339 B, July 9, 2014.

[11] B. Z. Jang, J. H. Liu, S. Chen, Z. M. Li, H. Mahfuz, A. Adnan, Nanotube Fiber Reinforced Composite Materials and Method of Producing Fiber Reinforced Composites, US6934600 B2, August 23, 2005.

[12] C. B. Sweeney, M. J. Green, M. Saed, Microwave-Induced Localized Heating of CNT Filled Polymer Composites for Enhanced Inter-Bead Diffusive Bonding of Fused Filament Fabricated Parts, WO 2015130401 A2/A1/A3/A9, September 3, 2015.

第 2 部分　纳米管超级纤维复合材料与纺织品的最新研究进展

第10章
利用碳纳米管进行结构健康监测

Jandro L Abot, Jude C Anike
美国华盛顿特区,美国天主教大学机械工程系

10.1 引言

数十年来,复合材料结构健康监测一直是一个研究重点。其中主要有无损检测(NDE)、声学检测、激光振动检测、热成像技术、碳纤维增强材料压阻测量及X射线检测[1]。利用上述检测手段可以获得层压复合材料整体结构的准确信息,但存在检测过程耗时长、费用高、手段复杂等问题,使无损检测在许多应用中难以实现。利用结构健康监测(SHM)技术可以快速、稳定地获得带有潜在损伤的材料结构上的健康状态[2]。SHM系统包括振动分析仪、应变计、光纤传感器及应变波传输仪[2]。配有微应变传感器的SHM系统可以捕获由压阻效应、共振监测、压电效应、电容变化或光学特性变化引起的应变变化[3]。

压阻法是基于应变变化与电阻变化成正比的原理进行测量的。常用的压阻测量设备配有金属箔应变计,因此可以捕获到在5%范围内波动的细微应变[3]。与之类似,半导体测量设备具有压电特性,是因为其中的硅和锗元素在应力(而非应变)作用下具有电阻效应[4]。尽管半导体仪表价格相对较低、柔韧性更好,且测量灵敏度比金属箔仪表高100倍,但半导体具有明显的非线性,并且高温灵敏度下降明显[4]。

复合材料由于结合了多种材料的特性,可根据特定行业的需求进行定制。复合材料具有重量上的优势,同时还具有高比强度、高刚度、抗蠕变、耐疲劳和防腐性能。然而,尽管层压复合材料的平面力学性能优异,但其法向性能却相对较弱,易产生过早失效。层压复合材料的失效主要有纤维断裂、分层和基体开裂。分层开裂是由层间发生的剥离引起的,产生分层开裂的同时还会使整体材料面临显著的破坏风险[5]。分层开裂可能会出现在材料边缘、表层或层压复合材料的中心部位。根据最大应力断裂准则,在材料发生分层开裂的过程中,当层间切应力的 τ_{13} 和 τ_{23} 分量超过临界值,或根据断裂力学准则,当材料所释放的应变能 G_{ic} 超过最大

许可值时,在层间法向载荷和切向载荷的作用下,材料就会发生分层开裂[5]。分层开裂的形式和尺寸有许多种,现有的大多数 SHM 技术是基于基线检测的,即基于材料的实际反馈与无损材料的反馈的对比进行测试。目前,基于光纤检测的集成 SHM 技术可以实现损伤识别,但是由于传感器尺寸的限制,使复合材料初期损伤起源点的微观结构发生了变化。此外,多数现有 SHM 技术需要复杂的仪器设备和精密的数据分析。

与上述方法相比,有一种优点突出的替代方案,就是将碳纳米管(CNT)纤维或丝整合到复合材料的增强纤维中,进行应变检测和损伤探测。把碳纳米管细丝植入到层压复合材料中形成连续的传感器回路,碳纳米管固有的压电特性使其可以捕捉到材料中细微的应变变化。与其他 SHM 检测技术不同,整合碳纳米管传感检测技术,是一种非破坏性的、简便的、便于定制且可靠的替代检测层压复合材料损伤点的方法。本章主要讲述利用整合碳纳米管传感器对分层开裂和细微损伤进行检测、定位及其演变规律进行试验研究。

10.2 碳纳米管纤维传感器

碳纳米管的合成是在金属催化剂粒子的作用下,使碳原子受激生长。目前制备碳纳米管主要有三种基本方法。其中最常用的是化学气相沉积法(CVD),在 600~1200℃ 的高温下使碳氢化物在涂有催化剂的管状模板基底上发生分解[6-9]。碳纳米管在模板的催化剂微粒上生长,然后将系统冷却至室温进行收集。此外,还有其他几种合成碳纳米管的方法如电弧放电法和激光烧蚀法等。电弧放电法是使石墨电极在高温高压的电弧中蒸发,激光烧蚀法是在高温炉中利用高能激光使石墨棒在管状反应器中气化。电弧放电法的缺点是所合成的纳米管伴有无定形碳产生,纯度不高,还要再进行提纯,而激光烧蚀法的产出率较低。几种方法中 CVD 法可生产出尺寸长且排列规整的碳纳米管,是最经济、最具应用前景的一种方法。

将碳纳米管丝聚集起来可制备出碳纳米管纤维。碳纳米管纤维可直接合成,也可利用合成好的碳纳米管丝组装而成[10]。碳纳米管纤维多采用纺丝工艺进行制备,包括湿法(液态)和干法(固态)两种纺丝法。湿法纺丝工艺是将碳纳米管分散在分散液中,然后将分散好的碳纳米管注射入凝固浴中即可获得连续的碳纳米管纤维。湿法纺丝受分散液的影响,聚合物溶液中挤出过程中,碳纳米管会带有大量残留聚合物,而干法纺丝制备的碳纳米管纤维会带有大量的催化剂杂质[11]。制备碳纳米管纤维采用较多的方法还有[12-17]由 CVD 沉积生成的气凝胶中直接纺丝、由分散有碳纳米管的聚合物溶液或碳纳米管薄膜中挤出纤维、以及从垂直取向排列碳纳米管阵列基体上纺丝。目前,多数可纺丝碳纳米管阵列都是用 CVD 法制备的。

由垂直取向碳纳米管抽丝制备的碳纳米管纤维具有最优异的力学性

能[18-20]。该方法是在 CVD 反应器中放置涂覆催化剂的基板,带有碳源的载气通过反应器,含碳化合物在催化剂点位上发生分解,从垂直排列的碳纳米管阵列(也称为碳纳米管森林)抽取出碳纳米管束形成连续网络,制备碳纳米管网。一直以来,要充分利用碳纳米管优异的力学性能和电性能,生产出大规模碳纳米管纤维是个不小的挑战。这是由于纳米管在纤维中具有离散性,且碳纳米管之间的范德瓦耳斯力作用较弱,使它们能够彼此黏附并自组装成束,进而使机械应变能明显下降。因此,碳纳米管纤维制备出来以后,还需要利用其他技术对其进行处理,提高力学性能和电性能。图 10-1 所示为通过施加机械张力来提高多孔碳纳米管网的致密度[11]。

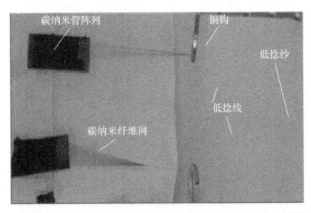

图 10-1 用高温张力拉伸法将两个碳纳米管阵列纺成丝[11]

碳纳米管纤维或碳纳米管丝可由溶液浓缩提取,也可通过机械加捻成形,或将两种工艺结合起来进行成形。加捻的目的是增加纤维在使用过程中的抗变形能力。用溶液致密化法生产的碳纳米管丝具有较高的强度,但溶剂会降低纳米管的纯度,用机械致密化法可保留碳纳米管丝的原有性质。碳纳米管阵列的可纺丝性依赖于其阵列的垂直排列规整程度,管中出现波浪和纠缠会影响其可纺性。要制备可纺丝的碳纳米管阵列,需要控制阵列的尺寸,因为大尺寸碳纳米管阵列的错配度会比较高。此外,影响碳纳米管纤维成形和性能的其他因素还包括所使用的前驱体、成形方法、温度和压力等工艺参数以及所选用的催化剂。例如,普遍认为,纳米管的直径依赖于所选用催化剂颗粒的大小[6]。为了便于存放,将纺丝后的碳纳米管纤维缠绕在线轴上。

碳纳米管纤维的性能表征主要有力学性能和电性能。碳纳米管纤维的拉伸强度在拉力试验机上进行测量,测量前按要求对黏结在卡纸上的纤维进行切割(图 10-2)。为保证测试过程中纤维排列整齐,可用胶带或胶黏剂将碳纳米管纤维黏在卡纸上。这种方法既可使碳纳米管丝便于加持,也可使拉伸过程中碳纳米管丝的被测部分(位于菱形切口内的部分)能够沿位移方向自由移动。

电性能测试是将试样像铜导线那样接在电感阻容(LCR)仪表的接口上(图10-2),再用导电涂料或导电胶把碳纳米管纤维和电极粘在一起形成导电回路。用两点或四点探针法测量电阻,两点探针法是将两个导线分别连接正负输入信号,四点探针法是用四根导线进行测量,其中内部的两根导线作为载流导线,另两根导线用来测量电压。因为两点测量法会受导线和触点电阻的影响,触点的电阻较高或被测试样的电阻较低均会使测量误差增大,因此我们建议用四点探针法测量应变感应。四点探针法的第二对导线是用来测传感的,也就是说,附加的一对导线的载流可忽略不计,因此可精确测得被测试样两端的电压降,并同时获得其力学性能和电性能。

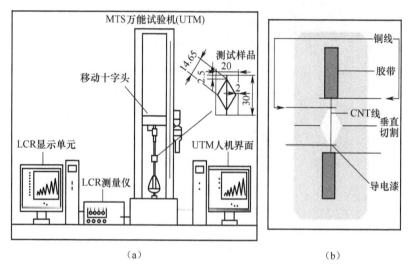

图 10-2　试验装置示意图
(a)力学性能测试装置;(b)碳纳米管纤维样品。

碳纳米管纤维的拉伸强度可在 0.1MPa~1.5GPa 的范围内变化,弹性模量可达 150GPa[12,22-29]。尽管单根碳纳米管丝的性能远低于上述数值,但仍远高于其他材料,碳纳米管纤维是已知强度和硬度最高的导电材料之一。用 CVD 法直接抽丝制备的碳纳米管纤维,电导率最高可达 67000S/cm[30]。碳纳米管纤维的电导率依赖于纤维自身的结构,捻度和纯度高的碳纳米管纤维的电导率要高于多孔纤维[31]。由于电阻与电导率成反比关系,结构上同样的变化也会影响碳纳米管纤维的电阻。

碳纳米管纤维对机械应变十分敏感,这种压阻特性可用于应变传感和损伤检测。碳纳米管组件的压阻特性主要包括电阻的两种变化:①碳纳米管的固有电阻;②相互接触或临近的碳纳米管的管间电阻[38],其中固有电阻是由导电元件的离散引起的。碳纳米管具有弹道导电特性,即在一维结构上电子散射极小,平均自由路径为数十微米[39]。在发生变形时,电荷载流子的分散使电阻值升高。弹性变形阶段应变很小,当应变回复时导电网络也发生回复,从而使电阻下降,但塑性变形阶段与此不同,尽管当应变移除时电阻也变为0,但会产生迟滞现象[40]。管间电阻可分解为接触电阻 R_C ——物理上接触的纳米管间的电阻,和隧穿电阻 R_T ——纳米管间的小间隙引起的电阻。两个电极间的绝缘区域发生隧穿的条件是:①电极上的电子具有足够的热能以克服潜在的势垒,从而流向导电区域;②屏障层很薄,电子可以发生隧穿效应产生穿透[41]。隧穿电阻可表示为

$$R_T = \frac{dh^2}{Ae^2\varphi} e^{\frac{4\pi d}{h}\varphi} \tag{10-1}$$

$$\varphi = \sqrt{2m\delta} \tag{10-2}$$

式中:d 为碳纳米管间的隧穿距离;h 为普朗克常数;A 为有效截面积;e 为电子电量;m 为电子质量;δ 为相邻碳纳米管间潜在势垒的高度。由式(10-1)可知,R_T 呈非线性增长,使压电电阻率也呈非线性增长。碳纳米管颗粒间的接触使管间电阻比碳纳米管纤维的电阻高。在轴向应变的作用下,碳纳米管的长度较短或发生离散,从而使结电阻起作用。由于碳纳米管的尺寸低于纤维的长度,在压电作用中固有电阻起到的作用非常小。因此,碳纳米管纤维的压电电阻主要是管间电阻的作用。当拉伸碳纳米管纤维时,变形机制主要有:①单个纳米管中化学键发生断裂,使纳米管束间的接触长度减小;②滑移[21]。第一种机制使接触电阻增大,第二种机制在应变速率较低时由于载荷转移和纳米管驰豫较差使电阻下降。在基体中,由于基体渗入多孔纤维中形成屏障,当载流子发生隧穿现象时,产生隧穿电阻进而激发压电效应。

研究表明,碳纳米管纤维的压电特性与加载的应变速率有关[40,42-43]。碳纳米管纤维具有明显的应变速率强化效应,在高应变速率下会出现极大的强度值(图10-3)。且在不同应变速率下碳纳米管纤维呈现出不同的断裂机理[21,43]。在外加拉伸载荷作用下,当应变速率较低时,碳纳米管纤维在拉伸作用下表现为碳纳米管颗粒间的剪切断裂(韧性断裂),而在高应变速率下则呈现出碳纳米管丝断裂的脆断(图10-4)。高应变速率下碳纳米管纤维的韧性断裂是由滑移引起的结构破坏,低应变速率下的驰豫现象与变形速率相抵消。高应变速率下由于管间的黏结作用较弱,在较强的滑移力作用下碳纳米管束发生断裂,驰豫现象并不明显。现已发现应变速率对碳纳米管纤维的压阻特性有影响,应变速率越高,滑移越少,当应变速率极低时,滑移会使碳纳米管纤维中载荷传递困难,进而降低碳纳米管纤维的强度,导致其压阻特性降低[21]。

衡量传感器的一个重要参数是其灵敏度,即给定输入信号某一变化,输出信号随之所发生的变化。例如众所周知的压电式应变计,用电阻的相对变化率 $\Delta R/R_0$ 与应变量 ε 的比值(GF)来表示其灵敏度。

$$GF = \frac{\Delta R}{R_0} \bigg/ \frac{\Delta L}{L_0} \tag{10-3}$$

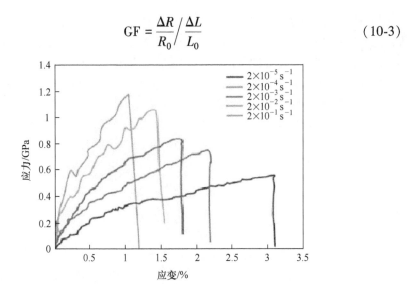

图 10-3 不同应变速率下碳纳米管纤维的拉伸应力-应变曲线[43]

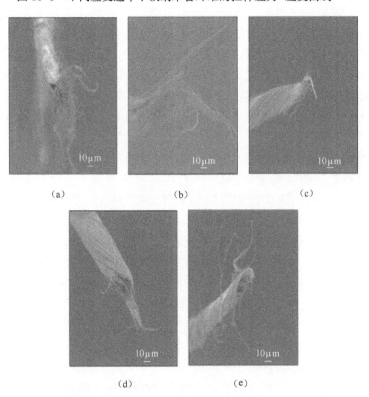

图 10-4 不同应变速率下碳纳米管丝断口横截面和轴截面 SEM 图像[21]
(a) 0.0006min^{-1}；(b) 0.006min^{-1}；(c) 0.06min^{-1}；(d) 0.6min^{-1}；(e) 6min^{-1}。

研究表明,单壁碳纳米管基压电应变传感器的 GF 值大于 2900[44],但碳纳米管纤维基传感器的 GF 值却远低于此。文献中报道的碳纳米管纤维的 GF 值约为 0.5[21,45]。表 10-1 所列分别为不同应变速率下碳纳米管纤维和碳纳米管纤维嵌入聚合物介质的 GF 值。

表 10-1 不同应变和应变速率下,裸露与包覆碳纳米管的应变系数(GF)值[37]

应变速率 /min^{-1}	应变 /%	应变系数 (包覆 CNT 弯曲)	应变系数 (包覆 CNT 拉伸)	应变系数 (裸露 CNT)
0.006	0.05	22.02	3.11	0.12
0.003	0.05	13.48	2.56	0.11
0.006	0.1	26.74	2.83	0.30
0.003	0.1	15.12	2.72	0.16

碳纳米管纤维可以植入聚合物或复合材料中,也可将其嵌入或固定在测试样品表面上。它可以像玻璃纤维或碳纤维一样直接铺放,也可以与增强材料缝合或编织在一起[19]。碳纳米管纤维必须经过绝缘处理,才能用于增强复合材料或其他增强导电材料中。典型的绝缘处理方法有表面涂覆聚合物涂层和在碳纳米管纤维与导电织物间加入介电材料。

10.3 自感测复合材料的制备

向自感测层压复合材料中嵌入碳纳米管线传感器的过程包括以下三步:将碳纳米管纤维嵌入干织物中、固化层压复合材料、连接线传感器电路。需要注意的是,在将碳纳米管纤维嵌入碳纤维层压复合材料前,需要对碳纳米管丝进行包覆,以防止在碳纳米管丝和碳纤维之间出现短路[19]。在以前的研究中[19,4,47],将碳纳米管丝嵌入玻璃纤维/环氧树脂层压复合材料中,多采用以下方法:首先将缠绕在线轴上的碳纳米管丝展开,仔细检查是否有明显折叠或磨损等缺陷,缺陷会降低其力学和电性能;然后将碳纳米管丝固定在缝合针上,再缝合到层压复合材料玻璃纤维织物的中心层。在缝第一针之前,为控制分层生长的起始位置,可在中心部位插入人工分层。碳纳米管丝缝入中心层后,在距丝端部 3mm 处薄薄地涂一层环氧导电银胶进行黏结,以形成导电回路。然后在上面附加一层干织物层完成层压复合材料的铺放。图 10-5 所示为用于损伤监测的几种不同构造的碳纳米管传感器结构示意图。图 10-6 所示为带有环氧银电极的自感测层压复合材料的照片。

复合材料制备的下一步是采用手糊工艺把浸润的线传感器植入到复合材料的

层间。其中的树脂相是一种室温固化的环氧树脂及其固化剂体系——Toolfusion，树脂与固化剂的比例为5∶1。然后将复合材料层夹在四层干碳纤维层中间，纤维层可以起到渗透作用，保证材料中纤维的体积比约为65%。再将复合材料试样放入模具中，在真空和480kPa压力下固化10h。然后将自感测复合材料试样从模具中取出，检查导线是否连接完好。如果有必要，可向电极添加少量银。

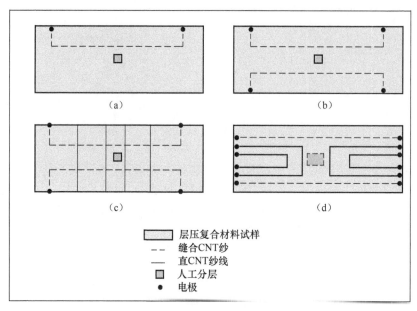

图 10-5 碳纳米管丝作传感器的自感测复合材料结构示意图
(a)线传感器；(b)两根单根缝合线传感器；(c)缝合和直线传感器交叉连接组合；
(d)缝合和直线传感器尾端连接组合。

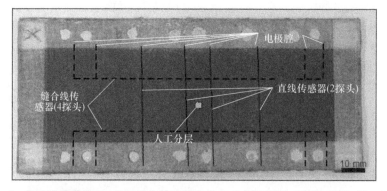

图 10-6 集成线传感器(2~5层缝合传感器和在2~3层间插入直线传感器)的6层玻璃
纤维/环氧树脂层压复合材料试样图，测量电阻时将导线与电极连接

10.4 力学性能和电性能的测试

自感测复合材料样品的机电耦合特性需要用高精度、高灵敏度的设备测量载荷、位移和阻抗之间的关系。我们采用带有 30kN 测力传感器的 MTS Criterion 43 位移控制测试平台,平台装有三点弯曲测试夹具。用 Test Work 4 软件监控负载,并以 1Hz 的频率记录载荷和位移的变化。为尽量减小接触电阻的影响,在缝合线传感器回路的接头处放置 2 个支架,加载过程中使电极附近形成一个 0 应力区域[46],测试中的加载速率为 0.2mm/min。

要监测自感测复合材料样品的电信号需要监测系统能适应不同线传感器电路的电阻范围差异,我们采用了配有 NI 9219 美国国家仪器公司(NI)数据采集(DAq)模型 9187 和配有 NI 4072 数字万用表(DMM)的 NI PXI1033 底盘。数字万用表可测量最大电阻值不超过 1MΩ 的单根线传感器电路,而 DAq 数据采集系统可以同时测量多个最大电阻值不超过 10.5kMΩ 的线传感器回路,用 NI Lab VIEW SignalExpress 程序监测电阻。将自感测复合材料试样在三点弯曲夹具上固定好,并用小尖嘴夹连接电路,在 1Hz 的频率下采集电阻变化的数据。图 10-7 所示为测试装置示意图。

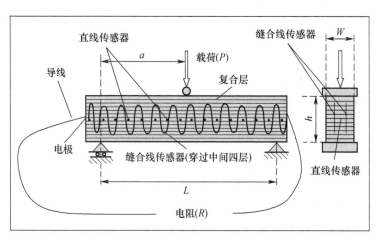

图 10-7 三点弯曲测试自感测复合材料试样示意图:层压复合材料样条的边部和端部植入缝合及直接采用线传感器[46]

10.5 综合损伤检测

早期试验研究表明,集成在层压复合材料中的碳纳米管线传感器能够监测复合材料分层开裂的生长过程[19]。试验观测了层压复合材料加载过程中损伤监测、损伤位置的确定及演变过程[46]。图10-8给出了玻璃纤维复合材料在类似图10-5(a)所示的传感器装置中的机电响应。图10-8(a)所示为载荷P和电阻R

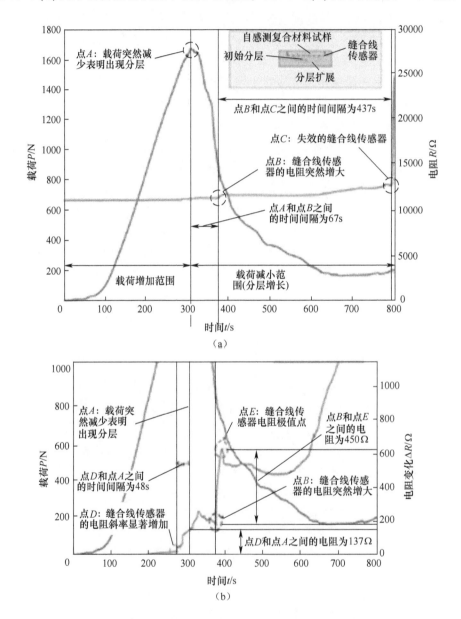

图10-8 缝合单根线传感器的六层玻璃/环氧复合材料中Ⅱ型分层监测[46]
(a) 载荷和电阻随时间变化曲线;(b) 载荷和电阻变化率随时间的变化曲线。

随加载时间 t 的变化。图 10-8(b)所示为电阻的变化 ΔR,即实时电阻值与初始电阻值的差随加载时间 t 的变化。曲线上载荷峰值出现显著下降,表明材料出现分层(A 点)。缝合线传感器检测到电阻或电阻的变化有明显增加(B 点)或电阻值升高到无限大(C 点)表明有分层产生,A 和 B 之间有 67s 的延时,说明碳纳米管线传感器无法实时捕获分层的产生。然而,如图 10-8(b)所示,电阻变化曲线上在相距 48s 的 A 点与 D 点间电阻斜率出现了一个明显变化。从 D 到 A 电阻增加了 137Ω,从 A 到 B 增加了 40Ω,从 B 到 E 增加了 450Ω,E 点电阻突然显著升高说明此时分层停止。线传感器的这种响应表明它不仅可以监测到分层的产生,甚至还能够在层压复合材料载荷出现响应前预测到分层的出现(D 点)。复合材料试样在 A 点和 B 点之间的变形量为 0.68mm,在 D 点和 A 点之间的变形量为 0.29mm[46]。图 10-8(a)所示为在 A 点之后碳纳米管线传感器仍能承受载荷,但在 504s 以后到达 C 点时发生破坏。此时,自感测复合材料的载荷有一个较小的下降,经过短暂延时后电阻有小幅升高,表明材料中出现了细微损伤[46]。

文献[46]采用图 10-5(b)所示的含有两根线传感器的结构进行了损伤和分层监测,对单根线传感器的测试结果进行了验证。试验中观测到了上述全部试验现象,并且有些现象是同时观测到的(点 B_1 和点 B 之间延时 11s)。加载过程中两根线传感器都承受了施加的载荷且响应方式类似,表明初始分层的发展过程相对对称。

采用图 10-5(c)所示的包含缝合线传感器和纵横交叉线传感器等几种不同结构的线传感器装置,可以准确监测到层压复合材料试样分层开裂的初始位置及其演变过程[46]。全厚度缝合传感器可监测到分层开裂,但只有平行于复合材料压层的附加直线传感器和沿样条宽度方向的传感器才能准确获得分层和损伤的位置。图 10-6 所示为配有两种不同线传感器的自感测复合材料试样的图像。需要特别指出的是,直线传感器配有两点测量探针,缝合线传感器配有四点测量探针,因而接触电阻不会发挥作用。需要注意的是,只有电阻明显升高时才能检测出损伤,而电阻仅有微小变化时是引起损伤产生的,因此,两点探针测量法足以满足要求。

图 10-9 给出了所有碳纳米管线传感器载荷随电阻的变化规律。层压复合材料试样整个加载过程中,图中红色实线和红色虚线所代表的两条缝合线传感器(分别为缝合传感器#1 和#2)均具有较高的灵敏度,监测到电阻开始时下降,然后再升高。这两个线传感器都能监测到电阻急剧变化所代表的分层,二者(B_1 点和 B_2 点)之间的时间延迟为 151s。时间延迟是由分层开裂的轻微非对称扩展引起的。图 10-9 还给出了植入四条线传感器进行检测的试验结果示意图。在加载和分层的过程中,所有直线传感器的输出电阻均一直上升。测试过程中,分层先到达棕色实线所代表的直线传感器#4,传感器在失效前测量到电阻上升了约 4.3Ω,

280s后,分层扩展到第一条缝合传感器。随后,绿色实线(直线传感器#5)和黄色实线(直线传感器#6)所代表的两根外部直线传感器,测量的电阻值显示增加了几欧姆。然而,由于在试验结束前分层不会扩展到这些外部传感器所在位置,所以它们不会失效。靠近载荷施加点处的传感器(直线传感器#3)测量的数据噪声明显很大,这是由于施加在试样中心部位的横向压缩载荷在传感器上产生了应力。

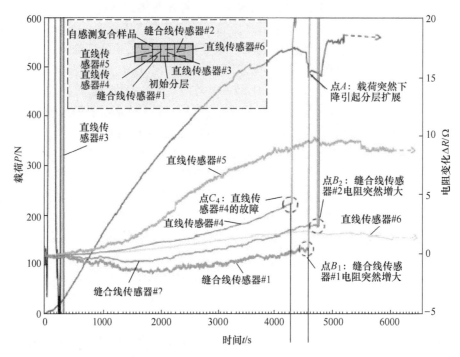

图10-9 检测6层玻璃纤维-环氧树脂复合材料试样主要分层开裂位置的复合缝合和直线传感器结构示意图;载荷和电阻随时间变化曲线(彩图)

图10-5(d)所示的含有缝合传感器和横向传感器等不同结构的装置可准确定位分层产生的位置及其扩展过程。在两根碳纳米管线传感器之间人为制造一个15mm×25mm的长方形分层,在线传感器和层间留出2.5mm的间隙。图10-10给出了所有线传感器的载荷和电阻随时间的变化。在加载过程中,由红色实线和虚线所代表的两根缝合线传感器监测到电阻值增大,说明它们对变形敏感。两根传感器均检测出电阻跃升所代表的分层的产生,但二者间存在38s的时间延迟(B_1点和B_2点)。此处的时间延迟也是由于初始分层的轻微非对称扩展引起的。

图10-10上半部的插图显示,试验中共放置了4个横/纵线传感器。图10-10中棕色实线所代表的左侧的横/纵线传感器(横/纵传感器#5)离分层位置更近一些,检测到电阻随时间变化增加了几欧姆。因为在样品经历明显变形并停止试验

218

前,分层还没有到达这些横/纵线传感器所在的位置,所以它们不会失效。因此,试验开始前,由于更靠近分层左侧的紫色实线所代表的线传感器(横向线传感器#6)失效了,所以无法对其进行分析。但是,离分层位置更接近的#5传感器没有失效,因此假设#6传感器也没有失效,因为它比#5线传感器离分层更远一点。图10-10中黑色实线所代表的#3横向传感器,在分层开裂到达第一个缝合线传感器304s后,扩展到其所在位置,在失效前其电阻下降约0.36Ω。分层扩展到第一个缝合传感器370s后、到#3线传感器70s后,图10-10中绿色实线所代表的#4线传感器在#3传感器失效后随之失效,且其电阻下降了0.35Ω。用较短的试样进行了多次重复试验,试验中均观测到了最接近分层位置的横向线传感器首先发生失效的现象,随后,伴随分层的不断扩展,其他传感器在分层扩展到其所在位置时也发生了失效。

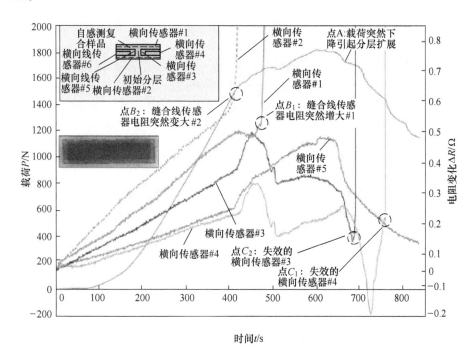

图 10-10 植入缝合和横/纵线传感器的 32 层玻璃纤维-环氧树脂复合材料分层开裂位置监测结果(彩图)
载荷和电阻随时间变化插图:传感器和分层结构示意图(上),实际试样图像(下)。

上述早期损伤监测、用碳纳米管线传感器测量材料表面和内部应变及材料结构监测等试验[36,48-50],促进了结构健康监测集成技术的发展,并为维护材料健康结构提供了范例。

10.6 损伤检测验证

采用两种试验验证了上述由碳纳米管纤维传感器测量结果的有效性:对测试后的试样用光纤和 X 射线断层摄影技术进行了分析[47]。还利用光时域反射计(OTDR)对碳纳米管线传感器所测得的数据进行了同步验证。OTDR 通过发射高速光脉冲并对可能存在的缺陷(如接点、接头、裂纹等)进行分析,来表征光纤的光传输特性。利用现代 OTDR 技术可以轻松获得缺陷的位置及其所引起的光学损耗。v-OTDR 系统(如 Luciol 仪)可用于检测光纤内部任一反射点所引起的背反射的光子数。该系统能发射波长为 65.5nm 的高频脉冲激光波,并在光纤中进行衰减反射传输。复合材料样品中一旦产生裂纹或分层,会使光纤产生裂纹或损伤,v-OTDR 系统可检测损伤在光纤中的位置。因此,可用其来确定试验过程中光纤周围复合材料试样中损伤的位置。

本章中所述的 v-OTDR 设备用于定位直径 $250\mu m$ 的多模塑料光纤损伤,如图 10-11 所示,两根裸露的多模光纤沿轴向平行于缝合碳纳米管丝方向嵌入样品中。为防止样品处理过程中光纤关键位置出现故障,用塑料罩支撑光纤的入口端,并在端部涂上银漆,提高反射率,便于 v-OTDR 系统确定端点的位置。在试验前,先用 v-OTDR 系统测量植入裸露光纤的初始值。然后立即开始试验,v-ODTR 设备记录下每一根光纤的数据,并与碳纳米管线传感器测得的数据进行对比。用测量点处碳纳米管传感器的响应与 v-ODTR 的测量数据对比,以验证其有效性。试验结束后,用 v-ODTR 系统对另一根光纤进行测量,以确定损伤可能出现的位置。

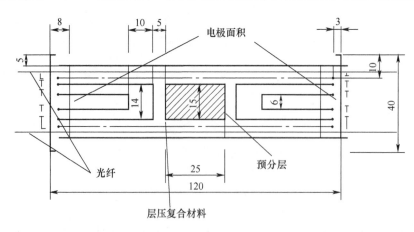

图 10-11 包含集成线传感器的 32 层玻璃/环氧树脂层压复合材料结构示意图;包括缝合传感器(穿过第 12~21 层)和直线传感器(位于第 16 层和 18 层之间)以及集成在中心层中的两根横向光纤;预延迟设置在中心层之间,导线接到碳纳米管纱线上测量电阻

OTDR 系统测量到峰值表示发生了反射,根据这个数值可计算出反射率。开发人员在 OTDR 的程序系统中写入了光纤的折射率数据,用于计算样品中的脉冲背散射波沿光纤传输过程中的长度和位置。图 10-12 中,背散射信号的峰值表示有损伤产生,与碳纳米管线传感器检测到的结果相符。

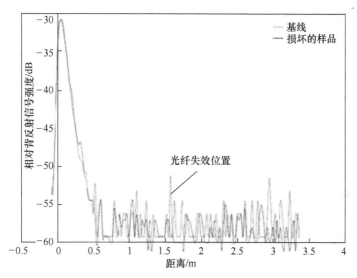

图 10-12　相从 OTDR 的连接处测量到的对背向反射信号与复合样品中集成的光纤中的距离的关系

为了验证上述试验结果,用 X 射线计算机断层扫描技术对被测样品进行分析[47]。该技术可确定材料中所产生损伤的类型、产生位置、几何形状及方位等特征。层析成像的基本原理是将被测试样置于两个 X 射线装置之间,其中一个是射线发生器,另一个是检测器。由射线源发出的射线穿透试样,被检测器接收。因此,利用 X 射线检测技术,可以通过计算机系统生成物体的图像,这种高效成像技术可对复合材料样品中的损伤进行检测。该系统可将由不同角度和平面获得的 X 射线图像组合起来,转换为代表样品横截面的单个图像。位于马里兰州切萨皮克市的贝尔坎普测试中心用 Nikon Metrology 225kV 微距 X 射线源测试了几个对试样,该仪器经过设计可使用 PerkinElmer 的 XRD 1620 平面检测器对小尺寸试样中的损伤进行检测。用 VGStudio 对图像进行分析,图像的分辨率为 84μm,放大后的分辨率可提高到 20μm。图 10-13 所示为所测试的自感测复合材料试样的图像。通过跟踪碳纳米管丝和图像中的损伤,可以获得碳纳米管线传感器的信息与试验结束时样品中损伤位置之间的相关性。这些 X 射线断层扫描图像不仅可以捕获分层和损伤(图 10-13(a)),还可以检测到样品中碳纳米管丝的存在(图 10-13(b))。因此,碳纳米管线传感器获得的结果,通过另一种原位试验技术及其后成像技术得到了验证,后者专门用于确定层压复合材料中损伤的位置及程度[47]。

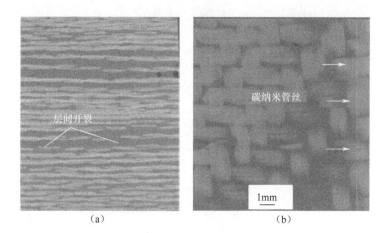

图 10-13　X 射线断层图像
(a)表示分层的横截面;(b)表示缝合的 CNT 纱线的侧视图。

10.7　本章小结

本章介绍了用压阻碳纳米管线进行分布式和集成式传感器检测层压复合材料损伤和分层的概念及试验结果。目的是准确确定损伤的位置,并使用无创或自感测方法来检测损伤的扩展。试验结果表明,碳纳米管线传感器不仅可以捕获分层损伤,而且缝合碳纳米管线传感器还可以通过其电阻的明显升高来预测分层的产生。碳纳米管线传感器具有较高的灵敏度,可检测出样品中微小的损伤,其表现是电阻小幅升高。而集成碳纳米管线传感器具有较高的灵敏度,可承受较大的变形,且仅当其所嵌入的主体层压复合材料失效时才会失效。当分层达到碳纳米管线传感器所在位置时,该处传感器的电阻增大,从而可以确定分层的位置和扩展。文中利用两种试验对前期采用碳纳米管线传感器所获得结果的有效性进行了验证:分别利用光学时域反射仪检测材料中植入的光纤和 X 射线断层扫描技术对分层后的层压复合材料进行了检测。X 射线断层扫描技术不仅可以捕获分层和损伤,还能检测到试样中碳纳米管线的存在。所有前期的研究结论都有助于验证植入式和分布式碳纳米管线传感器检测整个指定区域并准确确定损伤位置的可行性。碳纳米管线传感器具有极好的压电反应特性,可在不破坏层压复合材料完整性的前提下做出响应,具有开发高度自适应、实用且灵敏的结构健康监测技术的潜力。

本章相关彩图,请扫码查看

参 考 文 献

[1] C. Hellier, Handbook of Nondestructive Evaluation, McGraw-Hill, Westminster, 2012.

[2] C. Boller, F. K. Chang, Y. Fujino, Encyclopedia of Structural Health Monitoring, Wiley, Chichester, 2009.

[3] J. W. Dally, W. F. Riley, Experimental Stress Analysis, McGraw-Hill, New York, 1990.

[4] S. Middelhoek, S. A. Audet, Silicon Sensors, Delft University Press, Delft, 1994.

[5] I. M. Daniel, O. Ishai, Engineering Mechanics of Composite Materials, Oxford University Press, New York, 2006.

[6] Kumar, M., and Ando, Y. (2011). Carbon nanotube synthesis and growth mechanism. In "CarbonNanotubes-Synthesis, Characterization, Applications" (Dr. Siva Yellampalli, Ed.), pp. 101–165. InTech, https://doi.org/10.5772/19331.

[7] K. Hata, D. N. Futaba, K. Mizuno, T. Namai, M. Yumura, S. Iijima, Water-assisted highly efficient synthesisof impurity-free single-walled carbon nanotubes, Science 306 (2004) 1362–1364.

[8] F. Ding, P. Larsson, J. A. Larsson, R. Ahuja, H. Duan, A. Rosen, K. Bolton, The importance of strong carbonmetaladhesion for catalytic nucleation of single-walled carbon nanotubes, Nano Lett. 8 (2008) 463–468.

[9] K. Ghosh, M. Kumar, T. Maruyama, Y. Ando, Micro-structural, electron-spectroscopic and field-emissionstudies of carbon nitride nanotubes grown from cage-like and linear carbon sources, Carbon 47 (2009) 1565–1575.

[10] A. Lekawa-Raus, J. Patmore, L. Kurzepa, J. Bulmer, K. Koziol, Electrical properties of carbon nanotubebased fibers and their future use in electrical wiring, Adv. Funct. Mater. 24 (2014) 3661–3682.

[11] C. Jayasinghe, T. Amstutz, M. J. Schulz, V. Shanov, Improved processing of carbon nanotube yarn, J. Nanomater. (2013) 309617. https://doi.org/10.1155/2013/309617.

[12] M. Zhang, K. R. Atkinson, R. H. Baughman, Multifunctional carbon nanotube yarns by downsizing an ancienttechnology, Science 306 (2004) 1358–1361.

[13] L. Liu, W. Ma, Z. Zhang, Macroscopic carbon nanotube assemblies: preparation, properties, and potentialapplications, Small 7 (2011) 1504–1520.

[14] S. Zhang, K. K. K. Koziol, I. A. Kinloch, A. H. Windle, Macroscopic fibers of well-aligned

carbon nanotubesby wet spinning, Small 4 (2008) 1217-1222.

[15] W. Ma, L. Song, R. Yang, T. Zhang, Y. Zhao, L. Sun, Y. Ren, D. Liu, L. Liu, J. Shen, et al. , Directly synthesizedstrong, highly conducting, transparent single-walled carbon nanotube films, Nano Lett. 7 (2007)2307-2311.

[16] W. Ma, L. Liu, R. Yang, T. Zhang, Z. Zhang, L. Song, Y. Ren, J. Shen, Z. Niu, W. Zhou, et al. , Monitoringa micromechanical process in macroscale carbon nanotube films and fibers, Adv. Mater. 21 (2009) 603-608. 236 CHAPTER 10 INTEGRATED MONITORING OF COMPOSITE MATERIALSUSING CARBON NANOTUBE FIBERS

[17] W. Ma, L. Liu, Z. Zhang, R. Yang, G. Liu, T. Zhang, X. An, X. Yi, Y. Ren, Z. Niu, et al. , High-strengthcomposite fibers: realizing true potential of carbon nanotubes in polymer matrix through continuous reticulatearchitecture and molecular level couplings, Nano Lett. 9 (2009) 2855-2861.

[18] S. Ryu, P. Lee, J. B. Chou, R. Xu, R. Zhao, J. H. Anastasios, S. Kim, Extremely elastic wearable carbon nanotubefiber strain sensor for monitoring of human motion, ACS Nano 9 (2015) 5929-5936.

[19] J. L. Abot, Y. Song, M. Sri Vatsavaya, S. Medikonda, Z. Kier, C. Jayasinghe, N. Rooy, V. N. Shanov, M. J. Schulz, Delamination detection with carbon nanotube thread in self-sensing composite materials, Compos. Sci. Technol. 70 (2010) 1113-1119.

[20] M. Miao, Yarn spun from carbon nanotube forests: production, structure, properties and applications, Particuology 11 (2013) 378-393.

[21] J. C. Anike, K. Belay, J. L. Abot, Piezoresistive response of carbon nanotube yarns under tension: rate effectsand phenomenology, New Carbon Mater. 33 (2018) 6.

[22] J. Ma, J. Tang, Q. Cheng, H. Zhang, N. Shinya, L. C. Qin, Effects of surfactants on spinning carbon nanotubefibers by an electrophoretic method, Sci. Technol. Adv. Mater. 11(2011)065005.

[23] K. Koziol, J. Vilatela, A. Moisala, M. Motta, P. H. Cunniff, M. Sennett, A. Windle, High-performance carbonnanotube fiber, Science 318 (2007) 1892-1895.

[24] S. Imaizumi, H. Matsumoto, Y. Konosu, K. Tsuboi, M. Minagawa, A. Tanioka, K. Koziol, A. Windle, Topdownprocess based on electrospinning, twisting, and heating for producing one-dimensional carbon nanotubeassembly, ACS Appl. Mater. Interfaces 3 (2011) 469-475.

[25] K. Liu, Y. Sun, R. Zhou, H. Zhu, J. Wang, L. Liu, S. Fan, K. Jiang, Carbon nanotube yarns with high tensilestrength made by a twisting and shrinking method, Nanotechnology 21 (2010) 045708.

[26] V. A. Davis, A. N. Parra-Vasquez, M. J. Green, P. K. Rai, N. Behabtu, V. Prieto, R. D. Booker, J. Schmidt, E. Kesselman, et al. , True solutions of single-walled carbon nanotubes for assembly into macroscopicmaterials, Nat. Nanotechnol. 4 (2009) 830-834.

[27] S. Zhang, L. Zhu, M. L. Minus, H. G. Chae, S. Jagannathan, C. P. Wong, J. Kowalik, L. B. Roberson, S. Kumar, Solid-state spun fibers and yarns from 1-mm long carbon nanotube forests synthesized by water-assistedchemical vapor deposition, J. Mater. Sci. 43 (2008) 4356.

[28] X. Zhang, Q. Li, Y. Tu, Y. Li, J. Y. Coulter, L. Zheng, Y. Zhao, Q. Jia, D. E. Peterson, Y. Zhu, Strong carbonnanotubefibers spun from long carbon-nanotube arrays, Small 3 (2007) 244–248.

[29] X. H. Zhong, Y. L. Li, Y. K. Liu, X. H. Qiao, Y. Feng, J. Liang, J. Jin, L. Zhu, F. Hou, J. Y. Li, Continuousmultilayered carbon nanotube yarns, Adv. Mater. 22 (2010) 692–696.

[30] N. Behabtu, C. C. Young, D. E. Tsentalovich, O. Kleinerman, X. Wang, A. W. K. Ma, E. A. Bengio, et al. ,Strong, light, multifunctional fibers of carbon nanotubes with ultrahigh conductivity, Science 339 (2013)182–186.

[31] M. Miao, J. McDonnell, L. Vuckovic, S. C. Hawkins, Poisson's ratio and porosity of carbon nanotube dryspunyarns, Carbon 48 (2010) 2802–2811.

[32] N. K. Chang, C. C. Su, S. H. Chang, Fabrication of single-walled carbon nanotube flexible strain sensors withhigh sensitivity, Appl. Phys. Lett. 92 (2008) 063501.

[33] P. Dharap, Z. Li, S. Nagarajaiah, E. V. Barreva, Nanotube film based on single-wall carbon nanotubes forstrain sensing, Nanotechnology 15 (2004) 379–382.

[34] E. T. Thostenson, T. W. Chou, Carbon nanotube networks: sensing of distributed strain and damage for lifeprediction and self healing, Adv. Mater. 18 (2006) 2837–2841.

[35] I. Kang, M. J. Schulz, J. H. Kim, V. Shanov, D. Shi, A carbon nanotube strain sensor for structural health monitoring,Smart Mater. Struct. 15 (2006) 737–748.

[36] J. L. Abot, C. Y. Kiyono, G. P. Thomas, E. C. N. Silva, Strain gauge sensors comprised of carbon nanotube yarn: parametric numerical analysis of their piezoresistive response, Smart Mater. Struct. 24 (2015) 075018.

[37] J. C. Anike, H. H. Le, G. E. Brodeur, J. L. Abot, Piezoresistive response of integrated CNT yarns under compressionand tension: the effect of lateral constraint, C 3 (2017) 14, https://doi.org/10.3390/c3020014. REFERENCES 237.

[38] W. Obitayo, T. Liu, A review: carbon nanotube-based piezoresistive strain sensors, J. Sens. (2012) 652438,https://doi.org/10.1155/2012/652438.

[39] C. Berger, P. Poncharal, Y. Yi, W. de Heer, Ballistic conduction in multiwalled carbon nanotubes, J. Nanosci. Nanotechnol. 3 (2003) 171–177.

[40] J. C. Anike, A. Bajar, J. L. Abot, Time-dependent effects on the coupled mechanical-electrical response ofcarbon nanotube yarns under tensile loading,J. Carbon Res. 2 (2016) 3, https://doi.org/10.3390/c2010003.

[41] J. G. Simmons, Generalized formula for the electric tunnel effect between similar electrodes separated by athin insulating film, J. Appl. Phys. 34 (1963) 1793–1803.

[42] A. S. Wu, X. Nie, M. C. Hudspeth, et al. , Strain rate-dependent tensile properties and dynamic electromechanicalresponse of carbon nanotube fibers, Carbon 50 (2012) 3876–3881.

[43] Y. Zhang, L. Zheng, G. Sun, et al. , Failure mechanisms of carbon nanotube fibers under different strain rates,Carbon 50 (2012) 2887–2893.

[44] C. Stampfer, A. Jungen, R. Linderman, D. Obergfell, S. Roth, C. Hierold, Nano-electromechan-

ical displacementsensing based on single-walled carbon nanotubes, Nano Lett. 6(2006) 1449-1453.

[45] H. Zhao, Y. Zhang, P. D. Bradford, Q. Zhou, Q. Jia, F. Yuan, Y. Zhu, Carbon nanotube yarn strain sensors, Nanotechnology 21 (2010) 305502.

[46] J. L. Abot, K. Wynter, S. P. Mortin, H. Borges de Quadros, H. H. Le, D. C. Renner, K. Belay, Localized detectionof damage in laminated composite materials using carbon nanotube yarn sensors, J. Multifunc. Compos. 2 (2014) 217-226.

[47] J. L. Abot, J. C. Anike, J. H. Bills, Z. Onorato, D. L. Gonteski, T. Kvelashvili, K. Belay, Carbon nanotube yarnsensors for precise monitoring of damage evolution in laminated composite materials: latest experimentalresults and in-situ and post-testing validation, Proceedings of 32nd American Society for Composites Conference, West Lafayette, IN, 2017.

[48] J. L. Abot, M. J. Schulz, Y. Song, S. Medikonda, N. Rooy, Novel distributed strain sensing in polymeric materials, Smart Mater. Struct. 19 (2010) 085007.

[49] J. L. Abot, T. Alosh, K. Belay, Strain dependence of electrical resistance in carbon nanotube yarns, Carbon70 (2014) 95-102.

[50] J. L. Abot, M. R. Go'ngora-Rubio, J. C. Anike, C. Y. Kiyono, L. A. M. Mello, V. F. Cardoso, R. L. S. Rosa, D. A. Kuebler, G. E. Brodeur, A. H. Alotaibi, M. P. Coene, L. M. Coene, E. Jean, R. C. Santiago, F. H. A. Oliveira, R. C. Rangel, G. P. Thomas, K. Belay, L. W. da Silva, R. T. Moura, A. C. Seabra, E. C. N. Silva, Foil straingauges sensing using piezoresistive carbon nanotube yarn: fabrication and calibration, Sensors 18 (2) (2018) 464, https://doi.org/10.3390/s18020464.

第11章
碳纳米管和窄带

Devika Chauhan[1], Rui Chen[2], Chenhao Xu[2], David Mast[3], Richard Kleismit[3], Vesselin Shanov[4], Ashley Kubley[5], Guangfeng Hou[2], Megha Chitranshi[6], Anuptha Pujari[2], Surendra Devarakonda[2], Sang Young Son[2], Mark J. Schulz[2]

[1] 美国俄亥俄州辛辛那提市,辛辛那提大学航空航天工程系
[2] 美国俄亥俄州辛辛那提市,辛辛那提大学机械与材料工程系
[3] 美国俄亥俄州辛辛那提市,辛辛那提大学物理系
[4] 美国俄亥俄州辛辛那提市,辛辛那提大学化学与环境工程系
[5] 美国俄亥俄州辛辛那提市,辛辛那提大学设计、建筑、艺术与规划学院
[6] 美国俄亥俄州辛辛那提市,辛辛那提大学电气工程和计算机科学系

11.1 引言

纳米管材料正被开发用于[1-50]从纺织品[1,18,30,42]到复合材料[4-5,15-18]、传感[20]、水处理[22]、电线[9,24-25]和其他的应用领域中[6-7,37,39]。碳纳米管杂化(CNTH)材料[2,23]的开发涉及多学科的交叉融合,包括碳纳米技术(纳米管)、金属材料科学(周期表中所有族的纳米颗粒)、电磁等离子体物理学(合成反应器中形成的冷等离子体)。还可以根据设计、艺术、建筑和规划等领域中的应用要求生产高性能或智能织物材料。

研究假设可利用改进的浮动催化气相热解法制备碳纳米管杂化材料。在高温反应中,碳原子或碳纳米管可与金属/合金原子或原子团结合形成碳金属。在高温(1400~1500℃)纳米管气相热解合成工艺中,通过注入金属纳米颗粒、茂金属或金属盐来提供金属原子。碳纳米管和金属通过化学或物理的方式结合在一起,形成一个纳米管套筒(或纳米管云,图11-1),并缠绕在卷筒上形成薄膜,或穿过溶液浴形成纤维带并捻成纱线。碳纳米管杂化材料的制备工艺可以根据所使用的纳米颗粒和最终应用目标,在一定程度上设计片材/纱线的性能。导电率、热导率、强度、孔隙率、毛细性、阻燃性和其他性能可根据注入工艺的纳米颗粒进行部分设计。尤其是,在茂金属蒸发并释放金属原子进入合成过程中。可以根据纳米颗粒材料、尺

寸和几何形状调整特性。

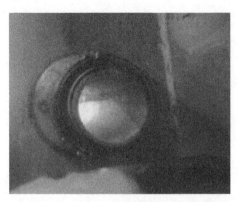

图 11-1　CNT 套筒缠绕形成 CNT 纤维带

在制备过程中,可能形成碳纳米管杂化材料、石墨烯和其他碳金属结构。碳纳米管-金属材料的研究尚属首次。前驱体金属的快速汽化、熔化以及碳的快速生长是该研究的关键。快速卷绕的纳米管套筒(也被称为网、云或气凝胶)产生部分取向纤维带。碳纳米管与金属在物理或化学上相互连接,形成均匀的材料。CNT 碳纤维材料也是可能形成的。可以使用金属纳米颗粒作为催化剂,且考虑到周期表的所有族,有许多种可能的材料设计组合。CNTH 制备是一种新型的制造技术,CNTH 材料可以广泛用于工程系统和医疗器械,其研究始于杂化研究。

杂化可能性：

传统上,合金或杂化材料通过熔融或混合在液相中组装,而这里 CNTH 材料的组装在气相中进行,是一种制备纳米管材料的新方法。在材料科学中,主要有金属、陶瓷和聚合物三类材料。CNTH 材料是碳原子和这三类材料的结合体。因此,CNTH 主要分为碳金属,碳陶瓷和碳聚合物三类。通过物理吸附、范德瓦耳斯键结合、机械缠结或包封等不同方法,使碳与其他材料进行物理结合,形成不同种类的 CNTH。碳和其他材料通过化学结合也可以形成 CNTH,如形成碳化物和氮化物之类的化合物。总之,可以形成许多碳和金属合金或陶瓷的组合。碳纳米管、石墨烯、氮化硼纳米管和几乎任何类型的粒子都可以用于 CNTH 的制备。理论上讲,利用周期表的 118 个元素及其组合可以合成成千上万种不同的 CNTH 材料。CNTH 材料合成过程可能产生的材料类型取决于不同材料的液固气相化学作用和范德瓦耳斯力物理作用。合成这些物理和化学化合物取决于制备工艺中使用的不同材料、浓度、熔点和沸点、溶解度、相图、反应器设计、工艺条件和其他因素。材料性能也取决于后处理步骤,如拉伸、轧制和涂层等。总的来说,CNTH 的合成产生了可以设计为具有各种特性的新型材料。需要进一步系统地研究 CNTH 制备工艺的科学性,并进一步开发可以生产出不同类型的材料及其套件的制造工艺。

Nanocomp、Cambridge 和其他一些公司已经在生产上证明了气相过程的基本原理。将这些已被证实的生产工艺与混合颗粒组装方法及其他技术结合起来,可以为材料改进开辟新的技术途径。要立即使用这些材料必须在研究初始阶段以应用为驱动,确定不同 CNTH 的产品市场适合性和近期商业化的可能性。

某些金属会浸润并覆盖碳纳米管,而有些不溶于碳的金属则不会浸润碳纳米管。如果碳纳米管与金属表面的相互作用很小,纳米管将被弱物理吸附。然而,碳纳米管和某些其他金属表面之间的间距可以很小,而且金属原子和纳米管中的碳原子通过共价键连接形成金属-碳原子,从而提高了碳纳米管板的导电性和强度。通过该工艺可以形成柔性且强度较高的连续 CNT-金属片材。需要更多的研究来探明可能与碳纳米管相互作用的金属和合金。下面描述了几个正在研究的例子。这些想法虽然存在很大的不确定性,但可以抛砖引玉,从而产生更好的想法。

(1) CNT-TiO_2 纳米复合材料和纤维。聚砜酰胺(PSA)纤维是一种耐热、阻燃、热稳定性好的阻燃材料。碳纳米管具有优异的导电、导热和力学性能。TiO_2 具有优异的紫外散射和吸收性能。可能形成具有良好导电性和强紫外散射的 PSA-CNT-TiO_2 组合。

(2) 碱金属的比电导率远高于铜。目标是制备出一种导电的 CNTH 织物,这种织物耐疲劳且比铜丝具有更高的比电导率。碱金属在空气和湿气中不稳定,处理起来很危险。但是,可以在气相浮动催化反应器中注入少量的锂、钠、钾等碱金属以改善碳纳米管片材的电性能。这些碱金属可以以盐、氢氧化物、氧化物或碳化物形式的干粉注入反应器中。NaCl 或 NaOH 是第一选择,我们也可以使用 HCl,但要了解它们在反应器内的化学性质是一个重大挑战。将研究 Ellingham 图,接触相互作用,避免水/氧气以及 CNTH 材料的最终反应性。所生产的 CNTH 材料需要与氧气和水分绝缘,这取决于它们与碳纳米管是否发生反应。

(3) 电陶瓷。注入氧化铁化合物是一种可能的技术途径。FeO 应用广泛,价格低廉,使用方便。可能的反应包括 $FeO+H_2=Fe+H_2O$,$FeO+C=Fe+CO$,$3FeO+4C=Fe_3C+3CO$;FeO 的熔点低于 1400℃。Fe_3C 是一种具有硬脆性能的金属间化合物,因此被归类为纯陶瓷材料。未与碳纳米管键合的残余铁容易被蚀刻掉,合成的杂化材料有望兼具良好的导体和陶瓷的功能,而电陶瓷材料将具有广泛的应用前景。同样的方法也适用于 TiO_2。TiC 是一种极其坚硬的难熔陶瓷材料,可以通过向气相过程中注入 NP 来合成。另一个值得研究的方向是碳纳米管与官能团—COOH 和—NH_2 的相互作用,可以通过向气相反应器中注入氨气(NH_3)或相关化合物来实现。功能性 CNTH 材料可用于化学传感器或生物传感器。

11.2 碳纳米管杂化材料合成方法的基本原理

该方法将浮动催化法与外加金属或陶瓷材料相结合,在碳纳米管合成过程(图11-2)中使用颗粒注射器将干燥的纳米颗粒或微粒引入反应器中。某些金属纳米颗粒会浸润碳纳米管,并与不同的碳纳米管结合。相图显示了材料中不同相的共存,可用于阐明金属和碳纳米管之间的反应和相分离。目前正在研究不同金属材料与碳纳米管在高温下的相互作用,以及在杂化过程中影响碳纳米管生长的外部因素。

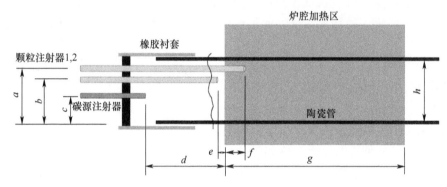

图11-2 碳纳米管杂化材料合成反应器

注射几何结构显示两个颗粒注射器和一个碳源注射器;变量可针对不同类型的 NP 进行调整。

在这个过程中包含了几个创新点[2]:①开发了一种容积式碳源注射器,它可以单独控制乙醇基碳源和注射气(氩和氢)的输送速率,从而产生更好的雾化效果;②为了向反应器中注入干燥的纳米颗粒,我们建造了一个颗粒注射器;③除了在碳源中混合外,还可以通过颗粒注射器注入催化剂,这增加了反应器的产率(每小时产出纳米管的质量),这一关键改进仍处于发展中,是高速制造纳米管织物所必需的。

根据图11-3所述工艺,生产出 CNT 片材,并且通过将 CNT 和 CNTH 片材以及纱线材料整合到现有的纺织品结构中,用于制造织物和服装。采用这种方法制备的织物具有轻质、导热、导电和高强度等重要特性。由于原材料可以在成型阶段加入,因此,片材和纱线的混合可以设计出具有特定应用的材料性能。碳纳米管织物还具有高导热性和低比热,使其成为传输和散热的优良材料。碳纳米管织物易加工且重量轻。由于其高导热性,当放置在冷表面上时,织物摸上去很凉;材料本身具有抗静电和抗菌的特性,可以通过杂化来提高导电性。合成过程基于气相热解,气体和颗粒材料在无氧的流动气体环境中进行高温分解和结合。用于 CNTH

合成的反应器(图11-3(a))由碳源和颗粒注射器、高温区和材料收集区组成。使用了三个注射器：一个碳源注射器和两个颗粒注射器。通过四极质谱仪(QMS)连续监测整个合成过程中气体的分压。许多参数影响杂化材料的合成，包括功能性纳米颗粒(FNP)注入器的设置和工艺变量(流速和温度)。注入反应器的纳米颗粒必须遵循环境健康与安全(EHS)规则。由于颗粒的团聚，干燥的纳米颗粒的注入很复杂。据我们所知，没有其他小组向纳米管的合成过程中注入干的纳米颗粒。使用纳米颗粒也增加了发生爆炸的概率。因此，开发了一种结合机械和气体混合的定制颗粒注射器，并且将反应器中的氧含量控制在非常低的水平。图11-3(b)显示了收集箱中气体的分压。收集箱中气体的化学成分与反应管中的气体相似。每种类型的颗粒也需要不同的参数才能成功注入，例如粒径、形状(球形、片状、棒状、枝晶和管状)、密度、功能化或钝层、纯度、电荷、电导率、磁导率和材料类型。CNTH的制备过程是连续的，因此具有很高的可调谐性，可以在一次试验中注入两种材料并用CNT和纳米颗粒进行评估。QMS给出了气体浓度的分压(32处为氧气峰，2处为氢气峰，图11-3(b))。通过特别设计，合金颗粒在合成过程中可以与碳发生化学反应。在某些特定应用中，采用该方法可以控制导电性和强度这两种材料特性。现在生产的CNTH材料是指与不同类型的纳米颗粒或微粒集成的CNT(图11-3(c))。套筒(CNT和纳米颗粒形成的蛛网状结构，图11-3(c))形成并卷绕成片材或捻成纱线。未来可能会出现其他类型的碳纳米管杂化材料，如石墨烯杂化材料。

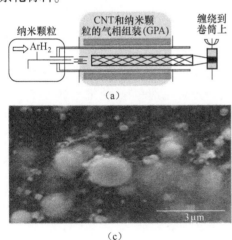

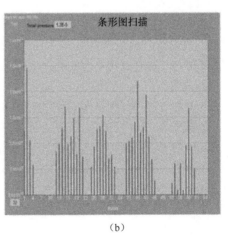

图11-3 CNTH的合成

(a)反应器设计；(b)收集箱中气体特征的QMS图，该气体是用Ar稀释的反应器中的废气；

(c)受颗粒尺寸、分布和浓度控制的CNTH片材的孔隙率、电导率、过滤和吸附作用。

显示出多尺度颗粒固定在同一个CNT网格内。

11.2.1 提高合成过程产出率

碳源注射器和颗粒注射器可扩展以获得更大的输出。反应器管的表面积与体积之比应在 2 左右,以提供形成套筒的最佳条件。未来可以采用矩形截面管扩大产能,但扩大规模必须重视安全问题。轧制碳纳米管板显著增加了堆积密度,从而提高了原始碳纳米管板的拉伸强度(据报道薄膜的拉伸强度为 2GPa)[36]。拉伸和取向还会增加碳纳米管板的比电导率[4-5,36]。在轧制碳纳米管板时,我们观察到在轧制方向上的延伸率为 14%,且厚度减小。在轧制或拉伸方向上碳纳米管的取向增加[36]。在 CNTH 的制备过程中,处理纳米颗粒时必须遵守环境健康和安全的有关法规。轧制不同的碳纳米管杂化材料(如 CNT-Cu、CNT-Al、CNT-C60 和 CNT-SWCNT),需要将片材结合在一起形成更厚的材料,并对材料性能进行表征,以实现功能电子和智能纺织品的开发和规模化。

在浮动催化法中,催化剂以二茂铁的形式分散在乙醇碳源中。大多数催化剂颗粒(95%)不会对纳米管起成核作用。目前还不完全清楚为什么会发生这种情况,但是二茂铁释放出铁原子后,这些原子聚集在一起,直径大约达到几个纳米时,可使纳米管成核。如果催化剂颗粒太小或太大,则不会成核,最终作为杂质附着在纳米管的内外部或反应器管壁上。随着碳源中二茂铁浓度的增加,催化剂在乙醇中析出,碳纳米管的质量下降。因此,为了增加产率,可以向碳源中添加更多的催化剂,但不能超过某一定额。我们正在研究一种方法:利用射频激发加热、混合反应器中的等离子体,并改善纳米颗粒在反应器中的分散性,以提高成核效率。反应器中的碳原子和碎片溶解在铁催化剂中,以纳米管的形式析出。如果催化剂缺碳或被碳覆盖,纳米管就不能生长。我们正在研究的另一种方法:将催化剂作为干粉混合物直接注入反应器中。二茂铁蒸发并凝聚成催化剂颗粒,使纳米管成核。在一个特别的试验中,在颗粒注射器中注入带有载体颗粒的二茂铁,制得一个薄套筒。在碳源中没有二茂铁,这是一个重大的进展,而且今后的工作将在碳源和干喷中使用二茂铁。据估计可以通过以下方式增加产量:使用椭圆形而不是当前 2 英寸直径的反应器管,使用多个注射口,在碳源/二茂铁注入的同时注入干燥二茂铁。

11.2.2 气相热解反应器中碳纳米管的组装

用颗粒注射控制气相合成过程以形成套筒是一种新的方法。冷等离子体在反应器中形成,并且由于外部激发,可以在等离子体中测量电压。若给套筒充电可使 NP 相互排斥,从而使 CNT/NP 分布更均匀。基准气相热解法(无纳米颗粒注射)使用的定制反应器具有以下特点:①气体流速高;②在反应器中停留时间短;③温度高达 1400℃;④使用碳源正排量的新型文丘里注射器。两个单独放置的喷嘴在外部以一定角度相交。通过液体喷嘴尖端的快速气流将碳源雾化成非常小的液滴,加速流动。气体和碳源的独立控制产生更精细的雾化,提高碳纳米管的产量和质量。CNT 套筒的受力如图 11-4(a)所示。通过四极质谱分析碳纳米管合成过程中的主要气体副产物(图 11-4)。

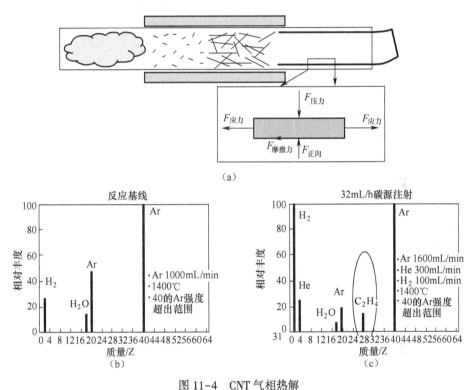

图 11-4 CNT 气相热解

(a)合成过程示意图和作用在套筒上的力。四极质谱仪(QMS)用于监测反应器中的气体浓度,特别是氧气浓度,并优化工艺参数;(b)无碳源注射的 QMS 气体种类;(c)碳源注射时,H_2 和 C_2H_4 增加。

碳纳米管在气相热解反应器中形成不同尺度的有序聚集体。碳纳米管被流体流动带到下游,相互作用形成宏观网络和套筒。在 CNT 套筒中,碳纳米管以束的形式存在。根据束中碳纳米管的数量,束直径的范围可以从 20~100nm。范德瓦耳斯引力将不同的碳纳米管连接在一起形成束(见第 29 章)。范德瓦耳斯力和量子力都是由碳纳米管的介电和电磁响应特性引起的[27]。如果碳纳米管之间的距离很小(埃到几纳米量级),仅有范德瓦耳斯力。更大的距离(亚微米和微米量级)才存在量子力[28]。考虑到气相热解反应器中的碳纳米管长度为毫米级,束内的黏附力很强。不同碳纳米管束之间的相互作用主要发生在有角度的接触处,而不是在平行的结构处,且附着力较弱。然而,由于束的高长径比(10^2~10^5),一个

CNT 束可以与成千上万的其他束相互作用,形成一个宏观网络。当碳纳米管束经历剪切流时,这种网络形成,从而进一步诱导成束排列并形成套筒。碳纳米管套筒形成的几个关键参数包括:①具有大长径比的纳米颗粒;②高密度的纳米颗粒;③适当的剪切诱导排列。我们的假设是,在这个气相过程中,满足这些要求的纳米颗粒可以成功地组装成宏观实体。我们已经展示了使用较大的颗粒作为载体,可以将各种纳米颗粒添加到这个过程中。

碳纳米管束可以用离散相模型和范德瓦耳斯引力、热泳力和静电力来模拟。在这个模型中,碳纳米管束被视为颗粒,并定义其相互作用。模拟的颗粒运动类似于无宏观组装的碳纳米管的运动。同时也需要解决碳纳米管束与流场之间的相互作用。对碳纳米管在液体悬浮液中的团聚现象进行了大量的研究[33],然而,对于碳纳米管的气相排列和团聚几乎没有研究。CNTH 的研究有几个独特的方面:①纳米颗粒的高长径比提出了新的挑战。在我们的气相热解反应器中,碳纳米管的体积分数约为 10^{-7},浓度在 $5000 cm^{-3}$。此分析基于直径为 2 英寸套筒收缩形成 $20 \mu m$ CNT 纱线。计算出纱线横截面中的碳纳米管数量与套筒横截面中的碳纳米管数量相同。在传统的液体悬浮理论中,这属于可以忽略束相互作用的稀相区。然而,对于碳纳米管和其他纳米材料,这些束具有很大的长径比,并且它们之间的相互作用非常明显。因此必须开发一个考虑这种影响的新模型。②在传统的液体悬浮研究中,通常采用均匀剪切的方法,分析颗粒间的相互作用。在气相组装过程中,剪切速率从 $0.01 \sim 500 \ s^{-1}$,横跨整个反应器。这将导致束的变形和排列有很大的变化,必须加以考虑。③我们观察到气体热解反应器内的电离气体,并测量了碳纳米管组件中的交变信号。这表明碳纳米管束是带电的,此外可以对纳米颗粒施加高电压,以影响它们之间的相互作用。在带电颗粒的液体溶液中,传统的 Derjaguin 力、Landau 力、Verwey 力和 Overbeek 力(DLVO)被广泛地应用于研究范德瓦耳斯力和静电力。这一理论应该被用来解释反应器中的大长径比纳米材料(纳米颗粒和 CNT)的相互作用,以帮助改进 CNTH 工艺。

11.2.3　材料类型

材料有三大类:金属、聚合物和陶瓷。碳纳米管是目前仍在开发和改进的新材料。纳米颗粒通常是球形和线状的,也是一种新材料。目前碳纳米管和 NPs 可以在工业上大量合成,并具有更好的特殊性能。然而,纳米技术中一个长期存在的问题是难以将 CNT 和纳米颗粒组装成片状和纱线等块体材料。采用一种新的方法合成 CNTH 材料,可以用高通量工艺将纳米材料组装成片材和纱线。类似于传统材料,可以制备三类纳米管杂化材料:碳纳米管-金属(CNT-M),其中 M 代表铜、铝、镍……;碳纳米管-聚合物(CNT-P),其中 P 代表超高分子量聚乙烯(UHM-

WPE)、C60、单壁碳纳米管……;CNT-陶瓷(CNT-C),其中 C 代表金刚石、氮化硼纳米管和氧化铝。利用功能性纳米颗粒注射器将纳米颗粒引入气相热解反应器,形成碳纳米管杂化材料。CNTH 的杂化是高度可设计的,元素周期表的组合可以用来形成新材料(可设计材料)。如前所述,CNTH 是基于 CNT 和纳米颗粒之间的范德瓦耳斯引力。新的杂化工艺和通过气相直接向反应器中注入催化剂颗粒来提高制造产率的技术是这一领域的进展。CNTH 工艺本身就很复杂,因为纳米颗粒倾向于团聚,需要根据材料类型、尺寸和形状(球形、棒状、树枝状或片状)、密度和钝化程度,采用特定的方法注入每种类型的颗粒。图 11-5 为碳纳米管片材的扫描电镜图像。图 11-5(a)~(d)所示为原始样品,其颗粒为铁催化剂颗粒,属于该工艺的正常杂质。图 11-5(e)~(h)显示了注入比铁催化剂更大颗粒的镀银铜晶粒样品。

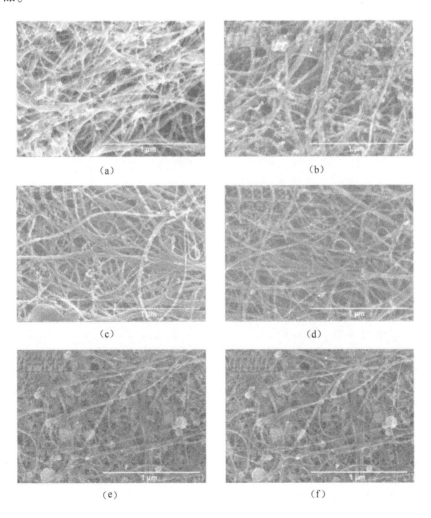

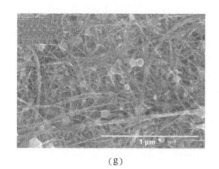
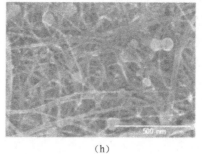

(g) (h)

图 11-5 CNT 片材的 SEM 图像

(a)~(d)是原始样品,颗粒是铁催化剂颗粒,是该过程中的正常杂质,在30RPM 下收集样品;(b)~(d)在20RPM下收集;(e)~(h)是少量注入镀银铜片试验的样品;(a)~(h)未完全致密。

11.2.4 碳纳米管与金属颗粒的相互作用能

在 CNTH 制备工艺中,纳米颗粒必须经过设计,并以特定的方式与碳纳米管相互作用。文献[51-55]中单壁碳纳米管(SWCNT)上的金属涂层表明,涂层的性质随金属的不同而不同。Ti、Ni 和 Pd 形成连续和准连续涂层,而 Au、Al 和 Fe 仅在单壁碳纳米管表面形成离散颗粒[51]。根据计算得到的相互作用能(E_b是与基底的结合能),SWCNT 上的单个原子遵循趋势为 $E_b(Ti) \approx E_b(Pt) > E_b(Al) > E_b(Cu) > E_b(Pd) > E_b(Au) > E_b(Ag)$。较小的结合能使颗粒或团簇在表面上更易移动,而较强的金属-金属结合将导致更大的团簇和表面不润湿。对于非常小的团簇,膜的结合能小于团簇的结合能意味着有效的润湿,而在临界尺寸以上,团簇的结合能大于膜的结合能有利于凝聚成更大的团簇和表面去润湿。研究了(8,0)单壁碳纳米管在三种金属表面上的几何优化结构。与金表面的相互作用很小,纳米管的物理吸附很弱;但是,单壁碳纳米管与金属 Pd 和 Pt 表面分离力更小,且随着共价键连接金属原子和纳米管中的碳原子形成金属-碳原子共价键。共价键可能会使碳纳米管的截面变形,从而影响电子的能带结构和传输。

文献[51]中还指出,导电(8,4)CNT 的 Pd 修饰使 CNT 的带隙向半金属带隙移动。在保持机械强度的前提下,加入不同比例的 Pd 可以使 CNT 的带隙和电性能得到微调。与纳米管结合的金属颗粒的稳定性也影响各种应用的性能。研究表明[51-55],在理想的 CNT 表面上,单个原子的运动存在较小的能垒。但由于接触面积的增加,金属颗粒更容易形成团簇。这种能垒与团簇形成趋势之间的权衡将决定 CNTH 工艺中金属颗粒与 CNT 之间相互作用的均匀性和稳定性。

碳纳米管中的缺陷也可以提供与金属颗粒结合的稳定位置[51-55]。图 11-6

(a)和图11-6(b)示出了 Pd 原子的能量沿着 CNT 长度的变化。图11-6(c)显示了碳在铜中的低溶解度。在1400℃(合成过程的温度)下,碳在铜中的分数比小于0.001%。图11-6(d)显示,在 CNTH 工艺中注入的铜纳米颗粒并未如预期那样浸润碳纳米管。因此,我们将使用不同形状和尺寸的合金纳米颗粒。图11-6(e)中的铜峰表示存在未被氧化的铜。我们认为反应器内的低氧浓度和高氢浓度有效抑制了金属和碳纳米管的氧化。

11.2.5 金属催化剂合成碳纳米管-金属杂化材料

上文讨论了注入金属纳米颗粒对碳纳米管性能的影响。也可以注入纳米颗粒作为催化剂颗粒来合成碳纳米管。茂金属材料可用于合成杂化材料[2,23]。为了在典型的化学气相沉积过程中实现最佳生长,金属催化剂需要具有足够的碳溶解度、快速的碳扩散能力和碳化物的有限形成。对于某些金属来说,碳在很小的温度范围内是可溶的,并且在该范围内具有明显的催化能力。对于其他金属而言,碳化物的形成会抑制纳米管从纯金属生长。只有碳化物颗粒大小合适,碳扩散速度足够快,碳化物才可作为潜在的催化剂来促进碳沉淀。有几个因素决定了纯金属催化 CNT 生长的能力:①碳在金属固溶体中的溶解度约为1%(原子分数);②碳在固溶体中的扩散应迅速达到碳沉淀所需的浓度;③在金属饱和后,石墨纳米管的沉淀应在不形成中间碳化物的情况下开始。在参考文献[52]中研究了碳-铜、碳-锌、碳-钆和碳-镉体系。碳在金属中的溶解度极限很低,在1100℃时(高于铜的熔点),铜中的碳质量分数仅为0.0001%(质量分数),这也是试验中铜的浸润性差的原因(图11-6(d))。在 Cr-C 和 Mn-C 体系中,易形成大量碳化物,且碳化物的形成需要较高的碳浓度。碳扩散和形成碳化物的动力学所需时间可以延迟或抑制碳沉淀,阻止碳纳米管的形成。

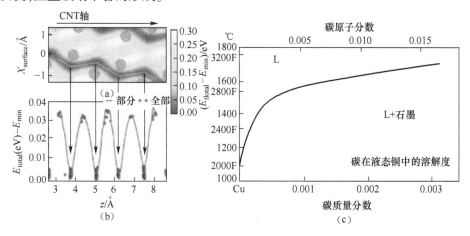

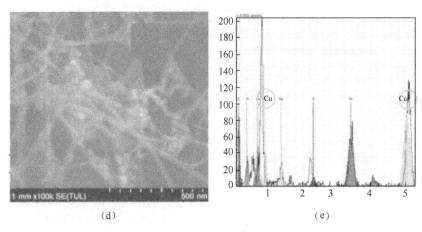

图 11-6　不同纳米颗粒的性质

(a)Pd-CNT 系统的总能量与 CNT 侧壁上 Pd 原子的关系；(b)与位置相关的能量；
(c) 铜碳二元相图；(d)注入 25nm 碳包覆 Cu 纳米颗粒后在 CNT 上的 Cu 颗粒表明
Cu 没有润湿 CNT；(e)能量色散光谱(EDS)显示了带有 CNT 的 Cu(图中的圆圈)。
((a~b) 来源于文献[52]，(c)来源于文献[53]，(d,e)来源于 S. Fialkova NCAT.)

对于 Fe、Ni 和 Co 催化剂，在铁的固溶体溶解度极限下，会生成稳定的碳化物(Fe_3C)[51-55]。一旦 Fe_3C 相被碳完全饱和(6.67%(质量分数)的碳)，会形成石墨，当使用纳米催化剂颗粒时，这种石墨将形成 CNT 结构。碳在铁中快速扩散也使碳化物快速生成和石墨快速沉淀。对于 Co 和 Ni 而言，固溶体中 C 饱和后立即形成亚稳态碳化物，例如 Co_3C、Co_2C 和 Ni_3C。当多余的碳扩散到催化剂中时，石墨析出形成纳米管。

通常，催化剂沉积在用于 CNT 生长的基质上或溶解在乙醇中，然后将流体注入反应器中，以浮动催化法合成 CNT 套筒。我们展示了一种将干催化剂和纳米颗粒注入反应器中制备碳纳米管的新方法。将少量二茂铁粉末与颗粒状活性炭(GAC)混合并注入反应器中。碳源中没有二茂铁，形成了 CNT-GAC 套筒。将对在碳源中使用二茂铁以及将二茂铁与不同类型的干颗粒同时混合(粉碎)开展进一步研究。这一过程为碳与金属在分子水平上的结合打开了大门，并提高了合成过程的产率。

11.2.6　碳纳米管-双金属杂化材料

文献[51-55]中研究的试验和第一性原理计算表明，将铜和镍、铬合金化可以显著提高 Cu-CNT 体系的浸润性、附着力和导电性。镍是最有前景的合金元素，能使 Cu-CNT 的导电性提高 2 倍。铜与碳纳米管附着力不强，但镍在铜和碳中具有良好的溶解性,是一种很好的中间材料。将进一步研究双金属(合金)材料、陶瓷和碳的各种组合,以制备碳纳米管杂化材料。使用功能性纳米颗粒注射器注入纳米颗粒[2]。这些注射器(流动式和加料/注射式)是生产 CNTH 材料的关键。基于杂化技术,CNTH 材料可以拓展许多应用。对于制备的所有类型的材料,合成过程和杂化过程都是相似的。

11.2.7 纳米颗粒注入技术

图 11-7(a)为纳米管反应器制备的标准黑色碳纳米管套筒;图 11-7(b)显示了注入铜纳米颗粒的套筒;图 11-7(c)示出了原始的 CNT 套筒和 CNT-Ag-Cu 套筒;图 11-7(d)为用于电池电极的 CNT-Si 套筒;图 11-7(e)为缠结较大 Si 颗粒的 CNT 丝束局部放大;图 11-7(f)示出阳极所需 C 和 Si 的 EDS 能谱图。

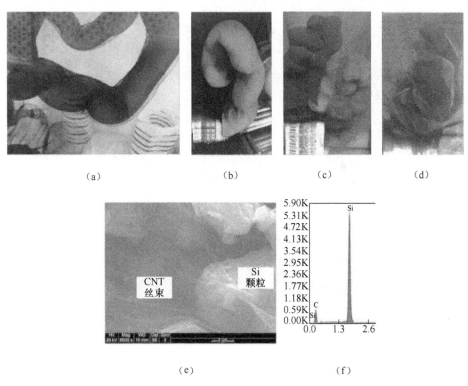

图 11-7　利用 FNP 注射器生产的金属和双金属杂化材料

(a)无纳米颗粒注入的情况下从反应器中排出的黑色 CNT 套筒;(b)在 Cu 纳米颗粒注入的情况下从反应器中排出的 CNT-Cu 棕色套筒。sock 漂浮在空气中,Cu 纳米颗粒具有大的表面积,套筒看起来像 Cu,但是 Cu 占比很小;(c)图像的左侧是原始的 CNT 套筒,右侧是 CNT-Ag-Cu 套筒;(d)和(e)用于电池电极的 CNT-Si 套筒;(f)EDS 显示了阳极所需的 C 和 Si。CNT 颗粒活性炭(GAC)套筒全为黑色,未显示图片。

11.2.8 无反应性颗粒

陶瓷纳米和微米颗粒也被用来生产CNTH。含硅颗粒的CNTH可以在不需要黏合剂材料情况下形成电池阳极(图11-7(d)~(f))。CNTH-Si电极将保持硅微粒的导电性,省掉黏合剂,并可能减少电池阳极的固体电解质界面。值得注意的是图11-7F中的Si峰表示Si未被氧化。反应器管内氧浓度低、氢浓度高,可防止金属和碳纳米管的氧化。GAC颗粒用于控制纳米管板的透气性和毛细性,并过滤来自空气和水的化学品和颗粒。CNTH片材可以通过吸附或化学反应过滤水中的铅以改善传统的过滤器。

11.2.9 碳纳米管板的导电性

纳米技术领域的技术难点是难以使用纳米材料(如碳纳米管)来制造可应用的宏观材料[1-50]。湿法组装的方法,如酸处理和挤压,与表面活性剂混合并过滤,将纳米颗粒混合到基质材料中,直接生产纱线和片材的浮动催化法[2, 11, 24, 31-32, 36],或通过从基底上的CNT厚层中提取产生纱线的干法纺丝已被用于从纳米材料构建或组装宏观材料。这些方法都存在很多缺点,如耗时长、环境不友好、材料利用率低、材料性能改善有限、成本高、产率低或性能低[7]。CNTH[2, 23]可以将多种纳米材料组合成宏观片材和纱线。所制备的碳纳米管板具有低电阻率。致密化板材会提高性能,添加纳米颗粒将进一步改善性能。生产的材料包括电织物(图11-8(a))和复合材料(图11-8(b))。

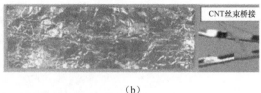

(a)   (b)

图11-8 CNT织物的应用

(a)CNT-Al片长5英寸,宽1.5英寸,厚0.003英寸。Al厚0.0008英寸,CNT厚0.0022英寸,质量=0.36g,V=0.37mL,密度为1g/mL。(b)用四股CNT纱线缝合和CNT玻璃纤维布复合材料进行双悬臂梁测试,该复合材料可提供面内和厚度方向的导电性,并减少剪切破坏。

基于杂交技术,CNTH织物可以有许多应用。对于所生产的各种材料和织物,合成工艺和杂化方法都是相似的。因此,可以根据应用设计不同的材料,但这些材料都基于相同的制造过程。CNTH片材可以用于改善传统的过滤器,提高对水中铅的过滤性能。CNTH-Si 电极将保持硅微粒的导电性,省去黏合剂,并可能减少电池阳极的固体电解质界面。CNTH 板增加了导电性,降低了各向异性;Ag/Cu 在碳纳米管板中的比例很小,可以根据纺织品应用的不同而增加。

不需要将金属复合到碳纳米管板上,而是将颗粒注入到合成过程中来生产碳-金属板。在最初的试验中,少量的镀银铜片提高了碳纳米管板的电导率,降低了其电的各向异性。碳纳米管杂化板的电导率足够高,可用于电磁屏蔽等领域。由于接触电阻和纳米管之间的许多连接点,导致碳纳米管在整个厚度方向上的电阻率大于面内电阻率。碳纳米管杂化材料可以通过增加碳纳米管板的厚度来提高电导率和导热率。碳纳米管板将用于更多的领域,包括复合材料、服装面料、电导体等。碳纳米管片材的面内电阻率是弱各向异性的,这取决于碳纳米管片材在从反应器中缠绕或后处理时的拉伸方式。CNTH 材料表现出增高的导电率(电阻率的倒数)和降低的电各向异性(图 11-9)。面内电各向异性(A)定义为,$A = 100(\rho_1 - \rho_2)/((\rho_1 + \rho_2)/2)$,其中 ρ_1,ρ_2 是两个面内方向的电阻率[56]。

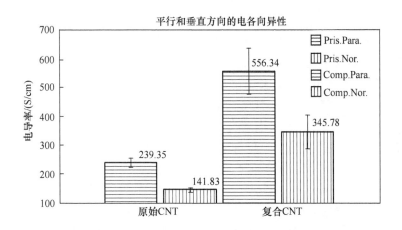

图 11-9 CNT 杂化 Ag-Cu 提高了 CNT 片的导电性,降低了其电各向异性

11.2.10 功能梯度织物

将研究功能梯度碳纳米管板(图 11-10)和其材料设计在各种领域中的应用。为了实现这一目标,需要不断改进功能性纳米颗粒(FNP)注射器,以在低载气流速下无团聚地注射颗粒;必须对反应中 NP 的不同类型以及对制备材料的表征进行初步研究。

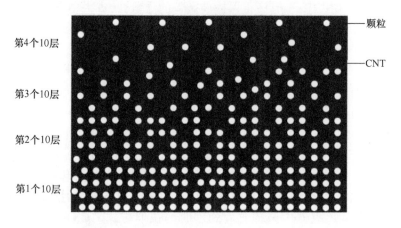

图 11-10 具有不同颗粒浓度的 CNT 杂化功能梯度板,可通过板的厚度控制孔隙率和可调性

11.2.11 自定义应用的混杂碳纳米管片和纱线

CNT 材料可以通过多种方式与纳米颗粒组分结合。使用气相反应器,纳米颗粒组分可以涵盖几乎任何经历合成过程、能在 1400℃ 高温氢和碳气体环境中存在的材料。诸如 Cu 之类的金属会熔化并以颗粒形式保留在 CNT 上。其他颗粒预计将熔化并整合到 CNT 上,并部分填充 CNT 束内的孔隙。颗粒状活性炭(GAC)之类的颗粒在该过程中不会熔化且无变化。具有多种类型的 NP 的混合物可同时并入该工艺。NP 的注入量限制在仍可形成 CNT 套筒的范围内。目前正在研究注入颗粒的类型和大小对该过程的影响。例如,注入镀银铜晶片可以提高导电性。多种类型的颗粒可以同时组装成混合材料,并可根据应用定制其属性及成本[57]。如果纤维在较低温度下在反应器出口与碳纳米管和纳米颗粒集成,那么碳纳米管和纳米颗粒材料有可能与功能性纤维和先进材料(如气凝胶、对位芳纶纤维、间芳纶、碳氟化合物、三聚氰胺、聚苯并恶唑(PBO)、聚苯并咪唑(PBI)、聚酰亚胺(PI)和高密度聚乙烯(HDPE)等[58-59])复合。目前,只有某些纤维(如碳纤维)能承受反应温度。碳纳米管杂化技术正处于对不同类型、不同组合的 NP[8, 12, 34-35, 40] 进行探索研究的阶段,为不同的应用提供不同的材料。CNTH 杂化材料有望生产出高强度的纤维和导电体。待研究的各种纳米颗粒如图 11-11 所示。

11.2.12 用于测试纳米管片材释放颗粒的试验

纳米技术的进步带来了许多研究领域的巨大进步,如电子学、光子学、能源和

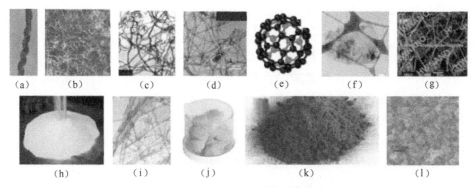

图 11-11　用于 CNTH 的纳米颗粒

(a)螺旋状多壁碳纳米管(MWCNT),外径 100~200nm,长度 1~10μm[12];(b)N_2-和 F-功能化 MWCNT,外径 20nm,长度 1~12μm;(c)COOH-功能化 MWCNT,外径 20~30nm,长度 10~30μm;(d)工业级低成本 MWCNT,外径 10~30nm,长度 10~30μm;(e)C60 示意图,外径 1nm;(f)石墨烯纳米片,X 和 Y 尺寸大于 2μm,平均厚度 8~15nm;(g)Cu 纳米线(NWs),外径 100~200nm,长度大于 5μm[34];(h)高纯超细复合钇稳定氧化锆纳米粉体,粒径 0.06~10μm[12];(i)单壁双壁碳纳米管,外径 1~4nm,长度 5~30μm;(j)需要分散的氮化硼纳米管(BNNT)缠结球,单个管 2~3 个壁,成束最多 5 个管,长度最大为 200μm;(k) Zoltec 研磨碳纤维,直径 7μm,长度 100μm[35];(l)铜纳米粉末,C 涂层防止氧化,纯度 99.8%,25nm。

医学[60-67]。然而,由于纳米颗粒对环境和人类健康的潜在影响,使其在使用或生产过程中的排放问题越来越受到关注。因此,对环境中不需要的纳米颗粒的早期检测可以使纳米技术更安全的使用[68]。纳米颗粒的工程制造,特别是在清洁和处理过程中,可能会导致人体不必要地接触纳米颗粒。纳米尺度范围内颗粒的弛豫时间(释放到流动中的颗粒随周围流动速度移动所需的时间)非常小(从 1~100nm,分别为 $8.6×10^{-8}$s 和 $6.5×10^{-10}$s),它们倾向于沿着气流路线运动[69-70]。传统的检测技术,例如基于惯性的检测技术,只在非常高的速度下才有效[71]。了解纳米颗粒在制造过程中的环境浓度可能有助于采取安全措施以减少纳米颗粒的暴露[72]。要使纳米管片材广泛应用,必须考虑其生产过程的安全性。因此,进行了片材中颗粒释放的试验。测试了两个碳纳米管板(原始板 1 和在纳米管合成过程中,集成有颗粒活性炭(GAC)颗粒的板 2)的颗粒释放(图 11-12)。

图 11-12　用于颗粒释放的待测样品

(a)含有残余催化剂颗粒的原始 CNT 片;(b)片中含有高浓度颗粒活性炭(GAC)颗粒的 CNTH 板。

(1) 从纳米管片材中释放纳米颗粒的试验。在这一试验中,采用超微颗粒监测颗粒计数器,监测可能从 CNT 板表面释放的气载纳米材料(图 11-13(a))。在测试中,利用在手套箱中摩擦/弯曲的两种类型的碳纳米管板,来监测纳米材料的释放(图 11-13(b))。在摩擦/弯曲 CNT 片材之前,测量手套箱内的背景 UFP 浓度(这是房间中颗粒浓度的典型水平)。随后,在摩擦/弯曲过程中测量 UFP 浓度,并与背景浓度进行对比。

(2) 颗粒计数仪。目前可穿戴的 Enmont LLC PUFP 计数器相对较小,质量轻,坚固耐用。Enmont PUFP 计数器是水基冷凝颗粒计数器(CPC),可近实时(300ms 响应时间)测量气动直径小于 5nm 的颗粒浓度。此外,Enmont PUFP 计数器能够提供任意几何位置和持续移动条件($\pm 4g$)下的单颗粒计数测量。Enmont PUFP 计数器即使在倒置或挤压时也能保持精确定位,因此操作简单。

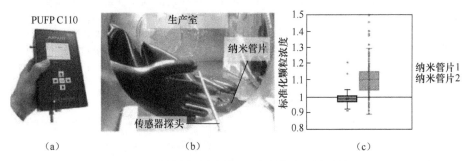

图 11-13 测试纳米颗粒从纳米管板中释放的情况

(a)此测试中使用的 PUFP C110 Enmont UFP 计数器;(b)测量弯曲纳米管带中纳米颗粒释放的试验装置;(c)标准化颗粒浓度(实时纳米材料浓度除以平均背景浓度)。纳米管片 1 是原始片。弯曲片材未释放纳米颗粒。纳米管片 2 的片中和片上集成有颗粒状活性炭(GAC)颗粒。弯曲片材释放纳米颗粒。由于 GAC 颗粒不与 CNT 反应,不与 CNT 片的表面结合,所以可以被释放出来。因此,当使用非活性颗粒时,应使用纳米管面片材或功能分级来防止颗粒释放。

(3) 试验结果。图 11-13(c)示出了摩擦/弯曲过程中的标准化颗粒浓度。标准化颗粒浓度是在碳纳米管板附近测量的实时颗粒浓度除以纳米颗粒的平均背景浓度。在纳米管合成过程中,对两个碳纳米管板(原始板 1 和在纳米管合成过程中,集成有颗粒活性炭(GAC)颗粒的板 2)进行测量,且未对板材进行清洗或后处理。碳纳米管板 1 中的纳米颗粒是铁催化剂颗粒,并黏附在碳纳米管上。除了来自合成反应的催化剂颗粒外,GAC 纳米颗粒被注入第二个碳纳米管板上。结果表明,未从板 1 中检测到明显的纳米材料释放。在板 2 中检测到由于摩擦作用释放出纳米材料。初步测试表明,像 GAC 这样的非活性颗粒可以从板的表面释放出来,可能需要一个没有添加纳米颗粒的覆盖板来防止颗粒的释放。或者,可能需要酸处理或轧制后处理以防止颗粒的释放。在某些应用中,颗粒的释放可能是织物或功能性纺织材料功能设计的一部分。纳米管的长度为毫米级,并且缠结在一起,显然没有从织物中释放出来。

11.3 本章小结

CNTH 材料处于早期发展阶段。低气体流速下的颗粒注入与分散是需要进一步发展的领域。杂化为 CNT 板提供了更多的性能。CNT 板性能定制可以带来许多潜在的应用。通过纳米颗粒的选择和功能分级来设计片材,这对后续提供所需的技术性能和安全性具有重要意义。

参 考 文 献

[1] A. K. Yetisen, H. Qu, A. Manbachi, H. Butt, M. R. Dokmeci, J. P. Hinestroza, M. Skorobogatiy, A. Khademhosseini, S. H. Yun, Nanotechnology in textiles, ACS Nano Rev. 10 (2016) 3042–3068.

[2] Patent Pending: Methods of Manufacturing Carbon Nanotube (CNT) Hybrid Sheet and Yarn by Gas Phase Assembly, and CNT-Hybrid Materials, Mark Schulz, Vianessa Ng, Guangfeng Hou, and others application #: PCT/US2018/019427, February 2018.

[3] R. C. Capps, Carbon Nanotube Fibers and Ribbons Produced by a Novel Wet-Spinning Process, (Ph. D. Dissertation), The University of Texas at Dallas, 2011. 65 pages.

[4] P. D. Bradford, X. Wang, H. Zhao, J. -P. Maria, Q. Jia, Y. T. Zhu, A novel approach to fabricate high volume fraction nanocomposites with long aligned carbon nanotubes, Compos. Sci. Technol. 70 (13) (2010) 15.

[5] W. Liu, X. Zhang, G. Xu, P. D. Bradford, X. Wang, H. Zhao, Y. Zhang, Q. Jia, F. -G. Yuan, Q. Li, Y. Qiu, Y. Zhu, Producing superior composites by winding carbon nanotubes onto a mandrel under a poly(vinyl alcohol) spray, Carbon 49 (14) (2011) 4786–4791.

[6] M. Motta, Y. -L. Li, I. Kinloch, A. Windle, Mechanical properties of continuously spun fibers of carbon nanotubes, Nano Lett. 5 (8) (2005) 1529.

[7] M. J. Schulz, V. N. Shanov, J. Yin (Eds.), Nanotube Superfiber Materials, Changing Engineering Design, Elsevier, Amsterdam, Netherlands, 2013.

[8] US Research Nanomaterials Inc, How to Disperse Carbon Nanotubes, https://www.us-nano.com/how_to_disperse_cnts.

[9] N. Behabtu, C. C. Young, D. E. Tsentalovich, O. Kleinerman, X. Wang, A. W. K. Ma, E. Amram Bengio, R. F. terWaarbeek, J. J. de Jong, R. E. Hoogerwerf, S. B. Fairchild, J. B. Ferguson, B. Maruyama, J. Kono, Y. Talmon, Y. Cohen, M. J. Otto, M. Pasquali, Strong, light, multifunctional fibers of carbon nanotubes with ultrahigh conductivity, Science 339 (2013) 182–186.

[10] M. Endo, H. Muramatsu, T. Hayashi, Y. A. Kim, M. Terrones, M. S. Dresselhaus, Nanotechnol-

ogy: 'buckypaper' from coaxial nanotubes, Nature 433 (7025) (2005) 476.

[11] G. Hou, S. Ruitao, A. Wang, V. Ng, W. Li, S. Yi, L. Zhang, M. Sundaram, V. Shanov, D. Mast, D. Lashmore, M. Schulz, Y. Liu, The effect of a convection vortex on sock formation in the floating catalyst method for carbon nanotube synthesis, Carbon 102 (2016) 513-519.

[12] List of Nanotube Material Suppliers, https://www.cheaptubes.com/?; thomas-swan_co_uk/home;_nanowerk_com/carbon_nanotube_manufacturers_and_suppliers_php.

[13] L. Li, C. P. Li, Y. Chen, Synthesis of boron nitride nanotubes, bamboos and nanowires, Phys. E 40 (2008) 2513-2516.

[14] P. K. Mallick, Fiber-Reinforced Composites: Materials, Manufacturing, and Design, Taylor and Francis, Boca Raton, FL, 2008.

[15] J. K. W. Sandler, J. E. Kirk, I. A. Kinloch, M. S. P. Shaffer, A. H. Windle, Ultra-low electrical percolation threshold in carbon-nanotube-epoxy composites, Polymer 0032 − 386144 (19) (2003) 5893-5899.

[16] A. Nogales, G. Broza, Z. Roslaniec, K. Schulte, I. S˘ics, B. S. Hsiao, A. Sanz, M. C. Garcı′a-Gutierrez, D. R. Rueda, C. Domingo, T. A. Ezquerra, Low percolation threshold in single-walled CNT/high density polyethylene composites prepared by melt processing technique, Carbon 44 (4) (2006) 778.

[17] J. N. Coleman, U. Khan, W. J. Blau, Y. K. Gun'ko, Small but strong: a review of the mechanical properties of carbon nanotube-polymer composites, Carbon 0008−6223, 44 (9) (2006) 1624-1652.

[18] H. Bhanushali, P. D. Bradford, Woven glass fiber composites with aligned carbon nanotube sheet interlayers, J. Nanomater. 55 (2016).

[19] L. Tong, A. P. Mouritz, M. K. Bannister, 3D Fibre Reinforced Polymer Composites, Elsevier, Amsterdam, Netherlands, 2002.

[20] J. L. Abot, Y. Song, M. S. Vatsavaya, S. Medikonda, Z. Kier, C. Jayasinghe, N. Rooy, V. N. Shanov, M. J. Schulz, Delamination detection with carbon nanotube thread in self-sensing composite materials, Compos. Sci. Technol. 70 (7) (2010) 1113-1119.

[21] M. Terauchi, M. Tanaka, H. Matsuda, K. Kimura, Helical nanotubes of hexagonal boron nitride. J. Electron Microsc. 46 (1) (1997) 75 − 78, https://doi.org/10.1093/oxfordjournals.jmicro.a023492.

[22] X. Liu, M. Wang, S. Zhang, B. Pan, Application potential of carbon nanotubes in water treatment: a review, J. Environ. Sci. 25 (7) (2013) 1263-1280.

[23] M. Schulz, V. Ng, G. Hou, V. Shanov, UC Provisional Patent Application, Firefighter Nanofabric Apparel, 2017.

[24] A. Lekawa-Raus, J. Patmore, L. Kurzepa, J. Bulmer, K. Koziol, Electrical properties of carbon nanotube based fibers and their future use in electrical wiring, Adv. Funct. Mater. 24 (2014) 3661-3682.

[25] C. Subramaniam, T. Yamada, K. Kobashi, A. Sekiguchi, D. N. Futaba, M. Yumura, K. Hata,

One hundred fold increase in current carrying capacity in a carbon nanotube-copper composite, Nat. Commun. 4 (2013) 2202, https://doi.org/10.1038/ncomms3202 (pp. 1–7).

[26] R. P. Gandhiraman, E. Singh, D. C. Diaz-Cartagena, D. Nordlund, J. Koehne, M. Meyyappan, Plasma jet printing for flexible substrates, Appl. Phys. Lett. 108 (2016) 123103.

[27] A. D. Phan, L. M. Woods, D. Drosdoff, I. V. Bondarev, N. A. Viet, Temperature dependent graphene suspension due to thermal Casimir interaction, Appl. Phys. Lett. 101 (2012) 2–5.

[28] L. M. Woods, D. A. R. Dalvit, A. Tkatchenko, P. Rodriguez-Lopez, A. W. Rodriguez, R. Podgornik, Materials perspective on Casimir and van der Waals interactions, Rev. Mod. Phys. 88 (2016), 45003. https://doi.org/10.1103/RevModPhys.88.045003.

[29] P. Angelikopoulos, H. Bock, The science of dispersing carbon nanotubes with surfactants, Phys. Chem. Chem. Phys. 14 (2012) 9546, https://doi.org/10.1039/c2cp23436j.

[30] R. Pailes-Freidman, Smart Textiles for Designers: Inventing the Future of Fabrics, Laurence King, London, 2016.

[31] C. Paukner, K. K. K. Koziol, Ultra-pure single wall carbon nanotube fibres continuously spun without promoter, Sci. Rep. 4 (2014), 3903. https://doi.org/10.1038/srep03903.

[32] K. Koziol, J. Vilatela, A. Moisala, M. Motta, P. Cunniff, M. Sennett, et al., High-performance carbon nanotube fiber, Science 318 (2007) 1892–1895, https://doi.org/10.1126/science.1147635.

[33] A. W. K. Ma, M. R. Mackley, S. S. Rahatekar, Experimental observation on the flow-induced assembly of carbon nanotube suspensions to form helical bands, Rheol. Acta 46 (2007) 979–987.

[34] Cu Nanowire Supplier, Hongwu International Group Ltd., http://www.hwnanomaterial.com/products.

[35] Carbon Fiber Supplier Material Specifications List, http://zoltek.com/products/panex-35/chopped-fiber/.

[36] W. Xu, Y. Chen, H. Zhan, J. N. Wang, High-strength carbon nanotube film from improving alignment and densification, Nano Lett. 16 (2) (2016) 946–952.

[37] X. G. Luo, X. X. Huang, X. X. Wang, X. H. Zhong, X. X. Meng, J. N. Wang, Continuous preparation of carbon nanotube film and its applications in fuel and solar cells, ACS Appl. Mater. Interfaces 8 (12) (2016) 7818–7825.

[38] J. N. Wang, X. G. Luo, T. Wu, Y. Chen, High-strength carbon nanotube fibre-like ribbon with high ductility and high electrical conductivity, Nat. Commun. 5 (2014) 3848.

[39] N. Jeong, E. Jwa, C. Kim, J. Y. Choi, J.-y. Nam, K. S. Hwang, J.-H. Han, H.-k. Kim, S.-C. Park, Y. S. Seo, M. S. Jang, One-pot large-area synthesis of graphitic filamentous nanocarbon-aligned carbon thin layer/carbon nanotube forest hybrid thin films and their corrosion behaviors in simulated seawater condition, Chem. Eng. J. 314 (2017) 69–79.

[40] Applied Sciences Company, http://apsci.com/ Also Information on CNF Material Forms.

[41] M. A. Correa-Duarte, M. Grzelczak, V. Salgueiriño-Maceira, M. Giersig, L. M. Liz-Marzán,

M. Farle, K. Sierazdki, R. Diaz, Alignment of carbon nanotubes under low magnetic fields through attachment of magnetic nanoparticles, J. Phys. Chem. B 109 (41) (2005) 19060.

[42] S. Xiao, Shape memory polymers (SMP) introduction and application (Chapter 22), in: Power Point Book Recent Advances in Smart and Nanoscale Materials, Introduction to Smart Structures Course, University of Cincinnati, Cincinnati, OH, 2017.

[43] https://www.researchgate.net/figure/252362968_fig1_Fig-1-Example-of-a-Lighter-than-Air-vehicledesign-as-a-stratospheric-platform-for.

[44] Garrison Bespoke, Website:https://garrisonbespoke.com/customsuits/bulletproof-suit/.

[45] SNS Nano Fiber Technology, LLC (Main Brochure), Avilable from: http://www.snsnano.com/pdf/SNS_Brochure.pdf, Hudson, OH, Accessed 1 December 2017.

[46] EKOI, https://www.ekoi.com/en/thermal-cycling-jackets/6603-veste-thermiquehiver-ekoi-carbon-fiber-noirvert.html.

[47] Carbon Fiber Gear, Available from: https://carbonfibergear.com/collections/clothingaccessories.

[48] https://www.tunneltalk.com/New-Products-Dec12-Resilient-Tunnel-Plug-for-inflatable-flood-protection.php.

[49] http://www.madehow.com/Volume-5/Spacesuit.html#ixzz515Pcog6B.

[50] https://www.dezeen.com/2014/12/22/nasa-explore-venus-inflatable-air-born-habitats-space-havoc/.

[51] A. Maiti, A. Ricca, Metal-nanotube interactions—binding energies and wetting properties, Chem. Phys. Lett. 395 (2004) 7–11.

[52] F. Fuchs, A. Zienert, C. Wagner, J. Schuster, S. E. Schulz, Interaction between carbon nanotubes and metals: electronic properties, stability, and sensing. Microelectron. Eng. 0167–9317, 137 (2015) 124–129, https://doi.org/10.1016/j.mee.2015.02.003.

[53] C. P. Deck, K. Vecchio, Prediction of carbon nanotube growth success by the analysis of carbon-catalyst binary phase diagrams, Carbon 0008–6223, 44 (2) (2006) 267–275, https://doi.org/10.1016/j.carbon.2005.07.023.

[54] K. Milowska, M. Ghorbani-Asl, M. Burda, L. Wolanicka, N. Catic, P. D. Bristowe, K. Koziol, Breaking the electrical barrier between copper and carbon nanotubes. Nanoscale 9 (2017) 8458–8469, https://doi.org/10.1039/C7NR02142A.

[55] S. Sivasathya, D. J. Thiruvadigal, S. Mathi Jaya, Electron transport through metallic single wall carbon nanotubes with adsorbed NO_2 and NH_3 molecules: a first-principles study, Chem. Phys. Lett. 609 (2014) 76–81.

[56] E. Madhi, P. B. Nagy, Sensitivity analysis of a directional potential drop sensor for creep monitoring. NDT&E Int. 0963–8695, 44 (8) (2011) 708–717, https://doi.org/10.1016/j.ndteint.2011.08.001.

[57] D. K. Tripathy, B. P. Sahoo, Properties and Applications of Polymer Nanocomposites: Clay and Carbon Based Polymer Nanocomposites, 2017.

[58] K. Cherenach, L. van Pieterson, Smart textiles: challenges and opportunities. J. Appl. Phys. 112

(2012), 091301. https://doi.org/10.1063/1.4742728.

[59] http://www.fibersource.com/fiber-products/bicomponent-fiber/.

[60] W. Zhang, C. Wang, Nanoscale metal particles for dechlorination of PCE and PCBs, Environ. Sci. Technol. 31 (1997) 2154–2156.

[61] S. M. Lloyd, L. B. Lave, H. S. Matthews, Life cycle benefits of using nanotechnology to stabilize platinumgroup metal particles in automotive catalysts, Environ. Sci. Technol. 39 (2005) 1384–1392.

[62] W. X. Zhang, Nanoscale iron particles for environmental remediation: an overview, J. Nanopart. Res. 5 (2003) 323–332.

[63] P. Biswas, C. Y. Wu, Control of toxic metal emission from combustors using sorbents: a review, J. Air Waste Manage. Assoc. 48 (1998) 113–127.

[64] M. S. Onyango, Y. Kojima, H. Matsuda, A. Ochieng, Adsorption kinetics of arsenic removal from groundwater by iron-modified zeolite, J. Chem. Eng. Jpn. 36 (2003) 1516–1522.

[65] S. Devarakonda, M. R. Myers, M. Lanier, C. Dumoulin, R. K. Banerjee, Assessment of gold nanoparticlemediated-enhanced hyperthermia using MR-guided high-intensity focused ultrasound ablation procedure, Nano Lett. 17 (4) (2017) 2532–2538.

[66] S. Devarakonda, M. R. Myers, D. Giridhar, S. A. R. Dibaji, R. K. Banerjee, Enhanced thermal effect using magnetic nano-particles during high-intensity focused ultrasound, PLoS One 12 (4) (2017):e0175093.

[67] X. J. Peng, Z. K. Luan, J. Ding, Z. H. Di, Y. H. Li, B. H. Tian, Ceria nanoparticles supported on carbon nanotubes for the removal of arsenate from water, Mater. Lett. 59 (2005) 399–403.

[68] J. Shang, X. Gao, Nanoparticle counting: towards accurate determination of the molar concentration, Chem. Soc. Rev. 43 (21) (2014) 7267–7278.

[69] T. Masciangioli, W. X. Zhang, Environmental technologies at the nanoscale, Environ. Sci. Technol. 37 (2003) 102a–108a.

[70] V. Colvin, Point of impact: where technology collides with society, business, and personal lives, Technol. Rev. 106 (2003) 71–73.

[71] P. Biswas, R. C. Flagan, High velocity inertial impactors, Environ. Sci. Technol. 18 (1984) 611–616.

[72] P. Biswas, C.-Y. Wu, Nanoparticles and the environment, J. Air Waste Manage. Assoc. 55 (6) (2005) 708–746.

第12章
碳纳米管技术在智能纺织品和可穿戴技术创新中的应用

Ashley Kubley[1], Devika Chauhan[2], Sathya Narayan Kanakaraj[3], Vesselin Shanov[3], Chenhao Xu[3], Rui Chen[3], Vianessa Ng[3], Greg Bell[4], Prasoon Verma[3], Xiaoda Hou[3], Megha Chitranshi[3], Anuptha Pujari[3], Mark J.Schulz[3]

[1] 美国俄亥州辛辛那提市,辛辛那提大学艺术与规划建筑设计学院
[2] 美国俄亥州辛辛那提市,辛辛那提大学航空航天工程系
[3] 美国俄亥州辛辛那提市,辛辛那提大学机械与材料工程系
[4] 美国俄亥州辛辛那提市,KCB私募公司/贝克曼机械公司

12.1 引言

随着材料科学、纺织品及服装设计等领域的交叉,各种新型智能材料、纤维、织物和服装业等都得到了快速发展,这也就使人们对它们的性能特点、生产组装及功能化的适用提出了更高的要求。要想未来智能织物成功地进行商业化生产,这就要求各行各业原本不同领域的探索者们协同工作,一起创新杂化技术、创造革新手段、发掘新制造工艺,使得杂化材料得以商业化生产,并且可以更好地适应消费者的要求,使产品更具功能性、审美性及经济性。研究者们正在将他们各自关于纤维、织物产业和服装设计等领域的知识储备重新整合,去创造应用于纳米科技的材料新概念。基于碳纳米管的复合材料和混合材料及器件的发展已经在可穿戴技术和智能织物研究的前瞻工作中初露端倪,并且有望对消费者市场在功能性织物和服装业中采用的材料进行革新。碳纳米管的引入能够使得传统织物更具功能性,同时并不改变它们的内在属性:柔性、弹性和轻质。碳纳米管可以创造出防水织物;可以隔绝水、空气及污染物;塑性;防水;阻热和散热;导电,极度轻薄;储能等等[1]。这些附加的特点为消费者主导的智能服装设计提供了更多新的可能性,但是为了达到这个目的,这些产品必须能够工业化批量生产才行。本章讨论碳纳米管材料如何用于可穿戴的功能性和智能织物中。本章还介绍了新型碳纳米管杂化

材料的初始制造过程；它们在功能性和智能织物竞争中的潜在应用；它们在商业化可穿戴技术产品、功能性织物、服装设计和纺织品中的潜在应用[2]。

在织物基体材料中加入一些附加织物来提高其强度、灵活性、弹性、导电性及热阻性，能够扩大该材料在未来功能性和智能性织物和服装产业中的应用前景。这其中碳纳米管原始片或线即可作为附加层融合到纺织品基材中。碳纳米管纺织品原始材料已经发展了15年了。碳纳米管杂化织物则是一种完全新型的材料，它是将碳纳米管和其他纳米级材料如金属或陶瓷纳米颗粒结合在一起。这些纳米颗粒在高温合成工艺条件下可以进入到碳纳米管薄膜中。碳纳米管杂化材料（织物或纱线）是一种均匀的附加材料，它的性能可根据需求具有可调制性，这或许可以带来功能性服装产业商业化发展的新复兴。碳纳米管杂化织物的生产也是新兴的领域（见第11章），它有望整合服装兼具功能和时尚一体化，这可以滋生新的迎合消费者的纺织品和服装行业，新型服装兼具功能特性和审美个性，从而颠覆从前的行业理念[3-22]。目前，纳米技术在纺织品业还是一门全新的领域，这是因为在织物制造过程和后续产生功能性纺织产品中需要涉及的纳米处理技术十分繁杂多样（图12-1）。碳纳米管杂化材料生产就是在纳米管生长过程中利用物理和化学反应将纳米颗粒融入到纳米管中。这种杂化作用改善了纺织品性能，简化了技术的产业化。利用纳米管技术，设计者可以任意想象和创造全新的织物，新织物将比传统织物更优质更有效。

12.1.1 碳纳米管杂化材料

碳纳米管杂化材料是在浮动催化剂法合成碳纳米管过程中，将金属或陶瓷纳米颗粒注入到反应器中形成的，见第11章。碳纳米管杂化材料或将成为一种新型纺织品，它可以使纺织品更具功能化、智能化，同时兼具传统纺织品材料所具有的相似属性。碳纳米管杂化材料可以催生新的设计特性，可以根据特定市场和产品所需要的功能和审美需求，设计不同的特性，这一点尤其在服装业表现突出。碳纳米管杂化材料具有的一大优点还体现在碳纳米管生长过程中纳米颗粒的引入是一步到位。并且，当这种应用在可穿戴技术和功能纺织品的市场需求外延扩展至医疗、运动、航空、保护和功能性纺织品领域时，这就与纳米技术密切相关了，这是因为新型纳米处理和工艺可以为这种批量市场设计新模型时提供新的改良特性。

纺织品和服装设计业目前采用的纳米技术主要基于静电纺聚合物纳米纤维[23]（通常不具备纳米管的优势），不连续的的纳米纤维（由于不连续的属性，在强度和导电性方面受限），由阵列纺丝得到的纳米管线（价格昂贵），和纳米颗粒（由于尺寸小，强度和导电性方面受限）。图12-1中展示了相应的这些材料的使用。纳米技术应用在纺织品业的主要困难来源于材料的特性、生产工艺及商业化推广挑战。这些困难包括高成本、低产率、强度受限、不连续或低电导、灵活度差、弹性差及质量大。碳纳米管杂化材料正在被积极地探索发展用以克服以上这些困难,研究者们可以利用杂化性能来调制多种材料的性能以适用不同特殊需要所需的特性。这些杂化材料有望替代目前正在使用的纳米纤维,而且杂化材料更便宜、选择性更强。

图 12-1　织物中使用的 CNT

不同纳米材料形式具有多功能特性。CNT 薄膜、线、条带和纳米颗粒(包括金属、陶瓷和多聚物)

碳纳米管杂化材料是一种将碳、金属、陶瓷和高聚物等与碳纳米管整合在一起的平台技术,这样产生杂化的材料可以带来新的特性。碳纳米管杂化合成技术有望适当提高那些高质量材料的产率并且具有可持续性,可以提高杂化材料在纺织品和服装业这些消费者主导产品领域的应用。此前由于所需材料的高成本和低产率,这些应用往往在传统材料方面受限诸多[2-7]。表 12-1 中列出了碳纳米管杂化纳米织物在纺织品和服装行业的潜在应用。

表 12-1 碳纳米管杂化纳米织物在纺织品和服装行业的潜在应用

A. 毛细作用和透气性：防水和防尘疏水性服装；排汗散热和降温的运动服装；过滤/净化空气和水的户外运动服；防菌床单和刷子；医疗/消毒抗菌服装
B. 导电性：抗电磁（EMI）波干扰布料；防静电；可穿戴设备、敏感器、显示器、电灯及压电储能器的电子线路；电子加热和冷却设备
C. 热性能：与陶瓷微粒构成多方位阻燃智能材料提供绝缘和散热功能的布料；超高轻绝缘体
D. 力学性能：抗磨、抗刺和防弹；轻质（用在衣物肘部、膝盖以减轻衣物重量或提高灵活性）；用在手套、头盔和鞋子上利用其阻燃性
E. 其他性能：杂化材料屏蔽紫外线辐射、吸波性、微胶囊载药、自清洁、结构颜色变化服装；自修复织物可做循环使用延长布料使用寿命

CNT 片/线的基础性能（近似）列在表 12-2 中。CNTH 材料的性能依赖于所用原料，它们的属性在初始阶段就配备完成。不同类型 CNTH 纤维/丝的性能需要通过多种原料的不同组合进行评估。表 12-3 中所列的可适用性能是基于形成 CNTH 材料的混合特性相比于铜所做出的预测。铜的体积分数设定为 25%，CNT 则为 75%。我们通过试验验证这些性能。CNTH 材料的饱和点以及其他性能都可以做出预测。

表 12-2 用在织物上的原始 CNT 薄膜/线的性能

性　　能	CNT 薄膜和条带
拉伸强度/GPa	0.5~1.2
弹性模量/GPa	100
屈服应力/%	根据预拉可达 15
电阻率/($\Omega \cdot cm$)	2×10^{-4}
热传导/(W/(m·K))	平面上 30~100（根据是否预拉），垂直于平面 1-2（如果材料排列堆砌疏松内部含有空气，平面导热系数还有可能低至 0.03~0.05），这种导热性极端各向异性从 100∶1 到 15∶1
热扩散/(mm^2/s)	待测
薄膜电阻/($\Omega/\square$)	0.3（根据酸处理、拉伸和方向不同）
塞贝克系数/($\mu V/K$)	-60 n-型；70 p-型（可望达 300）
密度/(g/mL)	0.1~1.2（取决于致密化过程）
空气中燃点	高度阻燃
性　　能	纳米管纱线
拉伸强度/GPa	3（薄带可达 4）
弹性模量/GPa	200
屈服应力/(%)	4

续表

性　能	纳米管纱线
电阻/cm	1×10^{-4}
密度/(g/mL)	1.1
热导率/(W/(m·K))	160

表 12-3　用于电子织物的 CNTH 导体混合性能的预测规律

A. 室温下直流电情况下 CNT 基导体与 Cu 的材料性能对比试验

性能	Cu	CNT 导体	CNT-Cu 杂化导体（预期性能）
拉伸强度/GPa	0.12(屈服),0.22(最大)	1	0.8
弹性模量/GPa	120	100	80
屈服应力/(%)	30(纯 Cu)	3	3
电导率/(S/cm)	5.8×10^5	2×10^4	1.6×10^5
密度/(g/mL)	8.96	1.4	3.3
热导率/(W/(m·K))	400	200	250
最大电流密度/(A/cm^2)	6×10^6	6×10^7	4.6×10^7

织物的阻燃性在设计中需要考虑 CNT 薄带中填充物质的燃烧点(表 12-4)。CNT 自身的高热导性和低比面积起到阻燃作用。

表 12-4　不同纳米/微尺度材料的燃点

材　料	说　明	燃点/℃
粒状活性炭(GAC)	过滤材料	>400
耐火活性炭	高温过滤材料	>600
碳	晶体	700
氮化硼纳米管	成本高	900
耐火黏土	耐火材料	1500
碳纳米管	晶体	700
CNT-粒状活性炭-黏土	混合多功能材料,层的顺序很重要	待测定
Nextel 陶瓷纤维	耐高温纤维的级别	1200

GAC 和耐火黏土一起杂化融入 CNT 织物中可以调控材料的过滤性和易燃性。获得的织物可以具有轻质、热导、电导和强度大和其他重要的特性等特点,可以用于许多领域。

12.1.2 纳米管织物制造工艺的挑战

目前所知该领域可以将 CNT 和其他纳米级别材料做到纳米粉末并进行批量生产。但是,将纳米粉末组装成微米材料[1-8]一直是纳米科技及复合材料[14]领域的巨大难题。当然工业化生产方面也存在技术上和性能上的阻碍,本章中还会涉及[15-53],如何将现存纳米材料生产技术推广至商业规模上的织物生产领域。

目前,有一些方法可以将纳米微粒镶嵌或植入材料中。纳米微粒主要分散在液相中或者作为添加剂加入到聚合物中[54]。这种方法对于性能提高作用不大,因为单独颗粒不足以在各成分[15-17]之间起到导电/承载的桥梁作用。在需要具有连续的和较强的连接作用时,这就成为一个巨大的隐患,特别是用在柔性基底中比如织物。组装纳米微粒的另一个途径就是通过过滤 CNT 溶液形成巴基纸,这种纸由于纳米管之间还没有较好的缠结或致密化因此强度很低[10]。纳米微粒溶液喷涂技术可以形成薄涂层,但是由于 CNT 没有缠结或致密化,这种涂层强度并不强。也可以直接从纳米管阵列[4,7]中采用干态牵引/旋涂技术形成薄膜或线。这种方法批量生产比较昂贵,但获得原料纯度高。最后一个方法就是形成 CNT 套筒(网),将之在浮动催化剂中牵引或者加捻形成薄膜或线,但是这种方法产率有限。除了以上这些努力,仍然没法达到大规模工业化生产纳米级材料,主要是因为直接从纳米级原料获得实体材料,还需要实体材料具有特定的功能以适应不同需要,从设计和组装层面都根本无法进行[24-39]。纵观以上,在气相中组装纳米材料并没有引起足够的重视。

CNTH 为工业化和功能化难题提供了可能的解决方式。这种方法就是在高产率气相热解过程中,通过将干燥纳米微粒注射入纳米管合成反应器中以生产 CNTH 薄膜和线[2]。CNTH 材料的优点就是将以其他方式[12]获得的纳米微粒直接在 CNTH 生产工艺中作为原料使用。这样做的目的就是形成一个套筒结构,这种套筒可以直接用来生产出薄膜和线。用这种方法具有以下几个优点:液相扩散[8],本来通常需要大量液相以分散小比例纳米管的,现在可以规避了;实现多种纳米微粒类型,例如单壁多壁碳和氮化硼[13,21]纳米管、铜纳米线[34]、C60[12]都可以被组合应用于此工艺中;热动力学方面,反应器提供合适的条件生成套筒;化学方面,微粒可以互相分散或者连接,在还原气体/屏蔽气体氛围的保护下可以防止纳米微粒氧化[2]。本章的研究内容主要有:纳米级原料组装的先进科学理论;描述设计和定制 CNTH 原料的系统科学方法;在生产和后续工艺中引入性能指标,以获得新的材料制备方法,可以超越传统 CNT 材料市场存在的生产壁垒,包括评估现存 CNT 材料性能,迎合织物和服装应用领域所需的工艺整合以及适宜工艺。

最初的研究设想是希望 CNTH 工艺可以形成含有粉末状纳米微粒的片状和纱

线;基于此可以获得纳米级材料的低廉批量商业化生产,以及获得具有调控功能特性的CNT片状和纱线材料。从以上研究可以获得的利益有;具有特定功能的纳米级片/线的大规模商业化,这可以改善多种结构复合物[4-5]、导电体[9]、水和空气过滤器、纺织品及织物应用的技术。提高纳米管片的性能,设计材料的复合物成分及性能,扩大本书中提到的CNT杂化片状材料的潜在应用。

从科学研究、工业生产到商业进程,该方面的研究还有四个重要的方面需要深入探讨:①引进技术型纤维、智能织物和可穿戴技术的应用;②评估CNTH纤维于各个领域的应用;③研究技术进步提高合成工艺的产量,包括催化剂直接注射法;④评估采用纳米微粒定制的不同应用织物的不同杂化类型。

12.2 技术织物、智能织物和可穿戴技术特点

本节提供了当前纺织品的背景,以帮助非纺织技术专家的研究人员了解纳米管材料在纺织品和织物行业中的应用。想要精确给智能织物或者由它带来的可穿戴技术进行定义,首先要了解纺织品的三个范畴:纤维,织物结构和后加工。通过对这三者关联的详细了解,就能对织物的整体性能进行评估,进而能够决定这种织物可以具有什么样的功能特性。每一种材料特性或者组合特性都能提供不同的特色和功能,可以通过适当设计使产品具有特定的使用属性。设计师和研发者们通过对不同纤维、织物结构和后加工过程的微调控达到修饰织物特性的目的,还引入诸如纳米微粒、碳纳米管这些非传统原料,创造新的工艺织物(TF)和智能织物(ST),用于开发功能性服装(FA)、智能服装(SA)和可穿戴技术(WT)产品。

12.2.1 纤维

织物由纤维构成,纤维是材料的基础,也是一直以来传统意义上材料最小的组成部分。传统纺织品工业中,天然纤维或者合成纤维直接纺成纱。短纤维或者连续长纤维纺在一起形成紧密结合的线形结构(或纱),线形结构可以进行针织或编织。许多纤维素(植物基)或蛋白质(动物基)纤维,比如棉、麻、羊毛和丝绸等自身就具有可用作织物的优质特性几千年来沿用至今。这些天然纤维具有的最突出的天然优势包括极好的吸附性、贴合性和弹性,虽然由于天然纤维的长度较短使得它们的强度方面略显劣势。当然,因为纤维素和蛋白质纤维都是天然产物,它们的化学和力学性质都不可以通过技术手段完全操控。然而,合成纤维不仅具有鲜明性能比如高强度、光泽度及弹性,还有一个重要特点:即可以通过科技甚至工业化生产工艺完全设计和定制其性能。工业纤维自从发展就势不可挡,从一开始出现人造纤维,然后合成多聚物基纤维(尼龙、涤纶、丙烯酸纤维),仅举几例可知,现在纤

维技术的科技进步已经加速飞快了。现在,数以千计的商业纤维具有多种功能特性。工业合成纤维可以被纺成连续细丝,在长度上可无限增加,而大部分天然纤维是短纤维,不连续的纤维。材料化学和高科技织物生产工艺的进步,使得合成纤维进展迅速,甚至可以通过设计获得超过天然织物性能的纤维,或者开发出新的复合纤维。同时化学修饰也得到重视——可以同轴拉伸、控制横截面的形状、直径和织纹。

获得纤维后,先要把它们纺成股或纱,用它们来进行织物编织。纤维通常被捻成股,有一些纱线是由单纱或多纱合成。不同的纤维可以在原纤维或纱线阶段混合在一起,利用其各自不同的性能来合成一个性能更优异的杂化材料。举例说明,三种纤维(人造丝、棉花和合成涤纶)混纺的纤维可以兼具人造丝的柔韧性、棉花的吸附性及合成涤纶的抗皱性和易打理性。这三种纤维在纱线阶段就被混纺在一起,生产出的材料就能够同时具有抗洗涤、柔软,弹性好、抗皱还耐磨等特点。人造丝,棉花和涤纶三种材料的比例可以任意变化,不同的比率可以影响最终产物的手感及性能指标。由这些纤维织成的织物就具有这些纤维赋予的性能。所以在特定条件下,纤维含量和组成对于最终织物的特性和性能确定具有至关重要的影响。

织物生产过程中纤维杂化工艺的技术发展体现在两个方面:超细纤维微制造和双组分纤维制造。超细纤维是合成纤维,只有单根纤维直径小于1μm才能被称为超细纤维。他们采用高技术制造工艺,在喷丝阶段能将两种或更多合成的多聚物合成为一种纤维。双组分纤维是将两种物理化学性质不同的聚合物混合偶联从同一喷丝头中纺出单一纤维。这二者就可以具有一致的附着力或热塑性,与定制的鞘材料一起结合,层压和复合致密化。它们还可以被设计成为可循环利用,且不使用废水[54]。海-岛法可以创造出一种双组分纤维:当周围的"海"聚合物溶解在溶液中,蕴含在纤维内部结构的"岛"结构被释放出来,即显露出内部封存的线股(图12-2)。并且,比普通纤维细10~100倍的超细纤维,它们可以设计成不同的横截面形状和尺寸。

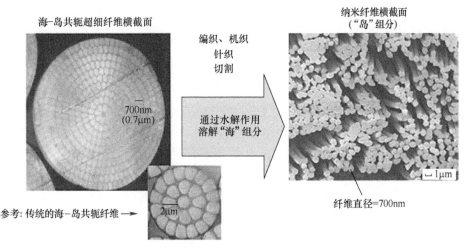

图 12-2　海-岛结构共轭超细纤维横截面和海、岛结构的分离过程

超细纤维由于尺寸小,相比于传统织物,在功能上有许多改善。它们可以穿过传统纤维不能穿过的缝隙,由于比表面积大,吸附力比自重高 7 倍,可以吸附颗粒比如灰尘和微生物等。超细纤维还可以生产出具有不可思议的柔韧性和热绝缘的织物。甚至更进一步,这些纤维的微观改性现在可在纳米尺度上进行设计。纳米纤维,比如纳米多聚物和 CNT,随着纤维科学工艺的快速微型化和纺织领域的技术创新,近几年来已开始创新发挥了作用[55-74]。近来,采用海-岛法于纳米级纤维利用共轭纺和共混纺可以制造双组分纳米纤维。运用这种技术,可以生产出均匀的杂化纳米长纤维。因此,这样产出的纳米纤维即可加入到纺织物和编织物中。但是这种工艺还不能用于其他类型纤维中,比如电纺工艺[65]。海-岛理论利用聚合物纳米颗粒可以生产出许多新颖的杂化纤维,然而这些材料目前还属于研究阶段,开发材料的价格非常高,还需要进行二次加工。尽管纤维技术近几十年已经取得长足的进步,也能够精确到纳米级别,但是在将微米或纳米纤维直接转换为大面积织物材料方面仍有许多障碍需要跨越。CNTH 材料对于这个问题能够提供一些解决方案。

12.2.2 织物结构

有三种基本的织物结构,依赖于它们各自的最终用途,每一种都有各有优缺点。这些织物结构是:编织、针织和非纺织。编织织物由两条丝线构成:垂直的经线和平行的纬线,二者以适当的角度交错编织成织物。这种精准的交叉模式决定了织物的内在结构,影响织物的覆盖面积、耐用性和力学性能。丝线间距、直径和力度还有密度(线数)的不同影响着最终织物成品的品相、手感和性能。编织品通常强度高、抗压性强但拉伸度有限,这是由于编结交叉因而弹性较差。编织结构可以在内部结构里集成不同材料编织因而可以形成复合模式。许多非传统材料比如金属都可以纺织入纤维内形成混合织物。

针织结构通过一系列锁连的连续的线圈形成。这些线圈垂直连接形成平面的织物,在特定方向上施加或者释放力度,可以使之变形拉伸或回弹为初始形状。延展性、高弹性和回弹性是针织织物的最明显特色。在需要抗压、屈伸移动和拉拽等功能应用中常常需要针织织物。针织品可以在受到力的作用时,发生移动、压缩、调整等相对运动。针织品也可以形成连续的管,而编织品则做不到。这就可以产生连续材料而不需要拼接或者剪切。环形或者整片针织技术使得针织工艺飞速发展而且可以无缝针织。针织提供的弹性作为一种固有的结构特性,但也成为这种结构的一种限制,在与编织品或者其他材料结合在一起时,由于智能织物所需的电导成分往往都是非常坚硬、不可变形的,这两种材料的可变形程度不同在结合时反而成为了挑战。CNT 材料则可以提供导电性和弹性,这就为将导电物质和延展针织品组合提供了可行性研究方向。

非纺织品是第三种织物结构,采用了和编织、针织完全不同的结构组成。非纺织品由平铺(干或湿)成薄而重叠的纤维网组成。非纺织品跳过了纺线过程,直接进入从纤维到织物阶段。非纺织品纤维网在传送带上被随机铺放成薄膜状,或者机械卷织、黏合,或者热熔接在一起形成像纸一样的平面材料。非纺织品生产成本低,在一次性产品、卫生用品、医用织物、清洁和个人护理产品中觅得用处。非纺织品因为其网状结构没有黏合力所以缺少黏合力度(纺织和编织物的线使得纤维之间具有黏合力,并且线之间的互相交叉和缠绕也能提供额外的强度和耐用性,这两点非纺织品都不具有)。虽然非纺织品抗撕裂能力较差,耐用性不高,但是近年来非纺织品技术也获得了非常迅速的发展,可以制作出比前几代更舒适、更柔韧也更耐用的材料。由于非纺织品价格低廉产出量又大,若能在结构组合度、抗洗度和耐用度方面获得提升,非纺织品材料在未来服装领域将大有作为。它们价格便宜,通常源自工业废弃物或者可再生纤维,可作为可持续使用材料。对于 CNTH 的应用,这些研究旨在研究将这三种生产方式的功能性和 CNT 材料结合起来以拓展生产复合材料的可行性。

12.2.3 织物后加工

织物后加工就是通过化学或者物理的改性或处理,以改变预处理织物的性能。织物后加工有两类:功能性和美观性。后处理方法可分为物理法或者化学法,湿法或干法。它们也可以通过后处理的持续时间(永久性、耐用性、暂时性和再生性)、预备、层黏合、液相涂覆、喷射、粉末或者溶解等。任何着色、染色或者印刷等处理织物的光泽度和手感的技术都称为美观性,主要用于改善织物的光泽和触感。功能性织物后处理可能外观上不体现,但是它们赋予织物更加多样化的附加性能使得织物性能更加优异。功能性后处理可以决定织物是柔软还是粗硬;可以让织物更好进行加工;或者在织物、线或纤维表面包覆一层可以改变功能性的物质。过去,织物后处理被认为只是改变织物的手感,而且通常达到的还是反面效果——比如体积反而更大了、变得更硬了、抗渗性更差了等。对于工业应用来说,纳米处理已经很平常了。可以直接将传统织物纳米化,使得织物既能保持原有面貌和感觉,又没有在外观上产生任何变化。纳米处理可以减少化学添加剂、溶剂和水的使用;延迟织物的耐用性和使用性能;可以产生新的微孔表面,能够吸附土壤和水、微波吸附以及导电等。其他类型的处理比如染色和打印着色也可以改变材料的美观性和功能性。性能和市场化需求是织物表面处理应用的最重要的驱动因素。与CNT 集成的表面处理的一个最大优势在于可以使用层合和涂层将材料分层处理,这就提供了整合多种复合层各种功能于一体的机会,使得每一层都能被赋予各自的功能。一些材料,比如氯丁(二烯)橡胶,GORE-TEX还有其他织物膜都是极好的复合材料例子。

得益于自动化、计算机服装设计和全球化生产,纺织品和服装业的生产能力在如今的工业化和技术化时代已经得到极大扩展。自动化编织机和针织机以及工业纺织品设备等都可以在极短时间内生产出大量成品。织布机可以生产出面积大、支数细、纱线强韧的技术织物,它们已经优先在航空航天领域得到广泛应用。计算机辅助设计软件也可以被充分利用,首先在计算机上设计出样品,然后将数据传输给自动化机器依次进行针织、编织、刺绣、印刷和缝合等工序。比如超细超强高线密度防破裂尼龙、反光处理、高科技经编和复杂编织自动化,这些都包括了先进但已被广泛接受的制造工艺。在过去的半个世纪里,采用这些工艺已经使织物生产获得了改革。具有专有性质的专门制造工艺在现代发展中也很常见。各种高度专业化的具有商业化机会的纤维科技和生产工艺受到专利和商标保护。许多合成纤维的配方、高科技或特殊化的生产和后处理工艺这些知识产权都归于发现和创造它们的公司所有。当然其他科学领域比如计算机科学、生物工程以及药理学等科学家们也纷纷进入这一领域。

12.2.4 技术织物

织物的设计要求是基于它们的技术功能,以及迎合某些特殊产品或成品的特别性能要求,这样的织物被称为技术织物(TT)。TT基本上开发出了一个材料或者生产工艺的先进性能,以到达符合特殊要求的特殊功能。TT材料复杂多样并被应用于各种领域,从医学应用到运输、航空以及高性能运动服装。有13种技术织物种类横跨不同工业部门,聚焦于非编织物、医用服装和工业织物[64-66]。TT种类是动态的与时俱进的,随时有新的功能材料类型进入市场并在工业和服装领域内大范围获得采用。表12-5列出了技术织物的一般分类和应用范围。TT使用领域宽广,这些产品具有的性能通常都内置于材料的结构、纤维或后处理中。通常采用技术先进的生产工艺使得这些材料具有所需的高性能和技术功能。

表12-5 技术织物分类

1	农用织物	农业、园艺、林业应用
2	建筑技术	建筑材料和建筑物
3	服装纺织	服装,鞋子组件和高性能,等
4	土工织物	土建工程;土壤保护墙;加固;选择性防渗和过滤;杂草防护层,等
5	家用织物	家具和家居纺织品
6	工业织物	过滤、清洁、工业应用

续表

7	医用织物	卫生、医疗卫生应用
8	运输织物	交通运输部件:汽车、轮船和火车等
9	环保织物	环境保护材料、过滤等
10	包装织物	纺织品包装材料
11	防护织物	人身和财产保护;防弹,耐磨等
12	体育织物	运动和休闲纺织品;专业运动服;休闲市场
13	航空织物	航空航天:飞机、NASA 等

由于纤维、材料结构、先进织物后处理技术的发展,以及纺织品设计和生产工艺的革新,这些先进性能是可以实现的,特别是在纳米科技的助力下更有所进展。设计者们正在不懈努力去迎接功能织物生产商们所面对的接连不断的机遇和挑战。比如新颖的纳米技术产品 GORE-TEX 织物,由于其透气性好、轻质和防水性强,使得它在户外运动服装产业得以大显身手。GORE-TEX 采用多层纳米修饰薄膜设计,赋予材料比常规织物更多附加功能(图 12-3)。它不仅防水防风还透气轻薄,如今这种材料正被广泛应用于运动服装、户外装备、功能性服装等商用领域,使其优异特性充分利用发挥。

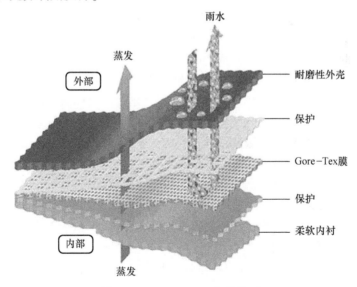

图 12-3　GORE-TEX 织物体系

GORE-TEX(注册商标)薄膜是一层极薄的多孔聚四氟乙烯(ePTFE)层。每一平方英寸有大概超过 90 亿个孔。这些孔正是 GORE-TEX 织物的特点。

TT其他常用材料比如土工织物,可以保持土壤渗透水分被应用于道路修筑。其他应用还包括利用其阻热性在第一响应消防服和太空服中起到保护作用。高强纤维像芳纶,抗磨织物像D30,军事上可做防撞击和防弹服装、执法服和摩托车手服。在民生方面,纳米修饰织物可具有防汗、速干和防止异味细菌侵入等功效。这些面料现在已经变得更便宜,因为高技术工艺已被制造商更广泛地接受,他们已经调整他们的生产方法,以适应消费者对多功能面料增加的需求。

尽管TT如此自助和强大,它们仍不具备智能织物那样的感知和处理能力。智能织物或纤维常常被错误地定义为高科技或高性能织物。究竟是科技织物还是智能织物,二者在性能、材料、工艺、功能和用途等具有清晰的界限划分。智能织物(ST)是一种对外界刺激及时响应的材料,下面进行阐述。

12.2.5 智能织物

智能材料(SM)涵盖一系列先进超硬和超软材料,包括弹性织物,可以感知环境并提前预知响应。智能织物是SM大类下的分类。ST就是具有智能功能的纤维、纱线和纺织品。智能就是该织物可以对外界刺激进行感知和响应。ST同时还要保持传统织物(纤维、线和纺织品)固有的属性:弹性好、穿戴舒适、重复使用性强(可以多次洗涤、染色、加工、干洗和磨损等),这也是这种新型材料对于设计者们不断的挑战。

ST及后续智能服装(SA)材料的发展基础都是需要纤维、纱线和织物以及后加工技术的革新发展,这些革新不仅增强了材料的性能特征而且完全颠覆了传统织物形式。SA与ST整合进入服装产品设计后,旧式便携式电脑中所用到的那些又大又硬的电子元件(缆线、大电池块和硬电子部件)就可以被弹性、轻质织物材料取而代之,使得产品穿戴更舒适,运动更轻便,这都远非旧式便携式设备可媲美。如何在灵活性、人体工程学、低能耗这些方面达到整合功能平衡又能完美自治,这是所有致力于将智能织物和服装设计统一的人们所面临的共同挑战和机遇,无论是计算机专家、材料工作者还是工程师[7]。材料科学、工程学、服装设计和可穿戴技术互相关联,但是这些联合带来的不统一性,使得智能织物的标准化和产业化面临窘境,因为不同材料以及功能性的限制与机会这些因素常常互相掣肘。材料科学家在纤维和织物基材的设计和创造方面已经取得了跨越式发展,并且二者齐头并进。已经有价值可观的新型CNT整合进入智能织物中。新型CNT-织物杂化复合物提供了一些新奇应用,这些应用超越了现有材料只能通过时尚与科技结合才能获得的功能特性。

智能织物也可称为智能化或交互式织物,因为它们可对激励进行响应。这种输入(激励)和输出(响应)体系包含了材料和需求的过剩,这是织物和服装特有的。SF由智能材料与传统技术织物联合构成。通常也可以在纤维、线、纺织品加工或后处理的步骤中将传统织物与SF部件整合,赋予织物所需的功能特性,这也常常需要智能系统具有电导性。导体与织物相交叉又可以在特殊应用及日常消费产品中开发出新的功能应用。但是,切记,不是所有织物都是智能的。智能织物仅仅是指那些通过复杂技术和材料合成调控后具有对刺激的响应特性的那些织物。SF常常采用那些导电性、反应性、激励性,与/或态切换等方面有优势的先进针织、编织和非编织结构。

ST由于在大规模生产方面受限,还未能有标准工业分类,但是研究者们可以按照它们的功能性将智能织物分类为被动智能、主动智能和超智能三级[54-56]。被动智能织物可以感知环境但无法从用户或者计算机获得输出做出响应。这些织物具有显著的单一起止单向状态变化,即对于声音、光或者温度变化可以展示出颜色或形状变化。主动智能织物则可以主动对刺激进行感知和响应。这些材料能够展示一系列程序设计的不同响应,比如,闪光信号灯可以根据温度升高、声音增强、压力增大或者移动变化改变速度。许多主动智能织物利用镶嵌其中的电子或者微处理器比如Arduino LilyPad或其他电路系统来创造一个可见的或者细致的输出,这些输出由用户输入或者程序设计。第三级智能织物也就是超级智能织物,就是指那些不仅可以对外界条件进行感知和响应,而且还能主动学习和适应外界变化的材料。某种程度上,这些材料了解环境,是最高级的智能材料,我们目前为止仍然未能完全开发和挖掘其潜力。这些超智能材料包括形状记忆材料、智能聚合物、超流体和其他智能复合物[65-67],这些超智能材料的获得通常需要引入纳米科技才能实现。

可做智能织物的材料多种多样,但是智能织物必须具有的固有能力是能依据程序设定进行感知和响应,这也就意味着需要电学性质。目前,智能材料的获取还是选用传统织物生产工艺,也就是将智能织物载体采用现存标准工业化手段进行生产。第一种:①在现有织物载体表面预埋导线;②将导线编织或针织入织物结构里;③纤维阶段使材料具有其功能性。智能织物可以由本身有导电性或其他所需性能的纤维构成,这样就使材料初始就具有智能特性。多功能纤维材料具有优于其他普通纤维的性能通常被作为智能纺织品首选材料。这些纤维可以直接嵌入织物材料内部。电子织物(e-织物)就是由导电纤维构成的智能织物。e-织物,即将导电结构嵌入织物结构,可以选用金属涂覆或线缠纤维、线或者纺织品。导电的纤维、线或纺织品,电子可以在弹性导电载体(纺织品或线)中自由移动。导电纱在电子纺织品的结构中是不可或缺的,因为它们携带电流穿过材料,要么作为织物的固有结构的一部分,要么作为缝合/刺绣表面处理。CNT悬浮在媒介内部就是一个导电线路。这些导电材料在微电子元件间(电池、天线、开关、微处理器、传感器和传动器)提供了弹性的连接或整合。这些电子元件包括:能量供给模块、电容器、交流器、传感器、光、药物输送、自修复布料、伤口按压、可穿戴设备、航海导航。所有 e-织物最不可或缺的就是计算机编程,因为所有元件要和输入/输出命令结合才能控制织物对外界刺激具有感知和响应。CNTH 材料可以在生产工艺阶段就能将这些功能组合。未来研究可以深入发掘电子智能织物(图 12-4)。采用 CNTH 纺织品/线作为弹性导线,既抗弯曲又防腐还轻质,由此制成 e-皮肤可穿戴电子产品指日可待。现存导线材料一个主要缺点就是材料越长电阻越大,也就是电路越长,电路里电流越少,使得电路很难从头到脚都能连通。CNTH 线或者纺织品由于良好的导电性和大的电容面积,极大可能解决电阻这个难题,并且可以替代传统金属材料,使得服装更轻便更舒适,不会出现如传统衣服材料重、元件脆、身体正常运动就能导致电路截断失效这些缺陷。

图 12-4　CuteCircuit 出品石墨烯裙装(石墨烯电路取代现存电线应用于服装上,使得可穿戴电子的时尚性和功能性完美统一)

　　非导电智能纤维包括技术材料,它们可以提供某些内禀功能特性,例如增强力度、弹性、能导电或具有某些特别要求的形貌特点。在纤维级别将智能性整合所用方法之一就是用蛛丝,蛛丝是天然蛋白质丝,比高级钢拉伸强度高 5 倍,甚至高于碳纤维。蛛丝有超强弹性,但是由于产量太低难于实现工业化生产。另一例子为具有高强膨大特性的响应材料,其受撞击闭锁效应自身变硬可作为防冲击保护装置。还有一些超轻高分子聚乙烯纤维(Dyneema 或者 Spectra)具有极高弹性。CNT 作为超纤维材料当然也可以具有多种功能,但受限于生产成本和产量很难单独作为纺织品成品使用。CNT必须与其他纤维联合(纺织、黏合或涂覆)嵌入结构稳定的材料里使用才能发挥其作为智能化纺织品特性。

引入智能材料的另一种方法是将智能材料应用于现存织物当中。通过缝纫、刺绣、打印、黏合、层压涂覆处理或键合这些方式,将微电子件、导体等附着于预制备的传统或智能织物上。利用表面涂覆导电金属方法可以增加针织或缝纫纺织品导电性。将导电的智能材料通过缝纫、打印或黏接方式加入到非智能基材表面,我们称之为附加方法。电线、导电纤维和油墨在这种工艺中起承载电性作用。例如Arduino LilyPad就是一个可缝纫的微处理器,即将导线缝入纺织品中。这些导线构成了柔软弹性电路。e-刺绣则是将导线或电路织入纺织品的新方式,可将导线通过自动刺绣模式织入织物当中,使其表面既美观又导电还灵敏性好。将预生产出的导电织物与常规织物联合使用就可制得类似柔软传感器。CNT线表面涂覆弹性聚合物就是一种e-刺绣优选材料。

通常e-织物或e-织物的获得还是通过导电材料(金属)与传统纤维的组合,金属要混扎成线,或涂覆在织物表面。杂化纺织品则可以在纤维阶段即将智能材料与织物结合,或在织物生产过程中通过编织、针织、纺丝或纤维加工等将智能化材料直接融合进入织物。这种方式比附加方法有更多优势。具有响应或导电性的智能线在织物生产过程中编入(针织)纺织品中,成品自带导电性,这比前面介绍过的将LED或线埋入纺织品表面来得不易察觉。这种初始阶段的材料整合使得成品更弹性、更小巧、材料也更均匀。弹性电子和压电材料(PVDF)膜和传感器可以形成复合物,整合入织物可做触能和/或开关传感器。导体和传统非导体材料多层叠加也可以作为电容压力传感器或储能器。通常,织物的特点是弹性、轻质、便携和舒适,将智能材料和织物材料二者无缝联结将会是未来纺织品发展的无限可能的前景,这来源于CNT相比于体积庞大的电子元件(传统电线或缆线)更具优势。

12.2.6 可穿戴技术

材料科学与可穿戴计算二者结合体现在民生领域就是众所周知的可穿戴技术(WT)。WT涵盖所有将功能整合与性能增强科技嵌入可穿戴产品的形式。成为WT必须具有以下几点:①便携式(例如自带电源或可遥控);②可随身携带;③性能增强(一定具有未整合之前所不具备的某些特性)。WT囊括所有可穿戴领域:隐形眼镜、工作鞋、表、珠宝和服装。功能服装(FA)和智能服装是可穿戴工业化一个分支,然而智能织物和服装在WT+FA当前和未来发展中起着至关重要的作用。

可穿戴计算机发展始于20世纪90年代初期,平行但独立于纳米技术的发展。第一代可穿戴计算机并没有考虑将电子元件以无缝或符合人体工程学的方式植入服装里。可穿戴计算机、纳米技术和材料科学的重大发展促进了高性能可穿戴先进设备的发展,使得智能材料与身体接触得以用更舒适贴心的方式进行。因此,适用于军事和航天的先进技术纺织品与可穿戴计算机系统得以成形,尽管价格不菲。将功能性植入材料(纺织品)中为设计和创造智能织物和功能服装应用于功能服装市场提供了一个平台。可穿戴技术包括功能服装革新(保护作用)和智能服装革新(导电、响应甚至可再生)。

12.3 碳纳米管织物的生产和应用

纳米科技为织物生产及智能织物研究与发展提供了创新手段。这是一个横跨材料工程、计算机科学、电子、织物、时尚和功能产品设计各个领域的新型研究领域。CNT 的微结构可以通过以下处理手段嵌入纺织品中:染色、涂覆、掺杂、喷涂、热处理和化学附着。纳米纤维应用于织物并引领了新型智能织物、可穿戴技术和功能服装产业的齐头发展。

12.3.1 纳米技术和碳纳米管特性

纳米颗粒可使制品具有对外界进行感知和响应的能力。智能纺织品构成方式多种多样,但都通常在纺织品结构中由传统纤维和弹性电子网络联合构成。这些网络负责对输入进行响应输出。输出对输入反应很灵敏,表现为 LED、振动、声音、机械驱动或信号。控制这些对输入进行响应就需要微处理器。传统的又大又硬的电子元件正在被具有相同导电性的 CNT 纳米纤维所替代。并且 CNT 比传统设备又多了强度、热阻和防水等功能。通过研究传统织物生产方式以外,新材料的研发使得杂化材料得以兴起,包括 CNT 与 CNTH 材料在织物生产系统中设计与组装。对于织物工业,超细纤维技术的发展改变了聚合物的传统生产工艺。聚合物纤维现在可以在超细纤维级别合成用来生产双组份微米级长纤维。纳米级双组份方法则可以让研究细入到分子级纤维形貌、加工和复合纳米纤维,以发展具有可操控性能的材料[70-71,76-77]。

纳米技术可以改善现有织物特性而没有增加其重量;创建集成非电子体温调控;支持微传感器网络;集成了输送药或释放香料的微胶囊;通过状态变化发电;使传统织物具有防菌、防尘、防火和阻热、防污染、自清洁、超疏水、防臭、防潮等新特点,并且弹性更好强度更大[69]。以上任何性能应用于功能性和智能性服装都将在 WT 市场消费中吸引一大批拥趸。

CNT 网络可以作为一个非电子系统运行:微表面结构、物理态变化、光吸收和其他性能。纳米涂层采用仿生技术来模拟自然系统。防水和防尘纳米修饰就是在纺织品表面形成类似荷叶的圆锥形微纹理来实现的[69,71,76-77]。水珠掉落在织物表面，未等被吸收进织物内部就被分裂滚落，阻止了水珠或能渗入织物的水性尘土与织物的接触。抗菌、抗病毒、防臭材料则是将银覆于织物表面以抑菌生长[34,71]。除湿则通过控制 CNT 薄膜的毛细管作用，使薄膜在所需要的层或表面具有亲水性，将水扩散到外部以快速蒸发[77]。毛细血管作用也可以利用快速传导热的方式使皮肤冷却。

碳纳米纤维[40]和炭黑粉末是光吸收体，可以作为阻光、防紫外线和红外线以及电磁屏蔽[77]。这种加工将单独 CNT 颗粒通过修饰/涂覆嵌入聚合物和环氧树脂中即可。用 CNT 薄膜过滤空气或者水也是纳米管的织物应用之一（见第 35 章）。

弹性和柔韧性是 CNT 材料与织物整合需要考虑的最重要性能。通过 CNT 取向、使用长 CNT，以及使用纳米颗粒连接纳米管即可增加弹性合强度。CNTH 材料的导电性可以在一个纺织品内兼有导电性和防静电性。传统防静电性都是在非导电纤维上面涂覆金属获得，现在 CNT 本身就具有导电性无需涂覆。CNT 做微小弯曲不会产生永久应变，因此纺织品抗皱性变为可能。具有薄表面或者面纱的 CNT 薄膜也可应用于无皱材料。600℃仍抗腐蚀抗氧化是 CNT 和石墨烯材料的固有属性。微囊化技术现在可以将纳米颗粒分离在薄膜中应用到纤维或者纺织品表面层。纳米级胶囊还可以方便药物输运，无论是从抗老化的美容维他命丸还是治病的处方药。

CNT 有强大的控制和储存能量能力，可作为电容器或太阳能电池。弹性电池可以在胶囊里面使用，在从固体变成液体过程产生能量，这种方式使得智能服装更有自主性。CNTH 材料的状态变化能力取决于加入 CNT 薄膜中金属。纳米管材料形成过程中将颗粒碳或者陶瓷作为纳米添加物加入 CNT 薄膜中，形成的 CNTH 纺织品则具有高强、过滤、热阻等性能。CNT 纺织品具有热阻和阻燃性，热阻纳米纺织品可以抗 700℃高温。

目前，纳米科技在织物工程方面的大规模应用还是依赖于含有纳米颗粒的聚合物的静电纺丝工艺[23]。这种方法需要熔纺技术，达不到纳米管薄膜所提供的高性能。静电纺丝技术聚焦于纳米颗粒表面结构和拉丝尺寸的综合考量，还要兼顾纤维提供所需的功能特性，但是运用这种 CNT/聚合物静电纺丝工艺并没有完全实现智能纤维的共能。这种方法的一个缺点就是纳米纤维都是各自独立随机分布于聚合物中，因此这种不连续结构降低了材料的强度和导电性。这种工艺还需要复杂的二次工艺比如纺丝/拉丝或者涂覆/层压，延长了生产工艺增加了生产成本[77]。

整列-纺丝（在基体上抽丝 CNT）生产价格昂贵又耗时，而且单独的纳米颗粒由于尺寸太小对导电性和强度的影响较小。纵观几种常见的纳米颗粒或者 CNT

织物材料的应用,纳米纺织品的未来应用还是大有可能[78-81]。所有这些附加功能都可以通过后期处理赋予传统纺织品,尽管价格高、产量低和工艺复杂。我们通过碳纳米管 CNT 与纳米颗粒的组合形成碳纳米管杂化 CNTH 材料,可以在一片薄膜中产生双重、三重甚至四重性能,即一个纺织品具有多种功能。下一部分就将讨论 CNT 和 CNTH 材料如何高产推出,如何创造出可扩展的智能纺织品。

12.3.2 碳纳米管制造技术

CNT 可以提供多种应用选择,不仅可以增强现存材料系统的性能,还能提供显著的杂化性能。CNT 生产工艺中,在拉力、压力和热泳力平衡的流动场影响下,CNT 纳米颗粒束在反应管内部形成一个套筒。在旋涡区套筒的最外沿封口,CNT 套筒膨胀[11]。缠绕的 CNT 增强了在反应器壁上滑动的套筒。目前工作主要是改善碳源/微粒雾化注射器,评估直接注射催化剂以提高 CNT 产量,评估不同 CNT 和 CNTH 材料根据不同应用需求设计而具有的性能,研究其他提高 CNT 产量的生产手段。在连续气相过程中,将 CNT 和纳米颗粒(图 12-5(a))组装成纱线或纺织品的能力是纤维生产中一个新的技术。这个工艺就是纳米颗粒被注入到气相热解反应器中,随着 CNT 的生长组装成套筒或类气凝胶材料。可以合成含有单壁碳纳米管(SWCNT)、金属和/或陶瓷的各种组合的杂化材料。这些颗粒涂覆在纳米管外修饰它。套筒可以被加捻成纱线,辊压成薄膜/纺织品。氢气还原可以避免形成 Cu_xO_y 等氧化物。制备过程采用四极质量分析谱追踪反应过程的化学元素以优化制备条件。后续优化处理就是将纺织品通过辊压施加高压使织物致密化(图 12-5(b)和(c))。

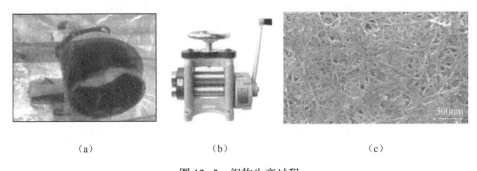

图 12-5 织物生产过程
(a)CNT 套筒在卷筒上连续收卷形成薄膜或织物;(b)轧钢机压实薄片;(c)致密化后 CNT 织物。

我们相信这种 CNT 生长的宏观过程将生产出合适快速需求的大量材料。前期将 CNT 材料应用于织物的研究和试验已经在纳米管和纳米颗粒的纱线和涂层方面获得丰硕的成果。然而我们的CNT和CNTH薄膜生产工艺相对于其他大规模生产具有更快更低廉的优势。

12.3.3 碳纳米管薄膜和线与织物材料复合

CNT和CNTH薄膜生产和致密化过后就要与织物材料复合(层压或混纺)以生产纺织品。因为这是织物纤维混合,我们期望CNT薄膜复合针织、编织和非编织织物内,二者的复合可以提供两种材料的最佳性能(层压也是如此)。我们相信表12-6中所列的融合/混合工艺中的任一种都能提供多种设计和工程的机遇与挑战。根据目标用途,可以设计不同的材料以满足产品所需。每种CNT材料(薄膜或线)的组合和织物(针结、编织、非编织)的生产及应用工艺(层压、缠绕、缝纫、纺丝等)根据不同的功能特性都有不同的组合形式。一旦复合物的性能确定,复合纺织品就可以依此被设计成型并加以应用。用户测试市场可行性应遵循以下原则,安全性、合规性、功能性、性能和舒适度都是首选评价因素。根据产品的最终用途还需要进行后续处理工艺,性能必须完全符合要求。提高纺织品性能的后续处理工艺包括:纺CNT/CNTH套筒成纱线或牵伸套筒成薄膜;纺织品拉伸取向;使用溶液使材料致密化;选择性涂敷聚合物抗脱落;清洗材料;酸处理提高导电性;卷曲材料等。CNT线和薄膜与用这些工艺获得的各种杂化纤维和纺织品复合的功能性可以被研究,此举的目的就是降低材料消耗并且创造出可扩展的CNTH纺织品生产方法。

表12-6 CNT和CNTH材料(薄膜和线)嵌入织物的探索方法

1	化学黏合剂、机械缠绕或热熔合等层压方式将CNT+CNTH薄膜与传统织物复合
2	针刺法或缠绕方式将CNT+CNTH薄膜与无纺布复合
3	在生产过程中将CNT+CNTH薄膜/线整合到无纺布中
4	将牵伸的CNT+CNTH线和功能纤维混纺形成复合/混纺线
5	通过缝合、机械刺绣和衍缝方式将CNTH缝在传统织物上面
6	针织或编织方式将CNT+CNTH线织入织物结构内
7	耐低温/高温纳米颗粒引入气相中

表12-6中列出的复合方法都是我们通过分析织物生产过程,选出能够与CNTH材料兼容的纺织生产工艺。这些方法已经被证明在获得导电和热阻织物产品时是有效的,例如聚芳香酰胺和芳香聚酯胺聚合物制成的防火消防战斗服。我们相信通过用CNT薄膜和线测试这些工艺,可以拓展功能性的更大范围。目前工

业实践就是将浸渍的纳米颗粒引入传统织物结构中,即把 CNT 编织或针织到纺织品中,但是我们仍然在考虑如何提高产品性能并加速生产,这一点我们相信 CNTH 纺织品能够做得更好。

采用热融合、化学附着、力学缠绕(表 12-6,#1-3)等方法层压复合物方法,既便宜又能快速生产。CNTH 线被编织、针织、刺绣和机器缝纫等加入纺织品结构内,可以使 CNT 的化学功能化,成为纺织品结构不可分割的一部分(表 12-6,#4-6)。可以在高温反应器中引入陶瓷和颗粒状活性炭等耐高温颗粒。将聚芳香酰胺、气凝胶、碳氟化合物、三聚氰胺、芳纶 1313、聚苯咪唑(PBI)、聚苯恶唑(PBO)Zylon 纳米颗粒等在 CNT 生长阶段与 CNT 混合也是未来可行的方法。我们将逐步测试每一种可能的应用方法。

最初的研究探讨了表 12-6 中所列 7 种方法中的第一种和第五种。对于这两种方法,我们都考虑了复合组分(纺织品、CNT 及黏合剂)的物理和化学性能。我们也考虑到产出速度、产量、设备/机器、预计成本等,以便增大材料从模型阶段进入到大规模生产的实现可能性。这部分研究的目的就是测试 CNT 薄膜和各种现存针织、编织和非编织技术织物基材的结合力,测试黏合剂、CNT 和纺织品作为一个整体的性能。将 CNT 与预制备织物材料复合(涂覆或掺入),可以缩短生产周期、提高产量,还能降低成本,这种方法要优于现存的 CNT 包覆、阵列纺丝和静电纺丝方法。

方法 1 聚焦于利用商业上可获得的热和化学结合剂通过层压法把 CNT 薄膜和线整合到经编织物、编织物和无纺布结构中(表 12-7)。黏合的纺织品比非黏合的织物更强更耐用,特别是对于易散的、松散的编织物,经编织物及网状非编织品及 CNT 薄膜,尤其如此。黏合纺织品最开始用于家具装饰和汽车饰品,还有一些黏合经编织物可以用于有复合需要的功能性织物、客户织物和服装(例如现在救援服,防水/透气膜)。我们第一个试验就是将高产率 CNT 薄膜与现在纺织品结构复合。CNT 薄膜与复合材料的生产将在下一部分详细介绍。未来研究将侧重于开发现存整合方法(表 12-6)的可行性。最初融合测试考察了 CNT 薄膜与不同强度、弹性和纤维含量的复合能力。

每一种纺织品材料与 CNT 薄膜合时都需要不同的商业黏合剂。9 种黏合剂五大类(针织熔丝连接、胶带、非编织物、液体黏合剂和气溶胶黏合剂)分别与 5 种纺织品进行测试(两种经编织物、一种吸水性编织品、两种无纺布)。两种无纺布基材是为了测试降低 CNTH 材料的费用的可行性,但是这两种无纺布材料的结构完整性、织物护理和洗涤性[78]带来了潜在的问题,需要进一步研究无纺布如何具有纳米管功能。这些层状纺织品可以应用在服装或聚和物结构材料中。

表12-7 用于与CNT薄膜复合试验所用的(A)织物样品和(B)黏合剂说明清单

(A)织物样品(描述/纤维含量/重量)	(B)黏合剂(描述/材料含量/黏合方式)
织物#5:经编织物 · 两个方向横纹拉伸 · 聚酯(PA)85%,聚氨纤维(EA)15% · 222g/m^2	黏合剂#1:可熔织物结合-经编 · 热激发
织物#6:经编织物 · 敏感度b,由Eurojersey提供 · 不起球,环境友好 · 吸水性,四个方向 双组分超细纤维 · 尼龙(PA)超细纤维69%,聚氨纤维(EA)31% · 140g/m^2	黏合剂#2:热熔性PA-网-无纺布 · 热熔合低热网 · 热激发
织物#7:性能平纹织物 · 4个方向拉伸 · 聚酯(PL)91%,聚氨纤维(EA)9% · 208g/m^2 · 银处理抗菌 · 防水处理—经过雨测 · 由Evertek提供	黏合剂#3:黏合胶带 · Tanner熔合 · 触压
织物#8:拉伸+回复无纺布 · 水刺和热熔合通过霍林斯沃斯与Vose · PA80%纤维网与嵌入EA单丝熔吹 · 70~100g/m^2	黏合剂#4:液体胶 · Loctite织物黏合剂 · 化学黏合剂:需要24h固化时间
织物#9 Calendar-融合无纺布 · PL 100% · 面密度未知	黏合剂#5:水基液体胶 · Sobo织物胶(空气固化)48%聚醋酸乙烯酯共聚乳液,5%丙二醇,47%水
	黏合剂#6 织物:可熔经编结 · 双结合 · 热激发
	黏合剂#7 非编织网:缝合Witchery:锦纶/尼龙可熔网(加热)
	黏合剂#8 气溶胶:喷涂黏合剂 · 热激发
	黏合剂#9 气溶胶:直接喷涂黏合剂(压力)

在初始融合阶段选用了5种独特的纺织品基材。这些纺织品基于表12-7(A)中所列性能范围被选中,包括纤维组成、纺织品结构及后处理。这包括两种经编织物、一种编织织物和两种无纺布。织物由合成聚合物纤维:涤纶(PL)、锦纶(PA)/尼龙、聚氨纤维/莱卡、氨纶(EA)等以不同的混纺比例构成(表12-7(A))。每一种合成纤维都可以通过熔纺纺丝、双组分或者静电纺丝工艺塑型。合成纤维通常都是疏水性的,可以很容易用升华转移印墨在其上面打印。它们也都是热塑性的。这里不包括含有天然纤维素和蛋白质的纺织品,因为天然纤维具有天然不耐火烧和易分解性,且整体性能较差。我们未来的研究领域也会扩展至其他织物纤维类型,比如人造纤维素、人造蛋白质和高性能纤维等。将以上5种纺织品与2018年3月8日和10日制备的CNT薄膜(连续气相热解方法生长)复合,用了9种不同的商用胶黏剂和黏合剂(表12-7(B)),制造了第一批复合CNT纺织品样品。基于热激发和接触面融合剂考虑选用了不同的黏合剂,以不同的形态实现:固体、液体/溶胶、气溶胶,以便检验出这些黏合剂与纺织品和CNT薄膜之间的亲和力。

CNT和纺织品样品被切成小块,考虑每一块的纹理走向和拉伸强度。CNT薄膜被切割,涂上黏合剂。使用Singer ESP2型电子蒸汽压机复合。压机在试样表面提供均匀的压力,温度设定在187℃,根据黏合剂的使用说明书设定不同的施压时间。可以用热和/或压力促进CNT材料在纺织品表层的黏合。根据黏合剂的不同,CNT在黏合剂样品1(图12-6(a))和黏合剂样品8(图12-6(h))分别层压在两种纺织品基体中。

在制作过程中,初始CNT薄膜没有经过任何化学处理。薄膜用乙醇进行了部分致密化。CNT没有经过任何卷曲、拉伸或者后处理。复合样品正在进行性能和实用性测试。在我们的研究里,CNT薄膜使用不同的黏合剂与不同的纺织品融合。另外一种方式是将CNT薄膜缝入其他纺织品中。

以下部分所描述的样品1~3侧重于层压试验的结果,如图12-7所示。这些样品使用的黏合剂是干固胶带型。

样品1:可熔的经编连接以涤纶结针织品为基材,用热17网聚酰胺点涂层法涂于一面。这种复合物中,黏合剂从后面涂,将CNT薄膜夹在中间,187℃温度下以0.689MPa压力压制10s。与CNT和纺织品都能牢固结合。如果多层压合,还需要在纺织品和CNT涂双面黏合剂。用这种方法得到的复合物外面是一层保护层,内部是透气层,使得这种方法适合制备需要排汗和透气功能的材料。

样品2:热黏结云母是一种热结合织物。这种黏合剂被加热5s,187℃温度以0.689MPa压力热压,以确保胶粘在纺织品基体上。冷却10s后,撕下背面纸,将CNT样品黏上再热压10s。CNT可以与所有五种纺织品紧密结合,其中效果最好的是低弹性的织物和无纺布。施加拉伸CNT就能被撕离,所以今后需要进一步研

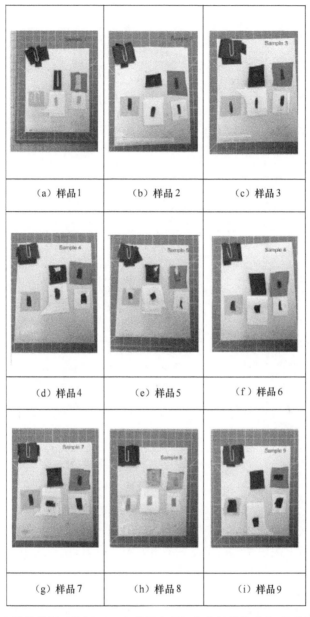

图12-6 使用商用胶黏剂对使用CNT和使用多种织物进行黏接试验-按黏接剂分类的样品
(a)可熔经编连接;(b)电熨纸热融网;(c)Tannery黏合剂;(d)缝合Witchery;(e)网融合经编织物;
(f)水基Sobo织物胶;(g)Loctite环氧树脂胶;(h)热激发气凝胶黏合剂与非编织织物薄片;(i)气凝
胶接触融合黏合剂;(a)、(b)、(d)、(e)热-接触激发黏合剂以织物结合或带状;(c)、(f)、(g)液
相结合激发黏合剂;(h)、(i)气凝胶形成热和接触激发黏合剂。

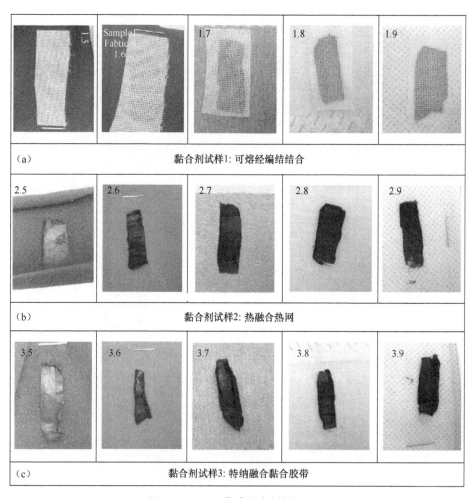

图 12-7 CNT 薄膜黏合剂样品 1~3

究 CNT、纺织品基体和黏合剂的拉伸性能。

样品 3：Tanner 接触黏合剂也需要 0.689MPa 压力，但是无需加热。这种黏合剂是由乙酸—醋酸乙烯酯制成，像胶水一样与材料黏结。这种黏合剂比热网黏结能力强，CNT 薄膜与 5 种纺织品的结合都非常牢固。但是还需要更多测试确定其是否能够经得起磨损、高温和洗涤。这种黏合剂改变了织物的手感，防止在应用区域的延伸，但是黏结力很强。

接下来介绍样品 4~5 侧重于层压试验的结果，如图 12-8 所示。这两种黏合剂都是聚氨酯易熔织物和单面黏合剂，黏合剂与 CNT 薄膜结合良好。

样品 4：Stitch Witchery 是一种纺纱和干铺尼龙可熔网黏合剂，在高温、蒸汽和压力下融化与复合物材料连接。187℃温度下以 0.689MPa 压力 60s 将此黏合剂

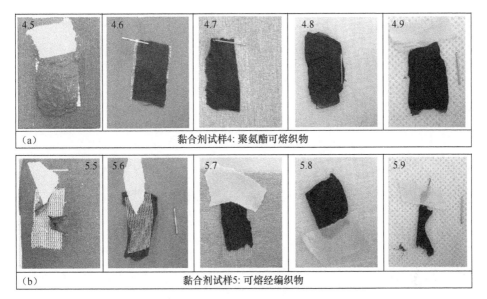

图 12-8 CNT 薄膜黏合剂样品 4、样品 5

黏合 CNT 薄膜和纺织品。这种材料与纺织品的黏合力弱于与 CNT 薄膜结合。为了层压紧实,需要更高温度更长时间才能融合尼龙网达到紧密结合,这也是所有黏合剂样品中效果最差的一种。

样品 5:这种样品是一种含有增加稳定性的纬纱的可熔经编结胶纸带。经线嵌入的界面可以在低于熨烫温度下熔化,这使其与丝绸和超细纤维等织物相容,它们都不能经受高温。这种样品与 CNT 薄膜结合很好,但是与织物结合则较差,因为胶黏剂只在衬布的一面。这种衬布织物是时装面料之间的一种结构材料。衬布为服装赋予了形状、强度和塑型等。大部分服装需要一些类型的衬布在内部起到支撑增强作用,而不增加服装的尺寸。衬布增强的区域抗弯曲和压力,使得服装维持原型[81]。这种衬布百分百由聚氨酯/尼龙构成。它们与 CNTH 薄膜可以作为水和空气渗透稳定剂。可熔网与 CNT 薄膜结合的两次测试效果都非常良好。这种针织衬布比无纺布更柔韧也更稳定,但是价格也更昂贵。

接下来介绍样品 6~7 层压试验的结果,如图 12-9 所示。样品 6 和 7 使用的是液相黏合剂,通过化学键结合,不需加热。这种液相黏合剂相比于固体和胶带型黏合剂不易控制,但是它们的黏性有助于它们在应用到粘贴或者以特定图案模式印在表面上。

样品 6:该样品是使用 Sobo 织物胶复合成的,Sobo 织物胶是一种市面上有售的水性胶。这种材料不易燃、无毒,但是水溶性的,在反复洗涤和溶解性方面的应用(大多数服装应用)中可能会出现问题。这种黏合剂能很好地粘在所有的衬底

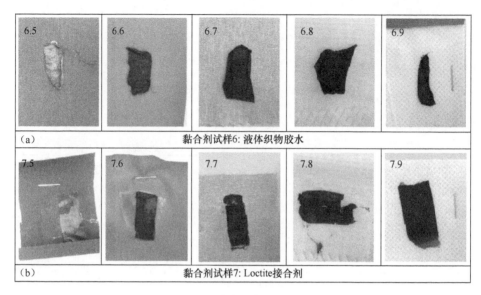

图 12-9　CNT 薄片黏合剂样品 6、样品 7

上,因为它能牢固地粘在碳纳米管和织物上。这种材料需要 4~6h 变干/固化。这种材料保持了弹性,但使织物的手感变硬。

样品 7:这个样品使用 Loctite 乙烯基,纺织品黏合剂,其中含有 70%的甲基乙基酮和 20%的异氰酸酯聚氨酯。这种黏合剂是聚合物,产生防水键,但是高温工作不安全。它还需要 24h 固化。这种黏合剂与所有纺织品都能高强度结合但是弹性较差。这种材料具有化学毒性,特别不适宜与皮肤直接接触。

接下来我们介绍样品 8~9 层压试验的结果,如图 12-10 所示。样品 8 和 9 使用热激活和接触喷雾式黏结剂/黏合剂。最初,一种干粉黏合剂也列于被测黏合剂之列,由于材料延误交付没有测试,该样品将在第二次试验中进行测试,并添加到以后的研究内容中。

样品 8:热激发喷雾黏合剂和不熔无纺布阻隔层。将黏合剂喷雾涂在 CNT 薄膜两面,这一 CNT 薄片被层压于两层之间。我们认为这是制备三层复合材料最有效的最快表面包覆复合方法。最外层网是没有使用黏合剂的聚酯无纺布衬布。这是为了阻止黏合剂粘在加热材料上面。这已被证明是层压 CNT 薄膜和固定材料的有效方法。这种喷雾法对所有材料都非常有效,除了有回弹性的无纺布,这两种材料对样品 8 和样品 9 结合力都不好,此法都不奏效。CNT 薄膜与底材和织物结合牢固。这一方法对于织物的手感和柔韧性基本没有影响。层压无纺布虽然能形成稳定的阻隔,但在拉伸时就会撕裂。

样品 9:气凝胶接触黏合剂直接被喷雾,无需加热单靠压力就能激活。样品结

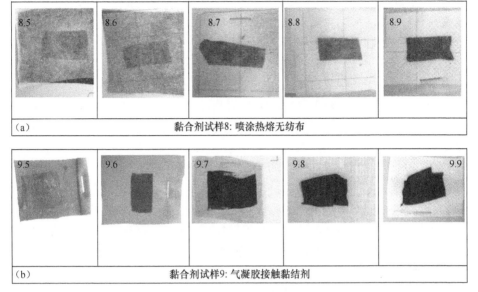

图 12-10 CNT 薄片黏合剂样品 8、样品 9

合力非常好。这种材料直接喷雾在纺织品基体上。在 0.689MPa 压力下铺放的 CNT 试样就能与织物结合,无需加热来促进结合。这些样品是无需加热简单结合双层材料的有效示范。

纵观所有黏合剂测试,有几种织物和黏合剂结合最好。高性能编织纺织品首屈一指,热黏合的无纺布紧随其后,但是它们的弹性有限。接下来需要测试分析每种材料与 CNT 薄膜和黏合剂的弹性和结合,还要分析后处理是否能够影响材料的复合特性。

综上结果,我们认为每一种黏合剂都显示了其胶黏能力,和高效的潜力。但是每种复合物都有各自的优点和局限。我们发现聚酯和聚酰胺尼龙热黏合衬布与纺织品结合最好,这是因为它们的热塑性和低熔点。固体黏合剂和网状黏合剂比液体黏合剂弹性更好,透气性强,柔韧性好,不僵硬,这是因为这些黏合剂在与 CNT 和织物结合时可产生局部接触点。针织或网状织物衬布是一种水和空气渗透稳定器,在过滤应用方面具有优势。液相黏合剂可以形成一个涂层,与 CNT 薄膜和织物都具有较强的结合作用,但是它们需要固化,延长了生产时间,而且从质量和寿命方面的考虑,如洗涤[78]、暴露在高温下以及加热时暴露在皮肤上可能产生的毒性,对织物的生产和应用产生潜在的问题。液相和气凝胶结合剂的应用很难控制,除非使用如丝网印刷、冲压或镂花涂装等打印技术,以可控和定位的方式将黏合剂涂在基材上。在我们的测试中,尽管液相黏合剂结合力很强,但是它们的厚度和不透水性,使得复合材料的弹性和透气性较差,因此不适合做需要弹性和透气性产品时使用。气凝胶热和接触性黏合剂在两种液相黏合剂中效果最好,但难于应用。

综上所述,每一种黏合剂各有优点,所以要根据产品的最终使用目的来测试和甄选使用哪种黏合剂。CNTH层压板适合低成本、可生产、透气和有弹性的CNTH织物的应用。在一些热敏感应用中,黏合剂层合不是最有效的应用。对于高温应用,比如消防服,我们需要考虑黏合剂和织物的熔点/燃点以及加热时释放的化学物质。我们认为非燃、热阻聚合物基黏合剂或者缝合法应该在此类复合特殊产品中是首选材料。另外,不同织物自身对于不同的层压试验也反应不同。针织织物基体效果较差。

这些测试都是初级试验以确定下一步批量生产的步骤以及采用最有效手段生产样品,可以考虑使用工业强度的黏合剂或者其他复合方法。通过各种不同的组合试验,我们希望找出批量生产CNTH智能织物的最有效方法。如果在大量材料上面可以复制生产,这些智能纺织品则可以应用到普通消费者可以承受得起的日常物品和服装领域里。这些研究和材料测试始终在进行当中,在每一个测试的收尾阶段采用处理和平移研究方法,随时反馈、应用和发展我们的研究。接下来我们开始测试其余方法,生产出一个可测试的材料样品,设计和建立一个产品雏形为用户中心所测。

12.3.4 科学、制造业和商业化面临的挑战

CNTH纺织品的物理和化学性质决定了它们在服装领域的可行性。为了创造纺织品使用和服装应用的严格要求的结构,纳米纤维构成的功能性和智能服装产品需要同时考虑耐用性(抗水洗和摩擦)和舒适性两个重要因素,也是使得产品能够被消费者接受的关键因素。考虑到质量和价格因素,复合材料的每一种构成成分都需要仔细分析其性能。最低廉的材料首推无纺布,但是这种材料缺乏结构完整性,使得它经受不住常规使用和干洗就易破碎。水刺布被放入水里清洗的时候,原本存储在织物内部加强纤维间黏合的摩擦力或结合力被部分地释放出来。水洗会释放或者打破在织物形成过程中通过水压加入织物中起稳定作用的力学缠络和摩擦力。我们正在研究通过特殊修饰,比如用可熔/黏结纤维掺杂棉花,树脂修饰,与/或织物-薄膜-加固层复合叠加等手段稳定这些力学键。

另外一种就是发展具有多种功能的智能纺织品。这又面临新的挑战:绝缘和导电、防水性、替换/清除、柔韧性和弹性。产率以及产品的体积同样需要考虑。工艺标准和材料设计也要通过合作/跨学科交流。新纺织品的价格和安全性决定了它们的市场接受度。按照世界织物工程和科技杂志,相关的领域有:聚合物、编织品、纺织品、修饰、染色、服装、非编织、皮纤维、丝网印刷、复合材料织物、市场、产品用途、回收技术、人体工程学、生物织物、医用织物和纳米科技等。这些领域都可以

考虑用 CNT 杂化纺织品和线杂合。

12.3.5 安全预防措施和规则

CNTH 工艺需要考虑环境健康和安全因素,因为在合成工艺中使用的纳米颗粒和其他相关安全预防(例如维持低氧级别)。UC 环境健康和安全部门在合成工程目前已经测量了实验室的空气质量,在反应过程中空气质量没有发生变化。四极质量谱仪在每个试验过程都严格甄别,采集盒中气体种类和氧气浓度以确保试验条件的正确性。

纳米颗粒作为内服和外用药剂的安全性一直被关注。纳米结构材料的毒性可以通过化学手段减小,比如表面处理,功能化和复合化。CNTH 纺织品从反应器出来的收卷过程在其表面包覆一层聚合物层。这层包覆层不仅可以增加纺织品的强度,还能减小纳米颗粒从纺织品上脱离的几率。纳米管仅毫米长度又高度缠绕,纺织品中纳米颗粒依靠范德瓦尔斯力结合又被聚合物包覆,所以认为是安全的。形成的薄膜又被分级。换言之,最外面的一层仅仅是 CNT 薄膜,不是纳米颗粒,根据不同的应用,薄膜内部会有纳米颗粒集成。通过物理(表面包覆或力学缠绕)和化学的束缚可以阻止 CNT 或者纳米颗粒的脱落(见 11 章)。有时候,还可以先纺成纱再在表面涂覆绝缘体聚合物层,也可以阻止颗粒的脱离。此外,很多颗粒是微米尺寸,相对不活泼。在过滤领域应用的颗粒活性碳(GAC)和我们家用水过滤器里面使用的都一样。用于形成柔性电池电极的硅材料就是生物相容性和安全的。阻燃剂中使用的陶瓷片层颗粒就是安全的惰性微米尺寸材料。许多结构也有封闭 CNT 杂化薄膜的面罩或面纱。将纳米颗粒和 CNT 薄膜一起用压实提高材料的密度、电导率和强度[35-38]。CNT 纳米颗粒材料由以下手段表征:①拉伸强度、断裂应变和弹力模量;②拉曼光谱仪 G/D 比值;③热重分析仪(TGA);④扫描电子显微镜(SEM);⑤高分辨率透射电子显微镜(HRTEM);⑥电阻率和载流量。

通常水洗过程中纳米颗粒(溶解或颗粒分数)的释放也需要考虑:这取决于纳米材料的性质、进入织物的原始状态、水洗液体成分以及清洗步骤等。纳米颗粒还有可能释放到汗液里。制造过程决定了释放的颗粒数量。纳米颗粒从织物中脱离也取决于水的腐蚀性。CNT 杂化中颗粒脱离将在以后讨论。人造汗液可以用来检测从织物中释放出来的纳米颗粒的浓度。因为汗液中有高浓度氯,所以溶解后氯基纳米颗粒络合物是主要成分。要研究出纳米材料处理织物中纳米颗粒的释放检测方案。纳米颗粒的释放对环境污染有影响,因为这些纳米颗粒的毒性会危害到那些水生动物。并且,水处理系统使用的 Ag 纳米颗粒的抗菌性能反而破坏了细菌栖息地,这样对污水浇灌植物造成伤害。CNT 杂化材料制得的服装在清洗和处理中释放出去的纳米颗粒相对于结合在 CNT 薄片中还是少数。CNT 形成初始阶段包覆一层没有颗粒的保护层可以防止薄片内部的颗粒被释放出去。在纳米管收卷成型阶段包覆一层聚合物,非毒性的纳米颗粒则尽可能使用。纳米颗粒释放影响不大。水洗中可用于捕捉CNT颗粒和微颗粒的产品正在被研发。

并且,目前生命周期影响评估方法还不能区分金属胶状结合相。直到现在,生命周期评估仅考虑了纳米颗粒形态。再考虑到纳米材料的其他形式:离子态、聚合态和氧化态,这将会为生命周期评估提供更多信息。然而,这些评估可以提供纳米颗粒对环境的确定影响,水洗步骤当然也很重要了。例如,有效的洗涤方式,尽量少用滚筒洗衣机,并且在低温下用合适的洗衣剂,都有助于减小对环境的影响。提高嵌入纳米颗粒织物的回收再利用率就能降低碳用量。并且,工作场所操作过程中暴露于纳米颗粒中也是需要注意的。例如,喷雾法就容易吸入纳米颗粒。CNT杂化材料在密闭反应器中形成,所以避免了操作时被暴露于纳米颗粒中。逐步完善的生命周期评估将会比较纳米工艺产品和传统产品在市场中的优劣势以减少对环境的负面影响。

并且,智能纺织品的发展兴起于纳米科技、电子、工程、织物的交叉,就要遵守每一个产品各自遵循的安全规定。纺织品就要遵守环境保护署(EPA)和职业安全及健康管理(OSHA)的标准,符合美国材料与测试协会(ASTM)标准。根据材料的应用,CNTH织物需要符合消费者安全管理局(CSA)的标准。CNT织物由毫米长的碳纳米管纤维连续纺制而成。这些纤维和CNT都太长不能被皮肤吸收或吸入。因此,EPA称这种原始CNT材料对于消费者和工业应用都是安全的。CNT杂化织物中含有颗粒,可以根据颗粒的类型进行分类。CNT杂化纺织品有最外层,有助于限制微粒在织物内部。微粒当然也可用物理或化学固定互锁在CNT纤维中。用于检测织物使用和洗过后的安全性的试验也正在进行中。

12.4 基于纳米技术功能性服装

目前的研究主要是生产特别用途的CNT纺织品和纤维。CNTH纺织品的一个实际应用就是做功能服装(FCA)。FCA根据最终用途可以用不同的工艺由CNTH纺织品构成。

12.4.1 急救员和工业用服装

在CNTH纳米纤维复合织物的初始设计中,消防装备可能是一个可行的目标应用,而CNTH纳米纤维复合织物的耐热性、阻燃性、防水性、适度伸展力和毛细管热扩散功能等将是必需的。由于目前CNT片材的生产尺寸大约是10英寸宽、22英寸长,所以理想的产品应用将是消防用手套。

CNTH 纺织品可以被设计用来提高防水透气性、排汗性、降温性、传热性、提高伸展力,还有考虑消费者的可负担性。考虑了以上这些重要因素,CNTH 材料可以改善现在消费者市场的上手套模型。我们希望能够利用材料的过滤功能,以此来保护消防员和工业工人从避免受到致癌物和其他接触的有毒物质的侵害,也探索传感器集成作为免提信号系统的一部分的可能性。通过分析保护装置,特别是目前市场上的手套,我们考虑使用 CNTH 材料特性,其目标是设计织物和后续手套设计,通过多功能 CNTH 薄膜改进系统。一个关于消防员采访的研究评论(国土安全部科学与技术局)发现了目前市场上没有交付的手套存在的几个关键性设计问题,其中包括穿脱困难等问题,尤其是手套是湿的时候,浸湿的手套需要长时间干燥,限制了灵活性,当抓住热物时有限的耐热性——这可能通过手套导致烧伤皮肤。功能性材料性能符合 OSHA 和 Oeko-Tex 标准对安全设备的规定。目前,为了在手套中实现更好的功能,必须结合几种具有特殊性能特征的不同材料。通过分析消防员功能需求和出现的问题,考虑 CNT 反应器的规模和产量,护手功能是一项可以研发的合理应用。

其他影响消防员的次要问题还有与癌症有关的致癌的暴露;用于身体热量调节的防水透气性/透汗材料;嵌入纺织品传感器监测各种身体指标、位置,或激活免提功能。这些都是功能 CNTH 织物可能面临的问题。经历第一轮测试确定了最成功的复合方法后这些方面都会被逐一研究。重新设计的布料性能专为服装市场所用。这些功能性和智能织物具有的性能包括:①基于 CNT 纳米织物定向热传导和定向分级毛细现象可以有效导热和排汗;②基于颗粒活性炭嵌入织品碳纳米管可控分级多孔性使其具有过滤性,可作为空气过滤;③Ag 包覆 Cu 嵌入线内可做电子部件,用于可穿戴电子部件的储能;④强阻燃性纳米管薄片和陶瓷片层纳米颗粒结合形成弹性热阻体用作阻燃材料;⑤厚 CNT 织物与陶瓷硬片层颗粒结合构成的织物可做防弹和防暴保护;⑥敏感器、输药、光催化、抗病毒、EMI、磁性、产能和微波屏蔽等其他应用。纳米织物功能服装在不同的服装产业有不同的组合。

12.4.2　轻质、高强和柔韧织物

高力学强度 CNT 纳米复合材料可以用于防弹服。CNT 织物可用来阻挡颗粒侵入,这是因为旋转弹丸会扭曲每个 CNT 束。这种扭曲使得 CNT 织物局部受到张力,这种张力趋于剪切分离 CNT 织物,从而吸收大量能量。很多课题组都在研究 CNT 作为防弹衣和在织物中增加其他性能方面的应用。如图 12-11(a)、(b)所示。CNT 杂化材料可以被设计阻止子弹的浸入。弹道保护需要一层厚的 CNT 织物与陶瓷硬片层颗粒结合制得织物。CNT 杂化材料和陶瓷微颗粒结合能够提供既坚硬又有弹性的织物。我们提出一种工艺将高韧性纤维编织到基底 CNTH 织物

中可以降低服装成本,也能调节性能。商业化纤维也可以编入 CNT 织物做成防弹衣。其他纳米纤维也可用于衣物,但是没有 CNT 强度大。碳纤维也可用于衣物,但是断裂应变较小,可以通过与 CNTH 织物混合改善其性能(图 12-11(c))。CNT 杂化材料还提供了一种轻质和不明显的方式,将弹道保护功能嵌入到服装中。这种科技可以在公共安全和教育系统中广泛使用。

纳米填料基多聚物材料被寄予厚望,它们在宏观材料领域具有出色的性能(仅需要较少量填充),可用来发展下一代复合材料。防弹背心价格高昂因为需要纺线得到高强度。

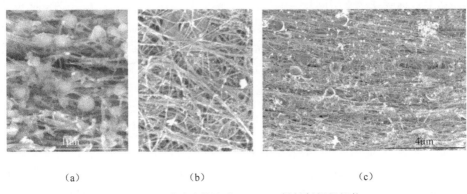

(a) (b) (c)

图 12-11 碳纳米管杂化(CNTH)材料制得的织物

(a)碳纳米管和金属纳米颗粒构成的 CNTH。CNTH 潜在性能包括疏水性、透气、透水、高弹高强、导电性、化学中和性、过滤空气和水及抗菌;(b)防弹衣和防弹背心由强力纤维(Kevlar、Spectra、Twaron 或 Dyneema)层构成。编织或单向纤维,非编织织物 CNTH 和碳螺旋结构构成的中间层被夹在防弹背心层中间以吸收能量、减少身体伤害。(c)CNTH 合成过程中加入金属颗粒产生的碳锥体。可以定制锥体的尺寸、浓度和形状或其他碳结构等提供织物所需的附加功能。

12.4.3 充气结构体

除了服装领域的应用,CNTH 织物还可以用在充气装备中。这些纳米纺织品需要较好的技术性能(强度好、轻质和抗菌性、抗紫外和红外线),但是生产技术水平还很低,无法生产出足球场大小那么大量的织物,纳米织物的成本很高。充气设备的应用领域越来越多,包括结构穹顶、比航空器更轻的运输工具(图 12-12(a)和(b))、娱乐设备(皮划艇)、帐篷、军事结构、超轻航空器、观察台、可充器囊袋层等,当然标准碳纤维织物(图 12-12(c))也可以用作充气结构中。因此需要提高 CNT 杂化生产工艺提高产率以迎合这些需求。CNT 充气结构会是改善飞行器运输性能的首选。

(a) (b) (c)

图 12-12 CNTH 材料可以用在充气结构和碳纤维衣物中

(a)宇宙飞船舱外服就是由不同定制部分构成(采用了 Dacron、Kevlar、Mylar、Gore-Tex 和 Neoprene 多种材料),不同厂商供给最后由 NASA 组装。CNTH 织物可以为太空服的未来设计提供许多可能性;(b)金星上空气飞船设想。CNTH 具有电导性,可以发挥空气飞船极大表面积用来产生能量;(c)碳纤维构成的帽子。CNTH 材料提供了碳纤维具有的导电性、韧性和化学性能。其他应用参见文献[46-50]。

12.4.4　形状记忆材料

镍钛化合物是一种形状记忆合金,通常被用于制作人工肌肉。当电学刺激或温度改变超过预先设定的值,这种材料具有改变形状的能力。镍钛化合物是由镍和钛构成的合金可以以纳米颗粒状态结合。这些金属可以对电流刺激做出及时准确的反应。当材料温度降低到某一限定值,镍钛化合物的形状改变性能就会被触发。当温度升高,它又恢复到初始形状,完成一个形状到另一个形状的变形。形状记忆合金已经用于医学领域,主要为血管或支架,或者其他需要压缩和膨胀的材料,反之亦然。对于智能服装产业这种形态转变提供了大好机会可为服装提供多变的压缩-拉伸、缩短-变长或延展-回弹等选择。通常需要用到电荷,该材料能够以主动、可控的方式完成形状改变功能。镍钛纳米常常被用在涂层、塑料、纳米线和纳米纤维中。

将纳米级别形状记忆聚合物引入 CNTH 复合材料中,随着身体温度变化,衣服呈现拉伸-缩短变化。当人感觉热时,SMP 纤维变得松散和弹性,使得空气可以进入达到冷却作用。当人觉得冷时,SMP 材料由 CNT 纤维加热开始收缩(回到初始状态),使衣服紧紧贴合身体。我们发掘了 SMP-CNT 合金的许多潜在应用。在一个设计概念里,SMP 纤维和 CNT 线在编织或针织阶段就结合在一起组成混合织物,CNT 线上安置电压控制以加热 SMP 材料触发形状改变,使得衣物贴合人体御寒(图 12-13)。

SMP 触发可以由加入电子元件的微处理控制。它们可用于许多领域:压缩功能服装(血流、肌肉支持或启动);可控硬度吸收冲击服装(一些部位松一些部位

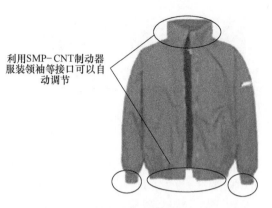

图 12-13 SMP-CNT 织物构成的智能服装设想,可以自动收紧或放松以降低体温而不是使用弹性织物

紧);伸展/收缩(长袖变短袖)。形状记忆聚合物和 NiTi 合金有一些功能相似,但是作为聚合物,它们具有比其他织物更好的可设计形状和尺寸,因此更具应用潜力。将形状记忆聚合物(SMP)和 CNTH 织物混合织入服装里就可以制成智能服装。织物中的 CNT 材料能够检测到环境中指定物质的存在与否并作出反应以达到报警目的。某些化学分子的出现就会触发纳米管处理结构的"连接",产生颜色变化或触发材料启动。这些力学性能有望颠覆纺织品。CNTH 线可以编织入纺织品获得功能织物(图 12-14)。

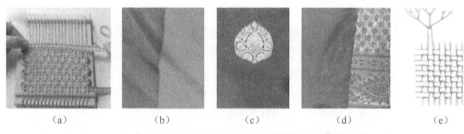

图 12-14 CNTH 线织入纺织品的纳米结构功能织物(彩图)
(a)CNTH 条带(图中白色条)和任意类型传统聚合物纤维(图中粉色线)编织在一起,大小可调;(b)CNT 织物和传统织物结合在一起的设想;(c)黑色织物和银金属丝编织;
(d)Kaduwa 编织;(e)600 纱支密度(100 垂直+100 水平=200,3 层数)编织组合 CNTH 线。

12.5 碳纳米管杂化纤维/薄膜在织物和服装领域的应用

消费者的期望是发展可穿戴技术和智能功能产品的巨大驱动力,然而织物和服装产品也要履行预期的功能。衣物是和人类身体密切接触,所以要具备耐穿、易打理、舒适和价格适中。具备原始功能又要增加新功能特点以及批量生产是智能织物开发者们想实现其商业化应用所面临的最大挑战。纳米科技某种程度上弥补了传统电子部件的短板,例如纳米纤维独具的舒适性、体积小和耐用性。

随着可穿戴技术和智能织物在服装工业的革新发展,在不远的将来,我们相信它们自身就能够生机勃勃、大展拳脚,全方面改善我们的生活,不仅仅是提供在我们的产品和衣物中新的功能特性。我们衣服中嵌入的新织物和服装科技可以以一种从前意想不到的更新的更常规的方式帮助我们:安静精准地运行设备监控我们的重要器官;创建无形的传感器网络适应环境;减轻我们的精神和身体压力;保护我们免受侵害。纳米级材料将有助于这些材料的无缝和细致的功能。要集中研究特殊用途服装和产品的设计;这些全世界的努力将产生发明和申请专利的机会,未来纳米技术的发展会变成一个新的研究方法。CNT 杂化织物和服装的应用潜力是无限的。表 12-8 列举了一些 CNT 杂化材料纳米纤维的可能应用领域。

表 12-8　CNT 杂化材料纳米纤维的应用领域

A. 结构、毛细作用和透气性。疏水材料或皮肤排汗材料(浴帽、防水飞蝇钓、海洋、手套/袜子、运输工人和办公室职员-室内/室外改变气候条件-登山者);运动冷却皮肤;降温运动服装;过滤/净化空气和水(生存条件;离岸海钓;滑板运动;城市污染烟雾;公共交通;化学矿工、氡和炸弹检测;辐射;求生训练员设备;一氧化碳)
B. 导电性:抗电磁(EMI)波干扰布料(手机、设备和物联网设备);防静电(毯子、被单、纤维、头发去除);可穿戴设备、传感器(新型超导电器和超强线)、显示器、电灯及能量采集的提供电子线路;电子加热和冷却设备。改变颜色或形式/态的反应材料;感应化学残留的反应器
C. 热性能:与陶瓷微粒构成定向隔热和散热功能的阻燃智能材料(森林防火、陶瓷/吹玻璃、雕塑、钢厂和轮胎产业)
D. 强度:缝合的无纺布可以抗磨、抗刺和防弹、轻质,用来增强服装的磨损区域,如用在衣物肘部、膝盖、手套、头盔和鞋子以减轻衣物重量或提高灵活性;保护和减震缓冲
E. 其他性能:杂化材料屏蔽辐射、黑体辐射吸波材料;碳纳米管吸光材料;抗菌材料(清洁皮肤-无水洗涤材料)。微胶囊载药和释药材料(抗衰老、维生素 D 使心情变好、咖啡因、尼古丁、CBD、定点止痛、OTC 止痛和消炎药、抗焦虑药)

12.5.1　碳纳米管/碳纳米管杂化薄膜和纤维制备的服装产品

许多服装和产品中的智能和革新设计都采用了 CNT 薄膜和纤维。下面概述了为将 CNT 薄膜和纤维杂化材料引入工业目前正在进行的应用实例和试验。

12.5.2 碳纳米管涂层纤维缝制造军用织物

生产可穿戴电子元件的一种可行的革新方法就是将设计好的 CNT 线织入纺织品中。这种方法就是利用织物生产工艺将新型 CNT 材料的智能功能融入到纺织品中。这里选用的 CNT 纤维是由 UC 纳米世界实验室制得,采用 Brother LB6800PRW 型自动缝纫(刺绣)机(图 12-15)缝入军事织物中。目前,在 UC 纳米世界实验室研制出一种新的工艺获得 CNT 薄膜/Dyneema 复合线。这项研究与美国军事研究实验室合作进行。

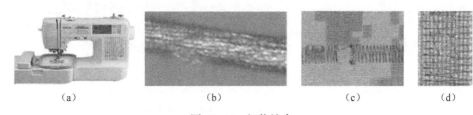

图 12-15 织物缝合
(a) UC 纳米世界实验室(Nanoworld Lab) 自动缝纫机;Brother LB6800PRW;(b) CNT 线;
(c) 和 (d) CTN 线缝合在织物上的正反面。该工作与美国陆军研究实验室合作进行。

使用热塑性聚合物,可以把 CNT 薄膜与纤维如 Dyneema 永久地牢固地黏合在一起,得到一个多功能双组分纤维。这增加了材料的导电率,得到了真正的高强轻质导电纤维。这样的导电纤维可以纺丝成缝纫用的线。这样的线可以实现一件物品多种设计和功能;利用机械缝纫/自动化操作实现了刺绣设计/电路的能力,几乎做到 CNT/Dyneema 无限组合模式。这种线还可以直接编织或针织到织物结构内,创造出完全新的织物,既轻又质高强,有二者的联合功能。图 12-16(a)、(b) 和 (c) 分别给出了 Dyneema 聚合物纤维、CNT 薄膜包覆 Dyneema 纤维和表面镀铜的 CNT/Dyneema 复合物。

CNT 薄膜/Dyneema 复合线的负载能力可媲美原始 CNT 线。高负载能力复合线使得缝制工艺更高效了,同时还能实现织物上的花纹设计,这样消费者/设计者所需的特殊产品或者工艺受限不能完成的刺绣设计都能实现。缝制织物前首先要设定好所需的合适的图案。在改善缝制工艺过程中,出现了 CNT 片材从 Dyneema 线上剥离的问题(图 12-17(a))。这种剥离是由缝纫过程中上线对下线的张力导致的。然而,在这种 CNT 片材剥离问题在改善 CNT 薄膜/Dyneema 复合线生产工艺过程中获得了解决。如图 12-17(b) 所示,在缝制过程中没有出现 CNT 片材从 Dyneema 线上剥离的问题。并且随着线生产工艺的进步,复杂设计也能轻松在军品织物可穿戴电子设备上实现,例如天线和传感器。

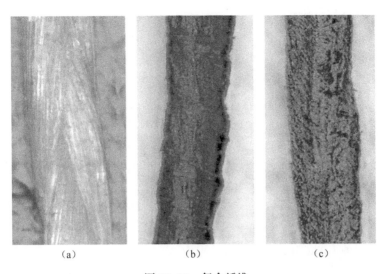

图 12-16 复合纤维
(a)Dyneema 聚合物纤维的光学图像;(b)CNT 薄膜包覆 Dyneema 纤维;(c)表面镀铜的 CNT/Dyneema 复合物。

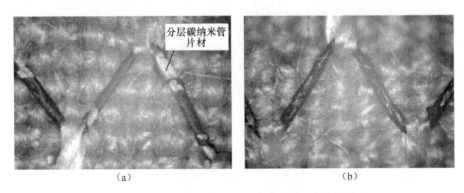

图 12-17 CNT 片材/Dyneema 复合线缝入军用织物中
(a)CNT 片材在压力下剥离;(b)没有发现剥离的改进复合线。

在编织、针织或非编织织物生产过程中,将 CNTH 与传统纤维混合的新生产工艺,使得研究者和设计师们在服装设计时可以设计制定化学功能材料的位置,甚至能够增加许多更新的特殊的功能特性。更高科技生产技术,比如双编织、3D 编织和整体服装编织技术都能为复合纤维提供更多的结构工程可能性。在更小的范围内,我们甚至在纺丝阶段,就可以将 CNTH 纤维与长纤维结合,甚至在气相中增加耐高温纳米颗粒等,这些都是将 CNTH 材料与纤维混合的新型成功方法。

12.5.3 耐热材料

聚苯咪唑(PBI)是一种高熔点合成纤维。它具有超高的热稳定性和化学稳定性且不易燃。这种材料最初是为了航空航天工业研发,现在也可以用作功能安全和保护装置。目前,生产的大多数消防服是凯夫拉-PBI(60∶40)混合纤维,是对位芳纶混合纤维。凯夫拉-PBI 材料又重又硬而且价格不菲——PBI 热阻纤维价格超过 70 美元/磅。CNT 混合线材料可以替代凯夫拉-PBI 混合物制得消防服。CNT 织物轻质、易于操作,轻到几乎不易察觉(10μm 厚)。CNT 织物具有高热导性,放置在冰冷表面摸起来很凉爽。CNT 内裹防静电、抗菌,杂化后具有极高的电导率。CNTH 纤维同样具有低比热容,因此适宜作隔热阻热材料。

我们做了一个实验对比传统热阻材料和 CNT 织物的热扩散能力。垂直悬挂的薄片样品用热风枪加热,样品与枪口的距离为 2cm。传统织物长 46cm、宽 10cm(图 12-18)。传统织物有两层,一层阻热层和一层软质层,总厚度为 1.5mm。热风枪放置于平台上水平吹风。激光热敏计测量薄片前后两面的温度。材料 1 和材料 2 分别为两种不同的传统织物。

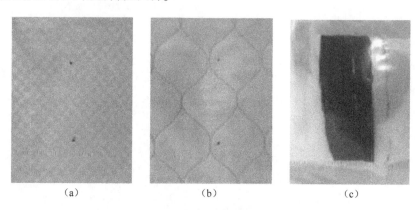

(a)   (b)   (c)

图 12-18 传统织物和 CNT 织物热传导比较样品
(a)材料 1;(b)材料 2;(c)原始 CNT 片材。

表 12-9 列出了样品前后两面的温度值。进行了 3 次测量。CNT 薄片前面的温度比两种传统织物低 24%,后面的温度比二者低 37%。与传统织物相比,CNT 片材面积更小,厚度更薄。尽管限于织物尺寸实验没有办法 1∶1 对比,但是结果也充分证明了热绝缘条件下,CNT 热传导效率远高于传统织物。CNT 薄膜在服装上的使用也与实验所用热绝缘织物不同。服装上使用的 CNT 薄膜是专门设计的,用于散热,而不是防热。

12.5.4 先进碳纳米管织物

先进 CNT 织物也可用于运动服、消防服、消费产品或者其他用途。与 CNT 薄膜或纤维相比,传统织物又重且功能较差。如前所述,CNT 薄膜/纤维可以织入聚合物 Kevlar/Nomex/Dyneema 中形成多种功能性复合织物。有两种可行办法用来合成这种多功能型织物。第一种是 CNT 纤维与高强聚合物一起编织。第二种是不同材料交替铺放缝合在一起,获得每种材料的最佳性能。获得的材料可以一层阻热阻燃,另一层导热,同时具有超强的强度。

表 12-9　传统织物和原始 CNT 通过厚度方向热传导试验

	初始温度	测试 1		测试 2		测试 3	
		前	后	前	后	前	后
材料 1	25.9	144.2	136.8	144.9	124.6	142.8	127.4
材料 2	25.4	145	137.1	143.3	128.8	142.2	129.5
CNT 片材	25.1	113.2	75.5	108.4	79.8	110.6	90.2

室温:25℃(温度以℃为单位)

目前的织物都比较重而且不灵活(因为使用了聚合物)。因此,市场需要更灵活、轻质又高效的专业产品和工业产品。随着现代织物技术的发展,已经有许多不同的方法混合两种不同的纺织品。缝制、编织、胶黏和层合都能获得想要的材料。CNT 具有极好的纤维方向热传导性,这在某些应用中是其他织物不具备的优势。Nomex 和 Kevlar 是消防服最常用的织物。但是它们最主要的缺点就是厚重。CNT 薄膜/纤维可以与这些织物混合为消防服提供新的附加性能。特别地,CNT 与目前市场上通用的聚合物相比,其热导率非常高。杜邦公司的 Nomex Nano Flex 正在被设计应用于消防服中[80]。CNT 织物可以在消防服中以不同的方式增加许多新的功能特性。

12.5.5　碳纳米管杂化物整合入织物的方法

本小节展示 CNTH 整合入织物的不同方法,包括前面讨论过的熔化法。

(1) 编织:这是混合两种不同材料的常规方法。两种不同的材料分别为经线和纬线交替编织成为一片。CNT 薄膜非常薄容易黏连。用较厚的 CNT 做经线可以解决黏连问题。整个工艺过程最复杂的部分是编织。经线,即水平线,在织布机上拉紧并提起来。纬线,即纬向的线,放置梭子里。梭子来回运动,经线和纬线相互交织。编织织物如图 12-19 所示。

(2) 开纱:原材料的购买和确认用途是最重要的第一步。这种工艺的第一步就是筛选不同质量的 CNT 纤维/带。原材料根据 CNT 种类的不同价格迥异。

(3) 纺丝:纺丝(就是纤维成束)过程中,纤维安装在收丝机上,经线缠在梭子上,纬线先安装好,然后卷在卷轴上。

(4) 染色:线需要染特别颜色时需要将卷轴浸入染缸里(我们没有用到这个

图 12-19 经线和纬线编织

程序,只能依靠 CNT 自身的染色能力)。

(5) 后处理:根据所涉及的编织技术,织物最后都要经过剪切处理。通常是人工剪除织物背面残留的线头等。

(6) 缝合:就是简单地将两种不同的织物手工缝合在一起。根据需要可以采取不同的缝制方法。界面接缝是缝合 CNT 薄膜与编织聚合物织物(例如 Kevlar 或 Nomex)的较佳选择,因为这种缝合法可以将轻质织物缝进较重织物内。宽缝缝合还可以用于 CNT 和不同聚合物。

(7) 融合:如前所述将两种不同的织物黏合在一起可以有很多黏合剂选择。热压和黏合剂是制作新产品最容易、最快捷的手段。

12.5.6 可穿戴电子材料

主要目标是高温合成法生产出 CNT-Cu 杂化套筒可以直接纺成线以替代服装中需要用到的铜[9,2,25]。在一个单独材料内想同时具有高载流和高导电率是非常困难的,因为高载流需要强的键合体系,而高电导需要自由电子在弱键合体系中流动。为了克服这个问题,碳纳米管和铜结合成一种杂化材料。在文献[25]中,CNT 阵列压平为薄膜再镀铜,具有 $2.3 \sim 4.7 \times 10^5 \mathrm{S/cm}$ 电导率和 $6 \times 10^8 \mathrm{A/cm^2}$ 载流(铜的载流只有 $6.1 \times 10^6 \mathrm{A/cm^2}$)。复合物的电导比铜增加了 80%,载流则几乎增大到 100 倍。只选用了涉及 CNT 交接的较小尺寸($800\mathrm{nm} \times 900\mathrm{nm} \times 50\mu\mathrm{m}$),即便如此,这一微小样品的载流率也远远大于宏观材料。当然这种方法比较耗时,需要长时间电镀(10h),很难扩展。CNTH则是一种可扩展的新方法,将铜集成入CNT形成电线,电线的电阻可达到与铜接近,而且不需高体积分数铜,因为铜进入整个CNT材料中而不是仅仅镀于其表面。并且,CNTH可以和许多材料自由组合。铝、巴基球、过渡金属、石墨烯都可以与CNTH以不同比例组合优化材料的性能。CNTH是唯一一种可以在高温合成CNT过程中将铜和其他成分引入CNT中的方法,这样形成的是连续的CNTH杂化电缆,铜合金可以处于CNT之间的孔隙中。这种方法引入电阻可调材料增加载流率,这有可能彻底改变柔性电路的功能性。辊压机将用来压实材料。CNT-Al杂化导体材料正在研发中。CNTH化学也在研究当中。

12.5.7　碳纳米管杂化物织物生产

导电或柔性导电织物嵌入不同于传统电路,大部分导电织物里使用的常规导线都是绝缘的。大部分导线外面都包覆金属来散热。当这些加热的线与热敏感的传统织物材料直接接触时,因为过高温度会直接损害织物甚至使之融化。热敏或易燃纤维、线和织物也可能是纺织品体系的一部分。CNTH材料具有高热导性,因此可以降低高温导致的电路损坏隐患。要精确计算和控制功率以确定柔性电路能够承受产生的热量。有时候,织物基体不断折叠或者导体材料内可变电阻造成连接点变弱因而折断。CNT结构灵活、弹性大,可以解决这个问题。铜或者铁导线在高速工业缝纫机上工作容易折断,使得传统导线制作困难。我们相信CNTH纤维对于工业缝纫和刺绣非常合适。所有这些还有待于材料测试的结果决定。

12.5.8　碳纳米管和碳纳米管杂化物织物保养

黏合织物在日常使用、干洗或清洗的过程中,会发生收缩不均匀现象。在穿戴、干洗或者清洗过程中,黏合织物的层与层之间容易分离。需要研究新的方式以检测和研究CNTH织物,提高它们的耐洗度以及干洗清洁等。因为摩擦、穿戴导致的复合层之间的分离;干洗过程中出现的不均匀的缩水;干洗过程中黏合剂溶解等,这些都是可能遇到的问题。水刺无纺布在经过第一次水洗后沿机器方向变得松散[53-54],造成材料不稳定和护理后缺乏结构稳定性。CNTH薄膜可以在机器方向被拉长,取向的CNT,让材料在机器/变形方向具有更大取向和强度。这两个性能可能成为共生的结合,护理会使这种材料减轻与CNTH薄片结合无纺布的强度和可洗性方面的问题,这两个性能的联合能够生产出高产率、低成本、强度大又稳定的产品,替代以包覆和纺丝手段混合CNT的那些现有材料。传统黏合织物通常体积太大难以轻质修饰,然而CNTH薄片和线轻薄,我们认为复合CNTH织物样品中尺寸和重量都不是问题。

12.6 碳纳米管杂化材料前景展望

本章主要讨论了以下几个问题:①基于创造组装纳米级材料的先进科学知识;②结合生产工艺过程性能需要,发展系统化的科学方法用来设计和调控 CNTH 材料的性能。对于 CNTH,研究制备过程和范德瓦耳斯力如何影响套筒的形成至关重要。CNT 纳米颗粒束在反应器中气相流动中如何形成。在气流的影响下(例如拉力平衡、压力和热泳力等),这些 CNT 束在反应器管内壁上形成套筒。套筒的末端在涡流区因为剪切取向和重叠封闭,使得套筒膨胀。缠绕的 CNT 使得套筒增强,这种宏观实体在反应器壁上滑动。这有点类似于 CNT 粉末和巴基纸与基体接触,前者很容易附着,后者易与基体分离。模拟高温下气相和等离子体中范德瓦耳斯力对束的影响是很必要的,这可以充分揭示 CNT 袜如何形成,纳米颗粒的尺寸和形状如何影响范德瓦耳斯力。也需要研究当 CNT 长得很长,范德瓦耳斯力增加使得 CNT 聚集时,CNT 是如何停止生长的。为了商业化发展,还需要进行许多革新:原料/颗粒雾化时新型雾化器、气相/等离子电流控制以使 CNT 持续生长、重新设计反应器形状以使 CNT 长得长。

与传统织物相比,智能织物的成品后处理成本太高,因此智能织物工业化生产的需求比较缓慢。对于产品和技术革新的一些持续研究和改善期望能够给市场增长提供一点新机会[63-64]。CNT 杂化织物的发展也是这类研究中的一部分,通过顾客需求定制优化材料性能,能够基于工业需要批量生产,则有望使 CNT 杂化线和薄膜进入大规模商业领域(图 12-20)。

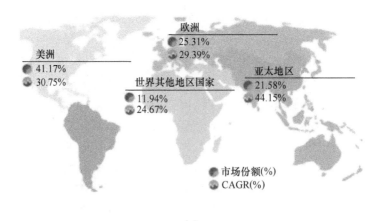

(a)

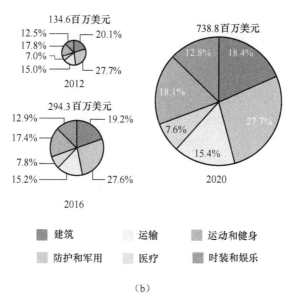

图 12-20　智能织物市场

(a)2014 市场份额和复合年均增长率;(b)北美智能市场税收 2012—2020。

本章内容有助于为 CNT 和 CNT 杂化材料生产奠定基础。特别是,关于如何评价基于 CNT/CNTH 的材料设计的信息,样品如何应用于工业化的步骤描述,如何实现不同纳米颗粒的组合,如何优化工艺流程等都加以详细介绍。今后的科技发展应该关注于:①生产出高质量 CNT 薄膜;②生产出多功能原始 CNT 杂化材料以形成复合物织物。复合 CNT 的高性能纤维可以进入市场获得较大利润。如果这些科技能够被工厂或民用公司大规模采纳,那么在全球都有更大的市场空间(图 12-19)。市场率=性能/价格。CNT 杂化材料比单独 CNT 材料具有更好的性能,更高的生产率可以降低成本。CNT 杂化材料还需要新的生产工艺方法和工厂,这又提供了新的就业岗位。现有智能织物的设计未来会结合 CNT 材料以赋予织物更多的功能(图 12-21)。这条裙子需要 6 个人工作 600h 才能完成。为了让衣服亮起来,LED 灯和 30 个迷你电池被缝进裙子里。预计不远的未来,CNTH 杂化线可以直接缝入服装内,减小了电子产品的质量和体积。

我们未来的目标和步骤就是发展更多类型的 CNT 和 CNTH 织物及杂化材料(科学目标)。我们也会根据 ASTM 和纳米材料测试标准继续测试检验我们的样品,以确定它们的性能满足材料使用和批量生产(生产目标)。最后,通过宣传本章我们的知识和辛辛那提大学提供的支持,新型织物科技将获得许可(商业目标)。

图 12-21 演员 Claire Danes 身着 Zac Posen 出品发光裙子

本章相关彩图,请扫码查看

参 考 文 献

[1] A. K. Yetisen, H. Qu, A. Manbachi, H. Butt, M. R. Dokmeci, J. P. Hinestroza, M. Skorobogatiy, A. Khademhosseini, S. H. Yun, Nanotechnology in textiles, ACS Nano Rev. 10(2016)3042-3068.

[2] Patent Pending, Methods of Manufacturing Carbon Nanotube (CNT) Hybrid Sheet and Yarn by Gas Phase Assembly, and CNT-Hybrid Materials, (n. d.) application #: PCT/US2018/019427.

[3] R. C. Capps, Carbon Nanotube Fibers and Ribbons Produced by a Novel Wet-Spinning Process, The University of Texas at Dallas, 2011, 65 (Ph. D. dissertation).

[4] P. D. Bradford, X. Wang, H. Zhao, J.-P. Maria, Q. Jia, Y. T. Zhu, A novel approach to fabricate high volume fraction nanocomposites with long aligned carbon nanotubes, Compos. Sci. Technol. 70 (13) (2010) 15.

[5] W. Liu, X. Zhang, G. Xu, P. D. Bradford, X. Wang, H. Zhao, Y. Zhang, Q. Jia, F.-G. Yuan, Q. Li, Y. Qiu, Y. Zhu, Producing superior composites by winding carbon nanotubes onto a man-

drel under a poly(vinyl alcohol) spray, Carbon 49 (14) (2011) 4786–4791.

[6] M. Motta, Y.-L. Li, I. Kinloch, A. Windle, Mechanical properties of continuously spun fibers of carbon nanotubes, Nano Lett. 5 (8) (2005) 1529.

[7] M. J. Schulz, V. N. Shanov, J. Yin (Eds.), Nanotube Superfiber Materials, Changing Engineering Design, William Andrew, Waltham, MA, 2013.

[8] US Research Nanomaterials Inc, How to Disperse Carbon Nanotubes, http://www.us-nano.com/how_to_disperse_cnts.

[9] N. Behabtu, C. C. Young, D. E. Tsentalovich, O. Kleinerman, X. Wang, A. W. K. Ma, E. Amram Bengio, R. F. ter Waarbeek, J. J. de Jong, R. E. Hoogerwerf, S. B. Fairchild, J. B. Ferguson, B. Maruyama, J. Kono, Y. Talmon, Y. Cohen, M. J. Otto, M. Pasquali, Strong, light, multifunctional fibers of carbon nanotubes with ultrahigh conductivity, Science 339 (2013) 182–186.

[10] M. Endo, H. Muramatsu, T. Hayashi, Y. A. Kim, M. Terrones, M. S. Dresselhaus, Nanotechnology: 'buckypaper' from coaxial nanotubes, Nature 433 (7025) (2005) 476.

[11] G. Hou, S. Ruitao, A. Wang, V. Ng, W. Li, S. Yi, L. Zhang, M. Sundaram, V. Shanov, D. Mast, D. Lashmore, M. Schulz, Y. Liu, The effect of a convection vortex on sock formation in the floating catalyst method for carbon nanotube synthesis, Carbon 102 (2016) 513–519.

[12] List of Nanotube Material Suppliers, https://www.cheaptubes.com/?; thomas-swan_co_uk/home; _nanowerk_com/carbon_nanotube_manufacturers_and_suppliers_php.

[13] L. Li, C. P. Li, Y. Chen, Synthesis of boron nitride nanotubes, bamboos and nanowires, Phys. E. 40 (2008) 2513–2516.

[14] P. K. Mallick, Fiber-Reinforced Composites: Materials, Manufacturing, and Design, Taylor and Francis, Boca Raton, 2008.

[15] J. K. W. Sandler, J. E. Kirk, I. A. Kinloch, M. S. P. Shaffer, A. H. Windle, Ultra-low electrical percolation threshold in carbon-nanotube-epoxy composites, Polymer 44 (19) (2003) 5893–5899.

[16] A. Nogales, G. Broza, Z. Roslaniec, K. Schulte, I. Šics, B. S. Hsiao, A. Sanz, M. C. García-Gutiérrez, D. R. Rueda, C. Domingo, T. A. Ezquerra, Low percolation threshold in single-walled CNT/high density polyethylene composites prepared by melt processing technique, Carbon 44 (4) (2006) 778.

[17] J. N. Coleman, U. Khan, W. J. Blau, Y. K. Gun'ko, Small but strong: a review of the mechanical properties of carbon nanotube-polymer composites, Carbon 44 (9) (2006) 1624–1652.

[18] H. Bhanushali, P. D. Bradford, Woven glass fiber composites with aligned carbon nanotube sheet interlayers, J. Nanomater. 55 (2016) 9705257 https://doi.org/10.1155/2016/9705257.

[19] L. Tong, A. P. Mouritz, M. K. Bannister, 3D Fibre Reinforced Polymer Composites, Elsevier, Amsterdam, 2002.

[20] J. L. Abot, Y. Song, M. S. Vatsavaya, S. Medikonda, Z. Kier, C. Jayasinghe, N. Rooy, V. N. Shanov, M. J. Schulz, Delamination detection with carbon nanotube thread in self-sensing composite materials, Compos. Sci. Technol. 70 (7) (2010) 1113–1119.

[21] M. Terauchi, M. Tanaka, H. Matsuda, K. Kimura, Helical nanotubes of hexagonal boron nitride, J. Electron Microsc. 46 (1) (1997) 75-78, https://doi.org/10.1093/oxfordjournals.jmicro.a023492.

[22] X Liu, M. Wang, S. Zhang, B. Pan, Application potential of carbon nanotubes in water treatment: a review, J. Environ. Sci. 25 (7) (2013) 1263-1280.

[23] Z.-M. Huang, Y.-Z. Zhang, M. Kotaki, S. Ramakrishna, A review on polymer nanofibers by electrospinning and their applications in nanocomposites, Compos. Sci. Technol. 63 (15) (2003) 2223-2253.

[24] A. Lekawa-Raus, J. Patmore, L. Kurzepa, J. Bulmer, K. Koziol, Electrical properties of carbon nanotube based fibers and their future use in electrical wiring, Adv. Funct. Mater. 24 (2014) 3661-3682.

[25] C. Subramaniam, T. Yamada, K. Kobashi, A. Sekiguchi, D. N. Futaba, M. Yumura, K. Hata, One hundred fold increase in current carrying capacity in a carbon nanotube-copper composite, Nat. Commun. 4:2202 (2013) 1-7, https://doi.org/10.1038/ncomms3202.

[26] R. P. Gandhiraman, E. Singh, D. C. Diaz-Cartagena, D. Nordlund, J. Koehne, M. Meyyappan, Plasma jet printing for flexible substrates, Appl. Phys. Lett. 108 (2016) 123103 https://doi.org/10.1063/1.4943792.

[27] A. D. Phan, L. M. Woods, D. Drosdoff, I. V. Bondarev, N. A. Viet, Temperature dependent graphene suspension due to thermal Casimir interaction, Appl. Phys. Lett. 101 (2012) 2-5.

[28] L. M. Woods, D. A. R. Dalvit, A. Tkatchenko, P. Rodriguez-Lopez, A. W. Rodriguez, R. Podgornik, Materials perspective on Casimir and van der Waals interactions, Rev. Mod. Phys. 88 (2016) 45003. https://doi.org/10.1103/RevModPhys.88.045003.

[29] P. Angelikopoulos, H. Bock, The science of dispersing carbon nanotubes with surfactants, Phys. Chem. Chem. Phys. 14 (2012) 9546, https://doi.org/10.1039/c2cp23436j.

[30] R. Pailes-Freidman, Smart Textiles for Designers: Inventing the Future of Fabrics, Laurence King, London, 2016.

[31] C. Paukner, K. K. K. Koziol, Ultra-pure single wall carbon nanotube fibres continuously spun without promoter, Sci, Rep. 4 (2014) 3903. https://doi.org/10.1038/srep03903.

[32] K. Koziol, J. Vilatela, A. Moisala, M. Motta, P. Cunniff, M. Sennett, et al., High-performance carbon nanotube fiber, Science 318 (2007) 1892-1895, https://doi.org/10.1126/science.1147635.

[33] A. W. K. Ma, M. R. Mackley, S. S. Rahatekar, Experimental observation on the flow-induced assembly of Carbon nanotube suspensions to form helical bands, Rheol. Acta 46 (2007) 979-987.

[34] Cu Nanowire, Ag Coated Cu Flakes Supplier, Hongwu International Group Ltd, http://www.hwnanomaterial.com/products.

[35] Carbon Fiber Supplier Material Specifications List, http://zoltek.com/products/panex-35/chopped-fiber/.

[36] W. Xu, Y. Chen, H. Zhan, J. N. Wang, High-strength carbon nanotube film from improving alignment and densification, Nano Lett. 16 (2) (2016) 946–952.

[37] X. G. Luo, X. X. Huang, X. X. Wang, X. H. Zhong, X. X. Meng, J. N. Wang, Continuous preparation of carbon nanotube film and its applications in fuel and solar cells, ACS Appl. Mater. Interfaces 8 (12) (2016) 7818–7825.

[38] J. N. Wang, X. G. Luo, T. Wu, Y. Chen, High-strength carbon nanotube fibre-like ribbon with high ductility and high electrical conductivity, Nat. Commun. 5 (2014) 3848.

[39] N. Jeong, E. Jwa, C. Kim, J. Y. Choi, J. -y. Nam, K. S. Hwang, J. -H. Han, H. -k. Kim, S. -C. Park, Y. S. Seo, M. S. Jang, One-pot large-area synthesis of graphitic filamentous nanocarbon-aligned carbon thin layer/carbon nanotube forest hybrid thin films and their corrosion behaviors in simulated seawater condition, Chem. Eng. J. 314 (2017) 69–79.

[40] Applied Sciences Company, n. d. http://apsci. com/ also information on CNF material forms.

[41] M. A. Correa-Duarte, M. Grzelczak, V. Salgueiriño-Maceira, M. Giersig, L. M. Liz-Marzán, M. Farle, K. Sierazdki, R. Diaz, Alignment of carbon nanotubes under low magnetic fields through attachment of magnetic nanoparticles, J. Phys. Chem. B 109(41) (2005) 19060.

[42] S. Xiao, Shape memory polymers (SMP) introduction and application, Chapter 22 of the powerpoint book, in: Recent Advances in Smart and Nanoscale Materials, Introduction to Smart Structures Course, University of Cincinnati, 2017.

[43] https://www. researchgate. net/figure/252362968_fig1_Fig-1-Example–of-a-Lighter-than-Air-vehicledesign-as-a-stratospheric-platform-for.

[44] Garrison Bespoke, Website: https://garrisonbespoke. com/customsuits/bulletproof-suit/.

[45] SNS Nano Fiber Technology, LLC (Main Brochure), Hudson, OH. Website: http://www. snsnano. com/pdf/SNS_Brochure. pdf. Accessed 1 December 2017.

[46] EKOI, http://www. ekoi. com/en/thermal-cycling-jackets/6603-veste-thermiquehiver-ekoi-carbon-fiber-noirvert. html.

[47] Carbon Fiber Gear, Website: https://carbonfibergear. com/collections/clothingaccessories.

[48] https://www. tunneltalk. com/New-Products-Dec12-Resilient-Tunnel-Plug-for-inflatable-flood-protection. php.

[49] http://www. madehow. com/Volume-5/Spacesuit. html#ixzz515Pcog6B.

[50] https://www. dezeen. com/2014/12/22/nasa-explore-venus-inflatable-air-born-habitats-space-havoc/.

[51] A. K. Yetisen, H. Qu, A. Manbachi, H. Butt, M. R. Dokmeci, J. P. Hinestroza, M. Skorobogatiy, A. Khademhosseini, S. H. Yun, Nanotechnology in textiles, ACS Nano Rev. 10 (2016) 3042–3068.

[52] J. Kluener, V. Shanov, C. Jayasinghe, J. Kim, T. Reponen, A. Bhattacharya, B. J. Jetter, A. Schwartz, G. Conroy, K. Simmons, J. T. Jones, R. Koenig, L. Lee, M. Schulz, Carbon nanotube textiles: new personal protection technology for firefighters and first responders, in: National Occupational Research Agenda (NORA) Manufacturing Sector Conference: Partnerships to Improve Occupational Safety and Health, Cincinnati, OH, 7–8 September, 2011.

[53] L. Almeida, D. Ramos, Health and safety concerns of textiles with nanomaterials, IOP Conf. Ser.: Mater. Sci. Eng. 254 (2017) 102002https://doi.org/10.1088/1757-899X/254/10/102002.

[54] K. Tripathy, Deba, P. Sahoo, Bibhu (Eds.), Properties and Applications of Polymer Nanocomposites: Clay and Carbon Based Polymer Nanocomposites, Springer-Verlag, Berlin, Heidelberg, 2017. ISBN: 978-3-662-53517-2.

[55] Syduzzaman, S. U. Patwary, K. Farhana, S. Ahmed, Smart textiles and nano-technology: a general overview, J. Textile Sci. Eng. 5 (2015) 181, https://doi.org/10.4172/2165-8064.1000181.

[56] https://en.wikipedia.org/wiki/Nanofabrics.

[57] M. Stoppa, A. Chiolerio, Wearable electronics and smart textiles: a critical review, Sensors 14 (2014) 11957-11992.

[58] S. Slomkowski, J. V. Alemán, R. G. Gilbert, M. Hess, K. Horie, R. G. Jones, P. Kubisa, I. Meisel, W. Mormann, S. Penczek, R. F. T. Stepto, Terminology of polymers and polymerization processes in dispersed systems (IUPAC Recommendations 2011), Pure Appl. Chem. 83 (12) (2011) 2229-2259, https://doi.org/10.1351/PAC-REC-10-06-03.

[59] R. G. Jones, J. Kahovec, R. Stepto, E. S. Wilks, M. Hess, T. Kitayama, W. V. Metanomski, Compendium of Polymer Terminology and Nomenclature, IUPAC Recommendations 2008 (the "Purple Book") (PDF), RSC Publishing, Cambridge, UK, 2008.

[60] K. Cherenach, L. van Pieterson, Smart textiles: challenges and opportunities, J. Appl. Phys. 112 (2012) 091301. https://doi.org/10.1063/1.4742728.

[61] http://www.fibersource.com/fiber-products/bicomponent-fiber/.

[62] Y. Maeda, M. Masuda, Nanofibers by conjugated spinning, in: The Society of Fiber Science, J. Techno(Eds.), High-Performance and Specialty Fibers, vol. 2016, Springer, Tokyo, 2016.

[63] https://techtextil.messefrankfurt.com/frankfurt/en/facts-figures.html.

[64] 2016 Top Market Reports, Technical Textiles, US Department of Commerce, International Trade Administration, 2016.

[65] R. Pailes-Friedman, L. King, Smart textiles for designers, London (2016).

[66] S. Kettley, Designing with Smart Textiles, Bloomsbury, New York, 2016.

[67] B. Quinn, Fashion Futures, Merell, London, 2012.

[68] https://www.azonano.com/.

[69] https://en.wikipedia.org/wiki/Nanofabrics.

[70] M. Naeimirad, A. Zadhoush, R. Kotek, R. Esmaeely Neisiany, S. Nouri Khorasani, S. Ramakrishna, Recent advances in core/shell bicomponent fibers and nanofibers: a review, J. Appl. Polym. Sci. 135 (21) (2018) 46265 https://doi.org/10.1002/app.46265.

[71] J. Foroughi, T. Mitew, P. Ogunbona, R. Raad, F. Safaei, Smart fabrics and networked clothing: recent developments in cnt-based fibers and their continual refinement, IEEE Consum. Electron. Mag. 5 (4) (2016)105-111.

[72] H. Chang, J. Luo, P. V. Gulgunje, S. Kumar, Structural and functional fibers, Annu. Rev. Mater. Res. 47 (2017) 331–359.

[73] L. Lu, D. Xing, K. S. Teh, H. Liu, Y. Xie, X. Liu, Y. Tang, Structural effects in a composite nonwoven fabric on EMI shielding, Mater. Des. 120 (2017) 354–362.

[74] R. R. Bonaldi, E. Siores, T. Shah, Characterization of electromagnetic shielding fabrics obtained from carbon nanotube composite coatings, Synth. Met. 187 (2014) 1–8.

[75] https://www.gore-tex.com/technology/gore-tex-membrane.

[76] M. Ciocoiu, S. Maamir, Nanostructured Polymer Blends and Composites in Textiles, Apple Academic Press, ON, Canada, 2016.

[77] P. Brown, K. Stevens, Nanofibers and Nanotechnology in Textiles, Woodhead Publishing, Cambridge, 2007.

[78] P. Sawhney, M. Reynolds, C. Allen, R. Slopek, S. Nam, B. Condon, Effect of laundering hydroentangled cotton nonwoven fabrics, J. Eng. Fibers Fabr. 7 (3) (2012) 103.

[79] https://www.theguardian.com/world/2013/apr/26/us-bulletproof-uniforms-gun-control.

[80] http://www.dupont.com/dpt/nomex-knowledge-center/industries/emergency-response/new-hoods-nomexnano-flex.html.

[81] Fabric Interfacings, http://www2.ca.uky.edu/hes/fcs/FACTSHTS/CT-MMB-183.pdf.

第13章
碳纳米管纤维增强

Noe T. Alvarez[1], Sathya Narayan Krankaraj[2], Kiera Gazica[3],
Qingyue yu[4], Seyram Gbordzoe[2], Vesselin Shanov[2,5]

[1] 美国俄亥俄州辛辛那提,辛辛那提大学化学与环境工程学院
[2] 美国俄亥俄州辛辛那提,辛辛那提大学机械与材料工程学院
[3] 美国俄亥俄州辛辛那提,辛辛那提大学化学系
[4] 中国南京,南京林业大学工程学院化学与环境工程学院
[5] 美国俄亥俄州辛辛那提,辛辛那提大学化学与环境工程学院

13.1 引言

碳纳米管(CNT)具有优异的性能,在高性能工程材料领域应用广泛。碳纳米管最突出的物理性能是其优异的力学强度和导电性能。单个碳纳米管比现有多数工业材料的力学强度高一个数量级[1-2],单个碳纳米管超高的力学强度使其可用于制备能承受大于50GPa应力的超强工程材料。如此卓越的性能使其具有十分广阔的应用前景,包括改进常规设备和材料(电子元件、传感器、储能材料、复合材料等[3-6])及未来的航空航天设施[7]。

碳纳米管的平均抗拉强度为60GPa,已证明单壁碳纳米管的杨氏模量可达1TPa以上[1-2],其电阻低至$3×10^{-5}\Omega/cm$[8-10],热传导率高达3500W/(m·K)[11-12]。这使碳纳米管组件成为十分有前途的工业级金属替代品。但从纳米尺度组装到宏观尺度,碳纳米管的上述特性很难继续保持,常会下降几个数量级,这是因为组装过程中难以使碳纳米管在纳米尺度范围内实现有序排列,且纤维束中使碳纳米管相互连接的范德瓦耳斯力的作用也比较弱。如果共价键的作用能够增强,材料性能会得到很大改善,但这很难实现。

目前有许多组装碳纳米管纤维的方法,文献中讨论最多、最有前途也是最成熟的方法有湿法纺丝、化学气相沉积(CVD)、直接纤维组装法和垂直阵列干法纺丝[13-14]。纤维湿法纺丝也称液相纺丝法是将碳纳米管分散在溶液中,然后通过挤出机从溶致液晶碳纳米管基体中抽丝制备纤维[15-18]。这种制备碳纳米管纤维

的方法通常需要用强酸或表面活性剂。在 CVD 炉中由气态碳纳米管直接制备纤维，是依赖碳纳米管在合成室中移动时彼此间作用的范德瓦耳斯力进行成形的[19-20]。干法纺丝，是将碳纳米管由垂直取向的阵列中拉出来，在范德瓦耳斯力的作用下拉成丝，再加捻成纤维。采用这种方法组装的纤维，不仅保持了碳纳米管的原始状态，还可对丝的长度进行控制[21-23]。与以前的方法一样，干纺后也可对纤维进行后处理，以提高碳纳米管纤维的力学性能[22,24-27]。目前已有许多关于提高碳纳米管纤维强度的研究报道，如化学交联、致密化和改善碳纳米管纤维排列的规整度等。但是，单个碳纳米管的直径、长度和手性等参数是由其制备基材、催化剂性质及合成参数决定的，目前还无法对其进行预测或控制。而其他几个参数，如碳纳米管的规整度、密度、孔隙率、数密度和线密度，可在碳纳米管纤维组装和后处理过程中进行控制[13,28-29]。所有这些参数都对碳纳米管纤维的强度有显著影响。碳纳米管纤维的组装过程与动物纤维很相似，二者的主要区别是尺寸上的差异。单根羊毛原纤维的平均直径是 $25\mu m$，由于纤维间的接头也是一种缺陷，所以单根纤维的长度也是决定其强度的重要因素。由此，我们给出如下结论：单丝的长度越长，纤维的强度就越高，在这种情况下，捻度是影响纤维强度的关键因素。在低捻度时纤维的断裂机理是由纤维丝间的滑移引起的，而在高捻度时，断裂是由纤维丝的断裂引起的。碳纳米管单丝的力学强度是由单根碳纳米管间的范德瓦耳斯力决定的[30]。Miao 等认为，与传统纤维一样，这些力的作用效果取决于碳纳米管间的接触点和接触面密度[31]。纤维的密度和孔隙度相关[32-33]，此外，文献[27,33-35]还对纤维进行了溶液稠化和后处理，以提高其力学强度。Sears 等对大匝数纤维进行了研究，认为增加碳纳米管纤维的捻度对其断裂载荷几乎没有影响[34]。Fang 等的研究结果显示无论是增大捻度还是降低捻度都会影响碳纳米管纤维的强度，当捻度为 20°时纤维的力学强度达到最高值[36]。尽管碳纳米管纤维捻度和韧性之间的关系与常规纤维十分类似，但 Liu 等认为捻度大于 10°时，碳纳米管纤维的强度会下降[33]。碳纳米管纤维的比强度接近于天然动物纤维，只略低于（单根碳纳米管丝约 5%）天然动物纤维（约 60%）[37]。

碳纳米管不仅具有优异的力学强度和导电性能，还是一种具有大长径比、低密度、优异化学稳定性和环境稳定性的一维纳米材料[38]。这些特性使碳纳米管可应用于多种结构材料，如航空航天制件、防弹衣和体育用品[39]。然而，目前的技术条件还难以完全发挥出碳纳米管微尺度上的优异性能。前期关于碳纳米管增强纳米复合材料的研究表明，碳纳米管是提高聚合物基体力学性能的有效增强相[40]。但是，其增强的效果受碳纳米管分散度、排列及碳纳米管与基体间载荷传递效率等因素的影响。因此，碳纳米管的全部潜能还尚未被完全用于制备纤维、丝线和复合材料。

碳纳米管是一种广受关注的材料增强添加剂，其化学稳定性极强，可适应多种环境条件。然而,在大多数应用中,碳纳米管和基体之间的相互作用较差,需要在其活性点上添加官能团,来改善与基体间的相互作用。迄今为止,已有多种碳纳米管化学官能化法,其中大部分是湿化学法[41-44]。另一种有效方法是等离子体功能化,通过向碳纳米管引入官能团和缺陷对其进行表面修饰[45]。等离子体已被广泛用于多种纳米材料的表面修饰,且现已证实对提高纳米颗粒的分散性十分有效[46-52]。利用等离子技术对碳纳米材料进行改性处理可以拓宽与其相容的聚合物基体的范围。裁剪碳纳米管官能团,可提高其在聚合物中分散的均匀性、增强与聚合物基体间的界面结合作用,获得所预期的聚合物纳米复合材料的性能[46]。综上,本章的主要内容与诸多出版物类似,都认为应加强关于碳纳米管纤维组装工艺参数和其对材料物理性质影响的研究和了解。

13.2 碳纳米管纤维制备方法

13.2.1 液相法碳纳米管纤维

液相法也称为湿法纺丝,是将碳纳米管分散在浓缩液中,然后将所获得的溶液通过浸入液体浴的喷丝头进行挤出纺丝,液体浴中含有凝聚剂使碳纳米管在其中沉淀为纤维形式(图13-1)[1]。要使碳纳米管在分散液中组装为纤维,除了要用强酸做溶剂[15-16],还要添加由多种表面活性剂、生物分子和聚合物组成的水溶液[29,52,54]。

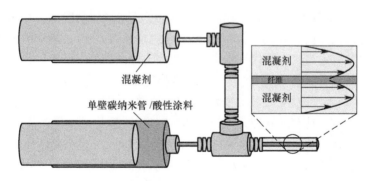

图13-1 碳纳米管纤维在氯磺酸溶剂中纺丝过程示意图

碳纳米管可溶于超强酸中,达到热力学上的稳定分散,单壁碳纳米管在超强酸中会被质子化,抵制由范德瓦耳斯力引起的团聚[18]。液相纺丝法是最具研究意义的方法之一,利用液相纺丝法可获得排列规整的碳纳米管纤维,目前用该法已制备出具有优异导电性能和力学性能的纤维[15-16]。

13.2.2 气凝胶直接纺丝制备碳纳米管纤维

气凝胶直接纺丝法是在 CVD 反应器中由气凝胶提取碳纳米管纤维,是一种基于浮动化学催化剂沉积(FC-CVD)技术的一步法制备碳纳米管纤维的方法,且制备的纤维长度不受限制。气凝胶直接纺丝法制备碳纳米管纤维的过程中通常是在二茂铁催化剂的作用下,在反应釜中生成纳米颗粒并促进碳纳米管在气相中生长。纺丝可选用的碳源有许多种,但纺丝过程中催化剂的影响比碳源更大(图13-2)[20]。纺丝是在 1000℃ 以上将载气和碳源引入 CVD 炉的热区中[55],与溶液成形法不同,直接 CVD 纺丝法主要依靠碳纳米管颗粒间范德瓦耳斯力的作用,但是,这种方法把催化剂杂质引入了纤维中,同时还伴有纤维直径不均匀的问题[56]。

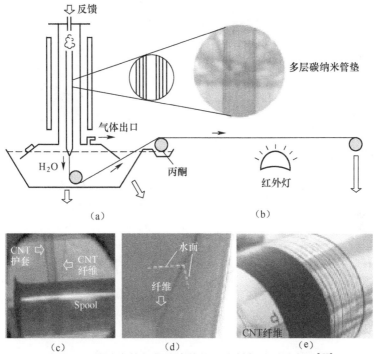

图 13-2 碳纳米管气凝胶直接纺丝法制备过程示意图[57]
(a)原材料;(b)碳纳米管筒的成形;(c)~(e)致密化和缠绕。

13.2.3 碳纳米管阵列干法纺丝

由于碳纳米管纤维在室温和常压下组装特性的限制,垂直碳纳米管阵列干法纺丝技术目前还局限在实验室内,但是,现在已证明这种方法是最快的碳纳米管纺丝工艺之一,其成形速度可达960m/min(图13-3)[21]。与前面所讨论的方法不同,干法纺丝可获得更长并且长度也更加均匀的碳纳米管纤维,其长度通常可达0.3~0.5mm。这种方法还可以控制纤维中碳纳米管的数量,最重要的是还避免了催化剂的污染。干法纺丝最主要的优点是制备过程中不使用催化剂,可以保持碳纳米管阵列的初始状态。

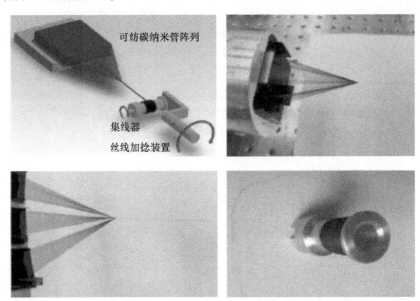

图13-3 垂直碳纳米管阵列干法纺丝示意图;纺丝过程中可通过增加碳纳米管阵列的数量来增大纤维的直径

13.3 碳纳米管纤维机械强度的决定因素

13.3.1 碳纳米管间的交联

从碳化学理论可知,碳纳米管间优先形成共价键。许多研究报告中提到,化学交联可提高碳纳米管的力学强度,即通过分子间浸润连接或在碳纳米管间形成官能团,在碳纳米管束内产生交联以促进它们之间形成化学键(图13-4)[58]。文献中用碳纳米管纤维、纱、线、价钱等词所描述的,都是指碳纳米管集合体,其表现出来的性能低于单个碳纳米管。无论采用哪种方法制备,在不经过额外化学处理的前提下,纤维中单个碳纳米管都是通过范德瓦耳斯力结合在一起的。在碳纳米管间形成共价键是提高其力学性能[59-60]和其他物理性能的一种方法[61]。研究提高碳纳米管力学性能的人员尝试了采用多种化学法进行交联,但他们认为,该领域还需要进一步开展深入研究[59-60,62-64]。因此,寻找一种能实现碳纳米管完美交联的理想反应仍是一个十分具有吸引力的研究方向。

受贻贝黏附成形分子力学的启发,Ryu 等采用后纺工艺模拟贻贝黏合聚合物浸润,在金属氧化物的作用下加热促进交联,他们的研究证实了经过处理后碳纳米管纤维的拉伸强度可提高 470%[65]。Boncel 等报道了紫外引发碳纳米管间光聚合作用可以促进交联,他们使用 1,5-已二烯(HDE)作浸润剂,对交联后的纤维进行后处理合成[66]。采用该方法制备的碳纳米管纤维的比强度提高了 100%。在纺丝过程中用芳基重氮盐对碳纳米管侧壁进行官能化,然后将其浸入多官能的氨基交联六(甲氧基甲基)三聚氰胺(HMMM)中,可使碳纳米管纤维的强度提高 80%[60]。Kim 等提出了一种采用叠氮化物进行一步环加成反应的交联方法,是将交联剂分子直接键接在碳纳米管壁表面上,该法避免了碳纤维的多步处理过程,使其力学性能提高了 600%[59]。

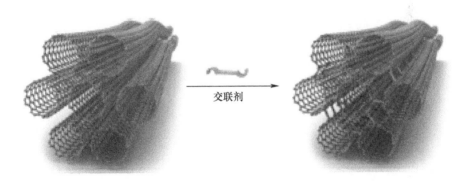

图 13-4　碳纳米管束内十字交联示意图

我们团队采用了与所报道的交联渗透类似的方法,将 4,4-亚甲基双(N,N-缩水甘油基苯胺)(MBDGA)渗透到碳纳米管纤维中。MBGDA 是一种带缩水甘油基胺的环氧树脂,分子结构上带有 4 个缩水甘油环氧基团[67]。我们的方案是在氦/氮等离子体中利用自由基和离子在碳纳米管表面上产生活性点,以使其与乙二胺(EDA)分子键合,使纳米管氨基官能化,这些氨基官能团可以与 MBDGA 等环氧基进行交联剂反应。图 13-5 所示为该反应的机理。

如图 13-6 所示,碳纳米管纤维共价交联后,强度可提高 600%。从理论上讲一个 MBGDA 分子可以与碳纳米管表面上的一个或多个官能团中的 4 个氨基基团进行交联。环氧树脂基复合材料广泛应用于需要高模量、高热稳定性及耐溶剂性等应用领域[68],如缩水甘油胺基环氧树脂主要用于需要低温固化的结构环氧复合材料[69]。

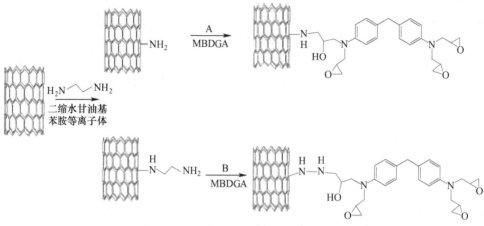

图 13-5 采用 EDA 对多壁碳纳米管丝和纤维进行交联的反应机理示意图；
MBDGA 中的环氧基团是促进多壁碳纳米管间形成共价键的活性点[67]

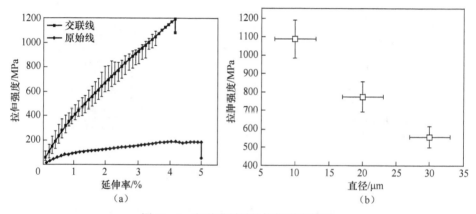

图 13-6 交联后测量的抗拉强度结果
(a)交联碳纳米管纤维与未交联碳纳米管纤维的抗拉强度；(b)交联后不同直径碳纳米管纤维的抗拉强度[67]。

通过提高官能团的数量，可以提高材料的力学强度，因此，我们还研究了交联剂在纤维丝中的渗透作用。假设纤维的强度是其直径的函数，即只要纤维的直径大于某一极小值，交联剂就能够存在于初始状态的丝束中，但每一个碳纳米管中渗透的交联剂是有限的，一根丝中碳纳米管的数目可达 $10^{6[28]}$。对于直径大于 10μm 的 EDA/MBDGA 交联纤维，其拉伸强度随着碳纳米管纤维直径的增加而下降，如图 13-6(b)所示。我们推测这与由 EDA 等离子体在丝中激发的氨基官能团的数目及交联剂在纤维中的渗透深度有关。由于碳纳米管纤维是由等离子体激发官能化的，因此官能化主要在其表面上。等离子体的官能化作用在碳纳米管丝的圆柱形截面上呈辐射状减弱,即官能团的数目沿丝的深度方向减少。与大直径纤维相比,溶剂在直径较小的纤维上的渗透作用更强。

碳纳米管的官能度通常用拉曼光谱和 FTIR 光谱表征。拉曼光谱显示,碳纳米管中由于 SP^2(约 $1590cm^{-1}$)杂化变为 SP^3(约 $1330cm^{-1}$)杂化而使碳纳米管丝产生了大量缺陷。官能化碳纳米管的 I_D/I_G 之比随官能度的提高而增大[70]。由 FITR 可以获得官能团和碳纳米管表面碳原子间形成的拉伸键的相关信息。

此外,X 射线电子衍射能谱(XPS)也可以检测碳纳米管的官能化,如图 13-7 所示,未官能化与官能化的碳纳米管的光谱有明显区别。XPS 是一种可靠的定量技术,它可以确定官能团的质量百分含量。通过检测包括碳在内的几种特定元素增加或减少的百分比,可以获得有关官能度的有用信息和官能团的化学性质。用 XPS 可以对比分析官能化和未官能化的碳纳米管表面元素的组成。碳纳米管与其他元素发生键合时,结合能的作用使吸收峰的宽度增大,从而可以确定存在的官能团。用 XPS 技术进行测量时,与未官能化碳纳米管相比,官能化后的碳元素吸收峰在原始峰值位置附近有一个变动。如图 13-7(a)和(c)所示,SP^2 杂化的碳纳米管主峰位置在 284.5eV 附近,芳香化合物中($\pi-\pi^*$ 跃迁)碳的特征振荡线在 290.5eV 附近[71-72],在 284.5eV 附近的非对称峰是石墨中的碳原子和与氢原子键合的碳原子 SP^2 杂化的特征峰,官能化后形成的碳-氮(C—N)键的典型峰值在 286.73eV 附近,碳-氧(C—O)键的典型峰值在 288.25eV 附近。在 285.59eV 附近的特征峰是由碳原子 SP^3 杂化引起的,表明碳纳米管表面上引入了缺陷[72]。如果在官能化过程中用了氮衍生物,氨基的峰值在 399.72eV 附近,官能化碳纳米管中的 C—N 键和 NH_4^+ 离子的峰值分别在 400.62eV 和 401.28eV 附近[72-73]。用高温等离子体氧化,得到的 C—O 键和 C═O 键峰值分别在 532.01eV 和 533.49eV 附近[74]。

由共价交联前后的碳纳米管纤维 SEM 图像可知,纤维直径减小与致密化有关。我们所进行的交联都是在干法纺丝碳纳米管上进行的,与原始状态相比,交联后的碳纳米管直径减小,表明这是碳纳米管的间距减小使管束内的密度增加。

13.3.2 致密化

致密化是提高纤维强度最简单的方法。后处理是利用牺牲性溶剂减少纺丝过程中形成的气泡,使碳纳米管彼此间的距离更小,以增大碳纳米管束间的接触面积[33]。在制备过程中,用与天然纤维增加密度类似的方式给碳纳米管加捻,增加碳纳米管间的摩擦,是对溶剂致密化的一种补充作用[30,36]。然而,目前的后处理技术还无法使碳纳米管排列足够紧密,无法达到理论上的密排六方结构。

如前所述,目前合成大尺度碳纳米管主要有三种方法——湿纺法、气相 CVD

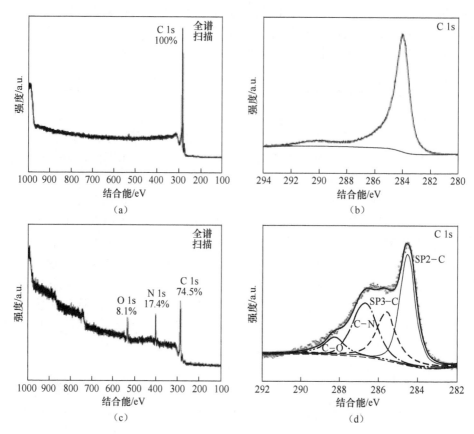

图 13-7 官能化前后碳纳米管纤维的 XPS 数据
(a)未官能化碳纳米管纤维的典型 XPS 峰；(b)未官能化碳纳米管纤维的 C1s 峰；
(c)EDA 官能化的元素吸收峰；(d)官能化后 C1s 峰的键合能[67]。

直接纺丝法和阵列干纺法。其中，湿法纺丝是从制备好的碳纳米管溶液中挤出，是工业化规模生产中最具前途的。但是，湿纺法的纤维中由于残留有腐蚀性的酸而不适合再用其他技术进行后处理。干纺法因为其终产品纤维仍能保持原始状态，是保持碳纳米管纤维性能的一种理想方法。但纤维的这种原始状态也存在力学强度低、孔隙率高、导电性差等缺点，本章后面会作介绍。目前围绕增加碳纳米管束间的接触、改善其性能开展了许多研究，如有文献报道，单纯依靠加捻即可使孔隙率降低 50%[32]，还有利用碳纳米管中的部分杂质可溶于强酸中而使纤维致密化等[15]。应用最广泛的致密化法是在挤出过程中使用挥发性有机溶剂，这种方法可进行连续纺丝[33,35]。此外还有文献报道在有机溶剂中进行加捻也能获得非常致密的纤维[33]。然而，我们仍然无法获得理论上的完美密排六方结构。本节将简要讨论实现致密化的几种方法。

13.3.2.1 狭缝辅助致密化

加捻可实现物理致密化；然而，当捻回角变化较大时，会引起承载机制发生变化，而利用轧辊或模具滚压可避免这一现象。轧制过程中控制轧辊的转速使其接近纤维拉伸的速度，拉动碳纳米管阵列通过模具，采用带有狭缝的特氟龙模具可避免模具表面粗糙对纤维造成伤害。图13-8给出了此工艺过程的示意图。轧制过程中同时施加牵引作用，可进一步提高碳纳米管纤维的规整性。拉伸后得到的压缩纤维再进行加捻、收集，加捻的作用是使其进一步成形为更加接近圆柱的形状。利用这种方法可使纤维原丝的强度由80MPa提高到接近900MPa。

图13-8　狭缝辅助成形阵列碳纳米管纤维致密化工艺示意图

事实上，单纯依靠狭缝辅助并不能达到预期的完全致密化，因此，必须与有机溶剂一起作用，这将在下一节讨论。

13.3.2.2 温度辅助有机溶剂致密化

文献报道称有许多溶剂可用于碳纳米管纤维的致密化，如从低沸点溶剂丙酮到高沸点溶剂N-甲基-2-吡咯烷酮(NMP)。溶剂的极性越强，对碳纳米管润湿并在横截面上的渗透作用就越好[35,75]，关于温度辅助致密化的研究结果如图13-9所示。图13-9(a)和(b)中所示的初始状态纤维中含有大量孔隙，因此必须进行稠化，具体步骤如下：首先将纤维浸入溶剂中，然后再通过加热使溶剂挥发，得到致密的纤维。由于NMP的黏度较高，会干扰渗透过程及高沸点溶剂的去除，因此还需结合使用狭缝辅助法对上述过程进行优化，使致密化成为一个连续的过程。通过提高溶剂温度、降低黏度可以克服上述部分问题。在去除溶剂的同时也消除了许多孔洞，从而提高了溶剂的效率。由图13-9(b)和(c)中可看出当溶剂由室温升高时，在材料致密化过程中孔隙度的变化。图13-9(b1)、(d1)和(f1)是经ImageJ软件处理过的图片，从图中可以看出，横截面上的孔隙率由初始的46%分别降至18%(室温溶剂)和4%(高温溶剂)。这和我们之前所描述的致密化过程有显著差异。

纤维中的孔隙与抗拉强度有直接关系。孔隙率越低，碳纳米管束间的接触越多，越有利于载荷的传递。试验结果如图13-10所示，图中表明纤维的抗拉强度随溶剂温度的升高而增大,左侧的 SEM 图像为 23℃,右侧为 153℃。右侧的图像显示,当溶剂在较高的温度时,纤维致密化更加明显,随着溶剂的加热,材料的抗拉强度由 600MPa 升高到 1200MPa。

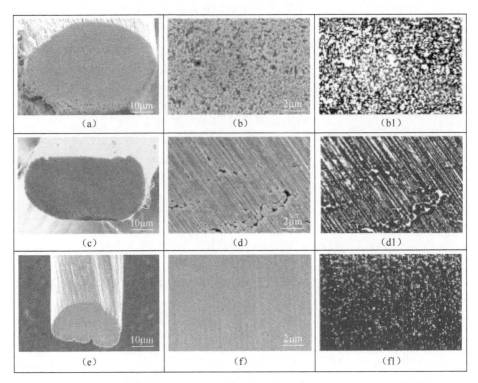

图 13-9　(a)和(b)为不同放大倍数下原始碳纳米管纤维横截面的 SEM 图像;
(c)和(d)为室温下(23℃)采用 NMP 溶剂致密化的碳纳米管纤维的 SEM 图像;
(e)和(f)为高温(153℃)下 NMP 溶剂致密化的碳纳米管纤维 SEM 图像;
(b1),(d1)和(f1)为经 ImageJ 软件处理的 SEM 图像

13.3.3　碳纳米管阵列

影响碳纳米管纤维力学强度的因素有多种,如碳纳米管的致密化、交联度和排列取向等。本节总结了取向对其力学强度的影响及量化和改进取向的方法。

当单个纳米管或管束都沿同一方向分布时就会形成碳纳米管排列取向。碳纳米管本身遵循熵定律,它们相互缠绕、相互卷曲在一起。取向的碳纳米管束和纤维倾向于伸直,变得不那么卷曲。并且,它们取向的方向相同,从而能够共同发挥协同作用,提高碳纳米管纤维的物理性能。

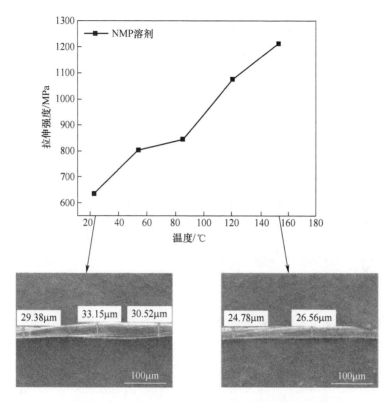

图 13-10 溶剂的温度对纤维抗拉强度和密度的影响;随溶剂温度由 23℃ (左)升到 153℃(右)时纤维直径变化的 SEM 图像

在合成和后处理的过程中都可提高纤维的取向程度。这意味着在碳纳米管成形过程中和成形后都可对其取向进行调整。在预制和合成纤维的过程中,可以通过调整缠绕速率、施加名义捻度、调整拉伸方向、对碳纳米管切片及使用超高阵列等方法控制取向。后处理方法包括机械拉伸和压缩、溶剂浇铸或渗透及施加电磁场等。

在碳纳米管合成过程中,纳米管沿平行于轴的方向生长,且有自动对齐的倾向[76]。当碳纳米管在毫米或更长的范围内生长成超高阵列时,它们取向会更加整齐。文献报道,碳纳米管的强度与其长度也有关系[77],这是因为长碳纳米管间相互作用的表面积也更大。碳纳米管可以沿垂直方向取向,也可沿平行方向取向。平行取向可提高纤维的力学强度,而垂直取向可提高其抗拉强度。多数方法都是沿平行方向取向的,垂直取向的碳纳米管可通过在裸露的碳纳米管阵列上涂覆聚合物,然后沿垂直方向切割形成[77]。

碳纳米管生产过程中通过拉伸形成带状,在此过程中,多壁碳纳米管沿拉伸方向取向[77]。因此,可通过控制缠绕速率控制取向。研究表明,提高薄膜沉积过程中的缠绕速率,如当缠绕速率最高达到 20m/min 时,取向度也随之提高[78]。Ludovic 等的研究已证明,加捻会影响取向[77]。捻回角随方位角线性增加,表明它也与碳纳米管的取向有关[79]。

碳纳米管丝制备好以后,还可再利用其他技术提高其取向度,如施加电场或磁场等。在电场作用下,会产生交流介电泳电流,使碳纳米管排列整齐,还可以使金属和半导体纳米管发生分离。提高电压或频率,取向度也会随之提高,取向使碳纳米管沿外加电场的方向排列[80]。另外一种使碳纳米管纤维取向规整的方法是机械拉伸法。然而,尽管机械拉伸法可以提高碳纳米管的排列整齐度,但同时也会减少碳纳米管间的重叠,使碳纳米管纤维的物理性能下降[78,81]。

如前所述,碳纳米管的物理性能随取向度和密度增加而提高,溶剂致密化也有助于提高纤维内碳纳米管的排列。有机溶剂种类的选取会对取向产生不同影响,特别是连续多次拉伸时,溶剂的作用更加明显。丙酮可提高取向,而由于乙醇的润湿性和黏度较低,会降低取向的速度。据报道,较大的碳纳米管纤维束更有利于取向,但是,丙酮的致密化作用更明显[81]。

如前所述,可通过多种方法改进碳纳米管取向,但是,碳纳米管纤维自身的某些特性会限制其取向度,如碳纳米管纤维自身带有卷曲和缺陷,都会给大多数提高取向度的方法带来困难[82]。拉伸时,纤维中会产生孔洞等缺陷并在该处引起缩径或减薄等问题,减薄破坏了纤维卷曲的均匀性,特别是当施加的电磁场强度不足以使纤维拉直时,碳纳米管间的卷曲就会给通过施加电磁场进行拉伸带来问题。

碳纳米管取向以后,最重要的是如何对其进行量化,最简单的办法是利用 SEM 图像,如图 13-11 和图 13-12 所示。

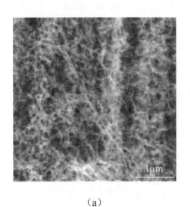
(a)

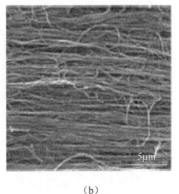
(b)

图 13-11　丙酮致密化试样的 SEM 图像,取向度由(a)到(b)呈增大趋势[81]

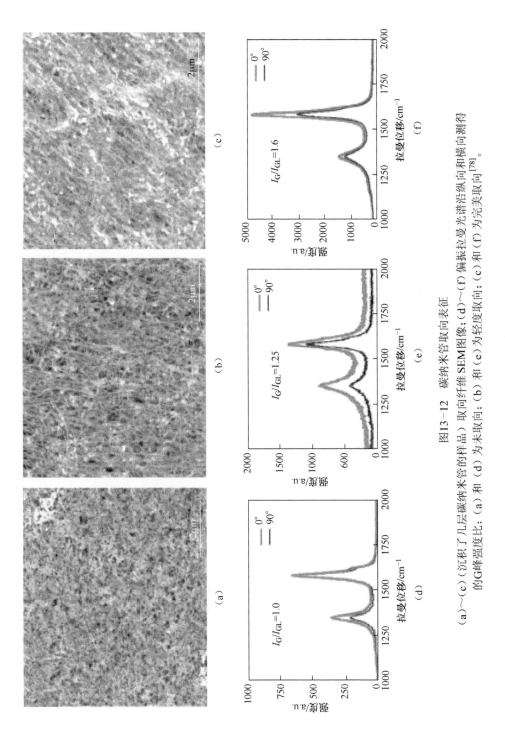

图13-12 碳纳米管取向表征

(a)~(c)(沉积了几层碳纳米管)取向纤维 SEM 图像;(d)~(f)偏振拉曼光谱沿纵向和横向测得的 G 峰强度比:(a)和(d)为未取向;(b)和(e)为轻度取向;(c)和(f)为完美取向[78]。

SEM 图像可显示纤维取向的均匀性,但扫描电镜只能获得材料表面的形貌,它无法如图 13-12 那样对取向纤维进行整体量化分析。此外,测量取向度还有 X 射线衍射、小角或大角 X 射线散射、拉曼光谱及赫尔曼取向函数计算等方法。

图 13-12 还给出了不同取向度下碳纳米管的拉曼光谱。由于 G 波段对纳米管轴的光电场方向敏感,因此利用偏振拉曼光谱,可以定量地获得碳纳米管的取向度[77]。测量时调整样品的缠绕方向使其垂直或平行于激光束的方向,通过计算 G 平行峰值与 G 垂直峰值之比,可以获得取向度,碳纳米管的取向度随该比值增大而增大。通过对比图 13-12 中的 SEM 图像,也可证实这一点。

X 射线散射包括小角 X 射线散射(SAXS)和大角 X 射线散射(WAXS),二者均可用于定量分析取向度[72-73,75]。

提高取向度的同时,碳纳米管的强度也可得到提高,这是因为纤维间的接触面积增大提高了其摩擦力,降低了发生滑移的可能性,使该方向上的强度得以提高。然而,纳米管沿某一方向取向,会使材料的其他力学性能下降,如其他方向上的强度,这说明研究取向对强度的影响的同时还需要考虑其他因素。Wang 等的研究指出,高取向度的碳纳米管纤维强度可达 445MPa,而低取向度为 180MPa[83]。当拉伸变形量为 5% 时,高取向度碳纳米管纤维的抗拉强度可提高 51%[84]。现已证实所有形式的碳纳米管均符合这种相关性,如图 13-13 所示。Zhang 等研究了对于任意一种纤维,仅改变其合成方法或拉伸阵列的形式,其取向度与强度的关系[81]。报道中采用偏振拉曼光谱测试取向度,用微加载装置测试强度。由取向度和抗拉强度关系曲线可以得出,纤维的强度正比于碳纳米管的取向度。

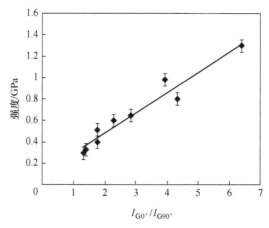

图 13-13 碳纳米管纤维拉伸强度与表征其取向度的 I_G/I_D 比的关系[84]

13.4 商业化应用

碳纳米管纤维在目前及未来的许多技术领域中均会有诸多应用。高强高韧纤维已广泛用于纺织材料、轻质增强材料、多功能复合材料、防弹背心、防爆毯和电磁屏蔽材料。其他已公开的应用还有应变/损伤传感器,是利用其具有优异的导电性和力学强度等综合特性,且纤维直径小、可植入复合材料中而不会影响材料的性能。由于单个金属碳纳米管具有重量轻和电子传输能力高等优点,与铜导线相比,可以显著减轻材料重量,其纤维组件被认为是潜在的未来电力传输材料。我们在辛辛那提大学的团队进行了相关研究,探索将碳纳米管纤维作为储能设备、天线[85]、微电缆[3]及化学传感器等[86-87]的潜在应用。

参 考 文 献

[1] M. F. Yu, B. S. Siles, S. Arepalli, R. S. Ruoff, Tensile loading of ropes of single wall carbon nanotubes and their mechanical properties, Phys. Rev. Lett. 84 (24) (2000) 5552-5555.

[2] B. Peng, M. Locascio, P. Zapol, S. Li, S. L. Mielke, G. C. Schatz, H. D. Espinosa, Measurements of nearultimate strength for a multiwalled carbon nanotubes and irradiation-induced crosslinking improvements, Nat. Nanotechnol. 3 (2008) 626-631.

[3] N. T. Alvarez, T. Ochmann, N. Kienzle, B. Ruff, M. R. Haase, T. Hopkins, S. Pixley, D. Mast, M. J. Schulz, V. Shanov, Polymer coating of carbon nanotube fiber for electric microcables, Nanomaterials4 (2014) 879-893.

[4] M. F. L. De Volder, S. H. Tawfick, R. H. Baughman, A. J. Hart, Carbon nanotubes: present and future commercial applications, Science 339 (2013) 535-539.

[5] P. Jarosz, C. Schauerman, J. Alvarenga, B. Moses, T. Mastrangelo, R. Raffaelle, R. Ridgley, B. Landi, Carbon nanotube wires and cables: near-term applications and future perspectives, Nanoscale 3 (2011) 4542-4553.

[6] K. Jiang, J. Wang, Q. Li, L. Liu, C. Liu, S. Fan, Superaligned carbon nanotube arrays, films, and yarns: a road to applications, Adv. Mater. 23 (2011) 1154-1161.

[7] N. M. Pugno, On the strength of the carbon nanotube-based space elevator cable: from nanomechanics to megamechanics, J. Phys. Condens. Matter 18 (2006) S1971-S1990.

[8] A. Bachtold, M. Henny, C. Terrier, C. Strunk, C. Schonenberger, J. -P. Salvetat, J. -M. Bonard, L. Forro, Contacting carbon nanotubes selectively with low-ohmic contacts for four-probe electric measurements, Appl. Phys. Lett. 73 (2) (1998) 274-276.

[9] C. Berger, Y. Yi, Z. Wang, W. De Heer, Multiwalled carbon nanotubes are ballistic conductors at room temperature, Appl. Phys. A 74 (3) (2002) 363-365.

[10] P. L. McEuen, M. S. Fuhrer, H. Park, Single-walled carbon nanotube electronics, IEEE Trans. Nanotechnol. 1 (2002) 78–85.

[11] P. Kim, L. Shi, A. Majumdar, P. McEuen, Thermal transport measurements of individual multi-walled nanotubes, Phys. Rev. Lett. 87 (21) (2001) 215502.

[12] E. Pop, D. Mann, Q. Wang, K. Goodson, H. Dai, Thermal conductance of an individual single-wall carbon nanotube above room temperature, Nano Lett. 6 (1) (2006) 96–100.

[13] W. Lu, M. Zu, J. H. Byun, B. S. Kim, T. W. Chou, State of the art of carbon nanotube fibers: opportunities and challenges, Adv. Mater. 24 (2012) 1805–1833.

[14] T. W. Chou, L. Gao, E. T. Thostenson, Z. Zhang, J. H. Byun, An assessment of the science and technology of carbon nanotube-based fibers and composites, Compos. Sci. Technol. 70 (2010) 1–19.

[15] N. Behabtu, C. C. Young, D. E. Tsentalovich, O. Kleinerman, X. Wang, A. W. K. Ma, E. A. Bengio, R. F. Waarbeek, J. J. Jong, R. E. Hoogerwerf, S. B. Fairchild, J. B. Ferguson, B. Maruyama, J. Kono, Y. Talmon, Y. Cohen, M. J. Otto, M. Pasquali, Strong, light, multifunctional fibers of carbon nanotubes with ultrahigh conductivity, Science 339 (2013) 182–186.

[16] L. M. Ericson, W. F. Hwang, R. E. Smalley, et al., Macroscopic, neat, single-walled carbon nanotube fibers, Science 305 (2004) 1447–1449.

[17] V. A. Davis, A. N. Parra-Vasquez, M. J. Green, P. K. Rai, N. Behabtu, V. Prieto, R. D. Booker, J. Schmidt, E. Kesselman, W. Zhou, H. Fan, W. W. Adams, R. H. Hauge, J. E. Fischer, Y. Cohen, Y. Talmon, R. E. Smalley, M. Pasquali, True solutions of single-walled carbon nanotubes for assembly into macroscopic materials, Nat. Nanotechnol. 4 (2009) 830–834.

[18] P. K. Rai, R. A. Pinnick, N. G. Parra-Vasquez, V. A. Davis, H. K. Schmidt, R. H. Hauge, R. E. Smalley, M. Pasquali, Isotropic-nematic phase transition of single-walled carbon nanotubes in strong acids, J. Am. Chem. Soc. 128 (2006) 591–595.

[19] K. Koziol, J. Vilatela, A. Moisala, M. Motta, P. Cunniff, M. Sennett, A. Windle, High-performance carbon nanotube fiber, Science 318 (2007) 1892–1895.

[20] Y. L. Li, I. A. Kinloch, A. H. Windle, Direct spinning of carbon nanotube fibers from chemical vapor deposition synthesis, Science 304 (2004) 276–278.

[21] N. T. Alvarez, P. Miller, M. Haase, N. Kienzle, L. Zhang, M. Schulz, V. Shanov, Carbon nanotube assembly at near-industrial natural-fiber spinning rates, Carbon 86 (2015) 350–357.

[22] K. Jiang, Q. Li, S. Fan, Spinning continuous carbon nanotube yarns, Nature 419 (2002) 801.

[23] M. Zhang, K. R. Atkinson, R. H. Baughman, Multifunctional carbon nanotube yarns by downsizing an ancient technology, Science 306 (2004) 1358–1361.

[24] X. Zhang, K. Jiang, C. Feng, P. Liu, L. Zhang, J. Kong, T. Zhang, Q. Li, S. Fan, Spinning and processing continuous yarns from 4-inch wafer scale super-aligned carbon nanotube arrays, Adv. Mater. 18 (12) (2006) 1505–1510.

[25] K. Liu, Y. Sun, L. Chen, C. Feng, X. Feng, K. Jiang, Y. Zhao, S. Fan, Controlled growth of super-aligned carbon nanotube arrays for spinning continuous unidirectional sheets with tunable

physical properties, Nano Lett. 8 (2) (2008) 700–705.

[26] X. Zhang, Q. Li, T. G. Holesinger, P. N. Arendt, J. Huang, P. D. Kirven, T. G. Clapp, R. F. DePaula, X. Liao, Y. Zhao, Ultrastrong, stiff, and lightweight carbon-nanotube fibers, Adv. Mater. 19 (23) (2007) 4198–4201.

[27] C. -D. Tran, W. Humphries, S. M. Smith, C. Huynh, S. Lucas, Improving the tensile strength of carbon nanotube spun yarns using a modified spinning process, Carbon 47 (11) (2009) 2662–2670.

[28] M. Miao, Yarn spun from carbon nanotube forests: production, structure, properties and applications, Particuology 11 (2013) 378–393.

[29] M. D. Yadav, K. Dasgupta, A. W. Patwardhan, J. B. Joshi, High performance fibers from carbon nanotubes: synthesis, characterization, and applications in composites-a review, Ind. Eng. Chem. Res. 56 (44) (2017) 12407–12437.

[30] M. Miao, The role of twist in dry spun carbon nanotube yarns, Carbon 96 (2016) 819–826. 330 CHAPTER 13 CARBON NANOTUBE FIBER STRENGTH IMPROVEMENTS.

[31] M. Miao, Production, structure and properties of twistless carbon nanotube yarns with a high density sheath, Carbon 50 (2012) 4973–4983.

[32] M. Miao, J. McDonnell, L. Vuckovic, S. C. Hawkins, Poisson's ratio and porosity of carbon nanotube dryspun yarns, Carbon 48 (2010) 2802–2811.

[33] K. Liu, Y. Sun, R. Zhou, H. Zhu, J. Wang, L. Liu, S. Fan, K. Jiang, Carbon nanotube yarns with high tensile strength made by a twisting and shrinking method, Nanotechnology 21 (2010) 045708.

[34] K. Sears, C. Skourtis, K. Atkinson, N. Finn, W. Humphries, Focused ion beam milling of carbon nanotube yarns to study the relationship between structure and strength, Carbon 48 (2010) 4450–4456.

[35] S. Li, X. Zhang, J. Zhao, F. Meng, G. Xu, Z. Yong, J. Jia, Z. Zhang, Q. Li, Enhancement of carbon nanotube fibres using different solvents and polymers, Compos. Sci. Technol. 72 (2012) 1402–1407.

[36] S. Fang, M. Zhang, A. A. Zakhidov, R. H. Baughman, Structure and process-dependent properties of solidstate spun carbon nanotube yarns, J. Phys. Condens. Matter 22 (2010) 334221.

[37] J. W. S. Hearle, P. Grosberg, S. Backer, Structural Mechanics of Fibers, Yarns, and Fabrics, Wiley-Interscience, New York, 1969, 469.

[38] D. Janas, A. C. Vilatela, K. K. K. Koziol, Performance of carbon nanotube wires in extreme conditions, Carbon 62 (2013) 438–446.

[39] X. Zhang, Q. Li, Y. Tu, Y. Li, J. Y. Coulter, L. Zheng, Y. Zhao, Q. Jia, D. E. Peterson, Y. Zhu, Strong carbonnanotube fibers spun from long carbon-nanotube arrays, Small 3 (2007) 244–248.

[40] F. H. Gojny, M. H. G. Wichmann, B. Fiedler, K. Schulte, Influence of different carbon nanotubes on the mechanical properties of epoxy matrix composites- a comparative study, Compos. Sci.

Technol. 65 (2005) 2300-2313.

[41] J. L. Bahr, J. Yang, D. V. Kosynkin, M. J. Bronikowski, R. E. Smalley, J. M. Tour, Functionalization of carbon nanotubes by electrochemical reduction of aryl diazonium salts: a bucky paper electrode, J. Am. Chem. Soc. 123 (2001) 6536-6542.

[42] N. T. Alvarez, Y. Li, H. K. Schmidt, J. M. Tour, Selective Redox Chemistry with Metallic SWNT, Patent Application US20100176349A1 (2008).

[43] J. Y. Cai, J. Min, J. McDonnell, J. S. Church, C. D. Easton, W. Humphries, S. Lucas, A. L. Woodhead, An improved method for functionalisation of carbon nanotube spun yarns with aryldiazonium compounds, Carbon 50 (2012) 4655-4662.

[44] S. W. Kim, T. Kim, Y. S. Kim, H. S. Choi, H. J. Lim, S. J. Yang, C. R. Park, Surface modifications for the effective dispersion of carbon nanotubes in solvents and polymers, Carbon 50 (2012) 3-33.

[45] S. Banerjee, S. S. Wong, Rational sidewall functionalization and purification of single-walled carbon nanotubes by solution-phase ozonolysis, J. Phys. Chem. B 106 (2002) 12144-12151.

[46] A. C. Ritts, Q. Yu, H. Li, S. J. Lombardo, X. Han, Z. Xia, J. Lian, Plasma treated multi-walled carbon nanotubes (MWCNTs) for epoxy nanocomposites, Polymer 3 (2011) 2142-2155.

[47] Y. Gao, P. He, J. Lian, L. Wang, D. Qian, J. Zhao, W. Wang, M. J. Schulz, J. Zhang, X. Zhou, D. Shi, Improving the mechanical properties of polycarbonate nanocomposites with plasma-modified carbon nanofibers, J. Macromol. Sci. A 45 (2006) 671-679.

[48] D. Shi, J. Lian, P. He, L. M. Wang, W. J. van Ooij, M. J. Schulz, Y. Liu, D. Mast, Plasma deposition of ultrathin polymer film on carbon nanotubes, Appl. Phys. Lett. 81 (2002) 5216-5218.

[49] Q. Yu, Y. J. Kim, H. Ma, Plasma treatment of diamond nanoparticles for dispersion improvement in water, Appl. Phys. Lett. 88 (2006) 231503.

[50] C. A. Avila-Orta, V. J. Cruz-Delgado, M. G. Neira-Velazquez, E. Hernandez-Hernandez, M. G. Mendez-Padilla, F. J. Medellın-Rodrıguez, surface modification of carbon nanotubes with ethylene glycol plasma, Carbon 47 (2009) 1916-1921.

[51] M. V. Naseh, A. A. Khodadadi, Y. Mortazavi, F. Pourfayaz, O. Alizadeh, M. Maghrebi, Fast and clean functionalization of carbon nanotubes by dielectric barrier discharge plasma in air compared to acid treatment, Carbon 48 (2010) 1369-1379.

[52] H. Wei, Y. Wei, Y. Wu, L. Liu, S. Fan, K. Jiang, High-strength composite yarns derived from oxygen plasma modified super-aligned carbon nanotube arrays, Nano Res. 6 (2013) 208-215.

[53] B. Vigolo, A. Penicaud, C. Coulon, C. Sauder, R. Pailler, C. Journet, P. Bernier, P. Poulin, Macroscopic fibers and ribbons of oriented carbon nanotubes, Science 290 (2000) 1331-1334.

[54] J. N. Barisci, M. Tahhan, G. G. Wallace, S. Badaire, T. Vaugien, M. Maugey, P. Poulin, Properties of carbon nanotube fibers spun from DNA-stabilized dispersions, Adv. Funct. Mater. 14

(2) (2004) 133-138.

[55] H. W. Zhu, C. L. Xu, D. H. Wu, B. Q. Wei, R. Vajtai, P. M. Ajayan, Direct synthesis of long single-walled carbon nanotube strands, Science 296 (2002) 884-886.

[56] M. Motta, Y. L. Li, I. Kinloch, A. Windle, Mechanical properties of continuously spun fibers of carbon nanotubes, Nano Lett. 5 (2005) 1529-1533.

[57] X. H. Zhong, Y. L. Li, Y. K. Liu, X. H. Qiao, Y. Feng, J. Liang, J. Jin, L. Zhu, F. Hou, J. Y. Li, Continuous multilayered carbon nanotube yarns, Adv. Mater. 22 (2010) 692-696.

[58] O. -K. Park, H. Choi, H. Jeong, Y. Jung, J. Yu, J. K. Lee, J. Y. Hwang, S. M. Kim, Y. Jeong, C. R. Park, M. Endo, B. -C. Ku, High-modulus and strength carbon nanotube fibers using molecular cross-linking, Carbon 118 (2017) 413-421.

[59] H. Kim, J. Lee, B. Park, J. H. Sa, A. Jung, T. Kim, J. Park, W. Hwang, K. H. Lee, Improving the tensile strength of carbon nanotube yarn via one-step double [2+1] cycloadditions. Korean J. Chem. Eng. 33 (1) (2015) 299-304, https://doi.org/10.1007/s11814-015-0140-9.

[60] J. Min, J. Y. Cai, M. Sridhar, C. D. Easton, T. R. Gengenbach, J. McDonnell, W. Humphries, S. Lucas, High performance carbon nanotube spun yarns from a crosslinked network, Carbon 52 (2013) 520-527.

[61] R. Kumar, C. N. R. Rao, Assemblies of single-walled carbon nanotubes generated by covalent cross-linking with organic linkers, J. Mater. Chem. A 3 (2015) 6747-6750.

[62] F. Cheng, A. Adronov, Suzuki coupling reactions for the surface functionalization of single-walled carbon nanotubes, Chem. Mater. 18 (2006) 5389-5391.

[63] S. G. Miller, T. S. Williams, J. S. Baker, F. Solá, M. Lebron-Colon, L. S. McCorkle, N. G. Wilmoth, J. Gaier, M. Chen, M. A. Meador, Increased tensile strength of carbon nanotube yarns and sheets through chemical modification and electron beam irradiation, ACS Appl. Mater. Interfaces 6 (2014) 6120-6126.

[64] A. D. Leonard, J. L. Hudson, H. Fan, R. Booker, L. J. Simpson, K. J. O'Neill, P. A. Parilla, M. J. Heben, M. Pasquali, C. Kittrell, J. M. Tour, Nanoengineered carbon scaffolds for hydrogen storage, J. Am. Chem. Soc. 131 (2008) 723-728.

[65] S. Ryu, Y. Lee, J. -W. Huang, S. Hong, C. Kim, T. G. Park, H. Lee, S. H. Hong, High-strength carbon nanotube fibers fabricated by infiltration and curing of mussel-inspired catecholamine polymer, Adv. Mater. 23 (2011) 1971-1975.

[66] S. Boncel, R. M. Sundaram, A. H. Windle, K. K. Koziol, Enhancement of the mechanical properties of direct spun CNT fibers by chemical treatment, ACS Nano 5 (12) (2011) 9339-9344.

[67] Q. Yu, N. T. Alvarez, P. Miller, R. Malik, M. R. Haase, M. Schulz, V. Shanov, X. Zhu, Mechanical strength improvements of carbon nanotube threads through epoxy cross-linking, Materials (Basel) 9 (68) (2016) 1-12.

[68] X. Chen, F. Wudl, A. K. Mal, H. Shen, S. R. Nutt, New thermally remendable highly cross-linked polymeric materials, Macromolecules 36 (2003) 1802-1807.

[69] J. Rocks, L. Rintoul, F. Vohwinkel, G. George, The kinetics and mechanism of cure of an amino-glycidyl epoxy resin by a co-anhydride as studied by FT-Raman spectroscopy, Polymer 45 (2004) 6799–6811.

[70] G. Gao, Y. Z. Jin, H. Kong, R. L. D. Whitby, S. F. A. Acquah, G. Y. Chen, H. Qian, A. Hartschuh, S. R. P. Silva, S. Henley, P. Fearon, H. W. Kroto, D. R. M. Walton, Polyurea-functionalized multiwalled carbon nanotubes: synthesis, morphology, and Raman spectroscopy, J. Phys. Chem. B 109 (2005) 11925–11932.

[71] J. A. Kim, D. G. Seong, T. J. Kang, J. R. Youn, Effects of surface modification on rheological and mechanical properties of CNT/epoxy composites, Carbon 44 (2006) 1898–1905.

[72] S. Maldonado, S. Morin, K. J. Stevenson, Structure, composition, and chemical reactivity of carbon nanotubes by selective nitrogen doping, Carbon 44 (2006) 1429–1437.

[73] S. W. Lee, B. S. Kim, S. Chen, Y. Shao-Horn, P. T. Hammond, Layer-by-layer assembly of all carbon nanotube ultrathin films for electrochemical applications, J. Am. Chem. Soc. 131 (2009) 671–679.

[74] S. Kundu, Y. Wang, W. Xia, M. Muhler, Thermal stability and reducibility of oxygen-containing functional groups on multiwalled carbon nanotube surfaces: a quantitative high-resolution XPS and TPD/TPR study, J. Phys. Chem. C 112 (2008) 16869–16878.

[75] J. Lee, M. Kim, C. K. Hong, S. E. Shim, Measurement of the dispersion stability of pristine and surface modified multiwalled carbon nanotubes in various nonpolar and polar solvents, Meas. Sci. Technol. 18 (12) (2007) 3707–3712.

[76] E. Verploegen, A. J. Hart, M. De Volder, S. Tawfick, K. K. Chia, R. E. Cohen, Non-destructive characterization of structural hierarchy within aligned carbon nanotube assemblies, J. Appl. Phys. 109 (9) (2011) 94316–943165.

[77] X. Sun, T. Chen, Z. Yang, H. Peng, The alignment of carbon nanotubes: an effective route to extend their excellent properties to macroscopic scale, Acc. Chem. Res. 46 (2012) 539–549.

[78] W. Xu, Y. Chen, H. Zhan, J. N. Wang, High-strength carbon nanotube film from improving alignment and densification, Nano Lett. 16 (2) (2016) 946–952.

[79] L. Dum_ee, K. Sears, S. Mudie, N. Kirby, C. Skourtis, J. McDonnell, S. Lucas, J. Sch€utz, N. Finn, C. Huynh, S. Hawkins, L. Kong, P. Hodgson, M. Duke, S. Gray, Characterization of carbon nanotube webs and yarnswith small angle X-ray scattering: revealing the yarn twist and inter-nanotube interactions and alignment, Carbon 63 (2013) 562–566.

[80] J. A. Ramos, L. Elsposito, G. Kortaberria, B. Fernandez D'Arlas, I. Zalakain, S. Goyanes, I. Mondragon, Electric field alignment of multi-walled carbon nanotubes through curing an epoxy matrix, J. Nanostruct. Polym. Nanocomp. 8 (2012) 89–93.

[81] S. Gbordzoe, S. Yarmolenko, Y.-Y. Hsieh, P. K. Adusei, N. T. Alvarez, S. Fialkova, V. Shanov, Threedimensionaltexture analysis of aligned carbon nanotube structures, Carbon 121 (2017) 591–601.

[82] P. Miaudet, S. Badaire, M. Maugey, A. Derre, V. Pichot, P. Launois, P. Poulin, C. Zakri,

Hot-drawing of single and multiwall carbon nanotube fibers for high toughness and alignment, Nano Lett. 5 (2005) 2212-2215.

[83] P. Wang, X. Zhang, R. V. Hansen, G. Sun, H. Zhang, L. Zheng, T. X. Yu, G. Lu, J. Yang, Strengthening and failure mechanisms of individual carbon nanotube fibers under dynamic tensile loading, Carbon 102 (2016) 18-31.

[84] Y. Zhang, L. Zheng, G. Sun, Z. Zhan, K. Liao, Failure mechanisms of carbon nanotube fibers under differentstrain rates, Carbon 50 (2012) 2887-2893.

[85] D. Keller, A. I. Zaghloul, V. Shanov, M. J. Schulz, D. Mast, N. T. Alvarez, Electromagnetic simulation andmeasurement of carbon nanotube thread dipole antennas, IEEE Trans. Nanotechnol. 13 (2014) 394-403.

[86] D. Zhao, X. Guo, T. Wang, T. Alvarez, V. N. Shanov, W. R. Heineman, Simultaneous detection of heavymetals by anodic stripping voltammetry using carbon nanotube thread, Electroanalysis 26 (2014) 488-496.

[87] X. Guo, W. R. Lee, N. Alvarez, V. N. Shanov, W. R. Heineman, Detection of trace zinc by an electrochemicalmicrosensor based on carbon nanotube threads, Electroanalysis 25 (2013) 1599-1604.

第14章
碳纳米管及其组件在电磁屏蔽中的应用

Songlin Zhang, Mam Nguyen, Jin Gyu Park, Ayou Hao, Richard Liang
美国佛罗里达州,塔拉哈西,佛罗里达州立大学,佛罗里达农工大学和佛罗里达州立大学联合工程学院,高性能材料研究所(HPMZ)

14.1 引言

电磁屏蔽是指利用材料对电磁波的吸收和/或反射性能,阻止电磁波穿透。电磁波,特别是高频波段,如无线电波和移动通信电波,可能会对附近设备产生干扰。电磁屏蔽的目的是利用屏蔽材料的吸收或反射来减少电磁干扰。有效的电磁屏蔽材料应该是导电的,能与电磁场相互作用。因此,多数电磁屏蔽材料都选用金属基材料,因其具有高电导率。但是,金属基材料价格高、重量大。近年来,随着对设备减重需求的增加,轻质柔韧的电磁屏蔽材料引起了广泛的关注。轻质多功能材料由于可在宽带频范围内实现反射和吸收电磁波,成为目前研究的重点。聚合物基复合材料因具有柔韧、易加工、价格低等优点,是理想的电磁屏蔽候选材料。然而,由于在军事应用上(如隐形飞机)需要同时实现低反射和高吸收损耗,因此,研制电磁吸收复合材料仍具有挑战性[1]。

将金属纳米颗粒[2-3]、炭黑[4-6]、石墨[2,7]及碳纤维等[8-9]等不同导电填料以多种方式混入聚合物中,制成导电聚合物复合材料,可用于制备电磁屏蔽材料[2-3,8-10]。在这些添加剂中,由于碳纳米管(CNT)具有优异的机、电性能及大长径比,可以在低添加量下制备导电复合材料,因此得到广泛研究。这些优异的性能使碳纳米管能够成为添加量低且性能高的电磁屏蔽材料的绝佳选择[11]。

尽管近年来人们对纳米碳/聚合物复合材料的屏蔽性能开展了广泛的研究探索,但碳纳米管的层状结构、特殊泡沫结构及杂化结构等对其屏蔽性能的影响还有待进一步研究。本章中将介绍一些用于电磁屏蔽的碳纳米管基材料的设计与表征方面的最新研究进展,介绍碳纳米管基复合材料屏蔽机理、优点以及不同的结构设计对屏蔽效能的影响,并讨论纳米管杂化结构的未来发展趋势。

14.2 电磁屏蔽机理及测试技术

14.2.1 屏蔽机制的基本原理

通常我们可以通过降低信号源或信号源系统的输出、提高目标区域的屏蔽效能,或将二者结合起来实现电磁屏蔽。电磁屏蔽主要可通过以下三种方法实现[12]:①使电磁场源与目标区域分离;②在源系统与电磁屏蔽区域间引入截止屏障;③添加额外的电磁源,减少原始源系统对目标区域的电磁影响。具体电磁屏蔽方案的选择取决于源系统的特性(电磁或物理)和目标区域(小型设备的尺寸和重量)。电磁场的存在是十分普遍的,与另两种方法相比,通常要提高电磁屏蔽效率,引入电磁屏蔽材料作为屏障是一种更为有效的方法。电磁屏蔽效率是指入射电磁波穿透屏蔽材料后能量下降的幅度。通常,当屏蔽材料导电性较高时,会表现出较高的屏蔽效能(较高的 SE)。

当入射电磁波到达屏蔽材料表面时,电磁波与屏蔽材料间会发生几种不同的相互作用,如图 14-1 所示[13]。图中给出了三种主要屏蔽机制:反射(R)、吸收(A)和多重内反射(MIR),因此可将 SE 分解为 SE_R,SE_A 和 SE_M 三个分量。由此,某一给定材料的总屏蔽效能(SE_T)可以用对数形式表示如下[14]:

$$SE_T(dB) = SE_R + SE_A + SE_M = 10\lg\left(\frac{P_T}{P_I}\right) = 20\lg\left(\frac{E_T}{E_I}\right) = 20\lg\left(\frac{H_T}{H_I}\right) \quad (14-1)$$

式中: P_T(E_T 或 H_T)和 P_I(E_I 或 H_I)分别为透射和入射电磁波的能量值,如图 14-1 所示。由经典电磁屏蔽理论中的平面波辐射理论可知,反射损耗(SE_R)和吸收损耗(SE_A)可用屏蔽材料的电导率(σ)、频率(ω)、磁导率实部(μ')、穿透深度(δ)和厚度(t)表示[13,15]:

$$SE_R(dB) = -10\lg\left(\frac{\sigma}{16\omega\varepsilon_0\mu'}\right) \quad (14-2)$$

$$SE_A(dB) = -20\frac{t}{\delta}\lg e = -8.68\left(\frac{t}{\delta}\right) = -8.68t\left(\frac{\sigma\omega\mu'}{2}\right)^{\frac{1}{2}} \quad (14-3)$$

式中: ε_0 为空气(或自由空间)的介电常数。上述表达式表明,反射损耗是电导率(σ)和磁导率(μ')的函数。吸收损耗与辐射频率(ω)和材料厚度(t)成正比。因此,即使在极低的频率范围内,材料要有良好的吸收率,仍需具有高电导率和磁导率以及足够的厚度[13]。多重内反射(SE_M)与吸收损耗(SE_A)密切相关,但当吸收损耗(SE_A)足够高、电磁波到达第二边界时,波幅可忽略不计,多重内反射也可忽略。在实际应用中,当 $SE_A \geq 10dB$ 时,可以不考虑 SE_M。但是,SE_M 对于泡沫屏蔽材料和带有特定几何形状的填充复合材料十分重要[13]。

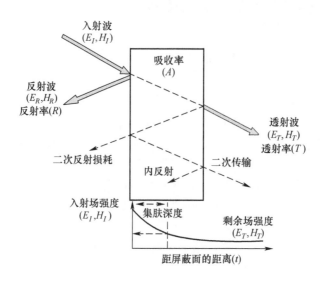

图 14-1　电磁屏蔽机理示意图[13]

14.2.2　屏蔽效能测试

矢量网络分析仪(VNA)是测量各种信号幅度和相位最常用的仪器。图 14-2 所示为其典型结构示意图,包括两个 VNA 端口、波导适配器和样品架。

当入射波到达样品时,端口 1 和端口 2 会检测到反射波和透射波,可用复数散射参数(参数 S)来表示,分别表示为 S_{11}(或 S_{22})和 S_{12}(或 S_{21})。散射参数 S_{ij},其中 i 和 j(代表 VNA 端口号)分别表示接收和发射电磁波的端口号。S_{11}(或 S_{22})表示由端口 1(或 2)发射的电磁波和端口 1(或 2)接收的电磁波,因此,可将其与反射率(R)联系起来,即,$R = |E_R E_I|^2 = |S_{11}|^2 = |S_{22}|^2$,式中,$S_{21}$(或 S_{12})代表由端口 1(或 2)发射的电磁波和由端口 2(或 1)接收的电磁波,同样也可将其与透射率(T)联系起来,即,$T = |E_R/E_I|^2 = |S_{12}|^2 = |S_{21}|^2$。因为反射率(R)、透射率(T)和吸收率(A)之和等于 1,$A = (1 - R - T)$,当 SE_A 大于 10dB 时 SE_M 可以忽略不计。因此,SE_T 可表示为 $SE_T = SE_R + SE_A$。此外,从入射波中减去反射波,即可得到屏蔽材料中传输的电磁波的相对强度 $(1 - R)$,所以有效吸收率 A_{eff} 可表示为 $A_{eff} = [(1 - R - T)/(1 - R)]$。因此,由反射和吸收所引起的屏蔽率(SE_A)可表示如下:

$$SE_R = -10\lg(1 - R) \tag{14-4}$$

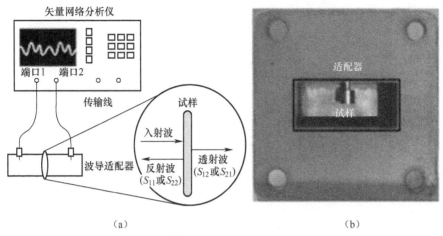

图 14-2 （a）电磁屏蔽测量装置结构示意图；（b）波导适配器的图片

$$SE_A = -10\lg(1 - A_{eff}) = -10\lg\left(\frac{T}{1-R}\right) \qquad (14-5)$$

尽管上述波导结构易于实现,且已被其他论文采用[16,18],但这种测试方法的缺点是需要多个波导适配器才能在宽频范围内进行测量屏蔽效能。其他用于测量固体材料的方法还有同轴法[19-20]和自由空间法[21]。同轴法可以在不更换适配器的前提下,在一个样品上测量频率从 0.5GHz 到高达 18GHz 范围内的屏蔽效能。自由空间法是一种非接触测量法,测量时在两个相对的天线之间放入试样。这种方法的优点是可以覆盖很宽的频率范围,且可改变样品上入射波的角度。然而,与前两种技术相比,这个系统所需要的样品尺寸较大,要在几十亿兆赫到近 20GHz 的频率范围内进行测量,所需试样的尺寸大约从十厘米到几十厘米。

14.3 碳纳米管电磁干扰屏蔽复合材料

随着科技的飞速发展,现代系统中配备了大量"智能"电子电气设备,这些设备会产生电磁辐射,设备同时也会受到电磁波辐射的影响。传统的金属和金属基复合材料[22]可以解决电磁干扰的问题,但是,由于存在重量大、易腐蚀、加工造价高等缺点,限制了其应用。现代智能设备对下一代电磁屏蔽材料提出了轻质、防腐、灵活、低成本等要求。与金属基屏蔽材料相比,本征导电聚合物（ICP）复合材料具有轻质、耐腐蚀、柔韧性好及易加工等优点。但是,由于复合材料的电磁屏蔽效能很大程度上取决于其电导率,而复合材料的电导率在一定程度上受限,因而无法满足电磁屏蔽的要求。要提高聚合物的电导率,通常向复合材料中添加金属粒子或其他导电填料(如碳纳米管、石墨、石墨烯等碳基填料)[23-29]。碳纳米管具有轻质、高导电率和优异的力学性能,是一种优异的制造电磁屏蔽复合材料的导电填料[24-26,30-31]。

制备碳纳米管基复合材料有几种方法,如溶液共混法[25,27]、球磨法[26]、熔体挤出法[28]。向复合材料中添加碳纳米管的关键问题是使纳米填料颗粒能够良好地分散在聚合物基体中,图14-3(A)给出了碳纳米管在基体中随机分散的示意图。要在使用较少碳纳米管填料的前提下获得具有高导电率的复合材料,必须保证碳纳米管能够分散均匀形成导电网络。如图14-3(A)(相连的红色(打印版为灰色)线段)所示的导电路径,只有当碳纳米管彼此靠得足够近能形成连续的网络时才能使复合材料导电。相邻碳纳米管间的接触方式对复合材料的导电性有重要影响,如图14-3(B)所示,接触面积越大越有利于提高导电性[32-34]。由于碳纳米管粒子尺寸为纳米级,其接触方式很难控制;但是可通过增加复合材料中的碳纳米管含量提高其导电率,如图14-3(C)所示。导电填料的最小添加量百分比称为渗透阈值,当含量小于渗透阈值时,由于碳纳米管还未形成连续的网络结构,聚合物仍是绝缘状态;当碳纳米管的含量超过渗透阈值时,聚合物电导率随碳纳米管的添加百分比呈指数增加(图14-3(C))。这是因为碳纳米管填充复合材料具有导电性,这一点可以用3D电阻网络模型来解释,如图14-3(C)所示的实线与试验结果十分吻合[24]。

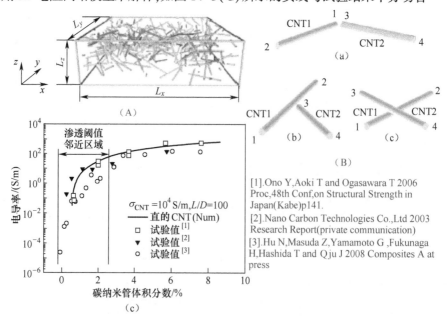

[1]. Ono Y, Aoki T and Ogasawara T 2006 Proc,48th Conf,on Structural Strength in Japan(Kabe)p141.
[2]. Nano Carbon Technologies Co.,Ltd 2003 Research Report(private communication)
[3]. Hu N,Masuda Z,Yamamoto G,Fukunaga H,Hashida T and Qju J 2008 Composites A at press

图14-3 (A)碳纳米管随机分散在基体中的三维结构示意图(红色连接线段(印刷版中为深灰色)代表电子路径,彩色版见参考文献[24]);(B)两个碳纳米管间几种典型的接触方式;(C)碳纳米管体积分数和电导率之间的关系;实线和点分别代表电导率的预测值和试验值[24](彩图)

碳纳米管具有疏水性，因此使其在聚合物基体中分散均匀是制备导电复合材料的关键步骤。研究人员尝试过多种不同方法使碳纳米管彼此分离并均匀分散在基体中，如超声处理、高速剪切混合以及球磨等。尽管复合材料最终的电导率在很大程度上取决于纳米管的长度和直径(长径比)[30]、壁数[21]、手性[35]等因素，但由于这些因素难以控制，碳纳米管在基体中的分散均匀性比其他因素更重要。因此，为防止碳纳米管在聚合物复合材料的制备过程中发生团聚，常对其进行化学官能化等预处理[36]。功能化碳纳米管的另一个优点是具有较小的渗透阈值，即只需添加少量即可使复合材料获得高电导率。

碳纳米管中最常引入的官能团是含氧基团，如—COOH、—OH、=CO 等。图 14-4 所示为官能化的碳纳米管与聚合物之间的相互作用。碳纳米管上的—COOH 官能化基团可以促进参与反应的乙烯三元共聚物(RET)中的氧环发生断裂，进而促进单壁碳纳米管(SWCNT)上的—COOH 与 RET 上的环氧基团键合[30]。功能化的碳纳米管填料与聚合物基体之间的相互作用较强，可消除碳纳米管基复合材料中的大部分团聚。通常认为这些官能团是随机分散于碳纳米管表面的，即碳纳米管与聚合物的键合是各向同性的，可以均匀分散并相互混合[30,37]。通常认为，共价键的稳定性高有利于提高导电性能和屏蔽效能[30,38]。复合材料的电磁屏蔽效能和导电性与加工方式、聚合物基体和碳纳米管的含量等参数有关，如表 14-1 所列[22]。

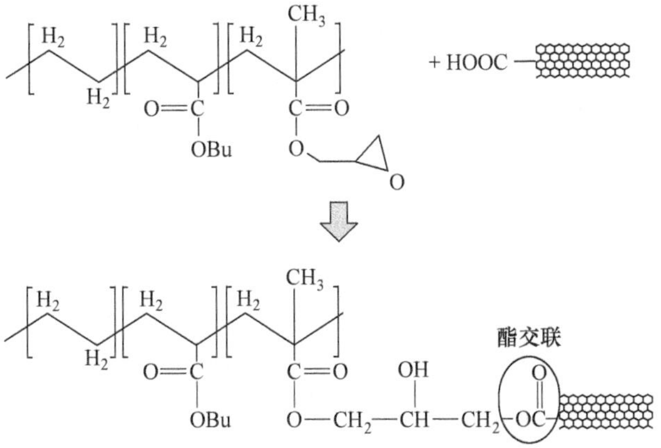

图 14-4 碳纳米管上的官能团与 RET(反应性乙烯三元共聚物)环氧基团的反应示意图

表 14-1 部分碳纳米管聚合物复合材料电磁屏蔽性能[22]

基体	碳纳米管含量	厚度/mm	σ/(S/m)	SET/dB	频率/GHz	参考文献
聚酯	10%(质量分数)	>0.2	12.4	29	X-频带	[37]
聚酯/聚乙撑二氧噻吩	30%(质量分数)	2.5	275	45	12.4	[27]

续表

基体	碳纳米管含量	厚度/mm	$\sigma/(S/m)$	SET/dB	频率/GHz	参考文献
聚甲基丙烯酸甲酯	10%(体积分数)	2.1	150	40	X-频带	[26]
纤维素	9.1%(质量分数)	0.2	375	20	15~40	[39]
聚苯乙烯	15%(质量分数)	N/A	0.1	19	8~12	[40]
聚丙烯腈	2%(质量分数)	N/A	0.006	20	0.3~3	[41]
环氧树脂	15%(质量分数)	1.5	15	30	X-频带	[26]

图14-5(a)和(b)所示为官能化单壁碳纳米管/RET复合材料(分别为单壁碳纳米管含量低和高),碳纳米管在RET基体中呈现分散均匀的形貌图[30]。与未官能化的单壁碳纳米管复合材料相比,经官能化后单壁碳纳米管能更加均匀地分散在聚合物基体中,预处理的好处显而易见(图14-5(c))。分散性好可降低渗透阈值,如图14-5(d)所示为单壁碳纳米管/RET复合材料的直流电导率σ。可用如下类似于电渗流行为的幂定律表示:$\sigma \sim \sigma_0 (p - p_c)^\beta$,式中,$p_c$为渗透阈值的体积分数($p$),$\beta$为临界指数,$\sigma_0$为给定填充聚合物复合材料的恒定电导率。如图14-5(d)所示的双对数坐标图,图中的p_c值非常低(0.11%),间接说明单壁碳纳米管分散均匀,这对于在8.2~12.4GHz(X光波)波段范围内的军事和商业应用的电磁屏蔽更加重要[42]。图14-5(e)清晰地表明,复合材料是利用单壁碳纳米管来实现电磁屏蔽的,单壁碳纳米管含量越高屏蔽效能越好。与未官能化的SWCNT/RET复合材料相比,—COOH官能化的单壁碳纳米管/RET复合材料具有更高的屏蔽效能。然而,碳纳米管在多数聚合物基复合材料中最大添加量不高于10%(质量分数)[22]。高添加量会带来加工、团聚及力学性能下降等问题。

为充分发挥碳纳米管的电磁屏蔽潜力,制备更薄、更轻的屏蔽复合材料,应尽量增加其添加量。最近,Zeng等[25]报道了一种轻质、柔韧的多壁碳纳米管(MW碳纳米管)/水性聚氨酯(WPU)复合材料,该样品厚度很薄时,在X波段仍显示出优异的电磁屏蔽特性。多壁碳纳米管的含量可高达76.2%(质量分数),当厚度为0.05mm、0.32mm、0.8mm时,其电磁屏蔽效能可达24dB、49dB、80dB。

利用非共价表面活性剂(芳族改性聚乙二醇醚水溶液)作辅助,通过超声处理获得多壁碳纳米管水溶液。然后,将多壁碳纳米管水分散液与水性聚氨酯乳液(WPU)混合并用磁力搅拌。利用表面活性剂将多壁碳纳米管分散在水中,在保持纯多壁碳纳米管高电导率的同时,对其原本结构的损害可降至最小。如图14-6(a)所示,含量为76.2%(质量分数)的多壁碳纳米管的电导率可达2100S/m,几乎比纯WPU基体高近13个数量级,比大多数低碳纳米管含量的多壁碳纳米管/聚合物复合材料(小于或等于100S/m)高近20倍[22,24-26,30-31,43]。厚度相同的样品,

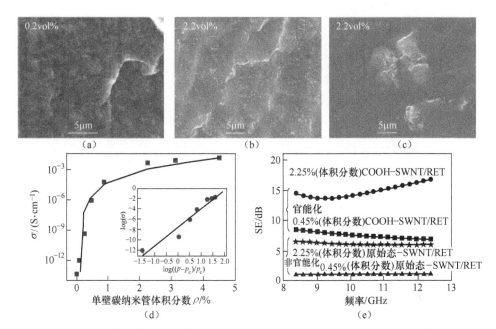

图14-5 官能化的单壁碳纳米管在RET聚合物中均匀分散的扫描电镜(SEM)图像,单壁碳纳米管添加的体积含量为(a)0.2%;(b)2.2%;(c)未官能化的单壁碳纳米管分散在RET基体中出现团聚;(d)官能化的单壁碳纳米管/RET复合材料的电导率遵循近幂律渗流行为特征;(e)未官能化的单壁碳纳米管-RET复合材料(原始单壁碳纳米管/RET)与化学官能化的(COOH-SW碳纳米管/RET)屏蔽效能对比图[30]

高碳纳米管含量(图14-6(b)中76.2%(质量分数))和低碳纳米管含量(图14-6(c)中4.8%(质量分数))的WPU的电磁屏蔽效能存在巨大差异,这证实了增加填料含量的重要性。如图14-7(a)和(b)所示,为利用传统的平板涂布技术,选用适量水基聚氨酯增稠剂,在不同基材上制备出大面积的最终薄膜试样。图14-7(c)显示弯曲1000次后该材料仍具有优异稳定的电磁屏蔽效能。

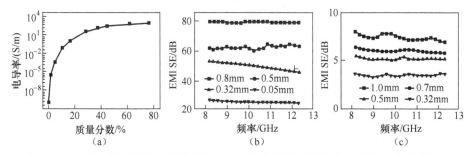

图14-6 (a)不同含量多壁碳纳米管/WPU复合材料的电导率;不同厚度和多壁碳纳米管含量下多壁碳纳米管/WPU复合材料在X波段的屏蔽效能:
(b)76.2;(c)4.8%(质量分数)

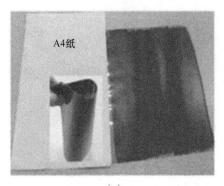
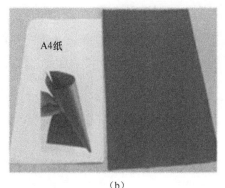
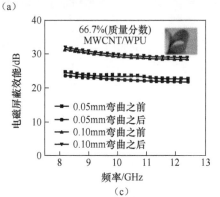

图 14-7 （质量）含量为 66.7%（质量分数）的多壁碳纳米管/WPU 柔性复合薄膜大块试样
(a)在 0.1mm 厚的 PI 衬底上；(b)在 0.05mm 厚的布基上；
(c)PI 衬底上的该薄膜反复弯曲 1000 次之前和之后的屏蔽效能。

由于人们不希望电磁波反射带来二次污染，基于吸收机理的碳纳米管电磁屏蔽复合材料受到了科研领域和工业界的普遍关注[22]，且电磁波吸收材料在国防、隐身等领域有更重要的应用[44]。金属或金属填料基复合材料可以用作电磁屏蔽结构材料，但是会使大多数电磁波反射到周围环境中，对周围设备产生电磁干扰。碳纳米管复合材料是基于吸收机理的，Singh 等[26]采用球磨法制备了含量从 0%~15%的多壁碳纳米管/PC(硅酸盐水泥)复合材料(图 14-8(a)~(h))，他们发现多壁碳纳米管在 PC 基体中添加量为 15%(质量分数)时在 X 波段(8.2~2.4GHz)的屏蔽效能大于 27dB，且屏蔽主要是由吸收引起的。逐渐增加碳纳米管的含量，由吸收引起的屏蔽效能 SE_A 从 2dB 增加到 23dB，而由反射引起的屏蔽效能 SE_R 由 1dB 增至 6dB，多壁碳纳米管/PC(15%)的总屏蔽效能可达 28dB。图 14-8(i)和(j)所示的导电多壁碳纳米管/PC 复合材料，其屏蔽效能主要由吸收主导，其中反射引起的屏蔽 SE_R 几乎保持恒定为零[26]。总之，碳纳米管复合材料具有优异的吸收特性，且其屏蔽能力优于基于反射特性的金属或金属填料复合材料。

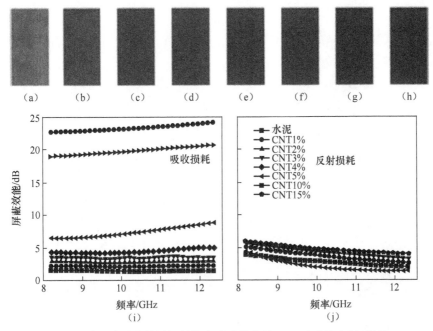

图 14-8 不同多壁碳纳米管添加量的多壁碳纳米管/PC(硅酸盐水泥)样品(a)0%；
(b)1%；(c)2%；(d)3%；(e)4%；(f)5%；(g)10%；(h)15%；(i)和(j)为
随多壁碳纳米管添加量增加材料在 8.2~12.4GHz 范围内的屏蔽效能[26](彩图)

碳纳米管复合材料具有优异吸收屏蔽性能的另一原因是电磁波在材料内部会发生多次反射[16]。与实心材料相比，多孔或泡沫材料有接触面多的优势，当电磁波进入材料后，这些面即成为反射面，实现吸收屏蔽。研究人员通过对比发现，电磁波在发泡复合材料中发生多次反射实现屏蔽，因此其屏蔽效能优于实心材料[31,45-49]。SoltaniAlkuh 等[31]报道了一种发泡 PPMMA/MW 碳纳米管复合材料，由于电磁波在泡孔内多次反射，其反射率下降了 60%，吸收率增加了 96%，如图 14-9(a)所示[31,50]。发泡碳纳米管复合材料的微观结构参数包括泡孔尺寸、密度和胞壁厚度[19,31,51]。图 14-9(b)所示为未发泡复合材料(左)和厚壁(中)、薄壁(右)发泡复合材料示意图。与厚壁材料相比，薄壁复合材料中碳纳米管分布均匀性较差，且碳纳米管间的距离相对较大。他们发现电磁波的反射与孔洞的尺寸和密度有关，随着孔洞密度和大小的增加，吸收率增加了 34%，表明多重反射作用也增强了。发泡电磁屏蔽材料密度低的优点使其具有较高的屏蔽效能。Zeng 等[48]报道了一种利用冷冻干燥法制备的多壁碳纳米管/WPU(水性聚氨酯)复合材料，当密度分别为 126mg/cm^3 和 20mg/cm^3 时，在 X 波段的屏蔽效能分别为 50dB(碳纳米管 76.2%)和 20dB(碳纳米管含量 28.6%)。与以往报道的其他屏蔽材料相比,电磁屏蔽效能密度高 1148dBcm³/g。

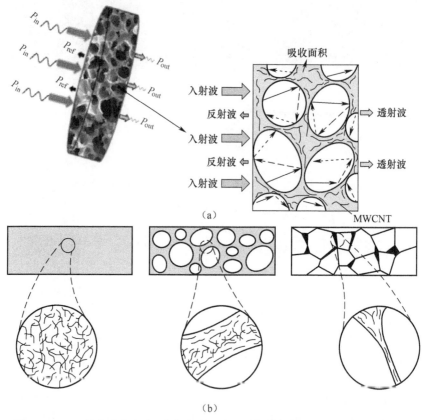

图 14-9 (a)提高泡孔密度、减小泡孔尺寸可增加发泡复合材料中多次反射;
(b)双壁碳纳米管在未发泡复合材料(左)、具有厚胞壁(中)和薄胞壁
(右)的发泡复合材料中的分散[31,50]

14.4 碳纳米管片材(巴基纸)电磁干扰屏蔽复合材料

与传统金属材料相比,碳纳米管基复合材料在电磁屏蔽应用方面有巨大优势,有重量轻、耐腐蚀、具有潜在大规模生产能力等优点。如前所述,相关研究工作已证实了用碳纳米管作复合材料的填料可以获得良好的电磁屏蔽效果[24-28]。用碳纳米管直接制备成材料(如纯碳纳米管膜)替代碳纳米管基材料,可以进一步提高电磁屏蔽效能。

CNT 因具有疏水性和大长径比而易发生团聚,在复合材料制备过程中的加入量通常较小,因此,与纯碳纳米管材料相比,碳纳米管基复合材料的最大问题之一是电导率较低。这是因为碳纳米管固有的疏水性,且大长径比的纳米管易发生聚集。如前所述,添加碳纳米管的复合材料的电磁屏蔽效能与其电导率密切相关,而电导率与碳纳米管的添加量和分布状态有关。当碳纳米管添加量足够高且分散良好时,复合材料内部会形成导电网络。因此,通过控制分散过程使碳纳米管分散良好,可在碳纳米管添加量较高的条件下使材料获得高电导率。然而,高碳纳米管添加量会给制备过程带来如何实现分散良好、避免团聚的问题。因此,直接采用碳纳米管薄膜(或巴基纸,BP)或夹在聚合物片中用来制备导电率高和碳纳米管含量大的材料引起了广泛的关注。

目前主要有两种制备碳纳米管板或 BP 的方法:一种是真空辅助溶液过滤法,利用溶液可以很容易地将碳纳米管组装成具有紧密缠结的网络结构的薄膜[21,52];另一种是使用浮动催化剂的化学气相沉积(FCCVD)法,可直接获得大面积碳纳米管薄膜[53]。在复合材料制造过程中,使用 BP 可以在高碳纳米管含量的同时获得高导电率。BP 可以被树脂浸透,因此 BP 复合材料本身可直接用作电磁屏蔽材料。用纳米管片制成的碳纳米管预浸料可以轻松地加入到传统的纤维增强复合材料中,从而使复合材料具有优异的电磁屏蔽效果。图 14-10 所示为不同厚度(不同层数)碳纳米管板的屏蔽效能。从图中可以看出,电磁屏蔽效能与 BP 的层数和 BP 的微观结构成正相关性。Park 等[21]用真空包装工艺将多层单壁碳纳米管 BP 加入聚甲基丙烯酰亚胺(PMI)发泡材料表层中,研究纳米管片层数对屏蔽效能的影响(图 14-12(a)左)。发泡 PMI 表层附着的 BP 层数越多,材料的屏蔽效果越好。如图 14-10 所示,将发泡聚甲基丙烯酰亚胺表层上的 BP 由一层增至两层,其电磁屏蔽效能可由 22dB 增大到 30dB 以上。然而,屏蔽效能的增加并不正比于 BP 的层数,当 BP 层数为 3 时,其屏蔽效能在 32dB 左右,且其增加明显变缓。BP 多层复合材料屏蔽效能的这种反常现象,可用多层结构引起多次反射来解释。

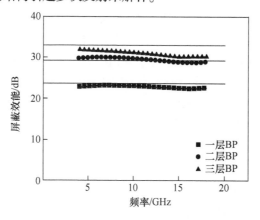

图 14-10 PMI 发泡材料表面复合多层单壁碳纳米管-BP 材料的电磁屏蔽效能
实线是不同厚度的多层单壁碳纳米管-BP 复合材料的理论计算值,厚度分别为 15μm(一层 BP)、30μm(两层 BP)和 45μm(三层 BP),其 $\sigma = 50 \text{S/cm}$[21]。

直接增加纳米管片的厚度,可以起到与多层纳米管片叠放一样的效果,显著提高电磁屏蔽效能。Wu 等[53]用 FCCVD 法制备出了面积大于 900cm² 的大尺寸碳纳米管薄膜(图 14-11(a))。通过改变收集工艺,可以获得不同厚度的 BP。图 14-11(b)所示为对这些片材的电磁屏蔽效能进行的测试,及其与铜箔进行的对比。随着 BP 厚度的增加(从 1μm 增至 2μm),电磁屏蔽效能从 36dB 增至 43dB。2μm 厚片材的电磁屏蔽效能随频率增加的变化较小,而当 BP 的厚度增至 4μm 时,在 40~60GHz 频率范围的电磁屏蔽效能急剧增大,最大值为 48~57dB。

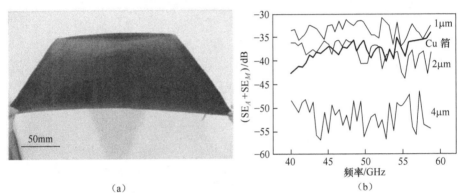

图 14-11 (a)FCCVD 法制备的 BP 的图片;(b)在 40~60GHz 频率范围内几种不同材料的电磁屏蔽效能,分别为一层 BP(厚度 1μm、2μm、4μm)的复合材料和铜箔(1min 厚度)[53]

采用真空辅助溶液过滤工艺生产的厚度为 15μm 的 BP,电导率范围为 200~1000S/cm,频率为 1GHz 时的吸收(SE_A)电磁屏蔽效能 SE 在 1.2~2.6dB 之间。因此,BP 复合材料多重反射(SE_M)的电磁屏蔽效能 SE 不可忽略,这说明 BP 复合材料层合结构设计的重要性[21,54-55]。图 14-12(a)所示为一种典型的 BP/聚乙烯(PE)复合材料叠放结构。由于不同聚合物具有不同的电性能,如环氧树脂 862 和聚乙烯(PE),通过对聚合物进行筛选、调整 BP 层的堆叠顺序和相邻层的间距,可以获得不同的电磁屏蔽效能。Park 等[21]将 PE 和 BP 混合(双壁碳纳米管与单壁碳纳米管以 5∶1 的重量比混合),研究其堆叠结构对电磁屏蔽效果的影响。图 14-12(b)所示为 BP/PE 复合材料的电磁屏蔽效能(左)及不同堆叠结构的示意图(右)。与预期的一样,在整个波段范围内,仅有一层 BP/PE 的复合材料的电磁屏蔽效能最低,约为 20dB。此外,在 PE 表层间夹有两层 BP/PE 的复合材料,其电磁屏蔽效能变化最小(约增加了 5~7dB)。然而,向 BP/PE 层之间添加一个 0.5~1.5mm 厚的 PE 层,如图 14-12(b)右图所示,电磁屏蔽效能会有明显提高。低频时两个相邻 BP/PE 层的层间距(大或小)对屏蔽效果的影响可忽略不计,但在高频下,当层间距较大时,屏蔽效能增加明显。这是由于层压 BP/PE 复合材料的

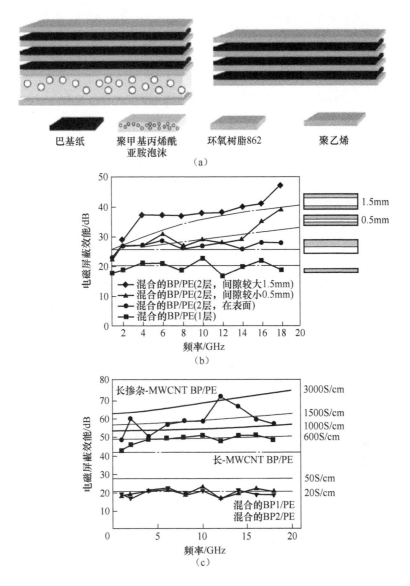

图14-12 (a)在PMI发泡材料表面层压三层BP的复合材料和BP/PE交替层压的复合材料的结构示意图;(b)单层PB和用不同厚度PE隔开的多层PB材料的电磁屏蔽效能;当间隙的厚度增大时,由于多次反射引起的SE_M,使电磁屏蔽效能增加,右侧的图为几种复合材料的结构示意图,虚线表示假设电导率为20S/cm时模拟得到的BP/PE层的电磁屏蔽效能;(c)添加低电导率的BP和高电导率的长多壁碳纳米管BP的单层BP/PE复合材料的电磁屏蔽效能。导电性能是提高电磁屏蔽效能的重要因素,实线是当BP厚度为25μm、电导率为50S/cm、1000S/cm和3000S/cm时的电磁屏蔽效能,虚线是BP厚度为25μm、电导率为20S/cm、600S/cm和1500S/cm时的电磁屏蔽效能

空间层状结构引起电磁波发生多次反射,进而产生电磁屏蔽作用,上述试验结果与理论模拟可以完好吻合。因此,利用多重反射屏蔽,在导电 BP 层间加入适当的绝缘间隙,对于提高电磁屏蔽效能有重要作用。

图 14-12(c)给出了 BP 的电导率与电磁屏蔽效能之间的关系。根据 Park 的研究报道[21],通过在 BP 制备过程中改变碳纳米管的类型,可以在 20~1000S/cm 的范围内调整材料的电导率变化。电导率持续上升的同时,电磁屏蔽效能也从 20dB 升高到 60dB。显而易见,BP 的屏蔽效能与其电导率成正比。因此,BP 的高电导率是使其获得高电磁屏蔽效能的一个重要因素。大量研究报道了碳纳米管取向对于其电导率有重要影响[32-33,56]。机械拉伸是获得沿拉伸方向伸直并取向的碳纳米管束的有效方法之一,BP 样品的电导率沿 0°方向(平行于拉伸方向)比样品沿 90°方向(垂直于拉伸方向)的电导率高 5 倍。通过控制机械拉伸的过程,可以在不同拉伸比下获得不同取向度,取向度决定了碳纳米管束伸直的程度和排列的紧密程度。结果是,一旦碳纳米管束被拉直,BP 内的有效导电路径就变得越来越短,并且所有束都变得紧密。短的导电路径和紧密堆积的结构都利于提高电导率。同时,BP 样品沿 0°方向比沿 90°方向的屏蔽效能更高,因为沿 0°方向上具有更高的电导率和负磁导率[57]。

14.5 电磁干扰屏蔽材料的未来发展趋势

现代生活中智能电子设备快速发展,与传统金属和金属基复合材料相比,碳基纳米材料具有诸多优势,如重量轻、耐腐蚀、韧性及稳定性好,在电磁屏蔽方面发挥了关键作用。其中,碳纳米管由于具有高电导率、优异的力学性能及潜在的大规模生产的能力,在工程应用中将不断为电磁屏蔽材料的发展做出贡献。通过调整碳纳米管基复合材料的制造工艺并对其微观结构进行仔细设计,可使其满足对商业上的电磁屏蔽(如 20dB)等需求的同时具有高机械强度和长耐久性等优异功能[25,27,30-31]。尤其是带有多孔结构的碳纳米管发泡材料,具有极低的密度(小于 $0.02g/cm^3$)和高的比电磁屏蔽密度(可达 $1100dBcm^3/g$),具有成为吸收主导型电磁屏蔽材料的巨大前景[22]。

研究人员还开展了其他碳纳米材料,如炭黑(CB)[46,58]和纳米石墨片[2,7]在电磁屏蔽方面的应用。例如,含聚苯胺的发泡复合材料(PANI)、聚醚多元醇(POX)和炭黑在 8.2~12.4GHz 范围内可有效屏蔽电磁干扰[4]。当炭黑的含量为 10%(质量分数)时,PANI/POX/CB 复合材料在上述频率范围内的电磁屏蔽可以达到 19.2~19.9dB。由于炭黑具有较小的长径比和较低的固有导电率,因此其渗透阈值较高,即需要达到较高的添加量才能在聚合物中形成互连的导电炭黑网络。通过调整石墨的厚度和横向尺寸等形态,可以制备出具有低渗透阈值、高导电网络的纳米石墨复合材料。由于膨胀石墨的长径比相对普通石墨要大,Goyal 等[7]制备了添加 0.6%(体积分数)的聚苯硫醚(PPS)纳米复合材料,其渗透阈值为 1%(质量分数),导电性比纯 PPS 提高了 14 个数量级。然而,与炭黑和石墨纳米材料相比,由于碳纳米管具有超高的长径比和极高的电导率,碳纳米管复合材料在低渗透阈值、高屏蔽性能和低成本、易于加工制造等方面显示出极大优势。

石墨烯是碳的一种同素异形体,具有大长径比和优异的电性能[59-60]及良好的电磁屏蔽性能[16,45-46,61],是最具前途的 2D 纳米片状材料。研究发现石墨烯和石墨烯氧化物填充聚合物在电磁屏蔽方面具有良好的性能[60-63]。例如,用化学还原氧化法将石墨烯嵌入聚甲基丙烯酸甲酯基的块状泡沫,可具有 13~19dB 的优异电磁屏蔽性能[64]。Yan 等在文献中报道[62],还原氧化石墨烯(rGO)基聚苯乙烯复合材料是吸收型电磁屏蔽材料,其屏蔽效能随 rGO 含量的增加而上升,如图 14-13 所示。图 14-13(b)所示为 rGO/PS 薄膜的"厚度"对 rGO 含量为 3.47%的复合材料电磁屏蔽性能的影响,从图中可以看出,当试样厚度由 1mm 增加到 2.5mm,由于与入射电磁波相作用的导电填料增加,在 8.2GHz 波段的电磁屏蔽效能由 15.2dB 增至 41.4dB,在 12.4GHz 波段的电磁屏蔽效能由 12.9dB 增至 48.0dB。为了更好地理解以吸收为主导的屏蔽机制,作者将 rGO 复合材料解释为表层是由紧密堆积排列的 rGO 单胞组成的导电层"皮肤"(图 14-13(c)),入射到"皮肤"层的电磁波被多层膜多次反射、散射和吸附而衰减,实现电磁屏蔽[62]。

石墨烯的 2D 结构使复合材料内部有许多面,这些面可以作为屏蔽表面。与碳纳米管层状复合材料类似,具有层状结构的石墨烯薄膜有较高的电磁屏蔽效能[16,60,65]。如图 14-13(d)所示,Zou 等[16]采用逐层沉积的方法在羊毛织物上制备氧化石墨烯复合膜材料,通过增加沉积层数,可以使屏蔽效能提高 20dB 多。在 GO/PPy 复合材料的石墨烯氧化物层间多重反射的电磁波,可以通过快速热损失消散(图 14-13(e))。

杂化石墨烯和三维碳纳米管具有独特的纳米结构和优异的电性能,是最具发展前途的轻质、柔韧且经济的电磁屏蔽材料之一[59,61,66-72]。研究表明,与其他碳纳米管或 GO/石墨烯材料相比,GO/碳纳米管和石墨烯/碳纳米管杂化纳米材料具有十分优异的导电性能、大比表面积和良好的力学性能[22]。例如,三维多孔石墨烯发泡材料与在石墨烯上原位生长的碳纳米管形成杂化结构,不仅具有优异的导电性,还具有较高的吸收损耗,且呈现出比纯石墨烯发泡材料和非共价键键合的碳纳米管/石墨烯复合材料等其他结构更加出色的电磁屏蔽性能[73]。

由于石墨烯和碳纳米管的合成条件不同,采用 CVD 法将石墨烯和碳纳米管组装成三维无缝结构材料仍是一个巨大的挑战。但目前采用逐步法已取得了一些研究成果,该方法首先在基底上生长石墨烯,然后再沉积碳纳米管,反之亦然。例如,具有独立形状、高孔隙率和良好力学性能的三维碳纳米管发泡材料可用作超轻和

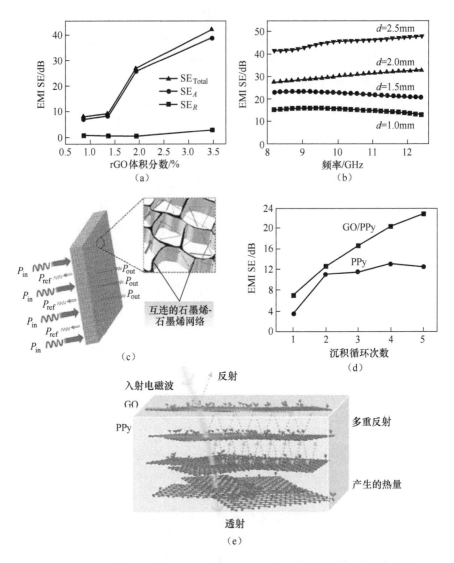

图 14-13 （a）8.2GHz 频率下不同 rGO 含量的 rGO/PS 复合材料的总电磁屏蔽效能（SE_T）、微波吸收率（SE_A）和微波反射率（SE_R）的对比；(b) 不同厚度的复合材料和 2.5 mm 厚的原始聚苯乙烯板的电磁屏蔽效能随频率的变化；(c) 微波在 rGO/PS 复合材料中传输的示意图；(d) 不同沉积层的 GO/聚吡咯（PPy）复合材料和 PPy 羊毛纤维材料的平均屏蔽效能；(e) GO/PPy 涂层在电磁辐射下的散热示意图[16,62]

高导电骨架,在该骨架上可以生长石墨烯或多层石墨烯,并通过共价键形成无缝连接。这种杂化结构使材料同时具有两种纳米碳结构的性能,为开发超轻、高性能电磁屏蔽材料开辟了新方向。

图 14-14(a)所示为将 MLGEP 沉积在碳纳米管骨架上形成的具有三维微孔结构的碳纳米管-MLGEP 发泡材料(具有开放石墨边缘平面的多层石墨烯)[70]。图 14-14(b)和(c)为放大的图片,由于碳纳米管表面带有不同尺寸和取向的 MLGEP 自由基,使杂化结构带有多孔的表面形貌。Song 等[70]的研究指出通过改变 MLGEP 的沉积时间,可以使单位体积沉积更多的 MLGEP,进而可以控制杂化发泡材料的密度在约 0.0010~0.0090g/cm^3 之间变化[70],他们的研究同时还发现材料的导电性也随之提高。当杂化发泡材料厚度为 1.6mm 时,可以看到(图 14-14(d)和(e))在相同的频率范围内,材料的总电磁屏蔽效能随密度、电导率和样品厚度的增加而上升,当密度为 0.0089g/cm^3 时,电磁屏蔽效能达到 50dB 左右。碳纳米管和石墨烯杂化多层发泡材料具有良好的柔韧性和极低的密度,是开发超轻、高性能电磁屏蔽材料的理想选择。

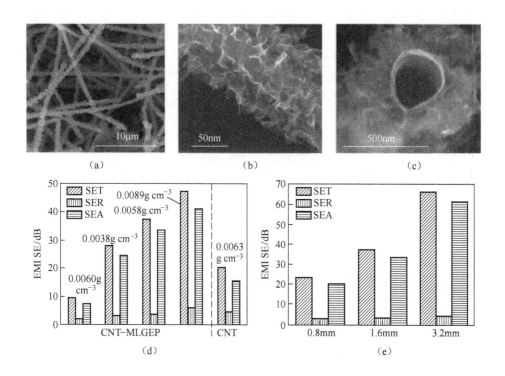

图 14-14 (a)多层碳纳米管石墨烯发泡复合材料平面边缘 SEM 图像;(b)高分辨率扫描电镜图像;(c)单个碳纳米管-MLGEP 混合的横截面图;(d)厚度为 1.6mm、不同密度的碳纳米管-MLGEP 发泡材料和纯碳纳米管发泡材料在 X 光波段的 SE_T、SE_R 和 SE_A 平均值;(e)密度为 0.0058g/cm^3、不同厚度的碳纳米管-MLGEP 发泡材料在 X 光波段的 SE_T、SE_R 和 SE_A 平均值[70]

14.6 本章小结

本章综述了用于电磁屏蔽的轻质、高性能碳纳米管/聚合物复合材料的制备方法、表征及其最新进展。通过增加复合材料中碳纳米管填料的添加量并控制其分散均匀,可以获得具有高导电率和良好电磁屏蔽性能的材料。本章还讨论了样品厚度和复合材料结构的作用。增加复合材料的厚度可以提高电磁屏蔽效能,此外,选择、设计 BP 和聚合物薄膜的堆积结构,可以使其获得超高电磁屏蔽性能。与包括炭黑和石墨烯纳米片等碳基纳米材料相比,由于碳纳米管长径比大、本征导电率高,只要添加少量即可达到该复合材料的渗透阈值。碳纳米管分散均匀可使反射的电磁波降至最小,使材料接近纯吸收性材料,是实现高电磁屏蔽性能的首选。这种材料也是国防领域中一种十分重要的隐身材料。由于碳纳米管的多孔结构能允许电磁波进入材料的孔中,形成吸收主导型材料,因此本章针对其在隐身方面的应用,还讨论了碳纳米管基发泡材料的多重散射机理。总之,本章讨论了石墨烯和碳纳米管-石墨烯杂化材料等新型碳纳米复合材料的发展趋势,为制备性能最佳、成本效益高、便于加工的新型电磁屏蔽材料提供了思路。

本章相关彩图,请扫码查看

参 考 文 献

[1] X. C. Tong, Advanced Materials and Design for Electromagnetic Interference Shielding, CRC Press, BocaRaton, FL, 2016.

[2] S. Maiti, et al. , Polystyrene/MWCNT/graphite nanoplate nanocomposites: efficient electromagnetic interferenceshielding material through graphite nanoplate-MWCNT-graphite nanoplate networking, ACS Appl. Mater. Interfaces 5 (11) (2013) 4712-4724.

[3] Y. -H. Yu, et al. , Electrical, morphological, and electromagnetic interference shielding properties of silvernanowires and nanoparticles conductive composites, Mater. Chem. Phys. 136 (2) (2012) 334-340.

[4] A. Kausar, Electromagnetic interference shielding of polyaniline/poloxalene/carbon black composite, Int. J. Mat. Chem. 6 (1) (2016) 6-11.

[5] M. Rahaman, T. K. Chaki, D. Khastgir, Development of high performance EMI shielding material from EVA,NBR, and their blends: effect of carbon black structure, J. Mater. Sci. 46 (11) (2011) 3989-3999.

[6] M. H. Al-Saleh, U. Sundararaj, Electromagnetic interference (EMI) shielding effectiveness of

PP/PS polymerblends containing high structure carbon black, Macromol. Mater. Eng. 293 (7) (2008) 621-630.

[7] R. K. Goyal, et al., Electrical properties of polymer/expanded graphite nanocomposites with low percolation, J. Phys. D. Appl. Phys. 43 (36) (2010) 365404.

[8] N. Das, et al., Electromagnetic interference shielding effectiveness of carbon black and carbon fibre filledEVA and NR based composites, Compos. A: Appl. Sci. Manuf. 31 (10) (2000) 1069-1081.

[9] M.-S. Hong, et al., Electromagnetic interference shielding behaviors of carbon fibers-reinforced polypropylenematrix composites: II. Effects of filler length control, J. Ind. Eng. Chem. 20 (5) (2014) 3901-3904.

[10] S. Kwon, et al., Flexible electromagnetic interference shields made of silver flakes, carbon nanotubes andnitrile butadiene rubber, Carbon 68 (2014) 118-124.

[11] L. Zou, et al., Superhydrophobization of cotton fabric with multiwalled carbon nanotubes for durable electromagneticinterference shielding, Fibers Polym. 16 (10) (2015) 2158.

[12] S. Celozzi, G. Lovat, R. Araneo, Electromagnetic Shielding, Wiley Online Library, 2008.

[13] P. Saini, M. Aror, Microwave Absorption and EMI Shielding Behavior of Nanocomposites Based on Intrinsically Conducting Polymers, Graphene and Carbon Nanotubes, IntechOpen, Rijeka, Croatia, 2012.

[14] P. Saini, et al., Polyaniline-MWCNT nanocomposites for microwave absorption and EMI shielding, Mater. Chem. Phys. 113 (2-3) (2009) 919-926.

[15] P. Saini, et al., Enhanced microwave absorption behavior of polyaniline-CNT/polystyrene blend in12.4-18.0GHz range, Synth. Met. 161 (15-16) (2011) 1522-1526.

[16] L. Zou, et al., Step-by-step strategy for constructing multilayer structured coatings toward high-efficiencyelectromagnetic interference shielding, Adv. Mater. Interfaces 3 (5) (2016) 1500476.

[17] L. Zou, et al., Comparison of polyelectrolyte and sodium dodecyl benzene sulfonate as dispersants for multiwalledcarbon nanotubes on cotton fabrics for electromagnetic interference shielding, J. Appl. Polym. Sci. 131 (15) (2014) 40588.

[18] Y. Kato, et al., Stretchable electromagnetic-interference shielding materials made of a long single-walledcarbon-nanotube-elastomer composite, RSC Adv. 7 (18) (2017) 10841-10847.

[19] Y. Xu, et al., Light-weight silver plating foam and carbon nanotube hybridized epoxy composite foams withexceptional conductivity and electromagnetic shielding property, ACS Appl. Mater. Interfaces 8 (36) (2016)24131-24142.

[20] M. Crespo, et al., Ultra-light carbon nanotube sponge as an efficient electromagnetic shielding material in theGHz range, Phys. Status Solidi RRL 8 (8) (2014) 698-704.

[21] J. G. Park, et al., Electromagnetic interference shielding properties of carbon nanotube buckypaper composites, Nanotechnology 20 (41) (2009) 415702.

[22] M. Gonza′lez, et al., Carbon nanotube composites as electromagnetic shielding materials in GHz range, in: Carbon Nanotubes-Current Progress of their Polymer Composites, InTech, Rijeka, Croatia, 2016.

第15章
碳纳米管和石墨烯纤维用于可穿戴纤维状能源转换器

Tian Lv, Tao Chen
中国上海同济大学,上海市化学品分析、风险评估与控制重点实验室,
化学科学与工程学院,高等研究院

15.1 引言

柔性可穿戴电子产品由于其轻便、便携的特点,近年来受到了广泛的关注。不同于传统的二维结构柔性电子器件,可穿戴电子器件通常具有纤维状结构,这不仅使其具有优异的柔韧性,而且具有优异的耐磨性和综合性能。可穿戴电子产品独特的纤维状结构使它们很容易通过传统的编织技术被编织进或整合到衣服、袋子和任何其他纺织品中。得益于柔性二维电子器件的发展,纤维状可穿戴电子器件可以通过全溶液法,例如浸涂法,很容易逐层地组装到纤维状电极或基片上。纤维状电子器件可以通过逐层涂覆活性材料和电极材料被构建到一根单纤维电极上,也可以通过将两个涂有活性材料的纤维电极缠绕在一起而制成。到目前为止,从太阳能电池到燃料电池、传感器、超级电容器、锂电池等[1-8],人们已经开发出来多种纤维状的可穿戴电子产品。

在可穿戴纤维状电子器件中,纤维状电极的性能极大地影响所获得器件的性能和柔韧性。传统上,金属(例如铜和钢)导线或涂有导电材料的聚合物纤维(例如,金和铟锡氧化物(ITO))经常被用作可穿戴纤维状电子器件的纤维电极。然而,金属丝在溶剂或环境空气中柔韧性较差且不稳定,而涂覆在聚合物纤维上的导电材料在弯曲条件下很容易断裂甚至损坏,以上的问题很大程度限制了它们在可穿戴纤维状电子产品领域的应用。最近,由碳纳米材料(如碳纳米管和石墨烯)组装而成的宏观纤维材料通过多种方法获得了发展[9-16]。所获得的碳纳米管(CNT)、石墨烯及其复合纤维显示出高导电性、优异的力学性能和柔韧性,被认为是开发高性能可穿戴纤维状电子器件的理想候选纤维电极材料。此外,CNT和石墨烯可以用于各种电子产品的有效电极,这使其衍生的宏观纤维材料在各种纤维

形状的电子器件中都有着广泛的应用。到目前为止，CNT、石墨烯及其复合纤维已广泛应用于各种可穿戴纤维状电子器件的电极中，包括太阳能电池、超级电容器、电池、传感器、燃料电池、人造肌肉等。

本章将主要概述基于石墨烯和CNT材料的可穿戴纤维状能源转换器的最新进展，包括太阳能电池、发光二极管和生物燃料电池。在第25章中我们将回顾纤维状能源存储装置。本章中，首先综述了CNT、石墨烯及其复合纤维的制备和性能。然后，总结了CNT和/或石墨烯材料在可穿戴纤维状能量转换器领域的应用。最后，对这一热点问题的挑战和展望进行了讨论。

15.2 碳纳米管、石墨烯及其复合纤维的制备和性能

借鉴聚合物纤维或者棉线的生产技术，已经发展出多种方法制备CNT纤维和石墨烯纤维。CNT纤维可以通过以下几种方法制备：①CNT分散液湿法纺丝法；②化学气相沉积（CVD）法制备CNT气凝胶的直接纺丝法；③CVD法生长定向排列碳纳米管阵列的干法纺丝法；④碳纳米管薄膜纺丝法。通常，石墨烯纤维可以通过以下三种方法其中一种制备：①先对氧化石墨烯溶液进行湿法纺丝，然后进行化学或热还原处理；②先将石墨烯溶液在纤维状容器中进行水热处理，然后进行还原；③对CVD生长的石墨烯膜或者管进行直接纺丝。对于CNT和石墨烯纤维而言，不同的纺丝工艺会产生不同的结构和形貌，从而使其电、力学和热性能在很大范围内发生变化。书中有几章（第7、12和18章）将讨论CNT纤维的制备和性能。因此，本章我们仅概述了石墨烯纤维和CNT/石墨烯复合纤维的制备和性能。

15.2.1 石墨烯纤维

15.2.1.1 从石墨烯溶液中制备石墨烯纤维

受共价碳-碳键的高强度和刚度及其在合成高分子纤维和碳纤维中前体沿着纤维轴向排列所激发，GO液晶（LCS）中的GO片材的定向排列提供了将GO片组装成高性能的宏观GO纤维的可能性。为此，通过在5%（质量分数）NaOH/甲醇溶液的凝固浴中进行水性GO液晶纺丝制备GO纤维，从而在接下来的化学还原后得到还原氧化石墨烯（rGO）纤维[17]。石墨烯纤维的形成可以总结为下面三个步骤（图15-1(a)和(b)）[17]：①首先是氧化石墨烯片材的流动诱导取向排列，使其沿流动方向均匀定向排列，而不是在静止GO液晶中排列区域的三维随机分布；②凝固浴与GO溶液之间的溶剂交换使溶解的GO相互连接，形成自支撑凝胶GO纤维；③溶剂的蒸发导致凝胶纤维的径向收缩，使GO纤维紧密堆积。通过这种方

法(图15-1(c))可以连续制备长GO纤维(图15-1(d)),纤维直径可以很容易通过调节喷嘴尺寸和拉伸速度控制[18]。经化学还原后,rGO纤维的拉伸强度为140MPa,杨氏模量为7.7GPa,电导率为250S/cm。重要的是,这些rGO纤维可以在没有任何结构损伤的情况下扭成一个结(图15-1(e)),表明其优良的柔韧性[19]。

研究发现,宏观石墨烯纤维的导电性和机械强度均远低于其组分石墨烯片的导电性和机械强度。因此,研究人员付出很大努力通过以下三个措施来提高石墨烯纤维的性能:①通过引入共价或非共价等高能键来增强层间相互作用;②减少结构缺陷,如石墨烯层间边界、空隙和杂质;③增强石墨烯沿纤维轴向的规则排列。因此,具有极高纵横比的巨型GO片(平均尺寸为18.5μm,厚度为0.8nm)被用作结构单元,通过湿纺方法实现了巨型GO片在纤维中的高度有序排列[18]。在纺丝过程中,凝固溶液的剪切流诱导GO片沿流动方向形成规则的排列(图15-1(c)和(d))。通过使用含有金属盐的凝固浴溶液,纤维中的大尺寸GO片被二价离子(如Ca^{2+})进一步交联,与在KOH溶液中(184.6MPa)纺制的纤维相比,其拉伸强度(364.6MPa)提高了一倍。采用大尺寸GO片可以明显减少GO纤维中GO片之间的接触点,从而使rGO纤维具有较高的导电性($3.8\times10^4 \sim 4.1\times10^4$S/m),比使用小尺寸GO片($7.2\times10^3$S/m)的GO纸高出4倍。受工业碳纤维技术中缺陷管理理念的启发,通过减少结构缺陷可以大大改善石墨烯纤维的力学性能。最近,通过高温(3000°C)石墨化来完善石墨烯的原子结构,优化后的石墨烯纤维具有282GPa的超高刚度、1.45GPa的机械拉伸强度和0.8×10^6S/m的高导电性[20]。有趣的是,将小尺寸GO片(平均尺寸为0.8μm)填充到以大尺寸GO片(平均尺寸为23μm)为主干的GO纤维的空间和空隙中,可以形成插层致密的石墨烯纤维[21]。经过热还原和高温退火(1400~2850°C)后,石墨烯纤维的拉伸强度接近1.08GPa。当石墨烯纤维在2850°C退火时热导率和电导率可以分别提高到1290W/(m·K)和2.2×10^5S/m。

此外,GO纤维还可以通过限域水热法利用GO片之间的强层间π-π堆积来制备[22]。首先,将8mg/mL的GO悬浮液注入内径为0.4mm的玻璃管道中,密封两端后在230°C下热处理2h,得到直径和几何形状与所用管道相似的GO纤维。在此过程中,1mLGO悬浮液(8mg/mL)可产生超过6m长的GO纤维。经800°C热处理后,rGO纤维的拉伸强度可达420MPa左右。然而,通过这种方法制备的石墨烯纤维长度非常有限,尽管为了提高其机械强度和柔韧性人们已经进行了一些尝试[23]。

15.2.1.2 利用CVD生长石墨烯薄膜纺制石墨烯纤维

除了GO溶液法外,还开发了直接由CVD生长的石墨烯薄膜纺制石墨烯纤维

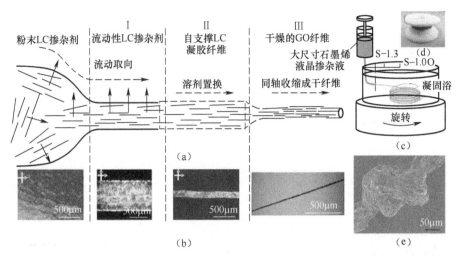

图15-1 通过偏光显微镜(POM)获得的石墨烯纤维纺丝过程(b)中的结构演变(a)试验过程。上面一层表示在纺丝(I)期间单轴流动条件下定向增强过程,从无规排列的粉末状GO液晶到流动性GO液晶,GO液晶凝胶纤维(II),和最终干燥物GOF(III)的规整排列。灰色箭头代表直接矢量。(c)GGO纤维纺丝装置原理图。"O"表示旋转中心;"St 1.0"和"St 1.3"分别表示距旋转中心2cm和1.5cm的喷嘴位置。(d)缠绕在陶瓷辊轴上的5mm长的GGO纤维。(e)石墨烯纤维打结的SEM图像

的方法。首先采用CVD法在铜箔衬底上生长了多层石墨烯薄膜。再对铜进行刻蚀后可以获得漂浮在溶液上的石墨烯薄膜,这些石墨烯薄膜可以转移到任何其他溶剂(如乙醇和丙酮)。由于表面张力较大和溶剂易挥发,一旦用镊子从溶剂中拉出叠层石墨烯薄膜,就可以形成石墨烯纤维(图15-2(a)、(b))[24]。组装后的石墨烯纤维直径均匀,具有整体多孔结构(图15-2(c))。由此获得石墨烯纤维的导电率约为1000S/cm。但是,由于石墨烯薄膜边缘存在的许多缺陷,使其在拉伸过程中很容易被损坏,因此采用这种方法很难连续大规模生产出具有理想长度和强度的均质石墨烯纤维。

最近,连续叠层石墨烯薄膜可以在铜线上生长[7];去除铜基板(图15-2(d)~(f))后,空心石墨烯管漂浮在溶剂中。由于石墨烯纤维的整体结构和有限的边缘缺陷,使得具有均匀的直径和多孔结构的石墨烯纤维(图15-2(g)和(h))可以通过从任何溶剂中抽出连续石墨烯管获得,且无任何结构损伤。制备的石墨烯纤维具有高达127.3S/cm的导电性和优异的柔韧性。与GO溶解法相比,从CVD生长石墨烯薄膜制备石墨烯纤维的工艺更容易、更简单,无需制备GO和还原过程。但是,通过CVD生长石墨烯薄膜制备的石墨烯纤维的结构和性能应该通过调整石墨烯薄膜结构和使用多种后处理(如热处理和异质原子掺杂)方法来进一步改进。

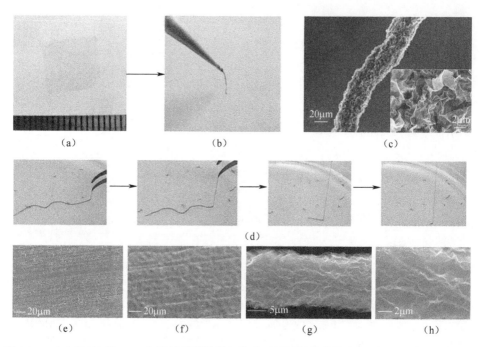

图 15-2 (a)和(b)是 CVD 生长的石墨烯膜组装成石墨烯纤维的数字照片;(c)不同放大倍数的石墨烯纤维 SEM 图像;(d)从溶液中抽取中空石墨烯管形成的 GF 的数字照片;(e)和(f)分别是石墨烯片生长前后铜线的 SEM 图像;(g)和(h)石墨烯纤维在不同放大倍数下的 SEM 图像

15.2.2 碳纳米管/石墨烯复合纤维的制备

利用 CNT 和石墨烯的优点,CNT/石墨烯复合纤维由于两种组分的协同作用,可以实现优异的电、热和力学性能[25-30]。此外,CNT 的引入可以有效地防止石墨烯膜间的强 π-π 相互作用,获得大表面积、高离子可及性的 CNT/rGO 杂化材料。在此基础上,通过 CNT 和 rGO 膜在聚合物溶液中湿法纺丝设计并制备了具有高韧性的 CNT/rGO/PVA(聚乙烯醇)杂化纤维(图 15-3(a)和(b))。如图 15-3(c)所示,凝胶初生纤维转化为 rGO/PVA 纤维,然后再转化为无聚合物 rGO 纤维,这可以通过 600℃的真空中加热 rGO/PVA 纤维或通过在 HCl 中浸泡去除 PVA 来实现[31]。得到的 CNT/rGO/PVA 复合纤维韧性呈现高质量标准化,变化范围为 480~970J/g,取决于复合纤维中 rGO 与 CNT 的比例(图 15-3(d))。所得 CNT/rGO/PVA 复合纤维具有较高的韧性是因为在原丝凝固过程中初生凝胶纤维形成褶皱结构。然而,插层聚乙烯醇的存在显著降低了石墨烯和 CNT 固有的大表面积和导电性。为了避免在纺丝过程中使用聚合物,可以通过扭转涂覆有 GO 溶液的

CNT 膜,然后进行还原来制备纯 CNT/rGO 复合纤维[32]。所制备的 CNT/rGO 复合纤维的拉伸强度为 630MPa,导电率为 450S/cm±20S/cm,远高于裸 CNT 纤维(500MPa 和 370S/cm±15S/cm)和 GF 纤维(320MPa 和 195S/cm±40S/cm)。

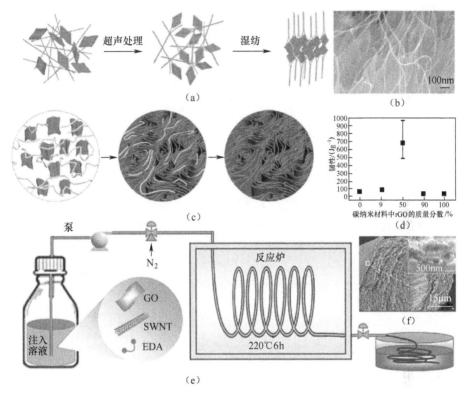

图 15-3 (a)原理示意图描述了超声处理和湿纺后还原氧化石墨烯薄膜(rGOF)(弯曲的矩形)的定向互联网络和单壁碳纳米管(SWNT)束(灰线)的形成;(b)GO/SWNT/PVA 纤维横截面的 SEM 图像;(c)凝固-纺 rGO 凝胶(左)、聚合物复合材料(中)和无聚合物纤维(右)之间的结构演变示意图。浅色线条和深色弯曲矩形分别代表 PVA 链和 rGOF;(d)碳纳米材料中不同 rGO 质量分数时纤维的韧性值;(e)连续法合成 CNTs/rGO 复合纤维的原理图;(f)和(g)CNT/rGO 复合纤维横截面的不同分辨率 SEM 图像

通过合理设计微型反应器,CNT/rGO 纤维可以利用水热法工艺实现连续生产[33]。将经过硝酸处理的 CNT、GO 和乙二胺溶液(EDA)通过蠕动泵注入可弯曲的石英毛细管柱(内径 0.5mm),随后放置在水热反应炉中(图 15-3(e))。EDA 的存在为掺杂 CNT 和石墨烯提供了氮源,不仅可以提高导电性和浸润性,还可以诱导产生 CNT/rGO 复合纤维的赝电容。此外,EDA 中的氨基可以作为一种分子"末端锚定"试剂,与经过酸处理的 CNT 和 GO 结合,从而形成具有高机械强度和柔韧性的 CNT/rGO 复合纤维。在 CNT/rGO 复合纤维中添加 CNT(图 15-3 中(f)

和(g)可以有效地阻止 rGO 的堆积。得到的 CNT/rGO 复合纤维拥有极大的表面积,为 396m²/g,CNT 的比例为 50%。CNT/rGO 复合纤维的多孔结构和大比表面积可以有效地促进离子的传输,在电化学储能电极领域(如超级电容器)具有巨大的应用潜力。

15.2.3 碳纳米管、石墨烯及其复合纤维的性能

综上所述,多种用于生产 CNT、石墨烯和它们的复合纤维的方法已经被研究,并取得了巨大成就[34-56]。通过协同优化方法,CNT 和石墨烯纤维的拉伸强度可超过 1GPa,导电率可以超过 106S/m(表 15-1)[20,32,34-38]。更为重要的是,各种连续制备 CNT、石墨烯和它们的复合纤维的方法也得到了发展,这将极大地促进其实际应用。然而,还应该注意的是,当采用不同的纺丝工艺和处理方法时,CNT 和石墨烯衍生的宏观纤维材料的性能差异很大。由于其优异的机械强度、高导电性和良好的柔韧性,使这些纤维材料能够取代传统的金属丝或涂有导电材料的聚合物纤维,用于多种纤维状电子产品。

表 15-1 典型报道中的 CNT、石墨烯及其复合纤维的性能比较

材料	方法	强度/MPa	杨氏模量/GPa	电导率/(S/m)	参考文献
CNT 纤维	湿纺	887±37	82.1±17.1	14483±169	[34]
CNT 纤维	CVD 炉纺丝	100~1000	—	830	[35]
CNT 纤维	干纺	1910	330	596.5	[36]
石墨烯纤维	湿纺	1080±61	135±8	221±60	[21]
石墨烯纤维	湿纺	1450	400	8000	[20]
CNT/石墨烯纤维	干纺 CNT 纤维	630	—	450±20	[32]

15.3 基于碳纳米管和石墨烯复合纤维的可穿戴纤维状能量转换装置

CNT 和石墨烯由于其独特的结构和优异的性能,已被证明是多种电子器件的有效电极,如能量转换、储能、传感器和人工肌肉等。与二维结构电子产品类似,通过利用 CNT 和石墨烯-复合的纤维电极代替传统的纤维基底或电极,相关的纤维形状电子产品已经得到发展。接下来,我们将主要回顾基于 CNT 和/或石墨烯纤维的纤维状能量转换器件的最新进展。读者可以在第 25 章中获得更多关于使用 CNT 和石墨烯的类纤维储能装置的信息。

15.3.1 碳纳米管和(或)石墨烯纤维电极的纤维状太阳能电池

15.3.1.1 纤维状燃料敏化太阳能电池

由于 CNT 和石墨烯具有高导电性和优异的催化性能,其取代铂(Pt)用作传统二维结构的燃料敏化太阳能电池(DSSC)的对电极已经得到广泛研究。然而,基于 CNT 或石墨烯纤维电极的纤维状 DSSC 的研究报道很少,直到 Chen 等报道了一种使用了 CNT 纤维的纤维状 DSSC。在该纤维状的 DSSC 中,一根被二氧化钛(TiO_2)纳米颗粒层包裹的 CNT 纤维(图 15-4(d)和(e))在吸附了光敏染料分子后作为工作电极,另一根 CNT 纤维直接代替常规的 Pt 导线用作对电极。将工作电极和对电极拧在一起(图 15-4(f)和(g)),然后在两者之间滴涂电解液。制备的纤维状 DSSC 具有优异的约 3% 的能量转换率(PCE),与 Pt 导线对电极装置的转换效率相当。由于其独特的纤维结构,当光从任何方向(垂直于器件的轴向)照射时,这些纤维状的器件都表现出稳定的性能。此外,纤维状的 DSSC 可以被编织或者集成到织物中,显示出其在用作其他可穿戴电子设备的能源方面的巨大潜力。为了进一步提高纤维状 DSSC 的能量转换效率,采用电化学阳极氧化的方法在 Ti 丝上生长定向 TiO_2 纳米管阵列,吸附染料分子后作为工作电极使用[58]。与随机的 TiO_2 纳米粒子相比,电子可以在较短的距离内更快地传输,这使增强后的 PCE 约为 4%。

由于其表面积大、导电性好,宏观石墨烯纤维也可用作高效的纤维状对电极,催化电解质在纤维状 DSSC 中的氧化还原反应。通过在石墨烯纤维中引入相对低含量的 Pt,可以获得高性能的纤维状 DSSC[59-60]。为此,采用湿法纺丝工艺制备的 rGO 纤维(图 15-4(j))作为对电极,采用 Ti 导线作为工作电极,研制出了扭曲结构的纤维状 DSSC(图 15-4(i))[59]。以裸 rGO 纤维作为对电极,PCE 可达 3.85%。为了进一步提高纤维状 DSSC 的性能,用电化学方法将 Pt 纳米颗粒沉积到 rGO 纤维上,制备了 Pt/rGO 复合纤维,增强了对电极的催化性能。已证实当 Pt/rGO 复合纤维中 Pt 的含量为 7.1%(质量分数)时,得到的 PCE 为 8.45%。这个值代表了报告中纤维状 DSSC 的最高值[图 15-4(k)]。此外,量子点(QD)具有较高光吸收效能、可调谐的带隙和多重激子产生效应,可作为纤维状 DSSC 的感光材料。就这一点而言,用水热法制备 CNT 纤维上的 TiO_2 薄膜时,CdS 和 CdSe 量子点作为额外的电子接收器被结合到 TiO_2 层中。以另一 CNT 纤维为对电极,制备了双电极扭曲纤维型 DSSC。得到的纤维状 DSSC 的 PCE 约为 7.39%[61]。

15.3.1.2 采用碳纳米管或者石墨烯的纤维状聚合物太阳能电池

目前,纤维状 DSSC 主要以液体电解质为主,在操作过程中存在许多问题,如

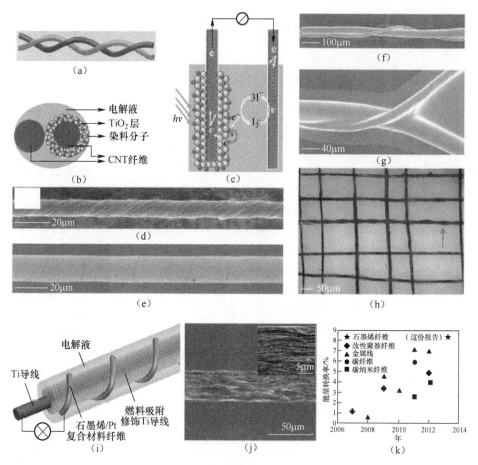

图15-4 (a)~(c)基于CNT纤维的扭曲结构纤维状DSSC的示意图及其工作原理;(d)和(e)涂覆TiO₂纳米颗粒层前后的CNT纤维的SEM图;(f)和(g)中间和末端纤维状DSSC的SEM图像;(h)编织进织物的纤维状DSSC的数字图像;(i)利用Pt/rGO复合纤维制作的纤维状DSSC示意图;(j)低、高(插图)放大倍数下rGO纤维的SEM图像;(k)基于Pt/rGO复合电极与其他光纤对电极的纤维状DSSC能量转换效率比较

有机溶剂的毒性和腐蚀性,液体电解质易泄露而且不稳定。为了避免使用液体电解质,固态纤维状聚合物太阳能电池(PSC)是一种很好的替代材料,它很容易被制备,通过全溶液法将光敏材料和电极材料一层一层地引入在纤维基底上[62-64]。最常用的光敏材料是聚3-已基-2,5-噻吩(P3HT)和(6,6)-苯基-C61丁酸甲酯(PCBM)的混合物。为了制备纤维状的PSC,采用浸渍法将P3HT/PCBM层的异质结涂覆在由ZnO层支撑的钢线上,然后采用CNT薄膜或CNT纤维代替传统的金属电极[63]。从SEM图像中可以清楚地观察到两个纤维电极之间的扭曲缠绕结

构,接触非常紧密(图15-5(a)),这为它们之间的快速电荷传输提供了条件。纤维状PSC的PCE变化范围在1.4%~2.3%之间。这些纤维状的PSC在旋转、大角度弯曲条件下表现出良好的稳定性(图15-5(b)),即使没有封装也能长期储存,具有很大的实际应用潜力。

与双电极扭曲结构不同,采用金纳米颗粒吸附的单层石墨烯薄膜作为对电极,同时采用镀有P3HT/PCBM光敏层的钢丝作为主电极,研制出了一种单电极型纤维状PSC(图15-5(c))[65]。获得的纤维状PSC在标准照度下PCE约为2.53%,测试过程中采用扩散反射器时,PCE可提高到4.36%。在这项研究中,石墨烯薄膜不仅可以作为器件的透明电极,还为光敏层提供了良好的封装。由于其独特的结构,获得的纤维状PSC表现出了优异的柔韧性和性能稳定性,即使在空气环境中保持8天,效能下降也不超过5%。目前,纤维状PSC的效率远远低于传统的二维器件。因此,目前应主要致力于通过优化电极结构、光敏材料层的厚度和形态以及碳纳米材料的光敏层与电极层的接触界面来提高纤维状PSC的性能。

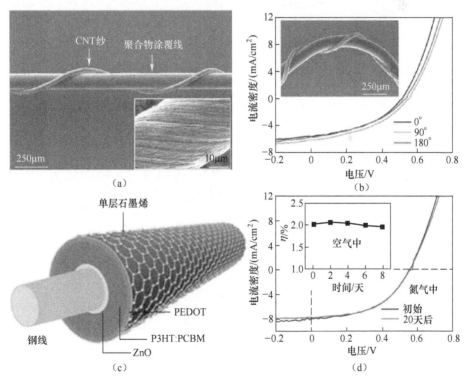

图15-5 (a)具有扭曲结构纤维状PSC的SEM图像;(b)纤维状PSC在不同弯曲状态下的电流密度—电压曲线(J-V)。插图显示装置弯曲到90°时的SEM图像;(c)基于聚合物涂层钢导线并有单层石墨烯薄膜包裹作为对电极的纤维状PSC的示意图;(d)纤维状PSC分别在新鲜空气和在氮气中储存20天后的J-V曲线。插图所示在空气中8天效能的改变

15.3.1.3 采用 CNT 或者石墨烯的纤维状钙钛矿太阳能电池

近年来,钙钛矿太阳能电池得到飞速发展,其 PCE 已经提高 20%[66-68]。钙钛矿太阳能电池由于其效率高,在实际应用中显示出很大的潜力。在纤维状 DSSC 和 PSC 学习基础上,采用衍生自 CNT 或石墨烯的宏观纤维也研制出了纤维状钙钛矿太阳能电池[69-70]。然而,所得到的纤维状钙钛矿太阳能电池的 PCE 相对较低(约3%)[69-70]。通过合理的设计,已研制出 PCE 为 9.49% 的纤维状钙钛矿太阳能电池[71]。如图 15-6(a)所示,采用平面一维导电膜(聚萘甲酸乙二酯、涂有 ITO

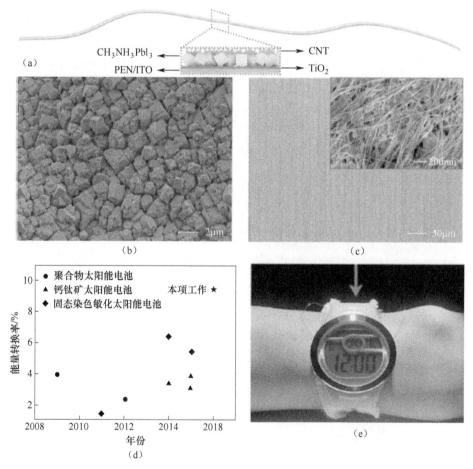

图 15-6 (a)带状钙钛矿太阳能电池的照明原理图;(b)具有微米晶体的致密钙钛矿层的 SEM 图像;(c)附着在钙钛矿层表面的定向 CNT 薄膜的 SEM 图像(插图代表更高的放大倍数);(d)带状钙钛矿太阳能电池与其他全固态一维太阳能电池的 PEC 比较;(e)5 块带状钙钛矿太阳能电池集成在一个柔性带中,在顶部(箭头方向)的光照射下为一块商用电子表供电

的 PEN 膜)为基底,然后涂覆断流层 TiO_2、钙钛矿材料($CH_3NH_3PbI_3$)和取向的 CNT 膜,形成带状器件。可以看出,形成了具有微米晶体的致密钙钛矿层(图 15-6(b))。CNT 在钙钛矿层表面保留了自身的定向结构(图 15-6(c)),这为电荷快速传输提供了条件。系统优化后,当光敏钙钛矿层和 CNT 层的厚度分别为 460nm 和 200nm 时,带状钙钛矿太阳能电池的 PCE 提高到 9.49%。这一数值远高于纤维状 DSSC 和 PSC(图 15-6(d))。这些带状的钙钛矿太阳能电池可以被编织成柔软、轻便的衣服,以在光的照射下为各种可穿戴电子设备(如电子手表,图 15-6(e))供电。

到目前为止,尽管可穿戴的纤维状太阳能电池已经取得了很大的进展,但仍需要付出很大的努力才能将其性能提高到与平面太阳能电池相当的水平。如前所述,对于所有类型的纤维状太阳能电池,活性材料层的结构、形貌和厚度直接决定了电荷的运输特性,这对器件的性能有很大的影响。因此,通过改善活性材料层的形貌和厚度,创造活性材料中定向结构来增强电荷的输运能力等合理的优化策略应该被研究,从而大大提高纤维状太阳能电池的性能。此外,还需要研究这些新型结构太阳能电池的电荷传输机制和工作原理(特别是在内弯层和两个内弯层之间的界面处),这可能有助于进一步优化。

15.3.2 可穿戴纤维状发光二极管

发光二极管(LED)因能够将电子转换为光子而广泛应用到我们的日常生活中。虽然目前传统的平面 LED 的制造技术已经非常成熟,但由于纤维电极的局限性,发展可穿戴的纤维状 LED 还是一个巨大的挑战。直到最近,通过使用简单的全溶液方法,一个基于叠层芯金属电极的纤维状聚合物发光二极管(PLED)(图 15-7(a))已经被证实[72-73]。具体来说,纤维状 PLED 的制备过程如下:①将氧化锌纳米颗粒薄膜作为电子转移涂覆在不锈钢线表面;纳米氧化锌还可以保护电致发光聚合物不受荧光猝灭的影响,降低漏电流。②电致发光聚合物层是蓝色发光聚合物(PF-B)、乙氧基三甲基丙烷三丙烯酸酯(ETT-15)和三氟甲烷磺酸锂(LiTf)的混合物,通过直接涂覆法沉积在改性钢丝上。③从可纺碳纳米管阵列中引出一层厚度为 18nm,透光率为 87%的碳纳米管膜,包覆在上述纤维外部。

观察到纤维状 PLED 的光发射在 5.6V 下光强度为 $1cd/m^2$,13V 时到达峰值为 $609cd/m^2$。纤维状 PLED 的原理可总结如下:①外加电压作用下,在阴极和阳极界面形成了双电层,产生电子和空穴注入;②电子通过不锈钢导线外的氧化锌纳米颗粒注入到电致发光聚合物层中,而空穴则从定向 CNT 膜注入到聚合物活性层中。③注入的电子和空穴结合成激子,以光子的形式释放能量。由于其独特的纤维状结构,纤维状 PLED 的亮度在不同视角下几乎没有变化(图 15-7(b)),这

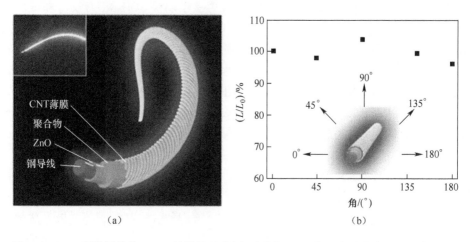

图 15-7 (a)柔性纤维状 PLED 的结构示意图。插图:10kV 偏压的纤维状 PLEC 的照片。
(b)亮度与纤维状 PLED 角度的关系。L_0 和 L 分别对应于在 0°和其他角度测量的亮度

与在平面器件中观察到的非常不同。此外,纤维状的 PLED 表现出非常好的柔韧性。以 6mm 的曲率半径弯曲 100 次,它仍可保持其最大亮度的 90% 以上。纤维状 PLED 发出的光颜色可以很容易地通过使用不同的聚合物来调整,使它们很容易编织成具有实际应用设计特征的柔性电子服装。尽管目前对这一课题的研究还非常有限,但它为某些特殊领域的平面结构 LED 的应用提供了一种很有前途的方法。

15.3.3 采用碳纳米管纤维的可穿戴纤维状生物燃料电池

生物燃料电池,通过电化学工艺可将化学能(如血液中的葡萄糖)转化为电能,有望用作某些可植入生物医学设备的电源[74-75]。与传统的平面器件相似,纤维状微生物燃料电池由于酶负载量低和酶在电极上(如碳纳米管)固定困难而受到很大限制。得益于最近发展的制备 CNT 纤维的双螺杆工艺,可以在 CNT 复合纤维中获得超高负载(高达 95%)的客体材料[74]。然而,将亲水性酶固定到疏水性 CNT 载体中仍然是一个巨大的挑战。为此,Kwon 等采用气相聚合法将聚 3,4-乙烯二氧噻吩(PEDOT)涂覆在碳纳米管膜上,制备出具有高亲水性的 PEDOT 涂覆-CNT 膜[75]。亲水性 PEDOT/CNT 膜通过一步法可以从水溶液中明显提高酶和氧化还原介质的负载量。经过双螺杆纺丝处理,在 CNT 纤维阳极(约 88%)和阴极(约 81%)高负载的客体被获得(图 15-8(a))。在阳极,葡萄糖氧化酶被用作酶催化葡萄糖的氧化,胆红素氧化酶被用作酶催化阴极的氧还原。含锇导电聚合物被选择用作氧化还原介质(Ⅰ和Ⅱ)用来促进酶和卷曲的 PEDOT 涂层 CNT 膜之间

的电子快速转移。重要的是,阴极和阳极纤维都保持高强度和导电性,使其在生物燃料电池应用中具有优异的性能。

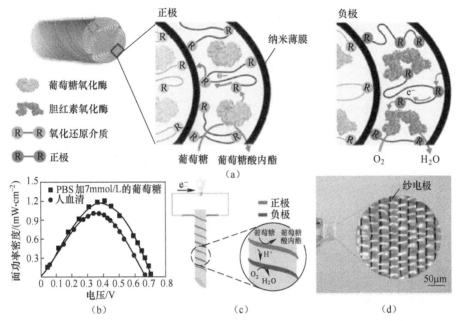

图15-8 (a)双螺旋CNT纤维阳极和阴极电极的结构示意图。所用的酶和氧化还原介质聚合物是葡萄糖氧化酶(GOx)与在阳极的介质Ⅰ和胆红素氧化酶(BOD)与在阴极的介质Ⅱ;(b)在不同的电解质中双螺旋纤维燃料电池的空气功率密度随槽电压的变化;(c)阳极和阴极螺旋缠绕在直径为1.2mm的玻璃棒上的双螺旋CNT纤维燃料电池的结构示意图;(d)一块尺寸5mm×7mm纺织生物燃料电池的照片,它在经纱方向上展开了直径为50mm的双涡卷纱阳极和阴极

基于双螺旋复合纤维的燃料电池在人血清中显示出$1.02mW/cm^2$的空气功率密度,这与含有7mmol/L葡萄糖的磷酸缓冲盐溶液(PBS)电解质中的功率密度相当(图15-8(b))。由于其独特的结构和柔性,阳极和阴极纤维电极可以很容易地螺旋缠绕在玻璃棒上(图15-8(c))或织成纺织品(图15-8(d))。一块5mm宽和7mm长的生物燃料电池织物可提供$128\mu W$的最大输出功率和0.7V的开路电压。这种基于双螺旋CNT复合纤维的新型微生物燃料电池有望通过直接采集人体葡萄糖化学能作为植入电子器件的电源。

15.4 纤维状能量转换和存储集成器件

能量转换装置受到一些不可控因素的限制,包括太阳能电池使用的时间和位置的局限性。因此,一种包含能量转换和储存装置的集成能源装置,能够同时将太阳能电池产生的电能储存到储能装置(如超级电容器和锂电池)中,是非常令人感兴趣而且重要的。然而,采用与导线的外部连接的常规集成方法不适用于便携式和柔性电子器件,而且所使用的外部导线会引起大量的能量损失。在这方面,在一个集成设备中建立能量转换和存储部件是上述问题的一个很好的解决方案。对于集成能源器件来说,一个既可用于能量转换又可用于能量存储的公共电极是最重要的元件。幸运的是,CNT 和/或石墨烯材料已被证实可作为这两种器件的有效电极。

不同于用简单的层叠方法制备的平面结构集成能源器件,纤维状集成器件的结构和制备工艺更应该仔细设计。通过在单纤维基质上制备出一种包含 DSCCS、纳米发电机和超级电容器部件的集成能源器件[77]。所有单独的能源装置都运行成功,但性能很差。另外,它们之间没有直接联系。随后,将 DSSC(或 PSC)和超级电容器(图 15-9(a))在阳极化的 Ti 丝上制备,并将 CNT 纤维用作两者的对电极,开发出了包含有 DSSC(或 PSC)和超级电容器的集成能源器件[78-79]。以 PSC 与超级电容器的集成器件(图 15-9(a))为例,两者均可单独工作,当 PSC 与超级电容器在光照射下连接时,超级电容器充电到 PSC 的开路电压(图 15-9(b))。当这两个设备断开时,已充电超级电容器可以作为其他电子设备的电源。

除了超级电容器外,还可以通过在一个单纤维电极上制造太阳能电池和锂离子电池来构建集成能量转换和存储装置[80]。与其他纤维状器件类似,纤维状集成能源装置也可以很容易地编织到其他纺织品中(图 15-9(c)),用于实际应用。图 15-9(d)显示的是在光照射下充电后,在黑暗中为两个发光二极管供电的集成装置中 Li 离子电池的照片。如上所述,能量转换和存储的纤维状集成设备可以自己充电,可以集成和/或编织到其他纺织品中,显示出作为便携式和可穿戴电子产品的自供电能源的巨大潜力。

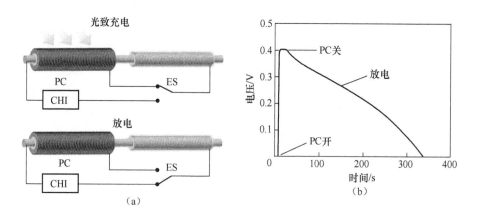

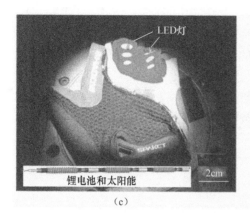
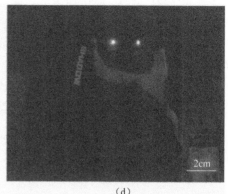

图 15-9 （a）示意图为纤维状光电转换（PC）和能量存储（ES）集成器件充电和放电过程中的电路连接状态；（b）放电过程中电流为 0.1μA 的充电-放电曲线；（c）和（d）将纤维状集成锂电池和太阳能电池编织进运动手套，分别进行光充电（在 AM1.5 照度下）和在黑暗中为两个发光二极管供电

15.5　本章小结

　　由于 CNT 和石墨烯内部结构单元的优异性能，使其衍生的宏观纤维不仅具有较高的机械强度和导电性，而且重量轻，具有优异的柔韧性和可穿戴性。CNT 和石墨烯纤维的独特结构和性能使其成为替代传统的金属导线或涂有导电材料的聚合物纤维，成为可穿戴纤维状电子器件的理想候选电极材料。然而，需要注意的是，采用不同的制备方法和后处理方式，CNT 或石墨烯纤维的性能在很大范围内变化。因此，它们的电子性能也表现出广泛的性能范围。因此在连续生产性能可控的 CNT 和石墨烯纤维上应该投入更多的精力。

　　基于 CNT、石墨烯及其复合纤维电极，多种纤维状电子器件得到了发展。这些纤维状的电子产品表现出良好的柔韧性，且重量轻，由于其独特的纤维状结构，通过传统的编织技术可以很容易集成或编织到其他纺织品中。在未来，纤维状的能量转换设备有望成为便携式和可穿戴电子设备的柔性和轻质电源。然而，仍有一些需要解决的问题。首先，与传统的平面结构器件相比，纤维状能源相对应器件的性能更低，需要通过以下方式进一步改进：①用高效的功能材料修饰 CNT 和石墨烯纤维电极；②将活性材料或电极材料设计成定向结构，增强电荷传递和/或分离能力；③通过表面改性来改善两个功能层之间的界面接触，降低它们之间的电阻。其次，应充分研究纤维状能量转换装置中电荷的输运原理，特别是在曲面上两个功能层之间的界面处。然后，随着器件长度的增加，电极电阻会增大，导致器件性能严重下降。因此,应更加注意器件长度对纤维状能量转换或集成器件性能的影响。应该提出一些新方法去解决纤维状能源器件对长度的依赖性。最后,开发出性能稳定、产量高的纤维状能源器件的连续大批量生产工艺是其实际应用的关键。

总之,在不久的将来,可穿戴纤维状能量相关器件将在我们的日常生活中发挥重要作用。它们的发展将促进其他可穿戴电子产品的生产。

参 考 文 献

[1] L. Li, Z. Wu, S. Yuan, X.-B. Zhang, Advances and challenges for flexible energy storage and conversion devices and systems, Energy Environ. Sci. 7 (2014) 2101–2122.

[2] T. Chen, L. Qiu, Z. Yang, H. Peng, Novel solar cells in a wire format, Chem. Soc. Rev. 42 (2013) 5031–5041.

[3] X. Cai, M. Peng, X. Yu, Y. Fu, D. Zou, Flexible planar/fiber-architectured supercapacitors for wearable energy storage, J. Mater. Chem. C 2 (2014) 1184–1200.

[4] S.-Y. Lee, K.-H. Choi, W.-S. Choi, Y. H. Kwon, H.-R. Jung, H.-C. Shin, J. Y. Kim, Progress in flexible energy storage and conversion systems, with a focus on cable-type lithium-ion batteries, Energy Environ. Sci. 6 (2013) 2414–2423.

[5] D. S. Yu, Q. H. Qian, L. Wei, W. C. Jiang, K. L. Goh, J. Wei, J. Zhang, Y. Chen, Emergence of fiber supercapacitors, Chem. Soc. Rev. 44 (2015) 647–662.

[6] Y. Zhang, Y. Zhao, J. Ren, W. Weng, H. Peng, Advances in wearable fiber-shaped lithium-ion batteries, Adv. Mater. 28 (2016) 4524–4531.

[7] T. Chen, L. Dai, Macroscopic graphene fibers directly assembled from CVD-grown fiber-shaped hollow graphene tubes, Angew. Chem. Int. Ed. 54 (2015) 14947–14950.

[8] X. Wang, Y. Qiu, W. Cao, P. Hu, Highly stretchable and conductive core-sheath chemical vapor deposition graphene fibers and their applications in safe strain sensors, Chem. Mater. 27 (2015) 6969–6975.

[9] T. Chen, L. Dai, Flexible supercapacitors based on carbon nanomaterials, J. Mater. Chem. A 2 (2014) 10756–10775.

[10] L. Dai, D. W. Chang, J. B. Baek, W. Lu, Carbon nanomaterials for advanced energy conversion and storage, Small 8 (2012) 1130–1166.

[11] X. Mao, G. C. Rutledge, T. A. Hatton, Nanocarbon-based electrochemical systems for sensing, electrocatalysis, and energy storage, Nano Today 9 (2014) 405–432.

[12] K. S. Novoselov, A. A. Firsov, Electric field effect in atomically thin carbon films, Science 306 (2004) 666–669.

[13] K. S. Novoselov, A. K. Geim, S. V. Morozov, D. Jiang, M. I. Katsnelson, I. V. Grigorieva, S. V. Dubonos, A. A. Firsov, Two-dimensional gas of massless Dirac fermions in graphene, Na-

ture 438 (2005) 197-200.

[14] Y. Zhang, Y. W. Tan, H. L. Stormer, P. Kim, Experimental observation of the quantum Hall effect and Berry's phase in graphene, Nature 438 (2005) 201-204.

[15] A. A. Balandin, S. Ghosh, W. Z. Bao, I. Calizo, D. Teweldebrhan, F. Miao, C. N. Lau, Superior thermal conductivity of single-layer graphene, Nano Lett. 8 (2008) 902-907.

[16] C. Lee, X. D. Wei, J. W. Kysar, J. Hone, Measurement of the elastic properties and intrinsic strength of monolayer graphene, Science 321 (2008) 385-388.

[17] Z. Xu, C. Gao, Graphene in macroscopic order: liquid crystals and wet-spun fibers, Acc. Chem. Res. 47 (2014) 1267-1276.

[18] Z. Xu, H. Sun, X. Zhao, C. Gao, Ultrastrong fibers assembled from giant graphene oxide sheets, Adv. Mater. 25 (2013) 188-193.

[19] Z. Xu, C. Gao, Graphene chiral liquid crystals and macroscopic assembled fibres, Nat. Commun. 2 (2011) 571.

[20] Z. Xu, Y. Liu, X. Zhao, L. Peng, H. Sun, Y. Xu, X. Ren, C. Jin, P. Xu, M. Wang, C. Gao, Ultrastiff and strong graphene fibers via full-scale synergetic defect engineering, Adv. Mater. 28 (2016) 6449-6456.

[21] G. Xin, T. Yao, H. Sun, S. M. Scott, D. Shao, G. Wang, J. Lian, Highly thermally conductive and mechanically strong graphene fibers, Science 349 (2015) 1083-1087.

[22] Z. Dong, C. Jiang, H. Cheng, Y. Zhao, G. Shi, L. Jiang, L. Qu, Facile fabrication of light, flexible and multifunctional graphene fibers, Adv. Mater. 24 (2012) 1856-1861.

[23] J. Li, J. Li, L. Li, M. Yu, H. Ma, B. Zhang, Flexible graphene fibers prepared by chemical reduction-induced self-assembly, J. Mater. Chem. A 2 (2014) 6359-6362.

[24] X. Li, T. Zhao, K. Wang, Y. Yang, J. Wei, F. Kang, D. Wu, H. Zhu, Directly drawing self-assembled, porous, and monolithic graphene fiber from chemical vapor deposition grown graphene film and its electrochemical properties, Langmuir 27 (2011) 12164-12171.

[25] D. Y. Cai, M. Song, C. X. Xu, Highly conductive carbon-nanotube/graphite-oxide hybrid films, Adv. Mater. 20 (2008) 1706-1709.

[26] V. C. Tung, L. M. Chen, M. J. Allen, J. K. Wassei, K. Nelson, R. B. Kaner, Y. Yang, Low-temperature solution processing of graphene-carbon nanotube hybrid materials for high-performance transparent conductors, Nano Lett. 9 (2009) 1949-1955.

[27] A. P. Yu, P. Ramesh, X. B. Sun, E. Bekyarova, M. E. Itkis, R. C. Haddon, Enhanced thermal conductivity in a hybrid graphite nanoplatelet-carbon nanotube filler for epoxy composites, Adv. Mater. 20 (2008) 4740-4744.

[28] Q. Su, Y. Y. Liang, X. L. Feng, K. Mullen, Towards free-standing graphene/carbon nanotube composite films via acetylene-assisted thermolysis of organocobalt functionalized graphene sheets, Chem. Commun. 46 (2010) 8279-8281.

[29] Z. J. Fan, J. Yan, L. J. Zhi, Q. Zhang, T. Wei, J. Feng, M. L. Zhang, W. Z. Qian, F. Wei, A three-dimensional carbon nanotube/graphene sandwich and its application as electrode

in supercapacitors, Adv. Mater. 22 (2010) 3723-3728.

[30] Y. W. Cheng, S. T. Lu, H. B. Zhang, C. V. Varanasi, J. Liu, Synergistic effects from graphene and carbon nanotubes enable flexible and robust electrodes for high-performance supercapacitors, Nano Lett. 12 (2012) 4206-4211.

[31] M. K. Shin, B. Lee, S. H. Kim, J. A. Lee, G. M. Spinks, S. Gambhir, G. G. Wallace, M. E. Kozlov, R. H. Baughman, S. J. Kim, Synergistic toughening of composite fibres by self-alignment of reduced graphene oxide and carbon nanotubes, Nat. Commun. 3 (2012) 650.

[32] H. Sun, X. You, J. Deng, X. Chen, Z. Yang, J. Ren, H. Peng, Novel graphene/carbon nanotube composite fibers for efficient wire-shaped miniature energy devices, Adv. Mater. 26 (2014) 2868-2873.

[33] D. Yu, K. Goh, H. Wang, L. Wei, W. Jiang, Q. Zhang, L. Dai, Y. Chen, Scalable synthesis of hierarchically structured carbon nanotube-graphene fibres for capacitive energy storage, Nat. Nanotechnol. 9 (2014) 555-562.

[34] K. Mukai, K. Asaka, X. Wu, T. Morimoto, T. Okazaki, T. Saito, M. Yumura, Wet spinning of continuous polymer-free carbon-nanotube fibers with high electrical conductivity and strength, Appl. Phys. Express 9 (2016)055101 https://doi.org/10.7567/APEX.9.055101.

[35] Y. L. Li, I. A. Kinloch, A. H. Windle, Direct spinning of carbon nanotube fibers from chemical vapor deposition synthesis, Science 304 (2004) 276-278.

[36] X. Zhang, Q. Li, Y. Tu, Y. Li, J. Y. Coulter, L. Zheng, Y. Zhao, Q. Jia, D. E. Peterson, Y. Zhu, Strong carbonnanotube fibers spun from long carbon-nanotube arrays, Small 3 (2007) 244-248.

[37] Z. Liu, Z. Li, Z. Xu, Z. X. Xia, X. Z. Hu, L. Kou, L. Peng, Y. Y. Wei, C. Gao, Wet-spun continuous graphene films, Chem. Mater. 26 (2014) 6786-6795.

[38] I. Vlassiouk, G. Polizos, R. Cooper, I. Ivanov, J. K. Keum, F. Paulauskas, P. Datskos, S. Smirnov, Strong and electrically conductive graphene-based composite fibers and laminates, ACS Appl. Mater. Interfaces 7 (2015) 10702-10709.

[39] M. E. Kozlov, R. C. Capps, W. M. Sampson, V. H. Ebron, J. P. Ferraris, R. H. Baughman, Spinning solid and hollow polymer-free carbon nanotube fibers, Adv. Mater. 17 (2005) 614-617.

[40] W. N_eri, M. Maugey, P. Miaudet, A. Derr_e, C. Zakri, P. Poulin, Surfactant-free spinning of composite carbon nanotube fibers, Macromol. Rapid Commun. 27 (2006) 1035-1038.

[41] J. M. Razal, J. N. Coleman, E. Munoz, B. Lund, Y. Gogotsi, H. Ye, S. Collins, A. B. Dalton, R. H. Baughman, Arbitrarily shaped fiber assemblies from spun carbon nanotube gel fibers, Adv. Funct. Mater. 17 (2007) 2918-2924.

[42] H. W. Zhu, C. L. Xu, D. H. Wu, B. Q. Wei, R. Vajtai, P. M. Ajayan, Direct synthesis of long single-walled carbon nanotube strands, Science 296 (2002) 884-886.

[43] Z. Zhu, W. Song, K. Burugapalli, F. Moussy, Y. L. Li, X. H. Zhong, Nano-yarn carbon

nanotube fiber basedenzymatic glucose biosensor. Nanotechnology 21 (2010) 165501 https://doi. org/ 10. 1088/ 0957-4484/21/16/165501.

[44] T. Huang, B. Zheng, L. Kou, K. Gopalsamy, Z. Xu, C. Gao, Y. Meng, Z. Wei, Flexible high performance wetspun graphene fiber supercapacitors, RSC Adv. 3 (2013) 23957-23962.

[45] L. Chen, Y. He, S. Chai, H. Qiang, F. Chen, Q. Fu, Toward high performance graphene fibers, Nanoscale 5 (2013) 5809-5815.

[46] X. Zhao, Z. Xu, B. Zheng, C. Gao, Macroscopic assembled, ultrastrong and $H(2)SO(4)$-resistant fibres of polymer-grafted graphene oxide, Sci. Rep. 3 (2013) 3164.

[47] W. Cai, T. Lai, J. Ye, A spinneret as the key component for surface-porous graphene fibers in high energy density micro-supercapacitors, J. Mater. Chem. A 3 (2015) 5060-5066.

[48] Y. W. Ma, P. Li, J. W. Sedloff, X. Zhang, H. B. Zhang, J. Liu, Conductive graphene fibers for wire-shaped supercapacitors strengthened by unfunctionalized few-walled carbon nanotubes, ACS Nano 9 (2015) 1352-1359.

[49] B. Fang, L. Peng, Z. Xu, C. Gao, Wet-spinning of continuous montmorillonite-graphene fibers for fireresistant lightweight conductors, ACS Nano 9 (2015) 5214-5222.

[50] K. S. U. Schirmer, D. Esrafilzadeh, B. C. Thompson, A. F. Quigley, R. M. I. Kapsa, G. G. Wallace, Conductive composite fibres from reduced graphene oxide and polypyrrole nanoparticles, J. Mater. Chem. B 4 (2016) 1142-1149.

[51] Z. Xu, Z. Liu, H. Y. Sun, C. Gao, Highly electrically conductive Ag-doped graphene fibers as stretchable conductors, Adv. Mater. 25 (2013) 3249-3253.

[52] H. Cheng, Y. Hu, F. Zhao, Z. Dong, Y. Wang, N. Chen, Z. Zhang, L. Qu, Moisture-activated torsional graphene-fiber motor, Adv. Mater. 26 (2014) 2909-2913.

[53] R. Wang, Z. Xu, J. Zhuang, Z. Liu, L. Peng, Z. Li, Y. Liu, W. Gao, C. Gao, Highly stretchable graphene fibers with ultrafast electrothermal response for low-voltage wearable heaters. Adv. Electron. Mater. 3 (2017) 1600425 https://doi. org/10. 1002/aelm. 201600425.

[54] Y. M. Jia, M. Zhang, H. W. Li, J. M. Wang, F. L. Guan, Controllable synthesis and electrochemical performance of hierarchically structured graphene fibers, Mater. Chem. Phys. 193 (2017) 35-41.

[55] R. Cruz-Silva, A. Morelos-Gomez, H. I. Kim, H. K. Jang, F. Tristan, S. Vega-Diaz, L. P. Rajukumar, A. L. Elias, N. Perea-Lopez, J. Suhr, M. Endo, M. Terrones, Super-stretchable graphene oxide macroscopic fibers with outstanding knotability fabricated by dry film scrolling, ACS Nano 8 (2014) 5959-5967.

[56] S. Ryu, P. Lee, J. B. Chou, R. Z. Xu, R. Zhao, A. J. Hart, S. G. Kim, Extremely elastic wearable carbon nanotube fiber strain sensor for monitoring of human motion, ACS Nano 9 (2015) 5929-5936.

[57] T. Chen, L. Qiu, Z. Cai, F. Gong, Z. Yang, Z. Wang, H. Peng, Intertwined aligned carbon nanotube fiber based dye-sensitized solar cells, Nano Lett. 12 (2012) 2568-2872.

[58] T. Chen, L. Qiu, H. G. Kia, Z. Yang, H. Peng, Designing aligned inorganic nanotubes at the electrode interface: towards highly efficient photovoltaic wires, Adv. Mater. 24 (2012) 4623–4628.

[59] Z. Yang, H. Sun, T. Chen, L. Qiu, Y. Luo, H. Peng, Photovoltaic wire derived from a graphene composite fiber achieving an 8.45% energy conversion efficiency, Angew. Chem. Int. Ed. 52 (2013) 7545–7548.

[60] X. Fang, L. Q. Yang, H. Sun, S. Pan, J. Deng, Y. Luo, H. Peng, Core-sheath carbon nanostructured fibers for efficient wire-shaped dye-sensitized solar cells, Adv. Mater. 26 (2013) 1694–1698.

[61] J. Yan, M. J. Uddin, T. J. Dickens, D. E. Daramola, O. I. Okoli, 3D wire-shaped dye-sensitized solar cells in solid state using carbon nanotube yarns with hybrid photovoltaic structure. Adv. Mater. Interfaces 1 (2014) 1400075 https://doi.org/10.1002/admi.201400075.

[62] J. W. Liu, M. A. G. Namboothiry, D. L. Carroll, Optical geometries for fiber-based organic photovoltaics. Appl. Phys. Lett. 90 (2007) 133515 https://doi.org/10.1063/1.2716864.

[63] D. Liu, M. Zhao, Y. Li, Z. Bian, L. Zhang, Y. Shang, X. Xia, S. Zhang, D. Yun, Z. Liu, A. Cao, C. Huang, Solid-state, polymer-based fiber solar cells with carbon nanotube electrodes, ACS Nano 6 (2012) 11027–11034.

[64] M. R. Lee, R. D. Eckert, K. Forberich, G. Dennler, C. J. Brabec, R. A. Gaudiana, Solar power wires based on organic photovoltaic materials, Science 324 (2009) 232–235.

[65] D. Liu, Y. Li, S. Zhao, A. Cao, C. Zhang, Z. Liu, Z. Bian, Z. Liu, C. Huang, Single-layer graphene sheets as counter electrodes for fiber-shaped polymer solar cells, RSC Adv. 3 (2013) 13720–13727.

[66] A. Kojima, K. Teshima, Y. Shirai, T. Miyasaka, Organometal halide perovskites as visible-light sensitizers for photovoltaic cells, J. Am. Chem. Soc. 131 (2009) 6050–6051.

[67] H. Zhou, Q. Chen, G. Li, S. Luo, T.-b. Song, H.-S. Duan, Z. Hong, J. You, Y. Liu, Y. Yang, Interface engineering of highly efficient perovskite solar cells, Science 345 (2014) 542–546.

[68] N. J. Jeon, J. H. Noh, W. S. Yang, Y. C. Kim, S. Ryu, J. Seo, S. Il Seok, Compositional engineering of perovskite materials for high performance solar cells, Nature 517 (2015) 476–480.

[69] L. Qiu, J. Deng, X. Lu, Z. Yang, H. Peng, Integrating perovskite solar cells into a flexible fiber, Angew. Chem. Int. Ed. 53 (2014) 10425–10428.

[70] R. Li, X. Xiang, X. Tong, J. Zou, Q. Li, Wearable double-twisted fibrous perovskite solar cell, Adv. Mater. 27 (2015) 3831–3835.

[71] L. Qiu, S. He, J. Yang, F. Jin, J. Deng, H. Sun, X. Cheng, G. Guan, X. Sun, H. Zhao, H. Peng, An all-solidstate fiber-type solar cell achieving 9.49% efficiency, J. Mater. Chem. A 4 (2016) 10105–10109.

[72] Z. Zhang, K. Guo, Y. Li, X. Li, G. Guan, H. Li, Y. Luo, F. Zhao, Q. Zhang, B. Wei,

Q. Pei, H. Peng, A colourtunable, weavable fibre-shaped polymer light-emitting electrochemical cell, Nat. Photonics 9 (2015) 233-238.

[73] Z. Zhang, Q. Zhang, K. Guo, Y. Li, X. Li, L. Wang, Y. Luo, H. Li, Y. Zhang, G. Guan, B. Wei, X. Zhu, H. Peng, Flexible electroluminescent fiber fabricated from coaxially wound carbon nanotube sheets, J. Mater. Chem. C 3 (2015) 5621-5624.

[74] M. D. Lima, S. Fang, X. Lepro, C. Lewis, R. Ovalle-Robles, J. Carretero-Gonzalez, E. Castillo-Martinez, M. E. Kozlov, J. Oh, N. Rawat, C. S. Haines, M. H. Haque, V. Aare, S. Stoughton, A. A. Zakhidov, R. H. Baughman, Biscrolling nanotube sheets and functional guests into yarns, Science 331 (2011) 51-55.

[75] C. H. Kwon, S.-H. Lee, Y.-B. Choi, J. A. Lee, S. H. Kim, H.-H. Kim, G. M. Spinks, G. G. Wallace, M. D. Lima, M. E. Kozlov, R. H. Baughman, S. J. Kim, High-power biofuel cell textiles from woven biscrolled carbon nanotube yarns, Nat. Commun. 5 (2014) 3928-3934.

[76] G. Wee, T. Salim, Y. M. Lam, S. G. Mhaisalkar, M. Srinivasan, Printable photo-supercapacitor using singlewalled carbon nanotubes, Energy Environ. Sci. 4 (2011) 413-416.

[77] J. Bae, Y. J. Park, M. Lee, S. N. Cha, Y. J. Choi, C. S. Lee, J. M. Kim, Z. L. Wang, Single-fiber-based hybridization of energy converters and storage units using graphene as electrodes, Adv. Mater. 23 (2011) 3446-3449.

[78] T. Chen, L. Qiu, Z. Yang, Z. Cai, J. Ren, H. Li, H. Lin, X. Sun, H. Peng, An integrated "energy wire" for both photoelectric conversion and energy storage, Angew. Chem. Int. Ed. 51 (2012) 11977-11980.

[79] Z. Zhang, X. Chen, P. Chen, G. Guan, L. Qiu, H. Lin, Z. Yang, W. Bai, Y. Luo, H. Peng, Integrated polymer solar cell and electrochemical supercapacitor in a flexible and stable fiber format, Adv. Mater. 26 (2014) 466-470.

[80] H. Sun, Y. Jiang, S. Xie, Y. Zhang, J. Ren, A. Ali, S.-G. Doo, I. H. Son, X. Huang, H. Peng, Integrating photovoltaic conversion and lithium ion storage into a flexible fiber, J. Mater. Chem. A 4 (2016) 7601-7605.

第16章
碳纳米管片材在先进复合材料中的加工及应用

Rachit Malik[1], Colin McConnell[2], Lu Zhang[1], Ryan Borgemenke[2],
Richard Kleismit[3], Robert Wolf[1], Mark R. Haase[2], Yu-Yun Hsieh[1],
Ryan Noga[2], Noe Alvarez[2], David Mast[3], VesselinShanov[1]

[1] 美国俄亥俄州辛辛那提市,辛辛那提大学机械与材料工程系
[2] 美国俄亥俄州辛辛那提市,辛辛那提大学化学与环境工程系
[3] 美国俄亥俄州辛辛那提市,辛辛那提大学物理系

16.1 引言

化学工程和技术的进步使碳纳米管从粉状填充材料发展成用于开发完全由碳纳米管组成的片材和纱线的实际构成材料要素。在Iijima开创性的工作[1]发表后的十多年里,碳纳米管被认为是一种可用于增强其他材料(如聚合物)性能的纳米填料。大量研究聚焦碳纳米管在各种聚合物基质中的分散。单壁纳米管的特别突出的性能,如高强度[2]和高电导性[3],是这些研究的主要动力。然而,由于碳纳米管很难分散和凝聚,至今发表的数据仅在模拟单壁碳纳米管的性能上取得部分成功,使其在聚合物基体中的均匀扩散受到限制。2002年,Jiang等[4]取得了突破性,并报道通过从化学气相沉积生产得到的碳纳米管阵列的边缘拉伸碳纳米管网络形成了连续的碳纳米管线。2005年,Zhang等[5]展示了碳纳米管阵列也可以通过"干法纺丝"制成。这些报告消除了碳纳米管只能作粉状填料的概念。现在可以认为碳纳米管是一种建筑材料,且完全可以用碳纳米管制造宏观组件。Li等[6]报道的一种真正连续生产碳纳米管纤维和片材薄膜的方法进一步支持了这一观点。这种被称为浮动催化化学气相沉积的技术被Nanocomp Technologies公司商业化,用于大规模生产碳纳米管纱线和碳纳米管片材[7]。这些组件中的碳纳米管通过范德瓦耳斯力结合在一起。这些物理力强到足以形成宏观碳纳米管组件。然而,范德瓦耳斯引力仍然比共价键弱几个数量级。这对发展下一代碳纳米管组件提出了挑战,尤其是如何用更强的化学键取代物理引力。这个挑战的独特之处在于,它需要对碳纳米管进行特殊处理,以便藉由官能团将其化学性质从通常的惰性改变为活性。本章中我们概述制造碳纳米管片

材薄膜的不同工艺,并讨论了文献中用于碳纳米管片材功能化和交联的不同技术。我们也有机会洞悉辛辛那提大学开展的研究工作,其中碳纳米管片材探索用于发展高强度复合材料和轻量、柔性的超级电容器。

16.2 碳纳米管片材的制备方法

16.2.1 "巴克纸"或分散/过滤法

第一个制造碳纳米管片材的技术是受造纸过程的启发,即纸浆的形成、过滤和干燥。由于碳纳米管最早是以石墨为碳前驱体沉积在电弧放电[1]或激光烧蚀[8]反应器的壁上,因此这一工艺在当时是首选。Deheer 等[9]首次利用超声将粉状纳米管分散在乙醇中,并报道了用陶瓷过滤器过滤分散的碳纳米管得到的薄膜。该研究引起了人们对碳纳米管宏观组件的兴趣,世界各地的许多研究人员开始探索由分散和过滤技术制造碳纳米管片材[10-11]。纳米管的粉末状属性促使许多研究人员将其与其他基体材料(如聚合物和金属)混合,以提高后者的性能。然而,碳纳米管因单纳米管[12]相互之间的强范德瓦耳斯作用力而易于缠结和聚集,因而实现碳纳米管在溶液和聚合物基体中的均匀分散特别具有挑战性。这就要求用强酸和氧化剂对碳纳米管进行预处理以引入官能团,促进碳纳米管与溶剂的相互作用,进而分散聚集物[13]。添加表面活性剂也有助于分散,而不需要用强酸[14]处理。在最终的组件中,用这种方法生产的碳纳米管片材由随机取向的碳纳米管组成[15-16]。巴克纸中碳纳米管的随机取向不利于碳纳米管之间有效的负载转移,导致其性能相对较差[17-18]。这使得碳纳米管巴克纸/聚合物复合材料的力学性能改善低于预期[19-20]。但是,这项技术在优先考虑高导电性,如 EMI 屏蔽、除冰和航空航天工业[21]中的雷电保护应用中发现是可行的。位于俄亥俄州辛辛那提市的通用纳米有限责任公司进一步发展了这一技术,并具备由随机排列的碳纳米管制备碳纳米管巴克纸的连续生产能力。图 16-1 展示了巴克纸制造过程和碳纳米管随机取向的 SEM 图像,巴克纸的柔韧性较突出。

16.2.2 垂直排列碳纳米管阵列的干法/固态纺丝

Jiang 等[4]在 2002 年发现通过化学气相沉积可将垂直排列的碳纳米管阵列纺丝制成连续的碳纳米管网。这一创新改变了碳纳米管的研究,因为它可以在完全干燥的过程中制造碳纳米管排列整齐的长碳纳米管层[22]。Zhang 等[5]改进了 Jiang 的方法,他们没有扭曲从阵列中拉出的条带,而是将其平放以产生高度排列

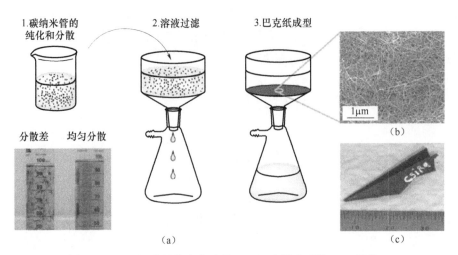

图16-1 (a)巴克纸的生产过程;(b)巴克纸表面的SEM图像;
(c)巴克纸折纸飞机,展示其灵活性和机械强固性

的、独立式的多壁碳纳米管。用这种技术生产的片材必须用挥发性液体进行"致密化",以制造出更紧密、更结实、更导电的片材。致密化[5]过程包括用丙酮或乙醇等挥发性溶剂湿润单层或多层干纺碳纳米管网。溶剂的挥发产生毛细力,使碳纳米管更紧密地结合在一起,从而使片材更紧密。据报道,将溶剂处理的干纺片材进一步压实后抗拉强度达到约3GPa[23]。这些片材比通过碳纳米管分散和过滤产生的碳纳米管薄膜和巴克纸(0.2GPa)的最高报道值还要强得多[17-18,24]。与巴克纸方法相比,这种固态碳纳米管片材制备方法是一种可行的替代方法,因为它不需要功能化所需的化学物质,如酸和表面活性剂。除高强度外,Di等报道这些片材还具有良好的导电性[22]。"干法纺丝"制造的碳纳米管片材在碳纳米管沿拉伸方向排列方面具有优势。碳纳米管的排列导致碳纳米管片材性能的各向异性,这一点可通过测量碳纳米管的管长方向和其他方向的电导率和抗拉强度观察到。易于制造、高强度和良导电性等特性使碳纳米管片材成为与聚合物结合的强有力的候选材料。Liu等[25]首次报道了从溶液中均匀浸渍聚乙烯醇获得高强度碳纳米管/聚乙烯醇(PVA)复合片材的方法,他们还在碳纳米管片材制备过程中采用喷涂技术从溶液中渗透聚乙烯醇。图16-2是该过程的示意图。这一创新激发了其他研究人员用尼龙[26]、聚酰亚胺[27]、双马来酰亚胺(BMI)[28]和环氧树脂[29]等聚合物来制造含碳纳米管片材的高强度复合材料。

碳纳米管片材的发展引发了大量基于此的研究和应用,如白炽显示器[30],锂离子电池的阳极[31],板式声波发生器[32],液晶显示器的透明电极[33],并显示出商业可应用性。图16-3展示了在加州大学纳米世界利用"可纺"碳纳米管森林或

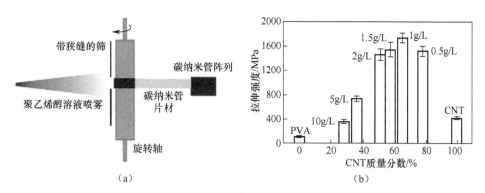

图 16-2 (a)喷雾卷绕示意图。从可拉伸阵列中拉出碳纳米管片材,并连续卷绕到旋转芯轴上,在其上沉积微米级的聚乙烯醇溶液液滴。带有狭缝的筛用于控制喷雾区域;(b)碳纳米管/聚乙烯醇复合材料的抗拉强度作为碳纳米管质量分数的函数。相应浓度的聚乙烯醇溶液被标记

阵列通过干纺生产碳纳米管线和片材的不同设备。图 16-3(c)和(f)展示了干法纺丝生产的碳纳米管线和片材。

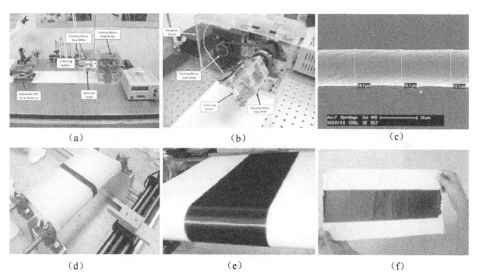

图 16-3 干法纺丝由排列好的碳纳米管阵列制备碳纳米管线和片材的设备
(a)、(b)碳纳米管线纺丝机;(c)均匀碳纳米管线的 SEM 图像;(d)碳纳米管片材的拉伸机;
(e)、(f)在特氟龙传送带上铺层的纯的良好排列的碳纳米管片材。

16.2.3 碳纳米管气凝胶的直接纺丝与缠绕

制造碳纳米管最现代的方法是浮动催化化学气相沉积(FCCVD),Liu 等[6]在 2004 年进行了首次报道。后来,Lashmore 等[7,34]在 Nanocomp Technologies 公司将

这一过程商业化并大规模生产碳纳米管片材和纱线。浮动催化化学气相沉积中最常用的催化剂是溶解在有机碳前驱体中二茂铁形式的铁。合成过程在前面已经描述。浮动催化化学气相沉积的生长过程,如电弧放电和激光烧蚀,对碳纳米管的直径和长度几乎没有控制。然而,如图16-4所示,与所有其他过程相比,在可工程放大方面,合成过程的规模外加缠结碳纳米管的组装或"袜"的形成提供了一个关键优势。

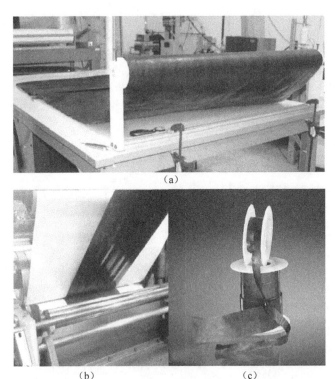

图16-4 (a)Nanocomp Technologies公司生产的长卷碳纳米管片材;
(b)用商业化树脂渗透的用于工业机械上制造预浸料的一卷碳纳米管片材;
(c)Nanocomp Technologies公司生产的Miralon™碳纳米管磁带[35]

浮动催化化学气相沉积技术具有明显的优点,但也有一定的缺点。浮动催化化学气相沉积工艺的一个主要缺点是催化剂杂质含量高。在合成过程中,纳米铁促使碳纳米管生长,也会包裹到纳米管中。由此生产的碳纳米管片材催化剂含量高于15%[36]。图16-5所示分别为包裹在石墨化碳笼中催化剂纳米颗粒团聚体和单个颗粒的SEM和TEM图像。为了有效地去除催化剂杂质,还需要进行高温和酸处理。这些过程会影响碳纳米管的质量,因为长时间的酸处理会使碳纳米管结构中产生缺陷,从而对纳米管的性能产生负面影响[37]。

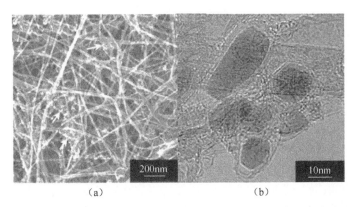

图 16-5 (a)碳纳米管片材的 SEM 图像(箭头表示一些纳米团聚体杂质);
(b)纳米团聚体杂质的 HR-TEM 图像,金属铁催化剂颗粒封装在石墨化碳笼中

16.3 碳纳米管片材的加工与应用

16.3.1 碳纳米管功能化和交联制备碳纳米管/聚合物复合材料

近年来,宏观尺度碳纳米管组件的制造受到广泛关注;然而,单个碳纳米管的性能模拟目标仍然是一个挑战。这些组件中的碳纳米管也通过物理吸引力(也称为范德瓦耳斯力)被结合在一起。当施加单轴载荷时,这些力使得纳米管在组件内滑动。在机械测试过程中,组件中纳米管的滑动是最常见的失效原因[22,38]。这种碳纳米管的滑动也会导致模量的下降和极限强度的降低。解决这个问题的一种方法是通过共价键将纳米管连接起来。共价键是通过单个原子间共用电子而形成的。共价键的键能比范德瓦耳斯力的键能高两个数量级。单壁碳纳米管间共价键的形成使碳纳米管间的负载转移成为可能,并增强了碳纳米管宏观结构的力学性能。理论和实验研究表明,碳纳米管的交联具有规避碳纳米管滑动的潜力[39-40]。最近,有大量试验报道了粉末状碳纳米管和宏观尺度碳纳米管组件的交联研究[41-43]。

共价功能化涉及碳纳米管与诸如—OH 和—COOH 等官能团之间形成的共价键形式的化学结合。最早报道的共价碳纳米管功能化涉及浓酸和氧化剂的处理[44]。这些处理会破坏 sp2 杂化的碳原子网络,产生缺陷位点。缺陷位点的碳原子转化为 sp3 杂化,其他原子如氧、氟和氮被并进碳纳米管中。外来原子以官能团的形式进到碳纳米管中,这些官能团使碳纳米管与其他材料发生相互作用。然而,碳纳米管平动对称性的破坏也会影响碳纳米管的性质[44]。因此,碳纳米管功能化必须以可控的、最优化的方式进行,使碳纳米管与碳纳米管间形成共价键,同时仍保持最佳的碳纳米管质量和结构性能。关于粉末碳纳米管共价功能化的文献较多[44-45],本研究不可能在保持连贯性的同时兼顾所有工作。因此,我们将具体讨论干法纺丝或浮动催化气相化学沉积法制备的交联碳纳米管组件。

16.3.1.1 湿法/溶液功能化

Cheng 等[46]首次报道了 Nanocomp Technologies 公司由浮动催化气相化学沉积法制备的碳纳米管片材的化学功能化。基于之前的研究[47],他们用间-氯过氧苯甲酸对随机取向的碳纳米管片材进行处理,在碳纳米管侧壁上形成环氧基。图 16-6 所示为环氧功能化碳纳米管与双马来酰亚胺树脂形成界面的反应流程。他

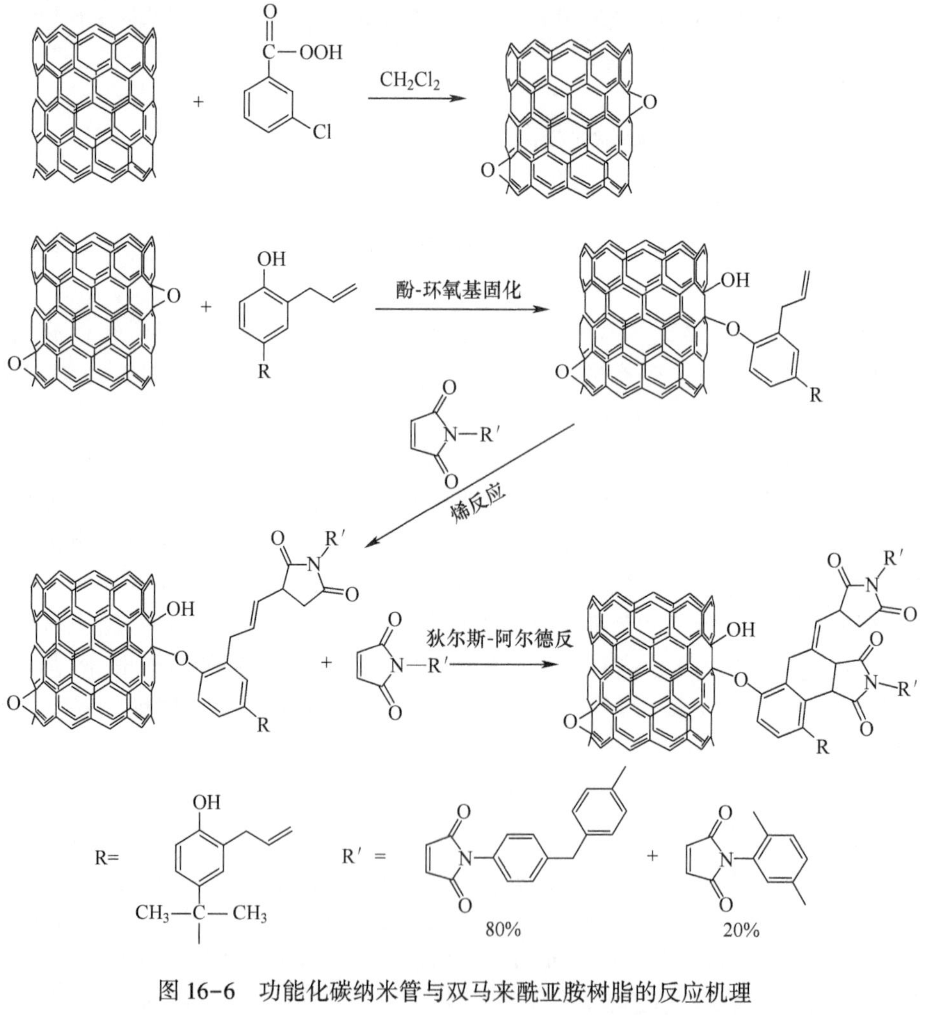

图 16-6 功能化碳纳米管与双马来酰亚胺树脂的反应机理

们拉伸功能化的碳纳米管片材,以诱导碳纳米管在片材中的排列,并宣称功能化的碳纳米管/双马来酰亚胺复合片材的力学性能有了显著改善。此外,该课题组宣称实现了最佳4%的功能化程度,但没有提供任何关于测量功能化程度的试验细节。

碳纳米管的酸功能化是一种相对简单的化学处理,由干法纺丝和浮动催化气相化学沉积法生产的碳纳米管纱线经酸处理后其性能得到改善[48-50]。由于合成工艺的本质,采用浮动催化气相化学沉积法生产的碳纳米管组件中含有大量的金属催化剂杂质[36]。Im 等[51]和 Tran 等[52]用酸或酸混合物处理浮动催化气相化学沉积法生产的碳纳米管线。他们使用浓 HNO_3 和浓 H_2SO_4(3∶1)混合物处理1h,制备氧功能化的碳纳米管。经酸处理后的丝线在200℃氩气气氛保护的1,5-戊二醇硫酸溶液中浸泡1h。该处理使酸处理碳纳米管产生的羧酸基团与1,5-戊二醇的羟基之间进行酯化反应。Im 等发现经酸处理并与二醇交联的碳纳米管纤维的力学性能有所改善,并将这一改善归因于碳纳米管与二醇之间形成酯键引发的碳纳米管交联。

化学功能化也被用来修饰固态纺丝法生产的碳纳米管纱线。Cai 等[53]利用芳基重氮化学过程在干纺中渗入不同的芳基重氮化合物(图 16-7(a))使多壁纳米管之间相互交联,如图 16-7(b)所示。作者指出,该冗长、多步的流程包含了在由碳纳米管森林固态干纺过程中在碳纳米管纱线中应用控制 pH 值的溶液。将"湿"纱线悬浮在相同的处理溶液中,轻轻搅拌 30min,然后将含 $0.1mol/LNa_2CO_3$ 和 $0.1mol/LNaHCO_3$ 的缓冲溶液滴加到处理溶液中,使 pH 值逐渐增大到 9。碳纳米管纱线样品在室温下轻轻搅拌 8h,然后用水彻底清洗,再用丙酮清洗。此外,对于羧基化的芳基重氮盐处理的碳纳米管纱线,最后在室温下用稀释的盐酸(pH≤3)处理 60min,将羧基转化为质子化形态。碳纳米管线中碳纳米管的功能化对其力学性能有积极影响(比未处理时提高约25%)。作者指出,强度的提高应归因于碳纳米管之间的相互作用增强,这是由于碳纳米管表面之间的摩擦增加。改进的性能也归因于可能的交联,如图 16-7(c)所示。

Min 等[54]在 Cai 描述的碳纳米管芳基重氮功能化的基础上,使用商用交联树脂化合物六(甲氧基甲基)三聚氰胺(HMMM)进一步制备交联碳纳米管纱线。他们首先用芳基重氮盐 A(图 16-7(a))对碳纳米管纱线进行功能化,其步骤与Cai[53]相同,再用交联树脂复合物渗透到功能化的纱线中。六(甲氧基甲基)三聚氰胺通过它的 6 个甲氧基与羧基反应生成酯键和甲醇副产物。通常情况下,需要一种温和的酸来催化酯化反应,尽管这种酸也可以催化六(甲氧基甲基)三聚氰胺分子间反应形成聚合物[55-56]。交联碳纳米管线的最大抗拉强度达到 2.5GPa,比对照样本(非功能化)提高 40%。聚焦离子束制备的碳纳米管线截面的扫描电镜(SEM)图显示功能化的交联碳纳米管线具有相对更加致密的内部结构,因而提高了力学性能(图 16-8(a)和(b))。作者还展示了碳纳米管线断裂端部的 SEM 图

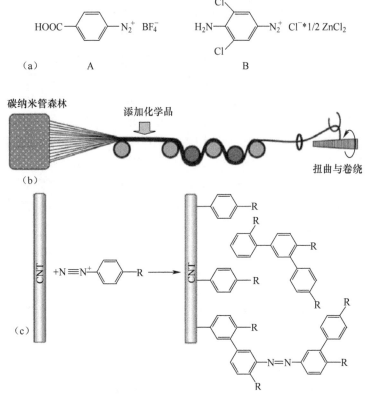

图 16-7 （a）用于功能化的两种芳基重氮盐（A 和 B）；（b）碳纳米管线在纺丝过程中化学溶液渗入的示意图；（c）碳纳米管和芳基重氮化合物的侧壁改性，表现出不同的反应和交联可能性

像，图 16-8(c)~(e)展示了不同碳纳米管线的不同破坏模式的扫描电镜图,并阐明了交联的影响。关于不同化学物质[43,57-58]渗入碳纳米管纱线的类似研究也有报道,这些研究通常涉及后浸润/固化步骤来诱导交联。然而,需要注意的是,碳纳米管纱线的结构紧密,难以实现均匀渗透,需要使用较长的浸渍时间和真空[53-54]实现合适渗透。尽管这些技术已经在碳纳米管纱线的交联中显示出成功的迹象,但难以适用于碳纳米管片材。此外,默认情况下溶液功能化涉及溶液中碳纳米管组件的润湿,需要花费几分钟或几小时才能达到所需的功能化程度。在溶液中功能化后,必须对副产物和残留化学物质进行处理。因此,对碳纳米管功能化的干法技术的探索引起了广泛兴趣。理想的干法技术应该是在短时间内产生效能,且无化学物质残留,最重要的是,对碳纳米管及其组件(如纱线和片材)的结构影响最小。

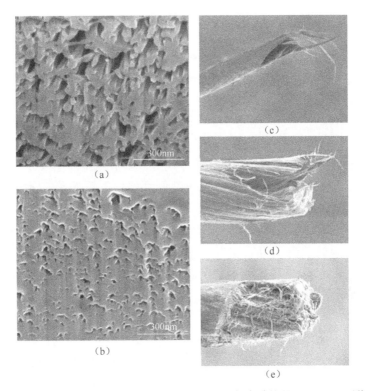

图16-8 (a)未经处理和(b)交联CNT/HMMM复合纱线的FIB-SEM图像；(c)原始碳纳米管纱线、(d)重氮盐处理碳纳米管纱线和(e)芳基重氮盐处理碳纳米管/HMMM复合纱线的断裂端的SEM图像

16.3.1.2 干法功能化技术

干法作为能量密集型技术已被用于碳纳米管改性,包括电子束[59]和γ射线[41]辐射。Banhart等[60]在2001年首次发现在扫描电子显微镜中照射碳纳米管结合点以建立碳纳米管间连接的可能性。Peng等[42]利用透射电子显微镜中的电子束辐射将单个多壁碳纳米管交联,得到平均断裂强度>100GPa。大量在电子显微镜中对单个碳纳米管和碳纳米管束的研究也发现通过交联可获得高强度。然而,值得注意的是,这些研究是在电子显微镜下进行的,这极大地限制了样品的辐射长度。在这些显微镜中几秒或几分钟内可以实现高剂量辐射,因为他们在大电流密度约A/cm^2下工作,而工业规模的电子辐射机器通常在低电流密度约uA/cm^2下运行[59]。在如此低的电流密度下,可能需要几天或几个月的时间才能达到理想的剂量。200keV电子的穿透深度<1μm,因此,它无法穿透一个干法纺丝制备的100层的碳纳米管片材(厚度约4μm)的整个横断面。因此,电子束用于交联宏观

尺度碳纳米管组件的可工程放大性受到很大限制。

Miller 等[61]最近将湿法/化学功能化和电子束辐射组合用于碳纳米管纱线的交联。他们试图通过在电子束暴露前通过化学功能化碳纳米管不同的时间(20~90min)来克服对高电流密度辐射的需求。浮动催化气相化学沉积法生产的碳纳米管纱线和片材经化学功能化和电子束辐射后,其力学性能得到改善。与仅用一种技术处理的样品相比,经过两种处理的样品在性能上的改善要大得多。Hiremath 等[62]发现,聚合物存在下电子束交联对碳纳米管力学性能有害。他们对在空气中已被聚苯乙烯渗透的碳纳米管纱线进行了辐射,结果发现,无论辐射的剂量如何,碳纳米管/聚苯乙烯纱线的力学性能都要低于原始碳纳米管(PCNT)纱线。Hiremath 等将这种下降归因于空气中辐射时产生的缺陷。来自 Co_{60} 源的电离 γ 辐射也被用于交联干法纺丝生产的碳纳米管纱线[59]。碳纳米管纱线在辐射后拉伸应力有明显的改善。他们也观察到辐射后直径略有下降。Miao 等[41]发现,如图 16-9 所示,100kGy 的低辐射就足以引发碳纳米管纱线的变化,随着辐射剂量进一步增加,碳纳米管纱线的力学性能没有进一步提高或降低。值得注意的是,他们所使用的最高辐射剂量是 4.2kGy/h,这意味着需要将近一天的照射时间(23.8h)才能达到100kGy 的总剂量。Cai 等[63]基于以上结果研究了 γ 辐射对浸渍环氧树脂后的碳纳米管纱线的影响。目的是诱导碳纳米管和浸润的环氧树脂间的反应和交联来改善复合纱线的力学性能。他们让纱线在富氧环境中接受总辐射剂量约为 200kGy 的辐射。与未辐射相比,γ 辐射碳纳米管纱线和 γ 辐射碳纳米管/环氧复合纱线力学性能提高。Cai 等在辐射纱线 XPS 测试中观察到氧含量百分比提高,拉曼光谱显示 I_D/I_G 比值增大。作者推测碳纳米管和环氧树脂在辐射下会形成缺陷和交联,但没有提供确凿的证据。虽然 γ 辐射对碳纳米管的力学性能和碳纳米管/聚合物复合材料性能的改善已表现出积极作用,但机理尚不清楚。Miao 等和 Cai 等都使用相同的 γ 辐射源,经过计算需要几天时间才能实现足以影响碳纳米管性能的剂量,这大大限制了其工业应用。

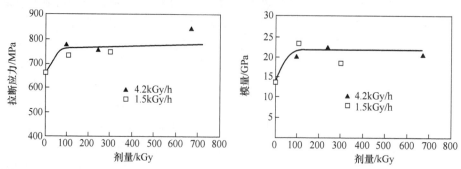

图 16-9 暴露在不同浓度 γ 射线下碳纳米管纱线的强度和弹性模量[41]

另一种能使碳纳米管功能化的干法技术是等离子体处理。关于碳纳米管等离子功能化的最早的一个报告由 Khare 等在 2002 年发表[64]，他们在辉光放电过程中用冷 H_2 等离子体处理单壁碳纳米管。他们还探索了采用 $NH_3^{[65]}$、$CF_4^{[66]}$ 和 $N_2^{[67]}$ 的功能化，在碳纳米管中引入不同的官能团。他们利用低压等离子体对粉体碳纳米管进行很多功能化的研究用于一系列应用。然而，低压等离子体的产生需要真空室，导致它不适用于宏观尺度碳纳米管组件的功能化，如片材和纱线。因此，基于绝缘体阻隔放电的常压等离子体系统成为碳纳米管组件快速功能化的理想选择。Okpalugo 等[68]首次报道了碳纳米管的常压等离子体功能化。他们利用常压"普通"空气的绝缘体阻隔放电进行功能化，在处理后 5s 内形成带有氧官能团的碳纳米管巴克纸。此后，使用粉体碳纳米管的几项研究表明等离子体处理是一种快速、高效的方法，可以通过改变活性气体和功率、处理时间等参数来生成各种官能团[69-72]。等离子体处理可以让用户更好地控制纳米管的功能化程度。可以通过控制等离子体参数，如等离子体功率、压力和气体流量来调整这一过程。这种程度的控制可以防止过度功能化，从而有助于保护碳纳米管的结构，及其电气和力学性能。Kolacyak 等[73]观察到常压氧等离子体功能化的粉状碳纳米管在水中的分散性得到改善。作者将这一特性归因于碳纳米管侧壁上羟基和羧基等氧基官能团的形成。等离子体功能化碳纳米管的分散性改善归因于碳纳米管官能团与水或溶剂分子的分子间相互作用。Naseh 等[37]对等离子体功能化与常规化学处理在碳纳米管引入羧基(-COOH)功能的有效性进行了比较研究。利用程序升温脱附技术，他们发现经酸处理的纳米管表面有更多的官能团；但等离子体使这一过程更短、更清洁，对碳纳米管的损伤更小。图 16-10 中 SEM 图展示了等离子体和酸处理对碳纳米管的损伤程度。

将等离子体功能化的粉状碳纳米管在水和其他极性溶剂中均匀分散的能力已被用来制造具有改善力学性能的碳纳米管/聚合物复合材料[74-75]。然而，现有文献大多是关于粉状碳纳米管和碳纳米管阵列在各种应用中的等离子体功能化的研究。现有对纱线和片材等碳纳米管组件等离子体功能化的文献很少。Wei 等[76]采用干法纺丝法开发出高强度的 CNT/PVA 复合纱线，并在浸润聚乙烯醇前对碳纳米管进行氧等离子处理。Park 等[77]探索了常压等离子体处理催化气相化学沉积生产的碳纳米管纱线技术。他们考察了等离子体处理过程中氧流量对碳纳米管纱线力学性能的影响，同时保持暴露时间和等离子体功率等其他参数不变。Park 等没有使用任何聚合物渗透碳纳米管纱线。有趣的是，他们发现经氧等离子体处理的碳纳米管纱线的抗拉强度高于原始碳纳米管纱线的抗拉强度，经 100mL/min 氧等离子体处理的纱线强度最大。这一结果与 Yu 等[78]报道的结果相矛盾，Yu 等发现不论暴露时间如何，常压氧等离子体处理的碳纳米管纱线力学性能下降。Park 声称等离子体功能化可以在碳纳米管上产生氧

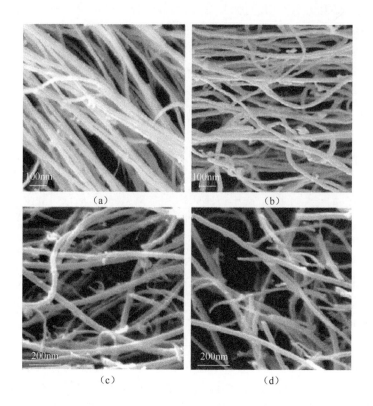

图 16-10 （a）未制备、（b）退火、（c）等离子体功能化和（d）酸处理的多壁碳纳米管的 SEM 显微照片。等离子体条件：功率=34.1W,处理时间=3min

官能团,从而改善碳纳米管之间的氢键,改善其力学性能。然而这种说法是有疑问的,因为等离子体功能化可以产生缺陷,甚至可以去除外部的碳材料[79]。后者可以在碳纳米管之间形成空隙,从而降低氢键的可能性。为了更好地理解等离子体对宏观尺度组件中碳纳米管相互作用的影响,还需要进一步的研究。有必要指出的是,与湿法/溶液技术相比,等离子诱导碳纳米管发生化学变化所需的处理时间相对非常短。

表 16-1 汇总了由催化气相化学沉积制备和由排列好的碳纳米管阵列的干法纺丝制备的碳纳米管组件的功能化和交联的文献结果。与碳纳米管片材相比,碳纳米管纱线结构更加坚固耐用,是大多数研究中选择的基底。最近,辛辛那提大学纳米世界实验室的研究表明,碳纳米管片材可通过等离子体有效地功能化,并与环氧树脂结合生成高强度、轻质的复合材料[80]。这项研究的细节将在下一节与辛辛那提大学纳米世界实验室在碳纳米管片材上进行的其他研究一起介绍。

表16-1 由催化气相化学沉积和从排列好的碳纳米管阵列干法纺丝生产的碳纳米管组件的功能化和交联的文献结果

CNT 类型	功能化与交联	拉伸应力/MPa	拉伸模量/GPa	参考文献
直接纺丝成片材（FCCVD）	初始 CNT/BMI 复合材料	700	50	[46]
	功能化 CNT/BMI 复合材料	1437	124	
	功能化的拉伸40%的 CNT/BMI 复合材料	3081	350	
	初始	90MPa/(g·cm^{-3})	0.6	[61]
	用2-叠氮基乙醇进行羟基功能化	145	1	
	羟基功能化和用电子束交联	220	2	
直接纺丝成纤维（FCCVD）	初始	408	14.6	[52]
	酸功能化并与环氧树脂交联	1132	62	[43]
	初始	200	—	
	用PEG-双(叠氮)通过[2+1]环加成的交联	1400	—	
	初始	553	—	[78]
	氧等离子体功能化	404	—	
干纺成纤维	初始	1300	47.2	[54]
	芳基重氮官能化并与HMMM交联	2300	121	
	初始	665	13.9	[41]
	γ辐射	846	20.6	
	初始/PVA	1600	100	[76]
	氧等离子体功能化 CNT/PVA	2200	200	
干纺成片材	初始	35.9	1.6	[58]
	用双(全氟叠氮)通过[2+1]环加成的交联	144.5	32.9	

16.3.1.3 等离子体功能化的碳纳米管片材/环氧树脂复合材料

碳纳米管具有独特的性能，是增强聚合物基体的理想材料。然而，与纯聚合物相比，在聚合物基体中混合使用粉状碳纳米管，复合材料的性能没有显著改善。高含量的碳纳米管倾向于在聚合物基底中形成聚集物和管束，所以聚合物中粉状碳纳米管的含量通常在0.05%~5%（质量分数）。Zhu等[25-26,81]的最近研究表明将浮动催化化学气相沉积法[46]制备的碳纳米管片材和干法进行干拉伸得到的碳纳米管片材的强度显著高于粉状碳纳米管制备的片材。制备的碳纳米管质量分数大于50%的碳纳米管片材/聚合物复合材料出现"角色转换"，其中聚合物基体被用来加强碳纳米管片材。Zhu等采用的方法包括在碳纳米管片材制造过程中喷洒聚合物溶液,使聚合物均匀浸渍在碳纳米管片材内。在纳米世界实验室,研究人员成功地将这种方法与常压等离子体功能化碳纳米管片材结合,制造出强度高、重量轻的碳纳米管/环氧树脂复合材料。

巴克纸的等离子体功能化[82]及其在改善与聚合物基底相互作用方面的应用已有报道。然而,生产后巴克纸的功能化限制了等离子体的穿透,导致功能化不均匀,从而限制了复合材料性能的改善[83]。我们发现在片层形成过程中对碳纳米管进行功能化,能够使其均匀功能化,并且加强在整个复合材料厚度范围内与环氧树脂的相互作用。在研究功能化碳纳米管与环氧树脂相互作用的文献中,大多数使用粉状碳纳米管,且这些报告中碳纳米管的最大含量明显低于50%(质量分数),平均值在0.1%~5%(质量分数)。通过干法纺丝生产的定向碳纳米管组成的碳纳米管片材/聚合物复合材料的研究报道较多[25,29,84-85]。这些报道大多侧重于通过拉伸[23]和热压[86]等机械方法改进技术。他们均未研究碳纳米管在碳纳米管片材内部的功能化及其对碳纳米管/聚合物复合材料力学性能的影响。近年来,人们对催化气相化学沉积技术[52]制备碳纳米管纤维的功能化效果进行了研究。本研究和其他人涉及在溶液中处理碳纳米管片材[87]和纱线[54],需要在化学品使用后进行处理。另外,处理是在碳纳米管组件完成后进行的,这可能会导致功能化溶液和之后的树脂的渗透问题。真空技术可以使聚合物树脂更好地渗透到大块碳纳米管组件中[54]。据我们所知,目前还没有关于常压等离子体对碳纳米管片材功能化和对碳纳米管片材/聚合物复合材料力学性能影响研究。Hang等[78]利用类似的等离子体系统探索催化气相化学沉积制备碳纳米管片材和纱线的氧功能化。然而,他们的研究仅仅集中在功能化方面,并没有探索功能化碳纳米管片材/纱线与高分子树脂的结合来制备高强度复合材料。我们之前研究了碳纳米管片材的等离子体功能化及其在碳纳米管/聚乙烯醇复合材料中的应用[88]。接下来的研究有助于更好地理解等离子体功能化对碳纳米管片材和碳纳米管/环氧复合材料性能的影响。

本研究中,将从垂直排列的碳纳米管阵列中拉出的10层碳纳米管卷绕在一个旋转的圆柱体上制成碳纳米管片材。功能化的碳纳米管片材是通过将等离子火焰放置在碳纳米管阵列和旋转圆柱体之间,位于条带上方4.0mm处。条带在等离子体火焰下方以1cm/s的速度被功能化。图16-11(a)是制造过程的工艺示意图。当它被缠绕在旋转的圆筒上时,每一层碳纳米管被等离子体功能化。本研究采用SurfxAtomflo400D射频等离子体系统。等离子体由氦和氧的混合物产生。通过改变等离子体功率和氧流量来改变功能化的有效程度,如表16-2所列。之后,碳纳米管网与旋转圆筒分离,并在10层碳纳米管片材上分别喷上溶于66:34甲苯/DMF混合物中的环氧树脂溶液。溶剂的逐渐蒸发使碳纳米管条带"致密化"成致密的碳纳米管片材。10层片材干燥后,重复上述过程10次,制备一个由100层组成的碳纳米管片材。在积累了100层的碳纳米管窄带后，通过从底层特氟龙膜分离的方法将生成的片材从圆柱体中移除。将碳纳米管/环氧树脂片材复合材料置于真空袋中，在10MPa压力下，在液压热压机上进行固化。碳纳米管/环氧复合材料先在107.22℃（225℉）下加热1h，然后在176.66℃（350℉）下加热2h，最后冷却至室温。无环氧树脂的PCNT片材在类似条件下加工，作为对照样品。

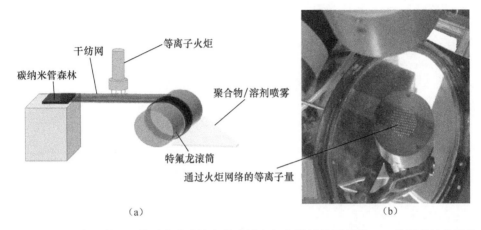

图16-11 （a）制造等离子体功能化碳纳米管片材和复合材料的原理图；（b）单层碳纳米管带在He/O_2等离子体炬下通过，然后缠绕在钢瓶上的图像。镜象说明了等离子通量通过火炬网格

表16-2 根据氧流量（L/min）的变化，采用不同的等离子体功率（W）进行功能化

等离子体功率/W	氦流量/(L/min)	氧流量/(L/min)
0	15.0	—
80	15.0	0.05
100	15.0	0.10
120	15.0	0.15
140	15.0	0.2

通过改变溶液中溶解环氧树脂的量，制备不同质量分数碳纳米管含量的PCNT片材/环氧复合材料。采用N_2气氛中热重分析法（TGA）测定了碳纳米管的含量。表16-3展示了不同浓度环氧树脂复合材料溶液中碳纳米管含量的变化。图16-12为由初始（0W）碳纳米管组成的碳纳米管/环氧复合材料的力学性能随碳纳米管含量的变化。溶液中环氧树脂浓度的增加导致复合材料破坏载荷的增加。但环氧树脂含量的增加使复合材料的厚度增加，降低了碳纳米管的含量。因

此,与碳纳米管含量为63%(质量分数)的复合材料相比,碳纳米管含量为42%(质量分数)的复合材料表现出更高的破坏载荷,但拉伸应力更低。有趣的是,碳纳米管含量大于63%(质量分数)的复合材料破坏载荷较低。这可能是由于环氧胶未将碳纳米管粘在一起,增加了碳纳米管滑动的机会。通过试验,确定了碳纳米管/环氧复合材料碳纳米管质量分数为63%时具有最佳的机械性能。

表16-3 由不同浓度环氧树脂溶液制得的碳纳米管/环氧片材复合材料中通过TGA确定的碳纳米管含量%(质量分数)的变化

环氧树脂的浓度/(w/v,%)	碳纳米管含量/%(质量分数)
0	100
0.1	82
0.25	63
0.5	42
1.0	24

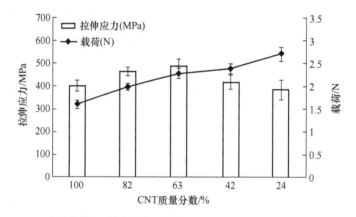

图16-12 碳纳米管/环氧树脂复合材料的力学性能与碳纳米管含量的关系

制备了含等离子体功能化碳纳米管的碳纳米管/环氧复合材料,其碳纳米管含量设定为63%(质量分数)。通过调节等离子体功率和氧流量来控制等离子体功能化程度。图16-13所示为等离子体功能化对碳纳米管含量63%(质量分数)的碳纳米管/环氧复合材料力学性能的影响。碳纳米管/环氧复合材料的拉伸应力开始时随着等离子体功率的增加而增大,在100W等离子体功能化碳纳米管/环氧复合材料时拉伸应力达到最大。当等离子体功率大于100W时,纳米管的高功能化程度会对纳米管的结构造成严重的破坏,从而对复合材料的力学性能产生负面影响。由功率和氧气流量控制的功能化程度对高强度复合材料的发展至关重要。性能的改善可归因于功能化碳纳米管上羟基与环氧树脂之间的反应和交联。

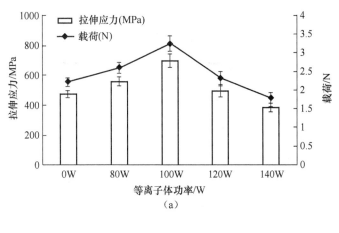

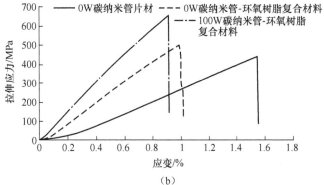

图 16-13 (a)碳纳米管/环氧复合材料(含63%(质量分数)碳纳米管)的机械性能随等离子体功率的变化;(b)由原始碳纳米管和等离子体功能化碳纳米管组成的复合材料与单独使用碳纳米管相比具有代表性的应力-应变曲线

　　功能化碳纳米管与环氧树脂在溶液中反应的对照试验证实了功能化碳纳米管与环氧树脂的相互作用。功能化的碳纳米管片材由原位等离子体100W处理制得。将四官能基的环氧树脂(4,4'-甲基二烯(N,N-二缩水甘油醚))溶于甲苯中,形成5%(质量分数)的溶液。功能化的碳纳米管片材浸入密封在烧杯中的环氧/甲苯溶液中,在热板上加热至90℃,搅拌4h。完成此过程后,将碳纳米管片材从环氧/甲苯溶液中取出,用过量80℃的热甲苯冲洗三次,以除去任何未反应的环氧树脂。用甲苯洗涤后,在真空烤箱中80℃干燥8h。干燥后的碳纳米管片材预期可与环氧树脂反应,并用XPS对样品进行研究。图16-14(a)展示了环氧树脂衍生化的功能化碳纳米管片材的全谱扫描结果,N含量为3.6%(原子分数)。然而,功能化的未经过环氧树脂处理的碳纳米管片材(图16-14(b))

的全谱扫描不存在任何 N 峰。本衍生化试验中使用的环氧树脂不添加任何固化剂。值得注意的是,本研究中使用的四官能环氧分子含有叔胺形式的氮,因此是氮的来源。叔胺可以催化环氧基的开环,从而与羟基发生反应[89]。我们观察到衍生化碳纳米管片材的氧质量分数增加,这归因于附在碳纳米管片材上的环氧树脂中的氧原子。

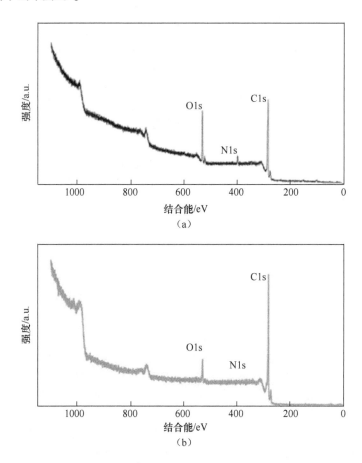

图 16-14 (a)在没有固化剂的情况下,用甲苯中的环氧溶液处理的等离子体功能化碳纳米管片材的 XPS 全谱扫描;(b)等离子体功能化碳纳米管片材的 XPS 全谱扫描

复合材料内部的交联可分为三种:碳纳米管-环氧树脂,碳纳米管-环氧树脂-碳纳米管,环氧树脂-环氧树脂。当复合材料中含有功能化的碳纳米管,且复合材料中碳纳米管质量分数较高(82%和63%)时,可以认为碳纳米管-环氧和碳纳米管-环氧-碳纳米管交联占据主导地位。这样,功能化碳纳米管-环氧复合材料的拉伸强度和模量比单独使用原始碳纳米管和碳纳米管片材的复合材料要大

(图 16-13(b))。当最终复合材料中环氧含量增加时,环氧-环氧键占据主导地位,使得整体交联增加,导致模量增加,但同时抗拉强度下降。环氧树脂的引入通过填充碳纳米管之间的空隙来增加复合材料的密度,碳纳米管通过范德瓦耳斯力结合在一起。随着环氧含量的增加,环氧-环氧键合的可能性增大。后者导致相对较高的交联度,模量随环氧的比例增加而增大,而碳纳米管的质量分数则从63%下降到42%。碳纳米管的强度明显强于环氧树脂,环氧的比例增加会导致碳纳米管的总体含量降低,从而导致低碳纳米管质量分数(42%)复合材料的拉伸应力较低。需要注意的是,与碳纳米管质量分数为63%和42%的复合材料相比,100W 等离子体功能化碳纳米管片材的模量大于原始碳纳米管片材。这种差异归因于等离子体处理的碳纳米管与树脂之间官能团的相互作用增强。

不含环氧树脂的碳纳米管等离子体功能化后,其力学性能下降,强度随等离子体功率的增加而下降。该结果已被预测,因为缺陷的数量随着等离子体功率增大而增加,拉曼光谱也显示了这一点。之前也有类似的研究结果表明,在没有任何聚合物基体的情况下,等离子体处理会对碳纳米管线和巴克纸的机械性能产生不利影响。许多研究人员发现,将功能化的碳纳米管与环氧树脂和其他聚合物相结合[90],最终复合材料的力学性能比未功能化/原始碳纳米管有所改善。因此,为制备具有优异力学性能的复合材料,必须将碳纳米管与适量的反应性聚合物树脂结合,以达到最佳的碳纳米管功能化程度。比强度(用密度归一化的应力)是评价航空航天结构材料的重要指标。碳纳米管含量高的复合材料具有重量轻的特点,是航空航天应用的良好选择。这项工作在保持碳纳米管高含量的同时实现了均匀的功能化和渗透,这使得我们能够创造出比之前报道的碳纳米管巴克纸/聚合物复合材料[91]性能更好的复合材料。

图 16-15(a)展示了等离子体功能化和未功能化碳纳米管的碳纳米管/环氧复合材料的比强度。功能化碳纳米管和环氧树脂之间共价交联的形成使得能够更好地沿复合材料长度传递负载。图 16-15(b)和(c)分别是原始碳纳米管和功能化碳纳米管制成的复合材料断口的 SEM 图像。原始碳纳米管/环氧复合材料断裂不均匀,断裂端悬挂疏松的碳纳米管,可能是纳米管间相互滑动造成的(图 16-15(b))。图 16-15(c)所示的功能化碳纳米管/环氧复合材料断面干净、相对尖锐,是碳纳米管与环氧树脂形成共价键的证据。这些结果证明了反应性聚合物树脂与功能化碳纳米管的协同效应。

综上所述,经 100W 等离子体功能化的碳纳米管与 37%(质量分数)环氧树脂结合制成复合材料,与原始碳纳米管制成的复合材料相比较,抗拉强度提高 43%,模量提高 78%。与原始碳纳米管相比,加入环氧树脂和等离子体功能化后,其拉伸强度提高了约 70%,模量提高了 171%以上。

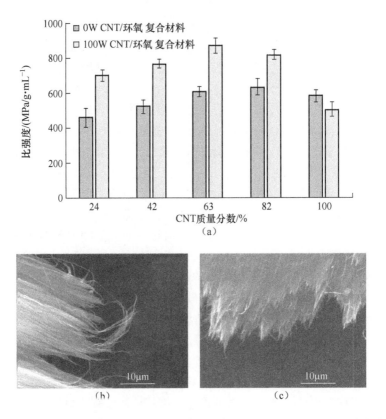

图 16-15 （a）原始碳纳米管/环氧复合材料和等离子体功能化碳纳米管/环氧复合材料的比强度与碳纳米管质量分数的关系；（b）原始碳纳米管-环氧复合材料和（c）100W 碳纳米管-环氧复合材料断口 SEM 图像

16.3.2 基于碳纳米管片材的柔性纳米结构电极

碳纳米管因其高导电性、优异的机械强度和良好的化学稳定性而成为电极材料的热门选择[92]。这些特性也使碳纳米管成为高容量、长寿命的双电层电容器（EDLC）电极的理想材料。双电层电容器通过在电极表面积聚电荷来储存能量，这是非法拉第过程。双电层电容器严重依赖于电极的有效表面积，因此在能量密度方面受到限制。一些过渡金属氧化物[93]和导电聚合物[94]等材料被称为准电容性材料，因为它们通过氧化还原反应或法拉第过程储存电荷。这些材料本身有高比电容，但导电性和力学性能较差，因而常与碳纳米管及其他粉状碳纳米材料结合，作为超级电容器（SC）的电极。超级电容器具有充电速度快、功率密度高、长期循环稳定等优点,可以弥补传统电容器与电池之间的差距[95]。超级电容器的性能很大程度上取决于所用电极材料的性质,这些材料需要导电性、具有大表面积和化学稳定性。柔性可穿戴储能设备的发展也要求电极材料具有机械稳定性和重量轻的特点。碳纳米管是制造柔性电极的可行材料,然而,使用粉状的碳纳米管会产生随机网络,为电荷快速转移增加障碍[96-98]。此外,粉末材料制作电极通常需要添加导电添加剂和黏合剂[99-100],然后浇铸在通常由金属制成的集电器上。使用一个单独的金属集电器给超级电容器增加了大量的"附加重量",从而限制了它在可穿戴和柔性电子产品中的应用。碳纳米管片材与假电容性材料如 MnO_2[101]和聚苯胺(PANI)[102-103]结合,被用来作为支架和集电器,生产轻便、灵活的超级电容器。生长在金属箔上的垂直排列碳纳米管阵列[104-106],凭借其高孔隙率和大比表面积,可以促进离子的迁移。碳纳米管阵列增加的孔隙率使假电容材料获得更大的负载,同时仍保持电解质在整个电极区域均匀扩散。使用碳纳米管生长衬底(金属箔)作为集电器,可以使电子快速进出单个纳米管,从而改善整体的电荷转移,使超级电容器在非常高的功率密度下保持高能量密度。然而,金属箔的使用限制了电极的柔韧性,增加了超级电容器或电池的附加重量[107]。研究人员试图通过使用碳质底物作为碳纳米管生长和集电器来克服这个问题。碳布或织物[108-109]已被用作碳纳米管合成的基底和制造柔性超级电容器的准电容性材料的支架[110-111]。然而,这些材料的电导率相对较低[112],往往会减慢电子的转移速度,使得整体的电荷转移率降低,从而降低高电流密度下的电容。Weng 等[113]用碳纳米管片材作为基底生长碳纳米管用于锂离子电池的电极等。催化剂沉积之前,在碳纳米管片材上涂覆硅和氧化铝缓冲层。在锂离子电池的锂化过程中,硅作为锂离子电池的储存器,但在这种情况下,它也可能充当了新生长的碳纳米管阵列和碳纳米管片材之间电子转移的屏障。我们认为,通过避免硅缓冲层,可以实现阵列中纳米管与片材中纳米管之间更好的结合和形成共价连接[114-115]。我们使用下面描述的方法来实现这个策略。

16.3.2.1 用于高性能超级电容器的三维独立式聚苯胺/碳纳米管复合电极

我们报道了一种新型的三维纳米结构电极结构的发展,其中将碳纳米管阵列的高孔隙率和离子扩散性与碳纳米管片材的优异力学性能和高导电性结合在一起。采用等离子体增强化学气相沉积(PECVD)技术,用镍催化剂在水平排列的碳纳米管衬底上直接制备了垂直排列的碳纳米管阵列。开发出一个碳纳米管片材作为衬底和集电器的独立的结构(N-掺杂碳纳米管,NCNT)。碳纳米管阵列为电极提供了更高的孔隙率和大表面积。然后,通过一种简单的电沉积工艺在该电极支架上涂覆聚苯胺。最终得到一个独立的真正的没有任何金属支撑、导电添加剂或黏合剂[116]的电极。采用NCNT/PANI电极与PVA/H$_2$SO$_4$凝胶电解质制备了一种对称的超级电容器装置,并对其储能性能进行了评价。

制造NCNT片材的第一步是将可纺阵列干燥拉伸来制造碳纳米管片材。如图16-16所示,以这种方式制备的碳纳米管片材[117-118]由向拉伸或"纺丝"方向排列的碳纳米管组成。本研究使用的碳纳米管片材衬底是通过卷绕100层碳纳米管网,同时用丙酮对沉积的网进行致密化而制成的。丙酮的蒸发在纳米管之间产生了毛细管力,使它们更紧密地结合在一起,形成了"致密化"的片状材料。致密化后的碳纳米管厚度约4μm,面积密度0.24mg/cm^2。采用电子束蒸发法在由对齐碳纳米管组成的碳纳米管片材上涂覆7nm镍催化剂。在碳纳米管阵列生长之前,镍涂层在500℃的氢气气氛中退火。在这些条件下退火可以在碳纳米管的合成过程中得到均匀的镍颗粒(图16-16(c))。退火后的镀镍碳纳米管片材被用作衬底,乙炔气体作为碳前驱体,在Aixtron Black Magic™反应器氨等离子体气氛中通过PECVD生长垂直排列碳纳米管。在700℃、3.7mbar条件下以乙炔(C_2H_2)为碳前驱体在氨(NH_3)等离子体环境中生长10min。NH_3和C_2H_2的进气量分别为160mL/min和40mL/min,保持4:1,这个比例被认为是碳纳米管生长的理想比例[119]。直流等离子体电场可以使碳纳米管在生长过程中垂直排列[120],形成由垂直排列碳纳米管组成的三维结构,这些碳纳米管由碳纳米管片材衬底上水平排列的碳纳米管伸展出来。由此产生的三维结构如图16-16(d)和(e)中的SEM图像所示。后者由垂直排列的碳纳米管阵列构成,垂直地生长到片材衬底中水平排列的碳纳米管。这种新的三维结构被称为NCNT,用于比较的纯碳纳米管片材被称为PCNT或PCNT片材。据我们所知,在碳纳米管片材衬底上通过PECVD法直接合成取向的碳纳米管(不含Si/Al$_2$O$_3$)是首次报道。我们还表征了NCNT和PCNT片材的比表面积(SSA)和孔径分布。与比表面积为174m^2/g的PCNT相比,NCNT材料的比表面积为312m^2/g,在5~10nm范围内具有更大的孔尺寸分布。这种增加的比表面积和5~10nm范围内的孔尺寸体积可以归因于垂直排列的碳纳米管阵列,这些增加有利于聚苯胺的装载和电解质离子的快速传递。

使用导电的银环氧树脂胶在碳纳米管片材上连接一根铜线来制造独立式电极,然后用常规的环氧树脂密封连接点。NCNT或PCNT电极被指定为工作电极,以三电极结构连接到Gamry Interface 1000稳压器/恒流器上,分别使用Pt线和Ag/AgCl电极作为辅助电极和参比电极。在沉积聚苯胺之前,用4M H$_2$SO$_4$处理NCNT电极30min,去除以尖端生长模式合成的碳纳米管阵列尖端的镍催化剂。用循环伏安法(CV)在NCNT电极上沉积聚苯胺。在1mol/L H$_2$SO$_4$中使用0.018mol/L苯胺溶液进行沉积,电极以25mV/s的扫描速度在-0.2~0.8V之间循环。通过改变循环伏安法循环次数来控制聚苯胺的沉积量。本工作中的电极根据循环伏安法沉积聚苯胺的循环数命名,10PANI/NCNT、20PANI/NCNT、30PANI/

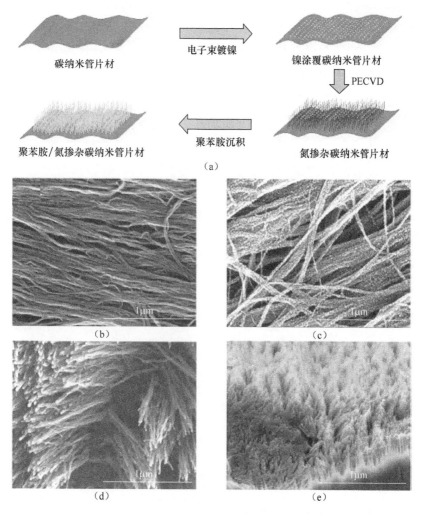

图 16-16 (a)示意图和(b)原始碳纳米管片材的 SEM 图像;(c)镍涂覆碳纳米管片材;
(d)生长在碳纳米管片材上的垂直排列的碳纳米管阵列(NCNT);
(e)涂覆聚苯胺(循环 30 次)的 NCNT 片材

NCNT、40PANI/NCNT 和 50PANI/NCNT 分别代表电极循环沉积聚苯胺 10 次、20 次、30 次、40 次和 50 次。无聚苯胺涂层的 NCNT 片电极也被制备用于测试比较,称为 NoPANI/NCNT 电极。沉积后,电极用去离子水冲洗三次,在室温下真空干燥过夜。无任何碳纳米管阵列生长的 PCNT 片材也涂覆聚苯胺并进行了对比测试。循环沉积 30 次聚苯胺的 PCNT 片电极被称为 30PANI/PCNT。将两个 PANI/NCNT 电极与夹在中间的 PVA/H_2SO_4 固体凝胶电解质相结合,形成对称的超级电容器装置。PVA/H_2SO_4 凝胶电解质是将 1gPVA 溶于 10mL 水和 2mL 浓 H_2SO_4 制成。混合物在 90℃下搅拌,直到 PVA 全部溶解,溶液变得清澈。凝胶仍然是一种黏性 H_2SO_4 液体,冷却到 50℃,以薄层形式应用在 NCNT/PANI 电极上。涂有凝胶的电极在室温下干燥过夜。干燥后,将两个电极轻轻压在一起,中间施加一层薄薄的 PVA/H_2SO_4 凝胶。该设备在空气中干燥过夜。PVA/H_2SO_4 凝胶作为该装置的电解质和分离器。

室温下在 Gamry Interface 1000 稳压器/恒流器上对 NCNT、NCNT/PANI 电极和对称超级电容分别用三电极和两电极结构进行电化学测量。本研究中测试的所有电极的工作面积为 $0.64cm^2$。用 1mol/L 硫酸电解液对三电极结构进行半电池测试。在不同扫描速率下用循环伏安法对电极进行评估,电势窗-0.2~0.8V。在 0~0.8V 的电势窗下,使用不同电流密度对电极进行了恒电流充放电实验。电化学阻抗谱测量的频率范围为 $10^5 \sim 10^{-1}$ Hz,正弦电压幅值为 10mV。质量测量使用精度为 $0.1\mu g$ 的 Sartorius ME5 微天平。用于计算的电极质量是碳纳米管片材质量和聚苯胺涂层质量的总和(通过测量聚苯胺涂覆前后电极的质量计算)。进一步评价了 NCNT/PANI 电极在双电极结构中的电荷存储和电容保持性能。用于计算电容、能量和功率密度的方程式如下。

用下式计算三电极体系的比电容(重量)(C_{sp})

$$C_{sp} = \frac{It}{\Delta V m}$$

式中:I 为放电电流;t 为放电时间;ΔV 为操作电势窗口;m 为活性材料质量(仅聚苯胺)或电极总质量(聚苯胺+碳纳米管片材)。

同时,用下式计算电极的面积电容(C_{ar})和体积电容(C_v)

$$C_{ar} = \frac{It}{\Delta V a}$$

$$C_v = \frac{It}{\Delta V v}$$

式中:a 和 v 为每个电极的面积和体积。

用下式计算超级电容器(C_{SC})的比电容

$$C_{SC} = \frac{It}{\Delta V m}$$

式中:m 为两个电极上聚苯胺涂层的总质量或两个电极的总质量(碳纳米管片材+聚苯胺涂层)。

超级电容器的能量密度(E_{SC},Wh/kg)和功率密度(P_{SC},kW/kg)按下式计算:

$$E_{SC} = \frac{C_{SC}(\Delta V)^2}{2 \times 3.6}$$

$$P_{SC} = \frac{E_{SC} \times 3.6}{t}$$

式中：t 为超级电容的放电时间。

NH_3 等离子体气氛中制备碳纳米管，其石墨结构中有氮掺杂[121]。这种现象会改变电子特性。与未掺杂的碳纳米管相比，掺杂 N 的碳纳米管电化学活性更优[122-123]，因此可应用于燃料电池[124]、电池[125] 和超级电容器[126]。Lim 等[127-128] 证明聚苯胺的聚合由碳纳米管上的 N 掺杂位点开始。这促使我们对 PECVD 生长的碳纳米管阵列进行 N 掺杂，并通过 XPS 证实了氮的掺杂。结果如图 16-17 所示。图 16-17(a) 为 NCNT 片材的 XPS 全谱扫描，显示 NH_3/C_2H_2 等离子体气氛中生长 10min 后，氮原子含量超过 6%。图 16-17(b) 为 NCNT 片材高分

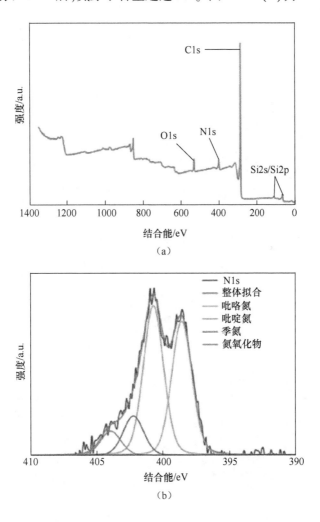

图 16-17　(a) NCNT 片材的 XPS 全谱扫描；(b) PECVD 反应器中生长 10min 后 NCNT 片材的高分辨率 N1s 光谱 (彩图)

辨率(N1s)光谱和拟合曲线,显示碳纳米管中含有吡啶(398.5eV)和吡咯(401eV)氮。所得结果与PECVD制备纳米管的文献报道结果相似[129-130]。镍的峰是由于碳纳米管片材上生长碳纳米管阵列中碳纳米管尖端的镍催化剂。Haq等[128]证明了聚苯胺的聚合由碳纳米管上的N掺杂位点开始。他们的结果表明,氮的加入有助于NCNT片材与聚苯胺涂层更好的结合。

电化学沉积聚苯胺和其他导电聚合物是一种以可控制和可重复的方式生产这些材料可行的方法。用于沉积聚苯胺的NCNT电极是通过将NCNT片材粘在黏接剂Kapton^{TM}胶带上制备的,只暴露用于生长碳纳米管阵列的碳纳米管片材的一侧。电接点由带有铜箔的碳纳米管片材和导电银环氧树脂的顶部制成。铜箔与碳纳米管片材之间的接触点用传统的电绝缘环氧树脂密封。通过调节电沉积时间来控制导电聚合物的沉积量。聚苯胺电沉积采用循环伏安法(CV),在含0.018mol/L苯胺的1mol/L H_2SO_4溶液中以25mV/s的恒定扫描速率进行。图16-18(a)~(e)为

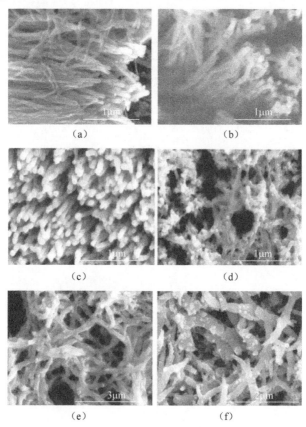

图16-18 (a)~(e)10次、20次、30次、40次、50次循环沉积聚苯胺后PANI/NCNT的SEM图像;(f)30次循环沉积聚苯胺后PANI/PCNT片材(PANI/PCNT)的SEM图像

经过10次、20次、30次、40次和50次循环沉积聚苯胺后NCNT样品的SEM图,这里分别标记为10PANI/NCNT、20PANI/NCNT、30PANI/NCNT、40PANI/NCNT和50PANI/NCNT。当循环伏安法的循环数较小时,聚苯胺在单个碳纳米管上形成一层薄的涂层。随循环次数的增加,聚苯胺涂层的厚度增加,这从纳米管状结构直径的增加可以看出。进一步增加循环伏安法的循环次数(40次和50次),最终在聚苯胺包覆的碳纳米管阵列上形成聚苯胺纳米线网络。图16-18(f)展示了在PCNT板上经过30次循环后的聚苯胺涂层,作为对照组。由于碳纳米管阵列的缺失,聚苯胺纳米线网络直接生长在碳纳米管片材表面。使用微天平精确称量聚苯胺的负载质量;对于循环沉积10次、20次、30次、40次和50次的电极,分别是0.234mg/cm^2、0.274mg/cm^2、0.316mg/cm^2、0.364mg/cm^{2}和0.416mg/cm^2。聚苯胺电沉积的速率也依赖于溶液中苯胺单体的浓度[131]。在本研究中,使用的低浓度苯胺(0.018mol/L)可以使聚苯胺均匀地覆盖在单个的碳纳米管上,从而形成如图16-19(a)和(b)所示的TEM图像中的核-壳形态。

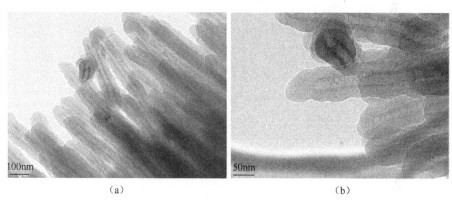

图16-19 (a)、(b)30PANI/NCNT电极的TEM图像,由碳纳米管核和聚苯胺壳层组成的核-壳层形态

图16-20(a)为未加聚苯胺涂层的NCNT片材和PCNT片材在1mol/L H_2SO_4中的循环伏安图。根据50mV/s扫描曲线下的面积计算,NCNT片材比PCNT片材(3.7mF/cm^2)显示出更高的面积电容(11.43mF/cm^2)。与PCNT片材的惰性化学性质相比,NCNT片材的N掺杂使其具有更大的电化学活性。图16-20(b)为循环电沉积10次、20次、30次、40次和50次聚苯胺PANI/NCNT电极在50mV/s扫描速度下的循环伏安图。循环伏安曲线下的面积随循环次数和聚苯胺涂层厚度的增加而增大。这一观察结果再次确认了聚苯胺对电极总电容贡献最大的事实。通过如聚苯胺的高度准电容性材料与NCNT片材开放3D结构的结合,导致了高级电极的发展。通过电化学阻抗谱(EIS)和奈奎斯特图对所有样品的电极进行研究,如图16-20(c)所示。一个典型的奈奎斯特图由三个选定频率区域组成。在高频

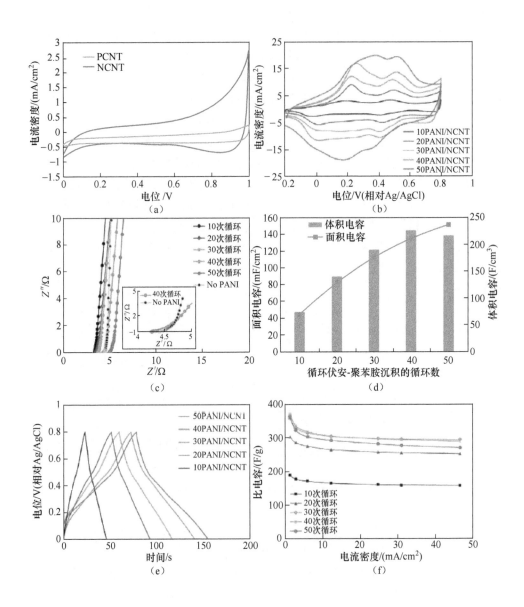

图16-20 （a）50mV/s扫描NCNT和PCNT电极的循环伏安图（CV）；（b）50mV/s扫描涂覆不同循环次数聚苯胺PANI/NCNT电极的循环伏安图（CV）；（c）涂覆不同循环次数聚苯胺NCNT电极的奈奎斯特图，内插图比较了40PANI/NCNT和不含聚苯胺涂层NCNT电极的奈奎斯特图；（d）1.56mA/cm² 电流密度下不同PANI/NCNT电极的面积电容和体积电容；（e）1.56mA/cm²电流密度下不同聚苯胺负载NCNT电极的充放电曲线；（f）用于传导测量的不同PANI/NCNT电极的面积电流密度-比电容与函数（彩图）

率下,我们可以由曲线与实轴(x轴)的交点确定溶液电阻(R_s)。R_s为电极内阻和电极与电解质界面的欧姆接触电阻的串联电阻[132-133]。高频区域显示出一个特征半圆,其直径可以表示电极内的电子转移率,也称为电荷转移电阻(Rct)[134-135]。在中低频段,奈奎斯特图由一条约45°的"瓦尔堡线"和一条几乎垂直的直线组成。直线的斜率决定了电解液离子扩散到电极区域的阻力。图16-20(c)中,不同电极的溶液电阻随聚苯胺沉积周期数的增加而增大。这是因为当循环数增加时,聚苯胺沉积量增加,整个电极的电阻增加。Lv 等[132]也发现溶液电阻随其他准电容材料负载增加的趋势。有趣的是,无聚苯胺涂层NCNT片材的溶液电阻高于循环沉积聚苯胺10次、20次和30次的PANI/NCNT样品,但低于循环沉积聚苯胺40次和50次的PANI/NCNT样品。这可能是由于NCNT片材的电导率低于金属的电导率,且NCNT片材没有金属箔或栅极作为集电器来支撑。加入聚苯胺后,随着聚苯胺包覆纳米管,复合电极的电导率提高。因此,10PANI/NCNT比NoPANI/NCNT电极的溶液电阻低。这种行为与Huang等[135]的观察结果相矛盾,Huang等使用金属箔作为集电器(内阻相对较低),但与Cherusseri等[112]使用碳纤维织物(内阻相对较高)作为集电器的结果相似。10PANI/NCNT、20PANI/NCNT和30PANI/NCNT几乎没有显示上述特征半圆,这表明电荷转移电阻或电极内电子转移阻力很低。电荷转移电阻随聚苯胺在电极上沉积量的增加而增大,40PANI/NCNT和50PANI/NCNT开始形成特征半圆。

采用恒电流充放电法对电极的电容进行了评估。图16-20(d)为不同电极在1.56mA/cm^{2}电流密度下的充放电曲线。从实用角度看,面积电容(mF/cm^2)、体积电容(mF/cm^3)和(重量)比电容(F/g)是评价轻量化、柔性超级电容器性能的重要指标。图16-20(e)为PANI/NCNT电极的面积电容(mF/cm^2)和体积电容(mF/cm^3),随聚苯胺涂层量的增加而增大。50PANI/NCNT电极在1.56mA/cm^{2}电流密度下的面积电容为151mF/cm^2,体积电容为216.6F/cm^3。本研究中使用的不同电极均具有相同的表面积(0.64cm^2),聚苯胺涂层的量不同,质量不同。因此,观测到的电容被绘制成面积电流密度(mA/cm^2)的函数,与重量电流密度(A/g)进行比较。结果表明,随聚苯胺循环沉积数增加直至达到40次,比电容增大;当聚苯胺的循环沉积数增加到50时,比电容下降。这是因为聚苯胺的循环沉积数超过30次时会导致新沉积聚合物的结构构型发生变化。当循环沉积数增加到40次时,碳纳米管阵列顶部开始形成聚苯胺纳米线网络(图16-18(d))。当循环沉积数增加到50次时,聚苯胺网络的密度增大,如图16-18(e)的SEM图像所示。聚苯胺纳米线网络密度的增加可以减缓离子在聚苯胺涂层内的扩散,从而降低聚苯胺附加质量带来的电容的预期增加[135]。50PANI/NCNT电极(图16-20(c))在低频区域奈奎斯特曲线斜率下降也支持了这一分析。后者是一个离子进出电极时产生的扩散阻力的指标,斜率越大表明扩散越快。对于PECVD生长的纳米管长度约2μm的碳纳米管阵列,30PANI/NCNT 电极的体积电容(不含碳纳米管片材的集电器)达到 566F/cm^3。这个值是聚苯胺基电极的最高值之一,比其他报道的含有不同碳纳米管组件的聚苯胺复合材料更好,如导电玻璃上的片材/薄膜[96]、石墨纸[136] 衬底,以及石墨烯等其他纳米材料[137-138]。10PANI/NCNT、20PANI/NCNT 和 30PANI/NCNT 中的 PANI-CNT 核-壳形态是本研究中电极性能优越的关键原因之一。图 16-20(f) 展示了不同 CNT/PANI 电极面积电容随电流密度的变化。即使电流密度增加 30 倍,聚苯胺循环沉积数为 10 次、20 次和 30 次的 PANI/NCNT 电极仍保留 80%以上的电容。碳纳米管片材作为一个轻量化的集电器,直接生长在片材上的碳纳米管阵列有助于电子从聚苯胺向碳纳米管片材快速转移。PANI/NCNT 电极的高速率性能是对文献中聚苯胺基独立式电极的改进[139-140],显著优于金属或碳质集电器的聚苯胺基电极的性能[141-142]。在高电流密度下使用碳纳米管片材集电器的 PANI/NCNT 片材的性能与 Zhang[143-144] 报道的生长在金属箔集电器上并涂覆聚苯胺的碳纳米管阵列的性能相当。

以上结果表明以聚苯胺质量为基准,30PANI/NCNT 电极的比电容最高。与 40PANI/NCNT 和 50PANI/NCNT 电极相比,当电流密度增加 30 倍时,该电极具有更好的电容保持能力。用来判断电容器性能的最重要的指标之一是循环稳定性,即该设备在多次充放电循环中保持电荷的能力。通过对 30PANI/NCNT 电极在 0~0.8V 的电势窗口下进行充放电,在 15.6mA/cm^2 或 49.5A/g(28.1A/g-电极总质量为基准)大电流密度下进行 5000 次循环,评价了 30PANI/NCNT 电极的循环稳定性。图 16-21(a) 为 30PANI/NCNT 和 30PANI/PCNT 电极的电容保留百分率与充放电循环次数的函数。30PANI/NCNT 电极保留了 80%的原始电容,相比之下 30PANI/PCNT 电极只保留了 44%的原始电容。30PANI/NCNT 电极第 1 次和 5000 次的充放电曲线如图 16-21(b) 所示。30PANI/NCNT 复合电极的性能是一系列因素共同作用的结果。首先,碳纳米管核和聚苯胺壳层的形成使得电子可以在纳米管和导电聚合物之间快速传输[145-146];其次,核-壳形态的碳纳米管阵列直接生长在碳纳米管片材集电器上,进一步降低了电极内部电子运动阻力[143];第三,对于 30PANI/NCNT 电极,聚苯胺涂层的质量是最优的,这样该电极保持有序纳米线阵列状结构的同时可以提供足够高的电容。这种"开放式"多孔阵列结构使得离子快速扩散,在电极内保持高离子电导率[147-149]。任何额外的聚苯胺涂层(40 次和 50 次循环)都会降低电极的孔隙率,从而减缓离子向聚苯胺内部表面扩散[144]。最后,碳纳米管核提供了稳定的机械框架,当聚苯胺壳在充放电周期内经历体积变化时,该框架向其提供加固[102,150]。对于 NCNT 片材,聚苯胺壳可以通过碳纳米管生长过程中产生的 N 掺杂位点与阵列中的碳纳米管成共价键[128]来进一步增强[130]。在平板碳纳米管片材表面上沉积的 30PANI/PCNT 电极上的聚苯胺是一个相互连接的独立纳米线网络。由于碳纳米管芯对聚苯胺纳米线的增强作用不足,导致电容保持率急剧下降,特别是在49.5A/g高电流密度下进行充放电时。

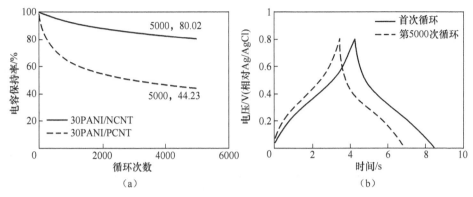

图16-21 (a)30PANI/NCNT和30PANI/PCNT电极之间在49.5A/g电流密度下充放电5000次以上的电容保持;(b)30PANI/NCNT电极的第1和第5000次在49.5A/g电流密度下充放电曲线

无金属、无黏结剂、独立式NCNT电极的设计为未来轻量、灵活、耐用的储能设备创造了可能。本设计的关键元件之一是碳纳米管片材。碳纳米管片材的高强度和高导电性使得设计基于碳纳米管片材电极的超级电容器更加自由。我们使用两个30PANI/NCNT复合电极制作对称型超级电容器,PVA/H_2SO_4凝胶为分离器和固体电解质。图16-22(a)和(b)分别是电容器的图解和实物图。采用循环伏安法和充放电技术对PANI/NCNT ‖ PANI/NCNT电容器进行电化学分析。图16-23(a)为超级电容在不同扫描速率下0~0.8V的循环伏安曲线。当试验从三电极装置改为两电极对称装置时,超级电容单个电极循环伏安曲线上的聚苯胺特征峰不那么明显,这在之前已观察到[151]。图16-23(b)为30PANI/NCNT电极制成的超级电容器在不同电流密度测试的充放电曲线。利用充放电曲线的放电部分来确定超级电容器的电容。根据聚苯胺负载量计算,PANI/NCNT ‖ PANI/NCNT电容器在2.47A/g电流密度时的电容为128F/g。轻质碳纳米管片材制作的电容器集电器,在1.4A/g时根据两个电极的总质量(包括碳纳米管片材集电器的质量)计算的比电容为74F/g。基于超级电容总质量的比电容值高于之前报道的基于碳纳米管[152]和石墨烯[153]的聚苯胺柔性器件的比电容值。超薄的PANI/NCNT电极(2μm高碳纳米管阵列、4μm厚碳纳米管片材)在2.47A/g(1.56mA/cm^2)电流密度下整个装置的体积电容是67F/cm^3。这一数值几乎是最近报道的碳纳米管/聚吡咯刷状电极超级电容器的4.5倍[112],其中碳纳米管生长在碳纤维衬底上。PVA/H_2SO_4凝胶在干燥前均匀地渗透进PANI/NCNT结构中,使聚苯胺壳与凝胶电解质之间的离子快速交换,从而转化为优异的高效性能,如图16-23(c)所示。随电流密度的增加保持高电容的同时也可以随功率密度的增加保持高能量密度。

与文献中其他基于聚苯胺的柔性超级电容器相比,图16-23(d)为PANI/NCNT ‖ PANI/NCNT电容器能量密度随功率密度的变化。根据聚苯胺负载量计算能量密度和功率密度。当电流密度为2.47A/g时,该电容器的能量密度为11.1Wh/kg,功率密度为0.98kW/kg。超级电容器的总体目标是缩小电池的高能量密度和传统电容器的高功率密度之间的差距。PANI/NCNT ‖ PANI/NCNT电容器实现的电荷快速转移,在功率密度增加27倍以上(0.98~26.83W/kg)时也能使电容器保持64%以上的能量密度(7.16Wh/kg)。这些能量和功率密度值均优于聚苯胺与碳纳米管结合的柔性器件的能量和功率密度值[152,154-156]。一个理想的超级电容器还需要有一个长生命周期。PANI/NCNT ‖ PANI/NCNT电容器通过在24.7A/g(根据两个电极的聚苯胺负载计算或15.63mA/cm^2)电流密度下进行充放电循环10000次来评估其循环能力。图16-23(e)为循环数-电容保持百分比函数,经过10000次充放电后PANI/NCNT ‖ PANI/NCNT电容器保持了92%以上的原始电容。这种高电流密度下的性能明显优于其他基于聚苯胺的柔性超级电容器[153-162]。

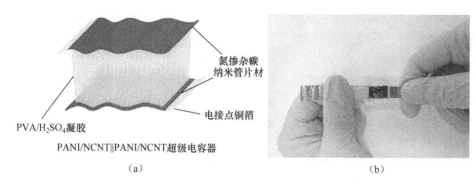

图16-22 (a)PANI/NCNT ‖ PANI/NCNT电容器(超级电容器)图解;(b)本研究中超级电容器的实物图

PANI/NCNT ‖ PANI/NCNT电容器是由柔性元件组成,超级电容进行不同角度弯曲时循环伏安测试检测器件的性能。图16-24(a)为50mV/s扫描速率下超级电容在90°、180°、0°平板状态下循环伏安图的对比。设备在90°和180°弯曲测试循环伏安曲线下的面积变化很小。PANI/NCNT ‖ PANI/NCNT超级电容器的实际适用性也通过使用三个串联设备来驱动一个红色LED来演示,如图16-24(b)所示。尽管PANI/NCNT ‖ PANI/NCNT超级电容器能量密度的绝对值不高,但我们的电极设计很有希望,特别是在保持高能量密度和增加功率密度方面。利用有机电解质和离子液体作为电解质增加装置的电势窗,可以进一步提高能量密度。碳纳米管/聚苯胺核/壳形态对高充电率至关重要。我们可以合理地预测,碳纳米管阵列的长度越长,可沉积在电极上的聚苯胺负载就越高,同时仍能保持核-壳的

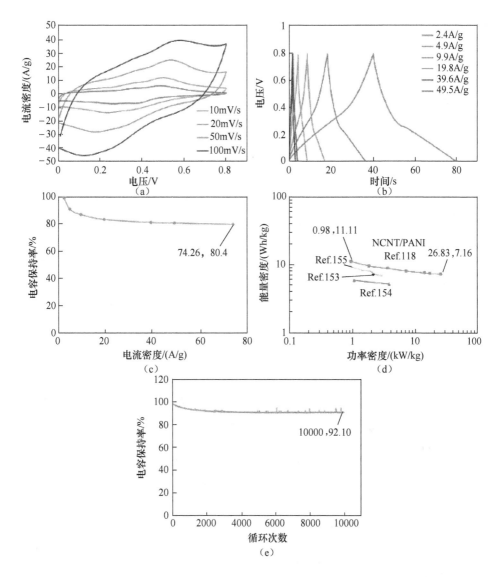

图 16-23 (a)不同扫描速度下超级电容的循环伏安曲线;(b)不同电流密度下超级电容的充放电曲线(基于聚苯胺负载质量计算);(c)在不同电流密度下充放电时,超级电容的电容保持率;(d)超级电容的比电能图,即能量密度随功率密度的函数;(e)在 24.7A/g 电流密度下 10000 次充放电循环中,超级电容的电容保持率(彩图)

形态。其他研究考察锰氧化物和垂直排列的碳纳米管阵列的组合,它们分别生长在金属基底[105,163]和碳布[108]上,作为高充电率超级电容器的电极。目前的工作首次展示了一种基于直接生长在轻质、定向、高导电性和柔性的碳纳米管片材上的垂直排列的碳纳米管的超级电容。这为开发高容量、高充电率的柔性超级电容器提供了进一步的改进空间。

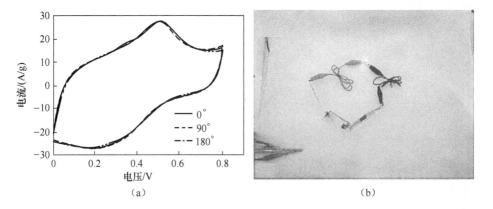

图 16-24　(a)50mV/s 扫描不同角度弯曲的 PANI/NCNT ‖ ‖ PANI/NCNT 超级电容的循环伏安图；(b)三个串联电容给一个红色 LED(额定 1.8~2.0V)供电图

16.4　本章小结

碳纳米管已经从用于增强聚合物性能的粉末状填充物，发展成为用于制造诸如板材和纱线等宏观组件的构成材料。在本章中，我们概述了从巴克纸到干纺和浮动催化化学气相沉积碳纳米管片材的制造工艺。浮动催化化学气相沉积工艺的连续特性使碳纳米管组件的工业化生产成为可能。干法纺丝可以得到排列整齐、无催化剂、高质量的碳纳米管片材。本章讨论了碳纳米管在宏观组件中的功能化和交联，模拟单个纳米管的性能。等离子体和电子束等干燥技术可以在碳纳米管上快速生成官能团和交联，且不会影响组件的整体结构。我们还讨论了在加州大学纳米世界实验室进行的关于大气压等离子体功能化在制造碳纳米管片材中的应用的研究结果。使用氧等离子体功能化并与环氧树脂交联的碳纳米管片材来制备复合材料，其抗拉强度比碳纳米管片材高 70%。碳纳米管质量分数超过 60% 的碳纳米管/环氧复合材料出现"角色逆转"，其中少量的聚合物被用来加固碳纳米管片材。此外，作为高效、灵活的超级电容器的纳米结构电极，强调了碳纳米管片材的通用性。在等离子体增强化学气相沉积过程中，首次把碳纳米管片材用作碳纳米管阵列生长的衬底。创建了碳纳米管阵列表面积增加并兼容碳纳米管片材灵活性的三维结构。本研究设计的氮掺杂碳纳米管电极结合导电聚合物聚苯胺制备了对称的柔性超级电容器。在 74A/g 极高电流密度下工作时，后者表现出 80% 以上的电容保持。经过 10000 次充放电，这些器件仍能保持 90% 以上的原始电容。因此,碳纳米管片材是加工和开发复合材料和储能的理想候选材料。

本章相关彩图,请扫码查看

参 考 文 献

[1] S. Iijima, Helical microtubules of graphitic carbon, Nature 354 (1991) 56-58, https://doi.org/10.1038/354056a0.

[2] M. Yu, B. Files, S. Arepalli, R. Ruoff, Tensile loading of ropes of single wall carbon nanotubes and their mechanical properties, Phys. Rev. Lett. 84 (2000) 5552-5555, https://doi.org/10.1103/PhysRevLett.84.5552.

[3] T. W. Ebbesen, H. J. Lezec, H. Hiura, J. W. Bennett, H. F. Ghaemi, T. Thio, Electrical conductivity of individual carbon nanotubes, Nature 382 (1996) 54-56, https://doi.org/10.1038/382054a0.

[4] K. Jiang, Q. Li, S. Fan, Nanotechnology: Spinning continuous carbon nanotube yarns, Nature 419 (2002) 801, https://doi.org/10.1038/419801a.

[5] M. Zhang, S. Fang, A. A. Zakhidov, S. B. Lee, A. E. Aliev, C. D. Williams, K. R. Atkinson, R. H. Baughman, Strong, transparent, multifunctional, carbon nanotube sheets, Science 309 (2005) 1215-1219, https://doi.org/10.1126/science.1115311.

[6] Y.-L. Li, I. A. Kinloch, A. H. Windle, Direct spinning of carbon nanotube fibers from chemical vapor deposition synthesis, Science 304 (2004) 276-278, https://doi.org/10.1126/science.1094982.

[7] D. Lashmore, J. J. Brown, J. K. Chaffee, B. Rescnicoff, P. L. Antoinette, Systems and Methods for Formulation and Harvesting of Nanofibrous Materials, in: US Patent Number 20160250823A1, 2016.

[8] T. Guo, P. Nikolaev, A. Thess, D. T. Colbert, R. E. Smalley, Catalytic growth of single-walled nanotubes by laser vaporization, Chem. Phys. Lett. 243 (1995) 49-54, https://doi.org/10.1016/0009-2614(95)00825-O.

[9] W. A. DeHeer, W. S. Bacsa, A. Ch^atelain, T. Gerfin, R. Humphrey-Baker, L. Forro, D. Ugarte, Aligned carbon nanotube films: production and optical and electronic properties, Science 268 (1995) 845-847, https://doi.org/10.1126/science.268.5212.845.

[10] H. E. Unalan, G. Fanchini, A. Kanwal, A. Du Pasquier, M. Chhowalla, Design criteria for transparent Single-Wall carbon nanotube thin-film transistors, Nano Lett. 6 (2006) 677-682, https://doi.org/10.1021/nl052406l.

[11] F. Hennrich, S. Lebedkin, S. Malik, J. Tracy, M. Barczewski, H. Rosner, M. Kappes, Preparation, characterization and applications of free-standing single walled carbon nanotube thin films, Phys. Chem. Chem. Phys. 4 (2002) 2273 – 2277, https://doi.org/10.1039/B201570F.

[12] Y. Y. Huang, E. M. Terentjev, Dispersion and rheology of carbon nanotubes in polymers, Int. J. Mater. Form. 1 (2008) 63–74, https://doi.org/10.1007/s12289-008-0376-6.

[13] V. Datsyuk, M. Kalyva, K. Papagelis, J. Parthenios, D. Tasis, A. Siokou, I. Kallitsis, C. Galiotis, Chemical oxidation of multi-walled carbon nanotubes, Carbon N. Y. 46 (2008) 833–840, https://doi.org/10.1016/j.carbon.2008.02.012.

[14] H. Wang, Dispersing carbon nanotubes using surfactants, Curr. Opin. Colloid Interface Sci. 14 (2009) 364–371, https://doi.org/10.1016/j.cocis.2009.06.004.

[15] S. Manivannan, I. O. Jeong, J. H. Ryu, C. S. Lee, K. S. Kim, J. Jang, K. C. Park, Dispersion of single-walled carbon nanotubes in aqueous and organic solvents through a polymer wrapping functionalization, J. Mater. Sci. Mater. Electron. 20 (2009) 223–229, https://doi.org/10.1007/s10854-008-9706-1.

[16] K. Sears, L. Dum_ee, J. Sch € utz, M. She, C. Huynh, S. Hawkins, M. Duke, S. Gray, Recent developments in carbon nanotube membranes for water purification and gas separation, Materials 3 (2010), https://doi.org/10.3390/ma3010127.

[17] J. Zhang, D. Jiang, H.-X. Peng, F. Qin, Enhanced mechanical and electrical properties of carbon nanotube buckypaper by in situ cross-linking, Carbon N. Y. 63 (2013) 125–132, https://doi.org/10.1016/j.carbon.2013.06.047.

[18] M. B. Jakubinek, B. Ashrafi, J. Guan, M. B. Johnson, M. A. White, B. Simard, 3D chemically cross-linked single-walled carbon nanotube buckypapers, RSC Adv. 4 (2014) 57564–57573, https://doi.org/10.1039/C4RA12026D.

[19] A. M. Dı′ez-Pascual, D. Gasco′n, Carbon nanotube Buckypaper reinforced acrylonitrile-butadiene-styrene composites for electronic applications, ACS Appl. Mater. Interfaces 5 (2013) 12107–12119, https://doi.org/10.1021/am4039739.

[20] Z. Wang, Z. Liang, B. Wang, C. Zhang, L. Kramer, Processing and property investigation of single-walled carbon nanotube (SWNT) buckypaper/epoxy resin matrix nanocomposites, Compos. Part A Appl. Sci. Manuf. 35 (2004) 1225 – 1232, https://doi.org/10.1016/j.compositesa.2003.09.029.

[21] J. Han, H. Zhang, M. Chen, D. Wang, Q. Liu, Q. Wu, Z. Zhang, The combination of carbon nanotube buckypaper and insulating adhesive for lightning strike protection of the carbon fiber/epoxy laminates, Carbon N. Y. 94 (2015) 101 – 113, https://doi.org/10.1016/j.carbon.2015.06.026.

[22] J. T. Di, D. M. Hu, H. Y. Chen, Z. Z. Yong, M. H. Chen, Z. H. Feng, Y. T. Zhu, Q. W. Li, Ultrastrong, foldable, and highly conductive carbon nanotube film, ACS Nano 6 (2012) 5457–5464, https://doi.org/10.1021/Nn301321j.

[23] Q. Liu, M. Li, Y. Gu, Y. Zhang, S. Wang, Q. Li, Z. Zhang, Highly aligned dense carbon nanotube sheets induced by multiple stretching and pressing, Nanoscale 6 (2014) 4338–4344, https://doi.org/10.1039/c3nr06704a.

[24] I. W. Chen, R. Liang, H. Zhao, B. Wang, C. Zhang, Highly conductive carbon nanotube buckypapers with improved doping stability via conjugational cross-linking, Nanotechnology 22 (2011) 485708, https://doi.org/10.1088/0957-4484/22/48/485708.

[25] W. Liu, X. Zhang, G. Xu, P. D. Bradford, X. Wang, H. Zhao, Y. Zhang, Q. Jia, F. G. Yuan, Q. Li, Y. Qiu, Y. Zhu, Producing superior composites by winding carbon nanotubes onto a mandrel under a poly(vinyl alcohol) spray, Carbon N. Y. 49 (2011) 4786–4791, https://doi.org/10.1016/j.carbon.2011.06.089.

[26] X. Wang, P. D. Bradford, W. Liu, H. Zhao, Y. Inoue, J. P. Maria, Q. Li, F. G. Yuan, Y. Zhu, Mechanical and electrical property improvement in CNT/nylon composites through drawing and stretching, Compos. Sci. Technol. 71 (2011) 1677–1683, https://doi.org/10.1016/j.compscitech.2011.07.023.

[27] Carbon nanotube/polyimide composites, Compos. Part B Eng. 56 (2014) 408–412, https://doi.org/10.1016/j.compositesb.2013.08.064.

[28] Y.-N. Liu, M. Li, Y. Gu, Y. Zhang, Q. Li, Z. Zhang, Ultrastrong carbon nanotube/bismaleimide composite film with super-aligned and tightly packing structure, Compos. Sci. Technol. 117 (2015) 176–182, https://doi.org/10.1016/j.compscitech.2015.06.014.

[29] Y. N. Liu, M. Li, Y. Gu, K. Wang, D. Hu, Q. Li, Z. Zhang, A modified spray-winding approach to enhance the tensile performance of array-based carbon nanotube composite films, Carbon N. Y. 65 (2013) 187–195, https://doi.org/10.1016/j.carbon.2013.08.013.

[30] P. Liu, L. Liu, Y. Wei, K. Liu, Z. Chen, K. Jiang, Q. Li, S. Fan, Fast high-temperature response of carbon nanotube film and its application as an incandescent display, Adv. Mater. 21 (2009) 3563–3566, https://doi.org/10.1002/adma.200900473.

[31] K. Fu, O. Yildiz, H. Bhanushali, Y. Wang, K. Stano, L. Xue, X. Zhang, P. D. Bradford, Aligned carbon nanotube-silicon sheets: A novel nano-architecture for flexible lithium ion battery electrodes, Adv. Mater. 25 (2013) 5109–5114, https://doi.org/10.1002/adma.201301920.

[32] K. Jiang, C. Feng, Z. Chen, L. Liu, S. Fan, Q. Li, Q. Li, Flexible thermos acoustic device, US20100086150A1;2010, (2010).

[33] W. Fu, L. Liu, K. Jiang, Q. Li, S. Fan, Super-aligned carbon nanotube films as aligning layers and transparent electrodes for liquid crystal displays, Carbon N. Y. 48 (2010) 1876–1879, https://doi.org/10.1016/j.carbon.2010.01.026.

[34] J. Chaffee, D. Lashmore, D. Lewis, J. Mann, M. Schauer, B. White, Direct synthesis of CNT yarns and sheets, in: Technical Proceedings of the 2008 NSTI Nanotechnology Conference and Trade Show, NSTINanotech, Nanotechnology, vol. 3, 2008, pp. 118–121. http://www.nsti.org/publications/Nanotech/2008/pdf/319.pdf.

[35] Nanocomp Technologies Inc. Miralon Sheets/Tape, (n.d.).

[36] Y. Lin, J. W. Kim, J. W. Connell, M. Lebron-Colon, E. J. Siochi, Purification of carbon nanotube sheets, Adv. Eng. Mater. 17 (2015) 674–688, https://doi.org/10.1002/adem.201400306.

[37] M. V. Naseh, A. A. Khodadadi, Y. Mortazavi, F. Pourfayaz, O. Alizadeh, M. Maghrebi, Fast and clean functionalization of carbon nanotubes by dielectric barrier discharge plasma in air compared to acid treatment, Carbon N. Y. 48 (2010) 1369–1379, https://doi.org/10.1016/j.carbon.2009.12.027.

[38] X. Zhang, Q. Li, Y. Tu, Y. Li, J. Y. Coulter, L. Zheng, Y. Zhao, Q. Jia, D. E. Peterson, Y. Zhu, Strong carbon nanotubefibers spun from long carbon-nanotube arrays, Small 3 (2007) 244–248, https://doi.org/10.1002/smll.200600368.

[39] M. Huhtala, A. V. Krasheninnikov, J. Aittoniemi, S. J. Stuart, K. Nordlund, K. Kaski, Improved mechanicalload transfer between shells of multiwalled carbon nanotubes, Phys. Rev. B 70 (2004) 45404. https://doi.org/10.1103/PhysRevB.70.045404.

[40] C. F. Cornwell, C. R. Welch, Very-high-strength (60–GPa) carbon nanotube fiber design based on moleculardynamics simulations, J. Chem. Phys. 134 (2011), https://doi.org/10.1063/1.3594197.

[41] M. Miao, S. C. Hawkins, J. Y. Cai, T. R. Gengenbach, R. Knott, C. P. Huynh, Effect of gamma-irradiation onthe mechanical properties of carbon nanotube yarns, Carbon N. Y. 49 (2011) 4940–4947, https://doi.org/10.1016/j.carbon.2011.07.026.

[42] B. Peng, M. Locascio, P. Zapol, S. Li, S. L. Mielke, G. C. Schatz, H. D. Espinosa, Measurements of near ultimate strength for multi-walled carbon nanotubes and irradiation-induced crosslinking improvements, Nat Nano. 3 (2008) 626–631, https://doi.org/10.1038/nnano.2008.211.

[43] H. Kim, J. Lee, B. Park, J.-H. Sa, A. Jung, T. Kim, J. Park, W. Hwang, K.-H. Lee, Improving the tensile strength of carbon nanotube yarn via one-step double [2 + 1] cycloadditions, Korean J. Chem. Eng. 33 (2016) 299–304, https://doi.org/10.1007/s11814-015-0140-9.

[44] K. Balasubramanian, M. Burghard, Chemically functionalized carbon nanotubes, Small 1 (2005) 180–192, https://doi.org/10.1002/smll.200400118.

[45] P. Abiman, G. G. Wildgoose, R. G. Compton, A mechanistic investigation into the covalent chemical derivatization of graphite and glassy carbon surfaces using aryldiazonium salts, J. Phys. Org. Chem. 21 (2008) 433–439, https://doi.org/10.1002/poc.1331.

[46] Q. Cheng, B. Wang, C. Zhang, Z. Liang, Functionalized carbon-nanotube sheet/bismaleimide nanocomposites: mechanical and electrical performance beyond carbon-fiber composites, Small 6 (2010) 763–767, https://doi.org/10.1002/smll.200901957.

[47] D. Ogrin, J. Chattopadhyay, A. K. Sadana, W. E. Billups, A. R. Barron, Epoxidation and deoxygenation of single-walled carbon nanotubes: Quantification of epoxide defects, J. Am. Chem. Soc. 128 (2006) 11322–11323, https://doi.org/10.1021/ja061680u.

[48] F. Meng, J. Zhao, Y. Ye, X. Zhang, Q. Li, Carbon nanotube fibers for electrochemical applications: effect of enhanced interfaces by an acid treatment, Nanoscale 4 (2012) 7464–7468, https://doi.org/10.1039/C2NR32332J.

[49] K. Wang, M. Li, Y.-N. N. Liu, Y. Gu, Q. Li, Z. Zhang, Effect of acidification conditions on the properties of carbon nanotube fibers, Appl. Surf. Sci. 292 (2014) 469–474, https://doi.org/10.1016/j.apsusc.2013.11.162.

[50] Y. Li, H. Li, A. Petz, S. Kunsa'gi-Ma't_e, Reducing structural defects and improving homogeneity of nitricacid treated multi-walled carbon nanotubes, Carbon N. Y. 93 (2015) 515–522, https://doi.org/10.1016/j.carbon.2015.05.068.

[51] Y.-O. Im, S.-H. Lee, T. Kim, J. Park, J. Lee, K.-H. Lee, Utilization of carboxylic functional groups generated during purification of carbon nanotube fiber for its strength improvement, Appl. Surf. Sci. 392 (2017) 342–349, https://doi.org/10.1016/j.apsusc.2016.09.060.

[52] T.Q. Tran, Z. Fan, A. Mikhalchan, P. Liu, H.M. Duong, Post-treatments for multifunctional property enhancement of carbon nanotube fibers from the floating catalyst method, ACS Appl. Mater. Interfaces (2016) acsami.5b09912. https://doi.org/10.1021/acsami.5b09912.

[53] J.Y. Cai, J. Min, J. McDonnell, J.S. Church, C.D. Easton, W. Humphries, S. Lucas, A.L. Woodhead, An improved method for functionalisation of carbon nanotube spun yarns with aryldiazonium compounds, Carbon N. Y. 50 (2012) 4655–4662, https://doi.org/10.1016/j.carbon.2012.05.055.

[54] J. Min, J.Y. Cai, M. Sridhar, C.D. Easton, T.R. Gengenbach, J. McDonnell, W. Humphries, S. Lucas, High performance carbon nanotube spun yarns from a crosslinked network, Carbon N. Y. 52 (2013) 520–527, https://doi.org/10.1016/j.carbon.2012.10.004.

[55] C. Perruchot, M.-L. Abel, J.F. Watts, C. Lowe, J.T. Maxted, R.G. White, High-resolution XPS study of crosslinking and segregation phenomena in hexamethoxymethyl melamine-polyester resins, Surf. Interface Anal. 34 (2002) 570–574, https://doi.org/10.1002/sia.1362.

[56] M.ł. Mami_nski, M. Czarzasta, P. Parzuchowski, Wood adhesives derived from hyperbranched polyglycerol cross-linked with hexamethoxymethylmelamines, Int. J. Adhes. Adhes. 31 (2011) 704–707, https://doi.org/10.1016/j.ijadhadh.2011.06.012.

[57] O.-K. Park, W. Lee, J.Y. Hwang, N.-H. You, Y. Jeong, S.-M. Kim, B.-C. Ku, Mechanical and electrical properties of thermos chemically cross-linked polymer carbon nanotube fibers, Compos. Part A Appl. Sci. Manuf. 91 (2016) 222–228, https://doi.org/10.1016/j.compositesa.2016.10.016.

[58] Y. Inoue, K. Nakamura, Y. Miyasaka, T. Nakano, G. Kletetschka, Cross-linking multiwall carbon nanotubes using PFPA to build robust, flexible and highly aligned large-scale sheets and yarns, Nanotechnology 27 (2016) 115701, https://doi.org/10.1088/0957-4484/27/11/115701.

[59] T. Filleter, H. D. Espinosa, Multi-scale mechanical improvement produced in carbon nanotube fibers by irradiation cross-linking, Carbon N. Y. 56 (2013) 1–11, https://doi.org/10.1016/j.carbon.2012.12.016.

[60] F. Banhart, The formation of a connection between carbon nanotubes in an Electron beam, Nano Lett. 1 (2001) 329–332, https://doi.org/10.1021/nl015541g.

[61] S. G. Miller, T. S. Williams, J. S. Baker, F. Sola', M. Lebron-Colon, L. S. McCorkle, N. G. Wilmoth, J. Gaier, M. Chen, M. a Meador, Increased tensile strength of carbon nanotube yarns and sheets through chemical modification and Electron beam irradiation, ACS Appl. Mater. Interfaces 6 (2014) 6120–6126, https://doi.org/10.1021/am4058277.

[62] N. Hiremath, X. Lu, M. C. Evora, A. Naskar, J. Mays, G. Bhat, Effect of solvent/polymer infiltration and irradiation on microstructure and tensile properties of carbon nanotube yarns, J. Mater. Sci. 51 (2016) 10215–10228, https://doi.org/10.1007/s10853-016-0249-1.

[63] J. Y. Cai, J. Min, M. Miao, J. S. Church, J. McDonnell, R. Knott, S. Hawkins, C. Huynh, Enhanced mechanical performance of CNT/polymer composite yarns by γ-irradiation, Fibers Polym. 15 (2014) 322–325, https://doi.org/10.1007/s12221-014-0322-9.

[64] B. N. Khare, M. Meyyappan, A. M. Cassell, C. V. Nguyen, J. Han, Functionalization of carbon nanotubes using atomic hydrogen from a glow discharge, Nano Lett. 2 (2002) 73–77, https://doi.org/10.1021/nl015646j.

[65] B. N. Khare, P. Wilhite, R. C. Quinn, B. Chen, R. H. Schingler, B. Tran, H. Imanaka, C. R. So, C. W. Bauschlicher, M. Meyyappan, Functionalization of carbon nanotubes by Ammonia glow-discharge: Experiments and modeling, J. Phys. Chem. B 108 (2004) 8166–8172, https://doi.org/10.1021/jp049359q.

[66] B. N. Khare, P. Wilhite, M. Meyyappan, The fluorination of single wall carbon nanotubes using microwave plasma, Nanotechnology 15 (2004) 1650, https://doi.org/10.1088/0957-4484/15/11/048.

[67] B. Khare, P. Wilhite, B. Tran, E. Teixeira, K. Fresquez, D. N. Mvondo, C. Bauschlicher, M. Meyyappan, Functionalization of carbon nanotubes via nitrogen glow discharge, J. Phys. Chem. B109 (2005) 23466–23472, https://doi.org/10.1021/jp0537254.

[68] T. I. T. Okpalugo, P. Papakonstantinou, H. Murphy, J. Mclaughlin, N. M. D. Brown, Oxidative functionalization of carbon nanotubes in atmospheric pressure filamentary dielectric barrier discharge (APDBD), Carbon N. Y. 43 (2005) 2951–2959, https://doi.org/10.1016/j.carbon.2005.06.033.

[69] J. Lee, D. Lim, W. Choi, S. Dimitrijev, Influence of various plasma treatment on the properties of carbon nanotubes for composite applications, J. Nanosci. Nanotechnol. 12 (2012) 1507–1512, https://doi.org/10.1166/jnn.2012.4598.

[70] J. Y. Yook, J. Jun, S. Kwak, Amino functionalization of carbon nanotube surfaces with NH3 plasma treatment, Appl. Surf. Sci. 256 (2010) 6941–6944, https://doi.org/10.1016/j.apsusc.2010.04.075.

[71] V. K. Abdelkader, S. Scelfo, C. Garcı′a-Galları′n, M. L. Godino-Salido, M. Domingo-Garcı′a, F. J. Lo′pez-Garzo′n, M. P_erez-Mendoza, Carbon tetrachloride cold plasma for extensive chlorination of carbon nanotubes, J. Phys. Chem. C 117 (2013) 16677–16685, https://doi.org/10.1021/jp404390h.

[72] G. Kalita, S. Adhikari, H. R. Aryal, D. C. Ghimre, R. Afre, T. Soga, M. Sharon, M. Umeno, Fluorination of multi-walled carbon nanotubes (MWNTs) via surface wave microwave (SW-MW) plasma treatment, Phys. E Low-Dim. Syst. Nanostruct. 41 (2008) 299–303, https://doi.org/10.1016/j.physe.2008.07.015.

[73] D. Kolacyak, J. Ihde, C. Merten, A. Hartwig, U. Lommatzsch, Fast functionalization of multi-walled carbon nanotubes by an atmospheric pressure plasma jet, J. Colloid Interface Sci. 359 (2011) 311–317, https://doi.org/10.1016/j.jcis.2011.03.069.

[74] C. H. Tseng, C. C. Wang, C. Y. Chen, Functionalizing carbon nanotubes by plasma modification for the preparation of covalent-integrated epoxy composites, Chem. Mater. 19 (2007) 308–315, https://doi.org/10.1021/cm062277p.

[75] W. J. Zhang, X. Y. Li, X. Wang, D. G. Yu, W. H. Qian, Y. T. Ye, Z. Y. Wang, Improvement effect of functionalized Cnts on mechanical and thermal properties of epoxy matrix, Appl. Mech. Mater. 217–219 (2012) 272–275, https://doi.org/10.4028/www.scientific.net/AMM.217-219.272.

[76] H. Wei, Y. Wei, Y. Wu, L. Liu, S. Fan, K. Jiang, High-strength composite yarns derived from oxygen plasma modified super-aligned carbon nanotube arrays, Nano Res. 6 (2013) 208–215, https://doi.org/10.1007/s12274-013-0297-7.

[77] O.-K. Park, W. Young Kim, S. Min Kim, N.-H. You, Y. Jeong, H. Su Lee, B.-C. Ku, Effect of oxygen plasma treatment on the mechanical properties of carbon nanotube fibers, Mater. Lett. 156 (2015) 17–20, https://doi.org/10.1016/j.matlet.2015.04.141.

[78] H. Yu, D. Cheng, T. S. Williams, J. Severino, I. M. De Rosa, L. Carlson, R. F. Hicks, Rapid oxidative activation of carbon nanotube yarn and sheet by a radio frequency, atmospheric pressure, helium and oxygen plasma, Carbon N. Y. 57 (2013) 11–21, https://doi.org/10.1016/j.carbon.2013.01.010.

[79] C. Feng, K. Liu, J. S. Wu, L. Liu, J. S. Cheng, Y. Zhang, Y. Sun, Q. Li, S. Fan, K. Jiang, Flexible, stretchable, transparent conducting films made from super aligned carbon nanotubes, Adv. Funct. Mater. 20 (2010) 885–891, https://doi.org/10.1002/adfm.200901960.

[80] R. Malik, C. McConnell, N. T. Alvarez, M. Haase, S. Gbordzoe, V. Shanov, Rapid, in situ plasma functionalization of carbon nanotubes for improved CNT/epoxy composites, RSC Adv. 6 (2016) 108840–108850, https://doi.org/10.1039/C6RA23103A.

[81] Q. Jiang, L. Wu, Property enhancement of aligned carbon nanotube/polyimide composite by strategic prestraining, J. Reinf. Plast. Compos. 35 (2016) 287–294, https://doi.org/10.1177/0731684415614086.

[82] P. P∈otschke, N. P. Zschoerper, B. P. Moller, U. Vohrer, Plasma functionalization of mul-

tiwalled carbon nanotube buckypapers and the effect on properties of melt-mixed composites with polycarbonate, Macromol. Rapid Commun. 30 (2009) 1828–1833, https://doi.org/10.1002/marc.200900286.

[83] Q. Jiang, Y. Li, J. Xie, J. Sun, D. Hui, Y. Qiu, Plasma functionalization of buckypaper and its composite with phenylethynyl-terminated polyimide, Compos. Part B Eng. 45 (2013) 1275–1281, https://doi.org/10.1016/j.compositesb.2012.06.017.

[84] L. Zhang, X. Wang, W. Xu, Y. Zhang, Q. Li, P. D. Bradford, Y. Zhu, Strong and conductive dry carbon nanotube films by micro combing, Small (2015) 3830–3836, https://doi.org/10.1002/smll.201500111.

[85] W. Liu, H. Zhao, Y. Inoue, X. Wang, P. D. Bradford, H. Kim, Y. Qiu, Y. Zhu, Poly(vinyl alcohol) reinforced with large-diameter carbon nanotubes via spray winding, Compos. Part A Appl. Sci. Manuf. 43 (2012) 587–592, https://doi.org/10.1016/j.compositesa.2011.12.029.

[86] T. H. Nam, K. Goto, Y. Yamaguchi, E. V. A. Premalal, Y. Shimamura, Y. Inoue, S. Arikawa, S. Yoneyama, S. Ogihara, Improving mechanical properties of high volume fraction aligned multi-walled carbon nanotube/epoxy composites by stretching and pressing, Compos. Part B Eng. 85 (2016) 15–23, https://doi.org/10.1016/j.compositesb.2015.09.012.

[87] P. Liu, Y. F. Tan, D. C. M. Hu, M. Hu, D. Jewell, H. M. Duong, Multi-property enhancement of aligned carbon nanotube thin films from floating catalyst method, Mater. Des. 108 (2016) 754–760, https://doi.org/10.1016/j.matdes.2016.07.045.

[88] R. Malik, Y. Song, N. Alvarez, B. Ruff, M. Haase, B. Suberu, A. Gilpin, M. Schulz, V. Shanov, Atmospheric pressure plasma functionalization of dry-spun multi-walled carbon nanotubes sheets and its application in CNT-polyvinyl alcohol (PVA) composites, Symp. UU Plasma Low-Energy Ion-Beam-Assisted Process. Synth. Energy-Related Mater, 2013: p. mrss13-1574-uu03-04 (8 pages). https://doi.org/10.1557/opl.2013.701.

[89] L. Shechter, J. Wynstra, Glycidyl ether reactions with alcohols, phenols, carboxylic acids, and acid an hydrides, Ind. Eng. Chem. 48 (1956) 86–93, https://doi.org/10.1021/ie50553a028.

[90] N. G. Sahoo, S. Rana, J. W. Cho, L. Li, S. H. Chan, Polymer nanocomposites based on functionalized carbon nanotubes, Prog. Polym. Sci. 35 (2010) 837–867, https://doi.org/10.1016/j.progpolymsci.2010.03.002.

[91] J. W. Kim, G. Sauti, E. J. Siochi, J. G. Smith, R. A. Wincheski, R. J. Cano, J. W. Connell, K. E. Wise, Toward high performance thermoset/carbon nanotube sheet nanocomposites via resistive heating assisted infiltration and cure, ACS Appl. Mater. Interfaces 6 (2014) 18832–18843, https://doi.org/10.1021/am5046718.

[92] L. L. Zhang, X. S. Zhao, Carbon-based materials as supercapacitor electrodes, Chem. Soc. Rev. 38 (2009) 2520–2531, https://doi.org/10.1039/B813846J.

[93] M. Zhi, C. Xiang, J. Li, M. Li, N. Wu, Nanostructured carbon-metal oxide composite electrodes for supercapacitors: a review, Nanoscale 5 (2013) 72–88, https://doi.org/

10.1039/C2NR32040A.

[94] K. Wang, H. Wu, Y. Meng, Z. Wei, Conducting polymer nanowire arrays for high performance supercapacitors, Small 10 (2014) 14–31, https://doi.org/10.1002/smll.201301991.

[95] P. Simon, Y. Gogotsi, Materials for electrochemical capacitors, Nat. Mater. 7 (2008) 845–854, https://doi.org/10.1038/nmat2297.

[96] M.N. Hyder, S.W. Lee, F.C. Cebeci, D.J. Schmidt, Y. Shao-Horn, P.T. Hammond, N. Hyder, S.W. Lee, C. Fevzi, P.T. Hammond, Layer-by-layer assembled polyaniline nanofiber/multiwall carbon nanotube thin film electrodes for high-power and high-energy storage applications, ACS Nano 5 (2011) 8552–8561, https://doi.org/10.1021/nn2029617.

[97] J. Ge, G. Cheng, L. Chen, Transparent and flexible electrodes and supercapacitors using polyaniline/single-walled carbon nanotube composite thin films, Nanoscale 3 (2011) 3084–3088, https://doi.org/10.1039/C1NR10424A.

[98] C. Meng, C. Liu, S. Fan, Flexible carbon nanotube/polyaniline paper-like films and their enhanced electrochemical properties, Electrochem. Commun. 11 (2009) 186–189, https://doi.org/10.1016/j.elecom.2008.11.005.

[99] J. Yan, T. Wei, Z. Fan, W. Qian, M. Zhang, X. Shen, F. Wei, Preparation of graphene nano-sheet/carbon nanotube/polyaniline composite as electrode material for supercapacitors, J. Power Sources 195 (2010) 3041–3045, https://doi.org/10.1016/j.jpowsour.2009.11.028.

[100] C. Huang, P.S. Grant, One-step spray processing of high power all-solid-state supercapacitors, Sci. Rep. 3 (2013) 2393https://doi.org/10.1038/srep02393.

[101] J.-H. Kim, K.H. Lee, L.J. Overzet, G.S. Lee, Synthesis and electrochemical properties of spin-capable carbon nanotube sheet/MnOx composites for high-performance energy storage devices, Nano Lett. 11 (2011) 2611–2617, https://doi.org/10.1021/nl200513a.

[102] Z. Niu, P. Luan, Q. Shao, H. Dong, J. Li, J. Chen, D. Zhao, L. Cai, W. Zhou, X. Chen, S. Xie, A "skeleton/skin" strategy for preparing ultrathin free-standing single-walled carbon nanotube/polyaniline films for high performance supercapacitor electrodes, Energy Environ. Sci. 5 (2012) 8726–8733, https://doi.org/10.1039/C2EE22042C

[103] H. Lin, L. Li, J. Ren, Z. Cai, L. Qiu, Z. Yang, H. Peng, Conducting polymer composite film incorporated with aligned carbon nanotubes for transparent, flexible and efficient supercapacitor, Sci. Rep. 3 (2013) 1353https://doi.org/10.1038/srep01353.

[104] G.A. Malek, E. Brown, S.A. Klankowski, J. Liu, A.J. Elliot, R. Lu, J. Li, J. Wu, Atomic layer deposition of Al-doped ZnO/Al2O3 double layers on vertically aligned carbon nanofiber arrays, ACS Appl. Mater. Interfaces 6 (2014) 6865–6871, https://doi.org/10.1021/am5006805.

[105] S.A. Klankowski, G.P. Pandey, G. Malek, C.R. Thomas, S.L. Bernasek, J. Wu, J. Li, Higher-power super capacitor electrodes based on mesoporous manganese oxide coating on vertically aligned carbon nanofibers, Nanoscale 7 (2015) 8485–8494, https://doi.org/10.1039/c5nr01198a.

[106] G. P. Pandey, S. A. Klankowski, Y. Li, X. S. Sun, J. Wu, R. A. Rojeski, J. Li, Effective infiltration of gel polymer electrolyte into silicon-coated vertically aligned carbon nanofibers as anodes for solid-state Lithium-ion batteries, ACS Appl. Mater. Interfaces 7 (2015) 20909–20918, https://doi.org/10.1021/acsami.5b06444.

[107] S. A. Klankowski, R. A. Rojeski, B. A. Cruden, J. Liu, J. Wu, J. Li, A high-performance lithium-ion battery anode based on the core-shell hetero-structure of silicon-coated vertically aligned carbon nanofibers, J. Mater. Chem. A 1 (2013) 1055, https://doi.org/10.1039/c2ta00057a.

[108] X.-J. Li, Y. Zhao, W.-G. Chu, Y. Wang, Z.-J. Li, P. Jiang, X.-C. Zhao, M. Liang, Y. Liu, Vertically aligned carbon nanotube@ MnO2 nanosheet arrays grown on carbon cloth for high performance flexible electrodes of supercapacitors, RSC Adv. 5 (2015) 77437–77442, https://doi.org/10.1039/c5ra15146e.

[109] J. Cherusseri, K. K. Kar, Hierarchical carbon nanopetal/polypyrrole nanocomposite electrodes with brush-like architecture for supercapacitors, Phys. Chem. Chem. Phys. 18 (2016) 8587–8597, https://doi.org/10.1039/C6CP00150E.

[110] Z. H. Huang, Y. Song, X. X. Xu, X. X. Liu, Ordered Polypyrrole nanowire arrays grown on a carbon cloth substrate for a high-performance Pseudo-capacitor electrode, ACS Appl. Mater. Interfaces 7 (2015) 25506–25513, https://doi.org/10.1021/acsami.5b08830.

[111] T. Kaewsongpol, M. Sawangphruk, P. Chiochan, M. Suksomboon, P. Suktha, P. Srimuk, A. Krittayavathananon, S. Luanwuthi, P. Iamprasertkun, J. Wutthiprom, N. Phattharasupakun, P. Sirisinudomkit, T. Pettong, J. Limtrakul, High-performance supercapacitor of electrodeposited porous 3D polyaniline nano rods on functionalized carbon fiber paper: Effects of hydrophobic and hydrophilic surfaces of conductive carbon paper substrates, Mater. Today Commun. 4 (2015) 176–185, https://doi.org/10.1016/j.mtcomm.2015.08.005.

[112] J. Cherusseri, K. K. Kar, Ultra-flexible fibrous supercapacitors with carbon nanotube/polypyrrole brush-like electrodes, J. Mater. Chem. A 4 (2016) 9910–9922, https://doi.org/10.1039/C6TA02690G.

[113] W. Weng, H. Lin, X. Chen, J. Ren, Z. Zhang, L. Qiu, G. Guan, H. Peng, Flexible and stable lithium ion batteries based on three-dimensional aligned carbon nanotube/silicon hybrid electrodes, J. Mater. Chem. A 2 (2014) 9306, https://doi.org/10.1039/c4ta00711e.

[114] Y. Zhu, L. Li, C. Zhang, G. Casillas, Z. Sun, Z. Yan, G. Ruan, Z. Peng, A.-R. O. Raji, C. Kittrell, R. H. Hauge, J. M. Tour, A seamless three-dimensional carbon nanotube graphene hybrid material, Nat. Commun. 3 (2012) 1225 https://doi.org/10.1038/ncomms2234.

[115] R. Rao, G. Chen, L. M. R. Arava, K. Kalaga, M. Ishigami, T. F. Heinz, P. M. Ajayan, A. R. Harutyunyan, Graphene as an atomically thin interface for growth of vertically aligned carbon nanotubes, Sci. Rep. 3 (2013) 1891 https://doi.org/10.1038/srep01891.

[116] R. Malik, L. Zhang, C. McConnell, M. Schott, Y.-Y. Hsieh, R. Noga, N. T. Alvarez, V. Shanov, Three dimensional, free-standing polyaniline/carbon nanotube composite-based elec-

trode for high-performance supercapacitors, Carbon N. Y. 116 (2017) 579–590, https://doi.org/10.1016/j.carbon.2017.02.036.

[117] V. Shanov, W. Cho, R. Malik, N. Alvarez, M. Haase, B. Ruff, N. Kienzle, T. Ochmann, D. Mast, M. Schulz, CVD growth, characterization and applications of carbon nanostructured materials, Surf. Coatings Technol. 230 (2013) 77–86, https://doi.org/10.1016/j.surfcoat.2013.06.017.

[118] Y. Koo, R. Malik, N. Alvarez, L. White, V. N. Shanov, M. Schulz, B. Collins, J. Sankar, Y. Yun, Aligned carbon nanotube/copper sheets: A new electro catalyst for CO_2 reduction to hydrocarbons, RSC Adv. 4 (2014) 16362, https://doi.org/10.1039/C4RA00618F.

[119] M. Meyyappan, A review of plasma enhanced chemical vapour deposition of carbon nanotubes, J. Phys. D. Appl. Phys. 42 (2009) 213001https://doi.org/10.1088/0022-3727/42/21/213001.

[120] M. Meyyappan, L. Delzeit, A. Cassell, D. Hash, Carbon nanotube growth by PECVD: A review, Plasma Sources Sci. Technol. 12 (2003) 205–216, https://doi.org/10.1088/0963-0252/12/2/312.

[121] D. H. Lee, W. J. Lee, S. O. Kim, Highly efficient vertical growth of wall-number-selected, N-doped carbon nanotube arrays, Nano Lett. 9 (2009) 1427–1432, https://doi.org/10.1021/nl803262s.

[122] X. Y. Chen, C. Chen, Z. J. Zhang, D. H. Xie, X. Deng, J. W. Liu, Nitrogen-doped porous carbon for supercapacitor with long-term electrochemical stability, J. Power Sources 230 (2013) 50–58, https://doi.org/10.1016/j.jpowsour.2012.12.054.

[123] D. Hulicova-Jurcakova, M. Seredych, G. Q. Lu, T. J. Bandosz, Combined effect of nitrogen- and oxygen-containing functional groups of microporous activated carbon on its electrochemical performance in supercapacitors, Adv. Funct. Mater. 19 (2009) 438–447, https://doi.org/10.1002/adfm.200801236.

[124] Z. Chen, D. Higgins, H. Tao, R. S. Hsu, Z. Chen, Highly active nitrogen-doped carbon nanotubes for oxygen reduction reaction in fuel cell applications, J. Phys. Chem. C 113 (2009) 21008–21013, https://doi.org/10.1021/jp908067v.

[125] J. Hou, C. Cao, F. Idrees, X. Ma, Hierarchical porous nitrogen-doped carbon Nanosheets derived from silk for ultrahigh-capacity battery anodes, ACS Nano 9 (2015) 2556–2564, https://doi.org/10.1021/nn506394r.

[126] S. He, H. Hou, W. Chen, 3D porous and ultralight carbon hybrid nanostructure fabricated from carbon foam covered by monolayer of nitrogen-doped carbon nanotubes for high performance supercapacitors, J. Power Sources 280 (2015) 678–686, https://doi.org/10.1016/j.jpowsour.2015.01.159.

[127] J. W. Lim, A. U. Haq, S. O. Kim, Direct growth of polyaniline chains from nitrogen site of N-doped carbon nanotubes for high performance supercapacitor, Adv. Sci. Technol. 93 (2014)

164-167, https://doi.org/10.4028/www.scientific.net/AST.93.164.

[128] A. U. Haq, J. Lim, J. M. Yun, W. J. Lee, T. H. Han, S. O. Kim, Direct growth of polyaniline chains from N-doped sites of carbon nanotubes, Small 9 (2013) 3829–3833, https://doi.org/10.1002/smll.201300625.

[129] S. Hussain, R. Amade, E. Jover, E. Bertran, Nitrogen plasma functionalization of carbon nanotubes for supercapacitor applications, J. Mater. Sci. 48 (2013) 7620–7628, https://doi.org/10.1007/s10853-013-7579-z.

[130] J.-B. Kim, S.-J. Kong, S.-Y. Lee, J.-H. Kim, H.-R. Lee, C.-D. Kim, B.-K. Min, Characteristics of nitrogendoped carbon nanotubes synthesized by using PECVD and thermal CVD, J. Korean Phys. Soc. 60 (2012) 1124–1128, https://doi.org/10.3938/jkps.60.1124.

[131] Y. Cao, T. E. Mallouk, Morphology of template-grown polyaniline nanowires and its effect on the electrochemical capacitance of nanowire arrays, Chem. Mater. 20 (2008) 5260–5265, https://doi.org/10.1021/cm801028a.

[132] T. Lv, Y. Yao, N. Li, T. Chen, Highly stretchable supercapacitors based on aligned carbon nanotube/molybdenum disulfide composites, Angew. Chemie-Int. Ed. 55 (2016) 9191–9195, https://doi.org/10.1002/anie.201603356.

[133] J. Zhang, X. S. Zhao, On the configuration of supercapacitors for maximizing electrochemical performance, ChemSusChem 5 (2012) 818–841, https://doi.org/10.1002/cssc.201100571.

[134] L. Zhang, D. DeArmond, N. T. Alvarez, D. Zhao, T. Wang, G. Hou, R. Malik, W. R. Heineman, V. N. Shanov, Beyond graphene foam, a new form of three-dimensional graphene for supercapacitor electrodes, J. Mater. Chem. A 4 (2016) 1876–1886, https://doi.org/10.1039/C5TA10031C.

[135] F. Huang, D. Chen, Towards the upper bound of electrochemical performance of ACNT@polyaniline arrays as supercapacitors, Energy Environ. Sci. 5 (2012) 5833, https://doi.org/10.1039/c1ee01989a.

[136] J. Zhang, J. Jiang, H. Li, X. S. Zhao, A high-performance asymmetric supercapacitor fabricated with graphene-based electrodes, Energy Environ. Sci. 4 (2011) 4009, https://doi.org/10.1039/c1ee01354h.

[137] D.-W. Wang, F. Li, J. Zhao, W. Ren, Z.-G. Chen, J. Tan, Z.-S. Wu, I. Gentle, G. Q. Lu, H.-M. Cheng, Fabrication of graphene/polyaniline composite paper via in situ anodic Electro-polymerization for high-performance flexible electrode, ACS Nano 3 (2009) 1745–1752, https://doi.org/10.1021/nn900297m.

[138] X. Lu, H. Dou, S. Yang, L. Hao, L. Zhang, L. Shen, F. Zhang, X. Zhang, Fabrication and electrochemical capacitance of hierarchical graphene/polyaniline/carbon nanotube ternary composite film, Electrochim. Acta 56 (2011) 9224–9232, https://doi.org/10.1016/j.electacta.2011.07.142.

[139] S. B. Kulkarni, U. M. Patil, I. Shackery, J. S. Sohn, S. Lee, B. Park, S. Jun, High-per-

formance supercapacitor electrode based on a polyaniline nanofibers/3D graphene framework as an efficient charge transporter, J. Mater. Chem. A 2 (2014) 4989–4998, https://doi.org/10.1039/C3TA14959E.

[140] S. K. Simotwo, C. DelRe, V. Kalra, Supercapacitor electrodes based on high-purity electro spun polyaniline and polyaniline-carbon nanotube nanofibers, ACS Appl. Mater. Interfaces 8 (2016) 21261–21269, https://doi.org/10.1021/acsami.6b03463.

[141] M. Hassan, K. R. Reddy, E. Haque, S. N. Faisal, S. Ghasemi, A. I. Minett, V. G. Gomes, Hierarchical assembly of graphene/polyaniline nanostructures to synthesize freestanding supercapacitor electrode, Compos. Sci. Technol. 98 (2014) 1–8, https://doi.org/10.1016/j.compscitech.2014.04.007

[142] F. Guo, H. Mi, J. Zhou, Z. Zhao, J. Qiu, Hybrid pseudocapacitor materials from polyaniline@ multi-walled carbon nanotube with ultrafine nanofiber-assembled network shell, Carbon N. Y. 95 (2015) 323–329, https://doi.org/10.1016/j.carbon.2015.08.052.

[143] H. Zhang, G. Cao, Z. Wang, Y. Yang, Z. Shi, Z. Gu, Tube-covering-tube nanostructured polyaniline/carbon nanotube array composite electrode with high capacitance and superior rate performance as well as good cycling stability, Electrochem. Commun. 10 (2008) 1056–1059, https://doi.org/10.1016/j.elecom.2008.05.007.

[144] H. Zhang, G. Cao, W. Wang, K. Yuan, B. Xu, W. Zhang, J. Cheng, Y. Yang, Influence of microstructure on the capacitive performance of polyaniline/carbon nanotube array composite electrodes, Electrochim. Acta 54 (2009) 1153–1159, https://doi.org/10.1016/j.electacta.2008.09.004.

[145] Y. Liao, C. Zhang, X. Wang, X.-G. Li, S. J. Ippolito, K. Kalantar-zadeh, R. B. Kaner, Carrier mobility of single-walled carbon nanotube-reinforced polyaniline nanofibers, J. Phys. Chem. C 115 (2011) 16187–16192, https://doi.org/10.1021/jp2053585.

[146] Y. Shi, L. Peng, Y. Ding, Y. Zhao, G. Yu, Nanostructured conductive polymers for advanced energy storage, Chem. Soc. Rev. 44 (2015) 6684–6696, https://doi.org/10.1039/C5CS00362H.

[147] M. Yu, Y. Ma, J. Liu, S. Li, Polyaniline nanocone arrays synthesized on three-dimensional graphene network by electrodeposition for supercapacitor electrodes, Carbon N. Y. 87 (2015) 98–105, https://doi.org/10.1016/j.carbon.2015.02.017.

[148] Y. Liu, Y. Ma, S. Guang, F. Ke, H. Xu, Polyaniline-graphene composites with a three-dimensional array based nanostructure for high-performance supercapacitors, Carbon N. Y. 83 (2015) 79–89, https://doi.org/10.1016/j.carbon.2014.11.026.

[149] J. Huang, K. Wang, Z. Wei, Conducting polymer nanowire arrays with enhanced electrochemical performance, J. Mater. Chem. 20 (2010) 1117–1121, https://doi.org/10.1039/B919928D.

[150] J. Benson, I. Kovalenko, S. Boukhalfa, D. Lashmore, M. Sanghadasa, G. Yushin, Multifunctional CNT polymer composites for ultra-tough structural supercapacitors and desalination

devices, Adv. Mater. 25 (2013) 6625-6632, https://doi.org/10.1002/adma.201301317.

[151] E. Frackowiak, V. Khomenko, K. Jurewicz, K. Lota, F. B_eguin, Supercapacitors based on conducting polymers/nanotubes composites, J. Power Sources 153 (2006) 413-418, https://doi.org/10.1016/j.jpowsour.2005.05.030.

[152] C. Meng, C. Liu, L. Chen, C. Hu, S. Fan, Highly flexible and all-solid-state paperlike polymer supercapacitors, Nano Lett. 10 (2010) 4025-4031, https://doi.org/10.1021/nl1019672.

[153] Y. Wang, S. Tang, S. Vongehr, J. Ali Syed, X. Wang, X. Meng, High-performance flexible solid-state carbon cloth supercapacitors based on highly Processible N-graphene doped Poly acrylic acid/polyaniline composites, Sci. Rep. 6 (2016) 12883https://doi.org/10.1038/srep12883.

[154] L.-J. Bian, F. Luan, S.-S. Liu, X.-X. Liu, Self-doped polyaniline on functionalized carbon cloth as electroactive materials for supercapacitor, Electrochim. Acta 64 (2012) 17-22, https://doi.org/10.1016/j.electacta.2011.12.012.

[155] Q. Liu, M.H. Nayfeh, S.-T. Yau, Brushed-on flexible supercapacitor sheets using a nanocomposite of polyaniline and carbon nanotubes, J. Power Sources 195 (2010) 7480-7483, https://doi.org/10.1016/j.jpowsour.2010.06.002.

[156] R. Wang, Q. Wu, X. Zhang, Z. Yang, L. Gao, J. Ni, O.K.C. Tsui, Flexible supercapacitors based on a polyaniline nanowire-infilled 10 nm-diameter carbon nanotube porous membrane by in situ electrochemical polymerization, J. Mater. Chem. A 4 (2016) 12602-12608, https://doi.org/10.1039/C6TA03957J.

[157] M. Khosrozadeh, Q. Xing, Wang, a high-capacitance solid-state supercapacitor based on freestanding film of polyaniline and carbon particles, Appl. Energy (2014) https://doi.org/10.1016/j.apenergy.2014.08.046.

[158] K. Chi, Z. Zhang, J. Xi, Y. Huang, F. Xiao, S. Wang, Y. Liu, Freestanding graphene paper supported three dimensional porous graphene-polyaniline nanocomposite synthesized by inkjet printing and in flexible all solid-state supercapacitor, ACS Appl. Mater. Interfaces 6 (2014) 16312-16319, https://doi.org/10.1021/am504539k.

[159] J. Ma, S. Tang, J.A. Syed, X. Meng, Asymmetric hybrid capacitors based on novel bearded carbon fiber cloth-pinhole polyaniline electrodes with excellent energy density, RSC Adv. 6 (2016) 82995-83002, https://doi.org/10.1039/C6RA16291F.

[160] Y.Y. Horng, Y.C. Lu, Y.K. Hsu, C.C. Chen, L.C. Chen, K.H. Chen, Flexible supercapacitor based on polyaniline nanowires/carbon cloth with both high gravimetric and area-normalized capacitance, J. Power Sources 195 (2010) 4418-4422, https://doi.org/10.1016/j.jpowsour.2010.01.046.

[161] Y. Xie, Y. Liu, Y. Zhao, Y.H. Tsang, S.P. Lau, H. Huang, Y. Chai, Stretchable all-solid-state supercapacitor with wavy shaped polyaniline/graphene electrode, J. Mater. Chem. A 2 (2014) 9142-9149, https://doi.org/10.1039/C4TA00734D.

[162] Q. Liu, S. Jing, S. Wang, H. Zhuo, L. Zhong, X. Peng, R. Sun, Flexible nanocomposites with ultrahigh specific areal capacitance and tunable properties based on a cellulose derived nanofiber-carbon sheet framework coated with polyaniline, J. Mater. Chem. A 4 (2016) 13352-13362, https://doi.org/10.1039/C6TA05131F.

[163] R. Amade, E. Jover, B. Caglar, T. Mutlu, E. Bertran, Optimization of MnO_2/vertically aligned carbon nanotube composite for supercapacitor application, J. Power Sources 196 (2011) 5779-5783, https://doi.org/10.1016/j.jpowsour.2011.02.029.

延伸阅读

Large Sheets of Carbon Nanotubes Made by CVD, MRS Technol. Adv. 35 (2010) 179-181.

第17章
仿生超级纤维

Luca Valentini[1], Nicola Pugno[2,3,4]

[1]意大利特尔尼,国立材料科学与工程高校联盟,佩鲁贾大学土木与环境工程学院,
[2]意大利特兰托,特兰托大学木土环境和机械工程学院仿生和石墨烯纳米力学实验室
[3]英国伦敦,伦敦玛丽女王大学材料科学与工程学院
[4]意大利罗马,意大利航天局爱德华多·阿马尔迪基金会Ket-实验室会

17.1 引言

昆虫[1]、蠕虫[2]和蜗牛[3]的蛋白质基质和硬组织中天然存在的生物矿物质使材料具有较高的强度和硬度(>500MPa)。因此,原则上人工将各种纳米材料掺入生物蛋白结构中,以获得更好的力学性能是可能的。蚕茧是一个自然过程的副产品,它可以保护蝴蝶免受环境和捕食者的侵害,被认为是一种天然聚合物复合材料,这种复合材料是由长度约1000m,直径$10\sim30\mu m$的连续纤维通过丝胶黏合在一起构成[4-6]。用含碳纳米材料的饲料喂养家蚕可以获得内在增强的蚕丝纤维。例如,众所周知醋酸杆菌消耗葡萄糖时会产生副产品纤维素,其原因目前还不清楚,但人们认为该物质可能会保护菌落免受外部污染。因此,细菌在纳米材料存在时发酵可以获得生物复合材料。用一个小广口瓶,可能转移大量培养物,直到获得的材料足够使复合材料获得意想不到的性能。这种方法为生物增强复合材料的制造提供了新的可能性。酵母是一个细胞工厂,通过"萌芽"过程进行无性繁殖,在这个过程中,"母"细胞生长出"子"细胞,并分离至完全独立。酵母发酵可以通过内化过程将碳纳米材料从一个酵母细胞转移到另一个酵母细胞,或者在细胞壁上复制2D材料[7-8]。这些技术使用了市售的面包酵母,但可以推广到任何活细胞,而不需要对纳米碳材料进行特殊的表面修饰。继而这个过程能够推动被编程为可自组装成特定模式的层次结构和交互式结构的发展,诸如应变传感器和修复机械损伤的自修复材料。在此背景下,这些研究可能对仿生超纤维的制造具有深远的影响,其机械性能和韧性模量将超过合成聚合物高性能纤维[9],甚至目前最坚韧的"打结"纤维[10-12]。

17.2 仿生丝

动物制造的丝(尤其是蜘蛛和蚕等)被公认具有杰出的力学性能,人们已经进行了试验,试图通过制造再生蚕丝纤维来模拟天然丝的性能[13-15]。天然蚕丝纤维是一种层状结构材料,在这种材料中,氢键β链、β-片状纳米晶体和嵌入在柔软的半非晶相中的刚性纳米晶的异质纳米复合材料组装成的宏观丝纤维。由此可知,蚕丝纤维的高断裂应力可以通过晶畴和网络的层状结构来解释[16]。鉴于其惊人的强度,利用蚕丝纤维增强聚合物复合材料在不同的应用领域中引起了广泛关注。在这方面已经做了一些尝试:例如,Hu 等[17],能够通过将蚕丝暴露在热水蒸气中来调节再生蚕丝蛋白的结晶度;Zhang 等[18]的研究表明,将蚕丝直接溶解在 $CaCl_2$-甲酸中,保留纳米纤丝结构,可获得高质量的蚕丝材料。而最近 Buehler 等[19]报道了一种仿生纺丝方法,通过提取蚕丝微纤维溶液来获得再生丝纤维。然而,这些方法需要溶解和后处理过程,耗时长而且需要溶剂,这些溶剂往往很难去除,且在某些情况下是有毒的,而且通常来说,获得自然 β-片状晶体结构是很困难[20-22]。碳纳米管(CNT)具有优异的力学性能,在制备高性能材料中作为增强材料被广泛应用[23-26]。一些研究小组用非仿生方法将纳米粒子[27]引入到蜘蛛丝纤维表面,实现了韧性[28]或导电性[27]的增强。最近,开展了在活体内将碳纳米管掺入蜘蛛丝的探索研究(图 17-1)[29]。

在图 17-2 中,比较了各种天然和人工材料的强度和韧性。Pugno 等[29]在研究中获得的蚕丝/CNT 纤维显示强度高于合成聚合物纤维,诸如 Zylon 或 Endumax(一种由特殊的超高分子量聚乙烯制成的超强膜状材料)或 CNT-/碳-增强聚合物纤维[30-32];同时,仿生丝/CNT 纤维的韧性要高于天然的最坚韧的蜘蛛丝[33]。

同蜘蛛丝一样,蚕丝纤维在工业化生产中也仍然具有挑战性,蚕丝纤维在生物工程结构中已被广泛应用,并成为轻质复合材料的典型[34-39];事实上,在去除丝胶后,蚕丝在复合材料工业中可以被用作一种天然纤维来代替玻璃纤维和碳纤维[40]。用含有 CNT 的饲料喂养桑蚕可以得到内部结构增强的蚕丝纤维[41]。通过这种自然工艺生产的蚕丝纤维,由于这种自然的丝纺工艺能够将螺旋线圈和无规线圈转变为 β-片状结构,表现出优异的拉伸强度和韧性;因为丝纤维的力学性能与二级结构有很大关系,包括螺旋线圈、无规线圈、β 薄片和 β-转角结构(图 17-3),这种仿生丝纤维的韧性可以通过调整丝的二级结构比例来调节,二级结构表明 CNT 改性丝含有更多的 α-螺旋和无规线圈结构(图 17-3)。

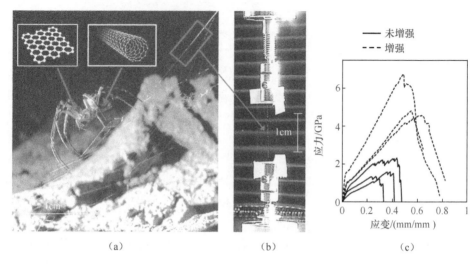

图 17-1 试验步骤示意图[29]
（a）用含有 CNT 或石墨烯的分散体喂食蜘蛛；（b）在纳米拉伸系统中收集和测试相应的绢丝；
（c）应力-应变曲线显示与原始试样相比力学性能得到提高。

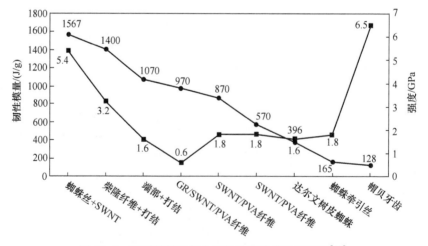

图 17-2 不同材料和复合材料的韧性模量和强度[29]

416

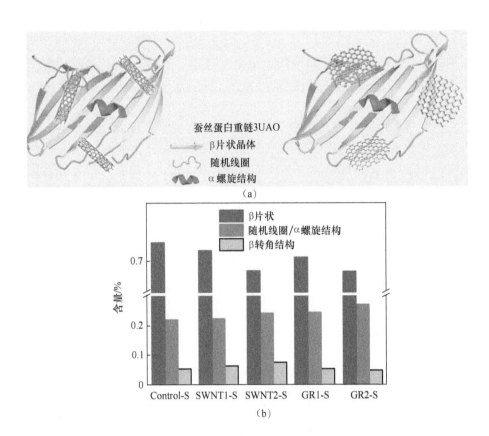

图 17-3　CNT 对蚕丝纤维晶体结构的影响(彩图)
(a)CNT 与蚕丝相互作用示意图;(b)不同蚕丝样品的二级结构含量。

17.3　仿生酵母

　　酵母是一种细胞工厂,能够从环境中获取简单的分子,如糖,并在适合的温度下合成生长所需的新元素[42-45],因此,酵母细胞是纳米材料封装研究的理想案例。水是一个重要的因素;就这点而言,干酵母对分子完全不渗透,而湿酵母促进分子从细胞外向细胞内转移。许多发生在活细胞内的生物过程依赖于细胞壁的纳米力学特性,无机功能材料与细胞的合成结合进一步增强了它们的功能性,并在器件和传感器中得到应用[46-47]。考虑到 CNT 的导电特性,微生物与 CNT 之间的相互作用可用于制备具有独特力学和电学性能的仿生纳米材料。这种生物材料可以被认为是仿生材料,因为它们既具有生物界的自组织能力,又具有非生物材料的附加功能,如强度和电传导[7,48]。

微生物的营养学和生长机理是微生物与纳米材料界面设计中的一个未被探索的领域。Valentini 等[7]采用了一种基于酿酒酵母细胞增殖的策略,即子细胞从母细胞开始繁殖生长。他们利用这个机制获得了 CNT 在生长过程中的胞内运输(图 17-4);复合材料的强度也可通过 CNT-酵母界面的剥离能量来估算(图 17-5)。

另一类重要的仿生材料的启发来源于微生物快速组装复合多孔纳米结构的方法。因此,微生物可以促进形成多种多孔纳米材料,这些材料具有独特的物理性质和结构,且不能够通过非生物过程产生。最近,啤酒发酵等生物过程的代谢活动被用于凝胶材料在交联或生长仿生多孔纳米复合材料过程中生成多孔分层复合材料[49-50]。由心肌细胞和 CNT 制成的多孔仿生混合材料也可能为由活组织制成的机器人提供肌肉[51]。Khademhosseini 等[51]将 CNT 均匀加入到凝胶衍生物中成功制备了复合支架,同时满足了组织工程学的三个主要要求:细胞黏附的高孔隙率、可生物降解性和高弹性拉伸/压缩模量。由于 CNT 的纤维状结构、高导电性和高机械强度,使得多孔凝胶骨架的电阻抗降低。类分形 CNT 网络也被发现可以改变组织结构(图 17-6),特别适用于细胞疗法中的细胞传递系统。

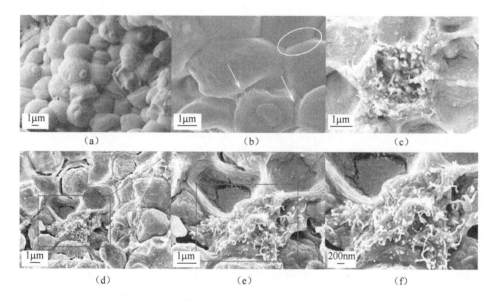

图 17-4 (a)酿酒酵母场发射扫描电镜(FESEM)图像;(b)FESEM 图像显示 CNT 接枝酵母细胞,箭头指示 CNT 接枝酵母细胞;(c)长时间暴露于 FESEM 的发酵酵母/CNT 膜的横截面的 FESEM 图像,可以看出在酵母细胞破碎处有 CNT 出;(d)~(f)未发酵的酵母/CNT 膜在不同放大倍数下的 FESEM 图像[7]

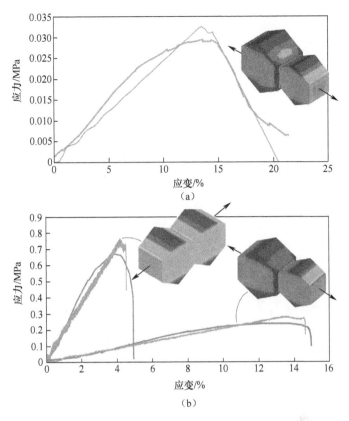

图 17-5 拉伸测试获得的应力-应变曲线(a)发酵酵母样品(绿色曲线)和(b)分别在发酵之前(蓝色曲线)和发酵之后(红色曲线)制备的酵母/CNT 复合材料。注意到,对于发酵系统,考虑到母-子细胞系统,按照尺寸和机械性能有两种不同的细胞类型被采用。图中也比较了双细胞系统牵引力的有限元模拟计算结果(彩图)

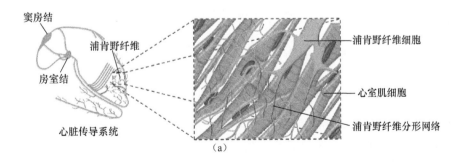

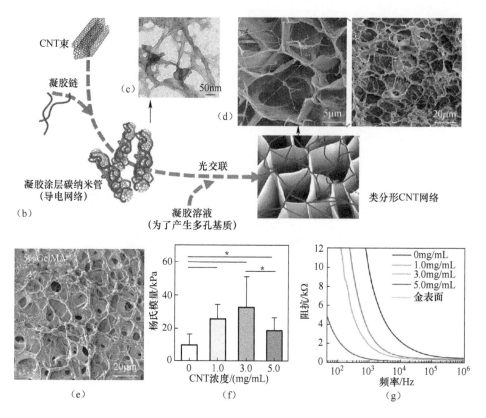

图 17-6 CNT 光交联甲基丙烯酸化水凝胶结构、物理和电特性[51]（彩图）
(a)单独的心脏传导系统,显示了位于内心室壁的浦肯野纤维;(b)水凝胶中类分形 CNT 的制备工艺;
(c)水凝胶涂层 CNT 的透射电镜照片(TEM);(d)扫描电镜图片(SEM)显示了 CNT 水凝胶薄膜的多孔表面;
(e)原水凝胶的 SEM 图像;(f)CNT 水凝胶的杨氏模量;(g)50μm 厚水凝胶薄膜的总阻抗随着 CNT
浓度的增加而降低。

17.4 仿生纤维素

由高强度、延性相和韧性相增强的材料构成的复合材料在先进材料设计中占有重要地位。有一些同时获得强度和韧性的实例,这些实例通常涉及复杂的几何结构体(例如通过 Y 分支连接而形成超级石墨烯的 CNT),这种方式几乎不适用于其他材料。解决强度与韧性二者之间的矛盾仍然具有挑战性。最近,朱等[54]报道了纤维素-纤维基纸的机械性能研究,他们发现随着纤维素纤维尺寸降低,纤维素纳米纸的强度和韧性同时增加(分别为 40 倍和 130 倍),揭示了纤维素纳米纸力学性能异常的但高度令人振奋的标度律:越小、越强、越坚韧(图 17-7)。

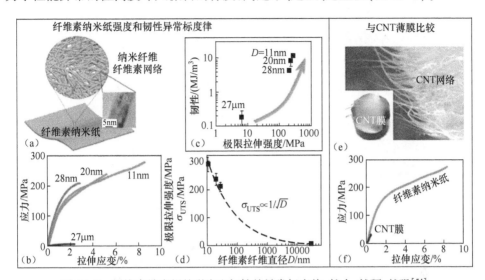

图 17-7 纤维素纳米纸的强度和韧性的异常标度律:越小、越硬、越强[54]
(a)纤维素纳米纸示意图,由 CNT 无规网络组成(插图:一根 1~11nmCNT 纤维的高分辨率透射电子显微镜(HRTEM)图像;(b)不同平均直径的纤维素纤维制备的纤维素纸的应力-应变曲线;
(c)随着纤维素纤维直径从微米级减小到纳米级,纤维素纸的拉伸强度和延展度都显著提高,产生了反常的标度规律:越小、越强、越坚韧;(d)结果表明极限拉伸强度与纤维素纤维直径的平方根成反比;
(e)CNT 网络的 SEM 图像;(f)与纤维素纳米纸的拉伸性能比较结果。

许多不同类型的纤维素可以在植物或微生物中发现。其中,细菌纤维素(BC)由于是醋酸杆菌属、根瘤菌属、土壤杆菌属和八叠球菌属细菌初级代谢的特殊产物[55],从而在生物原材料领域具有特殊的意义。由于其极其细微的结构产生的独特性能,BC 可以转化为再生材料(纤维、薄膜、食品包装膜、过滤膜、海绵等)[56]。这类细菌的胞外聚合物分泌物(EPS)是一类多用途聚合物,在许多领域有着重要的应用价值。Park 等报道了 EPS 参与细菌营养或细菌与 CNT 相互作用时 BC 仿生纤维的制备。(图 17-8)[57]。

对仿生纤维的机械性能也进行了研究,结果如图 17-9 所示,原始 BC、BC 纤维和 BC/CNT 纤维的杨氏模量分别为 7.3GPa、29.2GPa 和 38.9GPa。

仿生复合纤维的杨氏模量比原始 BC 提高了约 430%。这项研究的主要发现是有序排列的杂化超细纤维比仅由纳米纤维纤维素(NFC)或 CNT 组成的超细纤维更强更韧。

此外,分子动力学模拟[59]表明,纳米碳和纤维素微纤丝之间的氢键的协同作用是提高机械性能的关键(图 17-9)。总的氢键能量的变化与总势能在峰位和振幅上的变化能够较好吻合,为滑移过程中氢键的断裂和重组以及氢键在纤维素纳

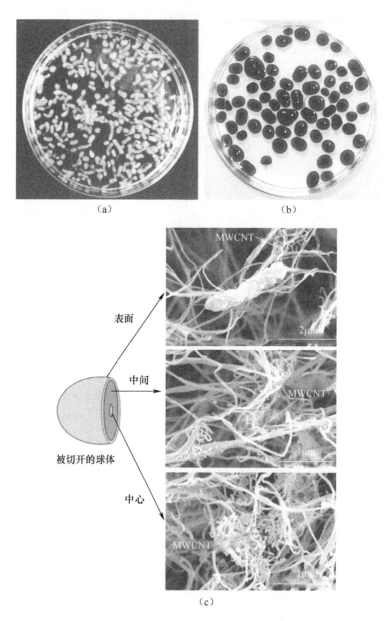

图 17-8 在(a)Hestrin 和 Schramm 培养基和(b)分散有多壁碳纳米管(MWCNT)的 Hestrin 和 Schramm 培养基中的合成的细菌纤维素颗粒的照片;(c)在分散有 MWCNT 的 Hestrin 和 Schramm 培养基中合成的细菌纤维素的 FESEM 图像[57]

米纸的增韧机理中的主导作用提供了强有力的证据。纤维素纤维中的阻力远高于 CNT,从分子水平上揭示了纤维素纳米纸和 CNT 薄膜之间拉伸强度的巨大差异。

因此,纤维素纤维和CNT之间的协同作用也适用于其他可以促进新设计方法创造广泛的高机械强度仿生微纤维的材料结构单元。

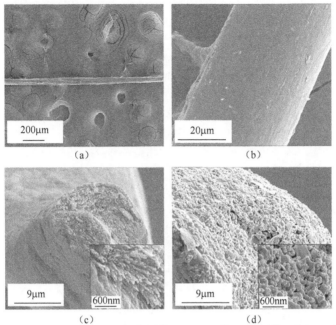

图17-9 再生BC/MWCNT复合纤维(a)和(b)的SEM图像,再生BC纤维(c)和再生BC/MWCNT复合纤维的(d)横截面断裂形貌和放大的横截面断裂形貌[58]

17.5 本章小结

新兴的仿生学领域(根据我们的严格定义)能够产生材料科学的革命,这要归功于有了人工纳米材料(如石墨烯或CNT),进化生物(如蜘蛛或蚕)可以直接生产出性能优异材料。从这个意义上说,仿生学是生体模仿学的自然进化。

本章相关彩图,请扫码查看

参 考 文 献

[1] A. George, S. Ravindran, Protein templates in hard tissue engineering, Nano Today 5 (2010)

254-266.

[2] H. C. Lichtenegger, T. Schoberl, M. H. Bartl, H. Waite, G. D. Stucky, High abrasion resistance with sparse mineralization: copper biomineral in worm jaws, Science 298 (2002) 389-392.

[3] Y. Politi, R. A. Metzler, M. Abrecht, B. Gilbert, F. H. Wilt, I. Sagi, L. Addadi, S. Weiner, P. Gilbert, Transformation mechanism of amorphous calcium carbonate into calcite in the sea urchin larval spicule, Proc. Natl. Acad. Sci. 105 (2008) 17362-17366.

[4] H. V. Danks, The roles of insect cocoons in cold conditions, Eur. J. Entomol. 101 (2004) 433-437.

[5] H. -P. Zhao, X. -Q. Feng, S. -W. Yu, W. -Z. Cui, F. -Z. Zou, Mechanical properties of silkworm cocoons, Polymer 46 (2005) 9192-9201.

[6] A. Woesz, J. Stampfi, P. Fratzl, Cellular solids beyond the apparent density an experimental assessment of mechanical properties, Adv. Eng. Mater. 6 (2004) 134-138.

[7] L. Valentini, S. Bittolo Bon, S. Signetti, M. Tripathi, E. Iacob, N. M. Pugno, Fermentation based carbon nanotube bionic functional composites, Sci. Rep. 6 (2016) 27031.

[8] L. Valentini, S. Bittolo Bon, S. Signetti, N. M. Pugno, Graphene based bionic composites with multifunctional and repairing properties, ACS Appl. Mater. Interfaces 8 (2016) 7607.

[9] G. Bhat, Structure and Properties of High-Performance Fibres, Woodhead Publishing, Oxford, 2017.

[10] N. M. Pugno, The "egg of columbus" for making the world's toughest fibres, PLoS One 9 (2014) e93079.

[11] F. Bosia, E. Lepore, N. T. Alvarez, P. Miller, V. Shanov, N. M. Pugno, Knotted synthetic polymer or carbon nanotube microfibres with enhanced toughness, up to 1400 Jg 1, Carbon 102 (2016) 116-125.

[12] M. F. Pantano, A. Berardo, N. M. Pugno, Tightening slip knots in raw and degummed silk to increase toughness without losing strength, Sci. Rep. 6 (2016) 18222.

[13] F. Vollrath, D. P. Knight, Liquid crystalline spinning of spider silk, Nature 410 (2001) 541-548.

[14] C. J. Fu, Z. Z. Shao, V. Fritz, Animal silks: their structures, properties and artificial production, Chem. Commun. 43 (2009) 6515-6529.

[15] A. Koeppel, C. Holland, Progress and trends in artificial silk spinning: a systematic review, ACS Biomater Sci. Eng. 3 (2017) 226-237.

[16] S. Keten, Z. Xu, B. Ihle, M. J. Buehler, Nanoconfinement controls stiffness, strength and mechanical toughness of b-sheet crystals in silk, Nat. Mater. 9 (2010) 359-367.

[17] X. Hu, K. Shmelev, L. Sun, E. -S. Gil, S. -H. Park, P. Cebe, D. L. Kaplan, Bioactive silk protein biomaterial systems for optical devices, Biomacromolecules 125 (2011) 1686-1696.

[18] F. Zhang, X. You, H. Dou, Z. Liu, B. Zuo, X. Zhang, Facile fabrication of robust silk nanofibril films via direct dissolution of silk in CaCl2-formic acid solution, ACS Appl. Mater. Interfaces 7 (2015) 3352-3361.

[19] S. Ling, Z. Qin, C. Li, W. Huang, D. L. Kaplan, M. J. Buehler, Polymorphic regenerated silk fibers assembled through bioinspired spinning, Nat. Commun. 8 (2017) 1387.

[20] X. Hu, K. Shmelev, L. Sun, E. -S. Gil, S. -H. Park, P. Cebe, D. L. Kaplan, Regulation of silk material structure by temperature-controlled water vapor annealing, Biomacromolecules 125 (2011) 1686-1696.

[21] S. Xu, Y. Lin, J. Huang, Z. Li, X. Xu, L. Zhang, Construction of high strength hollow fibers by self-assembly of a stiff polysaccharide with short branches in water, J. Mater. Chem. A 1 (13) (2013) 4198-4206.

[22] Q. Wang, Q. Chen, Y. Yang, Z. Shao, Effect of various dissolution systems on the molecular weight of regenerated silk fibroin, Biomacromolecules 14 (1) (2013) 285-289.

[23] S. Kim, J. Byun, S. Choi, D. Kim, T. Kim, S. Chung, Y. Hong, Stretchable electrodes: negatively straindependent electrical resistance of magnetically arranged nickel composites: application to highly stretchable electrodes and stretchable lighting devices, Adv. Mater. 26 (19) (2014) 3094-3099.

[24] C. J. Shearer, A. Cherevan, D. Eder, Application and future challenges of functional nanocarbon hybrids, Adv. Mater. 26 (15) (2014) 2295-2318.

[25] C. Wang, Y. Zhang, L. Lin, L. Ding, J. Li, R. Lu, M. He, H. Xie, R. Cheng, Thermal, mechanical, and morphological properties of functionalized graphene-reinforced bio-based polyurethane nanocomposites, Eur. J. Lipid Sci. Technol. 117 (12) (2015) 1940-1946.

[26] J. -T. Wang, L. -L. Li, M. -Y. Zhang, S. -L. Liu, L. -H. Jiang, Q. Shen, Directly obtaining high strength silk fiber from silkworm by feeding carbon nanotubes, Mater. Sci. Eng. C 34 (2014) 417-421.

[27] E. Steven, W. R. Saleh, V. Lebedev, S. F. A. Acquah, V. Laukhin, R. G. Alamo, J. S. Brooks, Carbon nanotubes on a spider silk scaffold, Nat. Commun. 4 (2013) 2435.

[28] S. -M. Lee, E. Pippel, U. G € osele, C. Dresbach, Y. Qin, C. V. Chandran, T. Bräuniger, G. Hause, M. Knez, Greatly increased toughness of infiltrated spider silk, Science 324 (2009) 488-492.

[29] E. Lepore, F. Bosia, F. Bonaccorso, M. Bruna, S. Taioli, G. Garberoglio, A. C. Ferrari, N. M. Pugno, Spider silk reinforced by graphene or carbon nanotubes, 2D Mater. 4 (2017) 031013.

[30] P. Miaudet, S. Badaire, M. Maugey, A. Derr_e, V. Pichot, P. Launois, P. Poulin, C. Zakri, Hot-drawing of single and multiwall carbon nanotube fibers for high toughness and alignment, Nano Lett. 5 (2005) 2212-2215.

[31] A. B. Dalton, S. Collins, E. Munoz, J. M. Razal, V. H. Ebron, J. P. Ferraris, J. N. Coleman, B. G. Kim, R. H. Baughman, Super-tough carbon-nanotube fibers, Nature 423 (2003) 703.

[32] J. J. Vilatela, A. H. Windle, Yarn-like carbon nanotube fibers, Adv. Mater. 22 (2010) 4959.

[33] I. Agnarsson, M. Kuntner, T. A. Blackledge, Bioprospecting finds the toughest biological mate-

rial: extraordinary silk from a giant riverine orb spider, PLoS One 5 (2010) e11234.

[34] L. Valentini, S. Bittolo Bon, L. Mussolin, N. M. Pugno, Silkworm silk fibers vs PEEK reinforced rubber luminescent strain gauge and stretchable composites, Compos. Sci. Technol. 156 (2018) 254.

[35] G. H. Altman, R. L. Horan, H. H. Lu, J. Moreau, I. Martin, J. C. Richmond, D. L. Kaplan, Silk matrix for tissue engineered anterior cruciate ligaments, Biomaterials 23 (2002) 4131-4141.

[36] G. H. Altman, H. H. Lu, R. L. Horan, T. Calabro, D. Ryder, D. L. Kaplan, P. Stark, I. Martin, J. C. Richmond, G. Vunjak-Novakovic, Advanced bioreactor with controlled application of multi- dimensional strain for tissue engineering, J. Biomech. Eng. 124 (2002) 742-749.

[37] H. J. Jin, J. Park, R. Valluzzi, P. Cebe, D. L. Kaplan, Biomaterial films of Bombyx mori silk fibroin with poly [ethylene oxide], Biomacromolecules 5 (2004) 711-717.

[38] U. J. Kim, J. Park, C. Li, H. J. Jin, R. Valluzzi, D. L. Kaplan, Structure and properties of silk hydrogels, Biomacromolecules 5 (2004) 786-792.

[39] R. Nazarov, H. J. Jin, D. L. Kaplan, Porous 3-D scaffolds from regenerated silk fibroin, Biomacromolecules 5(2004)718-726

[40] M. A. Sawpan, K. L. Pickering, A. Fernyhough, Effect of fibre treatments on interfacial shear strength of hemp fibre reinforced polylactide and unsaturated polyester composites, Compos. A: Appl. Sci. Manuf.42(2001)1189-1196.

[41] Q. Wang, C. Wang, M. Zhang, M. Jian, Y. Zhang, Fceding single-walled carbon nanotubes or graphene to silkworms for reinforced silk fibers, Nano Lett .16(2016)6695-6700.

[42] Y. Chen. L. Daviet, M. Schalk, V. Siewers, J. Nielsen, Establishing a platform cell factory through engineer-ing of yeast acetyl-CoA metabolism. Metab. Eng .15(2013)48-54.

[43] K. K. Hong, J. Nielsen, Metabolic enginecring of Saccharomyces cerevisiae: a key cell factory platform for future biorefineries, Cell. Mol. Life Sci .69(2012)2671-2690.

[44] W.Runguphan, J. D. Keasling, Metabolic engineering of Saccharomyces cercvisiae for production of fatty acid-dcrived biofuels and chemicals. Metab. Eng .21(2014)103-113.

[45] E. PJ. M. Everaert. H. C. van der Mei, H. J. Busscher, Adhesion of yeasts and bacteria to fluoro-alkylsiloxane layers chemisorbed on silicone rubber, Colloids Surf. B: Biointerfaces 10(1998)179190.

[46] C. E. Hamm, R. Merkel, O. Springer, P. Jurkojc, C. Maier, K. Prechtel, V. Smetacek, Architecture and ma-terial properties of diatom shells provide effective mechanical protection, Nature 421(2003)841.

[47] A .Date, P. Pasini, A. Sangal, S. Daunert, Packaging sensing cells in spores for long-term preservation of sensors: a tool for biomedicalandenvionmenlanlyss, Anal. Chem. 82 (2010)6098.

[48] L. Valentini, S. Bittolo Bon, S. Signetti, Microorganisms nutrition process as a gcneral route

for the prep-aration of bionic nanocomposites based on intractable polymers, ACS Appl. Mater. Interfaces 8(2016)22714.

[49] L. Valentini, S. Bittolo Bon, N. M. Pugno, Graphene and carbon nanotube auxetic rubber bionic composites with negative variation of the electrical resistance and comparison with their nonbionic counterparts, Adv. Funct. Mater .27(2017)1606526.

[50] Q. Zhang. B. Chen. L. Tao, M. Yan, L. Chen, Y. Wei, Microorganism inspired hydrogels : hierarchical super / macro-porous structure, rapid swelling rate and high adsorption, RSC Adv .4(2014)32475.

[51] S. R. Shin. S. M. Jung, M. Zalabany, K. Kim, P. Zorlutuna, S. B. Kim, M. Nikkhah, M. Khabiry, M. Azize, J. Kong. K. T. Wan, T. Palacios, M. R. Dokmeci, H. Bac, X. S. Tang, A. Khademhosseini, Carbon-nanotube-embedded hydrogel sheets for engincering cardiac constructs and bioactuators, ACS Nano 7(2013)2369-2380.

[52] A Carpinteri. N. Pugno, Are scaling laws on strength of solids related to mechanics or to geometry ? Nat. Mater ,4(2005)421-423.

[53] G. Meng, Y. J. Jung. A. Cao, R. Vajtai, P. M. Ajayan, Controlled fabrication of hierarchically branched nano-pores, nanotubes. and nanowires ,Proc. Natl. Acad. Sci .102 (2005)7074-7078.

[54] H. Zhu, S. Zhu, Z. Jia, S. Parvinian, Y. Li, O. Vaaland, L. Hu, T. Li, Anomalous scaling law of strength and torghness of cellulose nanopaper, Proc. Natl. Acad. Sci .112 (2015)8971-8976.

[55] R. Jonas. L. F. Farah. Production and application of microbial cellulose, Polym. Degrad. Stab .59(1998)101-106.

[56] H. P. Fink. P. Weigel. H. J. Purz, J. Ganster, Structure formation of regenerated cellulose materials from NMMO-solutions, Prog. Polym. Sci .26(2001)1473-1524.

[57] W .I. Purk. H -S. Kim. S .-M. Kwon, Y .-H. Hong, H .-J. Jin, Synthesis of bacterial celluloses in multiwalled carbon carbon nanotube-dispersed medium, Carbohydr. Polym. 77 (2009)457-463.

[58] P. Chen. H -S. Kim. S .-M. Kwon, Y. S. Yun, H .-J. Jin, Regenerated bacterial cellulose / multi-walled namotubes composite fibers prepared by wet-spinning, Curr. Appl. Phys .9 (2009)e96e99.

[59] Y. LL. H. Zhu. S. Zhu. J. Wan, Z. Liu, O. Vaaland, S. Lacey, Z. Fang, H. Dai, T. Li, L. Hu, Hybridizing wood celltlose and graphene oxide toward high-performance fibers, NPG Asia Mater .7(2015) e 150.

第 3 部分　电导体和热导体的最新研究进展

第18章
碳纳米管纱的导电机制

David S. Lashmore
美国达勒姆市,新罕布什尔大学材料学院

18.1 引言

在美国国内发展比铜更轻、载流能力更强的导体,将可能会对美国经济产生变革性的影响,特别是应用于牵引电机、电力线,以及重量、腐蚀和疲劳会影响性能等领域。

铜应用于电气领域大约开始于1820年前后,其具有高导电性(电导率约为$59.5×10^6 S/m$[1])、高密度(密度为8.9g/mL),但易腐蚀,特别是在氯化物环境中[2],而且易疲劳,典型的电线在108次循环中疲劳失效强度为75MPa[3]。尽管具有这些缺点,铜仍然是已知的最早的电导体,其非电用途早在公元前8000年就已为人所知,如今,其仍在导体应用中占主导地位。

诺贝尔奖获得者Richard Smalley[4]认为,碳基导体,以及最近的碳纳米管(CNT)导线会成为铜和铝的替代品,因为其具有优秀的导电性能及更轻的重量,其密度归一化电导率约为$1×10^3 Sm^2/kg$(假定碳纳米管纱电导率为$1×10^6 S/m$,密度为1g/mL)。即便如此,其电导率与铜相差不大($6.6×10^3 Sm^2/kg$)。有报道称,碳纳米管的电导率可达$8.5×10^3 Sm^2/kg$,这使得其比电导率比铜更高[5]。Lekawa-Raus等[6]通过理论计算表明(10,10)扶手椅形纳米管的比电导率达$4.5×10^8 Scm^3/mg$。如果能实现商业化,并且可以批量制造这些比铜的比电导率高几个数量级的CNT线材,那么其应用将会对经济产生深远影响。

Radushkevich和Lukyanovich[7]于1952年首次通过透射电镜(TEM)清晰观察到纳米管纱构造单元为多壁(或单壁)纳米管,其后,Oberlin和Endo[8](1976年)、Iijima[9]也观察到此情况。IBM公司的Bethune[10]以及NEC基础研究实验室的Iijima[11]于1993年几乎同时观察到了单壁纳米管并在他们的开创性论文中给予报道。这些作者因指出这种材料的重要性并将碳纳米管作为一种碳材料的崭新实用形式引起全世界关注而倍受赞誉。

18.2 碳纳米管的生长

由于具有高生产率且一般能产出更高质量的碳纳米管,浮动催化剂工艺已成为直接生产 CNT 纱线的主要工艺。也许是 1989 年通用汽车公司的 Tibbets[12]首次提到了浮动催化剂方法。Ajayan[13]也通过浮动催化剂法制成了长的 CNT 纱,纱线通过气体悬浮的 CNT 气凝胶合成得到,该方法首先由 Alan Windle 提出[13, p.17]以及后来的文献[14]的作者。浮动催化剂工艺通常包括:①注入原位催化剂,其通常来自二茂铁或五羰基铁,有时也来自镍茂蒸气,甚至来自于悬浮于多种有机燃料中的预制(Fe)催化剂;②以乙醇、乙炔甲苯、二甲苯、正己烷组合物或天然气(主要成分是甲烷和乙烷)为代表的碳燃料源。Plata 等[15]研究发现,其他碳氢化合物的微量添加对阵列增长至关重要,而且对浮动催化剂法也可能很重要。Windle[16]的研究表明,尽管硫或氧的化合物可能会升华,一般仍通过加入二茂铁和一种硫化合物(通常是溶解在液态烃中的噻吩)形成催化剂。Koziol[17]对此现象也进行了综合评述。然后将该液体以气溶胶的形式注入 CVD 反应器中,并通过温度梯度输送,该温度梯度被设计成可在三个阶段中启动 CNT 的生长过程。第一步是蒸发燃料滴。第二阶段是二茂铁在约 500℃ 下分解,形成并促进铁颗粒增长到获得所需尺寸的催化剂为止。第三阶段是通过暴露在铁催化剂上分解碳、氧和/或硫使铁催化剂停止生长。硫可以来自二硫化碳、噻吩、升华硫等,氧气可以来自有机燃料、水蒸气或呋喃等。通过控制这些温度以及通过注入的气体和液体速率,可以来控制纳米管催化剂的直径,并可以此来控制纳米管的直径。硫的作用很可能包括:①通过与铁形成化合物来阻止铁颗粒生长;②阻止缓慢的催化剂内部的体扩散,从而促进表面扩散更快地到达颗粒/界面上的活性位点;③降低催化剂表面能,使纳米管在能量上能更容易在催化剂上移动,从而暴露新催化剂表面。这些铁(镍/钴)颗粒似乎充当了增长的模板。其他明显不参与反应的成分,如氧化锆[18]、铜[19]和金[20]也已用作 CNT 催化剂,因此它们的化学和晶体学性质似乎次于 CNT 的形成。在催化剂表面产生碳的反应本质,碳的属性以及碳如何连接在生长的管端上都尚不清楚。目前业已清楚的是:①管主要从催化剂表面生长;②体扩散是非必需的,而且一旦吸收了硫就可能不会发生体扩散;③催化剂的晶体学性质可能并不重要,因为气相热解过程中大多数管均为从熔融的催化剂中生长出来。因为所有类型的增长过程中都可见乙烯自由基的存在,因此,根据该书作者和其他人的观点[21-22],类 Diels-Alder 反应可能对双碳原子或二价碳的沉积过程部分起作用,甚至可能会在生长位置组装出更发达的碳 sp2 类石墨烯结构。在以五羰基铁为催化剂先导的情况下,铁原子以"零"价态开始,因此 5 个一氧化碳(CO)基团可以热解离,从而开始 Fe 聚集过程。在二茂铁的情况下,两个戊二烯基团至少部分热解离,留下 Fe++ 离子,其最终必定通过氢氧化而还原为 FeO。当使用二茂铁时,还原剂的存在是催化剂形成反应的关键元素。由于碳还可以在气相中和催化剂表面上形成,因此氢的存在会促进催化剂上的碳生长,并且还可以抑制气相"烟灰"形成。每摩尔二茂铁必须至少添加 2mol 氢。由于通常以 5L/min 的速度引入氢气,并且由于燃料分解过程中会产生一些额外的氢气,氢降低二茂铁的引入速度仅为 0.1mL/min 左右。因此,总是存在多余的氢足够还原所有二茂铁。处于生长温度的催化剂极易熔化,并且由于其体积小,因此会产生很高的蒸汽压,极大地缩短其使用寿命。

18.3 碳纳米管套筒的形成与形态

纳米管融合成束,然后形成原纤维或集合束,它们之间通过静电相互作用而形成三维网络,被 Alan Windle 称为"套筒"[23-24]。电子(可能是静电)在合成管上的积累作用最有可能产生偶极子,这会导致管与管之间的吸引力并最终形成了套筒。纳米管套筒上所积聚的静电非常重要,一旦套筒离开管式炉,就能观察到与地面之间的火花放电现象。静电可能不是唯一的电荷来源[25],当温度高于 1000℃ 时,Ar 会离子化并形成导电的弱等离子体;而且加热炉里的加热器绕组中电流产生的电磁场也会打开,所产生的感生磁场会耦合到等离子体和管中,因而在导电 CNT 套筒上产生电压。纱也有一个会影响其性能的分级结构(图 18-1)。这种分级结构包括纳米管、纤维或纤维束、纤维束组和宏观结构纱线。相互作用的纳米管形成的三维套筒结构可以被机械地操作,只要套筒的一端至少部分地被约束固定,通过拉伸作用可以使纳米管取向。其他研究人员证明了其更高效的转换效率,并观察到了复杂形态。这些复杂形态包括在某些条件下的三向"Y"形接头、喇叭形、弹簧或其他形式的结构[26-27],其中大多数是因为缺陷的结果,对纱线是无益的。

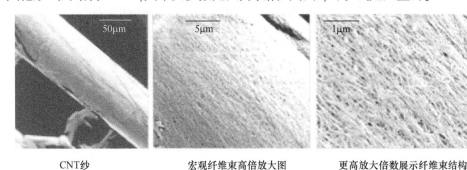

CNT 纱　　　　宏观纤维束高倍放大图　　　　更高放大倍数展示纤维束结构

图 18-1　CNT 纱的分级结构

此过程的概念模型如图18-2所示。Lara-Romero[28]讨论了使用雾化器作为引入碳源的一种手段的可能性。直径通常为10μm的雾化液滴会在数毫秒内闪蒸,可以升华或由碳源携带的二茂铁在约500℃时分解,从而开始形成直径很小的铁颗粒。催化剂通过碰撞聚集而生长。后一过程通过在约800℃下吸附已分解噻吩中的硫而停止,并且纳米管的生长在距熔炉注入端一定距离处开始。

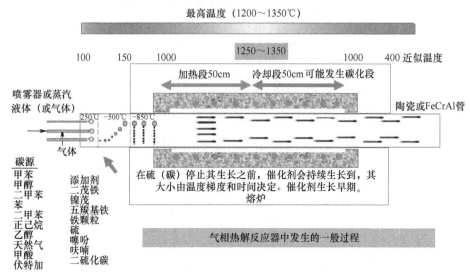

图18-2 通过在置于炉内的典型石英管中发生的气相热解而形成CNT套筒概念模型
通常与碳源一起引入的二茂铁可能会在其沿着管子的行程早期蒸发,甚至在管了的末端再冷凝,在这种情况下,CNT的生长可能会在出口附近发生。碳氢化合物的性质也会随位置而变化。

18.4 催化剂结焦

CNT的生长可以通过纳米管核心内催化剂的吸收或堆积在表面的石墨烯或碳层来停止。当催化剂在其沿着管的行程中冷却时,后者可能发生,可以通过氧气(水蒸气)的存在、和/或如Baker[29]所述那样将铁催化剂与铜、镍或钴进行合金化,也可通过精确控制管式炉内温度梯度来抑制这些过程。请注意,温度梯度包括沿管的径向梯度和纵向梯度。催化剂在正常生长温度下也会迅速蒸发。下面三种机制之一阻止(催化剂)生长:①碳化;②吸收;③蒸发。

18.5 纺纱的合成过程

为了实现远距离导电,必须制造成纤维或条带。CNT连续纤维是通过将短

CNT(约几毫米长)绕公共轴加捻制成的,因此原则上任何长度的 CNT 导体都可以制成。常用方法包括:①从基底上生长的 CNT 阵列中牵伸和加捻成长纤维;②通过浮动催化剂法将在气相中生长的 CNT 连续地纺制成长纤维;③从分散在氯磺酸 CNT 溶液中,或者是从基于表面活性剂的溶液或类似的酸液、甚至可能分散在有机液体中通过凝固浴牵伸纺丝[30]。后面这些过程参见 Koziol 及其参考文献的描述[31]。Kaili Jiang 等[32]似乎证明了首次合成 CNT 纤维的方法,他们能够从取向的阵列中牵拉出不同直径的纤维。Ray Baughman 研究小组中的张梅等改进了这种从阵列中牵拉出纤维和薄膜的技术。Rice 大学的 Smalley 等也研制了通过从分散在超强酸的浓缩溶液中纺制碳纳米管纤维的技术[34]。Alan Windle 首次使用气相热解法直接纺丝[35]。Mateo Pasquali 公司的 DexMat 使用凝固浴牵伸工艺从氯磺酸中批量生产 CNT 纤维[36]。

如今,CNT 纤维可从多家公司购得,例如 Huntsman-Nanocomp[37],Tortech[38],Nanoridge[39],Lintech[40],General Nano[41]和 DexMat[42]等公司。CNT 的生长和纤维的形成过程因公司而异。

由气相热解过程形成纤维的合成方法有以下几种:第一种方法包括在气相中形成 CNT 套筒,然后让套筒穿过一种可以使材料致密化的液体,从而把套筒致密成纤维[43];第二种合成方法则是使 CNT 在气相中形成套筒,然后将其牵入密封的收集箱,当它离开反应管时,套筒会在炉箱出口处的气体涡流作用下加捻纺丝[43];第三种是使用经典的机械纺丝方法[43]。纤维也可以采用电磁的方法进行加捻[44],甚至可以是以粗纱的形式进行收集并随后在后处理过程中纺出。有机液体可以浸润纤维,液体蒸发的表面张力会使纤维结构致密化。

纺纱的方法是将 CNT 套筒挤压在移动的锚上,当从锚上拉出纱时,该锚能提供所需的张力(图 18-3)[45],这种张力很重要,因为其倾向于使管束取向。

Mateo Pasquali 正在开发另一种碳纳米管单独合成的方法,该方法将预先制作好的 CNT,或至少 CNT 束散布在氯磺酸中[47]或其他可以将纳米管分散的液体[48]中,分散后,将这种 CNT 溶液通过喷丝头进行凝固并使未拉伸纤维取向。

CNT 束或管可以使用电学的方法纺出。例如,Ma 等演示了从单壁碳纳米管水溶液纺出 CNT 的技术[46]。将 CNT 溶液置于构成第一电极的容器中。第二电极由连接到可移动台架上的金属丝制成,该台架可将纤维从溶液中抽出。在电极之间施加一个高频(2MHz)低电压(10V)。为了获得更长的纤维,可用悬浮在盐溶液中的金属环取代用作第二电极的导线。纤维通过环被抽出并收集在旋转棒上,从喷丝头出来后,纳米管束进入凝固液,进一步凝固成无捻粗纱,然后进行清洗和干燥,并被绕装在卷线筒上。

最后一种方法是由 Ray Baughman[49]描述的从可纺阵列中纺丝的方法。可纺阵列是垂直排列的碳纳米管,这些碳纳米管相互链接,因此每个碳纳米管束都与下

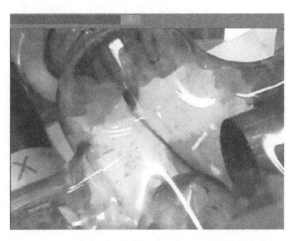

图 18-3　由作者开发并被 Nanocomp 使用的技术[46]
显示了一个从右侧的管式炉中出来的 CNT 套筒,该套筒连接在一个移动的锚上,
通过照片中顶部所示旋转的管中牵引出来。

一个上下相连。这种生产过程能带来明显的取向并生长出异常长的管。但是,由于阵列是在低温下生长的,而低温会导致更高的缺陷密度,因此与温度更高的气相热解法生产的管相比,可纺阵列法纺制的纤维强度和导电性要差一些。

所有这些过程的共同点是必须能完成以下任务:①沿纱线轴线取向;②致密化以增加其密度;③绕公共轴加捻;④产生连续的长 CNT 纱(线或纤维)。

18.6　与铜相比的碳纳米管电导率

在铜中,非结合价电子通过铜晶格自由移动,但这种移动在低温环境下会受缺陷阻碍,在高温下则会受声子相互作用而阻碍。就铜导体而言,每摩尔铜原子都有 1mol 电子,而且平均而言,这些电子室温(RT)平均自由程约为 $0.04\mu m$[50]。CNT 室温下的电子平均自由程约为 $10\mu m$[51]。电导率由下式确定:

$$C = \mu(e)Nn + \mu(h)Hh \quad (18-1)$$

式中:μ 为电荷载流子迁移率;N 为电子数量;H 为空穴数;n 和 h 分别为电子和空穴上的电荷。

铜中载流子(电子)的迁移率约为 $44.2 cm^2/VS$,考虑到每摩尔的电子数为 6.023×10^{23},因此其电导率(电阻率)为

$$C(A/Vm) = 4.4 \times 10^{-3}(m^2/VS)(n = 8.5 \times 10^{28})(1.602 \times 10^{-19}) \text{库仑/电子}$$
$$= 59.9 MS/m(1.67 \times 10^{-8} \Omega m) \quad (18-2)$$

此电导率公式不同于单个 CNT 中量子传导的 Landauer 电导率[52]:

$$G_0 = 2e^2/h * T = 7.748 \times 10^{-5} S \times T, (12.9 k\Omega)^{-1} \qquad (18-3)$$

式中：T 为隧道概率。该 Landauer 公式仅适用于弹道接触，其满足：①平均自由程长于导体；②在这种情况下，电导率与长度无关；③不考虑横截面积。因此，传导由管两端的点接触控制，当然是基于不会发生缺陷或声子散射的假设。

现在，考虑到纳米管导体的横截面积，如果纳米管束以六边形结构填充，键合距离为 0.3nm，Hjortstam[53]计算出一般弹道导电束的总电阻率约为 256MS/m。与他的计算结果相比，前述的 Lekawa-Raus 给出的 (10,10) 管电阻率为 455MS/m。这些都超过纯铜的 59MS/m。对于宣称 8.5MS/m 的长纱[54]，其实测电导率非常低，约为 2MS/m。

测量值如此低的原因可能如下：CNT 的迁移率可高达 80000cm^2/VS[55]，这种高迁移率加上非常高的平均自由程和较低的测量电导率，给出了一种可能的解释：电荷载流子的数量很低。这种可能性指出了一种通过掺杂（例如用氧化性酸）或通过铜触点注入电荷载流子来增加电荷载流子数量，从而来提高电导率的方法。当然，还有许多其他复杂因素会影响 CNT 纱线的电导率，如表 18-1 所列。

表 18-1 影响 CNT 电导率的因素

因素	解决方案	备注
太多半导体；仅生长 SWCNT 金属性长管	建议进行如下操作：生长直径更大但缺陷更少的管	应该在试验上可行 这是更传统的方法，通常是酸掺杂。长度很关键
管、束和纤维或原纤维取向	在生长过程中控制气流，以 15°捻角进行纺纱	计算流体动力学（CFD）模拟流动可消除涡流。显著拉伸纱线
缺陷	在高温下生长，在温度梯度内退火，在有机体气氛中加热以在缺陷处沉积碳	(1) 通常情况下，超过 1250℃温度生长的 CNT 缺陷较少； (2) 优化氢气和氧气含量； (3) 在低电流密度下对纱进行退火
低载流子浓度	掺杂，通过（Ti 和 Pd）触点增加电子；浸金沉积，例如，参见美国专利：Silverman 专利 US8808792B2 掺杂金	事实证明，用硝酸或氯磺酸等氧化 CNT 表面是有效的； Au^{3+} 离子似乎在降低接触电阻中起作用
Schottky 势垒	使用具有较低 Schottky 势垒的涂层材料，例如，Ti 和 V	钯也能起到很好的作用，并且其合金易于电化学沉积，并且似乎容易浸湿
带隙控制	增加管直径，选择管直径在 10nm 附近或将催化剂直径控制在仅有金属性碳纳米管形成的区域	带隙（以 eV 为单位）约为 0.7/d (nm)。请注意，在大约 3~4nm 处，大型 SWCNT 管在空间上变得不稳定并塌陷成带状。对于双壁结构，这种现象发生在大约 9nm 处

续表

因素	解决方案	备注
表面污染	用有机溶液清洁，在非反应性溶剂中作为阴极进行电化学清洁。这很重要，因为大多数反应器会产生少量石脑油、苯和碳纳米管	进行阴极清洁以在表面释放出氢可减少氧化物。气泡将消除大多数污染物；阳极清洁会氧化表面，并破坏大多数有机物。纱线可能因放氧而膨胀
纳米管长度（最好是几毫米）	提高温度，控制催化剂的大小和组成，并平衡燃料和气体的化学性质	需要针对每个系统优化生长温度
密度	致密化纱线	丙酮是常用的。随着蒸发，其表面张力将纱线压紧

非常重要的是，轻质材料在绝对导电率、强度、腐蚀和疲劳方面都可以胜过铜。例如，普通客机上使用铜线2267kg是一个极端的例子，使用 Hjortstam 教授提出的更小的电导率值的"超级导线"，可能会减少到约59kg。由于节省每千克重量每年可节省约83000美元的燃油费用[56]，因此每架飞机每年可节省190M美元的燃油费用，而一架飞机的寿命约为20年。类似的经济性同样适用于汽车和太空市场，二氧化碳排放的后果对于汽车和航空航天应用而言意义重大。采用更适度和现实的方式[57]，即便用碳纳米管数据线和电力线替换掉波音777中的铜线，可以减轻50%重量，也能使飞机重量减少907kg。在配电线路中使用CNT导线每年将减少约410亿千瓦时的传输损耗，从而可显著节省煤炭和天然气消耗，并减少电力行业碳排放。

18.7 如何保证高导电率

要获得比铜更高的导电性，就需要把CNT线作为一种超级高速公路（已经证明其具有很高的迁移率），来自铜或铝的电子将流过该高速公路。为了使这种流动发生，必须存在①低电阻的电气连接；②同样重要的是，纳米管导线必须由缺陷密度极低的纳米管制成，并沿电流流动方向排列；③碳纳米管的手性必须为具有零带隙（金属导体）或一组带隙很小的半导体纳米管。实现所有这些条件的方法是将所有CNT形成金属导体或近金属导体。

现在，我们简要讨论一些可以实现此目的的研究方向。图18-4显示了管分布随手性指数的变化规律：金属管为红色，建议形成的烙用不同的颜色表示，扶手椅纳米管表现为金属性，而约1/3锯齿形纳米管和手性纳米管形貌表现为金属性。

在图18-4中，我们建议如果可以将催化剂的尺寸控制在约1.1~1.4nm之内，则倾向于金属性的纳米管生长形态。将不同作者的已发布数据收集在一起进行核

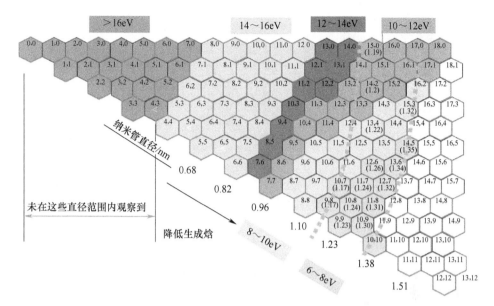

图 18-4 CNT 纳米管直径与卷曲指数关系汇总图(彩图)
要制造的管的种类很大程度上由成型焓控制,并由颜色提示。尽管扶手椅处于较低的能量状态,按理通常应优先使用,但由于其生长速度要慢得多,因此也不常采用。虚线所示"有界限区"中所生长的管的手性在试验中似乎为金属。

查时,似乎表明存在"有界限区"。但是,到目前为止,我们还没有确定为什么金属导体首选在该区域内的根本原因。金属纳米管的生长可能发生,因为在该区域中的成形焓不太高,有利于金属性纳米管的生长,并且在该区域也容易产生有利的催化剂。金属导体的形成能与半导体没有太大不同,因此必须存在其他因素驱动金属性纳米管形成。另一个因素可能是一种共振增长。金属性纳米管的导电性更高,并且会辐射更多的能量(热感应),因此附近的原子核可能会在此太赫兹辐射场中产生共振,并以相同的频率生长。另一个因素可能是必须在正在生成的纳米管中正确位置插入的碳自由基(燃料)的结构或性质。

纳米管能量随直径[58]的变化如图 18-5 所示。

这些数据为计算所得数据;实心圆圈表示多组手性的试验结果。尽管 $n = m$(扶手椅)能量形式似乎是最低,但它们的增长率极低,原因由于 Ding,Harutyunyan 和 Yakobson[59] 首先描述因此其附近的半金属管肯定更为可取。由于成型焓高,加之由于这些小直径催化剂很少可用于支持管的生长,因此几乎没有发现直径小于 0.8nm 的管[59]。

名义直径约为 1.2nm(从 1.10~1.45nm)的金属性导管所占百分比如图 18-6 所示,该数据来自于 Zhang[60]。

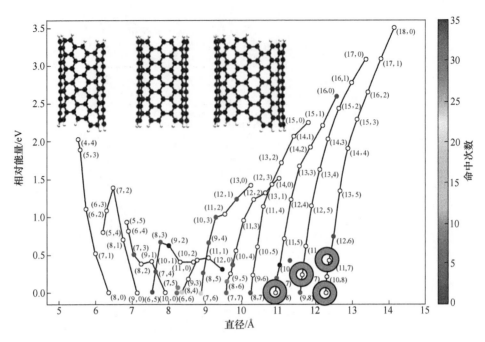

图 18-5 多种管能量与多组曲线测量值(请注意,在 0.9~1.2nm 左右,能量较低的电子管主要是半金属性导体)(彩图)

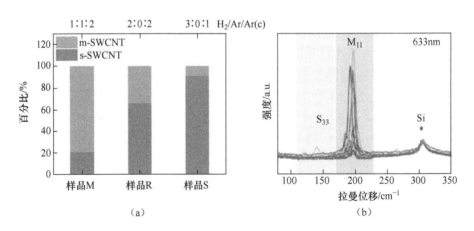

图 18-6 (a)不同批次的样品显示了金属性导体的百分比。波数介于 175($d≈1.42$nm) 到波数 225($d≈1.1$nm)间样品 M 的拉曼数据展示于(b)(数据来自于 Zang)(彩图)

上一节中概述的方法提出了如何通过严密控制临界直径(约 1.2nm)附近的催化剂尺寸来控制纤维的金属性。另一个具有支持性的例子是 Harutyunyan[61]等通过阵列生长获得直径与手性之间的规律(图18-7),得到了直径在1.1~1.4nm之间的一组金属性纳米管。

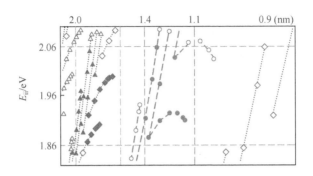

图18-7 来自阵列生长的一组金属纳米管(数据来自于Harutyunyan)(彩图)
在约1.1~1.4nm的区域中示出的纳米管为金属性导体,即使这些管生长方法不同(阵列热解与气相热解),在1.2nm附近出现金属管也是有意义的。

支持这一观察的最后一组数据由Thomson和Reich[62]提出(图18-8)。

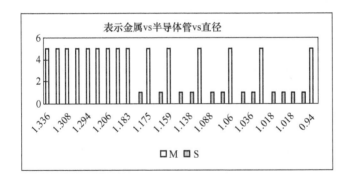

图18-8 Thomson论文中的数据显示出来后,随机抽取了5个金属管和1个半导体管,以图形方式显示出直径是离散分布的。1.336~1.183nm的区域管全部是金属性的,而在较小的直径下,这些管在金属性导体和半导体之间遵循更可预测的分布。这些数据来自高温高压过程制造的CNT(HIPCO)

所有这些数据表明,如果选择催化剂尺寸能使得金属导电管直径在1.1~1.4nm之间,则该金属性导电纳米管将会生长。将催化剂尺寸控制在上述范围内尽管很难,但却是在我们的试验能力之内。然而迄今为止,没有任何金属涂层的纳米管纤维能够达到铜的导电水平。

18.8 铜-碳纳米管复合材料

Hjortstam 等于 2004 年首次提出了一种铜-碳纳米管复合导体:"基于嵌入金属基体中、取向排列的弹道导体 CNT 复合材料可以作为超低电阻材料,其室温电阻率远低于 Al,Cu 和 Ag"[63]。

Hjortstam 提出了这种导电性所需的四个先决条件:

1. 高质量(无变形/无缺陷)金属和弹道导体碳纳米管(Hjortstam)

我们观察到,通过产生大约在 1.1~1.4nm 范围内的催化剂,应该有可能获得大多数高质量的金属和弹道导体纳米管。在大规模生产中可以很好地控制该催化剂范围。通过在严格控制的高温条件下生长这些纳米管,缺陷可以最小化。高质量是指具有最少数量的结构性或晶体性缺陷的纳米管,典型的缺陷包括五边形缺陷、七边形缺陷、空位或掺杂原子。高导电性纳米管是指其手性(n 和 m)是这样的:①$n=m$(也称为"扶手椅"纳米管,其带隙为零);②$n-m=3q$ 的纳米管,其中 q 是约 1/3 手性整数。因此,约 1/3 数量的纳米管是金属导体。低缺陷密度意味着每 10μm 少于一个缺陷。如果其长度小于平均自由程(10μm),则仅具有金属导电性纳米管是没有优势的。如果缺陷数较多,则会降低平均自由程。重要的是在这些纳米管中具有尽可能少的缺陷。较大直径的管将具有较小的带隙,但也可能易于出现更多缺陷。在约 3~4nm 处,单壁在空间上会变得不稳定并且会塌陷成狗骨头形状[64],同时会导致密化程度增加。狗骨头形状的管对电行为的影响似乎尚未研究。

2. 纱内具有分散良好且取向较好的 CNT(Hjortstam)

(1)在金属(铜)基体中分散纳米管很困难,此标准要求铜能润湿 CNT。我们注意到,在没有中间相存在的情况下,铜不会在大范围内润湿 CNT,因此很难满足 Hjortstam 标准。然而,下面将介绍一种实现此目的的操作方法[65]。

(2)在金属基体内部将纤维取向也是可行的。这方面的一个例子是在阵列生长中制备的纤维几乎都完美地取向。即使在气相热解中,在纱线形成过程中也应该能够取向和拉伸纱线。这些拉伸过程倾向于使 CNT 原纤维取向(图 18-1)。

3. 理想接触的管

随着管长度增加,接触点会减少,因此导电性会变好。Hjortstam 认为,用于制造"超导电线"材料的纳米管必须基本上没有缺陷或夹杂物。该要求表明长管可能在高温下生长。纳米管应与金属有电接触(即应被金属润湿),和/或应彼此之间有电接触。因此,通过润湿来实现纳米管的接触,比如采用 Cu-Ti/CNT 接触。请记住,钛可以用 Cr、Sc、Ti、V、Hf、Nb、Al、W、Mo、Ta、Ni、Co、Fe、Si、Rh、Zr 或其他碳合金"连接剂"代替。少量的合金元素对降低电导率有很大的作用。

4. 管的弹道导电性不受接触或其他基体材料干扰

Hjorstam 等的第四个前提条件是:"纳米管的弹道导电性不会因接触、缺陷、夹杂物或其他基体材料的存在而受到干扰",这意味着在纳米管和碳纳米管之间不应有任何可能会干扰电子传输的污染层或金属。为满足此前提条件,可以通过在较高温度下,在几乎不会导致生长缺陷的高度平衡气体化学环境中生长的 CNT 纤维,也可以通过设计催化剂生成器,或者设计生成直径约为 1~3nm 的催化剂,但出于上述原因,最好直径能为 1~1.5nm。

通过用铜渗透 CNT 纤维来创建这种类型的复合材料,同时还利用了较高的电荷载流子迁移率,并共享了碳纳米管中铜的大量电荷载流子,而 CNT 就像石墨烯一样,其中的载流子很少。已证明的铜基体中碳纳米管抑制电迁移[66],可以增加提供巨大载流量的潜力,并减轻现有超高载流电缆重量。

18.9 抑制电迁移

用铜渗透碳纳米管导线形成了一种新型材料,这种材料已被 Subramaniam 等[66]表征,他们的研究结果表明,CNT 铜(CNT-Cu)复合材料也可以传输非常高的电流 $0.630\times10^9 A/cm^2$,远高于铜的 $10^6 A/cm^2$ [67-69]。尽管以焦耳热为代价,但这些杂化物的载流量几乎接近 CNT 纤维的理论极限 $10^9 A/cm^2$ [70]。在铜中,载流量受电迁移的限制,与结构和缺陷有关的过程。但是,分散的 CNT 严重阻碍了电迁移。Subramanian 等制造了这样的导体,其由分散的阵列生长碳纳米管制成,这些碳纳米管电镀了铜,并且显然没有如上所述的任何金属连接层。

18.10 讨论

尽管碳纳米管自 1950 年初以来就广为人知,但其工业应用进展缓慢,并且主要局限于电子工业[71-73],在电子工业中,产量和成本要求都更为宽松。碳纳米管应用缓慢的部分原因在于可用纳米管的形式大多为松散的短管,而另一部分原因是纳米管转变为便于更适于工业使用的片材、纱线和条带形式时,又要面临高成本的问题[73]。在降低成本和改善性能方面的进展缓慢,主要是受资助机构的意愿而不是市场的需要推动的。然而,现在人们越来越认识到,高导电碳纳米管电线和大电缆在商业上是可能的,重量非常轻,具有非常高的载流能力。

CNT 的生长过程仍未理解透彻,尤其是那些影响我们理解以下问题的因素:①发生在催化剂表面的反应;②从催化剂附着位置到生长部位迁移过程的细节。催化剂尺寸和管尺寸之间存在明显的关系,然而,在工业生产中控制管直径的努力似乎作用微乎其微,特别是在 1.2~2nm 的尺度上。如上所述,应该有可能批量生产金属导电纤维。纳米管的批量生产要求每个 CVD 系统生产纤维的速度超过 10g/h 并能接近 50g/h。这些速率是可以达到的,但通常要以管的质量和长度为代价。该工程问题仍有待解决。

套筒的成型也只能部分地了解,它可能是由于管与管之间静电相互作用而引起,纳米管充当偶极子,将结构保持在一起,并且在与热泳力耦合时,使这种气凝胶状结构远离炉子的热壁。扩散力也可能作用在套筒上。套筒的形成很重要,因为套筒本身作为一种在粗纱或纱线形成过程中可以拉伸的结构,因此它提供了将纳米管和束取向的方法。将取向良好的套筒进行拉伸操作是纳米管取向的唯一方法,因为纳米管可以非常随机地分散在向上伸展的套筒内,取向始终是保证性能的关键。

催化剂本身是典型的磁性过渡金属,然而在生长温度下,铁、镍或钴不太可能是铁磁性的,因为即使对于钴,生长温度也高于居里温度。因此,碳源裂解的反应产物必须被化学吸附到这些金属表面上。乙醇作为一种成功的碳源其原因可能源于氧气,氧气与未结合碳发生反应,可帮助防止催化剂被覆盖或碳化。催化剂的形成会容易理解一些,但是当使用二茂铁时,催化剂大小和初始液滴大小之间的关系尽管很重要,但是却很难表征。

合成纤维有多种方法并且都具有一定的优势。例如,通过喷纺分散在氯磺酸中的 CNT,可以使用在大规模商业生产反应器中生产的商用等级纳米管。然而,纳米管纤维的直接纺丝可以:①控制单个管直径;②纱线的捻角;③管的缺陷密度;④生成纱线时其周围的气氛。

纳米管的电导率取决于生长过程中的许多参数,但最重要的参数之一似乎是纳米管直径。在大多数情况下,这不是受控参数,但是通过监控注射器的温度梯度、流速、催化剂液滴大小等参数,是可以控制的。其他参数见表 18-1。

CNT-铜复合材料的合成表明,通过抑制电迁移效应,可以使用只有一半铜密度的导体来实现铜级导电性,并承受比纯铜更高的电流,但是必须注意,需要直接或间接使用金属润湿 CNT 表面。

综上所述,碳纳米管基导体正在发展,以至于在某些特殊情况下,它们可以代替铜。对于涉及电流密度非常高的铜合金的应用领域,CNT 复合材料具有极高的电流密度的潜力。随着这项技术的不断发展,碳纳米管导体可能会取代铜和铝导体,并因此对我们的经济产生深远影响。

本章相关彩图,请扫码查看

参 考 文 献

[1] https://en.wikipedia.org/wiki/Electrical_resistivity_and_conductivity.

[2] W. H. Rahmanto, R. N. Gunawan, Corrosion rate of copper and iron in seawater based on resistance measurement, J. Coast. Dev. 5 (2) (2002) 67-74.

[3] http://clic-meeting.web.cern.ch/clic-meeting/2003/06_26sh.pdf.

[4] Technologyreview, Interview with Richard Smalley, https://www.technologyreview.com/s/400912/wiresof-wonder/, 1991.

[5] http://news.rice.edu/2017/10/16/long-nanotubes-make-strong-fibers/.

[6] A. Lekawa-Raus, T. Gizewski, J. Patmore, L. Kurzepa, K. K. Koziol, Electrical transport in carbon nanotube fibres, Scr. Mater. 131 (2017) 112-118.

[7] L. V. Radushkevich, V. M. Lukyanovich, O strukture ugleroda, obrazujucegosja pri termiceskom razlozenii okisi ugleroda na zeleznom kontakte, Zurn. Fisic. Chim. 26 (1952) 88-95.

[8] A. Oberlin, M. Endo, T. Koyama, Filamentous growth of carbon through benzene decomposition, J. Cryst. Growth 32 (1976) 335-349.

[9] S. Iijima, Helical microtubules of graphite carbon, Nature 354 (1991) 56-58.

[10] D. S. Bethune, C. H. Kiang, M. S. De Vries, G. Gorman, R. Savoy, et al., Cobalt-catalysed growth of carbon nanotubes with single-atomic-layer walls, Nature 363 (1993) 605-607.

[11] S. Iijima, T. Ichihashi, Single-shell carbon nanotubes of 1-nm diameter, Nature 363 (1993) 603-605.

[12] G. Tibbets, Vapor-grown carbon fibers: status and prospects, Carbon 27 (5) (1989) 745-747.

[13] P. M. Ajayan, B. Wei, H. Zhu, C. Xu, D. Wu, US Patent 7,615,204 (n.d.).

[14] D. S. Lashmore, R. Braden, A. J. Hart, J. Welch, Chemically-assisted alignment of nanotubes within extensible structures. US Patent 2009029341 (2009).

[15] D. L. Plata, E. R. Meshot, C. M. Reddy, et al., Multiple alkynes react with ethylene to enhance carbon nanotube synthesis, suggesting a polymerization-like formation mechanism, ACS Nano 4 (12) (2010) 7185-7192.

[16] K. Koziol, A. Windle, Guadalupe Workshop April 8-12, 2011.

[17] D. Janas, K. K. Koziol, Carbon nanotube fibers and films: synthesis, applications and perspectives of the direct spinning method, Nanoscale 8 (2016) 19475-19490.

[18] A. Kudo, S. A. Steiner III, B. C. Bayer, et al., CVD growth of carbon nanostructures from zirconia: mechanisms and a method for enhancing yield, J. Am. Chem. Soc. 136 (51) (2014) 17808-17817, https://doi.org/10.1021/ja509872y.

[19] C. -H. Hsiao, J. -H. Lin, Growth of a superhydrophobic multi-walled carbon nanotube forest on quartz using flow-vapor-deposited copper catalysts, Carbon 124 (2017) 637-641. ref. therein.

[20] S. Bhaviripudi, E. Mile, S. A. Steiner, A. T. Zare, M. S. Dresselhaus, A. M. Belcher, J.

Kong, CVD synthesis of single-walled carbon nanotubes from gold nanoparticle catalysts, J. Am. Chem. Soc. 129 (6) (2007) 1516-1517.

[21] E. H. Fort, P. M. Donovan, L. T. Scott, Diels-Alder reactivity of polycyclic aromatic hydrocarbon bay regions: implications for metal-free growth of single-chirality carbon nanotubes, J. Am. Chem. Soc. 131 (2009) 16006-16007.

[22] H. Omachi, T. Nakayama, E. Takahashi, Y. Segawa, K. Itami, initiation of carbon nanotube growth by welldefined carbon nanorings, Nat. Chem. 5 (7) (2013) 572-576, https://doi.org/10.1038/nchem.1655.

[23] I. Stuart Fraser, M. S. Motta, R. K. Schmidt, A. Windle, Continuous production of flexible carbon nanotubebased transparent conductive films, Sci. Technol. Adv. Mater. 11 (2010), 045004, https://doi.org/10.1088/1468-6996/11/4/045004.

[24] G. Hou, R. Su, A. Wang, V. Ng, W. Li, Y. Song, L. Zhang, M. Sundaram, V. Shanov, D. Mast, D. Lashmore, M. Schulz, Y. Liu, The effect of a convection vortex on sock formation in the floating catalyst method for carbon nanotube synthesis, Carbon 102 (2016) 513-519.

[25] Anon, Personal Communication, Professor Mark Schulz (n. d.).

[26] R. Andrews, D. Jacques, A. M. Rao, F. Derbyshire, D. Qian, X. Fan, E. C. Dickey, J. Chen, Continuous production of aligned Carbon nanotubes: a step closer to commercial realization, Chem. Phys. Lett. 303 (1999) 467-474.

[27] C. N. R. Rao, A. Govindaraj, Carbon nanotubes from organometallic precursors, Acc. Chem. Res. 35 (2002) 998-1007.

[28] J. Lara-Romero, G. Alonso-Nu'ñez, S. Jimenez-Sandoval, M. Avalos-Borja, Growth of multiwall CNTs nebulizer spray pyrolysis of a natural precursor, J. Nanosci. Nanotechnol. 8 (2008) 6509-6512.

[29] R. T. K. Baker, Final report on DOE contract no. De-FG-93ER14358-T1 (1993).

[30] S. Ramesh, L. M. Ericson, V. A. Davis, R. K. Saini, C. Kittrell, M. Pasquali, W. E. Billups, W. Wade Adams, R. H. Hauge, R. E. Smalley, Dissolution of pristine single walled carbon nanotubes in superacids by direct protonation, J. Phys. Chem. B 108 (26) (2004) 8794-8798. W. Zhou, J. Vavro, C. Guthy, K. I. Winey, J. E. Fischer, L. M. Ericson, S. Ramesh, R. Saini, V. A. Davis, C. Kittrell, M. Pasquali, R. H. Hauge R. E. Smalley, Single wall carbon nanotube fibers extruded from strong acid suspensions: preferred orientation and electrical resistivity, J. Appl. Phys. 95 (2004) 649-655.

[31] A. Lekawa-Raus, J. Patmore, L. Kurzepa, J. Bulmer, K. Koziol, Electrical properties of carbon nanotube based fibers and their future use in electrical wiring, Adv. Funct. Mater. 24 (2014) 3661-3682.

[32] K. Jiang, Q. Li, S. Fan, Nature 419 (2002) 801. www.nature.com.

[33] M. Zhang, S. Fang, A. A. Zakhidov, S. B. Lee, E. A. Ali, C. D. Williams, K. R. Atkinson, R. H. Baughman, Science 309 (5738) (2005) 1215-1219.

[34] R. E. Smalley et al., US Patent Application 20030170166 (2003).

[35] Y. L. Li, I. A. Kinloch, A. H. Windle, Direct spinning of carbon nanotube fibers from chemical vapor deposition synthesis, Science 304 (5668) (2004) 276–278.

[36] Dexmat, (n. d.). http://dexmat.com/ (Accessed 26 March 2018).

[37] nanocomp, (n. d.). http://www.nanocomp.com.

[38] Tortechnano, (n. d.). http://tortechnano.com/tortech-nano-fibers.

[39] Nanoridge, (n. d.). http://nanoridge.com/.

[40] Lintec-nstc, (n. d.). http://www.lintec-nstc.com/cyarns/.

[41] Veelotech, (n. d.). https://www.veelotech.com/.

[42] Dexmat, (n. d.). http://dexmat.com/.

[43] X.-H. Zhong, Y.-L. Li, Y.-K. Liu, X.-H. Qiao, Y. Feng, J. Liang, J. Jin, L. Zhu, F. Hou, J.-Y. Li, Continuous multilayered carbon nanotube yarns, Adv. Mater. 22 (2010) 692–696.

[44] A. A. Sowan, Exploration of Electromagnetic Assisted Spinning and Annealing of Carbon Nanotubes, (MS thesis), Mechanical Engineering, University of Cincinnati, 2012.

[45] Nanocomp Technologies, Nanocomp Technologiesspins nanotube yarn, uploaded by RobySkinner 2009, (Schwartz Communications, https://www.youtube.com/watch? v ¼ wOu4QWpG5to), 2009.

[46] J. Ma, et al., Effects of surfactants on spinning carbon nanotube fibers by an electrophoretic method, Sci. Technol. Adv. Mater. 11 (2010), 065005, https://doi.org/10.1088/1468-6996/11/6/065005.

[47] B. N, C. C. Young, D. E. Tsentalovich, O. Kleinerman, X. Wang, A. W. Ma, E. A. Bengio, R. F. ter Waarbeek, J. J. de Jong, R. E. Hoogerwerf, S. B. Fairchild, J. B. Ferguson, B. Maruyama, J. Kono, Y. Talmon, Y. Cohen, M. J. Otto, M. Pasquali, Strong, light, multifunctional fibers of carbon nanotubes with ultrahigh conductivity, Science 339 (6116) (2013) 182–186, https://doi.org/10.1126/science.1228061.

[48] J. Johnson, M. Banash and P. Jarosz, Exfoliating-dispersing agents for nanotubes, bundles and fibers US Patent Application 20140366773 (n. d.).

[49] M. Zhang, K. R. Atkinson, R. H. Baughman, Multifunctional carbon nanotube yarns by downsizing an ancient technology, Science 306 (5700) (2004) 1358–1361, https://doi.org/10.1126/science.1104276.

[50] D. Gall, Electron mean free path in elemental metals, J. Appl. Phys. 119 (2016) 085101 [note: calculations for narrow wires].

[51] H. J. Li, W. G. Lu, J. J. Li, X. D. Bai, C. Z. Gu, Multichannel ballistic transport in multiwall carbon nanotubes, Phys. Rev. Lett. 95 (086601) (2005), https://doi.org/10.1063/1.4942216.

[52] R. Landauer, IBM J. Res. Deb. 1 (1953) 223.

[53] O. Hjortstam, P. Isberg, S. S. Oderholm, H. Dai, Can we achieve ultra-low resistivity in carbon nanotubebased metal composites? Appl. Phys. A Mater. Sci. Process. 78 (2004) 1175–

1179.

[54] D. E. Tsentalovich, R. J. Headrick, F. Mirri, J. Hao, N. Behabtu, C. C. Young, M. Pasquali, Influence of carbon nanotube characteristics on macroscopic fiber properties, ACS Appl. Mater. Interfaces 9 (41) (2017) 36189–36198.

[55] T. Du1rkop, S. A. Getty, E. Cobas, M. S. Fuhrer, Extraordinary mobility in semiconducting carbon nanotubes, Nano Lett. 4 (1) (2004) 35–39.

[56] Wired, (n. d.). Fuel savings per year per kg. https://www.wired.com/2012/09/how-can-airlines-reduce-fuelcosts/. .

[57] NNI-NASA, Technical Interchange Proceedings "Realizing the Promise of Carbon Nanotubes: Challenges, Opportunities, and the Pathway to Commercialization" September 15, 2014, in: National Nanotechnology Initiative (NNI)-National Aeronautics and Space Administration (NASA) Technical Interchange Meeting Convened September 15, in Washington, DC, 2014, p. 10 (the Source seems to be Wayne Adams from Rice University).

[58] D. Hedman, H. Reza Barzegar, A. Rosen, T. Wa°gberg, J. Andreas Larsson, On the stability and abundance of single walled carbon nanotubes nature, Sci. Rep. 5 (2015) 16850, https://doi.org/10.1038/srep16850.

[59] F. Ding, A. R. Harutyunyan, B. I. Yakobson, Dislocation theory of chirality controlled nanotube growth, Proc. Natl. Acad. Sci. U. S. A. 106 (2009) 2506–2509.

[60] L. Zhang, et al. , Selective growth of metal-free metallic and semiconducting single-wall carbon nanotubes, Adv. Mater. 29 (2017), 1605719, https://doi.org/10.1002/adma.201605719.

[61] A. R. Harutyunyan, G. Chen, T. M. Paronyan, E. M. Pigos, O. A. Kuznetsov, K. Hewaparakrama, S. M. Kim, D. Zakharov, E. A. Stach, G. U. Sumanasekera, Preferential growth of carbon nanotubes of metallic chirality conductivity, Science 326 (2009) 116–120.

[62] C. Thomsen, S. Reich, Raman scattering in carbon nanotubes, in: Light Scattering in Solid IX, Springer Verlag, Heidelberg, 2006, pp. 115–234.

[63] O. Hjortstam, P. Isberg, P. Soderholm, H. Dai, Can we achieve ultra-low resistivity in carbon nanotubesbased composites? Appl. Phys. A Mater. Sci. Process. 78 (2004) 1175–1179.

[64] M. Motta, A. Moisala, I. A. Kinloch, A. H. Windle, High performance fibres from 'dog bone' carbon nanotubes, Adv. Mater. 19 (2007) 3721–3726, https://doi.org/10.1002/adma.200700516.

[65] P. Bystricky and D Lashmore, US Patent Application for: metal matrix composite comprising nanotubes and method of producing same, PCT docket 5389.1000001 (2017).

[66] C. Subramaniam, T. Yamada, K. Kobashi, A. Sekiguchi, D. N. Futaba, M. Yumura, K. Hata, One hundred fold increase in current carrying capacity in a carbon nanotube-copper composite, Nat. Commun. 4 (2013) 2202, https://doi.org/10.1038/ncomms3202.

[67] P. -C. Li, T. K. Young, Electromigration: the time bomb in deep-submicron ICs, IEEE Spectr. 33 (1996) 75–78.

[68] J. R. Lloyd, J. J. Clement, Electromigration in copper conductors, Thin Solid Films 262

(1996) 135-141.

[69] J. Tao, N. W. Cheung, Electromigration characteristics of copper interconnects, IEEE Electron Device Lett. 14 (1993) 249-251.

[70] A. Naeemi, J. D. Meindl, Compact physical models for multiwall carbon-nanotube interconnects, IEEE Electron Device Lett. 27 (2006) 338-341.

[71] Nantero, (n. d.). http://nantero.com/.

[72] Ibm, (n. d.). https://www.ibm.com/blogs/research/2017/07/cnt-breakthroughs/.

[73] cnet, (n. d.). https://www.cnet.com/news/intel-ceo-talks-apple-water-cooled-pcs-carbon-nanotubes/.

Eric Mayhew, Rajib Paul, Vikas Prakash

第19章 碳纳米纤维导热性

美国俄亥俄州克利夫兰,凯斯西储大学机械与航空航天大学

19.1 引言

近年来,已开发出具有高堆积密度和取向排列结构的纳米管聚集体,这为宏观材料实现更高强度和传输性能提供了一种有希望的途径。迄今为止,虽然主要的重点是这些材料的合成及其力学性能和电性能[1-9],但包括导热性在内的其他性能对于应用(例如复合材料的散热)也具有基础性的意义和重要性,比如用于结构和热界面材料[10-15]。本章着重于试验结果,着眼于 CNT 纱状纤维及其组成部分,例如纳米管股线和碳纳米管束的导热性。

最近,在制造原始的 CNT 纱状纤维中使用了两条截然不同的合成方法[16]:第一条路线采用的是固态工艺,其中 CNT 直接从合成反应区[17]或从生长在固体基底上的 CNT 阵列中被纺成纤维[6]。但是该方法却无法轻松实现规模化,因为它结合了多个步骤,从而限制了工艺和材料优化的选项。使用这种方法制造的纤维已显示出低堆积密度和较差的取向性,并且在其结构内包含杂质[18]。尽管有这些缺点,固态 CNT 纤维仍具有迄今为止最佳的力学性能[17,19-20]。成功的原因可以理解为是构成这些纤维的 CNT 的长度[16]。较长的 CNT 会减少典型纤维中 CNT 末端(连接或界面)的数量,从而获得更高的强度[21],这也可能会增加电和热传输特性[22]。另一种纤维生产途径是湿法纺丝[1]。在该方法中,将 CNT 溶解或分散在流体中,从喷丝头挤出,然后通过萃取分散剂而凝固成固体纤维。该工艺可以很容易地扩大到工业水平,并且是制造传统高性能纤维(例如凯夫拉尔纤维)的方法[23]。纤维的纺丝液的 CNT 分散,还可以分两个独立优化步骤,并可以纯化 CNT。最近,Behabtu 等[24]使用这种方法已经表明,碳纳米管湿纺成的高性能多功能纤维具有令人兴奋的性能。

如前所述,尽管已进行了大量关于 CNT 纱状纤维力学性能和电性能的研究,

但迄今为止仅进行了少数几次热导率测量。Ericson 等[25]报道了使用湿法纺丝工艺制造的碳纳米管纤维热导率测量值为 21W/(m·K)。Aliev 等[19]在平行于纤维网的方向上测得 CNT 纤网的热导率和热扩散率分别为 50W/(m·K)和 45mm^2/s，对于纱线，其测量值分别为 26W/(m·K)和 62mm^2/s。这些相对较低的热导率值归因于纤维网结构的不均匀性、纳米管缺陷的存在以及极大的表面积（这同时也是造成径向辐射过多的原因）。在另一项研究中，报道了从 300μm 高垂直排列的 CNT 阵列中纺制纤维的热导率为 26W/(m·K)[25]，仅略高于从短得多的 CNT 超强酸悬浮液中纺制的单壁碳纳米管（SWCNT）纤维的 20W/(m·K)[26]。最近，Jakubinek 等[27]从约 500μm 高垂直排列的 CNT 阵列中通过纺织合成了直径约 15nm 的 CNT 纤维。纤维密度约为 0.9g/mL，捻角约为 1×1 04/m，由于较高的密度而表现出导电性和导热性的大大提升[28]。例如，对于直径为 10μm 的多壁碳纳米管（MWCNT）纤维，其室温热导率实测值约为 60±20W/(m·K)，这是迄今为止碳纳米管纤维报道的最高值。

最近，Behabtu 等[24]通过使用高产量湿法纺丝工艺（与用于生产高性能工业纤维的工艺相同）制备了掺杂固态 CNT 纤维。为了了解 CNT 排列、堆积密度和掺杂对这些纤维的电及热传导机理的相对重要性，他们研究了退火 CNT 纤维和各向同性薄膜以及酸掺杂和碘掺杂 CNT 纤维等的温度相关电导率。采用约 1.5mm 长的 CNT 纤维样品，他们所报告的平均热导率约为 380±15W/(m·K)，并观察到碘掺杂可使导热率增加一倍，达到 635W/(m·K)。这些报告的热导率值约为单独 SWCNT 值的 20%，其原因可能是由于 CNT 间的偶联作用使声子模态淬灭，但这个数值是其他宏观 CNT 纱状样品的 10~100 倍，它们通常是由于排列不良而使 CNT 间的迁移较弱而引起。

在目前的研究中[27,29]，我们重点研究了利用垂直排列的 CNT 阵列连续地"拉伸和加捻"形成 CNT 纱状纤维的热导率测量。除了测量原始的 CNT 纤维的热导率外，我们还研究了通过将聚乙酸乙烯酯（PVA）树脂渗透到原始的 CNT 纤维中而制成的高强度 CNT 丝状复合纤维的热导率特征。CNT 纤维中所得的 PVA 体积分数约为 20%。此外，为了更好地了解 CNT 纱状纯净纤维和复合纤维的导热系数，我们还报道了构成 CNT 拉-扭曲纱状纤维的股线（束）的导热系数测量结果。CNT 样品中的热导率测量使用了 3ω 沃拉斯顿极细铂丝、T 型探针方法[30-31]。在该技术中，通过电流源将焦耳电阻率和电阻温度系数已知的悬挂导线加热至稳定状态。将 CNT 纤维与热线探针连接后，根据平均温度降和样品几何形状可确定样品导热系数。该方法已成功地用于获得碳纳米纤维和单个 CNT 的热性能[31-32]。

19.2 试验方法

19.2.1 碳纳米管纤维样品

该项工作中研究的样品采用干法纺丝工艺制造,该工艺包括从垂直排列的 CNT 阵列中连续拉伸和加捻 CNT。Delaware 大学的 Tsu-Wei Chou 教授将纤维样品提供给 CWRU 进行热表征。

CNT 纤维纺丝过程示意图如图 19-1(a) 和 (b) 所示。大气压下垂直排列 CNT 阵列在 SiO_2/Si 晶片上生长。通过电子束蒸发直接在晶片上镀一层 Fe 薄膜,并使用 C_2H_2 气体作为碳源。然后将基底放在半开的舟皿中,并在流动的 Ar 气中加热至 660~750℃ 的生长温度,保持 5~10min。所得的多壁碳纳米管的直径为 8~10nm,壁数≤6 层,阵列高度约为 320μm,拉曼光谱测得的 I_G/I_D 比约为 0.99。单根纳米管的机械强度和模量[27]分别为 866MPa 和 16GPa。通过使 PVA 树脂渗透

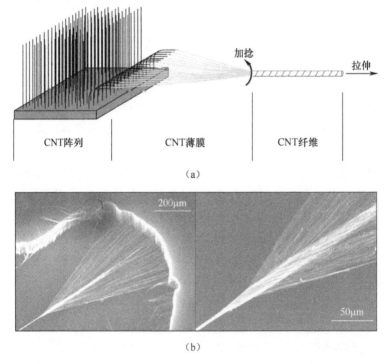

图 19-1 (a) 通过从垂直排列的 CNT 阵列中拉伸出 CNT 通过干纺所获 CNT 纤维示意图;
(b) 来自垂直排列 CNT 阵列的干纺 CNT 纤维 SEM 图像

到原始的 CNT 纤维中来制造具有更高强度的 CNT 纱状复合纤维。CNT 纤维中 PVA 体积分数约为20%。由于 CNT 和 PVA 之间的强界面结合力[33],这些复合纤维的力学性能已显著改善[27]。

图 19-2 和图 19-3 分别显示了 CNT 纤维和 CNT-聚合物复合纤维的高倍 SEM(扫描电镜)图像。CNT 纤维图像清楚地表明,这些纤维是由 CNT 得到的,并且在制造过程中加了捻。有关纤维制造工艺及其力学性能的更多详细信息,请参见研究论文[34-40]。

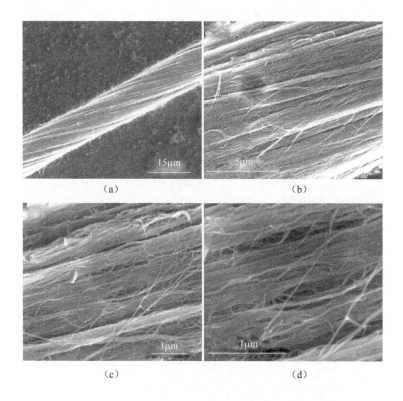

图 19-2　CNT 纤维在(a)400×;(b)20000×;(c)50000×;(d)100000×等放大倍数下 SEM 显微照片

图 19-3(b)显示了借助于电子束切割从紧密排列的 CNT 纱状纤维中分离的 CNT 股线(束)样品。SEM 图像显示了通过铂电子束诱导沉积(Pt EBID)固定的代表性样品。将样品附着到纳米操纵器后,借助电子束切割将其从 CNT 纤维中拉出。

拉曼光谱法用于检查石墨化程度以及 CNT 纤维和 CNT-聚合物复合纤维的组成。评估所用激发波长是 785nm。通过观察 D-波段峰强度(发生在约 $1308cm^{-1}$ 处)和 G-波段峰强度(发生在约 $1596cm^{-1}$ 处)的比值进行样品质量分析。D-带与

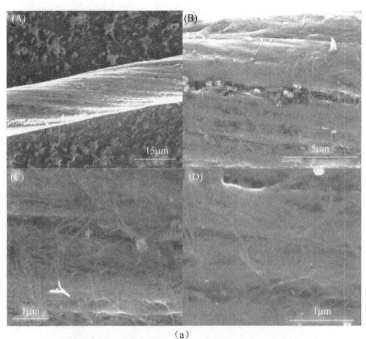

(a)

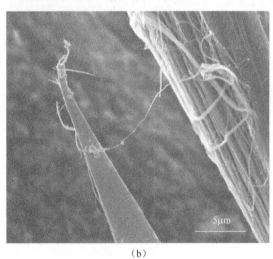

(b)

图 19-3 （a）CNT-聚合物复合纤维在（A）4000×；（B）20000×；（C）50000×；（D）100000×等标称放大倍数下 SEM 显微照片。（b）用 Pt EBID 固定的代表性样品 SEM 图像。将样品附着到纳米操纵器后，借助电子束切割将其从 CNT 纤维中拉出

在石墨烯片边界处原子的对称性破坏有关,该边界以缺陷和碳质杂质的形式出现。G 谱带与碳系的 sp^2 键相关,它表示样品中的石墨化量。D-带与 G-带强度比(I_D/I_G)越低,表明样品缺陷越少,以及石墨结晶度越高。然而,该技术仅能提供对原始的 CNT 和聚合物增强 CNT 复合纤维中缺陷定性的、比较性的研究。

图 19-4(a)和(b)分别比较了 CNT 纤维和 CNT-聚合物复合纤维的拉曼强度。两种样品的 I_D/I_G 比几乎相同,纯 CNT 纤维为 1.15,CNT-聚合物复合纤维为 1.16。这表明两种纤维的碳晶格结构几乎相同,并且两者之间的主要区别在于 CNT 复合纤维中存在聚合物。在图 19-4(b)中标记为聚合物峰的极值点出现在 1190cm^{-1} 附近。其他 CNT-聚合物复合材料的研究中也指出该峰值点的存在[41]。

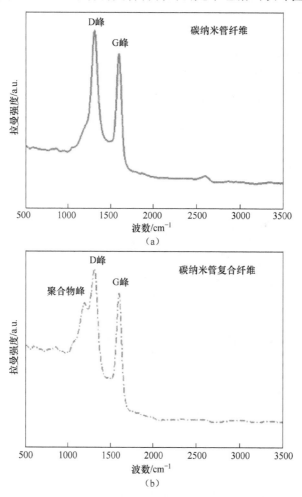

图 19-4 (a)CNT 纤维样品;(b)CNT-聚合物复合纤维样品的拉曼强度与拉曼频移波数(785nm 激发波长)的关系。拉曼强度通过 D 峰归一化

19.2.2 使用 T 型探针测量热导率

由 Wollaston 线组成的 T 型探针可用于获得独立式 CNT 纤维样品的热特性[30]。与传统的微细加工方法相比[42]，Wollaston 丝具有极高的成本—效益优势，并且可以在短时间内测量大量样品。迄今为止，T 型探针的方法也可用于测量各种微尺度样品的热导率[43-46]。Bifano 等[31]提出了该技术，并对该技术进行了简要阐述，包括用于在一维纳米结构中获得热导率的结构和分析。由于 CNT 纤维的长度相对较长，Bifano 等[31]报道的分析已经扩展到包含 CNT 纤维样品中的辐射热损失。

图 19-5 给出了分析中使用的 T 型热导线（以下称为探针线）热导率测量系统、物理模型和坐标系的原理示意图。探针线两端均由引导线（环境温度下的散热器）支撑，并利用已知低频交流电进行供电，以在热导线中产生均匀的热流。CNT 纤维样品一端连接到探针线中心位置，而另一端作为吸热部件连接到操纵器探头尖端。在试验过程中，探针线两端和连接至吸热部件上的样品纤维的一端均保持在环境温度下。

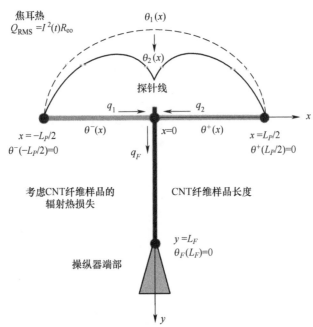

图 19-5 铂探针线原理图和所连接样品示意图

使用 $x=0$ 处的通量边界条件将样品的热阻纳入分析模型中。虚线抛物线 $\theta_1(x)$ 表示探针与样品接触之前温度的升高。实线 $\theta_2(x)$ 表示与样品接触后探针线的温度升高。假定在 $\theta=0$ 处操纵器的尖端和探针线的两端均保持在环境温度条件下。

探针线和试样 CNT 纤维之间的交界处的温度取决于探针线和样本纤维的热导率、探针线中的热生成速率以及探针线周围的传热系数(辐射损耗)和样品纤维。因此,如果我们通过求解沿探针线和样品纤维的一维稳态热传导,精确地知道了这些量之间的关系,则可以通过测量热量的产生率来获得样品纤维的热导率,以及探针线中相应的平均温度变化。

1. 基本方程和边界条件

如上所述,探针线的两端和样品纤维的一端由比探针线和样品纤维导热率高且热容量大的引线支撑。因此,可以假设探针线两端和样品纤维一端的温度在试验过程中保持初始(环境)温度。假设探针线和样品纤维的 Biot 值小($Bi = hD/2k$,其中 h 为传热系数, D 为直径, k 为探针线或样品纤维热导率),则在径向上温度均匀。探针线或样品纤维稳态热响应,可以使用相应的一维热传导方程进行建模,如下所示:

当 $-L_P/2 < x < 0, y = 0$ 时:

$$\frac{d^2\theta^-(x)}{dx^2} = -\frac{Q_{RMS}}{k_P A_P L_P} \tag{19-1}$$

当 $0 < x < L_P/2, y = 0$ 时:

$$\frac{d^2\theta^+(x)}{dx^2} = -\frac{Q_{RMS}}{k_P A_P L_P} \tag{19-2}$$

当 $x = 0, 0 < y < L_F/2$ 时:

$$\frac{d^2\theta(y)}{dy^2} - m^2\theta_F = 0 \text{,其中 } m^2 = \frac{4h_F}{k_F D_F}, h_F \approx 4\varepsilon_F\sigma\theta_0^3 \tag{19-3}$$

在式(19-1)~式(19-3)中, $\theta(x)$ 为探针线的空间温度升高, $\theta^+(x)$ 和 $\theta^-(x)$ 分别为探针线在 $-L_P/2 < x < 0$ 和 $0 < x < L_P/2$ 范围内的温度分布; $\theta_F(y)$ 为样品纤维沿 y 轴的温度分布; Q_{RMS} 为探针线焦耳热所产生的均方根热量; k_P 、 A_P 和 L_P 分别为热导率、横截面积和探针线的长度; k_F 、 D_F 和 h_F 分别为样品纤维的热导率、直径和传热系数; θ_0 为环境温度和样品纤维温度的平均值,取约为298K; ε_F 为样品纤维的发射率,一个理想黑体对应取单位1; $\sigma = 5.670373\times10^{-8} \text{Wm}^{-2}\text{K}^{-4}$ 为斯蒂芬-波尔茨曼常数。

在我们目前的分析中,由于所有热特性试验都是在高分辨率 SEM 内的真空下进行的,并且使用非常小的加热幅度和长度相对较小的探针线进行,因此可假设热线探针中对流和辐射引起的热损失忽略不计。但是,由于样品纤维长度相对较长,纤维辐射热损失预计会很大,因此需要在样品纤维热分析中考虑该部分(式(19-3))。

结合以下边界条件求解式(19-1)~式(19-3):

$x=0, y=0$ 处：
$$\theta^-(x=0) = \theta^-(x=0) = \theta_F(y=0) \tag{19-4}$$
和
$$q_1(x=0,y=0) + q_2(x=0,y=0) = q_3(x=0,y=0) \tag{19-5}$$
其中
$$q_1(x=0^-, y=0) = -k_P A_P \frac{\partial \theta^-}{\partial x}$$
$$q_2(x=0^+, y=0) = k_P A_P \frac{\partial \theta^+}{\partial x}$$
$$q_3(x=0, y=0) = -k_F A_F \frac{\partial \theta_F}{\partial y}$$

这样，样品纤维的热特征可通过在样品连接到探针线上的点($x=0$ 和 $y=0$)处的通量边界条件被合并到模型中。

在 $x = \pm L_P/2, y=0$ 处，
$$\theta^-(x=-L_P/2, y=0) = 0, \theta^+(x=L_P/2, y=0) = 0 \tag{19-6}$$

在 $x=0, y=L_F$ 处，
$$\theta_F(x=0, y=L_F) = 0 \tag{19-7}$$

探针线中温度分布的分段抛物线解可以表示为
$$\theta(x, \eta') = \frac{Q_{\rm RMS} L_P}{8 k_P A_P}\left[\left(1-\left(\frac{x}{L_P/2}\right)^2\right) + \left(\frac{\eta'}{1+\eta'}\right)\left(\left|\frac{x}{L_P/2}\right|-1\right)\right] \tag{19-8}$$

式中：η' 为探针线的热阻 $R_{th,P}$ 与样品纤维的表观热阻 $R'_{th,F}$ 之比，定义为 $\eta' = R_{th,P}/4R_{th,F'}$；探针线的热阻 $R_{th,P}$ 与样品纤维的表观热阻 $R'_{th,F}$ 由 $R_{th,P} = L_P/k_P A_P$ 和 $R'_{th,F} = R_{th,c1} + R_{th,F}\tanh(mL_F)/(mL_F) + R_{th,c2}$，其中 $R_{th,c1}$ 为探针线和样品 CNT 纤维连接处的热接触电阻(TCR)，$R_{th,c2}$ 为样本纤维和操纵器尖端(散热器)连接处的 TCR，$R_{th,F} = L_F/k_F A_F$ 为被测样品纤维的真实热阻。注意，如果我们忽略样品纤维中的辐射热损失，即 $m \to 0$，则 $R'_{th,F} = R_{th,c1} + R_{th,F} + R_{th,c2}$。在没有样品的情况下，即 $R_{th,F'} = \infty, \eta = 0$ 时，该方程即为众所周知的焦耳热悬丝的倒抛物线温度解。

在我们目前的工作中，纤维样品的表观热阻可以简化为 $R'_{th,F'} \approx R_{th,F}\tanh(mL_F)/(mL_F)$，因为 $R_{th,c1}$ 和 $R_{th,c2}$ 都可以忽略不计，如先前对多壁碳纳米管的研究所指出的那样[31]。在这项研究中，作者证明了改善 Wollaston 线和 T 型探针试验热接触的重要性。为了降低 TCR，通过在 SEM 内部应用铂电子束诱导沉积(EBID)将样品连接到 Wollaston 导线上。通过使用包括铂 EBID 引起的翅片电阻的各向异性扩散失配模型，计算得到了使用 Wollaston 线 T 型探针法测试的 MWCNT 的 TCR。从总热阻中减去计算得到的 TCR，导致 MWCNT 样品的热导率

增加约5%。通过以与石墨平面相同的方式对CNF进行建模,可以进行类似分析。CNF-导线接触和CNF-操纵器接触的总TCR可以表达为

$$R_{\text{TCR}} = \frac{2}{\sqrt{hPk_sA_s}\tanh\left(L_C\sqrt{\frac{hp}{k_sA_s}}\right)} \quad (19-9)$$

热传导系数 $h = 1/R_b$,其中 R_b 为边界阻抗;Bifano 等[31]估计对纯铂金 EBIDR_b = $5.79 \times 10^{-9} \text{Km}^2\text{W}^{-1}$,对非晶碳 EBID$R_b$ = $5.18 \times 10^{-9} \text{Km}^2\text{W}^{-1}$,与理论估计[47]和界面试验数据[48]一致。翅片的周长为 $P = \pi D_0/2 + b$,其中 D_0 为样品外径,b 为根据样品和电线的弹性特性估算而得到的样品宽度。样品与导线间接触的长度 L_C 在 SEM 内部测量。图19-6显示了用于估算样品与探针线或纳米机械手之间 TCR 的接触模型。

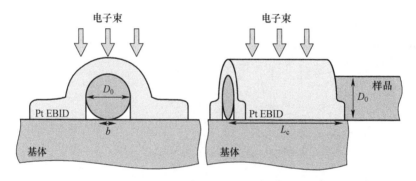

图 19-6　CNF(样品)与探针线或纳米操纵器(基体)之间的接触模型

通过迭代法获得的 TCR 和调整后的导热系数,因为 TCR 需要导热系数才能进行计算。对于 CNT 纤维样品,TCR 占单个样品导热率的平均 1.7%。

使用 EBID 时发生的接触电阻降低是由于样品纤维与探针连接处,以及样品与纤维操纵器尖端处的接触面积增加。Bifano 等[31]研究指出,将 EBID 与 CNT 纱状纤维一起使用的挑战之一是,与单个 CNT 直径(10~50nm)相比,纤维直径相对较大(12~15μm)。由于 EBID 的沉积速度较慢,较大的直径实际上使其非常难以积累到所需的碳/铂沉积厚度(即大于纤维直径),从而稳定地将直径较大的 CNT 纤维固定到基材上。因此,在本研究中,使用环氧银代替碳/铂 EBID 将 CNT 纤维样品黏合到基材上。由于与铂/无定形碳沉积物相比环氧银导热性更高,因此,与使用 EBID 形成的样品 CNT 纤维结相比,使用环氧银时 TCR 预计可能会更小。只要不改变铂探针线直径以干扰一维热传导假设,在这些界面处产生的额外环氧树脂质量就不会影响稳态温度曲线。出于类似的原因,在接合处使用环氧银可能会有助于在操纵器—样品连接点处实施恒定的温度边界条件。

将式(19-8)在探针线的整个长度上积分,整个样本长度的空间平均温度升高 $\bar{\theta}$ 可表示为

$$\bar{\theta} = \frac{1}{12}Q_{\text{RMS}}R_{th,P}\left(1 - \frac{3}{4}\left(\frac{\eta'}{1+\eta'}\right)\right) \quad (19\text{-}10)$$

2. 试验过程

为了进行 3Ω 测量,使用低频电流 $I(t) = I_{1\omega}\cos\omega t = I_{1\omega,\text{RMS}}\sqrt{2}\cos\omega t$ 加热铂探针线,其中 $I_{1\omega}$ 为电流幅度,$I_{1\omega,\text{RMS}}$ 为 RMS 电流。用于对铂探针焦耳加热的电流以足够低频率驱动,以防止加热频率和温度上升而导致的相移[31]。这可以通过选择加热频率来实现,该加热频率的周期比悬挂导线的热扩散时间 $\tau = L^2/\alpha$ 大得多。

对于足够低的加热电流 $I(t)$,导线中的焦耳热为

$$Q(t) = I^2(t)R_{e0} = I_{1\omega,\text{RMS}}^2 R_{e0}(\cos 2\omega t + 1)/2 \quad (19\text{-}11)$$

式中:R_{e0} 为零电流时探针线的电阻。对于低频电流和准稳态,探针线的空间平均温度 $\bar{\theta}(t)$,可取为与热传输函数 Z_0 所产生的焦耳热成正比例,即 $\bar{\theta}(t) = Z_0 Q(t)$。

当导线被焦耳加热时,导线两端的三次谐波电压为

$$V_{3\omega,\text{RMS}} = \frac{1}{2}\alpha Z_0 I_{1\omega,\text{RMS}} Q_{\text{RMS}} R_{e0} \quad (19\text{-}12)$$

其中 $Q_{\text{RMS}} = I_{1\omega,\text{RMS}}^2 R_{e0}$ 为 RMS 焦耳热,定义三次谐波的 RMS 电阻为 $R_{e3\omega,\text{RMS}} \equiv V_{3\omega,\text{RMS}}/I_{1\omega,\text{RMS}}$,发现三次谐波电阻与 RMS 焦耳热成正比:

$$R_{e3\omega,\text{RMS}} = \frac{1}{2}\alpha R_{e0} Z_0 Q_{\text{RMS}} \quad (19\text{-}13)$$

根据式(19-13),热传输函数 Z_0 可通过获取 $R_{e3\omega,\text{RMS}}$ 对 Q_{RMS} 的斜率而试验性确定。

根据式(19-10)和式(19-13),理论热传输函数可表达为

$$Z_0 = \frac{1}{12}R_{th,P}\left(1 - \frac{3}{4}\left(\frac{\eta'}{1+\eta'}\right)\right) \quad (19\text{-}14)$$

当无样品附着时,$\eta' = 0$;根据式(19-13),可推导导线的热阻为

$$R_{th,P} = \frac{24}{\alpha R_{e0}}\left(\frac{\Delta R_{e3\omega,\text{RMS}}}{\Delta Q_{\text{RMS}}}\right) \quad (19\text{-}15)$$

斜率比的定义为

$$\phi = \frac{(\Delta R_{e3\omega,\text{RMS}}/\Delta Q_{\text{RMS}})_{\text{With sample}}}{(\Delta R_{e3\omega,\text{RMS}}/\Delta Q_{\text{RMS}})_{\text{No sample}}} \quad (19\text{-}16)$$

样品的表观热阻可通过式(19-15)和式(19-16)确定:

$$R'_{th,F} = \frac{1}{4}R_{th,P}\left(\frac{1}{4(1-\phi)} - 1\right) \quad (19\text{-}17)$$

样品的热导率可以通过从 $R'_{th,F} \approx R_{th,F} \tanh(mL_F)/(mL_F)$ 中迭代求解出 k_F 而确定。在热导率的计算中,样品为固体横截面。

热导率试验在高分辨率扫描电子显微镜(SEM)内进行。包含 Wollaston 线探针的设备安装在 SEM 内部支架上,在后面的章节中将对其进行详细介绍。图 19-7 给出了电路原理图,图 19-8 则给出了该项研究中用于热导率测量的设备。

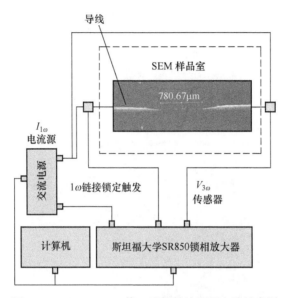

图 19-7 3ΩWollaston 线 T 型探针法所用电路示意图

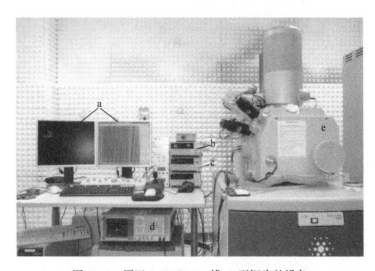

图 19-8 用于 3ωWollaston 线、T 型探头的设备
(a)用于成像和控制台操作的 SEM 计算机;(b)Keithley 6221AC/DC 电源;
(c)Keithley 2182A 阳极电压表,用于导线电阻测量;(d)StanfordResearch Systems 生产的 SR850 锁相放大器;
(e)FEI 扫描电子显微镜,FEI NOVA nanoSEM 600。

通过 LabVIEW 程序实现测量，该程序以指定低频将指定的电流幅度反馈到 Keithley6221 交流电流源。Stanford 研究系统生产的 SR850 锁定放大器链接到电流源作为触发器，并且它可以选择性地测量 1ω 或 3ω 电压信号（此处使用 3ω 测量）。所有运行完成后，数据将记录在 LabVIEW 中并写入文本文件。

3. 用于 3ΩCNT 纤维和 CNT-聚合物复合纤维试验的加热器/传感器

用于测量 CNT 纤维和 CNT-聚合物复合纤维样品的探针线由 Goodfellow 公司的商用 Wollaston 线制成。导线由标称直径为 5μm 的 99.9% 铂芯构成，并由直径约 40μm 的银护套围绕。如图 19-9 所示，设备上总共可以安装两个 Wollaston-wire 探针。如图 19-10 所示，使用低温焊料（Cerrolow 117 合金）将探针焊接到铜垫上。使用 10% 的硝酸水溶液蚀刻每条探针线，以露出标称长度为 4mm 的铂芯。

图 19-9　安装在 SEM 样品室内用于测量 CNT 束和纤维以及 CNT-聚合物复合纤维的设备照片
加热器/传感器设备有两个蚀刻的 Wollaston 线探针，标记为 a。将该设备固定到标有 b 的 SEM 平台上，该平台用于将设备操纵到成像位置。

测试设备设计中的重要考虑因素是确保探针线的热阻与样品适当匹配[31]。热阻匹配确保了探针线对样品温度响应具有高灵敏度，从而保证了样品热阻微小变化能导致探针线的空间平均温升产生较大的变化。依据 Bifano 等[31]的研究，可以证明 η' 必须在 0.077 和 12.923 之间，这样才能将测量样品电阻的不确定度保持在真实值的 10% 以内。

首先通过测量标称直径 20μm、99.99% 纯度金导线的热导率来验证测量 CNT 纤维和 CNT-聚合物复合纤维热导率的加热/传感设备，其中选择金导线作为基准样品的原因是由于金导线直径均匀。采用 3ω 热导率法所得金丝中热导率测量值

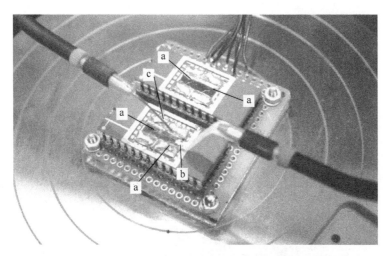

图 19-10 Wollaston 线蚀刻过程中加热器/传感器平台的图像
该平台包含两个芯片组,总共包含 4 根 Wollaston 线。每条标记为 a 的 Wollaston 电线均使用低温焊料焊接到铜垫上。将每根 Wollaston 导线的银护套使用聚四氟乙烯药匙的一滴硝酸滴蚀刻掉,标记为 b。标记为 c 的小铜棒可用于增强硝酸与银的反应。

为 312 ± 7W/(m·K) 和 290 ± 7W/(m·K)。这些值比文献中所给出的纯度为 99.99% 金导线的 318W/(m·K) 分别低 2.0% 和 8.8%。因此,用于测量 CNT 纤维和 CNT-聚合物复合纤维导热性的实验装置及方法可被认为是有效的。

19.3 结果和讨论

19.3.1 碳纳米管的热导率

总共测量了 6 根 CNT 纤维,所有的纤维均使用先前描述的方法从 CNT 纱线中剥离一部分。所有测得的 CNT 纤维 SEM 显微照片如图 19-11(a)~(f) 所示。

CNT 纤维平均热导率的测量值为 8.9W/(m·K) ± 3.7W/(m·K)。其最大值发生在直径为 50.6nm,长度为 17.0μm 的样品上,最高热导率为 14.3W/(m·K) ± 3.4W(m·K)。与平均值相关的标准偏差反映的是单个样品热导率测量值的变化,而不是测量值本身的不确定性。表 19-1 列出了所测量的 CNT 纤维样品的长度、直径和热导率值。与长度相关的标准差是由于长度测量中的不确定性所致。应该注意的是,与直径相关的标准差主要是由于沿样品长度方向的直径变化,而不是由于直径测量不确定性而产生。因此,对沿样品长度方向直径明显变化的

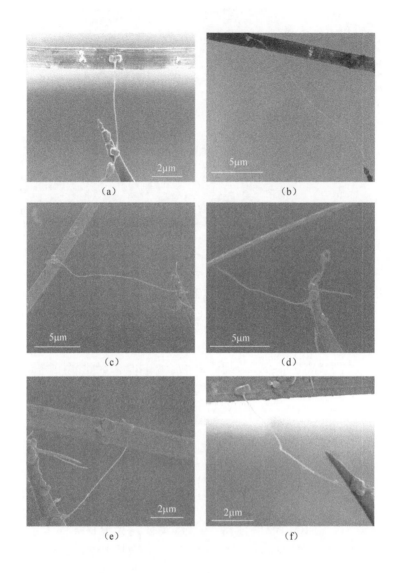

图 19-11　单股 CNT 纤维试验的 SEM 显微照片

每个图像都显示操作器尖端上方的探针线,以及将探针线连接到操作器上的 CNT 纤维。被测样品的热导率测量值分别为:(a) 5.9 ± 2.9 W/(m·K),(b) 14.3 ± 3.4 W/(m·K),(c) 10.8 ± 1.6 W/(m·K),(d) 3.7 ± 1.5 W/(m·K),(e) 9.1 ± 2.1 W/(m·K),(f) 9.5 ± 1.6 W/(m·K)。

样品热导率测量值具有较大的误差。图 19-12(a)绘制了热导率与样品长度的关系,图 19-12(b)绘制了热导率与样品直径的关系。

表 19-1 CNT 股线样品几何尺寸与热导率

试验编号	长度/μm	直径/nm	热导率/(W/(m·K))
1	5.47±0.04	79.5±20.8	5.9±2.9
2	17.0±0.1	50.6±6.0	14.3±3.4
3	13.5±0.1	92.7±9.7	10.8±1.6
4	6.06±0.2	94.1±19.9	3.7±1.5
5	6.54±0.04	49.1±5.8	9.1±2.1
6	6.99±0.04	60.4±5.0	9.5±1.6

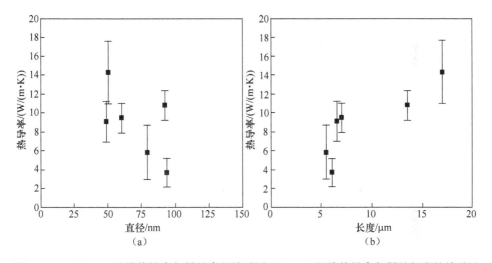

图 19-12 (a)CNT 股线热导率与样品直径关系图;(b)CNT 股线热导率与样品长度的关系图

19.3.2 CNT 纤维和 CNT-聚合物复合纤维的导热性

测量了原始的 CNT 纤维和 CNT-聚合物复合纤维的热导率。在 CNT-聚合物复合纤维上进行的示例试验的图像如图 19-13 所示。

表 19-2 和表 19-3 分别列出了 CNT 纤维和 CNT-聚合物复合纤维样品的长度、直径和测得的表观和真实(经辐射热损失校正)热导率。与长度相关的标准差是由于长度测量的不确定性引起,而与直径相关的标准差则是由沿样品长度方向直径变化而不是直径测量中的不确定性决定。因此,对沿样品长度直径明显变化的样品进行的测量会导致热导率出现较大的误差。

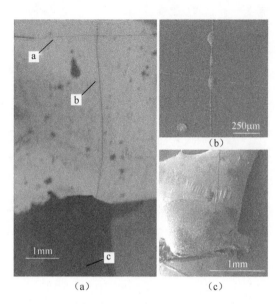

图 19-13 (a)为附着有 CNT-聚合物复合材料样品的实验装置照片,Wollaston 线的铂芯标记为 a,CNT-聚合物复合纤维标记为 b,其通过导热的环氧银附着在探针线和低温焊料(环境温度散热器)上。带有导热环氧银的低温焊料标为 c。所示样品的装置代表了所有在 CNT 纤维和 CNT-聚合物复合纤维上进行的所有试验。(b)和(c)更详细地显示了样品与探针导线触点和样品-散热器触点

表 19-2 CNT 纤维样品尺寸和表观及真实(经辐射热损失校正)热导率测量值

长度/nm	直径/μm	表观热导率/(W/(m·K))	真实热导率/(W/(m·K))
8.84±0.04	12.9±0.7	504±57	456±41
7.19±0.30	12.2±1.0	489±80	431±67
11.56±0.08	13.9±1.1	584±94	457±71

表 19-3 CNT-聚合物复合纤维样品尺寸和表观及真实(经辐射热损失校正)热导率测量值

长度/nm	直径/μm	表观热导率/(W/(m·K))	真实热导率/(W/(m·K))
8.00±0.01	14.6±0.5	322±22	287±12
8.34±0.06	14.1±1.0	358±52	256±25
9.42±0.02	12.8±0.5	216±16	131±10

图 19-14 显示了两组样品的热导率。CNT 纤维和 CNT-聚合物复合纤维的平均真实热导率分别为 448±61W/(m·K)和 225±15W/(m·K)。与平均值相关的

标准差反映单个样品热导率测量值的变化,而不是测量值本身的不确定性。

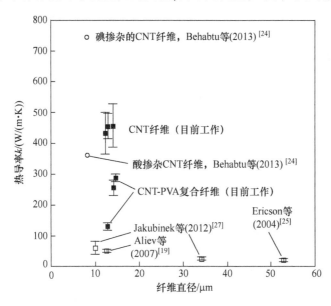

图 19-14 CNT 纤维和 CNT-聚合物复合纤维的热导率与直径的关系图

这项研究中报道的是迄今为止使用从垂直排列 MWCNT 阵列直接对 CNT 薄膜进行固态拉伸-加捻处理得到 CNT 纤维的最高热导率测量值[16,19,24,27,49-50]。Jakubinek 等报道了以前的最大热导率为 60W/(m·K)[27]。尽管尚未能很好地理解 CNT 纤维中热传输机制[36],但仍有一些值得注意的因素有助于获得更大热导率。

在讨论有关 CNT 纤维的上述结果之前,先了解一下取向的 CNT 纤维(束)热导率的测量结果所具有的启发性。通常,试验结果表明,CNT 束的热导率一般比单个 CNT 低,即便考虑到了 CNT 束的低表观密度[31,51-52]。模拟表明,与单个 SWCNT 相比,紧密堆积束的热导率大约降低了 3 倍[53]。Aliev 等探讨了束尺寸的影响,他测量了单个 CNT 和尺寸不断增加的 CNT 束的热导率,发现当束大小增加到约 100 个 CNT 时,其热导率下降了大约 4 倍[49]。CNT 束中热导率的降低可视为由于成束 CNT 之间的耦合效应,束的约束限制了平面外振动,因此抑制了已知对室温下的热导率有重大贡献的低能光学模式。当涉及 CNT 之间的热传递时,纳米管之间的界面热阻进一步降低了热传导。在这种情况下,受 CNT-CNT 接触处的接触面积小和热界面电阻高等因素影响,热传递被抑制,根据模拟计算,即使对于短的 CNT-CNT 分离,传热估计也大于 $10^{-8} Km^2 W^{-1}$[54]。这样的电阻使得 CNT 聚集体具有隔热性能,对于通过压缩无序 CNT 垫而产生的含 10~20%(体积分数)CNT 材料而言,由于 CNT-CNT TCR 的显性效应,据报道其热导率小于 0.02W/(m·K)[55]。

但是，对CNT纤维情形，CNT纤维(束)是从CNT阵列中拉出并加捻而形成的。拉伸有望改善纤维沿其长度方向取向，而加捻已显示出可减小CNT纤维直径并提高其机械刚度。加捻过程中CNT纤维直径减小可归因于由于径向压缩应力增加和因此增强的CNT间相互作用，从而导致CNT径向紧缩。整体CNT纤维直径减小会减小CNT管彼此的间距。Zhong等[54]通过分子动力学研究已经表明，碳纳米管之间间距的减小导致界面边界电阻的减小，从而增加了碳纳米管纤维的热导率[9]。此外，Badaire等[56]指出，SWCNT-聚乙烯醇复合纤维中SWCNT取向对纤维整体热导率起主要作用。在他们的研究中，SWCNT纤维中的SWCNT取向是通过轴向拉伸实现的，室温热导率从延伸率为21.5%时4W/(m·K)提高到延伸率为58.4%时的10W/(m·K)。

19.4 本章小结

本章，我们介绍了单独的CNT纤维、CNT纱状纤维和CNT-聚合物复合纤维等热导率的测量结果。通过使用SEM内部Wollaston线热探针的T型试验配置进行了热导率测量。在这种技术中，悬浮的铂丝既用作加热器又用作热传感器。使用导电环氧银将CNT纤维样品附着到悬浮铂丝中点，从而降低了样品-铂丝结处的TCR。在试验过程中，使用低频交流电加热铂丝，同时通过锁相放大器测量悬浮线两端的三次谐波电压。利用解析模型推导出热导率，该解析模型建立了导线空间上平均温度下降与样品的热阻和热导率间联系。对于CNT-聚合物复合纤维，CNT纤维样品的热导率平均测量值是448±61W/(m·K)和225±15W/(m·K)。CNT纤维的这些热导率值远高于先前测得的任何CNT纤维热导率。高热导率可能源于制造过程中由于纤维的加捻和牵拉而增加的刚度、较低的CNT-CNT边界阻抗和沿纤维长度的更好的CNT取向。

参 考 文 献

[1] B. Vigolo, B. Vigolo, A. Penicaud, C. Coulon, C. Sauder, R. Pailler, C. Journet, P. Bernier, P. Poulin, Macroscopic fibers and ribbons of oriented carbon nanotubes, Science 290 (2000) 1331-1334.

[2] K. Jiang, Q. Li, S. Fan, Spinning continuous carbon nanotube yarns, Nature 419 (2002) 801.

[3] H.W. Zhu, C.L. Xu, D.H. Wu, B.Q. Wei, R. Vajtai, P.M. Ajayan, Direct synthesis of long single-walled carbon nanotube strands, Science 296 (2002) 884-886.

[4] A.B. Dalton, S. Collins, E. Muñoz, J.M. Razal, V.H. Ebron, J.P. Ferraris, J.N. Coleman, B.G. Kim, R.H. Baughman, Super-tough carbon-nanotube fibres, Nature 423 (2003) 703.

[5] Y. L. Li, I. A. Kinloch, A. H. Windle, Direct spinning of carbon nanotube fibers from chemical vapor deposition synthesis, Science 304 (2004) 276-278.

[6] M. Zhang, K. R. Atkinson, R. H. Baughman, Multifunctional carbon nanotube yarns by downsizing an ancient technology, Science 306 (2004) 1358-1361.

[7] Q. W. Li, X. F. Zhang, R. F. DePaula, L. X. Zheng, Y. H. Zhao, L. Stan, T. G. Holesinger, P. N. Arendt, D. E. Peterson, Y. T. Zhu, Sustained growth of ultralong carbon nanotube arrays for fiber spinning, Adv. Mater. 18 (2006) 3160-3163.

[8] X. Zhang, Q. Li, T. G. Holesinger, P. N. Arendt, J. Huang, P. D. Kirven, T. G. Clapp, R. F. DePaula, X. Liao, Y. Zhao, L. Zheng, D. E. Peterson, Y. Zhu, Ultrastrong, stiff, and lightweight carbon-nanotube fibers, Adv. Mater. 19 (2007) 4198-4201.

[9] X. Zhang, Q. Li, Y. Tu, Y. Li, J. Y. Coulter, L. Zheng, Y. Zhao, Q. Jia, D. E. Peterson, Y. Zhu, Strong carbonnanotube fibers spun from long carbon-nanotube arrays, Small 3 (2007) 244-248.

[10] M. F. P. Bifano, P. B. Kaul, V. Prakash, Application of elastic wave dispersion relations to estimate thermal properties of nanoscale wires and tubes of varying wall thickness and diameter, Nanotechnology 21 (2010) 235704.

[11] E. Mayhew, V. Prakash, Thermal conductivity of high performance carbon nanotube yarn-like fibers, J. Appl. Phys. 115 (2014) 174306.

[12] K. Chu, H. Guo, C. C. Jia, F. Z. Yin, X. M. Zhang, X. B. Liang, H. Chen, Thermal properties of carbon nanotube-copper composites for thermal management applications, Nanoscale Res. Lett. 5 (2010) 868-874.

[13] J. Park, V. Prakash, Thermal resistance across interfaces comprising dimensionally mismatched carbon nanotube-graphene junctions in 3D carbon nanomaterials, J. Nanomater. 116 (2014) 014303.

[14] J. Park, V. Prakash, Phonon Scattering and thermal conductivity of pillared graphene structures with carbon nanotube-graphene intramolecular junctions, J. Appl. Phys. 116 (2014) 014303.

[15] J. Park, J. Lee, V. Prakash, Phonon scattering at SWCNT-SWCNT junctions in branched carbon nanotube networks, J. Nanopart. Res. 17 (2015) 1-13.

[16] N. Behabtu, M. J. Greena, M. Pasqualia, Carbon nanotube-based neat fibers, NanoToday 3 (2008) 24-34.

[17] K. Koziol, J. Vilatela, A. Moisala, M. Motta, P. Cunniff, M. Sennett, A. Windle, High-performance carbon nanotube fiber, Science 318 (2007) 1892-1895.

[18] R. J. Davies, C. Riekel, K. K. Koziol, J. J. Vilatela, A. H. Windle, Structural studies on carbon nanotube fibres by synchrotron radiation microdiffraction and microfluorescence, J. Appl. Crystallogr. 42 (2009) 1122-1128.

[19] A. E. Aliev, C. Guthy, M. Zhang, S. Fang, A. A. Zakhidov, J. E. Fischer, R. H. Baughman, Thermal transport in MWCNT sheets and yarns, Carbon 45 (2007) 2880-2888.

[20] K. Liu, Y. Sun, R. Zhou, H. Zhu, J. Wang, L. Liu, S. Fan, K. Jiang, Carbon nanotube

yarns with high tensile strength made by a twisting and shrinking method, Nanotechnology 21 (2010) 045708.

[21] B. I. Yakobsona, G. Samsonidzea, G. G. Samsonidzeb, Atomistic theory of mechanical relaxation in fullerene nanotubes, Carbon 38 (2000) 1675–1680.

[22] A. Nieuwoudt, Y. Massoud, On the optimal design, performance, and reliability of future carbon nanotubebased interconnect solutions, IEEE Trans. Electron Devices 55 (2008) 2097–2110.

[23] H. H. Yang, Aromatic High-Strength Fibers, Wiley, New York, 1989.

[24] N. Behabtu, C. C. Young, D. E. Tsentalovich, O. Kleinerman, X. Wang, A. W. Ma, E. A. Bengio, R. F. ter Waarbeek, J. J. de Jong, R. E. Hoogerwerf, S. B. Fairchild, J. B. Ferguson, B. Maruyama, J. Kono, Y. Talmon, Y. Cohen, M. J. Otto, M. Pasquali, Strong, light, multifunctional fibers of carbon nanotubes with ultrahigh conductivity, Science 339 (2013) 182–186.

[25] L. M. Ericson, H. Fan, H. Peng, V. A. Davis, W. Zhou, J. Sulpizio, Y. Wang, R. Booker, J. Vavro, C. Guthy, A. N. Parra-Vasquez, M. J. Kim, S. Ramesh, R. K. Saini, C. Kittrell, G. Lavin, H. Schmidt, W. W. Adams, W. E. Billups, M. Pasquali, W. F. Hwang, R. H. Hauge, J. E. Fischer, R. E. Smalley, Macroscopic, neat, single-walled carbon nanotube fibers, Science 305 (2004) 1447–1450.

[26] W. Zhou, J. Vavro, C. Guthy, K. I. Winey, J. E. Fischer, L. M. Ericson, S. Ramesh, R. Saini, V. A. Davis, C. Kittrell, M. Pasquali, R. H. Hauge, R. E. Smalley, Single wall carbon nanotube fibers extruded from super-acid suspensions: preferred orientation, electrical, and thermal transport, J. Appl. Phys. 95 (2004) 649–655.

[27] M. B. Jakubinek, M. B. Johnson, M. A. White, C. Jayasinghe, G. Li, W. Cho, M. J. Schulz, V. Shanov, Thermal and electrical conductivity of array-spun multi-walled carbon nanotube yarns, Carbon 50 (2012) 244–248.

[28] Y. Yun, V. Shanov, Y. Tu, S. Subramaniam, M. J. Schulz, Growth mechanism of long aligned multiwall carbon nanotube arrays by water-assisted chemical vapor deposition, J. Phys. Chem. B 110 (2006) 23920–23925.

[29] J. Zhao, X. Zhang, J. Di, G. Xu, X. Yang, X. Liu, Z. Yong, M. Chen, Q. Li, Double-peak mechanical properties of carbon-nanotube fibers, Small 6 (2010) 2612–2617.

[30] C. Dames, S. Chen, C. T. Harris, J. Y. Huang, Z. F. Ren, M. S. Dresselhaus, G. Chen, A hot-wire probe for thermal measurements of nanowires and nanotubes inside a transmission electron microscope, Rev. Sci. Instrum. 78 (2007) 104903.

[31] M. F. P. Bifano, J. Park, P. B. Kaul, A. K. Roy, V. Prakash, Effects of heat treatment and contact resistance on the thermal conductivity of individual multiwalled carbon nanotubes using a Wollaston wire thermal probe, J. Appl. Phys. 111 (2012) 054321.

[32] E. Mayhew, V. Prakash, Thermal conductivity of individual carbon nanofibers, Carbon 62 (2013) 493–500.

[33] M. Cadek, J.N. Coleman, V. Barron, K. Hedicke, W.J. Blau, Morphological and mechanical properties of carbon-nanotube-reinforced semicrystalline and amorphous polymer composites, Appl. Phys. Lett. 81 (2002) 5123.

[34] J. Jia, J. Zhao, G. Xu, J. Di, Z. Yong, Y. Tao, C. Fang, Z. Zhang, X. Zhang, L. Zheng, Q. Li, A comparison of the mechanical properties of fibers spun from different carbon nanotubes, Carbon 49 (2011) 1333–1339.

[35] F. Deng, W. Lu, H. Zhao, Y. Zhu, B.-S. Kim, T.-W. Chou, The properties of dry-spun carbon nanotube fibers and their interfacial shear strength in an epoxy composite, Carbon 49 (2011) 1752–1757.

[36] W. Lu, M. Zu, J.H. Byun, B.S. Kim, T.W. Chou, State of the art of carbon nanotube fibers: opportunities and challenges, Adv. Mater. 24 (2012) 1805–1833.

[37] A.S. Wu, T.-W. Chou, Carbon nanotube fibers for advanced composites, Mater. Today 15 (2012) 302–310.

[38] T.-W. Chou, L. Gao, E.T. Thostenson, Z. Zhang, J.-H. Byun, An assessment of the science and technology of carbon nanotube-based fibers and composites, Compos. Sci. Technol. 70 (2010) 1–19.

[39] A.S. Wu, X. Nie, M.C. Hudspeth, W.W. Chen, T.-W. Chou, D.S. Lashmore, M.W. Schauer, E. Tolle, J. Rioux, Strain rate-dependent tensile properties and dynamic electromechanical response of carbon nanotube fibers, Carbon 50 (2012) 3876–3881.

[40] M. Zu, Q. Li, Y. Zhu, M. Dey, G. Wang, W. Lu, J.M. Deitzel, J.W. Gillespie, J.-H. Byun, T.-W. Chou, The effective interfacial shear strength of carbon nanotube fibers in an epoxy matrix characterized by a microdroplet test, Carbon 50 (2012) 1271–1279.

[41] T. McNally, P. P€otschke, P. Halley, M. Murphy, D. Martin, S.E.J. Bell, G.P. Brennan, D. Bein, P. Lemoine, J.P. Quinn, Polyethylene multiwalled carbon nanotube composites, Polymer 46 (2005) 8222–8232.

[42] L. Shi, D.Y. Li, C.H. Yu, W.Y. Jang, D. Kim, Z. Yao, P. Kim, A. Majumdar, Measuring thermal and thermoelectric properties of one-dimensional nanostructures using a microfabricated device, J. Heat Transf. Trans. ASME 125 (2003) 881–888.

[43] X. Zhang, S. Fujiwara, M. Fujii, Measurements of thermal conductivity and electrical conductivity of a single carbon fiber, Int. J. Thermophys. 21 (2000) 965–980.

[44] J.L. Wang, M. Gu, X. Zhang, Y. Song, Thermal conductivity measurement of an individual fibre using a T type probe method, J. Phys. D. Appl. Phys. 42 (2009) 105502.

[45] W. Jian-li, G. Ming, M. Wei-gang, Z. Xing, S. Yan, Temperature dependence of the thermal conductivity of individual pitch-derived carbon fibers, New Carbon Mater. 23 (2008) 259–263.

[46] X. Zhang, S. Fujiwara, M. Fujii, Short-hot-wire method for the measurement of the thermal conductivity of a fine fibre, High Temp. High Pressures 32 (2000) 493–500.

[47] P. Reddy, K. Castelino, A. Majumdar, Diffuse mismatch model of thermal boundary conductance using exact phonon dispersion, Appl. Phys. Lett. 87 (2005) 211908.

[48] R. Costescu, M. Wall, D. Cahill, Thermal conductance of epitaxial interfaces, Phys. Rev. B 67 (2003) 054302.

[49] A. E. Aliev, M. H. Lima, E. M. Silverman, R. H. Baughman, Thermal conductivity of multi-walled carbon nanotube sheets: radiation losses and quenching of phonon modes, Nanotechnology 21 (2010) 035709.

[50] M. H. Miao, Yarn spun from carbon nanotube forests: production, structure, properties and applications, Particuology 11 (2013) 378–393.

[51] J. Park, M. F. Bifano, V. Prakash, Sensitivity of thermal conductivity of carbon nanotubes to defect concentrations and heat-treatment, J. Appl. Phys. 113 (2013) 034312.

[52] P. B. Kaul, M. F. P. Bifano, V. Prakash, Multifunctional CNT-epoxy composite for thermal energy management, J. Compos. Mater. 47 (2013) 77–95.

[53] J. W. Che, T. Cagin, W. A. Goddard, Thermal conductivity of carbon nanotubes, Nanotechnology 11 (2000) 65–69.

[54] H. Zhong, J. Lukes, Interfacial thermal resistance between carbon nanotubes: molecular dynamics simulations and analytical thermal modeling, Phys. Rev. B 74 (2006) 125403.

[55] R. S. Prasher, X. J. Hu, Y. Chalopin, N. Mingo, K. Lofgreen, S. Volz, F. Cleri, P. Keblinski, Turning carbon nanotubes from exceptional heat conductors into insulators, Phys. Rev. Lett. 102 (2009) 105901.

[56] S. P. Badaire, V. Pichot, C. c. Zakri, P. Poulin, P. Launois, J. Vavro, C. Guthy, M. Chen, J. E. Fischer, Correlation of properties with preferred orientation in coagulated and stretch-aligned single-wall carbon nanotubes, J. Appl. Phys. 96 (2004) 7509.

第20章
碳纳米管天线的设计与发展

Steven D. Keller[1], Amir I. Zaghloul[1], Vesselin Shanov[2], Mark J. Schulz[2],

David Mast[3], Noe T. Alvarez[4], Rachit Malik[2]

[1] 美国马里兰州费城,美国陆军研究实验室
[2] 美国俄亥俄州辛辛那提市,辛辛那提大学机械与材料工程系
[3] 美国俄亥俄州辛辛那提市,辛辛那提大学物理系
[4] 美国俄亥俄州辛辛那提市,辛辛那提大学化学与环境工程系

20.1 引 言

碳纳米管(CNT)[1-3]具有独特的物理和电性能,包括优异的导电性、极低的重量、高的拉伸强度和加工硬化性,使其作为柔性和可穿戴的射频(RF)天线与传感器被广泛研究。分析表明,单个单壁碳纳米管(SWCNT)作为天线在微波频率[4-5]下的辐射效率非常低,这主要是由于其纳米半径的量子效应产生了较大的电抗。其中包括由于有限的费米能态密度引起的量子电容和由于沿碳纳米管流动的电子的电荷—载流子惯性引起的动能电感[4]。

虽然单个CNT天线的整体辐射效率可能低于典型金属天线的辐射效率,但通过分析[6-7]和测量[8]表明,将多个CNT组合成相对较大(微米直径)的束状结构,可以显著降低CNT的动态电感和电阻。并通过模拟预测由CNT束构成的偶极天线的辐射效率可能比单个CNT的高几个数量级[9],且随着碳纳米管束密度的增加,辐射效率会增加[10]。合成大尺度碳纳米管束结构(如束状物、带状物和片状物)的方法在不断发展,使其能够制造用于可穿戴射频系统的CNT束天线[11-16],平面碳纳米管片材贴片天线[17-18]和多功能碳纳米管传感器[19-21],与传统的块体导电材料制成的天线结构相比,其重量大大减轻,灵活性和耐用性增强,并且具有更高的射频效率。此类设计要求CNT材料具有尽可能高的导电性,以确保低损耗的射频性能。

可以采用后处理技术,例如金属纳米粒子掺杂,使大尺寸CNT材料的导电性

最大化,同时保持优异的物理性能,例如高拉伸强度和出色的加工硬化性。另外,诸如多功能气体传感之类的应用要求在 CNT 壁上创建缺陷点,随后可以用含氧官能团处理这些缺陷,这些官能团与周围的活性气体分子相互作用,并改变整个碳纳米管材料的电性能。原位常压等离子体处理是实现 CNT 材料功能化的一种可行方法。这些后处理以及 CNT 的几何形状对其作为射频天线的性能有很大的影响。

本章将讨论 CNT 束和片状天线,并探讨 CNT 几何形状的变化及后处理对 CNT 天线性能的影响。首先,将通过纺织集成的碳纳米管束蝶形天线的制备和测试,来探索 CNT 束的合成和可穿戴 CNT 天线的性能。然后,通过对 CNT 片材贴片天线的制备和测试,探讨碳纳米管片材的合成和 CNT 片材贴片天线的性能。最后,探讨金属纳米粒子掺杂和原位常压等离子体处理等后处理对 CNT 天线性能的影响。

通过了解用 CNT 材料制作天线的利弊,并利用某些性能增强和功能化的后处理方法,为复杂天线结构的设计和开发奠定了基础,包括 CNT 束天线和柔性的、功能化的 CNT 片材贴片天线和传感器。

20.2　碳纳米管束天线

纺织集成的天线和传感器正迅速成为商业和军事射频系统研发人员的一个重要关注点[22]。这种设计需要使用坚固耐用且高电导性的线材才能实现。CNT 束的高抗拉强度,出色的加工硬化性和非氧化性使其成为其他具有较高导电性,但物理强度和弹性较低的织物基导电材料(如金属涂覆尼龙或印刷导电油墨溶液)的有效替代品。

图 20-1 显示了一种制造 CNT 束的方法。使用化学气相沉积(CVD)工艺在硅晶片上生长长度约 450μm 的可拉伸、垂直取向的多壁纳米管(MWNT)层。在以 4″硅片为载体的 5nm 氧化铝缓冲层上制备了 2nm 铁合金催化剂,将制得的催化剂置于 750℃ 的 CVD 反应器中,CNT 在 Ar、C_2H_4、H_2 和 H_2O 混合气流下生长,更多细节见文献[23]。生长后的 CNT 密度为 $0.03gm/cm^3$,平均长度为 500μm。用镊子抓住其中一个点,然后以从蚕茧中制造蚕丝纤维的类似方式牵伸和加捻,将 MWNT 制成纤维束[24-25]。由于在阵列中 CNT 特殊的密度和长度,因此其具有足够的接触点使相邻 CNT 之间通过简单范德瓦耳斯作用进行 CNT 束组装。单股束的最终束直径由可纺 CNT 阵列的宽度决定,其中 0.5″宽的 CNT 阵列通常产生直径为 20~25μm 的 CNT 纤维束。通过将编织过程加入到多轴单股纤维束的整体纺丝工艺中,可以制备出各种大股 CNT 纱线,包括 3 股 CNT 纱线和 3×3 股 CNT 绳(3 根 3 股 CNT 纱线纺制一起)。

作为后处理技术,可以将二甲基亚砜(DMSO)溶剂用于 CNT 纤维束中以提高其导电性和拉伸强度。当 CNT 薄膜浸入该溶剂中时,材料内相邻的 CNT 被拉近,

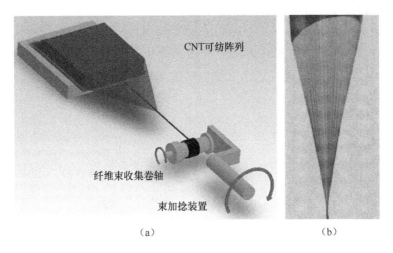

图 20-1　CNT 束的制造技术

(a)CNT 束制造加工示意图;(b)同时拉伸和加捻的 CNT 阵列(宽度为 0.5 英寸)图片。

且由于 DMSO 溶剂的蒸发引起的毛细作用力使它们之间的接触面积增大。在此过程中,CNT 材料中的空气被排出,从而提高了导电性和机械强度。图 20-2 显示了 DMSO 处理前后 CNT 纤维束的环境扫描电子显微镜(ESEM)图。

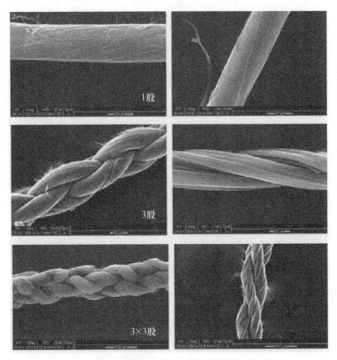

图 20-2　未经处理和经 DMSO 致密化的 1 股,3 股和 3×3 股 CNT 束的 SEM 图像

纺织集成的碳纳米管束蝶形天线：

通过对纺织集成的 CNT 束天线的模拟、制备和测试,可以探索出 CNT 束作为射频辐射器的性能。纺织集成的碳纳米管束蝶形天线的简化模型如图 20-3 所示,这个特殊的天线设计是用一个全波电磁仿真软件 FEKO 建模和仿真的。将基板设置为一个介电常数 $\varepsilon_r = 1.9$、磁导率 $\mu_r = 1$ 和损耗角正切 $\tan(\delta) = 0.0098$ 的薄板,代表"考杜拉"织物。基于双股 CNT 纱线的测量结果,CNT 束被简化为一种导电率 $\sigma = 3e5$ S/m 的基础导电片。

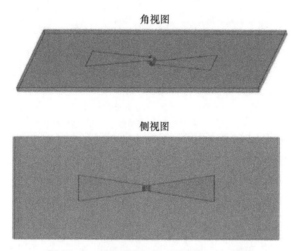

图 20-3　CNT 束蝶形天线的 FEKO 模型

如图 20-4 所示,纺织集成的蝶形天线是通过将直径 45μm 的双股 CNT 束缝制成 1000D 的"考杜拉"织物基底形成约 10mm×2mm×20mm 的梯形区域,使用 Brother 40e 缝纫机制备宽度为 3mm、间距为 0.3mm 的多个锯齿形图案而制成的。

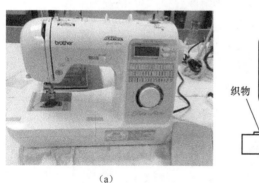
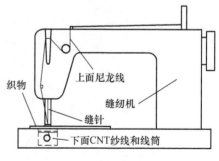

(a)　　　　　　　　　　　　　(b)

图 20-4　缝纫机

(a)Brother 40e 缝纫机;(b)缝纫示意图。

为了增加强度,CNT 束在织物集成之前用 N-甲基-2-吡咯烷酮进行了致密化处理。缝纫机的上下线轴分别使用光滑尼龙线和致密 CNT 束制作织物集成的蝶形天线。由于在缝纫过程中,上线轴通常比下线轴承受更高的负载。因此在制作过程中将 CNT 束与尼龙线混纺,以便于 CNT 束放在上线轴能够承受缝纫机的载荷力。这是由于尽管 CNT 束的拉伸强度比尼龙线或铜线高,但由于两种纤维材料的直径不同,与 CNT 束相比,尼龙线的断裂载荷和最大负载能力更高(尼龙线的直径为 120μm,抗拉强度为 75MPa,最大负载能力为 0.85N;CNT 束的直径为 45μm,抗拉强度为 480MPa,最大负载能力为 0.76N)。一旦 CNT 束被纺织集成,与金属线或金属涂层的尼龙线相比,其能够承受更高的拉伸和弯曲载荷,且具有更高的抗弯曲微裂纹形成的能力;但在缝纫过程中,受到缝纫机带来的强烈、突然的负荷,它更容易断裂。由于尼龙线比 CNT 束具有更高的负载能力,因此将尼龙线用于上线轴,在"考杜拉"纺织品衬底内形成混合的最终导电线图案。在一个缝纫周期中,当上层尼龙线穿透织物样品并与下层 CNT 束形成结的同时,CNT 束从下线轴中拉出并缝入织物样品中。设置上下线的紧密度,使 CNT 束和尼龙线的摩擦力达到平衡。

由于 CNT 束与尼龙线的这种混合方式,使 CNT 束被缝在"考杜拉"织物的上表面,尼龙线被缝在下表面。为了便于将 CNT 材料连接到同轴连接器上,用单股 CNT 束将矩形 CNT 片材的手工缝合到每个"领结腿"的馈电点上。CNT 片材的每个部分的另一端都焊接到迷你型 SMA 同轴连接器的内部或外部导体上,如图 20-5 所示。纺织集成的碳纳米管束蝶形天线的完整制造过程如图 20-6 所示。

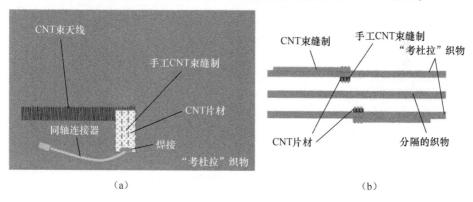

图 20-5 纺织集成 CNT 束天线示意图
(a)顶视图;(b)侧视图。

图 20-7 显示了纺织集成的碳纳米管束蝶形天线通过仿真和测量的反射系数数据。测得的谐振频率(2.6GHz)与仿真的谐振频率(2.63GHz)相当吻合,仅低 1%。这种偏差可能是由于制造公差和织物基板介电常数的微小变化所致。测得的反射系数通常比模拟预测的高 6~8dB,这表明存在更高的输入阻抗失配。这种

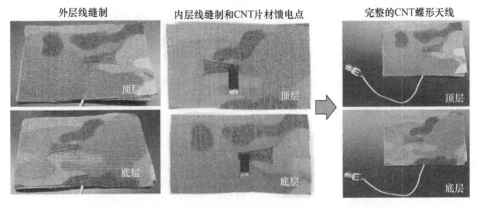

图 20-6 在 1000D 的"考杜拉"织物上制得 CNT 束蝶形天线

差异是可以预见的,因为电磁仿真模型大大简化了蝶形天线的 CNT 束部分——将 CNT 束区域建模为黏性导电片材,而不是将离散的 CNT 束缝合到织物中并相互重叠以形成导电网格,而这种离散的导电网格可能会导致大量的电阻损耗。此外,图 20-5 模型中不包括影响单个 CNT 束的电阻和电抗的重要的物理效应和量子级电效应,包括量子电容、动力学电感和束内 CNT 的有限长度。由于这些较高的反射损耗,测得的 $S_{11}<-10\text{dB}$ 带宽仅为 3%,而模拟估计值为 15%。

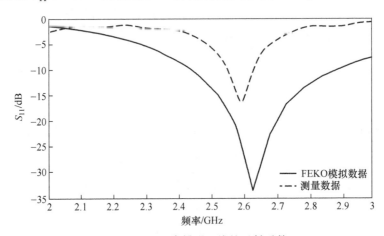

图 20-7 CNT 束蝶形天线的反射系数

模拟和测量的 E 面和 H 面谐振辐射图数据分别如图 20-8 和图 20-9 所示。实际值比估计值低约 5~10dB,这表明材料中的大量射频损耗尚未在模拟模型中考虑。如前所述,其中一部分损耗可归因于影响单个 CNT 束的电阻和电抗的重要物理效应和量子级电效应以及缝合的 CNT 束天线的离散网状结构。因此,当材料

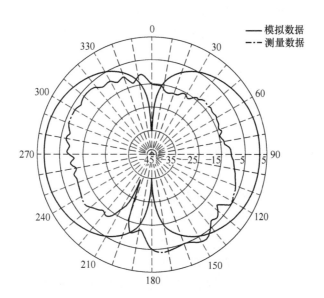

图 20-8　CNT 束蝶形天线的 E 面辐射方向图(f=2.6GHz)

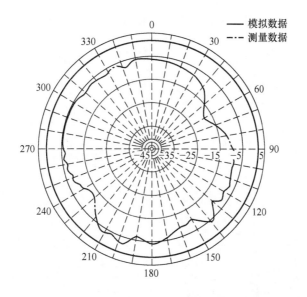

图 20-9　CNT 束蝶形天线的 H 面辐射方向图(f=2.6GHz)

作为一个整体而不是考虑每个独立的 CNT 束时,其在 2.6GHz 时的总电导率可能明显小于用于仿真时的 $3×10^5$S/m。此外,这两种图案均偏离了标准碟形天线的预期形状,产生了类似于偶极天线的"甜甜圈"形状,这表明与黏性导电片或网格相比,沿天线导电部分的电流是不均匀的且各向异性的。由于电子通常仅沿束内的CNT壁轴向流动,与蝶结长度正交的缝合CNT束部分可能会严重扰乱电流并导致辐射图形失真。

20.3 碳纳米管片材贴片天线

20.3.1 碳纳米管片材制备

通过修改第2节中CNT束的制造技术,可以生产用于平面天线设计的CNT片材。制备CNT束时,是将通过CVD法在硅晶片上生长的MWNT从基板上拉伸,并施加扭转使其产生束的几何形状,相邻CNT之间的范德瓦耳斯力是主要的结合机制。如果去除加捻,则可能制备出与CNT层初始宽度相同的CNT片材。该CNT薄膜的宽度和厚度可以通过将其收集在旋转的基板传送带(如聚四氟乙烯带)上来调节。图20-10(a)中箭头指示阵列位移和聚四氟乙烯带的旋转方向。图20-10(b)中显示各个CNT通过范德瓦耳斯力结合形成50nm厚的透明带,这些透明带可以被层压或转移到其他基材上(如聚四氟和聚酰亚胺带)。

图20-10 在聚四氟传送带上将CNT组装成膜、带和片的过程
(a)CNT薄膜的制造过程示意图;(b)将CNT带层卷到聚四氟带上;(c)聚四氟薄膜上的100层CNT片材;(d)CNT片材表面的SEM图像。

图 20-10(c)给出了收集在聚四氟薄膜上的由 100 层 CNT 透明带组成的 CNT 片材。图 20-10(d)为 CNT 片材表面的 SEM 图像,可以看到 CNT 束取向排列。可以在层压之前将几层片材堆叠以形成更厚的片材,数量级为 0.5~5μm。正如 2.1 节所述,还可以使用溶剂(如二甲基亚砜(DMSO))进行致密化后处理来增强片材的电导率和物理特性。

20.3.2 碳纳米管片材贴片天线

贴片天线是一种流行的设计,可以由 CNT 片材制成。这种天线几何由于其具有低剖面、平面结构、合理的频带宽度通常为 5%~20%和约 5~7dBi 出色的天线增益,已被广泛应用于各种领域,包括地面和卫星通信系统以及各种雷达电子扫描阵列。图 20-11 所示的孔径耦合贴片天线提供了一种间接馈电机制,通过该机制,位于下基板底表面的微带馈线通过位于上基板底表面的接地平面上的孔将所施加的信号向上耦合到位于上基板底表面的辐射片上。

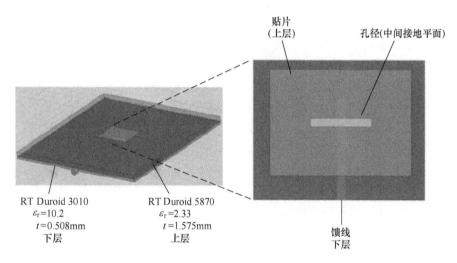

图 20-11 X 波段孔径耦合贴片天线设计

为了构建此设计,需要制造 CNT 片材并将其转移到聚酰亚胺胶带基板上,该基板一面提供黏合机制,另一面提供层压保护机制。然后将聚酰亚胺层压的 CNT 片粘贴到介电板的上表面层(本例中为 1.575mm 厚 RT/Duroid 5870),并切割到精确的贴片天线尺寸使用电路板路由器形成贴片层。再然后将该层与包含微带馈线和接地平面层的下基板(本例中为 0.508mm 厚的 RT/Duroid 3010)合并。一个样板的贴片是由铜制成的,其他样板的贴片是由不同厚度的 CNT 板材制成的,而对于所有样板,微带馈电线和接地平面层都是由铜制成的,以保证馈电机制一致。这有助于评估和比较 CNT 片材与标准铜层的辐射性能。铜和 CNT 片材贴片天线样板的完整制备过程示例如图 20-12 所示,在这些样板中,用于 RT/Duroid 基板上的 14.175g 铜层的厚度估计为 17μm。

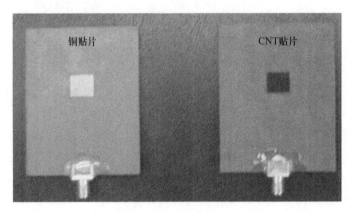

图 20-12　铜和 CNT 片材孔径耦合贴片天线样板

与 20.2 节中的 CNT 蝶形天线一样,可以使用全波求解器(如 FEKO)进行电磁仿真,以预测天线性能。设计的仿真模型如图 20-11 所示,并通过仿真模拟对 0.5μm 厚的 CNT 片材(10 层 CNT 薄膜)和 5μm 厚的 CNT 片材(100 层 CNT 薄膜)的性能进行了评估。将 CNT 片材贴片近似为有限的电导率边界(其电导率在模拟中是变化的),以评估其对天线性能的影响。基于无后处理的基本 CNT 片材的电导率测量,将片材的电导率设置为约 3×10^4 S/m。使用某些后处理技术(如金属纳米粒子掺杂)后,可将 CNT 片材的电导率提高到至少约 1×10^5 S/m,这将在 20.3 节中讨论。为了表示实际样板上的聚酰亚胺层压/黏合层,将有限的电导率边界放置在两层 0.127mm 厚的聚酰亚胺膜之间。该膜的介电常数估计为 $\varepsilon_r=3.5$。CNT 片材厚度和电导率对贴片天线辐射性能的预测影响如图 20-13 所示。

预测 0.5μm 厚 CNT 片材贴片天线具有的高反射系数(以及随后的低辐射性能),可能是由于 9GHz 时其厚度远小于材料的表层深度。表层深度表示电磁波在导体外表面下穿透的距离,是电流密度最大的地方,计算公式如下:$\delta_s=\sqrt{\dfrac{2\rho}{\omega\mu}}$。式中,$\rho$ 为材料电阻率,ω 为角频率,μ 为材料磁导率。对于预估的电导率为约 3×10^4 S/m,频率为 9GHz,磁导率为 $4\pi\times10^{-7}$ H/m,则 CNT 片材的表层深度估计为 $\delta_s\approx30\mu m$。由于 CNT 片材的电导率为 5.9×10^7 S/m,因此其表层深度高于铜片表层深度的预估值(0.7μm)。当 CNT 片材厚度从 0.5μm 增加到 5μm 时,反射系数显著提高。利用电导率低至 3×10^4 S/m 的 5μm 厚 CNT 片材,可以获得 $S_{11}<-10$dB 的高

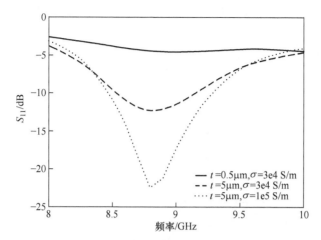

图 20-13 CNT 片材厚度和导电率对 CNT 贴片天线反射系数的影响

效贴片天线。由于通过一定的后处理技术,导电率可提高至 1×10^5 S/m 以上,其反射系数和带宽可以与传统的铜贴片天线相媲美,因此具有合适的电导率并通过增加 CNT 片材的厚度使其更接近其预估的表层深度,就可以获得辐射性能的显著提高。通过 CNT 贴片天线的反射系数测量结果进行验证,如图 20-14 所示。

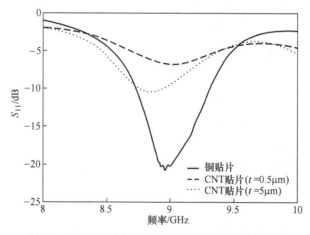

图 20-14 CNT 片材和铜贴片天线测得的反射系数

虽然 0.5μm 的 CNT 片材贴片天线会在 9GHz 处产生谐振,但其反射系数(-6dB 或 25%的功率反射回射频源)比标准铜天线的反射系数(21dB 或 0.8%功率反射回射频源)高得多。对于铜贴片天线,在 9GHz 处测得的输入阻抗为约 44+j9Ω,而对于 0.5μm 的 CNT 片材贴片天线,则为约 41+j44Ω。在这些数据中,实部表示输入电阻,虚部表示输入电抗,正值表示电感电抗,负值表示电容电抗。与射

483

频源最佳匹配的数据是 50+j0Ω。尽管 CNT 片材贴片的感抗值是铜贴片的 5 倍,但二者的电阻值都接近所需的 50Ω。

5μm 的 CNT 片材贴片天线在谐振时的反射系数为 -10.5dB,性能有了明显改善。可以看到从 9GHz 变到 8.85GHz 时存在约 100MHz(约 1.5%)的微小共振频率偏移,这可能是由于 CNT 片层和/或制造公差所致的电抗增加。谐振时测量的输入阻抗为约 75+j28Ω。因此,尽管增加 CNT 片材的厚度确实会降低输入阻抗的电抗分量,但其电阻分量也会增加,且总反射系数仍远高于铜贴片天线的反射系数。应当注意的是,对于 3×10^4S/m 的导体,5μm 的片材厚度仍远低于 30μm 的表层深度,需要 600 层 CNT 片组成的 CNT 板材,才能超过具有此基线导电率的表层深度,这将消耗相当多的 CNT 材料来制造。随着 CNT 片导电性的提高,表层深度将减小,获得最佳射频性能所需的 CNT 片层数也将减少。虽然图 20-13 中的示例仿真结果表明,该天线 S_{11}<-10dB 的带宽(600MHz)为 6.5%~7%,但在图 20-14 中所示的样板测量结果仅为 2%~3%(200MHz),这是因为其反射系数刚好低于 -10dB。如仿真结果所示,该带宽将随着 CNT 片材电导率的提高而增加。

当沿着聚四氟带从 MWNT 阵列中拉出 CNT 来制造 CNT 薄膜时,薄膜内的 CNT 会结合在一起,并沿四氟带拉伸的方向取向排列。由于电子会沿着 CNT 轴向移动,且除非有明显的重叠,否则很少会在相邻的纳米管之间隧穿,因此 CNT 片材贴片天线的射频性能将受到片材内 CNT 取向的显著影响[26]。图 20-14 中的数据是在片材中的 CNT 与贴片天线的 E 平面平行取向下测量的(沿着贴片的长度,平行于微带馈线)。也可以制作出 CNT 与天线 E 平面正交的 CNT 贴片天线,二者区别如图 20-15 所示。

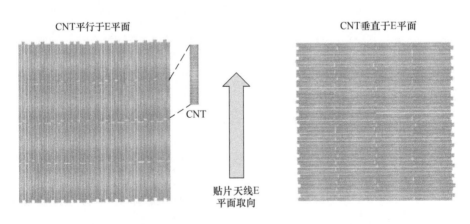

图 20-15 CNT 片材贴片天线样板中 CNT 片材的取向变化

CNT 取向对贴片天线反射系数的影响如图 20-16 所示。反射系数表明 CNT

片材与天线 E 平面的正交取向会导致预期在 8.8~9GHz 谐振处发生显著失谐,且潜在的谐振频率下降到 8.4GHz(4%~5%移动),在此偏移谐振下测得的输入阻抗为 68+j91Ω。当电阻分量更接近期望的 50Ω 时,与和 E 平面取向的 CNT 片材相比,其电感抗分量显著增加。这表明 CNT 片材贴片天线具有显著的极化选择性,其取决于片材中的 CNT 是否与天线的最大激发电流方向一致。

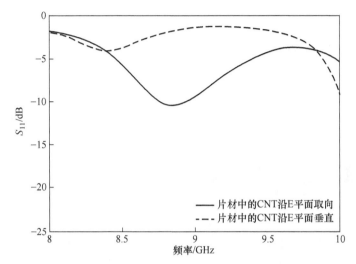

图 20-16　CNT 取向对 CNT 片材贴片天线反射系数的影响

20.4　后处理对碳纳米管天线性能的影响

在 CNT 片材制造过程中,可以使用各种后处理技术来增强材料的物理和电特性,并使材料功能化,从而使其适合诸如气体传感之类的应用。图 20-17 是用金

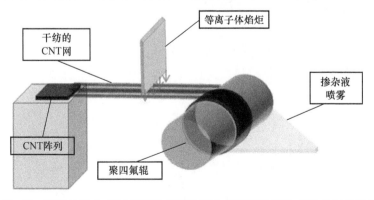

图 20-17　制造过程中 CNT 的原位官能化和金纳米颗粒掺杂 CNT 片材的示意图

属纳米粒子掺杂 CNT 片材以增强电导率和用原位常压等离子体官能化以增强 CNT 对反应性气体存在的敏感性的技术示意图。在设计 CNT 天线时,这些技术对最终材料的射频性能的影响是需要重点考虑的,本节将对此进行探讨。

20.4.1 金属纳米颗粒掺杂提高导电性

先前的研究已经成功地证明,金属掺杂剂可以应用于 CNT 材料,以降低其电阻率的同时仍然保持良好的物理特性,如高拉伸强度和加工硬化性[27]。图 20-17 中显示可以通过在 CNT 片材制备期间将 0.05mol/L $KAuCl_4$ 的乙醇溶液逐层喷涂到 CNT 上实现 Au 纳米颗粒掺杂。制备完整的 100 层 CNT 片材之后,可以将其浸渍在 $KAuCl_4$ 溶液中一段时间(如 30min)以实现进一步的掺杂。然后用乙醇清洗 CNT 片材并在空气中干燥。关于这一掺杂过程的详细信息,请参见文献[28]。

图 20-18、图 20-19 中分别给出了基线铜贴片天线、未经处理的 CNT 片材贴片天线和经 $KAuCl_4$ 处理的 CNT 片材贴片天线的反射系数图和增益图。采用 20.2 节中详述的相同设计和制造技术来制造天线,所有天线的中心频率都接近预期设计频率 9GHz,且与制造公差和测量误差相关的微小偏差为 1%~2%。未经处理的 CNT 片材贴片天线在谐振时表现出较高的阻抗失配,这可能是由于 20.2 节讨论的导电损耗所致。通过用 Au 纳米颗粒掺杂 CNT 片材,提高了材料导电性,显著提高了谐振时的反射系数。导电性的提高可能是由于金属纳米颗粒有助于桥接板材内 CNT 之间的导电间隙,从而降低与片材中 CNT 之间导电路径个连续间断有关的电阻损耗。未经处理的 CNT 片材贴片天线的峰值增益比铜贴片天线的低约 1~1.5dB。

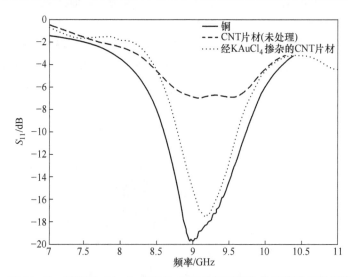

图 20-18 测得经 $KAuCl_4$ 处理的 CNT 片材和铜贴片天线的反射系数

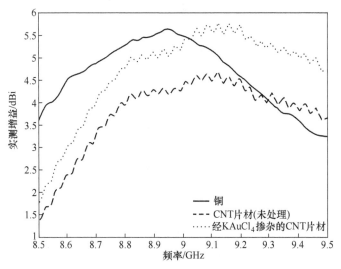

图 20-19 经 KAuCl₄ 处理的 CNT 片材和铜贴片天线的实测增益

通过 KAuCl₄ 处理后,这种基于电导率的射频损耗源得到了显著降低,掺 Au CNT 贴片天线的峰值增益仅比铜贴片天线的低 0.1~0.2dB。

20.4.2 采用原位常压等离子体处理使碳纳米管功能化

当引入某些反应性气体时,CNT 的化学性质及其被功能化以改变电性能的能力为生产多功能 CNT 天线和气体传感器提供了独特的机会。气体传感需要传感器材料和气体分子之间发生相互作用。传统的气体传感器采用金属氧化物作为气体(如氨气)的检测材料,但是,需要较高的工作温度(>200℃)才能保持较高的灵敏度。CNT 的导电性明显高于金属氧化物,使基于 CNT 的传感器可以在室温下以高灵敏度运行。然而,由于与气体分子之间缺乏相互作用,原始 MWNT 通常表现为惰性且不敏感,可以通过对 CNT 侧壁进行物理和/或化学修饰来增强其对气体分子的敏感性。表面官能团的沉积为 CNT 与周围反应性气体分子的相互作用(如形成氢键)创造了机会,从而导致 CNT 材料的电性能(导电率、介电常数等)发生变化[29],进而用于制造天线和气体传感器[20]。原位常压等离子体处理可用于在碳纳米管的侧壁上形成缺陷点,然后根据等离子体形成中所使用的气体对 CNT 进行化学官能化[30]。

利用 SurfxAtomflo 400D 常压等离子体系统氦气(15.0L/min)和氧气(0.05L/min)混合制造一批功能强化的 100 层 CNT 片材,以用于气体传感。氦/氧等离子体处理在 CNT 壁上新创建的缺陷点处产生了含氧的官能团[31],羟基(—OH)、羧基

(—COOH)9和羰基(—C＝O—)。图20-17中显示了在CNT片材制造过程中逐层进行等离子体功能化。CNT片材以1cm/s的速度通过80W的等离子体焰炬。然后如4.1节所述,用0.05mol/L的$KAuCl_4$乙醇溶液喷涂功能化CNT片材,将Au均匀地掺入CNT片材中,使其电导率最大化。制备100层上述CNT片材后将其从滚筒上取下,在$KAuCl_4$溶液中浸泡30min,用乙醇冲洗后干燥。

图20-20和图20-21中分别给出了非功能化和功能化的CNT贴片天线的反射系数图和增益图。注意,这两种CNT片材贴片天线都是被$KAuCl_4$纳米颗粒掺

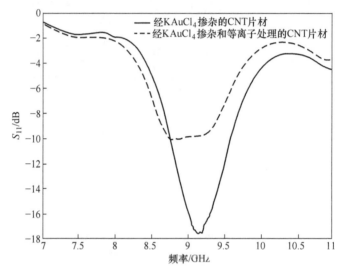

图20-20 测得经原位常压等离子体处理的CNT片材和铜贴片天线的反射系数

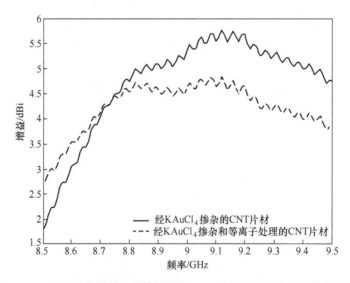

图20-21 经原位常压等离子体处理的CNT片材和铜贴片天线的实测增益

杂增强的,只是与非功能化 CNT 天线相比,等离子体功能化 CNT 片材贴片天线在谐振时表现出更高的阻抗失配和更低的增益值 1.5dB。这可能是由于化学功能化会通过破坏 CNT 表面的 sp^2 性质来增加 CNT 的电阻率;等离子体功能化产生的官能团会增加拉曼光谱中的 D/G 值。因此,当 CNT 材料被功能化以增强气体传感能力时,应当在射频性能方面做出 1~2dB 的微小权衡。

20.5 本章小结

本章通过仿真和测试,探讨了 CNT 超级纤维材料在射频束、片材天线设计中的应用。虽然在使用 CNT 超级纤维材料作为射频辐射器时存在某些关于电性能的权衡取舍,特别是由于 CNT 材料较低的基线电导率而导致增益降低,可以采用诸如金属纳米颗粒掺杂之类的后处理技术来使这种折损最小化,并产生一种物理性能增强的(如出色的加工硬化性和高拉伸强度)、接近典型金属电性能的导电材料。CNT 材料独特的化学结构也使其能够通过等离子体处理功能化用作反应性气体传感器。该功能化过程也产生了某些电性能的折损,这应在多功能 CNT 天线/传感器的设计过程中加以考虑。CNT 超级纤维材料的物理、电性能的未来改进将导致 CNT 天线性能提高,并使其具有生产高效、坚固耐用、佩戴灵活的射频天线和传感器的能力。

参 考 文 献

[1] D. Mast, in: The future of carbon nanotubes in wireless applications, Antenna Systems/Short-Range WirelessConference, 2009.

[2] H. E. Misak, S. Mall, Time-dependent electrical properties of carbon nanotube yarns, New Carbon Mater. 30 (3) (2015) 207-213.

[3] D.E. Tsentalovich, R.J. Headrick, F. Mirri, J. Hao, N. Behabtu, C.C. Young, M. Pasquali, Influence of carbonnanotube characteristics on macroscopic fiber properties, ACS Appl. Mater. Interfaces 9 (41) (2017)36189-36198.

[4] P.J. Burke, S. Li, Z. Yu, Quantitative theory of nanowire and nanotube antenna performance, IEEE Trans. Nanotechnol. 5 (4) (2006) 314-334.

[5] G.W. Hanson, Radiation efficiency of nano-radius dipole antennas in the microwave and far-infrared regimes,IEEE Antennas Propag. Mag. 50 (3) (2008) 66-77.

[6] S. Salahuddin, M. Lundstrom, S. Datta, Transport effects on signal propagation in quantum wires, IEEE Trans. Electron Devices 52 (8) (2005) 1734-1742.

[7] A. Raychowdhury, K. Roy, Modeling of metallic carbon-nanotube interconnects for circuit simulations and acomparison with cu interconnects for scaled technologies, IEEE Trans. Comput. Ai-

ded Des. Integr. CircuitsSyst. 25 (1) (2006) 58–65.

[8] J. J. Plombon, K. P. O'Brien, F. Gstrein, V. M. Dubin, High-frequency electrical properties of individual andbundled carbon nanotubes, Appl. Phys. Lett. 90 (2007) 063106-1–063106-3.

[9] Y. Huang, W.-Y. Yin, Q. H. Liu, Performance prediction of carbon nanotube bundle dipole antennas, IEEE Trans. Nanotechnol. 7 (3) (2008) 331–337.

[10] S. Choi, K. Sarabandi, Performance assessment of bundled carbon nanotube for antenna applications at terahertzfrequencies and higher, IEEE Trans. Antennas Propag. 59 (3) (2011) 802–809.

[11] Y. Zhou, Y. Bayram, F. Du, L. Dai, J. L. Volakis, Polymer-carbon nanotube sheets for conformal load bearingantennas, IEEE Trans. Antennas Propag. 58 (7) (2010) 2169–2175.

[12] L. Yang, R. Zhang, D. Staiculescu, C. P. Wong, M. M. Tentzeris, A novel conformal RFID-enabled moduleutilizing inkjet-printed antennas and carbon nanotubes for gas-detection applications, IEEE Antennas Wirel. Propag. Lett. 8 (2009) 653–656.

[13] W. A. W. Muhamad, R. Ngah, M. F. Jamlos, M. A. Jalmos, in: Hybrid carbon nanotubes with copper radiatorfor 4_2 array antennas at 2.6GHz, 2014 IEEE 2nd Int. Symp. Telecommunication Technologies, 2014.

[14] Z. Hamouda, J.-L. Wojkiewicz, A. A. Pud, L. Kone, B. Belaabed, S. Bergheul, T. Lasri, Dual-band ellipticalplanar conductive polymer antenna printed on a flexible substrate, IEEE Trans. Antennas Propag. 63 (12)(2015) 5864–5867.

[15] I. Puchades, J. E. Ross, C. D. Cress, E. Naglich, B. J. Landi, Carbon nanotube thin-film antennas, ACS Appl. Mater. Interfaces 8 (32) (2016) 20986–20992.

[16] S. D. Keller, A. I. Zaghloul, V. Shanov, M. J. Schulz, D. B. Mast, N. Alvarez, Radiation performance of polarizationselective carbon nanotube sheet patch antennas, IEEE Trans. Antennas Propag. 62 (1) (2014)48–55.

[17] T. M. Nguyen, J.-Y. Chung, B. Lee, Radiation characteristics of woven patch antennas composed of conductivethreads, IEEE Trans. Antennas Propag. 63 (6) (2015) 2796–2801.

[18] E. A. Bengio, D. Senic, L. W. Taylor, D. E. Tsentalovich, P. Chen, C. L. Holloway, A. Babakhani, C. J. Long, D. R. Novotny, J. C. Booth, N. D. Orloff, M. Pasquali, High efficiency carbon nanotube thread antennas, Appl. Phys. Lett. 111 (16) (2017).

[19] H. Lee, G. Shaker, K. Naishadham, X. Song, M. McKinley, B. Wagner, M. Tentzeris, Carbon-nanotubeloaded antenna-based ammonia gas sensor, IEEE Trans. Microwave Theory Tech. 59 (10) (2011) 2665–2673.

[20] S. D. Keller, A. I. Zaghloul, in: Multifunctional meshed carbon nanotube thread patch antenna, IEEE SensorsConf. Proc, 2011, pp. 631–634.

[21] F. S. Correra, W. Becari, D. B. R. Rodrigues, H. E. M. Peres, Microwave sensor for ethanol fuel analysis basedon single-walled carbon nanotubes, Curr. Nanosci. 13 (3) (2017) 254–261.

[22] J. Foroughi, T. Mitew, P. Ogunbona, R. Raad, F. Safaei, Smart fabrics and networked cloth-

ing: recent developmentsin CNT-based fibers and their continual refinement, IEEE Consum. Electron. Mag. 5 (4) (2016)105-111.

[23] C. Jayasinghe, S. Chakrabarti, M. J. Schulz, V. Shanov, Spinning yarn from long carbon nanotube arrays,J. Mater. Res. 26 (2011) 645-651.

[24] M. K. Zhang, R. Atkinson, R. H. Baughman, Multifunctional carbon nanotube yarns by downsizing an ancienttechnology, Science 306 (2004) 1358-1361.

[25] K. Jiang, Q. Li, S. Fan, Spinning continuous carbon nanotube yarns, Nature 419 (2002) 801.

[26] V. T. Dau, C. D. Tran, T. T. Bui, V. D. X. Nguyen, T. X. Dinh, Piezo-resistive and thermoresistance effects ofhighly-aligned CNT based macrostructures, RCS Adv. (108) (2016) 106090-106095.

[27] P. Jarosz, C. Schauerman, J. Alvarenga, B. Moses, T. Mastrangelo, R. Raffaelle, R. Ridgley, B. Landi, Carbonnanotube wires and cables: near-term applications and future perspectives, Nanoscale 3 (2011) 4542-4553.

[28] N. T. Alvarez, T. Ochmann, N. Kienzle, B. Ruff, M. R. Haase, T. Hopkins, S. Pixley, D. Mast, M. J. Schulz, V. Shanov, Polymer coating of carbon nanotube fibers for electric microcables, Nano 4 (2014)879-893.

[29] K. -P. Yoo, K. -H. Kwon, N. -K. Min, M. J. Lee, C. J. Lee, Effects of O2 plasma treatment on NH_3 sensing characteristicsof multiwall carbon nanotube/polyaniline composite films, Sensors Actuators B Chem. 143 (1)(2009) 333-340.

[30] L. G. Nair, A. S. Mahapatra, N. Gomathi, K. Joseph, S. Neogi, C. P. R. Nair, Radio frequency plasma mediateddry functionalization of multiwall carbon nanotube, Appl. Surf. Sci. 340 (2015) 64-71.

[31] R. Malik, Y. Song, N. Alvarez, B. Ruff, M. R. Haase, B. Suberu, A. Gilpin, M. Schulz, V. Shanov,Atmospheric pressure plasma functionalization of dry-spun multi-walled carbon nanotubes sheets and its applicationin CNT-polyvinyl alcohol (PVA) composites, MRS Proc. 1574 (2013). https://doi.org/10.1557/opl.2013.701.

第21章
碳纳米管纤维的场发射性能优化

M Cahay[1], W. Zhu[1], J. Ludwick[1], K. L. Jensen[2], R. G. Forbes[3],
S. B. Fairchild[4], T. C. Back[5], P. T. Murray[4], J. R. Haris[6], D. A. Shifler[6]

[1] 美国俄亥俄州辛辛那提市,辛辛那提大学自旋电子学与真空纳米电子实验室
[2] 美国华盛顿特区,海军研究实验室编码6362
[3] 英国萨里,萨里大学工程与物理学学院,高级技术学院电子电气系
[4] 美国俄亥俄州,赖森-帕特森空军基地
[5] 美国俄亥俄州戴顿,戴顿大学研究所
[6] 美国新墨西哥州阿尔伯克基,空军研究实验室定向能理事会

21.1 引言

目前最先进的热电子发射(TE)阴极需要较高的操作温度,这使得功耗效率低下,可靠性不足,使用寿命降低。用于解决高操作温度,附加了冷却组件却又导致了附加的设备复杂性和多余的重量,这些都是不可取的。当在束流隧道中需要高电流密度时,为了不缩短寿命,就会进行大的束流压缩,但压缩受到电子加速的快慢和所使用的磁场强度的限制(面积收敛因子可高达100倍)。因此需要选择新的阴极,从而可以在低工作温度和长时间间隔下产生高电流[1]。由于场致电子发射(FE)阴极具有特殊的电子光学性质、高效率、快速响应时间和抗辐射损伤能力,以及其便携性和相对简单的特性,在真空电子应用中,FE阴极是TE阴极的一个具有竞争力和/或优势的替代品。特别是FE冷阴极在电子显微镜、电子束光刻、新型X射线源、真空电子器件、太赫兹发射、大功率微波管等方面得到了广泛的应用[2-22]。在这些应用中,阴极需要产生具有良好的电子光学特性的光束,并在受到诸如离子反轰击和强加热等破坏条件时表现出较长的寿命。

基于碳纳米管(CNT)和碳纳米管纤维(CNF)的冷阴极受到了广泛的关注,这主要是由于它们的高纵横比和较小的顶点半径带来了高电场增强,从而促进了低施加电压下的发射。CNT特别有吸引力,因为它们具有出色的导热性和导电性[23-28]。十多年来,碳阴极已经以各种形式制造,包括石墨碳纳米片、纳米珍珠

和碳纳米金刚石[29-35]。比较不同组 FE 的结果的主要问题是用于 CNT 合成的方法差异很大。特别是,可供选择的单个管的固有结构和化学性质、直径和长度分布、单壁或多壁 CNT 的含量、纯度(封闭式或开口式 CNT 以及杂质的存在)、阴极形态(CNT 取向和间距)、FE 测量技术和数据解释方法等都相差很大。甚至有主张假设只有非常低的局部势垒场才能诱导发射,却忘记考虑局部场增强(故而将宏观和介观尺度场与在发射场位点的纳米场进行了错误的比较)。必须回答的问题是,这些可明显观察到的不同阴极之间的 FE 特性的变化是由于 CNT 的不同固有特性、不同的制备方法和不同的测量布置引起的[36],还是由于诸如上述或其他原因所引起的人为错误所致,包括使用有缺陷的定义,有缺陷的方程式和/或数据分析程序中的错误[37-38]。所有的这些问题似乎都已广泛传播,以致使现存 FE 文献的某些部分变得不可靠。

电子源的性能指标往往集中在典型的场增强因子,局部和平均(或"宏观")电流密度,总电流,亮度或发射率,调制能力,在恶劣环境下的鲁棒性以及使用寿命之间。对于未来的应用,正如下文强调,特别重要的要求是长期稳定性,兼具鲁棒性和使用寿命。发射的退化通常有多种原因,可以是永久性的也可以是可逆的。永久降解的可能原因包括过热;被发射的电子电离的气体分子轰击;从阳极分离的微粒物质,电弧和静电(麦克斯韦)应力轰击;(在高辐射环境中)形成移动辐射引起的位错。麦克斯韦应力还可能导致机械变形,从而改变发射器的形状和/或其周围环境,从而导致局部场增强中的场相关变化。其他降解现象是化学起源的。特别是,发射体表面上分子的吸附/解吸可以改变局部功函数,并且可能(在特殊情况下)引起共振诱导的发射增强[39]。此外,它们的迁移动态会导致闪烁噪声。

目前,在任何特定情况下降解的根源通常是不清楚的。似乎残留的真空系统气体会产生重大影响[40-41],而局部发射电流密度也很重要[42-43]。另外,CNT 的固有性质是相关的。在可比的腔室压力和宏观发射电流密度下,单壁纳米管(SWNT)和多壁纳米管(MWNT)薄膜之间的比较表明,SWNT 的降解速度提高了 10 倍[2,42]。认为发生这种更快的降解是因为 SWNT 单壁使其对离子轰击和辐射更敏感;相反,MWNT 的多个壁倾向于稳定其结构。

最近的研究集中在制造 CNT 片,纱线和纤维,以试图将 CNT 的特殊的物理性能从纳米级转移到宏观级[44-46]。在与碳纳米管阵列,多孔类金刚石纤维,CNF 和石墨烯薄膜有关的电流-电压($I(V)$)特性测量中,已经观察到一些环路类型行为的结果。这种环路类型行为有时是不可重复的,但有时是可重复的。如果是可重复的,那么它通常被称为"滞回现象",并且可能指向电子俘获效应和/或类似的长时间量程内可逆变化的贡献。$I(V)$ 回路的出现与各种现象推测性地联系在一起,例如通过纳米碳膜($I(V)$)的中间电子能态发射,多孔类金刚石碳激发表面的各种原子和自由基种类的静电排列[51],碳纳米管中的吸附/解吸作用[47,51-52],以及回路高压部分中单个碳纳米管的破坏(或碳纳米管与发射极的分离)[3,53]。还显示出 $I(V)$ 回路的大小取决于气体暴露,生长条件以及阳极材料的调节条件(包括引出电压变化的范围和时间范围,扫描次数和环境气压)。这些不同的影响可以改变发射体的微观结构和电子结构[51,54]。

由于所有这些原因,迫切需要在技术上尽可能全面地了解影响基于 CNT 阴极的 FE 数据的各种机制。在 21.2 节中,通过对 CNF 的 FE 试验的调查,对这些机制进行了讨论和说明。21.3 节描述了一个理想的探究平台,该平台可以合理全面地表征 CNF 的 FE 特性,并比较不同组的试验数据。该平台的一部分是改进的理论模型,其最终目的是使发射器及其测量特性更好地与特定应用匹配。在第 22 章中,我们概述了用于模拟 CNF 的 FE 特性的最新多尺度方法的扩展,特别是它们作为高功率和高频应用的潜在的冷阴极。本章提供了多尺度建模的数值示例,包括对相互静电相互作用如何影响紧密相邻的两个 CNF 的 FE 特性的研究。

在本章的结尾,我们提出了满足"合理合适的"要求的最基本查询平台的推荐,以提供改善 CNF 性能所需的信息。请注意,本章并不打算对碳纤维 FE 研究进行历史回顾,该历史至少可以追溯到在 20 世纪 70 年代初期 Baker 等的工作[55]。而是作为系统研究来研究如何有效地研究和改进由 CNT 组装而成的现代纤维。

21.2 碳纳米管纤维的场电子发射特性研究

碳纳米管纤维(CNF)冷阴极的场电子发射特性取决于其形态、化学稳定性、热稳定性、机械性能、吸附动力学、发射站点密度、电导率、功函数、操作条件和阳极表面的物质形态[57]。其中,操作条件包括真空室的背景压力、阴极温度、阴极和阳极之间的间距、引出电压的范围和在真空间隙中可能存在的离子的密度和种类[56]。

例如,以上这些因素都可能会影响到电流-电压循环,并且该循环效应很可能有多个原因引起。理解这种可能性在技术上是非常重要的,因为在许多实际应用中可能需要消除或大量降低此类循环效应。事实上,目前的工作是出于特定的国防用途,所以对设计的先进的冷阴极电子发射器的特点在于紧凑、大功率、高频,且该真空电子器件需要在低于 1000℃ 的温度下,以 $105A/m^2$ 的电流密度的数倍提供至少 10mA 的总发射电流,从而进行几百小时的连续波操作。对于这种控制问题值得关注的应用,可能意义重大,发射电流是由施加的电压唯一地(或几乎唯一地)决定的。

理解从 CN 中生成的场电子发射现象的内在物理过程和机制是至关重要的,因为这将为更好地控制它们的制造和发射特性开辟一条道路。要对实用的碳纳米纤维的冷阴极进行全面的表征,应回答以下基本问题:

(1) 有源场发射体密度的问题:在制备光纤发射尖端时,CNF 是如何切割的(是刀片、激光,还是聚焦离子束)?这如何影响场电子发射中单个 CNF 的数量?切割过程是否导致 CNT 打开或闭合?纤维侧壁和纤维尖端对场电子发射的相对贡献是什么?CNT 发射源的空间分布是怎样的?尖端半径是否有分布?主动发射源的数量如何随外加电压变化[3,26-27,58-62]?

在过去,CNF 顶点结构已经通过扫描电子显微镜(SEM)对利用浮动催化剂化学气相沉积反应器直接在线纺制的 CNF 结构进行了研究[63-64]。分别利用激光和刀片切割技术切割 CNF 断头结构如图 21-1(a)和(b)所示[65]。激光切割的剑桥纤维在两种不同分辨率下的尖端的 SEM 图像如图 21-2 所示。图 21-3 显示了在场电子发射测量之前进行的 SEM 图像,在两个不同的分辨率下呈现 30μm 直径的剑桥 CNF 表面的侧壁,这表明 CNT 会从纤维表面突出[64]。

(2) 发射机制的问题:什么是有效的发射机制,在什么范围内的外加场和电压("偏差")起作用?相邻发射 CN 之间的库仑斥力对场电子发射特性的影响有多重要(特别是在发射区边缘附近,库仑斥力最强,对发射光束中横向速度分量的贡献最大)?在什么情况下场发射的真空空间电荷的影响会变得重要?空间电荷效应如何取决于纤维形态和发射体密度?决定最大安全发射电流的限制因素是什么?应该如何定义和规定"安全"发射电流,特别是关于金属和半导体发射器及其场发射模型的差异?由于沿 CNT 的缺陷具有电阻或加热作用,导致沿纳米管的电压下降,纳米管的发射电流会受到怎样的影响?CNF 发射器可以作为势垒顶部电子发射器或肖特基降低热电子发射器使用[26,36,41-42,66-77]吗?

(a)

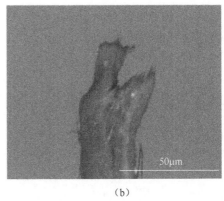
(b)

图 21-1 (a)剑桥 CNT 纤维的 SEM 图像,采用浮动催化剂化学气相沉积反应器直接在线纺制,并用飞秒激光切割(纤维直径大约是 30μm);(b)机械切割纤维的 SEM 图像,用刀片切割而造成不均匀的尖端

(3) 发射几何和发射体特性的问题:如何为电子源选择最佳的几何形状?相

关的局部转换长度和场增强因子的典型值是什么?

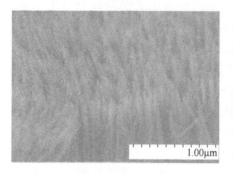

图 21-2 激光切割剑桥纤维尖端的两种不同分辨率的 SEM 图像

(4) 纤维调节的问题:为了获得可靠的场电子发射结果,所有测量应该经过一段时间的调节后再进行。在此过程中对阴极-阳极电压进行反复扫频,直到观察到可重复的发射特征。也就是说,一旦条件设置完成,如果有电流-电压循环,则进行重复扫描结果应相同。调节过程应解决以下问题:调节过程对最大安全发射电流或电流密度的重要性是什么?影响纤维调节的不同机制是什么[51,77-78]?调节过程如何影响主动发射器的数量/比例(即,条件作用是否会对一部分发射器造成不可逆转的损害)?

(5) 电流-电压循环行为的问题:从 CNF 获得的场电子发射数据中观察到的电流-电压回路的各种机制是什么?最大引出场或电压对回路的大小和形状有什么影响?如果循环的不可重复性是离子轰击造成的发射体损伤的结果,那么主导背景的气体种类是否会影响降解?性能下降是由于 CNT 缩短、顶点损伤或两者共同造成的场增强损失吗[79]?这些不可重复的回路是如何与纤维的调节历史有相关的[50,80]?

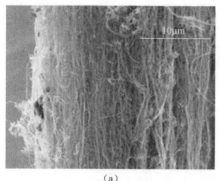

(a)   (b)

图 21-3 在场电子发射测量之前,在较低(a)和较高(a)的分辨率下的侧壁直径 30μm 剑桥纤维 SEM 图像,显示 CNT 是从表面突出

这些电流-电压循环有时被称为"滞回现象",而这可能是一个具有误导性的术语。因为通常情况下,在连续几次上下电压扫描后,场电子发射特性并不是完全可重复的。将阴极与阳极的间距设为 d,图21-4(a)显示了化学气相合成CNF在不同的 d 值下,上下扫描的场电子发射数据图[64];随着 d 值的减小,可以清楚地看到此循环的大小在增加。图21-4(b)为图21-4(a)所示的福勒-诺得海姆数据图。也就是,$\ln\{I/E_{AG}^2\}$ 与 I/E_{AG} 关系图,这里 E_{AG} 为由 V/d_{gap} 和 V 定义的表观间隙场,是测量施加在阳极和接地之间的电压(在试验中,纤维安装的卡盘接地)。这些图分别对应不同的 d_{gap} 值,并且只适用于向上扫描。这些图清楚地显示了在低场对应的"非饱和"发射,在中到高场对应的"饱和"发射,以及在非常高场对应的第三种效应(可以理解为渐进式吸附解吸[81])。我们需要确定"饱和"效应的确切原因。研究表明,对于这些纤维,从纤维侧壁开始的隧道效应发生在纤维顶点饱和状态开始之后[64]。

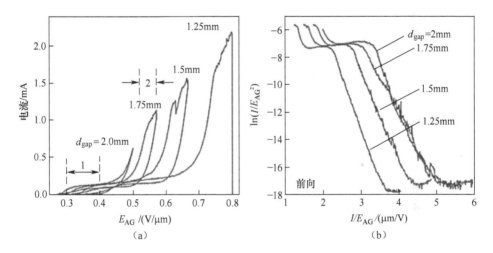

图21-4 (a)阐明了在场电子发射实验数据中,化学气相合成CNF的阳极和阴极的距离 d 的减少值使得电流-电压循环的增加。对于每一个 d 值,顶部和底部曲线分别对应向上和向下扫描测量应用电压。(b)激光切割的长5mm和直径30μm的CNT纤维的应用偏差的前扫描的福勒-诺得海姆图($\ln\{I/E_{AG}^2\}$ 与 I/E_{AG} 关系图)不同的曲线对应于光子尖端到阳极间隔 d_{gap} 的不同值。在所有情况下,最大施加电压均为1000V

图21-5是一组纤维底部和顶部表面的SEM图像,展示了剑桥大学CNF侧壁CNT的破坏情况,显示了电流-电压循环的性能[64]。经场发射电子的测量,纤维端附近的表面明显变形。

(6)排气问题:场电子发射过程中,哪些物质(包括中性的和电离的)会从纤维中脱去?阴极、阳极、其他电极和真空系统的排气性能如何?它们是如何相互关

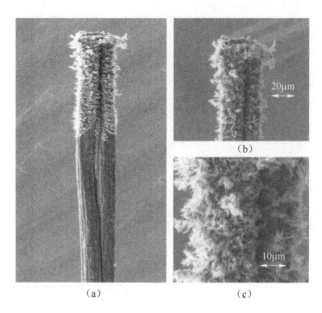

图 21-5 剑桥纤维在场电子发射测量后的扫描电镜图像,在此期间从纤维的表面可以观察到场电子发射效应

(a)纤维尖端和靠近纤维尖端的表面有损伤的证据;(b)和(c)纤维尖端附近表面的高分辨率 SEM 图像,显示该区域的 CNT 在场电子发射过程中被撕裂。

联的[47,81-90]? 在过去, Murray 等[81]使用残余气体分析来识别在场电子发射过程中莱斯大学制备出的酸性纺丝 CNF 释放气体的种类[91]。该纤维的场电子发射数据如图 21-6 所示。相关的 RGA 数据如图 21-7 所示,表明在与场电子发射数据中断点相一致的明显外场强度下存在 H_2 解吸的一个急剧阈值。

(7) 自加热/自冷却效应的问题:是什么机制导致了纤维的自加热/自冷却效应? 诺丁汉加热/亨德森冷却的原理对碳纤维和金属是一样的吗? 纤维的电导率和热导率如何随温度变化[92-97]? 纤维中辐射损耗与功率损耗有什么关系? 阴极-阳极分离对功率耗散机制有何影响? 沿纤维的温度分布是怎样的? 这如何影响碳纳米管侧壁和尖端的 FE[78,93,98-105]? 用于连接光纤到阴极夹头的材料的热导率有什么影响? 在附着点,当前聚集效应的重要性是什么?

图 21-8(a)所示为激光切割纤维阴极在阳极与纤维尖端的间距为 1.0mm 和 1.5mm 时的电流-时间曲线。第一次运行时,间距固定为 1.5mm,导致最大表观间隙场为 6600V/cm。当达到 1000V 时,阳极电压在这个最大值保持了 10000s。纤维阴极显示为平均电流值为 356μA 的非常稳定发射。第二次运行时,间距固定为

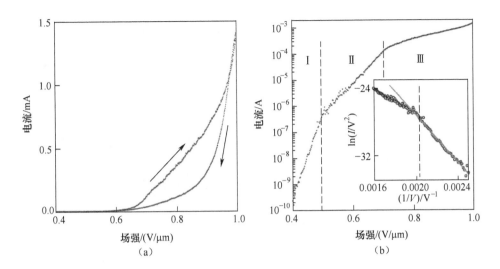

图 21-6 （a）酸性纺丝 CNT 纤维场电子发射的流场图，显示了测量电流作为表观间隙场 E_{AG} 的函数，显示了场扫描的增加和减少。（b）如（a）所示的数据，对数电流范围内的增加场扫描。可以看到 3 种状态。虚线表示两个状态之间的断点。插图：在 I 和 II 状态中福勒-诺得海姆图

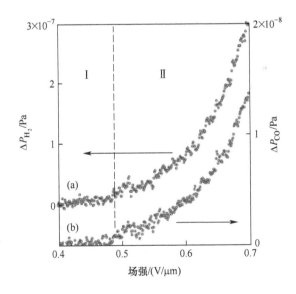

图 21-7 残余气体分析显示在场电子发射过程中（a）H_2 和（b）CO 的分压升高，这是表观间隙场 E_{AG} 的函数。虚线表示状态 I 和状态 II 之间的过渡，表示气体释放的开始

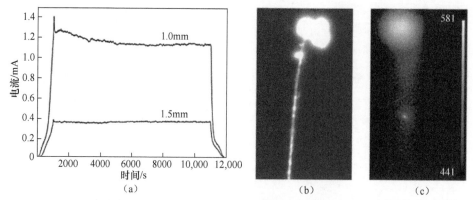

图21-8 (a)飞秒激光切割CNT纤维在阳极和阴极间隙距离分别为1.0mm和1.5mm时的发射电流-时间曲线。测量的电压在第一个1000s从0上升到1000V,然后在1000s下降到0之前保持1000V状态10^4s;(b)场电子发射腔内纤维在该过程中的光学和红外图像。在1.13mA时,纤维尖端附近的最高温度为581℃

1.0mm,使得最大表观间隙场为10000V/cm。在这种情况下,由于纤维尖端的场发射位置的退化,发射电流会逐渐减小[81]。在驻留时间内平均发射电流为1.16mA。

图21-8(b)和(c)分别显示了同一纤维在场电子发射过程中的光学图像和红外图像。光学图像(图21-8(b))显示,在纤维尖端附近有相当大的光发射,在纤维尖端以下有一个更小的发射区,这表明场电子发射可能是由纤维侧壁产生的。图21-8(c)显示了获得发射电流为1.13mA时的红外摄像机图像,由校准过的红外摄像机确定的纤维尖端的最高温度为581℃。这些结果清楚地表明了纤维尖端附近的自热效应和辐射冷却的重要性。

(8)阳极特性:场电子发射实验后,阳极上特有存在碳的机理是什么?阴极热蒸发的贡献是什么?从场蒸发的C_n^-离子又沉积在阳极上,C_n^-离子是否有贡献?阳极二次发射如何影响电流电压测量[106]?还是说在阳极放入设备之前,阳极上的碳是由机械加工产生的吗?在电子加热后无氧高导电性铜会发生裂解反应吗?真空空间中气体原子和离子的存在与电子对阳极的影响之间的定量关系是什么[78,101,107,109]?

(9)能量分布:由于操作过程中解吸而产生的电离态和中性态气体的能量分布是怎样的?在阳极收集到的电子的横向和纵向能量分布是什么?它们与纤维的材料组成和形态、阵列模块的几何形状以及传输过程中的空间电荷效应有什么关系[78]?根据整个阵列产生的电子束发射度[1,110]来测量的电子到达阳极的横向流速分布,是运输和使用光束的关键指标。特别是在自由电子激光器等设备,必须在电子束和光学模式之间保持好的重叠,从而最大化它们的相互作用[111]。

(10) 噪声问题:在作为测量的引出电压 V 的函数电流的数据中,噪声(肖特基、量子划分或闪烁噪声)的贡献是什么？这种残余气体分析数据噪声的来源是什么,场电子发射时的残余气体分析数据噪声与发射电流中的噪声有什么相关性[112,118]？

(11) 发射稳定性试验的问题:阴极和阳极形态和组成的变化对短期稳定性(低频电流波动)和长期稳定性(如超过数十小时)是如何影响的[27,35,62,119-120]？

(12) 光子发射的问题:从工作阴极中,光子的发射机制(除了正常的黑体机制外)是什么？加热(焦耳和诺丁汉)或冷却(亨德森)效应[78,102-103,121-122]、离子轰击、在纤维表面前的等离子体形成[62],以及(可能的)发射极表层的电子去激发过程对场电子发射过程中观察到的光子发射光谱有什么重要性？观察到的光波长是什么？随着外加电压和系统几何形状,特别是在阴极-阳极/萃取分离中这些事情是如何变化的？

(13) 失效机制的问题:导致纤维最终破坏的物理原因/机制是什么？沿纤维的损伤(如焦耳加热使其减弱)与发射点的渐进损伤减少了场增强呈现出一种失效的情况不同,尽管两者都可以将纤维从有源发射极分布中移除[61,123,125]。由于麦克斯韦应力的作用,根部的完全纤维也有可能脱落。

上述问题是高度相关的,但通常情况下,在越来越多的关于新的 CNT 基冷阴极场发射的报道中,只有少数报道是将上述问题一起考虑的。当从 CNF 中优化场电子发射时,最好的解决方案是一个系统和详尽的方法去全面地回答上述所有问题。理想情况下,人们需要开发一个类似于图 21-9 所示的查询平台。

21.3 碳纳米管纤维的场发射特性理想表征平台

理想的科学探究平台应包括:①CNF 的生长、加工和功能化之间的迭代程序;②在测量 FE 特性之前和之后对 CNF 材料进行全面调查研究,包括适当的 CNF 调节;③建模工作,以为纤维的生长、加工和功能化提供必要的反馈,以优化其 FE 性能。这样的平台最终可以为在各种纤维上进行的 FE 测量[54]的标准化提供一种工具,从而促进其发展的加速并扩大其应用范围。CNF 作为理想场发射器应包括以下内容:

21.3.1 碳纳米管纤维的生长条件、加工工艺和功能化

过去,CNF 通过多种方法生产,包括从 CNT/酸或聚合物溶液湿纺[91,97,126],从垂直排列的 CNT 阵列干纺[127],从垂直浮动化学气相沉积直接合成[128-129],以及

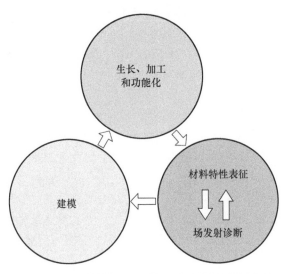

图 21-9 可充分表征 CNF 的 FE 特性平台的示意图
该平台由 CNF 的生长、加工和功能化之间的迭代过程组成。在 FE 诊断之前和之后对 CNF 材料进行全面调查,以进行适当的 CNF 调节;以及进行建模工作,以为纤维的生长、加工和功能化提供必要的反馈,以优化其 FE 性能。

由浮式催化剂化学气相沉积中形成的 CNT 气凝胶直接纺丝[129-135]。制造工艺[129,135-136]和不同的后处理方法是必须清楚的[91,133,137-138],因为它们会对 CNF 的形态以及力学性能,电和热性能产生重大影响[139]。

21.3.2 纤维形态、组成和排列研究

拉曼光谱已成为评估碳材料(例如 CNT,石墨烯和无定形碳)结构的标准技术[140]。碳纳米管等材料具有独特的振动模式,可以在拉曼光谱仪中轻松、快速地对其进行检测。3 种振动模式用于表征材料的质量和结构,并称为 D,G 和径向呼吸模式(RBM)。RBM 区域仅与 SWNT 相关。D 和 G 峰与 SWNT 和 MWNT 相关。D 峰被认为是 CNT 中缺陷数量的量度,可以表明无定形碳的存在。因此,小的 D/G 比是希望得到的。高场应力也可能导致返回石墨状态。CNF 场发射器应在 FE 测试之前和之后进行评估,以评估测试后材料在结构上的变化。能够表征纤维尖端的其他表面分析技术包括 X 射线光电子能谱(XPS),俄歇电子能谱(AES),紫外光电子能谱(UPS)和电子能量损失能谱(EELS)。这些都是表面敏感技术,采样深度为 2~7nm。XPS 和 AES 可用于确定存在哪些元素并提供化学状态信息。XPS 和 AES 探测原子的核壳,而 UPS 探测发生键合的价带。UPS 通常与密度泛函理论(DFT)计算结合使用,以阐明键合机理并确定表面功函数。EELS 分析可用于表征

样品中存在的键的类型。对于具有π键的材料（例如CNT），可以使用弹性峰附近的等离子峰来确定是否存在 sp^2 或 sp^3 碳。这些表征工具应在FE测试之前和之后在CNF上使用，因为它们可以提供有关参与FE过程的CNT的形态、组成和相对无序量（无定形碳的存在）变化的有价值的信息。这些研究不仅应在CNF尖端上进行，而且还应在侧壁上进行，因为最近的研究已经报道了基于后者的FE。我们建议在进行FE测量之前和之后都应对纤维的尖端和侧壁进行扫描电子显微镜（SEM）图像，以评估纤维形态的任何后续变化。这样的"前后"图像对可以揭示有关离子（或其他）轰击，麦克斯韦应力和FE期间自热效应对发射器造成损害的重要信息。

纤维取向问题可以通过广角X射线衍射（WAXD）来进行研究。莱斯大学曾将这项技术在不同纤维上使用，表明这些纤维的内部结构由通过范德瓦耳斯力结合在一起的CNT微纤维组成，并且这些原纤维的排列和堆积密度会影响纤维的电导率和导热率[54]。根据WAXD数据计算的Hermans取向参数表明，最佳的场发射器是由较长MWNT制成的纤维，并且这些MWNT紧密堆积且取向良好。实际上，这些纤维是具有高导热性和导电性的[134]。

这些结果表明CNF的宏观性质和纳米级内部结构之间的相关性，并可能是优化其FE性能的重要信息来源。更复杂的技术，例如具有纳米级分辨率的X射线计算机断层扫描，已应用于某些CNF。这些提供了其内部结构的三维扫描，既可以仔细观察CNT的排列，又可以识别纤维中的空隙和其他缺陷。

21.3.3 电导率和热导率测量

当弹道电子传输占优势时，单个SWNT和MWNT碳纳米管的电阻率 ρ 被测得分别低至 10^{-8} [141-142] $\Omega \cdot m$ 和 $3\times10^{-7}\Omega \cdot m$ [143-144]（为进行比较，室温铜的电阻率为 $1.7\times10^{-8}\Omega \cdot m$ [145]。）但是，在CNT生长期间存在各种缺陷或杂质会导致单个CNT的电导率通常远低于在弹道运输制度中运作的无缺陷的碳纳米管[146-147]。

将单个碳纳米管的独特性质转移到宏观上已证明是非常具有挑战性的[44,148]。CNT阵列或束中的电子传输与单个CNT中的电子传输完全不同。据报道，无论是通过垂直浮动化学气相沉积（CVD）方法直接合成的[128-129]，或者是从超强酸悬浮液中喷纺的[97]SWNT纤维的室温电阻率范围为 $1\times10^{-6} \sim 7\times10^{-6}$ $\Omega \cdot m$，比单个CNT电阻率增加了近100倍。MWNT纤维的电阻率通常比SWNT纤维的电阻率高1~2个数量级[127,149]。单个纳米管和纤维聚集体之间的巨大差异可能是由于纤维中的高杂质含量（例如无定形碳和催化颗粒），这可能引起显著的散射，严重影响了电子传输，和/或纳米管之间的接触电阻[44]。与单管的电阻不同，CNT纤维的电阻率是由两个因素决定的：单个CNT的电阻以及CNT之间的接触电阻及其对管几何形状的依赖性[150]。这表明 CNT 界面连接处的接触电阻可能在 CNT 纤维的导电行为中起重要作用。因此,可以使用两种基本方法来提高纤维的电导率:①通过提高 CNT 的取向排列并增加单个管的长度来最小化纳米管之间的接触电阻;②通过后期合成处理提高单个 CNT 的电导率[139]。这些对纤维的电导率和导热率都将产生深远的影响。在厘米长度的 CNF 上使用两点和四点探针测量电阻率,其电阻率测量是温度的函数。CNF 的热导率及其温度依赖性可以使用 3ω 方法测量[151]。

21.3.4 碳纳米管纤维尖端制备

过去,剃刀已被用于切割 CNF,以便在 CNF 尖端处暴露 CNT 用于发射电子。但是,此过程通常会导致切割不均匀和参差不齐,从而导致给定的纤维类型产生宽泛的场发射结果。另一种选择是使用激光制造工艺。纳秒(ns)和飞秒(fs)激光器都已使用。初步结果表明,飞秒激光切割采用非热切割机制,该切割机制对纤维的外围损伤最小,并且切割表面的碳积聚可忽略不计[65]。对于给定的纤维类型,应针对与飞秒激光器有关的各种参数值执行发射器制备测试,包括脉冲能量、重复频率、脉冲持续时间、平均功率和样品的横移速率。

21.3.5 全场发射表征

FE 系统应包括同时记录 FE $I(V)$ 特性和残余气体分析(RGA)数据的功能,以便对施加的(即测得的)电压进行向上和向下扫描。已经证明,特别是在工业真空条件下,在 FE 和 RGA 数据之间存在很强的相关性,因为气态物质的解吸发生在向上扫描期间,而这些物质的再吸收发生在向下扫描期间。由于自热效应或其他机制,在向上扫描的顶点附近可能会发生部分或完全破坏 CNT 的情况。因此,应在几个或多个连续扫描周期中记录 FE(和 RGA)数据,随着最大扫描电压(及相关的施加场)逐渐增加,每次向下的扫描结束时施加的电压返回到起始电压以下。观察到的 FE 特征中的环型行为可以为参与场发射过程中碳纳米管的逐渐破坏提供有价值的见解。另外,如先前对 CNT 阵列[152],扫描阳极场发射显微镜(SAFEM)技术可以提供有价值的方法,以引出与纤维尖端的 CNT 簇有关的 FE 电流图。这些图应记录为测得的引出电压的函数,理想情况下应与表观电场增强因子的变化相关。

21.3.6 碳纳米管纤维在场发射过程中的热成像

用红外热像仪捕获的热成像数据应用于记录光纤温度的空间变化。这应该根据电压循环在纤维尖端和纤维与支撑件接触的位置[65]之间的所有位置进行。将红外热像仪聚焦在纤维尖端上时,如果 FE 特性中有回路型行为,则可能在尖端温度下出现回路行为。当开发场发射过程的自热/自冷效应模型时,此类数据将很有价值。热成像结果也需要与时间相关的 RGA 测量相关。

21.3.7 场发射动力学

理想情况下,对 CNF 发射的全面研究应包括测量场发射电子的空间和能量分布以及在场发射过程到达阳极的原子种类的性质和能量分布。可以通过修改场发射系统以包括图 21-10 中所示的组件(即透明阳极、阻隔板和法拉第杯)来测量电子能量分布(EED)(尽管不是最高分辨率)。在这种方法中,来自 CNF 的场发射电子朝着透明阳极加速,然后它们以恒定速度漂移,直到它们进入由夹在两个接地栅之间的阻挡板组成的减速电位分析仪中。然后记录到法拉第杯的电子电流 $I(V_b)$ 作为势垒电压 V_b 的函数,从而产生类似于图 21-10 底部图中实线所示的曲线。

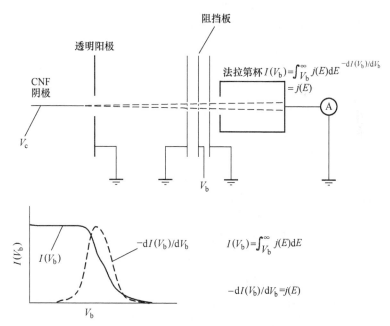

图 21-10 用于确定 FE 电子的总能量分布 $j(E)$ 的组件示意图

该系统包括 CNF 阴极、透明阳极和包含势垒板的减速电位分析仪,以及一个法拉第杯,用于记录具有足够能量克服由减速电位 V 提供的势垒的电子电流(I)。实验过程需要记录 I_b 作为 V_b 的函数。该数量相对于 V_b 的一阶导数的负数为 $j(E)$。

在任何特定的 V_b 值下,具有正常动能大于 eV_b 的电子(其中 e 是基本正电荷)将被传输;那些能量较小的将无法克服障碍因此不会被检测到。$I(V_b)$ 对 V_b 曲线的一阶导数可得出场发射电子的能量分布 $j(E)$。

除了用荧光屏代替法拉第杯以外,记录其空间分布的仪器布置将较为类似像传统的场电子显微镜一样,电子撞击屏幕导致的光发射会被照相机捕获。屏幕需要正偏置(几千伏)以优化电子-光子转换效率。观察到的发射模式将(非常轻微地模糊)直接表示场发射电子离开发射器时的空间分布。在屏幕前的阻挡板将可以检测发射中任何特定的 EED 异常。

21.3.8 "胡椒瓶"发射率表征

发射率是引出光束质量(尤其是扩展发射器)的关键指标,它与光束在相空间中所占的体积有关。当光束加速到高能量时,它限制了所引出光束的聚焦范围,并影响光束半径的演变。因此,它可以限制特定光束对任何给定应用的使用性。故表征从基于 CNF 的大面积阴极引出的电子束的发射率是确定该阴极有用性的重要步骤。由于空间电荷效应通常会导致光束的径向膨胀[153],因此发射率测量变得很复杂。为了确保发射率的测量不受空间电荷效应的影响,通常将光束引导到具有许多细缝[111,153-155]或小孔[155-156]的遮光板上,这些缝隙会阻挡大部分光束,如图 21-11 所示,但允许小光束通过遮光板。在这些称为多缝或"胡椒瓶"发射诊断的设备中,缝隙宽度或孔径必须足够小,以使透射束具有非常小的电流,以便它们的径向膨胀受发射率控制,而空间电荷效应则可以忽略不计。

这些技术已被用于测量有栏栅[155]和无栏栅[157]场发射器阵列产生的电子束的发射率。例如,Jarvis 等[157]报道了在发射器间隔为 $7\mu m$ 的无栅栏金刚石场发射器阵列上的胡椒瓶测量。在该试验中,阳极本身充当了胡椒瓶的遮光板,直径 $50\mu m$ 的孔激光加工在每隔 1mm 的阳极,产生的光束成像在下游 3.56mm 的荧光屏上。在这种配置下,每个胡椒瓶孔都对大量发射器产生的电流进行采样。由于加速场仅限于阳极-阴极区域,而下游区域是漂移区域,因此通过胡椒瓶遮光板出现的束流会发生孔径散焦,如果不考虑这一效应,会人为地增加推断的发射率。在该实验中测量的束散度表明,这种类型的均匀发射的 1mm 阴极阵列的归一化发射率约为 $1\mu m$,这对于许多应用而言是令人满意的。在参考文献[155]中,使用了更常规的配置,其中 100keV 电子枪采用皮尔斯聚焦几何结构和阳极下游的聚焦螺线管。所使用的场致发射器是从 SRI 获得,其单栅极轴向型钼场致发射器尖端在硅基板上,其中约 50000 个发射器形成了直径为 1mm 的阵列。使用 100ns 的带栏栅脉冲,可以引出高达 100pC 的束电荷,峰值电流高达 2mA。阳极下游的诊断包括带有单缝、多缝和胡椒瓶插件的可移动遮光板,使用 CCD 摄像头将光束成像在

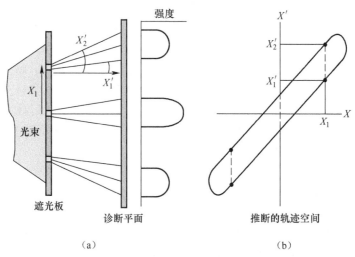

图 21-11 胡椒瓶发射率诊断

(a)电子束撞击到一个遮光板上,该遮光板会阻挡大部分电子束,但允许几个电子束通过,从而撞击诊断平面,比如荧光屏。波数的大小被选择为足够小,发射率而不是空间电荷将主导波束从遮光板到诊断仪的演变。横向速度较低(X_1')的粒子和横向速度较高(X_2')的粒子将导致波束在传播到诊断仪时向外散开。(b)每个波束提供在光束中特定位置(X_1)产生的粒子的最小散度(X_1')和最大散度(X_2')的信息。结合整个光束上多个位置的测量值,可以确定光束在轨迹空间(实心椭圆形)中的分布边界,该轨迹的面积与发射率有关。这种分布的"厚度"是由光束的发射率决定的,而方向是由光束的整体性能决定的;在此,迹线空间向右上方倾斜,与在遮光板位置发散的光束相对应。

荧光屏上。这些发射器产生的光束被认为是发射率主导的,而不是空间电荷主导的,这通过将狭缝和胡椒瓶测量结果与电磁扫描测量结果进行比较得到证实(后一种测量发射率的技术仅在空间电荷可忽略不计时适用)。使用这些技术测量的 2.4~2.8μm 的发射率并发现发射率不会随着束电荷的增加而增加,这再次表明在这种情况下空间电荷可以忽略不计。然而,在阵列中发生高压击穿事件后,发射率确实增加了,典型的击穿后发射率约为 4.5μm[155]。

21.3.9 建模

为了给上述试验提供有价值的反馈,对于具有明确规定的性能的纤维,具有用于发射特性的综合模型将是有用的。人们需要知道发射电流如何取决于所测得的施加电压以及到达大面积场电子发射器(LAFE)阳极的电子的能量特性。最终目标是改善 CNF 的场发射特性,即实现大发射电流密度,大发射电流,低启动电压,控制/测量电路中的最小和明确定义的电压损耗,自热效应最小化,到达电子束的低发射率,以及抗降解的鲁棒性。需要进行建模工作,以提供与 CNF

的生长、加工和功能化有关的有价值的反馈,具体目标是根据每个 CNT 发射器的电流,每个 CNF(具有许多单独的 CNT 发射器)的电流以及构建为 CNF 阵列的 LAFE 的发射特性来优化 CNF 的 FE 特性。特别是,应该重复图 21-9 所示的迭代过程,直到对 CNF 失效之前负责使发射电流最大化的物理机制充分了解为止。同样的模型对于将发射量度(束电荷,速度和能量扩散)与设备性能相关联的专用束光学代码也将具有不可估量的价值,这种能力在发射出现问题时变得尤为重要,例如小束隧道[8](如太赫兹真空微电子学)或发射率要求(如自由电子激光器和粒子加速器)。

就其技术应用而言,上述详细的科学探究平台将极大地帮助充分表征 CNF 和相关 LAFE 的场发射。鉴于迫切需要用于紧凑型、高功率和高频真空电子设备以及粒子加速器的先进冷阴极电子发射器,它将为如何改善其性能提供见解[158]。此外,该平台可以用作比较不同小组对 CNF 进行场发射测试的有价值的工具。希望该平台可以引领新的冷阴极的开发,这些阴极能够在低于 1000℃ 的温度下运行,提供至少 10mA 的总发射电流,且宏观电流密度远超过 $10^5 A/m^2$ 的几倍,并且能够进行至少 1h 的 CW 操作。

为了有意义地比较不同组的不同光纤的场发射数据,建议至少执行以下一组试验:

(1) 特定 CNF 的制造商应提供有关所用 CNT 类型的尽可能多的详细信息,因为这将对纤维顶点处的 CNT 阵列产生深远的影响。优选地,应当知道用于制造纤维的 CNT 的电导率和热导率及其热依赖性。几个小组已经报道了单个碳纳米管的电导率和热导率值[139-174]。

关于用于形成纤维尖端的切割技术,我们的经验表明,使用剃须刀或 FIB 产生的 CNF 尖端最不可靠,因为 CNT 阵列可能显示出大量损坏或无定形碳的存在,而这两种都不利于纤维的场发射特性。最好的方法是使用脉冲激光制造,这应该为特定光纤的 FE 特性带来最可靠和可重复的值。应该深入研究切削工艺细节对 FE 特性的影响。要研究的变量应包括最大脉冲能量、重复频率、脉冲持续时间以及激光器在纤维上的扫描速率。

(2) 在进行场发射分析之前和之后,应检测 CNF 尖端和侧壁的 SEM 图像,因为这提供了有关参与场发射过程的某些 CNT 的部分破坏的关键信息,如图 21-5 所示。

(3) 沿着纤维轴的焦耳加热的重要性应通过确定温度对纤维的电导率和热导率的依赖性来评估。这需要在从室温到几百摄氏度的范围内进行。这些数据对于开发 CNF 加热机理的精确模型至关重要,这将在第 22 章中详细讨论。可以使用 3ω 方法[151]测量 CNF 的电导率和热导率及其温度依赖性。最终,可能还需要开发微观模型与以此方式获得的试验数据进行比较。由于人们对使用 CNF 替代电线中的铜导线感兴趣[174],最近有文献报道了这类工作。

(4) CNF 的场发射研究应包括同步记录 $I(V)$ 特性,残留气体分析(RGA)数据和使用红外热像仪记录纤维温度分布。由于 RGA 操作使用热灯丝,因此应使用遮光板,以避免来自灯丝发出的信号使 IR 摄像机饱和。如果没有使用遮光板,则应进行两组测量,其中一次运行记录 FE 和 RGA 数据,然后在同一根纤维上进行另一次运行以记录场发射数据和沿纤维的温度曲线。测量应按一系列"调节"阶段进行,其中将施加的电压扫描到最大,然后又降低到起始以下,在这一过程中最大扫描电压逐渐增加。这种方法将能够评估不可重复的 $I(V)$ 的行为如何演变。正如下一章所讨论的,这种行为与发射的 CNT 在纤维顶点处被破坏的比例有关,该比例是最大施加电压的函数。

由于 RGA 信号具有环境背景成分,这是由于从真空室壁和其他部分的物质热解吸所致,因此应在关闭施加电压的情况下记录 RGA 信号,以便可以建立这种纯热成分。

给定类型纤维的场发射特性的可重复性和可靠性应当通过在为 CNF 发射器选择"典型切割工艺"(即为激光切割工艺定义了标准条件)的同时对名义上等效的 CNF(相同的长度和半径,并以类似的方式连接至散热器卡盘)进行场发射研究来测试。然后应使用标准的阳极-纤维-顶点的分离。理想情况下,应将相同方式制备的相同尺寸的 CNF 阵列同时安装在真空室中,以使其暴露于相同的真空环境中。预期至少研究 5 种纤维应有助于获得有关可重现性特征的一些见识。

(5) 必须开发纤维场发射特性的模型,以尽可能复制上述试验布置。参考文献中描述的[175]并在下一章中进行了详尽讨论的多尺度模型非常适合于发射器描述的统计方面(因为它的蒙特卡洛方法用于处理纤维尖端处 CNT 阵列的有限元分析),但是在试验装置的静电方面需要进一步研究和发展。

在第 22 章中,参考文献中提到的多尺度模型[175]被用于研究自热效应对 CNF 的场发射特性的影响及其对纤维电导率和热导率乘积的依赖性。我们还研究了 CNF 的场发射的敏感性,在纤维尖端的 CNT 的尺寸和数量变化。还分析了纤维柄和碳纳米管在其尖端的场增强因子对 CNF 的场发射性能的影响。最后,第 22 章还研究了静电屏蔽对两个 CNF 的场发射特性的影响,其为两个纤维尖端之间距离的函数。

参 考 文 献

[1] S. Tsujino, P. Das Kanungo, M. Monshipouri, C. Lee, T. Yamada, G. Kassier, R. J. D. Miller, Measurement of transverse emittance and coherence of double-gate field emitter array cathodes, Nat. Commun. 7 (2016) 13976.

[2] J. -M. Bonard, J. -P. Salvetat, T. St€ockli, W. A. de Heer, L. Forro', A. Ch^atelain, Field

emission from singlewall carbon nanotube films, Appl. Phys. Lett. 73 (1998) 918.

[3] J.-M. Bonard, H. Kind, T. St € ockli, L.-O. Nilsson, Field emission from carbon nanotubes: the first five years, Solid State Electron. 45 (2001) 893.

[4] W. Zhu (Ed.), Vacuum Microelectronics, Wiley, New York, 2001.

[5] G. N. Fursey, Field Emission in Vacuum Microelectronics, Kluwer, New York, 2001.

[6] W. I. Milne, E. Minoux, O. Groening, L. Gangloff, L. Hudanski, J.-P. Schnell, D. Dieumegard, F. Peauger, I. Y. Y. Bu, M. S. Bell, P. Legangeux, G. Hasko, G. A. J. Amaratunga, Aligned carbon nanotubes/fibers for applications in vacuum microwave amplifiers, J. Vac. Sci. Technol. B 24 (2006) 345.

[7] K. L. Jensen, Electron Emission Physics, Advances in Imaging and Electron Physics, vol. 149, Elsevier, Amsterdam, 2007.

[8] J. H. Booske, Plasma physics and related challenges of millimeter-wave-to-terahertz and high power microwave generation, Phys. Plasma 15 (2008) 055502.

[9] P. W. Hawkes (Ed.), Cold Field Emission and Scanning Transmission Electron Microscope, In: Advances in Imaging and Electron Physics, vol. 159, Elsevier, Amsterdam, 2009.

[10] H. M. Manohara, R. Toda, R. H. Lin, A. Liao, M. J. Bronikowski, P. H. Siegel, Carbon nanotube bundle array cold cathodes for THz vacuum tube sources, J. Infrared Millimeter Terahertz Waves 30 (2009) 1338.

[11] Y. Saito (Ed.), Carbon Nanotubes and Related Field Emitters, Wiley-VCH, Weinheim, 2010.

[12] S. H. Heo, A. Ishan, S. H. Yoo, G. Aki, S. O. Cho, Stable field emitters for a miniature X-ray tube using carbon nanotube drop drying on a flat metal tip, Nanoscale Res. Lett. 5 (2010) 720.

[13] A. V. Eletskii, Carbon nanotube based electron field emitters, Physics-Uspekhi 53 (2010) 863.

[14] J. H. Booske, R. J. Dobb, C. D. Joye, C. L. Kory, G. R. Neil, G.-S. Park, J. Park, R. J. Temkin, Vacuum electronic high power terahertz sources, IEEE Trans. Terahertz Sci. Technol. 1 (2011) 54.

[15] N. V. Egorov, E. P. Sheshin, Field Emission Electronics, Springer, Cham, Switzerland, 2017 (Translated from Russian-Language Version, 2011).

[16] J. Lee, Y. Jung, J. Song, J. S. Kim, G.-W. Lee, H. J. Jeong, Y. Jeong, High-performance field emission from a carbon nanotube carpet, Carbon 50 (2012) 3889.

[17] G. S. Bocharov, A. V. Eletskii, Theory of carbon nanotube (CNT)-based electron field emitters, Nano 3 (2013) 393.

[18] A. Nojeh, Carbon nanotube electron sources: from electron beams to energy conversion and optophononics, ISRN Nanomater. 2014 (2014) 879827.

[19] Y. Li, Y. Sun, J. T. W. Yeow, Nanotube field electron emission: principles, development, and applications, Nanotechnology 26 (2015) 242001.

[20] A. Evtukh, H. Hartnagel, Yilmazoglu, H. Mimura, D. Pavlidis, Vacuum Nanoelectronic Devices, Wiley, Chichester, UK, 2015.

[21] M. T. Cole, M. Mann, K. B. K. Teo, W. I. Milne, Engineered carbon nanotube field emission devices, in: W. Ahmad, M. J. Jackson (Eds.), Emerging Nanotechnologies for Manufacturing, 2nd ed. , Elsevier, Amsterdam, 2015 (Chapter 5).

[22] G. Gaertner (Ed.), Vacuum Electronic Devices (Provisional Title), Springer, New York, 2017 (in preparation).

[23] M. -F. Yu, O. Lourie, M. J. Dyer, K. Moloni, T. F. Kelly, R. S. Ruoff, Strength and breaking mechanism of multiwalled carbon nanotubes under tensile load, Science 287 (2000) 637.

[24] M. F. L. De Volder, S. H. Tawfick, R. H. Baughman, A. J. Hart, Carbon nanotubes: present and future commercial applications, Science 339 (2013) 535.

[25] P. G. Collins, P. Avouris, Nanotubes for electronics, Sci. Am. 283 (2000) 62.

[26] G. Chen, D. H. Shin, T. Iwasaki, H. Kawarada, C. J. Lee, Enhanced field emission properties of vertically aligned double-walled carbon nanotube arrays, Nanotechnology 19 (2008)415703.

[27] X. Caldero'n-Colo'n, H. Geng, B. Gao, L. An, G. Cao, O. Zhou, A carbon nanotube field emission cathode with high current density and long-term stability, Nanotechnology 20 (2009)325707.

[28] N. Perea-Lopez, B. Rebollo-Plata, J. A. Briones-Leo'n, A. Morelos-Go'mez, D. Herna'ndez-Cruz, G. A. Hirata, V. Meunier, A. R. Botello-Mendez, J. -C. Charlier, B. Maruyama, E. Muno~zSandoval, F. Lo'pez-Urias, M. Terrones, H. Terrones, Millimeter-long carbon nanotubes: outstanding electron-emitting sources, ACS Nano 5 (2011) 5072.

[29] M. Chen, C. M. Yeh, J. S. Syu, J. Hwang, C. S. Kou, Field emission from carbon nanosheets on pyramidal Si (100), Nanotechnology 18 (2007) 185706.

[30] V. A. Krivchenko, A. A. Pilevsky, A. T. Rakhimov, B. V. Seleznev, N. V. Suetin, M. A. Timofeyev, A. V. Bespalov, O. L. Golikova, Nanocrystalline graphite: promising material for high current field emission cathodes, J. Appl. Phys. 107 (2010) 014315.

[31] A. Levesque, V. T. Binh, V. Semet, D. Guillot, R. Y. Fillit, M. D. Brookes, T. P. Nguyen, Monodisperse carbon nanopearls in a foam-like arrangement: a new carbon nano-compound for cold cathodes, Thin Solid Films 464 (2004) 308.

[32] R. Mouton, V. Semet, D. Kilgour, M. D. Brookes, V. T. Binh, Polymer embedded C nanopearls field emission cathodes for time of flight mass spectrometers, J. Vac. Sci. Technol. B 26 (2008) 755.

[33] K. Subramanian, R. Schroeder, W. P. Kang, J. L. Davidson, Development of a vacuum packaged nanodiamond lateral field emission device, J. Vac. Sci. Technol. B 27 (2009) 15.

[34] S. Raina, W. P. Kang, J. L. Davidson, Field emission from nanodiamond grown with 'ridge' type geometrically enhanced features, Diam. Relat. Mater. 17 (2008) 790.

[35] V. Guglielmotti, S. Chieppa, S. Orlanducci, E. Tamburri, F. Toschi, M. L. Terranova, M.

Rossi, Carbon nanotube/nanodiamond structures: an innovative concept for stable and ready-to-start electron emitters, Appl. Phys. Lett. 95 (2009) 222113.

[36] J.-M. Bonard, M. Croci, C. Klinke, R. Kurt, O. Noury, N. Weiss, Carbon nanotube films as electron field emitters, Carbon 40 (2002) 1715.

[37] R. G. Forbes, Development of a simple quantitative test for lack of field emission orthodoxy, Proc. R. Soc. Lond. A 469 (2013) 20130271.

[38] R. G. Forbes, J. H. B. Deane, A. Fischer, M. S. Mousa, Fowler-Nordheim plot analysis: a progress report, Jordan J. Phys. 3 (2015) 125.

[39] V. T. Binh, S. T. Purcell, N. Garcia, J. Doglioni, Field-emission electron spectroscopy of single-atom tips, Phys. Rev. Lett. 69 (1992) 2527.

[40] W. Choi, D. S. Chung, J. H. Kang, H. Y. Kim, Y. W. Jin, I. T. Han, Y. H. Lee, J. E. Jung, N. S. Lee, G. S. Park, J. M. Kim, Fully sealed, high-brightness carbon-nanotube field-emission display, Appl. Phys. Lett. 75 (1999) 3129.

[41] J.-M. Bonard, F. Maier, T. St€ockli, A. Ch^atelain, W. A. de Heer, J.-P. Slavetat, L. Forro', Field emission properties of multiwalled carbon nanotubes, Ultramicroscopy 73 (1998) 7.

[42] J.-M. Bonard, J.-P. Slavetat, T. St€ockli, L. Forro', A. Ch^atelain, Field emission from carbon nanotubes: perspectives for applications and clues to the emission mechanism, Appl. Phys. A Mater. Sci. Process. 69 (1999) 245.

[43] W. Zhu, C. Bower, O. Zhou, G. Kochanski, S. Jin, Large current density from carbon nanotube field emitters, Appl. Phys. Lett. 75 (1999) 873.

[44] A. Lekawa-Raus, J. Patmore, L. Kurzepa, J. Bulmer, K. Koziol, Electrical properties of carbon nanotube based fibers and their future use in electrical wiring, Adv. Funct. Mater. 24 (2014) 3661.

[45] Q. Li, Y. Li, X. Zhang, S. B. Chikannanavar, Y. Zhao, A. M. Dangelewicz, L. Zheng, S. K. Doorn, Q. Jia, D. E. Peterson, P. N. Arendt, Y. Zhu, Structure-dependent electrical properties of carbon nanotube fibers, Adv. Mater. 19 (2007) 3358.

[46] C. Subramaniam, T. Yamada, K. Kobashi, A. Sekiguchi, D. Futaba, M. Yumura, K. Hata, One hundred fold increase in current carrying capacity in a carbon nanotube-copper composite, Nat. Commun. 4 (2013) 2202.

[47] C. Li, G. Fang, X. Yang, N. Liu, Y. Liu, X. Zhao, Effect of adsorbates on field emission from flamesynthesized carbon nanotubes, J. Phys. D. Appl. Phys. 41 (2008) 195401.

[48] V. P. Mammana, T. E. A. Santos, A. P. mammana, V. Baranauskas, H. J. Ceragioli, A. C. Peterlevitz, Field emission properties of porous diamond-like films produced by chemical vapor deposition, Appl. Phys. Lett. 81 (2002) 3470.

[49] S. E. Yue, C. Z. Gu, C. Y. Shi, C. Y. Zhi, Field emission characteristics of oriented-AlN thin film on tungsten tip, Appl. Surf. Sci. 251 (2005) 215.

[50] A. Arkhipov, M. Mishin, I. Parygin, Hysteresis of pulsed characteristics of field emission from

nanocarbon materials, Surf. Interface Anal. 39 (2007) 149.

[51] S. C. Lim, H. J. Jeong, Y. S. Park, D. S. Bae, Y. C. Choi, Y. M. Shin, W. S. Kim, K. H. Ang, Y. H. Lee, Fieldemission properties of vertically aligned carbon-nanotube array dependent on gas exposures and growth conditions, J. Vac. Sci. Technol. A 19 (2001) 1786.

[52] K. H. Park, S. Lee, K. H. Koh, Growth and high current field emission of carbon nanofiber films with electroplated Ni catalyst, Diam. Relat. Mater. 14 (2005) 2094.

[53] L. Nilsson, O. Groening, P. Groening, L. Schlapbach, Collective emission degradation behavior of carbon nanotube thin film electron emitters, Appl. Phys. Lett. 79 (2001) 1036.

[54] V. V. Zhirnov, C. Lizzul-Rinne, G. J. Wojak, R. C. Sanwald, J. J. Hren, 'Standardization' of field emission measurements, J. Vac. Sci. Technol. B 19 (2001) 87.

[55] F. S. Baker, A. R. Osborn, J. Williams, The carbon-fibre field emitter, J. Phys. D. Appl. Phys. 7 (1974) 2105.

[56] M. Radmilovic-Radjenovic, B. Radjenovic, Theoretical study of the electron field emission phenomena in the generation of a micrometer scale discharge, Plasma Sources Sci. Technol. 17 (2008) 024005.

[57] R. V. Latham, High Voltage Vacuum Insulation: A New Perspective, AuthorHouse, Bloomington, USA, 2006.

[58] S. Fairchild, T. Boeckl, T. C. Back, J. B. Ferguson, H. Koerner, P. T. Murray, B. Marayuma, M. A. Lange, M. M. Cahay, N. Behabtu, C. C. Young, M. Pasquali, N. P. Lockwood, K. L. Averett, G. Gruen, D. E. Tsentalovich, Morphology dependent field emission of acid-spun carbon nanotube fibers, Nanotechnology 26 (2015) 105706.

[59] N. Shimoi, S.-I. Tanaka, Numerical analysis of electron emission site distribution of carbon nanofibers for field emission properties, ACS Appl. Mater. Interfaces 5 (2013) 768.

[60] N. Shimoi, S.-I. Tanaka, Numerically optimized bundle size and distribution of carbon nanofibers for a field emitter, Carbon 48 (2010) 905.

[61] J.-M. Bonard, C. Klinke, K. A. Dean, B. F. Coll, Degradation and failure of carbon nanotube field emitters, Phys. Rev. B 67 (2003) 115406.

[62] J. S. Suh, K. S. Jeong, J. S. Lee, I. Han, Study of the field-screening effect of highly ordered carbon nanotube arrays, Appl. Phys. Lett. 80 (2002) 2392.

[63] C. Paulker, K. K. K. Koziol, Ultra-pure single wall carbon nanotube fibres continuously spun without promoter, Sci. Rep. 4 (2014) 3903.

[64] M. Cahay, P. T. Murray, T. C. Back, S. Fairchild, J. Boeckl, J. Bulmer, K. K. K. Koziol, G. Gruen, M. Sparkes, F. Orozco, W. O'Neill, Hysteresis during field emission from chemical vapor deposition synthesized carbon nanotube fibers, Appl. Phys. Lett. 105 (2014) 173107.

[65] S. B. Fairchild, J. S. Bulmer, M. Sparkes, J. Boeckl, M. Cahay, T. C. Back, P. T. Murry, G. Gruen, M. Lange, N. P. Lockwood, F. Orozco, W. O'Neil, C. Paukner, K. K. K. Koziol, Field emission from laser cut CNT fibers and films, J. Mater. Res. 29 (2014) 392.

[66] K. A. Dean, P. von Allmen, B. R. Chalamala, Three behavioral states observed in field emission from singlewalled carbon nanotubes, J. Vac. Sci. Technol. B 17 (1999) 1959.

[67] P. H. Cutler, J. He, J. Miller, N. M. Miskovsky, B. Weiss, T. E. Sullivan, Theory of electron emission in high fields from atomically sharp emitters: validity of the Fowler-Nordheim equation, J. Vac. Sci. Technol. B 11 (1993) 387.

[68] M. Doytcheva, M. Kaiser, N. de Jonge, In situ transmission electron microscopy investigation of the structural changes in carbon nanotubes during electron emission at high currents, Nanotechnology 17 (2006) 3226.

[69] R. H. Fowler, L. Nordheim, Electron emission in intense electric fields, Proc. R. Soc. Lond. A: Math. Phys. Eng. Sci. 119 (1928) 173.

[70] K. L. Jensen, Y. Y. Lau, D. W. Feldman, P. G. O'Shea, Electron emission contributions to dark current and its relation to microscopic field enhancement and heating in accelerator structures, Phys. Rev. Spec. Top. Accel. Beams 11 (2008) 081001.

[71] M. Dionne, S. Coulombe, J. -L. Meunier, Field emission calculations revisited with murphy and good theory: a new interpretation of the Fowler-Nordheim plot, J. Phys. D. Appl. Phys. 41 (2008) 245304.

[72] K. L. Jensen, Exchange-correlation, dipole, and image charge potentials for electron sources: temperature and field variation of the barrier height, J. Appl. Phys. 85 (1999) 2667.

[73] K. L. Jensen, General formulation of thermal, field, and photoinduced electron emission, J. Appl. Phys. 102 (2007) 024911.

[74] A. Mayer, J. P. Vigneron, Transfer-matrix quantum-mechanical theory of electronic field emission from nanotips, J. Vac. Sci. Technol. B 17 (1999) 506.

[75] G. Kokkorakis, A. Modinos, J. P. Xanthakis, Local electric field at the emitting surface of a carbon nanotube, J. Appl. Phys. 91 (2002) 4580.

[76] X. Q. Wang, M. Wang, P. M. He, Y. B. Xu, Z. H. Li, Model calculation for the field enhancement factor of carbon nanotube, J. Appl. Phys. 96 (2004) 6752.

[77] M. S. Wang, J. Y. Wang, L. -M. Peng, Engineering the cap structure of individual carbon nanotubes and corresponding electron field emission characteristics, Appl. Phys. Lett. 88 (2006) 243108.

[78] S. T. Purcell, P. Vincent, C. Journet, V. T. Binh, Hot nanotubes: stable heating of individual multiwall carbon nanotubes to 2000 K induced by the field-emission current, Phys. Rev. Lett. 88 (2002) 105502.

[79] C. M. Marrese, J. E. Polk, K. L. Jensen, A. D. Galimore, C. A. Spindt, R. L. Fink, W. D. Palmer, Performance of field emission cathodes in xenon electric propulsion system environments, in: A. D. Ketsdever, M. D. Micci (Eds.), Micropropulsion for Small Spacecraft, American Institute of Aeronautics and Astronautics, Reston, VA, 2000, p. 271 (Chapter 11).

[80] J. Chen, J. Li, J. Yang, X. Yan, B. -K. Tay, Q. Xue, The hysteresis phenomenon of the

field emission from the graphene film, Appl. Phys. Lett. 99 (2011) 173104.

[81] P. T. Murray, T. C. Back, M. M. Cahay, S. B. Fairchild, B. Marayuma, N. P. Lockwodd, M. Pasquali, Evidence for adsorbate-enhanced field emission from carbon nanotube fibers, Appl. Phys. Lett. 103 (2013) 053113.

[82] P. Yaghoobi, M. K. Alam, K. Walus, A. Nojeh, High subthreshold field-emission current due to hydrogen adsorption in single-walled carbon nanotubes: a first-principles study, Appl. Phys. Lett. 95 (2009) 262102.

[83] K. A. Dean, Field emission from single-wall nanotubes, in: Y. Saito (Ed.), Carbon Nanotubes and Related Field Emitters, Wiley-VCH, Weinheim, 2010 (Chapter 10).

[84] C. Y. Zhi, X. D. Bai, E. G. Wang, Enhanced field emission from carbon nanotubes by hydrogen plasma treatment, Appl. Phys. Lett. 81 (2002) 1690. REFERENCES 535.

[85] K. H. Park, S. Lee, K. H. Koh, High current field emission behavior of carbon nanofiber film: adsorbate effects, J. Vac. Sci. Technol. B 24 (2006) 1353.

[86] A. Gonza'lez-Berrı́'os, B. R. Weiner, G. Morell, Effects of adsorbates on field emission reproducibility of sulfur-incorporated nanocomposite carbon films, J. Vac. Sci. Technol. B 25 (2007) 318.

[87] A. Maiti, J. Andzelm, N. Tanpipat, P. von Allmen, Effect of adsorbates on field emission from carbon nanotubes, Phys. Rev. Lett. 87 (2001) 155502.

[88] H. Z. Zhang, R. M. Wang, Y. W. Zhu, Effect of adsorbates on field-electron emission from ZnO nanoneedle arrays, J. Appl. Phys. 96 (2004) 624.

[89] R. Pati, Y. Zhang, S. K. Nayak, P. M. Ajayan, Effect of H_2O adsorption on electron transport in a carbon nanotube, Appl. Phys. Lett. 81 (2002) 2638.

[90] C. Kim, Y. S. Choi, S. M. Lee, J. T. Park, B. Kim, Y. H. Lee, The effect of gas adsorption on the field emission mechanism of carbon N72 nanotubes, J. Am. Chem. Soc. 124 (2002) 9906.

[91] N. Behabtu, C. C. Young, D. E. Tsentalovich, O. Kleinerman, X. Wang, A. W. K. Ma, E. Bengio, R. F. ter Waarbeek, J. J. de Jong, R. E. Hoogerwerf, S. B. Fairchild, J. B. Ferguson, B. Marayuma, J. Kono, Y. Talmon, Y. Cohen, M. J. Otto, M. Pasquali, Strong, light, multifunctional fibers of carbon nanotubes with ultrahigh conductivity, Science 339 (2013) 182.

[92] A. E. Aliev, C. Guthy, M. Zhang, S. Fang, A. A. Zakhidov, J. E. Fischer, R. H. Baughman, Thermal transport in MWCNT sheets and yarns, Carbon 45 (2007) 2880.

[93] M. B. Jakubinek, M. B. Johnson, M. A. White, C. Jayasinghe, G. Li, W. Cho, M. J. Schulz, V. Shanov, Thermal and electrical conductivity of array-spun multi-walled carbon nanotube yarns, Carbon 50 (2012) 244.

[94] E. Mayhew, V. Prakash, Thermal conductivity of high performance carbon nanotube yarn-like fibers, J. Appl. Phys. 115 (2014) 174306.

[95] L. M. Ericson, H. Fan, H. Peng, V. A. Davis, W. Zhou, J. Sulpizio, Y. Wang, R. Booker,

J. Vavro, C. Guthy, A. N. G. Parra-Vasquez, M. J. Kim, S. Ramesh, R. K. Saini, C. Kittrel, G. Lavin, H. Schmidt, W. W. Adams, W. E. Billups, M. Pasquali, W. -F. Hwang, R. H. Hauge, J. E. Fischer, R. E. Smalley, Macroscopic, neat, single-walled carbon nanotube fibers, Science 305 (2004) 1447.

[96] S. Imaizumi, H. Matsumoto, Y. Konosu, K. Tsuboi, M. Minagawa, A. Tanioka, K. K. K. Koziol, A. H. Windle, Top-down process based on electrospinning, twisting, and heating for producing onedimensional carbon nanotube assembly, ACS Appl. Mater. Interfaces 3 (2011) 469.

[97] W. Zhou, J. Vavro, C. Guthy, K. I. Winey, J. E. Fischer, Single wall carbon nanotube fibers extruded from super-acid suspensions: preferred orientation, electrical, and thermal transport, J. Appl. Phys. 95 (2004) 649.

[98] P. Vincent, S. T. Purcell, C. Journet, V. T. Binh, Modelization of resistive heating of carbon nanotubes during field emission, Phys. Rev. B 66 (2002)075406.

[99] J. A. Sanchez, M. P. Meng € uc, K. -F. Hii, R. R. Vallance, Heat transfer within carbon nanotubes during electron field emission, J. Thermophys. Heat Transf. 22 (2008) 281.

[100] J. A. Sanchez, M. P. Meng € uc, Geometry dependence of the electrostatic and thermal response of a carbon nanotube during field emission, Nanotechnology 19 (2008) 075702.

[101] M. S. Chung, Y. J. Jang, A. Mayer, B. L. Weiss, N. M. Miskovsky, P. H. Cuther, Theoretical analysis of the energy exchange and cooling in field emission from the conduction band of the n-type semiconductor, J. Vac. Sci. Technol. B 27 (2009) 692.

[102] W. Wei, Y. Wie, K. Jiang, L. -M. Peng, S. Fan, Tip cooling effect and failure mechanism of field-emitting carbon nanotubes, Nano Lett. 7 (2007) 64.

[103] M. S. Chung, S. C. Hong, A. Mayer, P. H. Cutler, B. L. Weiss, N. M. Miskovsky, New analysis of electron energy exchange and cooling in semiconductors, Appl. Phys. Lett. 92 (2008) 083505.

[104] M. Dionne, S. Coulombe, J. -L. Meunier, Energy exchange during electron emission from carbon nanotubes: considerations on tip cooling effect and destruction of the emitter, Phys. Rev. B 80 (2009) 085429.

[105] J. Xu, K. L € auger, R. M € oller, K. Dransfeld, W. IH, Energy-exchange processes by tunneling electrons, Appl. Phys. A Mater. Sci. Process. 59 (1994) 155.

[106] N. Bundaleski, J. Triguerio, A. G. Silva, A. M. C. Moutinho, O. M. N. D. Teodoro, Influence of the patch field on work function measurements based on the secondary electron emission, J. Appl. Phys. 113 (2013) 183720.

[107] S. T. Purcell, P. Vincent, Journet, V. T. Binh, Tuning of nanotube mechanical resonances by electric field pulling, Phys. Rev. Lett. 89 (2002) 276103.

[108] P. H. Cutler, M. S. Chung, N. M. Miskovsky, T. E. Sullivan, B. L. Weiss, A new model for the replacement process in electron emission at high fields and temperatures, Appl. Surf. Sci. 76 (1994) 1.

[109] D. Penn, R. Gomer, M. H. Cohen, Energy distribution in field emission from adsorbate-covered surfaces, Phys. Rev. B 5 (1972) 768.

[110] M. Reiser, Theory and Design of Charged Particle Beams, Wiley, New York, 1999, 60.

[111] C. A. Brau, Free-Electron Lasers, Academic Press, Boston, 1990.

[112] D. W. Tuggle, J. Jiao, L. F. Dong, Field emission current fluctuations from isolated carbon nanotubes, Surf. Interface Anal. 36 (2004) 489.

[113] M. A. Gesley, L. W. Swanson, Spectral analysis of adsorbate induced field-emission flicker noise, Phys. Rev. B 32 (1985) 7703.

[114] G. W. Timm, A. Van der Ziel, Noise in field emission diodes, Physica 32 (1966) 1333.

[115] C. H. Kleint, Surface diffusion model of adsorption-induced field emission flicker noise: I. Theory, Surf. Sci. 25 (1971) 394.

[116] R. Gomer, Current fluctuations from small regions of adsorbate covered field emitters: a method for determining diffusion coefficients on single crystal planes, Surf. Sci. 38 (1973) 373.

[117] Y. Wei, C. Xie, K. A. Dean, B. F. Coll, Stability of carbon nanotubes under electric field studied by scanning electron microscopy, Appl. Phys. Lett. 79 (2001) 4527.

[118] Y. Gotoh, Y. Kawamura, T. Niiya, T. Ishibashi, D. Nicolaescu, H. Tsuji, J. Ishikawa, A. Hosono, S. Nakata, S. Okuda, Derivation of length of carbon nanotube responsible for electron emission from field emission characteristics, Appl. Phys. Lett. 90 (2007) 203107.

[119] G. Chen, D. H. Shin, S. Roth, C. J. Lee, Improved field emission stability of thin multiwalled carbon nanotube emitters, Nanotechnology 21 (2009) 015704.

[120] L. Nilsson, O. Groening, C. Emmenegger, O. Kuettel, E. Schaller, L. Schlapbach, H. Kind, J.-M. Bonard, K. Kern, Scanning field emission from patterned carbon nanotube films, Appl. Phys. Lett. 76 (2000) 2071.

[121] M. S. Chung, P. H. Cutler, N. M. Miskovsky, T. E. Sullivan, Energy exchange processes in electron emission at high fields and temperatures, J. Vac. Sci. Technol. B 12 (1994) 727.

[122] M. Sveningsson, K. Hansen, K. Svensson, E. Olsson, E. E. B. Campbell, Quantifying temperature-enhanced electron field emission from individual carbon nanotubes, Phys. Rev. B 72 (2005) 085429.

[123] Z. L. Wang, R. P. Gao, W. A. de Heer, P. Poncharal, In situ imaging of field emission from individual carbon nanotubes and their structural damage, Appl. Phys. Lett. 80 (2002) 856.

[124] C. W. Baik, J. Lee, J. H. Choi, I. Jung, H. R. Choi, Y. W. Jin, J. M. Kim, Structural degradation mechanism of multiwalled carbon nanotubes in electrically treated field emission, Appl. Phys. Lett. 96 (2010) 023105.

[125] N. Y. Huang, J. C. She, J. Chen, S. Z. Deng, N. S. Xu, H. Bishop, S. E. Huq, L. Wang, D. Y. Zhong, E. G. Wang, D. M. Chen, Mechanism responsible for initiating carbon nanotube vacuum breakdown, Phys. Rev. Lett. 93 (2004) 075501.

[126] B. Vigolo, A. Penicaud, C. Coulon, C. Sauder, R. Pailler, C. Journet, P. Bernier, P.

Poulin, Macroscopic fibers and ribbons of oriented carbon nanotubes, Science 290 (2000) 1331.

[127] M. Zhang, K. R. Atkinson, R. H. Baughman, Multifunctional carbon nanotube yarns by downsizing an ancient technology, Science 306 (2004) 1358.

[128] H. W. Zhu, C. L. Xu, D. H. Wu, B. Q. Wei, R. Vajtai, P. M. Ajayan, Direct synthesis of long single-walled carbon nanotube strands, Science 296 (2002) 884.

[129] Y.-L. Li, I. A. Kinloch, A. H. Windle, Direct spinning of carbon nanotube fibers from chemical vapor deposition synthesis, Science 304 (2004) 276.

[130] J. J. Vilatela, A. H. Windle, Yarn-like carbon nanotube fibers, Adv. Mater. 22 (2010) 4959.

[131] P. Liu, A. Lam, Z. Fan, T. Q. Tran, H. M. Duong, Advanced multifunctional properties of aligned carbon nanotube-epoxy thin film composites, Mater. Des. 87 (2015) 600.

[132] P. Liu, T. Q. Tran, Z. Fan, H. M. Duong, Formation mechanisms and morphological effects on multi-properties of carbon nanotube fibers and their polyimide aerogel-coated composites, Compos. Sci. Technol. 117 (2015) 114.

[133] T. Q. Tran, Z. Fan, P. Liu, S. M. Myint, H. M. Duong, Super-strong and highly conductive carbon nanotube ribbons from post-treatment methods, Carbon 99 (2016) 407.

[134] K. K. K. Koziol, J. Vilatela, A. Moisala, M. Motta, P. Cunniff, M. Sennett, A. H. Windle, High-performance carbon nanotube fiber, Science 318 (2007) 1892.

[135] M. Miao, Electrical conductivity of pure carbon nanotube yarns, Carbon 49 (2011) 3755.

[136] T. F. Gspann, F. R. Small, A. H. Windle, Spinning of carbon nanotube fibres using the floating catalyst high temperature route: purity issues and the critical role of sulphur, Faraday Discuss. 173 (2014) 47.

[137] J. Wang, Y. K. Chen-Wiegart, J. Wang, High-strength carbon nanotube fibre-like ribbon with high ductility and high electrical conductivity, Nat. Commun. 5 (2014) 4570.

[138] F. Meng, J. Zhao, Y. Ye, X. Zhang, Q. Li, Carbon nanotube fibers for electrochemical applications: effect of enhanced interfaces by an acid treatment, Nanoscale 4 (2012) 7464.

[139] Q. Li, Y. Li, X. Zhang, S. B. Chikkannanavar, Y. Zhao, A. M. Dangelewicz, L. Zheng, S. K. Doorn, Q. Jia, D. E. Peterson, P. N. Arendt, Y. Zhu, Structure-dependent electrical properties of carbon nanotube fibers, Adv. Mater. 19 (2007) 3358.

[140] R. Saito, G. Dresselhaus, M. S. Dresselhaus, Physical Properties of Carbon Nanotubes, Imperial College Press, London, 1998.

[141] P. L. McEuen, M. S. Fuhrer, H. Park, Single walled carbon nanotube electronics, IEEE Trans. Nanotechnol. 99 (2002) 78.

[142] B. Gao, Y. F. Chen, M. S. Fuhrer, D. C. Glattli, A. Bachtold, Four-point resistance of individual single-wall carbon nanotubes, Phys. Rev. Lett. 95 (2005) 196802.

[143] A. Bachtold, M. Henny, C. Terrier, C. Strunk, C. Sch € onenberger, J. P. Salvetat, J.-M. Bonard, L. Forro, Contacting carbon nanotubes selectively with low-ohmic contacts for

four-probe electric measurements, Appl. Phys. Lett. 73 (1998) 274.

[144] C. Berger, Y. Yi, Z. L. Wang, W. A. De Heer, Multiwalled carbon nanotubes are ballistic conductors at room temperature, Appl. Phys. A Mater. Sci. Process. 74 (2002) 363.

[145] D. Giancoli, Electric currents and resistance, in: J. Phillips (Ed.), Physics for Scientists and Engineers with Modern Physics, 4th ed., Upper Saddle River, NJ, Prentice Hall, 2009, p. 658.

[146] S. N. Song, X. K. Wang, R. P. H. Chang, J. B. Ketterson, Electronic properties of graphite nanotubules from galvanomagnetic effects, Phys. Rev. Lett. 72 (1994) 697.

[147] H. Dai, E. W. Wong, C. M. Lieber, Probing electrical transport in nanomaterials: conductivity of individual carbon nanotubes, Science 272 (1996) 523.

[148] A. Lekawa-Raus, K. Walczak, G. Kozlowski, M. Wozniak, S. C. Hopkins, K. K. Koziol, Resistance-temperature dependence in carbon nanotube fibres, Carbon 84 (2015) 118.

[149] L. Zhu, J. Xu, Y. Xiu, Y. Sun, D. W. Hess, C. P. Wong, Growth and electrical characterization of high-aspectratio carbon nanotube arrays, Carbon 44 (2006) 253.

[150] P. Zhang, Y. Lau, R. Gilgenbach, Thin film contact resistance with dissimilar materials, J. Appl. Phys. 109 (2011) 124910.

[151] L. Lu, W. Yi, D. Zhang, 3ω method for specific heat and thermal conductivity measurements, Rev. Sci. Instrum. 72 (2001) 2996.

[152] M. T. Cole, K. B. Teo, O. Groening, L. Gangloff, P. Legagneux, W. I. Milne, Deterministic cold cathode electron emission from carbon nanofibre arrays, Sci. Rep. 4 (2014) 4840.

[153] S. G. Anderson, J. B. Rosenzweig, G. P. LeSage, J. K. Crane, Space-charge effects in high brightness electron beam emittance measurements, Phys. Rev. Spec. Top. Accel. Beams 5 (2002) 014201.

[154] J. R. Harris, K. L. Ferguson, J. W. Lewellen, S. P. Niles, R. L. Swent, W. B. Colson, T. I. Smith, C. H. Boulware, T. L. Grimm, P. R. Cunningham, M. S. Curtin, D. C. Miccolis, D. J. Sox, W. S. Graves, Design and operation of a superconducting quarter-wave electron gun, Phys. Rev. Spec. Top. Accel. Beams 14 (2011) 053501.

[155] S. C. Leemann, A. Streun, A. F. Wrulich, Beam characterization for the field-emitter-array cathode-based low-emittance gun, Phys. Rev. Spec. Top. Accel. Beams 10 (2007) 071302.

[156] J. G. Power, M. E. Conde, W. Gai, F. Gao, R. Konecny, W. Liu, Z. Yusof, P. Piot, M. Rihaoui, Pepper-pot based emittance measurements of the AWA photoinjector, Proceedings of 2007 Particle Accelerator Conference, Albuquerque, NM, 2007.

[157] J. D. Jarvis, B. K. Choi, A. B. Hmelo, B. Ivanov, C. A. Brau, Emittance measurements of electron beams from diamond field emitter arrays, J. Vac. Sci. Technol. B 30 (2012) 042201.

[158] J. Lewellen, J. Noonan, Field-emission cathode gating for rf electron guns, Phys. Rev. Spec. Top. Accel. Beams 8 (2005) 033502.

[159] A. A. Balandin, Thermal properties of graphene and nanostructured carbon materials, Nat. Mater. 10 (2011) 569.

[160] J. Hone, M. Whitney, C. Piskoti, A. Zettl, Thermal conductivity of single-walled carbon nanotubes, Phys. Rev. B 59 (1999) R2514.

[161] S. Berber, Y.-K. Kwon, D. Toma'nek, Unusually high thermal conductivity of carbon nanotubes, Phys. Rev. Lett. 84 (2000) 4613.

[162] M. A. Osman, D. Srivastava, Temperature dependence of the thermal conductivity of single-wall carbon nanotubes, Nanotechnology 12 (2001) 21.

[163] J. Che, T. Cagin, W. A. Goddard III, Thermal conductivity of carbon nanotubes, Nanotechnology 11 (2000) 65.

[164] H. Ma, L. Pan, Q. Zhao, Z. Zhao, J. Qiu, Thermal conductivity of a single carbon nanocoil measured by field-emission induced thermal radiation, Carbon 50 (2012) 778.

[165] E. Pop, D. Mann, Q. Wang, K. Goodson, H. Dai, Thermal conductance of an individual single-wall carbon nanotube above room temperature, Nano Lett. 6 (2006) 96.

[166] P. Kim, L. Shi, A. Majumdar, P. L. McEuen, Thermal transport measurements of individual multiwalled nanotubes, Phys. Rev. Lett. 87 (2001) 215502.

[167] T.-Y. Choi, D. Poulikakos, J. Tharian, U. Sennhauser, Measurement of the thermal conductivity of individual carbon nanotubes by the four-point three-ω method, Nano Lett. 6 (2006) 1589.

[168] M. Fujii, X. Zhang, H. Xie, H. Ago, K. Takahashi, T. Ikuta, H. Abe, T. Shimizu, Measuring the thermal conductivity of a single carbon nanotube, Phys. Rev. Lett. 95 (2005) 065502.

[169] A. Cao, J. Qu, Size dependent thermal conductivity of single-walled carbon nanotubes, J. Appl. Phys. 112 (2012) 013503.

[170] Y. Chalopin, S. Volz, N. Mingo, Upper bound to the thermal conductivity of carbon nanotube pellets, J. Appl. Phys. 105 (2009) 084301.

[171] T. Y. Choi, D. Poulikakos, J. Thanrian, U. Sennhauser, Measurement of thermal conductivity of individual multiwalled carbon nanotubes by the 3-ω3-ω method, Appl. Phys. Lett. 87 (2005) 013108.

[172] Q. Li, C. Liu, X. Wang, S. Fan, Measuring the thermal conductivity of individual carbon nanotubes by the Raman shift method, Nanotechnology 20 (2009) 145702.

[173] J. P. Small, L. Shi, P. Kim, Mesoscopic thermal and thermoelectric measurements of individual carbon nanotubes, Solid State Commun. 127 (2003) 181.

[174] W. Lu, M. Zu, J.-H. Byun, B.-S. Kim, T.-W. Chou, State of the art of carbon nanotube fibers: opportunities and challenges, Adv. Mater. 24 (2012) 1805.

[175] M. Cahay, W. Zhu, S. Fairchild, P. T. Murray, T. C. Back, G. J. Gruen, Multiscale model of heat dissipation mechanisms during field emission from carbon nanotube fibers, Appl. Phys. Lett. 108 (2016) 033110.

第22章
碳纳米管纤维场发射性能的多尺度模拟

W. Zhu[1], M. Cahay[1], J. Ludwick[1], K. L. Jensen[2], R. G. Forbes[3],
S. B. Fairchild[4], T. C. Back[5], P. T. Murray[4], J. R. Harris[6], D. A. Shiffler[6]

[1]美国俄亥俄州辛辛那提市,辛辛那提大学自旋电子学和
真空纳米电子实验室
[2]代码6362,美国华盛顿特区海军研究实验室
[3]英国萨里大学工程和物理科学学院电气和电子工程先进技术研究所
[4]美国俄亥俄州赖特-帕特森空军基地空军研究实验室材料与制造局
[5]美国俄亥俄州代顿市,代顿大学研究所
[6]美国新墨西哥州阿尔伯克基空军研究实验室定向能源局

本章,首先报道了自热效应对碳纳米管纤维场发射性能的影响及其与纤维电导率和热导率乘积关系的模拟结果。我们研究了碳纳米管纤维场发射性能随纤维尖端的碳纳米管尺寸和数量变化的敏感性。同时分析了纤维柱体部分及其尖端的碳纳米管的场增强因子对碳纳米管纤维场发射性能的影响。本章最后,研究了当两根碳纳米管纤维轴间距变化时,静电屏蔽效应对场发射性能的影响。

22.1 碳纳米管纤维的场发射模拟

22.1.1 理想纤维

如下所述,为了降低纤维尖端场发射过程中沿纤维轴向的电阻效应,同时减小电压损失效应,理想纤维应该具有高的热导率和电导率。理想情况下,这样的纤维是由完全相同的、无缺陷的、非常长的、紧密堆积的碳纳米管组成的。图22-1是此种纤维横截面上局部排列情况的一个详细示意图。如果该纤维中的碳纳米管处于最高堆积密度时,则假设相邻的碳纳米管之间的相互作用力为范德瓦耳斯力,那么内部碳纳米管之间距离的最小值 d_{min} 为 0.34nm[1-2]。

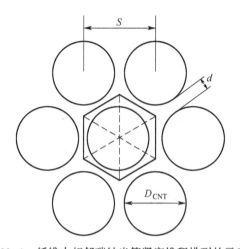

图 22-1 纤维中相邻碳纳米管紧密堆积排列的示意图

其中假设碳纳米管是完全相同且沿纤维轴完美排列。六边形代表产生紧密排列碳纳米管阵列的晶胞,其中两根临近的碳纳米管中心之间的距离如下式:$S = D_{CNT} + d$。受范德瓦耳斯力的限制,碳纳米管之间的最小间隔 $d = 0.34 nm$,此时碳纳米管阵列的堆积密度最高。

如果碳纳米管拥有相同的直径 D_{CNT} 并且相邻碳纳米管之间的最短距离为 d, 则在图 22-1 六边形的区域中只有一根碳纳米管。因此,这就是能够产生最紧密堆积碳纳米管阵列所需的晶胞。这个六边形的面积等于 $(3^{1/2}/2)(D_{CNT} + d)^2$。因此,对于直径为 D_{CNF} 的纤维,紧密堆积状态下纤维横截面中碳纳米管的数量 n 为

$$n = \frac{\pi}{2\sqrt{3}} \frac{D_{CNF}^2}{(D_{CNT} + d)^2} \tag{22-1}$$

因此碳纳米管密度,即单位面积中的碳纳米管数量,由下式给出:

$$n / \left(\frac{\pi}{4} D_{CNF}^2\right) = \frac{2}{\sqrt{3}(D_{CNT} + d)^2} \tag{22-2}$$

当 $d = 0.34 nm$ 时,形成最紧密堆积的结构,此时密度最高。

如果碳纳米管纤维被用于制作大面积场电子发射器(LAFE),假设切割过程是理想完美的形式,所有碳纳米管均没有受到损伤,那么由式(22-1)可以得到碳纳米管纤维尖端的碳纳米管阵列中单个发射器的数量。例如,当 $D_{CNT} = 4 nm$ 时,纤维尖端的碳纳米管的最大密度为 $6.1 \times 10^{12} CNT/cm^2$。对于直径为 $50 \mu m$ 的圆柱形碳纳米管纤维,这大约相当于在切割后的纤维尖端存在 1.2×10^{18} 个单个发射器。通常,当直径从最小值 0.34nm 开始增加时,会引起碳纳米管密度按 $1/(D_{CNT} + d)^2$ 减少,同时引起纤维的电阻增大。

22.1.2 静电场问题

在传统经典静电学里,和场电子发射器相关的电荷、电场、电流密度和电流等都是负的。本章采用电子发射约定,所有上述数量均视为正值。为了保持一致性,认为符号 E(如这里使用的)表示传统静电场里的绝对大小。

为了便于模拟,认为碳纳米管纤维处于均匀的宏观电场 E_{ext} 中。宏观电场 E_{ext} 是"即使没有碳纳米管纤维时也会存在,也会使碳纳米管纤维处于其中"的这样一种存在。从概念上讲,在建模中,创建这样的电场最简单的方法是将碳纳米管纤维垂直立于一对平行板之间,板间距为 d_{sep},在两个板之间施加电压 V_p,如图 22-2 所示。宏观电场强度因此可以表示为 $E_{ext} = V_p/d_{sep}$。

如果在特定单个碳纳米管表面的某一位置"L"(在操作过程中)的局部电场强度用 E_L 表示,那么该位置的宏观场增强因子(FEF)γ_L 定义为

$$E_L = \gamma_L E_{ext} \tag{22-3}$$

局部电场强度和场强增强因子数值随碳纳米管表面位置变化而变化,但是通常位于尖端的数值是最令人感兴趣的。分别用 E_a 和 γ_a 来表示。一般来说,γ_a 越大说明发射器可以在较低的外加电压下工作,这在技术上是可取的。

理想情况下,人们希望,①尖端的宏观场增强因子 γ_a 是发射极"尖锐程度"的可靠度量;②可以通过模拟可靠地预测 γ_a 的数值;③ γ_a 的数值可以从测量到的电流(电压)等特征数据可靠地提取出来。然而,存在一些复杂情况。这可以参照图 22-2 中的理想系统模型进行解释。图中,一个拥有半球形端帽圆柱体外形这种理想形式的单发射极,竖立在一对平行板电容器其中一个极板上。对于这种理想的形状,存在多种 γ_a 的表达式[3-5],并且有数值模拟的支持。实际情况的复杂性包括以下方面:

(1)许多发射器并不拥有这种理想外形,因此模拟过程要么复杂得多,要么产生的近似值精度有限。

(2)如果装置包含几个或者许多紧密排列在一起的发射器(例如,文献[4-7]),并且出现了优化问题(获得最大平均电流密度)(如文献[8-12]),则单个孤立发射器理论需要进行修正。根据电子热力学,尤其是处于热力学平衡状态下的电子系统的费米能级是常数的要求,碳纳米管发射器尖端的宏观场增强因子随着有序排列相同的发射器之间的距离减少而减小。这种效应通常被称作屏蔽。采用一个简单的参数模型表示为

$$\gamma_a(b) \approx \gamma_a(\infty)[1 - \exp\{-\alpha(b/h)^c\}] \tag{22-4}$$

式中: $b = D_{CNT} + d$;h 为碳纳米管的高度;α 和 c 为反映碳纳米管发射器单元堆积排列顺序的参数。对于三角形阵列,取 $\alpha = 1.265, c = 1.09$。因此,这种情况下,如

果(b/h)从3减少到1,那么$\gamma_a(b)/\gamma_a(\infty)$从0.985降低到0.7。为了简化处理,以下假设大约$b/h=2$时达到最优化的堆积密度。

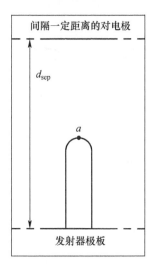

图22-2 平行板系统单板上孤立柱状发射极示意图

该图不是成比例的。通常,柱高与柱半径、板间距与柱高的比值都要大得多。

点a代表着发射器尖端。

(3) 在图22-2中的几何形状中,场强E_{ext}可以精确地由如前所述的公式$E_{ext}=V_p/d_{sep}$得到。然而,许多实际情形下,电压加载在非平面形状上,并通过V_{gap}/d_{gap}定义"间隙电场"E_G。此处V_{gap}是施加在发射器和对电极(通常是一个移动的阳极)之间的间隙(长度为d_{gap})电压。虽然这比较容易测试,但是"尖端间隙宏观场增强因子"$\gamma_{Ga}[=E_a/E_G]$的数值取决于系统形状(尤其是d_{gap}),对于给定的发射器外形,并不等于γ_a,并且作为发射器锐度的定量测量而言不如γ_a有用。

(4) 式(22-3)中,现有理论认为$E_{ext}=V_m/d_{sep}$,其中V_m为测量到的电压值(例如,$V_p=V_m$),并且γ_a和γ_{Ga}为常数。实际上,所有这些并不一定正确。有两个基本问题是已知的[13]:串联电阻效应可以导致E_{ext}与测量电压V_m之间呈非线性函数关系,并且"宏观场增强因子衰减效应"可以使宏观场增强因子与系统的电压降(沿发射器或者穿过其底部的接触电阻)之间存在函数关系。这些效应使得福勒-诺德海姆(FN)曲线变得饱和。也可能引起功函数的变化从而影响电流(电压)特性。现在,似乎需要广泛认识到,将场电子发射器的电流-电压特性作为工作的电子电路元件/器件来计算,这是一个不同于使用简单无电流静电学的福勒-诺德海姆理论的问题(而且比应用理论复杂得多)。

(5) 如上所述,人们希望能够从测量到的电流(电压)特征值估算FEF值。然而,目前现有的分析FN曲线的简单方法只有当发射情况是"标准规范"的情形下才比较可靠[14-15],而且文献中似乎有许多虚高的 FEF 值的报道。因此,人们需要测试 FN 曲线是否为标准的曲线,并且(在可能的情况下)确定没有"饱和"效应(或者其他非标准)行为发生的区域。此外,也需要开发从非标准数据集中提取特征性参数值的可靠方法。一般来说,即使发射是标准的,也可能存在与提取到 FEF 值(例如文献[16])的静电学解释相关的问题,如式(22-3)所示。尽管在精确的定量建模和参数提取方面存在诸多困难,但利用现有理论和方法去确定定性趋势,从而产生一些对发射器科技发展有用的信息是可能的。

22.1.3 发射理论问题

在我们的理论模型中,电子发射机制被认为是冷场电子发射(CFE)(有时称作福勒-诺德海姆场电子发射(FNFE)),其中大部分电子是通过费米能级附近的发射态的深隧穿发射的。虽然名字叫作冷发射,但是冷场电子发射机制(根据某些场发射数据)可以达到很高的温度(对于金属而言接近高达 2500K 或者更高,如钨,其典型的功函数 $\phi = 4.5\mathrm{eV}$)。对于局部发射电流密度(ECD),冷场电子发射采用 1956 墨菲-古德(MG)FN 型方程[17-19]。这些 MG 方程假设隧穿是通过穿越肖特基-诺德海姆(SN)("平面圆形图像")势垒发生的。以下 MG 有限温度冷场电子发射方程的近似版本显然已被多个作者成功地用于研究单根碳纳米管的自热效应[20-24]。

在 0 点(J_0)和有限温度(J_T)的局部发射电流密度的 MG 冷场电子发射表达式可以写成下式

$$J_T = \lambda_T J_0 \tag{22-5a}$$

其中
$$J_0 = t_F^{-2} a \Phi^{-1} E_L^2 \exp[-v_F b \Phi^{3/2} / E_L] \tag{22-5b}$$

式中:λ_T 为温度修正系数;$a[\approx 1.541\mu\mathrm{AeVV}^{-2}]$,$b[\approx 6.831\mathrm{eV}^{-3/2}\mathrm{V/nm}]$ 为第一和第二福勒-诺德海姆(FN)常数[25](不是之前使用的参数);Φ 为局部功函数;(和前述一样)"局部势垒场"E_L 为发射器电子表面某个点"L"的局部静电场强度的绝对大小。

参数 v_F 和 t_F 是 SN-势垒函数中 v 和 t 的适当的特定值(对应于局部电场强度 E_L 和功函数 Φ)[19]。虽然对 v 和 t 这些特殊的数学函数可以给出精确的积分或级数形式表达式[25],通常仍采用解析近似方法。文献中报道了许多(大约 20 种)可供选择的解析近似式。那些我们以前使用的公式是由桑托斯等提供的[21],这些表达式为

$$v_F \approx 1 - 1.0125 y^{1.71}; t_F \approx 1 + 0.1156 y^{1.4} \tag{22-6}$$

这里诺德海姆参数 y 用 Φ 和 E_L 表示为

$$y \equiv c_s(\Phi^{-1}E_L^{1/2}) \equiv (e^3/4\pi\epsilon_0)^{1/2}(\Phi^{-1}E_L^{1/2}) \qquad (22\text{-}7)$$

式中：ϵ_0 为电子常数；c_s [$\approx 1.200\text{eV}$] $(\text{V/nm})^{-1/2}$ 为肖特基常数[25]。

过去的 10 年里，已经发现了简单实用的 v_F 和 t_F 的近似表达式，即

$$v_F \approx 1 - y^2 + (y^2/3)\ln y\,;\,t_F \approx 1 + y^2/9 - (y^2/9)\ln y \qquad (22\text{-}8)$$

在 $0 \leqslant y \leqslant 1$ 范围内，v_F 的最大绝对误差为 0.0024，最大百分误差为 0.33%，(在整个范围内)优于所有其他已知的相同复杂程度的简单近似式[26]。这几乎是确定无疑的，因为它模仿了 v_F 精确级数展开的形式(后来发现的)[27]。由桑切斯等提出的 v_F 的式(22-6)看起来是一个精确的数值拟合式，在 $0.2<y<0.7$ 的大致范围内比式(22-8)更适用，但是在 $y=0.7$ 以上时逐渐变得不大适用。虽然在一定范围内更高的精度名义上看起来更符合(冷)场电子发射模拟的需要，但这是目光短浅的。热效应(尤其在高电场强度时)可以出现需要 SN-势垒函数使 y 接近一致的情形，而且使用概念性的发射面积因子来近似曲面上的总电流，最好使用式(22-8)[28]这种形式。

人们还发现[19,27] v_F 的精确展开式可以写成只有 y 的偶次幂的形式。这意味着，在场发射的情况下，以标度势垒场 f 的形式来书写式(22-8)从数学角度来讲更好，标度势垒场 f 定义为

$$f = y^2 \equiv E_L/E_R = c_s^2(\Phi^{-2}E_L) \equiv (e^3/4\pi\varepsilon_0)(\Phi^{-2}E_L) \qquad (22\text{-}9)$$

这里 $E_R[= c_s - 2\phi^2]$ 是将零场高度 Φ 的 SN 势垒减至零所需的"参考场"(即，将势垒自上而下拉至费米能级)。v_F 和 t_F 的表达式采取下面形式

$$v_F \approx 1 - f + (f/6)\ln f\,;\,t_F \approx 1 + f/9 - (f/18)\ln f \qquad (22\text{-}10)$$

此外，在试验(数据解释)环境中，通常为了方便，使用 f 而不是 y，因为参数 f 与局部势垒场 E_L 成正比。

我们现在需要回到温度修正系数 λ_T，它可以写成文献[17-18,29]的形式(与文献[17]的式(55)比较)

$$\lambda_T = \pi p/\sin(\pi p) = [\pi(k_B T/d_F)]/\sin[\pi(k_B T/d_F)] \qquad (22\text{-}11)$$

其中，参数 $p(=k_B T/d_F)$ 为玻尔兹曼因子 $k_B T$ 与参数 d_F 的比值。此处 d_F 有时被称为"费米能级的衰变宽度"，是隧穿概率随势垒高度增加而下降的速度的一个测量值。对于通过 SN 势垒的深隧穿，d_F 和由此产生的 p 可以表示为下式

$$d_F = [2/3b]t_F^{-1}\phi^{-1/2}E_L \approx [0.09760\text{eV}^{3/2}\,(\text{V/nm})^{-1}]t_F^{-1}\phi^{-1/2}E_L \qquad (22\text{-}12)$$

$$p = k_B T/d_F \approx [8.830 \times 10^{-4}\text{eV}^{-1/2}\text{K}^{-1}(\text{V/nm})]t_F\phi^{1/2}TE_L^{-1} \qquad (22\text{-}13)$$

计算这些公式的最简单方法是使 Φ 的单位为 eV，使 T 的单位为 K，并将 E_L 的单位转换为 V/nm。对于冷场电子发射，功函数 $\Phi = 4.5\text{eV}$，电场强度 E_L 的值通常在 3~8V/nm 范围内。

对于给定的功函数值,式(22-5)的推导仅在一定的场和温度范围内是充分自相一致的。对于 $\Phi=4.5\mathrm{eV}$,此范围如图22-3所示。这张图来自墨菲和古德[17]以及莫迪诺斯[30]的研究成果。

事实上,关于有限温度冷场电子发射方程的墨菲-古德形式的精度和自洽范围及其对碳纳米管的适用性,还存在着尚未完全解决的理论问题。然而,就目前而言,或许在未来一段时间内,我们可以以式(22-5a)、式(22-5b)和式(22-11)作为分析碳纳米管纤维场发射的工作基础,前提是 p "不太高"。

斯旺森和贝尔[29]认为式(22-11)对 $p<0.7$ 时是充分有效的,但延森(私人交流)认为可能有效性的上限最多为 $p<0.5$。对于高 Φ 值,高局部场强度和大电流密度的材料的场发射,这不是一个严重的问题。例如,当 $\Phi=4.5\mathrm{eV}$ 和 $E_\mathrm{L}=8\mathrm{V/nm}$ 时,则要达到 $p=0.5$,需要 $T>2000\mathrm{K}$。然而,当局部场强度较小时,温度范围会受到限制;因此,当 $\Phi=4.5\mathrm{eV}$ 和 $E_\mathrm{L}=2\mathrm{V/nm}$,要达到 $p>0.5$ 时,需要 $T>520\mathrm{K}$。当功函数较低时,限制较小;因此,当 $\Phi=2\mathrm{eV}$ 和 $E_\mathrm{L}=2\mathrm{V/nm}$ 时,要达到 $p>0.5$ 时,需要 $T>740\mathrm{K}$。

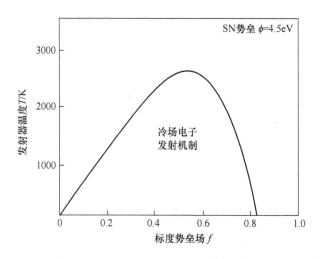

图22-3 显示了Murphy和Good[17]认为其推导的有限温度CFE方程在该温度-场区域是充分自洽的。水平轴上的标度势垒场 f 的值可通过乘以 $\Phi=4.50\mathrm{eV}$ 时的参考场值,即 $14.1\mathrm{V/nm}$,转换为相应的局部势垒场值

当超出式(22-11)的有效范围时,一种方法是使用延森[31-34]介绍的一般热场方程,可使用近似计算技术[34]。如果发射器在高温但低于其熔点的温度下工作,例如钼(2890K)或碳(4100K),则可能需要进行这样的操作。然而,对于典型试验条件下的难熔金属锥型场发射体和碳纳米管纤维,我们初步认为式(22-11)是充分有效的。

由于场发射真空空间电荷(FEVSC)效应的存在,有时会对发射电流产生明显的影响。虽然在特殊情况下不能排除这一点,但在正常的电流水平下(如文献[35])这似乎不是一个重大问题。

22.1.4 碳纳米管纤维场发射的多尺度模拟

在22.1.1节中表明在发射电流产生方面,碳纳米管的最佳堆积密度出现在$b/h=2$附近。对于$1\mu m$长的碳纳米管,对应于$b=D_{CNT}+d=2\mu m$。将此值插入式(22-2)中,得到碳纳米管密度为2.9×10^7根碳纳米管/cm^2。这相当于直径为$100\mu m$的圆柱体形纤维横截面积中约有2300根碳纳米管。如果碳纳米管高度降低到$0.5\mu m$,则达到最大平均电流密度所需的在碳纳米管纤维尖端处单个碳纳米管发射器的数量约为10^4个。如上文所述,该数量比紧密填充纤维横截面中的碳纳米管数量小几个数量级。在实际的纤维中,其尖端的碳纳米管将具有不同的长度,从几纳米到制造使用的最大长度不等。此外,它们的直径并不一致,也不会紧密堆积排列,并将包含缺陷(有些可能形成束,因此纤维变得更像一个束阵列)。最长的碳纳米管对发射贡献最大,并且由于其长度和对较短碳纳米管的屏蔽作用,可能导致热点的出现。阵列中的位置(例如,在边缘或中心)也可能影响发射行为。

上述讨论展示了在提高碳纳米管的堆积密度(提高纤维的导电性和导热性)和优化屏蔽效果以获得最大的平均场发射电流密度之间的平衡问题。尖端碳纳米管阵列是限制电流提取的瓶颈。这些问题需要使用详细的模型进行探索研究。多年来,对上述问题开展了许多理论研究(如文献[36-42])。博恰洛夫和埃列茨基给出了一个合理的全面评价[43]。

在过去的研究中,我们中的一些人已经研究了用刀片或激光脉冲切割的长纤维短段(几毫米长)制成的碳纳米管纤维的场发射性能[44-52]。如图22-4(a)所示,将碳纳米管纤维粘贴到用作接地板和散热器的基板上。如上文所述,切口在纤维尖端留下一个碳纳米管簇。为了分析相关的场发射,开发了图22-4(b)所示的多尺度模型。不考虑加热和冷却效果,使温度均匀且等于基板温度($T_{sub}=300K$)。碳纳米管团簇的长度和半径分布取决于纤维形态和切割方法。

通过对单个碳纳米管发射的电流求和,得到了总的纤维电流。原则上,这些都是通过使用选择的局部发射电流密度(ECD)方程对CNT尖端发射区域的ECD进行积分得到的。

在数值模拟中,需要一个能够预测尖端-宏观场增强因子(FEF)γ_a值的静电学模型。在下面描述的模拟中,γ_a被视为与电流无关的物理量,这是迄今为止几乎普遍的做法,并且忽略了发射器之间的静电相互作用("屏蔽")。考虑了碳纳米管纤

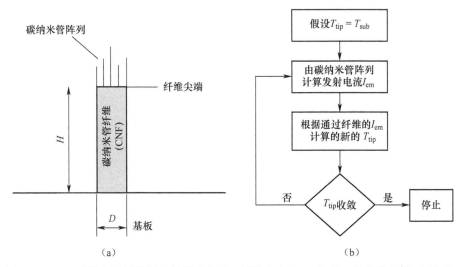

图 22-4 (a)碳纳米管纤维场发射器示意图。纤维由直径 D、高度 H 的柱体组成,电阻率 ρ 和热导率 χ 与温度有关。场发射来自位于纤维尖端的碳纳米管阵列。(b)多尺度迭代法,用于计算位于碳纳米管尖端的碳纳米管阵列的场发射电流 I_{em}。认为纤维基板充当一个完美的散热器。

维的尖端场增强因子和碳纳米管纤维顶点处每个碳纳米管的两个模型,即最基本的估计 γ_a =高度/半径和里德和鲍林提出的一个更先进的模型[7]。

理想情况下,应使用蒙特卡罗方法在纤维尖端生成碳纳米管阵列,以最好地表示特定碳纳米管纤维的碳纳米管分布和形态(密度、长度、直径和单壁与多壁碳纳米管)。第 i 个碳纳米管尖端的总宏观场增强因子 $\gamma_i(tot)$ 通过肖特基猜想[53-57]计算,并应用于一种理想化的方法,其中(模型)碳纳米管纤维簇安装在(模型)碳纳米管纤维柱体上,如图 22-4(a)所示。这里,肖特基猜想是一个近似值,其中 $\gamma_i(tot)$ 按公式 $\gamma_i(tot) = \gamma(shank) \times \gamma_i(CNT)$ 计算,其中 $\gamma(shank)$ 和 $\gamma_i(CNT)$ 是碳纳米管纤维柱体模型和碳纳米管模型的尖端宏观场增强因子,两者都是独立的。正如斯特拉顿[58]对半导体所做的那样,肖特基因子很容易被块体材料的介电常数修改,其往往会降低肖特基因子的大小。在碳纳米纤维这种类金属模型中并没有进行考虑频带偏移或低载流子浓度半导体的电荷近似的恰当性。观察到肖特基因子减小时扩大了式(22-11)λ_t 近似值适用的温度范围。最后,虽然这里不需要考虑,但是来自离轴的热场发射,甚至来自单个碳纳米管的热场发射,将会影响横向速度分量,例如,影响碳纳米纤维发射器产生的粒子束的发射度。

对于碳纳米管纤维-柱体模型,γ(柱体)初步估算为 H/R,其中 H 和 R 是碳纳米管纤维(CNF)柱体的高度和半径。同样,对于第 i 个碳纳米管,γ_i(碳纳米管)初步估算为h_i/r_i,其中h_i和r_i是第i个碳纳米管的高度和半径。2.5节描述了使用更精确的模型计算单个碳纳米管的场增强因子。

当使用式(22-5)来估计碳纳米管电流时,除了初始电流采用近似值之外,碳纳米管尖端温度通过一维微分方程的迭代解来估计,该方程描述了沿圆柱体轴向的空间温度变化[59],该圆柱体被用于模拟碳纳米管的模型,即

$$\pi r_i^2 \frac{\partial}{\partial x}\left(\nu(T)\frac{\partial T}{\partial x}\right) - 2\pi r_i \sigma(T^4 - T_w^4) + \frac{I_i(T)^2 \rho(T)}{\pi r_i^2} = 0 \quad (22-14)$$

式中:$\nu(T)$和$\rho(T)$分别为与温度相关的碳纳米管的热导率和电阻率;σ为斯蒂芬-玻尔兹曼常数;T_w(假设为300K)为包含发射极组件的腔室的壁温。对于第i个碳纳米管,R_i为其半径(如上所述),I_i为电子发射电流(视为正)。式(22-14)中的第二项和第三项分别对应于碳纳米管侧的辐射冷却和整体焦耳加热。式(22-14)在模拟碳纳米管的圆柱体平顶处时用以下边界条件来求解:

$$\kappa(T_{\mathrm{tip}})\frac{\partial T}{\partial x}|_{\mathrm{tip},i} = -\sigma(T_{\mathrm{tip},i}^4 - T_w^4) - Q_i \quad (22-15)$$

这描述了穿过碳纳米管柱体的圆形端面的单位面积(从内到外)的名义能量通量。这里,$T_{\mathrm{tip},i}$是第i个碳纳米管尖端的温度。术语Q_i表示与诺丁汉加热(Qin-egative)或亨德森冷却(通常被误称为"诺丁汉冷却")相关的能量效应(Q_i为正),其产生原因是由于发射电子的总能量分布(TED)(因此其平均能量$<\varepsilon_{\mathrm{emit}}>$)不同于内部电子的TED(因此它们的平均能量$<\varepsilon_{\mathrm{repl}}>$)。这两种平均能量都是相对于费米能级测量的,$Q_i$由下式给出

$$Q_i = \frac{I_i}{eA_i}(\langle \varepsilon_{\mathrm{eit}} \rangle - \langle \varepsilon_{\mathrm{rpel}} \rangle) \quad (22-16)$$

式中:A_i为第i个碳纳米管的圆柱体横截面积。

为了简单起见,在我们的分析中忽略了式(22-14)中的辐射损失项。这种近似是合理的,因为每个碳纳米管被大量其他碳纳米管包围;这导致辐射重吸收,部分补偿了来自碳纳米管侧壁的辐射损失。引用Wei等的研究[60],假设(为简单起见)在亨德森冷却中,发射的电子(平均)带走$(3/2)k_B T_{\mathrm{tip},i}$的多余能量,即在这种情况下,式(22-15)中的$Q_i$由下式给出

$$Q_i = 3k_B T_{\mathrm{tip},i} I_i / 2e\pi r_i^2 \quad (22-17)$$

如22.3节所述,更精确地处理任意尺寸的碳纳米管需要更先进的模型。

如上所述,碳纳米管团簇发射的总电流是通过将单个碳纳米管的贡献相加而获得的。一旦确定了总发射电流I_{tot},就可以将碳纳米管纤维(CNF)圆柱体模拟为一个长度为L的一维圆柱体,它与在温度T_{sub}下充当散热器的基板接触。然后,可以使用类似于式(22-14)的方程预测碳纳米管纤维圆柱体顶部的温度。假设纤维与基板连接点的温度$T_{\mathrm{sub}}=T_w=300K$,并在碳纳米管纤维圆柱体模型的顶部使用

边界条件$[dT/dx]_{x=L} \approx 0$,忽略辐射项,用它们的平均值$\bar{\rho}$和$\bar{\nu}$代替与温度有关的ρ和ν,就可以得到解析解。利用这些近似值,模拟碳纳米管纤维柱体并携带电子流I_{tot}的圆柱体顶部的温度T_{top},由下式给出[59]

$$T_{top} = T_w + 0.5\left(\frac{\bar{\rho}}{\bar{\nu}}\right)\left(\frac{H^2 I_{tot}^2}{\pi^2 R^4}\right) \qquad (22-18)$$

为简单起见,在22.2节中讨论的大多数模拟中,纤维的电阻率和热导率由沿碳纳米管纤维柱体预期温度升高的平均值来近似。由于模拟结果表明,碳纳米管纤维圆柱体顶部的温度最多为几百摄氏度,因此忽略了纤维侧壁的辐射损失。执行图22-4(b)所示的迭代过程,直到碳纳米管纤维圆柱体顶部的温度达到稳态值。

此外,在模拟中,为了考虑可能存在的临界局部场、临界发射电流密度和临界温度(所有这些都可能取决于单个碳纳米管的尺寸),超过临界温度时,碳纳米管中会发生热失控和/或降解[61],一旦碳纳米管尖端的温度达到3000K,任何碳纳米管的场发射贡献都会消失。这是碳纳米管局部破坏温度的估计值,并且(为简单起见)被认为与碳纳米管的尺寸无关。

由于单个CNF中有大量的CNT(几千个)贡献给场发射,因此(为了提高计算效率)使用近似方案来求解式(22-14)。详情见附录。

22.2 数值模拟示例

22.2.1 导电性和导热性差的碳纳米管纤维的自热效应

图22-5为长度为0.25cm、半径为50μm的纤维的场发射特性模拟结果(I_{em} vs 宏观场E_{ext}),该纤维的导电性$\sigma_{CNF} = 0.8$kS/m和导热性$\kappa_{CNF} = 2$W/(m·K)较差。利用图22-4(b)所描述的自相一致方案,选择了相当低的导电和导热数值值来显示自热效应对场发射特性的重要性。模拟的过程是假设有一个100×100的碳纳米管阵列,长度和半径的线性分布范围分别为2~4μm和5~8nm。选择的碳纳米管长度和半径变化平稳。利用式$l_i = 2 + (i-1) \times 0.02$μm,$r_i = 5 + (i-1) \times 0.03$nm($i$从1~100)构建了一个本征尖端场增强因子$\gamma_i = h_i/r_i$平稳增长的碳纳米管阵列,从最小值$\gamma_{min} = 250$增加到最大值$\gamma_{max} = 800$。每个碳纳米管的基底温度等于纤维尖端温度。

在这些模拟中,任何特定碳纳米管的电阻R的温度依赖性被认为是具有$R(T) = [2 \times 10^6 - 820(T-T_0)/K]\Omega$形式,式中$T_0$为300K。该公式是基于文森

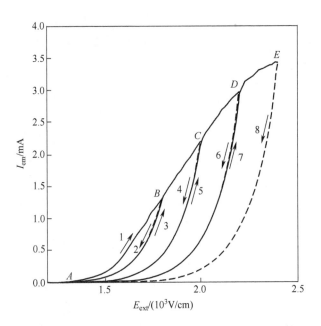

图 22-5　长度和半径的线性分布范围分别为 2~4μm 和 5~8nm 的 100×100 的碳纳米管阵列的场发射电流与宏观场强度 $I_{em}(E_{ext})$ 的自相一致模拟曲线

每个碳纳米管基部的温度设置为与长度为 0.25cm、半径为 50μm、导电率和热导率分别为 0.8kS/m 和 2W/(m·K) 的碳纳米管纤维(CNF)的顶点温度相同。编号为 1~8 的箭头标记了上升和下降的顺序，对应着最大宏观场强 E_{max} 从 (A) 1200 到 (B) 1800 到 (C) 2000 到 (D) 2200 到 (E) 2400V/cm。

特等的试验结果的[20]，并对应于具有温度依赖性的电阻，由 $\rho(T) = R(T)A_i/l_i$ 给出，其中 A_i 和 l_i 表示第 i 个碳纳米管的横截面积和长度。为了简单起见，每个碳纳米管的热导率被设置为一个与温度无关的常数，即 $\varkappa_i = 100W/(m·K)$。通过从 $E_{min} = 1200V/cm$ 到最大值 E_{max} 范围内改变宏观场强度 E_{ext}，同时考虑从 E_{min} 到 E_{max} 的向上偏移和从 E_{mak} 到 E_{min} 的向下延伸，计算了场发射特性。当 E_{max} 逐渐从 1800(点 B)增加到 2000(点 C)、2200(点 D)和 2400V/cm(点 E)时，E_{ext} 连续向上和向下变化时获得的场发射特性如图 22-5 中的一系列右箭头和左箭头(编号从 1~8)所示。在 B、C、D 和 E 点，从纤维整体发射的电流值分别等于 1.32mA、2.19mA、2.96mA 和 3.42mA。在 B、C、D 和 E 点阵列中被破坏的碳纳米管分数分别为 2%、9%、18% 和 31%。

当 E_{max} 从 1800(点 B)逐渐增加到 2000(点 C)、2200(点 D)2400V/cm(点 E)时，图 22-5 中所示的场发射特性的场发射曲线如图 22-6 所示的 E_{ext} 连续上升和下降曲线。图 22-6 可以看出在 $E_{ext} = 1600V/cm$ 附近存在一个宏观场强度的阈值，超过该阈值时，上升曲线的场发射特性偏离了预期的原始全阵列的纯场发射行为。这个阈值对应于碳纳米管发生破坏的起始点。当 E_{max} 从 B 点移到 E 点时，从模拟中逐渐移除碳纳米管会导致与纯场发射行为更明显的偏差。对于每条伴随特定 E_{max} 值下降曲线，参与从尖端发射的碳纳米管的数量与此 E_{max} 值获得的数量相同，模拟得到场发射特性数据显示了纯场发射行为。

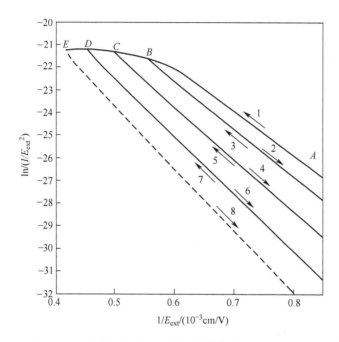

图 22-6　图 22-5 所示的场发射特性的场发射曲线。对应着上升和下降的场发射曲线分别由向右和向左箭头表示。随着最大宏观场强度 E_{max} 从 (B) 1800 逐渐增加到 (C) 2000，到 (D) 2200，再到 (E) 2400V/cm，连续的上升和下降曲线被标记为 1~8。

图 22-7 是纤维尖端（即在碳纳米管阵列中的每个碳纳米管的基部）处的预测温度与 E_{ext} 之间的函数曲线图。编号为 1~8 的箭头序列表示随着最大宏观场强度 E_{max} 从 1200V/cm 逐渐增加，通过上述 (B) 到 (E) 值的序列时上升和下降曲线的顺序。纤维尖端 B、C、D 和 E 点的温度分别为 355K、450K、577K 和 671K。

22.2.2　场发射特性对纤维尖端碳纳米管尺寸的灵敏度

在纤维尖端阵列中，碳纳米管的数量和几何特性很大程度上取决于碳纳米管发射器的制造方式，通常使用刀片、聚焦离子束或激光切割来完成。这些不同的方法可以导致一些碳纳米管的损坏，例如产生破坏、弯曲和/或无定形排列的带有非

533

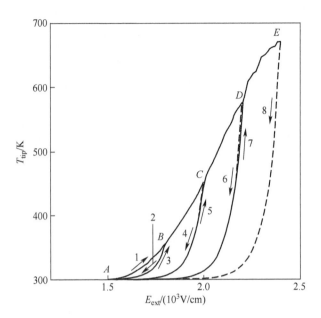

图 22-7 纤维尖端的计算温度是宏观场 E_{ext} 的函数

编号为 1~8 的箭头序列表示随着最大宏观场强度 E_{max} 从(A)1200 逐渐增加到(B)1800，再到(C)2000，再到(D)2200，再到(E)2400V/cm 时，上升曲线和下降曲线的顺序。

晶态碳的碳纳米管。

为了研究纤维如何根据所用的切割类型而变化，考虑采用与前一节所述具有相似导电性和导热性的纤维进行研究。当改变纤维尖端发射的碳纳米管的阵列尺寸和长度范围时，计算了场发射特性。图 22-8 显示了半径为 50μm，长度为 2.5mm，导电和热导率分别等于 $\sigma_{CNF}=0.8kS/m$ 和 $\kappa_{CNF}=2W/(m\cdot K)$ 的纤维的发射电流与宏观场(I_{em} 与 E_{ext})场发射特性的关系。标记为 1~4 的曲线对应于纤维尖端的 4 种不同的碳纳米管阵列，其参数如表 22-1 所列。

上升和下降的场发射曲线分别用实线和虚线表示。在最大宏观场强度 2400V/cm 下，发现阵列 1，2，3，4 的最大发射电流分别为 3.47mA，3.21mA，3.24mA 和 2.63mA，也就是说，最小电流是最大电流的 76%。对于阵列 4（其长度上限最小）来说，表征其上升和下降场发射差异的环路的尺寸最小。这些模拟结果表明，在纤维尖端碳纳米管阵列的瓶颈效应对其场发射特性有着深刻的影响，并且由于典型的纤维切割技术比较粗放，可能难以高精度控制。为了测试制造碳纳米管场发射器件特定切割技术的重复性，需要对几种由单根纤维制成的场发射器件的场发射特性进行比较，以研究其最大发射电流的分布和环状场发射特性尺寸的变化。

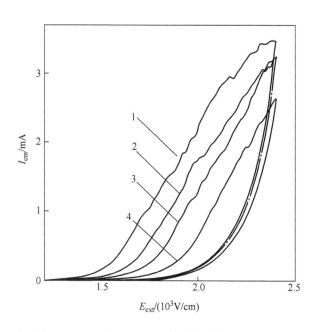

图 22-8 长度为 0.25cm、半径为 50μm，但是尖端有 4 种不同的碳纳米管阵列的碳纳米管纤维的场发射电流如何随宏观场强度 $I_{em}(E_{ext})$ 变化的模拟曲线

表 22-1 列出了每个阵列中碳纳米管的数量及其特性。在每个阵列中，碳纳米管的半径在 5~8nm 之间呈线性分布。假设所有纤维的电导率和热导率分别均等于 $\sigma_{CNF} = 0.8\text{kS/m}$ 和 $\kappa_{CNF} = 2\text{W/(m·K)}$。上升和下降场发射曲线用虚线和实线表示。标签 1~4 表示表 22-1 中列出的 4 种不同的 CNT 阵列。

表 22-1 表征 4 种不同纤维尖端碳纳米管阵列的参数（尺寸和碳纳米管长度分布）

阵列参数	阵列 1	阵列 2	阵列 3	阵列 4
碳纳米管长度范围	2.0~5.0μm	2.0~4.7μm	2.0~4.5μm	2.0~4.3μm
阵列尺寸（$N \times N$）	100×100	95×95	100×100	97×97
在每种情况下，阵列中的碳纳米管的半径在 5~8nm 之间均匀变化。				

评估由特定切割技术导致的碳纳米管阵列参数分布的另一种方法是使用红外摄像机测量纤维尖端温度，该温度是 22.1.2 节中提出的表观间隙场 $E_{AG} = [V/d_{gap}]$ 的函数。图 22-9 是一个计算得到的 T_{apex} 与宏观强度场 E_{ext} 的预期函数变化图。经验参数 E_{AG} 与理论量 E_{ext} "并驾齐驱"，但两者并不相等。确定 E_{AG} 和 E_{ext} 之间的精确关系是静电学中的一个复杂问题，在主要的技术研究中通常不值得解决。

图22-9中的曲线图与图22-8所示4种不同纤维的模拟场发射特性有关。对于图22-9中标记为1、2、3和4的每组曲线，最低曲线对应于下降场发射。标签1~4对应于纤维尖端的4个不同CNT阵列，参数如表22-1所列。在2400V/cm的最大宏观电场强度E_{ext}下，阵列1、2、3和4的T_{apex}的最大值分别为681K、624K、646K和518K。这是一个很容易被红外摄像机检测到的传播量。在2400V/cm的E_{ext}值下，阵列1、2、3和4满足移除要求的碳纳米管的百分比分别为31%、23%、15%和8%。

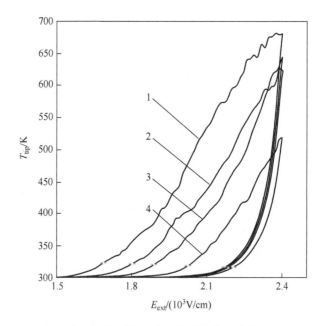

图22-9　图22-8所示的4种不同的碳纳米管阵列的纤维顶点温度，根据其与宏观场强度E_{ext}的函数关系计算得到的
与上升和下降相关的曲线分别用实线和虚线表示。标签1~4表示纤维尖端的4种不同碳纳米管阵列，参数如表22-1所列。

22.2.3　导电性和导热性改善后的碳纳米管纤维的电阻自热效应

式(22-18)表明，对于长度和半径相同且承载相同电流的纤维，纤维尖端的温度将与$\sigma_{CNF} \cdot \kappa_{CNF}$的乘积成反比，其中$\sigma_{CNF} = 1/\bar{\rho}$，$\kappa_{CNF} = \bar{\kappa}$。这意味着，为了在场发射过程中最小化碳纳米管纤维的热阻效应，必须尽量同时提高导电率和热导率。

近年来，有研究表明，各种酸性纺丝制备的碳纳米管纤维的场发射性能与纤维形态密切相关。Fairchild等分析了由密度为0.87~1.11g/cm³（密度取决于孔隙含量)的单壁碳纳米管(SWNT)制备的三种不同形貌(以下简称 A、B、C)纤维的场发射性能[44]。这些纤维有一个有趣的亚结构,是由直径 10~100nm 的原纤维组成的[44,62]。这些纤维被很好地堆积并连接在一起。纤维 A 的直径约为 100μm,具有较大的孔。该纤维的扫描电镜图像显示,存在表面气孔(由于原丝排列不良而产生),从而导致孔洞的产生。样品 B 直径大约 70μm,原丝的轴向排列得到改进。样品 C 的直径大约为 45μm,原丝结构清晰且排列整齐。用 3ω 法[63]测量了 3 种纤维的热导率 $\nu(T)$ 和电阻率 $\rho(T)$ 与温度之间的依赖关系,与图 22-10 所示的试验数据吻合。

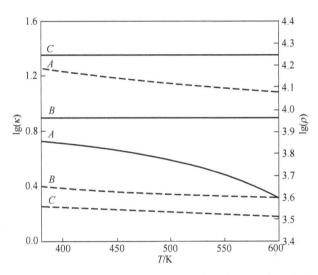

图 22-10 三种不同纤维的电阻率 ρ(虚线,右标度)和热导率 ν(实线,左标度)与温度的依赖关系曲线,组成这三种纤维的单壁碳纳米管原丝的堆积密度(从 A 到 C)逐渐增加

在 380~600K 的范围内,发现 3 种不同纤维的热导率随温度的变化符合以下条件[44]。

$$\nu_A(T) = 4.091 + 0.0146\{T\} - 3 \times 10^{-5} \{T\}^2 - 3 \times 10^{-5} \{T\}^2 \tag{22-19a}$$

$$\nu_B(T) = 7.82 \tag{22-19b}$$

$$\nu_C(T) = 22.4 \tag{22-19c}$$

单位为 W/(m·K)。对于相同的三根纤维,在相同的温度范围内,电阻率随温度的变化符合以下表达式:

$$\rho_A(T) = 29009 - 48.811\{T\} - 0.0344\{T\}^2 \tag{22-20a}$$

$$\rho_B(T) = 7243 - 10.376\{T\} - 0.0083\{T\}^2 \tag{22-20b}$$

$$\rho_C(T) = 14953 \{T\}^{-0.237} \tag{22-20c}$$

式中:ρ 以 $\mu\Omega cm$ 表示。在式(22-19a)~式(22-19c),式(22-20a)~式(22-20c)中,$\{T\}$ 表示"温度以 Kelvins 表示时的温度数值"。

对于上述3种单壁碳纳米管纤维,在380~600K的温度范围内,发现了以下热导率和电阻率的平均值:$\bar{\kappa}_A = 3.66W/(m\cdot K)$,$\bar{\kappa}_B = 7.82W/(m\cdot K)$,和 $\bar{\kappa}_C = 22.4W/(m\cdot K)$ 和 $\bar{\rho}_A = 1.33\times10^4 \Omega m$,$\bar{\rho}_B = 4.14\times10^{-5}\Omega m$ 和 $\bar{\rho}_C = 3.43\times10^{-5}\Omega m$。这对应于 $\bar{\rho}_A/\bar{\kappa}_A = 3634$,$\bar{\rho}_B/\bar{\kappa}_B = 529$ 和 $\bar{\rho}_C/\bar{\kappa}_C = 153$(单位为 $10^{-8}\Omega m^2 KW^{-1}$)。因此,对于具有相同长度和半径并发射相同电流的纤维,式(22-14)预测,当使用结构更紧密的纤维(从纤维A到C)时,沿纤维轴(即夹头和纤维尖端之间)的温升将减少3000倍以上。在实践中,不可能以固定直径挤出越来越紧密的纤维。然而,式(22-14)预测,如果纤维的 $\sigma_{CNF}\cdot\kappa_{CNF}$ 乘积足够大,并且能够在场发射时降低沿纤维方向电阻效应的显著性,则纤维的半径可以在一定程度上减小。

取纤维电阻率和热导率的平均值,用式(22-14)可以研究纤维长度和半径对纤维尖端和其附着的基底之间的温差 $\Delta T = T_{apex} - T_0$ 的影响(假设此后为 $T_0 = 300K$)。例如,对于在3.5mA的发射电流(第22.2.1节中提到的纤维发射的最大电流)下工作的纤维A,图22-11示出了表示最大长度为10mm、最大半径为 $50\mu m$ 的纤维的 ΔT 的预期值的灰度图。整条线1和2分别对应于 $\Delta T=5K$(可忽略电阻加热效应)和 $\Delta T=300K$(实质的热阻效应)。虚线3和4分别对应于长径比为50和200的纤维。当长径比在50~200之间时,色阶提供了发射3.5mA电流的纤维中预期的温度梯度的估计。例如,对于长度为5mm、半径为 $35\mu m$(即长径比为143)的纤维,发射电流为3.5mA时,预计 ΔT 约为300K。

22.2.4 纤维尖端发射碳纳米管的数目对场发射特性的影响

其次,利用多尺度模型计算了电阻率和热导率分别为 $\rho_{CNF}=1.33\times10^{-4}\Omega m$ 和 $\kappa_{CNF}=3.66W/(m\cdot K)$ 的纤维的场发射特性。这是上述A纤维的平均电阻率和热导率值 $\bar{\rho}_A =$ 和 $\bar{\nu}_A$。该纤维的场发射实验数据表明,当对系统施加一个可测量的约为1000V的电压时,该光纤的发射电流约为0.1mA。这相当于一个表观间隙场(施加在阳极和纤维顶点上的碳纳米管尖端之间的1mm间隙上)强度为 $E_{AG} = 10^4 V/cm$。模拟中使用的纤维长度为4mm,半径为 $45\mu m$,如试验中所示[44]。这对应于长径比为89,并且该值可以用作纤维柱体场发射增强因子(FEF)γ(柱体)的初步估算值。纤维中所有参与场发射的碳纳米管的直径均为1nm,长度在 $0.1~0.5\mu m$ 范围内均匀分布,后者是制造纤维时使用的碳纳米管的长度,这是本研究的适当近似值;一般来说,锥形和纤维状发射器遵循对数正态分布[64-65],但这种复杂性在这里是次要的。对于这种碳纳米管阵列,用于模拟的本征场增强因子

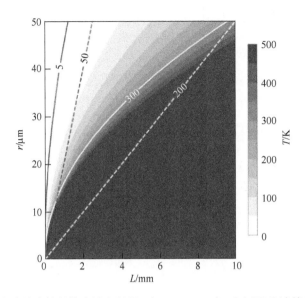

图 22-11 在碳纳米管纤维尖端和基板(在 T_0 = 300K 点)之间温差计算值,$\Delta T = T_{apex} - T_0$(右标度)。当发射电流为 3.5mA 时,认为碳纳米管纤维的平均热导率 $\overline{\kappa_A}$ = 3.66W/(m·K),平均电阻率 $\overline{\rho_A}$ = 1.33×10^{-4} Ωm。黑色和白色的曲线分别对应于 ΔT = 5K(可忽略电阻加热效应)和 ΔT = 300K(实质性电阻加热效应)的值。虚线分别对应于场增强因子,γ(纤芯) = L/R = 50 和 200 的纤维

γ_i [≈ h_i/r_i) 的范围从最小值 γ_{min} = 100 到最大值 γ_{max} = 500。每个碳纳米管温度与电阻的关系假设和第 22.2.1 节所述的一样,并且每个碳纳米管的热导率设置为与温度无关的常数,即 κ_i = 100W/(m·K)。在模拟中唯一可变的参数是纤维中参与场发射的碳纳米管总数 N^2。

图 22-12 是纤维(I_{em} 与 E_{ext})场发射特性(全线)的模拟曲线图,对于不同的 N^2 值,最大电场(E_{ext})值等于 1200V/cm。图 22-13 是与 E_{ext} 特性相关联的自洽温度 T_{apex} 图(全线)。在图 22-12 和图 22-13 中,标记为 1、2、3 和 4 的曲线分别对应于 N^2 等于 100×100,75×75,50×50,25×25。图 22-12 表明在阈值场 E_{ext}^{th1} 大约 1000V/cm 以上时,发射电流快速增加,在阈值场 E_{ext}^{th1} 以上时发现是场发射工作状态。图 22-12 可以看出在 E_{ext}^{max} = 2400V/cm 附近存在最大发射电流,其数值取决于 N^2 的数值。高于场值 E_{ext}^{max} = 2400V/cm,模拟发射电流逐渐减小(与 CNT 分布的随机性有关的一些波动),并最终在阈值场 E_{ext}^{th2} = 11250V/cm 处达到零。这是因为当碳纳米管的尖端温度超过 3000K 时,单个碳纳米管发射器被从计算中移除(一个类似与由于损坏而移除的模型,该模型成功地跟踪了经受氧离子损伤的钼射极

的场发射参数[66-67]）。当上升沿场发射特性计算超过阈值场 E_{ext}^{th2} 时，则所有4个阵列的下降沿场发射电流 I_{em} 均为零（虚线），因为所有的碳纳米管在上升沿期间均被"破坏"。

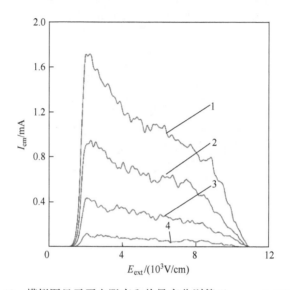

图 22-12　模拟图显示了电阻率和热导率分别等于 $\rho_{CNF}=1.33\Omega$, $\kappa_{CNF}=3.66W/(m\cdot K)$ 的纤维的场发射电流与宏观电场强度（I_{em} 与 E_{ext}）之间的关系图。纤维长度为4mm，半径为 $45\mu m$。纤维尖端阵列中的碳纳米管直径为1nm，长度分布均匀，介于 $0.1\mu m$ 和 $0.5\mu m$ 之间。每个碳纳米管都具有第22.2节中给出的温度依赖于电阻特性和恒定的热导率（与温度无关）$\kappa_i=100W/(m\cdot K)$。只给出了阵列中 N^2 数量不同的碳纳米管上升沿的场发射特性。标记为1、2、3和4的曲线分别对应于 N^2 数值等于 $100\times100, 75\times75, 50\times50, 25\times25$ 的阵列

图 22-13 显示当 E_{ext} 达到图22-12中所示的最大的场强度 E_{ext}^{max} 时，此时 I_{em} 也达到最大值，同时碳纳米管纤维尖端温度也达到最大值。碳纳米管纤维尖端的最高温度随碳纳米管阵列的尺寸 N^2 的减小而降低。图22-14 显示了从模拟中移除的碳纳米管的分数，其和 E_{ext} 存在函数关系。上面所述的不同 N^2 数值的曲线几乎是相同的，显示出在大于与最大发射电流和纤维尖端温度相关联的 E_{ext}^{max} 时（分别如图22-12和图22-13所示）移除的碳纳米管数量急剧的初始上升，随后趋于平缓的增加。超过 E_{ext}^{max} 时发射电流的逐渐减小与超过 E_{ext}^{max} 时被移除的碳纳米管数量的逐渐增加有关，因为这些碳纳米管具有较低的场增强因子，因此在其尖端达到从模拟中移除碳纳米管的温度（3000K）之前，需要更大的 E_{ext} 值。

图 22-12 所示的场发射特性模拟结果与试验观察到的不同。虽然模拟中没

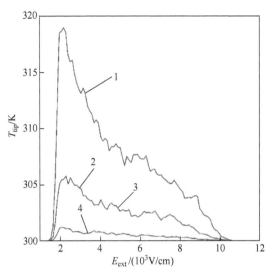

图 22-13 图 22-12 中所描述的四种不同的碳纳米管阵列,上升沿过程中纤维顶点的温度与宏观场强度之间的的函数关系图

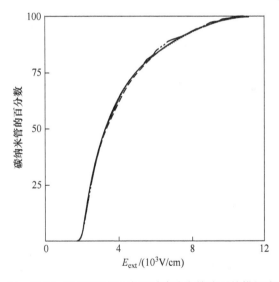

图 22-14 图 22-12 所示的四种不同碳纳米管阵列从模拟中移除的碳纳米管百分比与宏观场强度 E_{ext} 增加之间的变化曲线图

有考虑到阴极到阳极的分离,但试验观察到发射电流逐渐减小,直到纤维完全失效为止。除此之外,在纤维失效方面,为了使理论和实验之间更加一致,可能需要对多尺度模型进行修改,将纤维可能由 10~100nm 直径的有趣的原丝亚结构组成这

样的事实情况考虑在内。这加强了采用扫描电镜检查纤维尖端的必要性,如前所述,缺乏对纤维尖端的场发射发射体的本质和分布的确切了解,是模拟其场发射性能的一个瓶颈。

22.2.5 场发射特性对纤维及其尖端碳纳米管增强因子的灵敏度

到目前为止,纤维本身及其尖端的每一个碳纳米管都被近似为圆柱体,利用其高度和半径简单近似的估计其场增强因子,FEF ≈ 高度/半径。多年来,有很多人试图推导出更精确的场增强因子公式。例如,使用表面电荷法和使用 CPO2D 和 CPO3D 程序进行的广泛模拟,Read 和 Bowring 导出了模型为圆柱体柱上半球形封端的碳纳米管的场增强因子的经验函数[7]:

$$\gamma = 1.0782 \left(\frac{L}{R} + 4.7 \right)^{0.9152} \quad (22-21)$$

式中:$L=H+R$ 为圆柱体立柱总长度;H 为圆柱体立柱高度;R 为圆柱体立柱和半球的半径。

通过计算具有以下特性的纤维的预期发射电流,研究了对纤维和所有参与场发射的碳纳米管的场增强因子使用更精确的表达式(22-21)的影响:ρ_{CNF} = 4.14× ×$10^{-5}\Omega m$ 和 κ_{CNF} = 7.82W/(m·K)(22.2.3 节提到的 B 型纤维的平均值 $\bar{\rho}_B, \bar{\nu}_B$)。如文献[44,62]所示,纤维长度为 4mm,半径为 35μm。所有纤维尖端中参与场发射的碳纳米管的直径均为 1nm,并且在 0.1~0.5μm 范围内具有均匀的长度分布(用于制备纤维的碳纳米管的长度为 0.5μm)。这种纤维的场发射试验数据显示,当在纤维尖端和阳极之间的 1mm 间隙中施加 1000V 电压时,发射电流约为 0.35mA,即,表观间隙场 E_{AG} = 10^4V/cm。

在模拟中,每个碳纳米管电阻的温度依赖性如 22.2.4 节所示。将每个碳纳米管的热导率设置为与温度无关的常数,即 ν_i = 100W/(m·K)。

关于静电学,采用简单的公式 $\gamma \approx H/R$ 可以计算出 γ(柱体)~114。对于上述碳纳米管阵列,本征场增强因子 γ_i(碳纳米管)≈ hi/r,从最小值 γ(碳纳米管)min ≈ 100 至最大值 γ(碳纳米管)max ≈ 500 之间变化。相比之下,式(22-11)给出了碳纳米管纤维改进后的场增强因子值 γ(碳纳米管纤维圆柱体)= 85.5,碳纳米管阵列场增强因子的最小和最大值为 γ(碳纳米管)$_{min}$ = 1/4 76,γ(碳纳米管)$_{max}$ = 321。在模拟中唯一可变的参数是纤维尖端中参与场发射的碳纳米管总数。这个数字一直变化,直到宏观场强度值 E_{ext} = 10^4V/cm,纤维的发射电流为 0.35mA 时。(这种方法忽略了 E_{ext} 和 E_{AG} 之间的区别,但足以比较场增强因子公式。)

图 22-15 显示了采用简单公式 $\gamma = H/R$ 和式(22-22)计算得到的模拟电流 I_{em} 与宏观场强度 E_{ext} 之间函数关系,虚线对应于前者,实线对应于后者。只显示了阵

列中不同数量 N^2 的碳纳米管的上升沿场发射特性。标记为 1、2、3 和 4 的曲线分别对应于 $N^2 = 100×100, 75×75, 50×50, 25×25$。图 22-15 显示了预测的场发射特性, 在 $E_{ext} = 10^4$ V/cm 的值下将会导致接近 0.35mA 的发射电流, 这与在 N^2 略微大于 50×50 的值下的实验近似一致。因此, 多尺度模型可以作为估算纤维尖端参与场发射的碳纳米管近似数量的粗略指导。

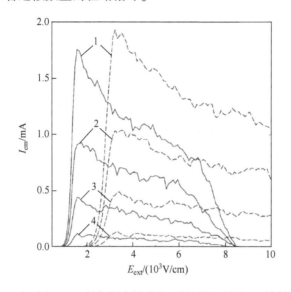

图 22-15 对于图 22-12 的标题中描述的 4 根纤维, 利用(a)简单 FEF 公式 $\gamma = H/R$(虚线) 和(b)式(22-22)(实线)计算的上升沿场发射特性的对比。两种情况下, 相关公式分别适用于碳纳米管纤维柱体和每个碳纳米管

22.2.6 静电屏蔽对两个近距离的碳纳米管纤维的场发射特性的影响

如上所述, 两个相互靠近的发射器将具有相互静电作用(通常称为"屏蔽"), 这是由该情况下的电子热力学引起的[5]。对于模型为长圆柱体上的半球, 两个紧密间隔、平行的一模一样的发射器, Read 和 Bowring 也使用他们的程序 CPO2D 和 CPO3D 导出了两个圆柱体的尖端场增强因子(FEF)的减小的经验表达式, 与间隔距离 s 存在函数关系[7]:

$$\gamma \frac{s}{H} = \gamma(\infty) \left[1 - f\left(\frac{s}{H}\right) \right] \quad (22-22)$$

这里, $\gamma(\infty)$ 是式(22-21)给出的独立圆柱体的场增强因子, $f\left(\dfrac{s}{H}\right)$ 是描述另一个碳纳米管效应的屏蔽因子, 其轴与第一个碳纳米管之间的距离为 s。

对于长宽比为 $\gamma = H/R = 100$，$f\left(\dfrac{s}{H}\right)$ 可以如下的参数表示[7]：

$$f\left(\frac{s}{H}\right) = c_1 \exp\left[-c_2\left(\frac{s}{L}\right)^n\right] \tag{22-23}$$

其中 $c_1 = 0.27071$，$c_2 = 2.857$，$n = 0.63$。

使用式(22-22)，式(22-23)，当 s/H 分别为 1.0、0.5 和 0.1 时，发现 $\gamma\left(\dfrac{s}{H}\right)$ 分别为 $\gamma(\infty)$ 的 98.4%、95.7% 和 86.1%。因为式(22-22)和式(22-23)是不变的，当 H、R 和 s 全部按比例缩放时，它们可用于两个近距离碳纳米管纤维的初步的屏蔽研究，如图 22-16 所示。后者是一个阴极，由两个高度相同、轴间隔为 s 的平行圆柱形碳纳米管纤维组成。纤维被连接到一个夹盘上，该夹盘的温度为室温 $T_0 = 300\mathrm{K}$。纤维的尖端与阳极的距离为 D。假设两个碳纳米管纤维与夹盘的电压相同，夹盘接地，并且(为了简单起见认为)所有表面具有相同的功函数。严格地说，Read 和 Bowring 公式适用于平面平行板的几何结构，但是图 22-16 的几何结构中的定性效果是相同的。

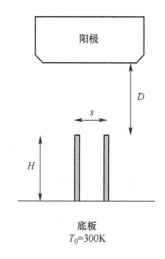

图 22-16 两个具有相同高度 H 且轴间离为 s 的平行圆柱形碳纳米管纤维的示意图
纤维在室温 $T_0 = 300\mathrm{K}$ 下附着于夹盘上。纤维尖端与阳极的距离为 D。
认为纤维和夹盘处于相同的电压，并且(为了简单起见)认为所有的表面都具有相同的功函数。

图 22-17 是一对长度为 $0.4\mathrm{cm}$、半径为 $40\mathrm{\mu m}$ 的、电阻率为 $\rho_{\mathrm{CNF}} = 4.32\times10^{-5}$ $\Omega\mathrm{m}$、热导率 $\nu_{\mathrm{CNF}} = 7.82\mathrm{W}/(\mathrm{m\cdot K})$（等于第 22.4.3 节中提到的 B 型纤维的平均值 $\bar{\rho}_B$ 和 $\bar{\nu}_B$）的平行碳纳米管纤维的上升场发射电流与宏观场强度（I_{em} vs E_{ext}）的关系图。假设两条纤维的尖端由 100×100 和 95×95 个碳纳米管阵列组成，分别标记

为碳纳米管纤维 1 和碳纳米管纤维 2,其长度和半径的线性分布范围分别为 0.1~0.5μm 和 0.9~1.1nm。在图 22-17 中,标记为 1 和 2 的底部曲线分别表示碳纳米管纤维 1 和碳纳米管纤维 2 的发射电流 I_{em} 与场强度 E_{ex} 之间的关系,它们的间隔为 0.4mm 时,即普通纤维高度的 1/10。三条顶部曲线表示两种纤维 $s/H=1.0$、0.5 和 0.1 时的总发射电流。图 22-17 表明,当纤维间距较小时,仅高于场发射的阈值时,总发射电流较小。这与式(22-22)一致,式(22-22)预测当纤维间的距离降低时,纤维柱的 $\gamma\left(\dfrac{s}{H}\right)$ 也随之降低。

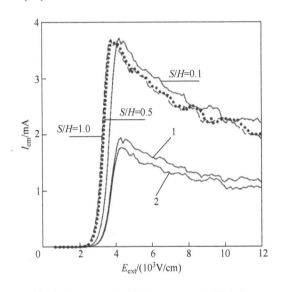

图 22-17 一对长度为 0.4cm、半径为 40μm 的、电阻率为 $\rho_{CNF}=4.32\times10^{-5}$ Ωm、热导率 $\kappa_{CNF}=7.82\mathrm{W/(m\cdot K)}$(等于第 22.4.3 节中提到的 B 型纤维的平均值 $\bar{\rho}_B$ 和 $\bar{\kappa}_B$)平行碳纳米管纤维(CNF)场发射电流与宏观场强度 I_{em} (E_{ext})的关系图

文中给出了各纤维尖端的碳纳米管阵列的详细情况。前三条顶部曲线显示了两根纤维轴向间距 s 等于(a)0.1H、(b)0.5H、(c)1.0H 时上升沿场发射的总电流,这里 H 是碳纳米管纤维的长度。对于 s/H 为 0.1 的情况,两条底部曲线显示了纤维 1 和纤维 2 对总发射电流的贡献。

如第 22.2.5 节所述,观察到的每根纤维的发射电流峰值与从模拟中移除的碳纳米管数量的增加有关。随着间隔距离的降低和"屏蔽"效应的增加,被移除的碳纳米管数量变小。结果,在电流超过最大值时,随着 s/H 变小,来自两根纤维的总发射电流(在给定的 E_{ext} 值下)变大。图 22-17 还显示,来自两根纤维的最大发射电流约为 3.5mA,并且几乎与 s/H 无关。

22.3 本章小结

第21章和本章中介绍的工作是出于美国空军对设计先进冷阴极电子发射体概念的兴趣而进行的,该概念适用于紧凑、大功率、高频、真空电子器件,其工作温度小于1000℃,在几百小时的连续操作中,以几倍于 $10^5 \mathrm{A/m^2}$ 的平均(整个面积)电流密度提供至少 10mA 的总发射电流。如第21章所述,迄今为止,所研究的各种碳纳米管纤维获得的最大发射电流仅达到几毫安。第21章讨论的理想查询平台描述了一整套完整的实验和模拟工具,为碳纳米管纤维制造商提供必要的反馈,以期在不需要使用碳纳米管纤维阵列的情况下实现超过 10mA 的发射电流。

文献[68]中碳纳米管纤维场发射的多尺度模型最初是为了考虑纤维内的焦耳加热和辐射冷却以及位于纤维尖端的阵列中单个碳纳米管尖端的诺丁汉效应而建立的。过去的研究表明,该模型预测了碳纳米管在外加电场作用下的破坏率,再现了最近研究的碳纳米管的许多实验特征。其中包括发射电流的数量级(mA 范围)、低开启电场(部分为 V/μm)、在大外加电场下与纯 Fowler-Nordheim 行为的偏差、场发射特性中的回路以及沿碳纳米管纤维轴的温度空间变化,靠近尖端的最高温度接近其几百摄氏度。

在本章中,我们模拟了自热效应对碳纳米管纤维场发射电性能的影响及其与纤维导电率(σ_{CNF})和热导率(κ_{CNF})乘积的关系。结果表明,较大的 $\sigma_{CNF}\kappa_{CNF}$ 乘积对自热效应的影响较小,与文献[44]的实验结果一致。结果还表明,碳纳米管纤维的场发射特性与纤维尖端碳纳米管的尺寸和数量密切相关,并用试验工具(刀片和激光)制备了纤维尖端。对于给定的偏压条件,这会对纤维尖端的温度产生深远的影响。场发射特性对纤维尖端单个碳纳米管的场增强因子的表达式也非常敏感,这是场发射过程的瓶颈。最后,采用 Read 和 Bowring[7] 方法研究了静电屏蔽对两个近距离碳纳米管纤维场发射特性的影响。结果表明,两根纤维的最大电流受两根纤维间的距离影响相对较弱,但当两种纤维间的距离较近时,其最大电流出现在外加电场的较小值处。

在多尺度模型中使用的蒙特卡罗方法可以被改进,以包括伴随着纤维尖端碳纳米管阵列的场发射的附加物理现象。最终,随着时间的推移,人们可能会逐渐地在模型中包括各种迄今为止尚未出现的现象,例如①单个碳纳米管的电导和热导率的更精确值[69-85];②由于受发射电子电离的气体分子的轰击而产生的对碳纳米管纤维尖端的不可逆损伤(应考虑电弧或麦克斯韦应力);③静电偏转或机械(麦克斯韦)应力,导致发射器的形状和/或周围环境的改变和局部场增强的变化;④其他降解现象,如化学起源(分子在发射极表面的吸附/解吸及其迁移,可导致闪烁噪声)和发射碳纳米管功函数的改变;⑤发射碳纳米管的长度随外加电压的函数逐渐减小;⑥根据结构(单壁与多壁)不同更好地计算单个碳纳米管的场增强因子;⑦屏蔽效应对随机发射碳纳米管阵列的影响。

还有一个更广泛(大部分尚未解决)的问题是,准确地建模碳基发射器的电流/电压特性,特别是在测量电路中发生电压损失时[13-15,86]。如前所述,如果式(22-11)在其有效范围之外运行,则另一种方法是使用Jensen和Cahay最初引入的一般热场方程[87]。

Kyritsakis和他的同事们[88-89]最近开发了GTF方法的另一个版本,用于顶点可以近似为球形的非平面发射器。一个相关的程序已经被编写并被开放存取[89]。这个程序最终可能证明对碳纳米管的建模特别有用。

综上所述,先前的试验数据表明,碳纳米管堆积越紧密,碳纳米管的场发射性能越好[44]。这使得它们的导电率和热导率都增加,从而导致沿纤维柱(即在其尖端和固定纤维的夹头之间)的温度梯度降低,这将有利于使用更长的碳纳米管来制造纤维。然而,增加碳纳米管在纤维中的堆积密度以提高其导电性和导热性,同时从切割的纤维中获得最大的场发射电流,而不会在过于紧密堆积的长碳纳米管发射阵列之间受到屏蔽效应,两者之间存在折衷。

附录:纤维尖端碳纳米管的自热效应

对于位于纤维尖端的阵列中的每一个碳纳米管,考虑其热导率和电阻率的温度依赖性,通过求解式(22-14)可找到沿碳纳米管的温升。忽略碳纳米管侧壁的辐射损耗,用其平均值代替与温度相关的κ和ρ,我们寻找式(22-14)的解

$$T(x) = T_{\text{apex}} + bx + ax^2 \qquad (22\text{-A.}1)$$

式中:x为沿着碳纳米管的距离,从碳纳米管的基部到纤维柱的尖端(温度为T_{apex})进行测量;系数b为通过在$x=0$处应用菲克定律得到的,其中热流是由焦耳加热引起的,使用公式

$$b = \left(\frac{\mathrm{d}T}{\mathrm{d}x}\right)_{x=0} = \frac{RI^2}{\overline{v}A} \qquad (22\text{-A.}2)$$

式中:R为碳纳米管的电阻;A为它的横截面积。系数a从碳纳米管尖端的边界条件获得;这是式(22-15),即

$$\left.\frac{\partial T}{\partial x}\right|_{\text{tip},i} = 2aL + b = -\sigma(T_{\text{tip},i}^4 - T_w^4)/\overline{v}(T_{\text{tip}}) - Q_i/\overline{v}(T_{\text{tip}}) \qquad (22\text{-A.}3)$$

式中:Q_i由式(22-17)给出。

对于给定的宏观场E_{ext},系数a、b和T_{apex}以及各种电流I_a由以下迭代过程确定。对于每个碳纳米管,首先计算其发射电流I_i,忽略沿纤维柱体的焦耳加热,即

假设 T_{apex} 等于夹头温度 T_{sub}。在随后的迭代中，使用式 (22-18) 计算出的修正值来更新系数值。在每次迭代过程中，重新计算总发射电流的值，从而得出每个碳纳米管尖端的系数和温度 $T_i(L_i)$ 的修正值。当所有系数的值都收敛时，此迭代过程停止。在每次增加宏观场强度之后，尖端温度超过 3000K 时碳纳米管即被认为已"损坏"，并且它们（以及它们贡献的电流）将被从模拟中移除。

本章相关彩图，请扫码查看

参 考 文 献

[1] L. M. Ericson, H. Fan, H. Peng, V. A. Davis, W. Zhou, J. Sulpizio, Y. Wang, R. Booker, J. Vavro, C. Guthy, A. N. G. Parra-Vasquez, M. J. Kim, S. Ramesh, R. K. Saini, C. Kittrel, G. Lavin, H. Schmidt, W. W. Adams, W. E. Billups, M. Pasquali, W. -F. Hwang, R. H. Hauge, J. E. Fischer, R. E. Smalley, Macroscopic, neat, single-walled carbon nanotube fibers, Science 305 (2004) 1447.

[2] Y. C. Yang, L. Liu, K. L. Jiang, S. S. Fan, A vacuum sensor using field emitters made by multiwalled carbonnanotube yarns, Vacuum 86 (2012) 885.

[3] R. G. Forbes, C. J. Edgcombe, U. Valdrè, Some comments on models for field enhancement, Ultramicrosopy 95 (2003) 57.

[4] A. I. Zhbanov, E. G. Pogorelov, Y. -C. Chang, Y. -G. Lee, Screened field enhancement factor for the floatingsphere model of a carbon nanotube array, J. Appl. Phys. 110 (2011) 114311.

[5] R. G. Forbes, Physical electrostatics of small field emitter arrays/clusters, J. Appl. Phys. 120 (2016) 054302.

[6] R. G. Forbes, Screened field enhancement factor for a tall closely spaced array of identical conducting postsand implications for fowler-Nordheim-type equations, J. Appl. Phys. 111 (2012) 096102.

[7] F. Read, N. Bowring, Field enhancement factors of random arrays of carbon nanotubes, Nucl. Inst. MethodsPhys. Res. A 519 (2004) 305.

[8] J. S. Suh, K. S. Jeong, J. S. Lee, I. Han, Study of the field-screening effect of highly ordered carbon nanotubearrays, Appl. Phys. Lett. 80 (2002) 2392.

[9] L. Nilsson, O. Groening, C. Emmenegger, O. Kuettel, E. Schaller, L. Schlapbach, H. Kind, J. -M. Bonard, K. Kern, Scanning field emission from patterned carbon nanotube films, Appl. Phys. Lett. 76 (2000) 2071.

[10] R. C. Smith, S. R. P. Silva, Maximizing the electron field emission performance of carbon nano-

tube arrays, Appl. Phys. Lett. 94 (2009) 133104.

[11] J. R. Harris, K. L. Jensen, D. A. Shiffler, Dependence of the optimal spacing on applied field in ungated fieldemitter arrays, AIP Adv. 5 (2015) 087182.

[12] J. R. Harris, K. L. Jensen, W. Tang, D. A. Shiffler, Control of bulk and edge screening effects in two-dimensional arrays of ungated field emitter arrays, J. Vac. Sci. Technol. B 34 (2016) 041215.

[13] R. G. Forbes, The theoretical link between voltage loss, reduction in field enhancement factor and saturationeffects in Fowler-Nordheim-plots, Appl. Phys. Lett. 110 (2017) 133109.

[14] R. G. Forbes, Development of a simple quantitative test for lack of field emission orthodoxy, Proc. R. Soc. Lond. A 469 (2013) 20130271.

[15] R. G. Forbes, J. H. B. Deane, A. Fischer, M. S. Mousa, Fowler-Nordheim plot analysis: a progress report, Jordan J. Phys. 3 (2015) 125.

[16] R. Smith, S. R. P. Silva, Interpretation of the field enhancement factor for electron emission from carbon nanotubes, J. Appl. Phys. 106 (2009) 014314.

[17] E. L. Murphy, R. H. Good, Thermionic emission, field emission and the transition region, Phys. Rev. 102 (1956) 1464.

[18] R. H. Good Jr. , E. W. M€uller, Field emission, in: Electron-Emission Gas Discharges I: Elektronen-EmissionGasentladungen I, Springer, Berlin, Heidelberg, 1956, pp. 176–231.

[19] R. G. Forbes, J. H. B. Deane, Reformulation of the standard theory of Fowler-Nordheim tunneling and coldfield electron emission, Proc. R. Soc. Lond. A 463 (2007) 2907.

[20] P. Vincent, S. T. Purcell, C. Journet, V. T. Binh, Modelization of resistive heating of carbon nanotubes duringfield emission, Phys. Rev. B 66 (2002) 075406.

[21] J. A. Sanchez, M. P. Meng€uc, K. -F. Hii, R. R. Vallance, Heat transfer within carbon nanotubes during electronfield emission, J. Thermophys. Heat Transf. 22 (2008) 281.

[22] J. A. Sanchez, M. P. Meng€uc, Geometry dependence of the electrostatic and thermal response of a carbonnanotube during field emission, Nanotechnology 19 (2008) 075702.

[23] S. T. Purcell, P. Vincent, Journet, V. T. Binh, Tuning of nanotube mechanical resonances by electric field pulling, Phys. Rev. Lett. 89 (2002) 276103.

[24] M. Sveningsson, K. Hansen, K. Svensson, E. Olsson, E. E. B. Campbell, Quantifying temperature-enhancedelectron field emission from individual carbon nanotubes, Phys. Rev. B 72 (2005) 085429.

[25] R. G. Forbes, J. H. B. Deane, Transmission coefficients for the exact triangular barrier: an exact general an-alytical theory that can replace Fowler & Nordheim's 1928 theory, Proc. R. Soc. Lond. A 467 (2011) 2927. See electronic supplementary material for values of relevant universal constants.

[26] R. G. Forbes, J. H. B. Deane, Comparison of approximations for the principal Schottky-Nordheim barrierfunction v(f), and comments on Fowler-Nordheim plots, J. Vac. Sci. Technol. B 28 (2010). C2A43–C2A49.

[27] J. H. B. Deane, R. G. Forbes, The formal derivation of an exact series expansion for the principal Schottky-Nordheim barrier function v, using the gauss hypergeometric differential equation, J. Phys. A Math. Theor. 41 (2008) 395301.

[28] K. L. Jensen, D. A. Shiffler, J. J. Petillo, Z. Pan, J. W. Luginsland, Emittance, surface structure, and electronemission, Phys. Rev. ST Accel. Beams 17 (2014) 043402.

[29] L. W. Swanson, A. E. Bell, Recent advances in field electron microscopy of metals, Adv. Electron. ElectronPhys. 32 (1973) 193.

[30] A. Modinos, Field, Thermionic, and Secondary Electron Emission Spectroscopy, Plenum, New York, 1984(reprinted recently by Springer, New York).

[31] K. L. Jensen, Electron Emission Physics, Advances in Imaging and Electron Physics, vol. 149, Elsevier, Amsterdam, 2007.

[32] K. L. Jensen, Y. Y. Lau, D. W. Feldman, P. G. O'Shea, Electron emission contributions to dark current and itsrelation to microscopic field enhancement and heating in accelerator structures, Phys. Rev. ST Accel. Beams11 (2008) 081001.

[33] K. L. Jensen, General formulation of thermal, field, and photoinduced electron emission, J. Appl. Phys. 102 (2007) 024911.

[34] K. L. Jensen, Field emission: fundamental theory to usage, in: J. G. Webster (Ed.), Wiley Encyclopedia ofElectrical and Electronics Engineering, John Wiley & Sons, Inc., New York, 2014.

[35] R. G. Forbes, Exact analysis of surface field reduction due to field-emitted vacuum space charge, in parallel-plane geometry, using simple dimensionless equations, J. Appl. Phys. 104 (2008) 084303.

[36] N. Shimoi, S.-I. Tanaka, Numerical analysis of electron emission site distribution of carbon nanofibers forfield emission properties, ACS Appl. Mater. Interfaces 5 (2013) 768.

[37] H. Murata, H. Shimoyama, T. Ohye, in: Computer simulation of electric field analysis for vertically alignedcarbon nanotubes: I. Simulation method and computing model, International Symposium on Optical Scienceand Technology, International Society for Optics and Photonics, 2001.

[38] H. Shimoyama, H. Murata, T. Ohye, in: Computer simulation of electric field analysis for vertically alignedcarbon nanotubes: II. Electric field on the nanotube apex, International Symposium on Optical Scienceand Technology, International Society for Optics and Photonics, 2001.

[39] O. Glukhova, A. I. Zhbanov, I. G. Torgashov, N. I. Sinitsyn, G. V. Torgashov, Ponderomotive forces effect onthe field emission of carbon nanotube films, Appl. Surf. Sci. 215 (2003) 149.

[40] X. Q. Wang, M. Wang, H. L. Ge, Q. Chen, Y. B. Xu, Modeling and simulation for the field emission of carbonnanotubes array, Phys. E. 30 (2005) 101.

[41] F. F. Dall'Agnol, D. D. Engelsen, Field emission from non-uniform carbon nanotube arrays, Nanoscale Res. Lett. 8 (2013) 319.

[42] P. Golovinski, A. A. Drobyshev, Monte Carlo computer simulation of nonuniform field emission

current density for a carbon Fiber, J. Electromagn. Anal. Appl. 6 (2014) 8.

[43] G. S. Bocharov, A. V. Eletskii, Theory of carbon nanotube (CNT)-based electron field emitters, Nano 3 (2013) 393.

[44] S. Fairchild, T. Boeckl, T. C. Back, J. B. Ferguson, H. Koerner, P. T. Murray, B. Marayuma, M. A. Lange, M. M. Cahay, N. Behabtu, C. C. Young, M. Pasquali, N. P. Lockwood, K. L. Averett, G. Gruen, D. E. Tsentalovich, Morphology dependent field emission of acid-spun carbon nanotube fibers, Nanotechnology 26 (2015) 105706.

[45] M. Cahay, P. T. Murray, T. C. Back, S. Fairchild, J. Boeckl, J. Bulmer, K. K. K. Koziol, G. Gruen, M. Sparkes, F. Orozco, W. O'Neill, Hysteresis during field emission from chemical vapor deposition synthesized carbon nanotube fibers, Appl. Phys. Lett. 105 (2014) 173107.

[46] S. B. Fairchild, J. S. Bulmer, M. Sparkes, J. Boeckl, M. Cahay, T. C. Back, P. T. Murry, G. Gruen, M. Lange, N. P. Lockwood, F. Orozco, W. O'Neil, C. Paukner, K. K. K. Koziol, Field emission from laser cut CNT fibersand films, J. Mater. Res. 29 (2014) 392.

[47] P. T. Murray, T. C. Back, M. M. Cahay, S. B. Fairchild, B. Marayuma, N. P. Lockwodd, M. Pasquali, Evidencefor adsorbate-enhanced field emission from carbon nanotube fibers, Appl. Phys. Lett. 103 (2013) 053113.

[48] G. Chen, D. H. Shin, S. Roth, C. J. Lee, Improved field emission stability of thin multiwalled carbon nanotubeemitters, Nanotechnology 21 (2009) 015704.

[49] H.-S. Jang, S. K. Jeon, S. H. Nahm, Field emission properties from the tip and side of multiwalled carbonnanotube yarns, Carbon 48 (2010) 4019.

[50] P. Liu, Y. Wei, K. Liu, L. Liu, K. Jiang, S. Fan, New-type planar field emission display with superalignedcarbon nanotube yarn emitter, Nano Lett. 12 (2012) 2391.

[51] Y. Wei, D. Weng, Y. Yang, X. Zhang, K. Jiang, L. Liu, S. Fan, Efficient fabrication of field electron emittersfrom the multiwalled carbon nanotube yarns, Appl. Phys. Lett. 89 (2006) 063101.

[52] A. L. A. Zakhidov, R. Nanjundaswamy, A. N. Obraztsov, M. Zhang, S. Fang, V. I. Klesch, R. H. Baughman, A. A. Zakhidov, Field emission of electrons by carbon nanotube twist-yarns, Appl. Phys. A Mater. Sci. Process. 88 (2007) 593.

[53] W. Schottky, € Uber kalte und warme Elektronenentladungen, Z. Phys. 14 (1923) 63.

[54] J. Huang, K. Kempa, S. H. Jo, S. Chen, Z. F. Ren, Giant field enhancement at carbon nanotube tips induced bymultistage effect, Appl. Phys. Lett. 87 (2005) 053110.

[55] R. Miller, Y. Lau, J. H. Booske, Schottky's conjecture on multiplication of field enhancement factors, J. Appl. Phys. 106 (2009) 104903.

[56] K. L. Jensen, D. A. Shiffler, J. R. Harris, J. J. Petillo, Schottky's conjecture, field emitters, and the point chargemodel, AIP Adv. 6 (2016) 065005.

[57] T. A. de Assis, F. F. Dall'Aggnol, Mechanically stable nanostructures with desirable characteristic field enhancement factors: a response from scale invariance in electrostatics,

Nanotechnology 27 (2016) 44LT01.

[58] R. Stratton, Theory of field emission from semiconductors, Phys. Rev. 125 (1962) 67.

[59] S. T. Purcell, P. Vincent, C. Journet, V. T. Binh, Hot nanotubes: stable heating of individual multiwall carbonnanotubes to 2000 K induced by the field-emission current, Phys. Rev. Lett. 88 (2002) 105502.

[60] W. Wei, Y. Wie, K. Jiang, L.-M. Peng, S. Fan, Tip cooling effect and failure mechanism of field-emittingcarbon nanotubes, Nano Lett. 7 (2007) 64.

[61] N. Y. Huang, J. C. She, J. Chen, S. Z. Deng, N. S. Xu, H. Bishop, S. E. Huq, L. Wang, D. Y. Zhong, E. G. Wang, D. M. Chen, Mechanism responsible for initiating carbon nanotube vacuum breakdown, Phys. Rev. Lett. 93 (2004) 075501.

[62] N. Behabtu, C. C. Young, D. E. Tsentalovich, O. Kleinerman, X. Wang, A. W. K. Ma, E. Bengio, R. F. ter Waarbeek, J. J. de Jong, R. E. Hoogerwerf, S. B. Fairchild, J. B. Ferguson, B. Marayuma, J. Kono, Y. Talmon, Y. Cohen, M. J. Otto, M. Pasquali, Strong, light, multi-functional fibers of carbon nanotubes with ultrahigh conductivity, Science 339 (2013) 182.

[63] L. Lu, W. Yi, D. Zhang, 3ω Method for specific heat and thermal conductivity measurements, Rev. Sci. Instrum. 72 (2001) 2996.

[64] K. L. Jensen, C. M. Marrese-Reading, Emission statistics and the characterization of array current, J. Vac. Sci. Technol. B 21 (2003) 412.

[65] S. A. Guerrera, L. F. Velasquez-Garcia, A. I. Akiwande, Scaling of high-aspect-ratio current limiters for theindividual ballasting of large arrays of field emitters, IEEE Trans. Electron Devices 59 (2012) 2524.

[66] C. M. Marrese, J. E. Polk, K. L. Jensen, A. D. Galimore, C. A. Spindt, R. L. Fink, W. D. Palmer, Performance offield emission cathodes in xenon electric propulsion system environments, in: A. D. Ketsdever, M. D. Micci (Eds.), Micropropulsion for Small Spacecraft, American Institute of Aeronautics and Astronautics, Reston, VA, 2000, p. 271 (Chapter 11).

[67] K. L. Jensen, C. M. Marrese-Reading, Solid State Electron. 45 (2001) 777.

[68] M. Cahay, W. Zhu, S. Fairchild, P. T. Murray, T. C. Back, G. J. Gruen, Multiscale model of heat dissi-pation mechanisms during field emission from carbon nanotube fibers, Appl. Phys. Lett. 108 (2016) 033110.

[69] A. A. Balandin, Thermal properties of graphene and nanostructured carbon materials, Nat. Mater. 10 (2011) 569.

[70] J. Hone, M. Whitney, C. Piskoti, A. Zettl, Thermal conductivity of single-walled carbon nanotubes, Phys. Rev. B 59 (1999) R2514.

[71] S. Berber, Y.-K. Kwon, D. Toma'nek, Unusually high thermal conductivity of carbon nanotubes, Phys. Rev. Lett. 84 (2000) 4613.

[72] M. A. Osman, D. Srivastava, Temperature dependence of the thermal conductivity of single-wall carbonnanotubes, Nanotechnology 12 (2001) 21.

[73] J. Che, T. Cagin, W. A. I. I. I. Goddard, Thermal conductivity of carbon nanotubes, Nanotechnology 11 (2000) 65.

[74] H. Ma, L. Pan, Q. Zhao, Z. Zhao, J. Qiu, Thermal conductivity of a single carbon nanocoil measured by field-emission induced thermal radiation, Carbon 50 (2012) 778.

[75] E. Pop, D. Mann, Q. Wang, K. Goodson, H. Dai, Thermal conductance of an individual single-walle nanotube above room temperature, Nano Lett. 6(2006)96.

[76] P. Kim. L. Shi, A. Majumdar, P. L. McEuen, Thermal transport measurements of individual multiuvon nanotubes, Phys. Rev. Lett. 87(2001)215502.

[77] T.-Y. Choi, D. Poulikakos, J. Tharian, U. Sennhauser, Measurement of the the Γ mal cond uctivity of indivi carbon nanotubes by the four-point three-o method, Nano Lett. 6 (2006) 589.

[78] M. Fujϓi, X. Zhang, H. Xie, H. Ago, K. Takahashi, T. Ikuta, H. Abe, T. Shimizu, Measuring the thermal ductivity of a single carbon nanotube, Phys. Rev. Lett. 95 (2005) 065502.

[79] A. E. Aliev, M. H. Lima, E. M. Silverman, R. H. Baughman, Thermal conductivity of multi-walled carh bon nanotube sheets: radiation losses and quenching of phonon modes, Nanotech nology 21(2009)035709.

[80] A. Cao, J. Qu, Size dependent thermal conductivity of single-walled carbon nanotubes, J. Appl, Phve 112(2012)013503.

[81] Y. Chalopin, S. Volz, N. Mingo, Upper bound to the thermal conductivity of carbon nanotu be pellets, J. Annl Phys. 105(2009)084301.

[82] T. Y. Choi, D. Poulikakos, J. Thanrian, U. Sennhauser, Measurement of thermal conducti vity of indivjdual multiwaledcarbon na notubes by the 3-w3- o method, Appl. Phys. Let. 87(2005)013108.

[83] Q. Li, C. Liu, X. Wang, S. Fan, Measuring the thermal conductivity of indivi dual carbon nanotubes by the Raman shift method, Nanotechnology 20(2009)145702.

[84] J. P. Small, L. Shi, P. Kim, Mesoscopic thermal and thermoelectric measurements of indivi dual carbon nano-tubes, Solid State commun. 127(2003)181.

[85] W. Lu, M. Zu, J.-H. Byun, B.-S. Kim, T.-W. Chou, State of the art of carbon nanotube fibers: opportunities and challenges, Adv. Mater. 24(2012)1805.

[86] Z.-B. Li, Density functional theory for field emission from carbon nano-structure, Ultrami_ crosopy 159(2015)162.

[87] K. L. Jensen, M. Cahay, General therml-field emission equation, Appl. Phys. Lett. 88 (2006)154105.

[88] A. Kyritsakis, J. P. Xanthakis, Extension of the general thermal field equation for nanosized emitters, J. Appl. Phys. 119(2016)045303.

[89] A. Kyritsakis, F. Djurabekova, A general computational method for electron emission and thermal effects in field emitting nanotips, comput. Mater. Sci. 128(2016)15.

第23章
纳米管超级纤维材料工业化

Mark J. Schulz[1], Guangfeng Hou[1], David Mast[2], Richard Kleismit[2], Devika Chauhan[3], VesselinShanov[4], Chenhao Xu[1], Joshua Dugre[2], Vianessa Ng[1], Zafer Turgut[5], Rui Chen[1]

[1] 美国俄亥俄州,辛辛那提大学机械与材料工程系
[2] 美国俄亥俄州,辛辛那提大学物理系
[3] 美国俄亥俄州,辛辛那提大学航空航天工程系
[4] 美国俄亥俄州,辛辛那提大学化学与环境工程系
[5] 美国俄亥俄州,怀特-帕特森空军基地航空航天系统理事会

23.1 碳纳米管浮动催化剂方法的局限性

碳纳米管片材和纱线的合成工艺产量低是纳米管材料大规模商业化的主要障碍。

本章提出了提高纳米管片材和纱线制造速度的不同思路,包括在太空中合成纳米管[1-13],以及利用碳杂化材料克服纳米管束[14]的接触电阻的思路。还提出了利用等离子体辅助合成[15-24]或使用多孔管[22]合成纳米管的思路。本书共分7章讨论浮动催化剂方法(第1,3,4,6,7,18,35章)。因此。本章讨论的工业化和规模化生产工艺主要是基于浮动催化法,因为它可以以片状或纱线的形式生产连续的材料。

通常情况下,外径为2英寸的莫来石或者能承受更高温度的氧化铝陶瓷管被用作浮动催化方法的反应器。2英寸氧化铝管的成本约为300美元,而3.25英寸氧化铝管的价格约为900美元。随着管材直径的增大,成本变得令人望而却步,此外,还必须考虑管的表面积与体积比。在这个合成过程中,碳纳米管筒状物或云状物、片状物形成在反应器的管壁上,需要一个较大的表面积/体积比,大约为1~2,以确保整个管道内混合和加热均匀。增加管直径为2~3英寸的小管反应器的数量成本高昂。采用大直径的反应管成本也是非常的高,因为反应管的成本高。

因为陶瓷比较脆,必须避免含有缺陷。可以采用圆管或者板状形式,但是两者

都容易产生缺陷,而且随着管或者板尺寸的增大,缺陷的概率也在增大。也考虑使用非陶瓷管。采用浮动催化剂法时,石英管在温度高于1200℃时会变软,但是它具有成本低,管子清晰透明等优点,因此比较容易监测反应过程。在合成温度下,金属管开始熔化,并且金属会将大量热量传导到端盖,需要采取冷却措施。因此,按照目前的工艺,在大约1250~1400℃的温度下,用管式炉进行大规模制造碳纳米管的选择并不多。

另一个问题是纳米管可以在管壁上生长,尤其是氧化铝管。这种生长会产生摩擦力,产生的纳米管筒状物会逐渐断裂,导致难以持续获得纳米管。一些清洁反应管的方法是在空气中高温加热反应管以烧掉碳沉积物,然后使用钢丝刷清洁反应管,或者采用在氩气气氛保护下,采用表面套有不锈钢环的杆在陶瓷管里快速的插入和移除的方法。陶瓷管通常在冷却后采用铜丝刷反复推动和转动,同时采用抹布和清洗液进行清洁。差不多12次之后,反应管就基本比较干净了。空气加热清洗应该每周进行一次,这个过程应该在1000℃下进行2h,然后用刷子和清洁剂清洗陶瓷管。清洗反应管这种方法降低了生产时间,而且最终反应管会报废。避免碳沉积在反应管上或者开发更好的清洗反应管的方法以避免纳米管筒状物破坏是一个规模化生产必须解决的问题。

在第7章里,以热力学和动力学的形式阐释了碳纳米管纤维的直接纺丝法;艾伦·温德尔教授以个人观点写道:"在商业方面,如果想要实现这种工艺的全面效益,需要在管式反应器外形方面获得突破。可以设想会采用更复杂的三维气流,以及不受足够大尺寸陶瓷管可行性限制的反应器结构。然而,问题看起来似乎是投资水平的问题,实际上是企业意愿的事。除非有足够雄厚财力的组织准备承担建造全新设计的大型反应器的风险,否则产量将只能满足小众市场,永远无法挑战现有的碳纤维业务。即使是每年1000万美元的"烧钱率"也可能只够下一个开发阶段。到目前为止,只有少数商业公司能够达到每天千克级的生产水平,还有许多大学可能最多每天只能生产一克,因此需要一个适当的多尺度计算模型来支持。该模型可以查询完全不同的反应器设计,以及优化原料组成、流速以及生成的气凝胶微观组织的关键参数,如纳米管的长度和直径。"本章提出了大规模化合成纳米管方法的建议。到2025年,碳纤维市场份额将达到63.6亿美元。截止到2017年,复合年增长率为10.9%(https://www.grandviewresearch.com/press-release/global-carbon-fiber-market)。在第18章关于碳纳米管纱线的导电机理中,David S. Lashmore教授写道:总体而言,基于碳纳米管的导体正在发展到在某些特殊情况下可以取代铜的地步。对于涉及非常高电流密度铜合金的应用,碳纳米管复合材料具有极高的电流密度的潜力。随着这项技术的不断发展,碳纳米管导体很可能对我们的经济产生深远的影响。"因此,如果能实现碳纳米管超级纤维材料的规模化生产,将造福我们的世界。"

23.2 纳米管材料高速制备的前景

本章提出了一些可能导致提高浮动催化反应器产量的方法。提出了多种猜测性但并未被实际验证的方法。首先列出了这些方法，然后在本章中进行进一步讨论。一个简单的方法是增加传统管式反应器的产量。沿着反应器长度方向布置多个入口，每个入口分别引入燃料，这可能会增加反应器的产量。例如，对于典型的反应器而言，可以采用三个入口取代一个入口。扩大到 3 倍是可能的，然而，更大规模的扩大，比如说，100 倍，在许多产品领域是需要获得商业可行性的。另一种方法是将电阻加热和等离子体加热相结合，以增加反应器的能量输入，并可能消除对陶瓷管的需求。这是一种成本高昂的方法，而且操作者必须小心地屏蔽反应室内的射频信号。另一种方法是使用耐火砖这样的低成本材料（由艾伦·温尔德博士建议）来建造反应器。一个局限性是高温可燃气体可能从反应器内部泄漏到外部。另一个可能的局限性是耐火砖的表面是粗糙的，可能导致碳纳米筒状物粘接在壁上和断裂。使用多孔管来增加管的表面积与体积比是另一种选择。这些定制的管子非常昂贵，而且比较难以连接到系统硬件上。预计这些想法将被不同的研究小组研究或者利用，规模化将是一个随着工业不断成熟发展而不断进行的过程。大量和不同形式的碳前驱体是可以获得的，当获得规模化生产时，碳纳米材料可能会变成世界上一种新型的通用工业材料。

23.2.1 采用多孔陶瓷管增加碳纳米管筒状物的产量

许多研究者都认为碳纳米管筒状物是在靠近陶瓷管的壁上形成的。假设碳纳米筒状物的表面积与陶瓷管的表面积成正比，那么一个多孔管将有多个碳纳米筒状物，总的表面积将比单孔管生产的筒状碳纳米管多。举例来说，忽略管子的壁厚，6 个 1 英寸的孔可以装在 1 个直径为 3 英寸的管内。6 孔管的表面积是单孔管的两倍，随着单孔管尺寸变大，利用 1 英寸小管的表面积增大效应将变得更加显著。因此，如果能在小孔管内合成碳纳米管筒状物，那么多孔陶瓷管的合成工艺可能获得更高的产率。这是假设燃料注射速率增加，每增加多孔管的表面积产生了更多量的碳纳米管筒状物。

直径 2 英寸或者 3 英寸的多孔管适用于在目前真空系统中使用的圆形连接配件内。更进一步说，包含在圆形管中的椭圆也可以用来评估表面积的增加，也可以用来生产矩形碳纳米管筒状物和宽幅片材。外部的大管需要保持较大的表面积与体积比，大约 1~2，以提供均匀的加热，减少合成过程中陶瓷管中的循环。同时必须考虑均匀加热管道和阻止不均匀的热膨胀引起的开裂。最小直径 d 可装入 n 个单位直径圆的解已经确定,如图23-1(a)所示,最著名的结果总结见文献[22]。

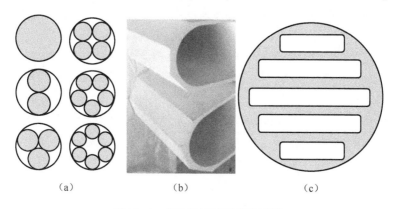

图23-1 多孔和椭圆形反应器管

(a)$n=1$到$n=6$孔管[22];(b)管也可以是椭圆形或矩形(阿里巴巴提供的图);(c)开槽管设计。

23.2.1.1 开槽管设计

在这种设计中,形成碳纳米管筒状物的表面积增大了,比如说,增加了2倍。可以使用相同的圆形真空系统组件(除了开槽管的成本高外这种变化的成本很低)。制造椭圆管(图23-1(b))或者开槽管(图23-1(c))的新模具是个一次性投入。假设碳纳米管筒状物的形成是紧贴陶瓷管壁,碳纳米管筒状物的表面积与陶瓷管的表面积成正比,与单孔管产生单个碳纳米管筒状物相比,多沟槽管将产生多倍的拥有较大表面积的碳纳米管筒状物。直径2英寸或者3英寸的多孔管适用于目前在真空系统中使用的圆形连接件。更进一步说,包含在圆管中的椭圆或矩形也可以用于表面积的增加和矩形片材的生产。外部大管的表面积与体积比可能需要在1~2之间,以提供均匀加热,降低合成过程中陶瓷管内的循环。

增加管材表面积的一些注意事项:

(1)假设:增加陶瓷管内部的表面积,可以增加过程中的产量(g/h)

(2)直径3英寸的陶瓷管和包含6个孔的3英寸管相比(孔径$D=1$),管子内部表面积$SA=(n×π×D×L)$分别是$1×π×3×L$和$6×π×1×L$,可见多孔管可用来沉积纳米管的面积是单孔管的两倍。

(3)两种3英寸管子的表面积与体积比$SAV=(n×π×D×L)/(n×π×D×D×L/4)=(4/D)$分别是:单孔管$=4/3$,多孔管$=4/1$。因此多孔管拥有较大的表面积与体积比。

(4)两种管子的体积$V=(n×π×D×D×L/4)$分别为:单孔管$=1×π×9×L/4$,多孔管$=6×π×1×L/4$。因此多孔管拥有较小的体积。

（5）与单孔管相比，多孔管可能需要更高的燃料流量和气体流量来产生更多的碳纳米管筒状物。SAV 值应与炉内流速有一定的相关性，可作为预测炉况的指标。

（6）因此应该测试一个含有 6 个 1 英寸孔的 3 英寸多孔管以确定之前的想法和假设是否正确（计算过程中没有考虑多孔管的厚度，可能降低孔的数量/尺寸）。见表 23-1。

表 23-1　多孔陶瓷管的表面积与体积比

情形	管径 D /英寸	孔数量 (n)	孔径 D /英寸	所有孔的表面积 $SA = (n \times \pi \times D \times L)$	所有孔的体积 $V = (n \times \pi \times D \times D \times L/4)$	表面积/体积(SAV)
1	3	1	3	$1 \times \pi \times 3 \times L$	$1 \times \pi \times 9 \times L/4$	4/3
2	3	6	1	$6 \times \pi \times 1 \times L$	$6 \times \pi \times 1 \times L/4$	4
3	4	1	4	$1 \times \pi \times 4 \times L$	$1 \times \pi \times 16 \times L/4$	1
4	4	12	1	$12 \times \pi \times 1 \times L$	$12 \times \pi \times 1 \times L/4$	4

（7）再举一个例子，一个 4 英寸的 12 孔管的表面积大约是单孔管的 3 倍，体积是单孔管的 3/4，而且 12 孔管的表面积/体积比是单孔管的 4 倍。典型的商业炉的直径在 2~6 英寸之间。

（8）对于确定的孔径来说。管子的直径越大，SAV 比值也越大，该反应器也可能获得更大的产量。

23.2.2　热电阻等离子体反应器

目前正在评估一种使用电阻加热作为主热源但辅以等离子体加热[24]的概念性反应器。仍然采用气相热解法形成碳纳米管筒状物，等离子体只是用来增加能量。图 23-2 所示为利用图 23-3 所示的螺旋线圈制造等离子体的照片。不用调试电容器就可以拥有大约 25W 的正向功率和 11W 的反射功率，非常令人印象深刻。这在碳纳米管制造系统中起到良好的作用，在陶瓷管的入口处可以激活燃料混合物，在陶瓷管的出口处温度接近室温，而且线圈不会被融化。随后，设想特殊线圈被放到反应器的加热室内，并可能降低反应器的反应温度。

等离子体增强化学气相沉积（CVD）与普通低压或者热化学气相沉积相比可能具有优势。与普通 CVD 系统相比，主要的改进在于前驱体气体/粒子沉积在样品上所需的活化能更低。这可能意味着可以使用更价廉的管子（例如石英管而不是陶瓷管）。第二个好处是有证据表明，等离子体产生的电场可以引导碳纳米管沿着特定的方向生长，减少随机生长模式，并增加碳纳米纤维的密度（见相关综述文章[24]第四部分）。

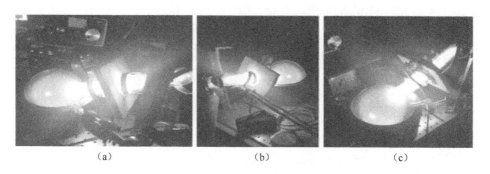

图 23-2 （a）测试悬浮催化反应器中加入的等离子体；（b）使用的螺旋线圈；（c）真空与少量空气形成等离子体进行测试

图 23-3 用于纳米管反应器的螺旋线圈

23.2.2.1 螺旋线圈旋转螺旋场波激发

本节将介绍如何利用电波操控等离子体。螺旋波最初是由 Lahane 和 Thonemann[15]在气态等离子体中发现的，后来由 Boswell[16]利用射频发生器有效地产生高密度等离子体证明。用磁探针在激发波场中测量了这类射频激励放电的螺旋波[16-17]。螺旋波是低频的惠斯勒波，被认为是在自由空间中传播的右旋圆极化波。当这些螺旋波是圆柱状时，除了产生一个平面极化分量外，还会产生一个较大的静电分量，使得激发的电场具有左旋或者右旋极化。

利用旋转方向来表征 $m=1$ 或者 $m=-1$ 波，此处 m 是方位模式参数。螺旋波可以通过应用在空间和/或时间中旋转的场来激发，其中时间旋转是更有效的机制。$m=-1$ 的惠斯勒左旋极化波，不会在无限大的等离子体中传播，并且原则上是可能在圆柱形有界系统中传播的，但是通常观测不到。密度分布和天线加载约束标明 $m<0$（左旋）波耦合不充分[18-20]；因此，$m=+1$（右旋）波对于形成最佳等离子体是至关重要的。

图 23-4 中螺旋线圈的两个绕线支腿是 180°的螺旋，其中绕线的相位可以选择 m 的符号，如果 m 是固定的，螺旋度可以选择 k 的符号（k 是波数）。因此设计

者可以将能量耦合到不同的本征模式。图23-4中,我们假设B(磁场)和k点从右到左,如果绕线的螺旋扭曲使得水平支腿在观察者沿着k的路径移动时逆时针方向扭曲,由此产生的天线构型将是右旋的。相反地,如果水平支腿以顺时针k的方向旋转,那么天线是左旋的。在我们的试验装置中,天线结构的类型是$m>0$的右旋结构。这种天线有一种没有扭曲的类型,被称作名古屋型Ⅲ,拥有$m=\pm1$的对称性和平面极化的支腿。前面提到的两种具有螺旋支腿的螺旋线圈也属于Ⅲ型天线。实际上,扭曲的螺旋线圈具有尾环以封闭电流环。由尾环电流激发的$E_\perp$场与螺旋腿内的电流相互排斥,起到了拓宽k频谱的作用,由于较高的谐波量,导致非期望波长模式的能量损失。然而,在名古屋天线中,支腿是直的,电流会增加到尾环电流上。

图23-4 右手极化螺旋。B和k从右到左

总之,极化方向对于天线场的时间旋转比空间旋转更敏感。左旋极化波在任何条件下都是弱耦合的,并且会迅速衰减。虽然在空间和时间恰当的相位上都能被激发。右旋极化是主要的,这与考虑密度分布的计算结果是一致的。$m<0$相位产生的等离子体密度低且无波,$m>0$相位波能够产生最佳的等离子体。螺旋波激发相对于电感耦合等离子体有优势,这也是沿着天线轴方向的磁场存在原因,$B_0=0$。近场波长由天线的长度决定,当波传播时,波长改变以与螺旋波散布关系相匹配。有证据表明非谐振过程在天线性能中起着重要作用。天线线圈会加热燃料混合物,在纳米管反应器里产生和旋转等离子体,这个过程可能影响纳米管的生长。

23.2.3 等离子体磁约束合成纳米管

这个想法源自托卡马克核反应器的设计思路[21],是利用电磁场限制反应速度或者完全去除陶瓷管。在托卡马克装置中,利用强大的磁场约束圆环面形状的热等离子体。托卡马克装置是几种已开发出来的产生可控热核聚变能量的磁场约束设备之一。当加热到聚变温度时,原子中的电子发生电离,形成一种原子核和电子的流体,称为等离子体。与电中性的原子不同,等离子体是导电的,可以被电场或者磁场控制。浮动催化剂方法合成纳米管时,当氩气温度超过1000℃时产生弱等离子体。本章讨论如何控制和强化这种等离子体。

在磁场中,带电粒子会绕着磁力线旋转,当粒子运动时,它们的运动路径看起来像一个螺旋。如果安排一个磁场,磁力线相互平行紧密靠近在一起,沿相邻磁力线旋转的粒子可能会碰撞和融合。这样的磁场可以在螺线管中产生,螺线管有平行的磁力线贯穿整体。由于等离子体是反磁性的,螺线管会限制粒子向其侧壁移动,但是它不会阻止粒子离开螺线管的末端。对于聚变反应器来说,解决这一问题的方法是将圆柱体螺线管弯曲成环状,这样这些线条就能形成一系列连续的圆环。在这种情形下,粒子会一直不停地循环运动下去。托卡马克利用强大的磁场来约束圆环形状的等离子体。包括托卡马克装置在内的几种磁力约束装置正在被开发出来,以产生可控的热核聚变能量。这一过程可以提供取之不尽的能量,而不会产生有害的副产品,例如二氧化碳排放或者像福岛和切尔诺贝利核电站产生的放射性废物。

磁约束装置的原理是,带电粒子在磁场中运动时,会受到洛伦兹力,沿磁场线螺旋路径运动,如图23-5(a)~(d)所示。最简单的磁约束装置是一个螺线管。螺线管中的等离子体将围绕沿其中心向下的磁力线旋转,阻止其向两侧运动,把螺线管弯成一个圆,将会形成一个圆环。然而,环面外边缘的磁场比内边缘的磁场小。这种不对称性引起电子和离子在磁场中漂移,最终会撞击到环的内壁上。带有碳纳米管的等离子体可以快速加热和冷却。解决办法是重塑磁力线,这样它们就不会仅仅绕着环面运行了,而是像螺线一样扭曲运动。在这样的磁场中,任何单个粒子都会在外部边缘,向一个方向漂移,例如,向上,然后,当它沿着圆环的磁力线运动时,它会发现自己在内部边缘,然后向另一个方向漂移。这种反转并不十分完美,但是足够让燃料在核反应堆中保留一段有用的时间(30s)或者用以合成碳纳米管。

由于等离子体是导电的,可以通过它的感应电流加热,进而引起加热效应。加热等离子体的感应电流通常提供了大部分的极向磁场。电流可以通过缓慢增加与等离子体环相连的电磁线圈中的电流来感应。等离子体可以看作是变压器的二次绕组。这本质上是一个脉冲过程,因为通过主绕组上的电流是有限制的(长脉冲还有其他限制)。因此,托卡马克装置要么短时间运行,要么采取其他的加热和电流驱动方法。感应电流产生的加热属于欧姆(或者电阻)加热。产生的热量取决于等离子体的电阻和通过它的电流大小。当被加热的等离子体温度升高时,其电阻减小,欧姆加热因此变得效率降低。托卡马克装置中欧姆加热可以使等离子体

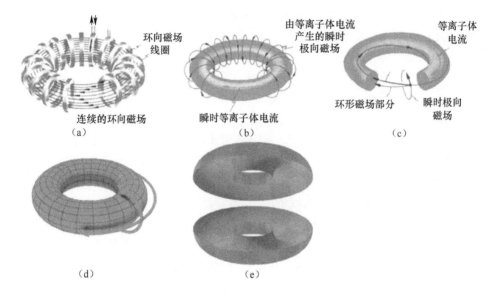

图 23-5 托卡马克磁场和电流

(a)环形磁场和产生环形磁场的线圈;(b)等离子电流及其产生的极向磁场;(c)两种磁场结合后产生的扭曲磁场;(d)极向磁场方向(环绕横截面)和环向磁场方向(沿着环形轴);(e)无需陶瓷管可用于纳米管合成的环面概念。外部可以看到沿水平方向开口的保护壳。等离子体和纳米管在管内部旋转,并在磁场的作用下远离管壁。

获得的最高温度是 2000 万~3000 万℃。纳米管合成是在低温下进行的,这种等离子体也可以被称为弱等离子体或冷等离子体。

气体也可以因突然压缩而被加热。同样地,如果通过增加约束磁场强度而使等离子体突然被压缩,那么等离子体的温度就会增加。托卡马克系统中就是仅仅通过将等离子体移动到一个磁场强度更高的区域而实现等离子体压缩的(例如,径向向内)。由于等离子体压缩使离子更紧密接触,这个过程拥有一个额外的好处,即有助于达成聚变反应堆所需的密度。托卡马克真空室的等离子体放电由含能的离子和原子组成,这些粒子携带的能量通过辐射、碰撞,或者缺少约束逐渐到达真空室的内壁。真空室的内壁是通过水冷却的,粒子的热量通过内壁与水之间的热传导以及热水与外部冷却系统之间的对流而被带走。聚变反应产生大量高能中子。中子是电中性的,体积相对较小,并不会受磁场影响,也不会受周围真空室所阻止。在特制的四面环绕托卡马克装置的中子屏蔽边界处,中子通量显著减少。屏蔽材料有多种,但一般都是由尺寸接近中子大小的原子构成的材料,因为这些材料能够最好地吸收中子及其能量。好的候选材料包括那些含有大量氢元素的材料,如水和塑料。硼原子也是中子的良好吸收材料。因此,掺杂有硼元素的混凝土和聚乙烯材料是廉价的中子屏蔽材料。中子一旦被释放后,半衰期相对较短,大约为 10min,然后随着能量的释放衰变为质子和电子。利用托卡马克装置进行发电时,聚变过程中产生的一些中子将被液体金属覆盖层吸收,它们的动能将用于传热过程,最终驱动发电机。在纳米管等离子体反应器中,磁场可以压缩或者使等离子体和纳米管筒状物膨胀,或者使等离子体像磁瓶一样发生振荡。纳米管反应器可以是一条流动的直线或者是一个环形,如图23-5(e)所示,以使纳米管生长过程持续时间更长,从而提高反应器的产率以及长出更长的纳米管。

离开反应器的碳纳米管筒状物通常是圆形的,可能是由于在反应器壁上形成的。在壁面,由于外部加热而产生的热应力使碳纳米管筒状物不能黏附在较热的壁面上;而且壁面的摩擦力和阻力使碳纳米管流动减慢,从而引起碳纳米管积聚并黏附在一起,这可能是由于范德瓦耳斯力的作用引起的。圆环形的反应室可以被拉直进行碳纳米管合成。磁场可以防止碳纳米管筒状物摩擦陶瓷管的内壁。因为磁场可以约束和校准等离子体(https://www.youtube.com/watch? V = Gg-1hEcgB7c,https://www.youtube.com/watch? V=uS7KI2sJaRI),理论上,磁场可以约束碳纳米管反应器中的等离子体和气体流量,可能不再需要陶瓷管。这可能是一个能够实现碳纳米管规模化合成的进展。当然,这种研究思路和项目如果没有切实可行的结果来证明是不可能持续下去的。确定等离子体纳米管反应器价格是否可行,作者的调查研究正在进行,从一个直线反应器管和螺旋线圈开始,诱导粒子(燃料粒子、催化剂和纳米管)旋转。

23.2.4 矩形反应器管内合成碳纳米管的气体流动模拟

利用 COMSOL 模拟软件对管式(圆管)反应器和板式(矩形管)反应器两种反应器的碳纳米管的生长条件进行了研究。以往对常规管式反应器进行了仿真研究,结果与试验观察吻合较好。该管式反应器的内径为 1.8 英寸(0.045m),长度为 1m。板式反应器的宽度为 24 英寸(0.609m),高度为 1 英寸(0.025m),长度为 1m。合成温度为 1400℃,两个反应器的额定流量速度均为 0.01m/s。对管式和板式反应器进行了仿真模拟。可以通过流速和横截面积来计算额定流量速度:V_{avg} = Q/A = $Q/(\pi R^2)$(管式反应器),V_{avg} = Q/A = $Q/(wh)$(板式反应器)。采用相同的额定流速 0.01m/s,管式反应器的氩气流量为 61mL,板式反应器的流量为 575.3mL。

从模拟结果可以看出,显然对流涡旋对决定反应器内的流场起主导作用,特别是在入口和出口区域。当流量为零时,靠近入口和出口区域的对流涡旋特别强烈(图23-6)。当氩气流量为 61mL 时,管子中间的流场分布更为一致(图23-7),然而在入口和出口区域的流动形态仍然几乎相同。额定流速 0.01m/s,1400℃下的温度等值面如图23-8所示。沿着管中心线的水平速度清晰地显示了真实的流速,以及顺流和逆向对流速度(图23-9)。板式反应器的流速比管式反应器的流速均匀。目前还不知道更均匀的流速是否能够减少或者增加碳纳米管筒状物的摩擦或者断裂。

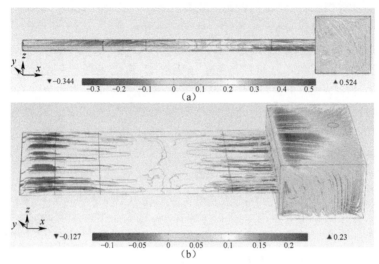

图 23-6 零氩气流量和 1400℃下的速度流场(彩图)

(a)管式反应器;(b)片状反应器。颜色表示沿管轴(x轴)的气体速度,红色表示正向流动,蓝色表示回流。单位为 m/s。有关颜色解释,请参阅联机。

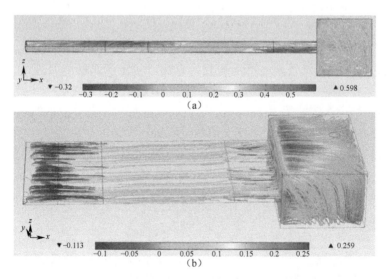

图 23-7 标称流速为 0.01m/s,温度为 1400℃的速度流场(彩图)

(a)1000sccm 的管式反应器;(b)575.3mL 的片状反应器。颜色表示沿管轴(x轴)的气体速度,红色表示正向流动,蓝色表示回流。单位为 m/s。有关颜色解释,请参阅联机。

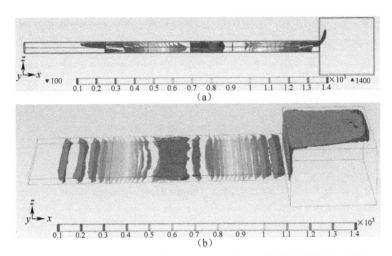

图 23-8 在 0.01m/s 标称流速和 1400℃温度下的温度等值面(彩图)
(a)管式反应器;(b)板式反应器。单位为℃。

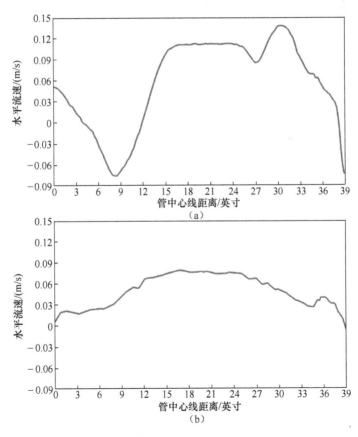

图 23-9 额定流速小于 0.01m/s,温度 1400℃时沿管中心线处(X 轴)的(气体)水平流速
(a)管式反应器;(b)板式反应器。

使用圆形和矩形管进行的 COMSOL 模拟结果应该与未来的试验数据进行对比，以更好地理解碳纳米管筒状物是如何在反应器中形成的。此外，应该将水平管反应器和垂直管反应器的模拟结果进行对比，以掌握碳纳米管规模化制造的最佳设计方案。这种比较有助于设计高通量反应器。

23.2.5 等离子体纳米管合成的初始模型

在 COMSOL 模拟中建立了双匝射频线圈和矩形反应器的模型来研究该过程中的磁场(图 23-10)。为了计算方便，此处使用的线圈是直径为 0.4 英寸的双匝

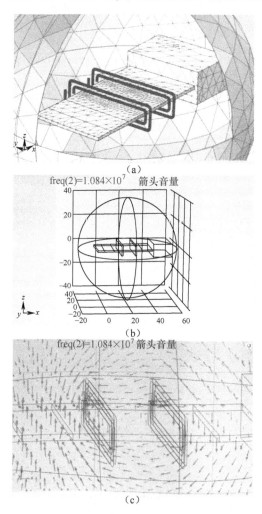

图 23-10 含有射频线圈的板式反应器，线圈电压 110V，频率 10.84MHz
(a)J 建模网格划分；(b)、(c)射频线圈产生的磁场。

铜线圈。之后,建立了一个比较符合实际状况的模型进行模拟,并与试验研究相对比。根据选择的材料和几何形状,模拟得到电流线圈的本征频率为10.84MHz。采用110V电压和10.84MHz的频率,产生的磁场分布与磁瓶比较接近,磁瓶是一个将等离子体约束在管子中某个区域的概念。在碳纳米管合成中,考虑使用磁瓶这个概念。利用来自速度场、温度分布和射频磁场等信息,在模型中增加了带电粒子示踪,以帮助研究催化剂粒子在多重物理场中的运动,并帮助确定所需的流量和射频功率。研究结果将用来优化催化剂颗粒的空间分布和停留时间。该模型将有助于设计碳纳米管规模化合成反应器。通过调查研究得到的创新结果是增加表面积与体积比的矩形反应器和一个在反应器入口处形成等离子体的射频线圈,这可能影响到燃料和二茂铁的分解,以及更大比例的碳纳米管的成核,因此增加了碳纳米管合成的产率。

23.3 碳杂化材料的工业化

碳杂化材料(CHM)是通过向气相热解法中注入粒子而形成的。这种方法在本书其他章节中已经提到过,是一种不断发展的新工艺。碳纳米杂化材料工业化方法包括碳纳米管规模化合成工艺,但是增加了粒子注射技术。碳纳米杂化材料工艺的优点是可以将金属和陶瓷结合到碳纳米管合成工艺中。所形成的碳杂化织物可根据特殊用途进行定制。碳纳米杂化材料的合成是一步法工艺,在此过程中,整合在一起的金属或陶瓷可以与碳纳米管筒状物发生物理或者化学连接,形成纳米管片材或者纱线。碳纳米杂化材料的缺点是比较复杂,可能价格较贵,这取决于使用的粒子类型。碳纳米杂化材料的制造与原始的碳纳米管制造方法相比,需要考虑更多的环境健康和安全方面的问题。碳纳米杂化材料工艺的目的之一是将碳纳米管束连接在一起,以提高纳米管束的性能(强度和导电性)。给出了一些工艺技术结果。

碳-金属组织结构的扫描电镜图像:
图23-11为集成了铜纳米颗粒的样品图片。

图23-11 碳纳米管-铜杂化材料样品,显示板材的全厚度(侧面)视图

图 23-12 为集成了铜和镀银铜纳米颗粒样品。这些圆形颗粒是镀银的铜颗粒，它是由细薄的小颗粒注射到这个过程中形成的。

图 23-12　碳纳米管-银-铜杂化材料。如果金属能弄湿纳米管，金属颗粒可能会把一捆束的纳米管"黏合"在一起。黏合可以提高片材的导电性，也可以提高织物的机械刚度和强度。

现在纳米颗粒被集成到了碳纳米管束上，可以提高碳纳米片材的强度和导电/导热性。需要加载更多的更小/更长的颗粒。这项试验的意义在于我们在可再生碳-金属材料的合成方面取得了进展，这是材料工程领域的一种新材料（以织物、条带或者纱线形式）。碳纳米杂化材料的性能可以根据注射到该过程中的粒子类型进行定制，由此产生的"设计材料"在大多数工程和医学领域具有潜在应用价值。

图 23-13 是 X 射线能谱分析（EDAX）的测量结果。

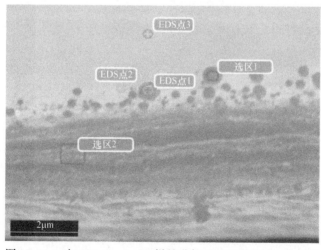

图 23-13　对 CNT-Cu-Ag 01 样品进行 EDAX 测量得到的观点

区域 1，探测 1 的 EDAX 结果如图 23-14 所示，相应的元素 eZAF 智能定量分析结果如表 23-2 所列。

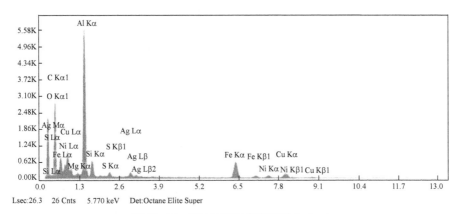

图 23-14　EDAX 结果来自区域 1, det 1

表 23-2　区域 1, 探测的 eZAF 智能定量分析结果

元素	重量/%	原子/%	净 int	误差/%	Kratio	Z	A	F
C K	31.66	50.82	509.74	8.54	0.1126	1.0103	0.3520	1.0000
O K	19.16	23.09	713.04	7.76	0.0750	0.9736	0.4019	1.0000
Mg K	0.68	0.54	48.02	12.89	0.0041	0.9099	0.6652	1.0022
Al K	22.76	16.26	1793.82	3.7	0.1556	0.8786	0.7769	1.0016
Si K	2.19	1.50	163.57	8.56	0.0146	0.9002	0.7390	1.0024
S K	0.93	0.56	61.90	10.67	0.0072	0.8861	0.8743	1.0065
AgL	1.71	0.31	50.00	17.58	0.0125	0.6824	1.0653	1.0022
FeK	12.68	4.38	322.30	3.61	0.1055	0.7804	1.0079	1.0577
NiK	2.21	0.73	43.76	13.99	0.0185	0.7920	1.0002	1.0551
CuK	6.02	1.83	95.82	7.87	0.0474	0.7537	1.0015	1.0429

区域 2, 探测 1 的 EDAX 结果如图 23-15 所示, 相应的元素 eZAF 智能定量分析结果如表 23-3 所列。

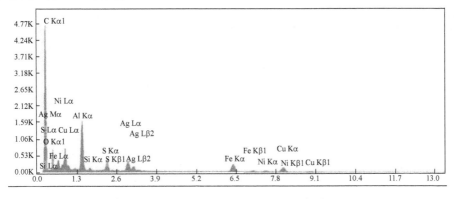

图 23-15　区域 2, 探测 1 的 EDAX 分析结果

表 23-3 区域 2,探测 1 的 eZAF 智能定量分析结果

元素	重量/%	原子/%	净含量	误差/%	$K_{比率}$	Z	A	F
C K	59.31	80.92	1034.71	6.35	0.3121	0.9866	0.5334	1.0000
O K	6.96	7.12	130.36	12.87	0.0187	0.9507	0.2831	1.0000
AlK	8.61	5.23	499.45	4.27	0.0592	0.8580	0.7986	1.0029
SiK	0.04	0.02	2.44	99.99	0.0003	0.8791	0.8280	1.0050
S K	2.78	1.42	142.88	5.76	0.0228	0.8654	0.9385	1.0116
AgL	7.01	1.06	150.67	7.49	0.0512	0.6664	1.0954	1.0019
FeK	6.95	2.04	127.46	5.78	0.0570	0.7621	1.0075	1.0680
NiK	1.11	0.31	16.08	19.97	0.0093	0.7733	1.0036	1.0725
CuK	7.23	1.86	83.00	7.42	0.0560	0.7358	1.0042	1.0489

点 1,探测 1 的 EDAX 结果如图 23-16 所示,相应的元素 eZAF 智能定量分析结果如表 23-4 所列。

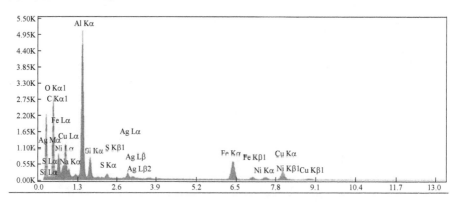

图 23-16 区域 2,探测 1 的 EDAX 分析结果

表 23-4 点 1,探测 1 的 eZAF 智能定量分析结果

元素	重量/%	原子/%	净含量	误差/%	$K_{比率}$	Z	A	F
C K	29.16	48.94	461.83	8.73	0.1044	1.0183	0.3516	1.0000
O K	18.04	22.72	678.00	7.65	0.0730	0.9814	0.4123	1.0000
NaK	1.91	1.68	81.45	10.85	0.0086	0.8995	0.5019	1.0010
AlK	20.41	15.24	1524.80	4.09	0.1354	0.8861	0.7476	1.0016
SiK	2.79	2.00	203.42	7.08	0.0186	0.9080	0.7316	1.0025
S K	0.83	0.52	54.32	10.98	0.0065	0.8939	0.8674	1.0067
AgL	2.08	0.39	59.82	16.68	0.0152	0.6885	1.0612	1.0023
FeK	13.27	4.79	333.67	3.51	0.1118	0.7882	1.0071	1.0616
NiK	2.28	0.78	44.59	13.38	0.0193	0.8002	0.9992	1.0569
CuK	9.22	2.93	143.85	5.44	0.0728	0.7617	1.0007	1.0356

点 2,探测 1 的 EDAX 结果如图 23-17 所示,相应的元素 eZAF 智能定量分析结果如表 23-5 所列。

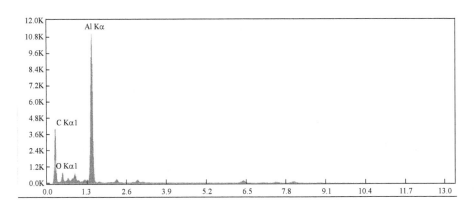

图 23-17　点 2,探测 1 的 EDAX 结果

表 23-5　点 2,探测 1 的 eZAF 智能定量分析结果

元素	重量/%	原子/%	净含量	误差/%	$K_{比率}$	Z	A	F
C K	57.59	73.36	934.28	8.08	0.2009	0.9758	0.3575	1.0000
O K	6.67	6.38	179.94	10.20	0.0184	0.9389	0.2940	1.0000
AlK	35.73	20.26	3437.41	1.73	0.2902	0.8446	0.9610	1.0007

点 3,探测 1 的 EDAX 结果如图 23-18 所示,相应的元素 eZAF 智能定量分析结果如表 23-6 所列。

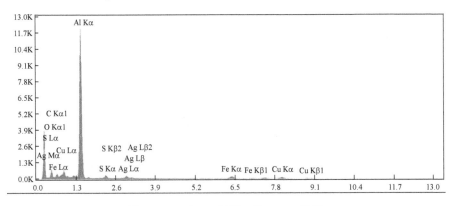

图 23-18　点 3,探测 1 的 EDAX 结果

表 23-6　点 3,探测 1 的 eZAF 智能定量分析结果

元素	重量/%	原子/%	净含量	误差/%	$K_{比率}$	Z	A	F
C K	50.62	69.87	847.83	8.52	0.1638	0.9888	0.3272	1.0000
O K	5.32	5.51	169.24	10.22	0.0156	0.9521	0.3074	1.0000
AlK	36.28	22.30	3753.15	2.19	0.2847	0.8577	0.9138	1.0011
S K	1.20	0.62	90.45	7.77	0.0093	0.8642	0.8860	1.0051
AgL	1.08	0.17	35.32	21.76	0.0077	0.6649	1.0720	1.0005
FeK	2.65	0.79	77.15	9.33	0.221	0.7581	1.0094	1.0890
CuK	1.081	0.17	35.52	21.76	0.0077	0.6649	1.0720	1.0005

EDAX 和 eZAF 结果显示,样品中存在银和铜金属以及杂质,杂质中含有铝,这可能来自样品架。

23.4　利用太空资源制备纳米管超级纤维

太空探索需要在远离地球以外的工业化[9-12]。用于太空环境的碳杂化材料织物和在太空中进行纳米管制造可能具有几个优点和缺点。本节给出了在空间原位开采和制造基础原材料和纳米管的初步概念。其目的是提供比从地球发射类似材料用于太空更经济有效的解决方案。由于月球、小行星和其他星球上材料储备丰富,浓度和地球类似,因此可能利用较低的重力特性来初步开采和制造较低(或者较高)等级的材料,这可以随着能力的成熟而逐步发展。提出了 3 种能够在太空中获取原材料并利用这些原材料合成碳纳米管杂化材料的综合方法。

23.4.1 节提出了一种基于文献上从月球土壤中获取挥发性元素的方法。一组聚光器将高强度的太阳能进行聚焦,并通过光缆传输。该光缆可以在月球土壤表面进行扫描,并将导致任何挥发性元素(主要是金属)的蒸发,这些挥发性元素将被收集起来。这种方法可以设想为一个移动采矿系统,可以勘探月球表面的材料。

23.4.2 节介绍了一种文献上将月球上矿物质进行热处理转变成各种必需的金属、陶瓷和气体的方法。将建造一个太阳能电场熔化和蒸发这些材料的能量。可以将这种方法想象为一个大型的加工月球材料的固定工厂。

23.4.3 节提出了一种太空中制造纳米管材料的新方法,与在地球上合成相比,该方法具有许多优势,有望能够合成改进材料(更长和更纯化的纳米管)。这种方法是为了生产建筑材料,以用于建造采矿系统、栖息地和未来轻型空间飞行器和卫星,这些飞行器和卫星可以很容易地发射和探索太阳系。

23.4.1 从月球土壤中获取 Cd,Ge,Hg,Sb,Te 和 Zn 元素

该想法是为了从月球土壤中获取挥发性元素。该想法是基于月球土壤的成分,包含的元素,如图 23-19(a)所示(数据源自参考文献[1]中的表1),其中通过放射化学方法确定了粒度分数组分的重量分布和挥发性元素结果。接下来对月球土壤的成分构成进行了定性分析(来自第7章参考文献[1])。土壤这个词通常被月球科学界用于工程地质学上。月球土壤常被用作月球风化层的同义词,但月球土壤通常指月球表面未固结物质(风化层)的细晶度部分。在本章中,月球土壤被认为是月球风化层的亚厘米级部分[13]。

在很长一段时间内,流星体的冲击通过对风化层进行挖掘和表面暴露来影响风化层的成熟度。流星体的撞击使其自身也产生了成熟效应。微流星体粉粹了土壤颗粒,这通过从较大的粒子中产生较小的粒子来改变粒径分布。成熟度指数是指土壤颗粒中<250μm 的部分的平均局粒径。土壤颗粒越细土壤越成熟。流星的撞击也会产生凝集物。凝集物是土壤脆片、玻璃、矿物和岩石脆片的熔接体。凝集物的含量是反映土壤成熟度的一个指数,成熟土壤的凝集物含量较高。凝集物是由较小的颗粒熔接而成较大的颗粒形成的,因此起到了增加整体颗粒物尺寸的作用(源自第7章参考文献[1])。流星的冲击产生了瞬时强烈的瞬态冲击波加热效应。这种加热效应引起风化层和底岩中的挥发性元素蒸发。由于月球上的重力很低,某些蒸发的元素可以逃脱月球的重力场。因此月球土壤中的这些元素随着成熟度的增加和时间的推移会逐渐枯竭。而且,没有逸出的挥发性元素能够测量到其同位素的质量分馏,可能是在蒸发过程中产生的。

月球土壤中不同粒径的其他挥发性元素(如 Zn,Ga,Ge,Sb,Te 和 Hg)的浓度也与粒径呈负相关关系,表明这些元素在较细的土壤中富集。因为小颗粒比大颗粒具有更高的表面积体积比,所以这些结果表明这些元素在颗粒表面沉积(第7章文献,[1])。根据计算,即使从流星体引入这些元素进入月球风化层的量达到最大的可能值限度时,在月球土壤颗粒表面仍有一些过量的挥发性元素。月球上的火山活动被认为是这种过量的来源。确定这些可压缩的挥发物的火山源对理解在月球土壤里发现的火山岩玻璃微球的形成具有特殊意义(第7章文献[1])。下面列出了表明可以在月球获取金属的条件。

条件1:月球土壤中含有能够获取的元素 Cd、Ge、Hg、Ln、Sb、Te 和 Zn。月球大气层中白天大约含有 10^4 个分子$/cm^3$,夜晚大约含有 $2×10^5$ 个分子$/cm^3$(第3章文献[1])。相当于夜间气压为 $8×10^{-10}Pa^{[2]}$,白天气压为 $4×10^{-11}Pa$。

条件2:靠近月球土壤的月球环境为高/深真空。目前已知白天月球大气中的平均元素丰度(每立方厘米中的原子数)如下[3]:氩:20000~100000;氦:5000~

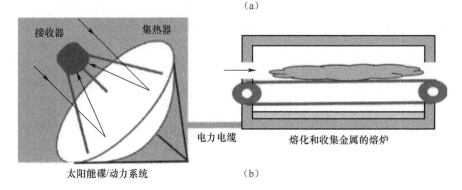

平均粒径/μm	重量/(mg)	镉/(ppb)	锗/(ppb)	汞/(ppb)	铟/(ppb)	锡/(ppb)	碲/(ppb)	锌/(ppb)
540	48	28	250	1	4	1	—	7
250	55	31	665	2	2	3	—	10
110	52	41	350	2	2	3	—	12
60	55	37	250	2	2	2	—	14
36	49	34	280	3	2	2	—	20
22	34	40	290	5	2	4	—	20
11	34	72	375	6	3	3	—	33
3	37	59	435	8	5	5	—	36
1.25	7	106	520	22	6	8	—	54

(a)

(b)

图 23-19　月壤中的材料和获取方法

(a)一个样品中粒径的重量分布和通过放射化学程序测定的挥发性元素的结果；
(b)提出了从月壤中获取可熔化和挥发性金属的想法[25]。必须开发用于太空的太阳能碟/动力系统。

30000；氖；多达20000；钠：70；钾：17；氢：少于17。

条件3：月球大气是没有氧气的。月球上的温度很极端，从滚烫到极冷，取决于太阳的照射位置。月球没有明显的大气层，因此不能吸收热量或使表面绝热。月球自转周期大约为27天。月球一侧的白天时间大约持续13.5天，紧接着是13.5天的黑夜。当阳光照射到月球表面时，温度可以达到123℃。"月球的黑暗面"温度可以降至零下153℃[4-5]。

条件4：月球白天的温度可能促进土壤中挥发性元素的蒸发。Takashi Nkamura[6]讨论了一种用于太空太阳能应用的创新光学系统。在这个系统中，集热器阵列吸收太阳能辐射，然后将集中的太阳能辐射传输到由低损耗光纤构成的光波导传输线。光波导传输线直接将太阳能辐射输送到太阳能利用终端，例如用于处理月球风化层以产生氧气的热化学接收器。Takashi Nkamura 开发的风化层促进剂通过太阳能集热系统加热到1800~1900℃。该概念性的设计工作表明此系统部署在月球上时是高效和轻质的[6]。而且，碳纳米管的合成温度为1400℃，可以通过太阳能集热系统达到,因此无需再像在地球上一样使用电加热线圈。

条件5:已经有一种经过试验验证的技术方法,可以利用太阳能将月球上的土壤加热到非常高的温度。在地球环境压力下,一些感兴趣元素的沸点为[7]:Cd——765℃,Ge——2830℃,Hg——356.7℃,In——2000℃,Sb——1750℃,Te——989.8℃,Zn——907℃。

条件6:元素Zn、Ga、Ge、Cd、Sb、Te和Hg可以通过高温蒸发,尤其是在真空环境下。在月球上获取材料的建议方法如图23-19(b)所示。它利用了临近月球表面的深度真空(第3章文献[1]),以及将太阳能聚焦到月球土壤表面上的能力[6],其中月球表面含有挥发性元素[13]。

集热器将高强度的太阳能热能集中到一个装有发电机的接收器上。该碟/动力系统使用镜面碟来聚焦和集中太阳光到接收器上。碟形装置跟踪太阳的踪迹。接收器被集成到一个外部引擎上,这个引擎必须在月球上使用。地球上使用的发动机是可用的[25]。

接收器、引擎和发电机由安装在镜面碟焦点处的单一集成装置安装。电缆提供电力来加热熔炉和传送带,从而融化和蒸发月球土壤中的金属元素。这些金属可以被收集并运回地球,或者直接在月球使用。该系统同样可以为碳纳米管反应器提供电力,与直接太阳能集热器相比,可以实现精确控制。

23.4.2 月球地壳矿物的热处理

月球的地壳被认为是可能由有富含长石的矿物质组成,主要的组成成分为氧(42%)、硅(21%)、铁(13%),接着是钙、铝和镁,各占(7%)左右[1]。此外,月球表面附近的大气与地球上相比,非常稀薄,含量密度只有地球上的 10^{-14},这使得它与地球上能够获得的最好的真空度相似。这种非常低的地面大气压力的两个结果是:①在地表附近的建筑物不会受到风力载荷;②月球自转周期的一半时间内,每平方米几乎可获得1500W的持续太阳能。

23.4.2.1 太阳能发电厂的建设

这一概念是使用超轻反射板建造合适的反射镜,以便聚焦和使用太阳能将月球地壳材料热加工成一系列的基本金属、陶瓷和气体等物质。在月球真空环境中,金属可以通过加热到高于熔点温度而将其从月球地壳中熔炼出来,而气体可以通过直接蒸发同样的物质来释放出来。在地球上已经使用建造的太阳能炉将材料加热到4000℃以上,而地球上的太阳能辐射通量大约是月球表面的2/3。对于在月球上应用而言,应该可以使用极薄的塑料甚至玻璃材料来建造符合要求的反射镜。如果使用碳纳米管、氮化硼纳米管或者碳化硅纳米纤维制成的刚性桁架和热膨胀系数较低的电缆来加固和支撑反射镜,那么表面积大于 $10^8\,m^2$,能够提供几乎 200GW 的持续太阳能的反射镜是有可能实现的。另一种可供选择的方案可能是在月球轨道上建造更大的反射镜。建造太阳能发电厂所需的纳米管和纳米管的宏观组合体可以采用 23.4.3 节所描述的浮动催化剂方法就地合成。

23.4.3 在地球之外的纳米管纱线和纳米管片材板材的制备

纳米技术可以在太空中资源回收和制造方面发挥作用。本节描述了利用原位资源在星际间制造碳纳米管材料。在认识到下面可能存在的优势后,描述了在太空中生长纳米管和生产 CHM(利用太空中开采的矿物)。

23.4.3.1 存在问题

向太空发射燃料、机器、物资和宇航员等有效载荷的高成本是探索太空、开拓和使用其他天体、卫星[8]和小行星的主要限制。1980 年,美国航空航天局的一项题为"太空任务先进自动化"的研究[9-10]提出在月球上建造一个复杂的自动化工厂,该工厂将在数年内才能完成自身的复制。多年来工厂的指数式增长可以提炼出大量的月球表面土层。自 1980 年以来,在微型化、纳米技术、材料科学和添加剂制造方面取得了重大进展。正在计划开采小行星,以获取用于地球使用的和在太阳系行星间旅行的材料[11-12]。该研究建议利用制造业的最新进展,从月球或火星的表土或小行星中原位回收基本材料,并制造不同形式的碳材料,如线缆、管道和薄片。

23.4.3.2 解决方法

就地利用其他天体上可用的材料和能源制造材料和机器,将降低空间探索的成本。生产轻质材料的简单制造方法将有助于在其他星球上建立栖息地。碳纳米管纱线和片材是太空时代的材料,具有坚固、柔韧、轻质、导电和导热等特点,可以在太空中实现制造。气相热解法是利用气体连续制备碳纳米管纱线和片材的方法。提出了一种使用低纯度气体的低成本空间工艺。合成过程中使用的原材料有碳源、惰性载气、铁催化剂、化学品、金属或陶瓷纳米粒子和热量。这些物质可以从行星上的聚集体和大气中回收。酒精可以被含碳气体(如一氧化碳、甲烷等)替代。在改进我们现有的纳米管反应器(辛辛那提大学定制的)的基础上,整个空间反应器系统将比制造金属所需的设备体积小($12\,m^3$),质量低(0.5 吨)。该尺寸反应器的低密度(1.2g/mL)纳米管纱线和片材的制造速率大致估计为 1kg/天。反应器的吞吐量可以通过使用矩形管设计来扩大,该设计将适度增加反应器的尺寸(至 $16\,m^3$)。放大反应堆的成本估计约为 50 万美元。反应堆的大小和质量可以减少,以供空间使用,从而抵消成本的增加。

一个应用实例是在太空中用纳米管纱代替铜线。铜重,易疲劳,铜的电阻率随温度升高而增大。碳纳米管纱重量轻,不易疲劳,电阻率随温度升高而降低,集肤效应最小。在室温和含氧环境中,铜比碳纳米管纱电阻率低50倍。然而,在高于约120℃的较高温度和高于约1GHz的高频下,碳纳米管纱具有比铜更低的电阻抗。此外,在无氧环境或空间中,碳纳米管纱具有比铜更高的最大电流密度。这意味着碳纳米管纱可以在没有氧气气氛的空间、通信或导体的强度和重量至关重要的某些应用中替代铜。这也适用于可以使用基于碳纳米管的电机、螺线管和制动器的机器。碳纳米管材料在太空中的应用包括传感器、太阳能电池、充气结构、热电器件等。此外,CHM材料是在合成过程中与金属颗粒结合的碳纳米管,其导电性可能更接近于铜。

23.4.3.3 空间纳米管的预期结果及应用

在太空中生长碳纳米管可能具有关键的优势,随后还会有氮化硼等其他类型的纳米管。用于生长纳米管的气相热解方法只需要很小的反应器物理尺寸,并且适合在太空和太空飞行器上使用,因为该过程只需要使用气体和金属纳米颗粒。在太空中生长纳米管的可能优势如下:

1. 改进了纳米管纱线和薄片的性能

可以减少在纳米管反应器中混合组分并导致纳米管团聚的气体循环空间,从而产生均匀流动和直的、长的、有序排列的纳米管以及更高的纳米管产量,这将转化为提高纳米管纱线和片材的强度和导电性;使用COMSOL软件进行模拟将有助于设计用于空间的纳米管反应器;一个关键因素是在重力减小/无重力的情况下,导致不需要的混合和回流的浮力不会在反应过程中起到显著作用。

2. 增加安全性

由于环境中没有空气(氧气),因此不需要有正压手套箱来防止氧气进入反应器管,如果反应器管或手套箱破裂,则环境中没有氧气来点燃氢气等高温气体,因此低压气相热解法(LPGPP)是可能实现的。

3. 空间生长的纳米管的应用

(1)用于导电的碳纳米管纱;由于环境中没有空气,因此比铜具有更高的最大电流密度的纳米管纱可以携带巨大的电流。铜降低了纳米管束连接处的接触电阻,这被预测为纳米管片总电阻的一个重要组成部分[14]。

(2)结构元件(杆、梁、板、线缆)可以被生产出来用于太空。

(3)在太空中制造碳纳米管纱线和片材。

空间用碳材料将由复合材料如聚合物、纳米管纱和片状层压纤维复合材料构成。空间纳米材料将通过提供对可持续资源的自力更生,为空间探索开辟道路,增加安全性。在太空中,使用碳纳米管多材料打印长丝(包括预浸长丝)进行3D打印是可能的。纳米管纱线可用于形成张力整体结构、系链和电线。纳米管板可用于形成充气结构、太阳能板和外壳。宏观组装的纳米材料将为制造碳电机、电力电缆、天线、滤波器和管材提供原材料。一个正反馈系统(图23-20)将扩大太空栖息地。氢、碳和氮是建设月球上工业和科学基础设施的基本元素。

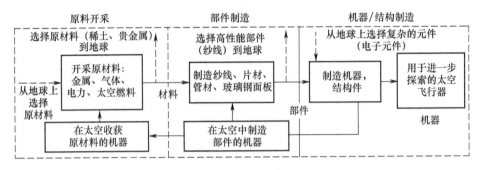

图23-20 计划在资源就地利用的基础上(ISUR)不断扩大太空制造的规模(例如,制造建筑材料和火箭推进剂)。不断的正面反馈信息将使太空中长期工业化制造成为可能

23.4.3.4 失重条件下碳杂化材料的合成

低重力有助于分离标准浮动催化剂纳米管生长过程中的催化剂颗粒,因为较少或没有涡流。图23-21是COMSOL模拟的结果,该模拟比较了有无重力影响的纳米管反应器管中的气体流动。在重力作用下,有大量的混合和回流,而在没有重力作用时,几乎没有。没有重力,它是典型的层流。它更均匀,因此催化剂颗粒动力学更可控。气凝胶碳纳米管筒状物的形成过程需要更多的研究。最初可能需要使用外部设备来形成碳纳米管筒状物。与我们在地球实验室生产的纳米管相比,在月球上生产的纳米管有可能提高产量、纯度和长度。

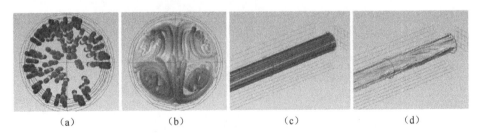

(a) (b) (c) (d)

图23-21 COMSOL模拟碳纳米管反应管中的流动(彩图)
(a)和(c)失重条件下的结果;(b)和(d)重力条件下的结果。所有其他参数相同:1400℃,氩气61mL。颜色表示流速。有关颜色解释,请参阅联机。

在浮动催化剂法的基础上,将干颗粒注入气相热解法制备CHM。在生长过程中,高密度的大颗粒如铜和磁性颗粒在与纳米管混合之前会沉淀下来,并且大颗粒可能不会集成在纳米管筒状物中。低重力或无重力过程可以使颗粒注入更容易,特别是对于大颗粒或致密颗粒。

23.5 本章小结

纳米管材料在许多块体部件上正在实现一些性能,这将使其进入到越来越多的应用中。如果实现材料制造的低成本规模化,纳米管超细纤维材料的经济影响将是显著的。本章提出了有助于发展纳米管板和纱线制造业规模化的想法。在CHM方法的基础上,提出了一种在地球之外星球制备纳米碳管材料的方法,该方法为在宇宙中任何地方制备可定制的碳纳米管金属和陶瓷材料提供了一个具有若干突出优点的一步工艺。潜在的非常大的空间结构、系链和空间电梯带[26]可以在太空中制造。

参 考 文 献

[1] G. H. Heiken, D. T. Vaniman, B. M. French (Eds.), Lunar Sourcebook, Cambridge University Press, Cambridge, 1991. http://earthweb. ess. washington. edu/ess-306/links/Lunar-Sourcebook-Chapter07-Regolith. pdf.

[2] https://en. wikipedia. org/wiki/Orders_of_magnitude_%28pressure%29.

[3] https://en. wikipedia. org/wiki/Atmosphere_of_the_Moon.

[4] http://www. moonzoo. org/lunar_rocks_and_boulders.

[5] http://www. space. com/18175-moon-temperature. html.

[6] T. Nakamura, OpticalWaveguide System for Solar Power Applications in Space, http://psicorp. com/pdf/library/SR-1389. pdf.

[7] http://www. chemicalelements. com/show/boilingpoint. htm.

[8] http://www. space. com/28189-moon-mining-economic-feasibility. html.

[9] R. Freitas, W. P. Gilbreath (Eds.), Advanced automation for space missions, NASA Conference PublicationCP-2255 (N83-15348), 1982.

[10] https://en. wikisource. org/wiki/Advanced_Automation_for_Space_Missions.

[11] https://en. wikipedia. org/wiki/In-situ_resource_utilization.

[12] http://ntrs. nasa. gov/archive/nasa/casi. ntrs. nasa. gov/20050204002. pdf.

[13] D. S. McKay, G. Heiken, A. Basu, G. Blanford, S. Simon, R. Reedy, B. M. French, J. Papike, Chapter:TheLunar Regolith, in: The Lunar Sourcebook, Cambridge University Press, Cambridge, 1991, p. 285.

[14] W. Li, J. Bulmer, B. Ruff, Y. Song, P. Salunke, V. Shanov, M. J. Schulz, Modeling the electrical impedance ofcarbon nanotube ribbon, Nano Life 3 (2) (2013) 1350002. (9 Pages). https://doi.org/10.1142/S1793984413500025.
[15] J. A. Lehane, P. C. Thonemann, Proc. Phys. Soc. 85 (1965) 301.
[16] R. W. Boswell, Plasma Phys. Control. Fusion 26 (1984) 1147.
[17] T. Shoji, Y. Sakawa, S. Nakazawa, K. Kadota, T. Sato, Plasma Sources, Sci. Technol. 2 (1993) 5.
[18] S. Shinohara, Y. Miyauchy, Y. Kawai, Plasma Phys. Control. Fusion 37 (1995) 1015.
[19] S. Shinohara, Y. Miyauchy, Y. Kawai, Jpn. J. Appl. Phys. 35 (1996) 731.
[20] J. H. Kim, S. M. Yun, H. Y. Chang, IEEE Trans. Plasma Sci. 24 (1996) 1364.
[21] https://en.wikipedia.org/wiki/Tokamak.
[22] http://mathworld.wolfram.com/CirclePacking.html.
[23] https://en.wikipedia.org/wiki/Torus.
[24] E. C. Neytsa, PECVD growth of carbon nanotubes: From experiment to simulation, J. Vac. Sci. Technol. B30 (2012). https://doi.org/10.1116/1.3702806. 030803.
[25] https://www.energy.gov/eere/solar/solar-energy-technologies-office.
[26] P. Ragan, B. Edwards, Leaving the Planet by Space Elevator, October 2006, Lulu.com.

第24章
硅和单壁碳纳米管之间的界面热阻

Mohamed A. Osman[1], Taejin Kim[2]
[1]美国华盛顿州里奇兰市华盛顿大学三城分校工程与应用科学学院
[2]美国马里兰州弗雷德里克国家癌症研究所

24.1 引言

碳纳米管自1991年被发现后[1],其独特的物理、热学及电学性能引起了人们的极大兴趣[2-6]。强共价 C—C 键可提供良好的力学性能,如高的杨氏模量和强的刚度,张力和弯曲强度。碳纳米管的电子结构与二维石墨片材中的 sp2 杂化相同。然而,由于晶格沿圆周方向的周期性,能带可能会有间隙,使得系统要么是金属的,要么是半导体的。除这些机械和电气性能外,碳纳米管还具有优异的热性能。碳纳米管的热导率优于石墨与金刚石[2-5]。金刚石和石墨的热导率在低温(175K,100K)时达到最大值[7-8],而碳纳米管的热导率最大值出现在室温以上[2-3]。室温下,碳纳米管的高热导率与单原子性使其在热管理与热开关应用上具有较大的吸引力[9-18]。24.2 节讨论碳纳米管在热开关与热界面材料中的应用,碳纳米管与不同材料之间界面热阻(TIR)的测量。24.3 节介绍界面热阻的计算,重点是硅-单壁碳纳米管(SWCNT)界面热阻的分子动力学模拟。24.4 节在考虑碳纳米管与硅表面的共价键前提下,对硅和单层碳纳米管之间的界面热阻进行分子动力学模拟。24.5 节是本章小结。

24.2 界面热阻

热流通过不同材料之间的界面,导致界面温度下降,从而产生界面热阻,也称为 Kapitza 电阻,热边界电阻,或热接触电阻[19]。在室温下,界面热阻通常可被忽视。因为能量载体的平均自由程很小(10~100nm)且本体材料以热阻为主导。然而,在纳米电子和纳米尺度的器件中,室温下界面热阻对总热阻的贡献使得很难有效地去除电路产生的热量。这促使开发有效去除热量的热管理材料,如纳米管[9-17]等高导热材料。碳纳米管用在热管理材料与热开关上时会产生很小的界面热阻[18]。另一方面,热电冷却器需要更大的界面热阻[20]。最近,关于碳纳米管薄膜-铜表面热整流性能的研究[21]发现热流从碳纳米管到铜的界面热阻比从铜到碳纳米管薄膜的界面热阻低约50%。

24.2.1 热开关

在高速集成电路(如微处理器和燃料电池)中,功率损耗产生的热量可以被收集起来,用于控制低功率电路。Cho等开发了一种基于微电子机械系统的微热动力发动机,它可以收集低温(<60℃)的热量进行机械工作和产生电能[18]。如图24-1所示,该微热机由一个硅蚀刻腔组成,腔内覆盖有一个可弯曲的压电膜,膜内包裹着低沸点液体。当热开关接触腔室时(导通状态),热面的热量被传递到腔室,液体温度升高,液体和蒸汽混合物的尺寸扩大,压电膜向上弯曲并发电。这也将腔室拖离较低的表面,并关闭下方的热开关(关闭状态)。上部的热开关关闭时,热量被转移到冷面,液体冷却体积缩小,上部热开关关闭,压电薄膜收缩发电。

微热机的关键部件是热开关,它通过开和关控制传热。对于关闭操作,需要高的热阻来防止任何热泄漏通过热开关。关闭操作的热阻由上、下两层之间空隙的热特性决定。然而,在开启操作中热阻须是最小的,这样可以使热流最大化地通过热开关。开启操作的热阻取决于层间接触材料的热性能。图24-1中展示了两个热开关,以解释其工作原理。

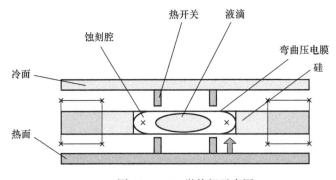

图24-1 P3微热机示意图

测试汞液滴热开关与垂直排列碳纳米管束热开关的性能。40×40网格1600个直径30μm的汞滴通过选择性蒸汽分解沉积制备汞热开关,相同尺寸的垂直排列碳纳米管束热开关通过化学气相沉积制备。两种热开关均在硅模具中制造。开启操作的热阻通过挤压抛光硅模和带热开关硅模的外加压力来测量。垂直排列碳纳米管热开关的热阻较低,多壁碳纳米管束(MWCNT)的热导率范围为 74~370W/(m·K)[2,4-5],而汞的热导率为 8.3W/(m·K)。当施加负载从 0.1N 变为 1N 时,汞的热接触电阻的变化范围为 0.6~1.2℃/W,碳纳米管的热接触电阻变化范围为 15~32℃/W。因此,垂直排列碳纳米管的热接触电阻是汞液滴的约 25 倍。同时观察到垂直排列碳纳米管热开关柱的屈曲现象,它会阻碍热流,增大热阻。

24.2.2 集成电路功耗的热管理

高速和多功能集成电路要求芯片在非常高的频率下运行,芯片在很小的区域内封装了超过 10 亿个晶体管。例如,AMD 锐龙 8 核微处理器在一个 $192mm^2$ 的芯片中封装了 48 亿个晶体管,功率约 95W[22]。高压半导体器件和电路的功耗是电动机和电动汽车发展的需要,而电能对其可靠性和寿命是不利的[23]。这些问题推动人们去开发低热阻的热界面材料,有效地消除集成电路和大功率器件及电路中的热量[9-17]。

一般来说,接触面之间的缺陷产生了界面热阻。在接触面上沉积热界面材料可使该问题最小化。大多数热界面材料可分为四类:焊料、热糊、相变材料和片状材料。Wasniewski 测量了 13 种商用热界面材料在 413.4kPa 压力下的界面热阻,并与基于金属结合碳纳米管的热界面材料进行了比较[9]。商用热界面材料的界面热阻的范围是从 10^{-5} ~ $8×10^{-5}$ m^2K/W。基于金属结合碳纳米管的热界面材料的界面热阻的范围是从 $3.2×10^{-6}$ ~ $9.5×10^{-6}$ m^2K/W[9]。Tong[10]发现直接接触玻璃-多壁碳纳米管的界面热阻是 10^{-5} m^2K/W,比化学气相沉积生长的多壁碳纳米管-硅的界面热阻大一个数量级左右。玻璃-多壁碳纳米管中的范德瓦耳斯力导致了较高的界面热阻,而催化剂下方的铝衬底使化学气相沉积生长的碳纳米管与硅衬底紧密接触。最近,Kaur[11]用短的共价键合的有机分子来增加碳纳米管阵列与贵金属或活性金属触点之间的黏附。功能化铝-碳纳米管的有效界面热阻为 $6×10^{-7}$ m^2K/W,Au-Cyst-CNT 的有效界面热阻为 $8×10^{-7}$ m^2K/W[11]。Yang[12]测量了多壁碳纳米管与铂基底在 60~425K 温度范围内的界面热阻。结果显示低于 90K 的界面热阻快速增大,高于 90K 时逐渐减小,在室温下达到 $2.2×10^{-8}m^2K/W$。他们测量的多壁碳纳米管在室温下的热导率为 200W/(m·K)。Xu[13]还使用相变材料(PCM)和铟片材来降低铜和未掺杂硅晶圆之间的界面热阻。Cu-PCM-CNT-Si 复合物在 0.35MPa 下的界面热阻比 Cu-PCM-Si 复合物要大 3 倍。在金与硅的界面上增加片层增大共价键的密度来增加热导率[14]。Zhang[15]测量了多壁碳纳米管与 Cu、Al、Al_2O_3、SiO_2 等材料的相对界面热阻。多壁碳纳米管-Al_2O_3和多壁碳纳米管-SiO_2的相对界面热阻在300~400K降低,在更高的温度下保持不变。多壁碳纳米管-铜和多壁碳纳米管的相对界面热阻在300~400K增加,在更高的度下保持不变[15]。文献[16,18]对界面热阻的实验工作进行了更全面的综述。

24.3 界面热阻的计算

24.3.1 分析模型

声学失配模型和散射失配模型已被用于界面热阻的预判[24-27]。声学失配模型考虑了两种材料的质量密度和各向异性常数,假定界面处存在镜面反射,计算界面处的声子透射系数和反射系数。因此,在界面上不会发生声子散射,例如两种材料的声子模型混合。在散射失配模型中,所有入射到界面上的声子都假定为弹性随机散射,而界面上的声子输运则由声子态密度的差异控制[24]。Prasher使用声学失配模型研究了范德瓦耳斯力结合Si/Si和Si/Pt界面的热接触电阻,发现范德瓦耳斯力接触的界面热阻比焊接接触高一个数量级[25]。使用散射失配模型,Prasher还计算了多壁碳纳米管和铂基底的界面热阻,结果表明,界面热阻导致了多壁碳纳米管的低热导率[26]。文献[27]研究了硅与铜之间机械接触的微观宏观界面热阻。他们利用散射失配模型和统一接触传热模型讨论了Si-Cu的真实表面接触。由于铜的热性能依赖于声子和电子的行为,同时也考虑电子对界面热阻的贡献。Si-Cu的界面热阻随温度升高而降低,理论计算结果与试验结果基本一致。

24.3.2 分子动力学方法和模型

分子动力学模型提供了系统中原子在所需时间步长的位置和速度信息。根据这些信息,可以计算出所研究材料的热性能。N个原子组成的系统的平均动能由下式给出

$$E_{avg} = \frac{1}{N} \sum_{i=1}^{N} \frac{1}{2} m_i v_i^2 \tag{24-1}$$

由均分定理可知,系统温度与平均动能成比例。系统温度由下述关系定义:

$$E_{avg} = \frac{3}{2} k_B T \tag{24-2}$$

式中:k_B为玻尔兹曼常数;T为系统温度。

热性能也可以用Green-Kubo关系式计算,也称为平衡分子动力学,或使用非

平衡分子动力学模拟[28-33]。在非平衡分子动力学方法/傅里叶方法中，温度至少在模拟域的两个区域保持恒定。例如，样品的一端保持在较高的温度（热源），而另一端保持在较低的温度（热沉）。温度梯度使得热从热区流向冷区。这类似于测量系统热导率的实验装置。然而，图24-2中的结构可使用周期性边界条件。

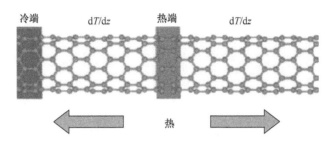

图 24-2 非平衡分子动力学模拟的配置

向系统中添加热量以保持冷区和热区处于恒温，利用速度标定法对增加的热流进行评估[28,30]，或通过施加恒定的热流及计算温度梯度[31]。通过重新调整每个时间步长的粒子速度，将 $\Delta\varepsilon$ 热添加到薄板（热板）中并从相同尺寸的不同板（冷板）中移除，该过程借助式(24-3)：

$$v_{i,\text{new}} = v_{i,\text{old}} \cdot \sqrt{\frac{T_{\text{control}}}{T_{\text{current}}}} \quad (24\text{-}3)$$

$$k = -\frac{1}{A} \cdot dQ / \frac{dt}{dT/dz} \quad (24\text{-}4)$$

式中：T_{current} 为当前温度；T_{control} 为冷/热板的期望温度；$v_{i,\text{old}}$ 为当前粒子速度；$v_{i,\text{new}}$ 为板中粒子更新的速度。当系统达到稳态时，热通量为 $Q = \Delta\varepsilon/2A\Delta t$（$\Delta t$ 为时间步长，A 为截面积）。然后计算温度梯度（dT/dz），利用傅里叶定律（式(24-4)）计算热导率。在非平衡分子动力学模拟方法中，通常需要很长的模拟时间才能获得稳态热流条件下的光滑温度曲线。Osman 使用该方法计算了单壁纳米管和星形联接碳纳米管的热导率[32-33]。

24.3.2.1 Si-碳纳米管分子动力学模型

为了检测单壁纳米管与硅的界面热阻，文献[34]发展了一种分子动力学模型。这个模型考虑了碳纳米管与硅的键形成；Si-Si 和 Si-C 相互作用由 Tersoff 势能描述，Tersoff-Brenne 键级势描述了碳纳米管中的 C-C 相互作用[35-37]。范德瓦耳斯力相互作用由 6-12 Lennard-Jones 型势能描述：

$$U_{vdW} = \sum_{\text{nonbonded pairs}} 4\varepsilon_{ij}\left[\left(\frac{\sigma_{ij}}{r_{ij}}\right)^{12} - \left(\frac{\sigma_{ij}}{r_{ij}}\right)^{6}\right] \quad (24-5)$$

其中 $r_{ij}=|r_i - r_j|$ 是 C-Si 原子的间距。硅与碳间的 Lennard-Jones 相互作用参数 ε_{ij} 和 σ_{ij} 通过 Lorentz-Berthelot 混合规则计算：

$$\varepsilon_{ij} = \sqrt{\varepsilon_{ii}\varepsilon_{jj}} \quad (24-6)$$

$$\sigma_{ij} = \frac{\varepsilon_{ii} + \varepsilon_{jj}}{2} \quad (24-7)$$

其中对于碳 $\varepsilon_{C-C} = 4.41\text{meV}$，$\sigma_{C-C} = 3.35\text{Å}$；对于硅 $\varepsilon_{C-C} = 4.41\text{meV}$，$\sigma_{C-C} = 2.28\text{Å}$；截断距离 $r_{cut} = 7.1\text{Å}$。范德瓦耳斯力相互作用在热和界面结构的稳定性上起着重要作用。基于这些相互作用的分子动力学模拟方法被用来求解哈密顿经典运动方程，预校算法的时间步长固定为 0.5fs。24.2 节中所述的垂直排列碳纳米管热开关中，在低阻模式下，碳纳米管端头和弯曲的碳纳米管侧面都可接触硅表面。然而，可在表面上结合硅原子的碳纳米管开放端或封闭端的碳原子的数量很少，这使得很难获得统计学上有意义的热通量来计算界面热阻或界面声子谱。此外，大多数测量多壁碳纳米管和单壁碳纳米管热导率的试验都有平行于碳纳米管轴的触点[2-5]。因此，分子动力学模拟中我们将单壁碳纳米管平行于 Si(001) 表面，并且将部分纳米管限制在硅块中的圆柱形槽内，如图 24-3(a) 所示。增大单壁碳纳米管与硅表面之间的距离，使其超过 Si-C 共价键形成的截断距离，可使得模拟范德瓦耳斯力结合界面和粗糙界面。

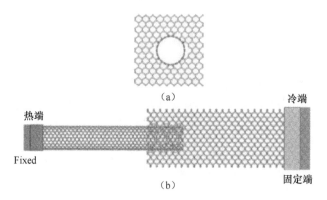

图 24-3　(a) 中心含(11,11)单壁碳纳米管硅槽的截面；
(b) 用于分子动力学模拟的单壁碳纳米管-Si 界面的侧视图

重建的硅(2×1)(0,0,1)表面被用于早期高能 C60 对硅表面影响的分子动力学模拟[38]，以及具有碳纳米管尖端硅(2×1)(0,0,1)表面的纳米级蚀刻和压痕的研究[39]。利用密度泛函理论，文献[34]确定了硅(0,0,1)阶梯表面上(5,5)

扶手椅形碳纳米管的吸附稳定原子几何形状。他们发现,当(5,5)扶手椅形碳纳米管被放置在硅(0,0,1)表面的二聚体行之间或靠近二聚体行的台阶边缘时,可以获得最高的吸附能。这两个吸附位点的 C-Si 键长分别为 1.97Å 和 2.0~2.05Å。为了增加 Si-C 对的数量,将碳纳米管插入到硅(100)表面的蚀刻圆柱槽中,如图 24-3 所示。

在凹槽内,嵌入的单壁碳纳米管被两个(2×1)(001)硅表面和 4 个台阶边缘环绕。模拟中使用的硅槽深度为 2.47nm,槽内的单壁碳纳米管长度为 2.07nm。检测了原子间距短于 Tersoff 势能的截断距离的 Si-C 原子对的数量,这些 Si-C 原子对位于凹槽中央的(10,10)和(11,11)扶手椅形碳纳米管中,其分布如图 24-4 所示。在(11,11)扶手椅形单壁碳纳米管中,原子间距在 Tersoff 势能的截断距离内的 Si-C 原子对数量是 94 对,而(10,10)扶手椅形单壁碳纳米管中有 29 对。值得注意的是,(11,11)碳纳米管的大部分 C-Si 键长都在计算的键长范围内,这些键长与文献[40]报告的有利位点相对应。

共价键合单壁碳纳米管-硅界面的分子动力学模拟使用了一个横截面为 3.84nm×3.84nm 长 10nm 的硅样品。硅块的一个横截面上有一个直径为 1.86nm、深度为 2.47nm 的圆柱形凹槽。(11,11)扶手椅形单壁碳纳米管的长度是 9.84nm。对范德瓦耳斯力结合界面进行分子动力学模拟,将圆柱形沟槽加宽,使硅和碳原子间的间距超过 Si-C 键的 Tersoff 势能的截至距离。硅的横截面积也扩展到 4.6nm×3.84nm。单壁碳纳米管和硅都沿着样品的长度被分割成单一宽度的平板。为了在模拟过程中稳定结构,单壁碳纳米管和硅的两端板如图 24-4(b)所示固定,在垂直于纳米管的轴向上对硅结构施加周期性边界条件。

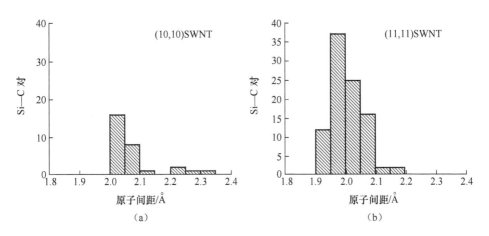

图 24-4 (a)(10,10)单壁碳纳米管和(b)(11,11)单壁碳纳米管键合对在硅槽中的分布

在分子动力学模拟中,使用 20000 分子动力学时间步长将整个结构初始淬火

到 0K,然后加热到所需的温度(100K),在施加任何温度梯度之前,在 200000 分子动力学时间步长后达到平衡。温度从 100K 增加到 300K,每增加 50K,在每个中间温度上增加 200000 分子动力学时间步长,以实现结构内的平衡温度分布。根据式(24-3),通过按比例调整每块板内原子的速度,冷/热板的温度保持在所需的温度。对于热板,$T_{\text{control}} = T_{\text{amb}} + \Delta T$,对于冷板,$T_{\text{control}} = T_{\text{amb}} - \Delta T$,其中 T_{amb} 是系统初始稳定温度,$\Delta T = 50K$。热平衡段的热通量由控制板各时间步长的能量变化计算得到,表达式如下:

$$J = \frac{\langle \frac{1}{2} m \sum_{i=1}^{N} (v_{i,\text{new}}^2 - v_{i,\text{old}}^2) \rangle}{\Delta t} \quad (24\text{-}8)$$

式中:N 为冷/热板中的原子数;m 为碳/硅的质量;$v_{i,\text{new}}$ 由式(24-3)计算。热流模拟使用 300000 分子动力学模拟时间步长,通过对最后 100000 步长的时间平均来计算沿样品的热通量 J 和稳态温度分布。通过对沟槽内的硅和碳纳米管重叠板之间的温度差进行平均,计算硅和碳纳米管界面的温度不连续性。界面热阻由下式给出:

$$T_{\text{TIR}} = \frac{A \cdot \Delta T_{\text{interface}}}{J} \quad (24\text{-}9)$$

其中 A 为硅表面上嵌入的圆形槽的侧表面积。在范德瓦耳斯力相互作用下,A 由文献[41-42]给出:

$$A = 2\pi \left(R_{\text{NT}} + \frac{h_{\text{vdW}}}{2} \right) L_{\text{NT}} \quad (24\text{-}10)$$

式中:R_{NT} 为单壁碳纳米管的半径;L_{NT} 为嵌入在硅槽中的单壁碳纳米管的长度;h_{vdW} 为平均界面间隔,成键相互作用时该值为零。

Platek 采用恒定热通量方法,使用非平衡分子动力学计算了成键封闭和开放式(6,6)碳纳米管-硅的界面热阻[43]。研究结构的原理图如图 24-5 所示,其中横截面积为 1.086nm×1.086nm,模拟结构的总长度为 880nm。这个方法的优点是:它提供了两种界面热阻值,一个为左界面值,一个为右界面值。根据文献[31]使用恒热流方法,界面热阻计算值为 $4.54×10^8$ K/W。使用纳米管的孔环宽 0.34nm 的周长定义的横截面积,所得到的开放端和封闭端单壁碳纳米管的界面热阻值分别为 $4.0×10^{-10}$ m^2K/W 和 $5×10^{-10}$ m^2K/W。Diao[44] 使用分子动力学模拟和类似的方法研究了(10,10)单壁碳纳米管-硅的界面热导。模拟的结构由在 4.35nm×4.35nm×6.5nm 硅板之间长度为 6.1nm 的(10,10)碳纳米管(开放端和封闭端)构成。保持碳纳米管的中间为热区,并在各个方向使用周期性边界条件。在每个分子模拟时间步长中,固定的热量 $Q = 0.002$eV 传给碳纳米管中心的 20 个原子,并从硅板末端的 128 个原子中提取。这是根据式(24-11)改变原子的速度来实现的。

$$v_{\text{new}} = v_{\text{new}}\left(1 + \frac{Q}{E_k}\right)^{1/2} \quad (24\text{-}11)$$

在式(24-11)中，E_k 为在热/冷区内所有原子的总动能，v_{new} 和 v_{old} 分别为标度前后的速度。对于封闭式单壁碳纳米管，他们发现当压力从 0 增加到 1.25GPa 时，界面热阻值从 $1\times10^{-8} \text{m}^2\text{K/W}$ 减小到 $1.67\times10^{-9} \text{m}^2\text{K/W}$。开放式单壁碳纳米管界面热阻的减小归结于压力升高时成键 Si-C 对的增加。界面热导率随温度和样品尺寸的增加而增加。Hu[45]研究了开放式(10,10)单壁碳纳米管-硅的界面热阻，发现界面 Si-C 对数量增加时，热导率的增加大于一个数量级。含 12 个 Si-C 对的单壁碳纳米管-硅的界面热阻为 $2\times10^{-9}\text{m}^2\text{K/W}$，比范德瓦耳斯力结合界面的 $2\times10^{-7}\text{m}^2\text{K/W}$ 小两个数量级。

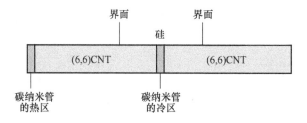

图 24-5　文献[43]中使用的模拟结构的示意图

Feng 使用非平衡分子动力学方法[46]研究了(5,5)单壁碳纳米管阵列-硅表面的热导。模拟结构的原理图如图 24-6 所示，它由 20nm 长的单体或者(5,5)碳纳米管束组成，垂直于 4.3nm×4.35nm×4.35nm(100)块的表面，且块体中碳纳米管的间距保持在 0.4nm。在模拟过程中，左右两端 0.5nm 宽平板上的原子保持固定且保持冻结状态。热源区域和吸热区域(箭头所示)被放置在固定区域的旁边。模拟是使用一个具有 0.1fs 时间步长的大型原子/分子大规模并行模拟器。在恒热流方法的每一步中，将固定能量 Q 设为 1%的 k_{BT} 添加到热区原子中，按照[47]中提出的步骤，从冷区原子中移除，这样就不会发生人工动量漂移。在每个分子动力学时间步长上，由下式来调整每个原子的速度：

$$v_i^{\text{new}} = v_G + \alpha(v_i^{\text{old}} - v_G) \quad (24\text{-}12)$$

$$\alpha = \left(1 \pm \frac{Q}{E_C^R}\right) \quad (24\text{-}13)$$

$$E_C^R = \frac{1}{2}\sum_i m_i v_i^2 - \frac{1}{2}\sum_i m_i v_G^2 \quad (24\text{-}14)$$

式中：v_G 为热区/冷区原子的中心速度；E_C^R 为相对动能。界面热阻为 $1.1\times10^{-9}\text{m}^2\text{K/W}$，随着 Si-C 键合数量的增加，界面热阻减小。

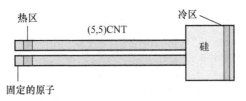

图 24-6 文献[46]中使用的模拟结构的原理图

24.4 结果和讨论

在环境温度(T_{amb})下,保持单壁碳纳米管的热端温度 $T_{hot} = T_{amb} + 50$,硅的冷端温度 $T_{cold} = T_{amb} - 50$,对室温下单壁碳纳米管-硅的热流动进行分子动力学模拟,如图24-3所示。用速度标度法维持热(T_{hot})和冷(T_{cold})端所需的温度。每个环境温度下,使用100000分子动力学时间步长实现平衡,而300000个分子动力学时间步长被用来评估碳纳米管-硅的热流和温差。在距离为0.3nm与1.0nm处对单壁碳纳米管-硅表面的非键相互作用进行分子动力学模拟。当距离为1nm时,Lennard-Jones势能的截止距离增加到1.5nm,使用500000分子动力学时间步长来估算热通量。

图24-7展示了共价键合Si-C界面和范德瓦耳斯力结合界面在300K时单壁碳纳米管-硅结构的温度分布。由于界面热阻,碳纳米管-硅界面处的温度曲线显示出明显的不连续性。共价键合界面的温降约为53K,如图24-7(a)所示。只涉及非成键范德瓦耳斯力的界面,硅-单壁碳纳米管的间距为1.0nm,温度为99K。在250K、200K、150K和100K下重复模拟。计算各个温度下的界面的温降和热流密度;通过式(24-9)从界面的温降和热流密度计算界面热阻。

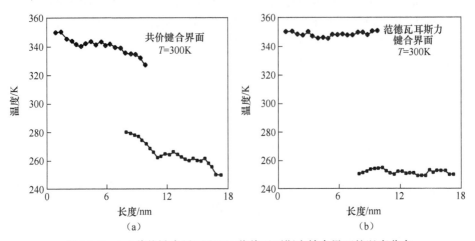

图 24-7 (a)共价键合界面和(b)范德瓦耳斯力结合界面的温度分布

共价键合和范德瓦耳斯力结合界面的界面热阻对温度的依赖关系如图 24-8 所示。随着温度的升高,共价键合的硅-单壁碳纳米管界面的界面热阻降低,这是由于较高温度下声子数量的增加和界面声子耦合导致的热通量的增加[48]。声子耦合的细节及其对界面热流的贡献将在本章后面部分进行讨论。共价键合的硅-单壁碳纳米管的界面在 300K 时界面热阻为 $2.85\times10^{-9}\,m^2K/W$。该界面热阻值与最近分子动力学模拟的数值一致[43-45]。300K 下,碳纳米管与硅间距为 0.3nm 和 1nm 的界面热阻值分别为 $5.6\times10^{-8}\,m^2K/W$ 和 $1.7\times10^{-7}\,m^2K/W$,要大于 Tersoff 势能中 Si-C 成键的截止距离。

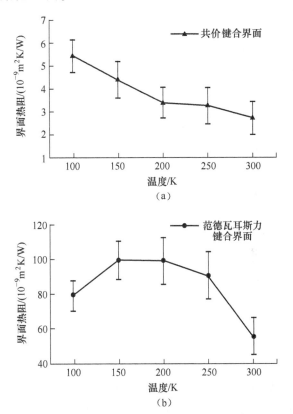

图 24-8 (a)共价键合界面和(b)范德瓦耳斯力键合界面的界面热阻

单壁碳纳米管与硅间距为 0.3nm 和 1nm 时的界面热阻分别是共价键结合界面的 20 与 50 倍。范德瓦耳斯力界面中界面热阻的增加与文献报道一致[45,49]。文献[49]中,当两个(10,10)碳纳米管的间距从 0.4nm 增加到 2.5nm 时,界面热阻从 $8.8\times10^{-8}\,m^2K/W$ 增加到 $1.4\times10^{-7}\,m^2K/W$。100K 时范德瓦耳斯界面的界面热阻下降,此时硅的热容比室温下高一个数量级[49]。报道称 300K 时当碳纳米管热导率接近最大值时,界面热阻下降[2-3]。

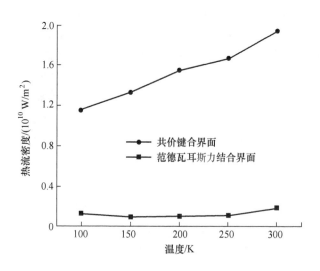

图 24-9 共价键合和范德瓦耳斯力结合界面的热流密度

图 24-9 展示了通过共价键合和范德瓦耳斯力结合界面的热流密度。共价键合的硅-单壁碳纳米管界面的热流密度明显大于范德瓦耳斯力结合界面的热流密度。共价键合时热流密度随温度的升高而增大,这归因于高温时声子密度的增加和两种材料界面处声子的耦合。温度升高碳纳米管-硅的声子耦合变强。这种强耦合增加了界面的热流,导致高温下界面热阻的降低。范德瓦耳斯力结合界面的热流密度对温度的依赖性较弱。相对于中等温度,最低和最高温度下的热流密度略有增加。这是由于硅的热导率在 100K 以下达到最大值,随着温度升高而迅速降低,热导率在室温下比 100K 时低一个数量级[50]。碳纳米管的热导率随温度逐渐增大并在 300K 达到最大值。

为了理解碳纳米管-硅声子耦合的作用及其对界面热阻的影响,计算了模拟结构几个区域的声子功率谱。利用速度自相关函数-快速傅里叶变换计算声子功率谱或态密度。测定 3 个不同区域的声子功率谱:①紧邻固定碳纳米管板的 4 个碳纳米管板;②紧邻固定硅板的 4 个硅板;③硅凹槽内的 4 个硅和碳纳米管。计算所有区域 300K 下共价键合和范德瓦耳斯力结合界面碳纳米管的原子径向、方位和轴向振动的声子功率谱和硅的笛卡儿分量。

图 24-10 展示了紧邻固定碳纳米管板的 4 个碳纳米管板的径向和轴向分量以及紧邻固定硅板的 4 个硅板的轴向分量的声子谱。未展示碳纳米管中的方位声子分量,因为它几乎与轴向声子分量相同。这些碳纳米管-硅的声子谱和孤立碳纳米管[51-52]及硅[53]的声子谱相同。如图 24-11 所示,相比于孤立碳纳米管,4 个碳纳米管与硅凹槽内部碳原子的声子谱特性不同。例如,15THz 附近声子谱的径向

模式明显增强,是孤立碳纳米管声子谱的 13 倍。这种增强是由于界面上 Si-C 对增加了径向声子的数量。5THz 附近声子谱强度的增加,接近(11,11)单壁碳纳米管的径向呼吸模式的频率[52]。低频径向呼吸模式在碳纳米管与其他材料的界面传热中起着重要的作用[51-52]。硅原子与碳纳米管外部结合阻止了高频切向或轴向声子模式参与热流,而低频径向呼吸模式主导跨界面的热传递。如图 24-11(c) 所示,与孤立碳纳米管的径向模式相比,对于非成键相互作用,硅槽内 4 个碳纳米管板径向声子谱的径向模式作用略有增加。

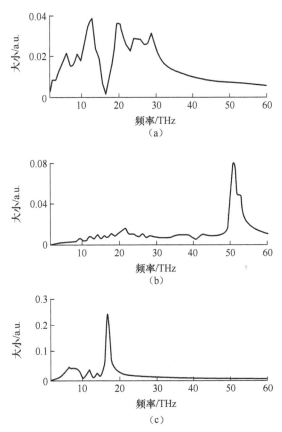

图 24-10　碳纳米管和硅的声子谱
(a)径向分量(碳纳米管);(b)轴向分量(碳纳米管);(c)轴向分量(硅)。

成键状态下轴向分量频谱在 50THz 附近的峰值要比非成键状态弱。图 24-10(b)中 50THz 碳纳米管声子功率谱中的尖峰是由于高频石墨化平面内拉伸模式(G 带)与无序引导模式(D 带)造成的[44]。文献[54]中提到由于碳 sp2 杂化向 sp3 转变,化学吸附的官能化程度增加,在 50THz 处的峰减小变宽。图 24-11(b) 与图 24-10(b)相比,图 24-11(c)中 50THz 处的峰值强度降低是由于硅槽内 Si-C

原子的共价键作用,其中碳的sp2变化为sp3。然而,图24-11(d)中范德瓦耳斯力结合界面50THz处的声子峰与孤立碳纳米管相同。

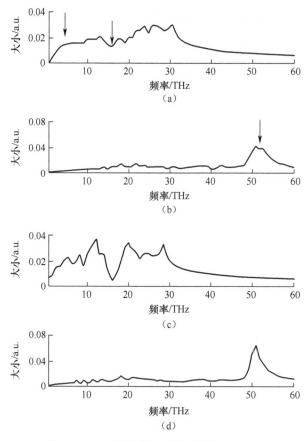

图 24-11　硅槽内单壁碳纳米管的声子谱
(a)径向分量(共价键合界面);(b)轴向分量(共价键合界面);
(c)径向分量(范德瓦耳斯力结合界面);(d)轴向分量(范德瓦耳斯力结合界面)。

沟槽区共价键合和范德瓦耳斯力结合界面周围硅原子声子频谱的轴向分量相同,分别如图24-12(a)和(b)所示。只有大约8%的硅原子参与硅-碳键,而所有的硅原子都被用于计算声子谱,因此两个声子谱相似。声子谱中5THz处的峰值强度与纯硅相似。图24-10(c)中声子峰值在15THz时的强度要弱于纯硅,15THz处峰值的减弱是由于硅槽表面上存在二聚体[55]。在100K和300K时,温度对共价键结合硅沟槽区域内单壁碳纳米管的径向模声子谱的影响如图24-12所示。从图中可以看出,与100K比,300K时(11,11)径向呼吸模式的声子在5THz的激发更强。径向呼吸模式声子是界面热传递的主要贡献者,其强度的增加导致了

300K 的界面热阻低于 100K。与孤立的碳纳米管相比,由于硅 LA 和 TA 声子模式的耦合,声子功率谱在 15THz 以下更强。

硅和界面上含共价键合 Si-C 对碳纳米管的声子谱的前期讨论表明单壁碳纳米管-硅的高频声子模无耦合。16THz 以下碳纳米管径向的声子模和硅声子模之间的声子耦合很强,共价键合界面如图 24-11(a)所示。声子在硅中的热传输中占主导地位,其频率与碳纳米管中的低频声子频谱重叠。硅的这些声子模与频率低于 15THz 碳纳米管的径向模和径向呼吸模式耦合。图 24-13 中可以看出,与 100K 相比,300K 低于 15THz 的径向模型,包括 5THz 单壁碳纳米管的径向呼吸模式[45]更密集。因此,随温度升高,径向的声子模和近径向模态对热传输的贡献更大,这解释了热流密度随温度升高而增大。最近一项研究[54]表明,碳纳米管与周围液体之间的传热,碳纳米管中低频弯曲和挤压的声子模与液体的声子模之间耦合强,而碳纳米管中的低频扭转和纵向的声子模与液体的声子模之间耦合弱。文献[56]中纳米豆荚的热传输研究表明,低频径向的声子模激发更强,且在低频区与纵向模的耦合更强。Osman 和 Srivas-tava 对 z 形和扶手椅形纳米管的热脉冲传输进行了分子动力学模拟,结果表明 LA、TA 和 twist 声子模式是热传输的主要模式[57]。通过测试与碳纳米管共价键结合的硅原子才能更深入地了解硅的声子模

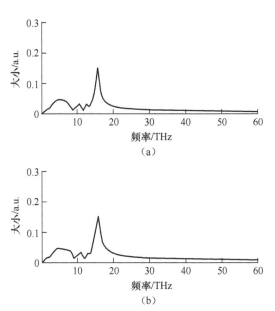

图 24-12 硅槽内的成键界面和范德瓦耳斯力结合界面硅原子的声子谱
(a)轴向分量(共价键合界面);(b)轴向分量(范德瓦耳斯力结合界面)。

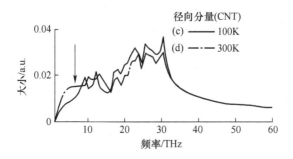

图 24-13　共价键合界面硅槽中单壁碳纳米管声子功率谱的径向分量

与单壁碳纳米管耦合所发生的事情。界面热阻的分子动力学模拟比较保守,因为①单壁碳纳米管中的热流最初是轴向的,当它穿过硅的界面时变成径向;②纳米管周围的硅层薄,导热系数较低。

24.5　本章小结

本章讨论了界面热阻在控制材料间热流以及对能量收集、热能管理和热电制冷的关键作用。还讨论了几种用于模拟硅-碳纳米管间界面热阻的分子动力学模型。分子动力学模拟结果表明了声子模耦合在硅-碳纳米管界面上的重要作用。碳纳米管-硅界面处共价键合的 Si-C 原子对表现出非常低的界面热阻,比范德瓦耳斯力结合界面小约 20 倍。这与最近报道的试验结果和分子动力学模拟一致。碳纳米管中低频径向的声子模由于与硅的声子模式耦合而被激发,并且在通过界面的热传输中起主要作用。此外,由低频径向的声子模引起的激发随温度升高而增大,导致界面热流输运增加,温度升高时界面热阻降低。

参 考 文 献

[1] S. Iijima, Helical microtubes of graphite carbon, Nature (London) 354 (1991) 56.

[2] P. KIM, L. Shi, A. Majumdar, P. L. McEuen, Thermal transport measurement of individual multiwalled nano-tubes, Phys. Rev. Lett. 87 (2001) 215502.

[3] E. Pop, D. Mann, Q. Wang, K. Goodson, H. Dai, Thermal conductance of an individual single-wall carbon nanotube above room temperature, Nano Lett. 6 (2006) 96.

[4] J. Hone, J. Hone, M. C. Llaguno, N. M. Nemes, A. T. Johnson, J. E. Fischer, D. A. Walters, M. J. Casavant, J. Schmidt, R. E. Smalley, Electrical and thermal transport properties of magnetically aligned single wall carbon nanotube films, Appl. Phys. Lett. 77 (2000) 666.

[5] G. Zhong, C. Liu, S. Fan, Directly measuring of the thermal pulse transfer in one-dimensional highly aligned carbon nanotubes, Sci. Rep. 3 (2013). 2549.

[6] R. Saito, G. Dresselhaus, M. S. Dresselhaus, Physical Properties of Carbon Nanotubes, Imperial College Press, London, 1998.

[7] B. T. Kelly, Physics of Graphite, Applied Science Publishers, London, 1981.

[8] J. E. Graebner, H. Altmann, N. M. Balzaretti, R. Campbell, H. -. B. Chae, A. Degiovanni, R. Enck, A. Feldman, Report on a second round robin measurement of the thermal conductivity of CVD diamond, Diamond Relat. Mater. 7 (1998) 1589.

[9] J. R. Wasniewski, D. H. Altman, S. L. Hodson, T. S. Fisher, A. Bulusu, S. Graham, B. A. Cola, Characterization of metallically bonded carbon nanotube-based thermal interface materials using a high accuracy 1-D steady state technique, ASME J. Electron. Packag. 134 (2012) 020901.

[10] T. Tong, Y. Zhao, L. Delzeit, A. Kashani, M. Meyyappan, A. Majumdar, Dense vertically aligned multi-walled carbon nanotube arrays as thermal interface materials, IEEE Trans. Compon. Packag. Technol. 30 (2007) 92.

[11] S. Kaur, N. Rarvikar, B. A. Helms, R. Prasher, D. F. Ogletree, Enhanced thermal transport at covalently func-tionalized carbon nanotube array interfaces, Nat. Commun. (2014) 4082.

[12] J. Yang, Y. Yang, S. W. Waltermire, T. Gutu, A. A. Zinn, T. T. Xu, Y. Chen, D. Li, Measurement of the in-trinsic thermal conductivity of a multiwalled carbon nanotubes and its contact resistance with the substrate, Small 7 (2011) 2334.

[13] J. Xu, T. S. Fisher, B. A. Cola, J. Xu, C. Cheng, X. Xu, H. Hu, T. S. Fisher, Enhanced thermal contact con-ductance using carbon nanotube array interfaces, IEEE Trans. Comp. Packag. Technol. 29 (2006) 261. Photoacoustic characterization of carbon nanotube array thermal interfaces, J. Appl. Phys. 101 (2007) 054313.

[14] M. D. Losego, M. E. Grady, N. R. Sottos, D. G. Cahill, P. V. Braun, Effect of chemical bonding on heat transfer across interfaces, Nat. Mater. 11 (2012) 502.

[15] G. Zhang, C. Liu, S. Fan, Temperature dependence of thermal boundary resistance between multiwalled car-bon nantubes and some typical counterpart materials, ACS Nano 6 (2012) 3057.

[16] A. M. Marconnet, M. A. Panzer, K. E. Goodson, Thermal conduction phenomena in carbon nanotubes and re-lated nanostructured materials, Rev. Mod. Phys. 85 (2013) 1295.

[17] D. Cahill, P. V. Braun, G. Chen, D. R. Clarke, S. Fan, K. E. Goodsen, P. Keblinski, W. P. King, G. D. Mahan, A. Muajumdar, H. J. Maris, S. R. Phillpot, E. Pop, L. Shi, Nanoscale thermal transport II, Appl. Phys. Rev. 1 (2014) 011305.

[18] J. H. Cho, C. D. Richards, D. F. Bahr, R. F. Richards, J. Jiao, Dynamic operation of a MEMS thermal switch, in: ASME's International Mechanical Engineering Congress and Exposition, 2006.

[19] P. L. Kapitza, The study of heat transfer in helium II, Zh. Eksp. Teor. Fiz. 11 (1941) 1-31.

[20] L. W. da Silva, M. Kaviany, Micro-thermoelectric cooler: interfacial effect on thermal and electric transport, Int. J. Heat Mass Transf. 47 (2004) 2417.

[21] Z. Duan, D. Liu, G. Zhang, Q. Li, C. Liu, S. Fan, Interfacial thermal resistance and thermal rectification in carbon nanotube film-copper systems, Nanoscale 9 (2017) 31333.

[22] P. Alcorn, n. d. AMD Ryzen 7 1800X CPU Review, http://www.tomshardware.com/reviews/amd-ryzen-7-1800x-cpu,4951-11.html.

[23] Y. Hinata, K. Taniguchi, M. Hori, Enhanced breakdown for all-SiC modules, Fuji Electric Rev. 62 (2016) 227.

[24] E. T. Swartz, R. O. Pohl, Thermal boundary resistance, Rev. Mod. Phys. 61 (1989) 605.

[25] R. Prasher, An acoustic mismatch model for thermal contact resistance of van der Waals contacts, Appl. Phys. Lett. 101 (2009) 041905.

[26] R. Prasher, Thermal boundary resistance and thermal conductivity of multiwalled carbon nanotubes, Phys. Rev. B 77 (2008) 075424.

[27] P. Reddy, Diffuse mismatch model of thermal boundary conductance using exact phonon dispersion, Appl. Phys. Lett. 87 (2005) 211908.

[28] D. C. Rapaport, The Art of Molecular Dynamics Simulation, second ed., Cambridge University Press, Cambridge, 2004.

[29] M. P. Allen, D. J. Tildesley, Computer Simulation of Liquids, Oxford Science Publications, New York, 1989.

[30] W. T. Ashurts, W. G. Hoover, Dense-fluid shear viscosity via non-equilibrium molecular dynamics, Phys. Rev. A 11 (1975) 658.

[31] T. Ikeshoji, B. Haafskjold, Non-equilibrium molecular dynamics of heat conduction in liquid and through liquid-gas interface, Mol. Phys. 81 (1984) 251.

[32] M. A. Osman, D. Srivastava, Temperature dependence of the thermal conductivity of single wall carbon nano-tube, Nanotechnology 12 (2001) 21.

[33] A. Cummings, M. A. Osman, D. Srivastava, M. Menon, Thermal conductivity of Y-junction nanotubes, Phys. Rev. B 70 (2004) 115405.

[34] T. Kim, Molecular dynamics simulation of heat transfer across silicon-carbon nanotube interface, Ph. D. Dis-sertation. Washington State University, Pullman, WA, 2007.

[35] J. Tersoff, Solid state chemistry; interatomic potentials for multicomponent system, Phys. Rev. B 39 (1988) 5566.

[36] J. Tersoff, Solid state chemistry; interatomic potentials for multicomponent system, Phys. Rev. B 41 (1990) 3248.

[37] D. W. Brenner, Empirical potential for hydrocarbons for use in simulating the chemical vapor deposition of diamond films, Phys. Rev. B 42 (1990) 9458.

[38] X. Hu, K. Albe, R. S. Averback, Molecular dynamics simulation of energetic C60 impacts on (2X1)-(100) silicon, J. Appl. Phys. 88 (2000) 49.

[39] R. D. Noebe, C. L. Cullers, R. R. Bowman, The effect of strain temperature on the tensile

properties of NiAl, J. Mater. Res. 7 (1992) 605.

[40] S. Berber, A. Oshiyama, Atomic and electronic structures of carbon nanotubes on Si (001) stepped surfaces, Phys. Rev. Lett. 96 (2006) 105505.

[41] R. B. Capaz, C. D. Spataru, P. Tangeny, M. L. Cohen, S. G. Louie, Hydrostatic pressure effects on the structural and electronic properties of carbon nanotubes, Phys. Status Solidi 3352 (2005) 241.

[42] J. Gou, K. Lau, Modeling and Simulation of Carbon Nanotube/Polymer Composites, Handbook of Theoret-ical and Computational Nanotechnology, vol. 1, American Scientific Publishers, Valencia, 2005, p. 1.

[43] P. Platek, T. Falat, J. Felba, Evaluation of the interfacial resistance between carbon nanotube and silicon using molecular dynamics simulations, in: 37th International Spring Seminar on Electronics Technology, vol. 70, 2014.

[44] J. Diao, D. Srivastava, M. Menon, Molecular dynamics simulations of carbon nanotubes/ silicon interfacial conductance, J. Chem. Phys. 128 (2008) 164708.

[45] M. Hu, P. Keblinski, J. S. Wang, N. Raravikar, Interfacial thermal conductance between silicon a vertical nanotube, J. Appl. Phys. 104 (2008) 083503.

[46] Y. Feng, J. Zhu, D. Tang, Effect of van der Waals forces on thermal conductance at the interface between a single-wall carbon nanotube array and silicon, AIP Adv. 4 (2014) 127118.

[47] P. Lund, R. Jullien, Molecular dynamics calculation of the thermal conductivity of vitreous silica, Phys. Rev. B 59 (1999) 13707.

[48] B. Li, J. Lan, L. Wang, Interface thermal interface resistance between dissimilar anharmonic lattices, Phys. Rev. Lett. 95 (2005) 104302.

[49] H. Zhong, J. R. Lukes, Interfacial thermal interface resistance between carbon nanotubes: Molecular dynam-ics simulations and analytical thermal modeling, Phys. Rev. B 74 (2006) 125403.

[50] C. Glassbrenner, G. Slack, Thermal conductivity of silicon and germanium from 3A K to the melting point, Phys. Rev. 134 (1964) A1058.

[51] N. R. Paravikar, P. Keblinski, A. M. Rao, M. S. Dresselhaus, L. S. Schadler, P. M. Ajayan, Temperature depen-dence of radial breathing mode Raman frequency of single-walled carbon nanotubes, Phys. Rev. B 66 (2002) 235424.

[52] M. S. Dresselhaus, P. C. Eklund, Phonons in carbon nanotube, Adv. Phys. 49 (2000) 705.

[53] P. A. Temple, E. Hathaway, Multiphonon Raman spectrum of silicon, Phys. Rev. B 7 (1973) 3685.

[54] C. W. Oadgett, D. W. Brenner, Influence of chemisorption on the thermal conductivity of single-wall carbon nanotubes, Nano Lett. 4 (2004) 1051.

[55] S. Saito, T. M. Inerbaev, H. Mizuseki, N. Igarashi, R. Note, Y. Kawazoe, Surface and bulk-like phonon modes of Si(1 0 0) nanometer thin films, Chem. Phys. Lett. 433 (2006) 86.

[56] E. G. Noya, D. Srivastava, L. A. Chernozatonskii, M. Menon, Thermal conductivity of carbon

nanotube pea-pods, Phys. Rev. B 70 (2004) 115416.

[57] M. A. Osman, D. Srivastava, Molecular dynamic simulation of heat pulse propagation in single wall nano-tubes, Phys. Rev. B 72 (2005) 125413.

延伸阅读

[58] D. Li, Y. Wu, O. Kim, L. Shi, P. Yang, A. Majumdar, Thermal conductivity of individual silicon nanowires, Appl. Phys. Lett. 83 (2003) 2934.

第4部分 纤维材料在环境、生物、能源和航空航天领域应用的最新发展

第25章
基于碳纳米管和石墨烯的纤维状超级电容器件

Lu Zhang[1], Paa Kwasi Adusei[2], Yan bo Fang[2], Noe Alvarez[3], Vesselin Shanov[4]
[1]美国加利福尼亚州弗里蒙特,美国索诺瓦
[2]美国俄亥俄州辛辛那提,辛辛那提大学机械与材料工程系
[3]美国俄亥俄州辛辛那提,辛辛那提大学化学系
[4]美国俄亥俄州辛辛那提,辛辛那提大学化学与环境工程系

25.1 引言

能量储存技术,尤其是电能储存技术,因其在可再生和可持续能源技术、可穿戴设备、消费产品、电动汽车等领域的广泛应用而备受关注[1-3]。在各种电能储存系统中,电化学电容器又称超级电容器(SC),具有充放电快、循环寿命长、功率密度大、可靠性高等优点,是一种极具发展前景的储能器件。传统的商用超级电容器因缺乏机械柔性,限制了其在可穿戴电子产品中的应用。柔性超级电容器在能量采集、微型机器人、电子纺织品、表皮和植入式医疗设备等方面显示出巨大的应用潜力[4-6],近年来一直是学术界和工业界特别关注的热点。其中,与二维薄膜状超级电容器相比,一维纤维状超级电容器显示出了强大的机械灵活性和易于组装成各种结构以进行设计创新的优点[7]。在这一领域,要实现上述所提到应用需要满足以下几个标准:

(1)整体器件的阻抗低以实现功率密度最大化。这就要求集流体和电极材料导电性高,电解质离子电导率低,电极和电解液之间的电荷转移电阻小。

(2)具有优异的机械稳定性,包括良好的柔韧性、机械强度和可延伸性。由于纤维状超级电容器的一个主要潜在应用是可穿戴设备,有时需要承受磨损、撕裂力,有时需要被拉伸,因此机械稳定性是纤维状超级电容器成功应用的关键。事实上,这一标准从研发挑战性的角度将纤维状超级电容器与传统超级电容器区分开来了。基本单元材料和加工方法的选择很大程度上影响纤维状超级电容器器件的最终力学性能。

(3)器件能量密度高。这是双电层电容器(EDLC)的主要缺点之一。高能量

密度意味着电极材料要具有高比表面积、优化的孔径分布以及集流体和所用的电解质轻量化。对于基于赝电容的超级电容器,这意味着赝电容材料(如金属氧化物和导电聚合物)与主体材料的良好集成。

(4) 优异的电化学和机械可靠性,包括良好的充放电循环能力(至少大于 10^4 次循环),以及在反复弯曲和折叠过程中没有明显的结构退化。这主要是因为与传统的超级电容器相比,纤维状超级电容器更容易遭受机械变形,尤其是应用于可穿戴设备时。考虑到更换纤维状电源的难度,良好的充放电循环性有利于可穿戴器件的使用寿命。

开发纤维状超级电容器需要多学科知识,如机械工程、材料工程、电化学等,才能将所有的功能完全集成到一个设备中。虽然近年来已报道了许多纤维状超级电容器,但完全符合这些标准的并不多。例如,金属导线因其高导电性和良好的机械强度而被证明可作为纤维状超级电容器的集流体,其中包括涂覆聚苯胺(PANI)的不锈钢纤维状超级电容器[8]和涂覆还原氧化石墨烯(rGO)的金导线的纤维状超级电容器[9]。然而,由于金属材料本身密度大的特性,这种金属基纤维状超级电容器的能量密度较低。考虑到对可靠性的极高要求,如长寿命和机械稳定性,赝电容材料本身并不适合此类应用,即使它们具有高比电容。为了克服它们的局限性,可将它们与碳质纤维复合使用。碳质纤维状如碳纤维超级电容器已被广泛研究,以克服金属基纤维状超级电容器的能量密度低的缺点[10]。事实上,碳纤维的诞生可以追溯到 1883 年约瑟夫·斯旺对电灯泡用天然纤维素纤维的热解。然而,有机前驱体热解制备碳纤维的方法限制了碳纤维在电性能和力学性能方面的提升。与理想的石墨单晶相比,热解是碳纤维呈现多晶性和出现大量晶界的主要原因,这些因素限制了碳纤维的性能。因此,研究人员正在寻找新的碳同素异形体,特别是碳纳米管(CNT)和石墨烯,以克服碳纤维的局限性。

碳纳米管和石墨烯均由 sp2 杂化碳原子的固有共价键组成,具有极高的机械强度和导电性。以石墨烯为例,这种材料中的载流子浓度高达 $10^{12}\mathrm{cm}^{-2}$,以及具有高的室温迁移率约 $10000\mathrm{cm}^2\mathrm{V}^{-1}\mathrm{s}^{-1}$[11]。石墨烯还具有高达 $340\mathrm{Nm}^{-1}$ 的弹性刚度和 20%拉伸性[12]。与碳纤维相比,碳纳米管和石墨烯的一个明显优势是其理论比表面积大(石墨烯为 $2630\mathrm{m}^2/\mathrm{g}$),这使其成为 EDLC 型超级电容器应用的理想选择[13]。此外,碳纳米管和石墨烯单晶都能合成大晶粒,与具有多晶的碳纤维相比,它们更具有作为碳质纤维基本单元的结构优势。与通过热解生成石墨结构的碳纤维相比,碳纳米管和石墨烯可通过纳米工程将单个基本单元转化为有序的宏观结构,实现碳质纤维的自下而上合成。这种利用纳米工程技术将碳纳米管、石墨烯及其复合材料加工成纤维状超级电容器的性能有望超越传统的碳纤维。近年来,碳纳米管、石墨烯基的纤维状超级电容器得到了广泛的报道。然而,与许多纳米材料一样,由碳纳米管和石墨烯制成的宏观尺度的纤维与纳米尺度的材料在性能上存在巨大差异。导电性和力学强度等性能会降低几个数量级,这可归因于纳米材料表面能降低趋势导致纳米材料中较大晶界和重叠的存在。幸运的是,与碳纤维受其加工方法和基本单元固有缺陷的限制不同,碳纳米管和石墨烯可通过纳米工程和加工工艺的改进有望达到上述标准。

本章接下来的内容将讨论如何克服与碳纳米管、石墨烯相关的纳米尺度材料与其宏观材料之间障碍的策略,包括它们的合成和加工成纤维。还将讨论由碳纳米管、石墨烯及其复合材料制成的纤维状超级电容器的器件组装和性能。

25.2 纤维状超级电容器的制备

成功制备纤维状超级电容器有以下要求:

(1) 基本单元材料(碳纳米管和石墨烯)可规模化合成。储能装置对电极材料在质量和数量上有很高的要求以保证其性能,这就排除了多种合成方法,如石墨烯的机械剥离和分子组装等,尽管它们在基础研究中至关重要。化学气相沉积(CVD)通常用于合成碳纳米管和石墨烯,但其放大能力仍存在争议。例如,CVD法合成碳纳米管和石墨烯通常受到实验室反应器大小的限制。然而,流化床反应器可以用于大规模合成[14]。除了CVD合成法外,石墨烯还可以通过"自上而下"的方法对天然丰富的石墨进行液相剥离,因而在作为电极材料的应用上比通常采用CVD/浮动催化法制备的碳纳米管更有优势。此外,固有特性包括壁数/层数、化学功能、以及单个单元(碳纳米管或石墨烯)的长度/石墨烯的结晶性等对于纤维加工的成功和实现高器件性能至关重要。

(2) 基本单元材料的连续取向。纤维的成功制造有赖于通过建立相互作用/引力来实现基本单元材料的连续取向。相互作用/引力可以是碳纳米管阵列干纺过程中碳纳米管之间的范德瓦耳斯力,也可以是碳纳米管和石墨烯湿纺过程中的表面张力。取向过程可以分为两个阶段:流体状态的预取向以及随后的相变到固体状态的规则排列。

(3) 基本单元之间键的重构。正如本章前面所提到的,由碳纳米管和石墨烯制成的纤维在性能上与单个基本单元相比存在巨大差异。因此,利用基本单元之间键的重构来获得高性能是非常关键的。热处理、化学还原和致密化是减少基本单元间结构缺陷和增强其组装性常用的方法。

(4) 超级电容器与电解液集成及组装。制造纤维状超级电容器的最后一个重要步骤是将纤维与电解液和活性材料集成用于器件制造中。对于EDLC型超级电容器,碳纳米管或石墨烯本身既可以作为集流体,也可以作为电化学活性材料。在许多情况下,碳纳米管和/或石墨烯纤维被包覆赝电容材料以增加电容。与传统的超级电容器一样,纤维状超级电容器的电解质可分为水系、有机体系和离子液体,它们通常通过浸渍涂层或连续涂层与碳质纤维结合。涂覆后的纤维可被缠绕成不同形态的超级电容器装置,每种装置各有其结构上的优缺点,关键的问题是避免两个电极短路。

以下章节讨论纤维状超级电容器制造中的关键问题。

25.2.1 基本单元材料的合成和制备

25.2.1.1 碳纳米管合成

碳纳米管的合成方法大致可分为物理法和化学法两种,这取决于碳原子是如何从碳前驱体中释出。其中物理法,包括电弧放电法和激光烧蚀法,需要高能量输入来释放碳原子,这使得它们在经济上不利于碳纳米管大规模生产。化学法如化学气相沉积法和浮动催化法在规模化生产方面显示出了潜力,但它们仍然面临着完全商业化的挑战。化学气相沉积法和浮动催化剂法都是利用过渡金属(如 Fe、Co 和 Ni)作为催化剂对碳前驱体进行催化分解。催化剂的粒度和分布、催化过渡金属的碳溶解度、温度、反应时间、碳前驱体浓度等因素都是决定碳纳米管结构的关键因素[15]。本书其他章节有碳纳米管合成的详细介绍。然而,值得注意的是,单个碳纳米管基本单元的结构会在很大程度上影响纤维的性能。例如,碳纳米管的长度、壁数和结构缺陷决定着纤维的导电性和强度。同时碳纳米管的长径比也影响着纤维加工性。与其他碳基纤维相比,碳纳米管纤维在其基本单元的合成水平和纤维形成过程中表现出了调整其性能的优势。

25.2.1.2 石墨烯合成

自首次发现以来,石墨烯的合成方法多种多样,自上而下的方法有机械剥离法和液相剥离法,自下而上的方法有化学气相沉积法(图 25-1)[16]。如前所述,合成方法的可规模化是纤维状超级电容器实现商业化的关键。石墨烯的 CVD 生产效率甚至比碳纳米管还低,难以满足纤维状超级电容器的质量和数量需求。相比之下,石墨烯可以通过液相剥离法(如 Hummer 的方法或其改进版[17])从石墨中获得成吨的商用石墨烯。通常利用高锰酸钾、过氧化氢和硫酸等强氧化剂从石墨中剥离石墨烯,从而形成氧化态石墨烯称作氧化石墨烯(GO)。氧化石墨烯通常可以被不同类型的还原剂还原成还原态氧化石墨烯(rGO),其具有类似石墨烯的性质。虽然还原态氧化石墨烯与 CVD 法获得的原始石墨烯相比,缺陷较多,电性能和机械性能相差很多,但其在可加工性和量产能力方面仍有很大潜力。人们还致力于将 rGO 的 sp^3 键转换成 sp^2 C—C 键,使其接近具有类似性质的原始石墨烯结构。事实上,这种自上而下的石墨烯制备方法表明它比碳纳米管更适合大规模生产纤维。碳纳米管基纤维由于管状结构的大长径比可以通过干纺工艺加工,与碳纳米管基纤维不同,石墨烯基纤维主要通过湿纺工艺制备。因此,为了提高石墨烯在普通溶剂中的分散性,通常在原始石墨烯中引入官能团,这些官能团在随后重组步骤中被去除,以增加石墨烯纤维的导电性。

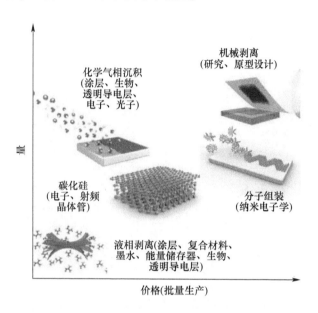

图25-1 石墨烯的不同制备方法

25.2.2 纤维制备

纤维制备是一个沿轴方有规律地、连续地排列基本单元(如碳纳米管和石墨烯)的过程,在这个过程中基本单元的不对称特性转化为宏观性能。这是制备纤维状SC的重要一步,纤维的密度、强度和导电性等可通过改变纺丝速度和前驱体浓度等工艺参数调节。纤维加工一般分为干法纺丝和湿法纺丝,下面将分别讨论这两种方法。

25.2.2.1 碳纳米管纤维的干法纺丝

干法纺丝是一种将碳纳米管的原始性质转移到宏观材料上而无需任何附加操作的过程。与湿法纺丝不同,干法纺丝保留了碳纳米管的原始取向,而没有进一步打乱它。通过采用定制的合成工艺和催化剂,可以实现较窄的碳纳米管直径分布,使干纺能够可靠地生产出均匀的碳纳米管纤维[18]。在一般的碳纳米管干法纺丝过程中,垂直排列的碳纳米管之间的范德瓦耳斯相互作用使其有可能被横向的阵列力拉成带状。通常在牵拉的同时施加捻力使纤维成线以提高其力学性能。将单个碳纳米管组装成纤维或线整个过程不需要化学试剂或黏合剂。然而,长期以来,干纺一直被认为是实验室规模的制备技术,这主要是因为可纺的垂直取向碳纳米管的生产能力有限,而且干纺过程需要精细的操作。近年来,Alvarez 等在纺丝工艺方面取得了一些进展,报道了 CNT 纤维的组装过程,纺丝速度达到了 15.93m/s,使其工业化生产成为可能(图 25-2)[19]。

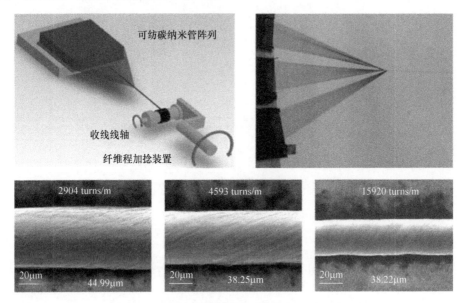

图 25-2 高速纺丝干纺 CNT 纤维

25.2.2.2 碳纳米管与石墨烯纤维的湿法纺丝

碳纳米管和石墨烯都可以通过湿纺工艺组装成纤维。湿法可纺碳纳米管和石墨烯通常显示出液晶(LC)的特性:具有有序大分子结构的非对称胶体类流体特性。碳纳米管和石墨烯基本上都是不对称结构(碳纳米管是一维结构,石墨烯是二维结构),所以挑战在于它们在溶剂中的分散性。根据 Onsager 的 LC 理论[20],碳纳米管的大长径比使其形成湿纺纤维所需的浓度低于石墨烯,因此更容易找到湿纺加工的良好溶剂。另一方面,石墨烯很难找到合适的溶剂,在不发生自凝聚的情况下达到高浓度,尤其是当它是以原始状态存在时。这使得氧化石墨烯(GO)在湿法纺丝过程中比原始态石墨烯更易实现高浓度分散,因为它具有丰富的官能团。氧化石墨烯不仅可分散在水中,而且也可分散在许多极性有机溶剂中,如二甲基甲酰胺(DMF)和 N-甲基吡咯烷酮(NMP)。在典型的湿法纺丝过程中,碳纳米管或石墨烯液晶溶液被喷到单向流动的凝固浴中,然后通过溶剂双扩散作用使CNT或石墨烯凝固析出,最后通过溶剂蒸发凝固。整个过程以石墨烯纤维为例,如图25-3所示[21]。在湿纺纤维中加入电化学活性材料如金属氧化物和导电聚合物也是一种常见的做法,然而,在进行这种处理时,它们对纺成纤维的机械稳定性的影响是一个主要问题。

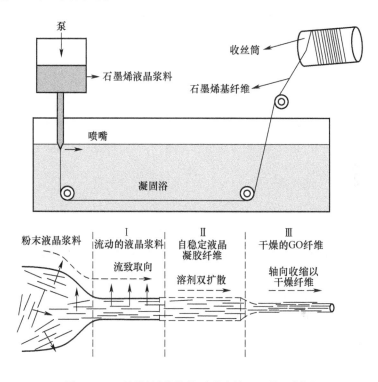

图25-3　石墨烯纤维的典型湿法纺丝工艺示例图

25.2.3　纤维制备过程中碳纳米结构基本单元的再加工

如前所述,基本碳单元(碳纳米管或石墨烯)的理想性能与它们的宏观组合之间存在巨大差距。除了在相关合成方面努力外,研究者们还提出了几种方法来减少制造过程中的这些差异,包括改进碳纳米管或石墨烯片沿纤维轴的取向。同时,减少碳单元边界结构缺陷、空隙和杂质,以及通过形成共价键或非共价键增强组成碳单元的相互作用等可以起到进一步的作用。热处理、致密化和化学交联等再加工过程都是服务于这个目的。功能化有助于EDLC型超级电容器的电容,也有利于将其他电化学活性材料涂覆在这些碳质纤维上。

25.2.3.1 热处理

热处理是通过消除基本碳单元内部的结构缺陷来提高碳纳米管和石墨烯纤维导电性的有效方法。氧化石墨烯中的官能团引入了大量的结构缺陷,而热处理可以有效地去除官能团,当热处理温度保持在800℃以上时,可达到95%左右的碳元素组成[22]。然而,热处理有时会破坏基本碳单元之间的键从而对纤维的机械强度不利,并导致整体强度降低。

25.2.3.2 致密化

湿纺纤维在干燥过程中可以同时进行致密化。它也通常用于碳纳米管纤维的干法纺丝,可以大大减小CNT之间的空隙,从而提高导电性和机械强度。特别是在超级电容器应用中,致密化降低了纤维的体积,从而增加了目标器件的容量。

25.2.3.3 化学交联

化学交联不能消除碳单元上的缺陷,而是通过形成配位键来桥接缺陷,尤其是边缘的缺陷。例如,还原氧化石墨烯上的残余氧官能团可以通过多价Ca^{2+}离子进行配位,从而桥接石墨烯片。引入钙离子后,桥接石墨烯纤维的机械强度提高了65%~100%[23-24]。在碳单元之间形成共价键将是提高碳纳米管和石墨烯纤维的机械和电导率的最终解决方案。碳原子可以通过多种化学反应与杂原子形成共价键,而不是形成具有相当挑战性的C—C共价键。事实上,碳原子的共价交联是碳基纤维的一个重要研究方向。这将在其他章节中详细介绍。

25.2.3.4 功能化

碳纳米管和石墨烯纤维的功能化是提高这些纤维的电化学反应活性的重要方法,功能化既可通过氧化化学品处理等湿化学方法,也可以通过等离子体功能化等干化学方法。但功能化仍需关注的问题是它们可能会损伤纤维的机械性能和电性能。因此,推荐使用一种温和的功能化处理方法,特别是对于那些使用碳材料作为集流体的超级电容器,以及其电化学性能严重依赖于引入的活性材料的超级电容器,在这种情况下,碳材料的功能化将非常有助于活性材料的高效均匀调节。

25.2.3.5 其他方法

水热[25]和微波[26]等方法也被广泛用于减少碳纳米管和石墨烯的官能团,以达到接近其理想模型的力学和电学性能。这些技术的结合有望弥补宏观结构与其组成碳单元之间的性能差距。

25.2.4 器件的制备

通过提高电极材料的电容和电解液的工作电压可以获得高能量密度超级电容器,根据方程:$E=\frac{1}{2}CV^2$,其中 C 为电容,V 为超级电容器的工作电压。提高电容可通过优化电极结构提高双层电容以及应用高赝电容活性材料。实现大的工作电压窗口可利用有机电解质和离子液体,只要电极材料在工作电压升高时保持稳定。

25.2.4.1 活性材料

活性材料是提高电容的电极材料。在 EDLC 中,活性材料通常是碳材料本身。同时,在赝电容器中,活性材料主要是金属氧化物和导电聚合物等。在锂离子电容器中,活性材料可以是具有电解质离子表面电荷(电容器行为)的阴极活性炭,以及锂离子插入/释放(电池行为)阳极中的石墨碳(石墨、石墨烯和碳纳米管)。

1. 双电层电容器

对于 EDLC 型超级电容器,电容主要通过电极活性材料与电解质界面上电解质离子表面电荷来实现。在 EDLC 型纤维状超级电容器中,碳纳米管、石墨烯等碳材料通常既作为集流体又作为电极活性材料提供电化学电容。一般来说,当活性材料具有高的比表面积时,EDLC 型超级电容器可实现高电容。微孔(<2nm)和中孔(2~50nm)的分布也是产生高电容的重要因素,其中具有微孔的分层电极结构提供了大部分电荷存储,一些介孔保证了孔的可接近性。此外,在 EDLC 型超级电容器中,电极材料的高导电性和功能基团(氮或硼掺杂)提供的赝电容特性是提高电容的有利因素。这些规则同样适用于碳纳米管和石墨烯作为 EDLC 型超级电容器的活性材料,其材料改性应遵循所述规则,而不能影响纤维结构的机械稳定性。

2. 赝电容

赝电容性材料利用其表面快速且可逆的氧化还原反应来提供高比电容。它们通常可以分为过渡金属氧化物和导电聚合物两大类。

RuO_2、PbO_2、MnO_2、$Ni(OH)_2$ 等过渡金属氧化物因它们在可逆氧化还原反应中具有很高的理论电容,而成为电极活性材料而被广泛研究。其中,RuO_2 具有良好的导电性、长期稳定性和较高的比电容。然而,Ru 的高成本限制了 RuO_2 在商用器件上的应用。因此人们提出了 RuO_2 的混合金属氧化物或 RuO_2 与碳材料复合等途径以降低成本[27]。同时也提出了用其他金属氧化物代替 RuO_2。其中一个热门候选材料是 MnO_2,MnO_2 易于制备、环境友好,且具有通过表面和赝电容充电机制实现高比容的潜力。但 MnO_2 受到其离子扩散常数低的限制,导致赝电容在体粒子中只是部分实现。且由于 Mn 在电解液中的溶解,MnO_2 在超级电容器中的应用还受到其电导率低、电化学稳定性差等的限制。为了克服这些限制,人们提出了 MnO_2 的表面改性、制备纳米尺寸 MnO_2 以及利用 MnO_2 与导电碳材料复合等方法。后者使得碳纳米管和石墨烯有可能实现 MnO_2 的高比电容和高可靠性。

导电聚合物通过掺杂/反掺杂电解质离子来存储电荷,从而提供高电容,但也容易自放电。超级电容器中典型的导电聚合物有聚苯胺(PANI)、聚吡咯(PPy)、聚(3,4-乙基二氧噻吩)(PEDOT)、聚噻吩(PTh)及其衍生物。导电聚合物具有许多优点,如高赝电容(PANI 为 1284F/g、Ppy 为 480F/g、PEDOT 为 210F/g)、低成本、易于制备、重量轻以及可灵活设计等[28]。然而,掺杂/反掺杂过程中体积变化大影响了导电聚合物的循环可靠性,研究人员已付出了相当大的努力来降低这种副作用。一种介于导电聚合物与碳纳米管之间的电荷转移复合物已有报道,由于该复合物具有供电子和接受电子的性质,使得导电聚合物的体积变化较小,从而提高了其循环性能。因此,碳纳米管和石墨烯被广泛地与导电聚合物复合使用,尤其是以非掺杂形式,以弥补它们的低电导率,并减轻充放电过程中聚合物体积的变化[29]。

图 25-4 比较了不同电极活性材料在超级电容器中的应用[30]。这些活性材料可以在纤维加工过程中或加工后与碳纳米管和石墨烯纤维混合。

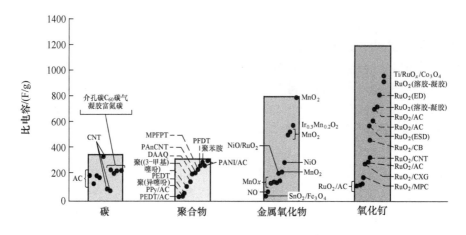

图 25-4 超级电容器中不同电极活性材料的比较

3. 锂离子电容器

锂离子电容器(LIC)是一种集超级电容器的高功率密度和锂离子电池(LIB)的高能量密度于一体的电容器。通常,LIC 由两个电极组成,其中一个超级电容器型电极,它通过快速的氧化还原反应或表面电荷提供高功率密度,另一个电极利用锂离子嵌入和脱嵌性能,以提供高能量密度。碳纳米管和石墨烯材料在 LIC 中的应用已经得到了深入的研究。

研究表明,碳纳米管和石墨烯在不同的 LIC 构型中显示了它们作为活性材料的巨大潜力。在具有双碳电极结构的锂离子电容器中,碳纳米管和石墨烯预锂化后是电池型正极材料的良好候选,而活性炭(AC)作为负极材料。一旦获得高比电容,它们也可以取代活性炭作为负极材料。对于只有一个碳电极的锂离子电容器结构,碳纳米管和石墨烯可以在与高电位阴极材料如尖晶石锂锰氧化物($LiMn_2O_4$ 或 LMO)配对时用作阳极材料,或者当与电池正极材料如钛酸锂氧化物(LTO)配对时用作负极材料。碳纳米管和石墨烯也被广泛用作电池型活性材料如 LMO 和 LTO 的导电载体,这些材料要么导电性低(LMO 和 LTO),要么循环性能差(LMO 的典型表现)。值得注意的是,锂离子电解液通常用于锂离子电容器,当碳纳米管和石墨烯作为阳极材料时,为了提高锂离子电容器的第一循环库仑效率和稳定性,预锂化是必要的。

25.2.4.2 电解质的选择

纤维状超级电容器所用电解质通常是聚合物凝胶和电解质化学物质的组合,聚合物如聚乙烯醇承载电解质化学物质,并通过克服液体电解质安全性差的弱点防止两个电极短路。纤维状超级电容器也可以用水系的如 H_3PO_4 和 H_2SO_4、有机体系和离子液体等其他类型电解质。具体来说,离子液体,尽管它的成本高,但其在大电压窗口(3~6V)下是稳定的,根据方程 $E=1/2CV^2$ 和 $P=IV$(其中 C 为电容,V 为工作电压,I 为超级电容器放电电流),这将大大增加超级电容器的能量和功率密度。此外,高电压也会增加 EDLC 中扩散层的离子浓度,从而提高整个器件的电容。事实上,离子液体与碳纳米管和石墨烯电极材料非常匹配,因为它们在高电压下比活性炭具有更好的结构稳定性。然而,在高于 1.23V(水的热力学分解电压)的电压下操作纤维状超级电容器可能会导致水电解发生。为了减轻或防止这种水分解反应必须对使用环境进行适当的疏水密封处理。

25.2.4.3 器件结构

通常可通过两种加工方法来制造纤维状超级电容器,分别得到缠绕型和同轴型两种结构。

对于缠绕型纤维状超级电容器,两个纤维电极相互扭转缠绕形成一个双电极装置,并且每个电极在缠绕之前都可以独立制作。在正常过程中,每个单独的电极在与另一个电极缠绕之前都要涂上一层凝胶电解质,例如 PVA/H_3PO_4,这一过程旨在减少两个电极短路的机会,并增加电解液对多孔碳结构的可接近性。缠绕完成后,凝胶电解质再次渗透到两个电极之间的空隙,以降低电阻,提高器件的机械可靠性。缠绕过程非常直观,容易操作。而同轴芯结构纤维状超级电容器的制作则较为复杂,其中圆柱形电极(这里称为内电极)与壳电极(这里称为外电极)具有相同的轴。在内外电极之间添加电解液以防止短路。与缠绕结构相比,同轴结构需要更小的体积即可获得相同的电极材料截面面积,因此,具有更高的容量,电极材料利用更加有效。同轴结构还扩展了可用于纤维状超级电容器的电极结构类型。也就是说,与仅使用一维纤维的缠绕型纤维状超级电容器不同,二维结构(如CNT片)也可以包裹在一维纤维电极上以制备同轴纤维状超级电容器。

综上所述,纤维缠绕、包裹、拉拔速度等工程参数是影响器件可靠性的关键因素。例如,紧密缠绕的双电极纤维状超级电容器比松散缠绕的具有更大的电容,这归因于其活性表面积的增加。这些参数在文献中很少讨论,因此超出了本章的讨论范围。

25.3 器件性能

25.3.1 最新进展

最近,碳纳米管和石墨烯纤维状超级电容器被证明具有良好的综合力学和电化学性能。下面简要讨论基于碳纳米管、石墨烯及其复合材料的纤维状超级电容器。

对于基于碳纳米管的纤维状超级电容器,Peng 等报道了一种同轴 EDLC 超级电容器,分别采用干纺碳纳米管纤维为芯、碳纳米管片为壳[31]。同轴结构降低了两个电极之间的接触电阻,最大放电电容为 $59F/g$($32.09F/cm^3$),这比缠绕型超级电容器($4.5F/g$)高一个数量级。同轴器件的能量密度为 $1.88Wh/kg$,功率密度为 $755.9W/kg$,且具有良好的柔性。

Gao 等利用同轴湿纺技术制备了聚电解质包裹石墨烯的核壳结构纤维(图 25-5(a))[32]。他们还将这一技术扩展到制备 CNT 基和 CNT/GO 基纤维,均显示出了很高的电化学性能。制备的纤维超级电容器采用液体和固体电解质电容值分别高达 $269mF/cm^2$ 和 $177mF/cm^2$,能量密度分别达 $5.91\mu Wh/cm^2$ 和 $3.84\mu Wh/cm^2$。同轴纤维可进一步编织成柔性织物制备超级电容器。

碳纳米管和石墨烯复合纤维也可用于制备超级电容器。Chen 等制作了一种分层结构的碳超细纤维,其结构是由相互取向的单壁碳纳米管与氮掺杂的还原氧化石墨烯薄片构成,如图 25-5(b)[33]所示。该复合纤维具有较大的比表面积($396m^2/g$)和较高的电导率($102S/cm$)。所得纤维在 PVA/H_3PO_4 电解质

中的比容量可达 $300F/cm^3$。据报道,这种"成品"的超级电容器的体积能量密度为 $6.3mWh/cm^3$,与薄膜锂电池相当,功率密度优于薄膜锂电池,且具有较长的循环寿命。

25.3.2 器件的应用

由于其结构上的优势,纤维状的超级电容器很容易与许多系统集成为动力源。下面介绍一些它们潜在的应用。

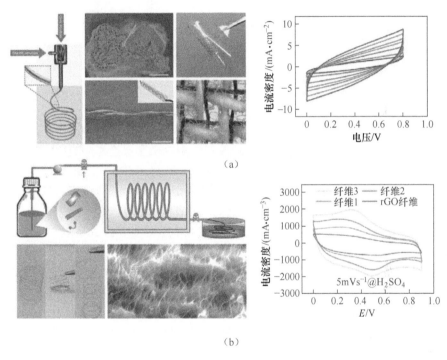

图 25-5 纤维形状 SC 的发展近况(彩图)
(a)石墨烯基纤维形状 SC;(b)碳纳米管和石墨烯基复合纤维状 SC。

25.3.2.1 储能织物

纤维状超级电容器可制成具有良好柔韧性和变形可持续性的织物结构,而又不牺牲其性能。这种"储能织物"可以用作医疗和可穿戴设备的电源。将纤维状超级电容器串联或并联是克服水基电解质小电压工作窗口限制的重要步骤。蓄能织物的制作通常要经过编织、针织等工序,这对纤维状超级电容器的力学性能提出了很高的要求。可伸缩器件也被研究用于可穿戴设备。

25.3.2.2 与其他器件的集成

除了电子电源等应用外,这种纤维状超级电容器还可以通过共享电极材料与其他纤维状器件集成。Wang 等报道了一种集成了染料敏化太阳能电池、纳米压电发电机和超级电容器的光纤器件[34]。一般而言,一个集成的纤维状装置共享一个电极来产生能量和储存能量,形成一个三电极集成装置。

25.4 本章小结

碳纳米管和石墨烯纤维已被证明在纤维状超级电容器应用中比传统碳纤维更具有优势。提高碳纳米管和石墨烯纤维状超级电容器的机械、电和电化学性能是加速其应用和商业化的关键。这包括通过修正合成参数来优化纳米碳材料,因为基本单元的结构和性能是决定其宏观结构性能的基石。此外,为了实现超级电容器的高性能,纤维加工工序应与合成工序相协调。

尽管已经有各种电极活性材料被提出并证明可以提高碳纳米管和石墨烯纤维状超级电容器的能量密度,但这些报道的数据大多基于小尺度样品或短纤维。当样品尺寸增大时,碳质纤维的某些缺陷会被放大。例如,由于碳纳米管和石墨烯纤维的欧姆电阻与它们的长度成正比,当使用长纤维时,碳纳米管和石墨烯纤维基超级电容器的内阻可能大到足以导致器件发生故障。一些研究人员提出将碳纳米管或石墨烯与金属丝复合,然而由于金属材料本质特性,使用后会增加器件的重量。因此,未来的研究重点应放在提高碳纳米管和石墨烯纤维的导电性能等内在特性上。

此外,设计一个同时具有高能量和高功率密度以及优异机械强度的纤维状结构,将是大多数应用的最理想选择。但在现实中,很难在各个方面都达到理想的性能。未来纤维状储能装置的设计很有可能是面向应用的。换句话说,材料的合成和加工将针对具体的应用进行优化。例如,对于可穿戴天线和环境执行器等低能耗器件,纤维状超级电容器的力学性能应与电化学性能一起优先考虑。同样,对于能耗相对较高的显示等应用中,应重点关注能量密度。预计这种以应用为导向的发展将加速纤维状超级电容器的商业化进程。

本章相关彩图,请扫码查看

参 考 文 献

[1] A. Burke, Ultracapacitors: why, how, and where is the technology, J. Power Sources 91

(2000) 37–50, https://doi.org/10.1016/S0378-7753(00)00485-7.

[2] B. E. Conway, Transition from "Supercapacitor" to "battery" behavior in electrochemical energy storage, J. Electrochem. Soc. 138 (1991) 1539–1548, https://doi.org/10.1149/1.2085829.

[3] Z. Yang, J. Zhang, M. C. W. Kintner-Meyer, X. Lu, D. Choi, J. P. Lemmon, J. Liu, Electrochemical energy storage for green grid, Chem. Rev. 111 (2011) 3577–3613, https://doi.org/10.1021/cr100290v.

[4] L. Hu, Y. Cui, Energy and environmental nanotechnology in conductive paper and textiles, Energy Environ. Sci. 5 (2012) 6423–6435, https://doi.org/10.1039/C2EE02414D.

[5] K. S. Kim, Y. Zhao, H. Jang, S. Y. Lee, J. M. Kim, K. S. Kim, J.-H. Ahn, P. Kim, J.-Y. Choi, B. H. Hong, Largescalepattern growth of graphene films for stretchable transparent electrodes, Nature 457 (2009) 706, https://doi.org/10.1038/nature07719.

[6] L. Hu, M. Pasta, F. La Mantia, L. Cui, S. Jeong, H. D. Deshazer, J. W. Choi, S. M. Han, Y. Cui, Stretchable, porous, and conductive energy textiles, Nano Lett. 10 (2010) 708–714, https://doi.org/10.1021/nl903949m.

[7] K. Jost, C. R. Perez, J. K. McDonough, V. Presser, M. Heon, G. Dion, Y. Gogotsi, Carbon coated textiles for flexible energy storage, Energy Environ. Sci. 4 (2011) 5060–5067, https://doi.org/10.1039/C1EE02421C.

[8] Y. Fu, H. Wu, S. Ye, X. Cai, X. Yu, S. Hou, H. Kafafy, D. Zou, Integrated power fiber for energy conversion and storage, Energy Environ. Sci. 6 (2013) 805–812, https://doi.org/10.1039/C3EE23970E.

[9] Y. Li, K. Sheng, W. Yuan, G. Shi, A high-performance flexible fibre-shaped electrochemical capacitor based on electrochemically reduced graphene oxide, Chem. Commun. 49 (2013) 291–293, https://doi.org/10.1039/C2CC37396C.

[10] E. Frank, L. M. Steudle, D. Ingildeev, J. M. Sp∈orl, M. R. Buchmeiser, Carbon fibers: precursor systems, processing, structure, and properties, Angew. Chemie Int. Ed. 53 (2014) 5262–5298, https://doi.org/10.1002/anie.201306129.

[11] K. S. Novoselov, A. K. Geim, S. V. Morozov, D. Jiang, Y. Zhang, S. V. Dubonos, I. V. Grigorieva, A. A. Firsov, Electric field effect in atomically thin carbon films, Science 306 (2004) 666–669, https://doi.org/10.1126/science.1102896.

[12] C. Lee, X. D. Wei, J. W. Kysar, J. Hone, Measurement of the elastic properties and intrinsic strength of monolayergraphene, Science 321 (2008) 385–388, https://doi.org/10.1126/science.1157996.

[13] M. D. Stoller, S. Park, Y. Zhu, J. An, R. S. Ruoff, Graphene-based ultracapacitors, Nano Lett. 8 (2008) 3498–3502, https://doi.org/10.1021/nl802558y.

[14] J. L. Pinilla, R. Moliner, I. Suelves, M. J. La'zaro, Y. Echegoyen, J. M. Palacios, Production of hydrogen and carbon nanofibers by thermal decomposition of methane using metal catalysts in a fluidized bed reactor, Int. J. Hydrog. Energy 32 (2007) 4821–4829, https://doi.org/10.1016/j.ijhydene.2007.08.013.

[15] A. Moisala, A. G. Nasibulin, E. I. Kauppinen, The role of metal nanoparticles in the catalytic production of single-walled carbon nanotubes—a review, J. Phys. Condens. Matter. 15 (2003) S3011. http://stacks.iop.org/0953-8984/15/i¼42/a¼003.

[16] K. S. Novoselov, V. I. Fal'ko, L. Colombo, P. R. Gellert, M. G. Schwab, K. Kim, A roadmap for graphene, Nature 492 (2012) 192–200, https://doi.org/10.1038/nature11458.

[17] W. S. Hummers, R. E. Offeman, Preparation of graphitic oxide, J. Am. Chem. Soc. 80 (1958) 1339–1339, https://doi.org/10.1021/ja01539a017.

[18] K. Jiang, J. Wang, Q. Li, L. Liu, C. Liu, S. Fan, Superaligned carbon nanotube arrays, films, and yarns: aroad to applications, Adv. Mater. 23 (2011) 1154–1161, https://doi.org/10.1002/adma.201003989.

[19] N. T. Alvarez, P. Miller, M. Haase, N. Kienzle, L. Zhang, M. J. Schulz, V. Shanov, Carbon nanotube assembly at near-industrial natural-fiber spinning rates, Carbon N. Y. 86 (2015) 350–357, https://doi.org/10.1016/j.carbon.2015.01.058.

[20] L. Onsager, The effects of shape on the interaction of colloidal particles, Ann. N. Y. Acad. Sci. 51 (1949) 627–659. https://doi.org/10.1111/j.1749-6632.1949.tb27296.x.

[21] Z. Xu, C. Gao, Graphene fiber: a new trend in carbon fibers, Mater. Today 18 (2015) 480–492, https://doi.org/10.1016/j.mattod.2015.06.009.

[22] Z. Xu, Y. Zhang, P. Li, C. Gao, Strong, conductive, lightweight, neat Graphene aerogel fibers with aligned pores, ACS Nano 6 (2012) 7103–7113, https://doi.org/10.1021/nn3021772.

[23] Z. Xu, H. Sun, X. Zhao, C. Gao, Ultrastrong fibers assembled from giant graphene oxide sheets, Adv. Mater. 25 (2013) 188–193, https://doi.org/10.1002/adma.201203448.

[24] R. Jalili, S. H. Aboutalebi, D. Esrafilzadeh, R. L. Shepherd, J. Chen, S. Aminorroaya-Yamini, K. Konstantinov, A. I. Minett, J. M. Razal, G. G. Wallace, Scalable one-step wet-spinning of Graphene fibersand yarns from liquid crystalline dispersions of Graphene oxide: towards multifunctional textiles, Adv. Funct. Mater. 23 (2013) 5345–5354, https://doi.org/10.1002/adfm.201300765.

[25] D. Long, W. Li, L. Ling, J. Miyawaki, I. Mochida, S.-H. Yoon, Preparation of nitrogen-doped Graphene sheets by a combined chemical and hydrothermal reduction of graphene oxide, Langmuir 26 (2010) 16096–16102, https://doi.org/10.1021/la102425a.

[26] D. Voiry, J. Yang, J. Kupferberg, R. Fullon, C. Lee, H. Y. Jeong, H. S. Shin, M. Chhowalla, High-quality graphemevia microwave reduction of solution-exfoliated graphene oxide, Science (2016) 80. http://science.sciencemag.org/content/early/2016/08/31/science.aah3398.abstract.

[27] H. Kim, B. N. Popov, Characterization of hydrous ruthenium oxide/carbon nanocomposite supercapacitors prepared by a colloidal method, J. Power Sources 104 (2002) 52–61, https://doi.org/10.1016/S0378-7753(01)00903-X.

[28] G. A. Snook, P. Kao, A. S. Best, Conducting-polymer-based supercapacitor devices and electrodes, J. Power Sources 196 (2011) 1–12, https://doi.org/10.1016/j.jpowsour.2010.06.084.

[29] C. Peng, S. Zhang, D. Jewell, G. Z. Chen, Carbon nanotube and conducting polymer composites for supercapacitors, Prog. Nat. Sci. 18 (2008) 777–788, https://doi.org/10.1016/j.pnsc.2008.03.002.

[30] K. Naoi, P. Simon, New materials and new configurations for advanced electrochemical capacitors, J. Electrochem. Soc. 17 (2008) 34–37.

[31] X. Chen, L. Qiu, J. Ren, G. Guan, H. Lin, Z. Zhang, P. Chen, Y. Wang, H. Peng, Novel electric double-layer capacitor with a coaxial fiber structure, Adv. Mater. 25 (2013) 6436–6441, https://doi.org/10.1002/adma.201301519.

[32] L. Kou, T. Huang, B. Zheng, Y. Han, X. Zhao, K. Gopalsamy, H. Sun, C. Gao. Coaxial wet-spun yarn supercapacitorsfor high-energy density and safe wearable electronics, Nat. Commun. 5 (2014) 3754, https://doi.org/10.1038/ncomms4754.

[33] D. Yu, K. Goh, H. Wang, L. Wei, W. Jiang, Q. Zhang, L. Dai, Y. Chen, Scalable synthesis of hierarchically structured carbon nanotube-graphene fibres for capacitive energy storage, Nat. Nanotechnol. 9 (2014) 555, https://doi.org/10.1038/nnano.2014.93.

[34] J. Bae, Y. J. Park, M. Lee, S. N. Cha, Y. J. Choi, C. S. Lee, J. M. Kim, Z. L. Wang. Single-fiber-based hybridizationof energy converters and storage units using graphene as electrodes, Adv. Mater. 23 (2011) 3446–3449, https://doi.org/10.1002/adma.201101345.

第 26 章
基于碳纳米管的高效空气过滤器

张如范,魏飞
中国清华大学化学工程系绿色反应工程与工艺北京市重点实验室

26.1 引言

随着工业的快速发展,气溶胶颗粒产生的雾霾污染在许多发展中国家已引起了政界、科学界和民众的关注,对人们的生存环境和公众健康产生了严重的影响[1-8]。PM 2.5 是空气动力学直径低于 2.5μm 的可吸入颗粒物(particulate matter,PM),它是不同类型的烟雾污染中对人类健康威胁最严重的一种,这主要是由于它极小的尺寸可以穿透人体支气管和肺,甚至进入肺泡细胞[9-15]。在降低 PM 2.5 浓度的最有效方法中,利用高效空气过滤器直接过滤 PM 2.5 是最有效的一种[8,16-23]。此外,过滤器的过滤系统还广泛用于核能、半导体制造、飞机机舱空气净化、制药加工和医院环境等许多工业和家庭领域[24]。

过滤效率和压降是评价过滤器性能的最重要参数[25]。一个好的过滤器,要求既要有很高的过滤效率,同时具有较低的压降。然而,这两个参数通常是相互冲突的,因为具有高气溶胶捕获效率的光纤大都是高压降的。在过去,纳米纤维被广泛应用于空气过滤,因为纳米纤维比微米纤维具有更高的有效比表面积,纳米纤维的直径与空气分子的平均自由程相当(常规条件下 66nm)[8,17-19,26];而且,"滑移"导致纤维表面出现非零气速[27-28],这种"滑移效应"使得纳米纤维对气流的阻力大大减小。但是现在,相比纳米纤维,碳纳米管具有极小的直径、超大的比表面积和优异的机械强度,更适合作为高效过滤器。特别是,基于碳纳米管的空气过滤可以在"自由分子流动"(FMF)状态下进行,其中碳纳米管对流动模式的干扰可以忽略不计[24,29]。因此,基于碳纳米管的空气过滤器有可能克服传统过滤器在过滤效率和压降间平衡的固有限制。本章将简要介绍气溶胶颗粒的过滤机理,过滤器的性能评估以及基于 CNT 的高效空气微粒过滤器的主要进展。

26.2 气溶胶颗粒的过滤机制

26.2.1 经典气溶胶颗粒的过滤机理

根据传统的过滤理论[24-25],纤维通过直接截留、布朗扩散、惯性冲击、重力沉降或静电沉积等方式从气流中捕获气溶胶颗粒(图 26-1(a)),而这些过程取决于气流速度、颗粒尺寸、纤维直径等。图 26-1(b)所示为典型滤波效率的机制和总效率。由于质量的差异,气溶胶颗粒在接近纤维时会表现出与气体不同的运动方向。当气流的流线横向穿过纤维时,由于它们的动量,颗粒较不容易偏离它们的路线。不同的粒度范围有不同的机理:颗粒大于 0.3 μm 时,它们和纤维之间的相互作用主要受惯性和直接作用的影响;而对于小颗粒,尤其是粒子直径小于 0.1μm 时,主导机制通常是扩散[25,30]。

所有过滤器都有最低的效率粒度,这称为最具穿透颗粒大小(most penetrating particle size,MPPS),通常约为 0.3μm 或更小。MPPS 的过滤效率决定了空气过滤器的分类。除了这些相互作用外,研究还发现纤维的表面化学和静电势在气溶胶的高效捕获中起着关键作用[8]。除此之外,极性化学官能团与气溶胶颗粒也具有很强的结合亲和力[8]。

分离柱流场是理解颗粒在其上聚集机理的一个重要方面。研究人员通常使用无量纲参数 K_n(克努森数)来表征纤维周围气体的流动状态:

$$K_n = \frac{2\lambda}{d_f} \tag{26-1}$$

式中:λ 为空气分子的平均自由程(室温和常压下大约 66nm[31]);d_f 为纤维直径。流态可分为 4 种不同类型:连续流态、滑移流态、过渡流态和 FMF 流态(图 26-1(c)~(e))[24]。正常情况下,不同直径的纤维具有如表 26-1 所列的流动状态。

表 26-1 克努森数、纤维直径与流态的关系

Knudsen 数(K_n)	纤维直径(d_f)	绕纤维的流态
K_n<0.001	d_f>132μm	连续流态
0.001<K_n<0.25	528nm<d_f<132μm	滑移流态
0.25<K_n<10	13.2nm<d_f<528nm	过渡流态
K_n>10	d_f<13.2nm	自由分子流态

注:光纤与克努森数之间的关系是基于空气分子平均自由程为 66nm。

当 K_n<0.001 时,气体可视为连续介质(气体分子的平均自由程与纤维的直径

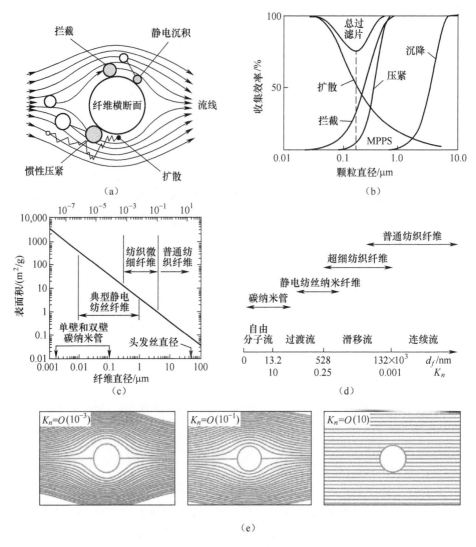

图 26-1 (a)颗粒沉积在过滤器结构上;(b)单个单纤维机构的过滤效率和总效率;
(c)纳米纤维具有较高的表面积;(d)不同直径纤维周围的流型;
(e)Kuwabara 流场中大约有一根纤维处于流动状态,从左到右参数 K_n 为 $10^{-3},10^{-1},10$

相比非常小),大多数空气过滤研究都是针对连续流状态下的流动进行的,其中影响过滤性能的因素已经得到了很好的理解;当 $0.001<K_n<0.25$ 时,气体分子的平均自由程相当于纤维直径,气液相在纤维表面,属于流动滑移流过滤理论,由连续体理论修改得到,包括滑动效果。滑动流态下,空气过滤理论的预测过滤效率随克努森数的增加而增加[32]。当纤维直径远小于气体分子的平均自由程时,纤维周

围的流场将处于 FMF 状态。

由电纺纤维构成的纤维过滤器一般在过渡状态下工作,而基于 CNT 的过滤器一般在正常情况下在 FMF 状态下工作。因此,通过使用碳纳米管,尤其是直径小于 10nm 的单壁碳纳米管(SWCNT),空气过滤在正常情况下会处于这种状态。相比之下,其他纤维是不可能的,它们只能通过降低压力来增加气体分子的平均自由程来进入这种状态

26.2.2 纳米纤维捕获气溶胶颗粒的原位观察

虽然经典理论可以成功地解释气溶胶颗粒的过滤,但气溶胶的基本机制和动态捕获与演化过程还没有被完全理解,特别是纳米尺度上。此外,根据用于描述流动状态的克努森数,直径在 100~300nm 的纳米纤维,其周围的气体处于过渡流动状态(图 26-1(c)和(d))[24-25]。由于 Navier-Stokes 方程适用局限性和求解玻耳兹曼方程的复杂性[24],经典的渗流理论不足以描述过渡流态下的渗流。气溶胶可分为固体气溶胶和液体气溶胶,两者的过滤机理也不同。Zhang 等[33]对聚酰亚胺纳米纤维上不同气溶胶的纳米尺度捕获和演化过程进行了现场研究。他们研究了三种类型的气溶胶:湿性液滴、非湿性液滴和固体颗粒。这些气溶胶表现出独特的性质和捕捉行为。结果表明,润湿液滴与聚酰亚胺纳米纤维的接触角较小,两者接触后在纳米纤维上形成轴对称结构。而非润湿性液滴与聚酰亚胺纳米纤维的接触角较大,只形成非轴对称结构。润湿液滴与非润湿液滴的构象差异是由其表面张力的差异造成的[34]。相比之下,固体气溶胶没有规则的形状,但在纳米纤维上形成树突状的结构。

1. 润湿液滴的过滤

一般来说,同一个液滴放在一个圆柱形纤维中,会发生三种不同的情况下的构象[35]:①薄膜流(图 26-2,不普遍,而且一般是由于不同液滴的 Plateau-Rayleigh 不稳定,降低了表面积和表面能)[36];②一系列对称液滴(图 26-2(b),通常一个膜厚度的连接是几纳米);③非对称液滴(图 26-2(c))。当液滴与纤维的接触角较小时,液滴构象相对于纤维轴是对称的。而当接触角足够大时,出现的非轴对称构象比轴对称构象更稳定。

液滴的体积在捕获过程中以两种方式增加。首先,小液滴开始不断增大到现有的更大纳米纤维(图 26-2(d)和(e));其次,相邻双液滴通常能结合形成新的更大体积(图 26-2(f)和(g))。被纳米纤维捕获的液滴的直径分布是典型的高斯分布(图 26-2(h)),随着液滴捕获和凝聚的增多,粒径分布变宽,平均粒径增大。此外,相邻两根纳米纤维之间的液滴毛细力强,也会导致纤维之间的牢固黏附(图 26-2(i)和(j))。与此同时,对于高填充密度的纳米纤维网络以及与液滴尺

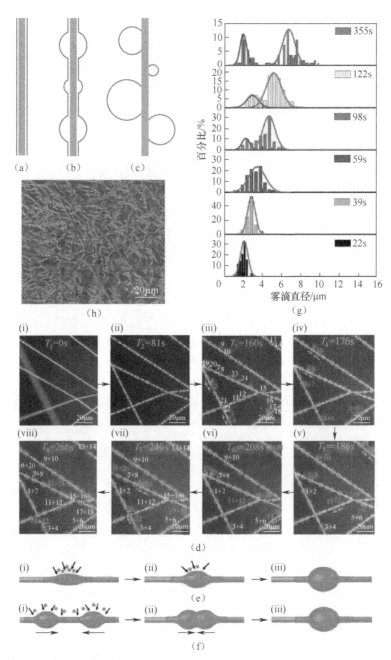

图26-2 (a)~(c)一定体积的液滴放置在一定半径的圆柱形纤维上时,三种不同的构象情况;
(d)实时成像聚酰亚胺纳米纤维上油滴的捕获、迁移、聚并和生长;(e)~(f)示意图显示了新液滴与纳米纤维上先前存在的较大液滴合并的过程;(g)油滴直径分布的演变;
(h)长时间润湿液滴捕获后高堆积密度滤光片的光学图像(彩图)

寸处于相同数量级的纳米纤维间隔,捕获的液滴以覆盖纳米纤维的小液滴的形式存在,或经过长时间的捕获后以液滴和纳米纤维之间的液滴/桥的组合形式存在(图26-2(k))。

Contal等研究了液体气溶胶颗粒对高效微粒空气过滤器的堵塞现象[37-38],他们将液体气溶胶的动态过滤过程分为四个阶段。在第一阶段,液体气溶胶沉积在纤维表面,并包围纤维。Frising等认为,液体气溶胶的覆盖是均匀的,通过合并,在纤维周围形成了一个"液体管"[38],Plateau-Rayleigh不稳定性在减少纤维收集面积的同时,对气流造成了额外的阻碍。这样的结果就是压降缓慢增加,穿透迅速增加(特别是亚微米气溶胶)。在第二阶段,随着液态气溶胶的积累,纤维与纤维交叉处的"液体膜"之间出现了"液体桥梁"。过滤器的比面积和收集面积将明显减少,导致渗透指数增加,压降将进一步增加。第三阶段的特点是过滤器表面的液膜形成,气流通道将被堵塞,因此,压降将成倍增加。同时,气流空间的减小会加速气体间隙速度,从而增加气溶胶收集的冲击机制,从而增加过滤器的穿透力。在第四阶段,所有层都被收集的液体饱和,然后液体的收集和排出达到平衡状态,过滤器的压降和穿透力保持不变。

2. 非湿润液滴的过滤

因聚酰亚胺纳米纤维是典型的疏水材料,所以Zhang等以水为例,研究聚酰亚胺纳米纤维的非湿润液滴的捕获过程[33]。图26-3(a)和(b)示出了聚酰亚胺纳米纤维如何捕获水滴的图示和实时图像。水滴与聚酰亚胺纳米纤维有较大的接触角,与油滴在聚酰亚胺纳米纤维上的轴对称结构相反,油滴只有很小一部分表面附着在聚酰亚胺纳米纤维上,形成非轴对称的构象。同时,相邻的水滴聚在一起形成较大的水滴,最小化了它们的表面能(图26-3(c)~(f))。水滴的聚并与油滴的聚并不同,相邻但分离的水滴不会相互移动,而是在它们接触并结合之前变大,这表明相邻水滴之间的纤维上没有液膜,因为液-汽表面张力较高时,液膜往往不稳定。水滴的直径分布也是典型的高斯分布(图26-4(a))。在停止水蒸气供应后,大部分水滴迅速蒸发到空气中,最后,纳米纤维上几乎什么也没有留下(图26-4(b)和(c))。此外,水滴也会引起相邻纳米纤维的黏附,但仅在较小的区域内,且具有与油滴不同的形态。

3. 固体颗粒的过滤

纳米纤维对固体颗粒的捕获与液滴的捕获有很大差别。当粉尘颗粒与纳米纤维接触,它们会立即附着在纳米纤维上,并积聚在纳米纤维上(图26-5(a))。粉尘颗粒主要通过范德瓦耳斯相互作用被纳米纤维捕获。随着源源不断的粉尘流进入,越来越多的固体颗粒被捕获。新捕获的颗粒附着在未覆盖的纳米纤维和现有的附着颗粒上。最后,随着粉尘颗粒不断捕获,形成大量树枝状结构。与液滴不同的是,固体颗粒不能沿纳米纤维运动,因而不能相互结合。尘粒的形态是随机的,

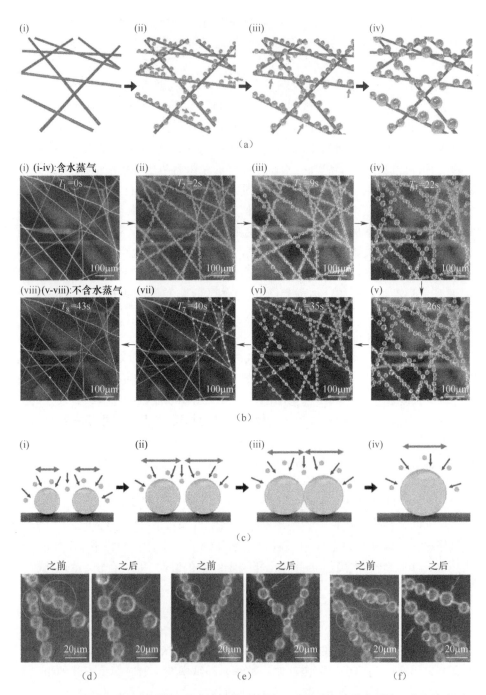

图 26-3 （a）聚酰亚胺纳米纤维上的水滴捕获示意图；（b）聚酰亚胺纳米纤维上的水滴实时捕获（i-iv）和蒸发（v-viii）过程的快照；（c）示意图和（d）~（f）相邻水滴合并的实时图像（彩图）

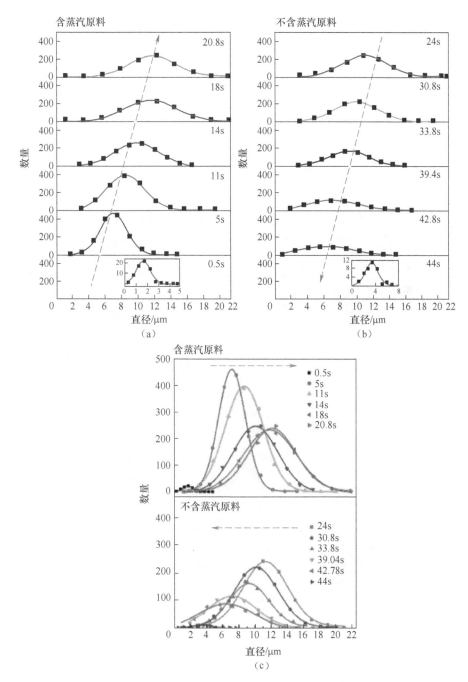

图 26-4 (a)水蒸气进给捕集过程中水滴的数量和直径分布变化;(b)不含水汽时水滴蒸发的数量和直径分布变化;(c)含和不含水蒸气的水滴数量和直径分布的比较(彩图)

没有规则的形状(图26-5(b)和(c)),这与液滴的形态不同。此外,它们的尺寸分布范围更广,而且高度随机(图26-5(d))。粉尘颗粒与纳米纤维的黏附性很弱,有些被捕获的颗粒甚至可以被强气流的拖曳力吹走。液体和固体气溶胶之间的差别与液体和固体之间的基本差异有关,即流动能力。液滴可以沿着纳米纤维移动和聚结,相比之下,固体颗粒形状不规则,粒径分布也非常广泛,它们会形成侵入性树枝状结构。

此外,Thomas 等[39]研究了 HEPA 过滤器在过滤过程中超细颗粒的堵塞行为。通过过滤器的压降随着气溶胶的沉积质量而增加。

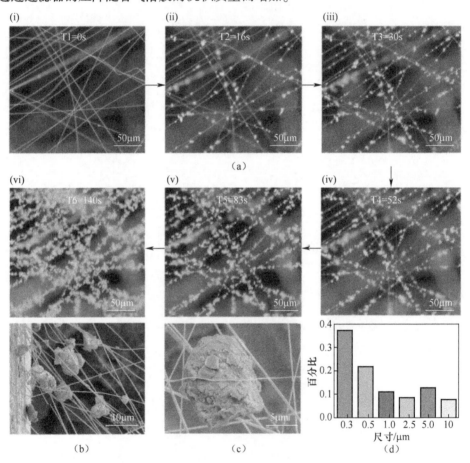

图 26-5 尘埃颗粒的捕获、形态和大小分布
(a)在聚酰亚胺纳米纤维上实时捕捉尘埃颗粒的快照;(b)、(c)捕捉到的尘埃颗粒的 SEM 图像;
(d)纳米纤维上尘埃颗粒的大小分布。

动态过滤过程分三个阶段:深度过滤、过渡区过滤和滤饼过滤。在过滤初期,

气溶胶颗粒沉积在过滤床中单个过滤纤维的表面,由于其沉积量有限,对气体流动的影响不明显。随着载荷的增加,气溶胶颗粒在纤维表面积累,形成树枝状结构。这些树突状结构最初不受阻碍地生长,但逐渐地,它们会相互拦截对方的生长路径,并在过滤器的前缘结合在一起,形成"一块蛋糕"。在形成完全的滤饼时,滤饼上的压降将随沉积的气溶胶颗粒的质量线性增加。然后,纤维过滤器对气溶胶颗粒的过滤将由"深度过滤"变为"表面过滤",此时筛分已成为主要的过滤机制。

26.3 过滤器的性能评价

如前所述,过滤效率和压降是过滤器最重要的参数。判断一个滤波器的标准是质量因子(Q_f)[25],定义为

$$Q_f = \frac{-\ln N/N_0}{\Delta p} = \frac{-\ln P}{\Delta p} = \frac{\ln E}{\Delta p} \tag{26-2}$$

式中:N 和 N_0 分别为过滤器上游和下游气溶胶颗粒的浓度;P 为渗透;E 为过滤效率;Δp 为空气过滤器的压降。这个标准中包含两个最重要的方面:效率和压降。随着空气过滤领域的发展,空气过滤器的动态过滤性能越来越受到重视。

26.4 基于碳纳米管的高效空气过滤器

自从碳纳米管被发现以来,由于其优异的性能,如高导电性、机械稳定性和导热性等,碳纳米管已被应用于许多领域。如碳纳米管的杨氏模量高于1TPa[40-42],抗拉强度高于 100 GPa[43-44]。碳纳米管的重量比强度至少是钢的 400 倍。碳纳米管还表现出显著的电[45]和热特性[46],并在许多应用领域显示出巨大的应用潜力,如执行器、纳米电子学、超快光子学、传感器、过滤器和超强纤维等[47-48]。CNT具有极小的直径、高的长径比、大的比表面积和高的机械强度,因此在制备 HEPA 过滤器方面具有许多优势。由于 CNT 的纳米直径,在空气过滤过程中,CNT 周围的气流处于 FMF 状态,这大大降低了压降。因此,通过使用 CNT,尤其是直径<10nm 的单壁 CNT,空气过滤在正常情况下会处于这种状态,而其他纤维则不可能,它们只能通过降低压力来增加气体分子的平均自由程来进入这种状态。

FMF 体系中空气过滤的研究工作非常少[29,49]。当气体流动滑移较大时,纤维对流场的影响较小,气体流线更靠近纤维表面。基于这一概念,Maze 等进一步假设在 FMF 状态下,纤维对气流场的扰动可以忽略不计,即当接近纤维时,流线与直线的偏差可以忽略不计[29]。在过去,人们在基于碳纳米管的高效能微粒过滤

器的制造方面做了大量的工作。纳米纤维滤光片的厚度、纤维直径、滤光片的固体体积分数、滤光片的孔隙结构等,都是纳米纤维滤光片研究的重点。基于CNT的高效能微粒过滤器的结构设计,可分为独立式碳纳米管薄膜、碳纳米管涂层过滤器、碳纳米管海绵、层次化碳纳米管结构和烧结碳纳米管流化床过滤器。

26.4.1 自由态的碳纳米管薄膜

从垂直排列的碳纳米管阵列中能够得到排列整齐的碳纳米管片,碳纳米管片是制备独立式碳纳米管薄膜的良好候选材料。Yildiz等在超细聚丙烯纤维之间集成了碳纳米管片用于生产高效过滤器的无纺布,其中包含多层碳纳米管片,这些碳纳米管片或与其他碳纳米管片平行堆积,或以交叉铺层结构(图26-6)[51]。为了

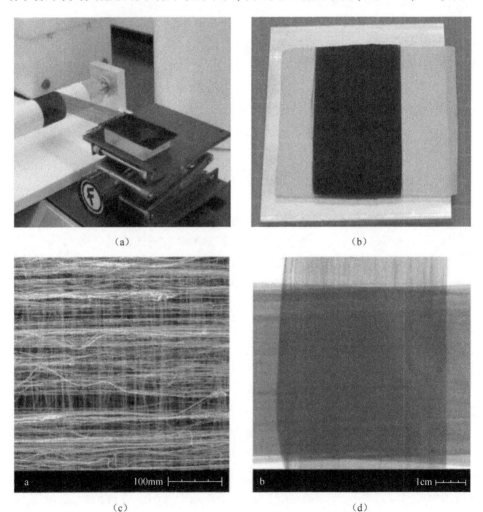

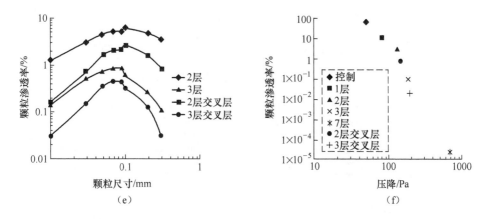

图 26-6 (a)通过在聚丙烯织物上缠绕碳纳米管片来制备过滤器;(b)将碳纳米管片-聚丙烯织物分层结构置于中间有孔的压延板上;(c)具有交叉层几何结构的三层 CNT 滤光片结构的 SEM 照片;(d) (c)的宏观照片;(e)由两层、三层、两层交叉层和三层交叉层 CNT 片层组成的过滤器的表面速度为 10cm/s 的过滤性能;(F)颗粒穿透分数的不同结构的压降为 0.3μm 颗粒和 10cm/s 速度

以合理的压降满足高效微粒空气(HEPA)过滤器的要求,在过滤器内部以交叉叠层结构铺设了 CNT。研究发现,随着碳纳米管层数的增加,过滤效率显著提高,而压降也随之增加。三层斜交帘布层结构提供了针对 0.3μm 粒径在 10cm/s 速度下 99.98% 的过滤效率。结果表明,这是一个可行的方法,生产低基础的 HEPA 过滤器,可以利用碳纳米管作为主要过滤组件。这些新型碳纳米管过滤器具有与电纺织物相媲美的过滤性能,是未来过滤应用的一个可靠选择。除了气溶胶去除外,独立式的 CNT 薄膜也被用于去除病毒[52]。

26.4.2 碳纳米管涂层过滤器

在网状基体上涂覆或直接生长 CNT 是制造 CNT 过滤器的常用方法。

Viswanathan 等[53]报道,将多壁碳纳米管(MWCNT)涂覆在纤维素过滤器(图 26-7(a)~(d))上,可以制备效率>99% 的过滤器(图 26-7(a)~(d))。其中,孔隙度和孔径分布是影响过滤器性能的重要特征。碳纳米管垫的随机纤维形态,是细颗粒物过滤器的理想材料,即使在极低的 MWCNT 覆盖率(0.07mg/cm[2])的情况下,MWCNT 涂层过滤器也比纤维素过滤器具有更低的压降和更好的过滤质量,这与最高效率的 HEPA 过滤器标准相当。

Park 等[54]通过在传统微米级纤维金属过滤器上直接生长 CNT(图 26-7(e)-(j)),制备了由 CNT 组成的微观结构。他们还利用乙炔气热化学气相沉积法在金

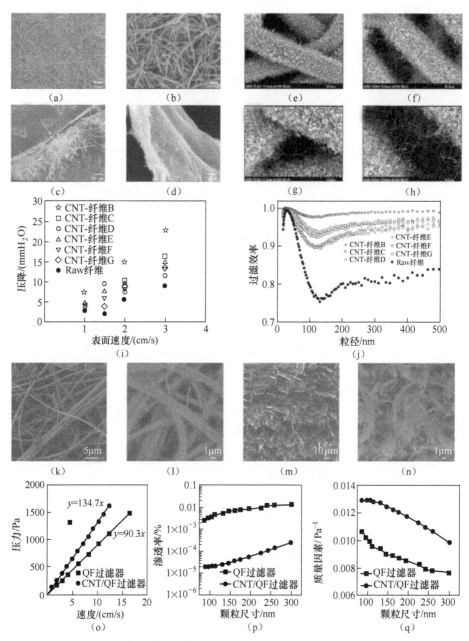

图26-7 (a)~(d)MWCNT涂层过滤器的SEM照片;(e)~(g)沿着不同氢气流速方向(如四种碳纳米管过滤器的合成条件)直接生长在微米纤维上的碳纳米管的SEM照片;(i)在不同合成条件下生长碳纳米管的过滤器的压降和过滤速度;(j)在不同合成条件下生长碳纳米管的过滤器的过滤效率;(k)和(l)原始QF过滤器和CNT/QF过滤器的SEM照片;(m)和(n)分别显示QF滤波器和CNT/QF滤波器横截面的SEM照片;(o)QF过滤器和CNT/QF过滤器的压降与表面速度的关系;(p)不同粒径颗粒在QF过滤器和CNT/QF过滤器中的渗透;(q)QF过滤器和CNT/QF过滤器的质量因子与颗粒大小的关系

属过滤器上合成了碳纳米管,并形成了微米纤维周围的丛状或纤维之间的网状等各种形态的微观结构。与原金属过滤器相比,直接生长碳纳米管的过滤器具有更高的过滤效率,但压力降没有显著增加。随着碳纳米管的生长,滤光片的质量得到了改善。

Li 等[16]使用浮动催化剂化学气相沉积方法(图 26-7(k)~(q))在 QF 过滤器上原位生长 CNT,制备了深度分级 CNT/石英光纤(QF)过滤器。CNT/QF 过滤器的特定面积比原始 QF 过滤器高 12 倍。因此,亚微米气溶胶使得 CNT/QF 过滤器的渗透降低了两个数量级,达到了 HEPA 过滤器的标准。同时,由于 QF 上的碳纳米管具有蓬松的刷状层次结构,复合滤光片的孔径只有很小的增加。与原始的 QF 过滤器相比,CNT/QF 过滤器的压降只增加了约 50%,这导致 CNT/QF 过滤器的质量因子明显增加。研究发现,碳纳米管在捕捉亚微米气溶胶方面非常有效。此外,CNT/QF 过滤器表现出较高的拒水性,这表明它们在潮湿条件下的应用优势。除气溶胶外,CNT/QF 过滤器也表现出良好的除臭氧性能。

Yang 等[55]报道了 CNT/QF 膜在 10h 时的臭氧转换效率,并与相同条件下的石英膜、活性炭(AC)、碘化钾(KI)溶液的臭氧转换效率进行了比较。结果表明,与同等重量的 AC 和 KI 溶液相比,CNT/QF 膜不仅具有好的臭氧转化效率,而且还具有更高的耐压性能。CNT/石英纤维膜的去除臭氧性能是 AC 重量的 20 倍。碳纳米管在 CNT/石英光纤膜去除臭氧中起主导作用。

Park 等[56]使用热化学气相沉积在玻璃纤维空气过滤器上制备 MWCNT。结果表明,碳纳米管的沉积提高了纳米和亚微米级颗粒的过滤效率,但没有增加过滤器的压降。当原始玻璃纤维过滤器中没有 CNT 时,30nm 和约 500nm 粒径的过滤效率分别为 48.5% 和 46.8%。然而,当使用 CNT 沉积过滤器时,效率分别提高到 64.3% 和 60.2%。活细胞数量的减少是通过计数每个测试过滤器与细胞接触后的集落形成来确定的。以原始玻璃纤维滤池作为对照,CNT 沉积滤池中大肠杆菌失活率为 83.7%。

此外,Parham 等[57]在 Al_2O_3 和 SiO_2 多孔陶瓷构成的多孔商业化材料中(孔隙平均尺寸为 300~500μm)制备了碳纳米管。在由此制备的复合材料中,添加了 3% 的 CNT 作为过滤器,用于去除水中的酵母细胞和不同的重金属离子以及去除空气中的微粒。结果表明,含有复合过滤材料的碳纳米管具有较高的酵母过滤效率(98%)。水中重金属离子去除率达 100%,空气微粒过滤效果好。由于碳纳米管优异的热稳定性和化学稳定性,复合过滤器在这些应用中也表现出良好的可重用性。

赵等[58]报道了一种化学气相沉积方法,通过在多孔氧化铝陶瓷膜上生长多壁碳纳米管来制造碳纳米管/陶瓷复合过滤器(图 26-8(f)~(i))。与原始的氧化铝陶瓷膜相比,复合滤膜的空气过滤性能有了显著的改善,这是因为复合滤膜比表

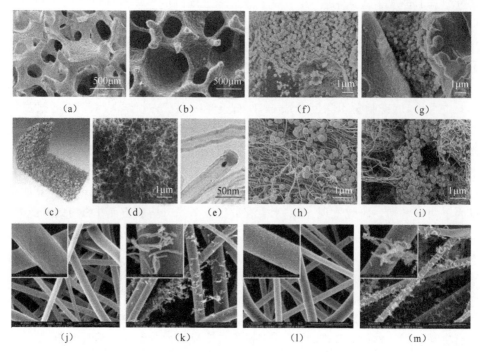

图 26-8 (a)不含 CNT 的多孔陶瓷低倍率 SEM 照片;(b)CNT 生长后的陶瓷/CNT 复合材料低倍率 SEM 照片;(c)陶瓷衬底 μ-CT 扫描后的孔隙互连的三维图像;(d)陶瓷盘上生长的高质量碳纳米管 SEM 照片;(e)碳纳米管过滤器的 TEM 照片,纳米管的中空结构特征清晰可见;(f)~(i)过滤器经气体过滤后的 SEM 照片;(f)~(g)分别为原始过滤器表面积累的 SiO_2 颗粒,堵塞了原始过滤器的孔隙;(h)~(i)为复合过滤器表面积累的 SiO_2 颗粒,分别为捕获的 SiO_2 颗粒在复合过滤器孔隙周围生长的 MWCNT;(j)~(m)原始(j)、(k)CNT 沉积、(l)Ag-纳米颗粒沉积和(m)Ag/CNT-沉积过滤器的 SEM 照片

面积增加了两个数量级,增强了 CNT 上的壁面滑移流效应。复合滤光片的压降较原始滤光片下降约 62.9%,而 MPPS 复合滤光片的过滤效率提高到 99.9999%,品质因数明显提高。CNT 的存在对滤膜上细菌的抑制作用较强,抗菌率为 97.86%,且具有较高的拒水性(水的接触角为 148.2°)。这些结果使该复合过滤机在多功能空气过滤方面具有广阔的应用前景。Storti 等[59]也报道了类似用于钢液过滤的 CNT 涂层 Al_2O_3-C 过滤器的制备。

Jung 等[60]使用气溶胶雾化和热蒸发/冷凝工艺制备了 Ag 包覆的碳纳米管杂化纳米颗粒(Ag/CNT),并测试了它们用于抗菌空气过滤的有效性(图 26-8(j)~(m))。碳纳米管和银纳米气溶胶混合在一起,相互黏附,形成 Ag/CNT。由于银纳米颗粒附着在碳纳米管表面,所以纳米颗粒表面积监测器测量的总粒子表面积浓度低于银纳米颗粒和碳纳米管的总和。当 Ag/CNT 沉积于空气过滤介质表面时，与单独沉积 CNT 或 Ag 纳米颗粒相比，其对测试细菌生物气溶胶的抗菌活性增强，而过滤器压降和生物气溶胶过滤效率与单独沉积碳纳米管相似。这些 Ag/CNT 混合纳米颗粒可用于生物医学设备和抗菌控制系统。

26.4.3 三维碳纳米管海绵和支架过滤器

垂直排列的碳纳米管阵列或凝聚的碳纳米管海绵都具有超大的比表面积和制造高效微粒过滤器的巨大潜力。Srivastava 等[61]报道了具有径向排列的碳纳米管壁的、直径和长度可达几厘米的独立式整体均匀宏观空心圆柱体的制造（图 26-9(a)~(c)）。这些圆柱形的膜被用作过滤器，用于从石油中消除重烃的多种成分，以及过滤细菌污染物，如大肠杆菌或纳米大小的脊髓灰质炎病毒（约 25nm）。通过超声对宏观过滤器清洗和高压灭菌后，过滤器可以进行重复过滤。碳纳米管优异的热稳定性和机械稳定性以及碳纳米管膜的高表面积、易用性和成本效率，使其能够与商业上使用的陶瓷和聚合物分离膜竞争。

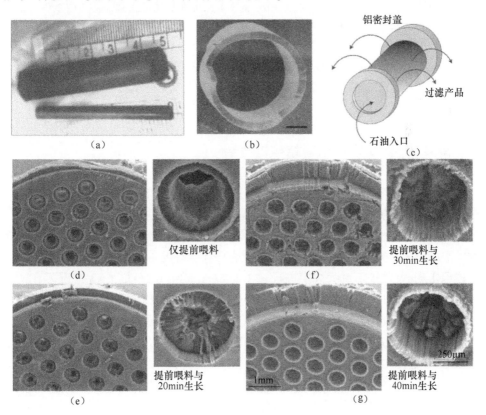

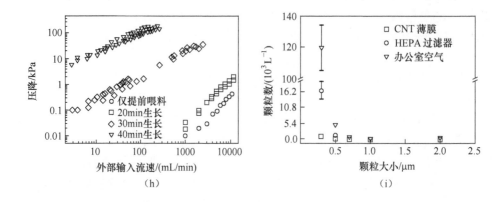

图 26-9 (a)散装管照片;(b)径向对称排列的碳纳米管的 SEM 照片,获得了 1mm 的空心圆柱结构;(c)散装油管的石油动力学示意图;(d)~(g)在微结构和氧化的 Si 芯片上生长的各种 CNT 膜的 SEM 照片:前体预加料后,合成时间分别为 0、20min、30min 和 40min;(h)纳米管膜的压降与流量关系;(i)办公室中直径 $0.3\sim 2\mu m$ 的颗粒浓度在空气过滤前后通过 CNT 膜增长了 40min,一张厚度 $200\mu m$ 的商业化家庭用 HEPA 过滤器

Halonen 等[62]使用微加工的 Si/SiO_2 模板作为气相多相催化的纳米过滤器和支撑膜制备了二维 CNT 支架(图 26-9(d)~(i))。结果表明,该支架过滤空气中亚微米颗粒的过滤效率可达 99%以上。

26.4.4 分级碳纳米管结构过滤器

分层和梯度纳米结构对于开发纳米纤维过滤器具有重要意义。将梯度引入到碳纳米管/光纤的层次结构中,可能导致颗粒捕获性能发生变化。Li 等[63]制作了具有梯度纳米结构的分级 CNT/QF 滤光片,其中 CNT 含量沿滤光片厚度方向呈指数递减(图 26-10)。QF 过滤器中用于碳纳米管生长的催化剂的负载是通过气溶胶技术实现的,该技术可大规模进行。在 1.17%(质量分数)的 CNT 情况下,CNT/QF 过滤器在 MPPS 的渗透降低了一个数量级,而压降仅比原始 QF 过滤器增加了 6%左右,导致 CNT/QF 过滤器的质量因子明显提高。更重要的是,与原始的 QF 过滤器相比,CNT/QF 过滤器的下游 CNT/QF 过滤器的寿命增加了 64%。相比之下,当富 CNT 侧被放置在上游时,CNT/ QF 过滤器的寿命仅为下游放置富 CNT 侧时的 41.7%。研究发现,CNT/QF 过滤器的梯度纳米结构和 CNT/QF 的分级结构对提高空气过滤器的过滤效率和使用寿命起着非常重要的作用。

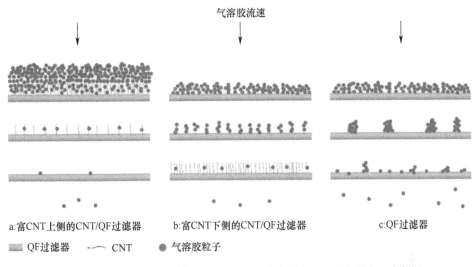

图 26-10 气溶胶在不同位置的 CNT/QF 过滤器和 QF 过滤器中一个例子

26.4.5 烧结碳纳米管流化床过滤器

流化技术以其表面积大、传质效率高等优点,在化工领域得到了广泛的应用,是一种很有发展前途的空气过滤技术。当颗粒的重力与流化气体的拖曳力相平衡时,颗粒悬浮在流化状态,导致流化床膨胀。与纤维过滤器的受限结构相比,膨胀床增加了流化介质之间的空间,提供了更大的吸尘能力。由于流化介质的运动,收集到的气溶胶颗粒不会形成树突或尘团,避免了纤维过滤器的堵塞问题。此外,流化床的压降在理论上与单位截面面积的重量成正比,可以通过调节流化介质的适用密度和静态床层高度来优化。另一方面,通过循环流化床对流化介质进行在线再生,方便了流化床过滤器的实际应用。

Wang 等[64]制备了以烧结碳纳米管为流化介质的流化床过滤器,并对其空气过滤性能进行了研究(图 26-11)。发现碳纳米管的团聚体直径 150~200μm 的流化特性类似于 Geldart 粒子。以上述团聚体为介质,静床高度为 17.4cm 的流化床过滤器的气溶胶颗粒穿透深度为 4×10^{-5}(100nm 气溶胶颗粒)和 1.2×10^{-4}(300nm 气溶胶颗粒)。此外,过滤介质的流化状态对过滤性能也有重要影响。随着气速的增加,流化床由烧结颗粒流态化(APF)向烧结鼓泡流态化(ABF)转变,过滤效率明显降低。他们对流化床过滤器的过滤性能与填充床过滤器进行了比较:流化床过滤器的过滤效率略低,压降明显低于普通填料床过滤器,产生了更高的品质因数,这说明流化床过滤器与填料床过滤器相比具有明显的优越性。以团聚的碳纳米管为床材的流化床过滤器具有良好的过滤性能,是一种很有前途的高效微粒过滤器。

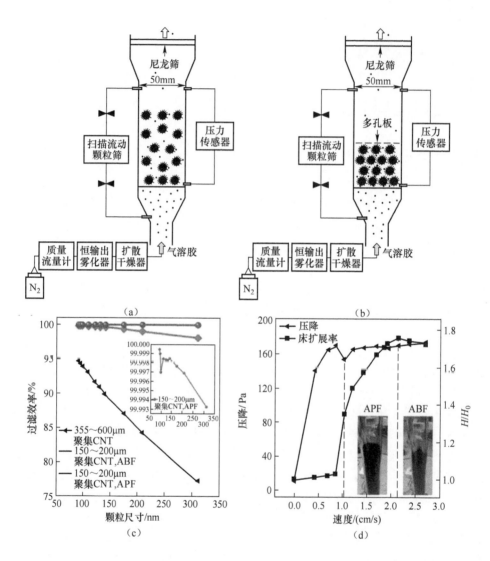

图 26-11 (a)流化床过滤器过滤性能试验示意图;(b)填料床过滤器过滤性能试验示意图(多孔板顶部时保持静止的流化气体穿过床);(c)过滤效率与不同尺寸的颗粒流化床过滤器聚集的 150~200μm APF 和 APF,聚集 355~600μm 的 APF,插图是过滤效率与大型流化床与团聚体的轴 150~200μm APF;(d)流化床的流化曲线与团聚体的 150~200μm 床材料和静态床层高度为 17.4cm

26.5 本章小结

近年来,基于碳纳米管高效液相色谱仪(HEPA)的过滤器制备取得了很大的进展。各种 CNT 基的空气过滤器已经被制造出来。由于 CNT 具有极大的比表面积,因此很容易获得较高的过滤效率。同时,通过调整碳纳米管薄膜的结构和厚度,也容易获得较低的压降。独立式的碳纳米管薄膜和三维碳纳米管海绵或阵列是制造基于碳纳米管的高效微粒过滤器的简单方法。这种过滤器的主要关注点在于其机械稳定性和强度。相比之下,碳纳米管涂层是一种更有效地制备高效过滤器的方法,具有过滤效率高、压降低、机械强度高、使用寿命长等优点。此外,分级结构和梯度纳米结构的过滤为制造过滤效率高、压降低、使用寿命长的空气过滤器提供了新的策略。此外,烧结的 CNT 流化床为制造基于 CNT 的过滤器提供了另一种方法。

空气过滤涉及材料科学、气溶胶科学、物理学、环境科学和工程学等不同学科。为深入探索空气过滤在 FMF 体系中和碳纳米管在空气过滤中的优势,有必要开展多学科研究,需要更深入地了解单个纳米纤维周围的气流模式以及附近纤维对 FMF 流型的影响;开发新的模型来描述过滤效率和压力降在 FMF 状态下的过滤也很重要,并为空气过滤器的结构设计提供指导;为了更准确地了解连续气溶胶颗粒载荷作用下过滤性能的演化,需要对动态过滤过程进行更多的研究,通过理论研究,可以进一步优化 CNT 空气滤清器的结构。

由于碳纳米管具有优异的物理性能,如低电阻率、高热稳定性和导电性,因此可以开发多功能的基于碳纳米管的空气过滤器,以满足特定环境的要求。

本章相关彩图,请扫码查看

参 考 文 献

[1] R. Huang, et al. , High secondary aerosol contribution to particulate pollution during haze events in China, Nature 514(2014)218-222.

[2] A. Nel, Air pollution-related illness: effects of particles, Science 308(2005)804-806.

[3] N. Mahowald, Aerosol indirect effect on biogeochemical cycles and climate, Science 334(2011) 794-796.

[4] D. E. Horton, C. B. Skinner, D. Singh, N. S. Diffenbaugh, Occurrence and persistence of future atmospheric stagnation events, Nat. Clim. Chang. 4(2014)698-703.

[5] J. G. Watson, Visibility: science and regulation, J. Air Waste Manage. Assoc. 52(2002)628-713.

[6] D. G. Streets, Y. Wu, M. Chin, Two-decadal aerosol trends as a likely explanation of the global dimming/ brightening transition, Geophys. Res. Lett. 33(2006)1-4.

[7] M. Andreae, D. Rosenfeld, Aerosol-cloud-precipitation interactions. Part 1. The nature and sources of cloud-active aerosols, Earth Sci. Rev. 89(2008)13-41.

[8] C. Liu, et al., Transparent air filter for high-efficiency PM2.5 capture, Nat. Commun. 6 (2015)6205.

[9] R. Betha, S. N. Behera, R. Balasubramanian, 2013 Southeast Asian smoke haze: fractionation of particulate-bound elements and associated health risk, Environ. Sci. Technol. 48 (2014) 4327-4335.

[10] S. Wu, et al., Association of cardiopulmonary health effects with source-appointed ambient fine particulate in Beijing, China: a combined analysis from the healthy volunteer natural relocation (HVNR) study, Environ. Sci. Technol. 48(2014)3438-3448.

[11] R. D. Brook, et al., Particulate matter air pollution and cardiovascular disease an update to the scientific state-ment from the American Heart Association, Circulation 121(2010)2331-2378.

[12] S. C. Anenberg, L. W. Horowitz, D. Q. Tong, J. West, An estimate of the global burden of anthropogenic ozone and fine particulate matter on premature human mortality using atmospheric modeling, Environ. Health Persp. 118(2010)1189-1195.

[13] K. L. Timonen, et al, Effects of ultrafine and fine particulate and gaseous air pollution on cardiac autonomic control in subjects with coronary artery disease: the ULTRA study, J. Expos. Sci. Environ. Epidemiol. 16(2006)332-341.

[14] S. Zhao, L. Chen, Y. Li, Z. Xing, K. Du, Summertime spatial variations in atmospheric particulate matter and its chemical components in different functional areas of Xiamen, China, Atmosphere 6 (2015)234-254.

[15] G. Hoek, et al., Long-term air pollution exposure and cardio-respiratory mortality: a review, Environ. Health 12(2013)1-15.

[16] P. Li, et al., In situ fabrication of depth-type hierarchical CNT/quartz fiber filters for high efficiency filtration of sub-micron aerosols and high water repellency, Nanoscale 5 (2013) 3367-3372.

[17] R. Zhang, et al., Nanofiber air filters with high-temperature stability for efficient PM2.5 removal from the pollution sources, Nano Lett. 16(2016)3642-3649.

[18] A. Yang, et al., Thermal management in nanofiber-based face mask, Nano Lett. 17 (2017) 3506-3510.

[19] J. Xu, et al., Roll-to-roll transfer of electrospun nanofiber film for igh-efficiency transparent air filter, Nano Lett. 16(2016)1270-1275.

[20] Y. Zhang, et al., Preparation of nanofibrous metal-organic framework filters for efficient air pollu-

tion control, J. Am. Chem. Soc. 138(2016)5785-5788.

[21] G. Gong, C. Zhou, J. Wu, X. Jin, L. Jiang, Nanofibrous adhesion: the twin of gecko adhesion, ACS Nano 9(2015)3721-3727.

[22] S. Wang, X. Zhao, X. Yin, J. Yu, B. Ding, Electret polyvinylidene fluoride nanofibers hybridized by poly-tetrafluoroethylene nanoparticles for high-efficiency air filtration, ACS Appl. Mater. Interfaces 8(2016)23985-23994.

[23] Y. Chen, et al., Roll-to-roll production of metal-organic framework coatings for particulate matter removal, Adv. Mater. 29(2017).

[24] P. Li, C. Wang, Y. Zhang, F. Wei, Air filtration in the free molecular flow regime: a review of high-efficiency particulate air filters based on carbon nanotubes, Small 10(2014)4543-4561.

[25] C.-Y. Chen, Filtration of aerosols by fibrous media, Chem. Rev. 55(1955)595-623.

[26] R. Zhang, et al., Morphology and property investigation of primary particulate matter particles from different sources, Nano Res. (2017)1-11.

[27] C.-H. Hung, W. W.-F. Leung, Filtration of nano-aerosol using nanofiber filter under low Peclet number and transitional flow regime, Sep. Purif. Technol. 79(2011)34-42.

[28] D. Shou, L. Ye, J. Fan, Gas transport properties of electrospun polymer nanofibers, Polymer 55 (2014)3149-3155.

[29] B. Maze, H. V. Tafreshi, Q. Wang, B. Pourdeyhimi, A simulation of unsteady-state filtration via nanofiber media at reduced operating pressures, J. Aerosol Sci. 38(2007)550-571.

[30] Y. Chuanfang, Aerosol filtration application using fibrous media—an industrial perspective, Chin. J. Chem. Eng. 20(2012)1-9.

[31] S. G. Jennings, The mean free path in air, J. Aerosol Sci. 19(1988)159-166.

[32] Z. Zhang, B. Y. Liu, Experimental study of aerosol filtration in the transition flow regime, Aerosol Sci. Tech-nol. 16(1992)227-235.

[33] R. Zhang, et al., In situ investigation on the nanoscale capture and evolution of aerosols on nanofibers, Nano Lett. 18(2018)1130-1138.

[34] B. Carroll, Equilibrium conformations of liquid drops on thin cylinders under forces of capillarity. A theory for the roll-up process, Langmuir 2(1986)248-250.

[35] B. J. Mullins, I. E. Agranovski, R. D. Braddock, C. M. Ho, Effect of fiber orientation on fiber wetting processes, J. Colloid Interface Sci. 269(2004)449-458.

[36] S. Haefner, et al., Influence of slip on the plateau-Rayleigh instability on a fibre, Nat. Commun. 6 (2015)7409.

[37] P. Contal, et al., Clogging of fibre filters by submicron droplets. Phenomena and influence of operating con-ditions, J. Aerosol Sci. 35(2004)263-278.

[38] T. Frising, D. Thomas, D. B´emer, P. Contal, Clogging of fibrous filters by liquid aerosol particles: experi-mental and phenomenological modelling study, Chem. Eng. Sci. 60(2005)2751-2762.

[39] D. Thomas, et al., Modelling pressure drop in HEPA filters during dynamic filtration, J. Aerosol Sci. 30(1999)235-246.

[40] J. P. Salvetat, et al., Mechanical properties of carbon nanotubes, Appl. Phys. A Mater. Sci. Process. 69(1999) 255–260.

[41] M. B. Nardelli, et al., Mechanical properties, defects and electronic behavior of carbon nanotubes, Carbon 38(2000) 1703–1711.

[42] Q. Z. Zhao, M. B. Nardelli, J. Bernholc, Ultimate strength of carbon nanotubes: a theoretical study, Phys. Rev. B 65(2002) 144105.

[43] B. Peng, et al., Measurements of near-ultimate strength for multiwalled carbon nanotubes and irradiation-induced crosslinking improvements, Nat. Nanotechnol. 3(2008) 626–631.

[44] R. Zhang, et al., Superstrong ultralong carbon nanotubes for mechanical energy storage, Adv. Mater. 23(2011) 3387–3391.

[45] B. Wei, R. Vajtai, P. Ajayan, Reliability and current carrying capacity of carbon nanotubes, Appl. Phys. Lett. 79(2001) 1172–1174.

[46] S. Berber, Y.-K. Kwon, D. Tomanek, Unusually high thermal conductivity of carbon nanotubes, Phys. Rev. Lett. 84(2000) 4613.

[47] Z. Liu, L. Jiao, Y. Yao, X. Xian, J. Zhang, Aligned, ultralong single-walled carbon nanotubes: from synthesis, sorting, to electronic devices, Adv. Mater. 22(2010) 2285–2310.

[48] R. H. Baughman, A. A. Zakhidov, W. A. de Heer, Carbon nanotubes: the route toward applications, Science 297(2002) 787–792.

[49] W. Sambaer, M. Zatloukal, D. Kimmer, 3D air filtration modeling for nanofiber based filters in the ultrafine particle size range, Chem. Eng. Sci. 82(2012) 299–311.

[50] R. S. Barhate, S. Ramakrishna, Nanofibrous filtering media: filtration problems and solutions from tiny ma-terials, J. Membr. Sci. 296(2007) 1–8.

[51] O. Yildiz, P. D. Bradford, Aligned carbon nanotube sheet high efficiency particulate air filters, Carbon 64(2013) 295–304.

[52] A. S. Brady-Est'evez, M. H. Schnoor, C. D. Vecitis, N. B. Saleh, M. Elimelech, Multiwalled carbon nanotube filter: improving viral removal at low pressure, Langmuir 26(2010) 14975–14982.

[53] G. Viswanathan, D. B. Kane, P. J. Lipowicz, High efficiency fine particulate filtration using carbon nanotube coatings, Adv. Matter. 16(2004) 2045–2049.

[54] S. J. Park, D. G. Lee, Performance improvement of micron-sized fibrous metal filters by direct growth of car-bon nanotubes, Carbon 44(2006) 1930–1935.

[55] S. Yang, J. Nie, F. Wei, X. Yang, Removal of ozone by carbon nanotubes/quartz fiber film, Environ. Sci. Technol. 50(2016) 9592–9598.

[56] J. H. Park, et al., Fabrication of a multi-walled carbon nanotube-deposited glass fiber air filter for the enhance-ment of nano and submicron aerosol particle filtration and additional antibacterial efficacy, Sci. Total En-viron. 409(2011) 4132–4138.

[57] H. Parham, S. Bates, Y. Xia, Y. Zhu, A highly efficient and versatile carbon nanotube/ceramic composite filter, Carbon 54(2013) 215–223.

[58] Y. Zhao, Z. Zhong, Z.-X. Low, Z. Yao, A multifunctional multi-walled carbon nanotubes/ceramic

membrane composite filter for air purification, RSC Adv. 5(2015)91951-91959.

[59] E. Storti, M. Emmel, S. Dudczig, P. Colombo, C. G. Aneziris, Development of multi-walled carbon nanotubes-based coatings on carbon-bonded alumina filters for steel melt filtration, J. Eur. Ceram. Soc. 35(2015)1569-1580.

[60] J. H. Jung, G. B. Hwang, J. E. Lee, G. N. Bae, Preparation of airborne Ag/CNT hybrid nanoparticles using an aerosol process and their application to antimicrobial air filtration, Langmuir 27(2011)10256-10264.

[61] A. Srivastava, O. Srivastava, S. Talapatra, R. Vajtai, P. Ajayan, Carbon nanotube filters, Nat. Mater. 3(2004)610-614.

[62] N. Halonen, et al., Three-dimensional carbon nanotube scaffolds as particulate filters and catalyst support membranes, ACS Nano 4(2010)2003-2008.

[63] P. Li, et al., Hierarchical carbon-nanotube/quartz-fiber films with gradient nanostructures for high efficiency and long service life air filters, RSC Adv. 4(2014)54115-54121.

[64] C. Wang, et al., A high efficiency particulate air filter based on agglomerated carbon nanotube fluidized bed, Carbon 79(2014)424-431.

延 伸 阅 读

[65] W. C. Hinds, Aerosol Technology: Properties, Behavior, and Measurement of Airborne Particles, John Wiley & Sons, 2012.

[66] P. Gibson, H. Schreuder-Gibson, D. Rivin, Transport properties of porous membranes based on electrospun nanofibers, Coll. Surf. A: Physicochem. Eng. Asp. 187(2001)469-481.

第 27 章
基于碳纳米管线和软磁复合材料的电机工作原理和应用

Massoud Maxwell Rabiee
美国辛辛那提大学电气工程和计算机科学专业电气工程教授

27.1 引言

全世界对电动机新范式的需求是非常巨大的,世界上每年生产数以百万计的电动机。电动机是我们社会最重要的原动机,其应用将在未来很长一段时间内得到发展。现有的电动机是用铜、铁和重而贵且供应有限的稀土合金制造的。此外,使用这些材料的电机性能受到磁滞和铁芯中涡流损耗(称为铁芯损耗)的限制。这些是现有技术的基础性缺陷,所有这些都对社会的能源水平有重大影响。纳米电机由于重量轻且制造不依赖于供应日益减少的永磁材料和铜,所以地位将变得非常重要。这些轻量化的纳米电机也可以应用于航天飞行器如无人机和医疗设备上作为原动机。

纳米电机中使用的纳米材料(即碳纳米管和超顺磁性纳米颗粒)可以很容易地制造出来。此外,纳米电机的部件(即,电工胶带、磁芯材料和布线)可以与新设计兼容,纳米电机可以很容易地集成到应用中。本章将首先介绍电磁装置的特性以及决定其性能的方程式。然后我们将探索使用纳米磁性复合材料代替铁芯材料。因此,在本章中,将提出研制一种新型电动机的方法,这种方法使用的材料是碳材料,如纱线、片材和电镀片材而不是铜和铁等金属。

碳电机的优点是它比现有类型的电动机更小更轻。小尺寸电机是可能实现的,因为电机转子和定子是通过在芯轴上叠放薄薄的纳米管纱线和纳米管带材来制造的。然后,在转子和定子中用激光加工的方法切割出线型。总体目标是能够发展轻量化多功能的电磁设备,通过①使用碳纳米管线取代铜绕组;②用超顺磁性纳米颗粒磁性复合材料取代铁芯材料;③增材 3D 打印纳米复合材料取代金属电机外壳;④使用纳米材料重构电动机。还应注意的是,超顺磁性铁粒子集成在纳米管材料中,作为电机的核心。使用纳米管芯将大大减小电机的尺寸。

本章的意义在于使读者熟悉电机理论/操作,并探索制造小型轻型碳电机的可能性,即使用聚合物基的超顺磁性纳米颗粒复合材料代替电机中的铁/钢芯。目前,大学和工业界正在研究制备具有更高磁导率的纳米颗粒技术,这将导致更高的磁通密度,同时通过减少磁芯损耗(即磁滞和涡流损耗)提高效率。目标是使用碳纳米管线增强复合材料来打印电机外壳,使其更轻,更坚固且具有良好的导热性。该工作的新颖性来自这些新材料和新工艺的协同作用,最终达到制造节能轻型电机的目标。

与传统电机相比,纳米电机还有另一个显著优势,即它可以很容易地为特定应用进行定制。电力牵引电机(即电机驱动机器)的发展趋势是用于直接驱动机器。这些电机可以直接连接到没有齿轮减速装置的轮子上。齿轮减速器增加了成本和重量,降低了电动传动系统的效率。直接驱动应用通常必须以牺牲高速为代价来获得高起动转矩。这些电机设计将利用轻质量纳米材料产生高的起动转矩,其不受每分钟转数(r/min)的限制。

与传统金属材料相比,纳米材料还有许多其他优点。一个是具有耐腐蚀性,另一个优势是电机生产对环境的影响。铜、铁等大宗金属是作为矿物开采而来,对当地环境非常有害,而且还要对矿石进行冶炼和精炼以去除杂质,这是一个很脏且能源密集型的工艺。纳米材料的优点是用现成的材料如碳和氧化铁为原料制备的。

在本章中,我们首先介绍电机中常用的机电术语。然后,27.3 节回顾了电动机运行理论中的一些基本概念,27.4 节概述了电动机的分类和运行特点。27.5 节和 27.6 节分别详细介绍了直流电机的分类和特性以及交流电机的分类。27.7 节介绍了直线感应电动机的基本原理。在 27.8 节中,我们介绍了过去几年在辛辛那提大学利用碳纳米管线和软磁复合材料在电机上所做的一些工作。最后,27.9 节给出了我们对未来工作的一些结论和建议。此外,给出了本章使用的技术术语表。

27.2 机电术语和定义

在列出和研究机电设备之前,我们先介绍一些基本的机电术语。碳纳米管这个术语在本书的其他章节中已经进行了介绍。下列术语和方程式所用的单位都是国际单位制(SI)。下面列出了最重要的机电术语。随后给出了方程式中这些术语的描述。

(1) 力是一种使物体发生移动的动作。力的大小由牛顿力决定:

$$F = m \times a \quad (27-1)$$

式中:F 为力(N);m 为质量(kg);a 为加速度(m/s^2)。

(2) 扭矩是使物体旋转的力。例如,施加在电机轴上的扭矩将强制使其旋转:

$$\tau = F \times d \quad (27-2)$$

式中:τ 为扭矩(Nm);F 为力(N);d 为距中心的距离(m)。注意 1N·m = 0.73756 英尺磅 = 8.85075 盎司英寸。

(3) 功是所施加的力使物体发生了移动

$$W = F \times d \tag{27-3}$$

式中:W 为功(J);F 为力(N);d 为以米(m)为单位的行驶距离。注意 1J = 0.737 英尺磅。

注意,即使物体没有移动,也可能存在转矩。但是功是仅当物体发生了移动时才做功。

(4) 功率是指做功的速率,或者 1s 内做了多少功:

$$P = W/t \tag{27-4}$$

式中:P 为功率(W);W 为功(J);t 为时间(s)。注意 1W = 0.737 英尺磅/s 和 1hp (hp) = 746W = 550 英尺磅/s。

对于一个以转速 N(单位:每分钟转数(r/min))转动的电机,产生 1 牛顿米 (N·m)扭矩 τ,其功率(瓦特)计算如下:

$$P = (N/60) \times (2\pi) \times (\tau) = (2\pi/60) \times (N \times \tau) = 0.105 \times N \times \tau \tag{27-5}$$

以英制表示:

$$P = \frac{(N \times \tau)}{5252} \tag{27-6}$$

式中:P 为功率(马力);τ 为扭矩(英尺磅);N 为转速,以每分钟转数(r/min)表示。

(5) 电荷有两个不同的特性:

① 电荷是守恒的。这意味着它们不能被创造或毁灭。

② 电荷是量子化的。也就是说,最小的电荷在一个电子上,是 1.602×10^{-19}C。因此,1C 等于 6.24×10^{18} 个电子上的电荷。

当两个电荷在彼此附近时会产生电力:

$$F = K \times (Q_1 \times Q_2 / r_2) \tag{27-7}$$

式中:F 为力(N);Q_1 和 Q_2 为电荷(c);自由空间的 $K = 9 \times 10^9$;r 为电荷之间的距离(m)。

电流是每秒通过一个区域的电荷的净速率。因此,电流表示电荷的速度:

$$I = Q/T \tag{27-8}$$

式中:I 为电流(A);Q 为电荷(C);T 为时间(s)。

电压是电荷的能量传递能力。当 1C 电荷从 A 点移动到 B 点时,需要传送或接收 1J 的能量,那么从 A 到 B 的电压或电位差为 1V:

$$V = W/Q \tag{27-9}$$

式中:V 为电压(V);W 为能量(J);Q 为电荷(C)。

电力与电流、电压有关：
$$P = (W/t) \times (Q/Q) = (W/Q) \times (Q/t) = V \times I \quad (27-10)$$
式中：V 为电压（V）；I 为电流（A）。

（6）在磁场中，磁力线或磁通量（ϕ）是从北极流向南极。磁力线形成一个闭环电路。磁通量测量单位为韦伯（Wb）。磁通密度（B），磁通线数，用韦伯每平方米或特斯拉（T）测量：
$$B = \frac{\phi}{A} \quad (27-11)$$
式中：B 为磁通密度（T）；ϕ 为总磁通量（W）；A 为面积（m^2）。

磁场可以由永磁体或电磁铁产生。如果线圈中有电流通过，那么磁力线方向的判断方法是用右手的四个手指握起来的方向指向电流通过线圈的方向，那么拇指所指的方向就是磁力线的方向。

（7）法拉第定律指出，当导体在磁场中运动时，磁力线被切割，该导体中产生电压：
$$e = B \times L \times N \times \sin\theta \quad (27-12)$$
式中：e 为感应电磁力（EMF）（V）；B 为磁通密度（T）；L 为导体的长度（m）；N 为导体的速度（m/s）；θ 为导体和磁力线之间的角度。

注意，当导体和磁力线呈 90°角时，会产生最大的感应电磁力 EMF。用右手定则找出感应电磁力 EMF 的极性。让右手大拇指指向运动方向，食指指向磁力线方向，从北极到南极。然后，中指指向方向就是电流方向。

（8）洛伦兹力方程：
$$F_{\text{Total}} = Q \times E + Q \times U \times B = F_{\text{Electric}} + F_{\text{Magmatic}}$$
式中：Q 为电荷（C）；E 为电场（V/m）；U 为电荷速度（V/s）；B 为磁通密度（Wb/m^2）；符号×代表"叉积。"

注意在电动机的空气间隙中没有静电自由电荷。

因此，电力应该被忽略。

机电设备中的洛伦兹力可以用以下方程表示：
$$F_{\text{Magnetic}} = B \times L \times I \times \sin\theta \quad (27-13)$$
式中：F 为电磁力（N）；B 为磁通密度（Wb/m^2）；L 为导体长度（m）；I 为电流（A）；θ 为导体和磁力线之间的夹角。

27.3 电动机工作原理

当携带电流的导体置于磁场中时，就会产生能够使导体移动的力，这就是电动机的原理。所产生力的大小是由电磁力决定的，如式（27-13）所示。假设 d 代表转子(称为电枢)中心点与导体之间的距离,然后,扭矩与电磁力 $(\tau = d \times F)$ 成正比。因此,扭矩与转子(电枢)电流和定子(磁场)磁通强度成正比。

当电动机的转子转动时,就会产生感应电压。感应电压称为反电磁力(CEMF)或反电动势(back EMF)。此感应电压将与施加的电压相反。这个电动势电压总是小于外加电压,因为如果它等于外加电压,将没有电流可以流入电枢,电枢就不会转动。

27.4 电动机分类及运行特性

电机分为直流电机和交流电机。此外,旋转发电机根据其表观功率(kVA)容量进行分类。旋转电机和线性电机都根据其额定功率、用途和扭矩-速度特性曲线进行分类。电动机的额定功率可以是整数马力,也可以是分数马力。整数马力电机的额定功率为1hp或更高,而分数马力电机的额定功率小于1hp。电动机按其工作任务分类为连续或间歇工作电动机。需要持续运行的装置,如电风扇,使用连续工作电机,而诸如电动压缩机等需要短时间使用的装置,使用间歇工作电机。在本章的以下章节中,我们将介绍电动旋转机的类型,然后讨论软磁复合材料SMC和碳纳米管线是如何替代电机中的常规金属(大块铜和铁)。

27.5 直流电机分类和特性

直流电机分为三类:①绕线磁极式电机;②永磁电机;③电子换向或无刷直流电机。在绕线磁极式直流电机中,磁场是电磁的,换相是用换向器和电刷机械地完成的。永磁直流电动机用磁铁产生磁场。这些电动机的额定功率通常为分数马力。在电子换向或无刷直流电机中,换向是在半导体器件帮助下进行电子换向的。这些电机被应用于在气体环境中换向器和电刷接触产生的火花可能引起爆炸的地方。

与其他两种直流电机相比,绕线磁极式直流电机的使用频率更高。在绕线磁极式直流电机中,磁场线圈放置在定子槽中。磁极的铁芯是用限制涡流损耗的铁磁材料叠片制成的。直流电机中的旋转电枢在定子磁极芯中会感应到电压。这种感应电压会在定子芯中产生电流。这种被称为"涡流"的电流会由于叠片电阻而引起能量损耗。为了限制涡流的大小,由叠片制成的定子芯中每个叠片上都有绝缘层。因此,叠片中的涡流被隔离,涡流损耗也就降低了。

转子也由叠片制成。转子线圈安装在转子槽内。这些线圈与换向器部分相连。通过电刷和换向器以产生转矩的方向提供直流电压。转矩是由于定子和转子磁场的相互作用而产生的。该转矩将以顺时针或逆时针方向旋转转子。

直流电机也根据其电枢和磁场接线图进行分类。有四种方法可以连接和激励具有绕线定子和绕线转子绕组的绕线磁极式直流电机：①并励；②串励；③积复励；④差复励[1-5]。

单独励磁的直流电动机可以通过改变线电压或磁场电压来控制(图27-1)。改变线电压将改变转速以获得恒定转矩，而改变磁场电流将改变转速和转矩。

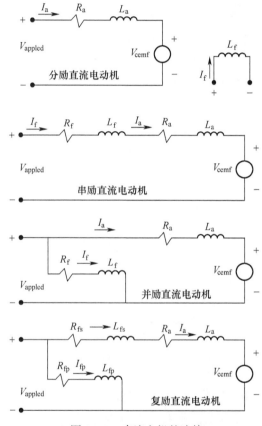

图 27-1　直流电机的连接

在串联连接的直流电机中，磁场和电枢线圈串联连接(图27-1)。磁场线圈通常由几圈电阻较小的粗线组成。磁通量与磁场电流I_f成正比。由于磁场电流I_f如果等于电枢电流I_a，那么扭矩与电枢电流的平方成正比。如果我们增加负载，转速会降低，导致串联磁场和电枢电流增加。增加电枢电流将产生更大的扭矩T：

$$I_f = I_a = (V_{applied} - V_{CEMF})/(R_f + R_a) \tag{27-14}$$

$$V_{CEMF} = K_e \times \varphi \times N \tag{27-15}$$

$$T = K_t \times I_a^2 \tag{27-16}$$

电机不动时产生的扭矩最大。当负载降低时,转速增加(图27-2)。如果直流串励电动机负载降至零,则转速会危险地升高到损坏电动机的程度:

$$N = (V_{applied} - I_f \times (R_f + R_a))/I_f \times K_e \tag{27-17}$$

调速(speed regulation)是当转子轴上的负载改变时,电机保持其额定转速的能力。更低的调速有助于电机保持其设定速度:

$$调速 = ((N_{无载荷} - N_{满载荷})/N_{满载荷}) \times 100 \tag{27-18}$$

直流串励电动机的调速性能非常差(图27-2)。由于"失控速度"的危险性,负载不得通过皮带或链条连接到直流串励电动机。高起动转矩是直流串励电动机的一大优点。此外,从直流串励电动机获得的每磅功率大于其他直流电机配置。直流串励电动机的最高转速可达10000r/min。

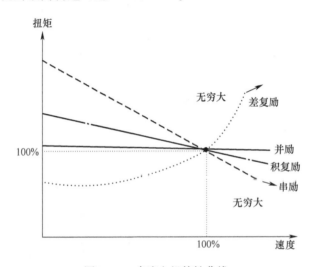

图27-2 直流电机特性曲线

直流串励电动机用在吊车、起重机和机车上。有时机车下坡行驶,使电枢转动足够快,产生比施加电压($V_{applied}$)更大的反电动势电压(V_{CEMF})。在这些情况下,直流串励电动机就像发电机一样工作。与发电机相关的反转矩将与驱动力(即由重力产生的力)相反,因此会发生"再生制动"。再生制动现在正在电动汽车中被用来给电池充电。

在并励直流电机中,磁场和电枢绕组并联连接(图27-1)。磁场线圈由许多圈细线组成。因此,并励直流电动机的磁场电阻较大。如果施加电压保持不变,则磁场磁通量 φ_f 保持不变。因此,空载时产生的唯一转矩是用来克服摩擦和风阻损失的:

$$V_{CEMF} = K_e \times N \times \varphi_f \tag{27-19}$$

$$T = K_t \times I_a \times I_f \tag{27-20}$$

反电动势电压 V_{CEMF} 将限制电枢电流量。当电机加载时,电机转速 N 将降低,将有更多的电枢电流(I_a)流动,并产生更高的转矩:

$$N = V_{\text{CEMF}}/(K_e \times \varphi_f) \tag{27-21}$$

$$N = (V_{\text{Applied}} - I_a \times R_a)/(K_e \times \varphi_f) \tag{27-22}$$

磁通量 φ_f 与磁场电流 I_f 成正比。如果施加电压 V_{Applied} 和磁场电流(I_f)保持恒定,则转速将保持相对恒定。可以设计一个并励直流电动机从空载到满载的转速变化率低至1%(见图27-2)。

由于电枢电流的增加,电枢磁通可能会增加,这是给电机加载引起的。气隙中总磁通强度 φ 可能会降低($\varphi = \varphi_f - \varphi_a$)。如果磁场电流降低到一个较小数值,电机转速将危险地增加。因此,在并励直流电动机运行期间,不得断开励磁绕组。并励直流电机用于需要恒定速度的应用场合,如电梯和输送带。在某些应用中,需要串励直流电动机的高起动转矩特性和并励直流电动机的恒速特性。复励直流电动机具有串励和并励磁场绕组(图27-1)。

复励直流电动机有两种类型:积复励和差复励。在积复励直流电动机中,串励和并励磁场磁通量方向相同,因此它们彼此相加(积复励)。在满负荷条件下,串励绕组有助于产生更强的磁场,从而产生更大的转矩。然而,在空载条件下,并励绕组有助于产生较弱的磁场,因此存在"失控速度危险"。积复励电动机的调速比并励电动机的调速差(图27-2),但会产生较大的转矩。在差复励电机中,串励和并励磁场方向相反,因此它们彼此相减(即差复励)。

对于较大的负载,串励场强度大于并励场强度;对于较小的负载,串励场强度小于并励场强度。在这两种情况下,磁场彼此相减,因此获得恒定的电机转速条件是可能的。该电机调速性能好,起动转矩小。然而,在重负载下,转速是不稳定的(图27-2)。通常采用交流电动机代替差复励直流电动机。

图27-3 显示了直流发电机曲线特性。原动机转动转子轴,然后从定子绕组

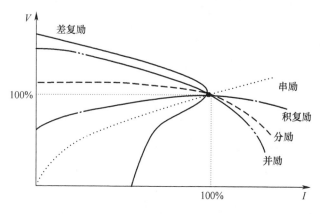

图27-3　直流发电机特性曲线

中取出产生的直流电流。注意,一般情况下,直流发电机以并励形式连接。

图27-4显示了典型直流电机的单线电网潮流图。

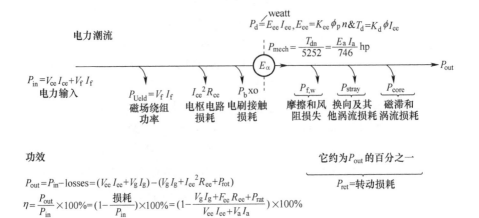

图27-4 直流发电机的单线电网潮流图

27.6 交流电机分类

交流(AC)电机在交流电压容易获得的行业中应用非常广泛。单相交流电动机的额定值通常为120V或240V,而三相交流电动机的额定值为208V、240V、480V、600V或更高。非常大的交流电动机的额定功率从147kW到73500kW。它们通常在480V启动,并且输入电压逐渐地增加,直到达到连续的工作电压水平[3]。在连续运行间隔期间,这些大型电机的施加电压为2300V、4000V、6900V或13200V。

交流电机中旋转转子的工作原理是建立在定子磁场旋转且转子磁场被附着和牵引的基础上的。如果假设定子磁场是自由转动的,那么转子的南极与定子的北极相吸,并被定子的南极相斥。因此,转动的定子磁场就会拉动转子。一般来说,定子上有电磁铁。这意味着叠片定子铁芯的槽中装有线圈绕组,这些线圈是用交流电励磁的。

对于用两相电流励磁的两极电动机,绕组分开90°放置。然后,当电流通过一个正弦周期时,磁通量 φ 将旋转一整圈。因此,转子的转速等于电源电压的频率。另一方面,如果定子有四个绕组线圈分开45°放置,则称为四极定子。当转子从北极到南极再回到另一北极时,一个电循环就完成了。在四极电机中,转子转速是电磁场转速的一半。

在用三相交流电流励磁的两极交流电动机中,三个绕组线圈被放置在定子周围。绕组线圈的起点分开 120°。

因此,对于 60Hz 交流电机而言,转子转速为 3600r/min。

在三相交流电流励磁的三相、四极交流电动机中,定子周围放置 6 个绕组线圈。绕组线圈的起点分开 60°。然后,对于 60Hz 交流电流供电而言,转子转速为 1800r/min。因此,交流电机的同步转速可采用以下公式计算:

$$N_s = 120f/P \tag{27-23}$$

交流电动机主要有两种类型:感应电动机和同步电动机。感应电动机的定子中通交流电。转子不与电源相连接。由定子产生的交替电磁场会在转子绕组中感应电压,从而引起电流流动。反过来,转子电流将产生一个旋转的转子磁场,该磁场将使自身与旋转的定子磁场保持一致。这将导致转子旋转。有两种感应电动机:鼠笼式感应电动机(SCIM)和绕线式转子感应电动机。

大多数感应电动机都有鼠笼式转子。转子杆嵌入转子槽中,由两个端环连接在一起。转子电流会沿着电阻最小的路径传输,因此无需将转子棒与铁芯绝缘。当转子转速增加时,定子磁场切割转子磁棒的速率将降低,因此转子电流和转子频率将降低。转子电流越小,转子电磁场越小。因此,转子不可能以旋转定子磁场的速度旋转。转速差定义为转子速度和定子磁场速度之间的差,称为同步速度:

$$S = (N_s - N_R)/N_s \tag{27-24}$$

$$f_r = S \times f_s = S \times f \tag{27-25}$$

$$T = K \times \varphi \times I_R \times \cos(\theta_R) \tag{27-26}$$

$$\text{P.F.} = \cos(\theta_R) = \arctan((f \times S \times L_r)/R_r) \tag{27-27}$$

图 27-5 显示了典型鼠笼式转子的转矩—速度特性曲线

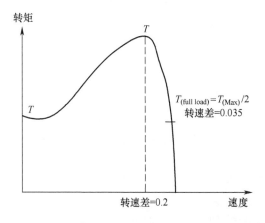

图 27-5 鼠笼式转子(SCIM)的转矩—速度特性曲线

注意,感应转子电流 I_R 和定子磁通量 φ 与定子电压成正比。因此,电机转矩 T

与定子电压平方成正比。如果区别对待式(27-14)中的 $I_R \times \cos(\theta_R)$ 并将其设为零,然后 $I_R \times \cos(\theta_R)$ 将是最大值,转子相位角 θ_R 必须为 45°。因此,对于一个恒定磁通强度 φ 而言,当 θ_R 为 45° 时,得到牵出(失步)转矩或最大转矩。当负载大于施加在电机轴上的牵出(失步)转矩时,感应电机将失速。感应电机的满载是其在额定转速下所能承载的负荷。可以分析图 27-4 中感应电机的转矩-速度特性曲线获得表 27-1 中列出的下列信息。感应电机通常具有良好的调速。额定转速和额定转矩感应电动机的转差率为 3.5%(S_{rated} = 3.5%))。

单相感应电动机的额定功率较小。它们通常被评定为分数马力电动机。他们的转矩是脉动的,除非转子已经是旋转的,否则它们不会运行。因此,单相感应电动机按其起动方法进行分类,主要有两种类型:①电容起动感应电动机;②分相起动感应电动机。

在电容起动单相感应电动机(SCIM)中,起动电容器通过离心开关与外加电压相连。起动电容器会引起 90° 的相位移,因此,电机将作为两相电机起动。

表 27-1 典型感应电动机运行参数

$T_{\text{pull-out}} = 1.75 \times T_{\text{rated}}$ 且 $S_{\text{pull-out}} = 0.25$
$T_{\text{start}} = 1.5 \times T_{\text{rated}}$ 且 $I_{\text{start}} = 6 \times$ 功率因数 $\times I_{\text{rated}}$

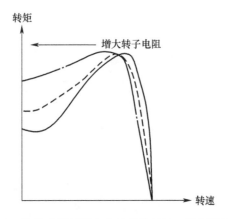

图 27-6 绕线式转子感应电动机的转速—转矩特性曲线

当转子转速达到同步转速的 75% 时,离心开关将断开。因此,定子磁场来回振荡产生脉动转矩。分相起动感应电动机(SPIM)有两个线圈:①启动线圈;②运行线圈。与起动电容器类似,当转子转速达到同步转速的 75% 时,起动线圈断开。

绕线式转子感应电动机具有 Y 形连接的三相转子绕组,通常通过滑环和固定电刷连接到 Y 形连接的可变电阻上。可以通过增大转子的电阻将绕线式转子感应电动机的转度-转矩特性曲线向左移动(图 27-6)。

向左移动将导致更大的额定转速。因此,可以获得一个变速的绕线式转子感应电动机。因为转子电流产生的热量可以通过外接电阻释放出去,因此电机经常可以在零转速下运行,这被称为堵转转子条件。绕线式转子感应电动机被应用于岩石破碎和汽车破碎。

图27-7显示了感应电动机的每相等效电路。通过实验室试验确定电阻和电感参数。S 表示转速差。

图27-8显示了典型三相感应电动机的单线功率潮流图。

感应电动机的转子总是试图使自己与旋转的定子磁场一致,这就意味着转子转速总是小于同步转速。另一方面,同步电机转子将锁定在旋转磁场中,因此同步电机转子以同步速度旋转。同步电动机定子的制造与感应电动机定子的制造相似,并通过三相交流电流供电。大多数同步转子都有凸极,凸极周围绕有线圈,线圈通过滑环与转子轴相连。

通常,同步电动机的转子在磁极表面的顶部都装有鼠笼式磁棒。同步电动机不能自行起动。因此,鼠笼式磁棒将使转子像感应电动机一样,使同步电动机转动起来。

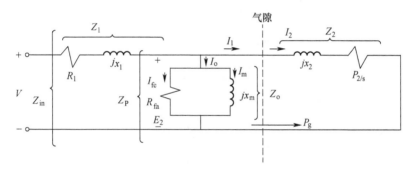

图27-7 感应电动机的各相等效电路

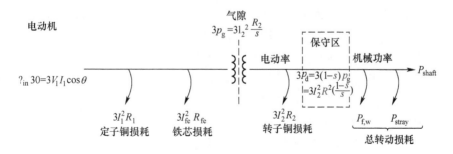

图27-8 感应电动机的功率潮流图

一旦电机转速接近同步转速 N_s 时,转子将通直流电,凸极被磁化。然后,凸极转子将锁定在旋转的定子磁场中。注意,在同步速度下,因为 $f_r = S \times f$ 且转差率 S 等于零,因此在磁棒中没有电流感应。小型同步电动机中有永磁转子。牵入(同步)转矩是电机起动时,使转子磁场和定子磁场一致所需的转矩。牵出(失步)转矩是使转子磁场与定子磁场不一致所需的载荷量。增大直流转子励磁电流会增大牵出(失步)转矩值。

交流同步电动机(SM)是最有效的电动机之一。同步电动机的一个独特品质就是具有超前的功率因数特性运行能力。由于同步电动机以超前功率因数运行,因此具有大于所需的直流转子电流励磁(图 27-9)。

这一特性称为"过励磁",可用于工业中的功率因数校正。由于工业装置中电动机和变压器的数量,功率因数通常是滞后的。因此,使用超前的功率因数可以使整体功率因数接近 1。在正常运行条件下,当同步电机不用于功率因数校正时,同步电机在恒定同步速度下运行。

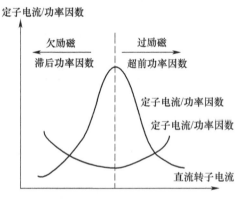

图 27-9 同步电机特性

对同步电机的转矩-转速特性曲线进行分析可以得到以下信息。起动转矩 T_{start} 是在转速为零时起动产生的转矩。加速转矩 $T_{accelerate}$ 是在起动和牵入(同步)速度之间产生的转矩。可同步的具有特定惯性的最大负载转矩称为牵入转矩 $T_{pull-in}$。在同步转速的 95% 转速下产生的转矩,用于同步电机的比较,这种转矩称为名义转矩 $T_{nominal}$。同步运行过程中产生的转矩称为同步转矩 $T_{synchronous}$。电机因过载而失步 1min 前产生的最大转矩称为牵出(失步)转矩 $T_{pull-out}$。

大多数同步电动机的额定功率都是分数马力。有三种分数马力同步电机:①磁阻电机;②磁滞电机;③永磁同步电机。

磁阻电动机的转子是鼠笼式的,被切割成凸角形状,即向外突出。该电机将作为感应电机起动,但以 95% 的同步速度起动,凸极和定子磁场之间有足够的吸引力,使它们锁定在同步速度。同等大小尺寸的感应电动机产生的转矩比磁阻电动机产生的转矩大 2 或 3 倍。磁阻电机的额定负载小于 10hp。

除了转子磁棒是由热处理钢制成外,磁滞电机的转子看起来与感应电机的转子相似。在同步速度下,旋转定子磁场切割转子,因此,转子磁畴会旋转。由于移动磁畴而造成的能量损失被称为磁滞损耗。由旋转磁畴和涡流产生的转矩使转子转动。当电机以同步速度旋转时,转子沿着转子磁棒具有定子磁链磁阻最小的路径被磁化。因此转子将锁定在定子磁场中,并以同步速度旋转。磁滞电机是分数马力,用于驱动高惯性负载。它们的起动电流低,运行平稳、安静,且效率接近感应电动机的效率。

永磁同步电机的转子类似于鼠笼式转子 SCIM,但转子上有永磁棒和铜棒。它将作为一个感应电动机起动,类似于磁阻电动机的起动方式。当转速接近同步转速时,永磁磁极将锁定在定子磁场中,以同步转速旋转。永磁同步电机具有很高的牵入和牵出转矩。拥有高达 2 马力的额定功率和卓越的功率因数和效率。同步发电机一般都有凸极转子,转子线圈通直流电,原动机使转子轴转动,然后交流电流从定子绕组中取出。

27.7 直线感应电动机

直线和轴向感应电动机可以应用在许多对社会有重大影响的领域。直线电机被应用于磁悬浮装置,如高速轨道车、各种直线驱动器如滑动开门器和工业机械中。轴向电机通常应用于风扇、泵和车轮中,并作为电动汽车的驱动元件。功率密度作为所有电机包括直线电机和轴向电机中一个关键因素,在设计过程中是非常重要的。除了移动磁场情况下,直线感应电动机的工作原理与普通旋转感应电动机相同。对于旋转感应电机,移动磁场通过定子旋转引起转子转动,在轴上产生转矩。对于直线感应电机,磁场沿着初级电机移动并沿着移动磁场的方向直接产生推力。在两种感应电机中,初级电机齿周围的绕组与交流(AC)电源相连。这些绕组起到感应器的作用,因此感应电机,且产生磁动势。该磁动势产生一个通过电机磁路的磁通量,产生移动磁场。直线感应电机与旋转电机相比,具有几个优点,如较高的加速和减速率,更高的保护度,以及直线运动不需要齿轮。[6]直线感应电机可以是单边或双边的,在双边电机中有两个初级电机,和一个次级电机位于两个初级电机之间。由于单边电机在初级和次级之间存在力的作用,图 27-10 示出一种双边初级电机。

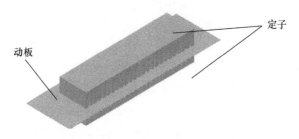

图 27-10 双边直线感应电机的三维模型

27.8 碳纳米管线和软磁复合材料在电动机中的应用

目前最常见的电动机都是由重量较重的铁材料制成的,且其磁性也是完全已知的。由于铁材料较重,铁材料制成电机的功率密度、功率与重量比都相对较低,因此需要研制具有均等功率输出的更轻电机。研究人员在寻找新的基础材料方面进行了大量研究和开发,对碳纳米管和软磁复合材料(SMC)开展了测试。软磁复合材料是目前正在研究的一种材料,该材料由位于瑞典和美国宾夕法尼亚州的 Höganäs 公司创建的以 Somaloy 品牌命名的样品材料。这种新材料的主要优点是它比铁稍轻、磁芯损耗较低,但这种材料的磁性较低。

这种材料可能会使电机/发电机具有更高的功率密度,这是开展该材料研究的基础。首先完成了现有旋转和直线感应电机设计的研究,制定了必要的研究方案将碳纳米管和软磁材料都集成到电机和发电机中。在选择和确定最终的设计方案后,就可以计算出电机的性能特性,并利用 COMSOL 仿真软件建立电机的三维(3D)模型。然后可以使用三维模型来模拟每个电机的磁性能。

在现有的铁基感应电动机中,由于采用了可以降低涡流损耗的叠片材料,磁通路径被限制在平面上。但是,对于采用碳纳米管或软磁复合材料设计的电机,磁路可以具有三维的磁通路径,这就使电机具备了拥有更高性能的潜力。对于这类磁通路径,传统的二维(2D)方程是不适用的,而三维方程又非常复杂,因此,模拟有助于更好地理解每个电机的磁路和软磁复合材料的全部功能。在设计过程中必须使用仿真软件程序,诸如 COMSOL。此外,还应该研究每个电机的频率变化,以确定可能的性能特征。

在电网频率(60Hz)以上运行的电机都具有特定的优势,并且具有一定的市场针对性。最终的结果是对碳纳米管/软磁复合材料的旋转和直线感应电机进行一个完整、全面的设计,并对其与变频器(用于变频驱动)连接时的电机性能进行了评估。样品感应电动机设计中使用的材料是 Höganäs 公司制备的一种软磁复合材料,称为Somaoy,这种材料相比于其他电机制造材料具有很多优点[7]。

软磁复合材料是由绝缘膜包裹的铁粉颗粒,绝缘膜使粉末颗粒间彼此电隔离,通过压实和热处理形成磁芯结构。在压实过程中,绝缘膜使颗粒与颗粒之间产生小气隙,从而增加了结构电阻率,降低了饱和磁化强度。此外,由此制备的结构由于良好的绝缘性,涡流损耗更低。在传统感应电机的制备中,为降低涡流损耗,需要在连续层之间加叠片,这些叠片材料将磁通量路径约束在一个平面上。相比之下,采用软磁复合材料制造电机的优势是可以获得三维磁通路径。

软磁复合材料结构的整体性能在很大程度上取决于其结构的制备方法,其他的关键影响因素还包括颗粒形状、粒径、涂层材料和压实压力[8]。由于这些因素的不同影响作用,Höganäs公司提供了几种不同的软磁复合材料SMC。一般来说,这些材料都具有独特的磁性和其他一些电机特性,例如较低的交流电机损耗。然而,软磁复合材料与铁相比,其磁导率较低,因此在电机设计时不能直接用软磁复合材料替代铁。使用MATLAB程序获得的B-H曲线如图27-11所示,可以用于选择软磁复合材料,所测材料的功率损耗如图27-12所示。

从图中可以看出,不同的软磁复合材料具有不同的性能,必须根据具体应用选择以获得最佳的电机设计。这项研究的目标是开发具有高功率密度、低损耗的电机,并研究在更高频率、更高温度(碳纤维可承受的潜在温度)和更高电压下的电机性能。基于那些设计约束,获得采用Somaloy材料或者Somaloy700系列材料或碳纳米管复合材料的最佳性能结果。为便于比较,表27-2中列出了Somaloy材料性能及与Somaloy性能相似的标准钢叠层材料性能。

表27-2 软磁复合材料和钢的性能

频率/铁芯损耗	软磁复合材料粉末(材料)					硅钢叠层片	
	A	B	C	D	E	0.5mm(50A400)	0.35mm(35JN360)
200Hz	17.9	16.9	14.35	13.97	17	10.1	7.6
400Hz	41.7	35.3	30.35	30.1	36.4	28.4	19.7
600Hz	62.9	54.4	48	47.2	57	53.3	36.4
800Hz	36.9	74.7	67.1	63.14	77	85	62.1
1kHz	104.4	90.7	88.25	83.57	100.7	119.4	80.6
2kHz	235.8	201.3	208	202.5	210.2	344.5	233
4kHz	604.1	499.5	524	513.1	491.9	1201	717.7
6kHz	1097	832.9	944.5	931.4	875.4	2126	1406
磁导率	300	500	700	780	472	1800	2000
矫顽磁力/Oe	4.3	3.2	2.8	2.7	3.1	1.5	1.1
饱和磁通量/T	1.3	1.51	1.66	1.71	1.4	1.8	2.0

由《磁性世界》提供。

软磁复合材料磁芯的另一个可能优势是为转子和定子提供一种新的制造模式。冲压叠片、涂覆和叠片组装都需要大量技术工种，增加了电机的成本，尤其是大型电机[9]。软磁复合材料磁芯的制备可能是整体铸造。笼子可以放在一个模子里，模子里充满液态的软磁复合材料，就地固化，然后加工整个转子。

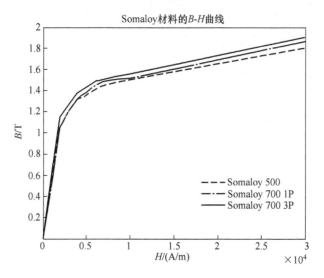

图27-11 Somaloy材料的B-H曲线

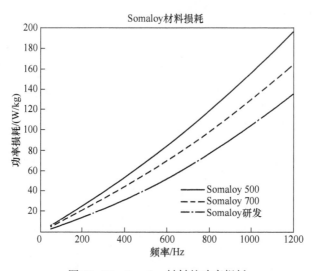

图27-12 Somaloy材料的功率损耗

正如本书中其他章节中的描述，正在开发带状碳纳米管混杂导体。碳纳米管混杂导体具有以下碳纳米管材的优点:最大电流密度高、电阻不随导线温度的升高而降低,趋肤效应被最小化,导线很轻。但金属可以提供高的导电性和导热性,金属的缺点是高密度,金属有缺点的同时也有优点。因此,混合材料可以专门为开发电机用轻量导体提供材料。

复合材料被用来制造变压器磁芯,称为 E 型磁芯[10]。图 27-13 显示了一个装配好的 E 型磁芯。

图 27-13　采用复合碳纳米管材料制备的 E 型磁芯试样

随后,对这些变压器中的 E 型磁芯进行了测试[10]。在复合材料试样凝固后,从模具中取出,对 E 型磁芯试样进行接线,形成变压器(图 27-14)。所有复合 E 型磁芯试样的匝数比均为 40∶80。所用的电线是初级 40 圈和次级 80 圈的 24 号电线。然后用电工胶带把电线包起来。

图 27-14　E 型磁芯变压器试样

表 27-3 给出了制备和测试 E 型磁芯复合材料的信息。

表 27-4 给出了试样的相对磁导率的初步结果。这些磁芯试样中只有约 50%

体积分数的铁粉,因此,磁导率很低。相对磁导率会随着铁的体积分数的增加而增加。应强调的是,E 磁芯软磁复合材料的电阻测量值在内阻范围内,这意味着涡流损耗可以忽略不计,不需要对磁芯进行叠层。

在次级开路的情况下测试了 E 型磁芯。初级绕组中的电流在 60Hz 频率下从 0.5A 增加到 5A。表 27-4 描述了 60Hz 时的磁芯相对磁导率的计算结果[10]。

制备的碳纳米管线电阻太大,无法用于传统电机。因此,如本书所述,正在开发碳纳米管混杂线。在纳米管合成过程中,将金属与碳纳米管结合在一起形成碳纳米管混杂线。另一种将金属和碳纳米管线结合在一起的方法是通过电镀方法。碳纳米管混杂线的组成对各种金属组合开放,目前仍处于开发阶段。其目标是采用碳纳米管混杂线取代铜丝,达到减轻重量、增大最大电流密度且电阻随温度的增高保持稳定等目标,此外还要权衡成本的增加和电阻损耗的增加。

表 27-3　E 磁芯复合材料的质量和体积百分数

试样编号	采用的铁材	材料质量/g	A 部件质量/g	B 部件质量/g	铁材的质量百分数/%	铁材的体积百分数/%
1	Somaloy 3P	648.48	93.02	18.60	85.32	46.95
2	Somaloy 3P	706.90	84.66	16.93	87.43	51.45
3	Somaloy 3P	584.78	101.10	20.22	82.82	42.33
4	Sigma-Aldrich 铁	176.16	156.22	31.24	48.45	12.09

表 27-4　试样的相对磁导率的计算结果

试样编号	铁材的体积百分数/%	相对磁导率
标准铁芯	100	336
1	46.95	16
2	51.45	17
3	42.33	20
4	12.09	5

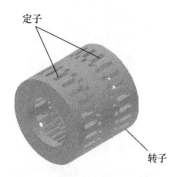

图 27-15　双边直线电机感应电机的三维模型,卷起来像旋转电机

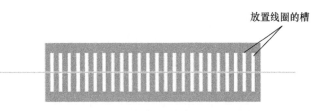

图 27-16　一个直线电机定子的正视图

对电机进行重新设计使具备其能在更高频率、更高电压和更高温度下运行的潜力。采用软磁复合材料磁芯使电机在高频运行时无涡流损耗,利用碳纳米管混杂线的特性使新电机具有比传统电机更高的性能。图 27-15~图 27-21 给出未来使用软磁复合材料和碳纳米管混杂材料的电机设计。

图 27-17　单边轴向感应电动机

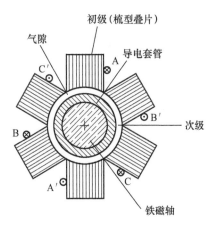

图 27-18　纳米感应电机(nanoinduction motor,NIM)侧视图

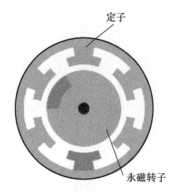

图 27-19 三相无电刷直流电动机

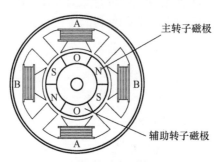

图 27-20 两相无电刷直流电动机

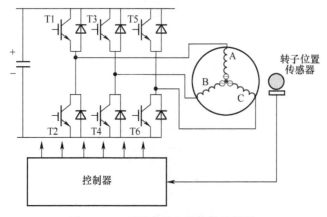

图 27-21 无刷直流电机及其控制器

27.9 本章小结

本章概述了电机的理论和特点,并介绍了未来电机中可能替代金属的新型软磁复合材料和碳纳米管导体材料。软磁复合材料具有很高的电阻,因此很大程度上可以消除磁芯材料中的涡流损耗。略显不足的是磁导率和热导率也有所降低。在更高的电气工作频率下,软磁复合材料可以降低电机的重量(相对于金属芯电机)。碳纳米管混杂材料具有比铜更高的电流密度和比单纯碳纳米管材料更高的导电率和热导率。碳纳米管混杂材料可定制,其比电导率最终可能超过铜丝,并能减轻电机的重量。与传统电机相比,碳纳米管混杂纳米感应电机可以在更高电压和更高温度条件下运行。碳纳米管混杂材料带材的成形比将碳纳米管混杂材料拧成纱线容易。由于世界上每年生产数十亿台电动机,电机功率密度的微小提高就可以显著地节约能源和节省燃料。使用软磁复合材料和碳纳米管混杂材料制备电机时,其制造方式方法也会有所不同。为了减少劳动力和可自动化生产,未来电机的磁芯可以在带绕组周围采用铸造方法制备出来。

参 考 文 献

[1] S. Umans, Fitzgerald and Kingsley's Electric Machinery, seventh ed., McGraw Hill, 2013.
[2] C. Hubert, Electric Machines, second ed., Pearson, 2001.
[3] N. Mohan, Electric Machines and Drives, Willey, 2012.
[4] S. Chapman, Electric Machinery Fundamentals, fifth ed., McGraw Hill, 2011.
[5] T. Wildi, Electrical Machines, Drives, and Power Systems, sixth ed., Pearson, 2005.
[6] I. Boldea, S. A. Nasar, Linear Motion Electromagnetic Systems, Wiley, New York, 1985(Print).
[7] A. Lennartz, Induction Motor Design & Analysis With SMC Materials, Master of Engineering Capstone, University of Cincinnati, 2014.
[8] L. Hultman, O. Andersson, in: Advances in SMC technology—materials and applications, EURO PM2009. Copenhagen, Denmark, 2016.
[9] L. Hultman, Y. Zhou, Soft Magnetic Composites—Properties and Applications, Hoganas AB. Web, 2017.
[10] N. Lalley, Composite Electromagnetic Applications and Devices, Master of Science Thesis, University ofCincinnati, 2017.

词 汇 表

加速转矩:同步电动机在起动转矩和引入转矩之间起动所产生的转矩。

电刷和换向器:位于直流电机轴上的装置,用于改变转子(电枢)磁通线方向的装置,使电枢磁通与定子(磁场)磁通的磁力线成90°角。

电容起动单相感应电动机:利用电容器改变单相感应电动机的单相输入电

压到两相输入电压;当转子加速到某一特定速度时,离心开关将打开并断开电容器。

离心开关:用于单相感应电动机的开关,通常闭合至达到特定的最小转子转速。

复励直流电动机:具有串励和并励磁场绕组的电动机,具有串励直流电动机的高起动转矩特性和并励电动机的恒速特性。

连续工作电机:设计成以预定速度或接近预定速度连续运行的电机。

积复励直流电动机:串励磁场和并励磁场同方向缠绕的电动机,因此它们的磁通线彼此相加。

电子换向:在无刷直流电机中,利用半导体器件感应转子磁场位置,并在适当的时间改变方向。

直流电机电枢电流:直流电机转子绕组中的电流。

直流电机磁场电流:直流电机定子绕组中的电流。

差复励直流电动机:串励磁场和并励磁场反向缠绕的电机,因此它们的磁通线彼此相减。

涡流:定子铁芯中的转子感应电流。它在发动机中产生热损耗。

电磁场:导体线圈中的电流产生的磁场。

机电设备:利用电磁力产生转矩和转速的装置。

法拉第定律:感应电动势电压与磁通强度、导体长度、导体速度和导体磁通线角度成正比的定律。

磁通密度(B):每平方米面积的磁通强度(韦伯)。特斯拉是测量磁通密度的单位。

力:受牛顿力方程制约的对物体的影响。力与质量和加速度成正比。

分数马力电动机:电机额定功率小于1马力。

满载:感应电动机以额定速度运行时的负载。

磁滞同步电动机:除了转子磁棒是由热处理钢制成外,电动机的转子看上去与感应电机转子相似。

感应电磁力:导体通过磁场时产生的电压。

感应电动机:电机中的转子不与电源直接相连,定子中电流产生的交变电磁场在转子中感应出电压,该感应电压产生的转子磁场跟随定子磁链,并试图与之保持一致。

整数马力电动机:电机额定功率为1马力或以上。

间歇工作电机:每隔一段时间运行一会儿的电机,如压缩机电机。

叠层件:带有绝缘层的金属件,用于制造电机定子和转子磁芯,使涡流损耗的影响最小化。

直线电动机:设计用来产生平移力而不是转动扭矩的电动机。
磁场:在一个磁区的磁力线和磁通量从北极向南极流动。
磁通量(ϕ):磁力线。
电动机反电势 EMF(CEMF):反电动势,即由转子(电枢)磁场引起的定子感应电压。
额定转矩:同步电动机在95%额定转速下产生的转矩。
永磁同步电动机:除了转子上有永磁棒和铜棒,永磁同步电动机类似于鼠笼式感应电动机。起动如感应电机一样,类似于磁阻电动机的起动。当速度达到接近同步速度时,永磁磁极锁定在定子磁场中,并以同步速度转动。
永磁场:由永磁体产生的磁场。
功率:在1s内做功的速率。
牵入(同步)转矩:可以使电机同步所允许的最大负载量。
牵出(失步)转矩:使同步电机转子磁场和定子磁场失去同步能力的转矩。
再生制动:当电机速度高于额定速度时,可用直流串励电机制动。
磁阻同步电动机:带转子电机,与鼠笼式感应电动机类似,除了转子上有永磁棒和铜棒。
每分钟转数(转/分):电机速度的测量单位。
转子(电枢):电机的旋转部件。
凸极:同步电机转子上的磁极,与定子磁场磁通同步锁定。
分励直流电动机:电机的定子和转子绕组由两个单独的电源供电。
串励直流电动机:电机的定子和转子绕组串联连接。
并励直流电动机:电机的定子和转子绕组并联连接。
单相感应电动机:由单相交流电源供电的电动机。
转速差:转子速度和定子磁链速度(同步速度)之间的差异。
调速:电动机在变化负载下保持其额定转速的能力。
分相感应电动机:一种利用辅助线圈将单相交流电压输入转换为两相交流电压的单相感应电动机。在接近额定速度时,分相线圈将通过离心开关断开。
鼠笼:一种感应电动机转子,有两个铜环,通过铜条连接在一起。
起动转矩:转子转速为零时,同步电动机在起动时产生的转矩。
定子(磁场):电机静止不动的部分。
同步电动机:转子速度与定子磁链速度相同的电机。
同步速度:电机定子磁通的速度。
同步转矩:同步电动机以同步速度运行产生的转矩。
三相交流电动机:由三相交流电压供电的电动机。

转矩：使物体旋转的力。
两相交流电动机：由两相交流电压供电的电动机。
功：仅在作用力移动物体时做功。
绕线转子感应电动机：电动机的转子带绕组线圈。

第28章
碳纳米管在能源领域的应用

Qiuhong Zhang[1], Zong Wu Bai[2], Feng Du[3], Liming Dai[3]
[1] 美国俄亥俄州代顿,WPAFB,空军研究实验室(AFRL)
[2] 美国俄亥俄州代顿,代顿大学,代顿大学研究所(UDRI)
[3] 美国俄亥俄州,克利夫兰西储大学分子科学与工程系,碳高级科学与工程中心

28.1 引言

28.1.1 全球能源问题

20世纪70年代的能源危机引发了可再生能源和节能措施的发展。由于供应最终满足了需求,缩减了这些计划。十年后,由于污染的危害,人们开始致力于将化石燃料的开采、运输和消耗对环境的影响降到最低并加以扭转[1]。美国能源部预测,20年后世界能源消费将增长20%(图28-1)。人们日益关注化石燃料的持续使用及其对气候变化的影响[2],这再次激发了人们对可持续能源发展和可再生能源系统改进的研究。想要应对全球变暖和化石燃料有限性的挑战,改进能源储存和转换系统,提高能源的使用效率是至关重要的[2-3]。

世界人口不断增长,预计到2050年将达到90亿。随着新技术发展和经济快速增长,预计到2050年的能源需求将在13万亿瓦的基础上翻一番。不幸的是,储存的石油资源可能只能再供应60年,天然气供应60年,煤炭供应200年左右[4]。目前,世界上大部分电力是由化石燃料发电厂生产的。伴随着化石能源的大量消耗,CO_2温室气体排放正迅速成为一个严重的环境污染问题。因此,人们投入了更多的研究精力,致力于改进从可持续的、无污染的能源中产生可用能源的方法,并以一种易于运输或使用的形式储存起来。光伏电池、燃料电池和生物能源转换系统可能是传统能源供应的潜在可持续替代品。

替代燃料或储能技术领域(如燃料电池、电池和超级电容器等)的发展正成为与能源领域相关的重要研究课题。来自太阳能、水能和风能等清洁和可再生能源

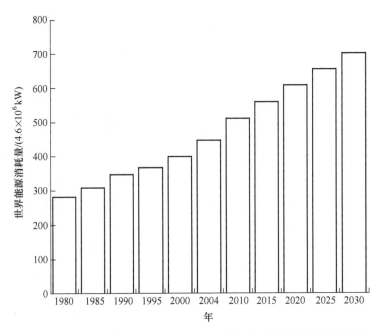

图 28-1 美国能源部对 1980 年至 2030 年期间能源利用的价值和预测

也具有巨大的潜力,但在实际使用中急需高效的能源转换和存储技术,使其可按需连续供电。

发展高效储能系统对于实现世界未来的能源目标至关重要,特别是当能源成本上升,越来越多的人需要用电的时候[5-6]。储能技术可以在能量过剩时储存能量,然后在高需求时释放能量,从而提高供应系统的效率[5]。为了创造出有助于缓解能量储存和转换困境的能量储存系统,需要在研究发展基础、工程改进等方面取得进一步的实质性进展。

低热(约130℃)是几乎所有人类活动的副产品,尤其是涉及能量转换时。也称为"余热",因为散发到环境中的热量是未利用的。热能转换领域的进展可以有效利用有限的化石燃料,并为现有的能源转换系统提供补充动力。

28.1.2 碳纳米管简介

自 1991 年 Iijima[8] 发现碳纳米管(CNT)以来,由于其独特的电子、化学、机械和结构性质,其应用的发展受到了广泛的关注。碳纳米管由六边形网络中的 sp^2 碳键合单元构成,如石墨烯片[9]。碳纳米管可以分为单壁碳纳米管(SWCNT)和多壁碳纳米管(MWCNT)。SWCNT 是将一片石墨烯卷成圆柱状,并由半球形端部覆盖而成,这是生长过程中纳米管壁六边形碳网中夹杂五边形碳的结果。SWCNT

的直径约为0.4~3nm,长度为几微米[10]。MWCNT是由多层石墨烯片卷曲形成的同心圆柱体,直径在2~25nm之间,片间距或层间距约为0.34nm[11]。

碳纳米管具有一些独特的物理性质,如拉伸强度是钢的100倍,导热性优于除最纯的金刚石外的其他材料,导电性类似于铜,但可以承载更高的电流[9]。碳纳米管在侧壁上有很高的电子转移速率,因此碳纳米管具有高导电性。碳纳米管的化学反应性主要来自侧壁的曲率和结构缺陷[12]。由于sp^2杂化正平面C-C键的畸变和p轨道的非线性,其化学反应活性随侧壁曲率的增大而增大。碳纳米管的整体化学反应性在很大程度上取决于结构缺陷,如空位和Stone-Wales缺陷,这使得缺陷中的碳原子之间形成局域双键,从而增强了局域化学反应性。

碳纳米管的比表面积和多孔性决定其吸附性能。对碳纳米管进行化学处理后,通过改变其比表面积和多孔结构可以显著影响其吸附性能。一般来说,碳纳米管比石墨具有更高的凝结压和更低的吸附热,因此具有更好的吸附性能[13]。碳纳米管有两个不同的区域有助于其电化学行为,即碳纳米管侧壁和管端。碳纳米管的纯化,如化学氧化或热处理,导致其部分氧化、在管端和沿侧壁的缺陷产生含氧官能团[14]。当纯化的碳纳米管进行循环伏安(CV)时,观察到一对氧化还原峰,这些峰归因于碳纳米管上含氧官能团的氧化还原过程[15-16]。碳纳米管侧壁的电化学行为与高取向热解石墨的基面相似,管端的电化学行为与高取向热解石墨的边缘面相似[17]。

28.1.3 碳纳米管应对能量储存和转换问题

纳米结构材料由于其良好的力学和电学性能,在能量储存和转换领域引起了科学家的广泛关注[3,18]。CNT是一种纳米结构材料,由于一维约束,它具有良好力学和电学性能,同时兼具利于提高整体性能的表面性能。纳米结构材料的潜力不仅限于储能和转换装置,还可以应用于纳米晶体管、驱动器、电子场发射[19-20]和生物传感设备[21-22]。由于廉价的碳前驱体材料非常丰富,因此将碳基纳米材料用作电极材料是实用且经济上可行的[23]。随着近20年来对碳纳米管的研究不断深入,材料成本随着加工性和可扩展性的提高而显著降低[24]。

将碳材料尤其是CNT作为电极材料的一部分,其优点在于具有优异的机械和电性能,在增强导电和电化学性能的同时为基板提供机械支撑;且用于合成CNT的碳前驱体材料成本较低,这使得器件制造具有可扩展性和经济可行性[25]。碳纳米管聚集体具有极高的比表面积,这在电容器设计中尤为重要。碳纳米管电极材料可以被限制在较小的区域内以增加电极与电解质接触并降低器件重量,从而最大限度地提高器件的整体重量性能[26]。碳纳米管还具有化学稳定性,这增强了对电极表面降解的抵抗力[27]。

28.2 碳纳米管在再生能源方面的应用

28.2.1 储氢

在当前水与能源问题并存的时代,人们对绿色高效能源的需求日益增长,引发科学界越来越关注对氢的研究。通过氢气发电非常有效,因为这一过程不受朗肯循环的限制[28]。碳纳米管具有较高的比表面积和孔隙率,是一种很好的氢气吸附剂。氢的吸附与上述两个参数成正比,且众所周知,气体的吸附取决于任何吸附材料的压力和温度[29]。氢气的吸附作用是在 CNT 未占据的空间中进行[28]。在过去的几十年中,人们进行了许多研究来改善碳纳米管的储氢性能[30-39]。一些结果列于表 28-1 中。

表 28-1 热力学条件下 SWCNT 的储氢结果[29],版权所属 2002 Elsevier

吸附剂类型	储氢量/%（质量分数）	温度/K	压力/MPa	参考文献
SWCNT	11	80	10	[34]
SWCNT	2	80	10	[35]
SWCNT	6.5	300	16	[36]
SWCNT	5~10	300	0.04	[37]
SWCNT	10	300	0.04	[33]
SWCNT	4	300	12	[38]

Dillon 等[33]首次发表了碳纳米管吸附氢的试验数据。他们发现 SWCNT 在接近室温和常压条件下具有很高的能量存储能力。结果表明,直径在 1.6~2nm 之间的 SWCNT 可以达到 6.5%(质量分数)的氢吸附密度。Gayathri 和 Geetha[32]发现碳纳米管中结构缺陷的存在使吸附结合能增加了 50%,这对储氢有着关键的影响。在 Ong 等的综述中所述[39],关于 CNT 表现出优异的储氢性能的说法存在争议,因为这种高储氢能力无法重复[40]。最近,有新的研究表明 CNT 在室温下的储氢能力非常低[40,43]。Tibbetts 等[41]研究了压力 11MPa、温度 280~1500℃下不同 CNT 对氢的吸附。通过试验,他们发现所研究的 CNT 都没有表现出良好的氢吸附性能:最大的吸附量约为 0.1%(质量分数)。使用 CNT 进行储氢并没有达到美国能源部的预期[39]。似乎氢气的储存空间比被 CNT 等固体吸附时要小。如果空间是个问题,则氢气可以在压力下以液体形式存储。如果储氢存在安全问题,则需要另一个过程释放吸附的氢,以便在储氢后使用。碳纳米管在储氢方面很有用,这似乎不合逻辑。

28.2.2 太阳能电池

太阳能电池是一种取之不尽、用之不竭的能源,是发电的可再生和替代能源,具有巨大的发展潜力。来自太阳的光子被吸收在光伏装置中转化为电能。光子的能量通常是电子被消除所需能量的两倍。因此,剩余的能量将作为热量损失。总功率转换效率低是有机太阳能电池的主要缺点之一。

有机太阳能电池对光的吸附会导致激子的产生(紧密结合的电子空穴对)。限制有机太阳能电池功率转换效率的因素主要有:激子结合能高、激子扩散长度短、有机吸收体最低未占据分子轨道能级与最高占据分子轨道能级之间的吸收带隙大、开路电压低以及载流子迁移率低等[44]。研究人员正在研究太阳能电池,以提高其效率和降低其价格。

将 CNT 用于太阳能电池的主要方法包括将 CNT 与给电子共轭聚合物的溶液混合。然后,将该混合物旋涂于薄透明导电电极(60~120nm)上[45]。这些电极通常是玻璃和塑料,覆盖有氧化铟锡和聚(3,4-乙撑二氧噻吩)-聚(苯乙烯磺酸酯)(PEDOT-PSS)层[46]。此外,为了提高 CNT 在溶剂中的溶解度以掺入基体中,可以通过功能化改性 CNT,例如使用核酸。

结果表明,聚合物与 CNT 具有较高的电子亲和力,因此二者混合是一种快速有效的激子解离方法。激子以高产率被解离成自由电子,这样可以获得更高的能量转换效率[47]。Kymakis 和 Amaratunga 首次研究了在有机太阳能电池中应用 CNT 作为电子受体[46]。研究了碳纳米管与聚合物聚 3-辛基噻吩(P3OT)在太阳能电池中的共轭作用[47]。研究发现碳纳米管与聚合物之间的相互作用使得聚合物中光生激子可以电荷分离,从而导致电子从 CNT 向负极的迁移率增加。此外,这种方法将复合材料的电导率提高 10 倍,从而表明材料内部的渗透路径[48]。掺杂 SWCNT 后,P3OT 器件的光伏性能得到了很大的提高,光电流和开路电压均有所增加。这证明[49]在聚合物基体中引入少量的 CNT 可以极大地改善 PV 性能。Kymakis、Amaratunga[49]和 Geng、Zeng[50]研究了 SWCNT 与聚 3-己基噻吩(P3HT)之间的相互作用。由于 SWCNT 在 P3HT 基体中的溶解度高,在 P3HT 基体中具有良好的分散均匀性,因此导致 SWCNT 与聚合物之间有很大的界面。这种大界面保证了吸收光在激子产生过程中的有效利用。在他们的试验中,SWCNT 被用来提高 P3HT 的结晶度,这对于提高光伏器件的性能是非常重要的。它们也被用作电子受体和电子传输隧道,这样由于激子的解离和电荷传输增强,使效率不断提高[49-50]。

与硅太阳能电池相比,有机太阳能电池是柔性的、生产成本低,因此引起了许多研究者的兴趣,且有广泛的商业应用。然而,目前已有足够的经验表明,有机太阳能电池在太阳下老化后寿命较短。长寿期、低成本的有机太阳能电池是当前的研究热点。

28.3 碳纳米管在能量转换方面的应用

28.3.1 背景介绍

燃料电池通过电化学还原氧气并将燃料氧化为水而直接产生电能。这种能量转换技术具有转换效率高、几乎无污染、潜在大规模应用等优点,目前正受到广泛的关注与研究[51]。然而,燃料电池在氧化还原反应(ORR)过程中需要催化剂[52-53]。传统意义上,铂是最先进的 ORR 催化剂。尽管在航天飞机项目中已经开发了以载有铂的碳作为 ORR 电催化剂的碱性燃料电池(AFC)[54],但铂资源有限、成本高昂,使铂催化剂很难大规模应用于商用燃料电池[54]。除了高昂的成本外,铂基 ORR 催化剂还受时间依赖敏感性和 CO 失活的影响[55]。因此,需要找到一种替代材料:一种容易获得且成本低,催化效果与铂相当或更好的燃料电池中阴极 ORR 的替代材料。20 世纪 60 年代,科学家们开始研究铂的有效替代品,用于燃料电池中氧的电化学还原反应。这方面的最新研究工作促进了某些过渡金属硫族化合物[51]、碳纳米管负载金属颗粒[57-58]、酶电催化系统[59],甚至导电聚合物涂层膜的发展[60]。尽管已经取得了巨大的进展,但与铂相比,大多数非贵金属催化剂仍然过于昂贵或效率过低[61-62]。

28.3.2 用于燃料电池的垂直排列氮掺杂碳纳米管

随着非贵金属 ORR 催化剂半个多世纪的研究和发展,近期发现 N 掺杂的垂直排列掺杂碳纳米管(VA-CNT)对 ORR 具有很高的电催化活性[63]。特别是,我们通过添加和不添加额外的 NH_3 蒸汽,通过铁(Ⅱ)酞菁(FePc)[64]的热解制备了多壁 VA-CNT[65]。通过酸洗和电化学氧化完全去除残余铁(如果有的话)之后,获得了垂直排列的含氮碳纳米管(VA-NCNT)(图 28-2(a)和(b)),相比于市售铂电极,其显示出更高的电催化活性、更低的过电位、更好的长期稳定性,甚至在碱性电解液中[52-53]没有甲醇渗透或一氧化碳中毒效应[63,66]。

采用 B3LYP 混合密度泛函理论(DFT)(Gaussian 03)的量子力学计算表明,VA-NCNT 结构中氮掺杂剂附近的碳原子具有较高的正电荷密度,可以平衡氮原子的强电子亲和力(图 28-2(c))。氮诱导的电荷离域不仅可以改变氧化还原过程的电化学电位,而且可以改变氧分子的化学吸附模式,使其在 N 掺杂的 CNT

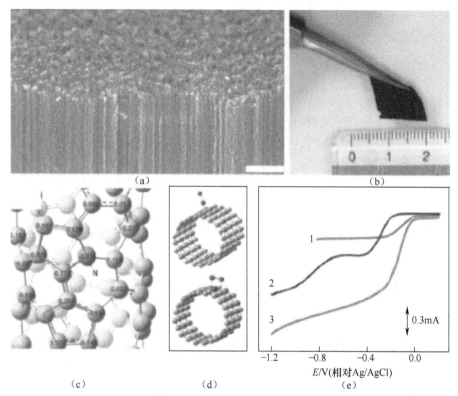

图 28-2 （a）通过在石英基底上热裂解酞菁铁（FePc）制得的 VA-NCNT 的 SEM 图像（比例尺：2μm）；（b）转移至聚苯乙烯-非取向 CNT 导电纳米复合膜上的 VA-NCNT 阵列的数码照片；（c）计算的 NCNT 的电荷密度分布。（d）氧分子在 CCNT（顶部）和 NCNT（底部）的可能吸附模式的示意图；（e）Pt C（曲线 1）、VA-CCNT（曲线 2）和 VA-NCNT（曲线 3）电极在 0.1mol/L KOH 饱和空气中氧还原的稳态伏安图

（NCNT）表面变成侧向吸附（Yeager 模型）（图 28-2(d)）[63,67]。与传统 CNT 表面的末端吸附（Pauling 模型）相比，NCNT 上的平行双原子吸附能有效地削弱 O—O 键合，促进 VA-NCNT 电极上的氧化还原过程。因此，VA-NCNT 显示出优于 Pt/C 电极的氧化还原性能（图 28-2(e)）。后来发现，即使在酸性介质中，这些 VA-NCNT 也具有活性和稳定性[68-70]。

28.3.3 用于燃料电池的垂直排列纳米管

通过扩展，我们成功地制备了同时含有氮和硼杂原子的垂直排列的 BCN 纳米管（VA-BCN）。由于 CNT 与硼、氮共掺杂产生的协同效应，得到的 VA-BCN 纳米管在碱性介质中对 ORR 的电催化活性比仅掺硼或氮的 VA-CNT 高[71]。VA-BCN

纳米管电极对甲醇和一氧化碳有良好的耐受性和优异的耐用性。VA-CNT 与磷（P）和氮（N）共掺杂也有类似的协同效应[72]。以二茂铁、吡啶和三苯基膦为前驱体，采用注射辅助化学气相沉积法合成了 P,N-共掺 VA-CNT。并观察到其具有高 ORR 电催化活性，极好的长期耐久性以及对甲醇和 CO 的良好耐受性，且性能显著优于 P 或 N 掺杂的 VA-CNT。

上述研究结果清晰地表明，杂原子掺杂的 VA-CNT 可以作为燃料电池中氧化还原反应的高效、活性非金属电催化剂。非金属碳基氧化还原催化剂的发现不仅对燃料电池技术的商业化产生了重大影响，而且对燃料电池以外的许多其他催化过程也产生了重大影响，包括下文讨论的可充电金属空气电池中的析氧反应。

28.4 碳纳米管在能源储存方面的应用

28.4.1 背景介绍

电能可以以两种不同的形式存储，在设计电池和电容器时，可以对其进行准确描述。在电池中，当两个电活性物质发生氧化、还原[73]时，通过电荷释放而产生化学能[73]。称为法拉第反应。在电容器中，两个带相反电荷的极板之间的静电力将使电荷分离，所产生的电位是由于两个极板之间的电子电荷的过量和不足，而没有发生电荷转移[73]。由于电荷的重新排列，所观察到的电流可视为位移电流，这种效应在本质上被称为非法拉第效应。各种电能储存系统的能量密度和功率密度的比较如图 28-3 所示。表 28-2 比较了电容器、超级电容器和储能电池三种类

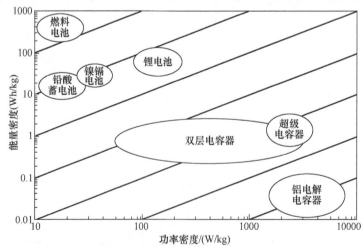

图 28-3　能量对比图显示了各种电能存储系统的比功率与比能量的关系。所示时间是装置的时间常数，通过将能量密度和功率密度相除获得。（US Defense Logistics Agency）

型设备的关键参数。

表 28-2 电容器、超级电容器和电池的关键参数比较[74]

参数	电容器	超级电容器	电池
充电时间	$10^{-6} \sim 10^{-3}$ s	$1 \sim 30$ s	$0.3 \sim 3$ h
放电时间	$10^{-6} \sim 10^{-3}$ s	$1 \sim 30$ s	$1 \sim 5$ h
能量密度/(Wh/kg)	< 0.1	$1 \sim 10$	$20 \sim 100$
功率密度/(W/kg)	> 10000	$1000 \sim 2000$	$50 \sim 200$
循环寿命	> 500000	>100000	$500 \sim 2000$
充放电效率	约 1	$0.90 \sim 0.95$	$0.7 \sim 0.85$

28.4.2 电池

28.4.2.1 电池中的 VA-碳纳米管

随着掺杂 VA-碳纳米管作为燃料电池中 ORR 的有效非金属催化剂方面的研究取得了很大进展,其显示出与锂离子电池(LIB)中的石墨类似甚至更大的容量[75-76]。与传统石墨电极相比,VA-碳纳米管电极可以显著提高电子/离子传输速率[77-80]。然而,由于 CNT 阵列和集电器之间接触不良,在低放电速率下,基于 VA-碳纳米管电极的锂离子电池容量相对较低[81-83]。为了解决这一问题,Welna 等[84]研究了锂离子电池中由酞菁铁(FePc)生成的 VA-碳纳米管阴极的电化学性能(图 28-4(A))。如图 28-4(A)((e)和(f))所示,纳米管的内芯含有一些不规则结构,这些结构可以显著增加纳米管的有效表面积,并提供更多的缺陷位置,可以吸附锂离子[85-87]。单个 VA-碳纳米管与镍膜集电器之间的紧密接触提供了低接触电阻,以实现整个电极的有效连接。

结果表明,与石墨电极相比,VA-碳纳米管电极具有更高的存储容量和更高的倍率性能,并且取向的结构显著增加了电解液进入电极的可能性。与石墨及非取向碳纳米管相比,取向碳纳米管的锂离子存储容量和速率有了显著的提高(图 28-4(B))。图 28-4(B)(a)显示了 VA-CNT 和非取向 CNT 电极的比容量随循环的变化,其循环周期为 $2 \sim 34$ 的电压分布如图 28-4(B)((b)和(c))所示。如图 28-4(b)所示,在第一个循环的不可逆容量(Qirr)损失之后,VA-碳纳米管的可逆容量(Qrev)从 980mAh/g 下降到接近第 10 个循环的最小值。此后,VA-碳纳米管的 Qrev 略有增加,并稳定在 750mAh/g 附近。另一方面,非取向碳纳米管的 Qrev 经过 34 次循环从 158mAh/g 持续降低到 58mAh/g(图 28-4(B)(b))。与非取向碳纳米管相比,碳纳米管在离子扩散方向上的排列可以使锂离子更容易地进

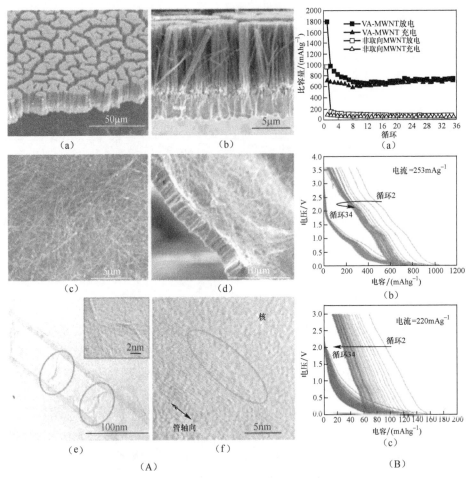

图 28-4 (A)VA-MWCNT(a)和(b)和非取向 MWCNT(c)和(d)电极的 SEM 图像。VA-MWCNT 电极的 TEM 图像,显示出内部纳米管结构中的松散石墨烯层(e)和石墨烯纳米管边缘(f)。石墨烯纳米管层之间的距离为 0.335nm。(B)在相同的放电速率下,VA-MWCNT 和非取向 MWCNT 电极的比容量随循环的变化(a)。VA-MWCNT(b)和非取向 MWCNT(c)电极循环 2~34 次的电压分布

入开放的纳米管端部,并显著增加 VA-碳纳米管的 Qrev。

28.4.2.2 电池中 VA-碳纳米管上的金属氧化物

VA-碳纳米管在锂离子电池中不仅可以用作电极材料[84,88],还可用作电活性材料沉积的导电基底,以研发大容量、高倍率的电极材料。例如,各种材料(例如共轭聚合物[89]、氧化锰[90]和氧化钒[91])沉积在 VA-碳纳米管上,用于阴极。图 28-5(A)示出了在同一锂离子电池中使用 VA-碳纳米管作为具有高性能的阴极

(具有 V_2O_5 涂层)和阳极(不具有 V_2O_5 涂层)[92]。

结果表明,在离子液体电解质(N-乙基-N,N-二甲基-2-甲氧基乙基铵双(三氟甲基磺酰)酰亚胺[EDMMEA]-[TFSI]中,VA-CNT 阳极和 V_2O_5-VA-CNT 阴极表现出高容量(分别为 600mAh/g 和 368mAh/g)和高倍率性能。所得到的电池单元表现出优异的能量密度(297WH/kg,最大 847WH/kg)和功率密度(12kW/kg,最大 35kW/kg)(由活性材料估算)(图 28-5(B))。此外,基于 VA-碳纳米管电极和离子液体电解质,使用环境友好的离子液体电解质确保了这些电池的高安全性和长寿期性。

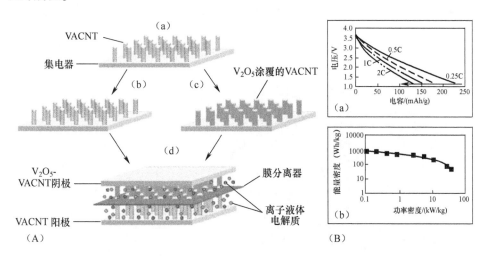

图 28-5 (A)在两个电极上使用 VA-CNT 的锂离子电池示意图。(a) 在镍箔上生长 VA-CNT (作为电流收集器)。(b)直接使用 VA-CNT 作为阳极。(c)在 VA-CNT 上电化学沉积 V_2O_5 以制备 V_2O_5-VACNT 阴极。(d)组装 VACNT 阳极、V_2O_5-VACNT 阴极、膜分离器和离子液体电解质以制造电池。(B) (a) VACNT/V_2O_5-VACNT 电池从 0.25C 增加到 2C 的放电曲线。电容由阳极和阴极的总活性材料质量决定。切断电压:1.2~3.7V。(b) VACNT/V_2O_5-VACNT 电池的能量对比图

28.4.2.3 电池中垂直排列的掺氮珊瑚状碳纤维

近期,我们通过改进的化学气相沉积方法开发了一种垂直排列的氮掺杂珊瑚状碳纳米纤维(VA-NCCF)阵列[93]。以下用于碳纳米纤维生长方法的详细过程:在直径为 1 英寸的石英管中,以硅片为生长基质,将铁(II)酞菁(FePc)装入氧化铝容器中,进行热解制备珊瑚状碳结构。在 850℃下用氩气吹扫管式炉 10~15min 后,采用氩气和氢气的混合物作为垂直排列的珊瑚状碳纳米纤维生长的载气,生长 12~15min 后获得 VA-NCCF。

当用作非水性 LiO_2 电池的氧电极时,这种独特的珊瑚状碳纳米纤维结构(图28-6(a)~(c))为 Li_2O_2 的有效沉积、电子/电解质/反应物的传输提供了很大的自由空间。N 掺杂诱导的催化活性降低了充电过电位,使电解质分解最小化,并促进了沿 VA-NCCF 表面的 Li_2O_2 沉积。这些合理设计的 VA-NCCF 电极在全放电/充电循环中的能量效率高达90%,充电/放电平稳期的低过电位仅为0.3V(图28-6(d))。由于 N 掺杂引入的低过电位,使电解液的分解降到最低。全电池可运行超过150个循环,即使在每个循环的高比容量(高达1000mAh/g)下也具有良好的可逆性(图28-6(e))。上述研究表明,合理设计的 VA-CNT 和 VA-NCCF 具有明确的层次结构和/或杂原子掺杂,可以显著提高锂离子电池和锂空气电池的储能性能。

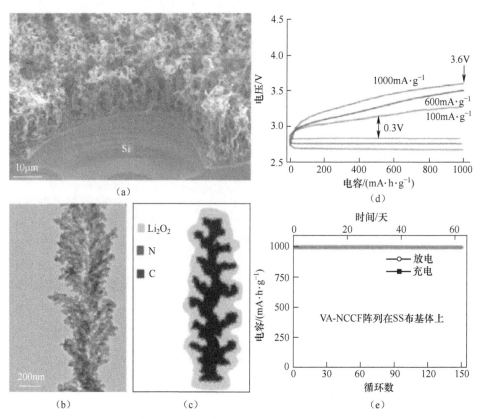

图28-6 (a)通过 CVD 法在 Si 晶片上生长的 VA-NCCF 阵列的 SEM 图像;(b)单个 VA-NCCF 的 TEM 图像;(c)在珊瑚状碳纳米纤维上生长的 Li_2O_2 的示意图;(d)VA-NCCF 电极在 100mA/g、600mA/g 和 1000mA/g 电流密度下的倍率性能;(e)VA-NCCF 阵列在 SS 布基体上的循环性能

28.4.3 超级电容器

28.4.3.1 背景信息

储能是通过在两个带相反电荷的电极上积累和分离电荷实现的,如图 28-7[13]所示。如前所述,在电极-电解液界面上不发生电荷转移,测量的电流是由于电荷重新排列引起的。包含非法拉第双层充电过程中的电子是电极导带电子。这些电子离开或进入导带状态取决于最小紧束缚电子的能量或系统的费米能级[2]。超级电容器的储能效率非常高,超过 95%,在高达 $10^4 \sim 10^5$ 个周期内相对稳定[5-6]。根据公式 $E=0.5CV^2$ 计算能量,这意味着工作电压是决定超级电容器能量特性的关键。在设计和制造超级电容器装置时,电解液的选择决定了工作电压[94]。对于水性、有机性和离子性液体,操作电压分别约为 1.2V、2.7V 和 3.5V,它们都有各自的优缺点[5-6]。

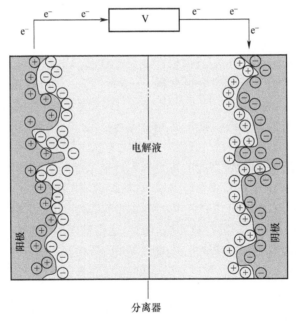

图 28-7 带有正负电极、分离器和多孔碳的 EDLC 或超级电容器的示意图

28.4.3.2 超级电容器的运行和类型

有两种类型的电化学电容器:①双电层电容器(EDLC);②赝电容超级电容

器。这些装置的结构可以变化,电极是由多孔碳材料制造的,包括活性炭、石墨烯、碳纳米管、模板碳、金属氧化物和导电聚合物[95-96]。EDLC 或超级电容器有两个电极浸入电解液中,由半渗透电介质隔开,离子运动形成电路,但防止形成短路。EDLC 具有一定的优势,与传统电容器相比,能够提供相对较大的功率密度和较大的能量密度,与电池、普通电容器的寿命周期更长[97]。超级电容器的性能受到功率密度、高电化学稳定性、快速充放电和低自放电的影响[98]。

与 EDLC 一样,赝电容器由两个多孔电极组成,它们之间有一个分离器,所有电极都浸入电解质溶液中[99]。不同之处在于,电荷是在电极表面或其附近处的法拉第反应期间积累的[95];因此,非法拉第双层充电和法拉第表面过程同时发生[100]。在热力学上,电极过程中通过的电荷(q)与电极电位(V)有关时,赝电容产生于法拉第反应[101]。两种主要情况是在电位不足的沉积过程中产生的吸附赝电容和反应可逆时的均相氧化还原赝电容[101-102]。因此,赝电容器结合了电容器和电池的特点[95,103]。目前,超级电容器的商业用途包括个人电子产品、移动通信、备用电源存储以及工业电源及能源管理等[104-105]。最近的一个典型应用是在空客 A380 的紧急门上使用超级电容器,突出了其安全可靠的性能[105]。

28.4.3.3 超级电容器用 VA-碳纳米管

VA-碳纳米管具有高电荷输运能力、高介孔性和高电解质可及性,是开发高性能超级电容器的最有吸引力的电极材料之一[106-107]。与市售活性炭电极只有几十个 F/g 电容相比,垂直排列、间距一定的 VA-碳纳米管阵列(图 28-8(a)和(b))可以提供一个更易接近电解液的表面,并改善电荷存储/传输性能,这是因为每个组成阵列的纳米管都可以直接连接到一个公共电极上,能够有效地参与充电/放电过程。Lu 等研究了具有独特性能的垂直排列碳纳米管和等离子体蚀刻碳纳米管,结果表明在离子液体电解质中显示出高电荷存储/传输能力。通过等离子体刻蚀[109-110](图 28-8(c)和(d))打开 VA-碳纳米管顶部端盖,电解液可以进入其内腔(图 28-8(e)),进一步提高电荷存储能力。增强双层电容(形成机理为:垂直阵列和等离子蚀刻的端盖开口及缺陷)与附加赝电容(等离子体刻蚀氧化功能化)的结合,使 VA-碳纳米管电极在离子液体电解质[EMIM][Tf_2N][108]中的电容高达 440F/g。

VA-碳纳米管不仅可以提供更大的比表面积,而且可以促进电子/电解质的传输,从而提高电化学性能。甚至可以通过等离子体刻蚀打开 VA-碳纳米管的顶端端盖,露出纳米管内壁进行电荷存储[108],与离子液体作为电解质结合,可以产生高达 4V 的电池电压、能量密度为 148Wh/kg,功率密度为 315kW/kg[108]。因此,将 VA-碳纳米管电极的高电容特性与离子液体电解质的大电化学窗口相结合,可以得到能量密度高、功率密度合理的超级电容器。随着导电性的进一步提高,离子液

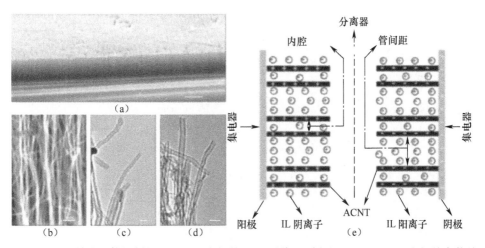

图 28-8 （a）等离子体蚀刻的 VA-CNT 电极的 SEM 图像（比例尺：100μm）；（b）电极的高倍放大图（比例尺：100nm）；（b）电极的放大图（比例尺：100nm）；（c）和（d）等离子刻蚀前后的 CNT 的 TEM 图像（比例尺：20nm）；（e）基于等离子体蚀刻的 VA-CNT 电极和离子液体电解液的电化学电容器的示意图

体与 VA-碳纳米管的结合有可能优于目前的电化学电容技术。

28.4.3.4 超级电容器用金属氧化物 VA-碳纳米管

为了进一步提高 VA-碳纳米管超级电容器的性能,可以在碳纳米管的表面沉积金属氧化物(例如 $MnO_2^{[111]}$、$TiO_2^{[112]}$ 和 $RuO_2^{[113]}$)以形成赝电容。特别地,科学家们采用溅射涂覆技术在掺杂 N 或不含 N 的碳纳米管阵列上沉积金属(例如,Ru)[114]和金属氧化物(例如,RuO_2 和 MnO_2)[115],以实现高达 1380F/g[115]的容量。更有趣的是,我们通过将 VA-碳纳米管插层生长为热膨胀的高读有序的热解石墨(HOPG)(图 28-9(a)和(b)),构建了一种三维柱状垂直排列的碳纳米管(VA-CNT)-石墨烯结构[116]。

结合电沉积氢氧化镍制备赝电容,这些三维柱状 VA-碳纳米管-石墨烯结构具有可控的纳米管长度、较高的比电容(扫描速度为 5mV/s 时为 1384F/g,30mV/s 时为 970 F/g(图 28-9(e))),较高的速率和长期稳定性(连续 20000 次循环后保持率为 96%)。这些数据显著优于目前在最先进的超级电容器中使用的许多电极材料,包括 $RuO_2^{[113]}$、$MnO_2^{[111]}$、$NiO^{[117]}$、$Mn_3O_4^{[118]}$、$Ni(OH)_2$ 以及金属氧化物、导电聚合物与碳纳米管或石墨烯的复合材料[119-121]。

28.4.3.5 碳纳米管纳米复合材料

碳纳米管/聚合物是由固有导电聚合物(ICP)和碳纳米管组成的电极材料,具有广阔的应用前景。导电聚合物基体与碳纳米管的网络状结构相结合,提供了增

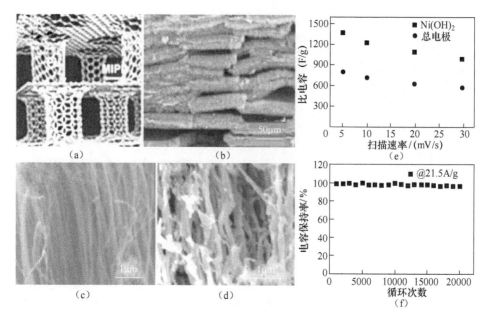

图 28-9 (a)三维柱状 VA-CNT-石墨烯纳米结构的示意图;(b)三维柱状 VA-CNT-石墨烯结构的典型 SEM 图像;(c)和(d)在三维 VA-CNT-石墨烯上电化学沉积 Ni(OH)$_2$ 前后的 SEM 图像;(e)由 Ni(OH)$_2$ 质量和总电极质量计算出的比电容;(f)恒电流充放电电流密度为 21.5A/g 时,Ni(OH)$_2$ 包覆 VA-CNT-石墨烯电极的平均比电容与循环次数的关系

强的电子和离子导电性,可显著改善电荷存储和传输[122-124]。Antiohos 等报道了一种 SWCNT/聚(3,4-亚乙基二氧噻吩)-聚(苯乙烯磺酸盐)(PEDOT-PSS)复合电极材料,该材料被制成比电容为 120F/g(1mol/L NaNO$_3$/H$_2$O)的器件,使用恒电流充/放电技术,在 1000 次循环中具有出色的稳定性(90%的容量保持率)[125]。SWCNT/PEDOT-PSS 复合材料如图 28-10(a)所示,其中 SWCNT 全分散在 PEDOT-PSS 导电聚合物基体中。Kim 等最近制备了一种由 MWCNT、石墨烯和聚苯胺(PANI)组成的三元复合材料,其比电容达到 1118F/g。使用恒电流充电/放电,该电极在 500 次循环后保持 85%的容量保持率,性能稳定[126]。Hu 等[127]最近报道了一种复合电极材料,该材料中含有包覆聚吡咯涂层的 MWCNT,在 0.1M NaClO$_4$/乙腈电解液中,其电容高达到 587F/g。

CNT/碳复合材料由 CNT 和不同形式的碳(如石墨烯或碳化物衍生碳(CDC))组成的,其中 CNT 提供微孔(大表面积以最大化电容和能量密度),石墨烯和 CDC 可以用来调整介孔,以改善离子动力学,提高功率密度[98]。而该复合材料结合了两种材料的优势,具有独特的性能。图 28-10(b)为涂覆有 SWCNT 的还原氧化石墨烯(rGO)的复合物,已形成多孔膜。氧化石墨烯的边缘有均匀的 SWCNT 涂层。

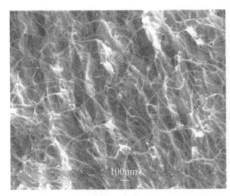 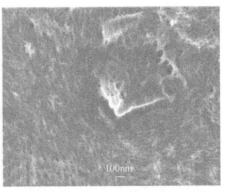

图 28-10 （a）SWCNT/PEDOT-PSS 复合材料的扫描电镜图像显示了 PEDOT-PSS 聚合物与 SWCNT 集成在一起；(b)形成膜的还原氧化石墨烯/ SWCNT 复合材料的 SEM 图像

最近,Li 等采用溶液浇铸法在玻璃上制备石墨烯和 CNT 复合电极,并对其进行退火和剥离[128]。研究表明,在 1mol/L H_2SO_4 中,扫描速度为 1mV/s 时,电容范围为 70~110 F/g[128]。Lu 等描述了一种 CNT/石墨烯复合材料,其再与聚吡咯(通过过滤)相结合,该复合体在电流密度为 0.2 A/g、1mol/L KCl 中获得 361 F/g 的比电容。该电极表现出良好的稳定性,在 2000 次循环中仅损失 4%的容量[128]。Dong 等研究制备了 SWCNT/石墨烯氧化物核-壳结构,并将该材料喷涂到集电器上[129]。这些核壳结构具有较好的性能,采用恒电流充放电,在 1M KOH 中以 0.8A/g 的高电流密度充放电,比电容为 194F/g[129]。

28.5 碳纳米管在热能收集方面的应用

28.5.1 温差原电池简介

热电转换方面的研究始于 20 世纪 60 年代[130]。从那时起,已经开发出几种热转换器:热电偶、热电子转换器、热充电电池、温差原电池等[131]。后续章节主要介绍温差原电池,也称为温差电池。这些都是能够直接将热能转化为电能的电化学系统[132]。这些系统设计简单,能够在不移动零部件的情况下工作。它们的稳定性较高,可以长时间运行而无需定期维护。热电池的碳排放也为零。因此,在发电过程中不会对环境造成影响。

28.5.1.1 温差原电池工作原理说明

温差原电池,也称为温差电池,是一种热能转换器,利用电化学反应将低级热量转换为电能。系统的两个半电池保持在不同的温度下,导致介体在阳极和阴极的氧化还原电势不同[133]。这种反应可以驱动电子通过允许产生电流和功率的外部电路。图 28-11 为一个带有铁/亚铁氰化物氧化还原偶的温差电池示意图[134]。亚铁氰化物在热阳极氧化;然后产生的电子通过一个外部电路经冷阴极返回电池,其在冷阴极处被亚铁氰化物还原消耗[135]。电解液的自然扩散和对流阻止了反应产物在两个半电池中的积聚,因此,无需移动机械部件。

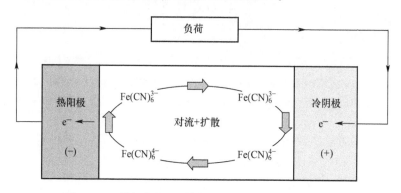

图 28-11　铁氰化物/亚铁氰化物氧化还原温差原电池

28.5.1.2　碳纳米管在增强温差原电池性能方面的应用

铂的化学稳定性使其在温差原电池中得以广泛研究与应用。事实上,科学家们已经对铂电极清洁效果进行了研究,并推断这会影响温差原电池的功率传输特性[136]。

如前所述,科学家们对碳纳米管材料开展了广泛研究,以研究其潜在用途,其中之一是电化学应用[137-140]。已知 CNT 电极具有能斯特行为,和通过氧化还原偶合铁氰化物/亚铁氰实现快速电子转移。使用微米级 MWCNT 电极和 5mm 亚铁氰化钾获得的循环伏安图中的峰电位分离值为 59mV。这是预期的理论值,意味着达到了最高的电子转移速率[141]。此外,由于热梯度(也称为 Seebeck 系数)能产生较大的电压,在温差电池应用中广泛研究了铁氰化物/亚铁氰化物氧化还原偶。铁氰化物/亚铁氰化物氧化还原偶的 Seebeck 系数为 1.4mV/K,这意味着在 60℃的热梯度下可以获得 84mV 的开路电位(无明显冷却水系统的一般极限值)。CNT 在铁氰化物/亚铁氰化物中的快速电子转移初步证明了 CNT 用作温差电池电极的合理性。

CNT 的纳米直径使其具有较大的重量比表面积和体积比表面积。它们独特的长宽比使多孔电极可以通过多种方法制造。理论上,CNT 的比表面积(SSA)范围为 50~1315m^2/g,其值由壁数决定[107]。理论预测与实验值吻合良好,实验值是通过测量77k时的气体(通常是N_2)吸附量,使用Brunauer-Emmett-Teller(BET)等温线计算得到的。Kaneko等[142]报道了MWCNT是介孔的,而Rao等[143]表明SWCNT是微孔的。在铁氰化物/亚铁氰化物水电解质循环伏安法中,与铂箔相比,具有相同几何面积的MWCNT巴基纸具有三倍大的充电电流密度[144]。这是CNT电极比表面积较大的证据。具有较大比表面积的CNT允许更多的电活性位点。当控制CNT电极孔隙率并且将温差原电池的弯曲度最小化时,产生的短路电流可以显著增加。

28.5.2 不同类型的碳纳米管用于温差原电池

28.5.2.1 SWCNT和MWCNT用于温差电池

CNT在2009年首次用作温差电池电极[144]。Baughman等在U形电池中测试了$0.5cm^2$ MWCNT巴基纸电极(催化剂含量小于1%,MWCNT直径约为10nm),电极间距为5cm,温度梯度为60℃,其中$T_{cold}=5℃$。他们使用的电池示意图如图28-12所示。获得的比功率密度为$1.36W/m^2$[144]。在相同条件下测试的铂电极产生的比功率密度为$1.02W/m^2$,证明CNT是一种可行的温差电池电极材料。

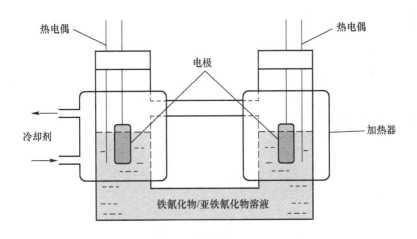

图28-12 用于热收集的U形电池示意图

SWCNT粉末是通过电弧放电(ASA-100F,Hanwha Nanotech)生产的,平均直径为1.3nm,Kang等在热收集[145]中测试了20~30%(质量分数)的CNT、40%(质量分数)的碳纳米颗粒、20%(质量分数)的催化剂材料和10%(质量分数)的非晶碳和石墨的组成。在 T_{hot} = 46.4℃ 和 T_{cold} = 26.4℃ 的情况下，使用具有"从热到冷"取向（图 28-13）、玻璃熔块分离器和 4cm 电极分离的垂直测试电池（图 28-13）。将面积为 0.25cm² 的 SWCNT 电极浸入 0.2M $K_3Fe(CN)_6/K_4Fe(CN)_6$ 电解质中，获得的比功率密度约为 5.15W/kg。将 Hanwha Nanotech（ASP-100F）的市售纯 SWCNT（P-SWCNT）粉末经热处理和酸处理（60~70%（质量分数）纳米管、10%（质量分数）催化剂材料和 20%（质量分数）石墨杂质）后，同样进行了测试。比功率密度提高了 32%，达到 6.8W/kg。在相同的测试条件下，市售的纯 MWCNT 具有 3~6 个壁，中值直径为 6.6nm（SMW100, Southwest NanoTechnologies, Inc）和大约 98%（质量分数）的碳含量，产生的比功率密度为 6.13W/kg。必须注意的是，进行这些测试并不是为了最大化温差电池的发电能力，而是为了进一步了解用于热收集的 CNT 电极。Kang 等测试的各种碳纳米材料的电化学阻抗谱（EIS）表明，P-SWCNT 电极的欧姆过电位（21Ω）略低于原始 SWCNT 的（22Ω）。这一发现解释了使用 P-SWCNT 电极时比功率密度增加的现象。

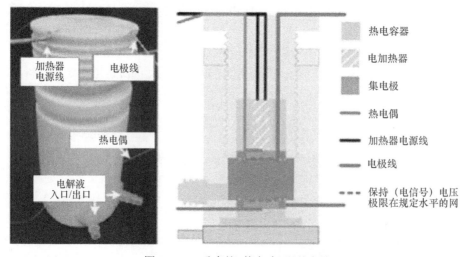

图 28-13　垂直的"热向冷"温差电池

已经证明，MWCNT 的催化特性是由管终端的边缘或位点引起的，且 MWCNT 中的该区域比 SWCNT 中的多[146]。而且与 P-SWCNT 相比，P-MWCNT 具有更低的欧姆电阻（18Ω），因此可以预测 P-MWCNT 在热收集方面会有更好的性能。作者们将 P-SWCNT 的性能提高归因于其比表面积的增大，这补偿了电活性位点的减少和欧姆电阻的增大。

28.5.2.2　CNT 复合材料用于温差电池

最近，通过微观机械剥离制备石墨烯的发现使人们对其可能的应用进行了大量的研究[147]。石墨烯由键合在六角形晶格中的单层碳原子组成,像CNT一样,其出色的性能(电荷载流子迁移率为200000cm²/(V·s),比表面积为2630m²/g)使其成为电化学应用的理想选择[148-149]。为了扩大石墨烯的生产规模,通常会通过表面活性剂/溶剂稳定剂[150]或化学转化在液态下将石墨剥落成石墨烯状结构,称为rGO。由于其具有与CNT相同的组成,几个研究小组已经对合成这两种碳材料的复合材料的可能性进行了研究,并对它们作为电极材料的性能进行了探索[119,127,151]。

Kang等指出,当在温差电池中使用重量比为1:1的rGO和P-SWCNT组成的复合材料时,产生的比功率(5.3W/kg)与SWCNT相当[145]。必须注意的是,单独使用rGO时,产生的比功率为3.87W/kg。然而,复合电极产生的比功率仅为P-SWCNT的78%。性能下降的原因是rGO电极的大欧姆电阻(35.6Ω)比P-SWCNT电极高55%。石墨向rGO的化学转化包括氧化石墨,剥离和随后还原。推测含氧官能团的不完全清除是产生明显欧姆电阻的原因。复合电极性能差的另一个原因是在电极制备过程中rGO片的重新堆叠,这阻碍了电解质的扩散并导致反应迟缓。

Chen等[152]对温差电池电极的rGO-SWCNT组成进行了优化。rGO的添加量为1%(质量分数)至20%(质量分数)。使用0.75cm²电极,10cm间距,温度梯度为60℃(T_{cold}=20℃),0.4mol/L铁氰化物/亚铁氰化物电解液的U型电池。经过优化的复合材料99%SWCNT-1%rGO产生的比电流密度为26.78W/kg。通过使用大量的SWCNT,可以防止rGO薄片重新堆叠,产生适当的纳米孔隙,从而促进氧化还原介体的扩散。rGO的片状结构为复合材料中的电子提供了更多的路径,从而有助于增强其性能。SWCNT和GO之间的相互作用如图28-14所示。

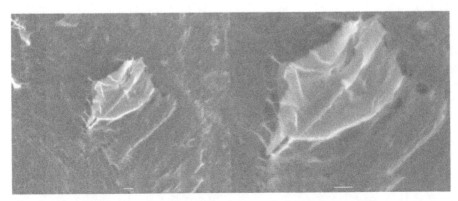

图28-14 还原氧化石墨烯-SWCNT复合材料的SEM图像

28.5.3 目前用于温差原电池的碳纳米管的加工技术和在电池设计方面采用碳纳米管取得的突破

用于电化学应用的柔性电极的开发为用于热能转换的创新电池设计铺平了道路。直接生长在温差电池外壳、滚动电极和可以缠绕在冷却/加热管的温差电池上的 CN 阵列已经通过柔性 CNT 电极获得[144]。

28.5.3.1 溶剂/表面活性剂剥落

CNT 在水溶液和有机溶液中的范德瓦耳斯相互作用引起的自发团聚是其表征和应用研究的主要障碍之一,由此产生的聚集体或"束"可以达到数微米的长度和数十纳米的直径。这些聚集体的分散是必不可少的,因为与单个管相比,它们仅具有一般的性能。当 CNT 没有充分分散时,结果的可重复性也成为问题。

液相分离是一个最简单的方法,其中稳定的 CNT 分散是可以得到的。稳定的、分散良好的 CNT 分散体需要选择合适的溶剂,因为仅通过超声强制分散,CNT 会在非常短的时间内再发生团聚。溶剂的选择可以基于单位溶剂体积的混合焓[150]。由于纳米管的尺寸和刚度,其单位体积混合熵(ΔS-混合)通常很小[153]。分散碳纳米管最有效的溶剂是表面能接近纳米管表面能的溶剂(约 $70mJ/m^2$),即表面张力约为 $40mJ/m^2$ 的溶剂[154]。

使 CNT 稳定分散的另一种方法是使用表面活性剂。与溶剂分散相比,其固有的优势是可以在水性介质中分散,减少了其危害和对环境的影响。它依赖于胶体通过表面电荷稳定化的原理[155],即库仑排斥。两亲性表面活性剂分子通过疏水基吸附在 CNT 上,这就引入了一种可移动的表面电荷,从而在纳米管周围形成双电层,其大小和符号与其 ζ 电位成正比[156]。该双电层提供了排斥力,以抵消有吸引力的范德瓦耳斯力[157]。用于 CNT 分散的表面活性剂的选择取决于其分子的大小,低分子量的表面活性剂能够紧密地包裹在纳米管表面,从而获得更好的稳定性[158]。

28.5.3.2 Mark II 温差电池

当电极间距减小时,在较小距离内,传质增强,比功率增大。然而,这会降低功率转换效率,因为需要更大的热能来保持相似的热梯度[159]。滚动电极(图 28-15)可以用来缓解这个问题。使用直径为 0.3cm、质量为 0.5mg 的卷轴式 MWCNT 巴基纸,在含有 0.4mol/L 铁氰化物/亚铁氰化物的玻璃管内沿滚动轴取向,电极间距为 5cm,T_{cold} 为 5℃,热梯度为 60℃,比功率密度为 $1.8W/m^2$,获得 Mark II 温差电池。0.24% 的功率转换效率比在类似条件下测试的铂电极的温差电池高一个数量级[144]。与铂电极相比，Mark Ⅱ温差电池的相对效率提高了17%，Φ_r 为1.4%。

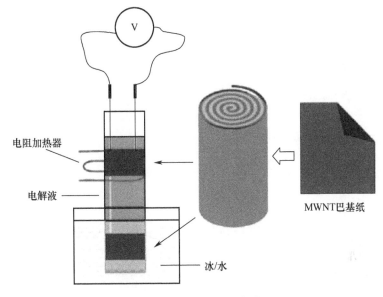

图28-15 Mark Ⅱ温差电池

28.5.3.3 纽扣电池

使用MWCNT和0.4mol/L铁氰化物/亚铁氰化物作为电解液(图28-16)，开发了可由极低的热梯度驱动的薄纽扣型温差电池。将MWCNT巴基纸电极制造的纽扣电池置于45℃的热梯度下，其比功率为0.389W/m²(相当于标准化功率密度 $P_{max}/\Delta T^2$ 为 $1.92×10^{-4}$ W/(m²K))。使用等离子体增强CVD方法，采用三层催化剂(30nm Ti、10nm Al和2nm Fe)在封装基板的内部不锈钢表面上直接生长100μm高的MWCNT阵列电极，并由此制得纽扣电池。在60℃的温度梯度下产生的比功率为0.980W/m²，$P_{max}/\Delta T^2$ 为 $2.72×10^{-4}$ W/(m²K)。具有MWCNT阵列电极的纽扣电池的标准化功率密度较大，这是由于其纳米管取向排列促进了电解质扩散和在MWCNT阵列/基底连接处更低的热(0.01cm² K/W)和电阻[160]。巴基纸的热阻约为0.05 cm²K/W，这会导致电极/基底连接处的热能损失更大，功率转换效率降低30%[161]。

28.5.3.4 柔性温差电池

温差电池的主要用途之一是从汽车排气管和工业设施的冷却或加热管线中获取热能。可以将柔性温差电池包裹在这些管道周围，并将其转换为电源。图28-17显示了一个柔性温差电池，该电池由两个MWCNT巴基纸电极组成，两个电极被两

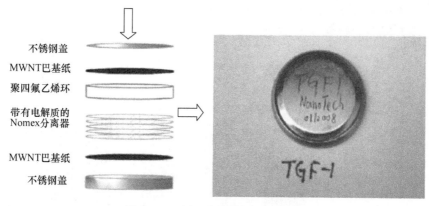

图 28-16 用于热能转换的纽扣电池

层浸有 0.4mol/L 铁氰化物/亚铁氰化物的 Nomex HT 4848 隔开,并包裹在不锈钢板上。将电池包裹在冷却管上,并使用电阻加热器施加 15℃ 的热梯度。产生的比功率为 $0.39W/m^2$,证明了柔性温差电池如今成为可能[144]。

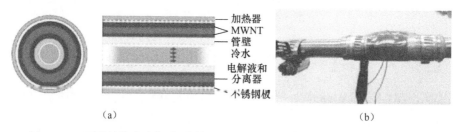

图 28-17 可以缠绕在冷却/加热管周围的柔性温差电池的示意图(a)和照片(b)

28.6 展望和未来发展趋势

随着能源消费的整体增长,再加上巴西、中国、印度、俄罗斯等国经济的快速发展,各国将齐心协力改善能源利用方式。这种工业化的扩张已经发生,而且石油的使用量将继续增加。化石燃料成本的上升,加速了能源基础设施体系的老化,并对通过使用可再生能源实现低碳排放经济提出来要求。为此,可以通过利用原本浪费的能源来解决供需挑战,其中有效收集低等级热量是可行的。热转换器具有提高当前能量转换系统效率的潜力。储能在解决能源问题方面也发挥着关键作用。当能量过剩时,必须有效地储存,并在高需求时释放,这对于可再生能源来说极为重要。伴随着这些能源挑战以及持续的研发,人们越来越意识到电化学电容器的好处。随着储能和能量转换技术的研究和发展,电化学电容器的应用也越来越广泛。这意味着,在需要快速充放电效率的情况下,系统可以更好地对从更高的能量密度到高功率密度的特定应用进行定制。超级电容器最常用的材料是活性炭,而新的纳米结构材料(例如 CNT 及其衍生物)则成为当前基础研究的最前沿。可以看出,想要提高能量密度和功率密度,可以将 CNT 与其他碳和导电聚合物或金属氧化物等复合材料一起使用,以便利用这些材料提供的赝电容效应。

过去对热电流系统的研究一般局限于铂电极[131],这增强了对电化学系统的理解,但是由于其成本,尚未在商业化方面推进研究。碳纳米材料的应用极大地改善了这些器件的性能,因为它们具有快速的传输动力学和较大的电活性表面积,这使其在经济上也可行。通过使用 MWCNT 电极[144],已经创纪录实现了功率转换效率的 3 倍增长(与使用铂的传统系统相比)。CNT 的使用使柔性电极成为可能。这些电极可以用作滚动电极,也可以用于包裹在管道周围的温差电池。通过使用 CNT-石墨烯复合材料可以进一步提高温差电池的性能。

未来的发展极有可能使超级电容器和温差电池成为大规模和国内需求战略中混合动力储能和电力输送系统的核心部分。将这两个系统集成到一个设备中,可以将转换后的废热存储起来,然后在必要时释放出来。这些未来的发展不仅将带来更好的汽车和便携式电子产品,而且还将使医药、国防和消费品领域发生革命性的变化,从而为储能技术提供一次重大变革。

参 考 文 献

[1] J. A. Turner, A realizable renewable energy future, Science 285(5428)(1999)687-689.
[2] A. K. S. S. Shukla, K. Vjayamohanan, Electrochemical supercapacitors: energy storage beyond batteries, Curr. Sci. 79(2000)1656-1661.
[3] A. S. Arico, et al., Nanostructured materials for advanced energy conversion and storage devices, Nat. Mater. 4(5)(2005)366-377.
[4] D. b. Botkin, Powering the Future: AScientist's Guide to Energy Independence, FT Press, 2010.
[5] P. J. Hall, et al., Energy storage in electrochemical capacitors: designing functional materials t to improve performance, Energy Environ. Sci. 3(2010)1238-1251.
[6] P. J. Hall, E. J. Bain, Energy-storage technologies and electricity generation, Energy Policy 36 (12)(2008)4352-4355.
[7] T. Murakami, et al., Thermoelectric power of M-H systems in molten salts and application to M-H thermo-galvanic cell, J. Electrochem. Soc. 150(7)(2003)A928-A932.
[8] S. lijima, Helical microtubules of graphitic carbon, Nature 354(1991)56-58.
[9] A. Merkoci, Carbon nanotubes in analytical sciences, Microchim. Acta 152(2006)157-174.
[10] K. Balasubramanian, M. Burghard, Chemically functionalized carbon nanotubes, Small 1(2005) 180-192.

[11] P. M. Ajayan, Nanotubes from carbon, Chem. Rev. 99(1999)1787-1800.

[12] K. Balasubramanian, M. Burghard, Electrochemically functionalized carbon nanotubes for device applica-tions, J. Mater. Chem. 18(2008)3071-3083.

[13] D. Antiohos, M. Romano, J. Chen, J. M. Razal, Carbon nanotubes for energy applications, in: Syntheses and Applications of Carbon Nanotubes and Their composites, INTECH, 2013.

[14] K. Gong, Y. Yan, M. Zhang. L. Su, S. Xiong, L. Mao, Electrochemistry and electroanalytical applications of carbon nanotubes: a review, Anal. Sci. 21(2005)1383-1393.

[15] H. Luo, Z. Shi, N. Li, Z. Gu, Q. Zhuang, Investigation of the electrochemical and electro catalytic behavior of single-wall carbon nanotube film on a glassy carbon electrode, Anal. Che

[16] J. N. Barisci, G. G. Wallace, R. H. Baughman, Electrochemical studies of single-wall carbon nanotubes in aqueous solutions, J. Electroanal. Chem. 488(2000)92-98.

[17] C. E. Banks, R. G. Compton, New electrodes for old: from carbon nanotubes to edge plane pyrolytic graphite, Analyst 131(2006)15-21.

[18] J. Chung, et al., Toward large-scale integration of carbon nanotubes, Langmuir 20(8)(2004)3011-3017.

[19] E. Frackowiak, et al., Supercapacitor electrodes from multiwalled carbon nanotubes, Appl. Phys. Lett. 77(15)(2000)2421-2423.

[20] M. P. Anantram, F. Léonard, Physics of carbon nanotube electronic devices, Rep. Prog. Phys. 69(2010)(2006)507-561.

[21] R. Pauliukaite, et al., Electrochemical impedance studies of chitosan-modified electrodes for application n electrochemical sensors and biosensors, Electrochim. Acta 55(21)(2006)6239-6247.

[22] A. Dolatshahi-Pirouz, et al., Bovine serum albumin adsorption on nano-rough platinum surfaces studied by QCM-D, Colloids Surf. B: Biointerfaces 66(1)(2008)53-59.

[23] D. Aaron, A. Yu, Material advancements in supercapacitors: from activated carbon to carbon nanotube and graphene, Can. J. Chem. Eng. 89(2011)1342-1357.

[24] L. M. Sherman, Carbon Nanotubes Lots of Potential-If the Price is Right, Available from: www.ptonline.com/articles/carbon-nanotubes-lots-of-potentialif-the-price-is-right, 2007.

[25] K. Kierzek, et al., Electrochemical capacitors based on highly porous carbons prepared by KOH activation, Electrochim. Acta 49(4)(2004)515-523.

[26] A. Izadi-Najafabadi, et al., Extracting the full potential of single-walled carbon nanotubes as durable super-capacitor electrodes operable at 4 V with high power and energy density, Adv. Mater. 22(2010)E235-E241.

[27] B. C. Kim, et al., Capacitive properties of RuO2 and Ru-Co mixed oxide deposited on single-walled carbon nanotubes for high-performance supercapacitors, Synth. Met. 159(13)(2009)1389-1392.

[28] H. Cheng, Q. Yang, C. Liu, Hydrogen storage in carbon nanotubes, Carbon 39(2001)1447-1454.

[29] J F. L. Darkrim, P. Malbrunot, G. P. Tartaglia. Review of hydrogen storage by adsorption in carbon

nanotubes, Int. J. Hydrog. Energy 27(2002) 193-202.

[30] S. Banerjee, I. Puri, Enhancement in hydrogen storage in carbon nanotubes under modified conditions, Nanotechnology 19(2008) 155702.

[31] C. Chen, C. Huang, Enhancement of hydrogen spillover onto carbon nanotubes with defect feature, Micro-porous Mesoporous Mater. 109(2008) 549-559.

[32] V. Gayathri, R. Geetha, Hydrogen adsorption in defected carbon nanotubes, Adsorption 13(2007) 53-59.

[33] A. C. Dillon, K. M. Jones, T. A. Bekkedahl, C. H. Kiang, D. S. Bethune, M. J. Heben, Storage of hydrogen in single walled carbon nanotubes, Nature 386(1997) 377-379.

[34] F. Darkrim, High adsorptive property of opened carbon nanotubes at 77 K, J. Phys. Chem. B 104 (2000).

[35] Q. Wang. J. K. Johnson, Optimization of carbon nanotube arrays for hydrogen adsorption, J. Phys. Chem. B 103(1999) 4809-4813.

[36] Y. Yin, T. Mays, B. McEnaney, Molecular simulations of hydrogen storage in carbon nanotube arrays, Langmuir 16(2000) 10521-10527.

[37] A. C. Dillon, E. Whitney, C. Engtrakul, C. J. Curtis, K. J. O' Neill, P. A. Parilla, L. J. Simpson, M. J. Heben, Y. Zhao, Y. H. Kim, S. B. Zhang, Novel organometallic fullerene complexes for vehicular hydro-gen storage, Phys. Status Solidi B 244(11) (2007) 43194322.

[38] C. Liu, Y. Y. Fan, M. Liu, H. T. Cong, H. M. Cheng, M. S. Dresselhaus, Hydrogen storage in single-walled carbon nanotubes at room, Science 286(1999) 1127-1129.

[39] Y. Ong. A. Ahmad, S. Zein, S. Tan, A review on carbon nanotubes in an environmental protection and green engineering perspective, Braz. J. Chem. Eng. 27 (2) (2010) 227 - 242. 6773 - 6776. m. 73(2001) 915-920.

[40] M. Hirscher, M. Becher, M, H aluska, A. Quintel, V. Skakalova, Y. Choi, U. Detlaff -vowska, S. Roth, 1. Stepanek, P. Bernier, A. Leonhardt, J. Fink, Hydrogen storage in carbon nanosuctures, J. Alloys compd. 330-332(2002) 65-4658.

[41] G. Tihbetts, G. Meisner, ₒ Olk, Π yarogen storage capacity of carbon nanotubes, filaments, and vaporgrown fibers, Carbon 39(2001) 2291-2301.

[42] H. Kaiiura, S. Tsutsul, K. Kadono, M. Kakuta, м. Ata, Hydrogen storage capacity of commercialy avail-hle carbon materials at room temperature, Appl. Phys. Lett. 82(2003) 1105-1107.

[43] G. Liu, Y. Chen, C. Wu, S. Xu, H. Cheng, Hydrogen storage in carbon nanotubes revisited, Carbon 48(2010) 452-455.

[44] G. Li. Liu, Carbon nanotubes for organic solar cells, IEEE Trans. Nanotechnol. 5 (2011) 1932-4510.

[45] V. Sgobba, D. Guldi, Carbon nanotubes as intcgrative materials for organic photovoltaic devices, J. Mater. Chem. 18(2) (2008) 141-248.

[46] S. Cataldo, P. Salice, E. Menna, B. Pignataro, Carbon nanotubes and organic solar cels, Energy Environ. Sci. 5(2012) 59195940.

[47] M. C. Scharber, D. Muhlbacher, M. Koppe, P. Denk, C. Waldauf, A. J. Heeger, CJ. Brabec, Design rules for donors in bulk-heterojunction solar cells -towards 10% energy-conversion efficiency, Adv. Mater. 18(6)(2006)789-794.

[48] E. Kymakis, G. A. J. Amaratunga, Single-wall carbon nanotube / conjugated polymer photovoltaic devices, Appl. Phys. Lett. 80(1)(2002)112-114.

[49] E. Kymakis, G. A. J. Amaratunga, Carbon nanotubes as electron acceptors in polymeric photovoltaic, Rev. Adv. Mater. Sci. 10(2005)300305.

[50] J. Geng, T. Zeng, Influence of single-walled carbon nanotubes induced crystallinity cnhancement and mor pnology change on polymer photovoltaic devices, J. Am. Chem. Soc. 128(2006)16827-16833.

[51] K. Gong, P. Yu, L. Su, S. Xiong, L. Mao, Polymer-assisted synthesis of manganese dioxide / carbon nanotube П a П ocomposite with excellent electrocatalytic activity toward reduction of oxygen, J. Phys. Chem. C 111(2007)1882-1887.

[52] S. . Basu(Ed.), Recent Trends in Fuel Cell Science and Technology, Springer, 2007.

[53] A. J. Appleby, Electrocatalysis of aqueous dioxygen reduction, J. Electroanal. Chem. 357(1993) 117-179.

[54] K. Kordesch, J. Gsellmann, M. Cifrain. S. Voss, V. Hacker, R. R. Aronson, C. Fabjan, T. Hejze, J. Daniel -Л termittent use of a low-cost alkaline fucl cell-hybrid system for electric vehicles, J. Power Sources 80(1999)190-197.

[55] X. Yu, S. Ye, Recent advances in activity and durability enhancement of Pt / C catalytic cathode in PEMFC. . Power Sources 172(2007)145-154.

[56] M. Winter, R. J. Brodd. What are batteries. fuel cells, and supercapacitors ? Chem. Rev. 104 (2004)4245-4269.

[57] G. Che, B. B. Lakshmi. ERFisher CRMartin. Carbon nanotube membranes for electrochemical energy age and production, Nature 393(1998)346-349.

[58] J. Yang D. J. Liu, N. N. KariukiLX Chen. Aligned carbon nanotubes with built-in eN, active sites tor Calalytic reduction of oxygen. Chem. comm. (2008)329-331.

[59] J. P. Collman, N. K, Devarai R ADec Té au Y, Yang, Y. L. Yan, W. Ebina, T. A. Eberspacher, C. E. D. Chidsey, A cytochrome Coxidase model calalyzes oxygen to water reduction under rate-lumiting electron fulx, Science 315(2007)1565-1568.

[60] B. Winther-Jensen, O. WinMhoo M. Forsvth, D. R. MacFarlane, High rates ol oxygen reauction over a vapor phase-polymerized PEDOT electrode, Science 321(2008)671-674.

[61] Y. Bing, H. Liu, L. Zhane, D. Ghosh, J. Zhang, Nanostructured Pt-alloy electrocatalysIs for PEM Fuel cell oxygen reduction reaction, Chem. Soc. Rev. 39(2010)2184.

[62] D. Zhang, G. Yin, J. Wei Non-platinumcathode electrocatalysts in polymer electrolyte membrane fuel cells, Prog. Chem. 21(2009)2753-2759.

[63] K. Gong, F. Du, Z. Xia, M. Durstock, L. Dai, Nitrogen-doped carbon nanotube arrays with high electroca-talytic activity for oxygen reduction, Science 323(2009)760-764.

[64] L. Dai, A. Patil, X. Gong. Z. Guo, L. Liu, Y. Li, D. Zhu, Aligned nanotubes, Chem. Phys. Chem. 4 (2003) 1150–1169.

[65] L. S. Panchakarla, A. Govindaraj, C. N. R. Rao, Nitrogen-and boron – doped double-walled carbon nanotubes, ACS Nano 1(2007) 494500.

[66] S. Maldonado, K. J. Stevenson, Influence of nitrogen doping on oxygen reduction electrocatalysis at carbon nanofiber electrodes, J. Phys. Chem. B 109(2005) 4707–4716.

[67] Z. Shi, J. Zhang, Z. S. Liu, H. Wang, D. P. Wilkinson, Current status of ab initio quantum chemistry study for oxygen electroreduction on fuel cell catalysts, Electrochim. Act. 51 (2006) 1905–1916.

[68] L. Dai, Y. Xue, L. Qu, H. -J. Choi, J. -B. Baek, Metal -free catalysts for oxygen reduction reaction, Chem. Rev. 115(2015) 48234892.

[69] W. Xiong, F. Du, Y. Liu, A. Perez, M. Supp, T. S. Ramakrishnan, L. Dai, L. Jiang, 3-D carbon nanotube structures used as high performance catalyst for oxygen reduction reaction, J. Am. Chem. Soc. 132(2010) 15839–15841.

[70] J. Shui, M. Wang, F. Du, L. Dai, N-doped carbon nanomaterials are durable catalysts for oxygen reduction reaction in acidic fuel cells, Sci. Adv. 1(2015) e1400129.

[71] S. Wang, E. Iyyamperumal, A. Roy, Y. Xue, D. Yu, L. Dai, Vertically aligned BCN nanotubes as efficient metal-free electrocatalyst for the oxygen reduction reaction : a synergetic effect by co-doping with boron and nitrogen, Angew. Chem. Int. Ed. 50(2011) 11756–11760.

[72] D. Yu. Y. Xue, L. Dai, Vertically aligned carbon nanotube arrays co-doped with phosphorus and nitrogen as efficient metal-free electrocatalysts for oxygen reduction, J. Phys. Chem. Lett. 3 (2012) 2863–2870.

[73] A. J. Bard, L. R. Faulkner, Electrochemical Methods : Fundamentals and Applications, John Wiley & Sons, Inc. ,2001.

[74] C. Zhou, Carbon nanotube based electrochemical supercapacitors, in : School of Polymer, Textile and Fiber Engineering, Georgia Institute of Technology, Atlanta, Georgia, 2006.

[75] E. Frackowiak, F. Béguin, Electrochemical storage of energy in carbon nanotubes and nanostructured car-bon, Carbon 40(2002) 1775–1787.

[76] P. Poizot, S. Laruelle, S. Grugeon, L. Dupont, J. M. Tarascon, Nano-sized transition-metal oxides as neg ative electrode materials for lithium-ion batteries, Nature 407(2000) 496–499.

[77] D. N. Futaba, K. Hata, T. Yamada, T. Hiraoka, Y. hayamizu, Y. Kakudate, O. Tanaike, H. Hatori, M. Yumura, S. Iijima, Shape-engineerable and highly densely packed single-walled carbon nano-tubes and their application as supercapacitor electrodes, Nat. Mater. 5(2006) 987–994.

[78] Y. Honda, T. Haramoto, M. Takeshige, H. Shiozaki, T. Kitamura, M. Ishikawa, Aligned MWCNT sheet electrodes prepared by transfer methodology providing high-power capacitor performance, Electrochem. Solid-State Lett. 10(2007) A106–A110.

[79] H. Zhang, G. Cao, Y. Yang, Z. Gu, Comparison between electrochemical properties of aligned car-bon nano-tube array and entangled carbon nanotube electrodes, Electrochem. Soc. 155

(2008)K19K22.

[80] J. Zhao, Q. Y. Gao, C. Gu, Y. Yang, Preparation of multi-walled carbon nanotube array electrodes and its electrochemical intercalation behavior of li ions, Chem. Phys. Lett. 358(2002)77-82.

[81] J. Chen, Y. Liu, A. I. Minett, C. Lynam, J. Wang, G. Wallace, Flexible, aligned carbon nanotube / conducting polymer electrodes for a lithium-ion battery, Chem. Mater. 19(2007)3595-3597.

[82] V. L. Pushparaj, M. M. Shaijumon, A. Kumar, S. Murugesan, L. Ci, R. Vajtai, R. J. Linhardt, O. Nalamasu, P. M. Ajayan, Flexible energy storage devices based on nanocomposite paper, Proc. Natl. Acad. Sci. 104(2007)13574-13577. Inc. ,2001.

[83] C. Masarapu, S. Subramanian, H. Zhu, B. Wei, Long-cycle electrochemical behavior of multiwall carbon nanotubes synthesized on stainless steelin Li ion batteries, Adv. Funct. Mater. 19(2009) 1008-1014.

[84] D. T. WcIna, L. Qu, B. E. ay T or, LDal, MF. Durstock, Vertically aligned carbon nanotube electrodes ium-jon batteries, J. Power Sources 196(2011)1455-1460.

[85] B. Cao. A. Kleinhmmes X. P. T ang · Bower, L. Fleming. W. Y, O. Zhou, Electrochemical interca-tion of single-walled carbon nanotubes with lithium, Chem. Phys. Let. 307(1999)153-157.

[86] J. Dahn. T. Zheng, Y Lu, J. Xue, Mechanisms for lithium insertion in carbonaceous materials, Sciene 270(1995)590-593.

[87] Z. H. Yang, H. Q. Wu, electrochemical intercalation of lithium into raw carbon nanotubes, Mater. Chen Phys. 71(2001)7-11.

[88] G. X. Wang, J. Yao, HK. Lu, S. X. Dou, J. H. Ahn, Growth and lithium storage properties of vertically aligned carbon nanotubes, Met. Mater. Int. 12(2006)413-416.

[89] M. Hughes, G. Z. Chen, M. S. P. Shaffer, DJ. Fray, A. H. Windle, Electrochemical capacitance of a nanopor ous composite of carbon nanotubes and polypyrole, Chem. Mater. 14(2002)1610-1613.

[90] H. Zhang, G. Cao, Z. Wang, Y. Yang, Z. Shi, Z. Gu, Growth of manganese oxide nanoflowers on vertically aligned carbon nanotube arrays for high -T ate electrochemical capacitive energy storage, Nano Lett. 8(2008)2664-2668.

[91] W. C. Fang, Synthesis and electrochemical cha Γ acterization of vanadium oxide / carbon nanotube composites for supercapacitors,. Phys. Chem. C112(2008)11552-11555.

[92] W. Lu, A. Goering, L. Qu, L. Dai, Lithium-ion batteries based on vertically-aligned carbon nanotube elec-trodes and ionic liquid electrolytes, Phys. Chem. Chem. Phys. 14(2012) 12099-12104.

[93] J. Shui, F. Du, C. Xuc, Q. Li, LL. Dai, Vertically aligned N-doped coral-like carbon fiber arrays as efficient air electrodes for high-performance nonaqueous Li-02 batteries, ACS Nano 8 (2014)3015-3022.

[94] M. Inagaki, H. Konno, O. Tanaike, Carbon materials for electrochemical capacitors, J. Power Sources 195(24)(2010)7880-7903.

[95] S. Yoon, et al. , Preparation of mesoporous carbon / manganese oxide materials and its application

to super-capacitor electrodes, J. Non-Cryst. Solids 355(45)(2009)252-256.

[96] G. A. Snook, P. Kao, A. S. Best. Conducting-polymer-based supercapacitor devices and electrodes, J. Power Sources 196(1)(2011)1-12.

[97] Q. T. Qu, B. Wang, L. C Yang. Y. Shi. S. Tian, Y. P. Wu, Study on electrochemical performance of activated Lcon in aqueous LiSO. Na, SO. and K, SO4 electrolytes, Electrochem. commun. 10(10) (2008)1652-1655.

[98] S. Bose, et al. , Carbon-based nanostructured materials and their composites as supercapacitor electrodes,. Mater. Chem. 22(3)(2012)767-784.

[99] V. R. Subramanian, S. Devan. RF. White. An approximate solution for a pseudocapacitor, J. Power Sources 135(1-2)(2004)361-367.

[100] P. Delahay, K. Holub. Coupling of charging and Faradaic processes : electrode admittance for reversible esses, J. Electroanal. Chem. 16(2)(1968)131-130.

[101] T. C. Liu, W. G. PellBEConwav Staces in the development of thick cobalt oxide lilms exhibiting reversibleredox-behavior and pseudocapacitance. Electrochim. Acta 44 (17) (1999) 2829 - 2842.

[102] E. Pollak, G. Salitra DAurhachCan conductivity measurements serve as a tool T orassessing pseudoca-processes occurring on carbon electrodes ? J. Electroanal. Chem. 602(2)(2007)195-202.

[103] D. Bradley, Ordered enor. etoraoe. enerov. Mater. Today 13(1~2)(2010)9.

[104] V. Presser, M. Heon, Y, Gogotsi, Carhide-derived carbons-from porous networksto nanotubes and graphene, Adv. Funct, Mater. 21(5)(2011)810-832.

[105] L. L. Zhang, X. S. Zhao Car ь n ь neod materials as supercapacitor electrodes, Chem. Soc. kev. 38(9)(2009)2520-2531.

[106] R. H. B aughman. A. A. Zakhidov, W. A. de Heer, Carbon nanotubes-the roure toward applications, S cience 297(2002)787-792.

[107] L. Dai, A. W. H. Mau, Controlled synthesis and modification of carbon nanotubes and C -60: carbon nanos tructures for advanced polymer composite moterials, Adv. Mater. 13 (2001) 899-913.

[108] W. Lu, L. Qu. K. Henry, L. Dai, High performance electrochemical capacitors from aligned carbon nano tube electrodes and ionic liquid electrotytes, J. Power Sources, 89(2009)1270-1277.

[109] S. Huang, L. Dai, A. Mau, Patterned growth and contact transfer of well - aligned carbon nanotube films, J. Phys. Chem. B 103(1999)4223-4227.

[110] S. Huang, L. Dai, Plasma etching for purification and controlled opening of aligned carbon nanotubes, J. Phys. Chem. B 106(2002)3543-3545.

[111] S. Chen, J. Zhu, Q. Han, Z. Zheng, Y. Yang, X. Wang, Shape-controlled synthesis of one -dimensional MnO, via a facile quick -precipitation procedure and its electrochemical properties, Cryst. Growth Des. 9(2009)4356-4361.

tructures for advanced polymer composite materials, Adv. Mater. 13(2001) 899-913.

tube electrodes and ionic liquid electrolytes, J. Power Sources 189(2009) 1270-1277.

J. Phys. Chem. B 103(1999) 4223-4227.

[112] Q. Wang, Z. H. Wen, J. H. Li, A hybrid supercapacitor fabricated with a carbon nanotube cathode and a TiO_2 B nanowire anode, Adv. Funct. Mater. 16(2006) 2141-2146.

[113] J. H. Jang. A. Kato, K. Machida, K. Naoi, Supercapacitor performance of hydrous ruthenium oxide elec-trodes prepared by electrophoretic deposition, J. Electrochem. Soc. 153(2006) A321-A328.

[114] J. S. Ye, H. F. Cui, X. Liu, T. M. Lim, W. D. Zhang, F. S. Sheu, Preparation and characterization of well-aligned carbon nanotubes – ruthenium oxide nano composites for supercapacitors, Small 1(2005) 560-565.

[115] W. C. Fang, O. Chyan, C. L. Sun, C. T. Wu, C. P. Chen, K. H. Chen, L. C. Chen, J. H. Huang. Arrayed CNxNT-RuO2 nanocomposites directly grown on Ti-buffered Si substrate for supercapacitor application, Electro-chem. Commun. 9(2007) 239-244.

[116] F. Du, D. Yu, L. Dai, S. Ganguli, V. Varshney, A. K. Roy, Preparation of tunable 3D pillared carbon nanotube-graphene networks for high- performance capacitance, Chem. Mater. 23(2011) 4810-4816.

[117] C. Yuan, X. Zhang, L. Su, B. Gao, L. Shen, Facile synthesis and self- assembly of hierarchical porous NiO Nano / micro spherical superstructures for high performance supercapacitors, J. Mater. Chem. 19 (2009) 5772 – 5777. B nanowire anode, Adv. Funct. Mater. 16 (2006) 2141-2146.

[118] N. Nagarajan, H. Humadi, I. Zhitomirsky, Cathodic electrodeposition of MnOx films for electrochemical supercapacitors, Electrochim. Acta 51(2006) 3009-2045.

[119] U. M. Patil, K. V. Gurav, V. J. Fulari, C. D. Lokhande, O. S. Joo, Characterization of honeycomb-like " B-Ni(OH)2" thin films synthesized by chemical bath deposition method and their supercapacitor applica-tion, J. Power Sources 188 (2009) 338342. supercapacitors, Electrochim. Acta 51(2006) 30393045.

[120] J. W. Lang. L. B. Kong, W. J. Wu, M. Liu, Y. C. Luo, L. Kang, A facile approach to the preparation of loose-packed Ni(OH)2 nanoflake materials for electrochemical capacitors, J. Solid State Electrochem. 13(2009) 333-340.

[121] H. Zhang, G. Cao, W. Wang, K. Yuan, B. Xu, W. Zhang, J. Cheng, Y. Yang, Influence of microstructure on the capacitive performance of polyaniline / carbon nanotube array composite electrodes, Electrochim. Acta 54(2009) 1153-1159.

[122] S. Bhandari, et al. , PEDOT-MWNTs composite films, J. Phys. Chem. B 113(2009) 9416-9428.

[123] J X. Zhang, et al. , Ultralight conducting polymer / carbon nanotube composite aerogels, Carbon 49(6) (2011) 1884-1893.

[124] X. Crispin, et al. , The origin of the high conductivity of poly(3,4-thylenedioxythiophene) poly (styrenesulfonate) (PEDOT/PSS) plastic electrodes. Chem. Mater. 18(18) (2006) 43544360.

[125] D. Antiohos, et al., Compositional effects of PEDOT-PSS / single walled carbon nanotube films on super-capacitor device performance, J. Mater. Chem. 21(40)(2011)15987–15994.

[126] K. S. Kim, J. S. Park, Influence of multi-walled carbon nanotubes on the electrochemical performance of graphene nanocomposites for supercapacitor electrodes, Electrochem. Acta 56(3)(2011)1629–1635.

[127] Y. Hu, et al., Defective super-long carbon nanotubes and polypyrrole composite for high-performance supercapacitor electrodes, Electrochim. Acta 60(2012)279–286. 1884–1893.

第 29 章
范德瓦耳斯力驱动技术在航天领域应用的展望

Fabrizio Pinto
土耳其共和国伊兹密尔,伊兹密尔经济大学工程学院航空航天工程系

29.1 引言

要正确认识分子间作用力的潜在应用,就必须意识到在过去几十年的迷人发现之前,光滑的大理石表面的相互吸引就已经是牢固地建立了几个世纪的实验知识。"光滑大理石表面自发贴合的事实毋庸置疑,但是这种贴合现象的合理解释仍存在广泛的争议"[1]。进而,与理想导体类似,电中性导体表现出强大的吸引力,这一点早在 19 世纪初期被众所周知[2-3]。尽管这一点长期以来甚至到今天可能在一些理论物理学界的少数气氛中未达成共识,但是用于精密机械车间长度测量的 Johansson 块规各部分能够被紧紧拧在一起,需要成百上千磅的力来拉开。在某些情况下,它们可能会变得密不可分[4-7]。以善于将抽象理论与经验建立联系而闻名的诺贝尔物理学家 Richard·Feynman 于 1959 年在加州理工大学做的《底部有大量空间》报告中提到"用于精密机械加工的约翰逊(Johansson)块规"[8]。仅仅在几年之后,我们又一次在《费曼的物理学演讲》一书的分子间作用力章节读道"约翰逊块规为我们展示了两个量块的原子相互之间直接吸引的现象,令人印象深刻"[9]。

原子间作用力的概念,最初由范德瓦耳斯从热力学领域提出,后来由 London 从非相对论量子力学体系准确描述[10-12]。London 陈述道:"尽管难以从传统经典力学角度阐述这种交互作用机制(原子间作用力),但是我们仍然可以采用半经典力学的语言来描述它。如果一个人任何时候想获得一个分子的瞬态照片,他会发现原子核和电子的各种构型,通常表现为偶极矩的形式。在球对称稀有气体分子和各向同性振荡器中,大多数上述类似的快照同样不会偏向任何方向。这些变化很快的偶极子,反映为分子的零点运动,会形成电场对其他分子的极性产生作用,形成偶极子。这些偶极子是同相的,会与导致它们形成的偶极子产生交互作用。分子的零点运动伴随着同步交变电场,而不是辐射场,这是因为零点运动的能量不能被辐射耗散"[13]。因此,"尽管在特定的时间段内,一个原子或一个分子整体上是电中性

和对称的,但是不断变化的偶极子在其他相邻原子中会诱导偶极子产生。在这种情况下,每一时刻偶极子和诱导偶极子之间的相互作用都会产生吸引力[14]。"

在 London 的理论框架中,Verwey 和 Overbeek[15] 采用 Hamaker[16] 和 de Boer[14] 提出的粒子间黏附力计算方法在埃因霍温的飞利浦物理实验室对憎液胶体的稳定性进行了详细的预测。但是,"Overbeek 发现石英颗粒悬浮液比其公式预测的结果更稳定"[17]。1948 年,同样在飞利浦物理实验室,Hendrik Brugt Gerhard Casimir 通过他后来称为"神来之笔"的东西探索了相同的问题[18]。Overbeek 提出"在较远的距离条件下,交互作用会迅速降低,可能是由于阻滞效应"[17]。根据这种定性的、半经典的、与 London 和 de Boer 提出的理论相类似的结论,光速有限这一事实被预期会导致"第一个原子中的循环电子与第二个原子中的偶极子之间会产生一个相位差,循环电子和作用于这个电子上的偶极子场之间的相位差也会加倍,从而会降低交互能量"[18]。

根据这一论点,Casimir 用他自己特有的谦虚的语言,以常规的范德瓦耳斯-伦敦力为出发点和修正衰减效应,与 Dirk Polder 一起进行了"相当笨拙"的计算[19]。通过这些早期的研究,形成了两个极化原子之间完全衰减力的概念,现在称为卡西米尔-波尔德力,这导致形成了一个沿着 Overbeek 率先提出的思路、且被试验充分证实的理论。

尽管"卡西米尔关于真空力和范德瓦耳斯交互作用的论文不易阅读"[20],但是卡西米尔和 Polder 获得的研究结果从数学角度来说"十分简单"[19]。这种有趣的特征使得卡西米尔与尼尔斯·波尔进行了一次著名的对话:"我想是波尔的一句话让我走上了新的道路。回想起来,应该是在我到访哥本哈根期间,我有点记不清了,我向 Bohr 解释我正在从事的关于范德瓦耳斯力的研究。波尔说:'很好,很有新意'。然后我告诉他我仍然在尝试着对这些简单的公式进行简明的阐述。他轻声说:'应该围绕真空的零点能开展一些研究工作'。回想起来,这就是我们关于这个主题交谈的内容。尽管几句话,但是已经足够了"①[18]。

---

① 这部分引用于卡西米尔在 1998 年纪念 Victor Frederick Weisskopf 论文中的回忆。Milonni 给出了一个略有差别的版本(后来在卡西米尔自己论文中作为预印本被引用[18]),引用于 1992 年 3 月 12 日写给他的信件。在其描述中,卡西米尔写道:"1947 年夏天或秋天(但是我不能确定具体时间),在一次散步途中我向尼尔斯·波尔说到我的研究结果。波尔说:"很好,很有新意"。我告诉他我对远距离交互作用的极简表达式感到困惑,他咕哝了些关于零点能量的事。就这些,但是让我走上了一条新的道路"(原文中方括号中的内容)[21]。虽然这两种叙述在历史上相辅相成的、没有相互矛盾,但是后者明确地提到真空的零点能,这对于衰减公式至关重要,因为 London 认为原子的零点能在范德瓦耳斯力早期的非相对论理论中起到了重要的作用(参见文献[13],§4)。为了完整起见,我们提到这些事件是卡西米尔在另外三个作者已知的场合叙述的。首先,他喃喃地说:"这一定是零点能的体现"。据我所知,这是我们在这个问题上的全部对话,但它带来了一个新的方向[22];其次,波尔仔细考虑了一下,然后咕哝着说:"一定和零点能量有关"。回想起来,我不得不承认,我多亏了这句话[23]。Milton 引用了这篇最新的引文,但介绍了一个原文中没有涉及的内容:"范德耳尔斯力一定和零点能有关"[24],而上下文表明卡西米尔认为"我的结果是简单而优雅的推导"(参见文献[25]);第三,据 Lamoreaux 报道,波尔嘀咕了一些关于零点能的事情[26]。

很快,卡西米尔利用新零点能的论点重新建立了两个原子之间卡西米尔-波尔德力的表达式[21,27]。随后他利用相同的方法去处理两块宏观理想导电板之间作用力的问题,相关研究结果以两页半论文的形式发表在《荷兰皇家艺术与科学学院学报》杂志上[19]。在这篇影响深远但是与通常被认为是"直觉"的初级静电学相矛盾的论文中,卡西米尔证实了两块平行放置、间隙尺寸小于横向尺寸、非常光滑、平整、电中性、理想导电的平板会产生相互吸引力。这种卡西米尔效应几年后被诺贝尔物理学奖获得者和其他世界级专家惊讶地描述为"量子电动力学(QED)最不直观的结果之一"[28]和"一个疯狂的想法"[29]。

在他为数不多的个人叙述中,Casimir 始终强调他的发现与"真空零点能量"解释之间的联系,甚至在他纪念 Victor Weisskopf 的论文中开玩笑地将这个概念称为"可怜之人的量子电动力学"[18]。对这一贡献无与伦比的洞察力和伴随到今天的争议,都与通过新技术解释中性体之间已知力的存在有关,而不是由于任何宣布它们的存在[30]。事实上,我们在卡西米尔的回忆作品中读到,1951 年在海德堡与 Wolfgang Pauli 在尼卡河上乘船游览过程中就"卡西米尔的范德瓦尔斯力及其与真空中场扰动之间的联系"展开了一次热烈的对话。在被卡西米尔的无休止的争论逗乐并最终赢得胜利之前,Pauli 直截了当地把这种方法定义为"胡说八道"。根据 Milonni 引用的内容(参见文献[32],第 240 页,脚注 20)和 Otto Stern 写给 C. P. Enz 的信件,这种说法与 Pauli 早期"极度怀疑的零点能"观点一致[33]。Casimir 注意到的另一个有趣的发现证明了一种"万有引力"的存在,它与金属的性质无关,只要它们是优良的导体"[31]。换句话说,在理想电导率极限条件下,两块平行电极之间的卡西米尔力大小仅仅取决于两块电极间的距离、两个自然常数,真空中的光速和普朗克常数。

自从卡西米尔提出两个电中性边界之间电动力学压力的量子场理论描述之后的七十余年里,我们对于色散力技术潜力的认识已经经历了一个彻底而有趣的转变。一方面,部分受到卡西米尔自己的最初判断的影响,卡西米尔力在很长一段时间内被一些人视为一种"微小的"、"几乎无法察觉的"和"微弱的"交互作用。另一方面,在 Feynman 令人难忘的演讲《在底部还有大量空间》中,范德瓦耳斯力被认为是一个根本上的障碍,并且被扭曲为分子尺度的"糖蜜"——我们现在称为"粘滞"(粘着摩擦)失效机制的预警[34],"这是一个从磁记录媒体行业借鉴的术语"[35]。从 20 世纪 80 年代开始,新观点的出现明确地挑战了两种相互矛盾的观点:或者色散力在技术上是无关紧要的甚至难以察觉,或者色散力在微电子机械系统的制造和运行中是需要小心避免的障碍。

卡西米尔力代表一种引人注目的,具体而言,干扰性的,技术能够提高现有设备的性能,甚至引入传统方法难以实现的能力。这种观点最初受到谨慎看待甚至怀疑,尤其是在理论物理界。然而,从历史角度来看,范德瓦耳斯力可能实现突破性应用的概念本不应该引起争议。事实上,这根本上来说是一个工业问题,具体来说是制造业中使用胶体的稳定性,这导致卡西米尔和 Polder 进行了开创性的分析。由于各种原因,包括对被一些人视为投机性的研究方向的可预见性、不分青红皂白和反应过度,这种看法没有立即得到接受。因此,人们对纳米技术中色散力作用的广泛认识不得不等到本世纪初。尽管在技术应用前景方面存在不确定性和混乱,但是卡西米尔力在多方面影响的研究主题在过去几十年中呈现爆炸式增长。本章内容主要是为了介绍上述研究中一些在空间技术领域有应用前景的研究成果未来的发展趋势。

鉴于我们特殊的关注点,本章中我们既不会综述理论的、计算的和实验的卡西米尔物理学,也不会分析导致目前色散力技术应用进入市场的历史环境条件。关于前一个问题,最近发表了一篇关于基本科学问题的教育类综述,包括讨论在麦克斯韦方程发展的背景下,经典场在色散力理论中的作用[63]。此外,对描述线性引力零点场的经典体系存在的认识论和本体论意义进行了讨论[30,36]。此外,还针对广大读者的许多此类问题进行了介绍说明[37]。至于后一个问题,对过去 150 年中出现的色散力技术进行深入全面的分析[64]。

在接下来的内容中,我们将采取两条行文思路。首先,在简要介绍基本概念之后,介绍早期色散力的应用从概念到市场的历程。然后,我们定义了"色散力工程"这一新领域,并讨论该领域未来的发展轨迹,尤其是在未来中长期对航空航天工业的潜在效益,包括在技术转让、初始融资和产品进入市场过程中的巨大挑战。在这些叙述和经验的基础上,我们讨论先进色散力使能技术对未来航天器设计和性能的影响模型。作为航空航天技术取得的典型进展,我们考虑的应用很有可能会显著提高我们的生活质量、促进对地球宇宙的了解[38-42]。

本章除了对本质上令人兴奋的话题进行标准模式的介绍,还旨在通过概述色散力工程所提供的商机,以便为政府机构和私人投资者发出公开的"行动邀请"。向投资经理和学术界、私营企业和公共管理部门内的研究规划团体传达的信息包括直接提出色散力工程这一爆炸性发展的领域以及作为一种新兴的使能通用技术(EEGPT)。由于其对社会的预期效益、在刺激未来工业增长方面的作用以及潜在的财务回报,因此色散力工程需要认真的注意和对待。从这个意义上说,本章基于作者 20 年来传递这种未被觉察或经常被误解的商业机会方面的丰富经验,为十年前出现的"范德瓦耳斯力工程经济学"提供了最新和更详细的观点[43]。我们的重点不是让读者远离现实,语言可能会显得刺耳甚至暴躁,这仅仅是因为每当变革面临现有的想法和兴趣时都会经历这种变化。文字是故事的重要组成部分,我们将对科学界有关的估价和事实的腐败发表一些看法。

作者认识到后一种观点可能会被当作一门心思搞自私自利的"过度索取"(参考文献[44],4.4 节)。除了披露并试图控制任何潜在的偏见影响,消除出现这种情况的可能性几乎是不可能的。一种经过一个多世纪发展、丰富的科学文献是由科学家发明家署名或者在时代前沿积极追求高风险、高回报技术的投资者署名。他们展示了新颖的、可能具有争议的概念中最佳的事例，这些事例不仅对社会有益，而且显然也对那些提议者有益。无论是受到 Galileo《西德鲁斯·努西乌斯》[46]中熟练的"自我推销"[45]，还是像 Elon Musk 最近呼吁的"让人类成为多行星物种"[47]世界末日场景的激励，任何希望激励决策者提供必要资源、将抽象概念或粗略概念证明转化为实际产品并用之提高人类生活质量的人，都必须具备表达愿景和制定明确行动要求的愿望和能力。我们本着同样不屈不挠的精神，对色散力工程在空间技术中的工业应用前景发表看法。

29.2 色散力工程的要素

在本章中，我们采用定性的、非数学的语言来介绍色散力工程技术应用相关的问题。我们的目的是想提供一条逻辑链关系，形成下文的概述说明，旨在向潜在的企业家和决策者提供信息，并得到本章其余部分提供的论据的佐证。不熟悉这一子领域的读者可能会从作者最近在《美国科学家》中一篇内容丰富的介绍中受益[37]。先不用说引用的相关文献，光是列出一份完整的综述目录，已经是一项艰巨的任务。正如 Babb[48]引用 Bonin 和 Kresin 的话评论的那样，即使按照主题或时间表，作者也不得不处理"大量可用的信息"（参考文献[49]，第 185 页）。毫无完整性可言，除了本章全文引用的几篇文献，目前也有一些较新的、从不同观点角度进行的综述[50-59]。本文作者介绍了范德瓦耳斯力应用于航天器纳米推进[60]和通过纳米管色散力控制[62]的能量存储领域[61]的技术综述。更多数学语言相关的技术介绍，一部分刊登在 2017 年意大利埃里克举办的北约国际学院原子分子光谱–量子纳米会议会刊上[63]，一部分刊登在期刊《航空航天科学进展》的一篇综述中[64]。

29.2.1 物理学角度

为了更直观地感受两个电中性表面之间的交互作用，我们选择从声学卡西米尔效应经典理论入手。选择声学卡西米尔效应经典理论的原因除了其自身富含趣味之外，一个重要的原因是其与电动力卡西米尔效应极其类似（参考文献[65-66]，4.6 节）。

第一个逻辑联系是观察到一个物体反射的声辐射对这个物体施加了一种力。尽管这种力与重力相比通常很微弱，但是这种力在微重力环境中具有潜在的重要应用。许多科研人员围绕声辐射压力开展了研究工作，得出了不同的研究结果，这是由于声辐射压力是一种不易察觉的非线性效应"[68]。我们重点讨论最初由 John William Strutt(瑞利男爵三世)[69-70]开展的平面波入射到理想反射墙面上的标准试验。反射器可以想象为一个圆形板,它被固定在一个较大的容器中,并且远离容器壁,而噪声源(例如压缩驱动器)产生一个随机声场,其频谱特性由实验人员任意确定。在这种几何结构下,声辐射显然均匀地击中两边,同时作用在板上的净力消失了。

我们引入另一个相同的,完全反射圆板,其位置与第一个圆板平行,表面完全重叠,两板之间间隔远远小于其半径(这里我们不考虑将板固定到目标位置所需的辅助结构)。重要的是在两板间隙内并非所有的声场振荡模式都是允许的,因为理想反射要求压力波的振幅在边界处消失(参考文献[71],7.7节)。因此,由于两板间隙内辐射压力向外的贡献一般不等于间隙外向内的贡献,两板将承受一个净力,称为声学卡西米尔力[65,72-74]。在实际中,由宽频带噪声引起的两块板之间的相互作用力可以精确测量。

值得注意的是,根据任意噪声谱的内容,这种力可能是排斥力或吸引力,甚至会消失,也可能会作为间隙宽度的函数发生振荡。但是,如果噪声的强度在要求的整个谱带上是恒定的,并且如果所有波长都处在零和无穷大之间(显然是一个理想的极限),产生的声学卡西米尔力总表现为引力,并且以与间隙宽度成反比的规律减小。例如,如果间隙宽度增加一倍,则卡西米尔力减小到原来的一半。已报道的实验数据证实了基于这一理论体系的计算,包括排斥卡西米尔力的出现[65,72-73],这样的相互作用可能为解决纳米机电系统(NEMS)中的粘滞问题提供了一种新思路[75-76]。有趣的是声学卡西米尔力能够被调整、塑造,更通俗地来讲卡西米尔力不仅能够通过作用在噪声谱[65,72-73],而且还可以通过作用于材料的反射率和相互作用边界的形状来对其进行设计[74]。此外,卡西米尔力出现在两块宏观圆板之间的间隙处,这一特征使其非常适合于在教室和商业等演示环境中清楚地显示卡西米尔效应[65]。在声学卡西米尔效应中,板与板之间相互作用的驱动力明显是任意的随机噪声场。现在让我们采用两个理想的镜面(即两个理想的光学反射镜)研究经典电磁场产生电动卡西米尔效应的可能性。正如我们将在本章中看到的,Boyer研究了这种类型的系统,试图通过适当的经典随机场来获得被认为是量子性质的结果(3.3节和3.5节)。这一观点极为成功,事实上Larraza等研究声学卡西米尔效应工作的起点是将电动力学卡西米尔效应解释为"来自真空的辐射压力",这种观点继而又受到卡西米尔明确建议的启发(参考文献[30],脚注5;参考文献[63])。然而,在这种情况下,随机场被认为不能是完全任意的,因为它必须满足Marshall首先发现的洛伦兹不变性的一些特殊要求[32,77-78]。有了这个限制,卡西米尔初始的结果可以在不需要场量化的情况下获得[19]。卡西米尔效应的经典解释和量子解释的区别在于驱动场存在的根本原因。在量子电动力学中,量子化导致零点场的出现,而在随机电动力学(SED)中,一个洛伦兹不变的随机场被引入作为齐次麦克斯韦方程的非齐次解,两者导致了相同的预测结果。令人着迷的是,最近一段时间,Brugger等在电动力学的情况下利用Boyer等的研究结果,通过施加任意经典噪声场在声学中观察到色散力的操纵现象[80]。

两个球对称的经典原子不能产生静电交互作用,因为它们的偶极子-偶极子力平均为零。事实上这也是为什么范德瓦耳斯力存在的合理解释直到量子力学的出现才得以形成,Wang等[81]以及Eisenschitz和London[82]曾先后尝试着对其给出合理的解释。正如在引言中所述,这一点被London进行了定性说明,他提出了双原子谐振子的零点能概念,其准确性得到了时间的考验[13]。这是因为如早期理解的文献[83],通过假设不确定原理为基本假设,甚至不需要解薛定谔方程,就可以计算谐振子的基能。根据测不准原理,在量子力学中,无论实验设备的质量如何还是实验是否巧妙,都存在一对无法同时被测量的量。尤其是①,"一个粒子在任何时刻位置和动量的不确定性必须使它们的乘积大于或等于约化普朗克常数的一半(参考文献[9],卷Ⅲ,1.8节)。

定性的来说,一个原子基态的能量由两部分组成:一是动能,与振子速度的平方成正比;二是势能,与距离平衡位置位移的平方成正比。在经典力学中,如果振子处于静止状态并且处于平衡位置(对应于零能量状态),速度和位移都可能同时消失。但是,在量子力学中,位置和动量是"不相容"的变量(参考文献[84],第3.6节)——根据不确定性原理,小的平均速度要求从平衡位置产生大的平均位移。这意味着总能量能够仅以平均位置来表示,在这种情况下存在总能量最小的位置。通过计算平均位置和相应的能量,可以看到量子谐振子的最低能量有一个非零的初始值,称其为零点能。关于原子的基态能量和尺寸,也可以作类似的考虑(参考文献[9],2.4节和参考文献[84],第1章,附件C_1)。

正如London所观察到的,由于电子从平衡位置的平均位移消失,原子的平均偶极矩也随之消失,"从经典理论来讲,处于平衡位置的两个系统不会相互作用"。但是,在量子力学中,粒子不能完全静止在某一点上。这将与不确定性关系相矛盾。根据量子力学,各向同性振子,即使在基态,仍在做零点运动,只能用统计的方法来描述,例如通过一个概率函数定义任何状态出现的概率。换句话说,范德瓦耳斯力是"粒子不确定原理的结果"。

只要原子之间的距离没有大到一定程度,电磁信号的传播时间与特征原子跃迁的时间尺度相比是显著的,这种未衰减的处理就是有效的。然而,正如引言中讨论的,根据前面简单的静电因素预测,范德瓦耳斯力在较大距离范围内的衰减遵循

---

① 在这种情况下,动量假定等于振荡粒子的质量乘以速度。约化普朗克常数等于普朗克常数除以2π。

的幂律与实验观察结果不同。Casimir 和 Polder[87-88]首先探索了这种衰减机制，最近 Spruch 通过引入一个随机电磁场使两个原子随机极化和以经典方式产生相互作用，并对其进行了解释——"麦克斯韦本应该也许已经获得的一个结果"。

尽管经典场驱动原子间作用力从来没有被完全地接受(即使作为一个必要的教学用具[89-91])，但是它生动地体现了原子间的作用力[63]。基于这个模型，Milonni 和 Smith 进一步探讨了通过外部场从根本上改变这种相互作用的可能性[92]。

但是在量子场理论中，不确定原理必须应用于电场和磁场，就像它应用于粒子位置和动量一样。因此，由于没有零点场的存在，没有物质的空间不存在能量，就像处于基态的谐振子一样。单个原子对这种外场的响应采用极化率来描述，而极化率又与固体的介电常数通过 Clausius-Mossotti 方程产生联系[93]。这形成了色散力一个简单的解释①："它起源于真空波动，具体来说就是电磁场的不确定性原理"[86]。最后，由于零点能量是不确定原理的结果[32]，因此不可能天真地"关闭"色散力，无论是衰减的还是未衰减的——这是一个在应用中普遍存在的基本事实。

Lifshitz 首先提出一个完全不同的观点：通过"引入'随机'场的麦克斯韦方程"[94]来从宏观上描述两个平板之间的色散力。里托夫也持有相同的观点。因此，与声学案例类似(当然是后来才发现的情况)，在非理想反射面的实际情况下，两个平板之间的卡西米尔力取决于相互作用边界的反射率特性，这些特性是用介电函数来描述的。利夫希茨理论已经成功将所有现有的结果统一在特定已知的情况下。在合适的范围内，利夫希茨理论建立了范德瓦耳斯力的非衰减伦敦理论，并且在没有任何特别假设的条件下，描述了卡西米尔-波尔德力是原子间相互作用的衰减机制。此外，在不假设按对相加性的条件下，利夫希茨理论揭示了卡西米尔力非衰减和衰减情况下宏观边界的色散交互作用。在随后的拓展过程中[96-97]，该理论还预测通过在两个不相等的反射面之间的间隙中引入适当的第三介质可以产生排斥力(第4.5节)。需要向非专业读者指出的是，技术文献中使用的上述术语完全不一致。例如，"范德瓦耳斯力"一词会被作者用来表示各种可能的色散相互作用，包括原子间卡西米尔-波尔德力的衰减机制或利夫希茨理论边界之间的力(其衰减极限当然是卡西米尔力)。因此，尽管严格按照定义"范德瓦耳斯力"一词的使用应该限定在非衰减条件下，但是在衰减条件下使用也是十分常见的。Arnold、Hunklinger 和 Dransfeld 首先探索了色散力与介电函数相关性及其对技术

---

① 色散效应一词首先由 London 用来表明范德瓦耳斯力取决于相互作用分子的光谱响应(见参考文献[13]，§5)。尽管"色散力、Keesom 和 Debye 定向和感应力，目前被当作最常见的三种范德瓦耳斯力[32]"，除非另有规定，在下文中我们都将假定这种力为范德瓦耳斯斥力，这种力不受永久偶极子或其他多个粒子存在的限制。

应用真正的的历史意义[37,98]。上述试验结果表明,通过辐照半导体表面改变其自由电荷数密度,范德瓦耳斯力随着光照水平的变化而变化,从而证明了时间调制的临界使能特性。

尽管试验结果晦涩难懂,但是后来原子力显微镜(AFM)试验结果完全证实了 Lifshitz 理论的预测[99]。

纳米技术应用中存在色散力的发现有着悠久而复杂的历史,我们在本章中部分探讨了这一点。可能最早源于 Robert Forward 的一个大胆的建议,即势能能够存贮在色散力场中,并且这种能量能够以电流的形式释放出来[100]。尽管 Forward 讨论的理想装置不具竞争力,但是他提出的卡西米尔力相关的能量能够和电能相互转化的想法很有启发性。Serry、Walliser 和 Maclay 在一篇被广泛引用的论文中首先概述了色散力在 NEMS 动力学中的重要性,他们的结论是,"平行表面之间的吸引力不一定总是一种麻烦事需要来处理。相反,色散力可以用来调控去执行有用的任务,就像用于驱动 MEMS 元件的毛细管力一样"[101]。在这一时期,无论他们的视野有多广,都没有纳米机器人驱动相关的综述提到范德瓦耳斯力是一种驱动工具。从这一事实来看,上述关于色散力论述的非凡远见非常值得赞赏[102-106]。

29.2.2 概括说明

鉴于上述背景,本书作者在过去 20 年中提出了非常重要的问题如下:"两个间隔亚微米级的中性极化物体产生强烈的交互作用,而且这种交互作用能够在时间和空间上进行调控,基于这种交互作用产生了哪些空间技术应用?"[107]。这一问题最初是在综合了由 Forward 和 Maclay 及其合作者分别提出的能量转换和 MEMS 驱动思想的基础上、从 Arnold、Hunklinger 和 Dransfeld 等实验涉及的分散力控制角度进行了探讨。朝这个方向迈出的第一步是展示了热力学发动机循环的存在,其中范德瓦耳斯力起到了类似于理想蒸汽机中气体压力的作用①。由于能量能够从环境中吸收(释放)会增加(减小)半导体中的范德瓦耳斯力的大小,因此部分这种辐射能具有向机械功转化的可能性,从而"实现卡西米尔力驱动器件的光控制,与现有的半导体微致动器的控制技术类似。由于卡西米尔力能够对任何尺度的元件产生作用,因此这项技术可以实现半导体纳米结构的直接动力学操纵和控制"[108]。这种理想的发动机循环能够应用于宏观厚板和单个分子[37]。例如,能够应用于膜驱动[109-110]、微动开关[111]、自适应光学[112]和光驱动参量放大

---

① 注意,一般气体压力是正的,而范德瓦耳斯压力经常是负的,虽然并不总是负的。因此,在普通(P,V)图中,向环境做正功的发动机循环可以沿顺时针方向进行[108]。

器[36]。本文作者还表明辐照可以调节纳米管中的层间范德瓦耳斯力[62]。这使得人们考虑将可伸缩纳米管作为纳米加速器和非化学储能装置,采用发动机循环去控制航天器动力学,这有望提供一种比电化学电池和超级电容器等传统设备传递能量和功率密度更好的方法[61]。

更广泛地说,正如第 4.4 节中一个相关的例子所探讨的那样,通过适当地控制色散力交互作用不仅能影响而且能够调控纳米管超级纤维的性能①。碳纳米管中卡西米尔力的调控[62]代表了这一发展过程向前迈出了关键的一步[113]。

在本章剩余部分中,我们分析了色散力物理学迅速向技术市场转化的几条路线,重点强调了这些重大发展的经济意义以及实际过程中可能遇到的关键挑战。

29.3 工业、科学家、新闻媒体和资本家

虽然我们的行动计划是明确的,但是在我们的道路上面临着一个不寻常和重要的障碍。一些博识的决策者普遍认为,即使经过几十年爆炸式增长的实验室、理论和计算活动,采用色散力解决方案的科学风险实际上也没有降低。正如作者在多个场合所见证的,一些因素导致了这个额外挑战的产生。

29.3.1 惊喜和脆弱

第一个原因是一些专业的科学家长期以来固持的观念或主张和媒体的夸大,卡西米尔力给人们带来惊喜的同时又显得十分脆弱。在本文作者积极追求卡西米尔力工业应用的 20 年经历中,上述这种简单的陈词滥调和不准确的描述一直阻碍着潜在的投资者与公共管理者之间深刻的"思想交流",这种思想交流是试图跨越黑板(或白板)和先进技术市场之间的巨大鸿沟的一个先决条件[114]。在实际中,面向普通受众的媒体和科学杂志在采访材料或官方研究实验室新闻稿的启发下,通常给卡西米尔效应带上了"神秘"[115-116]、甚至"极其玄幻"的色彩[117]。从定量的角度来看,卡西米尔力有时被权威地描述为"几乎无法探测"[20]和"……一种非常微弱的效应,只能在距离极板纳米尺度位置处测量到"[118]。至于卡西米尔力是令人惊喜的观点,科学的和广泛的历史背景研究表明在卡西米尔力宣布时,人们错误地认为这一贡献不是发现了"一对电中性导体相互吸引的现象"。这种吸附现象在大理石和玻璃表面以及抛光的金属中被认识到已经过了几个世纪。早在卡西米尔发表的论文十年前,同样在飞利浦的 Hamaker 已经介绍了他的研究动

---

① 作者提出,与晶体管类似,基于这一原理的器件被称为 TRANSVACER 器件,即 TRANSducer of VACuum enERgy. 的缩写。

机——"我们经常会感受到物质粒子之间或者粒子和表面之间存在着吸附力"。

事实上，从量子电动力学观点来看，Milonni 明确地评论道："卡西米尔力究竟是令人吃惊的还是非直观的问题存在着争议。如果我们把它看作是分子间范德瓦耳斯力的宏观表现，那么几乎就没有任何理由应该感到惊讶"[32]。在上述讨论中，基于相加近似和 Casimir-Polder 方程的定量论证结果表明，如果假设在衰减（Casimir-Polder）原子间作用力条件下，以完全导电的平界面之间的宏观力修正到卡西米尔结果的 80% 作为直接结果。这是 Hamaker[16] de Boer[14] 在 London 非衰减力理论框架内计算介电边界之间范德瓦耳斯力早期观点的延伸。当然，这样的观点只会把"神秘"转移到单个原子之间存在作用力的观点上。在量子理论的背景下，即使只考虑非衰减力，也难以超越引言中引用的 London 极具启发性的学说。正如本文作者[63]最近所讨论的，基于经典随机场的论点在很大程度上有助于消除人们对于"中性导体之间不存在交互作用"这一普遍学说的抵触。解决对于卡西米尔效应持有惊讶和误解的唯一有效、长期的方法是重新设计库仑定律的基本教学分析，使其包括一个明确的陈述——只有不极化的中性粒子之间才不会产生相互作用，而任何极化粒子（包括中子[119-120]）之间总是存在相互作用。这与经典电动力学并不矛盾，正如麦克斯韦关于电和磁的论文所描述的那样[63,121]。Feynman 曾经报道通过 Johansson 块规对分子力的"惊人演示"可以提供一个直观的视觉体验，即获得非相互作用中性导体的"灵感"是建立在与物理现实完全冲突的教条基础之上。

卡西米尔力是一种大小几乎可以忽略的力，这种观点也相当普遍，尤其是在理论物理界内部，或者这种观点就起源于理论物理界，尽管它与 Feynman 关于粘滞作用的早期警告有着明显的矛盾，而且也不是基于物理事实。事实上，正如我们可以从卡西米尔的结果中快速验证的那样，对于极小的实验极板间距（例如 1nm，参考文献[118]）情况下，理想的卡西米尔压力数量级大约为 1013.25MPa，而对于上述间距为 4Å 的实际材料，卡西米尔压力强度实际数量级大约为 101.325MPa 或"固体材料抗拉强度的数量级"。因此，卡西米尔力不仅"可检测"，而且的确占有主导地位。

29.3.2 内部争论

使决策者质疑色散力是一种通向颠覆性技术的可行途径的第三个因素是几位主要从业人员之间不同寻常的对抗性互动。这一点有充分的记录，有时甚至在国际媒体上被讽刺。一个早期的争论是一次围绕"零点能提取"问题展开的争论，特别是对于通过卡西米尔效应相互作用的极板之间存在可变间隙的内燃机（第 2 节），这出现在 1997 年 NASA 突破推进物理研讨会（例如，见参考文献[123]中

Forward 和 Puthoff 的论文），也包括本作者的独立著作[108]。这场争论在逻辑上与早先的一些同样有争议的随机电动力学（SED）模型研究[63,124]有联系，这些随机电动力学模型能够产生正确的预测，无需引入量化体系[32,77-78,125-129]。在这些方法中，具有挑衅性的是，现在主流的量子概念变成了一个"诡计"[130]——后来用于描述随机电动力学的同一个称谓[131]。尽管，如其他文献[37]所述，作者对思维实验中违背能量守恒的预测提出的反对意见可能是正确的[132]，但这个问题几乎完全从参考记录中消失，这表明了与"直接"否定相反，当"对立的知识主张被正统思想忽视"时，柯林斯和斯普林克所说的"含蓄"否定的实例是有操作性的[133]。Marco Scandurra 在 ArXiv 对这一科学实践做出如下重要评论："学界中接受正统思想群体的沉默表达了对这种事态发展的深切怀疑"。然而，忽视出版物的政策对科学进步毫无帮助。只要沿着科学论证的道路前进，相关讨论总是积极的。同时，我们还指出目前还缺乏一个严格的量子场理论分析，来分析这些机器的理论基础。本课题提供了研究真空量子涨落热力学的机会。更确切地说，我们想解决的问题是："真空中是否存在热力学？"[132]

与这样一个令人满意的、专业的行动计划形成鲜明对比，主要的科学新闻媒体报道大多数正统物理学家中的一些人不屑地将这个方向的任何研究都冠以"可能从合法研究中榨取资金的伪科学"[134]。"正统派"反对任何相反观点的反应是如此强烈，以至于人们可能有理由不把这场辩论列入标题为"内部斗争"的章节，因为"外部斗争"可能更准确。媒体中反复展示的两块平行极板之间标准卡西米尔力系统能量守恒的正当理由是"这种效应不能当作持续的能量源，因为拉开两块极板需要消耗足够多的能量，正如两块极板靠近时释放的能量相当"[135]（几乎相同的陈述出现在文献[134]中）。正如我们所见（29.2.1节），这一关键陈述很容易与理论认识和实验事实相冲突（29.2节）。实际上，如本文作者提出的相同思维实验显示，"真空热力学"为利用半导体实现热机热力循环提供了明确的方案，这对于实现色散力纳米机器（具有与环境进行能量交换的能力，完全遵循热力学定律）的设计和运行十分必要[37,108]。可能正确的说法是正统的大多数人对"零点能量提取"争论的理解现状是理论上提取是不可能的[134]，而且根据著名实验室工作人员的说法，实验数据与零结果是一致的[136]。然而，这种结果被一些人误解了，也被其他人误解为任何涉及能量交换的卡西米尔力应用都必须基于热力学基础，包括普通的能量储存和发动机中的能量传递和转换。在某种程度上，这种关于科学上合理的问题死一般的沉默和错误信息可能被解释成一种深层次文化差异的表现，正如 Collins 就开放和封闭的证据文化方面进行的广泛阐述一样（见参考文献[137]，第22章和图22-1）。例如，在讨论 Frascati 和 Louisiana 引力波探测小组在处理超新星 SN1987A 争议数据时的紧张关系时，赞成或反对发表的态度被归因于实验上的敌意或数学上的敌意。Collins 评论道："在这种情况下，这些都是有用的标签,因为目前理论在抑制猜测方面的作用……Frascati 团队认为这些数据应该由学界其他人公布和研究;就他们而言,已经发现了一些东西,而且不希望它消失。相反,数学上的敌意,即把实验当作理论的仆人,本来会压制数据[137]。

尽管本文作者同意用社会科学的语言来阐述这些解释,但在实践中,正如我们将在下文中探讨的那样,这个问题是一个计算信息控制问题,它为促进某些利益而损害其他利益的议程服务。在这种情况下,在本作者的直接经验中,任何利用 NEMS 中色散力操纵的建议可能会遇到一个异常的、完全不合理的、关于其物理基础合法性的怀疑论。与一厢情愿不同,这种交流不仅发生在冲突线上,即"怪人社区"[134]加入了与从业者的战斗[138],勇敢地与"怪人"捍卫正统的观念[124]。事实上,更为激烈的对抗一再涉及主流社会中的老牌团体,他们提供了国际水平学术互动的生动快照,可惜没有达到令人惊叹的雅典学派田园诗般的和谐,其中 Raphael "描绘了世界上所有的智者百家争鸣"[139]。一些比如关于"有限温度修正"[54,140-142]的争论,虽然实际上集中在对理论物理学非常重要的问题上,但通常被认为过于深奥,对风险投资董事会关于资助颠覆性技术的决定来说不太重要。然而,刺穿文明的薄面纱,发现社会学家实际上是在研究"卡西米尔效应中的争论"[143]这类问题。离开这个领域,成为同一领域的物理学家[124]甚至是主流的物理学家通常会宣布他们在这个领域的相关工作结束了[54]。当然,对知情的、感兴趣的读者来说,更为透明的是,他们对实验"声称精度为 1%"[144]的意义表示了强烈的怀疑,并且用几乎没有任何想象空间的语言表达出来:"……在表面-表面卡西米尔力测量领域,对各种论文的'评论'不在少数;感兴趣的读者最好忽略这些'评论'的大部分,但不是全部,因为它们令人困惑,即使不是假的,但肯定是煽动性的"[144]。这个特别的猛烈抨击引起了文学界通过一篇题为"在测量卡西米尔力时什么是可信的,什么是不可思议的"文章进行反击。在后一种情况下,血腥的反击具有极大的破坏性,它声称在实践中卡西米尔力研究史上最著名的实验之一[146]是"有根本缺陷的"[145],然后通过一整节专门列出一个由反对实践者犯下的"技术错误"清单。

另一个有文献记载的涉及两个不同组之间的交流是由"量子摩擦"存在的分歧引起的,这种阻力阻碍两个平行标准卡西米尔系统平板的相对运动,即保持恒定的间隙宽度。这场争论由一篇题为《匀速运动平板之间不存在量子摩擦》的论文拉开序幕[147]。有趣的是,除了技术量子电动力学计算表明量子摩擦不存在,一个简单的思想实验也表明这样的拖曳力的存在会违背能量守恒,因此从根本上讲摩擦力一定不存在①。

争论的小组之间用他们自己挑衅性的标题来回应,读起来就像嘲讽警句的开

---

① 第二个论点在逻辑上是错误的,如通过基本力学计算[63]。

头一句,"量子摩擦,是事实还是小说?"[148]。这种批判反过来引起了更激烈的交流,以评论的形式发表[149-150],同时促使 Chris Lee 恰当地发表了一篇题为"摩擦过大导致物理学家互殴"的文章[151],在文章中他评论道,"如果我们抓紧时间,我们应该赶上第三回合的结束",并且用一张一个人殴打另一个人的照片加以说明。

尽管正如 Collingridge 权威地指出的那样,"专家们可能会有不同意见",这是科学的现实[152],但在卡西米尔力物理中,异常激烈、有充分记录的争论并不罕见,甚至涉及群体在多个问题上的不断争执。这种情况与其他任何职业中有时爆发的随机性自负争执完全不同,例如,Neal Koblitz 和诺贝尔经济学奖获得者 Herbert A. Simon 之间令人难忘的、个人的、时间有限的交流[153-155]。这也是一个独特的现象,考虑到现在存在着一种复杂的教学文学流派,致力于教授正确的、非对抗性的英语语言写作技巧[156],而现代语言学研究的一个分支则有点讽刺地研究了专业研究写作中的"篱笆"和"礼貌"[157-158]。

色散力研究中的这种冲突不是最近发展的结果,不理会这种评估的做法也是错误的。一个很早以前分歧的例子是在 1954 年在谢菲尔德举行的法拉第学会第 18 次讨论会上,Derjaguin 一方与 Verwey 和 Overbeek 之间进行历史性的首次面对面争论[159]。在一个详细的脚注中,Derjaguin 确实注意到 Verwey 和 Overbeek 在他们著名的《憎液胶体稳定性的理论》一书[161]中没有合适地引用他与 Landau 的重要著作①[160](书籍至今仍在发行中)。Derjaguin 将其描述为"批判性评论的谬误……没有参考我们的论文"[162]。然而,在那次会议之后的综合讨论中,Verwey 和 Overbeek 说道:"我们承认这些事实并表示非常遗憾,我们在撰写专著时忽略了这些文献",他们甚至承认 Derjaguin 在当前具体问题上的优先权。对此,Derjaguin 表示完全满意,并对 Verwey 和 Overbeek 在介绍他们发现时的"异常清晰和系统的形式"表示祝贺(参考文献[162],第 180-181 页)。这样一个问题的解决代表了所有相关各方所表现出的非凡的专业水平,也是同一时期令人尴尬事件的一个极端反例。

29.3.3 娱乐和小说

最终,与纳米技术所发生的一样[105,163],娱乐业和文学小说[164]一直在讨论色散力工程商业计划中扮演着重要的角色。根据作者的经验,即使是在最高层次的对话中,也发现科幻小说"不是卡西米尔力驱动技术话语的一个外在方面,而是一个内在方面"[165]。由于卡西米尔效应的描述非常典型地迎合了零点能的概念(29.2 节),因此与决策者之间的交流经常会发现不知不觉地陷入"自由能量"的

---

① 1987 年 8 月 10 日,这篇论文成为《物理学报》的"引文经典",成为《物理学报》的"本刊引文最多的论文"(见《物理学报》)。URSS,,32,22)。

推测和相关概念中,而这些概念深受非科学家或写小说的科学家欢迎。在众多例子中,Buzz Aldrin 和 John Barnes 在 Robert Forward 和其他专家的帮助下出版了科幻小说《遇见蒂伯》,在书中报道了对空间技术的认识。

在这部 1996 年出版的被高度赞扬的科幻小说中,工程师的助手 Krurix(一个帕拉提亚男性)以外星人的接触情节为基础,详细描述了通过卡西米尔效应提取零点能的过程(参考文献[166],第 440-441 页)。事实上,在前言中除了 Arthur C. Clarke 引用 Richard Feynman 经常重复的零点能密度估计之外,没有其他人提出过这样的观点。卡西米尔效应也不会在 Carl Djerassi(斯坦福大学已故"避孕药"之父"[167])的戏剧《清净误孕》中作为"免费的午餐"出现。它是深受欢迎的情景喜剧《大爆炸理论》[168-169]中"蝙蝠罐猜想"一集物理竞赛的答案。然而,也许没有其他的工作比动画片《不可思议的人》中 Syndrome 的"零点能束"对传播卡西米尔效应相关理论的贡献更大[170-171]。

正如人们所料,卡西米尔力相关概念在小说作品中如此广泛的存在,其效果是双重的。一方面,它有助于"打破僵局",利用潜在的共同经历(无论是文学经历还是视觉经历)与多样化潜在信息接受者群体之间建立一条沟通的桥梁。另一方面,它又进一步加剧了后续的怀疑,因为一个专业的决策者虽然起初很好奇,但是会自然而然地对科幻小说、电视娱乐或动画片中获得的信息保持怀疑。这种看法的一个例外是在宇宙学和形而上学等领域中,卡西米尔力概念扮演着投机的、但不一定是错误的角色。例如,在提到"创造,即从真空波动中产生宇宙"时[20],与 Tryon[172]之前一篇未公开发表的论文密切相关。然而,这篇论文除了令人着迷的猜想之外几乎没有为技术的发展提供任何机会。

29.3.4 准历史和神话

本节简要介绍的所有挑战的后果都是多层次和真实的,因此评估起来非常复杂。如前文所述,在这些至关重要、需要更深入研究的因素中,现有不可调和的分歧导致了不恰当、不完整和自利的引用策略[43],这些策略扭曲了不同作者在该领域历史和发展现状中的作用。这种现象已经知道好多年了,而且是一个篇幅太长而无法在这里全面列举的主题(参考文献[173]中给出了一些早期的例子和评论)。作者应参考所有之前的发现是高度理想化、僵化的科学发表规定[174]。与之不同的是,几年前 David Jones 用图表的形式表示绩效指标包括影响因子、引用次数、每人或每笔拨款发表的文章数量等。利益共同的团体之间大量的相互引用对方的文章,受益于此类文章的期刊自豪地公布影响因子,同时向绩效指标最佳的个人和组织提供资金流"[175]。这样一种明显有害的描述会使得科学观点不被视为

"思考的产物",而是"可以从金钱、权力、地位或者其他有利因素考虑"的"利益"有关"。尽管这种不和谐的认识不是什么新鲜事,但它也自然而然地会导致人们希望研究人员将自己作为任何其他公司实体来对待,特别是当其地位受到任何挑战时做出回击。在这里,我们不打算对知识的根本性质这个宏大的问题发表哲学立场。相反地,在这样一个引起争端的框架里我们打算提出一个有趣的问题,即使这个框架里"科学现在已经变得像它曾经反抗过的意识形态一样具有压迫性",同时"这个框架限制了思想自由"[178]。

问题是:这种众所周知的做法以及本节简要提到的所有现象,是否会通过抑制早期投资来破坏经济的发展?

例如,作者探索性的研究引起了这样的一种假设,即通过自发的文献引用行为划定色散力场范围、提供捐赠团体的信息,可能与从法律规定的和专利审查员选择的专利引用行为中获得的结果不相符(参考文献[179]讨论了美国专利局和欧洲专利局之间的不同程序)。这根本不是一个新颖的想法。尽管事实上"发明家大多是科学家"[180],但是遵循专利法规定行事的从业人员对这一新兴技术的描述可能与相同从业人员在参考文献上发表的论述有所不同[181]。

通常,"教科书作者和整个科学界"创造的准历史"[182-183]被研究是由于其产生的负面教育后果及其对真实历史研究的潜在影响。从目前列举的少数例子和其他许多可找到的例子中也可以清楚地看到,不和谐的色散力研究界中一些实践者既有动机也有机会通过在叙述中注入准历史来影响人们对该领域的看法。一个悬而未决的问题是大多数从业者并没有认真审查如此简单的事实,而是不加批判地重复这些事实。除了错误地认为卡西米尔力比较"微弱",本文作者列举了一个神话例子,该神话的提出为拟定的海上卡西米尔效应提供了可信但显然不存在的物理模型支持[185]。在"宣传和神话"章节中,Whitaker 总结道:"从书面证据中确定某一时间确定哪些是真实的是一项极其困难的任务,而且经过准历史/神话多年的传播,甚至那些事件参与的人也可能会相信这件事"[182]。这样的事实挑战了朴素的科学观,认为科学产生了真理[152],而且使人们强烈意识到由 Ian Hodder 提出的语境考古学概念[186-187]引发的关于历史理解终极意义的冗长辩论[188-190]。令人着迷的是,关于卡西米尔效应及其潜在技术作用的科学解释和媒体反思经过必要的修改后符合霍德尔的评估。他认为"在考古学中,有一系列的立场,从意义不可及的看法到意义可及和多重的看法。"(参考文献[191],第 162 页)。

这种混乱可能看起来令人惊讶,因为与典型的考古遗址不同,卡西米尔力研究活动是当下事件,大多数参与者都是专业的。然而,随着"异常现象"的出现[192],这种观点的多样具有典型性,它也反映了伴随着颠覆性技术出现而产生的"不确定性和模糊性"[44](29.4 节)。除了这些在科学实践中起作用的众所周知的机制外,量子电动力学达到现实重正化的精确解释的特殊方式由于其哲学含意的缘故而受到挑战。Dowling 开玩笑地指出同样在卡西米尔效应中,在数学上却需要从两个无限值的差别中提取有限结果[194]。在物理上,在特殊情况下,"许多描述效应的方法"是已知的。这些方法不借助于零点能量,而是借助于源场,"其中,与流行的观点相反,没有特别的真空场"[32]。

中性导体之间作用力的预测被认为是"胡说八道的",而上述的因素使得这种说法更合理[194]。然而,正如我们在导论中已经看到的,这绝对不是"胡说八道"的情况。根据 Pauli 的说法,这也不是效应的存在,而是对零点能量的物理解释。

29.3.5 危机边缘

现在就 "伪科学家"的"怪人社区"的存在对卡西米尔力驱动发明的科学调查动态的影响发表几点评论是合适的。这些发明据称"可能是政府机构"[134]在转移用于合法研究的资金。一位具有卡西米尔力研究经验的社会科学家与他人合著的一篇旨在描述"与主流科学相反的边缘科学"的文章[138],也对这个问题和有用的运行解释进行了综述。在不改变一般性讨论使其符合零点能提取的特殊情况的条件下,我们指出那些声称来自这个特殊子领域的边缘人属于两个截然不同的群体。

一方面,归咎于量子力学(包括色散力[125,128])发展的理论成功预测是否可以通过专门的经典或半经典方法来实现[78,128-129]?这是一少部分但是活跃的研究人员开展研究的动机[32]。在这种方法中,前面章节(29.3.3 节)称为"随机电动力学"(SED),其基础是经典的 Maxwell 方程,在没有电荷和电流的情况下,波动场的存在被假定为齐次解。因此,"经典电动力学"的修正中出现 $\hbar$ 并不意味着偏离传统的经典思想,因为 $\hbar$ 是为了获得理论预测与实验一致性而提出的一个数"[32]。提供一种计算方法预测这个假设随机场的物理参数,虽然很有趣,但并不比从其他先前假设中试着计算普朗克常数的"可观命题学"更必要。事实上,理论和实验已经表明"细小胶体颗粒之间的色散力也可以通过人工制造的波动光场来诱导和控制"[80],正如之前声学卡西米尔效应中通过宽波段来控制一样[73]。正如 Boyer 所报道的,"这种经典的电磁分析使得一些读者感到苦恼,甚至对"经典"电磁零点辐射的想法感到愤怒。"他们坚持认为零点辐射是一个"量子"概念,不能作为经典物理学的一部分。然而,这种异议肯定是没有道理的"[129]。根据本文作者的经历,这个群体令人印象深刻的文章常常被"正统"的从业者忽视①、误

---

① 许多可能的例子之一是由 David L. Rosen 在写给《Physics Today》的一封信中提供,在信中,他指出在最近一篇关于经典原子的文章中,没有提到随机电动力学。不出所料,根据我们之前的评论[133],这封信没有收到原始作者的任何回复。

解、蔑视甚至羞辱,其中出人意料地包括同一正统派中最权威期刊现在的编辑们。在过去,这些期刊中随机电动力学结果是重要的组成部分。对于随机电动力学取得的"成功"[32],一些主流科学家的反应通常十分刻薄,即使这些努力的唯一目的是一场"拯救现象"的活动[200]。

这可以从 Therese 和 Martin 的论文《可耻,科学家! 科学中堕落的仪式》中介绍的人类学进程来理解[201]。事实上,尽管存在这些明显不科学的观点,Scandurra 提出的"真空中是否存在热力学?[132]"问题可以从热机循环角度去研究,其中,这个热机循环涉及通过与任何场的能量交换实现色散力的控制[108],例如,电动力学或声学、随机或量子、人工或真正的"零点",正如先前报告的那些[73,80]。这些研究不仅合法,而且还在进行中,技术上非常有前景[107]。

除了这些经常在主流著名期刊上发表文章的随机电动力学科研工作者,还存在另一个所谓的"边缘群体"[138],有时会受到小说和阴谋论的启发。这个群体的故事涉及范围从相对非传统的、大胆的、但合法的、主流的研究一直到不明飞行物技术和反重力,正如 Nick Cook 在《寻找零点》一书中提到的[202],这些又被主流作家逐点地否决,例如 Robert Park 的《巫术科学》[203]和 Martin Gardner 的《亚当和夏娃有肚脐吗》(参考文献[204],第 4 章)。

尽管从业者通常认为"你马上就知道一篇论文是否是垃圾"[138],但从技术投资决策的角度来看实际情况远非一目了然。例如,主流物理学受到内部争论的影响,争论的焦点是可测试性是否应该是一个先决条件或者"优雅是否足够",因此现在人们担心"理论物理学危机有可能会成为数学、物理和哲学的一块无人区,不能真正地满足任何需求"[205]。在平行发展中,"再现性危机"[206]被广泛报道,伴随而来的是一场关于不可再现性是否也应成为新规范的辩论[207-208]。关于后一个问题,作者本人与各种研究发现一致的直接经验显示在一份高影响因子期刊上发表的卡西米尔力研究中明显存在错误的论文,即使经过多次尝试和申诉,也几乎不可能得到纠正,最多是承认有限的错误[63,210-211]。后一种情况远远背离了科学尽职调查过程,因为在完全符合正统做法的论文中,"数学术语就像巫医的咒语一样被用来向容易受骗或教育程度低的人灌输敬畏和崇敬之情"[153]。显然,剔除一个基于"外星技术"的商业提案要比剔除一个基于国际权威科学期刊上发表的发现而提出的商业提案要容易得多,尽管这些做法不带有欺诈性,也是不妥的[212]。有趣的是,尽管有人自信地说"退休工程师似乎更倾向于这种夸张的行为"[138],乍一看具有攻击性、与量子真空物理学有关、在强大的赞助者保护伞下发布的声明却未能在主流科学的"聚集观众"面前引起预期的"仪式化堕落"[201]。当然,本文的重点不是为了分析这种现象,但是需要指出至少从 Martin Gardner 几十年来关于"愚蠢、无知、几乎文盲的人"毁灭性的评论开始[216],后来的"怪人群体"[134]在实践的抨击中逐渐被边缘化和中立,因为那些主流卡西米尔力实践者们公开互相保留。不幸的是,对于在骗局、锻造、修整和烹调科学领域有过实践的历史性实施却又是另一个局面[217]。必须坦诚地承认,不合时宜的物理突破、发布虚假数据、通过不道德的引用行为歪曲他人的工作不再是一个仅仅属于边缘派的怪状,而是大众主流的一种通病,正是这种通病导致非科学家群体在科学上的可信度急剧下降。

29.3.6 对科学尽职调查的总体影响

Philip Yam 在《科学美国人》发表的文章中提出对公共资金"流失"严重担忧的 20 年后,如果不是激进的化,不强调把 David Jones 在 Nature 上的坦诚之见应用到该领域,就太无知了。"完全植根于官方"正统派"内部的"相互利用的派系"之间经常公开地争斗、无情地控制着叙述,从而确保"寄生期刊"的持续出版和"资助资金"的流动"。这种恶意的行为表现为引用过程中会荒唐地出现"道德"缺乏,从而抹去了那些被视为威胁的科研人员和不适用的参考文献。在这种情况下,最终成果是一个"不完整和败坏的记录"[219],或者实际上是多个不兼容的记录,严重损害专家们"根据文档的细节提取含义"的能力[220],如 John Tosh 引用的 Raphael Samuel 名言所述(参考文献[219],第 179 页)。此外,与卡西米尔效应相关的经久不衰的"神秘"文化助长了特殊的"制造怀疑"[221],要求"适当的"研究参与者来解决问题,在报纸和科普出版物上作为一个引人入胜的故事进行宣传,在成功的小说情节中被作为一个令人激动的元素。在成功的标准中,人们现在已经接受了"作为一个科学家,一半是科学,一半是市场"以及"当然,要获得资助,我们需要推销我们的工作"这些理念[222]。

控制科学和技术进步的叙述的现实使得公共研究基金的控制公开透明,以至于这种机制被认为是一种为了"赢得科学家游戏"的"科学权力"[223]。其中,Sindermann 列出了政府或私有"授予机构"主要行政人员享有的权力、期刊编辑享有的权力以及科研同行享有的权力。例如,对于最后一种权力,"同行评审专家审查和评论研究提案和论文初稿、确定是否引用了发表的文章。此外,同行讨论形成非正式但是重要的研究评价结果"(参考文献[223],第 180~182 页)。对科学资助机制及其部分活动的详细分析结果清楚地表明,在执行一项能够有效管理与编辑、机构管理人员和同行之间交流互动的规划时,风险就不会再增加了。

这些直接和间接影响拨款提案评分的复杂机制不仅仅只在决定公共研究经费分配方面具有积极作用。相反地,处于任何发展阶段的公司都要经过完全的审计,以确定关键交易决策(如并购或投资)所依据信息的准确性。例如,这是一家初创公司寻求天使投资或机构风投资金将发明转化成有利润的产品的一个案例。这种对公司所有方面的调查被称为尽职调查[224,227],通常被认为是一种带有内置否决权的现实核查[228]。从业人员认为"必须对使用新技术或新兴技术的所有新工厂或新工艺进行尽职调查"[229]。

这种特定阶段的调查被称为科学、技术或者是科技尽职调查。商业提案背后科学主张进行称职的调查第一个众所周知的难题是"寻找合适的专业知识可能很困难,知道如何提升技术也可能很复杂"[230]。第二个障碍是"对机会的可视化超出了许多投资者的能力,由于高额的前期费用的制约,他们在技术和科学尽职调查方面没有充分的投资"[231]。后一个问题在初创公司天使投资的案例中尤其明显,这些公司难以去面对高昂的成本[226]。然而,如果这个问题能够得到解决,通常可以找到专门从事特定行业的高质量尽职调查公司,如清洁技术[230]或可持续能源[232]。

与更好理解的子领域不同,正如我们将在下面的讨论中看到的,从科学技术尽职调查的角度来看基于卡西米尔力驱动技术的投资机会显示出了"完美风暴"。理论和实验科学以及所涉及的数学都要求对具有陡峭学习曲线特征的科目具有高级别的常识,在这个领域不广泛使用专门的知识,而且寻求相关应用基金的公司通常是初创企业,但并不总是如此。通常情况下,如果正式商业计划书中提出的商业主张在第一次筛选后仍然有效,那么天使投资人或机构风险投资基金经理将会联系一位值得信赖的技术顾问征求技术可行性意见。这些技术顾问可能与学术界现在或者过去有过来往,也可能没有,而且在个人职业成就上差异巨大,有诺贝尔奖获得者,也有在科学领域没有高级学位、多才多艺、白手起家的专家。在这个早期阶段,可能会试图分析任何看起来"难以置信"的说法。由于基于卡西米尔力的概念具有破坏性,因此业务计划中的提议很可能会突出获得诱人回报的可能性,这种诱人的回报是通过在能源和医疗技术等酬劳市场中引入突破性技术来产生的。但是,技术专家自然而然地以一种可以理解的专业怀疑态度来处理此类声明。

一方面,对于利用两个表面之间通过非规则几何形状或间隙介质产生的吸附作用产生的发明创造,可以达成的共识是没有违反任何基本定律。这种发明创造的案例包括下文将要讨论的具有历史意义的 Johansson 块规(29.4.1 节和"壁虎胶"概念[223],甚至一些纳米机电系统(NEMS),例如基于碳纳米管的非易失性随机存取存储器[234]。另一方面,涉及时间调制的卡西米尔力与可能同时具有静电力之间交互作用的发明是建立在与周围环境进行能量传递的热力学转变基础上[37]。不幸的是,这种热机循环相关问题的考虑经常会受到关于"自由能"激烈的辩论报告的影响,很可能会使得谨慎的专家给出"示警信号"。在这些情况下,科学尽职调查可能只是给出一个令人失望的快速否决建议,或者继续与同一个专家交涉或邀请更专业的顾问专家给出一个最终意见。如果第二个结果成为现实,许多可能的后续发展方向之一可能会包括一个支持实验的高度技术性讨论,证实卡西米尔力确实已经能够在实验室通过光照的方法的调控。然而,前期的结果没能满足 Lifshitz 理论[98]的预期结果,而近期满足预期的数据[99]却由于可信度的相互指责而备受怀疑。

此外,必须考虑的是在时间紧迫的情况下,这种讨论是在风险会议上当面进行的。在此期间,任何问题即使是很小的问题,都可能会导致专家建议放弃这个机会。鉴于上述卡西米尔力微弱和神秘的普遍特征、参考文献中实验和理论结果公开、相互质疑的程度,不熟悉该领域的顾问很可能会拒绝推荐投资,直到科学领域变得不那么有争议为止。如果出现第三种结果,部分来自学术界或受到学术界的严重影响的声音被加入科学尽职调查小组。在这种情况下,根据作者的经验,典型的结果是"专家们不同意"[152]。这是将极具争议的学术性卡西米尔力研究团体的亚文化带到会议室中自然而然产生的结果。怀疑并不能很好地确定商业提案中的技术风险是否已经完全消除或者至少已经被降低,从而可能会产生负面建议。

投资界对于由于不加批判地接受基于"边际"权利要求的发明造成的错误的相对免疫能力归咎于技术尽职调查程序的存在。在这个脆弱的阶段,更具挑战性的是"微弱的"和"神秘的"卡西米尔力不一致的评估结果带来的影响。一些有影响力的科学媒体反复强调卡西米尔力是奇异的,但是在技术上不合理,物理上不被理解。在某些情况下,正如我们已经注意到的,这些明显与现实不符的声明是一些令人困惑的新闻报道,例如《纽约时报》一篇莫名其妙的文章《微小的自然力量比思想更强大》[135]。根据作者的经验,无论是不相关的"怪人群体"还是强烈反对的从业人员,都没有对私人资本决策者产生显著的寒蝉效应。相反,由于对科学道德的普遍缺失、有问题的出版活动以及卡西米尔力研究主流内外普遍的负面互动等方面的错误判断,导致人们不信任那些即使发表在著名科学期刊上的结果。

29.3.7 创新和风险规避

人们早就认识到刺激创新技术投入的动力来源于两方面,技术推动和市场牵引(也叫市场需求)。一方面,"技术推动力来源于对提高公司绩效新技术方法的认可"[235]。另一方面,"市场需求学派认为,组织创新是建立在市场需求之上……总体而言,技术创新的经验研究对于这个关于技术推动、需求牵引的争辩尚无定论"[236]。正如预料的那样,这种情形比这两个不同方案中出现的情形看起来更加微妙,许多研究都致力于这两个发展驱动力之间的相互作用,甚至是两个驱动力的计划整合[235],尤其是在初创企业[237]。市场牵引需要进一步改进的包括两方面:①源于制造业的市场营销缺陷;②制造过程的改进带来的营销机会。前者倾向于将管理置于防御或反应模式(例如,竞争对手的侵入迫使公司变得更加具有成本效益),而后者则更倾向于机会主义或主动模式。虽然这两种驱动力都能发挥作用,但是在管理层看来,其中一种驱动力可能占有主导地位"[235]。

从物理学创业的观点来看,"技术推动型公司的生存风险最大,但同时提供了创造突破性技术的最大可能性。而市场牵引型公司能够对现有技术进行重大改进或提高"[238]。

正如前面所述,目前已出现或者即将出现的量子真空驱动技术最广泛的应用往往具有很高的破坏性,这可以看作是技术推动力导致的结果。但是,例如,由于"MEMS 和 NEMS 结构可靠的抗干扰方法的需求是无限的",面向卡西米尔力工程化、具有排斥性、能够控制制造和设备运行的粘滞问题的发明,被认为是为了改善 MENS 成品率、市场牵引作用下的产物[242]。

为了公正地判断卡西米尔力驱动技术向市场转化所有的负面影响,尤其是对于那些初创公司中形成的技术,我们还需要考虑美国天使基金和机构风险投资资本总体稳定下降的因素。因为"市场……仍然是成功或失败的最终仲裁者"[238],这反过来要求理解行业管理者们反对创新制造的动力,这通常(但并不总是)是由这种变化相关的风险感知决定的[243-244]。Butler 和 Anderson 总结道:"……降低风险已经成为了高科技创业的一个主要特征。自从 20 世纪 90 年代中期以来,风险资本家已经一直在减少对种子公司和初创公司的投资,而是专注于那些准备将产品推向市场的后期公司。因此,为了建立概念验证并为早期开发提供资金,早期创业者转向了其他资金来源,包括天使投资者,特别是 SBIR 和 STTR 计划。因此,创新者保留了对其技术的控制权,至少直到产品准备好进入市场;这一举措似乎降低了风险"[238]。

本节的主要观点是目前色散力工程仍然显示出了技术不确定性,即使在最基础科学的层面依旧与现有惧怕风险的环境格格不入,这是现有的各种因素向成熟的投资者释放了一个强有力的信号。通过采用新管理工具来辨别和资助真正具有潜在重大突破的技术,能够解决所有这些负面因素。具有讽刺意味的是,在备受争议的 1997 年美国国家航空航天局突破推进物理研讨会期间和之后,Marc Millis 提出了一些降低风险的措施[123,134,245]。这种方法现在相对比较成熟[246],已被应用于推进科学[247],并且以文字的形式显示在硅谷中心沙山路上[248]。作为该方向的首创工作,本文作者最近提出了一个描述色散力工程化应用技术转化的路线图,该图改编自美国国家航空航天局突破推进物理年会上 Millis 提出的路线图[249]。

正如前文所述,除了投资者规避风险导致初创公司资金缺乏之外,投资缺乏会影响开发项目将已有的专有技术转移到市场中。国内外有许多因素都在起作用,但是超出了本章涉及的范围。例如,通过最近的专利改革(根据 IEEE-USA 的说法),美国独立发明人的知识产权的急剧削弱,"抑制了创造力,并且通过威胁美国工业改革者的经济回报来抑制新业务和就业增长"[251]。

同样被提到的因素是学术界和工业界内部或之间的功能失调或无效的互动。造成这种结果的原因包括:①由于"大多数研究论文不是面向工业界而写的",学术界向工业界传达的具有商业潜能的结果总体无效;②由于学术界"专注于结果发现、通过学术同行评审,大学在授予终身职位时不考虑商业化"和"缺乏长期合作关系"等事实,造成了文化分歧。目前大学和制造商之间的大多数合作都是交易性的……"[252]。我们不可能不把这些列举的因素一部分看作是学术界缺乏创业教育的结果[253],一部分看作是David Jones"迷醉"政府拨款决定所体现的相互关联隐性利益的结果[175],即在市场最终决定权被允许之前,这就人为地决定了赢家和输家。持续获得一系列资助的学术目标可以通过强大的联盟来实现,而以市场上获胜的商业目标在授予职位时不被看作一个影响因素。尽管这种学术文化的发展非常缓慢[254-255],但是反对科学商业化的呼声仍然强烈,他们的理由是"促进与专利或许可相关的附带利益可能在无意中危及大学的研究和教育使命"[256]。

然而,大体上来说,对公司各方面不断变革的反对和管理不当也可以解释人们对不求回报性颠覆性技术的抵触,这种现象被称为"变革疲劳"[257]。事实上,现有数据表明与"缺乏明确界定的里程碑和目标"和"高级管理层缺乏承诺"相比,缺乏资金并不是成功执行"变革举措"的主要障碍[258]。作为寻求资助最后一个环境因素,许多专家认为美国的创新精神已经正在为大家树立标杆。正如硅谷风险投资家Peter Thiel在接受我采访时说到,近几十年来美国的创新已经非常严格地建立起来了。"它(指美国创新)主要局限于信息技术和金融服务"[259]。这一评价也许最好能用头版标题来反映,"你给我许诺火星殖民地,而我得到了Facebook",而这个标题与Buzz Aldrin在MIT技术评论上发表的文章"探索的必要性"放在一起[260]。

这些缓解的情况对于能否为美国任何初创企业成功地提供资助极其重要。但是,缺乏逐渐消除技术风险的一致努力,在分散力驱动产品投资的基础上,实现诱人回报的道路被不必要地进一步阻断。因此,令人遗憾的是能够提供数千个高科技制造就业岗位的全新产业不幸地被扼杀了。

29.4 色散力工程

在下面的章节中,我们将Johansson块规作为一项新型技术的典型应用,这种新型技术我们称为色散力工程[37,43,60-61]。色散力工程是指控制色散力的任何技术,或者更正式地说操纵色散力取得可量化的成功。色散力控制技术非常多样化,从简单的表面处理到半导体种通过光照实现相互作用体光学性能的时间调制[98]。

从这个意义上讲,我们将看到Johansson块规是为了实现特定技术目标而有计划地操纵自然存在表面力的最早表现。

Rotolo、Hicks和Martin(RHM)最近提出了"新技术出现的5个特征:①完全新颖性;②相对快速的增长;③连贯性;④具有显著的影响力;⑤不确定性和模糊性"[44]。从 Johansson 块规作为市场产品(我们的原型①)开始,色散力控制技术明显具有这五个特点。因此,根据本文所提供的证据,我们认为色散力工程是一项新兴技术。为了澄清这一点,我们显然没有提议将 Johansson 块规应该被当作一种新兴技术。即使在最迅速采用的时候,它们也可能无法满足"显著影响"的要求,例如蒸汽或电力。到目前为止,已经有人说"测量块规应该被淘汰"[6]——这无疑是 20 世纪初精密制造发展的一个突破,但不再满足"完全新颖性"的要求。当然,在缺乏有序控制措施情况下,我们也不认为色散力是一种新兴技术,因为分散力只是一种与气缸-活塞系统内气体压力一样的自然力。然而,色散力工程无疑使 Johansson 块规"取得了可量化的成功"。大量市场产品的交付是另一个市场产品引起高精度制造的发展造成的结果。假设出于某种原因,色散力不被当作一种技术解决方案,那么 Johansson 块规将只能作为一种通用的"限位规"使用,而不是一种完全新颖的事物。因此,如果这些信息和产品是可用的,我们将色散力驱动衍生产品的演变信息作为色散力驱动技术的"示踪剂"。我们有意地将其定义为示踪剂而不是标记物,是为了表明衍生技术并不是与色散力工程简单的"混合"来显示其演变过程,而是演变的基本驱动因素之一[262]。因此,我们将进一步证明色散力工程是一种新兴的驱动技术,一种有望"在未来几十年内实现但目前无法实现的系统概念型"新兴技术"(见参考文献[263],第 40~41 页;也可参考文献[264])。正如 RHM 从第四个属性(突出影响的观点)所观察到的,"新兴技术的概念变得非常接近于'通用技术'的概念,因此排除了特定领域内突出的技术"[44]。根据 Bresnahan 和 Trajtenberg 的观点[265],通用技术(GPT)被定义为"具有三个关键特征:渗透性、技术活力和创新互补性"[266]。

另一方面,根据 Lipsey 和合作者的说法,通用技术是"一种最初有很大改进空间但最终被广泛应用、具有多用途、希克斯式和技术互补性②③"[266]——尽管"广泛传播……通常被认为是其他三个属性的必然结果"[269]。

有趣的是,Lipsey 和他的合作者们还致力于分析新兴的通用技术,从我们目前的角度提供了一个最为相关的例子:"……如果有人告诉我们,一项新兴技术允许物质在分子水平上的重新排列,从而几乎能够实现任何产品或材料的构筑,无论其工程特性如何(即成熟的纳米技术),可以肯定地认为这项技术明显具有发展成为通用技术的潜力。没有人能够详细预测这些技术将如何发展,或者它们是否会在

---

① Pauli 在他的研究"The Influence of Archetypal Ideas on the Scientific Theories of Kepler"中阐明了这个术语在追求科学知识方面的用途和意义(参考文献[261],第 21 章)。

② "希克斯互补性涉及较低的要素价格推动替代,每当一项技术变革需要其他生产系统重新设计或重组时,就会出现技术互补性"[267]。

③ 感谢 Mark J. Schulz 提醒我 Thomas Jefferson 所说的"每一门科学都是相辅相成的"[268]。

商业化过程中遇到无法克服的成本障碍,但是它们作为潜在的通用技术值得密切关注"[270]。尽管只能得出这样的结论:"越来越多的工作将纳米技术视为一种通用技术",但后来的分析已经着手更加详细地研究复杂的纳米技术价值链[271-274]。这种情况确定了样本的顺序,从原子力显微镜(AFM)等技术发现,到纳米机器人系统和纳米机械装置等中间产品,最后流入潜在的广泛市场产品[269]。这些后来的作者认识到"纳米技术家族"的存在具有重要的意义,因为任何旨在"在分子水平上重新排列物质"的活动,都比电力或蒸汽等通用技术更复杂[266,270,276-277]、更跨学科[180,275]。对纳米技术出版物和引文统计的研究体现了这种复杂性,报告称"第一个基本搜索词'nano*'占据了大约一半的结果。通过增加搜索量子、自组装、分子操纵、显微镜和其他术语(如 NEMS、准晶体或溶胶-凝胶)的变体,探究结果的数量进一步增加了[278]。最近一项关于纳米技术专利活动的研究"从更广泛的样本中发现纳米技术显示出了通用技术的增长、普及和改进三个特征"[279]。

我们的论文"色散力工程是一种新兴的使能通用技术(EEGPT)"揭示了这些广泛的经济研究与目前的分析之间的联系[280]。由于之前讨论过的持续误解和缺乏大局观,尽管我们也想提供有力的证据,但是对于非专业人士甚至是持怀疑态度的专家来说,这样的说法可能会被认为是令人惊讶或大胆的。然而,我们认为这是 19 世纪早期以来物理定律和工程发展的直接结果。

Bresnahan 和 Trajtenberg 的工作是支持证据逻辑合理性和时间演变合理化的一个出发点,他们提供了适用于色散力工程的例子:"大多数通用技术扮演着'使能技术'的角色,创造新的机会,而不是提供完整的最终解决方案。例如,……微电子的用户是现代经济中最具创新性的产业之一,他们通过将自己的技术进步捆在集成电路上,从而从硅不断发展的影响中获益。这一现象涉及"创新互补性"(IC),也就是说,由于通用技术的创新,下游部门的研发生产率提高了。这些互补性放大了通用技术中创新的影响,并有助于将其扩展到整个经济中"[265]。

Rosenberg 对于互补性在色散力工程中作为纳米技术驱动力的作用进行了最清晰的观察,他说:"发明创造几乎从来不是孤立地发挥作用"。在美国技术史上,一项特定发明的生产力已经引发了互补技术的可用性问题。通常这些技术最初并不存在,因此从发明 A 可能获得的利益不得不等到发明 B、C 或 D 的实现才能获得。因此,这些互补关系使得任何单一发明利益流的预测极其困难,而且通常会推迟这类预期利益流的到来。技术之间相互依赖、相互作用的方式,对马虎的观察者来说并不明显,而且对于专家来说也往往不明显"(见参考文献[281]和参考文献[265],第 84 页,注 2)。这一极其重要的陈述抓住了本章论题的精髓,正如 Feynman 演讲的副标题所示:"材料被分子吸引力(范德瓦耳斯力)粘在一起。可能类似这样:当你做了一个零件,从螺栓上拧下螺母后,它不会掉下来,因为重力不明显;甚至很难从螺栓上取下来。就像那些老电影里手上满是糖浆的男人想把一杯水喝掉。我们不得不准备好对这种性质的几个问题进行设计"[8]。这种说法通常被解释为对"微机电系统(MEMS)中基本灾难性失效"的预测[239]，后来被称为粘滞。注意到，在 Feynman 的卓越直觉中，材料由于范德瓦耳斯力粘在一起的现象被描述为一个"准备设计"的问题，具体而言是一个需要避免的问题。相反地，从我们的角度来看，我们通过将 Rosenberg 的话解释为"纳米技术的潜在利益流不得不等到分散力工程的实现才能获得"来构建 Feynman 对黏性的预测。

几年后，卡西米尔在一份声明中这样来评价飞利浦实验室的经历——"我们实验室另一个课题组将一个金属表面与一个末端成球状的细丝靠近时获取得定性的证据"。我还要指出的是现在存在着制造越来越小物体的趋势。如果我们尝试操纵几十微米的尺寸和距离时，金属之间的作用力可能会产生主要影响"[17]。这证明了卡西米尔对亚微米级效应技术重要性的看法发生了巨大的变化，他发现与他最早、最常被引用的评价相比，"虽然这种效应很小，但是实验证实似乎并非不可行，而且可能具有一定的兴趣"[19]。正如我们将看到的，这种在"小"和"主导"之间的摇摆不定是迄今为止对纳米技术中色散力理解的特征，这是 RHM 确定的"不确定性和模糊性"属性的一种表现。正如我们所提到的，卡西米尔的方法包括两个完全导电的平面，它关注的是空间中板内和板外电磁场的零点能。这种空间通常被称为"量子真空"[32]，改变色散力可以被视为作用于这种量子真空的性质上。因此，作者过去曾将色散力工程也称作"量子真空工程"。

这个术语的灵感来源于诺贝尔物理奖获得者 T. D. Lee 的一个相当难以理解的观点："如果我们确实能够改变真空，由于真空无处不在，我们微观的基本粒子世界将与宇宙的宏观世界密不可分地连在一起"[282]。尽管本书作者发现这些词极为鼓舞人心，但当他将一个令人困惑的标题为"真空工程的可能性"的章节放在他关于基本粒子的教科书"展望"中时，他到底想到了什么还不完全清楚。大约 Feynman 在加州理工学院发表演讲的前一年、Dyson 经常引用的一句话："当伟大的创新出现时，它几乎肯定会以一种混乱、不完整和令人困惑的形式出现，这句话或许值得谨记。对发现者自己来说，这只是理解了一半；对其他人来说，这将是一个谜。任何乍一看不疯狂的猜测都是没有希望的"[283]。

29.4.1 约翰逊块规原型

实际上早在 1840 年格拉斯英国协会上，一篇描述惠特沃思测量机（该机器导致了"机械真平面"制造技术的飞跃[2]）的论文已经报道了 Johansson 块规两个高度抛光表面之间的吸引力。Whitworth 在一个脚注中写道："一个简单而有趣的实验可以通过一对真正的平板来进行。如果允许其中一块板在另一块上滑动排除空气，则两块板会在大气压力的作用下以相当大的力黏合在一起"。两个表面之间的这种黏合,如果"……表面完全干燥,则具有高度的真实性,但很少达到"[3]。由于"一个理想的平面是原理真实性的基础和来源"[2],Whitworth 有趣的观察结果似乎是中性板表面之间相互作用的首个例子,这种相互作用既不是作为一种好奇心被观察到,也不是作为一种复杂的事物被报道,而是作为一种监测高精度机械制造过程中两个平面"真实性"的测试被报道。

    Whitworth 对强附着力的解释明确地涉及两表面之间气体的排出和大气压力。当然这种观点来自于波义耳,他是真空泵的发明者[1]。波义耳回忆到"聪明人都赞同这样一个事实:如果两块光滑的大理石表面相互接触后会紧紧地粘在一起,如果下面的大理石不太重,提起上面一块大理石的同时也会把下面的一块提起来"[284]。牛顿也知道这个关于黏合的试验,他评论说到:"两块抛光的大理石直接接触黏合到一起后很难分开,就好像黏在一起了一样"[285]。正如 Shapin 和 Shaffer 在《利维坦和空气泵》一书中与 Hobbes 展开激烈哲学辩论的背景下生动地描述的那样,波义耳猜想到放在真空室中的两块黏合大理石会由于空气压力消失而分开[1]。"为了验证他的理论,他开展了一个即使到现在来说都很有吸引力的试验。在试验中他将一对已经粘好的大理石圆盘被放入真空中、悬挂在一根绳子上,同时真空室正在放气,然后等待底部的大理石脱落。尽管底部大理石上附加了一个重物"以便于其脱落",但底部的大理石最终并未分离。重要的是波义耳没有下结论说黏附是由于表面之间的力,与空气压力无关。

    正如其他在整个科学史上著名的与试验者预期相矛盾的观察结果一样,波义耳得出的结论是试验失败的原因是由于泄漏造成空气残留而造成的。

    在博义耳之后的两百年里,John Tyndall 在 1875 年 6 月 4 日向英国皇家学会报告时明确地驳斥了大气压力的作用。在他的试验中,两个极其精确的六角惠特沃斯平面吸附在一起,放置在空气泵能够达到的最佳真空环境中,下板重 1.36kg,上面附加一块 5.44kg 重的铅块。尽管重力产生的拉力是大气压力的 30 倍,但两板之间的力仍然能够承受这个重量。事实上,当 45.36kg(而不是 5.44kg)附加到下板上试图把盘子拉开时,两个表面之间仍然能够保持强烈的吸引力。正如牛顿所观察到的,两个玻璃杯压在一起会产生不同的颜色[285](第二册,表 4),Tyndall 用卡尺将两块非常光滑的玻璃像金属的惠特沃思板一样黏在一起。用强光照射玻璃时,白色屏幕上反射的颜色"产生了各种变化。当使用单色光照射时,光和暗的连续性是多种多样的,产生了非常美丽的图案"。他从这些观察中得出结论"……尽管在如此紧密的机械接触中,这些平板绝非处于光学接触中,它们之间的间隙能够容纳若干波长的单色光"[287]。这可能是第一次在表面力实验中使用干涉法来监测两个边界之间的距离。19 世纪末的技术背景是由少数需要高精度机器的行业、特别是小型武器制造商的需求推动了重大变革[288]。当时,瑞典埃斯基尔斯图纳步枪厂的 Carl Evard Johansson 发明了块规,1898 年他为块规申请了第一项瑞典专利,1908年在瑞典王室的亲自干涉下被授权(编号17017,"精密测量用块规组")。该发明包括一组102个精确加工的钢块,这些钢块能够以任意方式组合,从1~201mm之间、每间隔0.01mm,能够产生20000个不同的测量值[7,289]。从制造雷明顿步枪到更复杂的6.5mm毛瑟步枪发展过程中,"组合块规组"通过少量量具形成大量长度的想法至关重要,因为约翰逊在奥本多夫的莫泽工厂发现枪支制造过程中需要成千上万个量具。第一项专利没有提及将量具叠加在一起,可能在1900年约翰逊才首次经历过这种现象,当时他发现"两个紧紧粘在一起的重叠两块在意外掉落时不会分离"[7]。然而,"通过细致地将重叠的块规黏合或'拧'在一起,会使得该方法即可行又实用"[4]。后来发展的重要性也许最能体现在1917年斯德哥尔摩的一次工程会议上约翰逊所作的令人惊叹的演示上。这起事件的照片显示一根绳子支撑着两个拧在一起的块规,下块上悬挂着两个45.26kg重的大铅块[7](图29-2)。约翰逊块规故事的这部分内容是分析色散力技术作用的第一条重要线索。这可能是技术史上第一次明智地将表面力纳入一个新装置中并作为设计的一部分,从而使其"既可行又实用"。从该发明的初期到现在,许多引人注目的照片中都有记载,约翰逊的想法取得持续的成功完全取决于这样一个事实:在能干的人手中,只要有需求,即使是二十多个块规,都可以在组合成一个稳定的单元,实现极其精确的长度测量。

约翰逊块规故事指出了分析色散力的技术角色的第一个线索。可能是在其技术历史的首次,通过明智地包含了表面力作为其设计的一部分,一个"既可能且实用"的新的装置被制造。正如从本发明的早期直到当前的许多引人注意的照片中所记录的,约翰逊的思想的持久的成功完全取决于以下事实:经过处理,即使两打的块规可以被连接成一个稳定的单元,且时间长到可以提供非常精确的长度测量。这个事实既不是一个微不足道的科学好奇心,也不是一个可以避免的麻烦。相反地,"块规的主要属性是它们能够拧在一起"[6],使得通过有意识地应用色散力来解决特定工程问题成为可能。因此,被设计成约翰逊块规组一部分的色散力,代表了一种"完全新颖"(RHM定义的属性)的技术。

尽管表面力是约翰逊块规工作的核心,但从基本物理观点来看它们迄今还没有被完全理解,这是值得我们注意的第二条线索。Tyndall的研究是一项长期、目前仍在进行的工作的开始[290-292],旨在阐明导致块规黏合的各种机制的作用。作为一种国际长度标准,块规长寿命的特点使其被称为"僵尸技术"[6]。例如,在1912年Budgett首次强调了液体薄膜在表面上的作用,他认为薄膜的相互作用完全决定着金属表面之间的分子间作用力[293-294]。实际上,在Robert Boyle采用酒精润湿表面之后,Rolt和Barrell将"两板拧在一起"定义为"借助微量液体使两个表面亲密接触的操作"[295]。然而,测量"润湿膜"厚度时产生了负值[296],从而表明"实际金属表面接触"和"没有有效分离表面的液膜"[297]。尽管采用干涉

729

法[298]和原子力显微镜[299]来解决这一问题,但 Doiron 和 Beers(NIST)最近的一项评估可能是目前研究现状的最好写照:"不幸的是,对于那些希望得到解决方案的人来说,自 1912 年以来,这个领域再也没有取得重大进展。从那以后的工作增加了我们对于各种黏合有关的现象的定性理解,但对于拧压膜厚度及其在时间上的稳定性,目前还没有明确的定量或预测模型"[5]。然而,缺乏充分的理论认识并没有阻止约翰逊发明在市场上的成功。一般来说,"对于回顾性分析,科学计量学研究中不确定性和模糊性的评估仍然无人涉足"[44],但我们认为,色散力工程文献中的证据在所有应用中都表现出了这一属性,如原型所示。

尽管在这里我们并不打算综述块规市场自从获得专利和引入以来的演变,但现有的历史信息都支持这样的说法,即块规的被利用频次越来越多[4,6-7]。正如我们即将看到的那样,迄今为止由色散力工程驱动的其他市场产品相对较少,而且它们具有类似的演变过程。同时,现有和将来出现的、完全新颖和显著影响的产品采纳色散力的步伐正在加快。关于色散力工程相干属性的证据将与其示踪剂产品类似的证据相关联[300]。

29.4.2 原子力显微镜

原子力显微镜(AFM,见参考文献[301],C 部分)是现代色散力工程驱动特性的一个非常重要的例子,它使得 Binnig 和 Rohrer 共同分享了 1986 年的诺贝尔物理学奖[302]。与扫描隧道显微镜基于尖端和样品之间电子电流隧穿原理不同的是[303-304],原子力显微镜基于尖端与样品之间的力。

尽管 AFM 技术最初主要在静态接触模式下操作[302,305-306],但是随着远程范德瓦耳斯力和探针尺寸真实建模的发展需求,非接触模式 AFM 技术进入了人们的视野,这对于针尖-样品相互作用至关重要[307-311]。处于动态调幅或调频模式下的 AFM(AM-AFM 或 FM-AFM)在长程原子力作用下工作,这是一个限制性能的因素[306]。因此,"操纵色散力去获得可量化的成功"(29.4 节)对于 AFM 的有效运行至关重要。鉴于主题的范围,这里我们仅提出一些扫描探针显微镜应用作为一种新兴驱动技术未来的研究方向。Hutter 和 Bechhoefer 认为:"如果只有短程力存在,AFM 将完全像 STM 一样通过一个原子运行,同时人们期望获得相同的分辨率(没有 STM 对导电和半导电表面的限制)。但是由于范德瓦耳斯力等长程交互作用的存在导致了一种完全不同的成像模式,在这个成像模式中宏观尖端半径控制着成像分辨率"[312]。从这个角度来看,令人着迷的是原子力显微镜是色散力工程整个历史的一个缩影。一方面,由于"范德瓦耳斯力无法关闭"[306],必须向"长程力的不良影响"妥协。另一方面,"范德瓦耳斯力能够通过 AFM 来测量"[312],预示着色散力的角色从整个章节强调的局限到使能的转变。

最初设想用于表面成像的 AFM 可以作为色散力测量的特有工具,这种观点可以追溯到 Martin 和 Williams 以及 Wickramasinghe 发表的论文中。他们的结论是"峰值范德瓦耳斯力和 profiling 的同时测量已经被证实"[307],而且事实上,Albrecht 和 Quate 认为:"自从 1985 年发明以来,AFM 一直被用来研究吸引人的范德瓦耳斯力……"[313]。在 STM 和 AFM 发明后的十年里,这种探究的进程在逐渐加速[307,312,314-321]。正是在这样的背景下,我们必须为 Jordan Maclay 等的演讲设定框架,在前面提到的 1997 年美国宇航局突破性推进物理研讨会(29.3 节)上,他们发表了题为"通过原子力显微镜(AFM)方法测量微结构中真空能量密度和真空力的变化"的论文①。在这篇文章中,作者明确地指出 AFM 在不同几何构型中卡西米尔力研究的正确性,并预言了这种方法面临的许多挑战。他们说:"以前的实验人员依赖于定制的仪器,用相对较大的组件来测量平行平面结构中的卡西米尔力。由于很少有人尝试在其他几何构型中测量卡西米尔力,许多理论仍然没有得到证实。原子力显微镜(AFM)集成了平行板和其他几何构型中卡西米尔力测量必需的特征"[123]。

不久之后,Mohideen 和 Roy 通过 AFM 证实了平板-表面构型的卡西米尔力似乎是该课题组在这个领域不断探索的开始。这些作者报道:在 56.7Pa 压力和室温下工作时,"理论和实验之间 1.6pN 的均方根平均偏差对应最小间距是 1% 的偏差"[324],如 29.3.3 节所示。在发展过程中,参与者之间缺少相互的引用,这种现象不可能被忽视,而且在某种程度上已经引起了大家的注意。Kim 和 Schwarz 在谈到非接触式 AFM(NC-AFM)和卡西米尔力研究实践者时说到:"……到目前为止,还没有具体的措施将两个群体召集在一起举行一次科学会议,共同讨论同一个主题。这个分歧在过去十年中急剧增长,有可能是对核心主题持有不同的态度造成的。在验证被称为"卡西米尔效应"的量子真空现象时,NC-AFM 群体采用微观唯物主义方法,而卡西米尔群体更青睐宏观方法"[325]。然而,据作者所知,Maclay 等的文章难以被卡西米尔测量的作者们理解(它只被 De Los Santos 引用,例如参考文献[326]),尤其是 Mohideen 和 Roy。这种沉默更令人惊讶、更具有讽刺意味,正如 1997 年美国宇航局突破推进物理研讨会上报道的那样:"传统的科学家谴责将美国宇航局资金用于一个缺乏真正科学的会议"[134]。这是一个完全负面的评价,表明大众主流对这次具有争议的活动中所有的发言都有了深刻的认识。然而,

---

① 1997 年美国宇航局突破性推进物理研讨会于 1997 年 8 月 12 日至 14 日举行(NASA/TM 1998-208400,第 5 页,另见参考文献[322])。由于 Maclay 的文章不是受邀发表的(见 5.1 节),因此没有在同一份报告中列出。然而,该论文被列在 1997 年 11 月的初始报告(NASA/TM-97-206241,海报文件,第 4 页)中,并完整出现在会议记录中(NASA/CP-1999-208694,第 247-256 页)。值得注意的是最新文件(日期为 1999 年 1 月)的首页错误地指出研讨会是 1998 年 8 月 12 日至 14 日举行的,比正确日期晚了一年[123]。

Maclay 等的文章没有引用任何关于 AFM 及其应用于范德瓦耳斯力测量的文献。这个方法也出现在该小组第一篇论文发表后十年内撰写的章节评论中（参考文献[323]19.2节，其中保留了与先前评论相同的文字，参考文献[327]6.4节）。最后，正如本文和之前提到的[43]，2007 年 Lamoreaux 在对卡西米尔力物理学理论和实验工作 60 年的回顾综述中没有提到任何涉及 AFM 的内容，尽管他之前曾提到过（参见参考文献[328]）。

总的来说，这些复杂、矛盾、误导性的信息碎片，只有通过作者辛苦的历史研究才能"从文档的细节中提取有用的信息"[220]。正如本书作者过去所说，Parsegian 表现出了"非凡的洞察力"[43]，他观察到："范德瓦耳斯交互问题对于科学历史学家来说是一个优秀的课题。想想这些要素……学科之间的脱节：物理学家的"卡西米尔效应"、化学工程师和物理化学家的"Derjaguin, Landau-Verwey-Overbeek 理论"以及许多处理深奥物理的恐惧，大多数人对彼此的"激励性问题"缺乏兴趣"（参考文献[329]，第 349 页）。Parsegian 和 Kim 以及 Schwarz 都选择用抽象的术语来描述这些事件，将它们归因于学科之间的"分歧"或"脱离"。然而，人们必须怀疑这种令人叹为观止、没有深思熟虑的做法是由于缺乏对自己领域先进技术的了解，或是由于科学亚文化之间不可渗透的隔离的自然影响，或是由于为了控制发现的描述方式的个人策略选择(29.3.3节)。

作为应用于原子力显微镜的 EEGPT，色散力工程的最新发展阶段是一些应用的出现。在这些应用中，范德瓦耳斯力不仅对表面成像或基本计量学，而且对原子尺度上的实际操作都至关重要。例如，Fukuda, Arai 和 Dong 清晰地说道："纳米操作是通过扫描隧道显微镜（STM）、原子力显微镜（AFM）和其他类型的扫描探针显微镜（SPM）的发明而实现的。主要问题是如何实现对工具与物体之间、物体与基板之间相互作用的控制"。一种策略是"优化物体和基底之间的范德瓦耳斯力、其他分子间作用力和表面力"。对于前者而言，"AFM 悬臂梁是理想的"[330]。这个新的子领域进展非常迅速[331]，但由于篇幅有限，该阶段详细的分析将在以后的工作中进行。早在 1990 年，通过精确排列的氙原子镍表面上成功写出 IBM 的缩写，证明了 STM 利用范德瓦耳斯力和静电尖端样品力实现单个原子定位的可能性[332]。Avouris 描述了这种方法："尖端和样品之间的力甚至是弱范德瓦耳斯力都可以被控制，用来在表面上横向移动原子或分子。这个过程通常被称为"原子滑动"[333]。Feynman 已经预言了纳米尺度操纵面临的挑战(29.1节)："当你做了一个零件，从螺栓上拧下螺母后，它不会掉下来，因为重力不明显；甚至很难从螺栓上取下来，就像那些老电影里一个手上满是糖浆的男人……"[8]。这样的类似的情形被重新发现："当用手爪去抓取微型物体时，很容易抓起来，但松开过程往往会受到黏附力的影响。在设计用于抓取微型物体的微夹持器时，应该认真考虑范德瓦耳斯力……"[334]。我们记得 AFM 已经被用于操纵多壁碳纳米管（MWCNT）；

"具体来说,我们可以弯曲、拉直、平移、旋转,并且在某些条件下切割纳米管,……"在这种情况下,"纳米管和表面之间的相互作用至关重要"[335]。基于 AFM(可能和扫描电镜一起)和色散力工程(通常在加性近似范围内)已经成功实现了纳米结构组装[334,336-337]。例如,这些应用包括单个纳米管的控制放置[338]、纳米管纳米除草器[339-340]、"拾取并放置"聚苯乙烯珠和纳米管拾取和弯曲[341]、纳米机器人触觉界面[342-343]、在各种连接结构中使用色散力作为黏合剂[344]、MWCNT 壳提取[345-346]和纳米医学中固体表面腺病毒的操纵[347]。此外,MWCNT"在扫描电子显微镜中通过微探针系统进行拉伸…并制成原子力显微镜探针"。

正如 Mody 深情地讲述道,这个非凡故事的结语是"今天,扫描隧道显微镜和原子力显微镜是纳米技术繁荣时期数百万美元的宠儿"[348-349]。尽管需要进行更多的法医学研究,以便梳理出与色散力工程的驱动作用直接或间接相关的市场价值份额。显而易见地,由于 AFM 在未来的使用,这一份额将大幅增加。一个有趣的例子是最近报道了 AFM 一个微机电系统的诞生[350-352],它以 nGauge AFM 的名字作为加拿大滑铁卢大学的子公司 ICSPI[353]的一个商业产品,这代表了朝着将传统的宏观仪器完全集成到纳米领域的方向迈出了重要的一步。这样的发展符合以下观点:MEMS AFM 方法、片上卡西米尔力试验和纳米机器人驱动正在进行一个融合过程,使得色散力工程在未来的应用成为了可能,否则将无法实现[57-58,241,354-361]。

29.4.3 壁虎胶产品

色散力工程作为 EEGPT 出现以来最令人惊叹的例子是黏接剂,被称为壁虎胶或仿壁虎胶。这些黏合剂是在发现托克壁虎非凡的爬行能力是由于壁虎趾垫上的毛状结构与攀爬表面之间存在范德瓦耳斯力后发明的[233]。Autumn 在《美国科学家》中一篇插图精美的文章中说到,"理论上,托克壁虎脚上 650 万只趾垫可以产生 1300 牛顿的剪切力,足以支撑两个中等大小的人的重量"[362]。此外,几何结构和层次结构在壁虎趾垫的自清洁和快速释放特征中起着关键作用,这使得壁虎趾垫在垂直爬升中具有持续的定向黏附能力和极高的速度[363]。Autumn 等得出的结论是:"尽管制造小型、紧密排列的仿壁虎趾垫阵列超出了人类技术的极限,但壁虎脚毛的自然技术可以为未来设计一种非常有效的黏合剂提供生物灵感"[233]。20 年后,基于成熟的人工纳米结构成功制备出了仿壁虎定向黏合剂[364-368]。垂直表面上很小的一块粘性衬垫能够承受很大的重量是这个进展的生动写照[369],这也是对 20 世纪初证实的 Johansson 块规功能的回顾(29.4.1 节)。

关于这个领域现有文献的两种评论如下。首先,另外一个不经意的的实例被 Autumn 等引用归属于 Aristotle 的《动物的历史》,由 Thompson 翻译,其中指出,文字证据的完整性被悄无声息、缓慢地消弱[370-371],最终融入理想的描述。他们说:"两千多年前,Aristotle 曾评论过壁虎'以任何方式在树上跑来跑去,即使头朝下'的能力"[371]。实际上,汤普森曾说过:"啄木鸟不是蹲在地上,而是啄开树皮把蛆和蚊虫从树皮下啄出;当虫子出现时,它用又大又平的舌头去舔它们。它能以任何方式在树上跑上跑下,甚至头向下,就像壁虎一样"(参考文献[372],第九卷,第 9 部分)。Cresswell 的翻译中使用了基本相同的词("……像壁虎")(参考文献[373],第九卷,第十章),希腊原著也证实了这一点。在这种情况下,这个不必要的错误引用①强化了这样一个形象:Aristotle 会花很大的精力来解释壁虎神秘的攀爬能力,而事实上这些只是用来作为与啄木鸟敏捷性比较的术语。此外,由于啄木鸟和大多数蜥蜴一样都是通过常规的身体构造方式来完成攀爬的,本文实际上表明 Aristotle 将壁虎的攀爬能力归因于与啄木鸟相似的小尺度特征,而不是因为表面力。

事实上,注意到在近期甚至在 Autumn 等的结论性发现之后,趾垫一直被错误描述为"钩状"(参考文献[377],脚注 2)。更重要的是,尽管从解释的角度来看这个问题相当复杂,但本文与现代任何原子间作用力的认识之间的联系必须考虑到 Aristotle 显然不是一个原子论者这一事实[378-380]。因此,Aristotle 对壁虎黏附机制的任何早期的直觉是完全没有道理的,《动物历史》中所有提及该物种的地方都没有讨论这个问题。一些细心的科技作者发现了这种差异,将其准确地描述为"希腊哲学家 Aristotle 首先创造了短语"……就像壁虎蜥蜴"[363],从而恢复了 Thompson 准确的措辞和本意[363]。当然,壁虎和蜥蜴的攀爬能力比 Aristotle 早为人所知,是现存的古典艺术中一个经常出现的、具有高度象征性的特征[381]。

其次,在纳米材料基础上分析壁虎趾垫黏附物理学的典型描述,迅速地解释了已经讨论的长期存在令人困惑的矛盾(29.3.1 节)[135]。例如,在引用的工作中,Autumn 和他的团队从未使用过形容词"微弱"来形容范德瓦耳斯力[233,362,370-371]。另一方面,在别处重新发现这样一个术语的机会很多。例如,Valdes 说匙突是"……被范德瓦耳斯吸引力固定在表面,而范德瓦耳斯吸引力通常被认为是一种相当微弱的分子间作用力"[382]。类似地,卡西米尔评论道:"然而,由于范德瓦耳斯力十分微弱,壁虎必须依赖于每个脚趾垫上存在的 5 千万到 5 亿个匙突"[363]。Kundu 解释道:"在个体层面上,每一根毛发都通过小而短程静电力与任何表面产生微弱的相互作用,这种静电力叫做范德瓦耳斯力。单独工作时,单根毛发会将壁虎脚吸引到表面,由于吸引力非常小,以至于它会直接从天花板上掉下来。然而,

---

① 尽管这种批评可能显得很挑剔,引用的版本甚至可能让一些人感觉"有所改进",但是《Chicago Manual of Style》(11.6)中写道:"准确性。在引用他人的作品时,过分强调准确的重要性是不可能"[374]。MLA 研究论文作者手册[375]和美国心理协会出版手册[376]对这个问题的建议更为严格。

由于壁虎毛发数量庞大,大量壁虎毛发和表面之间的微弱吸引力叠加,同时增加了壁虎毛发和表面之间的接触表面积,共同使得壁虎具有强大的抓地力[383]。

这些评论可能指向力和压力概念之间的混淆①。Autumn 将他对早期引用的最大潜在绝对力的估计称为"基于单个刚毛的测量"[362]。因此,尽管 Kundu 认为"吸引力小",但这压力一点也不小。在实际中,坚持把能够"支撑两个中等人体重"的力定性为"微弱"的行为是荒谬的。由于压强相对很大,因此乘以有效面积后获得的宏观力也较大。没什么神秘的。这些无益的错误描述再次让人想起引用的《纽约时报》文章中令人困惑的标题"大自然微小的力比想象的要强大"[135]。

正如 Autumn 预言的一样[362],干黏合剂的使用导致了机器人的发展,例如 Stickybo 和 Waalbot,这些机器人能够毫不费力地爬上垂直玻璃表面[389-392]。这也是色散力在适当的领域占有主导地位的又一个证据。

一个惊人的结果是开发出了"具有黏性的结构……使得人能够凭借不大于人手面积的黏合剂爬上垂直的玻璃"[393]。这种引人注目的成果很快在国际媒体报道中与 2011 年的电影《碟中谍 4》联系在一起,汤姆·克鲁斯戴着手套爬上了迪拜的哈利法塔[394]。从本章的观点来看,目前重点关注的目标是在各种空间任务中使用干黏合剂[395]。例如,可能的应用包括用于航天器修理或者不安全环境的机器人锚[396-398]、不合作的太空垃圾抓斗[399]、微重力下的一般物体操纵[400]、交会对接、宇航员舱外活动和空间组装[401]。

尽管色散力驱动的干胶技术是一个相对较新的进展,但相关技术转移到其发明产品市场的步伐正在加快。例如,Kundo 在福布斯报告上发表的文章,被誉为是"干胶技术的领导者",其瞄准了从包装到医疗修复等一系列广泛的应用,并由卡内基梅隆大学一家分拆公司 nanoGriptech 进行销售[383]。本章不对这个行业的趋势进行回顾,但所有现有的信息表明更多的参与者将进入这个专业的子领域,试图从具有吸引力的国际黏合剂市场价值中分一杯羹。特别令人感兴趣的是,尽管色散力黏合剂在纳米制造过程中需要化学物质,但它们并非基于化学物质。因此,色散力黏合剂的使用并不会受环境因素的影响,而且不会在恶劣的环境(例如外太空)中降解。

---

① 需要指出的是,范德瓦耳斯力在文献中的定义不一致,既有长程力[384-385],也有短程力[386-387]。事实上,French 等明确地说:"长程和短程纳米尺度交互作用之间的区别很模糊,在某种程度上是特殊的。这种区别仅在纳米尺度上限或者在介观尺度才能清楚地表现出来。因此,在纳米尺度上,长程和短程交互作用似乎同等重要,也很难区分。因此,与短程交互作用相比,长程交互作用的构成主要取决于正在研究的具体问题"[388]。

29.4.4 非易失性纳米机电系统存储单元

一个正在进入市场的颠覆性应用是基于纳米管的非易失性随机存储器（NRAM），在 NRAM 中,非易失性的属性完全是由一个简洁的色散力工程策略实现的。在最初提出的体系结构中[234],等间距、平行的单壁纳米管平衡悬浮在相同的平行纳米管网格上,这个平行纳米管网格与前一层纳米管网格垂直排列并放置在介电基板上。通过对属于两个网格之一的任何两个纳米管充电,产生相互吸引的静电力,悬浮的纳米管会向与之垂直的碳纳米管方向变形,直到它落入范德瓦耳斯吸引势的第二个平衡位置,然后两个纳米管粘在一起,形成一个连接点。这种纳米管连接方式产生了极低的结电阻值,对应于可以进行电子读取的导通状态。当产生能够克服范德瓦耳斯引力的静电排斥力时,两个纳米管在恢复拉伸应变的作用下再次分离,结电阻增加了几个数量级,从而形成了关闭状态。2001 年 Nantero Inc. 的联合创始人 Rueckes 在他的博士论文中清楚地解释道[402]:"定性地来说,双稳态可以被设想为弹性能的相互作用。当上部纳米管自由悬浮时,弹性能在有限的间隔内产生一个势能最小值,而当悬浮的单壁碳纳米管与底层的纳米管接触时,吸引范德范德瓦耳斯能产生第二个最小能量。这两个最小值分别对应于已定义的关闭和导通状态。也就是说,上下纳米管分离时的结电阻将非常高,而两者接触时结电阻将低几个数量级"[234,403]。

对本章来说,至关重要的是"一旦发生机电转换,SWNT 结构与底层电极保持接触(电连接),范德瓦耳斯交互作用使得这种转换比特状态被存储下来。范德瓦耳斯相互作用发生在任何两种材料之间的近纳米尺度,与外部或内部电源无关。因此,NRAM 本质上是一种非易失性存储器技术"。此外,"由于高能粒子不会干扰存储的数据,因此存储元件自身具有抗辐射能力。此外,结构单元本身的微观质量使其具有很高的抗机械冲击和振动能力。此外,实验结果表明这些装置能够在室温以下到 200℃ 以上的温度范围内服役"[404]。

在没有具体回顾这种特殊存储设备的纳米机电方法的优点的情况下[405],这里我们提到了另外三点。首先,NRAM 从概念到市场应用曲折的过程是任何类似技术的转移需要从残酷现实中吸取的客观教训[406]。在技术上,这包括了将一个单存储单元的实验(234403)扩展到实际应用数量密度的层面[407-408]。从商业角度来看,Nantero 故事(一个延续了 20 年真实的奥德赛[402,409])被 Chris Spivey 总结如下:"NRAM 和 Nantero 漫长的过程可以看作是一种特征,而不是一种缺陷"(引用在参考文献[409]中)。其次,Nantero 及其专利技术的发展过程已经被较早地发现,并且通过科学计量方法对其进行了跟踪[406,410],从而加深了人们对如何利用这些新技术来描述色散力工程发展的理解,这也是目前本文作者追求的目标。

最后,色散力、弹力和静电力的相互作用应该在更广泛的色散力驱动体系的背景下考虑。尽管这些体系通过不同的物理实现方式、基于不同的尺度,但是都表现出了类似的行为。通过建立上述体系,有助于"革命性的方法"和"非传统的记忆结构"[403]的建立。例如,早在1983年,在对三种力(色散力、弹力和静电力)作用下带电螺旋动力学的定性分析中,Robert Forward 就注意到"这个静电悬浮系统是不稳定的"(参考文献[10,0411]和参考文献[61]第27.2节的讨论)。十多年之后,在分析附加卡西米尔力作用下的谐振子(非谐卡西米尔振荡器,anharmonic Casimir oscillator,缩写为 ACO)时,Serry,Walliser 和 Maclay 确定了两个平衡位置,一个是处在相互作用体之间相对较大间隔处的稳定位置,另一个是处在距离较近、和表面接触的不稳定位置[101]。作者评论道:"ACO 设备的任何分离状态和接触状态都可以分别被定义为卡西米尔开关的'打开'和'关闭'状态。ACO 装置在其打开和关闭状态之间的切换可以通过……向系统中引入附加力来实现……附加力可能是静电力、机械力、气动力等"。有趣的是,他们后来得出的结论是:"……功能性卡西米尔开关的两个开关位置中至少有一个可以在不需要电力的情况下维持"[101]。这些观点说明在 NRAM 的开和关状态之间切换过程中使用了静电力,同时表明"与必须不断刷新的动态 RAM 相比,从功耗和相应的散热角度来看,我们设备的非易失性更好"[234]。事实上,本发明的原理巧妙地将通常被描述为不受欢迎的纳米结构粘滞的特定机制转变为关键策略,如果没有该策略,我们的装置将无法按照设计运行。

一个相关的系统是 ACO 中两个相同的力同时作用下的 AFM 悬臂梁[412-414],该系统在探针和表面之间不同平衡位置处具有双稳态(参见参考文献[415]、图29-5和参考文献[416])。静电力对悬臂梁动力学的附加影响[417-419]及其对卡西米尔力实验中 AFM 结果的正确理解的影响[420]已经被广泛考虑。

29.4.5 卡西米尔斥力

迄今为止讨论的模型发明可以看作是卡西米尔力工程在各个领域中的技术驱动应用。在最后两部分中,我们从"提高公司业绩的新技术手段"[235]和"对现有技术进行重大改进或改进"的新方法两方面[238]分析了市场牵引应用的实施情况。作为我们的第一个例子,引领研究动机的目标是大幅降低色散力的大小,甚至将其从吸引力转化为排斥力来作为一种明显的"反粘滞"策略[239]。本文还对该领域潜在的技术驱动应用提出了一些新的思考。

在历史上,不像常规黏附试验提出的那样,分散离子的力可以从与这种现象背后不同物理机制相对应的独立探究。文献中最早提出建议的人可能要追溯到Hamaker,他早在 Casimir 和 Polder 之前就已经预测道:"浸没在不同流体中的两种相互作用的不同材料,在未衰减状态下的排斥作用可能是由性能的相互作用引起的。具体而言,如果流体分子没有明显的取向性,那么浸入流体中的同种材料两个粒子之间的伦敦-范德瓦耳斯力总是吸引力。如果粒子的成分不同,合力可能是排斥力"(参考文献[16],第 1069 页)。几年后又出现了第二种机制,又是在衰减色散力理论出现前,正如 Axilrod 和 Teller 所证明的那样,尽管三个原子通过普通的、具有吸引作用的非衰减范德瓦耳斯交互而成对地相互作用,但是根据它们相互的几何位置,这三个原子可以产生排斥力,这清楚地说明了这种交互作用的非加性[421]。最后,第三个系统是电极化原子与磁极化原子之间的交互作用,在这个系统中发现了非衰减的范德瓦耳斯斥力[422-424]。相应的现象可以在延迟状态下发现。例如,在 Lifshitz 理论[94]被推广到由液体间隙介质分隔的两个半无限平板体系之后,Dzyaloshinskii、Lifshitz 和 Pitaevskii 在接受和批判 Hamaker 的一些结论(见参考文献[96],第 164 页脚注)后指出,只有当两个平板介质不同、所有介质的介电函数满足一些简单条件时,色散力可以是排斥力[96-97]。对于几何形状的作用,后来发现了一些有趣的结果,Boyer 证明了一个完全导电的壳的自应力是正的[425],但这个结果令卡西米尔失望不已。这个结论使得卡西米尔"非常疯狂的"电子模型失效[426],该模型推测电子是被卡西米尔引力聚集在一起来对抗自身的斥力,但这个卡西米尔力却被证明是斥力。关于我们的第三个系统,Farina 等人最近指出由于电子和磁极化原子之间存在非衰减斥力,"两个宏观物体,一个是由电极化材料制成,另一个是由磁极化材料制成,将相互排斥"[423]。

实际上,Boyer 通过 SED 方法的应用(这个方法受到 Casimir 信件的启发)首先计算了无限导体和无限渗透板之间的排斥作用(参考文献[427-428])。

Elizalde 和 Romeo 在他们题为"卡西米尔效应之谜"的论文中提到,色散力的代数符号这个基本特征的不可预测性是卡西米尔效应"······现在比 40 年前理解得更少"的一个根本原因(关于卡西米尔效作为一个"谜"的更多信息,请参见本书 29.3.1 节)。这些作者在 1990 年的文章中明确指出,"与范德瓦耳斯力总表现为引力不同,卡西米尔效应中的那些力可以是引力,也可以是斥力"(参考文献[429])。鉴于当时已知的非衰减状态下的许多结果,这个说法明显是错误的。不到十年前,Visser 发表了一项观察报告,从历史的角度来理解这一奇怪的说法:"尽管如此,排斥范德瓦耳斯力的观点并没有被普遍接受······人们之所以没有立即接受范德瓦耳斯斥力的概念,或者仅仅就材料性质而言,没有接受 Hamaker 常数的概念,主要是因为概念难以形式化、缺乏明确的实验证据"[430]。具有讽刺意味的是,同样由 Axilrod 和 Teller 引入的三体系统[421]后来被 Farina、Santos 和 Truption 在他们的教学论文《一种理解范德瓦耳斯色散力非相加性的简单方法》中使用。在非衰减情况下,他们得出结论是"振荡器的几何排列方式,可能会对引力或斥力造成影响"[431]。

事实上,这一领域的研究发展如此迅速,在1980年在拉斯维加斯举办了关于负Hamaker系数和排斥范德瓦耳斯相互作用的研讨会[430],随后Visser在1981—1983年发表了一篇两章节的综述。在该报告的第一部分中,作者声称"尽管Hamaker确实发表了我们之前引用的评论,但他并没有推导出产生排斥力的任何详细的定量条件"①,"在对范德瓦耳斯力进行了全面的详细研究之后,作者认为三组分体系中对应的Hamaker常数A_{132}可以产生负值值"[430]。Visser说到,在他关于这个问题的第一次报告[433]之后,了解到Fowkes[435]早先对PTFE-甘油-铁体系②的负Hamaker常数进行了理论预测[435],尽管Fowkes声称他本人按照Visser的要求宣布了Smith在PTFE-水-石墨体系的第一个观察结果,但这个结果似乎一直未发表[430,436]。随后,Neumann、Omenyi和van Oss对这些早期发现进行了系统的理论和实验研究[437-438]。

早期的实验结果不可避免地是间接的,并且与悬浮液稳定性和接触角等宏观特性有关[439-443]。然而,在1983年与van Oss、Absolomi、Omenyi和Neumann共同撰写的文章中,Visser实事求是地指出"在许多情况下,人们有意或无意地使用负Hamaker系数来实现分离"[444]。原子力显微镜的发明(29.4.2节)改变了一切,使人们第一次能够直接证明在近距离出现排斥色散力[432,445-447]。

作为这些活动的市场推动属性(29.3.7节)的一个迹象,应该注意到,在这些最新进展之后,《经济学人》在2008年5月发表了一篇内容详实的文章,部分地论述了"卡西米尔效应有时可能是互斥的,这将使静摩擦问题迎刃而解……"当时,据报道卡西米尔的力只是减小了,但并没有逆转,这"对微机电系统来说确实是个好消息"[448]。2008年9月,美国国防部高级研究计划局(DARPA)发布了一份名为"卡西米尔效应增强(CEE)"的报告,其标题有些令人困惑,该报告的主要目的是确定是否有可能在实验系统中控制和抵消卡西米尔力"[449]。更通俗地讲,这个报告的目的是"……基于卡西米尔力工程,开发新的方法来控制和操纵表面上的吸引力和排斥力。"

2009年1月,《自然》杂志的一篇报道称,同样通过AFM方法,Munday和Capasso成功测量了浸在溴苯中的金球和二氧化硅表面之间的Casimir-Lifshitz(C-L)力,将早期的结果扩展到了缓速状态[240-241]。此外,我们还发现了一些方法,这些方法涉及由空白空间分隔的具有不规则几何形状的边界,也就是说,不需要在间隙中包含第三种介质。2008年6月,继先前对波纹表面之间卡西米尔力的研究[450-451]之后,一种基于"由连接到平行板的交错金属支架构成的类似拉链的滑

---

① Milling后来说Visser"导出了一个方程(London含蓄地提到)……"[432],尽管Visser似乎始终将[430]这一早期的研究(这里也引用了)归于Hamaker[16]。

② Teflon是聚四氟乙烯(PTFE)基配方奶粉的驰名商标[434]。

动对称结构"的方法被预测会产生吸引力和排斥力,这取决于相互作用表面之间的距离[241,452]。

29.4.6 卡西米尔力计算工具

作为市场拉动应用的第二个例子,我们考虑正在进行的软件产品开发,旨在使用户能够描述分散力在任意物理系统中的影响,当然包括那些在市场上具有潜在需求的现实微型和纳米机器的核心。本节不仅简单介绍了这一潜在市场的演变,而且还作为针对不同领域的应用科学家和工程师的初步方向,他们可能需要在自己的实际应用中采用分散力工程。按照本章所遵循的方法,尽管所提供的参考资料范围从中学到高级技术水平,但我们将进行非数学性的讨论。

这一领域工作的主要动机体现在作者的一份声明中,该声明报告了前一节所述的后一项成就:"然而,直到最近,由于缺乏能够描述任意几何图形的理论工具,使得在与平行板非常不同的几何图形中对卡西米尔力的预测受到阻碍,但这一困难(原则上)已通过最近的数值方法得到解决"[452]。这是一个非常重要的结论,显示了这个新的软件工程子领域在研发中所起的关键作用,我们在这里称之为计算机辅助分散力工程(CADFE)。

为了理解这种计算机辅助分析工具的基本作用,让我们回顾一下,在科学和工程实践中,在制造和部署任何正在研究的系统之前,都需要对其行为进行定量建模[453-454]。这样一个过程,通常涉及大量不同的物理领域同时进行交互以确定设备性能[455],最终包括找到可能非常大量潜在的数学问题的精确解。

有时人们还没有充分认识到,即使对于相对简单的系统,也很少能够给出实际问题的解析解,也就是说,精确表达式能够产生任意给定自变量值的所有相关未知变量。如果提供一个解析解是不可能的或不切实际的,可以寻求一个数值解①。

Feynman 的物理讲座中提供了一个有趣的、简短的数值方法介绍,其中显示了一种方法,现在被称为跳跃法[460],它恢复了基本质量弹簧系统的已知分析解,其中弹性力与位移成线性比例(参考文献[461-462],19 章和文献[463]的 15 章),该方法适用于一个有趣的引力双体问题——物体围绕太阳的运动(参考文献[9],第 9.5–9.7 节;参考文献[464],第 9 章,前沿课题 2)。这些是初值问题的例子[465],也就是说,如果给定了初始时刻的位置和速度,则可在任何要求的最终时

---

① 二次方程是一个中学水平的例子,$ax^2+bx+c=0$,它的两个解都是由精确表达式给出的,$x_{1,2}=(1/2a)(-b\pm\sqrt{b^2-4ac})$[456]。如果最大幂值 n 未知,n 值大于 $n=2$,则显示代数解的过程[457]更为困难,因此人们通常更喜欢寻求数值解,即使是仅针对三次方程($n=3$)[458]。例如,如果求实根(即没有虚部),可以通过定位多项式函数与 x 轴的交点来实现(参考文献[459],5.6 节)。

刻确定运动质量的位置和速度。简言之,这两个动力学例子中的算法是基于将初始时刻和最终时刻之间的时间跨度划分为相对较小的时间步(时间离散化),在此期间,由于所有其他行星和太阳对每个行星产生的力,因此其加速度,被假定为常数(如弹丸在地面附近自由下落的标准情况)。在重新计算速度和位置之后,系统按时间步长前进。

这样就可以在新的位置更新力和加速度,这个过程一直持续到最终时刻。在与已知分析解进行比较的基础上进行一致性检查之后,该讲座向读者提出挑战,让他们跳进一个只有一条滑动法则的未知世界[466]——通过计算行星的实际轨道,考虑到所有相互的扰动——一个牛顿提出的吸引人的引力 N 体问题的例子,但挑战没有成功。对于这种情况,精确的解析解很少,很少适用于实际情况[467]。

作为一种替代方法,可以采用近似分析法。作为一个基本的例子,让我们再次考虑质量弹簧系统,但也包括附加力,即扰动。例如,这些力可能是描述摩擦力的力,其取决于在空气中移动物体速度的更高功率,或者驱动力,比如孩子坐在秋千上移动双腿时产生的驱动力[468]。在所有这些情况下,在假定扰动在某种意义上相对于由弹簧引起的弹性力更"小"或所考虑的时间间隔不太"长"的情况下,可以近似地解决问题。该方法得到的解是解析解,它提供了一个精确的规则,将移动质量的位置和速度与最终时间联系起来。然而,所解决的问题不是原始问题,而是另一个近似问题,有时通过迭代加以改进(参考文献[469],3.7 节),并在扰动可忽略的情况下收敛到原始问题。需要解决的重要问题是,近似解析解是否能很好地代表原始问题的解,精确问题的数值解与近似解析解之间的关系,以及与任一方法相关的"误差"的估计[459]。

尽管数值方法和微扰方法可能看起来仅仅是一种机械工具,可以提取难题的答案,但随着 20 世纪可用技术资源的迅速发展,人们逐渐理解,计算本身也可以代表一种发现的手段。"数值实验"实践发展的转折点被认为是费米、Pasta、Ulam 和 Tsingou[470]对弹簧连接的长质量链的研究,其力并非如讲座中所述的简单线性,也包括弱非线性项(参考文献[471],第 565 页)。在洛斯阿拉莫斯实验室,利用当时最新的 MANIAC I 计算机解释 FPUT 系统的行为,这一行为非常令人惊讶,它可能代表了通过模拟实现科学发现的最早例子[472-473]。继后来著名的 Ulam[474]引入"协同作用"一词之后,这项研究促进了对"计算协同学"含义的研究[475],即"物理学家和计算机之间的协同合作"[476]。

除了用牛顿第二运动定律和牛顿引力定律表示的初值问题外,还存在边值问题[465],例如经典静电学中的典型边值问题。对这些问题的一个令人愉悦的介绍是在伯克利物理课程的永恒的电和磁体积中,计算两个处于不同电位并相互嵌套的方形导体的电场。在这种情况下,通过适当的网格选择来离散空间,并且通过简单的迭代过程来确定任意点上的电位,迭代过程是将距离每个点最近的四个点上

741

的电位值求平均,替代这些值,除非它们属于两个传导边界,并重复该过程直到通过"仅使用算术"来获得满意收敛(参考文献[477],练习3.76)。尽管这种简化方法被高斯描述为"一种令人愉快的娱乐"……可以在半睡状态下进行,或者在思考其他事情的时候进行[478],但是,正如高斯自己所指出的[480],对于进一步提高收敛速度还可以做很多事情(参考文献[459],19.5节,文献[477],3.77节和文献[479])。

尽管存在一组非常广泛的近似分析和数值方法,以及不断提高性能的硬件,但与刚才描述的问题有关的一个根本差异使得色散力的计算直到最近仍无法实现。这是由于色散力的现有理论表达式的性质,这些表达式似乎不允许进行简单的数值方法。一般来说,计算两个边界之间的卡西米尔力是一项极其复杂的数学工作,仅允许在少数情况下用精确的分析表达式,这些情况不容易推广到实际技术感兴趣的几何图形中,当然,包括卡西米尔首先分析的两个完全导电无限平行平面的标准情况[19]。该情况在2007年发生了变化,出现了引人注目的报道:"一种计算任意几何形状卡西米尔力的方法,具有任何所需的精度,可直接利用标准数值—电磁技术的效率"[481]。这一发展彻底改变了探索任意几何体中物体间卡西米尔力的过程,可能解决无法通过近似分析方法解决的问题。尽管细节远远超出了本文的讨论范围,但由于该方法利用了标准的数值电磁技术,因此必须注意离散化是分辨率算法的核心[481-483]。然而,卡西米尔力和经典电磁学之间的联系要深得多,有人提出"……发现'有趣'几何卡西米尔效应的一种方法是先找到有趣的静电相互作用,然后寻找类似的卡西米尔系统"[481]。最后,我们注意到,正如已经讨论过的,精确和近似的分析方法仍然有助于阐明重要几何图形中色散力的行为[329,485-486]。

本书作者的兴趣集中在开发技术,以反映方法的可行性,例如在讲座中介绍的方法,以及扩展到卡西米尔力计算的电磁学方法。该研究包括确定"最简单"的数值算法(历史细节见参考文献[487-488]),这些算法能够收敛到MATHEMATICA系统中已实现的已知解析解[489],并使用这些工具进行进一步的探索[63,490]。

从CADFE软件开发的角度来看,这一领域的未来发展可能集中在现有或新型商业M(N)EMNS设计包中可用的最复杂的卡西米尔力数值计算算法的集成上[491]。这不仅适用于对静摩擦修复的明显需求,也适用于基于使用卡西米尔力而不是静电相互作用[492]的"半导体纳米结构的直接动力学操纵和控制"的策略部署[108]。

如前一节[241,452]所述,早期研究成果显示了CADFE作为协同工具的巨大潜力,正如Ulam所介绍的,它可以应用于未来的纳米器件,作为科学发现的工具,这是一种显示了卡西米尔力成为排斥力的几何学计算方法。利用有限元分析方法(FEM)对碳纳米管(CNT)进行建模的研究已经广泛应用于工程领域,主要集中在多壁纳米管(MWNT)和"范德瓦耳斯力在碳纳米管的相互作用中起着至关重要的作用,尤其是对 MWNT 的研究结果"[493] 中。本文作者指出了色散力工程在结合了适当的几何结构和调控方法的纳米管中的一些潜在应用[60-62]。

很明显,开发用于研发的 CADFE 工具以设计具有竞争力的纳米机器的方法十分重要[494],下一节将提供一些补充说明。

29.4.7 价值链分析、利润池和瓶颈

到目前为止描述的代表性发明很自然地向我们介绍了产品制造公司的价值链和利润池分析,这些公司可能通过部署色散力工程解决方案来实现产品启动或增产。尽管对这一新方法应用的全面论述远远超出了本章的范围,但作为朝着这一方向迈出的第一步,从 Michael Porter 在 1985 年首次提出的价值链的定义开始,我们有必要这样做:"每个公司都是一系列活动的集合,这些活动包括设计、生产、营销、交付和支持其产品。"所有这些活动都可以用价值链来表示……一个公司的价值链和它执行个体活动的方式反映了它的历史、策略、实施策略的方法,以及活动本身的基本经济学"(参考文献[495],第 36 页)。1998 年,Gadiesh 和 Gilbert 引入了"利润池"的策略分析概念,该概念可以定义为一个行业在该行业价值链各点的总利润[496]。为了绘制利润池图,这些作者概述了一个四步流程[497],从垂直分解行业开始,到其盈利结构的图表结束[498]。在一张典型的图中,如"美国汽车业的利润池",所有相关的价值链活动都是按照 x 轴顺序排列的,y 轴表示与其在行业收入中的相对份额相对应的长度段,每个区块的高度都与其运营利润成正比(参考文献[496],第 142 页;另见参考文献[498],第 113 页)。例如,这一结果快速表明,尽管"从收入的角度来看,汽车制造商和经销商主导了汽车行业,占到了近 60%的销售额",但事实上"汽车租赁是价值链中迄今为止最赚钱的活动"[496]。

我们在本章中介绍这个工具具有双重目的。一方面,"利润池可以很好地反映正在经历快速结构变化的行业。这种变化,无论是由解除管制、新技术还是新竞争对手引发的,总是导致利润在价值链上的分配发生变化"[496]。因此,参考本文讨论的案例,在工业发展阶段的框架内,采用色散力工程预计将是在特定发明被引入或即将被引入时的策略选择。这一假设可以通过历史价值链分析获得支持,历史价值链分析比较了不同公司和市场的表现,并将其作为时间的函数,这一点已经在后续研究[273,499]和 Lux Research 研究咨询公司[500] 经常引用的报告中得到了证明。另一方面,在证据的有力支持下,这一策略在过去已经支付了有吸引力的红利,我们打算奠定一个框架基础,以表明在未来几个可能的应用中,采用色散力工程是一个可靠且有前途的制胜策略。令人感兴趣的是,利润池瓶颈的概念可以很好地支持这两个目的,这也是由 Gadiesh 和 Gilbert 提出的,即"控制整个行业利润

流动的特殊商业活动"[496]。

Gadiesh 和 Gilbert 还提供了三个进一步的解释,特别适用于我们目前的研究。首先,由于"授予产品核心部件专利"等原因,可能会出现瓶颈;其次,"瓶颈可能有多种形式……在个人电脑业务中,英特尔对微处理器的主导地位已经成为一个重要的瓶颈。"最后也是最关键的一点是,"应该指出,瓶颈并不总是自身的主要利润来源,但它们始终具有巨大的战略重要性"。控制瓶颈问题的公司可以直接影响其竞争对手之间的利润分配,甚至其他更遥远的价值链参与者之间的利润分配。微软的大部分业务都建立在对瓶颈问题的控制上。它的 Windows 操作系统是计算机行业的一个瓶颈,它的浏览器正在成为电子商务的一个瓶颈[496]。

作为这种方法应用于我们原型的初步想法,有人可能会猜想,拥有专利组合和专有技术来制造能够扭动的约翰逊块规,在仪表行业形成了一个瓶颈。尽管,据作者所知,相关研究仍需进一步进行以提取历史数据,从而建立衡量行业价值链和利润池图。作为 20 世纪初各公司运营的时间函数,合理的工作假设是,将色散力工程引入约翰逊块规制造过程,使得拥有此类知识产权的公司能够"控制整个行业的利润流"。作为一个纯粹的一般性比较,有人可能会说,由色散力增强的革命性约翰逊块规对相关公司的战略价值与微处理器对英特尔和 Windows 操作系统对微软的战略价值相同。

就纳米技术而言,进行全球分析显然是极其复杂的,包括公司间和公司内部的联系[274],但可获得广泛的结果,如 Lux Research[501] 的研究报告[500]。在该研究中,产品被分为 4 个部分:纳米材料、纳米中间体、纳米产品和纳米工具[273,499]。在这个高级分类中,例如我们已经提到的(29.4 节)与 Youtie、Iacopetta 和 Graham[269] 的研究也引用了 Lux 的研究报告,原子力显微镜可以被认为是一种纳米工具,能够制造纳米产品。如果仅仅考虑原子力显微镜,那么市场划分可以通过各种信息来源以更高的分辨率来表示[348],并且可以适当地提出问题,即"为了设计、生产、营销、交付和支持"特定类型的原子力显微镜而进行的活动。

就 Lux 产品分类而言,纳米工具包括"检测工具、制造工具和建模软件",它们包含"用于在纳米尺度上可视化、可操作和建模物质的资本设备和软件"[500]。就我们的关注点而言,这可能包括特别利用色散力工程的增值过程,例如在数据分析软件中实现的受力模型或专有悬臂探头技术。正如 Gadiesh 和 Gilbert 所说,尽管这些因素可能"不代表主要的利润来源",但这些领域的实质性进展可能为确保该行业的利润池瓶颈提供了机会。从更广泛的历史角度来看,有必要再次回顾 Hutter 和 Bechhoefer 的陈述,"如果只有短距离的力量存在,原子力显微镜将完全像 STM 那样工作"[312],因此原子力显微镜的发明,包括色散力工程学所起的关键作用,可被视为在纳米工具链内形成的瓶颈。

无论是在一项发明所属行业的较小规模上,还是在任何此类发明都所属的更广阔市场的较大规模上,这种简单介绍性的考虑都可以适用于新提供的gecko胶产品和目前正在发展的NRAM市场的情况,这两种情况都可被描述为Gadiesh和Gilbert所述的"动荡的产业"[496]。

这里提供一个有用的类比,回顾(29.4节)"英特尔在微处理器领域的主导地位"[496]反过来又是由"通过封装集成电路自身的技术进步而使硅的能量增大"促成的[265]。因此,半导体物理学的发展为微处理器瓶颈问题提供了战略价值。类似地,曾经的约翰逊块规和原子力显微镜以及未来的gecko胶和NRAM所面临的瓶颈问题,均是由我们对色散力物理学不断发展的理解所促成的。因此,获得色散力工程的知识产权、专有技术和工艺成为在所有市场规模上确保相应瓶颈的必要条件。这种类型的分析可以由企业家在商业计划书编制期间进行,也可以由需要此类可操作性信息的投资者或公司经理进行,从而对潜在分散力工程技术投资的战略价值作出决定(29.3.7节)。可以预期,对于像Eskilstuna步枪厂(29.4.1节)这样的公司来说,与色散力工程密切相关的产品本身可能被确定为主要利润来源;另一方面,对于其他公司来说,利润流控制可以通过占据Gadiesh和Gilbert建议的瓶颈来实现,例如创建未来可获得授权的知识产权,据报道该策略由Nantero执行[409]。

29.5 航空航天应用的未来发展

Niels Bohr曾说过一句著名的格言:"很难做出预测,尤其是关于未来的预测"①。正是基于这句格言,我们从一个公认的个人角度考虑,未来色散力工程将使太空旅行成为可能,特别是色散力工程将使航天器成为可能,可能会影响人类活动的进化,这些活动在过去60年里由传统技术发展而来。

首先,色散力驱动设备的研发过程受到计算挑战的阻碍。尽管在将该问题简化为可以成功地采用经典电磁方法方面已经取得了很大的进展[487],但人们仍在猜测我们是否真的有最好的色散力计算算法。这一领域取得的重大数学进展反过来又将使我们能够快速探索参数空间中完全未知的区域。大力改进惯性导航传感器是对空间技术的一个持久需求,无论是部署得太远,无法及时接收来自地球的信息,还是探测遥远月球的地下海洋,惯性导航传感器对于未来的智能自导航航天器都是至关重要的。这一领域的进展也将有利于对某些地球生命的探索,例如,在全球定位系统无法探测的环境中进行搜索和救援。从商业角度来看,很容易得出这样一个结论:在这一领域取得突破性进展,应该可以产生可观的回报。尽管任何此

---

① 这句格言有很悠久的历史,有各式各样的版本和形式上的微小变化[502]。

类传感器都很有可能在纳米尺度上工作,但问题是色散力是否能够在此类设备中实现预期的颠覆性的性能改进。色散力对间隙宽度高功率的依赖性通常被认为是产生这种预期的原因[300],但是目前还没有推出利用这一基本物理原理实现革命性的性能提升的颠覆性产品。

能量和色散力物理之间的关系可能仍然是一个关键问题[61]。在没有任何违反能量守恒的假设前提下,以极高密度储存能量的可能性似乎与其他基本定律并不矛盾。在色散力场中储存能量不需要特殊和昂贵的化学物质,而只需要对几何学进行巧妙的运用。此外,静电和色散力之间的相互作用是这种方法的典型特征,其确保了放电和充电过程不是由化学过程决定的,而是由用户管理的,并且可以实现高功率密度。纳米尺度上的色散力操纵还可以驱动纳米管核,而纳米管核通常被认为是驱动下一代千兆赫兹振荡器和几乎无摩擦的纳米机器人活塞的关键元件。

芯片上的原子力显微镜和 NRAM 的例子表明,在纳米尺度上实现计算能力、人工智能(AI)、机器人技术、超高能量存储和突破性惯性传感的空前集成的潜力似乎是由色散力工程自然实现的。事实上,一个包含所有这些属性的纳米宇宙飞船,被称为"星芯片",最近被认为是实现星际旅行梦想的现实载体[503]。

最后一节中的几点评论所提供的灵感应该清楚地表明,不应再将色散力描述为"微弱的"或"疯狂的想法"。卡西米尔效应作为一种"奇怪的理论预测"的显著持久性特征[504],已经与波义耳和牛顿时代的试验结果不一致,最近一段人类垂直爬上玻璃的镜头与之惊人地矛盾。此外,它并没有反映目前所理解的电动力学,而且它模糊了我们在本章中探索的色散力工程的惊人的、尚未开发的技术潜力。

参 考 文 献

[1] S. Shapin, S. Schaffer, Leviathan and the Air Pump: Hobbes, Boyle, and the Experimental Life, Princeton University Press, Princeton, 1985.

[2] T. M. Goodeve, C. P. B. Shelley, The Whitworth Measuring Machine, Longmans, Green, and Co, London, 1877.

[3] J. Whitworth, Miscellaneous Papers on Mechanical Subjects, Longman, London, 1858.

[4] W. R. Moore, Foundations of Mechanical Accuracy, The Moore Special Tool Company, Bridgeport, CT, USA, 1970.

[5] T. Doiron, J. Beers, The Gauge Block Handbook (NIST Monograph 180 with Corrections), Dimensional Metrology Group, US National Institute of Standards and Technology, USA, 2005.

[6] T. Doiron, Gauge blocks—a zombie technology, J. Res. Natl. Inst. Stand. Technol. 113(3)(2008) 175-184.

[7] T. Kosuda, The History of Gauge Blocks, Mitutoyo Corporation, Kanagawa, Japan, 2013.

[8] R. Feynman, There's plenty of room at the bottom, J. Microelectromech. Syst. 1(1) (1992) 60–66.

[9] R. Feynman, R. B. Leighton, M. Sands, Feynman's Lectures on Physics, Caltech, Pasadena, 1963.

[10] J. D. van der Waals, The equation of state for gases and liquids, in: Nobel Lectures, Physics 1901-1921, Elsevier Publishing Company, Amsterdam, 1967, pp. 254–265.

[11] J. S. Rowlinson, Legacy of van der Waals, Nature 244(1973) 414–417.

[12] J. S. Rowlinson, Cohesion-A Scientific History of Intermolecular Forces, Cambridge University Press, Cambridge, 2002.

[13] F. London, The general theory of molecular forces, Trans. Faraday Soc. 33(1937) 8–26.

[14] J. H. de Boer, The influence of van der Waals forces and primary bonds on binding energy, strength and special reference to some artificial resins, Trans. Faraday Soc. 32(1936) 10–37.

[15] E. J. W. Verwey, J. T. G. Overbeek, Long distance forces acting between colloidal particles, Trans. Faraday Soc. 42(7)(1946) B117–B123.

[16] H. Hamaker, The London-van der Waals attraction between spherical particles, Physica 4(10) (1937) 1058–1072.

[17] H. B. G. Casimir, Some main lines of 50 years of Philips research in physics, in: H. B. G. Casimir, S. Gradstein(Eds.), An Anthology of Philips Research, N. V. Philips' Gloeilampenfabrieken, Eindhoven, 1966, pp. 81–92(Chapter 4).

[18] H. B. G. Casimir, Van der Waals forces and zero point energy, in: Essays in honour of Victor Frederick Weisskopf(Physics and Society), Springer-Verlag, New York, 1998, pp. 53–66.

[19] H. B. G. Casimir, On the attraction between two perfectly conducting plates, Proc. Kon. Ned. Akad. Wetenshap 51(1948) 793–795.

[20] D. Kleppner, With apologies to Casimir, Phys. Today 43(10)(1990) 9–11.

[21] P. W. Milonni, M. -L. Shih, Casimir forces, Contemp. Phys. 33(5)(1992) 313–322.

[22] H. B. G. Casimir, Van der Waals forces and zero point energy, in: W. Greiner(Ed.), Physics of Strong Fields, Springer, USA, 1987, pp. 957–964.

[23] H. B. G. Casimir, Some remarks on the history of the so-called Casimir effect, in: M. Bordag (Ed.), The Casimir Effect 50 Years Later: Proceedings of the Fourth Workshop on Quantum Field Theory Under the Influence of External Conditions, 14–18 September 1998, Leipzig, Germany, World Scientific Publishing Co. Pte. Ltd., Singapore, 1999, pp. 3–9.

[24] K. A. Milton, The Casimir Effect: Physical Manifestations of Zero Point Energy, World Scientific, Singapore, 2001.

[25] H. Rechenberg, Hendrik Brugt Gerhard Casimir(1909–2000). The physicist in research, industry and society, Eur. J. Phys. 22(2001) 441–446.

[26] S. K. Lamoreaux, Casimir forces: Still surprising after 60 years, Phys. Today 60(2)(2007) 40–45.

[27] H. B. G. Casimir, Sur les forces van der Waals-London, J. Chim. Phys. 46(1949) 407–410.

[28] J. Schwinger, L. L. DeRaad, K. A. Milton, Casimir effect in dielectrics, Ann. Phys. (N. Y.) 23

(1978) 1–23.

[29] B. S. DeWitt, The Casimir effect in field theory, in: A. Sarlemijn, M. J. Sparnaay (Eds.), Physics in the Making, Elsevier Science Publishers, Amsterdam, 1989, pp. 247–272 (Chapter 9B).

[30] F. Pinto, Gravitational Casimir effect, the Lifshitz theory, and the existence of gravitons, Class. Quantum Grav. 33 (2016) 237001.

[31] H. B. G. Casimir, Hapharzard Reality: Half a Century of Science, Harper Colophon Books, New York, 1983.

[32] P. W. Milonni, The Quantum Vacuum, Academic Press, San Diego, 1994.

[33] C. P. Enz, Is the zero-point energy real? in: C. P. Enz, J. Mehra (Eds.), Physical Reality and Mathematical Description, D. Reidel Publishing Company, Dordrecht-Holland, 1974, pp. 124–132.

[34] W. M. van Spengen, R. Modlinski, R. Puers, A. Jourdain, Failure mechanisms in MEMS/NEMS devices, in: B. Bhushan (Ed.), Handbook of Nanotechnology, Springer, New York, 2007 (Chapter 52).

[35] R. Maboudian, R. T. Howe, Critical review: adhesion in surface micromechanical structures, J. Vac. Sci. Technol. B 15 (1997) 1–20.

[36] F. Pinto, Gravitational-wave response of parametric amplifiers driven by radiation-induced dispersion force modulation, in: M. Bianchi, R. T. Jantzen, R. Ruffini (Eds.), Proceedings of the Fourteenth Marcel Grossmann Meeting on General Relativity, World Scientific, Singapore, 2017, pp. 3175–3182.

[37] F. Pinto, Engines powered by the forces between atoms, Am. Sci. 102 (2014) 280–289.

[38] S. E. Doyle, Benefits to society from space exploration and use, Acta Astronautica 19 (9) (1989) 749–754.

[39] IOP, Space: Exploration and exploitation in a modern society, Tech. rep. (2009).

[40] ISECG, Benefits Stemming from Space Exploration, Tech. rep, International Space Exploration Cordinaation Group, 2013.

[41] I. A. Crawford, The long-term scientific benefits of a space economy, Space Policy (July) (2016) 1–4.

[42] R. S. Jakhu, The role of space in long-term economic development on earth, in: R. Jakhu, J. Pelton (Eds.), Global Space Governance: An International Study, Springer, 2017, pp. 519–540 (Chapter 20).

[43] F. Pinto, The economics of van der Waals force engineering, in: M. S. El-Genk (Ed.), Space Technology and Applications Int. Forum (STAIF-2008), AIP Conf. Proc., 969, AIP, Melville, New York, 2008, pp. 959–968.

[44] D. Rotolo, D. Hicks, B. R. Martin, What is an emerging technology? Res. Policy 44 (2015) 1827–1843.

[45] E. B. Davies, Why Beliefs Matter, Oxford University Press, Oxford, 2014.

[46] F. Pinto, Giant's talk, Griffith Observer 1992 (9) (1992) 2–18.

[47] E. Musk, Making humans a multi-planetary species, New Space 5(2)(2017)46–61.

[48] J. F. Babb, Casimir effects in atomic, molecular, and optical physics, in: Advances in Atomic, Molecular, and Optical Physics, vol. 59, Elsevier Inc., 2010, pp. 1–20(Chapter 1).

[49] K. D. Bonin, V. V. Kresin, Electric-Dipole Polarizabilities of Atoms, Molecules and Clusters, World Scientific, Singapore, 1997.

[50] G. L. Klimchitskaya, V. M. Mostepanenko, Casimir and van der Waals forces: advances and problems, in: Proceedings of Peter the Great St. Petersburg Polytechnic University, St. Petersburg, Russia, 2015, pp. 41–65.

[51] L. M. Woods, D. A. R. Dalvit, A. Tkatchenko, P. Rodriguez-Lopez, A. W. Rodriguez, R. Podgornik, A materials perspective on Casimir and van der Waals Interactions, arXiv(2015) 1–54.

[52] D. L. Andrews, D. S. Bradshaw, The role of virtual photons in nanoscale photonics, Ann. Phys. (Berlin) 186(3)(2014)173–186.

[53] W. M. Simpson, Ontological aspects of the Casimir Effect, Stud. Hist. Philos. Modern Phys. 48 (2014)84–88.

[54] S. K. Lamoreaux, The Casimir force and related effects: the status of the finite temperature correction and limits on new long-range forces, Annu. Rev. Nucl. Part. Sci. 62(2012)37–56.

[55] K. A. Milton, Resource letter VWCPF-1: van der Waals and Casimir-Polder forces, Am. J. Phys. 79(7)(2011)697–711.

[56] J. N. Munday, F. Capasso, Repulsive Casimir and van der Waals forces: from measurements to future technologies, Int. J. Mod. Phys. A 25(11)(2010)2252–2259.

[57] C. Genet, A. Lambrecht, S. Reynaud, The Casimir effect in the nanoworld, Eur. Phys. J. Spec. Top. 160(1)(2008)183–193.

[58] F. Capasso, J. N. Munday, D. Iannuzzi, H. B. Chan, Casimir forces and quantum electrodynamical torques: physics and nanomechanics, IEEE J. Sel. Top. Quant. Electron. 13 (2) (2007) 400–414.

[59] S. A. Ellingsen, Casimir effect in plane parallel geometry, Ph. D. thesis, Norwegian University of Science and Technology, 2006.

[60] F. Pinto, Nanopropulsion from high-energy particle beams via dispersion forces in nanotubes, in: 48th AIAA/ASME/SAE/ASEE Joint Propulsion Conference(JPC) & Exhibit, no. July, AIAA, Atlanta, 2012, pp. 1–31.

[61] F. Pinto, Energy storage from dispersion forces in nanotubes, in: M. Schulz, V. N. Shanov, Y. Zhangzhang(Eds.), Nanotube Superfiber Materials: Changing Engineering Design, Elsevier, New York, 2014, pp. 789–806(Chapter 27).

[62] F. Pinto, Reflectance modulation by free-carrier exciton screening in semiconducting nanotubes, J. Appl. Phys. 114(2013)24310.

[63] F. Pinto, Casimir forces: Fundamental theory, computation, and nanodevices applications, in: Quantum Nano-Photonics, NATO Science for Peace and Security Series B: Physics and Biophys-

ics, Springer, Nature B. V., Dordrecht, 2018, pp. 149-180 (Chapter 8).

[64] F. Pinto, The development of dispersion force engineering and its future aerospace industry applications: sensing, nano-actuation, energy-storage and advanced propulsion, Progr. Aerospace Sci. (2018). In preparation.

[65] A. Larraza, A demonstration apparatus for an acoustic analog of the Casimir effect, Am. J. Phys. 67(11) (1999) 1028-1030.

[66] D. Dragoman, M. Dragoman, Quantum-Classical Analogies, Springer, Heidelberg, 2004.

[67] C. P. Lee, T. G. Wang, Acoustic radiation pressure, J. Acoust. Soc. Am. 94 (1993) 1099-1109.

[68] T. G. Wang, C. P. Lee, Radiation pressure and acoustic levitation, in: M. F. Hamilton, D. T. Blackstock (Eds.), Nonlinear Acoustics, Academic Press, San Diego, 1998, pp. 177-205 (Chapter 6).

[69] L. Rayleigh, On the pressure of vibrations, Phil. Mag. 3 (ser 6) (1902) 338-346.

[70] L. Rayleigh, On the momentum and pressure of gaseous vibrations, and on the connexion with the virial theorem, Phil. Mag. 10 (ser 6) (1905) 364-374.

[71] D. R. Raichel, The Science and Application of Acoustics, Springer-Verlag, New York, 2000.

[72] A. Larraza, B. Denardo, An acoustic Casimir effect, Phys. Lett. A 248(5) (1998) 151-155.

[73] A. Larraza, C. D. Holmes, R. T. Susbilla, B. C. Denardo, The force between two parallel rigid plates due to the radiation pressure of broadband noise: an acoustic Casimir effect, J. Acoust. Soc. Am. 103 (1998) 2267-2272.

[74] J. Barcenas, L. Reyes, R. Esquivel-Sirvent, Acoustic Casimir pressure for arbitrary media, J. Acoust. Soc. Am. 116(2) (2004) 11.

[75] G. Palasantzas, Pull-in voltage of microswitch rough plates in the presence of electromagnetic and acoustic Casimir forces, J. Appl. Phys. 101(6) (2007) 63548.

[76] R. Esquivel-Sirvent, L. I. Reyes, Pull-in control in microswitches using acoustic Casimir forces, EPL 84 (2008) 48002.

[77] T. W. Marshall, Random electrodynamics, Proc. Royal Soc. A: Math. Phys. Eng. Sci. 276(1367) (1963) 475-491.

[78] T. W. Marshall, Statistical electrodynamics, Proc. Cambridge Phil. Soc. 61 (1965) 537-546.

[79] I. J. R. Aitchison, Nothing's plenty. The vacuum in modern quantum field theory, Contemp. Phys. 50 (2009) 261-319.

[80] G. Brugger, L. S. Froufe-Perez, F. Scheffold, J. J. Saenz, Controlling dispersion forces between small particles with artificially created random light fields, Nat. Commun. 6 (2015) 7460.

[81] S. C. Wang, Die gegenseitige Einwirkung zweier Wasserstoffatome, Phys. Z. 28 (1927) 663-666.

[82] R. Eisenschitz, F. London, Uber das Verhaltnis der van der Waalsschen Krafte zu den homoopolaren Bindungskraften, Z. Phys. 60 (1930) 491-527.

[83] R. A. Newing, Uncertainty principle and the zero-point energy of the harmonic oscillator, Nature 136 (1935) 395.

[84] C. Cohen-Tannoudji, B. Diu, F. Laloe, Quantum Mechanics (two volumes), John Wiley & Sons,

New York, 1977.

[85] L. S. Levitt, Derivation of the zero-point energy from the uncertainty principle, J. Chem. Phys. 39 (1962) 520–521.

[86] L. Spruch, Retarded, or Casimir, long-range potentials, Phys. Today 39(11) (1986) 37–45.

[87] H. B. G. Casimir, D. Polder, Influence of retardation on the London-van-der-Waals forces, Nature 158(1946) 787–788.

[88] H. B. G. Casimir, D. Polder, The influence of retardation on the London-van der Waals forces, Phys. Rev. 73(4) (1948) 360–372.

[89] M. Cooper, Why ask why? J. Chem. Ed. 92 (2015) 1273–1279, https://doi.org/10.1021/acs.jchemed.5b00203.

[90] N. Becker, K. Noyes, M. Cooper, Characterizing students' mechanistic reasoning about London dispersion forces, J. Chem. Ed. 93(2016) 1713–1724.

[91] S. M. Underwood, D. Reyes-gastelum, M. Cooper, When do students recognize relationships between molecular structure and properties? A longitudinal comparison of the impact of traditional and transformed curricula, CERP 17(2016) 365–380.

[92] P. W. Milonni, A. Smith, van der Waals dispersion forces in electromagnetic fields, Phys. Rev. A 53(5) (1996) 3484–3489.

[93] J. H. Hannay, The Clausius-Mossotti equation: an alternative derivation, Eur. J. Phys. 4(1983) 141–143.

[94] E. M. Lifshitz, The theory of molecular attractive forces between solids, Sov. Phys. JETP 2(1) (1956) 73–83.

[95] S. M. Rytov, Theory of Electric Fluctuations and Thermal Radiation, Armed Services Technical Information Agency, Rep. AFCRC-TR-59-162, Air Force. Cambridge Research Center, Bedford, MA, Arlington, VA, 1959.

[96] I. Dzyaloshinskii, E. M. Lifshitz, L. P. Pitaevskii, Van der Waals forces in liquid films, Sov. Phys. JETP 37(1960) 161–170.

[97] I. Dzyaloshinskii, E. M. Lifshitz, L. P. Pitaevskii, The general theory of van der Waals forces, Adv. Phys. 10(38) (1961) 165–209.

[98] W. Arnold, S. Hunklinger, K. Dransfeld, Influence of optical absorption on the Van der Waals interaction between solids, Phys. Rev. B 21(4) (1980) 1713.

[99] F. Chen, G. L. Klimchitskaya, V. M. Mostepanenko, U. Mohideen, Demonstration of optically modulated dispersion forces, Opt. Express 15(8) (2007) 4823–4829.

[100] R. L. Forward, Extracting electrical energy from the vacuum by cohesion of charged foliated conductors, Phys. Rev. B 30(4) (1984) 1700–1702.

[101] F. M. Serry, D. Walliser, G. Maclay, The anharmonic Casimir oscillator (ACO) -the Casimir effect in a model microelectromechanical system, J. Microelectromech. Sys. 4(4) (1995) 193–205.

[102] W. S. N. Trimmer, Microrobots and micromechanical systems, Sens. Actuators 19(1989) 267–287.

[103] W. Trimmer, R. Jebens, Actuators for micro robots, in: 1989 IEEE International Conference on Robotics and Automation, Scottsdale, AZ, USA, 1989, pp. 1547–1552.

[104] I. Shimoyama, Scaling in microrobots, in: Proc. 1995 IEEE/RSJ International Conference on Intelligent Robots and Systems. Human Robot Interaction and Cooperative Robots, 2, 1995, pp. 208–211.

[105] T. Hayashi, On micromechanisms and their researches and developments, in: A. Morecki, G. Bianchi, K. Jaworek (Eds.), Proc. of the Ninth CISM-IFToMM Symposium on Theory and Practice of Robots and Manipulators, 187 Springer-Verlag, London, 1993, pp. 1–12.

[106] T. Hayashi, Research and development of micromechanisms, Ultrasonics 38(1–8)(2000) 6–14.

[107] F. Pinto, Casimir forces in relativistic metrology: Fundamental physical tests and aerospace applications, in: Third IEEE International Workshop on Metrology for Aerospace, IEEE, Florence, Italy, 2016. p. (Paper ID: 4292221).

[108] F. Pinto, Casimir forces in relativistic metrology: Fundamental physical tests and aerospace applications, in: Third IEEE International Workshop on Metrology for Aerospace, IEEE, Florence, Italy, 2016. p. (Paper ID: 4292221).

[109] F. Pinto, Membrane nano-actuation by light-driven manipulation of van der Waals forces: a progress report, in: M. S. El-Genk (Ed.), Space Technology and Applications Int. Forum (STAIF-2008), AIP Conf. Proc. 969, no. 626, AIP, Melville, New York, 2008, pp. 1111–1119.

[110] F. Pinto, Demonstration of biased membrane static figure mapping by optical beam subpixel centroid shift, in: A. Al-Kamli (Ed.), Proceedings of the Fifth Saudi International Meeting on Frontiers of Physics (SIMFP2016)-AIP Conference Proceedings, 1742, AIP, Gizan, Saudi Arabia, 2016, p. 030014.

[111] F. Pinto, Membrane actuation by Casimir force manipulation, J. Phys. A 41(2008) 164033.

[112] F. Pinto, Adaptive optics actuation by means of van der Waals forces: a novel nanotechnology strategy to steer light by light, in: Y. Otani et al., (Ed.), Optomechatronic Technologies 2008, 7266, SPIE, San Diego, 2008, p. 726616.

[113] M. J. Schulz, Speeding up artificial muscles, Science 338(2012) 893–894.

[114] G. A. Moore, Crossing the Chasm, HarperCollins, New York, 2006.

[115] L. Hardesty, Mysterious quantum forces unraveled, MIT News, 2010.

[116] PPhysorg, Researchers harness mysterious Casimir force for tiny devices, (2017).

[117] LabTalk, The Casimir force becomes more mysterious, J. Phys: Condens Matt. http://iopscience.iop.org/journal/0953-8984/labtalk/article/61235.

[118] S. Hossenfelder, The Casimir Effect, Backreaction, 2007. http://backreaction.blogspot.com.tr/2015/03/canwe-prove-quantization-of ravity.html.

[119] F. Hagelstein, R. Miskimen, V. Pascalutsa, Nucleon polarizabilities: from Compton scattering to hydrogen atom, Prog. Part. Nucl. Phys. 88(2016) 29–97.

[120] J. F. Babb, R. Higa, M. S. Hussein, Dipole-dipole dispersion interactions between neutrons,

Eur. Phys. J. A 53(2017) 126.

[121] J. C. Maxwell, A treatise on electricity and magnetism, second ed., vol. I & II, Dover Publications, Inc., New York, 1954.

[122] H. Krupp, Particle adhesion: theory and experiment, Advan. Colloid Interface Sci. 1 (1967) 111–239.

[123] M. G. Millis, NASA breakthrough propulsion physics program, in: M. G. Millis (Ed.), NASA Breakthrough Propulsion Physics NASA/CP-1999-208694, NASA Technical Information Service, Cleveland, OH, 1999, pp. 1–416.

[124] L. I. R. Galindo, The Sociology of Theoretical Physics, Ph. D. thesis, Cardiff University, 2011.

[125] L. L. Henry, T. W. Marshall, A classical treatment of dispersion forces, Il Nuovo Cimento B XLI (2) (1966) 188–197.

[126] L. de la Pena, Stochastic electrodynamics: its development, present situation and perspectives, in: B. Gomez, S. M. Moore, A. M. Rodriguez-Vargas, A. Rueda (Eds.), Stochastic Processes Applied to Physics and other Related Fields -ACIF Series, I, World Scientific, Singapore, 1983, pp. 428–581.

[127] L. de la Pena, A. M. Cetto, The physics of stochastic electrodynamics, Il Nuovo Cimento 92 (1986) 189–217.

[128] T. H. Boyer, Casimir forces with and without zero-point energy: some historical comments, in: A. V. S. D. Han, Y. S. Kim, B. E. A. Saleh, M. C. Teich (Eds.), Squeezed States and Uncertainty Relations, held at Boston University, Boston, USA, June 4–8 (2001), Boston, USA, 2001, pp. 1–6.

[129] T. H. Boyer, Blackbody radiation and the scaling symmetry of relativistic classical electron theory with classical electromagnetic zero-point radiation, Found. Phys. 40 (8) (2010) 1096–1098.

[130] T. H. Boyer, Classical statistical thermodynamics and electromagnetic zero-point radiation, Phys. Rev. 186 (1969) 1304–1318.

[131] P. W. Milonni, Semiclassical and quantum-electrodynamical approaches in nonrelativstic radiation theory, Phys. Rep. 25 (1976) 1–81.

[132] M. Scandurra, Thermodynamic properties of the quantum vacuum, (2008), pp. 1–15. arXiv: abs/hep-th/0104127.

[133] H. Collins, T. Pinch, The construction of the Paranormal: nothing unscientific is happening, in: R. Wallis (Ed.), The Sociological Review Monograph No. 27: On the Margins of Science: The Social Construction of Rejected Knowledge, Keele University Press, Keele, 1970, pp. 237–270.

[134] P. Yam, Exploiting zero-point energy, Sci. Am. 277 (December) (1997) 82–85.

[135] K. Chang, A tiny force of nature is stronger than thought, Friday, February 9, 2001, New York Times A17 (2001).

[136] E. W. Davis, V. L. Teofilo, B. Haisch, H. E. Puthoff, L. J. Nickisch, A. Rueda, D. C. Cole, Review of experimental concepts for studying the quantum vacuum field, in: Space Technology and Ap-

plications International Forum AIP Conference Proc. STAIF 2006, vol. 813, AIP, 2006, pp. 1390-1401.

[137] H. Collins, Gravity's Shadow, The University of Chicago Press, Chicago, 2004.

[138] H. Collins, A. Bartlett, L. Reyes-galindo, H. Collins, L. Reyes-galindo, Demarcating fringe science for policy, Perspectives on Science 25(4)(2017)411-438.

[139] J. Conaway Bondanella, P. Bondanella, Giorgio Vasari: The Lives of the Artists, Oxford University Press, New York, 1991.

[140] G. L. Klimchitskaya, M. Bordag, V. M. Mostepanenko, Comparison between experimental and theory for the thermal Casimir force, Int. J. Mod. Phys. Conf. Ser. 14(2012)155-170.

[141] G. L. Klimchitskaya, V. M. Mostepanenko, Low-temperature behavior of the Casimir free energy and entropy of metallic films, Phys. Rev. A 95(2017)12130.

[142] G. Bimonte, G. L. Klimchitskaya, V. M. Mostepanenko, Universal experimental test for the role of free charge carriers in the thermal Casimir effect within a micrometer separation range, Phys. Rev. A 95(2017)52508.

[143] L. I. R. Galindo, Controversias en el Efecto Casimir, Master's thesis, Universidad Nacional Autonoma de Mexico, 2007.

[144] S. K. Lamoreaux, Progress in experimental measurements of the surface-surface Casimir force: electrostatic calibrations and limitations to accuracy, in: Casimir Physics, Springer Lecture Notes in Physics, vol. 834, Springer, Heidelberg, 2011, pp. 219-248(Chapter 7).

[145] G. L. Klimchitskaya, V. M. Mostepanenko, What is credible and what is incredible in the measurements of the Casimir force, in: 8th Alexander Friedmann International Seminar-International Journal of Modern Physics: Conference Series, vol. 3, World Scientific, 2011, pp. 541-554.

[146] S. K. Lamoreaux, Demonstration of the Casimir force in the 0.6 to 6 μm range, Phys. Rev. Lett. 78(1)(1997)5-8.

[147] T. G. Philbin, U. Leonhardt, No quantum friction between uniformly moving plates, New J. Phys. 11(3)(2009)33035.

[148] J. B. Pendry, Quantum friction-fact or fiction? New J. Phys. 12(3)(2010)33028.

[149] U. Leonhardt, Comment on 'Quantum friction-fact or fiction?', New J. Phys. 12 (6) (2010)68001.

[150] J. B. Pendry, Reply to comment on 'Quantum friction-fact or fiction?', New J. Phys. 12(6) (2010)68002.

[151] C. Lee, A fraction too much friction causes physics fisticuffs, Ars Technica 11(3)(2009).

[152] D. Collingridge, C. Reeve, Science Speaks to Power, St. Martin's Press, New York, 1986.

[153] N. Koblitz, A tale of three equations: or the emperors have no clothes, Math. Intell. 10(1) (1988)4-10.

[154] H. A. Simon, Unclad emperors: a case of mistaken identity, Math. Intell. 10(1)(1988)11-14.

[155] N. Koblitz, Reply to unclad emperors, Math. Intell. 10(1)(1988)14-15.

[156] E. Hinkel, Objectivity and credibility in L1 and L2 academic writing, in: E. Hinkel(Ed.), Cul-

ture in Second Language Teaching and Learning, Cambridge University Press, 1999, pp. 1-40.

[157] G. Myers, The pragmatics of politeness in scientific articles, Appl. Linguist. 10(1) (1989) 1-35.

[158] A. Okamura, Politeness in scientific research articles revisited: the use of ethnography and corpus, in: A. Ryan, A. Wray(Eds.), British Studies in Applied Linguistics: Evolving models of Language, Multilingual Matters, Clevedon, 1997, pp. 84-99.

[159] B. Vincent, Colloids, in: 100 Years of Physical Chemistry, The Royal Society of Chemistry, 2003, pp. 207-209.

[160] B. V. Derjaguin, L. D. Landau, Theory of the stability of strongly charged lyophobic sols and of the adhesion of strongly charged particles in solutions of electrolytes, Acta Physicochim. URSS 14(1941) 633-662.

[161] E. J. W. Verwey, J. T. G. Overbeek, Theory of the Stability of Lyophobic Colloids, Elsevier Publishing Company, Inc, New York, 1948.

[162] B. V. Derjaguin, A. S. Titijevskaia, I. I. Abricossova, A. D. Malkina, Investigations of the forces of interaction of surfaces in different media and their application to the problem of colloid stability, Discuss. Faraday Soc. 18(1954) 24-41.

[163] C. Selin, Expectations and the emergence of nanotechnology, Sci. Technol. Hum. Values 32 (2007) 196-220.

[164] M. Appel, S. Krause, U. Gleich, M. Mara, Meaning through fiction: science fiction and innovative technologies, Psychol. Aesthet. Creativity Arts 10(4) (2016) 472-480.

[165] J. Lopez, Bridging the gaps: science fiction in nanotechnology, HYLE -Int. J. Philos. Chem. 10 (2) (2004) 129-152.

[166] B. Aldrin, J. Barnes, Encounter with Tiber, Warner Books, New York, 1996.

[167] C. Djerassi, An immaculate misconception, http://www.djerassi.com/icsi/immaculate.html, 2005.

[168] M. Cendrowski, The Bat Jar Conjecture, Warner Bros. Television, 2008.

[169] D. A. Kowalski, The Big Bang Theory and Philosophy: Rock, Paper, Scissors, Aristotle, ocke, John Wiley & Sons, Inc. , Hoboken, NJ, 2012.

[170] J. Egan, 1000 Facts About Animated Films, lulu. com, (2017).

[171] B. Bird, The Incredibles, Pixar Animation Studios -Walt Disney Pictures, 2004.

[172] E. P. Tryon, Is the universe a vacuum fluctuation? Nature 246(1973) 396-397.

[173] L. B. Ebert, Intersection of science and law, Tech. rep. (1998).

[174] N. Wade, No Nobel Prize This Year? Try Footnote Counting, (1997).

[175] D. Jones, A science futures market, Nature 387(1997) 763.

[176] B. Barnes, Interests and the Growth of Knowledge, Routledge, New York, 1977.

[177] B. Martin, Strategies for dissenting scientists, J. Sci. Explor. 12(4) (1998) 605-616.

[178] P. Feyerabend, How to defend society against science, in: H. Klemke et al. , (Ed.), Introductory Readings in the Philosophy of Science, third ed. , 1998, pp. 54-65(1975).

[179] L. Leydesdorff, Patent classifications as indicators of intellectual organization, JASIST 59(10)

(2008) 1582-1597.

[180] M. Zitt, E. Bassecoulard, Delineating complex scientific fields by an hybrid lexical-citation method: An application to nanosciences, Inform. Process. Manag. 42(2006)1513-1531.

[181] M. Meyer, What is special about patent citations? Differences between scientific and patent citations, Scientometrics 49(2000)93-123.

[182] M. A. B. Whitaker, History and quasi-history in physics education. I, Phys. Educ. 14 (1979) 108-112.

[183] M. A. B. Whitaker, History and quasi-history in physics education-part 2, Phys. Educ. 14(1979) 239-242.

[184] P. Ball, Popular physics myth is all at sea, News@ Nature 2006(2006)2006-2008.

[185] S. L. Boersma, A maritime analogy of the Casimir effect, Am. J. Phys. 64(5)(1996)539-541.

[186] H. Johnsen, B. Olsen, Hermeneutics and archaeology: on the philosophy of contextual archaeology, Am. Antiq. 57(3)(1992)419-436.

[187] A. Marciniak, Setting a new agenda: Ian Hodder and his contribution to archeological theory, Archeologia Polona 35(1997)409-426.

[188] I. Hodder, The contextual analysis of symbolic meanings, in: I. Hodder(Ed.), The Archaeology of Contextual Meanings, Cambridge University Press, 1985, pp. 1-11(Chapter 1).

[189] I. Hodder, Interpretive archaeology and its role, Am. Antiq. 56(1)(1991)7-18.

[190] I. Hodder, Theory and Practice in Archaeology, Routledge, London and New York, 1995.

[191] I. Hodder, S. Hutson, Reading the Past, third ed. , Cambridge University Press, Cambridge, 2003.

[192] T. S. Kuhn, The Structure of Scientific Revolutions, second ed. , vol. I and II, The University of Chicago Press, Chicago, 1970.

[193] P. Feyerabend, Against Method, fourth ed. , Verso Books, New York, 2010.

[194] J. P. Dowling, The mathematics of the Casimir effect, Math. Magaz. 62(5)(1989)324-331.

[195] G. B. Lubkin, A mathematician's version of the fine-structure constant, Phys. Today 24(8) (1971)17.

[196] A. O. Barut, The creation of a photon: a heuristic calculation of Planck's constant hbar of the fine structure constant, Zeitschrift für Naturforschung A 33(8)(1978)993-994.

[197] D. C. Chang, Physical interpretation of the Planck's constant based on the Maxwell theory, Chin. Phys. B 26(4)(2017)40301.

[198] D. L. Rosen, Beyond the classical view of atoms, Phys. Today 66(5)(2013)19-21.

[199] P. Gruji'c, N. Simonovi'c, Insights from the classical atom, Phys. Today 65(5)(2012)41-46.

[200] P. Duhem, To Save the Phenomena, University of Chicago Press, Chicago, 1969.

[201] S. Therese, B. Martin, Shame, scientist! Degradation rituals in science, Prometheus 28(2010) 97-110.

[202] N. Cook, The Hunt for Zero Point, Broadway Books, New York, 2002.

[203] R. Park, Voodoo Science, Oxford University Press, Oxford, 2000.

[204] M. Gardner, Did Adam and Eve have navels? W. W. Norton & Company, New York, 2000.
[205] G. Ellis, J. Silk, Defend the integrity of physics, Nature 516(2014) 321-323.
[206] M. Baker, Is there a reproducibility crisis? Nature 533(2016) 452-454.
[207] J. Horvath, The replication myth: shedding light on one of science's dirty little secrets, Sci. Am. Guest Blog(2013).
[208] S. Hossenfelder, Are irreproducible scientific results okay and just business as usual?, Backreaction, 2013. http://backreaction.blogspot.com.tr/2013/12/are-irreproducible-scientific-results.html.
[209] D. B. Allison, A. W. Brown, B. J. George, K. A. Kaiser, A tragedy of errors, Nature 530(2016) 27-29.
[210] J. Q. Quach, Gravitational Casimir Effect, Phys. Rev. Lett. 114(8) (2015) 81104.
[211] J. Q. Quach, Erratum: gravitational Casimir Effect, Phys. Rev. Lett. 118(2017) 139901.
[212] D. S. Kornfeld, S. L. Titus, Stop ignoring misconduct, Nature 537(2016) 29-30.
[213] H. White, J. Vera, P. Bailey, P. March, T. Lawrence, A. Sylvester, D. Brady, Dynamics of the vacuum and Casimir analogs to the hydrogen atom, J. Mod. Phys. 6(2015) 1-9.
[214] H. S. White, A discussion on characteristics of the quantum vacuum, Phys. Essays 4(October) (2015) 496-502.
[215] H. White, P. March, J. Lawrence, J. Vera, A. Sylvester, D. Brady, P. Bailey, Measurement of impulsive thrust from a closed radio-frequency cavity in vacuum, J. Propul. Power(2016) 1-12.
[216] M. Gardner, Fads and Fallacies in the Name of Science, Dover Publications, Inc, New York, 1957.
[217] C. Babbage, Reflections of the Decline of Science in England, and on Some of its Causes, B. Fellowes, London, 1830.
[218] J. Maddox, Restoring good manners in research, Nature 376(1995) 113.
[219] J. Tosh, The Pursuit of History, fourth ed. , Pearson Longman, London, 2006.
[220] R. Samuel, People's History and Socialist Theory, Routledge, New York, 1981.
[221] M. Weinel, Paper 120: Counterfeit scientific controversies in science policy contexts, SSRN Electron. J. (2008) 1-21.
[222] M. J. Kuchner, Marketing for Scientists, Island Press, Washington, D. C. , 2012.
[223] C. J. Sindermann, Winning the Games Scientists Play, Perseus Publishing, Cambridge, Massachusetts, 2001.
[224] M. G. Harvey, R. F. Lusch, Expanding the nature and scope of due diligence, J. Bus. Ventur. 10 (1995) 5-21.
[225] M. Van Osnabrugge, R. J. Robinson, Angel Investing, Jossey-Bass, San Francisco, 2000.
[226] G. A. Benjamin, J. Margulis, The Angel Investor's Handbook, Bloomberg Press, New York, 2001.
[227] S. L. Preston, Angel Financing for Entrepreneurs, John Wiley & Sons, Inc, San Francisco, 2007.
[228] P. Douglas, Due Diligence: The Hard Edge of a Soft Science, Eurekaedge, 2004.

[229] J. F. Wright, Technical Due Diligence, Errors & Uncertainty, Tech. rep. (2002).

[230] ECN, Technology due diligence, Tech. rep., ECN, The Netherlands.

[231] A. Miller, Bridging the valley of death: improving the commercialization of research, in: Eighth Report of Session 2012-13, Volume II Additional written evidence Ordered by the House of Commons to be published 22 February 2012, 18 April 2012 and 25 April 2012, Published on 13 March 2013 by authority of the House of Commons London: The Stationery Office Limited, 2012.

[232] N. Winterton, Scalability and scientific due diligence, Clean Technol. Environ. Policy 13(2011) 643–646.

[233] K. Autumn, Y. A. Liang, S. T. Hsieh, W. Zesch, W. P. Chan, T. W. Kenny, R. S. Fearing, R. J. Full, Adhesive force of a single gecko foot-hair, Nature 405(June)(2000)681–684.

[234] T. Rueckes, K. Kim, E. Joselevich, G. Y. Tseng, C. -L. Cheung, C. M. Lieber, Carbon nanotube-based nonvolatile random access memory for molecular computing, Science 289(2000)94–97.

[235] H. Munro, H. Noori, Measuring commitment to new manufacturing technology: integrating technological push-and marketing pull concepts, IEEE Trans. Eng. Manag. 35(2)(1988)63–70.

[236] S. R. Chidamber, H. B. Kon, A research retrospective of innovation inception and success: the technologypush, demand-pull question, Int. J. Technol. Manag. 9(1)(1994)94–112.

[237] S. Lubik, S. Lim, K. Platts, T. Minshall, S. Lubik, S. Lim, K. Platts, T. Minshall, Market-pull and technology-push in manufacturing start-ups in emerging industries, JMTM 24(1)(2012)10–27.

[238] O. R. Butler, R. J. Anderson, Risky business: a study of physics entrepreneurship, Phys. Today 65(12)(2012)39–45.

[239] Z. Yapu, Stiction and anti-stiction in MEMS and NEMS, Acta Mechanica Sinica 19(2003)1–10.

[240] J. N. Munday, F. Capasso, V. A. Parsegian, Measured long-range repulsive Casimir-Lifshitz forces, Nature 457(January)(2009)170–173.

[241] A. W. Rodriguez, F. Capasso, S. G. Johnson, The Casimir effect in microstructured geometries, Nat. Photonics 5(2011)211–221.

[242] C. Mastrangelo, Adhesion-related failure mechanisms in micromechanical devices, Tribolol. Lett. 3(1997)223–238.

[243] S. F. Cohn, Adopting innovations in a technology push industry, Res. Manag. 24(1981)26–31.

[244] R. W. Zmud, An examination of 'Push-Pull' theory applied to process innovation in knowledge work, Manag. Sci. 30(6)(1984)727–738.

[245] M. G. Millis, Breakthrough Propulsion Physics Project: Project Management Methods/TM-2004-213406, Tech. rep. NASA, Cleveland, OH, 2004.

[246] M. G. Millis, Managing for revolutionary gains, Glob. Perspect. Eng. Manag. 2(1)(2013)11–20.

[247] M. G. Millis, E. W. Davis, Frontiers of Propulsion Science (Progress in Astronautics and Aero-

nautics, Book 227), AIAA, Reston, VA, 2009.

[248] M. G. Millis, Breakthrough Managing High-Risk/High-Gain Research, in: 2005 Design for Breakthrough Research in an Academic Setting, Stanford, CA, 2005, pp. 1–40.

[249] F. Pinto, The Casimir effect and its role in nanotechnology applications, in: Materials Today: Proceedings, 5, (2018) pp. 15976–15982.

[250] P. Choate, Testimony of Pat Choate, Hearing on Intellectual Property Rights Issues and Dangers of Counterfeited Goods Imported into the United States, (2006).

[251] J. Meredith, Letter to Speaker of the House Nancy Pelosi and Senate Majority Leader Harry Reid: IEEEUSA Opposes the Patent Reform Act, 2007, p. (2007).

[252] H. L. Sirkin, J. Rose, R. Choraria, An Innovation-Led Boost for US Manufacturing, Tech. rep. BCG The Boston Consulting Group, 2017.

[253] D. N. Arion, Things your adviser never told you: entrepreneurship's role in physics education, Phys. Today 66(8) (2013) 42.

[254] P. R. Sanberg, M. Gharib, P. T. Harker, E. W. Kaler, R. B. Marchase, T. D. Sands, Changing the academic culture: valuing patents and commercialization toward tenure and career advancement, PNAS 111 (2014) 6542–6547.

[255] V. McDevitt, J. Mendez-Hinds, D. Winwood, V. Nijhawan, T. Sherer, J. F. Ritter, P. R. Sanberg, More than money: the exponential impact of academic technology transfer, Technol. Innov. 16 (1) (2014) 75–84.

[256] A. A. Toole, D. Czarnitzki, A. A. Toole, D. Czarnitzki, Commercializing science: is there a university "brain drain" from academic entrepreneurship? Manag. Sci. 56(2010) 1599–1614.

[257] P. Keenan, J. Bickford, A. Doust, J. Tankersley, C. Johnson, J. McCaffrey, J. Dolfi, G. Shah, Strategic Initiative Management, Tech. rep. Boston Consulting Group, 2013.

[258] The Economist Intelligence Unit, A change for the better, (2008).

[259] E. Fingleton, America the Innovative?, (2013).

[260] B. Aldrin, You promised me Mars colonies. Instead, I got Facebook, MIT Technol. Rev. 115(6) (2012) 70.

[261] W. Pauli, Writings on Physics and Philosophy, Springer-Verlag, Berlin, 1994.

[262] R. Turner, T. Jones, Techniques for imaging neuroscience, Br. Med. Bull. 63 (September) (2003) 3–20.

[263] NRC, Technology for the United States Navy and Marine Corps, 2000-2035 Becoming a 21st-Century Force, vol. 7, Undersea Warfare, National Academy Press, Washington, D. C., 1997.

[264] L. Mainetti, L. Patrono, M. L. Stefanizzi, R. Vergallo, A Smart Parking System Based on IoT Protocols and Emerging Enabling Technologies, in: 2015 IEEE 2nd World Forum on Internet of Things (WF-IoT), 2015, p. 15729117.

[265] T. F. Bresnahan, M. Trajtenberg, General purpose technologies: "engines of growth" J. Economet. 65(1995) 83–108.

[266] R. G. Lipsey, C. Bekar, K. Carlaw, What requires explanation? in: E. Helpman (Ed.), General

Purpose Technologies and Economic Growth, The MIT Press, Cambridge, MA, 1998, pp. 15-54 (Chapter 2).

[267] P. W. B. Phillips, Governing Transformative Technological Innovation: Who is in Charge? Edward Elgar Publishing, Cheltenham, UK, 2007.

[268] T. Jefferson, B. F. Woods, Diplomatic Correspondence, Algora Publishing, Paris, 2016, pp. 1784-1789.

[269] J. Youtie, M. Iacopetta, S. Graham, Assessing the nature of nanotechnology: can we uncover an emerging general purpose technology? J. Technol. Transf. 33(2008) 315-329.

[270] R. G. Lipsey, K. I. Carlaw, C. T. Bekar, Technology and technological change, in: Economic Transformations: General Purpose Technologies and Long-Term Economic Growth, Oxford University Press, Oxford, 2005, pp. 1-656 (Chapter 4).

[271] A. Jamting, J. Miles, Metrology for nanotechnology, in: International Conference on Nanoscience and Nanotechnology(ICONN 2008), IEEE, 2008, pp. 56-58.

[272] S. Frederick, A value chain research approach to nanotechnology: a framework for competition and collaboration, in: CNS Seminar Speaker Series, 2 March, 2011.

[273] G. Wang, J. Guan, Value chain of nanotechnology: a comparative study of some major players, J. Nanopart. Res. 14(2012) 702.

[274] A. R. Ungureanu, Competitive advantages in a nanotechnology value chain, SEA: Pract. Appl. Sci. III(1)(2015) 573-580.

[275] J. Schummer, Multidisciplinarity, interdisciplinarity, and patterns of research collaboration in nanoscience and nanotechnology, Scientometrics 59(3)(2004) 425-465.

[276] N. Crafts, Steam as a general purpose technology: a growth accounting perspective, Econ. J. 114 (75)(2004) 338-351.

[277] P. Moser, T. Nicholas, T. O. M. Nicholas, Was electricity a general purpose technology? Evidence from historical patent citations, Am. Econ. Rev. Pap. Proc. 94(2)(2015) 388-394.

[278] J. Youtie, P. Shapira, A. L. Porter, Nanotechnology publications and citations by leading countries and blocs, J. Nanopart. Res. 10(2008) 981-986.

[279] C. M. Shea, R. Grinde, B. Elmslie, Nanotechnology as general-purpose technology: empirical evidence and implications, Technol. Anal. Strateg. 23(2011) 175-192.

[280] D. Meissner, Instruments to measure foresight, in: D. Meissner, L. Gokhberg, A. Sokolov (Eds.), Science, Technology and Innovation Policy, Springer-Verlag, Berlin, Heidelberg, 2013, pp. 43-62(Chapter 4).

[281] N. Rosenberg, Technological interdependence in the American Economy, Technol. Cult. 20(1) (1979) 25-50.

[282] T. D. Lee, Particle Physics and Introduction to Field Theory, first ed., Harwood Academic Publishers, Chur, 1990.

[283] F. J. Dyson, Innovation in Physics, Sci. Am. 199(3)(1958) 74-83.

[284] R. Boyle, A Continuation of New Experiments, Henry Hall printer to the University,

Oxford, 1669.

[285] I. Newton, Opticks, Sam. Smith and Benj. Walford, Printers to the Royal Society, at the Princes Arms in St Paul's Churchyard, 1704.

[286] M. J. Sparnaay, The historical background of the Casimir effect, in: A. Sarlemijin, M. J. Sparnaay (Eds.), Physics in the Making, Essays on Developments in 20th Century Physics in Honour of H. B. G. Casimir, North-Holland, Amsterdam, 1989, pp. 235–246.

[287] J. Tyndall, On Whitworth's plates, standard measures, and guns, Proc. R. Inst. Great Brit. 7 (1875) 524–539.

[288] N. Rosenberg, Technological change in the machine tool industry, 1840–1910, J. Econ. Hist. 23 (4) (1963) 414–443.

[289] T. K. Althin, E. Carl, Johannson 1864–1943. The Master of Measurement, Nordisk Rotogravyr, Stockholm, 1948.

[290] G. J. Siddall, P. C. T. Willey, Flat-surface wringing and contact error variability, J. Phys. D: Appl. Phys. 3 (1970) 8–28.

[291] H. Matsumoto, L. Zeng, Simple compensation method for wringing errors in the interferometric calibration of gauge blocks, Metrologia 33 (1996) 1–4.

[292] D. R. Lide, A Century of Excellence in Measurements, Standards, and Technology (NIST Spec. Publ. 958 –U. S. Government), CRC Press, Boca Raton, FL, 2002.

[293] H. M. Budgett, The adherence of flat surfaces, Proc. Roy. Soc. A 86 (1912) 25–36.

[294] H. M. Budgett, The Adherence of Flat Surfaces, Sci. Am. 73 (1912) 30–31. Suppl 1880.

[295] F. H. Rolt, H. Barrell, Contact of flat surfaces, Proc. Roy. Soc. (London). Ser. A 116 (1927) 401–425.

[296] A. P'erard, L. Maudet, Etudes sur les Etalons a Bouts, Trav. et Mem. Bur. Int. 17 (5) (1927) 1–97.

[297] C. F. Bruce, B. S. Thornton, Adhesion and contact error in length metrology, J. Appl. Phys. 27 (1956) 853–859.

[298] C. G. Peters, H. S. Boyd, Interference mthods for standardizing and testing precision gage blocks, Sci. Pap. Bureau Stand. 17 (1922) 677–713.

[299] R. K. Vegesna, R. J. Hocken, A study of gage block wringing, in: Proceedings of the American Society for Precision Engineering, 9–14 October, 2005, Norfolk, VA, vol. 37, 2005, pp. 37–40.

[300] F. Pinto, Nanomechanical sensing of gravitational wave-induced Casimir force perturbations, Int. J. Mod. Phys. D 23 (12) (2014), 1442001.

[301] B. Bhushan (Ed.), Handbook of Nanotechnology, Springer, New York, 2007.

[302] G. Binnig, H. Rohrer, The scanning tunneling microscope, Sci. Am. 253 (1985) 50–56.

[303] G. Binnig, H. Rohrer, C. Gerber, E. Weibel, Surface studies by scanning tunneling microscopy, Phys. Rev. Lett. 49 (1) (1982) 57–61.

[304] G. Binnig, H. Rohrer, C. Gerber, E. Weibel, Tunneling through a controllable vacuum gap, Appl. Phys. Lett. 40 (1982) 178–180.

[305] G. Binnig, C. F. Quate, Atomic force microscope, Phys. Rev. Lett. 56(9)(1986)930-933.

[306] F. J. Giessibl, Advances in atomic force microscopy, Rev. Mod. Phys. 75(2003)949-983.

[307] Y. Martin, C. C. Williams, H. K. Wickramasinghe, Atomic force microscope—force mapping and profiling on a sub 100-A scale, J. Appl. Phys. 61(1987)4723-4729.

[308] H. K. Wickramasinghe, Scanned-probe microscopes, Sci. Am. 261(4)(1989)98-105.

[309] R. Wiesendanger, Scanning Probe Microscopy and Spectroscopy, Cambridge University Press, Cambridge, 1994.

[310] D. Sarid, Exploring Scanning Probe Microscopy with Mathematica, John Wiley & Sons, Inc, New York, 1997.

[311] D. Bonnell(Ed.), Scanning Probe Microscopy and Spectroscopy, Wiley-VCH, New York, 2001.

[312] J. L. Hutter, J. Bechhoefer, Manipulation of van der Waals forces to improve image resolution in atomicforce microscopy, J. Appl. Phys. 73(9)(1993)4123-4129.

[313] T. R. Albrecht, C. F. Quate, Atomic resolution with the atomic force microscope on conductors and nonconductors, J. Vac. Sci. Technol. A 6(1988)271-274.

[314] U. Durig, J. K. Gimzewski, D. W. Pohl, Experimental observation of forces acting during scanning tunneling microscopy, Phys. Rev. Lett. 57(1986)2403-2406.

[315] A. L. Weisenhorn, P. K. Hansma, T. R. Albrecht, C. F. Quate, Forces in atomic force microscopy in air and water, Appl. Phys. Lett. 54(1989)2651-2653.

[316] N. A. Burnham, D. D. Dominguez, R. L. Mowery, R. J. Colton, Probing the surface forces of monolayer films with an atomic-force microscope, Phys. Rev. Lett. 64(16)(1990)1931-1934.

[317] W. A. Ducker, R. F. Cook, Rapid measurement of static and dynamic surface forces, Appl. Phys. Lett. 56(1990)2408-2410.

[318] W. A. Ducker, T. J. Senden, R. M. Pashley, Measurement of forces in liquids using a force microscope, Langmuir 8(1992)1831-1836.

[319] H. -J. Butt, A technique for measuring the force between a colloidal particle in water and a bubble, J. Colloid Interface Sci. 166(1994)109-117.

[320] M. Pierce, J. Stuart, A. Pungor, P. Dryden, V. Hlady, Adhesion force measurements using an atomic force icroscope upgraded with a linear position sensitive detector, Langmuir 10(9)(1994)3217-3221.

[321] C. Argento, R. H. French, Parametric tip model and force-distance relation for Hamaker constant determination from atomic force microscopy, J. Appl. Phys. 80(11)(1996)6081-6090.

[322] M. G. Millis, NASA breakthrough propulsion physics program, Acta Astronautica 44 (216)(1999)175-182.

[323] M. Bordag, G. L. Klimchitskaya, U. Mohideen, V. M. Mostepanenko, Advances in the Casimir Effect, Oxford University Press, Oxford, 2009.

[324] U. Mohideen, A. Roy, Precision measurement of the Casimir force from 0.1 to 0.9μm, Phys. Rev. Lett. 81(1998)4549-4552.

[325] W. J. Kim, U. D. Schwarz, Potential contributions of noncontact atomic force microscopy for the

future Casimir force measurements, J. Vac. Sci. Technol. B 28(2010) C4A1.

[326] H. J. D. L. Santos, Nanoelectromechanical quantum circuits and systems, Proc. IEEE 91(11) (2003) 1907-1921.

[327] M. Bordag, U. Mohideen, V. M. Mostepanenko, New developments in the Casimir effect, Phys. Rep. 353(2001) 1-205.

[328] The Casimir force: background, experiments, and applications, Rep. Prog. Phys. 68(2004) 201-236.

[329] V. A. Parsegian, Van der Waals Forces, Cambridge University Press, Cambridge, 2006.

[330] T. Fukuda, F. Arai, Assembly of nanodevices with carbon nanotubes through nanorobotic manipulations, Proc. IEEE 9(11) (2003) 1803-1818.

[331] B. J. Nelson, L. Dong, Nanorobotics, in: B. Bhushan (Ed.), Handbook of Nanotechnology, Springer, New York, 2007 (Chapter 49).

[332] D. M. Eigler, E. K. Schweizer, Positioning single atoms with a scanning tunnelling microscope, Nature 344(1990) 524-526.

[333] P. Avouris, Manipulation of matter at the atomic and molecular levels, Acc. Chem. Res. 28(3) (1995) 95-102.

[334] L. Sun, L. Wang, W. Rong, L. Chen, Considering van der Waals forces in micromanipulation design, in: 2007 IEEE International Conference on Mechatronics and Automation, IEEE, Harbin, China, 2007, pp. 2507-2512.

[335] T. Hertel, R. Martel, P. Avouris, Manipulation of individual carbon nanotubes and their interaction with surfaces, J. Phys. Chem. B 102(6) (1998) 910-915.

[336] F. Arai, D. Ando, T. Fukuda, Y. Nonoda, T. Oota, Micro manipulation based on micro physics, in: Proceedings of 1995 IEEE/RSJ International Conference on Intelligent Robots and Systems. Human Robot Interaction and Cooperative Robots, IEEE, Pittsburgh, PA, USA, 1995, pp. 236-241.

[337] L. Zhang, J. Cecil, D. Vasquez, J. Jones, B. Garner, Modeling of van der Waals forces during the assembly of micro devices, in: 2006 IEEE International Conference on Automation Science and Engineering, IEEE, Shanghai, China, 2006, pp. 484-489.

[338] P. a. Williams, S. J. Papadakis, M. R. Falvo, A. M. Patel, M. Sinclair, A. Seeger, A. Helser, R. M. Taylor, S. Washburn, R. Superfine, Controlled placement of an individual carbon nanotube onto a microelectromechanical structure, Appl. Phys. Lett. 80(14) (2002) 2574.

[339] P. Kim, Nanotube nanotweezers, Science 286(5447) (1999) 2148-2150.

[340] S. Akita, Y. Nakayama, S. Mizooka, Y. Takano, T. Okawa, Y. Miyatake, S. Yamanaka, M. Tsuji, T. Nosaka, Nanotweezers consisting of carbon nanotubes operating in an atomic force microscope, Appl. Phys. Lett. 79(11) (2001) 1691-1693.

[341] L. Dong, F. Arai, T. Fukuda, 3D nanorobotic manipulation of nano-order objects inside SEM, in: Proceedings of 2000 International Symposium on Micromechatronics and Human Science (MHS2000) (Cat. No. 00TH8530), IEEE, Nagoya, Japan, 2000, pp. 151-156.

[342] A. Ummat, A. Dubey, G. Sharma, C. Mavroidis, Nanorobotics, IEEE Trans. Nanobiosci. 4 (2005) 133–140.

[343] M. Calis, M. Desmulliez, Haptic sensing for MEMS with application for cantilever and Casimir effect, in: 2008 Symposium on Design, Test, Integration and Packaging of MEMS/MOEMS, no. April, IEEE, 2008, pp. 80–84.

[344] L. Dong, F. Arai, T. Fukuda, 3D nanoassembly of carbon nanotubes through nanorobotic manipulations, in: Proceedings of 2002 IEEE International Conference on Robotics and Automation (Cat. No. 02CH37292), vol. 2, IEEE, Washington, DC, 2002, pp. 1477–1482.

[345] M. -f. Yu, B. I. Yakobson, R. S. Ruoff, Controlled sliding and pullout of nested shells in individual multiwalled carbon nanotubes, J. Phys. Chem. B 104 (37) (2000) 8764–8767.

[346] B. H. Hong, J. P. Small, M. S. Purewal, A. Mullokandov, M. Y. Sfeir, F. Wang, J. Y. Lee, T. F. Heinz, L. E. Brus, P. Kim, K. S. Kim, Extracting subnanometer single shells from ultralong multiwalled carbon nanotubes, Proc. Natl. Acad. Sci. USA 102 (40) (2005) 14155–14158.

[347] M. Falvo, R. M. I. Taylor, S. Washburn, Nanomanipulation: buckling, transport, and rolling at the nanoscale, in: W. A. I. Goddard, D. W. Brenner, S. E. Lyshevski, G. J. Iafrate (Eds.), Handbook of Nanoscience, Engineering, and Technology, CRC Press LLC, Boca Raton, FL, 2003 (Chapter 13).

[348] C. Mody, Crafting the tools of knowledge: The invention, spread, and commercialization of probe microscopy, 1960-2000, Ph. D. thesis, Cornell University, 2004.

[349] C. C. M. Mody, Instrumental Community: Probe Microscopy and the Path to Nanotechnology, The MIT Press, Cambridge, MA, 2011.

[350] M. G. Ruppert, A. G. Fowler, M. Maroufi, S. O. R. Moheimani, On-chip dynamic mode atomic force microscopy: a silicon-on-insulator MEMS approach, J. Microelectromech. Syst. 26 (1) (2016) 215–225.

[351] M. Maroufi, S. O. R. Moheimani, An SOI-MEMS piezoelectric torsional stage with bulk piezoresistive sensors, IEEE Sens. J. 17 (10) (2017) 3030–3040.

[352] M. B. Coskun, A. G. Fowler, M. Maroufi, S. O. R. Moheimani, On-chip feedthrough cancellation methods for microfabricated AFM cantilevers with integrated piezoelectric transducers, J. Microelectromech. Syst. 26 (6) (2017) 1287–1297.

[353] M. Rice, The Single-Chip Atomic Force Microscope, (2016).

[354] H. B. Chan, V. A. Aksyuk, R. N. Kleiman, D. J. Bishop, F. Capasso, Quantum mechanical actuation of microelectromechanical systems by the Casimir force, Science 291 (2001) 1941–1944.

[355] H. Chan, V. Aksyuk, R. Kleiman, D. Bishop, F. Capasso, Nonlinear micromechanical Casimir oscillator, Phys. Rev. Lett. 87 (21) (2001) 21–24.

[356] T. W. Kenny, Nanometer-scale force sensing with MEMS devices, IEEE Sens. J. 1 (2) (2001) 148–157.

[357] D. Lopez, R. S. Decca, E. Fischbach, D. E. Krause, MEMS-based force sensor: design and appli-

cations, Bell Labs Tech. J 10(3)(2005)61-80.

[358] E. L. Carter, M. Ward, C. Anthony, Design and fabrication of novel devices using the Casimir force for noncontact actuation, in: 2009 IEEE Sensors, 2009.

[359] C. Yamarthy, S. McNamara, Design of a MEMS sensor to detect the Casimir force, in: 2009 4th IEEE International Conference on Nano/Micro Engineered and Molecular Systems, IEEE, Shenzhen, China, 2009, pp. 645-648.

[360] R. Ardito, B. D. Masi, A. Frangi, A. Corigliano, An on-chip experimental assessment OF Casimir force effect in micro-electromechanical systems, in: 11th International Conference on Thermal, Mechanical and Multiphysics Simulation and Experiments in Micro-Electronics and Micro-Systems, EuroSimE2010, Proceedings of a Meeting Held 26-28 April 2010, Bordeaux, France, IEEE, Bordeaux, France, 2010, pp. 1-8.

[361] H. Xie, C. Onal, S. Regner, M. Sitti, Atomic Force Microscopy Based Nanorobotics: Modelling, Simulation, Setup Building and Experiments, 2012th ed., Springer Tracts in Advanced Robotics, vol. 71, Springer-Verlag, Berlin, Heidelberg, 2012.

[362] K. Autumn, How Gecko Toes Stick, Am. Sci. 94(March-April)(2006)124-132.

[363] C. Greiner, Gecko inspired nanomaterials, in: C. S. S. R. Kumar(Ed.), Nanomaterials for the Life Sciences Vol. 7: Biomimetic and Bioinspired Nanomaterials, first ed., Wiley-VCH, Weinheim, 2010, pp. 1-39(Chapter 1).

[364] E. P. Chan, C. Greiner, E. Arzt, A. J. Crosby, Designing model systems for enhanced adhesion, MRS Bull. 32(2007)496-503.

[365] A. del Campo, E. Arzt, Design parameters and current fabrication approaches for developing bioinspired dry adhesives, Macromol. Biosci. 7(2007)118-127.

[366] A. Mahdavi, L. Ferreira, C. Sundback, J. W. Nichol, E. P. Chan, D. J. D. Carter, C. J. Bettinger, S. Patanavanich, L. Chignozha, E. Ben-Joseph, A. Galakatos, H. Pryor, I. Pomerantseva, P. T. Masiakos, W. Faquin, A. Zumbuehl, S. Hong, J. Borenstein, J. Vacanti, R. Langer, J. M. Karp, A biodegradable and biocompatible gecko-inspired tissue adhesive, Proc. Natl. Acad. Sci. USA 105(7)(2008)2307-2312.

[367] E. H. Jeong, K. Y. Suh, Nanohairs and nanotubes: efficient structural elements for gecko-inspired artificial dry adhesives, Nano Today 4(2009)335-346.

[368] M. D. Bartlett, A. B. Croll, A. J. Crosby, Designing bio-inspired adhesives for shear loading: from simple structures to complex patterns, Adv. Funct. Mater. 22(2012)4985-4992.

[369] D. R. King, M. D. Bartlett, C. A. Gilman, D. J. Irschick, A. J. Crosby, Creating Gecko-like adhesives for "real world" surfaces, Adv. Mater. 26(2014)4345-4351.

[370] K. Autumn, M. Sitti, Y. a. Liang, A. M. Peattie, W. R. Hansen, S. Sponberg, T. W. Kenny, R. S. Fearing, J. N. Israelachvili, R. J. Full, Evidence for van der Waals adhesion in gecko setae, Proc. Natl. Acad. Sci. USA 99(19)(2002)12252-12256.

[371] K. Autumn, N. Gravish, Gecko adhesion: evolutionary nanotechnology, Phil. Trans. R. Soc. A 366(1870)(2008)1575-1590.

[372] Aristotle, History of Animals, Translated by D'Arcy Wentworth Thompson, (1910).

[373] Aristotle, History of Animals, George Bell & Sons, London, 1883.

[374] M. D. F. Mahan, The Chicago Manual of Style, 15th ed. , The University of Chicago Press, Chicago, 2003.

[375] R. G. Feal, MLA Handbook for Writers of Research Papers, seventh ed. , The Modern Language Association of America, New York, 2009.

[376] G. R. VandenBos, Publication Manual of the American Psyhological Association, sixth ed. , American Psychological Association, London, 2010.

[377] J. M. Hurwit, Lions, lizards, and the uncanny in early Greek art, Hesperia 75(2006) 121-136.

[378] J. E. Murdoch, Aristotle on Democritus's argument against infinite divisibility in De generatione et corruptione, in: The Commentary Tradition on Aristotle's 'De generatione et corruptione.' Ancient, Medieval and Early Modern, Brepols Publishers, 1999, pp. 87-102 (Book I, Chapter 2).

[379] M. Cresswell, On some of Aristotle's arguments against atomism, Prudentia 32(2000) 99-117.

[380] P. S. Hasper, Aristotle's diagnosis of atomism, Apeiron 39(2006) 121-156.

[381] O. Keller, Die antike Tiervelt, vol. 2, Verlag von Wilhelm Engelmann, Leipzig, 1913.

[382] E. R. Valdes, Bio-inspired materials and operations, in: R. E. Armstrong, M. Drapeau, C. A. Loeb, J. J. Valdes (Eds.), Bio-inspired Innovation and Bio-inspired Innovation and National Security, National Defense University Press, Washington, DC, 2010, pp. 139-154 (Chapter 9).

[383] S. Kundu, Dry adhesive inspired by geckos now on the market, Forbes(2015) 3-4.

[384] B. W. Ninham, Long-range vs. short-range forces. The present state of play, J. Phys. Chem. 84 (12)(1980) 1423-1430.

[385] Y. Chen, H. J. Busscher, H. C. V. D. Mei, W. Norde, Statistical analysis of long- and short-range forces involved in bacterial adhesion to substratum surfaces as measured using atomic force microscopy, Appl. Environ. Microbiol. 77(15)(2011) 5065-5070.

[386] M. Kunitski, Observation of the Efimov state of the helium trimer, Science 348(2015) 954-959.

[387] P. Naidon, S. Endo, Efimov physics: a review, Rep. Prog. Phys. 80(2017) 056001.

[388] R. H. French, V. A. Parsegian, R. Podgornik, R. F. Rajter, A. Jagota, J. Luo, D. Asthagiri, M. K. Chaudhury, Y. M. Chiang, S. Granick, S. Kalinin, M. Kardar, R. Kjellander, D. C. Langreth, J. Lewis, S. Lustig, D. Wesolowski, J. S. Wettlaufer, W. Y. Ching, M. Finnis, F. Houlihan, O. A. Von Lilienfeld, C. J. VanOss, T. Zemb, Long range interactions in nanoscale science, Rev. Mod. Phys. 82(2)(2010) 1887-1944.

[389] K. Autumn, M. Buehler, M. Cutkosky, R. Fearing, R. J. Full, Robotics in scansorial environments, in: G. R. Gerhart, C. M. Shoemaker, D. W. Gage(Eds.), Proc. SPIE, Unmanned Ground Vehicle Technology VII, Bellingham, WA, vol. 5804, 2005, pp. 291-302.

[390] S. Kim, M. Spenko, S. Trujillo, B. Heyneman, D. Santos, M. R. Cutkosky, Smooth vertical surface climbing with directional adhesion, IEEE Trans. Robot. 24(1)(2008) 65-74.

[391] J. Socha, J. Gubich, Biomechanically inspired robotics, in: R. E. Armstrong, M. Drapeau, C. A. Loeb, J. J. Valdes (Eds.), Bio-inspired Innovation and Bio-inspired Innovation and National Security, National Defense University Press, Washington, DC, 2010, pp. 195 – 206 (Chapter 13).

[392] M. Henrey, J. Krahn, A. Ahmed, K. Wormnes, C. Menon, Climbing with structured dry adhesives: sticky robots for scaling smooth vertical surfaces, in: 12th Symposium on Advanced Space Technologies in Robotics and Automation ASTRA 2013, ESA/ESTEC (15 – 17 May), Noordwijk, The Netherlands, 2013, pp. 1–6.

[393] E. W. Hawkes, E. V. Eason, D. L. Christensen, M. R. Cutkosky, Human climbing with efficiently scaled gecko-inspired dry adhesives, J. R. Soc. Interface 12(102)(2015)20140675.

[394] B. Newman, Stanford University students create 'gecko gloves' that allow humans to scale glass walls, http://www.smh.com.au/technology/sci-tech/stanford-university-students-create-gecko-gloves-that-allowhumans-to-scale-glass-walls-20141226-12dx31.html, 2014.

[395] C. Menon, M. Murphy, M. Sitti, N. Lan, Space exploration – towards bio-incpired climbing robots, in: M. K. Habib(Ed.), Bioinspiration and Robotics: Walking and Climbing Robots, In-Tech, Rijeka, Croatia, 2007, pp. 261–278(Chapter 16).

[396] A. Parness, Micro-structured adhesives for climbing applications, Ph. D. thesis, Stanford University, 2009.

[397] M. Henrey, Climbing in space: Design and implementation of a hexapod robot using dry adhesives, Ph. D. thesis, Simon Fraser University, 2013.

[398] M. Henrey, K. Wormnes, L. Pambaguian, C. Menon, Sticking in space: manufacturing dry adhesvies and testing their performance in space environments, in: 12th Symposium on Adv. Space Technologies in Robotics and Automation, 2013, pp. 1–7.

[399] H. Jiang, E. W. Hawkes, V. Arutyunov, J. Tims, C. Fuller, J. P. King, C. Seubert, H. L. Chang, A. Parness, M. R. Cutkosky, Scaling controllable adhesives to grapple floating objects in space, in: IEEE International Conference on Robotics and Automation (ICRA), IEEE, Seattle, Washington, 2015, pp. 1–8.

[400] H. Jiang, E. W. Hawkes, C. Fuller, M. A. Estrada, S. A. Suresh, N. Abcouwer, A. K. Han, S. Wang, C. J. Ploch, A. Parness, M. R. Cutkosky, A robotic device using gecko-inspired adhesives can grasp and manipulate large objects in microgravity, Sci. Robot. 2 (2017). eaan4545.

[401] A. Parness, T. Hilgendorf, P. Daniel, M. Frost, V. White, B. Kennedy, Controllable ON-OFF adhesion for Earth orbit grappling applications, in: 2013 IEEE Aerospace Conference, IEEE Comput. Soc, Big Sky, MT, 2013, pp. 1–11.

[402] M. Tomczyk, Nanoinnovation, Wiley-VCH, Germany, 2014.

[403] T. Rueckes, Mechanical and electromechanical studies toward the assembly of carbon nanotube-based nonvolatile random access memory, Ph. D. thesis, Harvard University, 2001.

[404] J. W. Ward, M. Meinhold, B. M. Segal, J. Berg, R. Sen, R. Sivarajan, D. K. Brock, T. Rueckes, A

non-volatile nano-electromechanical memory element utilizing a fabric of carbon nanotubes, in: Proceedings of Non-Volatile Memory Technol. Symp. 15 – 17 November 2004, IEEE, 2004, pp. 34–38.

[405] M. F. L. De Volder, S. H. Tawfick, R. H. Baughman, A. J. Hart, Carbon nanotubes: present and future commercial applications, Science 339(2013)535–539.

[406] O. Kuusi, M. Meyer, Anticipating technological breakthroughs: using bibliographic coupling to explore the nanotubes paradigm, Scientometrics 70(3)(2007)759–777.

[407] Y. Zhang, Carbon nanotube based nonvolatile memory devices, Int. J. High Speed Electron. Syst. 16(4)(2006)959–975.

[408] B. R. Karam, R. Puri, S. Ghosh, S. Bhunia, Emerging trends in design and applications of memory-based computing and content-addressable memories, Proc. IEEE 103 (2015) 1311 – 1330.

[409] D. Johnson, Carbon nanotube memory company's ship may finally come in, IEEE Spectrum (2017)1–4.

[410] R. O. van Merkerk, H. van Lente, Tracing emerging irreversibilities in emerging technologies: the case of nanotubes, Technol. Forecast. Soc. Change 72(2005)1094–1111.

[411] R. L. Forward, Alternate Propulsion Energy Sources, Final Report for the period 3 March 1983 to 21 September 1983, AFRPL TR-83-067, Tech. rep. Edwards Air Force Base, Air Force Rocket Propulsion Laboratory, 1983

[412] R. Garcı'a, A. San Paulo, Attractive and repulsive tip-sample interaction regimes in tapping-mode atomic force microscopy, Phys. Rev. B 60(7)(1999)4961–4967.

[413] A. Raman, J. Melcher, R. Tung, Cantilever dynamics in atomic force microscopy, Nanotoday 3 (1)(2008)20–27.

[414] H. V. Guzman, P. D. Garcia, R. Garcia, Dynamic force microscopy simulator(dForce): a tool for planning and understanding tapping and bimodal AFM experiments, Beilstein J. Nanotechnol. 6 (2015)369–379.

[415] S. I. Lee, S. W. Howell, A. Raman, A. Reifenberger, Nonlinear dynamics of microcantilevers in tapping mode atomic force microscopy: a comparison between theory and experiment, Phys. Rev. B 66(2002)115409.

[416] K. Yagasaki, Nonlinear dynamics of vibrating microcantilevers in tapping-mode atomic force microscopy, Phys. Rev. B 70(2004)245419.

[417] S. Hudlet, M. S. Jean, C. Guthmann, J. Berger, Evaluation of the capacitive force between an atomic force microscopy tip and a metallic surface, Eur. Phys. J. B 2(1998)5–10.

[418] B. M. Law, F. Rieutord, Electrostatic forces in atomic force microscopy, Phys. Rev. B 66 (2002)035402.

[419] S. Guriyanova, Cantilever contribution to the total electrostatic force measured with the atomic force microscope, Meas. Sci. Technol. 21(2010)025502.

[420] G. V. Dedkov, A. A. Kanametov, E. G. Dedkova, Electrostatic and van der Waals forces in the air

contact between the atomic force microscope probe and a conducting surface, Tech. Phys. 54 (12)(2009)1801–1807.

[421] B. M. Axilrod, E. Teller, Interaction of the van der Waals type between three atoms, J. Chem. Phys. 11(6)(1943)299–300.

[422] G. Feinberg, J. Sucher, General theory of the van der Waals interaction: a model-independent approach, Phys. Rev. A 2(6)(1970)2395–2415.

[423] C. Farina, F. C. Santos, A. C. Tort, A simple model for the nonretarded dispersive force between an electrically polarizable atom and a magnetically polarizable one, Am J. Phys. 70(2001)421–423.

[424] C. Farina, F. C. Santos, A. C. Tort, On the force between an electrically polarizable atom and a magnetically polarizable one, J. Phys. A: Math. Gen. 35(2002)2477–2482.

[425] T. H. Boyer, Quantum electromagnetic zero-point energy of a conducting spherical shell and the Casimir model for a charged particle, Phys. Rev. 174(5)(1968)1764–1776.

[426] H. B. G. Casimir, Introductory remarks on quantum electrodynamics, Physica 19(1953)846–849.

[427] T. H. Boyer, Van der Waals forces and zero-point energy for dielectric and permeable materials, Phys. Rev. A 9(5)(1974)2078–2084.

[428] V. Hushwater, Repulsive Casimir force as a result of vacuum radiation pressure, Am. J. Phys. 65(5)(1997)381–384.

[429] E. Elizalde, A. Romeo, Essentials of the Casimir effect and its computation, Am. J. Phys. 59(8)(1991)711–719.

[430] J. Visser, The concept of negative Hamaker coefficients. I. History and Present Status, Adv. Coll Interf. Sci. 15(1981)157–169.

[431] C. Farina, F. C. Santos, A. C. Tort, A simple way of understanding the nonadditivity of van der Waals dispersion forces, Am. J. Phys. 67(4)(1999)344–349.

[432] A. Milling, P. Mulvaney, I. Larson, Direct measurement of repulsive van der Waals interactions using an atomic force microscope, J. Colloid Interface Sci. 465(1996)460–465.

[433] J. Visser, Colloid and surface chemistry, Rep. Progr. Appl. Chem. 53(1968)714.

[434] D. B. Hough, L. R. White, The calculation of Hamaker constants from Lifshitz theory with applications to wetting phenomena, Advan. Colloid Interface Sci. 14(1980)3–41.

[435] F. M. Fowkes, Intermolecular and interatomic forces at interfaces, in: J. J. Burke, N. L. Reed, V. Weiss(Eds.), Proc. Sagamore Army Mater. Res. Conf. 13th 1966, vol. I, Syracuse University Press, Syracuse, NY, USA, 1967, pp. 197–224.

[436] J. Visser, On Hamaker constants: a comparison between Hamaker constants and Lifshitz – van der Waals constants, Adv. Colloid Interface Sci. 3(1972)331–363.

[437] A. . W. Neumann, S. N. Omenyi, C. van Oss, Negative Hamaker coefficients I. Particle engulfment or rejection at solidification fronts, Colloid Polym. Sci. 257(1979)413–419.

[438] C. J. van Oss, S. N. Omenyi, A. W. Neumann, Negative Hamaker coefficients II. Phase separation

of polymer solutions, Colloid Polym. Sci. 257(1979) 737-744.
[439] F. M. Fowkes, Attractive forces at interfaces, Ind. Eng. Chem. Res. 56(1964) 40-52.
[440] D. Blake, Investigation of equilibrium wetting films of n-alkanes on α-alumina, J. Chem. Soc. Faraday Trans. 1(71)(1975) 192-208.
[441] M. L. Gee, T. W. Healy, L. R. White, Ellipsometric studies of alkane adsorption on quartz, J. Colloid Interface Sci. 131(1)(1989) 18-23.
[442] Y. Pomeau, E. Villermaux, Two hundred years of capillarity research, Phys. Today 59 (3)(2006) 39-44.
[443] R. J. Hunter, Foundations of Colloid Science, second ed., Oxford University Press, Oxford, 2009.
[444] J. Visser, The concept of negative Hamaker coefficients. II. Thermodynamics, experimental evidence and applications, Adv. Colloid Interface Sci. 18(1983) 133-148.
[445] A. Meurk, P. F. Luckham, L. Bergström, Direct measurement of repulsive and attractive van der Waals forces between inorganic materials, Langmuir 13(13)(1997) 3896-3899.
[446] S. Lee, Repulsive van der Waals forces for silica and alumina, J. Colloid Interface Sci. 243(2)(2001) 365-369.
[447] B. Young, K. Cho, R. Wartena, S. M. Tobias, Y. -m. Chiang, Self-assembling colloidal-scale devices: selecting and using short-range surface forces between conductive solids, Adv. Funct. Mater. 17(2007) 379-389.
[448] Much ado about nothing, May 24th-30th, 2008, Economist, 2008, 105.
[449] T. W. Kenny, Casimir Effect Enhancement (CEE), Broad Agency Announcement (DARPA-BAA-08-59), DARPA, Arlington, VA, 2008.
[450] F. Chen, U. Mohideen, G. L. Klimchitskaya, V. M. Mostepanenko, Experimental and theoretical investigation of the lateral Casimir force between corrugated surfaces, Phys. Rev. A 66 (2002) 032113.
[451] F. Chen, U. Mohideen, G. L. Klimchitskaya, V. M. Mostepanenko, Demonstration of the lateral Casimir force, Phys. Rev. Lett. 88(2002) 101801.
[452] A. W. Rodriguez, J. D. Joannopoulos, S. G. Johnson, Repulsive and attractive Casimir forces in a glidesymmetric geometry, Phys. Rev. A 77(2008) 062107.
[453] H. Van Der Auweraer, J. Anthonis, S. De Bruyne, J. Leuridan, Virtual engineering at work: the challenges for designing mechatronic products, Eng. Comput. 29(2013) 389-408.
[454] H. G. Lemu, Virtual engineering in design and manufacturing, Adv. Manuf. 2(2014) 289-294.
[455] P. Lethbridge, Multiphysics analysis, Ind. Phys. (2005) 28-31.
[456] G. Chrystal, Algebra: An Elementary Text-Book, seventh Edition, AMS Chelsea Pub, 1964.
[457] G. Brookfield, Factoring quartic polynomials: a lost art, Math. Magaz. 80(1)(2007) 67-70.
[458] W. Squire, Landen's solution of the cubic, Am. J. Phys. 55(1987) 374-375.
[459] W. H. Press, S. A. Teukolski, W. T. Vetterling, B. P. Flannery, Numerical Recipes in FORTRAN, 2nd ed., Cambridge University Press, Cambridge, 1992.

[460] P. Hut, J. Makino, S. McMillan, Building a better leapfrog, Astrophys. J. 443 (1995) L93–L96.

[461] C. Gauld, Pendulums in the physics education literature: a bibliography, Sci. Educ. 13 (2004) 811–832.

[462] P. G. Hewitt, Conceptual Physics, 10th ed., Addison-Wesley, San Francisco, 2006.

[463] R. A. Serway, J. Jewett, W. John, Physics, seventh ed., Thomson Brooks/Cole, Belmont, CA, 2008.

[464] C. Kittel, W. D. Knight, M. A. Ruderman, Berkeley Physics Course Vol. 1 (Mechanics), second ed., McGraw Hill Book Company, New York, 1965.

[465] W. Kaplan, Advanced Calculus, fifth ed., Addison-Wesley, Boston, 2003.

[466] C. Stoll, When slide rules ruled, Sci. Am. 294 (2006) 80–87.

[467] B. Hayes, The 100-billion-body problem, Am. Sci. 103 (2015) 90–93.

[468] F. Pinto, Parametric resonance: an introductory experiment, Phys. Teach 31 (1993) 336–346.

[469] G. L. Fowles, G. L. Cassiday, Analytical Mechanics, Thomson Brooks/Cole, Belmont, CA, 2005.

[470] E. Fermi, J. Pasta, S. Ulam, Studies of Nonlinear Problems, Los Alamos Scientific Laboratory report LA-1940, Los Alamos, NM, 1955.

[471] D. Dubin, Numerical and Analytical Methods for Scientists and Engineers Using Mathematica, Wiley-Interscience, Hoboken, NJ, 2003.

[472] T. Dauxois, M. Peyrard, S. Ruffo, The Fermi-Pasta-Ulam 'numerical experiment': history and pedagogical perspectives, Eur. J. Phys. 26 (2005) S3–S11.

[473] T. Dauxois, Fermi, Pasta, Ulam, and a mysterious lady, Phys. Today 61 (2008) 55–57.

[474] S. M. Ulam, A Collection of Mathematical Problems, Wiley-Interscience, New York, 1960.

[475] N. J. Zabusky, Computational synergetics and mathematical innovation, J. Comp. Phys. 43 (1981) 195–249.

[476] G. P. Berman, F. M. Izrailev, The Fermi-Pasta-Ulam problem: Fifty years of progress, Chaos 15 (2005) 015104.

[477] E. M. Purcell, D. J. Morin, Electricity andMagnetism, third ed., Cambridge University Press, New York, 2013.

[478] G. E. Forsythe, Gauss to Gerling on Relaxation, Math. Tables Other Aids Comput. 5 (36) (1951) 255–258.

[479] F. Pinto, Discrepancy between published Laplace difference equations on cylindrical dielectrics, Am. J. Phys. 75 (6) (2007) 513–519.

[480] A. M. Ostrowski, On Gauss' speeding up device in the theory single step iteration, Math. Tables Other Aids Comput. 12 (1958) 116–132.

[481] A. W. Rodriguez, M. Ibanescu, D. Iannuzzi, F. Capasso, J. D. Joannopoulos, S. G. Johnson, Computation and visualization of Casimir forces in arbitrary geometries: nonmonotonic lateral-wall forces and the failure of proximity-force approximations, Phys. Rev. Lett. 99 (8) (2007) 080401.

[482] A. W. Rodriguez, M. Ibanescu, D. Iannuzzi, J. D. Joannopoulos, S. G. Johnson, Virtual photons in imaginary time: computing exact Casimir forces via standard numerical electromagnetism tech-

niques, Phys. Rev. A 76(3) (2007) 032106.

[483] S. G. Johnson, Numerical Methods for Computing Casimir Interactions, in: D. Dalvit et al., (Ed.), Casimir Physics, Lecture Notes in Physics, vol. 834, Springer-Verlag, Heidelberg, 2011, pp. 175–218.

[484] M. Levin, A. McCauley, A. W. Rodriguez, M. Reid, S. G. Johnson, Casimir repulsion between metallic objects in vacuum, Phys. Rev. Lett. 105(9) (2010) 090403.

[485] S. A. Ellingsen, Casimir attraction in multilayered plane parallel magnetodielectric systems, J. Phys. A 40(2007) 1951–1961.

[486] M. F. Maghrebi, S. Jamal, T. Emig, N. Graham, R. L. Jaffe, M. Kardar, Analytical results on Casimir forces for conductors with edges and tips, PNAS 108(17) (2011) 6867–6871.

[487] F. Pinto, Improved finite-difference computation of the van der Waals force: one-dimensional case, Phys. Rev. A 80(2009) 042113.

[488] F. Pinto, Finite difference computation of Casimir forces, J. Phys.: Conf. Ser. 738 (2016) 012134.

[489] Wolfram Research, Inc., Mathematica(2018).

[490] F. Pinto, Casimir force computations in non-trivial geometries using Mathematica, in: International Mathematica User Conference 2008, Champagne, IL, USA, 2008.

[491] I. Mirman, D. Flanders, Leveraging mainstream design and analysis tools for MEMS, in: 2004 IEEE/SEMI Advanced Semiconductor Manufacturing Conference and Workshop (IEEE Cat. No. 04CH37530), 2004, pp. 187–192.

[492] R. C. Batra, M. Porfiri, D. Spinello, Review of modeling electrostatically actuated microelectromechanical systems, Smart Mater. Struct. 16(6) (2007) R23–R31.

[493] A. Pantano, D. M. Parks, M. C. Boyce, Mechanics of deformation of single- and multi-wall carbon nanotubes, J. Mech. Phys. Solids 52(4) (2004) 789–821.

[494] L. Tang, M. Wang, C. Y. Ng, M. Nikolic, C. T. Chan, A. W. Rodriguez, H. B. Chan, Measurement of nonmonotonic Casimir forces between silicon nanostructures, Nat. Photon. 11 (January) (2017) 97–102.

[495] M. E. Porter, Competitive Advantage, The Free Press, New York, 1985.

[496] B. Y. O. Gadiesh, J. L. Gilbert, Profit pools: a fresh look at strategy, Harvard Bus. Rev. 76(5-6) (1998) 139–148.

[497] O. Gadiesh, J. L. Gilbert, How to map your industry's profit pools, Harvard Bus. Rev. 76(5-6) (1998) 149–162.

[498] R. M. Grant, Contemporary Strategy Analysis, seventh ed., John Wiley & Sons, Ltd, Chichester, UK, 2010.

[499] M. S. M. Alencar, A. L. Porter, A. M. S. Antunes, Nanopatenting patterns in relation to product life cycle, Technol. Forecast. Soc. Change 74(2007) 1661–1680.

[500] LuxResearch, Sizing Nanotechnology's Value Chain, 2004, Tech. rep. Lux Research, 2004.

[501] R. Kozarsky, How do you move nano to the market? Innovation(2012) 3–5.

[502] The perils of prediction, The Economist.
[503] Starchip Enterprise, The Economist. https://www.economist.com/news/science-and-technology/21696876-interstellar-travel-means-thinking-both-very-big-and-very-small-new-plan.
[504] M. W. Browne, Physicists confirm power of nothing, measuring force of universal flux, New York Times(1997).

第30章
基于缠绕型纳米纤维进行表面增强拉曼光谱分子传感

Carin R. Lightner, Ali O. Altun, Hyung Gyu Park
瑞士苏黎世,苏黎世联邦理工学院,
瑞士机械与工艺工程学院能源技术和可持续性的纳米科学院

30.1 引言

30.1.1 拉曼光谱学

光谱学是利用光与物质间的相互作用来表征材料的固有特性。光与材料之间独特的相互作用导致了强度不同的吸收或散射波长。光谱是基于散射光的强度和波长之间的合成关系,是某些材料或一类材料的特征。因为光和物质通过吸收、折射、发射和散射,不同类型的光谱依赖于发生的光-物质相互作用的类型。例如,拉曼光谱依赖于光的非弹性散射,散射类型如图30-1所示。

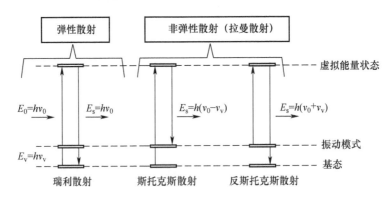

图30-1 各种散射类型

弹性散射,也称为瑞利散射,发生于没有能量传递,即散射能(E_s)等于入射能(E_0)的情况。非弹性散射发生于当能量转移遵循入射辐射和材料之间的散射时,表现为E_s不同于E_0。非弹性散射可分为两类:斯托克斯散射($E_s<E_0$)和反斯托克斯散射($E_s>E_0$)。斯托克斯散射的能量态是从基态激发出来的,这意味着它更可能发生在室温条件下,而反斯托克斯散射则需要在温度升高的条件下完成,因此由于激发态先决条件的不同,前者更易发生。入射能量(E_0)与输出能量(E_s)的差值称为"拉曼位移",其依赖于分子的振动模式。拉曼位移用波数(ω)表示如下:

$$\Delta\omega(\text{cm}^{-1}) = \left\{ \frac{1}{\lambda_0(\text{nm})} - \frac{1}{\lambda_s(\text{nm})} \right\} \times 10^7 \frac{(\text{nm})}{(\text{cm})} \quad (30-1)$$

式中:$\Delta\omega$、λ_0和λ_s分别为拉曼位移、入射波长和散射波长。

对于非弹性散射,例如拉曼散射,在发生键运动(拉伸、摆动等)时,必然会改变分子的极化率。极化率是指材料电场中电子云的畸变率,通俗地说,就是电子云与分子结合的松散程度。在线性分子中,如CO_2(O=C=O),红外(IR)和拉曼模式是互斥的。改变极化率的模式,如对称拉伸是拉曼激活模式,而改变偶极矩的是红外激活模式。图30-2显示了CO_2的拉曼激活模式和两种红外激活模式。

值得注意的是,拉曼激活模式改变了氧原子和碳原子的距离。它们要么靠得更近,要么离得很远,从而改变分子的极化率。红外激活模式也会改变碳-氧间距,但在该模式下,改变可以抵消。拉曼峰的强度与对应模式引起的极化率变化有关,例如H_2O分子具有拉曼激活模式,但活性微弱,这主要是因为O=H相对距离变化引起的极化率很小。

拉曼激活　　　　　　　　红外激活

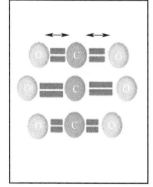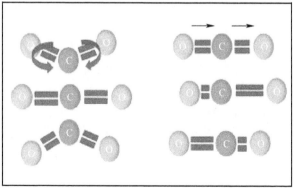

图30-2　CO_2的光谱活性模型

拉曼峰的强度也取决于入射光束的强度：

$$P_s(v_s) = N\sigma_{RS}I(v_i) \quad (30-2)$$

式中：$P_s(v_s)$为拉曼散射光子的功率；N为激光焦距体积中散射物质的总数量；σ_{RS}为拉曼散射截面；$I(v_i)$为入射光强度。对于具有强拉曼振动模式的化学物质，拉曼散射截面很小，这是由于辐照光子和分子振动模式的巨大差异造成的。拉曼散射截面的平均大小约为$10^{-30}\ cm^2$/分子。作为比较，拉曼散射的单位截面积比常见荧光样的荧光界面小约10个数量级[1]。散射截面的局限性限制了拉曼光谱在大体积或高密度材料中的应用。

尽管拉曼光谱存在散射截面积小的局限性，但它对于科学家们而言仍然是一种非常有用的工具。非弹性散射产生的尖峰在振动模式下不重叠，为化学物质产生一个特定且易于识别的指纹。缺少红外光谱中经常看到的一个宽的-OH峰也表明拉曼光谱可能更适合应用于水溶液和生物系统。拉曼光谱可以在不接触样品的情况下发生，使之成为一种无损检测技术。采集时间可以低至毫秒，分光计、激光、CCD探测器和显微镜等基本部件都很容易获得且小型化，因此增加了这项技术的多功能性。芯片上拉曼系统已经在文献[2-3]中有报道。提高拉曼光谱的灵敏度可以使研究人员和工业用户充分利用这一技术，为各种化学和材料系统的分析、检测和监控做出重大贡献。

30.1.2　表面增强拉曼光谱

1974年，Martin Fleishmann报道称，他发现当吡啶吸附在一块粗糙的银表面时，会出现增强拉曼信号[4]，这意味着在拉曼光谱领域发生了思维模式上的转变。尽管他当时无法解释这种机制，但他的发现导致"表面增强拉曼光谱"（SERS）这一新领域的诞生。

在Fleishmann的报道之后，几个研究小组试图解释他观察到的现象。1977年，Albrecht等提出了电荷转移机制[5]。同年，Van Duyne提出基于电磁增强的理论[6]。基于这些早期的报道，SERS研究人员一致认为分子吸附在金属表面的拉曼信号增强有两个形式。"化学增强"是指所需分子与表面化学键结合的电荷转移有关的增强[5,7]。"电磁增强"是指金属表面入射辐射与表面等离子体的局部相互作用引起的增强。

SERS信号的功率与入射光和散射光功率平方的乘积成正比，具体如下：

$$P_s(v_s) = N\sigma_{SERS}L(v_s)^2L(v_i)2I(v_i) \quad (30-3)$$

电场的增强可以用以下公式来描述，其中$|E_{loc}(v)|$表示增强电场的振幅：

$$L(v) = \frac{|E_{loc}(v)|}{|E_0|} \quad (30-4)$$

当入射光和散射光频率相近时,我们可以假设入射场和散射场同步增强。然后可以将 EM-SERS 增强近似为入射场增强的四次方,它是入射光和金属表面的等离子体相互作用的函数。化学增强的精确标度还有待阐明,但它被近似为拉曼截面的平方[1]。

在 Albrecht 和 Van Duyne 首次提出 SERS 增强机制的 20 年后,Kneipp 等[8]、Nie 和 Emry[9] 报道了通过 SERS 检测单个分子的方法,估计增加 10^{14} 个。通过开发 SERS 基底以改善和最终最大化增强因子一直是许多研究长期开展的课题。在最大化增强因子领域的工作一般可分为三种方式:①将电场线封装在尖锐的尖端[10-28];②将电场耦合在窄间隙处[29-57];③表面等离子体共振[58-71]。前两种方式可能涉及也可能不涉及等离子体共振,但第三种方式通常需要等离子体共振基底来明确定义等离子体特征的周期阵列。

使用最多的方式是制造等离子共振基底[58-72]。通过匹配基底与拉曼激发的共振,可以最大化提升近场增强效应。然而,当散射场和入射场的频率差异较大时,依赖于给定波长共振的结构可能根本无法有效地增强波数[73-75]。对于共振 SERS 基底,最佳激发状态是相对于基底的局部表面等离子体共振发生蓝移效应[76]。这优化了宽带频率的增强,代价是在共振峰处达到最大增强。我们认为,最佳的 SERS 基底是可以提供高场增强的非共振基底。

30.1.3 基于相互交联的纳米纤维结点的表面增强拉曼光谱基底

自 1997 年 SERS 技术在单分子检测中应用以来,许多研究集中在 SERS 化学检测机理及高性能 SERS 基底的研发方面[9,77]。如 30.1.2 所述,最受欢迎的基底是等离子体共振基底。这些基底通常由金属结构之间的纳米级间隙阵列组成。在 30.1.2 节中,我们讨论了优化这些基底以获得更宽的频带范围。除此之外,增强基底的均匀性完全取决于合适的制造技术。在制造过程中,主要有几个纳米级的微小误差,就可以将共振频率移动纳米的数十倍[41,55,78],从而妨碍场增强的程度。鉴于这些限制,理想的是具有宽带增强的基底,从而减少对细微几何公差的依赖。电浆交联结构就是一类这样的基底结构。

电浆交联结构是通过表面等离子体激元的绝热压缩而形成聚集电磁能量,从而产生电磁增强。这类结构可以提供超过三个数量级的电场增强,这是单分子检测的极限[1,79-82]。建立电浆交联结构等离子体阵列的精确增强模型是一个复杂的问题,因为从未有过一个彻底的基底建模。然而,我们可以找到关于单个有限纳米线等离子体[83-85]和一些特殊的纳米线二聚体构型的详细信息[86-88]。当这样的纳米线足够靠近时,它们可作为单个等离子体携带混合模式进入自身。混合模型的能量取决于偶极子的相对取向(或多极)矩,即轴与对称条件之间的距离[86-88]。

制备基于相互交联的纳米纤维节点的 SERS 基底可以通过多种方式实现。自下而上的非光刻技术,如纳米线阵列结构,可以以极低的成本提供巨大的增强[89-91]。

30.1.4 本章大纲和目标

在 30.1 中,我们回顾了拉曼光谱和 SERS 的基础知识,并介绍了相互交联的纳米纤维节点作为 SERS 基底的有效模块构建。在本章的其余部分,我们分享了建立一种制造纳米纤维连接的方法以及将使用此方法制备的 SERS 基底应用于混合物中多种化学物质的检测。在多物质检测中,我们描述了竞争吸附现象。

30.2 基于由大量相互交联的纳米纤维结点组成碳纳米管纤维纤维阵列的表面增强拉曼光谱基底[①]

在本节中,我们介绍一种用于表面增强拉曼光谱的高灵敏度基底的设计和开发,该基底由镀金金属碳纳米管(CNT)阵列实现,其具有作为势垒的高 k 介电(二氧化铪)纳米层。在溶液相中 1,2-双(4-吡啶基)乙烯(BPE)的飞莫尔检测用非共振基底重复进行。有二氧化铪势垒与无二氧化铪势垒的 SERS 性能比较确定了这种介电纳米空间对增强的敏感性。这一发现归因于在存在虚能势垒的情况下等离子体泄漏的缓解。当碳纳米管被介电势垒覆盖时,它可以成为构建金属介电 CNT 纳米线结构的可重复 SERS 基底的实用模板。

30.2.1 基底的合理设计

在此,我们提出了一种基于金属介电碳纳米管光纤结构的 SERS 基底的合理设计,并证明飞莫尔级检测灵敏度。通过在金和 CNT 之间插入一层纳米级二氧化铪以及金-二氧化铪-CNT 纳米线的随机堆积,我们能够通过对 BPE 的飞莫尔检测,显著提高 SERS 的检测性能。在接下来的章节中,我们将讨论金-二氧化铪-CNT 纳米线阵列样品的合理设计、制造工艺、等离子体特性表征,以及其 SERS 性能。我们还研究了二氧化铪和金层厚度的影响,从而确定优化的几何结构和最优

---

① 本节源自 A. O. Altun, S. K. Youn; N. Yazdani; T. Bond; H. G. Park. , Metal – dielectric – CNT nanowires forfemtomolar chemical detection by surface enhanced Raman spectroscopy, Adv. Mater. 25(2013)4431–4436.

SERS检测灵敏度的材料条件。

本书的一个重要部分是致力于介电势垒在碳纳米管和贵金属之间的SERS信号的实验数据。如图30-3所示,在小库仑阻塞条件下,多壁碳纳米管和金的功效分别约为4.95eV[92]和5.1eV。如此小的电位差可能无法阻止金和CNT之间的直接电子转移。这种电子转移相互作用可能导致金表面局域表面等离子体的猝灭。插入高k、大带隙介质材料(如二氧化铪)可以缓解这种淬灭机制,从而在金属纳米结构表面产生更高的场增强。据报道,当染料分子附着在碳纳米管上时,由于染料分子激发态之间的电子转移以及碳纳米管的低能态[93],染料分子的荧光会发生猝灭。同样的,当量子点(或量子棒)与碳纳米管[94]或无定形碳膜[95]结合时,由于荧光共振能量转移,其荧光强度和寿命将显著降低。此外,Sanles-Sobrido的研究表明[96],当纳米银粒子与碳纳米管接触后,共振峰消失,说明表面等离子体性质确实会受到碳纳米管的影响。因此,我们在金蒸发之前,在碳纳米管样品上引入了二氧化铪原子层沉积(ALD)。基于高介电常数和高带隙(ε_r = 25 和 E_G = 6 eV),我们选择了二氧化铪。在我们的设计中,采用不同厚度的二氧化铪制备于垂直排列的碳纳米管(VA-CNT)基底表面,然后涂覆不同厚度的金,以优化碳纳米管阵列模板抑制等离子体泄漏产生的SERS效应。通过这种合理的设计,我们的目标是在液体单元结构中实现SERS分子检测灵敏度的增强(图30-4)。

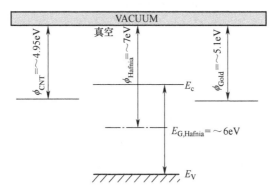

图30-3 多壁碳纳米管、二氧化铪和金的能带图
φ—功函数;E_G—带隙。

30.2.2 基底的制备

采用化学气相沉积(CVD)方法制备垂直排列的碳纳米管(VA-CNT),通过在1cm×1cm硅基片上制备20nm厚的铝,并在表面制备1nm厚的铁作为催化剂。然后将该膜层在冷壁CVD炉(黑魔法™,Aixtron)中750℃的温度下退火10min。催

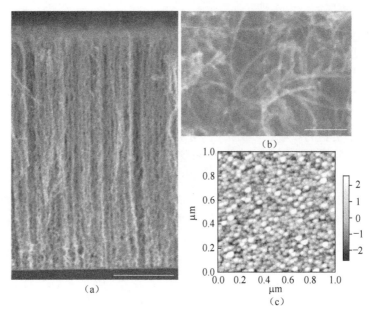

图 30-4 合成的碳纳米管束的扫描电镜图像和沉积催化剂的原子力显微镜图像
(a) 合成的碳纳米管束的横截面扫描电镜图像(比例尺:10μm);
(b) 合成的碳纳米管束表面图(比例尺:100nm);
(c) 合成的碳纳米管束生长催化剂的原子力显微镜图像(扫描面积:11μm)。

化剂的平均面密度约等于碳纳米管的平均面密度,通过原子力显微镜测量为 $500\mu m^{-2}$。

对于化学气相沉积法,将催化剂载体装入同一个化学气相沉积炉中,然后将舱室抽真空至 0.2mbar 以下。在装料/卸料过程中,反应堆温度保持在 100℃ 以上,以减少水分凝结。氢气喷嘴流量(200mL/min)和氩气喷嘴流量(300mL/min),反应器温度以 300℃/min 速率升高到生长温度(750℃),并保持 5min 以进行催化剂还原,同时总腔室压力保持在 6~7mbar 左右。在碳纳米管生长过程中,5mL/min 的乙炔在 480mbar 总压下加入 15min。在生长步骤完成后,反应器在氩气中冷却。利用拉曼光谱中径向呼吸模(RBM)峰的存在,合成了由多壁和少壁纳米管混合而成的均匀致密的 VA-CNT。碳纳米管的长度约为 40μm,直径为 8.8±0.7nm。碳纳米管的尖端大部分是弯曲的。

采用 ALD(Picosun-Sunale)对碳纳米管进行保形包覆。一个 ALD 单循环是由一秒四(乙基甲酰胺)铪(TEMAH)脉冲、连续 1s 的水蒸气脉冲和随后 7s 的氮气吹扫组成的,整个过程均保持基板温度 300℃,以确保碳纳米管基板不发生降解。分别使用 30、60 和 90 个沉积周期制备了三种不同厚度的二氧化铪涂层。在二氧化铪涂覆的碳纳米管阵列上,采用电子束蒸发沉积金膜。采用扫描电镜测量了表面沉积金膜后的碳纳米管-二氧化铪纳米线的平均厚度(图30-5)。

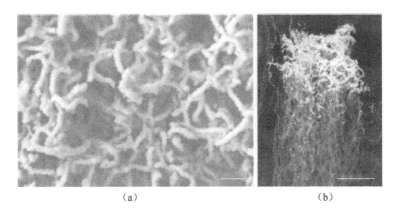

图30-5　(a)2.5nm厚的二氧化铪和21nm厚的金包覆的合成的
　　　　　碳纳米管束的SEM图像(比例尺:200nm);
　　　　(b)一束金-二氧化铪-碳纳米管样品(比例尺:1μm)

30.2.3　飞莫尔级灵敏度

使用785nm拉曼系统(Nuscope^{TM},Deltanu)进行所有拉曼和SERS测试^{TM},光束功率5mW,测试时间5s。基底的SERS性能使用BPE(Sigma-Aldrich,>99.9%)在液池中测试。为了获得SERS强度的平均值,对每种浓度的不同点进行了20次聚焦测试。实验中使用的典型基板尺寸为4mm^2,BPE的液池溶液总体积设置为150μL。拉曼激光的聚焦深度和聚焦斑直径分别为70μm和35μm。通过在甲醇(7mL)中溶解BPE粉末(17mg),室温下超声3min,制备出13mol/L的BPE溶液。该溶液(1mL)用甲醇(25mL)继续进行连续稀释。将SERS基底放置在液池中,并添加已知浓度的BPE溶液。通过将激光束聚焦在液体溶液中的碳纳米管表面获得SERS信号,然后在在不同位置进行重复测量。在获得BPE的SERS谱时,通过使用拉曼系统内置软件的五步算法,减去甲醇的背景光谱,对基线进行校正(图30-6)。

基底制备和分子检测是SERS的两个重要方面。物质的SERS数据可以在溶液中采集,也可以在干燥的环境中采集。在基于溶液的SERS表征中,拉曼激光聚焦于浸没在含有已知浓度的溶液中的基底上,并且SERS检测热点经常是布朗运动下的物质。在干燥环境下的SERS检测中,SERS信号可在液体中培养并完全干燥后的基底上获得。应该注意的是,干燥环境下测试可能导致分析物在基底表面上的不均匀堆积,导致SERS检测区域上出现不需要的干扰涂层[97],从而妨碍基

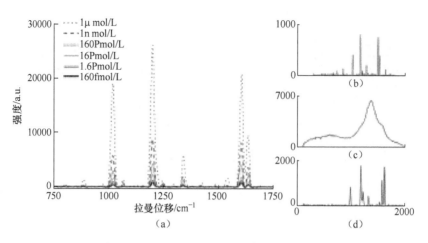

图 30-6 （a）不同浓度 BPE 溶液的 SERS；（b）160fmol/L BPE 溶液的 SERS；
（c）甲醇溶液基底的 SERS 和（d）1mol/L BPE 溶液的拉曼光谱

底特性的正确表征。因此，采用干法测得的检测结果不一定能够保证获得同一基底在湿法测量中的高检测灵敏度。此外，基底需要在溶液中获得验证，以确保 SERS 基底作为一种分子传感器在野外环境中的广泛应用。因此，采用 BPE 作为一个测试物质，我们所有的 SERS 测量都是在液池的潮湿环境中进行。

我们的金属介电碳纳米管基底在湿法 SERS 测量中实现了飞莫尔级探测灵敏度（图 30-6）。在 $1010cm^{-1}$、$1200cm^{-1}$、$1610cm^{-1}$ 和 $1640cm^{-1}$ 处的 BPE 特征峰中，我们选择了 $1200cm^{-1}$ 用于表征 SERS 基底的浓度依赖性。该峰值对应于乙烯基 C=C 拉伸模式[98-100]。图 30-7 显示了含二氧化铪和不含二氧化铪插件的 CNT 模板金纳米线基底的拉曼强度对浓度的依赖性。在含二氧化铪的模板中观察到摩尔浓度的检测限显著提高了 5 个数量级。我们认为，这种高 SERS 灵敏度源于金的物理气相沉积穿透二氧化铪-CNT 纤维簇的顶部几微米处，如图 30-5 所示。由于我们的 VA-CNT 样品顶部有一层弯曲的纳米管，因此所得到的结构类似于水平或倾斜堆叠的金-二氧化铪-CNT 纳米线。由于碳纳米管在我们的设计中的预期作用只是形成金纳米线的模板，因此使用高 k 介电体（二氧化铪）插件可以防止碳纳米管作为电子阱的不良作用。事实上，当金直接沉积在没有任何介电势垒的 VA-CNT 上时，我们可以观察到 SERS 信号仅高于纳米摩尔水平（图 30-7）。

我们把这种强 SERS 信号和飞莫尔级敏感性检测归因于单位面积金-二氧化铪-CNT 纳米线接头。其中一些接头会直接导致像先前研究中出现的强热点[80-81,91,97,101]。结合高 k 介电体消除等离子体激元的效应，这些纳米线接头可以在高灵敏度 SERS 测量中获得应用。有趣的是，上述灵敏的 SERS 性能是在无明显远场等离子体共振的情况下获得的。这种整齐孤立的等离子体激元共振的缺失可能是由于金纳米线节点的随机结构和分布,导致在基底表面发生共振。因此,我们的研究结果证明,可以生产出廉价、均匀、可重复的SERS基底;无需光刻技术;即使没有远场等离子体,也能促进强热点共振。

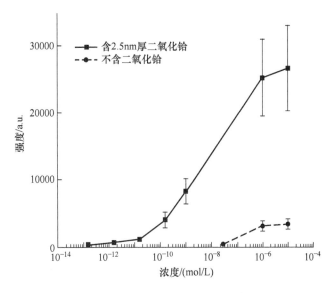

图30-7　含二氧化铪和不含二氧化铪的21nm厚的金涂层的合成碳纳米管束样品$1200cm^{-1}$处的SERS强度

30.2.4　小结

综上所述,我们设计了一种金属-介电-CNT纳米线结构;制备出可重复性好、性能优异的无明显远场等离子体共振的SERS基底;并在这些基底上进行了BPE飞莫尔级检测。在本设计中,碳纳米管为金纳米纤维的形成提供模板,我们假设二氧化铪具有双重作用:①作为金和CNT之间的高k介电势垒,它可以通过阻止金和CNT电子能级之间的耦合来维持金表面等离子体;②也可导致纳米线成团,从而产生更多的热点。这些金-二氧化铪-CNT复合纳米纤维中的许多随机接头可以产生非侵入性分子检测所必需的SERS热点。因此,正是表面等离子体屏蔽和"交联纳米纤维"[80-81,91,97,101-102]的联合作用,使得摩尔检测限比简单的金-CNT结构提高了5个数量级以上。下一步有必要采用理论和试验研究揭示几何变化和能量耦合屏蔽对不同物质SERS传感的详细影响。

30.3 基于表面增强拉曼光谱的竞争性分子吸附灵敏性检测的应用[①]

在本节中,我们将举例说明 SERS 作为表面吸附现象的有效分析工具的应用。表面吸附在从表面催化到分子分离等众多领域均发挥着重要作用。尽管具有重要意义,但同时使用敏感性检测和选择性检测机制的机会有限,妨碍了全面和多用途实验数据的获取,而这些数据是理解混合物吸附的复杂方面所必需的,因此呼吁一种能够在多种浓度下获得表面吸附等温线的分子检测方法,并可区分不同吸附质的竞争吸附。

30.3.1 研究目标

理解表面吸附现象是物理化学几十年来的主要问题之一。表面催化、蚀刻、腐蚀、分离、化学气相沉积和电沉积可以更合理地设计、更好地了解表面吸附物理学。测定吸附等温线的方法通常依赖于容量法[103-104]、重量法[103-105]、伏安法[103]和量热法[106-108],其中大多数方法在检测表面微量化学物质方面都面临一定的技术挑战。例如,在基于这些方法的文献中发现的大多数吸附等温线显示出与纳米摩尔一样的低检测限。此外,由于缺乏具有选择性的传感机制,当多种化学物质同时吸附在一个表面上时,个别等温线的可分辨性会降低。这些挑战要求有一种灵敏的、选择性的传感技术,能够在竞争性吸附过程中,方便地识别各种浓度的化学吸附质。SERS 是一种选择性的、快速的分子检测方法,其原理是通过金属纳米结构对分子特定光谱信号进行数量级放大[4,9,109]。SERS 信号的放大与金属纳米结构的表面等离子体与光耦合引起的电场增强的四次方成正比[9,109]。多种纳米结构和微纳米制造技术已被用于实现强烈的 SERS 增强,并最终证明了对各种分析物的亚共摩尔检测[9,39,44,78,109-114]。除了灵敏度外,SERS 还是一种选择性技术,因为它提供了化学物质的指纹图谱。

研究普遍认为 SERS 信号强度依赖于 SERS 基底热点(增强电场的位置)内的局部化学浓度。假设热点内的分子数与分子总数成线性比例,SERS 可以用来获得表面吸附等温线。事实上,研究人员已经利用 SERS 来表征表面吸附等温线[110-111,115-126]。Langmuir[115-124]、Freundlich[111,124-125] 和 Brunauer - Emmett - Teller(BET)[126]模型通常用于关联 SERS 数据和等温线。一种超灵敏的 SERS 基

---

① 本节源自 A. O. Altun, Multiscale Plasmonics for Energy and Environment(PhD Thesis), ETH Zurich, 2014 并经许可摘自 A. O. Altun, T. Bond, W. Pronk, H. G. Park, Sensitive detection of competitivemolecular adsorption by surface-enhanced Raman spectroscopy, Langmuir 33(2017), 6999-7006.

底可以显示出更大范围的表面吸附等温线,因为它可以检测超低浓度下的表面覆盖率。这些综合数据将有助于对吸附过程进行更真实的物理模拟。虽然 SERS 基底的灵敏度通常由其增强近场电场的能力来描述,但 SERS 信号的放大也取决于化学物质与基底表面之间的相互作用。对金属有强烈亲和力的化学物质表面有更高的机会填补热点,从而获得更强的 SERS 信号。这种效应对于含有多种组分的溶液尤其重要,其中每种组分的分子都与基质有自己的亲和力,因为对复杂混合物的分析成为农药检测和微污染监测等应用的关键能力。在这种情况下,首要问题是如何检测出 SERS 基质上竞争吸附的化合物。其次是如何预测竞争吸附等温线的可能性,给定单一化合物等温线? 为了回答这些问题,必须对具有不同结合能的化学混合物进行系统的 SERS 表征。

在 30.2 节中,我们已经成功地建立了一种简单的高性能 SERS 平台的制备方法,它是由无数的等离子体纳米线相互缠绕而成[110]。该平台能够对有机物 BPE 进行飞摩尔级检测。通过使用这个超灵敏平台(图 30-8(a)),我们在这里描述了三种不同物质及其二元混合物的表现吸附。我们选择了两种强结合物质,即 BPE 和苯并三唑(BTAH),以及一种弱结合物质,即布洛芬(Ibu)。Ibu 是一种受欢迎的止痛药物,BTAH 是一种著名的缓蚀剂(图 30-8(b))。这两种化学物质是针对水资源的微量污染物质,因其威胁生物多样性和人类健康而得到日益关注[127-128]。因此,早期检测这些微量污染物对环境监测至关重要。通过这一表征,我们旨在了解与基底表面具有不同亲和力的化学物质的竞争吸附等温线,同时探索 SERS 技术在多组分微污染物检测中的应用潜力。

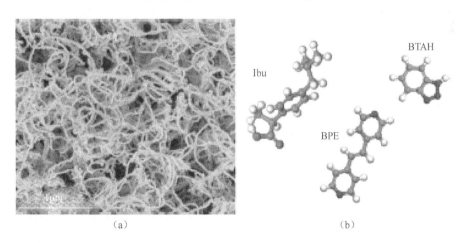

图 30-8 (a)试验中所使用的 Ag-HfO2-CNT(碳纳米管)衬底的扫描电镜(SEM)图像,(b)SERS 表征中的分子示意图:布洛芬(Ibu),BTAH 和 BPE。其中,红色、白色、灰色和蓝色的符号分别代表氧、氢、碳和氮原子(彩图)

本节第一部分介绍了单一化合物溶液的浓度相关 SERS 测量结果。我们将通过计算 Ag 的结合能和最小能量，来解释 SERS 数据的分子结构。在第二部分中，我们将介绍多组分溶液竞争吸附等温线的试验结果。我们将尝试通过拟合单组分和多组分溶液来获得广义 Langmuir 等温线。

30.3.2 试验方法

分子动力学模拟：

我们使用 Materials Studio 6.0 的 FORCITE 模块(Accelerys Inc., San Diego, USA)进行几何优化和分子动力学模拟。在形成一个由 350 个甲醇原子和一个目标分子组成的三维周期模型之前，先形成模拟单元并松弛。在将其置于 $Ag^{[111]}$ 表面之前，对其进行几何优化。如有必要，在将吸附剂分子放置在表面附近之后进行额外的几何优化。利用等容等温模型(NVT)进行分子动力学模拟。模拟的总时间、时间步长和重构间隔分别为 400ps、1fs 和 1000fs，温度设置为 300K。结合黏结与非黏结的 $COMPASS^{[129]}$ 力场模拟。

为了计算结合能，考虑到①吸附质和甲醇，②甲醇和银，③仅甲醇，进行了三个额外的模拟。每种情况下的结合能根据以下公式计算[130]。所得到的结合能值是三个模拟的平均值。在我们的计算中，标准偏差值小于 10%：

$$E_b = E_{total} + E_{MeOH} - E_{adsorbate+MeOH} - E_{MeOH+Ag} \tag{30-5}$$

30.3.3 结果与讨论

30.3.3.1 单一化合物的吸附

SERS 底物能够检测 BPE 和 BTAH，这是本研究的微污染替代物，分别低至 200fM 和 500fM 浓度，证实了先前报道的飞摩尔级灵敏度[110]。图 30-9(a)和(b)所示光谱的特征带与所报告的这些物质的 SERS 光谱一致[97,110,131]。通过在不同碳纳米管生长条件和厚度下进行的大量试验，我们发现具有缠绕金属纳米线冠层形状的基底(图 30-8(a))可以产生强 SERS 信号。碳纳米管簇密度是一个重要的参数。密集的碳纳米管簇使得每单位投影面积上有更多的纳米线接头，允许更高的场增强和更强的 SERS 信号。然而，如果碳纳米管簇的密度太大，金属不会单独覆盖纳米线，而是覆盖整个碳纳米管冠层，形成粗糙、连续的多孔结构，导致 SERS 信号减弱。二氧化铪介质起到了消除碳纳米管对 Ag 表面等离子体猝灭的介电屏障的作用[110]，而过量的二氧化铪涂层可以聚集纳米线，最终消除局部电磁场增强。因此，存在 Ag 和二氧化铪的最优厚度，以创建一个充满 Ag-"交联纳米线"接头的缠绕纳米线冠层。

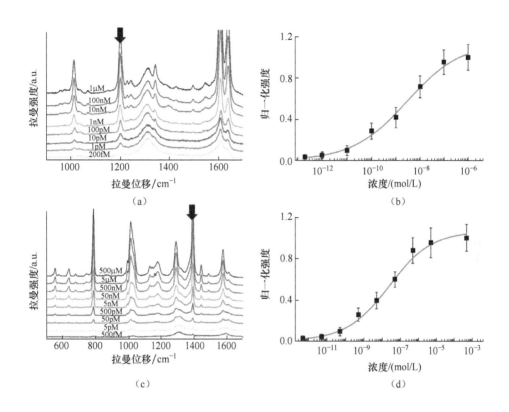

图 30-9 （a）BPE 和（b）BTAH 在不同浓度下的 SERS 光谱，（c）BPE 和（d）BTAH 与浓度相关的 SERS 强度。BPE 和 BTAH 的检测限分别为 200fmol/L 和 500fmol/L。分别利用 1200cm^{-1} 和 1392cm^{-1} 波段（用黑色箭头表示）的强度绘制浓度相关的 BPE 和 BTAH 的 SERS 信号。浓度相关的 BPE 和 BTAH 的 SERS 信号可进行广义 Langmuir 模型预测（彩图）

关于依赖浓度的 SERS 强度，我们的灵敏性基底可通过检测在飞莫尔级到微摩尔级浓度范围内的分析物来获得吸附等温线。我们分别从 BPE 和 BTAH 的 SERS 光谱中选择 1200cm^{-1} 和 1392cm^{-1} 处的波段（图 30-9（c）和（d））。值得注意的是，两张强度-浓度图在线性对数段都显示出一条 S 状曲线，与我们之前的结果非常一致[110]。

由于已知 BPE 和 BTAH 可在金属表面上进行化学吸附[97,131-132]，所以亚皮摩尔检测限可以部分地由它们的强亲和力来解释，如果不完全由交联纳米线的强电磁场增强来解释的话。由于 Ibu 与金属表面结合不紧密，因此我们的 Ibu 底物显示了较低的检测限（500nmol/L）（图 30-10（a））。文献表明，表面的化学功能化可用于促进此类非结合物质的 SERS 检测[133-134]。值得注意的是,我们的 Ag-二氧化铪-CNT 交织基底能够在没有任何化学功能化的情况下检测 Ibu 光谱。与 BPE 和 BTAH 的光谱相比,依赖浓度的 SERS 信号不呈 S 状或达到饱和(图 30-10(c))。

使用化学桥联剂(半胱胺的硫醇和胺基)将 Ibu 检测(>300pmol/L,图 30-10(d))提高了三个数量级。我们将增强的 Ibu 检测归因于两种机制:半胱胺和 Ibu 的胺基和羧基基团之间的静电作用[135],以及 Ibu 在半胱胺涂层的空间切痕上的物理捕获[133-134]。半胱胺 SERS 光谱(图 30-10(d))与文献一致,显示约为 636cm^{-1} 和 725cm^{-1} 的代表性条带,分别对应于 S-C-C 链的间扭式和反式异构体[135]。图中灰色箭头表示来自 Ibu 的波段。因此,通过优化表面功能化可以增强非结合物质的 SERS 检测。

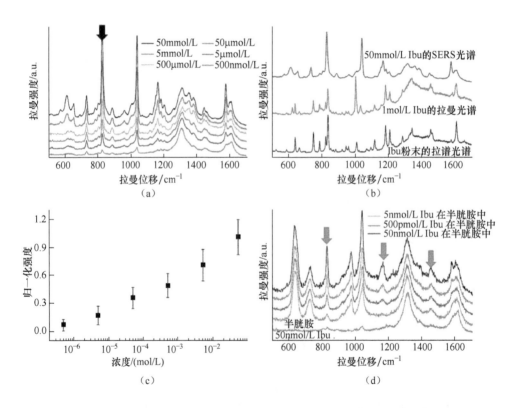

图 30-10 (a)不同浓度 Ibu 的 SERS 光谱,检测限为 500nmol/L;(b)拉曼光谱和 SERS 光谱的 Ibu 比较;(c)在 825cm^{-1} 处获得 Ibu 的浓度相关的 SERS 信号;(d) 通过半胱胺中间涂层提高 Ibu 检测限。灰色箭头表示新出现的 SERS 半胱胺涂层上 Ibu 固有的条带(彩图)

由文献可知,吸附等温线的 S 状曲线趋势可用协同吸附[136-137]来解释,其中被吸附的分子有利于其他分子的吸附,通常导致多层涂层。然而,许多研究报道了类似的 S 状相互关系,其中的过程不能仅仅用协同吸附来解释[110,115-116,138-139]。例如,BPE 分子在金属表面吸附的试验和计算研究结果没有给出任何协同吸附的迹象[97,100,140]。因此,S 形趋势需要另一种解释。对此,我们建议遵循广义 Langmuir 模型[141-143](下式),以解释对数浓度下的 S 状 SERS 信号:

$$\theta = \frac{\alpha K_{eq} C^n}{1 + K_{eq} C^n} \quad (30-6)$$

式中:C、K_{eq} 和 θ 分别为浓度、吸附平衡常数和表面覆盖率。当参数 α 和 n 等于 1 时,式(30-6)得到 Langmuir 模型的基本形式,该模型具有以下假设:①表面完全平坦和均匀;②所有吸附位点相同;③一个吸附位点只能容纳一个分子;④被吸附的分子不会沿着表面扩散;⑤一旦被吸附,分子之间没有额外的相互作用[144]。因此,该模型假设所有吸附位点将被完全覆盖(图 30-11)。

我们承认,上述大多数假设在实际情况下都是无效的。粗糙的表面会有狭小的凹陷,限制表面上所有吸附点的覆盖。换言之,这种窄的缺口,作为热点的潜在来源,可能无法直接接触到溶液中的自由分子。相反,分子仍然可以在这些空间阻碍热点附近扩散[143,145]。这种扩散控制的吸附过程在式(30-6)中施加附加参数 n,其值可以在 0~1 之间变化。对于施加显著空间位阻的表面,n 值预计较小。

另一个需要考虑的重要因素是,化学物质吸附构型的多样性导致吸附剂-吸附质相互作用的显著不均匀性。因此,即使在饱和覆盖范围内也可能存在未被占用的吸附位点。这种影响可以用一个参数来量化,即吸附质量:α^{-1}。参数 α^{-1} 应始终小于单位 1。对于完全覆盖的理想情况,该参数为单位 1。因此,吸附质量越高,参数 α 越小。

我们使用式(30-6)成功地拟合了 BPE 和 BTAH 的浓度依赖型 SERS 强度(图 30-9(c)和(d)。表 30-1 总结了 BPE 和 BTAH 单组分溶液的曲线拟合结果。与吸附空间位阻有关的指数 n,对两种物质产生了非常相似的值,即 0.38~0.39。回想一下我们使用相同批次的碳纳米管制成的类似基底,获得相似的 n 值并不奇怪,因为这是与基底表面形貌有关的参数。结果表明,BPE 和 BTAH 之间的大小差异似乎对 n 值没有太大的影响。BTAH 的 α^{-1} 值略大于 BPE,说明在最大覆盖范围内,BTAH 具有比 BPE 更高的吸附质量。事实上,如后文所示,BPE 的最小能量配置与 BTAH 不同。BPE 更倾向于吸附在与基底呈 45°的倾斜面上,而 BTAH 更易垂直吸附于表面,表明吸附更密集。

表 30-1 所列的 K_{eq} 值表明 BPE 具有更强的结合能。为了证实这一发现,我们进行了分子动力学模拟(详见补充材料 https://doi.org/10.1016/B978-0-12-

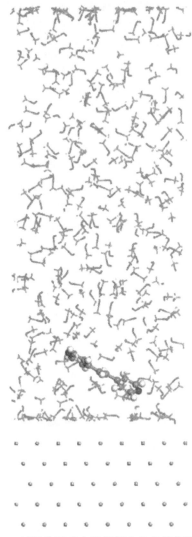

图 30-11　运行分子动力学模拟之前的模拟单元示例。
该单元由 350 个甲醇分子、1 个吸附剂(BPE)和 Ag$^{[111]}$ 表面组成

812667-7.00030-6)。在用一个目标分子形成 350 个甲醇原子的三维周期模型之前,先形成模拟单元并松弛(图 30-12)。通过模拟,我们确定了 BPE、BTAH 和 Ibu 在 Ag$^{[111]}$ 表面上的结合能和最小能量结构。值得注意的是,对于面心立方金属,如 Ag$^{[111]}$ 面具有最小的表面能和最高的表面密度,因此这种晶体取向具有最大的表面积[146-148]。

表 30-1　BPE 和 BTAH 单组分溶液的曲线拟合结果

拟合参数	BPE	BTAH
K_{eq}	1997.1	907.4
n	0.387	0.382
α^{-1}	0.88	0.96
校正 R^2	0.992	0.993

图 30-12(a)~(c)分别显示 BPE、BTAH 和 Ibu 的最小能量配置以及结合能。BPE 与 Ag[111]表面的吡啶环氮原子呈 45°角吸附。这一发现与文献报道的吡啶环对金的 BPE 吸附一致[97]。对于 BTAH,三唑环的氮原子对于吸附在 Ag 上起主要作用,与文献[131]结果一致。Ibu 的情况不同于其他情况,因为羧基部分的氧原子位置最接近表面,从而产生最小的能量配置。计算得到的结合能很小,该结果证实了物理吸附是 Ibu 分子与 SERS 基底之间的主要相互作用机制。

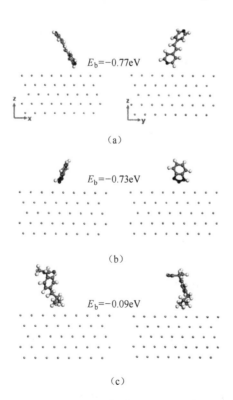

图 30-12　甲醇环境中 Ag[111] 上(a)BPE,(b)BTAH 和
(c)Ibu 的最小能量配置,E_b 表示结合能

30.3.3.2 多元化合物的竞争吸附

我们设计了三组对溶液混合物进行 SERS 分析的试验。它们容易与 Ag 发生强结合，很可能争夺结合位点。第一组实验是对 BPE 和 BTAH 混合溶液（浓度比：125∶1、25∶1、5∶1、1∶1、1∶5、1∶25 和 1∶125；图 30-13(a)、(b)）进行 SERS 分析。试验中各化合物的最大浓度为 50nmol/L。为了避免样品间的交叉污染，在每次测量时均制备新鲜的 SERS 基底。当 BTAH 浓度高于 BPE 浓度 125 倍时，BPE 谱不可见，而当 BPE 浓度高于 BTAH 浓度 25 倍时，未检测到 BTAH 谱。显然，BPE 和 BTAH 之间存在吸附竞争，BPE 略占表面占有率的主导地位。这一结果并不奇怪，因为 BPE 在单组分 SERS 分析中显示出更高的检测限。

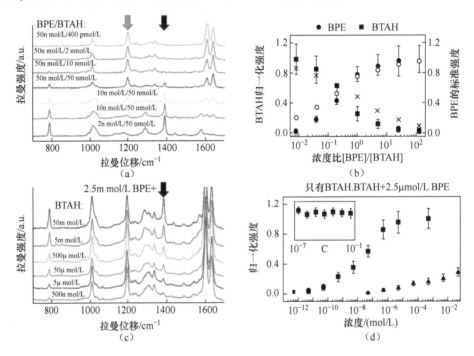

图 30-13　(a)不同浓度比的 BPE-BTAH 混合物的多路径 SERS 光谱，每次测量均在新鲜的 SERS 基底上制备；(b)对应于 BPE 和 BTAH 的浓度比，BPE 和 BTAH 的归一化 SERS 强度，叉点和圆点表示多元化合物竞争吸附模型，对 50nmol/L 浓度的单组分溶液的信号强度进行归一化处理，分别为 BPE 和 BTAH 选择 1200cm^{-1} 和 1392cm^{-1} 处的能带强度；(c)BPE-BTAH 混合物的多路径 SERS 谱，其中 BPE 浓度恒定（2.5μmol/L），而 BTAH 浓度变化。所有测量使用同一个 SERS 基底（按 BTAH 浓度从低到高的顺序）；(d)BTAH 在单组分溶液中与 2.5μmol/L BPE 混合时浓度依赖性信号强度的比较，插图显示了不同浓度 BTAH 下 2.5μmol/L BPE 的 SERS 强度
（彩图）

我们用广义 Langmuir 模型重新模拟了竞争吸附等温线。分析结果与实验数据吻合良好,但 BTAH 曲线的优势部分略有差异。这种差异可能是由于扩散常数和分子几何结构的差异造成的,而在我们的模型中未考虑到这种差异。

第二组试验是确定一种物质在另一种物质中的浓度依赖型 SERS 响应(图 30-13(c))。我们通过在大量的 BPE 浓度不变的情况下改变 BTAH 浓度来运行 SERS 分析,反之亦然。测量从 5nmol/L BTAH 和 2.5μmol/L BPE 的混合物开始,然后继续增加 BTAH 浓度,每次增加 50mmol/L。BTAH 的 SERS 信号仅在 500nmol/L 处可见。有趣的是,在 BPE 中,BTAH 的其他亚皮摩尔检测限几乎退化到弱结合物质(例如 Ibu)的水平(图 30-13(d))。BPE 的信号强度不随 BTAH 的增加而改变,说明已经吸附到 Ag 上的 BPE 分子并没有被 BTAH 所取代。我们推测,粗糙 Ag 表面的 BPE 涂层并不能实现全部吸附,BTAH 可以找到一定的吸附空间。我们进行了一个类似的试验,在较大的 BTAH 浓度(2.5μmol/L,数据未显示)下改变 BPE 浓度。同样,当我们将基底浸泡在不同 BPE 浓度的溶液中时,BTAH 信号强度未发生改变。

接下来,我们对弱结合物质和强结合物质的混合物,即 Ibu 和 BTAH 进行了最后一组试验。当 BTAH 浓度设定为 2.5μmol/L 时,Ibu 的检测限并不高(25μmol/L)。与半胱胺涂层大幅提高 Ibu 检测限不同,这种 BTAH 中间涂层实际上将检测限降低了约两个数量级(图 30-14)。考虑到分子结构,BTAH 不太可能提供任何物理捕获机制来增强 Ibu 的物理吸附。相反,BTAH 在表面上的存在将主要消耗 Ibu 用于物理吸附的可用位点。这一机制提供了对 Ibu 信号猝灭的理解。

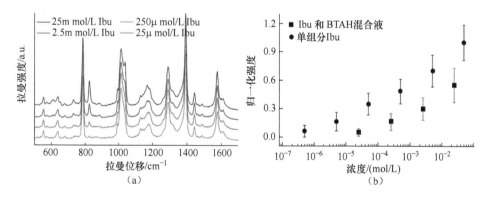

图 30-14 (a) Ibu-BTAH 混合物的 SERS 光谱,将 BTAH 浓度设置为 2.5μmol/L;(b) Ibu 在单组分溶液中和与 2.5μmol/L BTAH 混合后浓度依赖性信号强度的比较(彩图)

SERS 能够提供化学物质的分子指纹并实现超灵敏的检测,因此可以作为一种选择性强、灵敏度高的微污染监测方法。然而,这种灵敏度在很大程度上取决于化学环境。如果存在一种对 SERS 基底具有高亲和力的物质,则由于竞争吸附,其他低亲和力物质的 SERS 信号将被显著削弱。该效应会阻碍单一 SERS 基底在食品和环境样品中原位检测多种化合物的能力。相反,可以设计一种非现场检测方法。例如,水通常可以从不同洁净的 SERS 基底上依次检测,因此在第一步检测中,与金属结合最强的分子将被吸附,而较弱的结合分子将在下一步检测中被检测。该步骤可以在洁净的基底上重复几次,从而逐步过滤掉吸附在基底上的吸附力最强的物质。

30.3.4 小结

SERS 可导致单组分溶液的飞摩尔级检出限。这种超高灵敏度意味着一种对 SERS 底物有亲和力的化学物质在从飞摩尔级到微摩尔级的宽浓度范围内的吸附等温线的简易测定的潜在应用。BTAH 和 BPE 的浓度依赖型 SERS 信号描述了对数浓度下的 S 状吸附等温线。我们采用广义 Langmuir 等温线模型,从力学角度成功地解释了试验结果。广义 Langmuir 等温线包含 K_{eq}、α^{-1} 和指数 n 三个参数,分别与结合亲和力、堆积质量和空间位阻效应有关。具有随机排列吸附结构的分子与具有垂直吸附取向的分子相比,将导致较低的吸附质量(BPE)。如果指数表征了空间位阻效应,使得吸附更受扩散驱动,那么金属表面有微小的凹陷很可能导致 n 值变小。类似地,像 DNA 或 RNA 这样的大分子也可能导致一个很小的 n 值。

结果表明,广义 Langmuir 模型也可用于评价竞争吸附等温线。利用单组分吸附等温线的 K_{eq}、α^{-1} 和 n 值,可以预测和评价竞争吸附等温线。这种方法特别有意义,因为它可以节省建立多组分混合物分析校准数据库所需的试验。

BPE 和 BTAH 的飞摩尔级检测限可以部分地解释为它们与 Ag(可见波长范围内的等离子体活性金属)的强结合亲和力,因此即使在低浓度下,也可以有足够数量的分子吸附在基底上,从而实现准确检测。对于结合能与热能相当的布洛芬,吸附作用则弱得多。在这种情况下,由于吸附质的数量很少,无法证明检测限很低。要实现这种弱结合分子的检测,必须进行适当的表面功能化。最后,一个重要的任务是确定目标混合物的 SERS 吸附等温线。因此,本章证明了基于 SERS 的吸附等温线测定的概念。

本章相关彩图,请扫码查看

参 考 文 献

[1] A. M. Stefan, Plasmonics: Fundamentals and Applications, Springer Science + Business Media LLC, NewYork, 2007.

[2] S. Dochow, M. Becker, R. Spittel, C. Beleites, S. Stanca, I. Latka, K. Schuster, J. Kobelke, S. Unger, T. Henkel, G. Mayer, J. Albert, M. Rothhardt, C. Krafft, J. Popp, Raman-on-chip device and detectionfibres with fibre Bragg grating for analysis of solutions and particles, Lab Chip 13(6) (2013) 1109-1113.

[3] P. C. Ashok, G. P. Singh, H. A. Rendall, T. F. Krauss, K. Dholakia, Waveguide confined Raman spectroscopyfor microfluidic interrogation, Lab Chip 11(7) (2011) 1262-1270.

[4] M. Fleischmann, P. J. Hendra, A. J. McQuillan, Raman spectra of pyridine adsorbed at a silver electrode, Chem. Phys. Lett. 26(2) (1974) 163-166.

[5] M. G. Albrecht, J. A. Creighton, Anomalously intense Raman spectra of pyridine at a silver electrode, J. Am. Chem. Soc. 99(15) (1977) 5215-5217.

[6] D. L. Jeanmaire, R. P. Van Duyne, Surface Raman spectroelectrochemistry: Part I. Heterocyclic, aromatic, and aliphatic amines adsorbed on the anodized silver electrode, J. Electroanal. Chem. Interfacial Electrochem. 84(1) (1977) 1-20.

[7] J. R. Lombardi, R. L. Birke, A unified approach to surface-enhanced Raman spectroscopy, J. Phys. Chem. C112(14) (2008) 5605-5617.

[8] K. Kneipp, Y. Wang, H. Kneipp, L. T. Perelman, I. Itzkan, R. R. Dasari, M. S. Feld, Single molecule detectionusing surface-enhanced Raman scattering (SERS), Phys. Rev. Lett. 78(9) (1997) 1667-1670.

[9] S. Nie, S. R. Emory, Probing single molecules and single nanoparticles by surface-enhanced Raman scattering, Science 275(5303) (1997) 1102-1106.

[10] Y. Bi, H. Hu, G. Lu, Highly ordered rectangular silver nanowire monolayers: water-assisted synthesis andgalvanic replacement reaction with HAuCl4, Chem. Commun. 46(4) (2010) 598-600.

[11] M. S. Anderson, Locally enhanced Raman spectroscopy with an atomic force microscope, Appl. Phys. Lett. 76(21) (2000) 3130-3132.

[12] N. Hayazawa, Y. Inouye, Z. Sekkat, S. Kawata, Metallized tip amplification of near-field Raman scattering, Opt. Commun. 183(1-4) (2000) 333-336.

[13] R. M. St€ockle, Y. D. Suh, V. Deckert, R. Zenobi, Nanoscale chemical analysis by tip-enhanced Raman spectroscopy, Chem. Phys. Lett. 318(1-3) (2000) 131-136.

[14] M. Pradhan, J. Chowdhury, S. Sarkar, A. K. Sinha, T. Pal, Hierarchical gold flower with sharp tips fromcontrolled galvanic replacement reaction for high surface enhanced Raman scattering activity, J. Phys. Chem. C 116(45) (2012) 24301-24313.

[15] N. Ortiz, S. E. Skrabalak, Controlling the growth kinetics of nanocrystals via galvanic replacement: synthesisof Au tetrapods and star-shaped decahedra, Cryst. Growth Des. 11(8)

(2011) 3545-3550.

[16] J. Morla-Folch, L. Guerrini, N. Pazos-Perez, R. Arenal, R. A. Alvarez-Puebla, Synthesis and optical propertiesof homogeneous nanoshurikens, ACS Photonics 1(11) (2014) 1237-1244.

[17] C. G. Khoury, T. Vo-Dinh, Gold nanostars for surface-enhanced Raman scattering: synthesis, characterizationand optimization, J. Phys. Chem. C 112(48) (2008) 18849-18859.

[18] H. Yuan, C. G. Khoury, H. Hwang, C. M. Wilson, G. A. Grant, T. Vo-Dinh, Gold nanostars: surfactant-freesynthesis, 3D modelling, and two-photon photoluminescence imaging, Nanotechnology 23(7) (2012) 075102.

[19] J. Xie, Q. Zhang, J. Y. Lee, D. I. C. Wang, The synthesis of SERS-active gold nanoflower tags for in vivoapplications, ACS Nano 2(12) (2008) 2473-2480.

[20] Q. Zhang, Y. Zhou, E. Villarreal, Y. Lin, S. Zou, H. Wang, Faceted gold nanorods: nanocuboids, convexnanocuboids, and concave nanocuboids, Nano Lett. 15(6) (2015) 4161-4169.

[21] B. Tangeysh, K. Moore Tibbetts, J. H. Odhner, B. B. Wayland, R. J. Levis, Triangular gold nanoplate growthby oriented attachment of au seeds generated by strong field laser reduction, Nano Lett. 15(5) (2015) 3377-3382.

[22] L. Chen, F. Ji, Y. Xu, L. He, Y. Mi, F. Bao, B. Sun, X. Zhang, Q. Zhang, High-yield seedless synthesis oftriangular gold nanoplates through oxidative etching, Nano Lett. 14(12) (2014) 7201-7206.

[23] Y. He, J. Fu, Y. Zhao, Oblique angle deposition and its applications in plasmonics, Front. Phys. 9(1) (2014) 47-59.

[24] S. B. Chaney, S. Shanmukh, R. A. Dluhy, Y. -P. Zhao, Aligned silver nanorodarrays produce high sensitivitysurface-enhanced Raman spectroscopy substrates, Appl. Phys. Lett. 87 (3) (2005) 031908.

[25] Y. Lu, G. L. Liu, J. Kim, Y. X. Mejia, L. P. Lee, Nanophotonic crescent moon structures with sharp edge forultrasensitive biomolecular detection by local electromagnetic field enhancement effect, Nano Lett. 5(1) (2005) 119-124.

[26] C. L. Haynes, R. P. Van Duyne, Nanosphere lithography: A versatile nanofabrication tool for studies of sizedependentnanoparticle optics, J. Phys. Chem. B 105(24) (2001) 5599-5611.

[27] T. Lohm€uller, L. Iversen, M. Schmidt, C. Rhodes, H. L. Tu, W. C. Lin, J. T. Groves, Single molecule trackingon supported membranes with arrays of optical nanoantennas, Nano Lett. 12(3) (2012) 1717-1721.

[28] H. Duan, A. I. Ferna'ndez-Domı'nguez, M. Bosman, S. A. Maier, J. K. W. Yang, Nanoplasmonics: Classicaldown to the nanometer scale, Nano Lett. 12(3) (2012) 1683-1689.

[29] K. L. Kelly, E. Coronado, L. L. Zhao, G. C. Schatz, The optical properties of metal nanoparticles: the influenceof size, shape, and dielectric environment, J. Phys. Chem. B 107(3) (2002) 668-677.

[30] A. M. Michaels, Jiang, L. Brus, Ag nanocrystal junctions as the site for surface-enhanced Raman scatteringof single rhodamine 6G molecules, J. Phys. Chem. B 104(50) (2000) 11965-11971.

[31] H. Xu, J. Aizpurua, M. Kall, P. Apell, Electromagnetic contributions to single-molecule sensitivity insurface-enhanced raman scattering, Phys. Rev. E 62(3)(2000)4318-4324. Pt B.

[32] H. Xu, E. J. Bjerneld, M. Käll, L. Börjesson, Spectroscopy of single hemoglobin molecules by surfaceenhanced Raman scattering, Phys. Rev. Lett. 83(21)(1999)4357-4360.

[33] A. Cerf, G. Molna'r, C. Vieu, Novel approach for the assembly of highly efficient SERS substrates, ACSAppl. Mater. Interfaces 1(11)(2009)2544-2550.

[34] L. Zhang, T. Liu, K. Liu, L. Han, Y. Yin, C. Gao, Gold nanoframes by nonepitaxial growth of Au on AgInanocrystals for surface-enhanced Raman spectroscopy, Nano Lett. (2015).

[35] M. Pilo-Pais, A. Watson, S. Demers, T. H. LaBean, G. Finkelstein, Surface-enhanced Raman scattering plasmonicenhancement using DNA origami-based complex metallic nanostructures, Nano Lett. 14(4)(2014)2099-2104.

[36] C. M. Galloway, M. P. Kreuzer, S. S. Acimovic, G. Volpe, M. Correia, S. B. Petersen, M. T. Neves-Petersen, R. Quidant, Plasmon-assisted delivery of single nano-objects in an optical hot spot, Nano Lett. 13(9)(2013)4299-4304.

[37] T. Siegfried, Y. Ekinci, O. J. F. Martin, H. Sigg, Gap plasmons and near-field enhancement in closely packedsub-10nm gap resonators, Nano Lett. 13(11)(2013)5449-5453.

[38] N. Gandra, A. Abbas, L. Tian, S. Singamaneni, Plasmonic planet-satellite analogues: Hierarchical selfassemblyof gold nanostructures, Nano Lett. 12(5)(2012)2645-2651.

[39] C. Forestiere, A. J. Pasquale, A. Capretti, G. Miano, A. Tamburrino, S. Y. Lee, B. M. Reinhard, L. DalNegro, Genetically engineered plasmonic nanoarrays, Nano Lett. 12(4)(2012)2037-2044.

[40] D. -K. Lim, K. -S. Jeon, J. -H. Hwang, H. Kim, S. Kwon, Y. D. Suh, J. -M. Nam, Highly uniform and reproduciblesurface-enhanced Raman scattering from DNA-tailorable nanoparticles with 1-nm interior gap, Nat. Nanotechnol. 6(7)(2011)452-460.

[41] H. Im, K. C. Bantz, N. C. Lindquist, C. L. Haynes, S. -H. Oh, Vertically oriented sub-10-nm plasmonic nanogaparrays, Nano Lett. 10(6)(2010)2231-2236.

[42] Y. Wang, M. Becker, L. Wang, J. Liu, R. Scholz, J. Peng, U. Gösele, S. Christiansen, D. H. Kim, M. Steinhart, Nanostructured gold films for SERS by block copolymer-templated galvanic displacementreactions, Nano Lett. 9(6)(2009)2384-2389.

[43] Y. Sun, K. Liu, J. Miao, Z. Wang, B. Tian, L. Zhang, Q. Li, S. Fan, K. Jiang, Highly sensitive surfaceenhancedRaman scattering substrate made from superaligned carbon nanotubes, Nano Lett. 10(5)(2010)1747-1753.

[44] S. Lee, M. G. Hahm, R. Vajtai, D. P. Hashim, T. Thurakitseree, A. C. Chipara, P. M. Ajayan, J. H. Hafner, Utilizing 3D SERS active volumes in aligned carbon nanotube scaffold substrates, Adv. Mater. 24(38)(2012)5261-5266.

[45] L. Chuntonov, G. Haran, Trimeric plasmonic molecules: the role of symmetry, Nano Lett. 11(6)(2011)2440-2445.

[46] P. Nordlander, C. Oubre, E. Prodan, K. Li, M. I. Stockman, Plasmon hybridization in nanoparticle

dimers, Nano Lett. 4(5) (2004) 899–903.

[47] A. Rahimi Rashed, A. De Luca, R. Dhama, A. Hosseinzadeh, M. Infusino, M. El Kabbash, S. Ravaine, R. Bartolino, G. Strangi, Battling absorptive losses by plasmon-exciton coupling in multimeric nanostructures, RSC Adv. 5(66) (2015) 53245–53254.

[48] N. Zohar, L. Chuntonov, G. Haran, The simplest plasmonic molecules: Metal nanoparticle dimers and trimers, J Photochem Photobiol C Photochem Rev 21(2014) 26–39.

[49] J. Theiss, M. Aykol, P. Pavaskar, S. Cronin, Plasmonic mode mixing in nanoparticle dimers withnm-separations via substrate-mediated coupling, Nano Res. 7(9) (2014) 1344–1354.

[50] L. Qin, S. Park, L. Huang, C. A. Mirkin, On-wire lithography, Science 309 (5731) (2005) 113–115.

[51] X. Chen, Y. -M. Jeon, J. -W. Jang, L. Qin, F. Huo, W. Wei, C. A. Mirkin, On-wire lithography-generatedmolecule-based transport junctions: A new testbed for molecular electronics, J. Am. Chem. Soc. 130(26) (2008) 8166–8168.

[52] X. Chen, S. Yeganeh, L. Qin, S. Li, C. Xue, A. B. Braunschweig, G. C. Schatz, M. A. Ratner, C. A. Mirkin, Chemical fabrication of heterometallic nanogaps for molecular transport junctions, Nano Lett. 9(12) (2009) 3974–3979.

[53] M. J. Banholzer, L. Qin, J. E. Millstone, K. D. Osberg, C. A. Mirkin, On-wire lithography: synthesis, encodingand biological applications, Nat. Protoc. 4(6) (2009) 838–848.

[54] A. B. Braunschweig, A. L. Schmucker, W. D. Wei, C. A. Mirkin, Nanostructures enabled by on-wire lithography (OWL), Chem. Phys. Lett. 486(4–6) (2010) 89–98.

[55] K. D. Osberg, A. L. Schmucker, A. J. Senesi, C. A. Mirkin, One-dimensional nanorod arrays: independentcontrol of composition, length, and interparticle spacing with nanometer precision, Nano Lett. 11(2) (2011) 820–824.

[56] L. Qin, J. -W. Jang, L. Huang, C. A. Mirkin, Sub-5-nm gaps prepared by on-wire lithography: correlating gapsize with electrical transport, Small 3(1) (2007) 86–90.

[57] K. D. Osberg, M. Rycenga, N. Harris, A. L. Schmucker, M. R. Langille, G. C. Schatz, C. A. Mirkin, Dispersible gold nanorod dimers with sub-5nm gaps as local amplifiers for surface-enhanced Raman scattering, Nano Lett. 12(7) (2012) 3828–3832.

[58] R. Alvarez-Puebla, B. Cui, J. -P. Bravo-Vasquez, T. Veres, H. Fenniri, Nanoimprinted SERS-active substrateswith tunable surface plasmon resonances, J. Phys. Chem. C 111 (18) (2007) 6720–6723.

[59] M. Bora, B. J. Fasenfest, E. M. Behymer, A. S. P. Chang, H. T. Nguyen, J. A. Britten, C. C. Larson, J. W. Chan, R. R. Miles, T. C. Bond, Plasmon resonant cavities in vertical nanowire arrays, Nano Lett. 10(8) (2010) 2832–2837.

[60] L. Jennifer, C. Danielle, A. R. David, L. Maozi, M. Ian, P. R. Thomas, Using a ferrocenylsilane-based blockcopolymer as a template to produce nanotextured Ag surfaces: uniformly enhanced surface enhancedRaman scattering active substrates, Nanotechnology 17(23) (2006) 5792.

[61] T. R. Jensen, M. D. Malinsky, C. L. Haynes, R. P. Van Duyne, Nanosphere lithography: tunable

localizedsurface plasmon resonance spectra of silver nanoparticles, J. Phys. Chem. B 104 (45) (2000) 10549–10556.

[62] R. P. Van Duyne, J. C. Hulteen, D. A. Treichel, Atomic force microscopy and surface-enhanced Raman spectroscopy. I. Ag island films and Ag film over polymer nanosphere surfaces supported on glass, J. Chem. Phys. 99(3) (1993) 2101–2115.

[63] M. E. Abdelsalam, P. N. Bartlett, J. J. Baumberg, S. Cintra, T. A. Kelf, A. E. Russell, Electrochemical SERS ata structured gold surface, Electrochem. Commun. 7 (7) (2005) 740–744.

[64] J. -A. Huang, Y. -Q. Zhao, X. -J. Zhang, L. -F. He, T. -L. Wong, Y. -S. Chui, W. -J. Zhang, S. -T. Lee, OrderedAg/Si nanowires array: wide-range surface-enhanced Raman spectroscopy for reproducible biomoleculedetection, Nano Lett. 13(11) (2013) 5039–5045.

[65] J. Ye, F. Wen, H. Sobhani, J. B. Lassiter, P. V. Dorpe, P. Nordlander, N. J. Halas, Plasmonic nanoclusters: Near field properties of the fano resonance interrogated with SERS, Nano Lett. 12 (3) (2012) 1660–1667.

[66] C. -Y. Tsai, J. -W. Lin, C. -Y. Wu, P. -T. Lin, T. -W. Lu, P. -T. Lee, Plasmonic coupling in gold nanoring dimers: observation of coupled bonding mode, Nano Lett. 12(3) (2012) 1648–1654.

[67] M. Tabatabaei, M. Najiminaini, K. Davieau, B. Kaminska, M. R. Singh, J. J. L. Carson, F. Lagugne-Labarthet, Tunable 3D plasmonic cavity nanosensors for surface-enhanced Raman spectroscopy withsub-femtomolar limit of detection, ACS Photonics 2(6) (2015) 752–759.

[68] T. Kondo, H. Masuda, K. Nishio, SERS in ordered array of geometrically controlled nanodots obtainedusing anodic porous alumina, J. Phys. Chem. C 117(6) (2013) 2531–2534.

[69] P. Zheng, M. Li, R. Jurevic, S. K. Cushing, Y. Liu, N. Wu, A gold nanohole array based surface-enhancedRaman scattering biosensor for detection of silver(i) and mercury(ii) in human saliva, Nanoscale 7(25) (2015) 11005–11012.

[70] G. B. Jung, Y. M. Bae, Y. J. Lee, S. H. Ryu, H. -K. Park, Nanoplasmonic Au nanodot arrays as an SERS substratefor biomedical applications, Appl. Surf. Sci. 282(2013) 161–164.

[71] H. Wang, C. S. Levin, N. J. Halas, Nanosphere arrays with controlled sub-10-nm gaps as surface-enhancedRaman spectroscopy substrates, J. Am. Chem. Soc. 127(43) (2005) 14992–14993.

[72] Z. -L. Yang, Q. -H. Li, B. Ren, Z. -Q. Tian, Tunable SERS from aluminium nanohole arrays in the ultravioletregion, Chem. Commun. 47(13) (2011) 3909–3911.

[73] A. Campion, P. Kambhampati, Surface-enhanced Raman scattering, Chem. Soc. Rev. 27 (4) (1998) 241–250.

[74] E. C. Le Ru, P. G. Etchegoin, Rigorous justification of the jEj4 enhancement factor in surface enhancedRaman spectroscopy, Chem. Phys. Lett. 423(1–3) (2006) 63–66.

[75] E. C. Le Ru, E. Blackie, M. Meyer, P. G. Etchegoin, Surface enhanced Raman scattering enhancementfactors: A comprehensive study, J. Phys. Chem. C 111(37) (2007) 13794–13803.

[76] A. D. McFarland, M. A. Young, J. A. Dieringer, R. P. Van Duyne, Wavelength-scanned surface-enhancedRaman excitation spectroscopy, J. Phys. Chem. B 109(22) (2005) 11279–11285.

[77] K. Kneipp, Y. Wang, H. Kneipp, L. T. Perelman, I. Itzkan, R. R. Dasari, M. S. Feld, Single molecule detectionusing surface-enhanced Raman scattering (SERS), Phys. Rev. Lett. 78 (9) (1997) 1667-1670.

[78] P. G. Etchegoin, E. C. Le Ru, A perspective on single molecule SERS: current status and future challenges, Phys. Chem. Chem. Phys. 10(40) (2008) 6079-6089.

[79] A. Aubry, D. Y. Lei, S. A. Maier, J. B. Pendry, Broadband plasmonic device concentrating the energy at thenanoscale: the crescent-shaped cylinder, Phys. Rev. B 82(12) (2010) 125430.

[80] A. Aubry, D. Y. Lei, A. I. Ferna'ndez-Domı'nguez, Y. Sonnefraud, S. A. Maier, J. B. Pendry, Plasmonic lightharvestingdevices over the whole visible spectrum, Nano Lett. 10(7) (2010) 2574-2579.

[81] D. Y. Lei, A. Aubry, S. A. Maier, J. B. Pendry, Broadband nano-focusing of light using kissing nanowires, New J. Phys. 12(2010) 20.

[82] A. I. Ferna'ndez-Domı'nguez, A. Wiener, F. J. Garcı'a-Vidal, S. A. Maier, J. B. Pendry, Transformation-opticsdescription of nonlocal effects in plasmonic nanostructures, Phys. Rev. Lett. 108 (10) (2012) 106802.

[83] J. Dorfmuller, R. Vogelgesang, R. T. Weitz, C. Rockstuhl, C. Etrich, T. Pertsch, F. Lederer, K. Kern, FabryPerot resonances in one-dimensional plasmonic nanostructures, Nano Lett. 9(6) (2009) 2372-2377.

[84] D. Rossouw, M. Couillard, J. Vickery, E. Kumacheva, G. A. Botton, Multipolar plasmonic resonances insilver nanowire antennas imaged with a subnanometer electron probe, Nano Lett. 11 (4) (2011) 1499-1504.

[85] E. R. Encina, E. A. Coronado, Plasmonic nanoantennas: Angular scattering properties of multipole resonancesin noble metal nanorods, J. Phys. Chem. C 112(26) (2008) 9586-9594.

[86] A. M. Funston, C. Novo, T. J. Davis, P. Mulvaney, Plasmon coupling of gold nanorods at short distances andin different geometries, Nano Lett. 9(4) (2009) 1651-1658.

[87] B. Willingham, D. W. Brandl, P. Nordlander, Plasmon hybridization in nanorod dimers, Appl. Phys. B Lasers Opt. 93(1) (2008) 209-216.

[88] B. Auguie, J. L. Alonso-Go'mez, A. Guerrero-Martınez, L. M. Liz-Marzan, Fingers crossed: optical activity of a chiral dimer of plasmonic nanorods, J. Phys. Chem. Lett. 2(8) (2011) 846-851.

[89] C. Fang, A. Agarwal, E. Widjaja, M. V. Garland, S. M. Wong, L. Linn, N. M. Khalid, S. M. Salim, N. Balasubramanian, Metallization of silicon nanowires and SERS response from a single metallized nanowire, Chem. Mater. 21(15) (2009) 3542-3548.

[90] S. M. Prokes, O. J. Glembocki, R. W. Rendell, M. G. Ancona, Enhanced plasmon coupling in crossed dielectric/metal nanowire composite geometries and applications to surface-enhanced Raman spectroscopy, Appl. Phys. Lett. 90(9) (2007) 093105.

[91] H. Qi, D. Alexson, O. Glembocki, S. M. Prokes, The effect of size and size distribution on the oxidationkinetics and plasmonics of nanoscale Ag particles, Nanotechnology 21(21) (2010) 5.

[92] M. Shiraishi, M. Ata, Work function of carbon nanotubes, Carbon 39(12) (2001) 1913-1917.

[93] L. Qu, R. B. Martin, W. Huang, K. Fu, D. Zweifel, Y. Lin, Y. -P. Sun, C. E. Bunker, B. A. Harruff, J. R. Gord, L. F. Allard, Interactions of functionalized carbon nanotubes with tethered pyrenes in solution, J. Chem. Phys. 117(17) (2002) 8089-8094.

[94] V. Biju, T. Itoh, Y. Baba, M. Ishikawa, Quenching of photoluminescence in conjugates of quantum dots andsingle-walled carbon nanotube, J. Phys. Chem. B 110(51) (2006) 26068-26074.

[95] S. Jander, A. Kornowski, H. Weller, Energy transfer from CdSe/CdS nanorods to amorphous carbon, NanoLett. 11(12) (2011) 5179-5183.

[96] M. Sanles-Sobrido, L. Rodriguez-Lorenzo, S. Lorenzo-Abalde, A. Gonzalez-Fernandez, M. A. Correa-Duarte, R. A. Alvarez-Puebla, L. M. Liz-Marzan, Label-free SERS detection of relevant bioanalytes onsilver-coated carbon nanotubes: The case of cocaine, Nanoscale 1(1) (2009) 153-158.

[97] A. Kim, F. S. Ou, D. A. A. Ohlberg, M. Hu, R. S. Williams, Z. Li, Study of molecular trapping inside goldnanofinger arrays on surface-enhanced Raman substrates, J. Am. Chem. Soc. 133(21) (2011) 8234-8239.

[98] H. V. Chu, Y. Liu, Y. Huang, Y. Zhao, A high sensitive fiber SERS probe based on silver nanorod arrays, Opt. Express 15(19) (2007) 12230-12239.

[99] Z. Zhuang, J. Cheng, H. Jia, J. Zeng, X. Han, B. Zhao, H. Zhang, G. Zhang, W. Zhao, Density functionaltheory calculation of vibrational spectroscopy of trans-1, 2-bis (4-pyridyl)-ethylene, Vib. Spectrosc. 43(2) (2007) 306-312.

[100] W. h. Yang, J. Hulteen, G. C. Schatz, R. P. Van Duyne, A surface-enhanced hyper-Raman and surfaceenhancedRaman scattering study of trans-1, 2-bis (4-pyridyl) ethylene adsorbed onto silver film over nanosphereelectrodes. Vibrational assignments: Experiment and theory, J. Chem. Phys. 104(11) (1996) 4313-4323.

[101] D. Y. Lei, A. Aubry, Y. Luo, S. A. Maier, J. B. Pendry, Plasmonic interaction between overlapping nanowires, ACS Nano 5(1) (2011) 597-607.

[102] S. M. Prokes, D. A. Alexson, O. J. Glembocki, H. D. Park, R. W. Rendell, Effect of crossing geometry on theplasmonic behavior of dielectric core/metal sheath nanowires, Appl. Phys. Lett. 94(9) (2009) 093105.

[103] J. U. Keller, R. Staudt, Gas Adsorption Equilibria: Experimental Methods and Adsorptive Isotherms, Springer, New York, 2005.

[104] Y. Belmabkhout, M. Frère, G. D. Weireld, High-pressure adsorption measurements. A comparative study of the volumetric and gravimetric methods, Meas. Sci. Technol. 15 (5) (2004) 848.

[105] O. Talu, Needs, status, techniques and problems with binary gas adsorption experiments, Adv. ColloidInterface Sci. 76-77 (1998) 227-269.

[106] V. Garcia-Cuello, J. C. Moreno-Piraján, L. Giraldo-Gutierrez, K. Sapag, G. Zgrablich, Determination ofdifferential enthalpy and isotherm by adsorption calorimetry, Res. Lett. Phys. Chem. 2008 (2008) 4.

[107] J. A. Dunne, R. Mariwala, M. Rao, S. Sircar, R. J. Gorte, A. L. Myers, Calorimetric heats of adsorption andadsorption isotherms. 1. O2, N2, Ar, CO2, CH4, C2H6, and SF6 on Silicalite, Langmuir 12(24)(1996)5888-5895.

[108] S. Partyka, M. Lindheimer, S. Zini, E. Keh, B. Brun, Improved calorimetric method to investigate adsorptionprocesses from solutions onto solid surfaces, Langmuir 2(1)(1986)101-105.

[109] S. E. Bell, N. M. Sirimuthu, Surface-enhanced Raman spectroscopy (SERS) for sub-micromolar detection ofDNA/RNA mononucleotides, J. Am. Chem. Soc. 128(49)(2006)15580-15581.

[110] A. O. Altun, S. K. Youn, N. Yazdani, T. Bond, H. G. Park, Metal-dielectric-CNT nanowires for Femtomolarchemical detection by surface enhanced Raman spectroscopy, Adv. Mater. 25(32)(2013)4431-4436.

[111] P. D. Ashby, D. L. Olynick, D. F. Ogletree, P. P. Naulleau, Resist materials for extreme ultraviolet lithography: toward low-cost single-digit-nanometer patterning, Adv. Mater. (2015) 5813-5819.

[112] S. Yang, X. Dai, B. B. Stogin, T. -S. Wong, Ultrasensitive surface-enhanced Raman scattering detection incommon fluids, Proc. Natl. Acad. Sci. 113(2)(2016)268-273.

[113] H. Liu, L. Zhang, X. Lang, Y. Yamaguchi, H. Iwasaki, Y. Inouye, Q. Xue, M. Chen, Single molecule detectionfrom a large-scale SERS-active Au79Ag21 substrate, Sci. Rep. 1(2011).

[114] N. G. Greeneltch, M. G. Blaber, A. -I. Henry, G. C. Schatz, R. P. Van Duyne, Immobilized nanorod assemblies: fabrication and understanding of large area surface-enhanced Raman spectroscopy substrates, Anal. Chem. 85(4)(2013)2297-2303.

[115] J. A. Guicheteau, M. E. Farrell, S. D. Christesen, A. W. Fountain 3rd, P. M. Pellegrino, E. D. Emmons, A. Tripathi, P. Wilcox, D. Emge, Surface-enhanced Raman scattering (SERS) evaluation protocol for nanometallicsurfaces, Appl. Spectrosc. 67(4)(2013)396-403.

[116] J. J. Castillo, T. Rindzevicius, C. E. Rozo, A. Boisen, Adsorption and vibrational study of folic acid on goldnanopillar structures using surface-enhanced Raman scattering spectroscopy, Nanomater. Nanotechnol. 5(29)(2015)1-7.

[117] J. Kubackova, G. Fabriciova, P. Miskovsky, D. Jancura, S. Sanchez-Cortes, Sensitive surface-enhanced Ramanspectroscopy(SERS) detection of organochlorine pesticides by alkyl dithiol-functionalized metalnanoparticles-induced plasmonic hot spots, Anal. Chem. 87(1)(2015)663-669.

[118] A. Pallaoro, G. B. Braun, M. Moskovits, Biotags based on surface-enhanced Raman can be as bright as fluorescencetags, Nano Lett. 15(10)(2015)6745-6750.

[119] Y. Ikezawa, H. Saito, K. Matsui, G. Toda, A study of the competitive adsorption of pyridine and monosubstitutedpyridines on a silver electrode by the SERS method, Surf. Sci. 176(3)(1986)603-609.

[120] C. S. Levin, S. W. Bishnoi, N. K. Grady, N. J. Halas, Determining the conformation of thiolated poly(ethyleneglycol) on Au nanoshells by surface-enhanced Raman scattering spectroscopic assay, Anal. Chem. 78(10)(2006)3277-3281.

[121] X. Zhang, J. Zhao, A. V. Whitney, J. W. Elam, R. P. Van Duyne, Ultrastable substrates for surface-enhancedRaman spectroscopy: Al2O3 overlayers fabricated by atomic layer deposition yield improved anthrax biomarkerdetection, J. Am. Chem. Soc. 128(31) (2006) 10304-10309.

[122] H. Zhang, I. Hussain, M. Brust, M. F. Butler, S. P. Rannard, A. I. Cooper, Aligned two-and three-dimensionalstructures by directional freezing of polymers and nanoparticles, Nat. Mater. 4(10) (2005) 787-793.

[123] K. B. Biggs, J. P. Camden, J. N. Anker, R. P. V. Duyne, Surface-enhanced Raman spectroscopy of benzenethioladsorbed from the gas phase onto silver film over nanosphere surfaces: determination of the stickingprobability and detection limit time, J. Phys. Chem. A 113(16) (2009) 4581-4586.

[124] A. P. Nash, D. Ye, Silver coated nickel nanotip arrays for low concentration surface enhanced Raman scattering, J. Appl. Phys. 118(7) (2015) 073106.

[125] T. Brule, A. Bouhelier, H. Yockell-Lelie'vre, J. -E. Clement, A. Leray, A. Dereux, E. Finot, Statistical andFourier analysis for in-line concentration sensitivity in single molecule dynamic-SERS, ACS Photonics 2(9) (2015) 1266-1271.

[126] E. del Puerto, C. Domingo, J. V. Garcia Ramos, S. Sanchez-Cortes, Adsorption study and detection of thehigh performance organic pigments Quinacridone and 2,9-dimethylquinacridone on Ag nanoparticles bysurface-enhanced optical spectroscopy, Langmuir 30(3) (2014) 753-761.

[127] A. B. A.Boxall, V. D. J. Keller, J. O. Straub, S. C. Monteiro, R. Fussell, R. J. Williams, Exploiting monitoringdata in environmental exposure modelling and risk assessment of pharmaceuticals, Environ. Int. 73(2014) 176-185.

[128] M. K. Durjava, B. Kolar, L. Arnus, E. Papa, S. Kovarich, U. Sahlin, W. Peijnenburg, Experimental assessmentof the environmental fate and effects of triazoles and benzotriazole, ATLA 41(1) (2013) 65-75.

[129] H. Sun, COMPASS: an ab initio force-field optimized for condensed-phase applications overview with detailson alkane and benzene compounds, J. Phys. Chem. B 102(38) (1998) 7338-7364.

[130] H. Heinz, Computational screening of biomolecular adsorption and self-assembly on nanoscale surfaces, J. Comput. Chem. 31(7) (2010) 1564-1568.

[131] S. Thomas, S. Venkateswaran, S. Kapoor, R. D'Cunha, T. Mukherjee, Surface enhanced Raman scatteringof benzotriazole: a molecular orientational study, Spectrochim. Acta A Mol. Biomol. Spectrosc. 60(1-2) (2004) 25-29.

[132] G. Xue, J. Ding, P. Lu, J. Dong, SERS, XPS, and electroanalytical studies of the chemisorption of benzotriazoleon a freshly etched surface and an oxidized surface of copper, J. Phys. Chem. 95(19) (1991) 7380-7384.

[133] C. R. Yonzon, C. L. Haynes, X. Zhang, J. T. Walsh, R. P. Van Duyne, A glucose biosensor based on surfaceenhancedRaman scattering: Improved partition layer, temporal stability, reversibility, and resistance toserum protein interference, Anal. Chem. 76(1) (2003) 78-85.

[134] N. C. Shah, O. Lyandres, J. T. Walsh, M. R. Glucksberg, R. P. Van Duyne, Lactate and sequentiallactateglucose sensing using surface-enhanced Raman spectroscopy, Anal. Chem. 79 (18) (2007) 6927–6932.

[135] A. Michota, A. Kudelski, J. Bukowska, Chemisorption of cysteamine on silver studied by surface-enhancedRaman scattering, Langmuir 16(26) (2000) 10236–10242.

[136] G. Limousin, J. P. Gaudet, L. Charlet, S. Szenknect, V. Barthe's, M. Krimissa, Sorption isotherms: A reviewon physical bases, modeling and measurement, Appl. Geochem. 22(2) (2007) 249–275.

[137] C. Hinz, Description of sorption data with isotherm equations, Geoderma 99(3–4) (2001) 225–243.

[138] E. Massarini, P. Wasterby, L. Landstrom, C. Lejon, O. Beck, P. O. Andersson, Methodologies for assessmentof limit of detection and limit of identification using surface-enhanced Raman spectroscopy, Sens. ActuatorsB 207(2015) 437–446. Part A.

[139] D. S. Grubisha, R. J. Lipert, H. -Y. Park, J. Driskell, M. D. Porter, Femtomolar detection of prostate-specificantigen: An immunoassay based on surface-enhanced Raman scattering and immunogold labels, Anal. Chem. 75(21) (2003) 5936–5943.

[140] Z. Zhuang, X. Shi, Y. Chen, M. Zuo, Surface-enhanced Raman scattering of trans-1,2-bis(4-pyridyl)-ethylene on silver by theory calculations, Spectrochim. Acta A Mol. Biomol. Spectrosc. 79(5) (2011) 1593–1599.

[141] S. Goldberg, G. Sposito, A chemical model of phosphate adsorption by soils: I. Reference oxide minerals, Soil Sci. Soc. Am. J. 48(4) (1984) 772–778.

[142] F. Kano, I. Abe, H. Kamaya, I. Ueda, Fractal model for adsorption on activated carbon surfaces: Langmuirand Freundlich adsorption, Surf. Sci. 467(1–3) (2000) 131–138.

[143] J. Skopp, Derivation of the Freundlich adsorption isotherm from kinetics, J. Chem. Educ. 86(11) (2009) 1341.

[144] R. Masel, Principles of Adsorption and Reaction on Solid Surfaces, Wiley-Interscience, New York, 1996.

[145] D. Avnir, R. Gutfraind, D. Farin, Fractal analysis in heterogeneous chemistry, in: A. Bunde, S. Havlin(Eds.), Fractals in Science, Springer, Berlin, Heidelberg, 1994, pp. 229–256.

[146] J. W. Matthews, Defects in silver films prepared by evaporation of the metal onto mica, Philos. Mag. 7(78) (1962) 915–932.

[147] R. L. Moss, M. J. Duell, D. H. Thomas, The catalytic activity and structure of evaporated silver films used forthe oxidation of carbon monoxide, Trans. Faraday Soc. 59(1963) 216–229.

[148] K. L. Ekinci, J. M. Valles, Formation of polycrystalline structure in metallic films in the early stages of zoneI growth, J. Adolesc. Health 24(1) (1999) 4549–4557.

第31章
碳纳米管丝材在精密医疗器械中的应用

Zhangzhang Yin[1], Zhongyun Dong[2], Marc Cahay[3], Sarah Pixley[4], Kevin J. Haworth[5], Maham Rahimi[6], Sook Kuan Goh[7], Sandra Starnes[8], Madhura Patwardhan[9], Sumeet Chaudhary[10], Mark J. Schulz[11]

[1] 美国伊利诺伊州,内伯维尔Nalco水务公司;
[2] 美国俄亥俄州辛辛那提,辛辛那提大学血液科和肿瘤科;
[3] 美国俄亥俄州辛辛那提,辛辛那提大学工程与应用科学学院;
[4] 美国俄亥俄州辛辛那提,辛辛那提大学药理学与系统生理学系;
[5] 美国俄亥俄州辛辛那提,辛辛那提大学心血管健康与疾病系;
[6] 美国德克萨斯州,休斯顿卫理公会医院心血管外科;
[7] 美国俄亥俄州辛辛那提,辛辛那提大学化学工程系;
[8] 美国俄亥俄州辛辛那提,辛辛那提大学胸外科;
[9] 美国俄亥俄州辛辛那提,辛辛那提大学机械工程系;
[10] 美国俄亥俄州辛辛那提,辛辛那提大学电气工程与计算机科学系;
[11] 美国俄亥俄州辛辛那提,辛辛那提大学机械与材料工程系

31.1 引言

精密医疗器械是一个开拓性的综合研究领域,旨在实现理查德·费曼的愿景,开发出精巧、能进入人体内部并"做我们想做的事"的微型机器。诺贝尔奖获得者理查德·费曼在1959年作了一次"微型机器"讲座,并相信微型机器的发展无法避免,因为它们将彻底改变医疗保健[1]。本讲座是医疗器械发展史的开端[2-120]。近些年来,人们对理查德·费曼的想法更感兴趣,因为纳米技术有助于设备小型化。罗伯特·弗雷塔斯于1999年出版的《纳米医学》一书被认为是《纳米医学圣经》[83,104,106]。这是第一本系统阐述分子纳米技术和医疗纳米器件设计在医学应用中涉及的技术问题的书。这本书概述了许多纳米级的未来金刚石器件,它们可提供多种医学功能。2008年2月,发明家Ray Kurzweil在英国广播公司(BBC)发表了关于纳米机器人的演说"到2029年,机器和人类最终将通过植入体内的设备

融合在一起,以提高智力和健康。"2008年,惠普公司(Hewlett-Packard)的Tad Hogg[3]描述了目前已被证明的依赖于硬纳米技术定向/自动组装的纳米电子、传感器和电机的合理扩展,这种组装能够使非生物机器人的开发变得比生物有机体更强、更快、更具可操作性。2013年,《纳米管超细材料:改变工程设计》一书描述了纳米管纤维领域研究现状[109]。基于对这本书的兴趣,本章汇集了一些关于纳米管超细纤维在医学方面的用途的想法。

精密医学的实现涉及基于智能材料、小型传感器、驱动器以及微尺度甚至纳米结构材料的可植入微型医疗设备的开发。可植入的微型医疗设备将通过在体内操作提供革命性的医疗效益。这类设备可以感知并持续监测周围环境,并执行简单的任务,如运送药物、采集液体、清洁动脉和杀死癌细胞。早期开发植入式医疗器械的方法是基于生物系统工程,例如让细菌执行简单的程序。然而,生物有机体具有有限的材料特性和计算速度。聚合物颗粒和病毒也正在进行药物或基因敲除试验,有时也涉及纳米药物装置。生物/聚合物材料被归类为软纳米技术,在传感和驱动能力方面受到限制。

开发基于纳米结构电子、传感器和驱动器的植入式医疗设备以及这些微小组件的定向和自动组装方法是一项变革性的研究,不仅对疾病的早期检测产生巨大影响,而且还将增强我们对疾病进展的理解。基于这些知识,制造新颖先进的智能植入式设备具有可行性。这项基础工作也为将来的人工器官等植入物的开发提供了希望。我们相信,正如新型药物和基因疗法在治疗和治愈人类疾病方面具有巨大的潜力一样,植入式设备也具有巨大的潜力。作为证明精密医疗设备潜力的一个例子,开发一种能够将纳米颗粒直接输送到靶点,提供抑制癌症治疗方法的微型机器人是具有革命性的。但往长远看,希望有一个传感器能够持续监测癌症的前兆,然后提供预防肿瘤的治疗。纳米医疗设备也应该比现有的机器人和大型设备在治疗疾病方面更加精确。

生物工程生物有机体可以产生具有巨大功能的系统。然而,生物工程生物有机体是非常复杂的。因此,提高医疗水平的一个并行途径是开发微型植入式医疗设备和机器。开发微型设备的第一步是基于硬纳米技术,该技术使用非生物纳米级和微型组件来开发比生物有机体更强大、更快和具有不同功能的设备。使用定制合成的纳米管、纳米线、聚合物和其他具有所需性能的纳米和微尺度材料制造的微型机电元件预计可用于自组装、三维打印或在具有微尺度精度的显微镜的机械手组装。这些微型设备将使医生能够了解和控制目前无法检查的体内医疗过程。精密医学的一个显著特点是,它正在通过开发先进的设备来绘制一个新的蓝图,这些设备可以探索以前难以进入的身体内部区域,这预示着生物学和医学的重大进展。精密医学的研究范围包括从基础纳米科学到解决设备设计中的跨学科技术挑战。关于创建纳米医疗设备需要进行的研究,可描述为以下三个基本科学和技术领域：

（1）纳米材料和生物界面。纳米医学的研究依赖于纳米材料,如碳纳米管和金属纳米线（NW）。在大多数精密医学研究中,制造"设备"需要定制纳米材料。说到纳米器件,纳米颗粒就变成了一种器件,因此,材料科学很重要。对纳米材料发展很重要的技术领域有：①纳米管合成；②螺/带状物的纺丝；③纳米线的发展；④界面和生物相容性。

（2）生物传感器发展。生物传感器是测量生物介质的微型传感器。应开发能够长时间测量体内化学物质和蛋白质的电子生物传感器平台。生物传感器发展的重要技术领域有：①传感器平台配置；②体内有线或无线通信和生物污染,特别是传感器尖端的纤维化；③）化学传感器功能化。

（3）生物驱动器开发。生物驱动器是操纵生物介质的微型驱动器。纳米管被用来制造被称为碳电子学的微型电子元件,包括微粒体和 R,L,C 电路元件。生物驱动器开发的重要技术领域有：①驱动；②通信/控制；③生物相容性。

本章讨论了为体内环境开发设备的技术挑战。本章总结介绍了碳纳米管光纤作为精密医疗器械元件的应用思路、碳纳米管在精密医疗器械中的潜在应用、碳纳米管作为医疗器械的导线、碳纳米管生物传感器的设计以及碳纳米管微机器人的应用。

31.2 碳纳米管纤维作为精密医疗器械元件的开发

碳纳米管技术正在全球范围内发展[4-34],目前已达到可以制造设备的程度,这为医疗设备开辟了一个新的领域。要形成连续的碳纳米管材料,需要纺丝或连接碳纳米管以形成丝。这是通过本书概述的几种方式来完成的。纺丝可以通过使用纳米管阵列或纳米管簇来完成。干燥的纳米管簇被卷成丝,缠绕在线轴上,也可以形成多股丝。另一种方法是在超强酸中溶解短而优质的碳纳米管并挤出碳纳米管纤维。第三种方法,有几种不同的变形,使用浮动催化剂方法在圆桶上形成碳纳米管带,然后扭曲条带形成丝。

目前,由于碳纳米管的管内缺陷、表面非石墨碳和杂质的存在,碳纳米管丝的强度和导电性均低于单个碳纳米管的性能。此外,丝内管之间的"松散接触"可能导致性能降低。考虑到上述局限性,目前正在研究改善丝性能的各种方法（见第4,6,7,11,18 和 32 章）。现有的丝已经足够（强度为 1GPa,密度为 $1g/cm^3$,电阻率为 $10^{-4}\Omega \cdot cm$,电流密度估计为 $10^5 A/m^2$）制造各种医疗器械。随着丝质量的提高,机械手等设备的性能也会提高。

总的来说,与其他纤维材料相比,碳纳米管具有独特的刚度、强度、导热性、导电性和韧性组合[6,11,12,27]。在合成过程中,纺制小直径丝和编织丝可以提高长碳纳米管的性能,同时生产出高质量的长碳纳米管。在碳纳米管簇生长过程中,碳纳米管阵列的壁面数目可以通过基底上催化剂颗粒的大小来控制。通常使用直径约 8nm 或更大的双壁或多壁纳米管。碳纳米管阵列密度(每平方厘米的管数)在 10^{10} CNT/cm^2 的范围内。该参数可以通过催化剂颗粒密度和生长表面的颗粒大小来调节。从阵列中提取的碳纳米管带的厚度为 400nm,其宽度随基底尺寸的变化而变化。由碳纳米管簇生产的丝具有高纯度,因为铁催化剂大多残留在基体上,可以调整几个参数来优化这种电纤维。浮动催化剂法产生一个"袜子"或纳米管网,可以被拉伸和扭曲形成丝。浮动催化剂丝在管内外含有约 20% 的铁杂质,外面的铁可以用硝酸处理除去。超强酸挤出成丝是一种连续生产高导电率丝的工艺。由这三种方法形成的丝也进行电镀或镀铜后处理,以增加其导电性。

作为另一个后处理步骤,碳纳米管丝的介电功能化是将丝电绝缘以形成医用电线或胶带。对于阵列拉伸纺丝,湿化学、等离子体和静电吸引是在将碳纳米管簇纺成丝之前实现其介电功能化的三种方法。在某些应用中,单个碳纳米管或碳束的功能化可能比整个丝的外部制备涂层更有效。用电绝缘涂层涂覆碳纳米管丝是防止横向电传导的必要措施。涂层还必须能够导热以冷却导线。

31.3 碳纳米管在精密医疗器械中的应用

目前,碳纳米管尚未用于医疗设备。有几个研究小组已经测试了碳纳米管丝对受损神经的生长的影响,以及用于药物输送,或为体内设备、传感器供电。由于碳纳米管丝的应用局限性和在体内使用碳纳米管可能存在生物毒性的担忧,研究工作受到限制。接下来介绍使用碳纳米管丝的一些想法和初步实验结果。

31.3.1 碳纳米管作为医疗器械的导线

近年来,随着电子和生物医学技术的发展,可植入式电子器件和传感器(IEDS)得到了迅速的发展。全球每年约有 100 万患者接受起搏器或植入式心律转复除颤器(ICD)[35]植入手术。当前 ICD 使用的导线或引线由钴合金和钛等金属制成(图 31-1)。导线由一个金属线芯,一个聚合物绝缘护套和特殊尖端组成。由于这些导线引发的常见并发症包括导线移位、静脉血栓形成、迁移和急性穿孔,其中一些是由于导线相对粗大和僵硬(与组织相比)导致的。在由导线引起的并发症中,5%~10% 的患者出现导线移位和迁移,已公布的导线穿孔发生率在 0.4%~5.2% 之间[36]。

实际上,所有的 IEDS 都面临着能量传输和数据传输的挑战。例如,植入式生物传感器包括微型生物传感器、数据传输介质和收集/处理节点[39]。有线和无线

IEDS电源和数据传输方法包括两种。有线IEDS的例子有起搏器、IEDS、ICD和VAD。在这些应用中,使用的金属线存在的主要问题是重量大、体积大和硬度高。同时,如果设备被植入体内,则需要一块电池来限制设备的寿命。并且,绝缘金属丝也很难经皮肤使用,因为它可能损伤组织并引起感染。实际上,在体内或经皮肤使用金属丝只适用于威胁生命的情况,如心脏病。

无线解决方案消除了有线的缺点。Zigbee是一种流行的无线解决方案[40-42]。然而,无线方法需要一个电池和传感器自身外部的电子部件植入体内进行数据传输[41]。功耗高,很难控制在100μW以下,这是许多低功耗应用中存在的主要问题[43]。还有其他无线解决方案[39,41,44-46],但它们还远未成熟,面临着类似的问题,包括无线传输可靠性、无线电干扰、安全性、设备大小和功耗。由于电池寿命的限制,无线传感器或设备不能长时间工作。电力传输和数据传输的障碍阻碍了IEDS的发展。

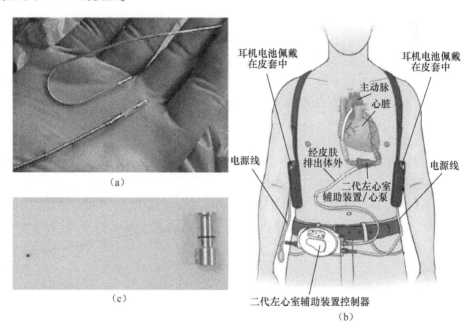

图31-1 导线比较

(a)使用金属合金的起搏器导线[37];(b)使用具有高导电性和抗金属疲劳的特殊金属导线的心室辅助装置[38];(c)金属线轴上的碳纳米管纤维。碳纳米管纤维为50μm(人发直径),柔韧、可折弯、抗疲劳。

缝合线式的导线可与组织或器官内的IEDS一起使用,以代替现有的笨重而坚硬的金属导线。碳纳米管纤维柔软、顺滑、薄、像缝合线一样,具有导电性和基本惰性。与金属不同,碳纳米管纤维不会腐蚀或疲劳。因此,碳纳米管丝可能适合在体内环境使用。碳纳米管是碳的同素异形体,具有高强度和高导电性的圆柱形纳

809

米结构。碳纳米管纤维是一种新型材料,由碳纳米管通过范德瓦耳斯力连接而成,并通过纤维的扭转产生径向握力。基于碳纳米管的导线可能是解决当前 IEDS 和 ICD 器件以及未来微型生物传感器和机器人电源和数据传输的一种新方案。在某些应用中的一个限制是,纳米管电线的导电性不如铜。但纳米管电线的导电性正在不断提高[47],碳纳米管丝可以涂上铜,或者如果需要,可以使用更大直径的纳米管丝。

碳纳米管纤维具有柔韧、轻质、坚固、惰性和导电等优点,是一种理想的材料。它将消除目前在人体中使用的电线和连接的困难。这一假设必须通过一系列的体内外实验来验证。目前存在一些问题,例如碳纳米管纤维的导电性是否足以在体内使用?体内使用的纳米管线(直径、扭曲度、功能化等)的最佳设计是什么?此外,碳纳米管在人体内的应用也提出了一个安全性问题,由于它们体积小,是否会因与细胞的相互作用而被释放出来。另一方面,碳纳米管纤维材料是由较长的碳纳米管制成,完全被生物相容性良好的聚合物包裹。根据我们所有的关于有涂层和无涂层的碳纳米管纤维初步测试结果,碳纳米管丝在体内均是安全的。用于体内的纳米管生物线的安全性和有效性需要进一步的长期研究。

31.3.2　碳纳米管纤维的后处理及涂层制备

本节讨论了丝的后处理以及丝的性能改善:

(1) 通过退火和掺杂对丝进行后处理。高温退火提高了碳纳米管的质量,使碳纳米管更硬、更直,并修复了缺陷[48]。对于在 2500℃ 退火的簇生长型的 MWCNT,拉曼 G/D 比从 1.6(对于实际生产的 MWCNT 来说是典型的)增加到 10。高的 G/D 比表明了高石墨结构。退火使阵列中的纳米管变得更洁净,但是纳米管在末端打结,因此正在测试进一步的加工步骤,以便实现长的碳纳米管纺丝。退火使电阻率降低了 5 倍。掺杂对提高电导率也很重要[49]。

(2) 介电聚合物包覆碳纳米管。为了能在体内用作导线,碳纳米管纤维需要涂上一层生物相容性良好的介电聚合物,以防止电流泄漏到周围组织,并且避免碳纳米管导线在体内的任何可能磨损。许多研究小组已经描述了碳纳米管与细胞的相互作用,一些作者对此进行了综述,所有的结论都一致认为,碳纳米管在体内的毒性取决于碳纳米管的类型,包括生产方法、杂质和纯化过程(可能影响侧壁)、长度、聚集状态、表面涂层和化学改性。涂层选自 FDA 认证的硅酮、聚氨酯或氟聚合物(聚四氟乙烯(PTFE)和四氟乙烯(ETFE))。微米级厚度的聚合物涂层也可以改善力学性能和电性能。涂层使碳纳米管相互结合,与范德瓦尔斯力引起的荷载传递相比,碳纳米管之间传递的剪切荷载更大。由于聚合物中的溶剂蒸发,表面张力导致丝厚度收缩,因为横截面积减小,因此性能得到改善。

31.3.3 碳纳米管纤维的机电性能测试

根据 FDA 要求,基于碳纳米管的生物电线必须进行机械和电性能测试。测量的电性能应包括直流和交流电阻以及施加电压时(浸泡后和干燥前)的泄漏电流。在测试电性能时,需要考虑潜在的负载条件,即运动范围、应力和生理条件。机械试验包括符合美国材料与试验协会(ASTM)标准的干燥和浸泡条件下的拉伸试验。表 31-1 总结了用于评估电线性能的 ASTM 标准试验。

CNT 在体内的安全性是一个问题。尽管碳纳米管在室温下被认为是惰性材料,但碳纳米管的使用安全性最近一直存在争议,主要是因为碳纳米管的尺寸很小,碳纳米管颗粒可以与细胞相互作用。使用毫米级长度的碳纳米管和碳纳米管纤维,其中碳纳米管与涂层紧密结合,避免潜在的生物毒性。碳纳米管表面将进行多步骤表面改性,并涂覆生物相容性良好的聚合物,以确保没有碳纳米管从导线中露出。

表 31-1 用于评估电线性能的 ASTM 标准试验

分类	性能	ASTM 标准试验方法
力学性能	硬度,A 型或 D 型邵氏硬度计	D2240
	密度	D792
	极限拉伸强度	D412 或 D1708
	极限延伸率/%	D412 或 D1708
	模量	D412 或 D1708
	熔融指数/(g/10min)	D1238
电性能	介电强度	D3755 或 D149

31.3.4 碳纳米管纤维在小鼠体内的动物试验评价

在小鼠体内测试了无涂层和有涂层的纳米管纤维,结果显示无明显毒性(2 周后)。使用带涂层纳米管纤维线穿过小鼠皮肤,未发现生物毒性(图 31-2(a)和(b))。铜丝也被用于进行穿过皮肤试验,并用镁电极进行了阻抗测试。阻抗随着时间的推移而增加,共持续 11 天,如图 31-2(c)所示。阻抗增加原因可能是因为电极被生物污垢包裹。测试的老鼠(三只)都活了下来,表明纤维线穿过皮肤在短时间内具有生物相容性。硬铜丝对小鼠造成局部皮肤刺激,因此铜线将被碳纳米管线取代。

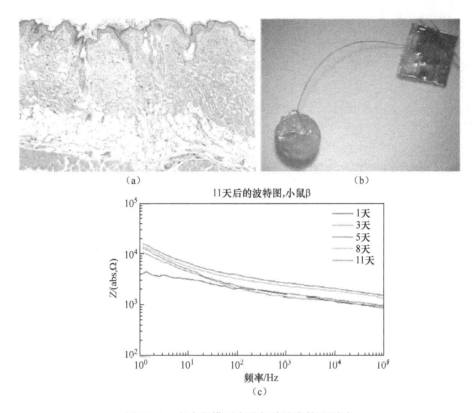

图 31-2 在小鼠模型中进行碳纳米管丝测试

(a)苏木精-伊红(HE)-从与有涂层和无涂层的碳纳米管丝相邻的皮肤切片。在没有涂层的情况下,碳纳米管丝没有明显的寄主反应,组织中也无颗粒;(b)碳纳米管丝穿过皮肤为传感器或植入体提供能量;(c)小鼠体内生物可降解镁植入物的电阻抗以及铜丝穿过皮肤的电阻抗可以用碳纳米管丝代替(铜丝弯曲导致植入物从组织中断裂)。铜丝和镁植入物的组织阻抗增加了 11 天,显示出与组织结合。

根据最近的文献,表 31-2 列出了碳纳米管、线/丝和传统材料的特性。现有丝线已经足以构建生物传感器(强度为 1~2GPa,密度为 $1g/cm^3$,电阻率为 $10^{-4}\Omega\cdot cm$,可能接近 $10^{-5}\Omega\cdot cm$,电流密度为 $10^5 A/cm^2$)。与铜线相比,碳纳米管丝更轻,更灵活,更强韧,更具化学惰性,并具有更高的电流密度。碳纳米管丝比铜具有更高的电阻率。更高的电阻率不是一个重要因素,因为可以使用更高的电压或更大直径的丝线,获得允许冷却并能够提高碳纳米管丝的导电性和强度的适中的占空比是目前正在进行的工作[30-34,50-51]。

表 31-2 碳纳米管、线/丝、碳纤维和铜作为导电体的性能[53]

材料	密度/(g/cm³)	强度/GPa	比强度/GPa/(g/cm³)	弹性模量/GPa	比模量GPa/(g/cm³)	极限应变/%	导电率/(S/cm)	比导电率(S/cm)/(g/cm³)	电流密度/(A/cm²)	比电流密度/(A/cm²)/(g/cm³)	导热率/(W/m·K)	比导热率(W/m·K)/(g/cm³)
碳纤维IM3	1.8	6.1	3.4	305	169	1.8	1×10^3	5.6×10^2	NA	NA	500	278
铜	8.9	0.15Y, 0.34U	0.017Y, 0.039U	119	13	3~60	5.9×10^5	6.6×10^4	6×10^2	67	400	45
单壁碳纳米管	1.4	100	71	1000	714	10	1×10^5	0.7×10^5	1×10^7	0.7×10^7	3000	2143
碳纳米管丝	1~1.4	1~3.5	1~2.5	~20-TBD	~20-TBD	约8-TBD	0.5×10^4 ~ 2×10^4	0.5×10^4 ~ 1.4×10^4	约1×10^4	约1×10^4	约30	约30

碳纳米管丝具有直径小、化学惰性、无毒、柔韧性高、不发生疲劳等优点。与传统电磁装置相比，具有多匝微型线圈形成的电磁装置可能具有更高的磁通密度和较大的力/尺寸。铜的重量大、硬度高、韧性差，无法制成小线圈，金属线的直径也太大，无法用于制造微型生物医学和电磁设备。碳纳米管丝将是一种替代铜的微型设备和生物微器件的重要技术。纺制小直径丝和编织丝也能提高性能，同时获得高质量的长碳纳米管。目前，我们的碳纳米管螺丝可以小到亚微米直径，但通常直径为 $30\mu m$[52-53]。

31.4 基于碳纳米管的生物传感器

生物传感器的应用已经在医学领域蓬勃发展。生物传感器的传感机制包括光学、机械、磁性和电化学检测方法以及上述方法的组合[54]。急诊室使用外部生物传感器作为护理点诊断单元，如 i-Stat 的"芯片实验室"，它可以提供即时血液分析，从而为危重病人快速给出治疗方案。微型化、植入式生物传感器正在开发中，可以在不需要患者干预的情况下，不受患者生理状态（休息、睡眠、运动等）的影响，连续提供代谢物水平，例如跟踪血糖水平和输送胰岛素的生物传感器。还有用于疾病检测的传感器，例如体内早期癌症检测[55-59]。大多数溶液取样生物传感器或可穿戴生物传感器并不在体内使用。然而，在体内临时植入的生物传感器可以在医学的多方面受益。

通过与不同的临床医生讨论生物传感器的使用，医生和生物医学研究人员都肯定了在体内应用生物传感器的价值，但也有人质疑传感器是否能在体内工作。一些医生认为，利用体内传感器更好地了解疾病、及时发现严重情况以便成功治疗、了解药物的效果是一个很好的机会，可以提高医疗服务的成本效益比。但其他人仍持怀疑态度，他们担心生物污染、感染和实用性。因此，体内生物传感器的发展被认为是一项具有挑战性但回报率高的工作。随着纳米管材料的最新发展和在动物模型中测试体内传感器的最新结果，开发可在体内长时间使用的体内活性生物传感器可能是可行的。本节讨论了建立和测试用于生理监测的活体生物传感器原型的可能性。这种生物传感器是基于碳纳米管电纤维或称为丝的多层纤维。纳米管丝使得生物传感器体积小，能量密度高。纳米管电纤维还用作与传感器通信的柔性线。纳米管纱还可用于制造在皮肤上工作的变压器（线圈）。一个线圈植入皮下，另一个在皮肤外部。生物传感器也是一个通用的平台，用于设计包括生物传感器和外科手术工具在内的精密医疗工具。

随着植入式生物传感器的发展，最大的挑战之一是生物污染[60-61]。几乎所有的植入式生物传感器在体外测试中都能很好地工作，但它们无法经受体内环境的严酷考验[62]。人体的自然反应是通过纤维包裹植入设备，防止其与周围组织相互作用[61,63-65]。植入的传感器在植入后的短时间内被10~100μm厚的蛋白质和细胞膜污染(图31-3(a))。这种细胞包裹形成了供分析物(葡萄糖、乳酸等)扩散到传感元件的传质屏障,从而降低体内传感器性能和长期稳定性[55]。某些类型的生物传感器也可能由于长期接触体液而失去功能。研究者们已经探索了许多方法来解决生物污染问题[66-69]。目前,还没有一种解决方案对不同类型的传感器均有效[60-61]。活性生物传感器可以提供一种可靠的方法来保护传感器免受生物污染和体液污染。

如图31(b)和(c)所示,活性生物传感器可以将其结构从关闭状态改为打开状态以进行测量。活性传感器也由计算机控制,根据测量值,传感器可以进行额外测量,循环清洁电极,或关闭,直到需要进行下一次测量。活性生物传感器可以是一种简单的生物阻抗传感器,如图31-3(a)所示。生物阻抗传感器可用于测量前列腺组织的阻抗,作为癌症检测的探索性方法。组织电阻抗是其结构的一个功能。每种组织的复阻抗都是以一种特征的方式依赖于频率。不同状态(正常、缺血或癌变)的不同组织的阻抗数据表明,特征性差异出现在低于500kHz和低于几千赫兹的频率范围内[70]。生物阻抗已被用于区分各种器官中的正常组织和癌变组织,包括乳腺[71]、宫颈[72]、皮肤[73]、前列腺[74-75]和膀胱[76]。在这些研究中,阻抗测量是使用简单的电极进行的,有些是在体外进行的。安装在生物传感器上的微型生物阻抗传感器可以作为可移动探针来监测前列腺组织的阻抗。切除肿瘤的患者在相同或不同的部位复发的风险更高。持续监测可早期发现转移病灶,有助于了解肿瘤的病理生理。通过安装特殊的前端组件,生物传感器可以在手术中执行特殊用途的传感[77-89]。该生物传感器的直径为2~5mm,视具体应用而定,可为医学问题提供一种新的工具。该传感器还可用于提供电流杀死癌细胞[87]。总的来说,活性生物传感器为生物传感器提供了一个新的平台,通过防止生物污染[81-92]延长生物传感器的使用寿命,并使电子设备小型化。

基于碳纳米管纤维的生物传感器操作如图31-3所示。图31-3(a)显示了传感器是如何被污染的。图31-3(b)是一种生物传感器,电极被封闭和保护。图31-3(b)显示了进行测量的延伸电极。碳纳米管线可以用于制备螺线管来延伸传感器电极。其他元件可采用微机电系统(MEMS)技术制造。生物传感器可以通过穿过皮肤的碳纳米管电纤维或皮肤内外的一对线圈供电。在另一种应用中,该生物传感器可用于纳米管线不穿过皮肤的探针或针头上。

生物传感器的电通信。碳纳米管电纤维可以用来穿过皮肤,制造高性能的电磁器件。通过变压器的经皮电丝或磁力耦合器可能比无线通信更好。无线通信可能需要一个电池为传感器供电,并需要一个天线进行通信,这就增加了尺寸并限制了使用寿命。射频识别(RFID)技术可以消除电池,但数据传输受限,无法进行高保真阻抗测量。此外,通过人体本身发送无线或射频信号可能会引起安全问题。

经皮电丝和磁力耦合器是一种安全、高速的数据采集和传感器供电的方法。碳纳米管股线在被扭曲前从阵列中抽出时是电绝缘的;碳纳米管丝比铜线更结实、更轻、直径更小,但电阻率更高。碳纳米管装置可以在更高的电压下工作以减少焦耳热。研究人员们正在不断努力降低丝的电阻。

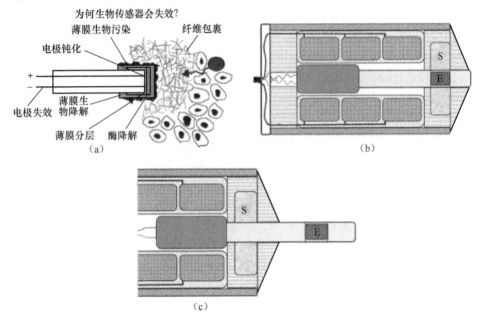

图 31-3 生物传感器平台

(a)植入式生物传感器的失效机制[65];(b)带可伸缩电极的植入式生物传感器,用于体内测量组织的电化学阻抗,以检测癌症或使用酶测量化学物质/蛋白质(E区表示带膜的酶)。不同的电极可用于不同的传感应用。电极和传感器的尺寸可以在 mm 直径范围内。可将溶液(S区域)放置在生物传感器中以进行储存/清洁;(c)可根据测试需要对电极进行延伸。这三个线圈可以作为一个线性可变差动变压器,以保证电极的延伸。这种生物传感器是用碳纳米管丝作为线圈和一个强大的螺线管来伸缩镍芯制成的。一个 3D 打印机电系统也可以用来驱动电极。

碳纳米管电纤维涂层。开发了一种静电涂覆方法,可以涂覆碳纳米管丝(单股纱线直径大于等于 $20\mu m$)。静电介电功能化是通过在扭转前对阵列施加电势来实现的。涂层螺纹可用于形成变压器。在一个小范围内可以进行大量的扭转。它的优点是使用碳纳米管丝可以使设备非常小巧轻便。碳纳米管丝具有很强的韧性和抗疲劳性,聚合物涂层具有生物相容性。碳纳米管丝无毒,具有良好的生物相容性。纳米管不会与细胞、组织或皮肤接触。一种概念上的生物传感器可以用碳纳米管电磁线圈和其他部件来构建。电流产生的磁力将使铁芯在线圈中轴向来回移动。这种一个自由度的生物传感器可以作为一个工具,如一个抓取器,驱动一个泵和一个刷子或显微镜电极。传感器的设计可能会根据医生的要求有所不同。加州大学纳米世界实验室(Nanoworld Lab)制作了一个电磁线圈原型。生物传感器的其他部分可以使用标准的微加工技术制造。机械手外壳可以使用硬塑料材料铸造,便于封装 CNT 电线。这种生物传感器可以由来自变压器的碳纳米管丝或穿过皮肤的丝供电。计算机远程控制三个线圈的电压以精确定位电极和测量位置。在对碳纳米管束进行测试的基础上,我们确定了以下参数:铁纳米线芯直径为 $D=0.1mm$,长度为 $L=1mm$;两个电磁线圈均为 $N_t=400$ 匝;共有 8 层;每层为 $N=50$ 匝;每个碳纳米管束的长度和直径都可以优化。包覆后的碳纳米管丝直径约为 $20\mu m$。根据我们的测量,CNT 丝的电流密度可以达到 $10^5 A/cm^{-2}$。因此,丝中的电流可以超过 3A。为了在设计中提供一个安全系数,我们将电流减小到 1A 或更小。最大施加力为 0.8N,对应于断续开闭电极的 1A 电流。根据名义设计,电磁线圈可在 1/2mm 延伸电极表面产生 5MPa 的剪切应力,这种应力高于组织的抗剪强度。

  预测的力足够大,可以进行与软组织相关的手术。如果需要,增加电流可以增加力。力与电流成正比。直径较小的线圈将使生物传感器更小。增加电压以增加电流可能最终导致散热问题。与传统的电磁线圈相比,该生物传感器的表面积与体积比大,能够提供更好的传热效果。由于生物传感器可以在液体中工作,因此冷却效果可以令人满意。此外,电压可能会在操纵器中产生局部电场。我们需要把电压限制在一个安全值。所有这些效果必须优化以满足特定的应用。纳米管线允许更小的尺寸和更高的电流,但产生更多的热量。但是电磁线圈的占空比很低,所以散热应该不是问题。我们计算了全功率下单层线圈设计的 2.5W 功率。通常使用的电流可以低得多,占空比也很低。电磁线圈将接通 0.5s,然后断开,必要时重复。此外,我们可以增加电压和匝数,减少电磁线圈中的电流,以获得相同的性能。我们还可以通过增加线圈直径对设计进行进一步优化,以减少阻力和散热。

  用于癌症诊断的生物传感器。电化学阻抗谱(EIS)通常被称为生物阻抗,用来表征组织的固有特性。组织阻抗是组织对电流流动的电阻,与组织储存电荷的能力有关。阻抗随组织结构而变化,包括细胞大小、密度、细胞外基质的间距和组成。研究结果[44-45]表明,阻抗信号可能是一种敏感的肿瘤组织检测方法,甚至比传统的成像技术,如计算机断层扫描和超声技术更敏感。微型生物传感器将允许在体内测量组织阻抗,这可能进一步提高该技术的灵敏度。微型生物传感器的一个潜在应用是在恶性肿瘤切除术中确定足够的切除边缘。目前,切除边缘是通过人工触诊确定的。然而,这并不能检测到超出触诊范围的微小扩散。此外,越来越多的微创技术使触诊变得困难,如腹腔镜或胸腔镜的使用。

  一般采用小阻抗电极测试器官和组织特征。本研究制作了一个双电极装置来进行组织的初步阻抗测量。该装置使用两个具有恒定的 1.5mm 点间隙的钨电极(GGB 行业型号 PT-20-1661-2),连接到 CHI660C 仪器上。每次测量都使用交流阻抗谱,用0.005V振幅和1~100000Hz频率范围的交流信号进行复阻抗测量。测量小鼠不同器官组织的复合阻抗,并绘制测试结果(图31-4)。

图31-4(b)显示了每种类型的组织具有稍微不同且唯一的阻抗特征。图31-4(c)显示了三种肿瘤(PC-3、LNCaP和LAPC-4)的不同阻抗。在更高频率(高于1kHz)时,差异更大。该测试的一个重要结论是,给定动物的每种组织都有一个独特的阻抗特征。每个组织不同的生物学特性导致了不同的阻抗。癌变组织是异质性的,通常具有不同于正常组织的结构。由于组织缺氧,癌变组织常含有坏死组织,且pH值较低。由于宿主细胞的浸润,它们通常有更大的硬度。癌细胞大小不一,核浆比和细胞膜电位与正常细胞不同,因此健康组织和癌组织的阻抗特性不同。鉴别癌变组织可能需要对同一组织的非癌组织进行参考测量,由于不同样品

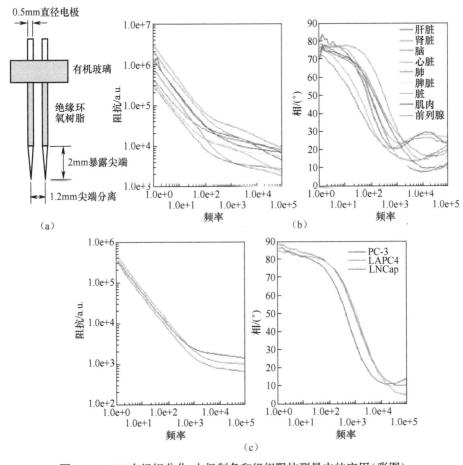

图31-4 EIS在组织分化、电极制备和组织阻抗测量中的应用(彩图)
(a)使用的针状电极;(b)小鼠器官组织阻抗的离体测量的阻抗和相位角;(c)癌变组织阻抗和相位角的测量。

的含水量和温度等影响,因此需要测试相同组织。阻抗技术可用于可移动式生物传感器,在手术中对癌症进行近实时检测,每次测试大约需要35s。测试时间可以通过限制所需的频率范围来缩短。如果手术需要,其他EIS分析仪可以进行更快地测试。提高电极灵敏度可能是通过将它们靠近,但这取决于组织的均匀性。

文献[73-74]也研究了正常和癌变前列腺组织的导电性。图31-5显示了5个不同样品的电导率(阻抗的倒数)。结果表明,癌变组织始终显示出较低的电导性。然而,这些读数的绝对值存在显著差异。引用Halter的论文,"在10kHz下,癌变前列腺组织的电导率在0.232~0.310S/m之间,而正常组织的电导率在0.238~0.901S/m之间。在1MHz时,肿瘤的电导率范围为0.301~0.488s/m,正常组织的电导率范围为0.337~1.149S/m。"试验结果始终重叠,因此仅依靠一个测量结果不能确定癌变组织。这些数据表明,如果一个组织样本的电导率低于同一样本的其他区域,那么该组织样本可能被认定为癌细胞。这可能有助于医生确定前列腺活检的位置。此外,带有可伸缩电极的植入式生物传感器可以记录几天或几个月的阻抗信号,并寻找阻抗的变化,这可能是疾病的早期迹象。以前从未做过体内长期监测,而新的研究结果可能有助于了解癌症。

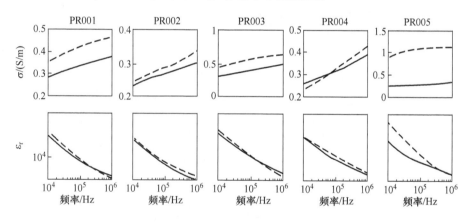

图31-5 五个肿瘤组织和正常前列腺组织的平均电导率谱。虚线表示正常组织,实线表示肿瘤组织。频率为10kHz~1MHz

31.5 碳纳米管丝材在微型机器人(毫米级)中的应用

微型机器人是目前正在开发的概念设备,可以在医疗和其他领域执行简单的任务。微型机器人的直径预计为1~10mm,将使用碳纳米管丝和小型机械部件制造。这些机器人可能有一个绳索或小手臂来提供动力和操纵。制造这些小型设备取决于使用新材料,如纳米管线和制造小型组件。激光加工系统、光刻和其他方法已尝试用于制造小部件。近些年来,聚合物的3D微印刷技术[94]是一项技术进步,将加速微型机器人和微型机器的发展。理查德·费曼说,"微型机器"是一个无法避免的领域。由于纳米管材料和3D打印技术的可行性,微型机器人技术领域现在有望得到更快的发展。然而,开发微型机器还是一个新兴领域。据我们所知,目前没有微型机器人在使用。已经开发出不同的磁滚动和旋转装置以及化学动力装置,但这些装置不能完成重要的工作,如显微外科手术或组织取样并将其从人体中取出。机器人设计中的另一种方法是"工程生物学"。已有研究证明了使用生物材料和非生物材料组合而成的机器人,但功能有限。提供动力和实现涉及通信和控制的移动性是开发机器人面临的主要挑战。接下来简要介绍微型机器人的研究动机,并描述其设计概念。

(1) 相关医学研究。碳纳米管丝和3D微打印的使用涉及开发新的诊断和治疗设备。由于现有的医疗器械体积太大,许多疾病无法得到有效治疗。3D微型打印机可以制造用于人体的微型机器人部件,并打印可溶解的植入物[95]。机器人和植入物将比现有设备更小、更精确,从而使医疗领域进入一个新的精确度水平[96-100]。3D打印机还将打印用于癌症治疗、传感、微流体和其他设备的微型机械,如下文所述。

(2) 通用微型机器人。我们正在开发毫米级设备,即微型机器人,这将是一个新的医疗应用范例。因为它们比纳米颗粒载体大,纳米颗粒由于尺寸太小而无法执行医疗程序;比达芬奇机器人手术系统[120]小,该系统使用厘米大小的工具,其由于尺寸太大而无法进入身体具体部位[96]。长导管也可以使用,但缺少集尺寸小、组织引导性和尖端功能化于一身的导管。微型机器人将以最小的侵入性在组织中移动[101-103],并通过液压和电力驱动在尖端起作用。可以使用3D打印机器人制备聚合物体或金属体模板。

(3) 微型机器人设计。目前用于软组织微创手术的医用机器人面临着巨大挑战[96-100],例如如何实现精确驱动[97,104]。以往关于多导尿管和超声引导针的研究结果表明,它们尺寸太大或缺乏可控单元[98-100]。这些局限性表明,我们的微型机器人体积小,在组织中具有优异的活动性。早期的研究[99]并没有像我们预期的那样生产出这么小的机器人,部分原因是当时还没有利用3D微型打印机的技术。微型机器人的小型化和远程操作(图31-6(a))导致了两个基本挑战和基础科学问题,即能量传递和机动性。动力是实现机器人驱动和功能化所必需的,但由于电动机太大,需要一个变速箱来产生足够的扭矩,电池(太大)和化学能(太低)不实用,所以动力有限。移动性对于通过组织实现可控移动至关重要,这是体内环境的自然异质性导致的,也是将微型机器人定位在目标组织部位上的关键,但由于在没有浸润性组织的情况下发生移动/转向十分困难而受到限制。这些问题可以

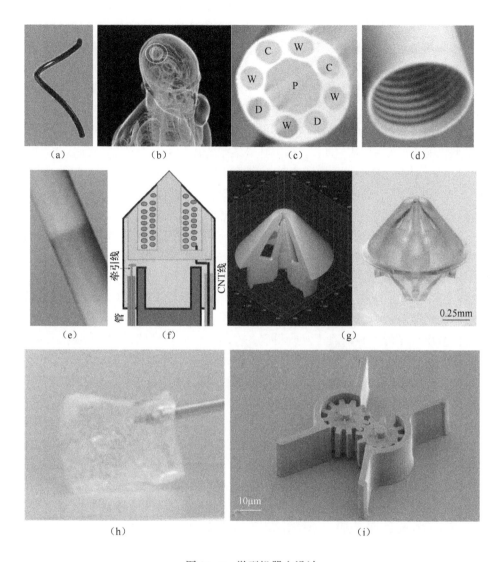

图 31-6 微型机器人设计

(a)概念蛇形微型机器人;(b)可通过组织移动到肿瘤部位并提供药物或进行手术;(c)~(e)多腔线圈增强可变硬度线绳,用于拉线(W)、药物/纳米颗粒输送(D)、压力(P)和碳纳米管线(C);(f)机器人身体侧视图横截面显示 CNT 线(和线圈)和管内牵引线。通常只有 1% 的纳米颗粒进入肿瘤。在血流中,蛋白质与纳米颗粒弱结合,并在纳米颗粒周围形成团簇,覆盖肿瘤结合分子。微型机器人将直接把纳米颗粒输送到肿瘤的组织/血管中,然后通过电磁加热或移除纳米颗粒,将药物输送到大脑深处,这样就可以治疗胶质母细胞瘤;(g)用于流体/纳米颗粒输送的纳米 3D 打印机器人尖端和(h)线绳尖端的叶片通过模拟组织(明胶)振动。润滑使尖端在明胶中移动;线绳将被封闭并从外管向前推进,为转动提供横向支撑。该机器人还可用作可操纵的工业工具,或用于精密制造或维修;(i)手术用 3D 打印微型液压齿轮马达示例(将添加叶片)。

通过设计一种新型线绳(图31-6(c)~(e))来解决,该线绳包括四根微型大力马拉线(W)、液压(P)、药物输送/活检提取管(D)和CNT电线(C)。3D微型打印机将打印新的多功能尖端,该尖端带有用于手术、热沉积/组织消融、诊断传感和治疗材料递送的微型驱动器。弯转是通过在管腔(图31-6(c)中的W)中使用连接到管端的强拉力电缆(编织柔性大力马线)来平衡管壁中的应力来实现的。导航透视成像提供亚毫米级分辨率。

(4) 微型机器人制造。制备新型50μm直径柔性混合CNT-Ag电线[106-109],为微型机器人(DC或RF)供电。螺旋状碳纳米管丝将产生电磁场(图31-6(f)),用于加热肿瘤组织或输送/收集磁性纳米颗粒用于肿瘤治疗。对带有碳纳米管线圈[107-111]的机器人尖端(图31-6(f))进行3D打印(图31-6(g))和金属化处理。线绳(图31-6(c)和(e))可以使用高压流体对机器人尖端进行安全地振动,以剪切(微滑移)组织。传统管套在挤压的轴向上较硬,周向上较软,因此不适合用作线绳。概念线绳使用螺旋(压缩弹簧)钢丝增强的多腔可变硬度计管,振荡高压(水或全氟化碳)能够对尖端进行轴向振动,使机器人第一时间在器官(如肝脏和肠道)之间来回走动,并将组织推到一边,从而安全进入预定位置。微型机器人可能有不同功能。碳纳米管丝可以为用于组织消融的传感器或加热器供电。多腔线绳中的液压流体可以驱动液压泵或马达。许多类型的机械装置均可利用3D打印来实现。探针和传感器,例如温度传感器,可以从线绳的中心腔插入或取出。

(5) 社会影响。控制驱动微型机器人的线绳运动将彻底改变包括机械臂/医用导管在内的多种现有医疗设备,还将引入一个平台来构建一套广泛的微型外科工具,以改善医疗保健和降低成本[112-119]。此外,可以使用3D打印制备微型管配件,用于目前需要更大Tuohy-Borst配件的微腔管。Qosina公司或Microlumen公司可能会将用于微型机器人的微型配件商业化。一个大尺寸机器人(直径6mm)用叶片穿过模拟组织,通过液压移动机器人尖端,使尖端产生巨大的径向振动(7mm),如图31-6(h)所示。可能的应用包括肺癌筛查、体内传感蛛网膜下腔化学物质、压力、流量、青光眼、导管、针头、手术器械、智能植入物、通信和控制。

31.6 本章小结

本章描述了碳纳米管丝如何成为精密医疗设备开发的一种关键支持技术。碳纳米管丝具有惰性、柔软和轻质的特点。其导电性好,直径小,强度高。这些特性使碳纳米管丝成为生物体内应用的理想材料。碳纳米管丝的长期安全性有待进一步研究。可以利用碳纳米管丝开发的潜在设备包括生物医用丝线、生物传感器、电极、胶囊、颗粒、机器人和驱动器。这些设备的设计和制造将涉及新的原材料、新机器/工艺的开发、部件的3D打印、设备的组装,以及设备最终的临床部署。随着微操作器、显微镜和碳电子学的最新进展,目前开发微型医疗设备具有可行性。可植入式临时微型医疗器械可以提高我们对疾病的理解、诊断和治疗。在开发微型机器并最终实现纳米机器人的过程中,需要应对三大挑战:①有效性;②安全性,这样纳米机器人就不会伤害周围的健康组织,也不会在体内引起免疫反应或毒性;③设备量产。

本章相关彩图,请扫码查看

参 考 文 献

[1] R. P. Feynman, There's plenty of room at the bottom, in: H. D. Gilbert (Ed.), Miniaturization, Reinhold, New York, 1961, pp. 282-296.

[2] H. Briggs, Machines 'to Match Man by 2029', http://news.bbc.co.uk/2/hi/americas/7248 875.stm.

[3] T. Hogg, Distributed control of microscopic robots in biomedical applications, in: Advanced Information and Knowledge Processing, Springer, New York, 2013, pp. 179-208, https://doi.org/10.1007/978-1-4471-5113-5_8.

[4] Foresight Institute, www.foresight.org/nanodot/? p=1969www.burnham.org/default.asp? contentID=175.

[5] V. Shanov, W. Li, D. Mast, C. Jayasinghe, N. Mallik, W. Cho, P. Salunke, G. Li, YYun, S. Yarmolenko, Chapter 2: Synthesis of carbon nanotube materials for biomedical applications, in: M. Schulz, V. Shanov, Y. Yun (Eds.), Nanomedicine Design of Particles, Sensors, Motors, Implants, Robots & Devices, Artech House Publishers, Nor-wood, MA, 2009.

[6] M. S. Dresselhaus, G. Dresselhaus, P. Avouris, Carbon Nanotubes, Springer, Berlin, 2001.

[7] S. Iijima, Helical microtubules of graphitic carbon, Nature 354 (1991) 56-58.

[8] R. Saito, G. Dresselhaus, M. S. Dresselhaus, Physical Properties of Carbon Nanotubes, Imperial College Press, London, 1998.

[9] G. Li, S. Chakrabarti, M. Schulz, V. Shanov, Growth of aligned multi-walled carbon nanotubes on bulk copper substrates by CVD, J. Mater. Res. 24 (9) (2009) 2813-282-0.

[10] V. Shanov, A. Gorton, Y.-H. Yun, M. J. Schulz, Composite Catalyst and Method for Manufacturing Carbon Nanostructured Materials. US Patent Application 2008/0095695, April 24 (2008).

[11] V. Shanov, A. Miskin, S. Jain, P. He, M. Schulz, Chapter 5. Advances in chemical vapor deposition of carbon nanotubes, in: M. J. Schulz, A. Kelkar, M. Sundaresan (Eds.), Nanoengineering of Structural, Functional, and Smart Materials, CRC Press, Boca Raton, 2006.

[12] V. Shanov, Y. Yun, M. J. Schulz, Synthesis and characterization of carbon nanotube materials (review), J. Univ. Chem. Technol. Metall. 41(4)(2006)377-390.

[13] V. Shanov, Y. Yun, S. Yarmolenko, S. Neralla, J. Sankar, Y. Tu, A. Gorton, M. Schulz, Substrate design for long multiwall carbon nanotube arrays grown by chemical vapor deposition, International Conference on Composites Engineering (ICCE), Boulder, Colorado, 2006.

[14] S. Yarmolenko, S. Neralla, J. Sankar, V. Shanov, Y. Yun, M. Schulz, in: The effect of substrate and catalyst properties on the growth of multi-wall carbon nanotube arrays, MRS Fall Meeting, 2005.

[15] Y. Yun, V. Shanov, Y. Tu, S. Subramaniam, M. J. Schulz, Growth mechanism of long aligned multiwall carbon nanotube arrays by water-assisted chemical vapor deposition, J. Phys. Chem. B 110 (47)(2006)23920-23925.

[16] S. Chakrabarti, T. Nagasaka, Y. Yoshikawa, L. Pan, Y. Nakayama, Growth of super long aligned brush-like carbon nanotubes, Jpn. J. Appl. Phys. 45(28)(2006)L720.

[17] D. Geohegan, A. Puretzky, I. Ivanov, S. Jesse, G. Eres, In situ growth rate measurements and length control during chemical vapor deposition of vertically aligned multi-wall carbon nanotubes, Appl. Phys. Lett. 83(9)(2003)1851-1853.

[18] H. Wang, Z. Xu, G. Eres, Order in vertically aligned carbon nanotube arrays, Appl. Phys. Lett. 88 (2006)213111-213113.

[19] T. Holesinger, P. Arendt, D. Peterson, Y. Zhu, Sustained growth of Ultralong carbon nanotube arrays for fiber spinning, Adv. Mater. 18(2006)3160-3163.

[20] X. Zhang, Q. Li, T. Holesinger, P. Arendt, J. Huang, P. Kirven, T. Clapp, R. DePau-la, X. Liao, Y. Zhao, L. Zheng, D. Peterson, Y. Zhu, Ultrastrong, stiff, and lightweight carbonnanotube fibers, Adv. Mater. 19(2007)4198-4201.

[21] T. Mirfakhrai, J. Y. Oh, M. Kozlov, S. L. Fang, M. Zhang, R. H. Baughman, J. D. Madden, Carbon nanotube yarns as high load actuators and sensors, Adv. Sci. Technol. 61(2008)65-74.

[22] Y. L. Li, I. A. Kinloch, A. H. Windle, Direct spinning of carbon nanotube fibers from chemical vapor deposition synthesis, Science 304(5668)(2004)276-278.

[23] K. R. Atkinson, S. C. Hawkins, C. Huynh, C. Skourtis, J. Dai, M. Zhang, S. Fang, A. A. Zakhidov, S. B. Lee, A. E. Aliev, C. D. Williams, R. H. Baughman, Multifunctional carbon nanotube yarns and transparent sheets: Fabrication, properties, and applications, Phys. B Condens. Matter 394 (2)(2007)339.

[24] M. Zhang, K. R. Atkinson, R. H. Baughman, Multifunctional carbon nanotube yarns by downsizing an ancient technology, Science 306(5700)(2004)1358-1361.

[25] K. Jiang, Q. Li, S. Fan, Spinning continuous carbon nanotube yarns, Nature 419(2002)24.

[26] M. Zhang, S. Fang, A. A. Zakhidov, S. B. Lee, A. E. Aliev, C. D. Williams, K. R. Atkinson, R. H. Baughman, Strong, transparent, multifunctional, carbon nanotube sheets, Science 309 (5738)(2005)1215-1219.

[27] V. Shanov, N. Mallik, W. Chu, W. Li, C. Jayasinghe, Y. Yun, M. J. Schulz, S. Yarmolenko,

P. Salunke, G. Li, Advances in synthesis and application of carbon nanotube materials, (Invited presentation) materials science and Technology Conference & Exhibition, Pittsburgh, Pennsylvania, 5–9 October, 2008.

[28] Y. Yun, A. Bhattacharya, Z. Dong, E. Eteshola, L. Conforti, D. Kim, M. J. Schulz, N. Watts, J. Sankar, Tiny medicine: nanomaterial-based biosensors, Sensors 9(11) (2009) 9275–9299.

[29] Y. Yun, A. Bange, W. R. Heineman, H. B. Halsall, V. N. Shanov, Z. Dong, S. Pixley, M. Behbehani, A. Jazieh, Y. Tu, D. K. Y. Wong, A. Bhattacharya, M. J. Schulz, A nanotube array immunosensor for direct electrochemical detection of antigen-antibody binding, Sensors Actuators B Chem. 123(2007) 177–182.

[30] Y. Yun, V. Shanov, M. J. Schulz, Z. Dong, A. Jazieh, W. R. Heineman, H. B. Halsall, D. K. Y. Wong, A. Bange, Y. Tu, S. Subramaniam, High sensitivity carbon nanotube tower electrodes, Sensors Actuators B 120(2006) 298–304.

[31] I. Kang, M. J. Schulz, J. H. Kim, V. Shanov, D. Shi, A carbon nanotube strain sensor for structural health monitoring, Smart Mater. Struct. 15(3) (2006).

[32] T. Mirfakhrai, J. Oh, M. Kozlov, E. ChiWah Fok, M. Zhang, S. Fang, R. H. Baughman, J. D. W. Madden, Electrochemical actuation of carbon nanotube yarns, Smart Mater. Struct. 16 (2007) 243–249.

[33] W. J. van Ooij, D. Shi, V. Shanov, Modification of nanoparticles by plasma polymerization, Presented at the Shanghai International Nanotechnology Cooperation Symposium(SINS) 2002, July 30-August 01, 2002, Shanghai, China, Proceedings, 2002, pp. 176–182.

[34] NSF, Successful growth of the longest CNT arrays reported; Press release by NSF on long nanotube growth, http://www.nsf.gov/news/news_summ.jsp? cntn_id=108992&org=NSF& from= news, 2007(5/2007).

[35] J. P. Neelankavil, A. Thompson, A. Mahajan, Managing Cardiovascular Implantable Electronic Devices(CIEDs) During Perioperative Care, APSF Newsletter, 2013.

[36] E. Elvin Gul, M. Kayrak, M. R. Das (Ed.), Common Pacemaker Problems: Lead and Pocket Complications, Modern Pacemakers-Present and Future, InTech, Rijeka, 2011. https://doi.org/10.5772/12965.

[37] Heartpoint Gallery, http://www.heartpoint.com/gallery.html.

[38] R. M. Shah, M. Goyal, S. Shah, S. Kommu, A. Mankad, R. R. Arora, Ventricular Assist Devices: Expanding Role for Long Term Cardiac Support, Recent Advances in theField of Ventricular Assist Devices, Dr. Kazuo Komamura. InTech, Rijeka, 2013. https://doi.org/10.5772/55822.

[39] I. F. Akyildiz, Wireless sensor networks: a survey, Comput. Netw. 38(4) (2002) 393–422.

[40] B. P. L. Lo, Body sensor network-a wireless sensor platform for pervasive healthcare monitoring, Proceedings of the 3rd International Conference on Pervasive Computing(PerCom), 2005.

[41] A. Milenkovic, C. Otto, E. Jovanov, Wireless sensor networks for personal health monitoring: Issues and an implementation, Comput. Commun. 29(13–14) (2006) 2521–2533.

[42] N. Sghaier, Wireless sensor networks for medical care services, Wireless Communications and

Mobile Computing Conference(IWCMC),2011 7th International,2011.
[43] J. M. Rabaey, PicoRadio supports ad hoc ultra-low power wireless networking, Computer 33(7) (2000) 42–48.
[44] R. Hongliang, M. Meng, C. Chunhoi, Experimental evaluation of on-body transmission characteristics for wireless biosensors, IEEE International Conference on Integration Technology, 2007 (ICIT '07), 2007.
[45] L. Shinyoung, Security issues on wireless body area network for remote healthcare monitoring, 2010 IEEE International Conference on Sensor Networks, Ubiquitous, and Trustworthy Computing (SUTC), 2010.
[46] C. Otto, System architecture of a wireless body area sensor network for ubiquitous health monitoring, J. Mobile Multimedia 1(4) (2006) 307–326.
[47] Y. Zhao, J. Wei, R. Vajtai, P. M. Ajayan, E. V. Barrera, Iodine doped carbon nanotube cables exceeding specific electrical conductivity of metals. Sci. Rep. 1 (83) (2011), https://doi.org/10.1038/srep00083.
[48] C. Jayasinghe, T. Amstutz, M. Schulz, V. Shanov, Improved processing of carbon nanotube yarn, J. Nanomater. 2013(2013) 309617, 7 p. https://doi.org/10.1155/2013/309617.
[49] A. Johnson, Thermal Processing of Carbon Nanotubes, MS Thesis University of Cincinnati, 2014 April.
[50] Biogerontology Journal, http://www.springer.com/life+sci/cell+biology/journal/10522.
[51] Z. Dong, G. Greene, C. Pettaway, C. P. Dinney, I. Eue, W. Lu, C. D. Bucana, M. D. Balbay, D. Bielenberg, I. J. Fidler, Suppression of angiogenesis, tumorigenicity, and metastasis by human prostate cancer cells engineered to produce interferon-beta, Cancer Res. 59(1999) 872–879.
[52] W. Li, C. Jayasinghe, V. Shanov, M. Schulz, Spinning carbon nanotube nanothread under a scanning electron microscope. Materials 4 (2011) 1519–1527, https://doi.org/10.3390/ma4091519.
[53] C. Jayasinghe, W. Li, Y. Song, J. L. Abot, V. N. Shanov, S. Fialkova, S. Yarmolenko, S. Sundaramurthy, Y. Chen, W. Cho, S. Chakrabarti, G. Li, Y. Yun, M. J. Schulz, Nanotube responsive materials, MRS Bull. 35(2010).
[54] A. C. R. Grayson, R. S. Shawgo, A. M. Johnson, N. T. Flynn, L. I. Yawen, M. J. Cima, R. Langer, A BioMEMS review: MEMS technology for physiologically integrated devices, Proc. IEEE 92(1) (2004) 6–21.
[55] S. Vaddiraju, I. Tomazos, D. J. Burgess, F. C. Jain, F. Papadimitrakopoulos, Emerging synergy between nanotechnology and implantable biosensors: a review, Biosens. Bioelectron. 25(7) (2010) 1553–1565.
[56] G. Liu, J. Wang, J. Kim, M. R. Jan, G. E. Collins, Electrochemical coding for multiplexed immunoassays of proteins, Anal. Chem. 76(23) (2004) 7126–7130.
[57] J. Wang, Electrochemical biosensors: towards point-of-care cancer diagnostics, Biosens. Bioelectron. 21(10) (2006) 1887–1892.

[58] X. Yu, B. Munge, V. Patel, G. Jensen, A. Bhirde, J. D. Gong, S. N. Kim, J. Gillespie, J. S. Gutkind, F. Papadimitrakopoulos, J. F. Rusling, Carbon nanotube amplification strategies for highly sensitive immunodetection of cancer biomarkers, J. Am. Chem. Soc. 128 (34) (2006) 11199–11205.

[59] G. Zheng, F. Patolsky, Y. Cui, W. U. Wang, C. M. Lieber, Multiplexed electrical detection of cancer markers with nanowire sensor arrays, Nat. Biotechnol. 23(10) (2005) 1294–1301.

[60] R. Gifford, J. J. Kehoe, S. L. Barnes, B. A. Kornilayev, M. A. Alterman, G. S. Wilson, Protein interactions with subcutaneously implanted biosensors, Biomaterials 27(12) (2006) 2587–2598.

[61] N. Wisniewski, B. Klitzman, B. Miller, W. M. Reichert, Decreased analyte transport through implanted membranes: differentiation of biofouling from tissue effects, J. Biomed. Mater. Res. 57 (4) (2001) 513–521.

[62] N. Wisniewski, F. Moussy, W. M. Reichert, Characterization of implantable biosensor membrane biofouling, Fresenius J. Anal. Chem. 366(6) (2000) 611–621.

[63] Y. Onuki, U. Bhardwaj, F. Papadimitrakopoulos, D. J. Burgess, J. Diabetes Sci. Technol. 2 (6) (2008) 1003–1015.

[64] U. Bhardwaj, F. Papadimitrakopoulos, D. J. Burgess, J. Diabetes Sci. Technol. 2(6) (2008) 1016–1029.

[65] N. Wisniewski, M. Reichert, Methods for reducing biosensor membrane biofouling, Colloids Surf. B: Biointerfaces 18(3–4) (2000) 197–219.

[66] L. K. Keefer, Nitric oxide(NO)-and nitroxyl(HNO)-generating diazeniumdiolates(NONOates): emerging commercial opportunities, Curr. Top. Med. Chem. 5(2005) 625–636.

[67] Y. Xiong, Y. Liu, Biological control of microbial attachment: a promising alternative for mitigating membrane biofouling, Appl. Microbiol. Biotechnol. 86(3) (2010) 825–837.

[68] J. Chapman, E. Weir, F. Regan, Period four metal nanoparticles on the inhibition of biofouling, Colloids Surf. B: Biointerfaces 78(2) (2010) 208–216.

[69] F. Navarro-Villoslada, G. Orellana, M. C. Moreno-Bondi, T. Vick, M. Driver, G. Hildebrand, K. Liefeith, Fiber-optic luminescent sensors with composite oxygen-sensitive layers and anti-biofouling coatings, Anal. Chem. 73(21) (2001) 5150–5156.

[70] M. Osypka, E. Gersing, Tissue impedance spectra and the appropriate frequencies for EIT, Physiol. Meas. 16(3A) (1995) A49.

[71] J. Jossinet, Variability of impedivity in normal and pathological breast tissue, Med. Biol. Eng. Comput. 34(5) (1996) 346–350.

[72] B. H. Brown, J. A. Tidy, K. Boston, A. D. Blackett, R. H. Smallwood, F. Sharp, Relation between tissue structure and imposed electrical current flow in cervical neoplasia, Lancet 355 (9207) (2000) 892–895.

[73] P. Aberg, I. Nicander, J. Hansson, P. Geladi, U. Holmgren, S. Ollmar, Skin cancer identification using multifrequency electrical impedance -a potential screening tool, IEEE Trans. Biomed. Eng. 51(12) (2004) 2097–2102.

[74] R. J. Halter, A. Hartov, J. A. Heaney, K. D. Paulsen, A. R. Schned, Electrical impedance spectroscopy of the human prostate, IEEE Trans. Biomed. Eng. 54(7) (2007) 1321–1327.

[75] B. R. Lee, W. W. Roberts, D. G. Smith, H. W. Ko, J. I. Epstein, K. Lecksell, A. W. Partin, Bioimpedance: novel use of a minimally invasive technique for cancer localization in the intact prostate, Prostate 39(3) (1999) 213–218.

[76] K. Ahmad, et al., Electrical impedance spectroscopy and the diagnosis of bladder pathology, Physiol. Meas. 27(7) (2006) 585.

[77] K. Hongo, T. Goto, Y. Kakizawa, J.-i. Koyama, T. Kawai, K. Kan, Y. Tanaka, S. Kobayashi, Micromanipulator system (NeuRobot): clinical application in neurosurgery, Int. Congr. Ser. 1256 (2003) 509–513.

[78] M. J. Robertson, What's happening in nanomedicine? Nanomedicine 1(1) (2006) 7–8.

[79] Future Medicine Web Site, http://www.futuremedicine.com.

[80] National Institutes of Health (NIH), http://nihroadmap.nih.gov/nanomedicine/.

[81] Foresight Nanotech Institute, Nanomachines to mount attack on atherosclerotic plaque, in: Productive Nanosystems: A Technology Roadmap, Atomically Precise Technologies (APT), 2007. http://www.foresight.org/roadmaps/.

[82] The Future of Medicine May Be Nano Robots, http://www.healthbolt.net/2007/07/11/nanorobotics/.

[83] Nanomedicine references by Robert Freitas, http://www.nanomedicine.com/.

[84] T. Hogg, D. Sretavan, Controlling tiny multi-scale robots for nerve repair, Proceedings of AAAI, 2005.

[85] T. Hogg, Designing microscopic robots for medical diagnosis and treatment, Nanotechnol. Percept. 3(2007) 63–73.

[86] A. Cavalcanti, B. Shirinzadeh, D. Murphy, J. A. Smith, Nanorobots for laparoscopic cancer surgery, IEEE ICIS 2007 International Conference on Computer and Information Science, 2007.

[87] Biogerontology Journal, http://www.springer.com/life+sci/cell+biology/journal/10522.

[88] GE RFID sensor, http://www.ge.com/research/.

[89] HQ radio-pill, http://www.hqinc.net/pages/products.html.

[90] UC Nanoworld Lab, http://www.min.uc.edu/nanoworldsmart/.

[91] R. Saito, G. D. Dresselhaus, M. S. Dresselhaus, Physical Properties of Carbon Nanotubes, Imperial College Press, London, 1999.

[92] H. Woodson, J. Melcher, K. Tsubaki, Y. Nakajima, T. Hanajiri, H. Yamaguchi, Electromechanical dynamics, Part II: Fields, forces, and motion, proposal of carbon nanotube inductors, Inst. Phys. Publ. J. Phys. Conf. Ser. 38(2006) 49–52.

[93] H. Zhang, D. Shu, F. Huang, P. Guo, Instrumentation and metrology for single RNA counting in biological complexes or nanoparticles by a single-molecule dual-view system, RNA 13 (2007) 1793–1802.

[94] S. Clark Ligon, R. Liska, J. Stampfl, M. Gurr, R. M€ulhaupt, Polymers for 3D printing and cus-

tomized additive manufacturing. Chem. Rev. 117 (15) (2017) 10212–10290, https://doi.org/10.1021/acs.chemrev.7b00074.

[95] C. Peters, M. Hoop, S. Pane, B. J. Nelson, C. Hierold, Degradable magnetic composites for minimally invasive interventions: device fabrication, targeted drug delivery, and cytotoxicity tests. Adv. Mater. 28 (2016) 533–538, https://doi.org/10.1002/adma.201503112.

[96] G. Dogangil, B. L. Davies, F. Rodriguez y Baena, A review of medical robotics for minimally invasive soft tissue surgery. Proc. Inst. Mech. Eng. H. 224 (2009) 653, https://doi.org/10.1243/09544119JEIM591.

[97] J. Wang, W. Gao, Nano/microscale motors: biomedical opportunities and challenges. ACS Nano 6 (7) (2012) 5745–5751, https://doi.org/10.1021/nn3028997.

[98] P. Moreira, S. Misra, Biomechanics-based curvature estimation for ultrasound-guided flexible needle steering in biological tissues, Ann. Biomed. Eng. 43 (8) (2015) 1716–1726 11 p.

[99] NSF, The NSF ERC for Computer-Integrated Surgical Systems and Technology, The Johns Hopkins University, 1998–2008. https://www.nsf.gov/pubs/2000/nsf00137/nsf00137d.htm.

[100] E. L. Carstensen, K. J. Parker, Physical models of tissue in shear fields. Ultrasound Med. Biol. 40 (4) (2014) 655–674, https://doi.org/10.1016/j.ultrasmedbio.2013.11.001.

[101] M. Abayazid, P. Moreira, N. Shahriari, S. Patil, R. Alterovitz, S. Misra, Ultrasound-guided threedimensional needle steering in biological tissue with curved surfaces, Med. Eng. Phys. 37 (1) (January 2015) 145–150.

[102] P. Moreira, S. Misra, Biomechanics-based curvature estimation for ultrasound-guided flexible needle steering in biological tissues, Ann. Biomed. Eng. 43 (8) (August 2015) 1716–1726.

[103] M. Abayazid, C. Pacchierotti, P. Moreira, R. Alterovitz, D. Prattichizzo, S. Misra, Experimental evaluation of co-manipulated ultrasound-guided flexible needle steering. Int. J. Med. Robot. Comput. Assist. Surg. 12 (2) (2015) 219–230, https://doi.org/10.1002/rcs.1680.

[104] R. A. Freitas Jr., Nanomedicine, Volume I: Basic Capabilities, Landes Bioscience, Georgetown, TX, 1999.

[105] https://www.nanoscribe.de/en/media-press/press-releases/high-precision-micro-components-fabricatedadditive-manufacturing/.

[106] R. A. Freitas Jr., Chapter 14. Medical nanorobotics: the long-term goal for nanomedicine, in: M. J. Schulz, V. N. Shanov, Y. Yun (Eds.), Nanomedicine Design of Particles, Sensors, Motors, Implants, Robots, and Devices, Artech House Series Engineering in Medicine & Biology, Artech House, Norwood, 2009.

[107] M. Schulz, G. Hou, V. Ng, et al., Patent Pending: Methods of Manufacturing Carbon Nanotube (CNT) Hybrid Sheet and Yarn by Gas Phase Assembly, and CNT-Hybrid Materials, application #: PCT/US2018/019427.

[108] M. Motta, Y. Li, I. Kinloch, A. Windle, Mechanical properties of continuously spun fibers of carbon nanotubes, Nano Lett. 5 (8) (2005) 1529.

[109] M. J. Schulz, V. N. Shanov, J. Yin (Eds.), Nanotube Superfiber Materials: Changing

Engineering Design, Elsevier, William Andrew, Boston, 2013.

[110] N. Behabtu, C. C. Young, D. E. Tsentalovich, O. Kleinerman, X. Wang, A. W. K. Ma, E. Amram Bengio, R. F. ter Waarbeek, J. J. de Jong, R. E. Hoogerwerf, S. B. Fairchild, J. B. Ferguson, B. Maruyama, J. Kono, Y. Talmon, Y. Cohen, M. J. Otto, M. Pasquali, Strong, light, multifunctional fibers of carbon nanotubes with ultrahigh conductivity, Science 339(2013) 182–186.

[111] G. Hou, R. Su, A. Wang, V. Ng, W. Li, Y. Song, L. Zhang, M. Sundaram, V. Shanov, D. Mast, D. Lashmore, M. Schulz, Y. Liu, The effect of a convection vortex on sock formation in the floating catalyst method for carbon nanotube synthesis, Carbon 102(June 2016) 513–519.

[112] B. Chen, W. Le, Y. Wang, Z. Li, D. Wang, L. Ren, L. Lin, S. N. Cui, J. J. Hu, Y. Hu, P. Yang, R. C. Ewing, D. Shi, Z. Cui, Targeting negative surface charges of Cancer cells by multifunctional Nanoprobes, Theranostics 6(11) (2016) 1887–1898.

[113] M. A. Correa-Duarte, M. Grzelczak, V. Salgueiriño-Maceira, M. Giersig, L. M. Liz-Marzán, M. Farle, K. Sierazdki, R. Diaz, Alignment of carbon nanotubes under low magnetic fields through attachment of magnetic nanoparticles, J. Phys. Chem. B 109(41) (2005) 19060.

[114] J. K. W. Sandler, J. E. Kirk, I. A. Kinloch, M. S. P. Shaffer, A. H. Windle, Ultra-low electrical percolation threshold in carbon-nanotube-epoxy composites, Polymer 44(19) (September 2003) 5893–5899 (ISSN 0032-3861).

[115] M. A. Woodruff, D. W. Hutmacher, The return of a forgotten polymer—polycaprolactone in the 21st century, Prog. Polym. Sci. 35(10) (2010) 1217–1256. ISSN 0079-6700. https://doi.org/10.1016/j.progpolymsci.2010.04.002.

[116] T. Lee, P. Roy-Chaudhury, Advances and new frontiers in the pathophysiology of venous neointimal hyperplasia and dialysis access stenosis, Adv. Chronic Kidney Dis. 16(2009) 329–338.

[117] P. Roy-Chaudhury, T. C. Lee, Vascular stenosis: biology and interventions, Curr. Opin. Nephrol. Hypertens. 16(2007) 516–522.

[118] P. Roy-Chaudhury, L. Arend, J. Zhang, M. Krishnamoorthy, Y. Wang, R. Banerjee, Neointimal hyperplasia in early arteriovenous fistula failure, Am. J. Kidney Dis. 50(2007) 782–790.

[119] V. Shanov, P. Roy-Chaudhary, M. Schulz, Z. Yin, B. Campos, 2017 Patent. US 2017/0281377, Methods for Making a Magnesium Biodegradable Stents for Medical Implant Applications.

[120] Intuitive Surgical System, Inc, https://www.intuitivesurgical.com/.

第32章
浮动催化剂反应器的设计和碳纳米管合成的安全特性

Rui Chen[1], DevikaChauhan[2], ChenhaoXu[1], Vianessa Ng[1],
GuangfengHou[1], VesselinShanov[1]
David Mast[3], SvitlanaFialkova[4], Mark J. Schulz[1]

[1]美国辛辛那提,辛辛那提大学,机械与材料工程学院;
[2]美国辛辛那提,辛辛那提大学航空工程学院;
[3]美国辛辛那提,辛辛那提大学物理系
[4]美国格林斯博罗,北卡罗莱纳州州立大学

32.1 引言

碳纳米管具有优异的性能,但其复合或形成的材料的性能较低。形成薄片或纱线的碳纳米管组合仍然具有独特和优良的特性,如良好的拉伸强度和弹性模量;良好的导热性和导电性,随温度升高表现稳定;携带高电流、阻燃性、孔隙度、可调节空气和水过滤的毛细现象,以及与多种分析物反应的功能[1]。自从Lijima[2]首次或重新发现碳纳米管以来,碳纳米管一直被公认为纳米技术的组成部分之一[3]。目前合成碳纳米管的方法主要有4种,如电弧放电法、激光烧蚀法、衬底生长法和浮动催化剂法。此外还有其他方法,如流化床法,其具有4种主要方法的特点。对4种主要方法进行了简要比较,发现没有一种方法是完全优化的。各种方法的某些特性可能被集成起来形成一种改进的方法。

电弧放电法(图32-1(a))是在两根石墨棒之间施加数千伏特的电压,然后蒸发的阳极碳沉积在阴极的顶部[4]。该方法的缺点是成本高、过程不连续。优化后,该方法可将约30%的碳源转化为碳纳米管。剩下的70%的碳变成了复杂的混合物,需要过滤掉以进一步提纯碳纳米管[5]。通过两个碳电极施加高压合成碳纳米管需要采取安全措施,而且成本高昂。

激光烧蚀法(图32-1(b))是为了大规模生产单壁纳米管(SWNT)而发展起来的。激光烧蚀法制备的碳纳米管纯度较高(达90%),其结构比电弧放电法[5]制备的碳纳米管具有更好的石墨化性能。该方法的可扩展性仍有问题,使用激光将提

高碳纳米管的生产成本。

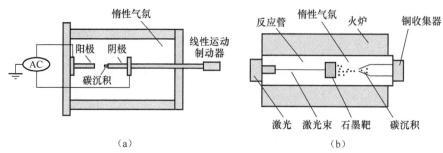

图 32-1 两种合成方法的原理图
(a)电弧放电[4];(b)激光烧蚀[5]。

使用基材的化学气相沉积(CVD),如图 32-2 所示,由 4 个步骤组成:①碳氢燃料(通常是甲烷、乙炔或乙烯)由惰性气体(通常是氩气、氮气或氦气)送入炉内;②烃类在底物上热解离;③活性物质扩散到催化剂上或进入催化剂内;④纳米管通过中间相在催化剂表面成核,碳进一步与生长中的石墨结构结合,管逐渐延长[6]。衬底生长法通过尖端生长或基底生长来产生高纯度的碳纳米管,但是由于需要精心准备的衬底,该方法的成本很高,而且该方法是一个批处理过程,要求后拉伸或纺丝状纳米管能够形成薄片或纱线。

通过 CVD 法在基底上合成碳纳米管面临着生长提前终止的问题,可能是由于催化剂失活所致。这种生长的停止可能与石墨烯的生长问题有关,目前微米尺寸的小片是典型的石墨烯能够生长的最大尺寸。长尺寸碳纳米管和大面积石墨烯不可能大规模生产。此外,在衬底生长法中,制备的多壁纳米管的缺陷会降低管的强度和导电性。尽管如此,生长在基质上的小片产生了密集的和排列整齐的纳米管,在某一个方面具有独特的应用,如热导率、水过滤和光吸收等。

浮动催化剂化学气相沉积法是将催化剂前驱体与碳源同时引入反应室。虽然它的基本原理都是基于 CVD 工艺,不需要衬底就能形成碳纳米管,这使得碳纳米管具有高产、低成本和连续生产的优点。浮动催化剂方法,图 32-3 被认为是最容易发展和经济上可行的技术之一。它能够合成连续的碳纳米管片,并能方便地调整各种合成参数,这使得浮动催化剂法在商业和科学上都具有巨大的潜力。由于反应堆设计的安全性一直是我们关注的焦点,我们已经做了一些改进,以最大限度地提高产量,同时确保反应堆的安全运行。由于在如何改造和建造反应器方面没有行业标准和共识,在此,我们展示了我们在改造浮动催化剂反应器方面的观点和所做的努力,我们希望能够使反应器更加友好、安全、高效。

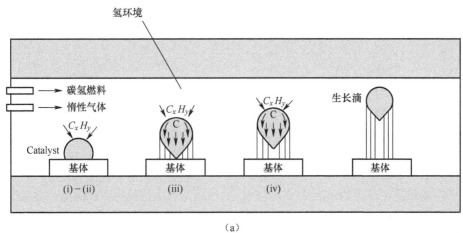

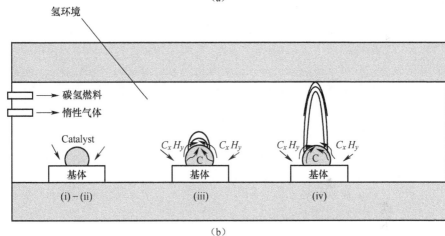

图 32-2 基体生长制备 CNT 示意图[6]
（a）尖端生长模式；（b）基体生长模式。

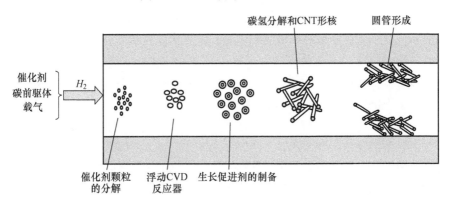

图 32-3 浮动催化剂方法示意图[7]

32.2 反应器设计与安全特性

本节主要介绍纳米管浮动催化合成法,该方法是一种直接从反应器中制备无纺布带的实用方法。

32.2.1 浮动催化剂反应器的设计

浮动催化剂反应器主要由三部分组成:原料注入、反应器炉和样品采集装置。原料以甲醇为碳源,二茂铁和噻吩为催化剂和助剂。供应气体还包括氩(Ar)、氢(H_2),可能还有氦(He),每个单独的供应气体有不同的用途,在碳纳米管合成中起着重要的作用。合成过程主要包括 Fe 催化剂的形成,原料在高温下的化学分解,导致 CNT 在高温下生长(1400℃),最终形成圆管(纳米管网)。这种气凝胶状的圆管可以通过拉伸和冷凝来致密化,从而生产 CNT 纱线和板材[8-9]。气溶胶状的圆管被认为是纳米级碳纳米管和宏观级产品之间的关键链接,因为它是纳米实体的一个大型形式或组装[10]。在 CNT 合成过程中,原料注入速度和气体流量等参数可以很容易地进行调整。浮动催化剂方法在过去的十年中已经被 Alan Windle、Krzysztof Koziol、David Lashmore 和他们的学生以及其他许多的研究人员在本书和文献中描述过。

32.2.2 反应器设计优化

气凝胶状圆管的形成在很大程度上是建立在对流涡旋机制的基础上,并通过实验和理论模拟得到了验证。提出了一个网壳模型来解释圆管结构,该模型包含 CNT 网构成的壳(图 32-5)[10]。较高的原料注入速率会导致催化剂颗粒浓度增大,从而增加了 CNT 的生长密度,而气体的流动则会作为一种驱动力将短管推出炉外并呈放射状展开。虽然容易控制气体流量和原料注入率,但反应器管的长度和直径也可以作为外部因素来控制 CNT 管的生长过程。较长的管子可能会增加施加在管子上的阻力,从而导致管的收缩。在较大直径的反应器管的情况下,由于陶瓷管的表面积与体积比较小,较大的横截面积可能会给初始的管子形成造成困难。一个典型的反应器可能有一个 50mm 外径和 1m 长的氧化铝管。为了促进陶瓷管内壁向内部气体的快速传热,我们的反应器表面积与体积比约为 2。为了实现连续生长和长 CNT 短管的形成,炉管的优化是一个重要的步骤。由于 CNT 短管形成的复杂性,需要在特定的合成条件下考虑反应器管的优化。

我们的反应器(图32-4(a)),使用了短(12英寸)长度的炉热区,短的热区气体停留时间(15s),以及高温(1400℃)合成。炉子的入口很简单,没有预热阶段。圆管缠绕在收集箱的滚筒上。卷绕速度会影响圆管的直径(高卷绕速度会产生直径较小的管子,反之亦然),如图32-6所示。直径为6英寸的卷筒的卷绕速度通常在20~30 r/min,这取决于直径为1.8英寸的反应器管的工艺条件。收卷筒的位置应低于反应器管的出口,这样圆管就不会在陶瓷管的顶部摩擦,导致圆管破裂。

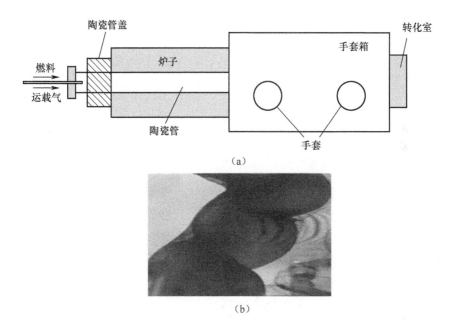

图32-4 水平浮动催化剂反应器
(a)装置示意图;(b)反应器合成的黑色原始短管。

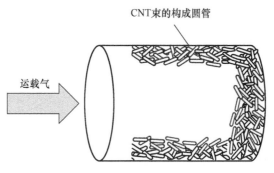

图32-5 网壳结构的示意图

图 32-6 缠绕速度对纳米管排列的影响

(a)较慢的缠绕速度会产生较大直径的短管(>1英寸);(b)纳米管在薄片上的随机排列;(c)更快的卷绕速度会产生直径更小的短管(<1英寸);(d)纳米管束在卷取方向上在薄片中局部对准;(e)纳米管的扫描电镜图像;(f)纳米管催化剂颗粒的透射电镜图像。

32.2.3 氢气控制

在浮动催化剂法合成碳纳米管的过程中,除了使用氩(Ar)或氦(He)等气体为碳纳米管合成提供惰性环境外,氢气(H_2)在碳纳米管合成过程中也有其独特的作用。H_2可以作为一种活化剂,将烃类分解成活性更强的副产物,从而增加碳的供应。这些活性的烃类副产品会在催化剂表面发生反应,形成碳纳米管。从反应动力学上看,H_2浓度越高,圆管层的碳含量越高;碳含量越高,产量越高,量化为一定时间内合成的碳纳米管的碳质量。当H_2含量进一步增加时,烃的相对百分含量也会增加,烃的分解速率可能会超过碳纳米管圆管的形成速率,从而导致无定形碳的形成。虽然H_2流量浓度越高,无定形碳的比例越低,但H_2在反应区浓度越高并不是一种万无一失的方法,这也不受从事基础研究和科学研究的科学家的青睐[11-12]。

H_2是公认的成功合成碳纳米管的重要供气。在合成过程中不使用H_2可以形成热解碳[13-14]。

为了合成碳纳米管[15],需要高温环境为烃的分解和催化活性提供充分条件。关于H_2需求的详细研究是我们正在进行的研究工作的一部分。制备过程中氢气流量为$100 \sim 200 mL/min$,Ar流量为$1200 mL/min$,在ID管内为1.8。碳纳米管也可以在不引入H_2的情况下形成。根据四极质谱仪的结果,在此过程中产生的大部分H_2是由于乙醇燃料的分解而产生的。在一些反应堆设计中,纳米管短管和包括H_2在内的反应堆气体从陶瓷管中出来,通过气体保护进入大气层。气体防护罩防止氧气进入可能引起爆炸的反应堆管道。集成箱中有各种减少氢离子浓度的选项,包括消耗和燃烧H_2、再循环的H_2手套箱和反应堆,排除H_2,保持H_2收获框,使用商业气体洗涤器或低水平一个氢或吸收材料。另一种选择是将反应堆封闭在惰性环境中,如采用气体冷却系统的外部手套箱,以便在泄漏情况下,如陶瓷管破裂或收集箱破裂,空气不能进入反应堆。这些方法可能并不是基于H_2数量或成本。

我们在工艺和反应器中,还需要保持氧气在一个较低的水平。在我们的系统中,反应过程产生的H_2从陶瓷管中出来,进入收集箱。在这个特定的反应器设计中,由于收料箱中的H_2的积聚是危险的,所以增加了一些额外的安全特性,因为收料箱中完成了收料电机的操作和使用溶剂进行增密。一种新的设计是使用一个内部旁路箱,将大部分气体从反应堆转移到起泡器,然后再转移到通风系统。这使得圆管的卷筒形成一个单元和致密的小旁路箱,相比大尺寸的外部收获箱,单元的体积更小。这是一个折衷的解决方案,允许在较大的外部采集箱使用手套工作,但较小的旁路箱有高浓度的H_2。限制总体H_2浓度一直是反应堆安全设计的优先事项。一个微小的氧气泄漏都可能引起爆炸。因此,在反应堆运行前使用压力计进行泄漏检查,对于防止H_2与空气接触也非常重要。四极质谱仪(QMS)用于监测收集箱中气体的分压,以确保氧和氢的含量不超过规定的水平。当H_2与空气接触时,其浓度可达4%,这取决于气体的温度。预纯化的Ar以2 L/min的速度持续输送,以稀释收获箱中H_2的浓度,如图32-7所示。H_2扩散速度快,浮力大。热的H_2如果没有完全密封,很容易从排气旁通箱泄漏。因此,在陶瓷管与旁路箱交界处、旁路箱口处、卷绕电机轴入旁路箱处,采用弹性密封防止泄漏。旁路箱的水滚筒替代 H_2 与通风系统之间的屏障,防止空气回流。一个单独的起泡器还可以防止空气回流到收集箱中。旁通箱的水位低于收集箱的水位,以减少氢气从旁通箱泄漏到更大的外部收集箱。

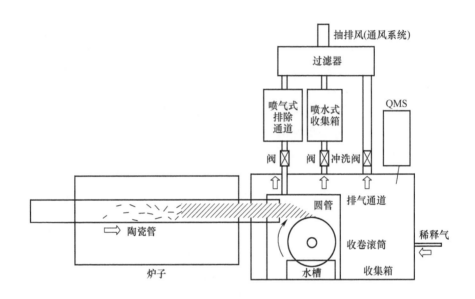

图 32-7　碳杂化材料合成系统和采集箱内部氢气通风设计示意图。
水浴或酒精喷剂可以用来增加圆管的密度

水位设置为保持一个正气体压力在旁路和收集箱位置。提供了一个与通风系统直接连接的收集箱冲洗阀,以清除收集箱,只有在合成反应停止、反应器冷却到室温后,收集箱处于冷状态时才允许空气充入。

收集箱绝不允许开启用于交换材料,除非反应堆在室温下关闭。在收集箱上的对燃室可以氩气净化后交换材料。这个系统仍然不能防止陶瓷管破裂或反应堆入口的大泄漏。进口手套箱是一种可能的方法,以增加保护到反应器的进口。双壁反应器管是可用的,正在考虑,但有额外的复杂的终端配件和改变传热的过程。该系统是提高科研安全的一种途径。本设计的性能没有得到认证或保证,任何系统的安全性取决于具体的系统设计和组件以及研究人员的谨慎操作。我们的过程还有一个操作清单,帮助研究人员记住遵循所有的安全程序。反应堆安全运行时,必须有两名研究人员(学生)在场并互相检查。

32.2.4 收集箱和样品收集的压力

样品采集主要发生在圆管离开反应器管时的旁路箱内。圆管在收集箱周围被包裹和压缩。在研究过程中,通常使用甲醇来收缩和致密化圆管,形成一张纸。如图 32-8 所示,该薄片是一个紧密缠绕的碳纳米管缠结。为了产生更宽的纸,一个运动滑块可以使滚筒水平移动,以帮助圆管盖住滚筒的表面。为了扩大碳纳米管片材的生产规模,需要合成更宽的碳纳米管片材。滚筒上铁氟龙板一旦被 CNT 包好,则会通过旁路箱的门排出,并存储在外部收获箱中。可根据不同的工艺条件生产多种板材。该反应器可以实时调节,并且可以高效、方便地制备多个样品。当从旁路箱收集样品时,燃料和氢气输入气体被关闭,并且用 Ar 清洗箱,但是反应器保持在工作温度。

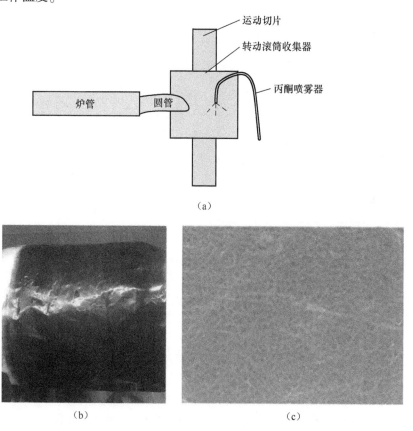

图 32-8 样品采集系统设计
(a)利用运动滑块进行样品采集的原理设计图;
(b)滚筒上 CNT 片的光学图像;(c)CNT 片的 SEM 照片,倍率 12000×。

检查泄漏和不断监测压力计收获箱的压力是非常重要的。为了增加安全性，还安装了减压阀和真空开关，以保护手套箱不受超高压或超真空的影响，如图32-9所示。当手套箱超压时，减压阀可以释放气体，同时防止空气进入收获箱。真空开关可在清洗过程中通过开启或关闭真空泵来自动维持和控制真空度。还可以安装一个防爆盘，也称为排气盘，以防止手套箱的过压。当压力过高时，金属阀瓣可以被强制打开，当压力释放时，金属阀瓣可以恢复到原来的形状。它的工作原理类似于溢流阀，通过将超压或压力波引入至其控制不充分的方向，减少了对人的伤害或造成灾难性结构故障或爆炸的机会。收集箱前的两个橡胶手套也可以起到减压的作用，如果收集箱受气体爆炸而加压，那么它们就会膨胀和爆炸。控制手套箱压力的意义在于可以在不影响反应器安全的情况下，通过增加供气流量来提高碳纳米管合成的生产率。随着生产效率和安全性的提高，浮动法催化剂的商业价值和实用价值不断提高。

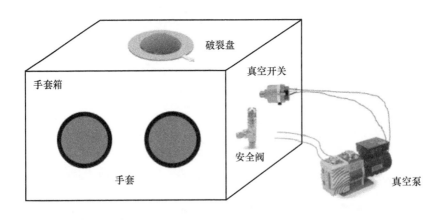

图32-9 不锈钢手套或收集箱的安全特性示意图

样品收集是通过把纳米管网缠绕在桶上完成的。一根棒子最初用来从陶瓷管中抓取纳米管网，然后把纳米管网粘在含有酒精的特氟纶薄片上。调整滚筒的卷绕速度，防止纳米管网摩擦陶瓷管的顶部。纳米管网可能会在滚筒上缠绕长达1h。有时纳米管网会由于工艺的变化（气体流动）或由于陶瓷管内部的碳物质聚集而与纳米管摩擦导致断裂。最后，必须清洗陶瓷管，以减少纳米管的断裂。这个过程需要改进，以便在没有人工干预的情况下运行。增加纳米管网的厚度和强度是一个正在考虑的方法。认真匹配的速度，卷筒的气体流量和其他工艺参数是重要的。此外，碳沉积在陶瓷管出口的高热区。一个更短的出口管保持在更高的温度可能会减少这个问题。

32.3 四级质谱仪在气体种类检测中的应用

QMS 用于监测手套或收集箱或反应器陶瓷管中气体的分压。这有助于理解合成过程,是一个非常重要的工具,以增加反应堆的安全使用。从图 32-10 可以看出,使用预纯化的 Ar 对手套箱进行三次吹扫后,O_2 和 H_2 分压较低,Ar 浓度最高。在不使用旁路箱的情况下,合成实验提高了整体气体浓度。尽管大部分 H_2 气体是由酒精(90%甲醇,10%正己烷,噻吩和二茂铁)燃料的蒸发产生的,但是使用 H_2 输入到反应器增加了它的浓度。QMS 图中的其他气体可以解释为在这个过程中合成的各种碳化合物。QMS 可以在合成过程中连续监测气体成分。QMS 功能可以帮助更好地理解气体环境如何影响合成过程和最终碳纳米管产品的性能。此外,质量管理系统是一个重要的安全功能,以提供反应堆运营商的信息,以监测安全的碳纳米管合成过程。气体旁路箱就位合成试验后,收获箱氢气分压降低,O_2 很低(见图 32-10(c))。QMS 结果是初始数据。通过使用 QMS 和解释 QMS 数据来了解浮动催化剂的过程仍处于发展阶段。

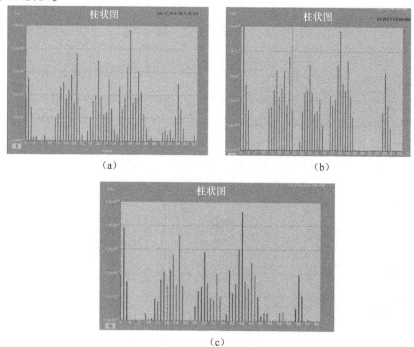

图 32-10　QMS 扫描结果

(a)清洗手套箱后显示氢气分压(在 2 刻度处)约为 $2×10^{-7}$,氧分压(32 线)大约是 $1×10^{-8}$(备注:吹扫后氢(2 刻度线)、氧(32 线刻度)属于低程度);(b)合成后无气体旁路箱,氢气分压(2 刻度线)在 10^{-5} 以上;(c)在安装气体旁路箱的合成试验后,氢气分压(2 线)约为 10^{-5}。

32.4 产品的表征与后加工处理

通过浮动催化剂方法制备的 CNT 将通过扫描电子显微镜(SEM)、能谱仪(EDX)等多种表征方法进行碳纳米管微观结构和化学成分研究,采用拉曼光谱和热重分析(TGA)研究碳纳米管的形态和碳含量,如图 32-11 所示。采用拉伸应力测量和 4 种探针方法研究 CNT 的力学和电学性能。

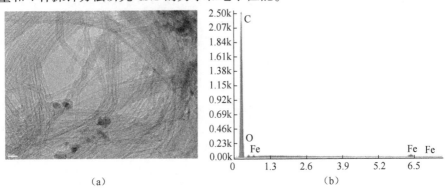

图 32-11 碳纳米管片的表征
(a)合成碳纳米管片的 SEM 照片;(b)合成碳纳米管片的 EDX
能谱结果(Fe 的存在是因为使用了二茂铁催化剂)。

后处理拉伸和致密化可以提高板材的抗拉强度。这些后处理的碳纳米管片可用于制造具有承重、导电、电磁屏蔽和损伤检测功能的多功能碳复合材料(MCC)。碳纳米管片皮也可以在 32.5 节中描述的杂化,以改善或增加性能,如耐磨性、耐化学性和热屏蔽。通过浮动催化剂法安全高效的设计,我们可以大量地制造复合材料板材,在不久的将来将可以提升传统材料的性能,如图 32-12 所示。

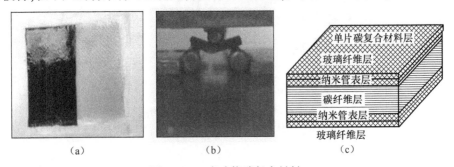

图 32-12 多功能碳复合材料
(a)玻璃纤维铺层与碳纳米管片层铺设;(b)复合材料短束剪切试验,验证层间剪切强度不降低;
(c)多功能碳复合材料结构示意图[16]。

32.5 碳纳米管杂化片材

在现代材料科学研究范围内,碳纳米管片材因其优异的性能而成为一种非常重要的材料。然而,为了进一步提高碳纳米管片材的性能,我们的研究重点正逐步从原始碳纳米管的合成转向碳纳米管与金属、陶瓷和聚合物等其他材料的杂化合成。这些混合材料的开发潜力从日常使用(如滤水)到军事应用(如具有屏蔽或防护性能的织物)。了解两种不同材料之间的基本相互作用,可以作为选择合适材料与碳纳米管杂化的参考。将这种杂化过程整合到浮动催化剂连续合成过程中需要得到适当的解决。本课题组采用的方法是利用多注入通道独立控制不同的原材料,灵活调整注入的速度和位置。该方法可以控制不同的变量,研究它们对合成过程和最终杂化片材性能的影响。探索这种多通道粒子注入对碳纳米管合成的影响是一个新的研究领域。这种非常规的合成方法增加了新的参数、新的操作和安全方面的过程。混合材料的开发是复杂的,而且是谨慎地进行的,这源于健康和安全方面的考虑,以及纳米颗粒注射的困难。纳米颗粒的使用遵循特殊的安全措施。碳纳米管混合材料的概念如图 32-13 所示。潜在地,碳-金属和碳-陶瓷材料家族可以被开发。

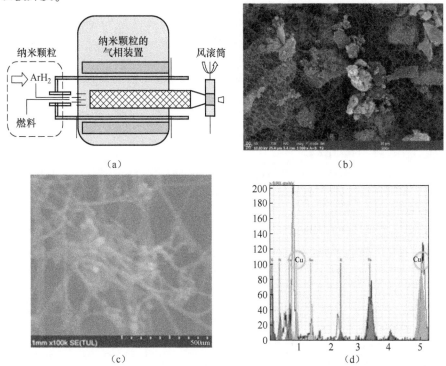

图 32-13 不同纳米颗粒的行为:(a)纳米粒子注入反应堆装置;(b)纳米颗粒注入后反应外形;(c)空气过滤用 CNT 复合片,含活性纳米碳颗粒;(d)EDS 表明含有 Cu(圈注)和 CNT。

32.6 本章小结

我们已经研究了一个简单的反应器设计,用浮动催化剂的方法合成碳纳米管材料。对不同合成条件下的反应器管进行了优化设计。对不同的安全性修改进行了描述和评价。特别是质量管理系统是一个非常重要的工具,以监测内部的气体组成反应堆炉和手套箱。所有的工作都是为了一个简单的目标,那就是提高浮体的安全性和效率催化剂的方法。所提出的反应器设计方法将增加浮动催化剂方法被推广以改进碳纳米管合成的可能性,以及扩大其商业化应用的潜力。

参 考 文 献

[1] S. Maamir, M. Ciocoiu(Eds.), Nanostructured Polymer Blends and Composites in Textiles, Apple Academic Press, New York, 2015, pp. 46-47.

[2] S. Iijima, Helical microtubules of graphitic carbon, Nature 354(1991) 56-58.

[3] T. Boye, O. Achadu, B. Oreko, O. D. Samuel, Carbon nanotube: the building blocks of nanotechnology de-velopment, J. Nanotechnol. Prog. Int. 6(2016) 28-46.

[4] R. Sharma, A. K. Sharma, V. Sharma, Synthesis of carbon nanotubes by arc-discharge and chemical vapor deposition method with analysis of its morphology, dispersion and functionalization characteristics, Cogent Eng. 2(2015) 1-10.

[5] A. Szabo', et al., Synthesis methods of carbon nanotubes and related materials, Materials(Basel) 3 (2010) 3092-3140.

[6] M. Kumar, Carbon nanotube synthesis and growth mechanism, in: S. Yellampalli(Ed.), Carbon Nanotubes-Synthesis, Characterization, Applications, InTech, Rijeka, Croatia, 2011. https://doi.org/10.5772/19331.

[7] T. S. Gspann, F. R. Smail, A. H. Windle, Spinning of carbon nanotube fibres using the floating catalyst high temperature route: purity issues and the critical role of sulphur, Faraday Discuss. 173 (2014) 47-65.

[8] B. Aleman, V. Reguero, B. Mas, J. J. Vilatela, Strong carbon nanotube fibers by drawing inspiration from polymer fiber spinning, ACS Nano 9(7)(2015) 7392-7398.

[9] J. N. Wang, X. G. Luo, T. Wu, Y. Chen, High-strength carbon nanotube fibre-like ribbon with high ductility and high electrical conductivity, Nat. Commun. 5(2014) 1-8.

[10] G. Hou, R. Su, A. Wang, V. Ng, W. Li, Y. Song, L. Zhang, M. Sundaram, V. Shanov, D. Mast, D. Lashmore, M. Schulz, Y. Liu, The effect of a convection vortex on sock formation in the floating catalyst method for carbon nanotube synthesis, Carbon 102(2016) 513-519.

[11] Y. Ma, A. B. Dichiara, D. He, L. Zimmer, J. Bai, Control of product nature and morphology by adjusting the hydrogen content in a continuous chemical vapor deposition process for carbon nano-

tube synthesis, Carbon 107(2016) 171-179.
[12] L. Dong, J. Jiao, S. Foxley, D. W. Tuggle, C. L. Mosher, G. H. Grathoff, Effects of hydrogen on the formation of aligned carbon nanotubes by chemical vapor deposition, J. Nanosci. Nanotechnol. 2 (2) (2002) 155-160, https://doi.org/10.1166/jnn.2002.083.
[13] J. Vanpaemel, et al., Dual role of hydrogen in low temperature plasma enhanced carbon nanotube growth, J. Phys. Chem. C 119(2015) 18293-18302.
[14] I. Vlassiouk, M. Regmi, P. Fulvio, S. Dai, P. Datskos, G. Eres, et al., Role of hydrogen in chemical vapor deposition growth of large single-crystal graphene, ACS Nano 5(7)(2011).
[15] T. S. Gspann, et al., High thermal conductivities of carbon nanotube films and micro-fibres and their depen- dence on morphology, Carbon 114(2017) 160-168.
[16] D. Chauhan, G. Hou, V. Ng, S. Chaudhary, M. Paine, K. Moinuddin, M. Rabiee, M. Cahay, N. Lalley, V. Shanov, D. Mast, Y. Liu, Z. Yin, Y. Song, M. Schulz, Multifunctional smart composites with integrated carbon nanotube yarn and sheet, in: Proceedings of SPIE 10172, A Tribute Conference Honoring Daniel Inman, 1017205, 2017.

第33章
静电纺丝法制备碳纳米纤维的发展

Lifeng Zhang, Spero Gbewonyo, Alex Aboagye, Ajit D. Kelkar
美国格林斯博罗北卡罗莱纳州州立大学纳米科学与纳米工程联合学院

33.1 碳纤维生产

碳纤维具有高比强度、优异的耐化学性、优异的电导率和导热性等综合物理性能,因此具有重要的工业价值[1-2]。它们被用于制备高性能的纤维增强聚合物复合材料,在汽车、航空航天和体育工业等得到了广泛应用。活性碳纤维(ACF)是另一种比表面积较大的碳纤维,目前主要用于气体吸附/储存、水处理等领域[3-4]。

一般来说,生产碳纤维有两种方法:气相生长法和纺丝法。20世纪70年代和80年代人们探索了利用气相生长法合成碳纤维[5-6]。这些碳纤维是在金属颗粒等催化剂存在下,通过催化分解某些烃类而获得的。然而,从这条路线发展碳纤维在大规模生产中遇到了很大的困难。纺丝是碳纤维生产中最常用的工艺路线,包括纺丝和热处理两个步骤。尽管任何大分子骨架上有碳原子的物质从理论上都可以用作碳纤维的前驱体,但碳纤维通常由三种聚合物前体组成:聚丙烯腈(PAN)、纤维素和沥青。在这三种前驱体中,聚丙烯腈因其高碳收率和合成碳纤维优异的力学性能而备受关注。实际上,PAN是今天生产的90%的碳纤维的前驱体。值得注意的是,机械强度最高的碳纤维完全是由含0.5%~8%(质量分数)共聚体的聚丙烯腈前驱物制成的,如酸(如:衣康酸)和乙烯基酯(如:甲基丙烯酸甲酯)[2]。共聚单体的加入部分干扰了PAN大分子中腈的相互作用,使PAN在纺丝溶剂中的溶解度提高,使大分子链在纺丝纤维中的取向更好,并通过稳定化和碳化使最终的碳纤维在结构上更加均匀。传统的PAN纺丝方法有湿法纺丝和干喷湿法纺丝,而干法纺丝和熔融纺丝也很常见[1]。湿纺喷丝头包含直径为40~80μm的喷丝孔,当其沉浸在凝固浴中时,纺丝液(PAN溶液)将从喷丝头直接挤压进入凝固浴构成喷射或纤维。在干喷湿纺中,喷丝头位于凝固浴上方几毫米处,喷射流或纤维被垂直挤压入浴中。干喷湿纺纤维具有较细的线密度和较高的强度,因此越来越受到人们的青睐。在制备碳纤维时,首先将聚丙烯腈前驱纤维在200~300℃间的空气中通过受控加热程序进行拉伸稳定化,使聚丙烯腈转变为梯状分子结构,从而保证这些前驱纤维在较高的温度下进行进一步的加工。稳定化的聚丙烯腈(PAN)纤维随后在炭化过程中转化为碳纤维,炭化过程包括在高达1500℃的惰性气氛中进行热处理。在炭化过程中,除碳外的几乎所有元素都以各种副产品的形式被除去,形成类石墨的分子结构。湿法或干法纺丝生产的碳纤维直径一般在几微米到几十微米之间。

近年来,随着人们对纳米材料产生的浓厚兴趣,人们对制造亚微米和纳米级的碳纤维(即纳米碳纤维)的兴趣越来越大。碳纳米纤维的生产与传统的同类产品一样,分为两类:气相生长和纺丝。研究了气相生长即催化合成的方法[8-10],利用金属催化剂从含碳气体中获得石墨化碳纳米纤维。尽管如此,这些碳纳米纤维相对较短,很难排列、组装和加工应用。同时,产品收率低、生产设备昂贵、催化剂残留量大等问题。因此,纺丝法,尤其是静电纺丝法,越来越受到人们的关注。

33.2 静电纺丝法制备聚丙烯腈基碳纳米纤维

33.2.1 聚丙烯腈的静电纺丝

快速发展的"静电纺丝"技术为亚微米和纳米尺度(通常为100~1000nm)的连续碳纤维提供了一种直接的制备方法,其直径比传统的碳纤维小2~3个数量级[11-14]。与传统的碳纤维生产一样,PAN是静电纺丝法制备纳米纤维中最常用的碳前驱体聚合物。与传统的纤维纺丝技术不同,电纺丝是由电力驱动,而不是机械驱动,并遵循不同的细化机制。近十年来,人们对PAN的静电纺丝进行了广泛研究[15-18]。

在静电纺丝过程中,喷丝头处的PAN溶液液滴在电场[19]作用下,由依靠表面张力引起的球形变形为锥状(称为泰勒锥)。当施加在泰勒锥上的电场力达到一个临界值,并克服了PAN液滴的表面张力和黏弹性力时,PAN溶液的射流从泰勒锥的尖端喷射出来,开始静电纺丝。PAN溶液射流沿弯曲、缠绕、螺旋的三维路径运动,随着环径的增加而变薄(图33-1),这种现象被称为"弯曲(或鞭动)不稳定"[20-23],这是静电纺丝的主要细化机理。通常,静电纺丝中的弯曲不稳定性会导致PAN溶液射流的长度在50ms或更少的时间内延长10000倍以上,同时还会变细。因此,在弯曲不稳定性下,PAN溶液射流的延伸率或伸长率非常大(高达$10^7 s^{-1}$[21])。这种其他方法无法获得的巨大的拉伸速率,可以有效地拉伸溶液射流中的PAN大分子链,并使其沿合成的纳米纤维的轴线紧密排列[24]。由于PAN溶液射流的细化使其表面积增大,在弯曲失稳过程中或弯曲失稳后不久,PAN溶液射流中可去除99%以上的溶剂。在这种情况下,PAN在电纺纳米纤维中的大分子取向可能会保留。尽管如此,PAN溶液射流的混沌轨迹使得电纺PAN纳米纤维很难形成有序的或对齐的组件,本质上导致了由随机沉积/堆叠的PAN纳米纤维组成的无纺布毡。由于具有超高的比表面积,电纺PAN纳米纤维毡(或其他类似的名称,如毡或膜)在吸附/过滤/分离[25-26]和催化[27-28]领域有着广泛的应用。

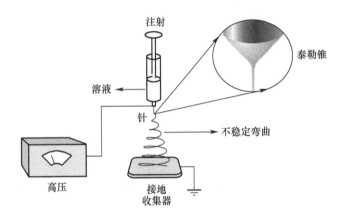

图33-1 静电纺丝盘的原理示意图,包括基本的静电纺丝装置、泰勒锥和弯曲不稳定性

33.2.2 静电纺丝聚丙烯腈基纳米纤维的炭化

与传统碳纤维相似,电纺PAN并进行稳定化和碳化两步热处理成功地制备了纳米碳纤维。电纺PAN纳米纤维的各种稳定性和碳化条件被相继报道。稳定化在200~300℃的空气中进行,而惰性气体中的炭化可达到2800℃[29-34]。为了减少最后纳米碳纤维质量损失和尺寸收缩,递进和多级加热PAN实际上电纺纳米纤维已经被采用(图33-2)。连续渐进稳定和炭化加热以5℃/min的速度从30℃加热到230℃,然后以1℃/min速度从230℃加热到270℃,随后以5℃/min速度从270℃加热到800℃,与报道的程序(首先200℃下稳定30min,然后在750℃下碳化1h[30])相比,纤维毡的变化不大,面内收缩很少,炭化收率显著提高。

33.2.3 静电纺丝制备聚丙烯腈基碳纳米纤维的研究进展

尽管在静电纺丝过程中,碳纳米纤维因其尺寸小和拉伸特性优而具有成为高强度纤维的潜力,但单体的静电纺丝碳纳米纤维通常表现出非常弱的强度。这是因为电纺纳米纤维中的PAN大分子链,特别是在含有少量溶剂的情况下,在集电极上沉积后会发生一定程度的弛豫,失去原来的拉引取向。众所周知,原碳纤维中

 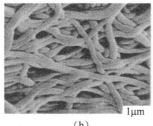 

图 33-2 (a)8%(质量分数)PAN 溶液中 N-二甲基甲酰胺(DMF)电纺 PAN 纳米纤维的 SEM 照片;(b)由(a)两步加热得到的碳纳米纤维:200℃×30min,750℃×1h;(c)从(a)得到的多步渐进加热的纳米碳纤维:30～230℃,5℃/min,230～270℃,1℃/min,270～800℃,5℃/min [35]

存在的许多结构缺陷,如直径凸起、孔洞、裂纹和无序结构等,都有可能保留在碳纤维中,而碳纤维中结构缺陷的数量、尺寸和分布决定了其机械强度[36]。最终纺成的 PAN 纳米纤维大分子取向的丢失可能是导致其力学性能较差的主要原因。至于碳纳米纤维非织造毡,由于无纺布毡随机沉淀和叠加的特性,只有少量的纳米碳纤维承载内部拉应力,因此,当外力施加到无纺布毡时,这些纳米纤维很容易在外部应力下从连接点处分离。因此,无论是单独的碳纳米纤维还是它们的无纺布毡,都不可避免地存在较弱的机械强度[32]。最新电纺聚丙烯腈碳纳米纤维被局限在不依赖于力学性能,而依赖于大比表面积、高导电性和良好的生物相容性等优越物理性能的应用领域。

33.3 静电纺丝制备高强度碳纳米纤维丝的探索

利用电纺丝开发高强度碳纳米纤维的研究并没有淡出。相反,它已经成为一个研究热点,因为它有潜力克服目前的技术障碍,进一步提高碳纤维的机械强度[36]。

在目前的纤维工业中,常规纺织纤维的制备需要连续的步骤,包括但不限于纺丝、拉丝和退火。拉丝和退火操作对于获得坚固的工业纤维非常重要。拉伸使聚合物分子沿纤维长轴方向排列,退火提高了纤维中聚合物的结晶度。聚合物纤维具有良好的分子取向和结晶性能。因此,电纺 PAN 纳米纤维纺丝后拉伸可以改善其大分子取向,从而使后续的高强度碳纳米纤维具有更高的机械强度,尤其是考虑到电纺 PAN 纳米纤维成品中 PAN 大分子取向的损失。

通常传统纺纱直径在 20~200μm 的聚合物纤维的纺丝后处理(如拉伸)都比较容易实现。然而,从静电纺丝得到的单 PAN 纳米纤维的直径在 100~1000nm 之间,这对于纺丝后的处理来说太脆弱了。从力学性能来看,由成百上千纳米纤维组成的排列整齐的 PAN 纳米纤维束或纱线可能优于单纳米纤维或无纺布纳米纤维毡。

人们已经做了很多尝试去改善电纺纳米纤维的顺序或排列,并制备了纳米纤维束或纱线[37-38]。在这些尝试中,有两种收集纳米纤维束或纱线的策略(图33-3)。第一种是使用动态收集器设置,如转鼓、线鼓或薄圆盘[39-44]。当集电极高速旋转时,电纺纳米纤维开始沿着集电极的旋转轴排列。另一个是通过操纵电场在喷丝头和使用修饰电极(例如平行电极、对电极阵列、环形电极或两个带电相反的喷丝头)的纤维收集器来控制电纺喷气盘轨迹[45-53],使电纺纳米纤维、纳米纤维纱线保持一致。这两种策略也可以结合起来实现纤维装配过程中更大的有序性[54]。虽然对实际电纺纳米纤维束和纱线已经进行了这些设置,但是当大量的纳米纤维沉积到收集器上,获得纳米纤维的有序性逐渐降低,最终变得随机,这是源于沉积纤维上积累的残余电荷引起的排斥力。值得注意的是从这些方法获得的纳米纤维束或纱线在长度和生产性上有欠缺。更值得注意的是这些排列的纳米纤维束或纱线的力学性能仅得到有限的提升。

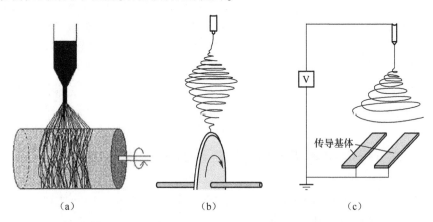

图 33-3　控制电纺纳米纤维取向的基本方法有(a)高速旋转的转鼓捕集器;
(b)锥形轮;(c)固定间隙捕集器[37-38]

在静电纺丝过程中,如果合理选择和调整静电纺丝条件,可以生产出连续的纳米纤维。在这个倍率条件下,多个喷丝头被置于快速移动的集电极上方,可以获得由取向松散的 PAN 纳米纤维组成的连续的纤维束及所需的形状和结构特性。将聚丙烯腈纳米纤维束中的聚丙烯腈纳米纤维拉直后,高度排列的聚丙烯腈纳米纤维束或纱线就可以进行后续的稳定化和炭化处理,纳米纤维纱线可以在液体[55-57]、固体基底[58],甚至空气中收集[59]。本课题组探索了一种新的收集 PAN 纳米纤维纱线的方法,将多个电纺丝头置于连续流动的水浴上方,在电纺丝过程中从水中提取 PAN 纳米纤维纱线(图33-4)。

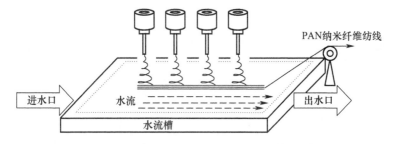

图 33-4 收集 PAN 纳米纤维纱的流动水浴装置示意图

用流动水浴作为收集介质有以下优点：

(1) 水对电纺 PAN 纳米纤维的吸力没有固体基质大，PAN 纳米纤维束或纱线可以很容易地脱下，然后拉伸到旋转轴上卷取。

(2) 当流动水作为捕收剂时，水的高表面张力不仅有助于盘条纱线的整固和紧致，而且水流还有助于盘条纳米纤维纱线的拉直和拉伸。

(3) 控制水流量相对容易，PAN 纳米纤维纱线的形态可以根据水流量进行调整。

(4) 水是环保的，整个收集过程可以在没有太多安全和环境考虑的情况下进行。

(5) 用水作为捕集器，不会对后续的出水步骤产生任何问题。

在本研究中，将多股静电纺丝装置中得到的聚丙烯腈纳米纤维纱从流动水浴中取出，收集在旋转木纺锤上。从流动水浴中卷取的纱线是稳定的，连续数小时不间断。对聚丙烯腈纳米纤维纱线进行了多步拉伸。PAN 纳米纤维纱线的初始拉伸是在 50~60℃ 的水中进行，伸长率最高达 50%，然后在 90~100℃ 的水中拉伸，伸长率最高达 200%。拉伸后的 PAN 纳米纤维纱线在 100℃ 的空气中干燥，并保存下来进行进一步的热处理。拉伸 PAN 纳米纤维纱线的稳定化和炭化工艺条件采用了前人研究的纳米碳纤维的稳定化和炭化工艺条件[35]。具体来说，拉伸 PAN 纳米纤维纱线在控制张力条件下在一个具有恒流空气的箱式炉中进行稳定化，根据以下加热程序：纱线被以 1℃/min 的速度从 30℃ 加热到 280℃，恒温 6h。接下来，稳定 PAN 纳米纤维纱线在恒流的氮气中炭化中，以 5℃/min 的速度升温至 1000℃，并维持 1h。

相比常规电纺 PAN 纳米纤维毡，从流动水浴中收集到的 PAN 纳米纤维纱具有良好的纤维排列(图 33-5)。60% 以上的 PAN 纳米纤维沿纱线轴线排列。在拉伸过程中，90% 以上的 PAN 纳米纤维排列整齐，同时在纱线中被拉长和密集填充。电纺聚丙烯腈纳米纤维纱经稳定化和炭化处理后仍然保持其形态。碳化过程中除碳元素外的其他元素的提取使碳化纳米纤维和纱线的体积明显缩小。

图 33-5 PAN 纳米纤维纱线的 SEM 照片
(a)收集到;(b)拉伸;(c)稳定;(d)碳化。

根据 ASTM D3822 标准,在 10N 测压元件(精度 0.00001 N)的英斯特朗电子拉力材料测试机上对收集的、拉伸的、稳定的和碳化的电纺 PAN 纳米纤维纱线进行了拉伸测试。如图 33-6 所示,收集到的单体 PAN 纳米纤维纱线的最大负载为 0.035N±0.005N,单体 PAN 纳米纤维纱线的最大负载增加到 0.059N±0.018N,增加了 68.6%。稳定化使单股 PAN 纳米纤维纱的最大负载降低到 0.042N±0.012N,比拉伸后的 PAN 纳米纤维纱的最大负载降低了 28.8%。炭化进一步降低了单根 PAN 纳米纤维的最大载荷为 0.033N±0.007N,与稳定后的 PAN 纳米纤维纱相比又降低了 21.4%,但其最大载荷值仍与原收集的 PAN 纳米纤维纱相近。

力学试验结果表明,拉伸后的聚丙烯腈纳米纤维纱线力学强度有明显提高。然而,炭化的 PAN 纳米纤维纱的负载较低,但仍可与收集的 PAN 纳米纤维纱相媲美。这可能有几方面的原因。首先,炭化后的 PAN 纳米纤维尺寸明显缩小,导致纱线中纳米纤维之间空隙增大;其次,我们使用的 PAN 是纯 PAN,并不是高强度碳纤维广泛采用的碳前驱体。聚丙烯腈与衣康酸、甲基丙烯酸甲酯等共聚物通常用于高强度目的。在今后的研究中,将进一步研究聚丙烯腈前驱体和纤维间空隙,以

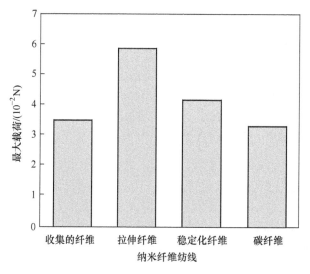

图 33-6　电纺 PAN 纳米纤维纱线的最大拉伸载荷

提高静电纺丝最终碳纳米纤维纱线的强度。目前的研究成果已经证明了这一概念的正确性。

33.4　本章小结

50多年前,当科学家和工程师首次发现如何生产碳纤维时,碳纤维(T300)的抗拉强度迅速达到 3 GPa。虽然碳纤维的理论抗拉强度超过了 180 GPa,但经过多年的研究,目前行业能生产的最强碳纤维(T1000)的抗拉强度为 7 GPa。降低 PAN 原丝的直径可以减少结构缺陷,从而使碳纤维更加坚固。然而,如果不是不可能的话,传统的纺丝方法制备直径数量级小于 $10\mu m$ 的前驱体纤维是困难的,因此,为了进一步改善原丝的结构完善度,生产出性能优异(特别是强度优异)的碳纤维,必须探究新的方法。

当前尝试了在流动水浴上方放置多个静电纺丝头,然后进行纺丝后拉伸和进一步炭化来收集聚丙烯腈纳米纤维纱,揭示了获得比传统碳纤维更强的碳纤维材料是最有前景的行业。静电纺丝法生产的聚丙烯腈纳米纤维纱线将为开发具有优异强度的连续碳纤维铺平道路。高强度碳纳米纤维纱的生产为纺纱和纺织行业注入了新的活力,为开发新型碳纳米纤维增强复合材料提供了新的机遇。未来的研究应该集中在碳纳米纤维纱线的加工条件、结构和最终力学性能之间的基本相关性。

参 考 文 献

[1] S. Rebouillat, J. C. M. Peng, J.-B. Donnet, S.-K. Ryu, Carbon fiber applications, in: J.-B. Donnet, T. K. Wang, S. Rebouillat, J. C. M. Peng (Eds.), Carbon Fibers, third ed., Marcel Dekker, Inc., New York, 1998, pp. 463-542.

[2] P. Morgan, Carbon Fibers and Their Composites, CRC Press (Taylor & Francis Group), Boca Raton, FL, 2005.

[3] N. Yusof, A. F. Ismail, Post spinning and pyrolysis processes of polyacrylonitrile (PAN)-based carbon fiber and activated carbon fiber: a review, J. Anal. Appl. Pyrolysis 93 (2012) 1-13.

[4] J. Wu, D. D. L. Chung, Increasing the electromagnetic interference shielding effectiveness of carbon fiber polymer-matrix composite by using activated carbon fibers, Carbon 40 (2002) 445-447.

[5] N. M. Rodriguez, A review of catalytically grown carbon nanofibers, J. Mater. Res. 8 (1993) 3233-3250.

[6] G. G. Tibbetts, M. L. Lake, K. L. Strong, B. P. Rice, A review of the fabrication and properties of vapor-grown carbon nanofiber/polymer composites, Compos. Sci. Technol. 67 (2007) 1709-1718.

[7] M. S. A. Rahaman, A. F. Ismail, A. Mustafa, A review of heat treatment on polyacrylonitrile fiber, Polym. Degrad. Stab. 92 (2007) 1421-1432.

[8] K. P. D. Jong, J. W. Geus, Carbon nanofibers: catalytic synthesis and applications, Catal. Rev. Sci. Eng. 42 (2000) 481-510.

[9] P. Serp, M. Corrias, P. Kalck, Carbon nanotubes and nanofibers in catalysis, Appl. Catal. A Gen. 253 (2003) 337-358.

[10] G. Zou, D. Zhang, C. Dong, H. Li, K. Xiong, Carbon nanofibers: synthesis, characterization, and electro-chemical properties, Carbon 44 (2006) 828-832.

[11] I. Chun, D. H. Reneker, H. Fong, X. Fang, J. Deitzel, N. Beck Tan, K. Kearns, Carbon nanofibers from poly-acrylonitrile and mesophase pitch, J. Adv. Mater. 31 (1999) 36-41.

[12] H. Fong, D. H. Reneker, Electrospinning and the formation of nanofibers, in: D. R. Salem (Ed.), Structure Formation in Polymeric Fibers, Hanser Gardner Publications, Inc., Cincinnati, OH, 2001, pp. 225-246.

[13] S. K. Nataraj, K. S. Yang, T. M. Aminabhavi, Polyacrylonitrile-based nanofibers-a state-of-the-art review, Prog. Polym. Sci. 37 (2012) 487-513.

[14] M. Inagaki, Y. Yang, F. Kang, Carbon nanofibers prepared via electrospinning, Adv. Mater. 24 (2012) 2547-2566.

[15] X.-H. Qin, Y.-Q. Wan, J.-H. He, J. Zhang, J.-Y. Yu, S.-Y. Wang, Effect of LiCl on electrospinning of PAN polymer solution: theoretical analysis and experimental verification, Polymer 45 (2004) 6409-6413.

[16] V. E. Kalayci, P. K. Patra, Y. K. Kim, S. C. Ugbolue, S. B. Warner, Charge consequences in electrospun poly-acrylonitrile (PAN) nanofibers, Polymer 46 (2005) 7191-7200.

[17] L. Zhang, Y. -L. Hsieh, Nanoporous ultrahigh specific surface polyacrylonitrile fibers, Nanotechnology 17(2006) 4416-4423.

[18] A. Kirecci, U. Ozkoc, H. I. Icoglu, Determination of optimal production parameters for polyacrylonitrile nanofibers, J. Appl. Polym. Sci. 124(2012) 4961-4968.

[19] A. L. Yarin, S. Koombhongse, D. H. Reneker, Taylor cone and jetting from liquid droplets in electrospinning of nanofibers, J. Appl. Phys. 90(2001) 4836-4846.

[20] Y. M. Shin, M. M. Hohman, M. P. Brenner, G. C. Rutledge, Experimental characterization of electrospinning: the electrically forced jet and instabilities, Polymer 42(2001) 9955-9967.

[21] D. H. Reneker, A. L. Yarin, H. Fong, S. Koombhongse, Bending instability of electrically charged liquid jets of polymer solutions in electrospinning, J. Appl. Phys. 87(2000) 4531-4547.

[22] Y. Shin, M. Hohman, M. Brenner, G. Rutledge, Electrospinning: a whipping fluid jet generates submicron polymer fibers, Appl. Phys. Lett. 78(2001) 1149-1151.

[23] M. M. Hohman, M. Shin, G. Rutledge, M. P. Brenner, Electrospinning and electrically forced jets. I. Stability theory, Phys. Fluids 13(2001) 2201-2220.

[24] E. Zussman, D. Rittel, A. L. Yarin, Failure modes of electrospun nanofibers, Appl. Phys. Lett. 82(2003) 3958-3960.

[25] H. Zhang, H. Nie, D. Yu, C. Wu, Y. Zhang, C. J. B. White, L. Zhu, Surface modification of electrospun poly-acrylonitrile nanofibers towards developing an affinity membrane for bromelain adsorption, Desalination 256(2010) 141-147.

[26] L. Zhang, J. Luo, T. J. Menkhaus, H. Varadaraju, Y. Sun, H. Fong, Antimicrobial nano-fibrous membrane developed from electrospun polyacrylonitrile nanofibers, J. Membr. Sci. 369 (2011) 499-505.

[27] Z. Guo, C. Shao, J. Mu, M. Zhang, Z. Zhang, P. Zhang, B. Chen, Y. Liu, Controllable fabrication of cadmium phthalocyanine nanostructures immobilized on electrospun polyacrylonitrile nanofibers with high photoca-talytic properties under visible light, Catal. Commun. 12(2011) 880-885.

[28] Y. Li, J. Quan, C. Branford-White, G. R. Williams, J. -X. Wu, L. -M. Zhu, Electrospun polyacrylonitrile-glycopolymer nanofibrous membranes for enzyme immobilization, J. Mol. Catal. B Enzym. 76(2012) 15-22.

[29] Y. Wang, S. Serrano, J. J. Santiago-Aviles, Raman characterization of carbon nanofibers prepared using elec-trospinning, Synth. Met. 138(2003) 423-427.

[30] F. Ko, Y. Gogotsi, A. Ali, N. Naguib, H. Ye, G. Yang, C. Li, P. Willis, Electrospinning of continuous carbon nanotube-filled nanofiber yarns, Adv. Mater. 15(2003) 1161-1165.

[31] H. Hou, J. J. Ge, J. Zeng, Q. Li, D. H. Reneker, A. Greiner, S. Z. D. Cheng, Electrospun polyacrylonitrile nano-fibers containing a high concentration of well-aligned multiwall carbon nanotubes, Chem. Mater. 17(2005) 967-973.

[32] E. Zussman, X. Chen, W. Ding, L. Calabri, D. A. Dikin, J. P. Quintana, R. S. Ruoff, Mechanical and structural characterization of electrospun PAN-derived carbon nanofibers, Carbon 43(2005) 2175-2185.

[33] C. Kim, K. S. Yang, M. Kojima, K. Yoshida, Y. J. Kim, Y. A. Kim, M. Endo, Fabrication of electrospinning-derived carbon nanofiber webs for the anode material of lithium-ion secondary batteries, Adv. Funct. Mater. 16(2006)2393–2397.

[34] M. Wu, Q. Wang, K. Li, Y. Wu, H. Liu, Optimization of stabilization conditions for electrospun polyacry-lonitrile nanofibers, Polym. Degrad. Stab. 97(2012)1511–1519.

[35] L. Zhang, Y. -L. Hsieh, Carbon nanofibers with nanoporosity and hollow channels from binary polyacrylo-nitrile systems, Eur. Polym. J. 45(2009)47–56.

[36] J. Liu, Z. Yue, H. Fong, Continuous nanoscale carbon fibers with superior mechanical strength, Small 5(2009)536–542.

[37] W. E. Teo, S. Ramkrishna, A review on electrospinning design and nanofiber assemblies, Nanotechnology 17(2006)R89–R106.

[38] W. -E. Teo, R. Inai, S. Ramakrishna, Technological advances in electrospinning of nanofibers, Sci. Technol. Adv. Mater. 12(2011)13002.

[39] J. A. Matthews, G. E. Wnek, D. G. Simpson, G. L. Bowlin, Electrospinning of collagen nanofibers, Biomacromolecules 3(2002)232–238.

[40] K. W. Kim, K. H. Lee, M. S. Khil, Y. S. Ho, H. Y. Kim, The effect of molecular weight and the linear velocity of drum surface on the properties of electrospun poly(ethylene terephthalate) nonwovens, Fibers Polym. 5(2004)122–127.

[41] A. Theron, E. Zussman, A. L. Yarin, Electrostatic field-assisted alignment of electrospun nanofibers, Nanotechnology 12(2001)384–390.

[42] P. Katta, M. Alessandro, R. D. Ramsier, G. G. Chase, Continuous electrospinning of aligned polymer nano-fibers onto a wire drum collector, Nano Lett. 4(2004)2215–2218.

[43] C. Y. Xu, R. Inai, M. Kotaki, S. Ramakrishna, Aligned biodegradable nanofibrous structure: a potential scaf-fold for blood vessel engineering, Biomaterials 25(2004)877–886.

[44] S. F. Fennessey, R. J. Farris, Fabrication of aligned and molecularly oriented electrospun polyacrylonitrile nanofibers and the mechanical behavior of their twisted yarns, Polymer 45(2004)4217–4225.

[45] J. M. Deitzel, J. D. Kleinmeyer, J. K. Hirvonen, N. C. Beck Tan, Controlled deposition of electrospun poly(ethylene oxide) fibers, Polymer 42(2001)8163–8170.

[46] L. Liu, Y. A. Dzenis, Analysis of the effects of the residual charge and gap size on electrospun nanofiber alignment in a gap method, Nanotechnology 19(2008)355307.

[47] Y. Ishii, H. Sakai, H. Murata, A new electrospinning method to control the number and a diameter of uni-axially aligned polymer fibers, Mater. Lett. 62(2008)3370–3372.

[48] W. E. Teo, S. Ramakrishna, Electrospun fiber bundle made of aligned nanofibers over two fixed points, Nanotechnology 16(2005)1878–1884.

[49] G. H. Kim, Electrospinning process using field-controllable electrodes, J. Polym. Sci. B Polym. Phys. 44(2006)1426–1433.

[50] C. -K. Liu, R. -J. Sun, K. Lai, C. -Q. Sun, Y. -W. Wang, Preparation of short submicron-fiber yarn

by an anular collector through electrospinning, Mater. Lett. 62(2008)4467-4469.
[51] H. Pan, L. Li, L. Hu, X. J. Cui, Continuous aligned polymer fibers produced by a modified electrospinning method, Polymer 47(2006)4901-4904.
[52] C. Yao, X. Li, T. Song, Preparation and characterization of zein and zein/poly-L-lactide nanofiber yarns, J. Appl. Polym. Sci. 114(2009)2079-2086.
[53] D. Li, Y. Wang, Y. Xia, Electrospinning of polymeric and ceramic nanofibers as uniaxially aligned arrays, Nano Lett. 3(2003)1167-1171.
[54] B. Sundaray, V. Subramanian, T. S. Natarajan, R. -Z. Xiang, C. -C. Chang, W. -S. Fann, Electrospinning of continuous aligned polymer fibers, Appl. Phys. Lett. 84(2004)1222-1224.
[55] E. Smit, U. Buttner, R. D. Sanderson, Continuous yarns from electrospun fibers, Polymer 46(2005)2419-2423.
[56] W. -E. Teo, R. Gopal, R. Ramaseshan, K. Fujihara, S. Ramakrishna, A dynamic liquid support system for continuous electrospun yarn fabrication, Polymer 48(2007)3400-3405.
[57] M. -S. Khil, S. R. Bhattarai, H. -K. Kim, S. -Z. Kim, K. -H. Lee, Novel fabricated matrix via electrospinning for tissue engineering, J Biomed Mater Res B Appl Biomater 72B(2005)117-124.
[58] S. H. Lee, S. Y. Kim, J. R. Youn, D. G. Seong, S. Y. Jee, J. Choi, J. R. Lee, Processing of continuous poly(amide-imide) nanofibers by electrospinning, Polym. Int. 59(2010)212-217.
[59] X. Li, C. Yao, F. Sun, T. Song, Y. Li, Y. Pu, Conjugated electrospinning of continuous nanofiber yarn of poly (L-lactide)/nanotricalcium phosphate nanocomposite, J. Appl. Polym. Sci. 107(2008)212-3764.

第34章
作为碳纳米管超级纤维发展基础的碳纤维制造和应用

MinSeok Moon[1], Yeohjeung Yun[2], MyungHan Yoo[1], JoonHyuk Song[1], JeHa Oh[1]

[1] 韩国全州,韩国碳融合研究所
[2] 美国北卡罗来纳州格林斯博罗,北卡罗来纳州农业技术州立大学生物与生物工程化学系

34.1 引言

随着化石燃料的逐渐减少、环保产品的大力推广以及汽车工业对石油资源的依赖,世界环境法规越来越严格。其中,汽车工业对石油资源的依赖约占石油总产量的30%,占温室气体总排放量的25%[1]。汽车燃油经济性的指标法规已使汽车制造商和政府在提高发动机效率、生产轻型汽车和减少废气排放方面投入了大量的研发资源。美国《消费者报告》指出,37%的美国消费者认为燃油经济性是选择汽车的最重要因素[2]。这一变化的原因是,燃油经济性已成为消费者认可的最重要问题,因为每桶石油价为70~75美元。汽车部件最轻量化的方法是将重金属材料改为轻比重材料[3]。然而,预计大多数低比重材料比当前的钢材料更昂贵,因此开发一种设计和成型工艺进行成本优化是至关重要的。汽车结构主要分为发动机、变速器、底盘(车架、制动器和悬架)、车身(外部、内部)和电气部件。其中大部分是有金属制成的,因此,减轻汽车重量的研究分为以下几类:

(1) 通过对汽车本身结构的创新和轻质材料的追求,使车身本体(BIW)结构合理化,这是通过零部件模块化提高汽车整体设计、优化车身、追求减重的一种途径。

(2) 为了提高燃油经济性和减轻车身重量,需要用新材料替换汽车材料以强化和减重。为此,陶瓷、塑料和其他轻质材料被开发应用到汽车零件上。

(3) 在生产过程中,采用新工艺减轻汽车重量。

汽车减重是汽车工业中首要且永无止境的任务,主要原因是:

(1) 加速和制动力的改善是汽车性能的基础;

(2) 由于环境法规的出台和油价上涨,需要提高燃油效率;

(3) 下一代汽车 EV(电动汽车)的减重需求仍将继续。

近年来,从汽车材料和零部件的选择到加工技术和模块化的改进,全球汽车制造商一直在直接引领相关技术的发展。因此,轻质材料的应用已成为汽车制造商的主要关注点之一。在所考虑的材料中,汽车高分子材料的密度为 $0.9 \sim 2.1 \text{g/mL}$,是优良的轻质材料,在设计和制造过程中都具有灵活性。而且与高性能合成树脂和高性能复合材料配合使用,可以影响所有汽车零部件,而不仅仅是结构与功能部件。本章分析了碳复合材料及其应用的发展趋势,以及应用产品在实现轻型汽车中的技术趋势。

34.2 汽车行业碳纤维增强复合材料技术的发展趋势

34.2.1 汽车零部件行业发展趋势

20 世纪 70 年代以来,汽车行业为了给消费者提供便利、安全和更好的行驶性能,车辆的质量(允许质量)从 700kg 增加到 1300kg。然而,由于石油价格的急剧上涨、化石燃料的限制以及严格的环境和燃油效率法规,轻量化技术的研究和开发日益增加。

提高汽车燃油效率的方法包括:高效 GDI 发动机、缩小发动机体积、扩展 6/8 速变速器、采用高效驱动技术(例如 xEV 开发)和减轻汽车质量等。尤其是,当汽车的质量减少 10% 时,油耗将减少 7%,因此,全球汽车制造商越来越多地投资于轻型汽车。

减轻汽车质量的措施包括通过优化设计减少零件数量,并通过使用轻质替代材料(例如高强度钢、铝、镁、工程塑料、纤维增强塑料和纤维增强复合材料)来最大化零件的性能。其中,使用轻质替代材料不仅可以减轻零件的质量,而且还可以优化组件的设计和集成度,从而最大程度地减轻质量的影响。在汽车内饰和外饰零件中,使用了诸如聚丙烯(PP)和丙烯腈-丁二烯-苯乙烯(ABS)等通用塑料,并且越来越多的使用由这些材料制成的部件。发动机、空调和燃油组件中使用轻量化材料替代金属材料的需求预计将不断增加。由于电气和安全措施部件的发展以及 xEV 市场的扩大,对充电电池和电机等新型轻量化部件的需求正在不断增长。因此,预计将越来越多地采用诸如通用和超级工程塑料,超级纤维和纤维增强复合材料之类的高功能材料。特别是空调、燃油、电子及发动机等内外部饰件材料,需要具有耐热性、高强度、阻燃性等特性的高性能、轻量化替代材料。

为了减轻汽车的质量,纤维材料因其质量轻等优点而受到广泛关注。车辆中使用的纤维材料形式为编织/针织布,无纺布和复合材料,但针织布仍是主流,将来无纺布或复合材料形式的材料将会增加。为了节省质量,从现有汽车部件和当前材料到高性能纤维材料(如光纤和导电纤维)的应用需求,替代材料的应用范围将进一步扩大,与20世纪40年代和80年代相比,从1999年到2008年,地球的平均温度上升了2℃[4],预计与20世纪60年代至80年代相比,在2070年至2100年间,地球的平均温度将上升8℃。全球变暖会导致干旱、洪水、热浪和生态系统的破坏,据估计,由于气候变化造成的经济损失每年占全球GDP的5%~20%。世界银行估计,到2013年碳排放市场将达到0.70万亿美元(或到2011年达到1800亿美元)[5]。

美国环境保护署(EPA)和交通运输部(DOT)已经颁布了汽车行业的温室气体法规,自2016年起,二氧化碳排放标准已定为155g/km。欧盟已经颁布了欧盟法规,以长远角度减少温室气体的排放,并于1991年对汽车二氧化碳的排放量进行了管制。欧盟在2008年设定的目标是150g/km(欧5)和130g/km(欧6),这使得二氧化碳排放量减少了约13%。此外,到2020年,二氧化碳排放标准已设定为105g/km。

自1975年以来,基于销售量超过10000辆的汽车公司,美国采用了公司平均燃油经济性(CAFE)标准。经过10年的应用,汽车燃油效率从5.7km/L大幅提高到了11.7km/L。目前,美国政府已经制定了一项目标,到2019年,燃油效率比2008年的12km/L提高约42%,达到17km/L,至2025年将平均燃油经济性提高到23km/L。美国政府计划:出租车每年必须提高5%的燃油效率,而越野车、小型卡车和厢式货车每年要提高3.5%到5%。因此,美国政府预测到2025年二氧化碳排放量将减少60亿吨。

包括美国在内,人们对于环境污染和全球变暖越来越关注。其中,减少运输车辆的二氧化碳排放量预计是遏制全球变暖的最佳措施。因此,采用轻质材料来减轻运输质量是最简单的方法。例如,使用碳纤维增强复合材料将温室气体排放量减少约17%的效果,可使豪华车的油耗减少约18万吨。已知燃油消耗与车辆的质量成比例地增加,因此,使用碳纤维增强复合材料达到汽车减重,对于提高燃油经济性和减少废气排放是必不可少的。有色金属(如铝合金)是汽车减重材料之一,然而近年来,聚合物(特别是具有适当强度的聚合物复合材料)更具优势。目前,韩国小型客车由40%钢、20%特殊钢、15%铝和14%聚合物(包括橡胶)组成。近年来,碳纤维增强复合材料备受关注,由于其优异的物理性能和比金属低的密度,作为轻质材料用于各种运输装置(包括汽车)。

34.2.2 碳纤维复合材料的发展趋势

轻质高强的碳纤维增强复合材料(CFRP)有望减轻汽车的质量,然而,由于原材料成本高和批量生产工艺的限制,目前 CFRP 在汽车零部件中的应用并不广泛。但是,随着原材料成本的降低,批量生产工艺的发展以及成型工艺的改进,预计将制造出各种 CFRP 的汽车零部件。CFRP 的汽车零件质量将比钢的轻 50%,比铝的轻 30%,且当将 CFRP 材料用于车身和各个部件时,预计整车质量可减轻 100kg 以上。此外,随着汽车逐渐发展为混合动力和电动汽车,减重将成为其设计中的更加重要的因素。因此,具有代表性的美国电动汽车公司,如特斯拉汽车、迈尔斯汽车、菲斯克汽车和光明汽车都采用 CFRP 对车身和各种内外部件进行减重。迄今为止,CFRP 材料的应用仅限于高端汽车,除宝马 i3 车型外,尚未投入实际使用。在欧洲,由沃尔沃、大众、里诺和洛桑联邦理工大学(EPFL)组成的大学和行业联合会,在 2000 年至 2004 年期间,承担了约 520 万欧元的 TECABS(碳纤维增强汽车车身结构技术)项目。

在美国,碳纤维增强复合材料的研究是通过汽车复合材料联盟(ACC)计划进行的,在日本,新能源和工业技术开发组织(NEDO)利用碳纤维增强复合材料的汽车轻量化结构元件(ALSTECC)项目开发了一项防止全球变暖的新技术方案,并于 2003 年至 2007 年研发了轻质碳纤维增强复合材料的汽车。近年来,在汽车工业中,美国和日本加大了减重效果,推广使用碳纤维增强复合材料零件。在美国,福特用 100%碳纤维增强复合材料制造了一辆样车,并在年度汽车工程师协会(SAEC)上展出,这款车的燃油效率比同款福特 TD 车型的 7.2km/L 提高了 34.7%,达到 9.7km/L。丰田在 2007 年芝加哥车展上推出了概念车 1/X,该车辆的内部空间与混合动力普锐斯的内部空间相同,但车辆质量减少到现有普锐斯的 1/3,约 420kg。该车使用 CFRP 减轻了骨架并减少了发动机排量,并采用了轻型动力传动系统和窄幅轮胎,大大减轻了车辆的质量。

减轻车身质量除了动力传动系统的损失外,对其他方面都有贡献。因此,通过安全碰撞测试,在不断保障安全的同时减轻车辆质量,是这项技术的驱动力。碳纤维增强复合材料的最大障碍是缺乏与生产力直接相关的制造技术创新。例如,每个国家/地区的经验发展了某些生产技术,如普通注射成型。然而,整体技术基础设施不足,如原材料的开发和成型设备的创新。

34.2.3 碳纤维增强热塑性材料的发展趋势

碳纤维增强热塑性材料是由参加日本 NEDO 项目的东京大学,东丽,三菱重工,东洋纺织和高木精工等几家公司开发的。CFRTP 采用热塑性树脂,比热固性树脂的加工时间短且加工容易。因此,采用 CFRP 注射成型的汽车零部件制造商可以快速提供汽车零部件。它是一种适用于汽车批量生产成型工艺的材料,适用于快速成型和黏合工艺,而这是现有 CFRP 工艺难以实现的。此外,当使用热塑性

CFRP时,预计可减轻车辆质量(约为当前质量的30%)并降低能耗。日本公司供应的轻质高强碳纤维占世界总供应量的70%以上,其中东丽公司的约占世界总产量的30%。然而,由碳纤维和热固性树脂(如环氧树脂)、热塑性树脂复合而成的复合材料设计复杂;聚合物在复合时具有物理性质的变化、成型过程使用高压釜,使制造过程更长、需要使用昂贵的设备。

34.3 碳纤维增强复合材料成型设备介绍

34.3.1 多级展纱机

多级展纱机是利用展纱辊和空气对原始的碳纤维丝束进行展开的装置,由此展开的碳纤维丝束已经被用于编织丝束预浸料或薄碳纤维织物,例如平纹织物或斜纹织物。通过展纱过程编织的最终目的是增加碳纤维密度以生产高强度的CFRP。该装置使用的典型材料为3K、6K、12K、24K、48K碳纤维,玻璃纤维,芳纶,热塑性纤维;制得的12K碳纤维最大展开宽度约为40mm,48K碳纤维的展开宽度约为80mm。在空气展纱的情况下,纤维可以约0.5m/min至15m/min的速率生产。12K碳纤维展纱20mm宽速度最高可达10~15m/min,而48K碳纤维展开80mm宽的速率为1m/min。用该装置获得的高强度碳纤维可用作薄壁碳纤维中间材料(展开丝束),也可用于单向带,体育用品,汽车和工业零件(图34-1)。

34.3.2 混合编织机

混合编织机是在芯轴或芯材框架上编织成管状编织物的装置,可重复编织,调整编织物层以适应最终产品的要求。它是一种利用碳纤维制作圆形管材的实用设备。该设备已用于制造玻璃纤维、芳纶、混纺纱、3K-48K碳纤维。在整个工作过程中,该设备将运行100多个载体,且部分核心工作将在机器人系统中操作(图34-2)。

34.3.3 多功能热塑性碳纤维预浸料制造系统

该设备是通过在碳纤维上熔化/浸渍/冷却薄膜型热塑性树脂来制备热塑性单向预浸料,具有生产预浸料的能力,采用的热塑性树脂包括通用热塑性树脂(PP、PE等)、热塑性工程树脂(PA6、PA66等)和超级工程热塑性树脂(PPS、PEEK等)(图34-3)。

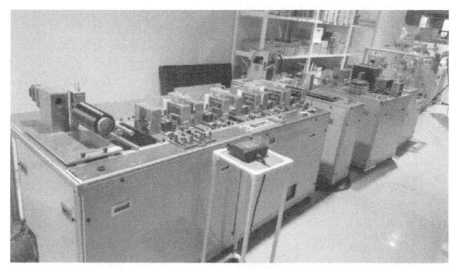

图 34-1　韩国(碳素技术研究院)生产的多级展纱机和样品

图 34-2　KCTECH 生产的混合编织机和样品

图 34-3　KCTECH 的热塑性碳预浸料制造系统

34.3.4　自动铺丝机

该设备通过激光加热器将热塑性树脂基碳纤维 UD 预浸带热熔自动铺层。它主要用于制造机用碳纤维增强复合材料零件,也可用于制造飞机、汽车、风叶或大部件产品等结构零件(图 34-4)。

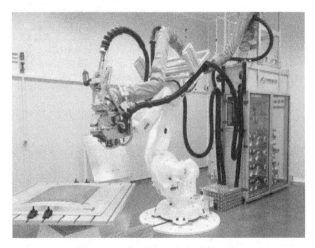

图 34-4　KCTECH 的自动铺丝机

34.3.5　碳纤维预制件(带)制造系统

该设备通过熔化/浸渍碳纤维与热塑性树脂,并将其以带状形式挤压制造热塑性单向预浸料(卷带型)。它由热塑性树脂熔炼机/挤出机、树脂浸渍模、压延辊、牵引机以及卷绕机组成,最高工作温度为450℃,可用于热塑性工程塑料(PA6、PA66、PET等)和热塑性超级工程塑料(PPS、PEEK等)。它也是制造用于热塑性预浸料自动铺层设备(AFP设备)的中间材料(热塑性单向带)的合适设备。该设备的产能为3kg/h,其卷绕机的最大绕线管直径为300mm,宽度为300mm(图34-5)。

图34-5　KCTECH的碳纤维预制件(带)制造系统

34.3.6　高压树脂传递模塑系统

该设备是用于高压树脂传递模塑(HP-RTM)的环氧树脂系统和用于HP-RTM模塑CFRP表面涂层的聚氨酯树脂系统。它由环氧树脂加料系统(树脂储罐、树脂计量泵)、树脂注射器(高压/高速混合头和注射装置)以及聚氨酯树脂加料系统(树脂储罐、树脂注射器(高压/高速混合头及注射装置))组成,用于高压/高速喷涂以提高树脂基体和固化剂的混合效率(图34-6)。

34.3.7　高温高精度模压机

该设备用于模压成型工艺,如湿式模压成型(WCM)、预浸式模压成型(PCM)、片材模压复合(SMC)以及HP-RTM等。它适用于汽车零部件等产品的生产,可连续生产(图34-7)。

图34-6　KCTECH的高压树脂传递模塑系统

图34-7　KCTECH的高温高精度模压机

34.3.8 碳纤维缠绕机

本设备用于将浸渍树脂(环氧树脂、不饱和聚酯树脂)的碳纤维按设计的缠绕角度缠绕在芯轴或压力容器衬垫上,制成管道或压力容器(CNG 储罐)。它被用于制造压力容器、管道、建筑和土木工程部件,以及汽车等产品(图 34-8)。

图 34-8　KCTECH 的碳纤维缠绕机

34.3.9　用于快速固化碳纤维增强复合材料的真空微波炉

该设备通过使用微波加热碳纤维使树脂热固化,从而将其分散在整个模塑产品中。为了达到产品成型温度,需要精确的微波强度控制。与现有的烘箱设备相比,该设备可以在较短的时间内使整个产品表面均匀硬化,为汽车零部件的制造提供了一个简单的工艺流程(图 34-9)。

图 34-9　KCTECH 的用于快速固化碳纤维增强复合材料的真空微波炉

34.3.10 碳纤维增强复合材料三维动态水射流切割系统

该设备通过喷射高压水(包括磨料)切割碳纤维、C/C 和金属等材料。与普通数控铣床相比,它可以高速加工、在加工过程中不产生热量、且可以防止最终成型的材料发生热变形,因此更适用于 CFRP。实际应用于宝马 i3 碳纤维增强复合材料零部件的修整(图 34-10)。

图 34-10　KCTECH 的三维动态水射流切割系统

34.3.11 高强度碳纤维增强复合材料机械加工系统

该设备结合了超声处理系统和高速数控加工装置。它是一种超声振动铣刀,铣削材料比较复杂,如加工难度大的硬质合金、碳纤维增强复合材料、C/C 等。该设备主要用于 CFRP、C/C、SiC 等硬机械加工和汽车、航天、工业等复杂形状零件的精密加工(图 34-11)。

图 34-11　KCTECH 的高强度碳纤维增强复合材料机械加工系统

34.4 碳纤维增强复合材料在汽车轻量化中的应用案例

34.4.1 侧防撞梁

侧防撞部件是安装在厢门内的安全装置,在侧撞中保护驾驶员和乘客。大多数侧防撞部件是由高强度钢制成的,呈板状或圆形。使用轻质 CFRP 的侧碰撞梁采用注射成型与压铸成型相结合的在线编织物复合工艺制成。这一过程取决于所使用的材料。图 34-12 中生产并测试了具有不同嵌入材料、单向预浸料和干燥机织物的冲击样条的拉伸、剪切和吸收能量等性能(图 34-12)。

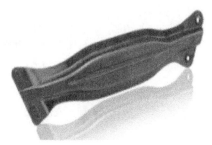

图 34-12　KCTECH 制造的 CFRP 侧防撞梁

34.4.2 汽车发动机隔音罩

用于汽车发动机部件的 CFRP 隔音罩是通过微波固化工艺制备的。该工艺替代了传统的复合材料制造工艺(能耗高且周期长),如烘箱或高压釜固化等。微波固化周期时间比传统的复合材料制造工艺少 50%(图 34-13)。

图 34-13　KCTECH 制造的 CFRP 隔音罩

34.4.3 汽车稳定杆

稳定杆是汽车中的悬挂系统,也称为防侧倾杆。稳定杆的主要目的是在行驶过程中防止车身侧翻,采用高速编织设备制造的 CFRP 稳定杆(图 34-14)在充分利用碳纤维高弹特性的同时,减轻了现有钢材的质量。

 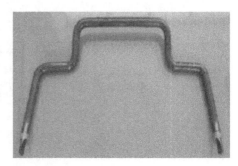

图 34-14　KCTECH 制造的 CFRP 汽车稳定杆

34.4.4 叶片弹簧

使用高强度、轻质的碳纤维增强材料可以减轻车辆质量,提高安全性。一般而言,纤维增强复合材料的物理性能受增强纤维性能的影响最大。叶片弹簧的起源可以追溯到中世纪的马车减震器,这种弹簧在公共汽车和卡车上被称为板簧。作为连接装置的叶片弹簧固定车轴,使汽车驱动器的可计算性更高。汽车工业对轻质钢弹簧十分关注,但由于 CFRP 具有出色的弹性,因此认为与钢弹簧相比,由其制成的叶片弹簧更加轻质。特别是传统的金属板簧是可拆卸的多片结构,易受到严重的腐蚀和疲劳;然而,CFRP 叶片弹簧具有优异的耐腐蚀性和耐久性,且比传统弹簧轻 50%(图 34-15)。

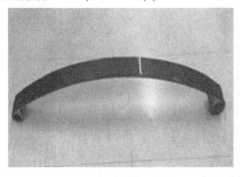 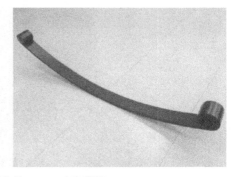

图 34-15　KCTECH 制造的 CFRP 叶片弹簧

34.4.5 车顶纵梁

车顶纵梁连接车辆的两侧,保持车辆的扭转横向刚度。CRFP 车顶纵梁采用 PCM(预浸料模压成型)制造,适用于大批量生产(图 34-16)。

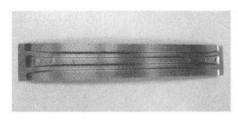

图 34-16　KCTECH 制造的 CFRP 车顶纵梁

34.4.6 混杂纤维复合压力容器

压力容器存在于使用高压的车辆中,例如液化石油气车和液化天然气车。一般的压力容器都是钢制的,很重而且很硬。聚酰胺6(PA6)已被用作衬里材料。为了降低原材料价格,内外部分别采用碳纤维增强复合材料和玻璃纤维增强复合材料缠绕成型。其中,吹塑工艺被应用于该项目的制造过程(图 34-17)。

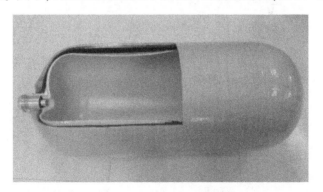

图 34-17　KCTECH 制造的混杂纤维复合压力容器

34.5　碳纳米材料基复合材料

碳纳米材料,包括富勒烯(C60)、单壁碳纳米管、多壁碳纳米管、活性纳米碳和石墨烯已经被加工成各种形式的碳纳米纤维[6-7]。由于其中空结构、大的比表面积、导电性、导热性、机械刚度以及通过功能化改变其固有特性的可能性,碳纳米纤维基复合材料可以提供独特的物理和化学性能[8-10]。例如,美国某团队已经生产了可以集成到碳纤维加工中的碳纳米管薄片(图34-18)和碳纳米管纱线(图34-19)。这种织物具有重量轻,导热性、导电性好,强度高等可广泛应用的特性。最近的一项进展是,通过在合成过程中将金属或陶瓷纳米颗粒整合到材料中实现片材与纱线的杂交,可以针对特定用途设计出材料特性。

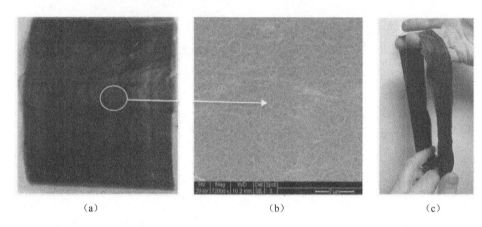

图34-18 CNT织物是加州大学纳米世界实验室中的一种独特材料[12] (a)6英寸的织物。通过缠绕10~100层的500nm CNT薄膜制成;(b)非织造纳米织物的纹理。这种原织物可以与纳米或微米粒子杂化,并与聚合物渗透;(c)用PVA聚合物致密化的1μm厚的CNT织物强度高,易于操作。

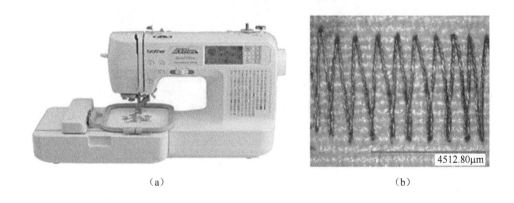

图34-19 缝合
(a)加州大学纳米世界实验室正在使用自动缝合[12];(b)在织物上缝合CNT纱线的上部和底部。

34.6 本章小结

要实现轻型汽车的目标,需要各国之间制定国际环境法规。这将有助于解决世界范围内日益增长的燃油成本问题,并缓解能源成本的持续增长和化石燃料消费的限制。汽车制造商正在大力投资开发汽车减重技术。目前用于汽车工业的轻金属材料,主要是铝和镁,这在汽车制造业中并不很困难,因为这是通过改变现有系统中的材料、使用现有的方法来实现的。汽车工业的减重不仅仅是简单地减轻汽车的质量,还必须确保驾驶员的安全、长期使用的耐久性,并建设大规模生产系统和回收系统,这些都是必将长期解决的挑战。

随着轻型汽车需求的不断增加,金属材料的减重极限正迅速逼近。可以帮助解决这个问题的材料正是碳纤维。目前碳纤维原料价格较高,但预计在不久的将来会生产出具有足够价格竞争力的碳纤维。因此,碳纤维增强复合材料构件的开发和商品化是一个具有巨大潜力的新兴产业,它将对未来的汽车工业以及许多其他工业领域产生重大影响。

参 考 文 献

[1] M. Balat, H. Balat, Recent trends in global production and utilization of bio-ethanol fuel, Appl. Energy86(11)(2009)2273-2282.

[2] M. Singer, Consumer Views on Transportation and Advanced Vehicle Technologies, NREL Report (2015).

[3] A. Wilson, Vehicle weight is the key driver for automotive composites, Reinf. Plast. 61(2)(2017) 100-102.

[4] A. Gobiet, et al., 21st century climate change in the European Alps-a review, Sci. Total Environ. 493(2014)1138-1151.

[5] F. S. Christopher Kaminker, The role of institutional investors in financing clean energy, in: OECD Working Papers on Finance, Insurance and Private Pensions, vol. 23, OECD, 2012.

[6] M. F. L. De Volder, et al., Carbon nanotubes: present and future commercial applications, Science 339(6119)(2013)535-539.

[7] K. Markandan, J. K. Chin, M. T. T. Tan, Recent progress in graphene based ceramic composites: a review, J. Mater. Res. 32(1)(2016)84-106.

[8] Y. K. Yeoheung Yun, J. Sankar, Cnt sheet substrates and transition metals deposited on same US Patent Application. (2014)p. US15116708.

[9] Y. Koo, et al., Aligned carbon nanotube/copper sheets: a new electrocatalyst for CO_2 reduction to hydrocarbons, RSC Adv. 4(31)(2014)16362-16367.

[10] Y. Koo, et al., Free-standing carbon nanotube-titania photoactive sheets, J. Colloid Interface Sci. 448(2015)148-155.

[11] Q. Yu, et al., Mechanical strength improvements of carbon nanotube threads through epoxy cross-linking, Materials 9(2)(2016)68.

[12] http://www.min.uc.edu/nanoworldsmart.

第35章
碳纳米管混杂纱线和片材的合成及应用

Chenhao Xu[1], Devika Chauhan[2], Zhangzhang Yin[3],
Guangfeng Hou[1], Vianessa Ng[1], Yi Song[4], Michael Paine[5]

[1] 美国俄亥俄州辛辛那提市,辛辛那提大学机械与材料工程系
[2] 美国俄亥俄州辛辛那提市,辛辛那提大学航空航天工程系
[3] 美国伊利诺伊州,纳珀维尔市纳尔科水务公司
[4] 美国加利福尼亚州弗里蒙特市拉姆研究公司
[5] 美国俄亥俄州辛辛那提市,辛辛那提大学美国机械工程部

35.1 引言

碳纳米管纱和片材是一种新型材料,具有独特的性能。这些独特的性能以及近些年来这种材料的合成和加工技术的不断提高,使碳纳米管纱片在许多应用领域中成为"游戏改变者"。例如,利用碳纳米管的优良材料特性并将这些特性量身打造应用到现有的工程材料结构中,将创造出一个多功能的下一代结构复合材料,这种材料将更加可靠,可为更广泛的科学和工程应用领域开辟新的参数空间。本章描述了碳纳米管纱和片材如何在两个应用领域(水处理领域和复合材料领域)强化了传统材料的性能。尽管这两种应用领域是完全不同的,但它们都同样得益于碳纳米管纱和片材的相似性能。

35.2 碳纳米管片材在水处理中的应用

35.2.1 背景介绍

水资源是生命和人类赖以生存的基石。淡水,最重要的资源,仅占全球水资源的2.5%。在淡水中,68.7%的水在两极都是呈冰川分布[1]。因此,节约用水和保护水资源是重点研究课题。因为在人类活动中,几个世纪以来为了支持经济的快

速发展,缺水和污染已成为一个主要的健康和经济问题。废水的循环利用和水回收技术都需要高质量、低成本的净水方法[2-5]。水的再利用可以降低环境破坏的风险,同时增加淡水供应和可持续性[2,6-7]。

传统的水处理基于三个假设。第一,水源仅包含天然污染物,如溶解性总固体(TDS)[8]。第二,这些污染物存在于水源中是由于地表水径流、当地地质条件和未经处理污水的影响[8]。第三,所有的污染物都可以通过简单的方法去除,如凝聚,过滤和消毒[8]。然而,工业化和城市化已经导致了重金属(铅)等有毒污染物以及供水中的各种天然有机物(NOM)[9-11]的产生,使得饮用水处理的挑战日益增加。地表水的有毒污染物的存在或者降低水处理效率,或者采用目前常规水处理方法根本无法被过滤除去。

在美国,水被认为是铅暴露的最大可控源[12-13]。虽然水在离开处理设施时不含铅,但污染发生在其流经的含铅管道[14]中。主要的铅源是家用管道系统[12]。聚氯乙烯(PVC)管有时也含有铅化合物[12]。水中溶解的铅多少取决于多种因素,包括水中氯化物量和氧气量、pH值水平、温度、水的柔软度[15-16]。污染是通过两个阶段机制发生的:①表面铅氧化通过溶解的氯和氧把Pb变成Pb^{2+},②氧化铅可以和碳酸盐或氢氧化物发生反应生成可溶解的氢氧化铅和碳酸铅[17-18]。来自水管中的铅泄漏量会随时间变得越来减少[13]。近来由黄铜制成的管道可释放铅含量高达390μg/L,会导致儿童铅中毒[12,19]。

水中天然有机物提供碳源并促进微生物的生长[8]。它包括各种不同分子量的有机化合物[8]。植物和动物的分解是天然水中天然有机物的主要来源[8,20-21]。这些有机化合物分为亲水性部分和疏水性部分[20-21]。亲水性部分含有羧基酸、碳水化合物和蛋白质,而疏水性部分携带腐殖酸和黄腐酸[22]。此外,水中的天然有机物在氯化过程中形成三卤甲烷等致癌化合物,并促进细菌的生长[11,23-25]。它直接关系到人类的健康。

此外,世界卫生组织(WHO)和各国政府正在对水的清洁度制定更严格的限定。例如,世界卫生组织和欧洲共同体2013年12月发布指令将自来水中允许的铅浓度从50μg/L降至10μg/L[14]。因此,为获得安全饮用水,有必要使用高效、经济的终端过滤系统。

35.2.2 基于碳纳米管的水处理材料

根据文献,传统的吸附剂包括分子筛[26]、金属氧化物[27]、活性炭(AC)[28]、离子交换树脂(R)[29]和生物吸附剂[30]。其中,活性炭和离子交换树脂已广泛应用于除铅[14]和除有机物[31-32]。吸收率取决于活性炭的分子大小[11]。活性炭分子尺寸越小,表面积越大,吸收质量越高。颗粒活性炭(GAC)的BET比表面积可

达 $970m^2/g$[11]。

在过去的几十年中,纳米技术和纳米材料已被引入到许多应用领域,包括水工业。先进的膜过滤器(微米或纳米级过滤器)对化学和生物污染物的去除效率很高[8,17]。碳纳米管作为一种纳米吸附材料,具有去除重金属和有机物的能力[18],如铅离子[33]。碳纳米管具有优异的热稳定性、化学稳定性和水传输性能[2,11,34]。两种形式的碳纳米管 CNT,单壁碳纳米管(SWCNT)和多壁碳纳米管(MWCNT)具有高机械强度和大比表面积,能够吸附和固定污染物[8,35]。典型纯碳纳米管的 BET 比表面积为 $250\sim507m^2/g$[8]。碳纳米管的表面积通过净化,如酸处理和热处理,可进一步增大,表面积可达到 $550m^2/g$[8,11,36-37]。

与颗粒活性炭相比,碳纳米管的比表面积较小,但孔径和孔容较大[11]。碳纳米管的孔径为 $7.84nm$,孔容为 $1.06cm^3/g$,而颗粒活性炭的孔径为 $1.57nm$,孔容为 $0.51cm^3/g$[11]。碳纳米管在范德瓦耳斯引力作用下相互黏附交错形成聚集孔[8,38]。孔大小决定了能吸附的天然有机物的大小。例如,天然有机物大小的范围是介于 0.5 和 $5nm$ 之间[21]。在相同表面积的条件下,碳纳米管由于孔径较大,将比颗粒活性炭吸附更多的天然有机物。

最近,基于碳纳米管的膜被用于水处理和海水淡化[2]。特别值得一提的是,当前的挑战是如何将碳纳米管转化为经济、高效的过滤膜[2]。尽管许多研究人员认为成本太高,无法大规模生产碳纳米管,最近的研究表明:以较低的成本是可以大量生产碳纳米管[39-40]。基于碳纳米管的复合过滤器具有高效去除重金属的能力[2,41]。碳纳米管的最新应用专注于吸附金属离子,如 Pb^{2+}、Cu^{2+}、Cd^{2+}、Sr^{2+}、Ni^{2+} 和 Cr^{6+}[42-43]的研究。

为了降低成本和提高过滤效率,本章节将对一种由碳纳米管、活性炭/颗粒活性炭和树脂组成的混合体进行了研究和报道。利用碳纳米管孔径和活性炭表面积的优势,提出了一种混杂碳纳米管(HCNT)的概念。混杂碳纳米管有望将这两种材料优势相结合应用于一种产品中。

35.2.3 水处理试验

35.2.3.1 碳纳米管/混杂碳纳米管材料

本研究以混杂碳纳米管为过滤材料。将微米级活性炭加入到浮动催化碳纳米管制备过程中制备了混杂碳纳米管。浮动催化剂法采用碳源燃料,制备工艺参数为 $1400℃$ 和 $30mL/h$。

碳纳米管/混杂碳纳米管产品在出口处形成一个"袜口"形连续中空管。碳纳米管/混杂碳纳米管材料以片材形式收集在一个直径为 6 英寸、宽 4 英寸的 Teflon

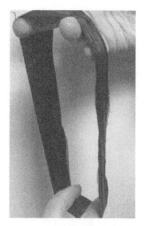

图 35-1 碳纳米管片材,来自收集辊上

鼓上,保持 30min。图 35-1 给出了来自收集辊上的新制备出来的碳纳米管片材。

图 35-2 给出了混杂碳纳米管的微观组织照片。扫描电子显微镜图像显示碳纳米管与活性炭的结合良好。活性炭颗粒在碳纳米管片材上对称分布。此外,活性炭会对碳纳米管结构有支撑加固作用,在制备过程中扩大了碳纳米管之间的空间,增大了总的内表面积。

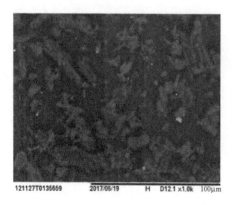
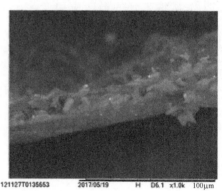

图 35-2 用于水处理的混杂碳纳米管的 SEM 形貌

对混杂碳纳米管与传统过滤材料(包括离子交换树脂和活性炭的混合物)的除铅性能进行了比较。为了确保混杂碳纳米管材料中不含铁催化剂和碳氢类化合物等污染物,对混杂碳纳米管采用硝酸进行酸处理和用蒸馏水进行清洗。pH 值也被调整到 7。

35.2.3.2 铅吸收试验

过滤试验采用标准玻璃过滤设备(图35-3(a))。参加测试的过滤材料包括活性炭、离子交换树脂和混杂碳纳米管。图35-3(b)为一片实验室制备的混杂碳纳米管片材,质量约7.5mg,厚度小于1mm。在试验中,使用了两种类型的碳纳米管片材,原始纯碳纳米管片材和混杂碳纳米管片材。为便于比较,试验中还使用了商业用活性炭(直径400~500μm,图35-3(c))和离子交换树脂(图35-3(d))。

图35-4给出了过滤器结构和水流方向。进水首先通过碳纳米管片材,然后流过活性炭和离子交换树脂的混合体(图35-4(b))。进水直接通过活性炭和离子交换树脂混合体(图35-4(a))作为比较。底部的锥形烧瓶收集过滤后的流出水,用于离子浓度测量。大辛辛那提自来水厂(GCWW)提供了一台测量溶解性总固体TDS的ultrameter水质检测仪。采用电感耦合等离子体质谱法ICP-MS测定水中的Pb^{2+}浓度。

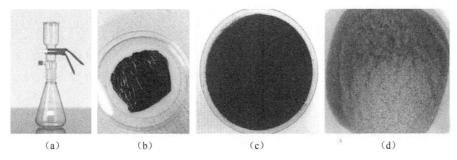

图35-3 混杂碳纳米管和常规过滤材料的除铅试验
(a)标准玻璃过滤装置;(b)实验室制混杂碳纳米管片材;(c)活性炭;(d)离子交换树脂。

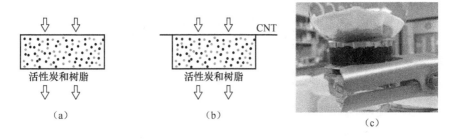

图35-4 过滤器的设置及除铅试验
(a)采用活性炭和离子交换树脂的混合体除铅试验的过滤器结构和水流路径;(b)采用碳纳米管材料和活性炭和离子交换树脂混合体除铅试验的过滤器结构和水流路径。

每个水样都经过过滤器两次。第一次(头遍)被称为原始过滤,而第二次(二遍)被称为循环过滤。原始过滤的出水是二次过滤的进水。300mL 水溶液流经过滤器，每次过滤实验都收集 6 个样品。

过滤试验中使用的进水是铅溶液，理想情况下含 76.9ppm Pb^{2+}。在本试验中，从硝酸铅溶液仪器中读取的平均溶解性总固体 TDS 值为 58.6ppm，且蒸馏水值为 9.79ppm。

测试了 6 种不同比例活性炭和树脂的 6 个过滤器，包括①比例为 10∶0，加 8.0g 活性炭和 0g 离子交换树脂，②比例为 5∶1 加 8.0g 活性炭和 1.6g 离子交换树脂，③比例为 2∶1，加 8.0g 活性炭和 4.0g 离子交换树脂。

对活性炭和离子交换树脂(R)混合体的过滤器进行了如图 35-4 描述的过滤试验。本试验的研究重点是如图 35-4(b)所示的，混杂碳纳米管片材结合上述混合体过滤器一起构成的过滤器的过滤试验。铅溶液通过该过滤器过滤。过滤试验之后对溶解性总固体 TDS 和 Pb^{2+} 浓度进行分析。

35.2.3.3　天然有机物的吸收测试

与铅吸收试验相似，天然有机物吸收试验也做了对比试验，使用了相同的过滤设备。为了降低成本，本试验没有使用活性炭和离子交换树脂混合体过滤器，而是直接比较了碳纳米管、混杂碳纳米管和颗粒活性炭对天然有机物的吸收性。然而，由于碳纳米管/混杂碳纳米管的密度非常低，对比试验设计为对三种滤料的总体积量进行控制。

碳纳米管/混杂碳纳米管的质量约为 1g，而颗粒活性炭的质量为 18g。在玻璃过滤设备的漏斗中，大约可以放 50 层碳纳米管/混杂碳纳米管片材。在两片相邻的碳纳米管/混杂碳纳米管片材之间放有一块尼龙筛网(图 35-5)。控制体积试验也包括尼龙筛网的体积。

图 35-5　在玻璃过滤设备的漏斗中叠放的 CNT/HCNT 片材

之所以选择颗粒活性炭的F400型,是因为这种类型的颗粒活性炭是大辛辛那提自来水厂(GCWW)使用的型号,且在工业上已经证明了其对天然有机物的过滤吸收性能。

试验包括对每种过滤材料进行9次过滤试验。每次试验使用大辛辛那提自来水厂(GCWW)提供的200mL水。因为天然有机物的几何尺寸比Pb^{2+}大得多,因此在5次试验后,过滤速率降低了,在第6至第9次过滤中施加了真空以改善过滤过程。因此,三种过滤材料(碳纳米管、混杂碳纳米管和F400型颗粒活性炭)是在相同的条件下进行对比试验的。

35.2.4 过滤水的结果和讨论

35.2.4.1 铅吸收的结果

表35-1列出了混杂碳纳米管材料与常规材料的过滤对比结果,并将对比结果绘制在了图35-6和图35-7中。结果表明,混杂碳纳米管材料的加入可以提高铅的去除率。当活性炭和离子交换树脂R的比值分别为10∶0(8+0g)、5∶1(8+1.6g)和2∶1(8+4g)时,混杂碳纳米管材料的加入可以使铅去除率分别提高21.2%、14.7%和34.7%。混杂碳纳米管材料质量占总过滤材料质量的百分比约为0.1%。

表35-1 添加和不添加混杂碳纳米管的活性炭和离子交换树脂的铅去除结果

活性炭和离子交换树脂	进水Pb^{2+}浓度	出水 活性炭+离子交换树脂 (头遍)	出水 活性炭+离子交换树脂 (第二遍)	出水 活性炭+离子交换树脂+混杂碳纳米管 (头遍)	出水 活性炭+离子交换树脂+混杂碳纳米管 (第二遍)
10∶0(8+0)	76,900.0	12,177.3	8652.8	6588.3	6817.6
5∶1(8+1.6)	76,900.0	6596.8	5684.6	6230.2	4851.4
2∶1(8+4)	76,900.0	1881.5	1793.9	1563.9	1171.4

6种不同比例的活性炭和离子交换树脂过滤材料的对比过滤试验结果,Pb^{2+}浓度单位为ppb。

X轴表示活性炭和树脂的比例,在括号里是以克为单位显示活性炭和树脂的确切量。左侧Y轴显示Pb^{2+}的浓度,单位为ppb。右侧的Y轴是添加混杂碳纳米管后,铅去除率的提高百分比。

X轴表示活性炭和树脂的比例,括号中给出了活性炭和树脂的确切量(g)。左侧Y轴显示Pb^{2+}浓度(ppt)。右侧的Y轴表示添加混杂碳纳米管后铅去除率的提高率。

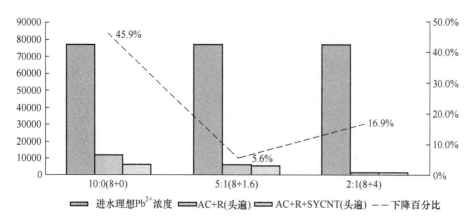

图 35-6　6 种不同活性炭和树脂比例过滤器过滤后，Pb^{2+} 浓度（以 ppb 为单位）和原始过滤试验（头遍）后铅浓度下降百分比

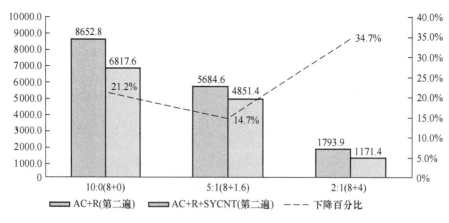

图 35-7　6 种不同活性炭和树脂比率过滤器，初始过滤试验（二遍）的 Pb^{2+} 浓度（ppb）和铅浓度下降百分比

活性炭和树脂混合体过滤材料可以降低 Pb^{2+} 浓度，在此基础上添加混杂碳纳米管片材进行过滤可以进一步降低 Pb^{2+} 的浓度等级。在每种比例的活性炭和离子交换树脂混合体过滤材料中，添加混杂碳纳米管片材都比不添加混杂碳纳米管片材的过滤器效果更好。第二遍过滤比第一遍过滤的除铅率更稳定。图 35-6 显示了第一遍过滤的结果，图 35-7 显示了第二遍过滤的结果。第二遍过滤的效果类似于将过滤器的厚度加倍。当增加过滤器的厚度和增加进水和过滤器之间的接触时间时，除铅率是稳定提高的。

混杂碳纳米管材料的初步研究结果表明，混杂碳纳米管材料在除铅方面具有很大的发展潜力。只需要很少的碳纳米管材料就可以将铅的去除率提高20%~35%。因此还应继续开展相关的研究。在过滤试验中应该继续增加碳纳米管/混杂碳纳米管的层数。另外,还应测试不同的混杂过滤材料的去除效果及针对其他污染物的去除效果。

35.2.4.2 天然有机物的吸收结果

表35-2列出了碳纳米管、混杂碳纳米管和颗粒活性炭的过滤结果。图35-8给出了总有机碳(TOC)的过滤结果。列出了两种试验类型(有真空过滤和无真空过滤)的平均值。每次试验的平均流速代表了进水和过滤材料之间的接触时间。如果其他条件不变的情况下,接触时间越长,过滤效果越好。每次测试后,测量紫外吸收度和浑浊度值。因为紫外吸收度(UV absorbance)和浑浊度(turbidity)是相关的,表中使用的是浑浊度数据。总有机碳值表示过滤质量。进水总有机碳值为1.96ppm。1ppm相当于1mg/L。

表35-2 碳纳米管、混杂碳纳米管和颗粒活性炭去除天然有机物的过滤结果

测试种类	碳纳米管			混杂碳纳米管			F400型颗粒活性炭		
	平均流速/(mL/min)	浑浊度	总有机碳/ppm	平均流速/(mL/min)	浑浊度	总有机碳/ppm	平均流速/(mL/min)	浑浊度	总有机碳/ppm
无真空	20.1	0.27	2.14	25.0	0.28	1.51	77.7	1.4	0.66
真空下	81.9	0.27	1.98	20.8	0.21	1.11	1604	1.76	1.6

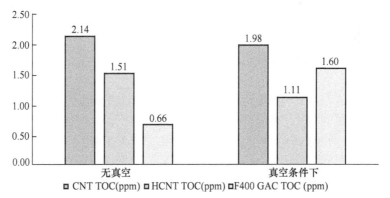

图35-8 4次过滤试验中碳纳米管、混杂碳纳米管和颗粒活性炭的总有机碳数据
X轴显示测试编号。Y轴显示总有机碳TOC的值

总有机碳的过滤结果表明,碳纳米管的性能相对不足。在每个试验中,碳纳米管的总有机碳含量最高。在4次测试试验中总有机碳的数据似乎都比原始进水的数据(1.96mg/L)更高。可能的原因是尼龙网层含有污染物。混合碳纳米管在真

空或无真空条件下都具有稳定的过滤质量。这个数据趋势显示了一个标准产品生命周期。平均总有机碳值为1.3mg/L。与混杂碳纳米管相比,F400型颗粒活性炭的平均有机碳值较低(1.1mg/L),但变化幅度大于混杂碳纳米管。在试验6到试验9中使用了真空泵,因此进水和过滤材料之间的接触时间极短。接触时间与过滤质量密切有关。通常接触时间越长过滤效果越好。从试验6到试验9,进水和过滤材料之间的接触时间短,总有机碳值增大。

碳纳米管和混杂碳纳米管的产品寿命是当前的挑战。由于吸收天然有机物NOMS后造成过滤材料阻塞,真空条件下的流速明显降低。而F400型颗粒活性炭的过滤水则始终能连续平稳的流动。进一步的研究应该集中在各种混杂碳纳米管材料的吸收性能和持久耐用性方面。

35.3 碳纳米管纱线和片线在多功能复合材料中的应用

由于没有 z 方向上的纤维加固,叠层复合材料在面外(也称作厚度方向或 z 方向)的强度很弱。这个缺点限制了叠层复合材料在结构材料(有冲击载荷、横向剪切和平面外拉伸、压缩载荷作用的结构材料)中的应用。此外,纤维增强复合材料是平面内和平面外导电性差的导体。如果一种叠层复合材料的制备方法能够提高在厚度方向上的平面内和平面外导电性和强度,则这种材料就可以克服其在各种结构材料中应用的限制。此外,这种导电复合材料应用在飞机上可能部分取代铜线。减少铜线的使用将降低飞机的空机质量,从而减少燃油消耗,降低飞行成本,减少污染。

35.3.1 复合材料的研究背景

聚合物基复合材料广泛用于结构应用中。这种材料具有高刚度和强度、低密度、优异的耐腐蚀性和尺寸稳定性等特点,使其成为陆地、空中和海上的所有运输方式的最具吸引力的材料。复合材料已经在航空航天工业和汽车工业中应用多年。由于复合材料在平面外方向强度较弱,目前有几种方法可以对复合材料的平面外方向进行强化,如三维织物、缝合和Z销。尽管这些方法可以提高复合材料的面外强度,但同时也大大降低了面内强度[44]。此外,纤维增强复合材料的性能取决于其对不同的裂纹扩展模式的抗断裂性能[45]。任何材料的高断裂韧性都会使材料具有更优的抗裂纹扩展能力。近年来,碳纳米管为克服复合材料的局限性提供了一条颇有前景的解决途径。许多研究人员正在尝试采用不同的方法将碳纳米管引入复合材料中以提高其承载能力。据Sager等[46]、钱等[47]和Kepple等[48]报道,在化学气相沉积炉中,碳纤维层上生长碳纳米管的纤维增强复合材料,其面外强度提高了30%,但该方法降低了叠层复合材料的面内强度。所有采用化学气相沉积法在碳纤维上生长碳纳米管制备出的复合材料,其极限抗拉强度都降低30%~37%。极限抗拉强度的降低归因于在化学气相沉积合成方法中碳纤维会发生降解,这是由于表面氧化和热降解使纤维产生了缺陷。此外,表面氧化还导致了纤维直径减小[46]。因此,需要研制一种新的制备方法,在叠层复合材料中加入碳纳米管既可以提高材料的断裂韧性又不牺牲材料的面内强度。此外,碳纳米管具有高导电性;在纤维增强复合材料中嵌入碳纳米管材料可以提高复合材料的导电性和断裂韧性。

研究重点是提高玻璃纤维增强复合材料的面外强度,同时提高其导电性。提高面外强度与增大断裂韧性密切相关。在此将详细介绍一种将碳纳米管材料引入到叠层复合材料中的方法,该方法可以在不显著降低叠层材料面内强度的情况下,提高复合材料断裂韧性和导电性。在玻璃纤维增强聚合物复合材料(GFRPC)中加入碳纳米管,通过在复合材料层片之间交织碳纳米管片材,并用碳纳米管纱线或其他纤维(可以降低成本)横向缝合层片。交织的碳纳米管片材可以提高复合材料导电率,而缝合的碳纳米管纱线或其他纤维可以提高复合材料的面外强化性能和抗裂纹扩展能力。此外,由于碳纳米管线比玻璃纤维更柔韧,在缝合复合材料中,由于纤维间空隙尺寸的减小,平面内性能的降低可以忽略不计。复合材料的导电性和高的面外强度特性将有利于交通运输业更上一层楼,特别是在航天工业中,减轻质量可以节省燃料。如果采用这种复合材料替换飞机上20%~30%的铜线,则导电的机身结构将可以减轻454kg的质量。

要研究的核心问题是复合材料中所需的碳纳米管材料的体积分数是多少(这与成本有关)。碳纳米管纱线柔韧性好,当用于叠层材料缝合时不会显著降低面内强度。另外,必须优化面内碳纳米管片材与缝合用碳纳米管纱线之间的相互作用以提高复合材料的面内和面外导电性。

在叠层材料中加入碳纳米管,可以达到提高叠层复合材料断裂韧性和提高导电性的目的。在导电性方面,铜的导电性为 $5.8\times10^5 S/cm$,而碳纳米管片材的导电性约为 $2\times10^4 S/cm$[49],这意味着铜的导电性远大于碳纳米管的导电性。但是碳纳米管材料的密度为 $0.5 g/cm^3$,而铜的密度是 $8.96 g/cm^3$。因此,厚度约为 $10\sim30\mu m$ 的交织碳纳米管 CNT 片材镶嵌在玻璃纤维层之间,将在不显著增加复合材料密度或厚度的情况下提高复合材料的导电性。

35.3.2 碳纳米管的合成

在辛辛那提大学纳米世界实验室中,采用浮动催化剂法已经实现了碳纳米管的生长。在图35-9中,氩气随着原料一起注入管式炉管中。原料中二茂铁蒸发并分解成催化剂铁。然后催化剂被送入管式炉中进入高温(1400℃)区,碳纳米管成核生长。靠近管式炉右出口,碳纳米管聚集成气凝胶状的袜筒形[50],收集在特氟隆制鼓上(图35-10)形成碳纳米管片材。当这个袜筒形片材中通过水时,它就会致密化成带材。然后在纺纱机中通过加捻对带材进行后续处理,以增加碳纳米管纱线的强度。碳纳米管片材的厚度为30μm,碳纳米管线的直径约为40μm。

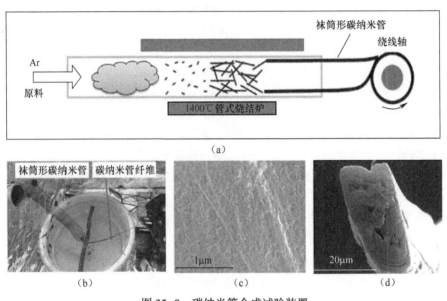

图35-9 碳纳米管合成试验装置
(a)工艺原理;(b)碳纳米管套和纤维的形成;
(c)碳纳米管片材的扫描电镜图像;(d)碳纳米管纤维的扫描电镜图像。

35.3.3 玻璃纤维增强复合材料中碳纳米管的制备及性能测试

叠层复合材料是将碳纳米管片材交织在玻璃纤维层中,然后用碳纳米管纱线缝合起来制成的。轻质平纹 E-玻璃纤维织物(面密度,1.391g/dm^2)是从aircrafts-pruce.com网上购买的。树脂是 Aeropoxy 树脂,由 PTM&W Industries 公司生产。制备了用于短梁剪切试验的12层纳米复合板材(3英寸×3英寸)和用于双悬臂梁和平面内拉伸试验的4层纳米复合板材(6英寸×6英寸)。采用手工缝制的方法,将碳纳米管细纱线缝入玻璃纤维层中。之后,叠层材料在热压机的高压和高温下进行固化。图35-10显示了纳米叠层复合材料的制备。然后,通过双悬臂梁试验对叠层复合材料进行测试,根据ASTM标准D-5528使用Instron4468型机对复合材料的断裂韧性进行测试。用双探针方法对叠层复合材料的导电率进行测试。

图 35-10 纳米复合材料的制备

(a)将碳纳米管片材放置在玻璃纤维织物之间,并插入特氟隆片;(b)用碳纳米管线在厚度方向上手动缝合;(c)针在玻璃纤维之间走线,不会损坏织物;(d)真空辅助树脂注入;(e)短梁剪切试验后的断裂试样;(f)面内拉伸试验后的断裂试样;(g)双悬臂梁试验后的断裂试样。

35.3.4 性能表征

35.3.4.1 短梁剪切试验

将12层短梁剪切试验用纳米复合板材切割成1英寸×0.025英寸的棱柱试样。加载速率为0.25mm/min,跨深比为6.5。试验曲线如图35-11所示。

短梁剪切试验结果表明,纳米复合材料的层间剪切强度提高了23%。

35.3.4.2 面内拉伸试验

面内拉伸试验(图35-12)结果表明,纳米复合材料试样的平均抗拉强度仅比玻璃纤维纳米复合材料的平均抗拉强度低2.5%。这意味着在碳纳米管片材上钻孔不会对拉伸强度产生显著影响。

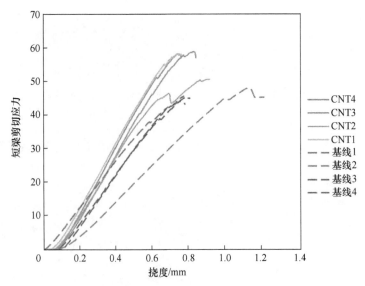

图 35-11 纳米复合材料试样(12层)的短梁剪切试验结果

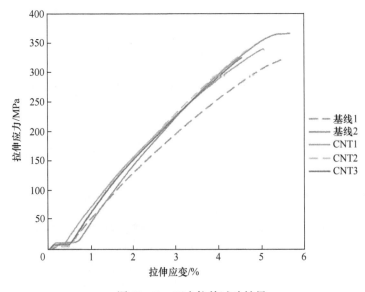

图 35-12 面内拉伸试验结果

35.3.4.3 双悬臂试验

双悬臂试验测量了复合材料的断裂韧性。该试验显示了复合材料抵抗分层或剥离生长的能力。根据 ASTM 标准 D5528,试验试样是人工裂纹试样,如图 35-10

(a)所示。人工裂纹位于叠层材料的中间平面、顶部表面和底部表面,并分别黏合在胶水纸上。使用了 Hysol9430 黏合剂来粘合胶水纸和试样。在人工裂纹末端,在试样上每隔 1~5mm 标记一次,然后每隔 5~20mm 标记一次。摄像机用来记录裂纹尖端到达试样上每个标记所用的时间。本试验记录了载荷和裂纹尖位移,用于计算断裂韧性。

35.3.4.4 复合材料的测试结果

玻璃纤维复合材料的平均断裂韧度测量值为 $0.494kJ/m^2$,纳米复合材料的平均断裂韧度为 $0.276kJ/m^2$。图 35-13 清楚地解释了纳米复合材料的断裂韧性较低的原因。图 35-13(a)是四层玻璃纤维织物复合材料试样承受双悬臂梁载荷的情况。很明显,随着裂纹的扩展,许多玻璃纤维改变了它们的取向,从平面内变为平面外,因此出现了如图 35-13(a)所示的纤维桥联,以防止裂纹扩展,而图 35-13(b)是四层碳纳米管线缝合的碳纳米管片材玻璃纤维复合材料试样承受双悬臂梁载荷的情况。图 35-13(b)中出现的唯一纤维桥联是由缝合的碳纳米管线提供的。平面内的玻璃纤维被中间平面上的碳纳米管片材阻挡不能在平面外形成纤维桥联。此外,碳纳米管线缝合针数有限,纤维桥联效应不如四层玻璃纤维复合材料强。这一点将在未来的研究中避免和改进。

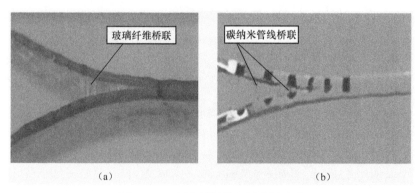

图 35-13 复合材料的双悬臂梁试验
(a)四层玻璃纤维复合材料试样;(b)四层碳纳米管线缝合的碳纳米管片材玻璃纤维复合材料试样。

纳米复合材料的面内导电率在 100S/cm 范围内,而玻璃纤维复合材料的导电性为零。此外,在纳米复合材料中,可以实现面外导电,但这不能通过仅仅添加导电片做到。最初使用碳纳米管片材的纳米复合材料,由于缺少纤维桥联(与玻璃纤维复合材料相比),其断裂韧性与玻璃纤维复合材料相比降低了10%(图 35-10)。在这些试样中,碳纳米管缝合的体积分数低于1%。尽管玻璃纤维层是缝合的,但拉伸强度却没有明显降低。最近使用碳纳米管缝合体积分数为3%的试样进行测试(使用 Dyneema 纤维),测试结果表明未出现层间 G1C 断裂模式。相反,叠层复合材料在弯曲中断裂。因此采用碳纳米管线横向缝合和在面内使用碳纳米管片材的复合材料将会实现平面内和平面外导电,且层间 G1C 断裂模式和层间剪切破坏模式也将减少。这是将进一步开发的复合材料的重大改进。

35.4 本章小结

碳纳米管片材无论是原始的还是集成纳米颗粒都可以在不同领域用作辅助材料。水过滤试验证明,通过添加碳纳米管薄膜可以改善滤水性能。复合材料可以通过在层与层之间添加碳纳米管片材提高材料的导电性和热导率,使其更加多功能化。碳纳米管纱线或其他纤维可以通过在厚度方向缝合提高复合材料的剥离强度。碳纳米管纱线也可以增大厚度方向的导电率。水过滤技术和复合材料强化技术仍然是较新的研发技术,且本书的初步研究结果表明有必要继续进一步研究和开发。

参 考 文 献

[1] The World's Water, U. S. Geological Survey, U. S. Department of the Interior. (n. d.). Retrieved February 10, 2018, from http://water. usgs. gov/edu/earthwherewater. html.

[2] L. N. Ma, X. F. Dong, M. L. Chen, L. Zhu, C. X. Wang, F. L. Yang, Y. C. Dong, Fabrication and water treatmentapplication of carbon nanotubes (CNTs)-based composite membranes: a review, Membranes 7(2017)16.

[3] M. Elimelech, W. A. Phillip, The future of seawater desalination: energy, technology, and the environment, Science 333(2011)712-717.

[4] M. A. Shannon, P. W. Bohn, M. Elimelech, J. G. Georgiadis, B. J. Marinas, A. M. Mayes, Science and technologyfor water purification in the coming decades, Nature 452(2008)301-310.

[5] D. Zhou, L. Zhu, Y. Fu, M. Zhu, L. Xue, Development of lower cost seawater desalination processes usingnanofiltration technologies—a review, Desalination 376(2015)109-116.

[6] B. V. Bruggen, Integrated membrane separation process for recycling of valuable wastewater streams: nanofiltration, membrane distillation, and membrane crystallizers revisited, Ind. Eng. Chem. Res. 52(2013)10335-10341.

[7] T. Tong, M. Elimelech, The globalrise of zero liquid discharge for wastewater management: drivers, technologies, and future directions, Environ. Sci. Technol. 50(2016)6846-6855.

[8] V. K. K. Upadhyayula, S. G. Deng, M. C. Mitchell, G. B. Smith, Application of carbon nanotube technology forremoval of contaminants in drinking water: a review, Sci. Total Environ. 408(2009)1-13.

[9] M. Muller, M. Anke, E. Hartmann, H. Llling, The occurrence of heavy metals(Cd, Pb, Ni) in drinking water, Toxicol. Lett. 78(1995) 58.

[10] S. Kang, M. Herzberg, D. F. Rodrigues, M. Elimelech, Antibacterial effects of carbon nanotubes: size doesmatter, Langmuir 24(2008) 6409-6413.

[11] C. Lu, F. Su, Adsorption of natural organic matter by carbon nanotubes, Sep. Purif. Technol. 58 (2007) 113-121.

[12] World Health Organization(WHO) Lead in drinking-water background document for development of WHOguidelines for drinking-water quality. (2011). World Health Organization(WHO) Guidelines for DrinkingwaterQuality.

[13] R. Levin, M. R. Schock, A. H. Marcus, Exposure to leadin U. S. drinking water, in: Proceedings of the 23rdAnnual Conference on Trace Substances in Environmental Health, US Environmental Protection Agency, Cincinnati, OH, 1989.

[14] R. Sublet, M. O. Simonnot, A. Boireau, M. Sardin, Selection of an adsorbent for lead removal from drinkingwater by a point-of-use treatment device, Water Res. 37(2003) 4904-4912.

[15] M. R. Schock, Understanding corrosion control strategies for lead, J. Am. Water Works Ass. 81 (1989) 88.

[16] M. R. Schock, Causes of temporal variability of lead in domestic plumbing systems, Environ. Monit. Assess. 15(1990) 59.

[17] R. Pianta, M. Boller, D. Urfer, A. Chappaz, A. Gmunder, Costs of conventional vs. membrane treatment forkarstic spring water, Desalination 131(2000) 245-255.

[18] N. Savage, M. S. Diallom, Nanomaterials and water purification: opportunities and challenges, J. Nanopart. Res. 7(2005) 331-342.

[19] E. Cosgrove, et al. , Childhood lead poisoning: case study traces source to drinking water, J. Environ. Health52(1989) 346.

[20] W. Cheng, S. A. Dastgheib, T. Karanfil, Adsorption of dissolved organic natural matter by modified activatedcarbons, Water Res. 39(2005) 2281-2290.

[21] S. A. Dastgheib, T. Karanfil, W. Cheng, Tailoring activated carbons for enhanced removal of natural organicmatter from natural waters, Carbon 42(2004) 547-557.

[22] A. Matilainen, N. Vieno, T. Tuhkanen, Efficiency of the activated carbon filtration in the natural organicmatter removal, Environ. Int. 32(2006) 324-331.

[23] J. J. Rook, Formation of haloforms during chlorination of nature waters, Water Treat. Exam. 23 (1974) 234-243.

[24] R. J. Bull, L. S. Brinbaum, K. P. Cantor, J. B. Rose, B. E. Butterworth, R. Pegram, J. Tuomisto, Water chlorination: essential process and cancer hazard? Fundam. Appl. Toxicol. 28(1995) 155-166.

[25] C. Chu, C. Lu, Effects of oxalic acid on the regrowth of heterotrophic bacteria in the distributed drinkingwater, Chemosphere 57(2004) 531-539.

[26] L. Curkovic, S. Cerjan-Stefanovic, T. Filipan, Metal ion exchange by natural and modified

zeolites, WaterRes. 31(6)(1997)1379-1382.

[27] S. Prigent, F. Clanet, M. Rousseau, Echantillonnaged' eaux de reseau sur un capteur de resine RMnO2 envuede la determination du plomb, CahAssocSciEur Eau Sante 4(1)(1999)35-41.

[28] R. W. Kuennen, R. M. Taylor, K. Van Dyke, K. Groenvelt, Removing lead from drinking water with a pointofuse granular activated carbon fixed-bed adsorber, J. AWWA 82(4)(1992)91-101.

[29] W. Arts, L. Bauch, H. J. Bretschneider, Eignung von Ionenaustauschern in der Ca-form zurEntfernungdesechtgelosten. Bleianteilsim Berliner Haushaltswasser, Z WasserAbwasserForsch 18(1985)244-247.

[30] M. Y. Lee, S. H. Lee, H. J. Shin, T. Kajiuchi, J. W. Yang, Characteristics of lead removal by crab shell particles, Process Biochem. 33(7)(1998)749-753.

[31] S. Han, S. Kim, H. Lim, W. Choi, H. Park, J. Yoon, T. Hyeon, New nanoporous carbon materials with highadsorption capacity and rapid adsorption kinetics for removing humic acids, Microporous MesoporousMater. 58(2003)131-135.

[32] A. A. M. Daifullah, B. S. Girgis, H. M. H. Gad, A study of the factors affecting the removal of humic acid byactivated carbon prepared from biomass material, Colloids Surf. A Physicochem. Eng. Asp. 235(2004)1-10.

[33] Y. H. Li, Z. Di, J. Ding, D. Wu, Z. Luan, Y. Zhu, Adsorption thermodynamic, kinetic and desorption studies ofPb2+ on carbon nanotubes, Water Res. 39(2005)605-609.

[34] S. K. Smart, A. I. Cassady, G. Q. Lu, D. J. Martin, The biocompatibility of carbon nanotubes, Carbon 44(2006)1034-1047.

[35] S. Deng, V. K. K. Upadhyayula, G. B. Smith, M. C. Mitchell, Adsorption equilibrium and kinetics of microorganismson single-walled carbon nanotubes, IEEE Sens. J. 8(2008)954-962.

[36] Y. Chen, C. Liu, F. Li, H. M. Cheng, Pore structures of multi-walled carbon nanotubes activated by air, CO2and KOH, J. Porous. Mater. 13(2006)141-146.

[37] Q. Liao, J. Sun, L. Gao, Adsorption of chlorophenols by multi walled carbon nanotubes treated with HNO3and NH3, Carbon 46(2008)544-561.

[38] X. M. Yan, B. Y. Shi, J. J. Lu, C. H. Feng, D. S. Wang, H. X. Tang, Adsorption and desorption of atrazine oncarbon nanotubes, J. Colloid Interface Sci. 321(2008)30-38.

[39] A. E. Agboola, R. W. Pike, T. A. Hertwig, H. H. Lou, Conceptual design of carbon nanotube processes, CleanTechnol. Environ. Policy 9(2007)289-311.

[40] Z. Qiang, H. JiaQi, W. Fei, X. GuangHui, W. Yao, Q. WeiZhong, et al. , Large scale production of carbonnanotube arrays on the sphere surface from liquefied petroleum gas at low cost, Chin. Sci. Bull. 52(2007)2896-2902.

[41] H. Parham, S. Bates, Y. Xia, Y. Zhu, A highly efficient and versatile carbon nanotube/ceramic compositefilter, Carbon 54(2013)215-223.

[42] G. P. Rao, C. Lu, F. Su, Sorption of divalent metal ions from aqueous solution by carbon nanotubes: a review, Sep. Purif. Technol. 58(2007)224-231.

[43] N. M. Mubarak, J. N. Sahu, E. C. Abdullah, N. S. Jayakumar, Removal of heavy metals from wastewater usingcarbon nanotubes, Sep. Purif. Rev. 43(2014)311–338.

[44] C. A. Steeves, N. A. Fleck, In-plane properties of composite laminates with through-thickness pin reinforcement, Int. J. Solids Struct. 43(10)(2006)3197–3212.

[45] J. Yu, Y. Z. Liu, R. R. Shi, Studies on crack propagation of carbon fiber reinforced epoxy resin composite, Adv. Mat. Res. 79–82(2009)1029–1033.

[46] R. J. Sager, P. J. Klein, D. C. Lagoudas, Q. Zhang, J. Liu, L. Dai, J. W. Baur, Effect of carbon nanotubes on theinterfacial shear strength of T650 carbon fiber in an epoxy matrix, Compos. Sci. Technol. 69(7–8)(2009)898–904.

[47] H. Qian, A. Bismarck, E. S. Greenhalgh, G. Kalinka, M. S. P. Shaffer, Hierarchical composites reinforced withcarbon nanotube grafted fibers: the potential assessed at the single fiber level, Chem. Mater. 20(5)(2008)1862–1869.

[48] K. L. Kepple, G. P. Sanborn, P. A. Lacasse, K. M. Gruenberg, W. J. Ready, Improved fracture toughness of carbonfiber composite functionalized with multi walled carbon nanotubes, Carbon 46(15)(2008)2026–2033.

[49] J. N. Wang, X. G. Luo, T. Wu, Y. Chen, High-strength carbon nanotube fibre-like ribbon with high ductilityand highelectrical conductivity, Nat. Commun. 5(2014)3848.

[50] G. Hou, R. Su, A. Wang, V. Ng, W. Li, Y. Song, L. Zhang, M. Sundaram, V. Shanov, D. Mast, et al., Theeffect of a convection vortex on sock formation in the floating catalyst method for carbon nanotube synthesis, Carbon 102(2016)513–519.